U0211438

工业除尘
设备设计手册

—— 第二版 ——

朱晓华　王 珲　张殿印　主编

化学工业出版社

·北京·

内 容 简 介

本手册以工业除尘设备设计为主线，全面、系统地介绍了工业除尘设备设计内容、要求、工艺及方法。全书共十三章，内容主要包括：工业除尘设备分类和性能，工业除尘设备设计总则和技术对策，机械除尘器工艺设计，袋式除尘器工艺设计，静电除尘器工艺设计，湿式除尘器工艺设计，除尘设备升级改造设计，除尘器结构设计，除尘器气流组织设计，工业除尘设备自动控制设计，辅助设备选型与设计，除尘设备涂装、保温和伴热设计，以及工业除尘设备安装、调试和验收等。在兼顾基本内容和方法的同时，突出实用性，使读者通过本书可以对工业除尘设备设计有较全面的了解和掌握。

本书内容全面，侧重实用，可作为大气污染控制、空气净化等领域的工程技术人员、科研人员和工矿企业广大环保工作者的工具书，也可作高等学校环境科学与工程、生态工程及相关专业师生的参考书。

图书在版编目（CIP）数据

工业除尘设备设计手册/朱晓华，王珲，张殿印主编
. —2 版. —北京：化学工业出版社，2023.3
ISBN 978-7-122-42399-3

Ⅰ. ①工… Ⅱ. ①朱… ②王… ③张… Ⅲ. ①工业尘-除尘设备-设计-手册 Ⅳ. ①TU834.6-62

中国版本图书馆 CIP 数据核字（2022）第 194366 号

责任编辑：刘兴春 刘 婧 　　　　　　　文字编辑：汲永臻
责任校对：李 爽 　　　　　　　　　　　装帧设计：韩 飞

出版发行：化学工业出版社（北京市东城区青年湖南街 13 号　邮政编码 100011）
印　　装：北京建宏印刷有限公司
787mm×1092mm 1/16 印张 48½ 字数 1344 千字 2023 年 11 月北京第 2 版第 1 次印刷

购书咨询：010-64518888 　　　　　　　　　售后服务：010-64518899
网　　址：http://www.cip.com.cn
凡购买本书，如有缺损质量问题，本社销售中心负责调换。

定　　价：298.00 元

《工业除尘设备设计手册》（第二版）编委会

主　　编： 朱晓华　　王　珲　　张殿印

副 主 编： 庄剑恒　　白洪娟　　汤先岗　　杨雅娟　　张紫薇　　王苏宇

编写人员（按姓氏笔画为序）：

王　珲	王　娟	王苏宇	王琪琪	白洪娟	朱晓华
庄剑恒	刘忠成	汤先岗	孙　健	孙文龙	李业绩
杨雅娟	肖敬斌	宋国辉	张　璞	张紫薇	张殿印
邵国军	罗宏晶	周　然	周广文	赵原林	闫　文
娄可斌	贾　琼	郭　冉	黄林辉	韩跃海	

　　《工业除尘设备设计手册》第一版于2012年出版以来，受到广大读者的欢迎和好评。本次图书修订出版的主要原因在于：（1）近年来《工业除尘设备设计手册》中所引用的国家标准、规范、技术指标发生了较大变化，除尘受到了更加严格的规范；（2）书中一些除尘设备设计技术发展和更新较快，有的已被新一代产品所取代，有的技术性能又有了新的提高，对设备设计提出更严格的要求；（3）围绕绿色低碳转型，实现双碳目标，根据国家节能减排要求、超低排放要求和净化细颗粒物要求，各除尘设备的设计所采用的技术条件和参数需要更新调整；（4）根据除尘设备设计需要，修订补充了多种除尘工艺设计的新方法和新内容。总之，为有效满足广大读者对除尘设备设计实际需求，有必要对原版手册进行修订和出版。

　　《工业除尘设备设计手册》（第二版）主要变化有：（1）把上版手册中第三章工业除尘设备工艺设计扩充丰富为第三章～第七章，重点补充了近年来出现且上版尚缺的设计内容，如风送喷雾除尘机设计、电袋复合式除尘器设计等；（2）更新设备设计常用且近年修改或新增的国家标准规范，如新的滤筒除尘技术标准、风送式喷雾降尘装置技术条件等；（3）补充节能减排设备改造设计新方法、新技术，如除尘设备提效方法、节能改造设计等；（4）删除了一些很少使用并趋于淘汰的除尘设备设计。

　　《工业除尘设备设计手册》（第二版）分为十三章，包括工业除尘设备分类和性能，工业除尘设备设计总则和技术对策，机械除尘器工艺设计，袋式除尘器工艺设计，静电除尘器工艺设计，湿式除尘器工艺设计，除尘设备升级改造设计，除尘器结构设计，除尘器气流组织设计，工业除尘设备自动控制设计，辅助设备选型与设计，除尘设备涂装、保温和伴热设计，以及工业除尘设备安装、调试和验收。

　　本版手册具有如下特点：（1）内容科学完整、数表资料齐全；（2）技术新颖实用、提供设计计算示范帮助理解；（3）除尘设备设计实用性和可操作性更强；（4）力求满足不同读者群的需求，对各行业烟尘污染治理的设备设计均具有参考借鉴作用。

　　本手册由朱晓华、王珲、张殿印担任主编，庄剑恒、白洪娟、汤先岗等担任副主编。本手册在编写、审阅和出版过程中得到王海涛教授、杨景玲教授、王冠教授等多位知名专家的鼎力相助，在此一并深致谢忱。同时，本手册编撰过程中参考和引用了部分科研、设计、教学和生产工作同行撰写的著作、论文、手册、教材、样本和学术会议文集等，在此对所有原作者表示衷心感谢，参考文献中如有遗漏敬请谅解。

　　限于编者水平及编写时间，书中疏漏和不妥之处在所难免，殷切希望读者朋友不吝指正。

编者

2022 年 12 月于北京

工业除尘设备是防治大气污染应用最多的设备，也是除尘工程中最重要的减排设备之一。工业除尘设备设计是否优良，制作是否精细，应用维护是否得当，直接影响工程投资费用、除尘效果、运行作业率。

除尘设备的特点是产品特异性大、专业性强，不同类型的除尘器从工作原理到构造、应用有很大差别，即使是同一种类型除尘设备也还有许多规格品种，难以进行标准化设计和生产，再加上应用条件的千变万化以及技术进步和新产品开发使得非标准设备设计和生产是大势所趋。即便是标准设备也不断改进和提高，一成不变的除尘设备是不存在的。因此，掌握工业除尘设备设计成为对除尘工程师的基本技术要求。

编写本书的目的在于给环境工程工作者和除尘设备设计人员提供一本具有理论和实际相结合、新颖与实用相结合的除尘设备设计工具书。本书特点是：（1）内容新颖，如除尘器气流相似理论、数值模拟方法和设计技术要点等；（2）内容全面，如对各种除尘器的工艺设计包括近年开发的新型除尘设备工艺设计等均有较全面分析；（3）联系实际，如对重要计算公式和方法举出设计计算实例和工程应用实例等。内容编写重点突出、概念清楚、层次分明、深入浅出、图文并茂、资料翔实、释义准确，以体现新内容、新术语、新规范，并充分注意了手册的系统性和完整性。读者通过本书可以对工业除尘设备设计有全面的了解和掌握。

全书共分十章，分别介绍了工业除尘设备分类和性能，除尘设备设计总则，除尘工艺设计，结构设计，气流组织设计，自动控制设计，辅助设备选型与设计，设备制作设计，涂装、保温、伴热设计和设备安装施工等内容。

杨景玲教授、戴京宪教授对全书进行了审阅，书中参考和引用了一些科研、设计、教学和生产工作同行撰写的著作、论文、手册、教材和学术会议论文集等，在此对所有作者表示衷心感谢。本书在编写、审阅和出版过程中得到清华大学许宏庆教授和中冶集团钱雷教授等多位环保专家的鼎力相助，在此一并深致谢忱。

由于作者学识和水平有限，书中疏漏和不当之处在所难免，殷切希望读者朋友不吝指正。

编者
2012 年 3 月于北京

第四章 袋式除尘器工艺设计 135

第五章 静电除尘器工艺设计 225

第六章 湿式除尘器工艺设计   293

第七章 除尘设备升级改造设计   338

参考文献

第一章 工业除尘设备分类和性能

了解和掌握工业除尘设备的基本分类方法和主要性能，可助更好地进行除尘设备设计，使设计工作更有针对性。

第一节 工业除尘设备分类

工业除尘设备分类有多种方法，本节按其作用力、除尘效率和工作状态进行分类，同时介绍除尘器概念和对各种因素的适应性。

一、除尘器概念

在《供暖通风与空气调节术语标准》（GB/T 50155—2015）中，明确了若干除尘器的具体含意，简介如下。

（1）除尘器　用于捕集、分离悬浮于空气或气体中粉尘粒子的设备。其也称收尘器。

（2）沉降室　由于含尘气流进入较大空间速度突然降低，使尘粒在自身重力作用下与气体分离的一种重力除尘装置。本书称重力除尘器。

（3）干式除尘器　不用水或其他液体捕集和分离空气或气体中粉尘粒子的除尘器。

（4）惯性除尘器　借助各种形式的挡板，迫使气流方向改变，利用尘粒的惯性使其和挡板发生碰撞而将尘粒分离和捕集的除尘器。

（5）旋风除尘器　含尘气流沿切线方向进入筒体作螺旋形旋转运动，在离心力作用下将尘粒分离和捕集的除尘器。

（6）多管（旋风）除尘器　由若干较小直径的旋风分离器并联组装成一体的，具有共同的进出口和集尘斗的除尘器。

（7）袋式除尘器　用纤维性滤袋捕集粉尘的除尘器，也称布袋过滤器。

（8）颗粒层除尘器　以石英砂、砾石等颗粒状材料作过滤层的除尘器。

（9）静电除尘器　由电晕极和集尘极及其他构件组成，在高压电场作用下使含尘气流中的粒子荷电并被吸引、捕集到集尘极上的除尘器。

（10）湿式除尘器　借含尘气体与液滴或液膜的接触、撞击等作用，使尘粒从气流中分离出来的设备。

（11）水膜除尘器　含尘气体从筒体下部进风口沿切线方向进入后旋转上升，使尘粒受到离心力作用被抛向筒体内壁，同时被沿筒体内壁向下流动的水膜所黏附捕集，并从下部锥体排出的除尘器。

（12）卧式旋风水膜除尘器　一种由卧式内外旋筒组成的，利用旋转含尘气流冲击水面在外旋筒内侧形成流动的水膜并产生大量水雾，使尘粒与水雾液滴碰撞、凝集，在离心力作用下被水膜捕集的湿式除尘器。

（13）泡沫除尘器　含尘气流以一定流速自下而上通过筛板上的泡沫层而获得净化的一种除尘设备。

（14）冲激式除尘器　含尘气流进入筒体后转弯向下冲击液面，部分粗大的尘粒直接沉降在泥浆斗内，随后含尘气流高速通过 S 形通道，激起大量水花和液滴，使微细粉尘与水雾充分混合、接触而被捕集的一种湿式除尘设备。

（15）文丘里除尘器　一种由文丘里管和液滴分离器组成的除尘器。含尘气体高速通过喉管时使喷嘴喷出的液滴进一步雾化，与尘粒不断撞击，进而冲破尘粒周围的气膜，使细小粒子凝聚成粒径较大的含尘液滴，进入分离器后被分离捕集，含尘气体得到净化。该除尘器也称文丘里洗涤器。

（16）筛板塔　筒体内设有几层筛板，气体自下而上穿过筛板上的液层，通过气体的鼓泡使有害物质被吸收的净化设备。

（17）填料塔　筒体内装有环形、波纹形或其他形状的填料，吸收剂自塔顶向下喷淋于填料上，气体沿填料间隙上升，通过气液接触使有害物质被吸收的净化设备。

（18）空气过滤器　用过滤、黏附等方法去除空气中微粒的设备。

（19）自动卷绕式过滤器　使用滚筒状滤料并能自动卷绕清灰的空气过滤器。

（20）真空吸尘装置　一种借助高真空度的吸尘嘴清扫积尘表面并进行净化处理的装置。

（21）除尘　捕集、分离气流中的粉尘等固体粒子的技术。

（22）机械除尘　借助通风机和除尘器等进行除尘的方式。

（23）湿法除尘　水力除尘、蒸汽除尘和喷雾降尘等除尘方式的统称。

（24）水力除尘　利用喷水雾加湿物料，减少扬尘量并促进粉尘凝聚、沉降的除尘方式。

（25）联合除尘　机械除尘与水力除尘联合作用的除尘方式。

（26）除尘系统　一般情况下指由局部排风罩、风管、通风机和除尘器等组成的，用以捕集、输送和净化含尘空气的机械排风系统。

二、除尘器分类

（一）除尘器的分类

根据不同的分类方法，除尘器可以分成许多类型，用于不同粉尘和不同条件。

（1）按除尘作用力原理情况分类　详见表 1-1。

（2）按捕集烟尘的干湿情况分类　详见表 1-2。

（3）按除尘效率分类　详见表 1-3。

（4）按工作状态分类　按除尘器在除尘系统的工作状态，除尘器还可以分为正压除尘器和负压除尘器两类。按工作温度的高低分为常温除尘器和高温除尘器两类。按除尘器大小还可以分为小型除尘器、中型除尘器、大型除尘器和超大型除尘器等。

（5）按除尘设备除尘机理与功能分类　根据《环境保护设备分类与命名》（HJ/T 11—1996）的方法，除尘器分为以下 7 种类型。

表 1-1 常用除尘器的类型与性能

型式	除尘作用力	除尘设备种类		适用范围				不同粒径效率/%		
				粉尘粒径/μm	粉尘浓度/(g/m³)	温度/℃	阻力/Pa	$50\mu m$	$5\mu m$	$1\mu m$
干式	重力	重力除尘器		>15	>10	<400	200~1000	96	16	3
	惯性力	惯性除尘器		>20	<100	<400	400~1200	95	20	5
	离心力	旋风除尘器		>5	<100	<400	400~2000	94	27	8
	静电力	电除尘器		>0.05	<30	<300	200~300	>99	99	86
	惯性力、扩散力与筛分	袋式除尘器	振打清灰	>0.1	3~10	<260	800~2000	>99	>99	99
			脉冲清灰				800~1500	100	>99	99
			反吹清灰				800~2000	100	>99	99
湿式	惯性力、扩散力与凝集力	自激式除尘器		0.05~100	<100	<400	800~1000	100	93	40
		喷雾除尘器			<10	<400	5000~10000	100	96	75
		文氏管除尘器			<100	<800		100	>99	93
	静电力	湿式电除尘器		>0.05	<100	<400	300~400	>98	98	98

表 1-2 除尘器的干湿类型

除尘类别	烟尘状态	除尘设备
干式除尘	干尘	重力除尘器、惯性除尘器、干式电除尘器、袋式除尘器、旋风除尘器
湿式除尘	泥浆状	泡沫除尘器、冲激式除尘器、文丘里除尘器、湿式电除尘器、水膜除尘器

表 1-3 除尘器除尘效率类型

除尘类别	除尘效率/%	除尘器名称
低效除尘	约60	惯性除尘器、重力除尘器、水浴除尘器
中效除尘	60~95	旋风除尘器、水膜除尘器、自激除尘器、喷淋除尘器
高效除尘	>95	电除尘器、袋式除尘器、文丘里除尘器、空气过滤器、滤筒式除尘器、塑烧板除尘器

① 重力与惯性除尘装置,它包括重力沉降室、挡板式除尘器。

② 旋风除尘装置,它包括单筒旋风除尘器、多筒旋风除尘器。

③ 湿式除尘装置,它包括喷淋式除尘器、冲激式除尘器、水膜除尘器、泡沫除尘器、斜栅式除尘器、文丘里除尘器。

④ 过滤层除尘装置,它包括颗粒层除尘器、多孔材料过滤器、纸质过滤器、纤维填充过滤器。

⑤ 袋式除尘装置,它包括机械振动式除尘器、电振动式除尘器、分室反吹式除尘器、喷嘴反吹式除尘器、振动反吹式除尘器、脉冲喷吹式除尘器。

⑥ 静电除尘装置,它包括板式静电除尘器、管式静电除尘器、湿式静电除尘器。

⑦ 组合式除尘器,它包括为提高除尘效率,往往"在前级设粗颗粒除尘装置,后级设细颗粒除尘装置"的各类串联组合式除尘装置。

此外,随着大气污染控制法规的日趋严格,在烟气除尘装置中有时增加烟气脱硫功能,派生为烟气除尘脱硫装置。

(二) 除尘器的适应因素

(1) 各种除尘设备对各类因素的适应性　见表 1-4。

(2) 除尘设备评价　主要包括以下内容。

① 除尘器主要技术性能达到设计指标。包括处理风量、设备阻力、漏风率、除尘效率、排放浓度及其专项技术指标。

② 除尘器达到性能稳定、长期可靠连续运行。除尘效率达到设计要求,设备完好率、同步运转率较高。

表1-4　各种除尘器对各类因素的适应性

因素＼除尘器	粗粉尘①	细粉尘②	超细粉尘③	气体相对湿度高	气体温度高	腐蚀性气体	可燃性气体	风量波动大	除尘效率>99%	维修量大	占空间小	投资小	运行费用小	管理困难
重力沉降室	★	⊗	⊗	☑	★	★	★	⊗	⊗	★	⊗	★	★	★
惯性除尘器	★	⊗	⊗	☑	★	★	★	⊗	⊗	★	★	★	★	★
旋风除尘器	★	☑	⊗	☑	★	★	★	⊗	⊗	★	★	★	⊗	☑
冲激除尘器	★	★	☑	★	☑	☑	★	☑	☑	★	☑	☑	☑	☑
泡沫除尘器	★	★	☑	★	☑	☑	★	☑	☑	★	☑	☑	☑	☑
水膜除尘器	★	☑	★	★	☑	☑	★	☑	⊗	★	★	★	☑	☑
文氏管除尘器	★	★	★	★	☑	★	☑	☑	☑	★	☑	☑	⊗	☑
袋式除尘器	★	★	★	☑	☑	☑	⊗	★	★	⊗	⊗	☑	☑	☑
颗粒层除尘器	★	★	☑	☑	☑	☑	★	☑	☑	⊗	⊗	☑	☑	☑
电除尘器（干）	★	★	★	☑	★	☑	⊗	☑	★	☑	⊗	⊗	★	⊗
滤筒除尘器	★	★	★	☑	☑	☑	⊗	★	★	⊗	★	☑	☑	☑
塑烧板除尘器	★	★	★	☑	☑	★	⊗	★	★	☑	★	⊗	☑	☑
电除尘器（湿）	★	★	★	★	☑	☑	⊗	☑	★	☑	⊗	⊗	☑	☑

① 粗粉尘指50%（质量）的粉尘粒径大于$75\mu m$。

② 细粉尘指90%（质量）的粉尘粒径小于$75\mu m$，大于$10\mu m$。

③ 超细粉尘指90%（质量）的粉尘粒径小于$10\mu m$。

注：★为适应；☑为采取措施后可适应；⊗为不适应。

③ 各项除尘设备运行费用指标清晰，运行费用成本指标纳入生产成本管理。

④ 建立正规的除尘设备运行管理制度，当除尘器运行中存在问题时容易采取必要的完善措施。

（三）粉尘粒径与除尘器选择关系

在粉尘的物理特性中，粉尘粒径大小是关键的特征数据，因为粒径大小与粉尘的其他许多特性是相关联的。图1-1示出粉尘类别、粒径范围和应采取除尘设备的相关关系。

三、粒子分离机理

粉尘粒子从气体中分离出来有多种方法，这些方法都是以作用力为理论基础。由于力的性质不同，使得气体中粒子分离有不同的机理和方法。

（一）含尘气体的流动特性

1. 空气的压力和压力场

空气的流动是由压力差而引起的。在室内或管道内的空气，无论它是否在运动都对周围墙壁或管壁产生一定压力，这种对器壁产生的垂直压力叫静压力。流动着的空气沿其运动方向所产生的压力叫动压力。静压力与动压力的代数和称为全压力，均以"Pa"为单位而计量。空气流动空间的压力分布叫压力场。压力是时间与空间的函数，如果在一定的空间内，压力不随时间而变化，称为稳定的压力场，相反的则是不稳定的压力场。气流在管道中的流动主要由通风机所造成的压力差而形成。由于局部泄漏或热源造成的空气密度差别，也可能形成室内或通风管道系统内的气体流动。在管道系统内任一点的能量（压力）关系可用下式表示：

$$p_T = p_d + p_{st} \tag{1-1}$$

式中，p_T为全压，Pa；p_d为动压，Pa；p_{st}为静压，Pa。

动压是以空气流速形式表现的，又称速度压。在一个封闭空间内，如果没有空气流动时则动压为零。动压与流速的关系为：

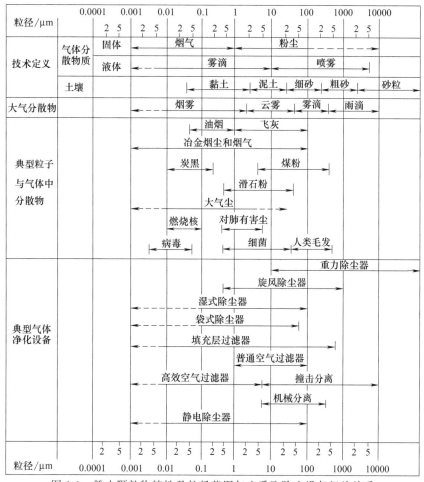

图 1-1　粉尘颗粒物特性及粒径范围与应采取除尘设备相关关系

$$p_d = \frac{v^2 \rho_a}{2} \tag{1-2}$$

式中，v 为管道内气流速度，m/s；ρ_a 为空气密度，kg/m³。

所以，在管道中，如果测知某断面平均动压并知道空气的压力和温度，便可以计算出气流速度 v 以及相应的气流流量 Q。

$$v = \sqrt{2p_d / \rho_a} \tag{1-3}$$

$$Q = Fv \tag{1-4}$$

式中，Q 为管道中的气流流量，m³/s；F 为测动压的管道断面积，m²。

气流在断面大小或形状变化的系统中流动时，其质量不变，即通过各个断面的空气重量是相等的，即

$$\rho_1 F_1 v_1 = \rho_2 F_2 v_2 = \cdots = G = const \tag{1-5}$$

式中，F_1、F_2 分别为断面 1、2 处的管道面积，m²；v_1、v_2 分别为断面 1、2 处的流速，m/s；ρ_1、ρ_2 分别为断面 1、2 处的空气密度，kg/m³；G 为气体流量，以质量或重量计，kg/s。

由于气体被看作不可压缩的，$\rho_1 = \rho_2$。于是上式可简化为：

$$F_1 v_1 = F_2 v_2 = Q = const \tag{1-6}$$

式（1-6）说明，在管道任一断面上的体积流量均相同。

2. 管道内气体的流动性质

气体在管道内低速流动时，各层之间相互滑动而不混合，这种流动称为层流。在层流状态下，断面流速分布为抛物线形，中心最大流速 v_c 为平均流速 v_p 的 2 倍，即

$$v_c = 2v_p \tag{1-7}$$

流速继续增加，达到一定速度时，气体质点在径向也得到附加速度，层间发生混合，流动状态发展为紊流，这时断面的流速分布也发生改变。表征管道内流动性质的是无量纲数值 Re，叫雷诺数。

$$Re = \frac{vD\rho}{\mu} \tag{1-8}$$

式中，v 为气流速度，m/s；D 为管道直径，m；ρ 为气体密度，kg/m³；μ 为气体动力黏滞系数，Pa·s［或 kg/(m·s)］。

表征管道内气流状态的 Re 值有如下界线：$Re \leqslant 1160$ 时，气体流动为层流；$1160 < Re < 3000$ 时，两种流动状态均可能；$Re \geqslant 3000$ 时，对一般通风管道常有的条件来说，气体流动都呈紊流状态。

3. 气流对球形尘粒的阻力

粉尘颗粒在气体中流动，只要颗粒与气流两者之间有相对速度，气体对粉尘颗粒就有阻力，该气体阻力为

$$P_D = C_D A_p \frac{\rho_a v_p^2}{2} \tag{1-9}$$

式中，v_p 为尘粒相对于气流的运动速度，m/s；ρ_a 为空气密度，kg/m³；A_p 为尘粒垂直于气流方向的截面面积，m²；C_D 为阻力系数。

阻力系数 C_D 的大小与粉尘颗粒在气流中运动的雷诺数 Re_p 有关，Re_p 表示为

$$Re_p = \frac{v_p d_p}{v} = \frac{v_p \rho_a d_p}{\mu} \tag{1-10}$$

式中，d_p 为粉尘的直径，μm；其他符号意义同前。

球形尘粒阻力系数 C_D 与雷诺数 Re_p 的关系曲线如图 1-2 所示。

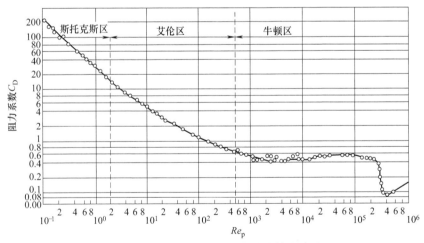

图 1-2　球形尘粒阻力系数与雷诺数的关系

由图 1-2 可以看出，在不同的 Re_p 范围，C_D 值的变化按不同规律发生，通常分成 4 个区段，各有不同的表达式：

（1）$Re_p < 1$（层流区）

$$C_D = \frac{24}{Re_p} \qquad (1-11)$$

这时，气流对尘粒的阻力为：

$$P_D = \frac{3\pi}{\mu d_p v_p} \qquad (1-12)$$

本区内按雷诺数的大小实际上又可区分为几种情况，相应有若干不同的计算阻力系数公式，但以斯托克斯式用得比较广泛。这个公式适合大多数过滤器的低速工况。

（2）$1 < Re_p < 500$（过渡区）　通常采用柯利亚奇克公式，认为它在 $3 < Re_p < 400$ 的情况下比较接近实际。该式为：

$$C_D = \frac{24}{Re_p} + \frac{4}{\sqrt[3]{Re_p}} \qquad (1-13)$$

（3）$500 < Re_p < 2 \times 10^5$（紊流区）　这时 C_D 近似为一常数，$C_D \approx 0.44$，这时气流阻力和相对流速的平方成正比：

$$P_D = 0.55\pi \rho_a d_p^2 v_p^2 \qquad (1-14)$$

（4）$Re_p > 2 \times 10^5$（高速区）　阻力系数反而降低，由 0.44 降到 0.1～0.22。

以上几种情况均适用于 d_p 远远大于空气分子运动平均自由程 λ 的粗粒分散系。对于除尘过滤技术是适用的（在温度为 20℃、压力为 101325Pa 条件下，$\lambda = 0.065\mu m$）。

当尘粒直径接近 λ 时，尘粒运动带有分子运动的性质，另有修正关系。

在各种以过滤为主的除尘器的工作过程中，气流必须通过滤料的多孔通道，而且流速经常限制在较低的区段内，若以雷诺数判别，含尘气流都处在层流状态下，所以斯托克斯定律是适用的。在过滤过程中，气流要绕穿相对稳定的滤料，它们或者是球形颗粒（对颗粒层堆积滤料来说），或者是圆柱形纤维滤材，这其中，相对运动的阻力也应大体参照上述关系。图 1-3 是对圆球、圆盘和圆柱体的阻力系数试验数据。

（二）粉尘从气体中分离的条件

颗粒捕集机理如图 1-4 所示。含尘气体进入分离区，在某一种或几种力的作用下，粉尘颗粒偏离气流，经过足够的时间，移到分离界面上，就附着在上面，并不断被除去，以便为新的颗粒继续附着在上面创造条件。

由此可见，要从气体中将粉尘颗粒分离出来，必须具备的条件如下。

① 有分离界面可以让颗粒附着在上面，如器壁、某固体表面、粉尘大颗粒表面、织物与纤维表面、液膜或液滴等。

② 有使粉尘颗粒运动轨迹和气体流线不同的作用力，常见的有重力（A）、离心力（A）、惯性力（B）、扩散（C）、静电力（A）、直接拦截（D）等，此外还有热聚力、声波和光压等。

③ 有足够的时间使颗粒移到分离界面上，这就要求分离设备有一定的空间，并要控制气体流速等。

④ 能使已附在界面上的颗粒不断被除去，而不会重新混入气体内，这就是清灰和排灰过程。清灰有在线式和离线式两种。

（三）气体中粉尘分离主要机理

图 1-5 所示为从气体介质中分离悬浮粒子的物理学机理示意。其中，部分示意表示粉尘分离的主要机理；而另一部分则表示次要机理。次要机理只能提高主要机理的作用效果。但是，这样

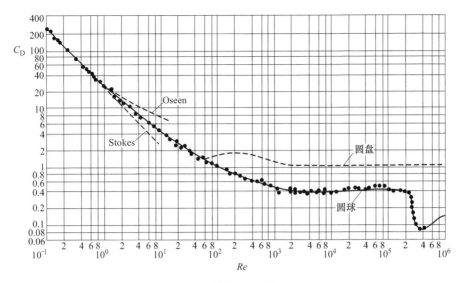

(a) 圆球和圆盘

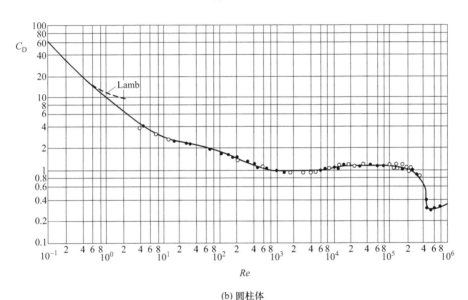

(b) 圆柱体

图 1-3　圆球、圆盘和圆柱体阻力系数与雷诺数的关系

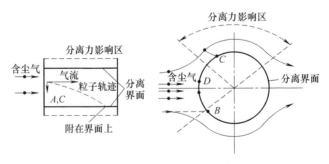

图 1-4　颗粒捕集机理示意

划分机理是有条件的，因为在某些除尘装置中粉尘分离的次要机理可能起着主要机理的作用。

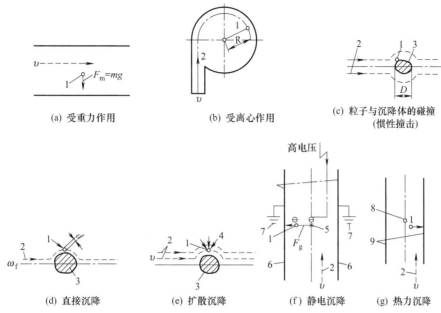

(a) 受重力作用　　　(b) 受离心作用　　　(c) 粒子与沉降体的碰撞
（惯性撞击）

(d) 直接沉降　　　(e) 扩散沉降　　　(f) 静电沉降　　　(g) 热力沉降

图 1-5　从气流中分离粉尘粒子的物理学机理示意

1—粉尘粒子；2—气流方向；3—沉降体；4—扩散力；5—负极性电晕电极；
6—积尘电极；7—大地；8—受热体；9—冷表面

1. 粉尘的重力分离机理

以粉尘从缓慢运动的气流中自然沉降为基础，从气流中分离粒子是一种最简单，也是效果最差的机理。因为在重力除尘器中，气体介质处于湍流状态，故而粒子即使在除尘器中逗留时间很长，也不能期求有效地分离含尘气体介质中的细微粒度粉尘。

重力分离对较粗粒度粉尘的捕集效果要好得多，但这些粒子也不完全服从静止介质中粒子沉降速度为基础的简单设计计算。

粉尘的重力分离机理主要适用于直径大于 $100\sim500\mu m$ 的粉尘粒子。

2. 粉尘离心分离机理

由于气体介质快速旋转，气体中悬浮粒子达到极大的径向迁移速度，从而使粒子有效地得到分离。离心除尘方法是在旋风除尘器内实现的，但除尘器构造必须使粒子在除尘器内的逗留时间短。相应地，这种除尘器的直径一般要小，否则很多粒子在旋风除尘器中短暂的逗留时间内不能到达器壁。直径为 $1\sim2m$ 的旋风除尘器，可以十分有效地捕集粒径在 $10\mu m$ 以上的粉尘粒子。但工艺气体流量很大，要求使用大尺寸的旋风除尘器，而这种旋风除尘器效率较低，只能成功地捕集粒径大于 $70\sim80\mu m$ 的粒子。对某些需要分离微细粒子的场合通常用更小直径的旋风除尘器。

增加气流在旋风除尘器壳体内的旋转圈数，可以达到增加粒子逗留时间的目的。但这样往往会增大被净化气体的压力损失，而在除尘器内达到极高的压力。当旋风除尘器内气体圆周速度增大到超过 $18\sim20m/s$ 时，其效率一般不会有明显改善。其原因是，气体湍流强度增大，以及往往不予考虑的因受科里奥利力的作用而产生对粒子的阻滞作用。此外，由于压力损失增大以及可能造成旋风除尘器装置磨损加剧，无限增大气流速度是不相宜的。在气体流量足够大的情况下可能保证旋风除尘器装置实现高效率的一种途径——并联配置很多小型旋风除尘器，如多管旋风除尘器。但是，此时则难以保证按旋风除尘器均匀分配含尘气流。

旋风除尘器的突出优点是它能够处理高温气体，造价比较便宜，但在规格较大而压力损失适中的条件下，对气体高精度净化的除尘效率不高。

3. 粉尘惯性分离机理

粉尘惯性分离机理在于当气流绕过某种形式的障碍物时，可以使粉尘粒子从气流中分离出来。障碍物的横断面尺寸越大，气流绕过障碍物时流动线路严重偏离直线方向就开始得越早。相应地，悬浮在气流中的粉尘粒子开始偏离直线方向也就越早。反之，如果障碍物尺寸小，则粒子运动方向在靠近障碍物处开始偏移（由其承载气流的流线发生曲折引起）。在气体流速相等的条件下，就可发现第二种情况的惯性力相应地较大。所以，障碍物的横断面尺寸越小，顺障碍物方向运动的粒子达到其表面的概率就越大，而不与绕行气流一道绕过障碍物。由此可见，利用气流横断面方向上的小尺寸沉降体，就能有效地实现粉尘的惯性分离。将水滴（在洗涤器、文丘里管中）或纤维（在织物过滤器中）应用于粉尘的惯性分离，其原因就在于此。但是在利用此类沉降体时必须使粒子具有较大的惯性行程，这只有在气体介质被赋予较大局部速度时才可能实现。因此，利用惯性机理分离粉尘，势必给气流带来巨大的压力损失。然而，它能达到很高的捕集效率，从而使这一缺点得以补偿。借助上述机理可高效捕集几微米大小的粒子，从而接近袋式除尘器、文氏管除尘器等高效率的除尘器。

利用惯性机理捕集粗粒度粉尘时，粉尘的特征是惯性行程较大，可降低对气体急拐弯构件的要求。在这种情况下可以用角钢或带钢制成百叶窗式除尘器以及各种烟道弯管作为这种构件，也可以在含尘气流运动路径中设置挡板，提高除尘效果。这种装置的效率较低，通常与重力沉降装置配合使用。

4. 粉尘静电力分离机理

静电力分离粉尘的原理在于利用电场与荷电粒子之间的相互作用。虽然在一些生产中产生的粉尘带有电荷，其电量和符号可能从一个粒子变向另一个粒子，因此这种电荷在借助电场从气流中分离粒子时无法加以利用。由于这一原因，电力分离粉尘的机理要求使粉尘粒子荷电。还可以通过把含尘气流纳入同性荷电离子流的方法达到使粒子荷电。

为了产生使荷电粒子从气流中分离的力，必须有电场。电场是在顺沿含尘气流运动路径设置的异性电极上形成电位差的结果。在直接靠近积尘电极的区域，这些力的作用显示最为充分，因为在其余气流体积内存在强烈湍流脉动。

荷电粒子受到的电力相当小，所以，利用静电力机理实现粉尘分离时只有使粒子在电场内长时间逗留才能达到高效率。这就决定了电力净化装置——电除尘器的一个主要缺点，即由于保证含尘气流在电除尘器内长时间逗留的需要，电除尘器尺寸一般十分庞大，因而相应地提高了设备造价。

但是，与外形尺寸同样庞大的高效袋式除尘器相比，其独特优点是电力净化装置不会造成很高的压力损失，因而能耗较低。电力净化的另一个重要优点是，可以用来处理工作温度达 400℃ 的气体，在某些情况下可处理温度更高的气体。

用电力方法可捕集的粒子最小尺寸至今还没有一个规定的粉尘细度极限。借助某些型式的电除尘器还可以有效地捕集工业气体中的微细酸雾。

（四）气流中粉尘分离的辅助机理

1. 粉尘分离的扩散过程

绝大多数悬浮粒子在触及固体表面后就留在表面上，以此种方式从该表面附近的粒子总数中分离出来。所以，靠近沉积表面产生粒子浓度梯度。

因为粉尘微粒在某种程度上参加其周围分子的布朗运动，故而粒子不断地向沉积表面运动，使浓度差趋向平衡。粒子浓度梯度越大，这一运动就越加剧烈。

悬浮在气体中的粒子尺寸越小，则参加分子布朗运动的程度就越强，粒子向沉积表面的运动也相应地显得更加剧烈。

上面描述的过程称为粒子的扩散沉降。这一过程在用织物过滤器捕集细微粉尘时起着特别明显的作用。

2. 热力沉淀作用

管道壁和气流中悬浮粒子的温度差影响这些粒子的运动。如果在热管壁附近有一不大的粒子，则由于该粒子受到迅速而不均匀加热的结果，其最靠近管壁的一侧就显得比较热，而另一侧则比较冷。靠近较热侧的分子在与粒子碰撞后，以大于靠近冷侧分子的速度飞离粒子，结果是作用于粒子的脉冲产生强弱差别，促使粒子朝着背离受热管壁的方向运动。在粒子受热而管壁处于冷态的情况下，也将发生类似现象，但此时悬浮在气体中的粒子将不是背离管壁运动，而是向着管壁运动，从而引起粒子沉降效应，即所谓热力沉淀。

热力沉淀的效应不仅显现在粒子十分微细的情况下，且显现在粒子较粗的场合。但在第二种情况下热力沉淀的物理过程更为复杂，虽然这一过程的原理依然是在温度梯度条件下粒子周围的分子运动速度不同。

当除尘器内的积尘表面用人工方法冷却时，热力沉淀的效应特别明显。

3. 凝聚作用

凝聚是气体介质中的悬浮粒子在互相接触过程中发生黏结的现象。之所以会发生这种现象，也许是粒子在布朗运动中发生碰撞的结果，也可能是由这些粒子的运动速度存在差异所致。粒子周围介质的运动速度发生局部变化，以及粒子受到外力的作用，均可能导致粒子运动速度产生差异。

当介质运动速度局部变化时，所发生的凝聚作用在湍流脉动中显得特别明显，因为粒子被介质吹散后，由于本身的惯性，跟不上气体单元体积运动轨迹的迅速变化，结果粒子互相碰撞。

引起凝聚作用的外力可以是使粒子以不同悬浮速度运动的重力，或者是在存在外部电场条件下荷电粒子所受的电力。

粒子的相互运动也可能是气体中悬浮粒子荷电的结果；在同性电荷的作用下粒子互相排斥，而在异性电荷的作用下互相吸引。

如果是多分散性粉尘，细微粒子与粗大粒子凝聚，而且细微粒子越多，其尺寸与粗大粒子的尺寸差别越大，凝聚作用进行越快。粒子的凝聚作用为一切除尘设备提供良好的捕尘条件，但在工业条件下很难控制凝聚作用。

第二节　工业除尘设备性能

除尘器性能包括处理气体流量、除尘效率、排放浓度、压力损失（或称阻力）、漏风率等（见表1-5）。若对除尘装置进行全面评价，还应包括经济指标如除尘器的安装、操作、检修的难易等因素。对每种除尘器还有些特殊的指标（见表1-6）。

表 1-5　技术性能检测方法

序号	技术性能	检测方法	序号	技术性能	检测方法
1	处理风量/(m³/h)	皮托管法	4	除尘效率/%	重量平衡法
2	漏风率/%	风量(碳)平衡法	5	排放浓度/(mg/m³)	滤筒计重法
3	设备阻力/Pa	全压差法			

表 1-6　特殊专业指标

序号	特殊指标	袋式除尘器	湿式除尘器	静电除尘器
1	过滤风量/(m³/min)	0		
2	水气比/(kg/m³)		0	0[①]
3	喉口速度/(m/s)		0	
4	电场风速/(m/s)			0
5	比集尘面积/[m²/(m³·s)]			0
6	驱进速度/(cm/s)			0
7	排放量/(kg/h)	0	0	0

① 适用湿式静电尘器。

一、处理气体流量

处理的工况含尘气体流量是表示除尘器在单位时间内所能处理的含尘气体的流量，一般用体积流量 Q（单位：m³/s 或 m³/h）表示。实际运行的除尘器由于不严密而漏风，使得进出口的气体流量往往并不一致。通常用两者的平均值作为该除尘器的处理气体流量，即

$$Q = \frac{1}{2}(Q_1 + Q_2) \tag{1-15}$$

式中，Q 为处理气体流量，m³/h；Q_1 为除尘器进口气体流量，m³/h；Q_2 为除尘器出口气体流量，m³/h。

净化器漏风率 σ 可按下式表示：

$$\sigma = \frac{Q_1 - Q_2}{Q_1} \times 100\% \tag{1-16}$$

在设计除尘器时，其处理气体流量是指除尘器进口的气体流量。在选择风机时，其处理气体流量对正压系统（风机在除尘器之前）是指除尘器进口气体流量，对负压系统（风机在除尘器之后）是指除尘器出口气体流量。

处理风量计算式如下：

$$V_0 = 3600 F v \frac{B+p}{101325} \times \frac{273}{273+t} \times \frac{0.804}{0.804+f} \tag{1-17}$$

式中，V_0 为实测风量，m³/h；F 为实测断面积，m²；v 为实测风速，m/s；B 为实测大气压力，Pa；p 为设备内部静压，Pa；t 为设备内部气体温度，℃；f 为设备内气体饱和含湿量，kg/m³。

在非饱和气体状态时，$\dfrac{0.804}{0.804+f} \approx 1$。

在计算处理气体量时有时要换算成气体的工况状态或标准状态，计算式如下：

$$Q_n = Q_g (1 - X_w) \frac{273}{273+t_g} \times \frac{B_a + p_g}{101325} \tag{1-18}$$

式中，Q_n 为标准状态下的气体量，m³/h；Q_g 为工况状态下的气体量，m³/h；X_w 为气体中的水汽含量体积百分数，%；t_g 为工况状态下的气体温度，℃；B_a 为大气压力，Pa；p_g 为工况状态下处理气体的压力，Pa。

除尘器的处理气体流量大小会影响除尘效果，设标准气体流量 Q_n 为 100%，则流量变化对除尘效率的影响如图 1-6 所示。

二、除尘器的设备阻力

除尘器的设备阻力是表示能耗大小的技术指标，可通过测定设备进口与出口气流的全压差而

得到。其大小不仅与除尘器的种类和结构型式有关，还与处理气体通过时的流速大小有关。通常设备阻力与进口气流的动压成正比，即

$$\Delta p = \zeta \frac{\rho v^2}{2} \quad (Pa) \qquad (1-19)$$

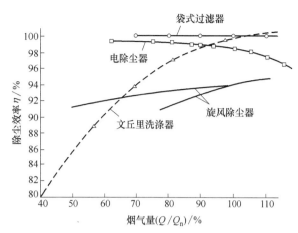

图 1-6　烟气量偏高标准值时除尘效率的变化

式中，Δp 为含尘气体通过除尘器设备的阻力，Pa；ζ 为除尘器的阻力系数；ρ 为含尘气体的密度，kg/m^3；v 为除尘器进口的平均气流速度，m/s。

由于除尘器的阻力系数难以计算，且因除尘器不同差异很大，所以除尘总阻力还常用下式表示：

$$\Delta p = p_1 - p_2 \qquad (1-20)$$

式中，p_1 为设备入口全压，Pa；p_2 为设备出口全压，Pa。

对大中型除尘器而言，除尘器入口与出口之间的高度差引起的浮力应该考虑在内，浮力效果是除尘器入口及出口测定位置的高度差 H 和气体与大气的质量差 $(\rho_a - \rho)$ 之积。

即

$$p_H = H g (\rho_a - \rho) \qquad (1-21)$$

一般情况下，对除尘器的阻力来说，浮力效果是微不足道的。但是，如果气体温度高，测定点的高度又相差很大，就不能忽略浮力效果，因此要引起重视。

根据上述总阻力及浮力效果，用下式表示除尘器的总阻力损失：

$$\Delta p = p_1 - p_2 - p_H \qquad (1-22)$$

这时，如果测定截面的流速及其分布大致一致时，可用静压差代替总压差来校正出、入口测定截面积的差别，求出压力损失。

设备阻力实质上是气流通过设备时所消耗的机械能，它与通风机所耗功率成正比，所以设备的阻力越小越好。多数除尘设备的阻力损失在 2000Pa 以下。

根据除尘装置的压力损失，除尘装置可分为：①低阻除尘器 $\Delta p < 500Pa$；②中阻除尘器 $\Delta p = 500 \sim 2000Pa$；③高阻除尘器 $\Delta p = 2000 \sim 20000Pa$。

三、除尘效率

指含尘气流通过除尘器时，在同一时间内被捕集的粉尘量与进入除尘器的粉尘量之比，用百分率表示，也称除尘器全效率。除尘效率是除尘器重要技术指标。

（一）除尘效率计算

除尘效率计算如图 1-7 所示，若除尘装置进口的气体流量为 Q_1、粉尘的质量流量为 S_1、粉尘浓度为 C_1，装置出口的相应量为 Q_2、S_2、C_2，装置捕集的粉尘质量流量为 S_3，除尘装置漏风率为 φ，则有：

$$S_1 = S_2 + S_3$$
$$S_1 = Q_1 C_1 \qquad S_2 = Q_2 C_2$$

根据总除尘效率的定义有：

$$\eta = \frac{S_3}{S_1} \times 100\% = \left(1 - \frac{S_2}{S_1}\right) \times 100\% \qquad (1-23)$$

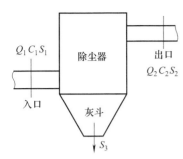

图 1-7 除尘效率计算示意

或
$$\eta = \left(1 - \frac{Q_2 C_2}{Q_1 C_1}\right) \times 100\% = \frac{C_1 - C_2(1+\varphi)}{C_1} \times 100\% \quad (1\text{-}24)$$

若除尘装置本身的漏风率 φ 为零，即 $Q_1 = Q_2$，则式（1-24）可简化为：

$$\eta = \left(1 - \frac{C_2}{C_1}\right) \times 100\% \quad (1\text{-}25)$$

通过称重利用上面公式可求得总除尘效率，这种方法称为质量法，在实验室以人工方法供给粉尘研究除尘器性能时，用这种方法测出的结果比较准确。在现场测定除尘器的总除尘效率时，通常先同时测出除尘器前后的空气含尘浓度，再利用上式求得总除尘效率，这种方法称为浓度法。由于含尘气体在管道内的浓度分布既不均匀又不稳定，因此在现场测定含尘浓度有时要用等速采样的方法。

有时由于除尘器进口含尘浓度高，满足不了国家关于粉尘排放标准的要求，或者使用单位对除尘系统的除尘效率要求很高，用一种除尘器达不到所要求的除尘效率时，可采用两级或多级除尘，即在除尘系统中将两台或多台不同类型的除尘器串联起来使用。根据除尘效率的定义，两台除尘器串联时的总除尘效率为：

$$\eta_{1-2} = \eta_1 + \eta_2(1-\eta_1) = 1 - (1-\eta_1)(1-\eta_2) \quad (1\text{-}26)$$

式中，η_1 为第一级除尘器的除尘效率；η_2 为第二级除尘器的除尘效率。

n 台除尘器串联时其总效率为

$$\eta_{1-n} = 1 - (1-\eta_1)(1-\eta_2)\cdots(1-\eta_n) \quad (1\text{-}27)$$

在实际应用中，多级除尘系统的除尘设备有时达到三级或四级。

【例 1-1】 有一个两级除尘系统，除尘效率分别为 80% 和 95%，用于处理起始含尘浓度为 8g/m^3 的粉尘，试计算该系统的总效率和排放浓度。

解： 该系统的总效率为

$$\eta_{1-2} = \eta_1 + (1-\eta_1)\eta_2 = 0.8 + (1-0.8) \times 0.95 = 0.99 = 99\%$$

根据式（1-25），经两级除尘后，从第二级除尘器排入大气的气体含尘浓度为

$$C_2 = C_1(1 - \eta_{1-2}) = 8000 \times (1 - 0.99) = 80(\text{mg/m}^3)$$

（二）除尘器的分级效率

除尘装置的除尘效率因处理粉尘的粒径不同而有很大差别，分级除尘效率指除尘器对粉尘某一粒径范围的除尘效率。图 1-8 和图 1-9 列出了各种除尘器对不同粒径粉尘的分级除尘效率。从中可以看出，各种除尘器对粗颗粒的粉尘都有较高的效率，但对细粉尘的除尘效率却有明显的差别，例如对 $1\mu\text{m}$ 粉尘高效旋风除尘器的除尘效率不过 27%，而像电除尘器等高效除尘器的除尘效率都可达到很高，甚至达到 90% 以上。因此，仅用总除尘效率来说明除尘器的除尘性能是不全面的，要正确评价除尘器的除尘效果，必须采用分级除尘效率。

分级除尘效率简称分级效率，就是除尘装置对某一粒径 $d_{\text{p}i}$ 或某一粒径范围 $d_{\text{p}i} \sim (d_{\text{p}i} + \Delta d_{\text{p}})$ 粉尘的除尘效率。实际生产中粉尘的粒径分布是千差万别的，因此了解除尘器的分级效率有助于正确地选择除尘器。分级效率通常用 η_i 表示。

根据定义，除尘器的分级效率可表示为：

$$\eta_i = \frac{S_{3i}}{S_{1i}} \times 100\% \quad (1\text{-}28)$$

或
$$\eta_i = \frac{S_3 g_{3i}}{S_1 g_{1i}} \times 100\% = \eta \frac{g_{3i}}{g_{1i}} \times 100\% \quad (1\text{-}29)$$

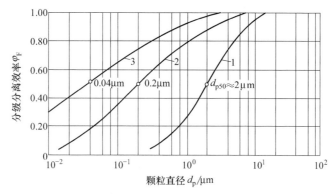

图 1-8　各种除尘器的分级除尘效率曲线

1—旋风除尘器；2—湿式除尘器；3—袋式除尘器、静电除尘器、文氏管除尘器

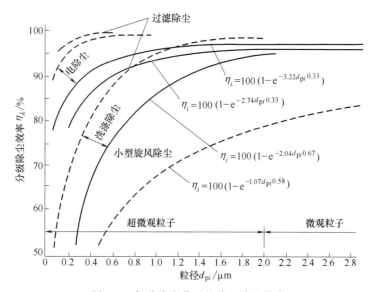

图 1-9　各种除尘装置的分级除尘效率

式中，S_{1i}、S_{3i} 分别为除尘器进口和除尘器灰斗中某一粒径或粒径范围的粉尘质量流量，kg/kg；S_1、S_3 分别为除尘器进口和除尘器灰斗中的粉尘质量流量，kg/kg；g_{1i}、g_{3i} 分别为除尘器进口和除尘器灰斗中某一粒径或粒径范围的粉尘的质量分数（即频率分布）。

因为有

$$S_{1i} = S_{2i} + S_{3i} \tag{1-30}$$

所以分级效率也可以表达为

$$\eta_i = \left(1 - \frac{S_2 g_{2i}}{S_1 g_{1i}}\right) \times 100\% = \left(1 - P\frac{g_{2i}}{g_{1i}}\right) \times 100\% \tag{1-31}$$

式中，P 为通过率，%；其他符号意义同前。

根据除尘装置净化某粉尘的分级效率计算该除尘装置净化该粉尘的总除尘效率，其计算公式为

$$\eta = \sum (\eta_i g_{1i}) \tag{1-32}$$

式中，g_{1i} 的意义同前。

【例 1-2】　进行高效旋风除尘器试验时，除尘器进口的粉尘质量为 40kg，除尘器从灰斗中收

集的粉尘质量为 36kg。除尘器进口的粉尘与灰斗中粉尘的粒径分布如下：

粉尘粒径/μm	0～5	5～10	10～20	20～40	>40
试验粉尘 g_1/%	10	25	32	24	9
灰斗粉尘 g_3/%	7.1	24	33	26	9.9

计算该除尘器的分级效率。

解： 根据式（1-29）

$$\eta_i = \frac{S_3 g_{3i}}{S_1 g_{1i}} \times 100\%$$

0～5μm 的粉尘　　$\eta_{0\sim5} = \dfrac{36 \times 7.1}{40 \times 10} \times 100\% = 63.9\%$

5～10μm 的粉尘　　$\eta_{5\sim10} = \dfrac{36 \times 24}{40 \times 25} \times 100\% = 86.4\%$

10～20μm 的粉尘　　$\eta_{10\sim20} = \dfrac{36 \times 33}{40 \times 32} \times 100\% = 92.8\%$

20～40μm 的粉尘　　$\eta_{20\sim40} = \dfrac{36 \times 26}{40 \times 24} \times 100\% = 97.5\%$

>40μm 的粉尘　　$\eta_{>40} = \dfrac{36 \times 9.9}{40 \times 9} \times 100\% = 99\%$

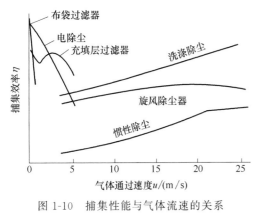

图 1-10　捕集性能与气体流速的关系

（三）气流通过速度与效率的关系

处理一定的气体流量如仅考虑经济性，装置内取较大流速，装置就小，费用也低。随着流速增加，压损上升，送风机动力增大，运转费增加。设备费与运转费合计的全年费用有其极小值，但这一经济最佳点并未考虑捕集性能，故不一定适用于实际运转范围，其计算实例亦不多。另一方面由捕集性能而得的最佳点如图 1-10 所示，旋风除尘器入口风速在 10～20m/s 的范围内时，洗涤除尘器可以达到很高的风速，其他高效除尘器则仅限于低风速，实际应用中根据经验取析中的风速的范围，大体如表 1-7 所列。

表 1-7　各种除尘装置的主要参数

形式	可能的捕集程度/μm	压力损失/mmH$_2$O	最适宜风速/(m/s)	设备费用
惯性除尘器	20～50	30～100	10～25	低
离心除尘器	5～15	100～200	15～20	低
袋式除尘器	0.1～1	100～200	0.01～0.03	高
充填层过滤器（片式）	0.1～10	10～100	0.1～3	中
洗涤式除尘器	0.1～10	500～1000	5～100	中
电除尘器	0.1～1	20～50	0.5～1.5	高

除尘效率或者分级除尘效率是重要的性能指标，但是，从实用上考虑只有出口浓度低才算达到了目的。对各种粉尘的出口含尘浓度，国家标准规定有最高容许浓度的要求。出口含尘浓度可由实测得出，也可根据入口含尘浓度及除尘器在该条件下的除尘效率来计算。

四、除尘器排放浓度

(一) 排放浓度

当排放口前为单一管道时，取排气筒实测排放浓度为排放浓度；当排放口前为多支管道时，排放浓度按下式计算：

$$C = \frac{\sum_{i=1}^{n} C_i}{\sum_{i=1}^{n} Q_i} \tag{1-33}$$

式中，C 为平均排放浓度，mg/m^3；C_i 为汇合前各管道实测粉（烟）尘浓度，mg/m^3；Q_i 为汇合前各管道实测风量，m^3/h。

(二) 粉尘除尘效率

除尘效率是从除尘器捕集粉尘的能力来评定除尘器性能的，在国家《大气污染物综合排放标准》(GB 16297—1997) 中是用未被捕集的粉尘（即排出的粉尘）来表示除尘效果的。未被捕集的粉尘量占进入除尘器粉尘量的百分数称为透过率（又称穿透率或通过率），用 P 表示，显然

$$P = \frac{S_2}{S_1} \times 100\% = (1 - \eta) \times 100\% \tag{1-34}$$

式中，S_2 为排出粉尘量，kg/h；S_1 为进入除尘器粉尘量，kg/h；η 为除尘效率，%。

可见除尘效率与透过率是从不同的方面说明同一个问题，但是在有些情况下，特别是对高效除尘器，采用透过率可以得到更明确的概念。例如有两台在相同条件下使用的除尘器，第一台除尘效率为 99.9%，第二台除尘效率为 99.0%，从除尘效率比较，第一台只比第二台高 0.9%；但从透过率来比较，第一台为 0.1%，第二台为 1%，相差达 10 倍，说明从第二台排放到大气中的粉尘量要比第一台多 10 倍。因此，从环境保护的角度来看，用透过率来评定除尘器的性能更为直观。用除尘效率表示除尘效果更实用。

五、除尘器漏风率

漏风率是评价除尘器结构严密性的指标，它是指设备运行条件下的漏风量与入口风量的百分比。应指出，漏风率因除尘器内负压程度不同而各异，而国内绝大多数厂家给出的漏风率是在任意条件下测出的数据，缺乏可比性，为此，必须规定出标定漏风率的条件。袋式除尘器标准规定：以净气箱静压保持在 -2000Pa 时测定的漏风率为准。其他除尘器尚无此项规定。

漏风率的测定方法如下。

(一) 风量平衡法

漏风率按除尘器进出口实测风量值计算确定

$$\varphi = \frac{Q_1 - Q_2}{Q_1} \times 100\% \tag{1-35}$$

式中，φ 为漏风率，%；Q_1 为除尘器入口实测风量，m^3/h；Q_2 为除尘器出口实测风量，m^3/h。

漏风系数 α 按下式计算确定：

$$\alpha = \frac{Q_2}{Q_1} \tag{1-36}$$

（二）碳平衡法

在烟气工况比较复杂的条件下，可以采用碳平衡法来确定漏风系数

$$\alpha = \frac{Q_2}{Q_1} = \frac{(CO + CO_2)_1}{(CO + CO_2)_2} \tag{1-37}$$

式中，$(CO + CO_2)_1$ 为除尘设备入口处 CO、CO_2 含量，%；$(CO + CO_2)_2$ 为除尘设备出口处 CO、CO_2 含量，%。

六、除尘器的其他性能指标

（一）耐压强度

耐压强度作为指标在国外产品样本并不罕见。由于除尘器多在负压下运行，往往由于壳体刚度不足而产生壁板内陷情况，在泄压回弹时则砰然作响。这种情况凭肉眼是可以觉察的，故袋式除尘器标准规定耐压强度即为操作状况下发生任何可见变形时滤尘箱体所指示的静压值，并规定了检查方法。

除尘器耐压强度应大于风机的全压值。这是因为虽然除尘器工作压力没有风机全压值大，但是考虑到除尘管道堵塞等非正常工作状态，所以设计和制造除尘器时应有足够的耐压强度。

（二）除尘器的能耗

烟气进出口的全压差即为除尘设备的阻力，设备的阻力与能耗成比例，通常根据烟气量和设备阻力求得除尘设备消耗的功率：

$$P = \frac{Q \Delta p}{9.8 \times 10^2 \times 3600 \eta} \tag{1-38}$$

式中，P 为所需功率，kW；Q 为处理烟气量，m^3/h；Δp 为除尘设备的阻力，Pa；η 为风机和电动机传动效率，%。

在计算除尘器能耗中还应包括除尘器清灰装置、排灰装置、加热装置以及振打装置（振动电机、空气炮）等能耗。

（三）液气比

在湿式除尘器中，液气比与基本流速同样会给除尘性能以很大的影响。不能根据湿式除尘器形式求出液气比值时，可用下式计算：

$$L = \frac{q_w}{Q_i} \tag{1-39}$$

式中，L 为液气比，L/m^3；q_w 为洗涤液量，L/h；Q_i 为除尘器入口的湿气流量，m^3/h。

洗涤液原则是为了发挥除尘器的作用而直接使用的液体，不论是新供给的还是循环使用的，都是对除尘过程有作用的液体。它不包括诸如气体冷却、蒸发、补充水、液面保持用水、排放液的输送等使用上的与除尘无直接关系的液体。

第二章 工业除尘设备设计总则和技术对策

工业除尘设备设计有两方面的情况：一是大中型工业除尘设备多数需要根据工况条件进行设备设计；二是随着技术进步许多新开发的工业除尘设备也要有专门的设备设计。不论何种情况，都要遵照国家法规政策和总的技术原则进行。

第一节 法 规 政 策

一、环境保护法规

1. 法规

《中华人民共和国宪法》规定："国家保护和改善生活环境和生态环境，防治污染和其他公害。"

《中华人民共和国环境保护法》第一条："为保护和改善生活环境与生态环境，防治污染和其他公害，保障人体健康，促进社会主义现代化建设的发展，制定本法。"

《中华人民共和国大气污染防治法》规定："钢铁、建材、有色金属、石油、化工等企业生产过程中排放粉尘、硫化物和氮氧化物的，应当采用清洁生产工艺，配套建设除尘、脱硫、脱硝等装置，或者采取技术改造等其他控制大气污染物排放的措施。"

《建设项目环境保护管理条例》规定："建设项目需要配套建设的环境保护措施，必须与主体工程同时设计、同时施工、同时投产使用。"

2. 环境保护排放标准

根据大气污染总量控制的需要，大气污染物主要排放标准包括：《环境空气质量标准》（GB 3095—2012）；《大气污染物综合排放标准》（GB 16297—1996）；《工业炉窑大气污染物排放标准》（GB 9078—1996）；《炼焦化学工业污染物排放标准》（GB 16171—2012）；《水泥工业大气污染物排放标准》（GB 4915—2013）；《恶臭污染物排放标准》（GB 14554—1993）；《煤炭工业污染物排放标准》（GB 20426—2006）；《火电厂大气污染物排放标准》（GB 13223—2011）；《锅炉大气污染物排放标准》（GB 13271—2014）。

以上法律和相关法规为我国控制大气污染、保护生态环境、发展环境保护产业、保障人民身体健康、促进国民经济建设的发展提供了法律保障。

二、产业技术政策

1. 环保产业

当前国家优先发展的环保产业重点领域如下。一是环保技术与装备、环保材料与环保药剂领域，主要包括烟气脱硫技术与装备、机动车尾气污染防治技术、城市垃圾资源化利用与处理处置技术和装备、工业固体废物处理技术与装备、噪声控制技术与装备、城市污水处理及再生利用技术、工业废水处理及循环利用工艺技术、节水技术与装备、以污染预防为主的清洁生产技术与装备、资源综合利用技术与装备、生态环境保护技术与装备、污染防治装备控制仪器、在线环境监测设备、性能先进的环保材料及环保药剂等。二是资源综合利用领域，主要包括共伴生矿的综合开发与利用、"三废"综合利用、废旧物资回收利用。三是环境服务领域，主要包括环境咨询、信息和技术服务以及环境工程和污染防治设施运营服务等。

2. 发展思路

坚持科学发展观，以市场为导向，以效益为中心，以企业为主体的原则，推广与应用清洁能源、可再生能源，发展循环经济；加强政策引导，依靠技术进步，培育规范市场，加强监督管理，加强环保执法力度，逐步建立与社会主义市场经济体制相适应的环保产业宏观调控体系；统一开放、竞争有序的环保产业市场运行机制，促进环保产业健康发展，为环境保护提供技术保障和物质基础，以适应日益严格的环保要求对环保产业的需求，并使其成为新的经济增长点。

3. 主要目的

研究开发一批具有国际先进水平的拥有自主知识产权的环保技术和产品；巩固和提高一批具有一定优势、国内市场需求量大的环保技术和产品；推广和应用一批先进、成熟的环保技术和产品；依法淘汰一批设计不合格、性能落后、高耗低效、市场供大于求的环保产品。

4. 技术措施

以控制工业生产过程和工业炉窑为主要对象的大气污染防治技术和产品，是环保产业的重要组成部分；其主要内容包括烟气脱硫、烟尘治理、汽车尾气治理和有毒有害气体处理。

重点发展与提升袋式除尘器及其配套机电产品与材料性能，提高产品质量；开发耐高温、耐腐蚀的滤料和纤维原料；大力发展每小时处理风量20万立方米以上、耐温250℃以上、寿命3年以上的袋式除尘器。抑制常规电除尘器的发展，拓宽电除尘器对高浓度、高温、高电阻率烟尘和含有腐蚀性气体等适应领域；发展配套的监测仪器和装备；改进型材规格和品种，降低主体重量；完善计算机选型技术，开发脉冲供电、微机控制、可变电压供电装置等。重点开发特殊环境使用的电除尘器，适当发展用于各种炉窑的中小型电除尘器。淘汰技术落后、质量低劣的旋风除尘器，重点发展高效低阻及除尘、脱硫一体化，即组合式除尘器。

第二节 除尘设备设计总则

一、设计原则

工业除尘设备应具备"高效、优质、经济、安全"的设备特性；工业除尘设备设计、制造、安装和运行时，必须符合以下设计原则。

1. 技术先进

根据《职业病防治法》和《大气污染防治法》的规定，按作业环境卫生标准和大气环境排放标准确定的工业除尘目标，瞄准国内外工业除尘先进水平，围绕"高效、密封、强度和刚度"大做文章，科学确定其除尘方法、形式和指标，设计和发展具有自主知识产权的工业除尘设备。具体要求：①技术先进、造型新颖、结构优化，具有显著的"高效、密封、强度、刚度"等技术特性；②排放浓度符合环保排放标准或特定标准的规定，其粉尘或其他有害物的落地浓度不能超过卫生防护限值；③主要技术经济指标达到国内外先进水平；④具有配套的技术保障措施。

2. 运行可靠

保证除尘设备连续运行的可靠性，是工业除尘设备追求的终极目标之一。它不仅决定设备设计的先进性，也涉及制造与安装的优质性和运行管理的科学性。只有设备完好、运行可靠，才能充分发挥除尘设备的功能和作用，用户才能放心使用，而不是虚设；与主体生产设备具有同步的运转率，才能满足环境保护的需要。具体要求：①尽量采用成熟的先进技术，或经示范工程验证的新技术、新产品和新材料，奠定连续运行、安全运行的可靠性基础；②具备关键备件和易耗件的供应与保障基地；③编制工业除尘设备运行规程，建立工业除尘设备有序运作的软件保障体系；④培训专业技术人员和岗位工人，实施岗位工人持证上岗制度，科学组织工业除尘设备的运行、维护和管理。

3. 经济适用

根据我国生产力水平和环境保护标准规定，在"简化流程、优化结构、高效除尘"的基点上，把设备投资和运行费用综合降低为最佳水准，将是除尘设备追求的"经济适用"目标，具体要求：①依靠高新科技，简化流程，优化结构，实现高效除尘，减少主体重量，有效降低设备造价；②采用先进技术，科学降低能耗，降低运行费用；③组织除尘净化的深加工，向综合利用要效益；④提升除尘设备完好率和利用率，向管理要效益。

4. 安全环保

保证除尘设备安全运行，杜绝粉尘二次污染和转移，防止意外设备事故，是除尘设备的安全环保准则。具体要求如下。

（1）贯彻《生产设备安全卫生设计总则》（GB 5083—1999）和有关法规，设计和安装必要的安全防护措施：①走台、扶手和护栏；②安全供电设施；③防爆设施；④防毒、防窒息设施；⑤热膨胀消除设施；⑥安全报警设施。

（2）贯彻《职业病防治法》和《大气污染防治法》，杜绝二次污染与污染物转移：①除尘器排放浓度必须保证在环保排放标准以内，作业环境粉尘浓度在卫生标准以内；②粉尘污染治理过程，不能有二次扬尘，也不能转移为其他污染；③除尘设备噪声不能超过国家卫生标准和环保标准；④除尘器收下灰（粉尘）应配套综合利用措施。

设计除尘装置的考虑方法示例见图 2-1。

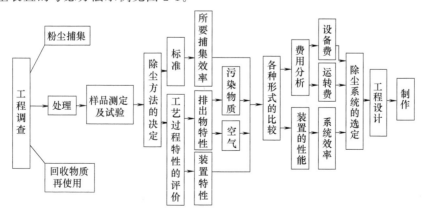

图 2-1　除尘装置的设计方法

二、设计程序和方法

1. 设计的主要依据

袋式除尘器的设计依据主要是国家和地方的有关标准以及用户与设计者之间的合同文件。在合同文件中应包括除尘器规格大小、装备水平、技术指标、质量保证、使用年限、备品备件、技术服务等项内容。

在进行开发性设计时，主要依据是开发研究要达到的特殊目的和要求。

2. 设计原始参数

袋式除尘器工艺设计计算所需的原始参数主要包括烟气性质、粉尘性质和气象地质条件三部分。

（1）烟气性质

① 需净化的烟气量及最大量（m^3/h）；

② 进出除尘器的烟气温度及温度波动范围（℃）；

③ 进出除尘器的烟气最大压力（Pa）；

④ 烟气成分的体积分数（%）；对电厂要明确烟气含氧量（%）；

⑤ 烟气的湿度，通常用烟气露点值表示；

⑥ 烟气进入除尘器的一般及最大含尘浓度（g/m^3）；

⑦ 烟气从除尘器排出要求的最终含尘浓度（mg/m^3）。

（2）粉尘性质

① 粉尘成分的质量分数（%）；

② 粉尘常温和操作温度时的比电阻（$\Omega \cdot cm$）；

③ 粉尘粒度组成质量分数或粒径分散度（%）；

④ 粉尘的堆积密度（kg/m^3）；

⑤ 粉尘的自然安息角和黏性；

⑥ 粉尘的化学组成和粉尘的磨损性；

⑦ 用于发电厂锅炉尾部的袋式除尘器，特别要提供燃煤含硫量；用于煤粉制备系统的除尘器要提供煤粉的组成。

（3）气象地质条件

① 最高、最低及年平均气温（℃）；

② 地区最大风速（m/s）；

③ 风载荷、雪载荷（N/m^2）；

④ 设备安装的海拔高度及各高度的风压力（kPa）；

⑤ 地震烈度（度）；

⑥ 相对湿度（%）。

3. 技术文件

设备设计方有必要向用户提供如下技术文件：

（1）集气吸尘罩技术设计案例；

（2）通风除尘系统技术设计资质、案例；

（3）除尘器本体设计资质、案例；

（4）除尘器清灰设计方案；

（5）除尘器入风口箱体及出风口气流分布模拟试验结果或数值模拟资料；

（6）现场实测粉尘化学性质测试报告；

（7）现场实测粉尘浓度测试报告；

（8）现场实测烟气温度、相对湿度、压力测试报告；

（9）现场实测粉尘颗粒粒径分布测试报告；

（10）给定合理的处理风量设计可行性报告。

三、可行性研究

在方案比较的基础上开展工程项目的可行性研究。可行性研究的深度要求按设计规范的内容进行。大型的、复杂的和某些涉外的项目，还可以先做预可行性研究。

可行性研究要求从技术上、经济上和工程上加以分析论证，必须准确回答 3 个主要问题：①技术上是否先进可靠；②经济上是否节省合理；③工程上是否有实施的可能性。

此外，还要考虑如何与主生产线的搭接和适配等。将这些问题论述清楚，形成完整的设计文件——可行性研究报告，上报主管部门审批。

可行性研究要按照可行性研究阶段的设计深度要求进行，超越深度或达不到深度的均为不当。可行性研究的最终目的是提出可行的技术方案和相对准确的投资估算。可行性研究包括 3 个方面的内容：①技术可行性；②经济可行性；③工程可行性。前二者需通过技术经济综合分析确定；后一项则与施工安装和运行条件以及社会地理环境有关，例如有的项目，技术上和经济上是可行的，然而现场的工程施工无法进行，不具备必要的条件，便成了工程不可行。这样的事例在旧厂改造时经常会遇到。

1. 技术可行性

技术可行性是指技术不仅先进成熟，而且适用可靠。不能为了追求先进，就把实验室的装置任意放大或不经中试而直接用于大型工程。当然，也不应为了成熟可靠而一味墨守成规，在新技术面前不敢越雷池一步。要充分尊重科学和工程规律，力求万无一失。世界上失败的工程也并不鲜见，总结起来大多失误在冒进和急功近利上，存在着深刻的教训。不过，在稳妥的前提下，对前人和别人做过的基础工作熟视无睹，非自己从头尝试一遍不可的做法也是不可取的。我们完全不必重复别人数十年前的工作，浪费财力和时间，而应当站在高起点上，利用他人的成果加以创新发展。

2. 经济可行性

所谓经济可行性，是指投资运行费用、成本和效益等符合国情厂情，是国力厂力所能及。一句话，必须同社会生产力水平和企业的技术装备水平相匹配。资金要用在"刀刃"上。万不可因强调社会效益而完全忽略经济因素，任意扩大投资费用和不计成本。在选择方案时，应当关注造价低廉和节能的设备，尽可能使工程项目在可行性研究阶段成为可行。

可行性研究完成之后，要通过论证和审批方可开展初步设计。在初步设计之前，还要进行工程项目的环境影响预评价。预评价报告同样要通过论证和审批。这些都应纳入规范的设计程序。

3. 工程可行性

在可行性研究阶段，必须认真调查研究，对各种工艺方案，进行充分的比选、分析和论证。按照上述思路和原则，以本地区、本企业的具体条件和特点为依据，经市场调查，在法规和政策允许的前提下先选定两个以上的工艺流程。

四、设计内容

1. 基本数据

基本数据是指基本参数、主要尺寸、总的设计数据和原则、初步的设备表、载荷值以及进行基本设计所必需的其他参数和条件等。

基本数据用于建立设备的基本概念、项目的范围以及工业介质的输入、输出。

例如，基本数据可为参考项目的总布置图、数据表、能源介质耗量、TOP 点等。

基本数据还包括应用由设备使用方法提供的与现有车间的布置、设备、公共及辅助设施、电源等级、环保和建筑物有关的资料；由设备制造方提供的有关设备的参数资料和参考图。

2. 基本设计

基本设计的目的是确定除尘设备的结构，并确定与质量和产量相关的重要设计数据。

基本设计是指基本的数据，含主要尺寸的初步装配图、系统图、布置图、示意图，设备构成以及必要的计算。基本设计还应包括参考功能描述、初步的用电设备和部件清单、参考资料以及标准与通用件的含技术数据的样本。基本设计应当使有设计资质的有经验的设计制造公司在各自的技术领域开展详细设计，以完成主体设备和整套装置。基本设计也包括部件参考图及使用材料的参考清单。

参考资料和参考图应为与设备相当或类似的同类型设备的参考资料和参考图。

3. 详细设计

详细设计包括与施工和制造相关的最终的设计。

设备的详细设计包括所有必要的计算、布置图、制造详图、材料清单、相关的标准和样本、消耗件和备品备件清单，以及设备组装、检验、安装、操作和维护的说明。

详细设计应能使有设计资质、有经验的公司完成设备制造和设备组装，同时详细设计也能使有资质、有经验的技术人员开展整套设备的机械、土建、电气和其他相关专业的设计、施工及安装工作。

4. 施工图

（1）绘制施工图文件包括：①封面，内容有项目名称、设计人、审核人、单位技术负责人、设计单位名称、日期等；②图纸目录，先列新绘制的设计图纸，后列选用的本单位通用图、重复使用图；③首页，内容包括设计概况、设计说明及施工安装说明、设备表、主要材料表、工艺局部排风量表、图例；④立面图；⑤剖面图；⑥平面图；⑦系统图；⑧施工详图，即设备安装，零部件、罩子加工安装图，以及所选用的各种通用图和重复使用图；⑨其他。

（2）编制设计文件包括：①设计说明书；②设计计算书（供内部使用）；③安装施工要领书；④运行操作说明书；⑤易损件明细表；⑥其他。

第三节　设计原始资料

除尘设备工艺设计需要的原始资料包括要净化的含尘气体的性质、工业粉尘性质和必要的气象条件。

一、含尘气体的性质

（一）气体三大定律和状态方程

在除尘工程中不管是设计管道还是选用设备，必须深刻了解气体在设备和管道的变化情况，也就是了解气体三大定律和状态方程。

1. 玻义耳-马略特定律

玻义耳-马略特定律指出气体等温变化所遵循的规律。一定质量的气体在温度不变时，其压

力 p 和体积 V 成反比，即 $pV=$ 常数。常数的大小由气体的温度和物质的量决定。从微观角度看，气体质量一定，即气体的总分子数不变。又因温度为定值，气体的平均动能不变。气体的体积减小到原来的几分之一，分子的密度就增大为原来的几倍，从而在单位时间内，气体分子对器壁单位面积的碰撞次数就增加几倍，即压力增大到几倍。因此，在一个充满气体的系统中，当气体通过系统时气体是从高压区流向低压区的。假设温度恒定，则通常在系统的终端得到气体的确切体积比起始端的体积大。充满气体的系统中，随着气体进入系统的下游，压力减小，体积增大。玻义耳-马略特定律可以写作：

$$p_1V_1=p_2V_2=\cdots=\text{常数} \tag{2-1}$$

式中，V_1 为始态压力 p_1 下的气体体积，m^3；V_2 为终态压力 p_2 下的气体体积，m^3；p_1 为始态压力（压力单位是绝对值），Pa；p_2 为终态压力（压力单位是绝对值），Pa。

2. 查理定律

查理定律揭示了气体等容变化所遵循的规律。一定质量的气体在体积不变时，其压力 p 和热力学温度 T 成正比，即 $\dfrac{p}{T}=$ 常数。常数的大小由气体的体积和物质的量决定。从微观角度看，一定质量的气体，体积保持不变，当气体温度升高时分子平均速度增大，因而气体压力增大，所以气体的压力和温度成正比。这一定律对理想气体才严格成立，它只能近似反映实际气体的性质，压力越大、温度越低，与实际情况的偏差就越显著。

当气体体积保持不变时，遵从查理定律，即

$$\frac{p_1}{T_1}=\frac{p_2}{T_2}=\cdots=\text{常数} \tag{2-2}$$

式中，p_1 为始态压力，Pa；p_2 为终态压力，Pa；T_1 为始态温度（温度单位为绝对值），K；T_2 为终态温度（温度单位为绝对值），K。

3. 盖·吕萨克定律

盖·吕萨克定律阐述的是压力恒定的情况下气体体积和温度的关系。定律表明：气体体积和气体的绝对温度成正比。换句话说，压力恒定的情况下，随着温度的升高，体积增大；反之则减小。定律可以写作：

$$\frac{V_1}{V_2}=\frac{T_1}{T_2}=\cdots=\text{常数} \tag{2-3}$$

式中，V_1 为始态温度 T_1 下的气体体积，m^3；V_2 为终态温度 T_2 时的气体体积，m^3；T_1 为始态温度（温度单位为绝对值），K；T_2 为终态温度（温度单位为绝对值），K。

4. 气体状态方程

一定质量 m 的任何物质（气体）所占有的体积 V，取决于该物质所受压力 p 和它的温度 T。对纯物质来说，这些量之间存在着一定的关系，称作该物质的状态方程。

$$f(m,V,p,T)=0$$

对理想气体，可写成如下方程：

$$pV=nRT \tag{2-4}$$

式中，p 为压力，Pa；V 为气体体积，m^3；n 为气体的摩尔质量数，mol；R 为气体常数，J/(mol·K)；T 为绝对温度，K。

在标准状态下，即温度为 $0℃$（273.1K）、压力为 $1.013×10^5\text{Pa}$，1mol 的理想气体的体积为：

$$V=\frac{nRT}{p}=\frac{1×8.314×273.1}{1.013×10^5}=0.0224(\text{m}^3)=22.4\ (\text{L})$$

工业上污染控制中的大多数气体都可以适当地用理想气体状态方程来表示。理想气体的一个非常实用的性质就是：在相同的温度和压力下，1mol 的任何气体所占的体积和其他任何理想气体 1mol 的体积是一样的。阿伏伽德罗定律对此性质给出了明确的定义，此定律为：相同体积的任何气体中包含的分子数相等。

在国际单位制中：1mol 任何理想气体＝22.4L＝$6.02×10^{23}$ 分子，从这个固定关系式可以得出：如果已知气体的体积，可以推算气体的物质的量。

但是没有一种气体的性质和理想气体是一样的，所以，没有任何一种气体是完全的理想气体。在污染控制方面，理想气体状态方程适用于空气、水蒸气、氮气、氧气、二氧化碳和其他的普通气体以及它们的混合物。气体接近液态的通常表现是混合气体中的水蒸气或者酸性气体接近露点。在这些情况下，由于压缩蒸气只是气体混合物的一小部分，所以理想气体状态方程还是比较准确的。如果压力过高，大多数气体接近于液态，此时需要有一个更为准确的计算方程来描述。

（二）气体的主要参数

1. 气体的温度

气体温度是表示其冷热程度的物理量。温度的升高或降低标志着气体内部分子热运动平均动能的增加或减少。平均动能是大量分子的统计平均值，某个具体分子做热运动的动能可能大于或小于平均值。温度是大量分子热运动的集体表现。在国际单位制中，温度的单位是开尔文，用符号 K 表示。常用温度单位为摄氏度，用符号℃表示。

气体的温度直接与气体的密度、体积和黏性等有关，并对设计除尘器和选用何种滤布材质起着决定性的作用。滤布材质的耐温程度是有一定限度的，所以，有时根据温度选择滤布，有时则要根据滤布材质的耐温情况而定气体的温度。一般金属纤维耐温为 400℃，玻璃纤维耐温为 250℃，涤纶耐温为 120℃，如果在极短时间内超过一些还是可以的。

温度的测定，一般是使用水银温度计、电阻温度计和热电偶温度计，但在工业上应用时，由于要附加保护套管等原因，以致产生 1~3min 以上的滞后时间。处理高温气体时，有时需要采取冷却措施。主要方法如下。

（1）掺混冷空气　把周围环境的冷空气吸入一定量，使之与高温烟气混合以降低温度。在利用吸气罩捕集高温烟尘时，同时吸入环境空气或者在除尘器加冷风管吸入环境空气。这种方法设备简单，但使处理气体量增加。

（2）自然冷却　加长输送气体管道的长度，借管道与周围空气的自然对流与辐射散热作用而使气体冷却，这一方法简单，但冷却能力较弱，占用空间较大。

（3）用水冷却　有两种方式：一是直接冷却，即直接向高温烟气喷水冷却，一般需设专门的冷却器；二是间接冷却，即在烟气管道中装设冷却水管来进行冷却，这一方法能避免水雾进入收尘器及腐蚀问题。该方法冷却能力强，占用空间较小。

2. 气体的压力

气体压力是气体分子在无规则热运动中对容器壁频繁撞击和气体自身重量作用而产生对容器壁的作用力。通常所说的压力指垂直作用在单位面积 A 上的力的大小，物理学上又称为压强，即

$$p = \frac{F}{A}$$

在国际计量单位中，压力单位为 Pa（帕），$1Pa = 1N/m^2$。由于 Pa 的单位太小，工程上常采用 kPa（千帕）、MPa（兆帕）作为压力单位，它们之间关系为：

$$1MPa = 10^3 kPa = 10^6 Pa$$

在工程上按所取标准不同，压力有两种表示方法：一种是绝对压力，用 p 表示，它是以绝对真空为起点计算的压力；另一种是表压力，又称相对压力，用 p_g 表示，它是以现场大气压力 p_a 为起点计算压力，即是绝对压力与现场大气压力之差值，用公式表示为：

$$p_g = p - p_a \quad 或 \quad p = p_g + p_a$$

　　为简便起见，在没有特别说明时按 $p_a = 0.1MPa$ 作为计算基准值，即

$$p = p_g + 0.1MPa$$

　　由于表压力 p_g 是除尘工程中最常用到的物理量之一，除非特别注明，本书在以后叙述中将 p_g 简写成 p。

　　负的表压力通常称为真空，能够读取负压的压力表称为真空表。图 2-2 表示了绝对压力、表压力和真空度之间的相互关系。

　　地球表面上的大气层对地面所产生的压力是由大气的质量所产生的压力，即单位面积所承受的大气质量称为大气压力。大气压力随地区和海拔高度不同而不同，随季节、天气变化而稍有变化。通常以纬度 45° 处海平面所测得的常年平均压力作为标准大气压。国际标准大气压的部分参数见表 2-1。

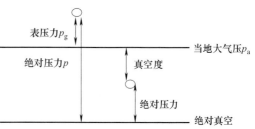

图 2-2　绝对压力、表压力和真空度的关系

表 2-1　国际标准大气压的部分参数

海拔高度 /m	大气压力 /kPa	海拔高处的压力 海平面处的压力	温度/℃	海拔高度 /m	大气压力 /kPa	海拔高处的压力 海平面处的压力	温度/℃
0	101.325	1.00000	15.00	2200	77.532	0.76518	0.70
100	100.129	0.98820	14.35	2400	75.616	0.74629	−0.60
200	98.944	0.97650	13.70	2600	73.729	0.72775	−1.90
300	97.770	0.96492	13.05	2800	71.899	0.70959	−3.20
400	96.609	0.95346	12.40	3000	70.097	0.69180	−4.50
500	95.459	0.94211	11.75	3200	68.332	0.67438	−5.80
600	94.319	0.93086	11.10	3400	66.602	0.65731	−7.10
700	93.191	0.91972	10.45	3600	64.909	0.64060	−8.40
800	92.072	0.90868	9.80	3800	62.984	0.62160	−9.70
900	90.966	0.89776	9.15	4000	61.627	0.60821	−11.00
1000	89.870	0.88695	8.50	4200	60.036	0.59251	−12.30
1100	88.784	0.87623	7.85	4400	58.480	0.57715	−13.60
1200	87.710	0.86563	7.20	4600	56.956	0.56211	−14.90
1300	86.646	0.85513	6.55	4800	55.465	0.54740	−16.20
1400	85.593	0.84474	5.90	5000	54.005	0.53299	−17.50
1500	84.549	0.83443	5.25	5500	50.490	0.49830	−20.75
1600	83.517	0.82425	4.60	6000	47.164	0.46547	−24.00
1700	82.494	0.81415	3.95	6500	44.018	0.43442	−27.25
1800	81.482	0.80416	3.30	7000	41.043	0.40506	−30.50
1900	80.480	0.79428	2.65	8000	35.582	0.35117	−37.00
2000	79.487	0.78448	2.00				

3. 气体的密度

气体的密度是指单位体积气体的质量

$$\rho_a = \frac{m}{V} \tag{2-5}$$

　　式中，ρ_a 为气体的密度，kg/m^3；m 为气体的质量，kg；V 为气体的体积，m^3。
单位质量气体的体积称为质量体积，质量体积与密度互为倒数，即

$$\upsilon = \frac{V}{m} = \frac{1}{\rho_a} \tag{2-6}$$

式中，υ 为气体的质量体积，m^3/kg。

气体的密度或质量体积是随温度和压力的变化而变化的，表示它们之间关系的关系式称为气体状态方程，即

$$p\upsilon = RT \quad 或 \quad \rho_a = \frac{p}{RT}$$

从这个计算式可以看出如果压力不变，气体的密度与温度的变化成反比。烟气温度每升高 100℃，则密度约减少 20%。

根据气体状态方程，可求出同一气体在不同状态下，其密度间的关系式为

$$\rho = \rho_0 \frac{T_0}{p_0} \times \frac{p}{T} \tag{2-7}$$

式中，ρ_0、T_0、p_0 为气体在标准状态下的密度（kg/m^3）、温度（K）和压强（Pa）；ρ、T、p 为同一气体在工作状态下的密度（kg/m^3）、温度（K）和压强（Pa）。

在应用设计中，常取 $\rho_0 = 1.013 \times 10^5 Pa$，$T_0 = 273K$ 为"标准状态"。对于空气，标准状态下干空气的密度 $\rho_0 = 1.293 kg/m^3 \approx 1.29 kg/m^3$。

在除尘工程中的气体，大多是以空气为主体的，所以，在实用上常用求算空气密度的计算式而求其近似值。

对于各种除尘器来说，气体的密度是粉尘密度的 1% 以下，对其捕尘性能几乎没有什么影响。但气体密度对处理空气量则有一定的影响。

4. 气体的黏度

流体在流动时能产生内摩擦力，这种性质称为流体的黏性。黏性是流体阻力产生的依据。流体流动时必须克服内摩擦力而做功，将一部分机械能量转变为热能而损失掉。黏度（或称黏滞系数）的定义是切应力与切应变的变化率之比，是用来度量流体黏性的大小，其值由流体的性质而定。根据牛顿内摩擦定律，切应力用下式表示：

$$\tau = \mu \frac{\mathrm{d}\upsilon}{\mathrm{d}y} \tag{2-8}$$

式中，τ 为单位表面上的摩擦力或切应力，Pa；$\dfrac{\mathrm{d}\upsilon}{\mathrm{d}y}$ 为速度梯度，s^{-1}；μ 为动力黏度系数，简称为气体黏度，$Pa \cdot s$。

因 μ 具有动力学量纲，故称为动力黏度系数。在流体力学中，常遇到动力黏度系数 μ 与流体密度 ρ 的比值，即

$$\nu = \frac{\mu}{\rho} \tag{2-9}$$

式中，ν 为运动黏度系数，m^2/s。

气体的黏度随温度的增高而增大（液体的黏度是随温度的增高而减小），与压力几乎没有关系。空气的黏度 μ 可用下式来表示

$$\mu = 1.702 \times 10^8 (1 + 0.00329t + 0.000007t^2) \tag{2-10}$$

式中，t 为气体的温度。

在常压下各种气体黏度见图 2-3。

图 2-3 的使用方法是，先从气体黏度坐标值表（表 2-2）中查出某气体的 X、Y 值，把 X、Y 值对应于图中某点，再根据温度值点与点连线。连线延长至黏度直线，则交点即为黏度值。例

如空气的 X 值为 11，Y 值为 20，交于 O 点，设空气温度为 20℃，则 O 点与 20 相连线延长至黏度线于 0.18，则空气黏度为 0.18×10^{-4} Pa•s。

5. 气体的湿度与露点

（1）湿度 气体的湿度是表示气体中含有水蒸气的多少，即含湿程度，一般有两种表示方法。

① 绝对湿度。是指单位质量或单位体积湿气体中所含水蒸气的质量。当湿气体中水蒸气的含量达到该温度下所能容纳的最大值时的气体状态，称为饱和状态。绝对湿度单位用 kg/kg 或 kg/m³ 表示。

② 相对湿度。是指单位体积气体中所含水蒸气的密度与在同温同压下饱和状态时水蒸气的密度之比值。由于在温度相同时，水蒸气的密度与水蒸气的压强成正比，所以相对湿度也等于实际水蒸气的压强和同温度下饱和水蒸气的压强的百分比值。相对湿度用百分数（％）表示。

相对湿度在 30％～80％之间为一般状态，超过时即称为高湿度。在高湿度情况下，尘粒表面有可能生成水膜而增大附着性，这虽有利

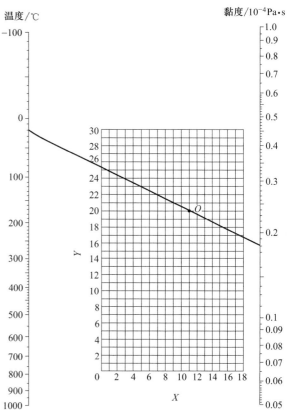

图 2-3 气体黏度列线图（常压下用）

于粉尘的捕集，但将使除尘器清灰出现困难。相对湿度在 30％以下为异常干燥状态，容易产生静电，和高湿度一样，粉尘容易附着而难以清灰。相对湿度为 40％～70％时，人们生活舒适度最好。

表 2-2 气体黏度列线图坐标值表

序号	名称	X	Y	序号	名称	X	Y	序号	名称	X	Y
1	空气	11.0	20.0	15	氟	7.3	23.8	29	甲苯	8.6	12.4
2	氧	11.0	21.3	16	氯	9.0	18.4	30	甲醇	8.5	15.6
3	氮	10.6	20.0	17	氯化氢	8.8	18.7	31	乙醇	9.2	14.2
4	氢	11.2	12.4	18	甲烷	9.9	15.5	32	丙醇	8.4	13.4
5	$3H_2+1N_2$	11.2	17.2	19	乙烷	9.1	14.5	33	乙酸	7.7	14.3
6	水蒸气	8.0	16.0	20	乙烯	9.5	15.1	34	丙酮	8.9	13.0
7	二氧化碳	9.5	18.7	21	乙炔	9.8	14.9	35	乙醚	8.9	13.0
8	一氧化碳	11.0	20.0	22	丙烷	9.7	12.9	36	乙酸乙酯	8.5	13.2
9	氨	8.4	16.0	23	丙烯	9.0	13.8	37	氟里昂-11	10.6	15.1
10	硫化氢	8.6	18.0	24	丁烯	9.2	13.7	38	氟里昂-12	11.1	16.0
11	二氧化硫	9.6	17.0	25	戊烷	7.0	12.8	39	氟里昂-21	10.8	15.3
12	二硫化碳	8.0	16.0	26	己烷	8.6	11.8	40	氟里昂-22	10.1	17
13	一氧化二氮	8.8	19.0	27	三氯甲烷	8.9	15.7				
14	一氧化氮	10.9	20.5	28	苯	8.5	13.2				

一般多用相对湿度表示气体的含湿程度，并常用干、湿球温度计测出干、湿温度及其差值，然后查表即可得出相对湿度。

（2）结露和露点 气体中含有一定数量的水分和其他成分，通称烟气。当烟气温度下降至一定值时，就会有一部分水蒸气冷凝成水滴形成结露现象。结露时的温度称作露点。高温烟气除含

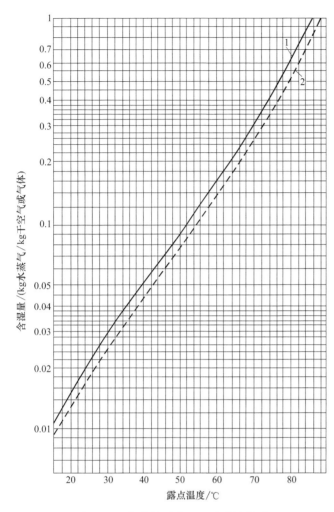

图 2-4　湿气体的露点和含湿量的关系
1—大气；2—含 CO_2 30％的干气体

水分外，往往含有 SO_3 或其他酸性气体，这就使得露点显著提高，有时可提高到 100℃以上。因含有酸性气体而形成的露点称为酸露点。露点的出现给袋式除尘带来困难，它不仅使除尘效率降低，运行阻力上升，还会腐蚀结构材料，必须予以充分注意。

气体中水蒸气多时，水蒸气的分压力就高，所对应的饱和温度（即露点）也高。反之，空气中的水蒸气少时，水蒸气分压力就低，所以露点也低。露点可实测求得，也可用以下方法计算。

① 根据含湿量求露点。根据气体的含湿量从图 2-4 中可直接查得露点。

② 根据焓-湿图（H-d 图）求露点。焓-湿图包括定焓线、定含湿量线、定温线、定相对湿度线以及水蒸气分压 p_s 与含湿量 d 的关系曲线 $p_s = f(d)$，见图 2-5。

从图 2-5 可以看出，定含湿量线是一组平行于纵坐标轴的直线；定焓线是一组相互平行与含湿量线 d 成 135°夹角的直线；定相对湿度线是一组上凸的曲线，其中饱和湿气体线（$\phi = 100\%$）称为临界曲线。临界曲线将 H-d 图分为两部分，$\phi = 100\%$ 以上为气体的未饱和区，$\phi = 100\%$ 以下为气体饱和区，表示水蒸气开始凝结为水。$\phi \geqslant 100\%$ 表示进入雾区，$\phi = 0$ 即 $d = 0$ 时为干气体，含湿量线与纵坐标轴重合。从已知的状态点引垂线与 $\phi = 100\%$ 曲线相交，交点处的温度即为露点。

【**例 2-1**】 已知湿气体 $\phi = 80\%$，温度 $t = 40℃$，应用 H-d 图求湿气体的含湿量 d 和露点 t_p。

解：在图 2-5 中，$\phi = 80\%$ 与 $t = 40℃$ 两条线相交，以此交点的横坐标 d，即含湿量 $d = 38.6$g 水蒸气/kg 干气体，从交点向下作垂线与 $\phi = 100\%$ 相交，曲线的交点即为露点 t_p，$t_p = 36℃$。

③ 计算湿气体中含有 SO_3 的露点。当湿气体中含有 SO_2 时，只要有过剩氧存在，SO_2 将发生向 SO_3 的转化，SO_3 占到百万分之几就会变成硫酸蒸气，而使露点显著提高。气体含有水蒸气和 SO_3 的露点可由下列公式求得，即

$$t_p = 186 + 20\lg H_2O - 26\lg SO_3$$

式中，t_p 为露点，℃；H_2O、SO_3 分别为气体中 H_2O、SO_3 的体积含量，％。

按上式绘制的列线图见图 2-6。

【**例 2-2**】 湿气体中水蒸气体积浓度为 5％，SO_3 的浓度为 1.19g/m^3，已知设备的压力 $\approx$

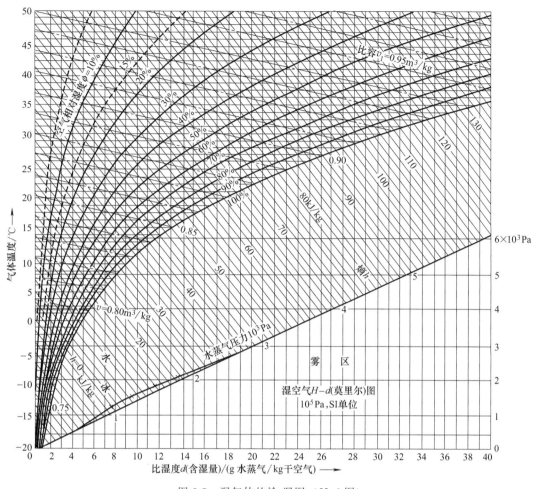

图 2-5　湿气体的焓-湿图 （H-d 图）

0.1MPa，试确定气体的露点。

解： 在图 2-6 中，将 SO_3 的浓度 1.19g/m³ 和水蒸气 5%（体积分数）的两点连直线，与露点温度标尺的交点，就得到露点 $t_p=161$℃。

应用该图时，烟气中水蒸气的含量很容易由燃料燃烧计算中获得，但是烟气中的硫酸含量的确定就比较困难。困难的原因是烟气中 SO_2 有多少转化为 SO_3 难以确定。

④ 燃煤锅炉烟气的露点。锅炉烟气中一般含有 5%～10%（体积）的水汽，其来源一部分是煤所含的结晶水以及煤所吸附的水分或人工加给煤的水，一部分是煤中的氢燃烧后生成的水，同时烟气中还含有硫氧化物（二氧化硫），这是因为煤中的可燃硫燃烧时氧化成 SO_2［一般情况下，燃烧含硫 1%（质量）的煤，在烟气中形成的 SO_2 约为 600/10⁶］，一部分 SO_2 又慢慢地与氧结合成 SO_3。通常烟气中 SO_x 的 1%～2%以三氧化硫的形态存在，98%～99%以 SO_2 的形态存在。SO_2 转化为 SO_3 的准确百分数视许多因素而定，如燃烧的火焰温度、燃烧时有多少氧、烟气中颗粒物的化学成分等。SO_3 和水有极大的亲和力，二者很容易结合成硫酸。气体中低浓度的硫酸就足以把酸露点提升到显著高于水露点。如果烟气冷却到酸露点以下或者接触温度低的表面，硫酸就直接冷凝而严重腐蚀金属部件和滤料，还会造成粉尘堵塞滤料孔隙等后果，所以了解酸露点很重要。

图 2-7 和图 2-8 是知道 SO_3 浓度后可直接查得锅炉烟气酸露点图。一般地说，燃煤锅炉烟气

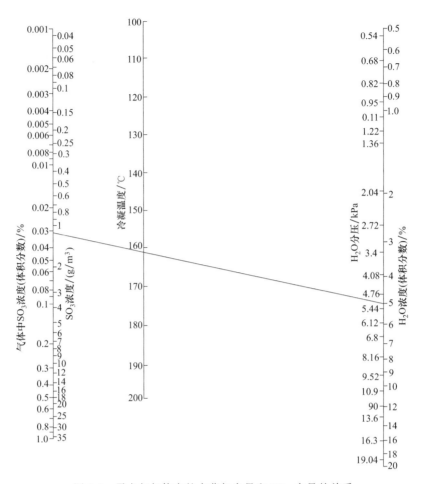

图 2-6　露点与气体中的水蒸气含量和 SO_3 含量的关系

的酸露点在 120℃ 左右，进入除尘器的烟气温度最好保持在超过露点 25℃ 左右。

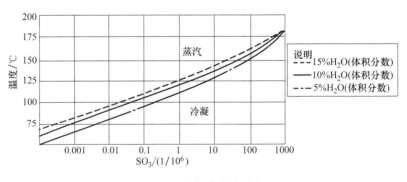

图 2-7　烟气中的酸露点

⑤ 吸入冷空气后的露点。吸入空气冷却高温气体，除能使高温气体的温度和风量发生变化外，还会影响气体的组成和气体的湿度。当空气的湿度低于被冷却气体的湿度，吸入空气后，混合气体的湿度降低，相应气体的露点也随之降低。当吸入空气湿度很大时，也会提高被冷却气体的露点。所以吸入冷空气后露点需要计算。降低露点，有利于除尘器的工作，因为除尘器和管道被粉尘堵塞以及糊袋和被腐蚀的危险均会减少。

利用图 2-9，根据气体的最初露点（或湿含量）和空气吸入量（％），即可计算出混合气体的露点。

【例 2-3】 已知被冷却烟气最初的露点为 60℃；空气吸入量为 100％；空气的湿度为 15g/kg。求从 A 点到 15g/kg 曲线上 B 点的修正值和混合气体的露点。

解：a. 在图 2-9 右下部，从吸入空气 100％ 的 A 点向上引垂线与曲线相交于湿度为 15g/kg 的 B 点处，再向左引水平线与纵坐标相交于湿度 2.5g/kg 处，即得 B 点上的修正值为 +2.5g/kg。

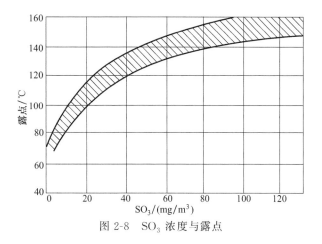

图 2-8 SO₃ 浓度与露点

b. 在图 2-9 中露点 60℃ 的 C 点处，向右引水平线与吸入空气量 100％ 的曲线相交于 D 点，把修正值加到 D 点上得到 E 点，从 E 点向下引垂线与 0 的曲线相交于 F 点，由 F 点向左引水平线与纵坐标轴露点相交于 G 点，该点的露点为 48℃，即得到所求的混合气体露点。

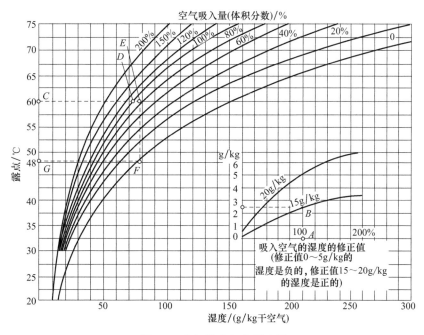

图 2-9 求解混合气体露点图

⑥ 含有水蒸气和 HCl 气体的露点。含有水蒸气和 HCl 气体露点可从图 2-10 查出。

【例 2-4】 已知气体中水蒸气的分压 $p_{H_2O} = 5.44 \times 10^3 Pa$，而 $p_{HCl} = 2.72 \times 10^3 Pa$，试求出冷凝温度和冷凝液浓度。

从纵坐标轴上 $p_{H_2O} = 5.44 \times 10^3 Pa$ 的点引水平线与相应于 $p_{HCl} = 2.72 \times 10^3 Pa$ 的线相交于 a 点，交点 a 的横坐标给出了冷凝温度值 50℃，由点 a 继续做垂线到点 b 与 $p_{HCl} = 2.72 \times 10^3 Pa$ 的线相交（图的上面部分），求得冷凝液浓度为 26.3％。

⑦ 含有水蒸气和 HF 气体的露点。含有水蒸气和 HF 气体的露点可从图 2-11 查出。

例如，在气体中 $p_{H_2O} = 8.16 \times 10^3 Pa$，$p_{HF} = 680 Pa$，需确定其露点。由图 2-11 查得露点

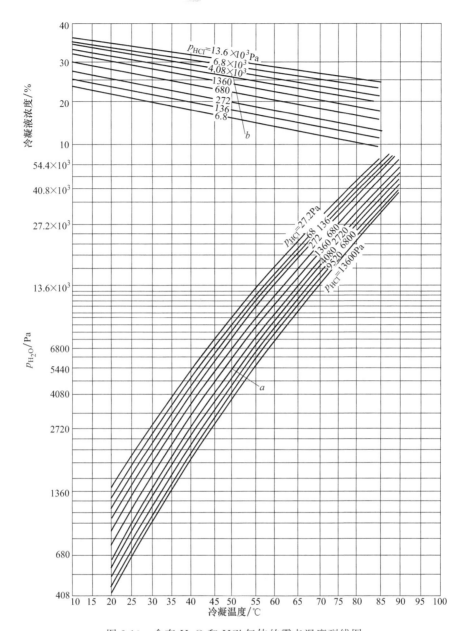

图 2-10　含有 H_2O 和 HCl 气体的露点温度列线图

$t_p \approx 49℃$，冷凝液的最初浓度约 24%。

　　烟气中含有硫酸、亚硫酸、盐酸、氯化氢和氟化氢以及最后会变成冷凝水的水蒸气。在所有这些成分中，硫酸的露点最高，以至于通常只要提到酸的露点时，总认为是硫酸的露点，烟气温度（＞350℃）冷却时，硫酸总是最先冷凝结露。

　　根据上述分析，推荐采用前苏联公式估算烟气酸露点温度，如式（2-11）所列，

$$t_{sld} = t_{ld} + \frac{\beta S_{zs}^{\frac{1}{3}}}{1.05^{(\alpha_{fh} A_{zs})}} \tag{2-11}$$

$$t_{ld} = -1.2102 + 3.4064\varphi_{H_2O} - 0.4749(\varphi_{H_2O})^2 + 0.01042(\varphi_{H_2O})^3 \tag{2-12}$$

式中，t_{sld} 为烟气露点温度，℃；t_{ld} 为纯水蒸气露点温度，℃；φ_{H_2O} 为烟气中水蒸气的体积

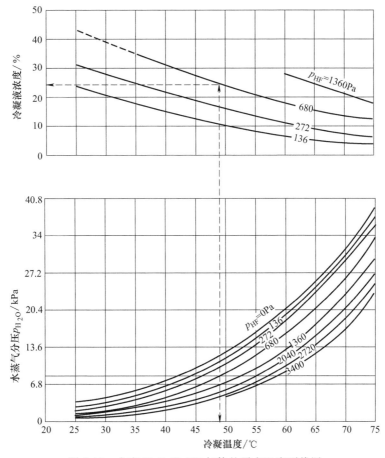

图 2-11　含有 H_2O 和 HF 气体的露点温度列线图

分数，%；β 为与炉膛出口的过量空气系数有关的系数（$\alpha=1.2$ 时，$\beta=121$；$\alpha=1.4\sim1.5$ 时，$\beta=129$；标准一般取 $\beta=125$）；S_{ZS} 为燃料折算硫分，%；α_{fh} 为飞灰份额，煤炉一般取 0.8～0.9；A_{ZS} 为燃料折算灰分，%。

式中，S_{ZS}、A_{ZS} 可按以下公式计算：

$$S_{ZS}=4180\times\frac{S_{ar}}{Q_{net,ar}} \tag{2-13}$$

$$A_{ZS}=4180\times\frac{A_{ar}}{Q_{net,ar}} \tag{2-14}$$

式中，S_{ar} 为燃料收到基硫分，%；A_{ar} 为燃料收到基灰分，%；$Q_{net,ar}$ 为燃料收到基低位发热量，kJ/kg。

燃烧无烟煤时，典型的硫酸分压为 $10^{-7}\sim10^{-6}$ MPa，水蒸气分压为 0.002～0.05MPa，实际测得露点为 100～150℃，最高为 180℃。

由于水的沸点（100℃）和硫酸的沸点（338℃）相差很大，这两种成分在沸腾时和冷凝时都会发生分离。这就意味着，到达露点冷凝时，尽管烟气中硫酸浓度极低，但结露中硫酸的浓度仍会很高。

6. 气体的成分

正常的空气成分为氧气、氮气、二氧化碳及少量的水蒸气。在除尘工程中，所处理的气体中经常含有腐蚀性气体（如 SO_2），有毒有害气体（如 CO、NO_x），爆炸性气体（如 CO、H_2）及一定数量的水蒸气。

空气中含有的粉尘，一般情况下对气体性质和除尘装置没有明显的影响。但是，在捕集可燃气体和烟气中的粉尘时，除了高温和火星可能对滤袋造成损伤外，因为气体中含有多种有害成分，也具有危害性。如含有腐蚀性气体（如 SO_3 等），尤其溶解于气体中的水分时，可能对除尘装置、滤袋等造成严重的损伤。如含有有毒气体（如 CO、SO_2 等），将对人体有害。在进行维护、检查、修理时，要充分注意并采用预防措施，要保持装置的严密性，出现漏气是危险的。如处理气体中含有爆炸性气体时，在设计和运转管理中，要制定好预防爆炸和耐压的措施。在处理燃烧或冶炼气体时，应对气体成分进行分析、测定，以确定其成分与性质，以便采取必要的措施。对于排放气体中有害气体的浓度，应符合排放标准，如不符合亦需采取消除的措施。

（三）气体状态和状态换算

1. 气体的状态

（1）标准状态　干气体在绝对温度 $T_0 = 273K$（或温度 $t_0 = 0$）和压力 $p_0 = 101300Pa$ 下的状态称为标准状态，简称标况。

（2）工作状态　干气体在工作状态（某一具体温度和压力）下的状态称为工作状态，简称工况。

（3）标况干气体的体积 V_0　干气体在标准状态下的体积称为标准体积，单位为 m^3。

（4）工况干气体的体积 V　干气体在工作状态下的体积称为工况体积，单位为 m^3。

（5）标况湿气体的体积 V_{0s}　湿气体在标准状态下的体积称为湿标况体积，单位为 m^3。

（6）工况湿气体的体积 V_s　湿气体在工作状态下的体积称为湿工况体积，单位为 m^3。

2. 标准状态和工作状态的换算

（1）工况湿气体体积流量 Q_s 换算成标况干气体体积流量 Q_0

$$Q_0 = 273Q_s p / [101.3(273+t)(1+d/804)] \quad (m^3/h)$$

或

$$Q_0 = 273Q_s(p-p_s) / [101.3(273+t)] \quad (m^3/h)$$

（2）标况干气体的体积流量 Q_0 换算成标况湿气体体积流量 Q_{0s}

$$Q_{0s} = Q_0(1+d/804) \quad (m^3/h)$$

或

$$Q_{0s} = Q_0 p / (p-p_s) \quad (m^3/h)$$

（3）工况湿气体体积流量 Q_s 换算成标况湿气体体积流量 Q_{0s}

$$Q_{0s} = 273Q_s p / [101.3(273+t)] \quad (m^3/h)$$

或

$$Q_{0s} = Q_s p_s / p_{0s}$$

（4）标况干气体的体积流量 Q_0 换算成工况干气体体积流量 Q

$$Q = 101.3(273+t)Q_0 / (273p) \quad (m^3/h)$$

式中，p 为工况下气体的绝对压力，$p = B + p_t$，kPa；B 为标准大气压，$B = 101.3kPa$；p_t 为工况下气体的工作压力，kPa；t 为工况下气体的温度，℃；d 为气体的湿含量，kg 水蒸气/kg 干气体；p_s 为水蒸气分压，kPa；804 为标况下水蒸气的密度，g/m^3。

本书中除特别说明外，气体体积均指标准状况下的体积。

（四）气体含尘浓度与密度

1. 气体的含尘浓度

气体的含尘浓度是指单位气体体积中所含的粉尘量，常用符号 c 表示，单位为 g/m³ 或 mg/

m^3。气体的含尘浓度不仅是除尘器选型的主要技术参数，也是计算除尘器效率的重要数据。

（1）标况下含尘浓度 c_0 的表达式为

$$c_0 = w_f / Q_0 \quad (g/m^3)$$

式中，w_f 为测定含尘气体中的粉尘总量，g；Q_0 为测定含尘气体标况干气体流量，m^3。

（2）工况下含尘浓度 c 的表达式为

$$c = 273 c_0 / (273 + t) = 273 w_f / [Q_0 (273 + t)]$$

式中，t 为工况下气体的温度，℃。

（3）粉尘排放量 L_f 的表达式为

$$L_f = c_0 Q_0 / 1000 \quad (kg/h)$$

式中，c_0、Q_0 含义同上。

2. 干含尘气体的密度

干含尘气体的密度由气体密度和气体的含尘浓度组成，标况下干含尘气体的密度为

$$\rho_{0q} = \rho_0 + c_{01} \quad (g/m^3)$$

工况下干含尘气体的密度

$$\rho_{qt} = 273 \rho_{0q} p / [101.3 (273 + t)] \quad (g/m^3)$$

式中，ρ_{0q} 为标况下干含尘气体的密度，g/m^3；ρ_0 为标况下气体密度，g/m^3；c_{01} 为标况下未净化气体的含尘浓度（干基），g/m^3；ρ_{qt} 为工况下含尘干气体的密度，g/m^3。

二、工业粉尘性质

粉尘是由自然力或机械力产生的，能够悬浮于空气中的固体细小微粒。国际上将粒径小于 $75\mu m$ 的固体悬浮物定义为粉尘。在除尘技术中，一般将粒径为 $1 \sim 200\mu m$ 乃至更大颗粒的固体悬浮物均视为粉尘。由于粉尘的多样性和复杂性，粉尘的性质参数是很多的。本节主要介绍常见的粉尘性质参数。

（一）粉尘的分类和特性

1. 粉尘分类

（1）按物质组成分类　按物质组成粉尘可分为有机尘、无机尘、混合尘。有机尘包括植物尘、动物尘、加工有机尘；无机尘包括矿尘、金属尘、加工无机尘等。

（2）按粒径分类　按尘粒大小或在显微镜下可见程度粉尘可分为：粗尘，粒径大于 $40\mu m$，相当于一般筛分的最小粒径；细尘，粒径 $10 \sim 40\mu m$，在明亮光线下肉眼可以见到；显微尘，粒径 $0.25 \sim 10\mu m$，用光学显微镜可以观察；亚显微尘，粒径小于 $0.25\mu m$，需用电子显微镜才能观察到。不同粒径的粉尘在呼吸器官中沉着的位置也不同，据此又分为：可吸入性粉尘即可以吸入呼吸器官，直径约大于 $10\mu m$ 的粉尘；微细粒子，直径小于 $2.5\mu m$ 的细粒粉尘，微细粉尘会沉降于人体肺泡中。

（3）按形状分类　根据形状的不同，粉尘可以分为：a. 三向等长粒子，即长、宽、高的尺寸相同或接近的粒子，如正方体及其他与之相接近的不规则形状的细粒子；b. 片形粒子，即两方向的长度比第三方向长得多，如薄片状、鳞片状粒子；c. 纤维形粒子，即在一个方向上长得多的粒子，如柱状、针状、纤维粒子；d. 球形粒子，外形呈圆形或椭圆形。

（4）按物理化学特性分类　由粉尘的湿润性、黏性、燃烧爆炸性、导电性、流动性可以区分不同属性的粉尘。如按粉尘的湿润性分为湿润角小于 $90°$ 的亲水性粉尘和湿润角大于 $90°$ 的疏水

性粉尘；按粉尘的黏性力分为拉断力小于 60Pa 的不黏尘，拉断力为 60～300Pa 的微黏尘，拉断力为 300～600Pa 的中黏尘，拉断力大于 600Pa 的强黏尘；按粉尘燃烧、爆炸性分为易燃、易爆粉尘和一般粉尘；按粉料流动性可分为安息角小于 30° 的流动性好的粉尘，安息角为 30°～45° 的流动性中等的粉尘及安息角大于 45° 的流动性差的粉尘。按粉尘的导电性和静电除尘的难易分为电阻率大于 $10^{11}\Omega\cdot cm$ 的高比电阻粉尘，电阻率为 $10^4\sim10^{11}\Omega\cdot cm$ 的中比电阻粉尘，电阻率小于 $10^4\Omega\cdot cm$ 的低比电阻粉尘。

（5）其他分类　还分为生产性粉尘和大气尘，纤维性粉尘和颗粒状粉尘，一次扬尘和二次扬尘等。

2. 粉尘特性

粉尘有很多特殊的属性，其中与除尘工程密切相关的有悬浮特性、扩散特性、附着特性、吸附特性、燃烧和爆炸特性、荷电特性以及流动特性等。

（1）悬浮特性　在静止空气中，粉尘颗粒受重力作用会在空气中沉降。当尘粒较细，沉降速度不高时，可按斯托克斯（Stokes）公式求得重力与空气阻力大小相等、方向相反时尘粒的沉降速度，称尘粒沉降的终端速度。

密度为 $1g/cm^3$ 的尘粒的沉降速度大致为：

尘粒直径	速度
$0.1\mu m$	$4\times10^{-5}cm/s$
$1.0\mu m$	$4\times10^{-3}cm/s$
$10\mu m$	$0.3cm/s$
$100\mu m$	$50cm/s$

实际空气绝非静止，而是有各种扰动气流，小于 $10\mu m$ 的尘粒能长期悬浮于空气中。即便是大于 $10\mu m$ 的尘粒，当处于上升气流中，若流速达到尘粒终端沉降速度，尘粒也将处于悬浮状态，该上升气流流速称为悬浮速度。作业场所存在自然风流、热气流、机械运动和人员行动而带动的气流，使尘粒能长期悬浮。粉尘的悬浮特性是除尘工程计算的依据之一。

（2）扩散特性　扩散特性是指微细粉尘随气流携带而扩散。即使在静止的空气中，尘粒受到空气分子布朗运动的撞击也能形成类似于布朗运动的位移。对于 $0.4\mu m$ 的尘粒，单位时间布朗位移的均方根值大于其重力沉降的距离；对于 $0.1\mu m$ 的尘粒，布朗位移的均方根值相当于重力沉降距离的 40 余倍。扩散使粒子不断由高浓度区向低浓度区转移，形成尘粒流经微小通道向周壁沉降的主要原因。

（3）附着特性　尘粒有黏附于其他粒子或其他物质表面的特性。附着力有三种，即范德瓦尔斯力、静电力和液膜的表面张力。微米级尘粒的附着力远大于重力，直径 $10\mu m$ 的粉尘在滤布上附着力可达自重的 1000 倍，当悬浮尘粒相互接近时，彼此吸附聚集成大颗粒，当悬浮微粒接近其他物体时即会附着其表面，必须有一定的外加力才能使其脱离。集合的粉尘体之间亦存在粉尘间的吸附力，一般称为粉尘的黏性力，若需将集合的粉尘沉积物剥离，必须施加拉断力。

范德瓦尔斯力使尘粒表面有吸附气体、蒸气和液体的能力。粉尘颗粒越细，比表面积越大，单位质量粉尘表面吸附的气体和蒸气的量越多。单位质量粉尘粒子表面吸附水蒸气量可衡量粉尘的吸湿性。当液滴与尘粒表面接触，除存在液滴与尘粒表面吸附力外，液滴尚存在自身的凝聚力，两种力量平衡时，液滴表面与尘粒表面间形成润湿角，表征尘粒的润湿性能。润湿角越小，粉尘润湿性越好；反之，说明粉尘润湿性越差。

（4）燃烧和爆炸特性　物料转化为粉尘，比表面积增加，提高了物质的活性，在具备燃烧的条件下，可燃粉尘氧化放热反应速率超过其散热能力，最终转化为燃烧，称粉尘自燃。当易爆粉尘浓度达到爆炸界限并遇明火时产生粉尘爆炸。煤尘、焦炭尘、铝、镁和某些含硫分高的矿尘均系爆炸性粉尘。

（5）荷电特性　由于天然辐射，离子或电子附着，尘粒之间或粉尘与物体之间的摩擦，使尘粒带有电荷。其带电量和电荷极性（负或正）与工艺过程环境条件、粉尘化学成分及其接触物质的介电常数等有关。尘粒在高压电晕电场中，依靠电子和离子碰撞或离子扩散作用使尘粒得到充分的荷电。当温度低时，电流流经尘粒表面称表面导电；温度高时，尘粒表面吸附的湿蒸气或气体减少，施加电压后电流多在粉尘粒子体中传递称体积导电。粉尘成分、粒度、表面状况等决定粉尘的导电性。

（6）流动特性　尘粒的集合体在受外力时，尘粒之间发生相对位置移动，近似于流体运动的特性。粉尘粒子大小、形状、表面特征、含湿量等因素影响粉料的流动性，由于影响因素多，一般通过试验评定粉料的流动性能。粉料自由堆置时，料面与水平面间的交角称安息角；安息角的大小在一定程度上能说明粉料的流动性能。

（二）粉尘的密度

单位体积粉尘的质量称为粉尘的密度。排除粉尘颗粒之间及其内部的空隙后，单位体积密实状态粉尘的质量称为真密度。包括粉尘颗粒之间及其内部空隙，单位体积松散粉尘的质量称为堆积密度。粉尘的真密度用在研究尘粒在气体中的运动、分离方面；堆积密度用在贮仓或灰斗容积确定等方面。主要粉尘、灰尘的密度见表 2-3。常见工业粉尘的密度见表 2-4。

表 2-3　主要粉尘、灰尘的密度　　　　　　　　　　单位：g/cm³

区分	粉尘、灰尘种类	真密度	堆积密度
金属矿山岩石	硝石、煤粉、石棉、铍、铯	1.8～2.2	0.7～1.2
	铝粉、云母类、滑石、蛇纹岩、石灰石、大理石、方解石、长石、硅砂、页岩、黏土（陶土、滑石）、白土（游离硅酸）	2.3～2.8	0.5～1.6
	关东土、钡	2.8～3.5	0.7～1.6
	闪锌矿、硫化铁矿、硒、锡、砷、钇	4.3～5.9	1.2～2.3
	方铅矿、铁粉、铜粉、钒、锑、锌、钴、镉、碲、锰	6～9	2.5～3
金属氧化物	氧化硼	1.5	0.2
	氧化镁、氧化钛、氧化钒、氧化铝、氧化钙	3.2～3.9	0.2～0.6
	氧化砷、氧化钇、氧化锰	4～4.9	0.8～1.8
	氧化锌、氧化铁	5.2～5.5	0.8～2.2
	氧化锑、氧化铜	5.7～6.5	2.5～2.8
	氧化镉、氧化钠、氧化铅	8～9.5	1.1～3.2
化学物质	樟脑、萘、三硝基甲苯、二硝基甲苯、二硝基苯、马钱子碱、氢醌、四乙基铅、硼砂、硫酸、砷酸钠	1～1.7	0.5
	五氯苯酚、石墨、石膏、硫（酸）铵、氰氨化钙、飞灰、含氟酸碱、硫磷酸、苛性钠、黄磷、苦味酸	1.8～2.5	0.7～1.2
	炭黑	1.85	0.01
	碳酸镁、碳酸钙	2.3～2.7	0.5～1.6
	碳化硅、白云石、菱镁矿、硅酸盐水泥、硫化砷、牙膏粉、玻璃	2.8～3.3	0.7～1.6
	烟道粉尘、五氯化磷、铬酸	4.8～5.5	0.5～2.5
	砷酸铅	7.3	
有机物	木头粉末、天然纤维、聚乙烯、谷粉	0.45～0.5	0.04～0.2
	苯胺染料、酚醛树脂、硬质胶、尼龙、苯乙烯、轮胎用橡胶	0.8～1.3	0.05～0.2
	氯乙烯、小麦粉	1.3～1.6	0.4～0.7
其他	水滴、灰尘	0.8～1.2	
	研磨粉	2.3～2.7	0.5～1.6

表 2-4 常见工业粉尘真密度与堆积密度 单位：g/cm³

粉尘名称或来源	真密度	堆积密度	粉尘名称或来源	真密度	堆积密度
精致滑石粉 （1.5～45μm）	2.70	0.90	硅酸盐水泥 （0.7～91μm）	3.12	1.50
滑石粉	2.75	0.53～0.71	铸造砂	2.7	1.0
硅砂粉	2.63	1.16～1.55	造型用黏土	2.47	0.72
烟灰 （0.7～56μm）	2.20	0.8	烧结矿粉	3.8～4.2	1.5～2.6
煤粉锅炉	2.15	0.7～0.8	烧结机头（冷矿）	3.47	1.47
电厂飞灰	1.8～2.4	0.5～1.3	炼钢电炉	4.45	0.6～1.5
化铁炉	2.0	0.8	炼钢转炉（顶吹）	5.0	1.36
黄铜熔化炉	4～8	0.25～1.2	炼铁高炉	3.31	1.4～1.5
铅精炼	6	—	炼焦备煤	1.4～1.5	0.4～0.7
锌精炼	5	0.5	焦炭（焦楼）	2.08	0.4～0.6
铝二次精炼	3.0	0.3	石墨	2	约0.3
硫化矿熔炉	4.17	0.53	造纸黑液炉	3.1	0.13
锡青铜矿	5.21	0.16	重油锅炉	1.98	0.2
黄铜电炉	5.4	0.36	炭黑	1.85	0.04
氧化铜 （0.9～42μm）	6.4	0.62	烟灰	2.15	0.8
铋反射炉	3.01	0.83～1.0	骨料干燥炉	2.9	1.06
氧化锌焙烧	4.23	0.47～0.76	铜精炼	4～5	0.2
铅烧结	4.17	1.79	铅再精炼	约6	1.2
铅砷铳吹炼	6.69	0.59	钼铁合金	1.28	0.52
水泥干燥窑	3.0	0.6	钒铁合金		0.5
水泥生料粉	2.76	0.29			

（三）粉尘的粒度和成分

1. 一般粉尘的粒径和分散度

粒径是表征粉尘颗粒状态的重要参数。粉尘颗粒状态是颗粒大小和形态的表征。粉尘的粒径分布称为分散度。粉尘的粒径大小见图 2-12 和图 2-13。粉尘分散度的表示方法见表 2-5。粉尘粒径与沉降速度的关系如图 2-14 所示。

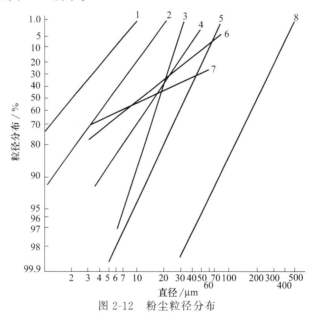

图 2-12 粉尘粒径分布

1—日本关东土；2—飘尘；3—软钢热轧粉尘；4—钢板等离子切割粉尘；
5—重油锅炉粉尘；6—炼铝炉粉尘；7—焊接尘雾；8—硅砂

表 2-5　粉尘的分散度的表示方法

区段	1	2	3	4	5	6	7	8	9
粒径 $\Delta d/\mu m$	0.6～1.0	1.0～1.4	1.4～1.8	1.8～2.2	2.2～2.6	2.6～3.0	3.0～3.1	3.4～3.8	3.8～4.2
平均粒径 $d/\mu m$	0.8	1.2	1.6	2.0	2.4	2.8	3.2	3.6	4.8
颗粒数 $N/$个	370	1110	1660	1510	1190	776	470	187	48
质量 $\Delta m/g$	0.1	1.0	3.55	6.35	8.6	8.9	8.05	4.55	1.6
质量分数 $\Delta D/\%$	0.23	2.35	0.3	14.95	20.1	20.85	18.8	10.65	3.77
相对频率 $\Delta D/\Delta d$	0.58	5.88	20.8	37.4	50.3	52.1	47.0	26.6	9.6
筛上累计 $R/\%$	100	99.7	97.42	89.12	47.17	54.07	33.22	14.42	3.77
筛下累计 $D/\%$	0	0.3	2.58	10.88	52.83	45.97	66.78	85.58	96.23

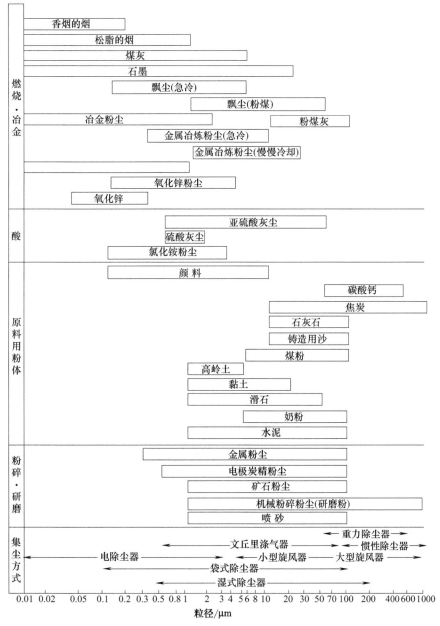

图 2-13　粉尘粒径范围

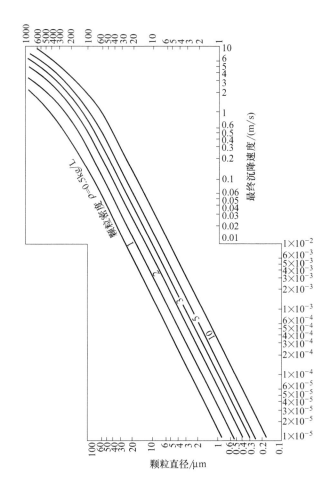

图 2-14 颗粒直径与沉降速度的关系

2. 工业粉尘的粒径和成分

（1）水泥工业粉尘化学成分和粒径　水泥生产过程中所产生的粉尘以一种不均质、不规则状态存在，属于无机粉尘，一般粉尘本身无毒。各种粉尘的化学成分见表2-6；水泥窑和磨机粉尘分散度见表2-7；车间粉尘分散度见表2-8。

表 2-6　水泥厂各种粉尘的化学成分

粉尘名称	化学成分/%							
	SiO_2	Al_2O_3	Fe_2O_3	CaO	MgO	K_2O	SO_3	烧失量
窑灰	47.2	19.6	5.95	2.89	1.17	0.90 ~ 1.20	10.08	8.40
	59.8	16.8	6.68	2.91	1.17		3.20	7.60
	44.4	13.7	2.65	1.97	0.95		13.06	7.36
熟料	22.9	1.80	3.00	65.50	0.80		0.50	0.006
	22.2	4.00	3.50	65.10	0.40		0.90	1.20
水泥	21.67	5.17	3.03	65.00	1.81		1.41	0.71
石灰石	6.30	2.00	1.30	49.50	0.80		0.70	
黏土	60.90	10.80	11.00	2.20	2.40		1.90	
矿渣	30.70	17.70	0.50	43.50	5.00			

表 2-7　水泥窑和磨机粉尘分散度

窑型	粒度比例/%					
	$<15\mu m$	$15\sim20\mu m$	$20\sim30\mu m$	$30\sim40\mu m$	$40\sim88\mu m$	$>88\mu m$
带余热锅炉干法窑	58	8	13	6	10	5
带悬浮预热器干法窑	94	2	2	1	1	0
不带过滤器的湿法窑	69	10	11	7	3	0
带过滤器的湿法窑	22	7	11	8	42	10
立波尔窑	39	17	5	15	16	8
干法原料磨	43	6.8	21.4	7.8	17.5	3.5
水泥磨	42	6.4	18.6	8.8	23.6	0.6

表 2-8　水泥厂车间粉尘分散度

地点	粒度比例/%				
	$0\sim3\mu m$	$3\sim5\mu m$	$5\sim7\mu m$	$7\sim10\mu m$	$>10\mu m$
包装机房	51	24	7	5	13
窑头厂房	36	14	9	14	27

（2）电厂锅炉飞灰的化学成分和物理性质　飞灰的化学成分主要为氧化硅、氧化铝，两者总含量一般在60%以上。中国飞灰化学成分见表2-9，物理性质见表2-10。

表 2-9　中国飞灰的化学成分大致分布范围　　　　　　　　单位：%

SiO_2	Al_2O_3	Fe_2O_3	CaO	MgO	SO_3	K_2O	C
33.9~59.7	16.5~35.4	0.5~15.4	0.8~10.4	0.7~1.8	0~1.1	0.7~3.3	0~23.5

表 2-10　中国电厂飞灰物理性质

项目	表面密度 /(g/cm³)	堆积密度 /(g/cm³)	真密度 /(g/cm³)	$80\mu m$ 筛余量 /%	$45\mu m$ 筛余量 /%	透气法比表面积 /(cm²/g)	标准用水量 /%
范围	1.92~2.85	0.5~1.3	1.8~2.4	0.6~77.8	2.7~86.6	1176~6531	27.3~66.7
均值	2.14	0.75	2.1	22.7	40.6	3255	48.0

（3）钢铁工业粉尘粒径和化学成分　钢铁企业生产流程较长，各环节产生粉尘的化学成分和粒径如表2-11所列。炼钢电炉的粉尘粒径和化学成分见表2-12和表2-13。

（四）粉尘的黏附性和安息角

粉尘的黏附性是指粉尘具有与其他物体表面或自身相互黏附的特性。粉尘的黏附性分类见表2-14。粉尘能自然堆积在水平面上而不下滑时所形成的圆锥体的最大锥底角称为安息角。安息角又称堆积角或休止角。主要粉尘的安息角见表2-15。

（五）可燃粉尘的爆炸极限

可燃粉尘在一定的浓度下，遇有明火、放电、高温、摩擦等作用，且氧气充足时会发生燃烧或爆炸，可燃粉尘的爆炸浓度下极限见表2-16。影响粉尘爆炸的因素见表2-17。

（六）粉尘的摩擦性能

粉尘流动时粉尘颗粒之间以及颗粒与器壁之间都会有摩擦，摩擦性能是粉尘的重要性质，因摩擦而产生阻力的无量纲数称为摩擦系数部分。松堆粉尘的摩擦性能见表2-18。

表2-11 钢铁企业主要生产过程的粉尘特性

生产流程	车间部位	密度/(g/cm³) 真密度	密度/(g/cm³) 体积密度	质量粒径分布/% >40μm	40~30μm	30~20μm	20~10μm	10~5μm	<5μm	化学成分/% TFe	SiO₂	CaO	MgO	游离SiO₂/%
采矿	井下	3.12		88.7	2.8	2.1	0.6	0.8	4.9	60.0	25.0			4.31~89.56
采矿	露天	2.85		58.9	13.0	8.8	14.3	2.8	2.8	30.0	38.2			12.09~30.52
选矿	粗碎	3.83		42.8	10.7	11.2	14.7	8.6	12.0	26.5	32.5			11.48~41.28
选矿	中碎	4.12		25.5	12.6	31.2	13.5	3.6	13.6	30.3	33.4			24.49~32.69
选矿	细碎	2.91		74.1	15.4	2.3	4.3	2.7	1.2	27.9	33.2			33.05~40.22
烧结	机头（冷矿）	3.47	1.47		64	6.7	14.9	6.0	8.4	56.3	7.0	10.9	3.5	
烧结	整粒（环境除尘）	4.95			42	6	12	10	30	46.9	5.6	14.4	3.5	
烧结	整粒（筛子除尘）	4.78			31	14	22	14	19					
烧结	球团竖炉			>100μm, 12.5%		55~100μm, 35.6%		14~55μm, 43%	<14μm, 8.9%	54.7	17.9	1.8	0.5	>90
炼焦	备煤	1.4~1.5	0.4~0.7	42.4	10.8	12.0	12.2	5.8	16.8		19.66	1.58	0.89	2.2
炼焦	炉顶	2.2		71.2	7.6	3.5	0.1	2.9	14.7		12.14	1.97	0.91	1.97
炼焦	焦楼	2.08	0.4~0.6	55.3	21.3	5.9	4.7	0.1	12.7		5.03	1.14	2.18	4.09
耐火	硅砖	2.59	1.26~1.55	0.5	12.2	37.4	23.8	11.5	14.6		97~99			>90
耐火	黏土砖	2.52	0.9	2.6	33.9	3.6	28.8	19.4	11.7		55~60			20.25~40.34
耐火	镁砖	3.27	0.95	3.3	3.7	78.4	12.8	1.6	0.2		3~5	2~3	90	2~3
耐火	镁砂回转窑60m³	3.07		43.3	11.2	16.8	13.6	5.7	9.4		3.01	5.07	66.35	3.01
耐火	镁砂竖窑55m³	2.96		82.0	17.3	0.1	0.1	0.1	0.4		3.45	1.25	76.9	
耐火	镁砂竖窑47m³	2.96		73.6	24.4	0.3	0.2	0.2	1.3		8.00	1.04	54.44	
耐火	苦土竖窑	3.32		64.7	16.7	10.8	5.1	0.8	1.9		0.4	0.9	63.59	
耐火	白云石竖窑	1.86	0.9	76.9	8.8	6.3	3.4	1.5	3.1		2.81	4.7	45.7	2.81
耐火	白灰竖窑	2.59	1.0~1.1	11.6	13.6	51.2	18.5	4.2	0.9		6.79	40.3	3.1	微量

续表

生产流程	车间部位	密度/(g/cm³) 真密度	密度/(g/cm³) 体积密度	质量粒径分布/% >40μm	40~30μm	30~20μm	20~10μm	10~5μm	<5μm	化学成分/% TFe	SiO₂	CaO	MgO	其他	游离SiO₂/%
炼铁	高炉	3.31		80.9	5.1	1.6	1.3	0.8	10.3	48.4	12.8	5.8	2.5		
炼铁	矿槽	3.89		24.2	52.9	17.2	2.4	1.0	2.3	48.37	12.77	5.84	2.46		11.46
炼铁	出铁场	3.72		52.0	16.0	8.0	11.9	8.1	4.0	55.27	2.46	7.90	3.29		3.67
炼铁	沟下	3.80		10.0	22.4	63.9	0.8	2.0	0.9	51.93	11.00	12.60	2.66		9.1
炼钢	混铁炉	3.86		79.7	4.9	2.9	6.5	2.9	3.4	46.3	9.16			C	微量
炼钢	转炉(顶吹)	5.0	1.36	—	84.5	4.5	6.4	2.4	2.2	65.0	4.82	2.92	0.81		5.29
炼钢	转炉(侧吹)	3.76	1.36	54.1	11.4	16.0	3.2	1.4	13.9	41.35	3.80	22.88	1.91		微量
炼钢	电炉	3.28		15.2	1.0	40.2	24.1	3.3	16.2	27.3	3.36	9.84	21.85	3~10；32~42	
轧钢	初轧	5.85		59.5	12.8	8.0	7.1	0.7	11.9	69.1	2.58	0.86	0.62		1.17
轧钢	型钢	5.76		15.9	29.4	24.2	14.2	2.9	13.4	65.13	3.54	1.75	1.81		12.1
轧钢	钢板	4.41		34.8	22.4	22.1	5.7	2.5	12.5	59.68	5.85	3.13	1.77		1.0
轧钢	钢管	5.76		17.9	16.8	44.5	3.2	3.1	14.5	57.8	5.28	2.75	1.48		11.9
铁合金	硅铁、锰铁、硅锰、铬铁 铁合金车间碳素锰铁		0.55								15.31	1.41	21.43	Al₂O₃ 6.14，FeO 7.63，C 11，Cr₂O₃ 26	
铁合金	硅锰合金										22.9	10.8	4.7	5.04，3.08，6	
铁合金	碳素锰铁										4.5	46.2	8.44	3.6，1.64	
铁合金	钨铁车间(电炉)	1.28	0.522	19.4	11.1	18.9	13.0	5.4	32.2		22.03			FeO 19.14，WO₃ 33.3，MnO 6.02，P 0.15	
铁合金	钼铁车间：焙烧炉		0.5	>20μm，7.3%			11.2	37.5	44		10.23	2.00	2.92	Mo 47.39，FeO 2.18，Al₂O₃ 1.61	
铁合金	熔炼炉(土法除尘)		0.5	0~100μm，40%；100~500μm，60%							13.95	0.83	0.65	19.06，7.74，13.03	
铁合金	电除尘		0.5	0~100μm，40%；100~500μm，60%							13.85	0.18	0.61	22.78，8.14，12.88	
铁合金	钒铁车间：回转窑尾气										21.3	3.02	0.32	Al₂O₃ 3.52，V₂O₅ 12.28，FeO 4.12	
铁合金	电炉冶炼										2.60	10.42	18.78	0.91，0.36	
铁合金	金属铬										6.6	19.6	21.2	TCr₂O₃ 11.8，Cr⁺⁶ 0.16，Fe₂O₃ 4.16	

表 2-12 电炉出口粉尘的平均粒度

粒径/μm	<0.1	0.1~0.5	0.5~1.0	1.0~5.0	5.0~10	10~20	>20
熔化期/%	1.4	4.9	17.6	55.8	7.1	5.6	6.6
氧化期/%	17.7	13.5	18.0	35.3	7.9	5.3	2.3
屋顶罩/%	4.1	22.0	18.9	42.0	5.6	3.0	9.3

表 2-13 典型炼钢电炉的粉尘成分

成分	ZnO	PbO	Fe$_2$O$_3$	FeO	Cr$_2$O$_3$	MnO	NiO	CaO	SiO$_2$	MgO	Al$_2$O$_3$	K$_2$O	Ce	F	Na$_2$O
范围/%	14~45	<5	20~50	4~10	<1	<12	<1	2~30	2~9	<15	<13	<2	<4	<2	<7
典型/%	17.5	3.0	40	5.8	0.5	3.0	0.2	13.2	6.5	4.0	1.0	1.0	1.5	0.5	2.0

表 2-14 粉尘黏附性分类

分类	粉尘性质	黏附强度/Pa	粉尘举例
第Ⅰ类	无黏附性	0~60	干矿渣粉、石英砂、干黏土等
第Ⅱ类	微黏附性	60~300	含有许多未燃烧完全物质的飞灰、焦炭粉、干镁粉、高炉灰、炉料粉、干滑石粉等
第Ⅲ类	中等黏附性	300~600	完全燃尽的飞灰、泥煤粉、湿镁粉、金属粉、氧化锡、氧化锌、氧化铅、干水泥、炭黑、面粉、牛奶粉、锯末等
第Ⅳ类	强黏附性	>600	潮湿空气中的水泥、石膏粉、雪花石膏粉、纤维尘（石棉、棉纤维、毛纤维等）等

表 2-15 主要粉尘颗粒的安息角

种类	粉尘颗粒	安息角/(°)	种类	粉尘颗粒	安息角/(°)
金属矿山岩石	石灰石(粗粒)	25	金属矿山岩石	硅石(粉碎)	32
	石灰石(粉碎物)	47		页岩	39
	沥青煤(干燥)	29		砂粒(球状)	30
	沥青煤(湿)	40		砂粒(破碎)	40
	沥青煤(含水多)	33		铁矿石	40
	无烟煤(粉碎)	22		铁粉	40~42
	土(室内干燥)、河砂	35		云母	36
	砂子(粗粒)	30		钢球	33~37
	砂子(微粒)	32~37		锌矿石	38
化学物质	氧化铝	22~34	化学物质	焦炭	28~34
	氢氧化铝	34		木炭	35
	铅钒土	35		硫酸铜	31
	硫铵	45		石膏	45
	飘尘	40~42		氧化铁	40
	生石灰	43		高岭土	35~45
	石墨(粉碎)	21		硫酸铅	45
	水泥	33~39		磷酸钙	30
	黏土	35~45		磷酸钠	26
	氧化锰	39		硫酸钠	31
	离子交换树脂	29		硫	32~45
	岩盐	25		氧化锌	45
	炉屑(粉碎)	25		白云石	41
	石板	28~35		玻璃	26~32
	碱灰	22~37			
有机物	棉花种子	29	有机物	大豆	27
	米	20		肥皂	30
	废橡胶	35		小麦	23
	锯屑(木粉)	45			

表 2-16　可燃粉尘的爆炸浓度

粉尘类型	中位径 /μm	爆炸下限浓度 /(g/m³)	最大爆炸压力 /MPa	最大压力上升速率 /(MPa/s)	爆炸指数 K_{max} /(MPa·m/s)	危险等级
一、农业产品粉尘爆炸性						
纤维素	33	60	0.97	22.9	22.9	St2
纤维素	42	30	0.99	6.2	6.2	St1
软木料	42	30	0.96	20.2	20.2	St2
谷物	28	60	0.94	7.5	7.5	St1
蛋白	17	125	0.83	3.8	3.8	St1
奶粉	83	60	0.58	2.8	2.8	St1
大豆粉	20	200	0.92	11.0	11.0	St1
玉米淀粉	7	—	1.03	20.0	20.0	St2
大米淀粉	18	50	0.78	19.0	19.0	St1/St2
面粉	52.7	70	0.68	8.0	8.0	St1
精粉	52.2	80	0.63	5.0	5.0	St1
玉米淀粉(抚顺)	15.2	50	0.82	11.5	11.5	St1
玉米淀粉	16	60	0.97	15.8	15.8	St1
玉米淀粉	<10		1.02	12.8	12.8	St1
中国石松子粉	35.5	20	0.70	12.2	12.2	St1
石松子粉	—		0.76	15.5	15.5	St1
石松子粉	—		0.65	13.5	13.5	St1
亚麻(除尘器)	65.3	60	0.57	8.7	8.7	St1
中国棉花	—	40	0.56	1.5	1.5	St1
小麦淀粉	22	30	0.99	11.5	11.5	St1
糖	30	200	0.85	13.8	13.8	St1
糖	27	60	0.83	8.2	8.2	St1
牛奶糖	29	60	0.82	5.9	5.9	St1
甜菜薯粉	22	125	0.94	6.2	6.2	St1
乳浆	41	125	0.98	14.0	14.0	St1
木粉	29	—	1.05	20.5	20.5	St2
二、炭质粉尘爆炸性						
活性炭	28	60	0.77	4.4	4.4	St1
木炭	14	60	0.90	1.0	1.0	St1
烟煤	24	60	0.92	12.9	12.9	St1
石油焦炭	15	125	0.76	4.7	4.7	St1
灯黑	<10	60	0.84	12.1	12.1	St1
烟煤(29%挥发分)	16.4	30	0.86	14.9	14.9	St1
褐煤(43%挥发分)	17.5	40	0.75	14.5	14.5	St1
褐煤	32	60	1.0	15.1	15.1	St1
泥煤(15%H₂O)	—	58	0.6	15.7	15.7	St1
泥煤(22%H₂O)	—	46	1.25	6.9	6.9	St1
永川煤粉	—	—	0.75	15.3	15.3	St1
煤粉	—	—	0.799	16.7	16.7	St1
前江煤	—	—	0.79	6.8	6.8	St1
兖州煤	—	—	0.79	13.2	13.2	St1
淮南煤	—	—	0.77	12.4	12.4	St1
大屯局煤	—	—	0.71	14.0	14.0	St1
石嘴山局煤	—	—	0.68	6.8	6.8	St1
窑街局煤	—	—	0.77	9.2	9.2	St1
潞安局煤	—	—	0.70	4.1	4.1	St1
峰峰局煤	—	—	0.70	2.5	2.5	St1

续表

粉尘类型	中位径 /μm	爆炸下限浓度 /(g/m³)	最大爆炸压力 /MPa	最大压力上升速率 /(MPa/s)	爆炸指数 K_{max} /(MPa·m/s)	危险等级
二、炭质粉尘爆炸性						
石炭井局煤	—	—	0.71	8.0	8.0	St1
西山局煤	—	—	0.73	7.3	7.3	St1
松树积炭	<10	—	0.79	2.6	2.6	St1
三、化学粉尘爆炸性						
己二酸	<10	60	0.80	9.7	9.7	St1
蒽醌	<10	—	1.06	36.4	36.4	St3
抗坏血酸	39	60	0.90	11.1	11.1	St1
乙酸钙	92	500	0.52	0.9	0.9	St1
乙酸钙	85	250	0.65	2.1	2.1	St1
硬脂酸钙	12	30	0.91	13.2	13.2	St1
羧基甲基纤维素	24	125	0.92	13.6	13.6	St1
糊精	41	60	0.88	10.6	10.6	St1
乳糖	23	60	0.77	8.1	8.1	St1
硬脂酸铅	12	30	0.92	15.2	15.2	St1
甲基纤维素	75	60	0.95	13.4	13.4	St1
甲醛	23	60	0.99	17.8	17.8	St1
抗坏血酸钠	23	60	0.84	11.9	11.9	St1
硬脂酸钠	22	30	0.88	12.3	12.3	St1
硫	20	30	0.68	15.1	15.1	St1
四、金属粉尘爆炸性						
铝粉	29	30	1.24	41.5	41.5	St3
铝粉	22	30	1.15	110.0	110.0	St3
铝粒	41	60	1.02	10.0	10.0	St1
铁粉	12	500	0.52	5.0	5.0	St1
黄铜	18	750	0.41	3.1	3.1	St1
铁	<10	125	0.61	11.1	11.1	St1
羰基镁	28	30	1.75	50.8	50.8	St3
锌	10	250	0.67	12.5	12.5	St1
锌	<10	125	0.73	17.6	17.6	St1
硅钙	12.4	60	0.84	19.8	19.8	St2
硅钙粉	26	—	0.76	17.0	17.0	St1
硅铁粉	29	—	0.65	3.4	3.4	St1
五、塑料粉尘爆炸性						
聚丙酰胺	10	250	0.59	1.2	1.2	St1
聚丙烯腈	25	—	0.85	12.1	12.1	St1
聚乙烯（低压过程）	<10	30	0.80	15.6	15.6	St1
环氧树脂	26	30	0.79	12.9	12.9	St1
蜜胺树脂	18	125	1.02	11.0	11.0	St1
模制蜜胺（木粉和矿物填充的酚甲醛）	15	60	0.75	4.1	4.1	St1
模制蜜胺（酚纤维素）	12	60	1.00	12.7	12.7	St1
聚丙烯酸甲酯	21	30	0.94	26.9	26.9	St2
聚丙烯酸甲酯-乳剂混合物	18	30	1.01	20.2	20.2	St2
酚醛树脂	<10	15	0.93	12.9	12.9	St1
聚丙烯	25	30	0.84	10.1	10.1	St1
萜酚树脂	10	15	0.8	14.3	14.3	St1
模制尿素甲醛/维生素	13	60	10.2	13.6	13.6	St1
聚乙酸乙烯酯/乙烯共聚物	32	30	0.86	11.9	11.9	St1
聚乙烯醇	26	60	0.89	12.8	12.8	St1
聚乙烯丁缩醛	65	30	0.89	14.7	14.7	St1
聚氯乙烯	107	200	0.76	4.6	4.6	St1
聚氯乙烯/乙烯乙炔乳剂共聚物	35	60	0.82	9.5	9.5	St1
聚氯乙烯/乙炔/乙烯乙炔悬浮共聚物	60	60	0.83	9.8	9.8	St1

注：St1、St2、St3 指引燃容易程度和爆炸严重程度分别为一般、较高、高。

表 2-17　粉尘爆炸的影响因素

粉 尘 自 身		外 部 条 件
化学因素	物理因素	
燃烧热	粉尘浓度	气流运动状态
燃烧速度	粒径分布	氧气浓度
与水汽及二氧化碳的反应性	粒子形状	可燃气体浓度
	比热容及热导率	温度
	表面状态	窒息气浓度
	带电性	阻燃性粉尘浓度及灰分
	粒子凝聚和特性	点火源状态与能量

表 2-18　松堆粉尘的摩擦性能

粉料	摩擦系数		粉料	摩擦系数	
	颗粒间	颗粒对钢		颗粒间	颗粒对钢
硫黄粉	0.8	0.625	过磷酸钙（粉末）	0.71	0.7
氧化镁	0.49	0.37	硝酸磷酸钙（颗粒）	0.55	0.4
磷酸盐粉	0.52	0.48	水杨酸（粉末）	0.95	0.78
氯化钙	0.63	0.58	水泥	0.5	0.45
萘粉	0.725	0.6	白垩粉	0.81	0.76
无水碳酸钠	0.875	0.675	细砂	1.0	0.58
细氯化钠	0.725	0.625	细煤粉	0.67	0.47
尿素粉末	0.825	0.56	锅炉飞灰	0.52	
过磷酸钙（颗粒）	0.64	0.46	干黏土	0.9	0.57

（七）粉尘的比电阻

　　粉尘的电阻乘以电流流过的横截面积并除以粉尘层厚度称为粉尘的比电阻，单位为 $\Omega \cdot cm$。简言之，面积为 $1cm^2$、厚度为 $1cm$ 的粉尘层的电阻值称为粉尘的比电阻亦称电阻率。钢铁工业粉尘的比电阻如表 2-19 所列。几种烟尘比电阻见表 2-20。耐火材料比电阻见表 2-21，水泥窑和电厂飞灰比电阻值分别见图 2-15 和图 2-16。

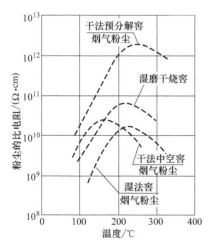

图 2-15　不同窑型烟气温度与比电阻的关系曲线

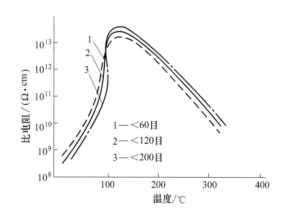

图 2-16　不同粒径飞灰的比电阻特性曲线

表 2-19　钢铁工业粉尘的比电阻

车间	粉尘种类	粉尘状态	比电阻/(Ω·cm) 烟气温度/℃						
			室温	50	100	150	200	250	300
采矿、选矿	贫氧化铁矿	未烘干	3.89×10^{10}						
	中贫氧化铁矿	未烘干	8.50×10^{10}						
	富氧化铁矿	未烘干	7.20×10^{10}						
烧结	机尾	未烘干	$(1.47\sim9.6)\times10^{9}$						
	机尾	烘干	$5\times10^{9}\sim1.3\times10^{10}$						
	机尾		9.6×10^{9}	$1.3\times10^{10}\sim2.1\times10^{11}$	$2.4\times10^{12}\sim1.25\times10^{13}$	$1.7\times10^{12}\sim1.8\times10^{13}$	—		
	烧结		$5.4\times10^{8}\sim1.2\times10^{9}$	$1.5\times10^{8}\sim4.5\times10^{11}$	$4.7\times10^{9}\sim4.1\times10^{12}$	$1.4\times10^{10}\sim1.57\times10^{12}$	$1.7\times10^{10}\sim5\times10^{11}$	$2.4\times10^{10}\sim1.7\times10^{12}$	$3.6\times10^{9}\sim3.6\times10^{10}$
	筛分整粒		5.8×10^{10}	5.3×10^{11}	2.2×10^{11}	2.2×10^{10}	1.2×10^{9}	—	
	球团竖炉		—	—	—	2.52×10^{9}	—		
炼焦	煤粉	电站煤粉	6.9×10^{8}	1.5×10^{9}	4.5×10^{11}	2.5×10^{11}	6.9×10^{10}	2×10^{10}	6.9×10^{9}
	焦炭粉		3.4×10^{4}	6.3×10^{5}	2.8×10^{6}	2.5×10^{6}	9.3×10^{5}	3×10^{5}	2.4×10^{5}
炼铁	原料沟下		4.3×10^{8}	1.65×10^{11}	2.8×10^{11}	5×10^{11}	2.7×10^{11}	1.5×10^{11}	
	炉前		$(1.8\sim6.7)\times10^{8}$	$9.3\times10^{8}\sim1.65\times10^{11}$	$9.1\times10^{8}\sim3.3\times10^{11}$	$7.9\times10^{11}\sim9.1\times10^{8}$	$3.1\times10^{8}\sim1.75\times10^{11}$	$1\times10^{9}\sim1.06\times10^{11}$	$6.3\times10^{6}\sim5.2\times10^{10}$
炼钢	转炉	烘干	$(1.36\sim2.18)\times10^{11}$						
	转炉	未烘干	$(1.6\sim2.06)\times10^{10}$						
	电炉		4.24×10^{8}	3.34×10^{8}	5.43×10^{10}	3.36×10^{12}	4.52×10^{12}	2.3×10^{11}	—
	火焰清理		$1.5\times10^{10}\sim3.0\times10^{11}$						
铁合金	烧结锰矿		1.9×10^{8}	7.9×10^{9}	1.5×10^{10}	1.7×10^{7}	3.9×10^{8}	6×10^{7}	—
	钢渣粉		6.6×10^{7}	8×10^{10}	3.3×10^{12}	1.8×10^{12}	1.8×0^{12}	7.5×10^{11}	7.1×10^{10}

表 2-20　几种烟尘在各种温度下的比电阻

烟尘（粉尘）种类	在各种温度下的比电阻/(Ω·cm)				
	21℃	66℃	121℃	177℃	232℃
三氧化二铁	3×10^{7}	2×10^{9}	9×10^{10}	1×10^{11}	1×10^{10}
碳酸钙	3×10^{8}	2×10^{11}	1×10^{12}	8×10^{11}	1×10^{12}
二氧化钛	2×10^{7}	5×10^{7}	1×10^{9}	5×10^{9}	4×10^{9}
氧化镍	2×10^{6}	1×10^{6}	4×10^{5}	2×10^{5}	6×10^{4}
氧化铅	2×10^{11}	4×10^{12}	2×10^{12}	1×10^{11}	7×10^{9}
三氧化二铝	1×10^{3}	3×10^{8}	2×10^{10}	1×10^{12}	2×10^{12}
飞灰A	8×10^{5}	8×10^{5}	8×10^{5}	1×10^{6}	1×10^{6}
飞灰B	3×10^{8}	5×10^{9}	2×10^{11}	4×10^{11}	1×10^{11}
飞灰C	2×10^{10}	3×10^{11}	7×10^{12}	5×10^{12}	7×10^{11}
水泥粉尘	8×10^{7}	7×10^{8}	7×10^{10}	3×10^{9}	9×10^{9}
石灰	1×10^{8}	1×10^{9}	1×10^{11}	3×10^{11}	1×10^{11}
矾土粉尘	3×10^{8}	3×10^{11}	2×10^{12}	5×10^{10}	8×10^{8}
氧化铬粉尘	2×10^{8}	4×10^{10}	2×10^{10}	9×10^{10}	3×10^{10}
氧化镍窑粉尘	3×10^{10}	8×10^{9}	6×10^{9}	5×10^{8}	1×10^{8}

表 2-21　耐火材料粉尘比电阻　　　　　　　　　　　　　单位：Ω·cm

粉尘种类	粉尘状态	烟气温度/℃						
		室温	50	100	150	200	250	300
石灰		$3.3 \times 10^7 \sim$ 5.7×10^9	$1.8 \times 10^9 \sim$ 2.2×10^{11}	$6.1 \times 10^{11} \sim$ 1.72×10^{12}	$(4.04 \sim 8.6)$ $\times 10^{12}$	$3 \times 10^{11} \sim$ 8.96×10^{12}	$(1.88 \sim 4.38)$ $\times 10^{12}$	$4.1 \times 10^{10} \sim$ 9.91×10^{11}
镁砂		$3 \times 10^{12} \sim$ 3×10^{13}	—	—	3×10^{13}			
镁砂窑炉烟尘	实验室	$9.3 \times 10^7 \sim$ 1.4×10^8	$(3.3 \sim 3.6)$ $\times 10^8$	$(1.6 \sim 5.97)$ $\times 10^9$	$1.69 \times 10^{11} \sim$ 3.7×10^2	$4.8 \times 10^{10} \sim$ 7.75×10^{11}	$2.6 \times 10^{10} \sim$ 4.12×10^{11}	$1.7 \times 10^{10} \sim$ 1.4×10^{11}
铝矾土		3.14×10^{10}	3.14×10^{10}	1.01×10^{10}	2.36×10^{10}	3.14×10^{10}	1.57×10^{12}	2.36×10^{11}
黏土		—	—	—	2×10^{12}			
白云石		3.15×10^8	—	—	4×10^{12}			
石英粉		2.4×10^9	1.6×10^{11}	1.9×10^{12}	8.2×10^{11}	7.1×10^{11}	2.9×10^{11}	8.6×10^{10}

三、常用气象资料

1. 风级表示

见表 2-22。

表 2-22　风级表

风级	风名	相当风速/(m/s)	地面上物体的象征
0	无风	0～0.2	炊烟直上,树叶不动
1	软风	0.3～1.5	风信不动,烟能表示风向
2	轻风	1.6～3.3	脸感觉有微风,树叶微响,风信开始转动
3	微风	3.4～5.4	树叶及微枝动摇不息,旌旗飘展
4	和风	5.5～7.9	地面尘土及纸片飞扬,树的小枝摇动
5	清风	8.0～10.7	小树摇动,水面起波
6	强风	10.8～13.8	大树枝摇动,电线呼呼作响,举伞困难
7	疾风	13.9～17.1	大树摇动,迎风步行感到阻力
8	大风	17.2～20.7	可折断树枝,迎风步行感到阻力很大
9	烈风	20.8～24.4	屋瓦吹落,稍有破坏
10	狂风	24.5～28.4	树木连根拔起或摧毁建筑物,陆上少见
11	暴风	28.5～32.6	有严重破坏力,陆地少见
12	飓风	32.6 以上	摧毁力极大,陆上极少见

2. 雨级表示

在无渗透、蒸发和流失时,降落在平地上的雨水深度为雨量。气象部门按雨量的大小规定了雨级,如表 2-23 所列。

表 2-23　雨级表

名称	标准(12h 内降雨量)	标志
微雨	<0.1mm、累计降雨时间少于 3h	地面不湿或稍湿
小雨	<5mm	地面全湿,但无渍水
中雨	5.1～15mm	可听到雨声,地面有渍水
大雨	15.1～30mm	雨声激烈,遍地渍水
暴雨	30.1～70mm	雨声很大,倾盆而下
大暴雨	70.1～140mm	打开窗户,室内听不到说话声
特大暴雨	>140mm	
阵雨	一阵阵下,累计降雨时间少于 3h	可分为大、中、小阵雨

表 2-24　中国地震烈度表

地震烈度	房屋震害			评定指标					合成地震动的最大值	
	类型	震害程度	平均震害指数	人的感觉	器物反应	生命线工程震害	其他震害现象	仪器测定的地震烈度 I_1	加速度 /(m/s²)	速度 /(m/s)
Ⅰ(1)	—	—	—	无感	—	—	—	$1.0 \leqslant I_1 < 1.5$	1.80×10^{-2} ($<2.57 \times 10^{-2}$)	1.21×10^{-3} ($<1.77 \times 10^{-3}$)
Ⅱ(2)	—	—	—	室内个别静止中的人有感觉，个别较高楼层中的人有感觉	—	—	—	$1.5 \leqslant I_1 < 2.5$	3.69×10^{-2} ($2.58 \times 10^{-2} \sim$ 5.28×10^{-2})	2.59×10^{-3} ($1.78 \times 10^{-3} \sim$ 3.81×10^{-3})
Ⅲ(3)	—	门、窗轻微作响	—	室内少数静止中的人有感觉，少数较高楼层中的人有明显感觉	悬挂物微动	—	—	$2.5 \leqslant I_1 < 3.5$	7.57×10^{-2} ($5.29 \times 10^{-2} \sim$ 1.08×10^{-1})	5.58×10^{-2} ($3.82 \times 10^{-2} \sim$ 8.19×10^{-2})
Ⅳ(4)	—	门、窗作响	—	室内多数人、室外少数人有感觉，少数人睡梦中惊醒	悬挂物明显摆动，器皿作响	—	—	$3.5 \leqslant I_1 < 4.5$	1.55×10^{-1} ($1.09 \times 10^{-1} \sim$ 2.22×10^{-1})	1.20×10^{-2} ($8.20 \times 10^{-3} \sim$ 1.76×10^{-2})
Ⅴ(5)	—	门、窗、屋顶、屋架颤动作响，灰土掉落，个别房屋墙体抹灰出现细微裂缝，个别老旧A1类或A2类房屋墙体出现轻微裂缝或原有裂缝扩展，个别屋顶烟囱掉砖，个别檐瓦掉落	—	室内绝大多数、室外多数人有感觉，多数人睡梦中惊醒，少数人惊逃户外	悬挂物大幅度晃动，少数架上小物品、个别顶部沉重或放置不稳定器物摇动或翻倒，水晃动并从盛满的容器中溢出	—	—	$4.5 \leqslant I_1 < 5.5$	3.19×10^{-1} ($2.23 \times 10^{-1} \sim$ 4.56×10^{-1})	2.59×10^{-2} ($1.77 \times 10^{-2} \sim$ 3.80×10^{-2})

续表

地震烈度	房屋震害			评定指标				仪器测定的地震裂度 I_1	合成地震动的最大值	
	类型	震害程度	平均震害指数	人的感觉	器物反应	生命线工程震害	其他震害现象		加速度 /(m/s²)	速度 /(m/s)
VI(6)	A1	少数轻微破坏和中等破坏,多数基本完好	0.02~0.17	多数人站立不稳,多数人惊逃户外	少数轻家具和物品移动,少数顶部沉重的器物翻倒	个别梁桥挡块破坏,个别拱桥主拱圈出现裂缝及拱台开裂;个别主变压器跳闸;个别老旧支线管道有破坏,局部水压下降	河岸和松软土地出现裂缝,饱和砂层喷砂冒水;个别独立砖烟囱轻度裂缝	$5.5 \leqslant I_1 < 6.5$	6.53×10^{-1} $(4.57 \times 10^{-1} \sim$ $9.36 \times 10^{-1})$	5.57×10^{-2} $(3.81 \times 10^{-2} \sim$ $8.17 \times 10^{-2})$
	A2	少数轻微破坏和中等破坏,大多数基本完好	0.01~0.13							
	B	少数轻微破坏和中等破坏,大多数基本完好	≤0.11							
	C	少数或个别轻微破坏,绝大多数基本完好	≤0.06							
	D	少数或个别轻微破坏,绝大多数基本完好	≤0.04							
VII(7)	A1	少数严重破坏,多数中等破坏和轻微破坏	0.15~0.44	大多数人惊逃户外,骑自行车的人有感觉,行驶中的汽车驾乘人员有感觉	物品从架子上掉落,多数顶部沉重的器物翻倒,少数家具倾倒	少数梁桥挡块破坏,个别拱桥主拱圈出现明显裂缝和变形以及少数桥台开裂;个别变压器的套管破坏,个别瓷柱型高压电气设备破坏;少数支线管道破坏,局部停水	河岸出现塌方,饱和砂土普遍喷砂冒水,松软土地裂缝较多;大多数独立砖烟囱中等破坏	$6.5 \leqslant I_1 < 7.5$	1.35 $(9.37 \times 10^{-1} \sim$ $1.94)$	1.20×10^{-1} $(8.18 \times 10^{-2} \sim$ $1.76 \times 10^{-1})$
	A2	少数中等破坏,多数轻微破坏和基本完好	0.11~0.31							
	B	少数中等破坏,多数轻微破坏和基本完好	0.09~0.27							
	C	少数轻微破坏和中等破坏,多数基本完好	0.05~0.18							
	D	少数轻微破坏和中等破坏,大多数基本完好	0.04~0.16							

续表

地震烈度	房屋震害			评定指标					合成地震动的最大值	
	类型	震害程度	平均震害指数	人的感觉	器物反应	生命线工程震害	其他震害现象	仪器测定的地震烈度 I_1	加速度/(m/s²)	速度/(m/s)
Ⅷ(8)	A1	少数毁坏，多数中等破坏和严重破坏	0.42~0.62	多数人摇晃颠簸，行走困难	除重家具外，室内物品大多数倾倒或移位	少数梁桥桥梁体移位，开裂及多数挡块破坏，少数拱桥主拱圈开裂严重；数个变压器的套管破坏，个别或少数瓷柱型高压电气设备破坏；多数支线管道及少数干线管道破坏，部分区域停水	干硬土地上出现裂缝，饱和砂层绝大多数喷砂冒水；大多数独立砖烟囱严重破坏	$7.5 \leqslant I_1 < 8.5$	2.79 (1.95~4.01)	2.58×10^{-1} (1.77×10^{-1}~3.78×10^{-1})
	A2	少数严重破坏，多数中等破坏和轻微破坏	0.29~0.46							
	B	少数严重破坏，多数中等破坏和轻微破坏	0.25~0.50							
	C	少数中等破坏和严重破坏，多数轻微破坏和基本完好	0.16~0.35							
	D	少数中等破坏，多数轻微破坏和基本完好	0.14~0.27							
Ⅸ(9)	A1	大多数毁坏和严重破坏	0.60~0.90	行动的人摔倒	室内物品大多数倾倒或移位	个别梁桥桥墩局部压溃或落梁，个别拱桥垮塌或濒于垮塌；多数变压器移位，少数变压器脱轨，个别或少数瓷柱型高压电气设备破坏，各类供水管道破坏、渗漏广泛发生，大范围停水	干硬土地上多处出现裂缝，可见基岩裂缝、错动，滑坡、塌方常见；独立砖烟囱多数倒塌	$8.5 \leqslant I_1 < 9.5$	5.77 (4.02~8.30)	5.55×10^{-1} (3.79×10^{-1}~8.14×10^{-1})
	A2	少数毁坏，多数严重破坏和中等破坏	0.44~0.62							
	B	少数毁坏，多数严重破坏和中等破坏	0.48~0.69							
	C	多数严重破坏，少数中等破坏和轻微破坏	0.33~0.54							
	D	少数严重破坏，多数中等破坏和轻微破坏	0.25~0.48							

续表

地震烈度	类型	房屋震害		人的感觉	器物反应	生命线工程震害	其他震害现象	仪器测定的地震烈度 I_l	合成地震动的最大值	
		震害程度	平均震害指数						加速度 /(m/s²)	速度 /(m/s)
X(10)	A1	绝大多数毁坏	0.88~1.00	骑自行车的人会摔倒,处于不稳状态的人会摔离原地,有抛起感	—	个别梁桥桥墩压溃或折断,少数落梁;少数拱桥跨塌或濒于垮塌;绝大多数变压器移位,套管断裂脱轨,多数瓷柱型高压电气设备破坏;供水管网毁坏,全区域停水	山崩和地震断裂出现;大多数独立砖烟囱从根部破坏或倒毁	$9.5 \leqslant I_l < 10.5$	1.19×10^1 $(8.31 \sim 1.72 \times 10^1)$	1.19 $(8.15 \times 10^{-1} \sim 1.75)$
	A2	大多数毁坏	0.60~0.88							
	B	大多数毁坏	0.67~0.91							
	C	大多数严重破坏和毁坏	0.52~0.84							
	D	大多数严重破坏和毁坏	0.46~0.84							
XI(11)	A1	绝大多数毁坏	1.00	—	—	—	地震断裂延续很大;大量山崩滑坡	$10.5 \leqslant I_l < 11.5$	2.47×10^1 $(1.73 \times 10^1 \sim 3.55 \times 10^1)$	2.57 $(1.76 \sim 3.77)$
	A2		0.86~1.00							
	B		0.90~1.00							
	C		0.84~1.00							
	D		0.84~1.00							
XII(12)	各类	几乎全部毁坏	1.00	—	—	—	地面剧烈变化,山河改观	$11.5 \leqslant I_l \leqslant 12.0$	$> 3.55 \times 10^1$	>3.77

注：摘自《中国地震烈度表》(GB/T 17742—2020)。

3. 地震烈度

震级表示地震本身的强弱，国际上多采用里克特的 10 级震级表。震级越高，地震越大，释放的能量越多。震级每差 1 级，能量约差 30 倍。震级和地震烈度不同，地震烈度是表示同一个地震在地震波及的各个地点所造成的影响和破坏程度。它与震源深度、震中距离、表土及土质条件、建筑物的类型和质量等多种因素有关。震级是个定值，一个地震，只有一个震级，烈度值却因地而异。一般震中所在地区烈度最高，称极震区，随震中距增大，烈度总的趋势逐渐降低（由于各种因素影响，可能有起伏）。各国划分的地震烈度标准不一致，许多国家制订了具有本国特色的烈度表，中国使用《中国地震烈度表》（GB/T 17742—2020），分为 12 度。烈度通常用罗马数字表示（Ⅰ、Ⅱ、…、Ⅻ），如表 2-24 所列。

4. 国内主要地区气象资料

见表 2-25。

表 2-25 国内主要地区的气象资料

地名	海拔高度/m	大气压力/kPa			室外相对湿度/%			室外平均风速/(m/s)		温度/℃		
		冬季	夏季	平均	冬季	夏季	平均	冬季	夏季	最高	最低	平均
齐齐哈尔	147.4	100.4	98.7	99.7	63	57	64	3.4	3.4	37.5	−39.5	2.7
安达	150.5	100.4	98.8	99.9	64	58	70	4.1	3.5	39.1	−44.3	
哈尔滨	141.5	100.7	98.8		66	63		3.7	3.3	39.6	−41.4	3.3
鸡西	219.2	99.5	98.0		64	59		3.6	2.4	38.0	−35.1	
牡丹江	232.5	99.3	97.9		64	62		2.1	2.0	37.5	−45.2	3.5
富锦	59.7		99.8		50	48		3.7	3.1	35.2	−36.3	
嫩江	222.3	99.3	97.9		66	65		1.6	2.4	38.1	−47.3	
海伦	240.3	99.2	97.7		73	62		2.6	2.7	35.0	−40.8	
绥芬河	512.4	95.6	94.8		57	68		4.5	2.0	35.7	−33.3	
延吉	172.9		98.7	98.9	49	67	67	2.9	2.2	38.0	−31.1	
长春	215.7	99.6	97.9	99.6	59	64	67	4.2	3.5	39.5	−36.0	4.7
四平	162.9	100.4	98.5	100.8	57	65	69	3.7	3.5	38.0	−33.7	5.4
旅顺				101.11	65	66				35.4	−19.3	10.2
沈阳	41.6	101.3	100.0		53	64		3.6	3.7	39.3	−33.1	7.3
锦州	66.3	102.0	99.9	101.7	38	67	65	3.7	3.6	38.4	−26.0	9.0
营口	3.5	102.7	100.5		49	75		3.2	3.0	36.9	−31.0	8.6
丹东	15	102.4	100.4	100.6	49	77	67	3.1	2.3	37.8	−31.9	8.5
大连	96.5	101.7	99.7		53	54	63	5.6	4.3	36.1	−19.9	10.3
朝阳	170.4	101.7	98.6	101.3	31	76		2.3	2.1	40.6	−31.1	
鞍山	77.3		99.7	93.7	61	55				33.7	−29.5	8.4
满洲里		94.1				61				40.0		−1.8
海拉尔	612.9	92.9	93.2		77	57		3.2	3.4	40.1	−49.3	−2.5
博克图	738.7	100.5	92.1		69	49		3.2	2.0	37.5	−39.1	
通辽	175.9	95.6	98.4		42	48		3.7	3.2	40.3	−32.0	
赤峰	571.9	90.5	94.1		37	52	56	2.3	2.0	42.5	−31.4	
锡林浩特	990.8	90.1	89.5		64	37		3.5	3.0	38.3	−42.4	
呼和浩特	1063		88.9		45	46		1.8	1.7	38.0	−36.2	5.4
温都尔庙	1151.6				38	55		5.3	4.2	29.0	−37.2	
汉贝庙	1117.4				48	55		2.1	2.9	39.1	−42.2	
多伦	1245.4				31	62		3.4	2.6	35.4	−39.8	
林西	808.6	92.1		91.5	44	20	40	3.3	1.9	29.2	−32.0	
乌鲁木齐	850.5	93.3	90.8		75	27	46	1.6	2.8	43.4	−41.5	5.7
哈密	767	86.5	91.6		58	40	67	2.6	3.9	43.9	−32.0	10.0
和田	1381.9	94.8	85.3		46	21		1.6	1.9	42.5	−22.8	11.6

续表

地名	海拔高度/m	大气压力/kPa			室外相对湿度/%			室外平均风速/(m/s)		温度/℃		
		冬季	夏季	平均	冬季	夏季	平均	冬季	夏季	最高	最低	平均
伊宁	664	102.9	93.2		70	50		1.8	2.3	40.2	-37.2	7.9
吐鲁番	35		99.9		47	39		1.4	2.4	47.6	-26.0	13.9
富蕴	1177				71	28		0.4	1.4	33.3	-50.8	
精河	318.3					29		1.6	2.1	39.7	-36.4	
奇台	795.3				75	31		2.6	3.1	41.0	-42.6	
库车	1072.5					32	43	2.4	3.4	41.5	-27.4	
莎车	1231.2	85.2				44	58	1.2	2.1	41.5	-20.9	
酒泉	1469.3	85.2	84.4	84.8	42	25		2.2	2.3	38.4		8.3
兰州	1517.2	88.9	84.3		44	60		0.7	1.7	39.1	-23.0	9.5
敦煌	1138.7		87.6		42			1.9	2.0	43.6	-27.6	9.3
乌鞘岭	3045.1				44			4.1	4.1	26.7	-30.0	
天水	1131.7	89.2	88.3		48	52	60	1.5	1.4	36.0	-19.2	11.3
武都	1090		88.6			58		1.2	2.0	40.0	-7.2	
银川	1111.5	89.6	88.4		47	47		1.8	1.9	39.3	-30.6	8.5
共和	2862.5				36	48		2.3	2.3	31.1	-27.8	
玉树	3702.6				23	50	56	1.6	1.2	26.6	-25.4	3.1
西宁	2261.2	77.5	77.4		48	65	59	1.7	1.9	33.9	-26.6	5.7
格尔木	2806.1	72.3	72.4		41	36		2.7	3.5	32.1	-33.6	4.2
大柴旦	3173.2			97.5		27		1.4	2.2	28.2	-31.7	
西安	412.7	97.9	95.7		50	50	68	2.0	2.4	45.2	-20.6	13.8
延安	957.6	91.5	90.0		35	50		2.1	1.5	39.7	-25.4	9.4
汉中	508.3	96.4	94.7			66		1.4	1.2	41.6	-10.1	14.3
榆林	1057.5	90.2	89.0	101.2	41	44	57	1.6	2.2	40.0	-32.7	8.1
北京	54.3	102.0	99.9		34	63	62	2.2	1.5	42.6	-22.8	11.8
石家庄	81.8	101.7	99.5		39	57	57	2.0	1.9	42.6	-26.5	12.9
承德	315.2	98.1	96.3	101.4	37	58	58	1.4	1.2	41.5	-23.9	9.0
保定	17.2	102.4	100.1	93.1	40	58	55	2.1	2.3	43.7	-22.4	12.1
张家口	723.9	93.9	92.4	101.7	43	67	63	3.6	2.4	37.4	-24.1	8.2
天津	3.3	102.7	100.5	101.8	53	78	72	3.1	2.6	42.9	-20.4	12.2
塘沽	5.4	102.7	100.5	91.9	62	79	61	4.1	4.4	47.6	-22.8	12.0
太原	782.4	93.2	91.5	101.4	42	52	57	2.4	2.2	39.4	-25.5	9.8
济南	54	102.3	100.0	100.9	47	59	73	3.9	3.3	42.7	-19.7	14.8
青岛	76.8	102.0	99.9	101.7	55	77	80	4.6	4.1	36.2	-16.9	12.3
上海	4.6	102.5	100.4	100.9	60	65	77	3.5	3.4	40.2	-12.1	15.3
南京	8.9	102.1	100.0	101.6	61	65	71	3.3	3.1	43.0	-14.0	15.5
徐州	34.3	102.3	100.0		61	70		3.4	3.2	41.2	-18.9	14.3
蚌埠	21	102.4	100.1		63	66		3.0	2.8	40.7	-19.3	15.1
安庆	40.9	102.1	100.0	100.8	56	62	78	2.8	2.8	40.2	-9.3	16.5
芜湖	14.8	102.4	100.3	101.7	17	80	82	2.4	2.3	41.0	-10.6	16.0
杭州	7.2	102.5	100.5		68	63	85	2.2	2.0	42.1	-10.5	16.3
温州	4.8	102.3	100.5		64	72	81	2.8	2.6	40.5	-3.9	10.4
福建	88.4	102.2	99.6	101.4	64	63	79	2.9	3.3	39.5	-2.5	19.8
厦门	63.2	101.4	99.9		73	81		3.5	3.0	39.8	2.2	21.6
信阳	79.1	101.2	99.1	97.7	66	72	72	2.3	2.4	39.6	-20.0	15.1
开封	72.5	101.8	99.6		64	79	72	3.6	3.0	43.0	-15.0	14.7
武汉	23	102.3	100.1		64	62	79	2.8	2.7	41.3	-14.9	16.8
宜昌	69.7	101.5	99.3	100.6	62	65	77	1.5	1.4	39.7	-6.2	16.7
长沙	81.3	101.9	99.6	100.6	70	58	83	3.0	2.4	41.5	-8.4	17.5

续表

地名	海拔高度/m	大气压力/kPa			室外相对湿度/%			室外平均风速/(m/s)		温度/℃		
		冬季	夏季	平均	冬季	夏季	平均	冬季	夏季	最高	最低	平均
岳阳	51.6	101.6	99.8		77	75		2.8	3.1	39.0	−8.9	16.7
常德	36.7	102.2	100.0	100.8	52	70	80	2.3	2.3	40.8	−11.2	16.7
衡阳	103.2	101.2	99.3		80	71	80	1.7	2.3	41.3	−4.0	17.8
南昌	48.9	101.9	100.0		67	58		4.4	3.0	39.4	−7.7	17.4
景德镇	46.3	102.0	99.9	101.5	56	58	79	2.1	1.7	39.8	−10.3	17.0
九江	32.2	102.2	100.1		75	76		3.0	2.4	41.0	−10.0	17.0
赣州	99	100.8	99.1		66	58	78	2.3	2.1	41.2	−6.0	19.4
南宁	74.9	100.8	99.3		64	64		2.0	1.9	40.4	−2.1	22.1
桂林	161	100.3	98.5		62	64	77	3.2	1.5	39.4	−4.9	19.2
梧州	119.2		99.1	101.4	65	63	76	2.0	1.9	39.2	−3.0	21.5
广州	11.3	101.9	100.4	101.4	58	69	78	2.1	1.7	38.7	−0.5	21.9
汕头	4.3	101.9	100.5	101.7	64	74	83	2.9	2.6	38.5	−0.6	21.5
海日	14.1	101.5	100.1		76	63	85	4.1	3.3	40.5	−2.8	24.3
韶关	68.7	101.4	99.7		72	60		1.8	1.8	42.0	−4.3	20.3
成都	488.2	96.3	94.7		60	69	81	1.3	1.4	40.1	−6.0	17.0
重庆	260.6	99.1	97.2	99.3	71	60	83	0.9	1.2	42.2	−1.8	18.6
峨眉山			70.3	70.5			82			24.0	−20.9	16.6
宜宾	286	98.5	96.9		69	66		1.3	1.4	42.0	−1.6	
甘孜	3325.5	67.1	67.5		31	50		1.7	1.7	31.7	−22.7	
西昌	1596.8	88.3	83.5			64		1.7	1.0	39.7	−6.0	
会理	1920.0					64		1.7	1.0	35.1	−4.6	
昆明	1891	81.1	80.8		44	65		2.4	1.8			
蒙自	1301	87.1	86.5		49	60		3.7	2.7			
思茅	1319	87.1	86.5			74		1.9	0.9			
贵阳	1071.2	89.7	88.8	89.3	71	62	78	2.2	2.0	39.5	−9.5	15.5
遵义	843.9	92.3	91.1		74	59		1.4	1.3			
拉萨	3658	64.9	64.9	65.1	20	39	41	2.4	2.1	28.0	−15.4	8.6
昌都			68.1			54				33.3	−18.0	7.4
台北				101.4		82				38.6	−0.2	21.7
台中				101.3		81				39.3	−1.0	22.3

注：表中大气压力、相对湿度、温度平均值均为年平均值。

四、设备设计任务书

设备设计任务书是委托方提交给设计方的技术文件，是设备设计的依据之一。设备设计任务书包括以下内容：①生产工艺设备的名称、规格、产能以及与除尘设备关联情况；②安装地点和相关的平面图、立面图、断面图；③处理风量、设备阻力及排放要求、处理气体的温度、湿度、含尘浓度；④工艺气体特性和工业粉尘特性；⑤除尘器对输灰装置、电控装置的技术要求；⑥除尘器对配套件的要求及装置水平；⑦除尘器占地面积及空间条件；⑧使用地点的气象条件；⑨设计时间要求和图纸要求；⑩其他。

五、实例——电除尘器设备委托设计任务书

（一）概要

本设备是"高炉贮矿槽增设除尘设施"工程中除尘系统用电除尘器，用于净化高炉贮矿槽顶部及石灰石、白云石转运站等处49个扬尘点的含尘空气，使除尘系统的排出口浓度达到国家和

业主有关规定，从而净化厂区环境。

本设备置于××路路南、二高炉贮矿槽贮焦槽北，现有"原料 6#电气室"东的狭长地带，本设备的主要构成有进口出口喇叭管、壳体、灰斗、气流分布板、阻流板、阴极及其振动系统、阳极及其振动系统、人孔门、检修通道、高压绝缘子室、进口出口伸缩节、灰斗出口伸缩节、仓壁振动器、插板阀、双层卸灰阀及梯子平台等。设备外形及范围见图 2-17。

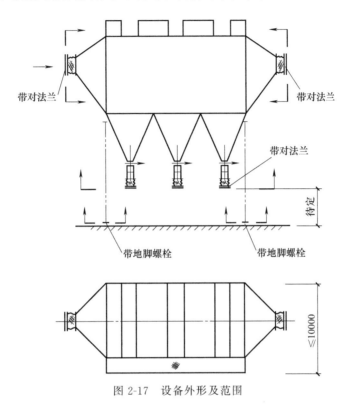

图 2-17　设备外形及范围

（二）基本技术参数

处理废气量为 5200m³/min；废气温度为常温；粉尘性质中，烧结矿粉尘 80%，杂矿粉尘 20%；入口含尘浓度为 5g/m³；出口含尘浓度＜50mg/m³；工作负压为－3500～4500Pa；设备压力降≤295Pa；设备漏风率＜2%；粉尘填实密度约为 1.96t/m³；粉尘粒度、化学成分、比电阻委托设备设计单位测定。

（三）交接关系

① 气路：除尘器进口、出口处伸缩节法兰面为界。伸缩节法兰带对法兰。

② 灰路：除尘器灰斗双层卸灰阀下伸缩节法兰面为界。伸缩节法兰带对法兰。

③ 压缩空气系统：气动控制管路接点法兰面为界。

④ 给脂系统：双层卸灰阀润滑点设备面为界。

（四）结构要求

① 高压直流供电装置及各传动电机均为户外型。

② 阴极振打瓷轴保温箱及支承套管保温箱设电加热器，以保证箱内温度高于废气露点温度 25～30℃。

③ 阴、阳极振打传动设保险装置。

④ 除尘器进出口喇叭管及灰斗出口处设非金属伸缩节。为方便安装，与风管及卸灰管连接口处带对法兰。

⑤ 除尘器台架为钢结构，地脚螺栓随设备供货。

⑥ 除尘器带润滑给脂装置（不含双层卸灰阀）。

⑦ 灰斗为锥形灰斗、斗壁倾角应保证粉尘畅通外排。每个灰斗设仓壁振动器，灰斗下部设手掏孔及操作平台。

⑧ 卸灰阀为气动锥形（蘑菇状）双层卸灰阀，卸灰能力按除尘器收尘量决定。

⑨ 每层平台设机旁操作箱，箱内设 36V 保安电源插座。

⑩ 高压直流供电装置随设备供货。

⑪ 设备在本体上的一次仪表由设备设计单位配置并供货。

（五）其他要求

① 设计计算机控制系统，通过彩色 CRT、操作键盘、鼠标器对除尘系统的工作过程进行控制和监视，并利用打印机记录系统运行的有关参数。

② 高压电源控制系统对电除尘器各电场电压、电流进行控制，实现火花频率控制，反电晕峰值跟踪及半脉冲供电。

③ 清灰、输灰全过程采用微机时间程序控制，可进行联动操作或单机手动操作。

④ 设备照明由设备设计单位配置。

⑤ 设备应进行气流分布试验，使除尘器入口断面气流速度相对均方根值 $\sigma \leqslant 0.2$。

⑥ 设备应进行振打试验，使阴、阳极各点的振打加速度符合国家规定要求。

⑦ 灰斗、卸灰阀、进出口烟道、伸缩节法兰的接合面及人孔门等处应严密。

⑧ 各传动装置应转运灵活，不得有卡碰现象。

⑨ 设备涂装色标按工厂设计统一规定进行。

⑩ 除尘器结构应根据当地气象资料（见附录）考虑风、雪荷重及地震等因素进行设计。

⑪ 三电设计内容及分工界面见电气委托任务书。

⑫ 本体平台与管道平台连接关系在下阶段设计时协商处理。

（六）附录——气象资料

① 大气温度

年平均温度	15.90℃
27 年内纪录最高温度	38.10℃
27 年内纪录最低温度	−9.40℃
最热月平均气温	29.7℃
最冷月平均气温	0.31℃

② 相对湿度

年平均相对湿度	80%
夏季月平均相对湿度的最高值	89%
冬季月平均相对湿度的最高值	70%

③ 风速、风向

夏季室外平均风速	4.5m/s
冬季室外平均风速	5.5m/s
27 年纪录最大风速（东北持续时间 2～3min）	34m/s
全年主导风向	东南东

夏季主导风向   东南东

  冬季主导风向   北北西

④ 大气压力

  年平均气压 $1.016 \times 10^5 \, Pa$

  夏季平均气压 $1.005 \times 10^5 \, Pa$

  冬季平均气压 $1.025 \times 10^5 \, Pa$

⑤ 27 年内积雪最大厚度   110mm

⑥ 地震基本烈度   Ⅶ度

第四节　除尘设备设计注意事项

一、调查研究

  除尘设备设计前，必须做好科技查新和现场调研，保证除尘设备技术特性与粉尘特性相适应。

1. 科技查新

  科技查新应当重点明确：①除尘对象的主要除尘方法、形式及技术经济指标；②工业应用信息及代表性论文；③专利分布及知识产权保护；④存在问题及攻关方向。

2. 现场调研

  除尘设备设计前，必须深入应用现场实际，做好原始资料调研，主要内容包括：①粉（烟）尘种类，产生过程及数量；②粉（烟）尘特性，包括粉（烟）尘密度、化学成分、安息角、粒度分布、含水率、比电阻及爆炸性等；③气体处理量、压力、温度、湿度、成分、爆炸性等；④粉（烟）尘回收利用方向。

二、技术经济指标

  除尘器设备设计采用的主要技术经济指标，应当力求先进、可靠、经济、安全，杜绝技术上的高指标与浮夸风。

  除尘器设备设计采用的主要技术经济指标，如袋式除尘器的过滤速度（m/min）、电除尘器的电场风速（m/s）和驱进速度（cm/s）、冲激除尘器的 S 板负荷［m/(h·m)］、文氏管的喉口速度（m/s）等，一定要有实用或中试基础，不能任意提高设计指标，影响设备设计质量。

三、提高技术装备水平

  广泛吸收风洞技术、计算机技术、控制技术、纺织技术和水处理技术等相关学科成果，嫁接与改造除尘设备的设计、制造、安装、运行与服务，提高工业除尘设计技术装备水平。

1. 实验技术

  应用风洞技术和计算机仿真技术，嫁接模拟实验技术，研究除尘设备内部气体运动规律，优化除尘器结构设计及其在复杂边界条件下烟囱排放高度与环境影响评价。

2. 控制技术

  应用计算机技术和自动控制技术，实施除尘设备的远程控制与技术保障，实现无接触安全作业。

3. 过滤技术

应用纺织技术，研发新型过滤材料和相关保护措施，拓宽过滤材料多品种多功能，提升气体过滤除尘功能，实现袋式除尘在高温、高湿、高浓度、高腐蚀性和高风量工况下的广泛应用。

4. 预处理技术

应用预处理技术，嫁接工业除尘技术，发展工业气体脱硫除尘的前处理和湿法除尘新方法、新工艺。

四、满足工艺生产需要

工业除尘设备的设计与应用，一定要全方位服从于、服务于工艺生产：以工艺需要为中心，研发具有自主知识产权的工业除尘设备，建立工业除尘设备运行体系，满足生产过程工业除尘和工业炉窑烟气除尘的需要。

1. 满足生产工艺需要

根据生产工艺需要，科学确定其除尘工艺与方法，是除尘设备设计的第一要素。要根据生产工艺流程和作业制度，确定除尘工艺流程和除尘设备的运行制度；要根据生产工艺过程产生的工业气体成分、温度、湿度、烟尘浓度、烟尘成分和烟气流量，确定除尘设备的主要参数和装备规模；要根据生产工艺过程的有害物种类和数量，确定烟尘的回收与利用方案。

2. 满足生产工艺除尘需要

把握生产工艺特点，科学确定其进气方式和最佳排气（处理）量，是除尘设备设计的重要原则之一，只有把握生产工艺特点，抓住烟气除尘的主要矛盾，才能科学确定除尘工艺方法，合理确定烟气最佳处理量，正确确定除尘设备的装备规模，谋取最佳除尘效能，实现烟气除尘与生产工艺的统一。

3. 满足生产工艺操作需要

围绕生产工艺操作，把除尘设备的设计、安装与运行，融于生产工艺运行过程之中，科学配置远程控制系统和检测系统，做到既保持除尘设备的功能，又不妨碍生产工艺操作与维修，除尘设备才能正常发挥作用；否则，除尘设备将是短命的。

4. 满足安全生产和环境保护需要

除尘设备，既要在生产过程中发挥除尘功能，还要考虑设计与配备安全防护措施。保证在复杂的生产工况条件下，除尘设备具有防火、防爆和自身保护的功能，配有安全预警设施，除尘效能符合环保标准和卫生标准的规定。

第五节 除尘器设计技术措施

除尘器在设计中会遇到高温、燃烧或爆炸、腐蚀、磨损、高浓度等问题，此时就要针对具体情况采取相应的优化技术措施，以期取得满意的结果。

一、除尘器高温技术措施

（一）烟气进入除尘器前的降温措施

由于烟气温度高达 550℃，高温技术措施在袋式除尘应用较多，故在烟气进入袋式除尘器前采取 3 项降温及预防措施。

1. 设置气体冷却器

冷却高温烟气的介质可以采用温度低的空气或水，称为风冷或水冷。不论风冷、水冷，可以是直接冷却，也可以是间接冷却，所以冷却方式用以下方法分类：①吸风直接冷却，将常温的空气直接混入高温烟气中（掺冷方法）；②间接风冷，用自然对流空气冷却称为自然风冷，用风机强迫对流空气冷却称为机械风冷；③喷雾直接冷却，往高温烟气中直接喷水，用水雾的蒸发吸热，使烟气冷却；④间接水冷，用水冷却在管内流动的烟气，可以用水冷夹套或冷却器等。

各种冷却方法都适用于一定范围，其特点、适用温度和用途各不相同，见表 2-26。

表 2-26　各种冷却方法的特点

冷却方式		优　点	缺　点	漏风率/%	压力损失/Pa	适用温度/℃	用　途
间接冷却	水冷管道	可以保护设备，避免金属氧化物结块而有利于清灰；热水可利用	耗水量大，一般出水温度不大于 45℃，如提高出水温度则会产生大量水污染，影响冷却效果和水套寿命	＜5	＜300	出口＞450	冶金炉出口处的烟罩、烟道、高温旋风除尘器的壁和出气管
	汽化冷却	可生产低压蒸汽，用水量比水套节约几十倍	制造、管理比水套要求严格，投资较水套大	＜5	＜300	出口＞450	冶炼炉出口处烟道、烟罩冷却后接除尘器
	余热锅炉	具有汽化冷却的优点，蒸汽压力较大	制造、管理比汽化冷却要求严格	10～30	＜800	进口＞700 出口＞300	冶炼炉出口
	热交换器	设备可以按生产情况调节水量以控制温度	水不均匀，以致设备变形，缩短寿命	＜5	＜300	＞500	冶炼炉出口处或其他措施后接除尘系统
	风套冷却	热风可利用	动力消耗大，冷却效果不如水冷	＜5	＜300	600～800	冶金炉出口除尘器之前
	自然风冷	设备简单可靠，管理容易，节能	设备体积大	＜5	＜300	400～600	炉窑出口除尘器之前
	机械风冷	管道集中，占地比自然风冷少，出灰集中	热量未利用需要另配冷却风机	＜5	＜500	进口＞300 出口＞100	除尘器前的烟气冷却
直接冷却	喷雾冷却	设备简单，投资较省，水和动力消耗不大	增加烟气量、含湿量、腐蚀性及烟尘的黏结性；湿式运行要增设泥浆处理	5～30	＜900	一般干式运行进口＞450，高压干式运行＞150，湿式运行不限	湿式除尘及需要改善烟尘比电阻的电除尘前的烟气冷却
	吸风冷却	结构简单，可自动控制使温度严格维持在一定值	增加烟气量，需加大除尘设备及风机容量	—	—	一般＜200	袋式除尘器前的温度调节及小冶金炉的烟气冷却

注：漏风率及阻力视结构不同而异。

2. 混入低温烟气

在同一个除尘系统如果是不同温度的气体，应首先把这部分低温气体混合高温气体。不同温度气体混合时混合后的温度按下式计算：

$$V_{01}C_{P1}t_1 + V_{02}C_{P2}t_2 + V_{03}C_{P3}t_3 + V_{04}C_{P4}t_4 = V_0 C_P t \tag{2-15}$$

式中，$V_{01} \sim V_{04}$ 为各工位吸尘点烟气量，m^3/min；$t_1 \sim t_4$ 为各工位烟气温度，℃；V_0 为除尘器入口烟气量，m^3/min；t 为除尘器入口烟气温度，℃；$C_{P1} \sim C_{P4}$ 为各工位烟气摩尔热容，$kJ/(kmol \cdot K)$；C_P 为除尘器入口烟气摩尔热容，$kJ/(kmol \cdot K)$。

3. 装设冷风阀

吸风冷却阀用在袋式除尘器以前主要是为了防止高温烟气超过允许温度进入除尘器。它是一个有调节功能的蝶阀，一端与高温管道相接，另一端与大气相通。调节阀用温度信号自动操作，控制吸入烟道系统的空气量，使烟气温度降低，并调节在一定范围内。

吸风支管与烟道相交处的负压应不小于 $50 \sim 100Pa$，吸入的空气应与烟气有良好的混合，然后进入袋式除尘器。这种方法适用于烟气温度不太高的系统。由于该方法温度控制简单，在用冷却器将高温烟气温度大幅度降低后，再用这种方法将温度波动控制在较低范围，如 ± 20℃内。需要吸入的空气量按下式计算。

$$\frac{V_{KO}}{22.4} = \frac{\frac{V_0}{22.4} \times (C_{P2} t_q - C_{P1} t_h)}{C_{PK} t_2 - C_K t_k} \tag{2-16}$$

式中，V_{KO} 为在标准状态下吸入的空气量，m^3/h；V_0 为在标准状态下的烟气量，m^3/h；C_{P2} 为 $0 \sim t_2$ 烟气的摩尔热容，$kJ/(kmol \cdot ℃)$；C_{P1} 为 $0 \sim t_1$ 烟气的摩尔热容，$kJ/(kmol \cdot ℃)$；C_{PK} 为 $t_k \sim t_2$ 烟气的摩尔热容，$kJ/(kmol \cdot ℃)$；C_K 为常温下空气的摩尔热容，$kJ/(kmol \cdot ℃)$；t_q 为烟气冷却前的温度，℃；t_h 为烟气冷却后的温度，℃；t_k 为被吸入空气温度，按夏季最高温度考虑，℃。

夏季被吸入空气量按式（2-17）求得：

$$V_K = V_{KO} \frac{273 + (30 \sim 40)}{273} \tag{2-17}$$

吸入点的空气流速按下式计算：

$$v = \sqrt{\frac{2\Delta p}{\xi \rho_K}} \tag{2-18}$$

式中，v 为空气流速，m/s，一般取 $15 \sim 30m/s$；Δp 为吸入点管道上的负压值，Pa；ξ 为吸入支管的局部阻力系数；ρ_K 为空气密度，kg/m^3。

（二）除尘器结构设计措施

1. 除尘器设滑动支点

除尘器箱体在除尘器运行时受高温影响产生线膨胀，伸长量按下式求得：

$$\Delta L = L a_L (K_2 - K_1) \tag{2-19}$$

式中，ΔL 为除尘器箱体热伸长量，m；L 为设备计算长度，m；a_L 为平均线膨胀系数，$m/(m \cdot K)$，普通钢板取 $12 \times 10^{-6} m/(m \cdot K)$；$K_2$ 为烟气温度，K；K_1 为大气温度，K，一般取采暖室外计算温度。

根据计算结果在除尘器长度方向中间立柱上端设固定支点，在其他立柱设滑动支点。滑动支点的构造为不锈钢板及双向椭圆形活动孔。除尘器滑动支点一般可分为平面滑动支点和平面导向支点，支座的结构形式应考虑到摩擦阻力大小的影响。

（1）摩擦阻力 F（kg）计算

$$F = \mu P \tag{2-20}$$

式中，P 为管道质量（包括灰量），kg；μ 为摩擦系数。

为降低管道对支架的摩擦阻力，应选用摩擦系数低的滑动摩擦副。

（2）滑动摩擦副 根据管道内气体温度的高低和支点承载能力的大小，多数设计或选型通常采用聚四氟乙烯或复合聚四氟乙烯材料作为滑动摩擦副。它和钢与钢的滑动摩擦及滚动摩擦的滑动支座相比，具有以下优点：①摩擦系数 μ 低，钢与钢的滑动摩擦，$\mu=0.3$；钢与钢的滚动摩擦，$\mu=0.1$；而聚四氟乙烯，$\mu=0.03\sim0.08$，因而摩擦阻力很低，使得管道支架变小，降低了工程投资；②聚四氟乙烯材料耐腐蚀性能好，稳定可靠，而以钢为摩擦材料的支座因容易锈蚀，使得摩擦系数增加，造成系数运行时的摩擦阻力增大；③安全可靠，使用寿命长，聚四氟乙烯材料因具有自润滑性能，所以无论在水、油、粉尘和泥沙等恶劣环境下均能以很低的摩擦系数工作。

2. 内部结构措施

为防止高温烟气冷却后结露，在袋式除尘器内部结构设计时首先应尽量减少气体停滞的区域。含尘空气从箱体下部进入，而出口设备在箱体的上部，与入口同侧。此时，滤袋下部区域以及与出口相对的部位，气流会滞流，由于箱体壁面散热冷却就容易结露。为减少壁面散热，设计成在箱体内侧面装加强筋结构的特殊形式。箱体上用的环保型无石棉衬垫和密封材料，应选择能承受设定温度的材料。

（三）采用耐高温滤袋

耐高温滤袋品种很多，应用较广，如 Nomex、美塔斯、Ryton、PPS、P84、玻纤毡、特氟纶、Kerme 等。对于高温干燥的气体可用 Nomex 等，如果烟气中含有一定量的水分或烟气容易结露则必须选用不发生水解的耐高温滤布如 P84 等。

（四）保温措施

除尘器的灰斗不论怎样组织气流都难免产生气流的停滞，所以在设计中采取了保温措施。保温层结构按防止结露计算如下：

$$\delta=\lambda\left(\frac{t_i-t_k}{q}-R_2\right) \tag{2-21}$$

式中，δ 为保温层厚度，m；λ 为保温材料热导率，W/(m·℃)；t_i 为设备外壁温度，℃；t_k 为室外环境温度，℃；q 为允许热损失，W/m²；R_2 为设备保温层到周围空气的传热阻，m²·℃/W。

（五）滤袋口形式

用脉冲袋式除尘器处理高温烟气时，必须防止滤袋口的局部冷却结露。清灰用的压缩空气温度较低，待净化的烟气温度较高，当压缩空气通过喷吹管喷入滤袋时压缩空气突然释放，袋口周围温度急速下降，由于温度的差异和压力的降低，温度较高的滤袋口很容易形成结露现象；如果压缩空气质量较差，含水含油，则结露更为严重。

用 N_2 代替压缩空气，其优点是 N_2 质量好，可减轻结露可能；同时，滤袋口导流管也有利于避免袋口结露。

（六）高温涂装

用于高温烟气的袋式除尘器防腐涂装是不可缺少的。因为涂装不良，不仅影响美观，而且会加快腐蚀降低除尘器的使用寿命。针对这种情况，袋式除尘器应采用表 2-27 所列的或其他耐温的涂装方式。

二、防止粉尘爆炸技术措施

（一）粉尘爆炸的特点

粉尘爆炸就是悬浮于空气中的粉尘颗粒与空气中的氧气充分接触，在特定条件下瞬时完成的氧化反应，反应中放出大量热量，进而产生高温、高压的现象。任何粉尘爆炸都必须具备 3 个条件：①点火源；②可燃细粉尘；③粉尘悬浮于空气中且达到爆炸浓度极限范围。

表 2-27　高温条件下袋式除尘器涂装方式

除尘管道和设备(温度≤250℃) 系统说明	颜色	漆膜厚度/μm		理论用量 /(g/m²)	施工方法			
		湿膜	干膜		手工 刷涂	辊涂	高压无气喷涂	
							喷孔直径/mm	喷出压力/MPa
WE61-250 耐热防腐涂料底漆	灰色	90	30	170	√	×	0.4～0.5	12～15
WE61-250 耐热防腐涂料底漆	灰色	90	30	170	√	×	0.4～0.5	12～15
WE61-250 耐热防腐涂料面漆	灰色	70	25	100	√	×	0.4～0.5	12～15
WE61-250 耐热防腐涂料面漆	灰色	70	25	100	√	×	0.4～0.5	12～15
干膜厚度合计　110μm								
W61-600 有机硅高温防腐涂料底漆	铁红色	65	25	90	√	×	0.4～0.5	15～20
W61-600 有机硅高温防腐涂料底漆	铁红色	65	25	90	√	×	0.4～0.5	15～20
W61-600 有机硅高温防腐涂料底漆	淡绿色	60	25	80	√	×	0.4～0.5	15～30
W61-600 有机硅高温防腐涂料底漆	淡绿色	60	25	80	√	×	0.4～0.5	12～15
干膜厚度合计　100μm								

注：√表示适用；×表示不适用。

（1）粉尘爆炸要比可燃物质及可燃气体爆炸复杂　一般地，可燃粉尘悬浮于空气中形成在爆炸浓度范围内的粉尘云，在点火源作用下与点火源接触的部分粉尘首先被点燃并形成一个小火球。在这个小火球燃烧放出的热量作用下，使得周围临近粉尘被加热、温度升高、着火燃烧现象产生，这样火球就会迅速扩大而形成粉尘爆炸。

粉尘爆炸的难易程度和剧烈程度与粉尘的物理、化学性质以及周围空气条件密切相关。一般地，燃烧热越大、颗粒越细、活性越高的粉尘，发生爆炸的危险性越大；轻的悬浮物可燃物质的爆炸危险性较大；空气中氧气含量高时，粉尘易被点燃，爆炸也较为剧烈。由于水分具有抑制爆炸的作用，所以粉尘和气体越干燥，则发生爆炸的危险性越大。

（2）粉尘爆炸发生之后，往往会产生二次爆炸　这是由于在第一次爆炸时，有不少粉尘沉积在一起，其浓度超过了粉尘爆炸的上限浓度值而不能爆炸。但是，当第一次爆炸形成的冲击波或气浪将沉积粉尘重新扬起时，在空中与空气混合，浓度在粉尘爆炸范围内，就可能紧接着产生二次爆炸。第二次爆炸所造成的灾害往往比第一次爆炸要严重得多。

国内某铝品生产厂 1963 年发生的粉尘爆炸事故的直接原因是排风机叶轮与吸入口端面摩擦起火引起的。风机吸入口处的虾米弯及裤衩三通气流不畅，容易积尘。特别是停机时更容易滞留粉尘，一旦启动，沉积的粉尘被扬起，很快达到爆炸下限，引起粉尘爆炸。

（3）粉尘爆炸的机理　可燃粉尘在空气中燃烧时会释放出能量，并产生大量气体，而释放出能量的快慢即燃烧速度的大小与粉体暴露在空气中的面积有关。因此，对于同一种固体物质的粉体，其粒度越小，比表面积则越大，燃烧扩散就越快。如果这种固体的粒度很细，以至可以悬浮起来，一旦有点火源将其引燃，则可在极短的时间内释放出大量的能量。这些能量来不及逸散到周围环境中去，致使该空间内气体受到加热并绝热膨胀，而另一方面粉体燃烧时产生大量的气体，会使体系形成局部高压，以致产生爆炸及传播，通常称为粉尘爆炸。

（4）粉尘爆炸与燃烧的区别　大块的固体可燃物的燃烧是以近于平行层向内部推进，例如煤的燃烧等。这种燃烧能量的释放比较缓慢，所产生的热量和气体可以迅速逸散。可燃性粉尘的堆状燃烧，在通风良好的情况下形成明火燃烧，而在通风不好的情况下可形成无烟火焰的隐燃。

可燃粉尘燃烧时有几个阶段：第一阶段，表面粉尘被加热；第二阶段，表面层气体溢出挥发分；第三阶段，挥发分发生气相燃烧。

超细粉体发生爆炸也是一个较为复杂的过程，由于粉尘云的尺度一般较小，而火焰传播速度较快，每秒几百米，因此在粉尘中心发生火源点火，在不到 0.1s 的时间内就可燃遍整个粉尘云。在此过程中，如果粉尘已燃尽，则会生成最高的压强；若未燃尽，则生成较低的压强。可燃粒子是否能燃完，取决于粒子的尺寸和燃烧深度。

（5）可燃粉尘分类　　粉体按其可燃性可划分为两类：一类为可燃；另一类为非可燃。可燃粉体的分类方法和标准在不同的国家有所不同。

美国将可燃粉体划为Ⅱ级危险品，同时又将其中的金属粉、含炭粉尘、谷物粉尘列入不同的组。美国制定的分类方法是按被测粉体在标准试验装置内发生粉尘爆炸时所得升压速度来进行分类，并划分为三个等级。

（二）粉尘浓度和粒度对爆炸的影响

1. 粉尘浓度

可燃粉尘爆炸也存在粉尘浓度的上下限。该值受点火能量、氧浓度、粉体粒度、粉体品种、水分等多种因素的影响。采用简化公式，可估算出爆炸极限，一般而言粉尘爆炸下限浓度为 $20\sim60\mathrm{g/m^3}$，上限浓度介于 $2\sim6\mathrm{kg/m^3}$。上限受到多种因素的影响，其值不如下限易确定，通常也不易达到上限的浓度。所以，下限值更重要、更有用。

从物理意义上讲，粉尘浓度上下限值反映了粒子间距离对粒子燃烧火焰传播的影响，若粒子间距离达到使燃烧火焰不能延伸至相邻粒子时，则燃烧就不能继续进行（传播），爆炸也就不会发生；此时粉尘浓度即低于爆炸的下限浓度值。若粒子间的距离过小，粒子间氧不足以提供充分燃烧条件，也就不能形成爆炸，此时粒子浓度即高于上限值。

从理论上讲，经简化和做某些假设后，可对导致粉尘爆炸的粉尘浓度下限值 C_L 计算如下。

在恒压时的下限值 C_LP 为：

$$C_\mathrm{LP}=\frac{1000M}{107n+2.966(Q_\mathrm{n}-\sum\Delta I)} \tag{2-22}$$

在恒容时的下限值 C_LV 为：

$$C_\mathrm{LV}=\frac{1000M}{107n+4.024(Q_\mathrm{n}-\sum\Delta v)} \tag{2-23}$$

式中，C_LP、C_LV 分别为在恒压、恒容时粉尘爆炸浓度下限值，$\mathrm{g/m^3}$；M 为粉尘的摩尔质量，$\mathrm{g/mol}$；n 为完全燃烧 $1\mathrm{mol}$ 粉尘所需氧的物质的量，mol；Q_n 为粉尘的摩尔燃烧热，$\mathrm{kJ/mol}$；$\sum\Delta I$ 为总的燃烧产物增加的热焓值，$\mathrm{kJ/mol}$；$\sum\Delta v$ 为总的燃烧产物增加的内能值，$\mathrm{kJ/mol}$。

以上公式首先由 Jaeckel 在 1924 年提出，然后在 1957 年由 Zehr 做了改进，用上述公式算出的 C_L 值与实测值比较列于表 2-28。

表 2-28　C_L 计算值与实测值比较

粉尘	Zehr 式算出的下限值/$(\mathrm{g/m^3})$		文献值试验测定值/$(\mathrm{g/m^3})$
	恒容	恒压	
铝	37	50	恒压 90
石墨	36	45	在正常条件下并未观察到石墨-空气体系中火焰传播速度
镁	44	59	
硫	120	160	恒压,恒容 500~600
锌	212	284	
锆	92	123	
聚乙烯	26	35	恒容 33
聚丙烯	25	35	
聚乙烯醇	42	55	
聚氯乙烯	63	86	
酚醛树脂	36	49	恒压 33
玉米淀粉	90	120	恒压 70
糊精	71	99	
软木	44	59	恒压 50
褐煤	49	68	
烟煤	35	48	恒容 70~130

2. 粉体粒度

可燃物粉体颗粒大于 $400\mu m$ 时，所形成的粉尘云不再具有可爆性。但对于超细粉体当其粒度在 $10\mu m$ 以下时则具有较大的危险性。应引起注意的是，有时即使粉体的平均粒度大于 $400\mu m$，但其中往往也含有较细的粉体，这少部分的粉体也具备爆炸性。

虽然粉体的粒度对爆炸性能影响的规律性并不强，但粉体的尺寸越小，其比表面积就越大，燃烧就越快，压强升高速度随之呈线性增加。在一定条件下最大压强变化不大，因为这是取决于燃烧时发出的总能量，而与释放能量的速度并无明显的关系。

（三）防止粉尘爆炸的措施

燃烧反应需要有可燃物质和氧气，还需要有一定能量的点火源。对于粉尘爆炸来说应具备 3 个要素：①点火源；②可燃细粉尘；③粉尘悬浮于空气中，形成在爆炸浓度范围内的粉尘云。这 3 个要素同时存在才会发生爆炸，因此只要消除其中一个条件即可防止爆炸的发生。在袋式除尘器中常采用以下技术措施。

1. 防爆的结构设计措施

本体结构的特殊设计中，为防止除尘器内部构件可燃粉尘的积灰，所有梁、分隔板等应设置防尘板，而防尘板斜度应小于 $70°$。灰斗的溜角大于 $70°$，为防止因两斗壁间夹角太小而积灰，两相邻侧板应焊上溜料板，消除粉尘的沉积，考虑到由于操作不正常和粉尘湿度大时出现灰斗结露堵塞现象，设计灰斗时，在灰斗壁板上对高温除尘器增加蒸汽管保温或管状电加热器。为防止灰斗篷料，每个灰斗还需设置仓壁振动器或空气炮。

1 台除尘器少则 2～3 个灰斗，多则 5～8 个，在使用时会产生风量不均引起的偏斜，各灰斗内煤粉量不均，且后边的灰量大。

为解决风量不均匀问题可以采取以下措施：①在风道斜隔板上加挡风板，如图 2-18 所示，挡板的尺寸需根据等风量和等风压原理确定；②考虑到现场的实际情况的变化，在提升阀杆与阀板之间采用可调节结构，使出口高为变化值，以进一步修正；③在进风支管设风量调节阀，设备运行后对各箱室风量进行调节，使各箱室风量差别控制在 5% 以内。

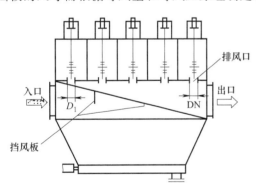

图 2-18 风道斜隔板加挡风板

2. 采用防静电滤袋

在除尘器内部，由于高浓度粉尘随时在流动过程中互相摩擦，粉尘与滤布也相互摩擦产生静电，静电的积累会产生火花而引起燃烧。对于脉冲清灰方式，滤袋和涤纶针刺毡，滤袋布料中纺入导电的金属丝或碳纤维。在安装滤袋时，滤袋通过钢骨架和多孔板相连，经过壳体连入车间接地网。对于反吹风清灰的滤袋，已开发出 MP922 等多种防静电产品，使用效果都很好。

3. 设置安全孔（阀）

为将爆炸局限于袋式除尘器内部而不向其他方面扩展，设置安全孔和必不可少的消火设备实为重要。设置安全孔的目的不是让安全孔防止发生爆炸，而是用它限制爆炸范围和减少爆炸次数。大多数处理爆炸性粉尘的除尘器都是在设置安全孔条件下进行运转的。正因为这样，安全孔的设计应保证万一出现爆炸事故，能切实起到作用；平时要加强对安全孔的维护管理。

破裂板型安全孔见图 2-19，弹簧门型安全孔见图 2-20。

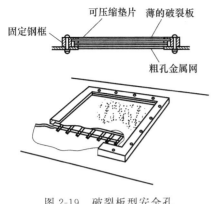

图 2-19　破裂板型安全孔

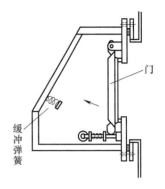

图 2-20　弹簧门型安全孔

破裂板型安全孔是用普通薄金属板制成。因为袋式除尘器箱体承受不住很大压力，所以设计破裂板的强度时应使该板在更低的压力下即被破坏。有时由于箱体长期受压使铝板产生疲劳变形以致发生破裂现象，即使这是正常的也不允许更换高强度的厚板。

弹簧门型安全孔是通过增减弹簧张力来调节开启的压力。为了保证事故时门型孔能切实起到安全作用，必须定期对其进行动作试验。

安全孔的面积应该按照粉尘爆炸时的最大压力、压力增高的速度以及箱体的耐压强度之间的关系来确定，但目前尚无确切的资料。要根据袋式除尘器的形式、结构来确定安全孔面积的大小。笔者认为对中小型除尘器安全孔与除尘器体积之比为 $1/10 \sim 1/30$，对大中型除尘器其比值为 $1/30 \sim 1/60$ 较为合适。遇到困难时，要适当参照其他装置预留安全防爆孔的实际确定。

（1）防爆板　防爆板是由压力差驱动、非自动关闭的紧急泄压装置，主要用于管道或除尘设备，使它们避免因超压或真空而导致破坏。与安全阀相比，爆破片具有泄放面积大、动作灵敏、精度高、耐腐蚀和不容易堵塞等优点。爆破片可单独使用，也可与安全阀组合使用。

防爆板装置由爆破片和夹持器两部分组成，夹持器由 Q235、16Mn 或 0Cr13 等材料制成，其作用是夹紧和保护防爆板，以保证爆破压力稳定。防爆板由铝、镍、不锈钢或石墨等材料制成，有不同形状：拱形防爆板的凹面朝向受压侧，爆破时发生拉伸或剪切破坏；反拱形防爆板的凸面朝向受压侧，爆破时因失稳突然翻转被刀刃割破或沿缝槽撕裂；平面形防爆板爆破时也发生拉伸或剪切破坏。各种防爆板选型见表 2-29。

表 2-29　各种防爆板选型

类型	代号	受压方向	最大工作压力/爆破压力 / %	爆破压力 /MPa	泄放口径 /mm	是否有碎片	抗疲劳性能	介质相态
正拱普通型	LP		70	0.1～300	5～800	有(少量)	一般	气、液
正拱开缝型	LK		80	0.05～5	25～800	有(少量)	较好	气、液
反拱刀架型	YD		90	0.2～6	25～800	无	好	气
反拱锷齿型	YE		90	0.05～1	25～200	无	好	气
正拱压槽型	LC		85	0.2～10	25～200	无	较好	气

续表

类型	代号	受压方向	最大工作压力/爆破压力/%	爆破压力/MPa	泄放口径/mm	是否有碎片	抗疲劳性能	介质相态
反拱压槽型	YC		90	0.2～0.5	25～200	无	好	气
平拱开缝型	BK		80	0.005～0.5	25～2000	有（少量）	较差	气
石墨平板型	SB		80	0.05～0.5	25～200	有	一般	气、液

除尘器选择防爆板的耐压力应以除尘器工作压力为依据。因为除尘器本体耐压要求 8000～18000Pa，需按设定耐压要求查资料确定泄爆阀膜破裂压力（$P_{scat}=0.1MPa$），泄爆阀爆破板厚 S 可按下式计算。

$$S=\frac{P\phi}{3.5\sigma_{tp}} \tag{2-24}$$

式中，S 为爆破板厚度，mm；P 为爆破压力，MPa；ϕ 为泄爆阀直径，mm；σ_{tp} 为防爆板材料强度，MPa。

（2）安全防爆阀设计　安全防爆阀设计主要有两种：一种是防爆板；另一种是重锤式防爆阀。前一种破裂后需更换新的板，生产要中断，遇高负压时，易坏且不易保温；后一种较前一种先进一些，在关闭状态靠重锤压，严密性差。上述两种方法都不宜采用高压脉冲清灰。为解决严密性问题，在重锤式防爆阀上可设计防爆安全锁，其特点是：在关闭时，安全门的锁合主要是通过此锁，在遇爆炸时可自动打开进行释放，其释放力（安全力）又可通过弹簧来调整。安全锁的结构原理见图 2-21。为了使安全门受力均衡，一般根据安全门面积需设置 4～6 个锁不等。为使防爆门严密不漏风可设计成防爆板与安全锁的双重结构，如图 2-22 所示。

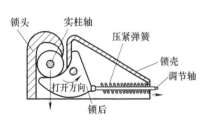

图 2-21　安全锁的结构原理

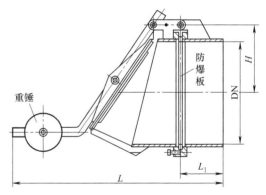

图 2-22　防爆板与安全锁的双重结构

4. 检测和消防措施

为防患于未然，在除尘系统上可采取必要的消防措施。

（1）消防设施　主要有水、CO_2 和惰性灭火剂（如氮气等）。对于水泥厂主要采用 CO_2，而钢厂可采用氮气。

（2）温度的检测　为了解除尘器温度的变化情况，控制着火点，一般在除尘器入口处灰斗上分别装上若干温度计。

（3）CO 的检测　大型除尘设备因体积较大，温度计的装设是很有限的，有时在温度计测点较远处发生燃烧现象难以从温度计上反映出来。可在除尘器出口处装设一台 CO 检测装置，以帮助检测，只要除尘器内任何地方发生燃烧现象，烟气中的 CO 便会升高，此时把 CO 浓度升高的报警与除尘系统控制连锁，以便及时停止除尘器系统的运行。

5. 设备接地措施

防爆除尘器因运行安全需要常常露天布置，甚至露天布置在高大的钢结构上，根据设备接地要求，设备接地避雷成为一项必不可少的措施，但是除尘器一般不设避雷针。

除尘器所有连接法兰间均增设传导性能较好的导体，导体形式可做成卡片式，也可做成线条式。线条式导体见图 2-23。卡片式导体见图 2-24。无论采用哪一种形式导体，连接必须牢固，且需表面处理，有一定耐腐蚀功能，否则都将影响设备接地避雷效果。

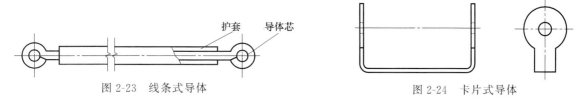

图 2-23　线条式导体　　　　　　　图 2-24　卡片式导体

6. 配套部件防爆

在除尘器防爆措施中选择防爆部件是必不可少的。防爆除尘器切忌运行工况中的粉尘窜入电气负载内产生爆炸危险。除尘器运行时电气负载、元件在电流传输接触时甚至导通中也难免产生电击火花，放电火花诱导超过极限浓度的尘源气体爆炸也是极易发生的事，电气负载元件必须全部选用防爆型部件，杜绝爆炸诱导因素产生，保证设备运行和操作安全。例如，脉冲除尘器的脉冲阀、提升阀用的电磁阀都应当用防爆产品。

7. 防止火星混入措施

在处理木屑锅炉、稻壳锅炉、铝再生炉和冶炼炉等废气的袋式除尘器中，炉子中的已燃粉尘有可能随风管气流进入箱体，而使堆积在滤布上的粉尘着火，造成事故。

为防止火星进入袋式除尘器，应采取如下措施。

（1）设置预除尘器和冷却管道　图 2-25 设有旋风除尘器或惰性除尘器作为预除尘器，以捕集粗粒粉尘和火星。用这种方法太细的微粒火星不易捕集，多数情况下微粒粉尘在进入除尘器之前能够燃尽。在预除尘器之后设置冷却管道，并控制管内流速，使之尽量低。这是一种比较可靠的技术措施，它可使气体在管内有充分的停留时间。

（2）冷却喷雾塔　预先直接用水喷雾气体冷却法。为保证袋式除尘器内的含尘气体安全防火，冷却用水量是控制供给的。大部分燃烧着的粉尘一经与微细水滴接触即可冷却，但是水滴却易气

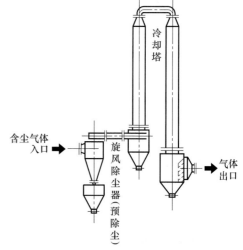

图 2-25　预除尘器和冷却管道

化，为使尚未与水滴接触的燃烧粉尘能够冷却，应有必要的空间和停留时间。

在特殊情况下，将喷雾塔、冷却管和预除尘器等联合并用，可以比较彻底地防止火星混入。

（3）火星捕集装置　见图 2-26。在管道上安装火星捕集装置是一种简便可行的方法。还有的在火星通过捕集器的瞬间，可使其发出电气信号，进行报警。同时，停止操作或改变气体回路等。

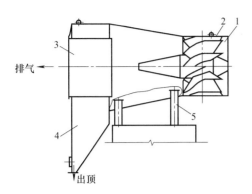

图 2-26　火星捕集装置
1—烟气入口；2—导流叶片；3—烟
气出口；4—灰斗；5—支架

火星捕集器设计要求如下：①火星捕集器用于高温烟气中的火星颗粒捕集时，设备主体材料一般采用 15Mn 或 16Mn，对梁、柱和平台梯子等则采用 Q235，火星捕集器作为烟气预分离器时除旋转叶片一般采用 15Mn 外，其他材料可采用 Q235；②设备进出口速度一般在 18～25m/s 之间；③考虑粉尘的分离效果，叶片应有一定的耐磨措施和恰当的旋转角度；④设备结构设计要考虑到高温引起的设备变形。

8. 控制入口粉尘浓度和加入不燃性粉料

袋式除尘器在运转过程中，其内部浓度分布不可避免地会使某部位处于爆炸界限之内，为了提高安全性，避开管道内的粉尘爆炸上下限之间的浓度。例如，对于气力输送和粉碎分级等粉尘收集工作中，从设计时就要注意到，使之在超过上限的高浓度下进行运转；在局部收集等情况下，则要在管路中保持粉尘浓度在下限以下的低浓度。

图 2-27 是利用稀释法防止火灾。在收集爆炸性粉尘时，由于设置了吸尘罩，用空气稀释了粉尘，在管道中浓度远远低于爆炸下限。从系统中间向管道内连续提供不燃性粉料，如黏土、膨润土等，在除尘器内部对爆炸性粉尘加以稀释，以便防止爆炸和火灾的发生。

三、可燃气体安全防爆技术措施

图 2-27　利用稀释法防止火灾

处理含有大量 CO 和 H_2 或其他可燃易爆气体，必须做到系统的可靠密闭性，防止吸入空气或者泄漏煤气，以确保系统的安全运行。主要安全措施如下。

1. 管路安全阀

① 烟气管道尽量避免死角，确保管路畅通；提高气流速度，以防止发生燃气滞留现象。

② 在风机前管路上设置安全阀以便在万一发生煤气爆炸时可紧急泄压。安全阀的形式见图 2-28 和图 2-29。

图 2-28 为上部安全阀结构图，往往设在烟道顶部。正常生产时压盖扣下，以水封保持密封，水封高度为 250mm；万一烟道内发生激烈燃烧，压力大于压盖重量，即紧急冲开压盖，进行泄压。

图 2-29 为下部安全阀结构图，其设在机前。正常生产时，压盖在重锤的作用下关闭泄压孔。泄压孔内焊以薄铜板，万一发生爆炸，气体冲破铜板，打开压盖进行泄压。

2. 除尘器安全防爆措施

主要包括：①除尘器结构措施，用于处理可燃气体的袋式除尘器通常设计成圆筒形（详见煤气除尘器）；②其他措施同粉尘防爆措施。

四、处理腐蚀性气体的措施

在除尘工程中产生腐蚀性气体的场合有：重油燃料中形成的含硫酸气体；金属熔炼炉使用熔剂时产生的氯气和氯氧化合物及含氟气体；焚烧炉燃烧垃圾产生的含硫、氯、氟气体；木屑锅炉产生的木醋酸气体等。

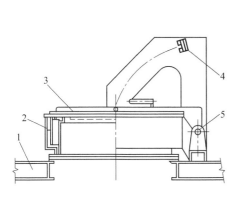

图 2-28　上部安全阀结构图
1—汽化冷却烟道；2—水封；3—压盖；
4—限位开关；5—转轴

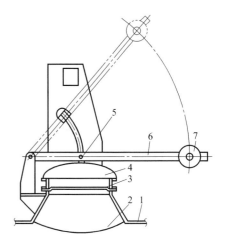

图 2-29　下部安全阀结构图
1—煤气管道；2—泄压孔；3—铜片；4—压
盖；5—限位开关；6—压杆；7—重锤

腐蚀性气体遇有水分产生出盐类粉尘颗粒，属于第二位的腐蚀。粉尘的腐蚀与水分和温度有密切关系。对腐蚀性气体或粒尘处理应采取相应的技术措施。

1. 除尘器箱体的腐蚀

袋式除尘器的箱体材质，几乎都是 Q235 钢板。在制药、食品、化工等少数工业部门，虽也有使用不锈钢的，但其目的除了防腐蚀之外，也是为了防止铁锈混入产品或制品中。

对于由重油、煤炭等材料生成的硫氧化物，用普通钢板时应涂有耐温和耐酸的涂料。这种涂料多为硅树脂系或环氧树脂系等。腐蚀严重的地方除用不锈钢板或者在钢板上涂刷耐热耐酸涂料外，再加局部表面处理。

对于强腐蚀性气体的情况，也可将袋式除尘器箱体内壁做上塑料、橡胶或玻璃钢内衬。袋式除尘器中腐蚀性气体的存在大多数是由于高温处理而产生的。在这种情况下选用的塑料、橡胶必须同时耐高温。

2. 耐腐蚀性滤布

过滤材料根据耐腐蚀性的使用条件不同而各异，本节仅就这种材料的适用温度及其对耐腐蚀的影响简述如下：①聚丙烯滤布一般耐腐蚀性较好，且价格便宜，但在有铅和其他特殊金属氧化物等条件下使用时，如遇高温可促进氧化，使耐腐蚀性能下降；②聚酯滤布是袋式除尘器使用最广泛的耐腐蚀滤布，使用在温度＜120℃的干燥气体效果很好；③耐热尼龙滤布，尼龙滤布是良好的耐腐蚀滤布，但在 SO_x 浓度较高的燃烧废气中使用寿命较短，它对磷酸性气体的抵抗性极差；④特氟纶滤布，耐腐蚀性方面是毫无问题的，但价格昂贵；⑤玻璃纤维滤布，耐腐蚀性方面问题不大，对耐热尼龙也有用氟树脂等喷涂以加强耐酸性的。

因为袋式除尘器以硫酸腐蚀或类似性质的腐蚀情形较多。所以，其工作温度在任何时候都需保持在各种酸露点以上。这就是说，对袋式除尘箱体的保温是非常有效的防腐蚀的手段；反之，如不对箱体保温，在强风和降雨之时，因遇冷温度下降，则袋式除尘器箱体之内难免有酸液凝结。防腐蚀和防止结露的措施相辅相成。

五、处理磨损性粉尘的措施

焦粉、氧化铝、硅石等硬度高的粉尘极易磨损滤布和袋式除尘器的箱体。由于这种磨损的程度取决于粉尘中粗颗粒所占比重及其在袋式除尘器中的运动速度。因此，对此采取的相应措施则主要是减少粗颗粒的数量和降低含尘空气的流速。

（1）设置预除尘器　即在粉尘进入袋式除尘器之前，预先除掉粉尘中较大较粗颗粒，这是极有效的防止袋式除尘器磨损的措施。这种预除尘器不需要很高的效率。所以，为减少动力费用和将摩擦作用集中于预除尘器，最好选择压力损失少而且结构简单的形式，其中动力除尘器是最常用的预除尘器。

（2）关键部位采用防磨损措施　袋式除尘器本体易受磨损的部位多为含尘空气入口处和灰斗部分以及受入口速度影响的滤布表面。

袋式除尘器入口形状与受到磨损的情况有直接关系。如图 2-30 所示的袋式除尘器入口形状是斜向下方，以便利用惯性使粗颗粒直接落入灰斗。图 2-31 是利用多孔板均匀入口速度加以缓冲的例子。

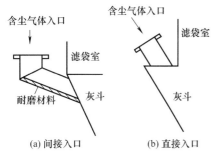

图 2-30　袋式除尘器入口形状

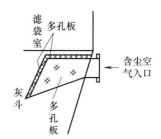

图 2-31　袋式除尘器利用多孔板均匀入口速度

对灰斗部分的耐磨措施，通常加大钢板的厚度，即制造灰斗所用的钢板应比袋式除尘器箱体的其他部分适当加厚。也有在灰斗内衬橡胶或采用耐磨钢板如 Mn 钢以及采用在结构上不易产生磨损的排灰装置等。

内表面过滤的圆筒形滤布，其下端也很容易受到磨损。在这一部位，含尘空气有一定的上升速度，从滤布上方抖落下来的粉尘也在此处有较多的磨损机会。

袋式除尘器处理磨琢性粉尘时，设计应采取的滤速时除考虑压力损失外，还必须考虑滤布下部的磨损。

六、处理特殊粉尘的措施

1. 吸湿潮解粉尘

吸湿性和潮解粉尘如 CaO、Na_2CO_3、$NaHCO_3$、NaCl 等易在滤布表面吸湿板结，或者潮解后成为黏稠液，以至造成清灰困难、压力损失增大，甚至迫使滤袋除尘器停止运转。在这种情况下，处理吸湿性、潮解性粉尘的一般注意事项列举如下。

（1）采用表面不起毛、不起绒的滤布　如采用毡类滤料，则应进行表面处理。选用原则是：①化纤优于玻纤，膨化玻纤优于一般玻纤，细、短、卷曲性纤维优于粗、长、光滑性纤维；②毡料优于织物，毡料中宜用针刺方式加强纤维之间的交络性，织物中以缎纹织物最优，织物表面的拉绒也是提高耐磨性的措施；③表面涂覆、轧光等后处理也可提高耐磨性，对于玻纤滤料，硅油、石墨、聚四氟乙烯树脂处理可以改善耐磨、耐折性。

（2）采用离线清灰操作制度　在停止工作时间内充分清除掉滤布表面的粉尘。

（3）不应当不管尘源设施是否运转一律连续开动袋式除尘器，应在尘源设施开动时才开动袋式除尘器。当滤布上堆积粉尘成层时不应使含湿空气通过。

（4）注意除尘器保温与加热　许多干燥机的烧结窑炉的废气多属高温、高湿气体，当袋式除尘器停止运转时，温度下降而湿度升高，容易吸湿。为此，应在除尘设备上另装小型热风发生装置。这样，当停止尘源装置运转时可以送入热风使袋式除尘器的内部温度保持原状。

（5）采用预涂层方法　即在处理含尘浓度较低局部收尘情况下，可先在滤布上用其他粉料预涂一层，即只向管道中供给其他粉料，经运转一段时间，滤布上附着了一层该种粉尘以后再捕集需要收集的湿性粉尘。

2. 含焦油雾的含尘气体

用袋式除尘器处理仅含有焦油雾的气体是困难的，但是，气体中油雾不大而含粉尘量相当多时还可以过滤。例如，在沥青混凝土厂，以石料干燥机的烟气为主，加上运输机和其他排气中的粉尘都进入了袋式除尘器，此外，在拌和机和卸成品料处，由加热后的沥青混凝土产生的焦油雾也都进入了袋式除尘器。在这种情况下，滤布上积附的粉尘量远远超过油雾量，就可以防止发生油雾黏结的麻烦，保证了袋式除尘器的稳定运转。

在电极和成型碳素制品的制造中，在往热黏结剂中混入粉料的工序也产生焦油雾。此时，若以处理粉碎和运输过程中产生粉尘为主，只混入一部分焦油雾时才可以使用袋式除尘器。但是，如果是焦油炉上焦槽烟气中含焦油较多则应在烟气进入除尘器之间加进适量的焦粉以吸附焦雾则可获得满意效果。

如气体只含少量油雾，可单独处理。即在管道上添加适量粉料作助滤剂，则袋式除尘器是可以使用的。添加的粉尘吸收焦油雾后应尽可能返回制造过程而加以利用。

3. 含尘浓度高的气体

处理含尘浓度高的气体，可以安装旋风除尘器或重力除尘器作为预除尘，但是，这要增加系统的阻力和动力消耗。所以当粉尘或物料成品无需分级的情况下大多直接使用袋式除尘器。

并非所有的袋式除尘器都能处理高含尘浓度的气体。只有滤袋间距较宽、袋外面过滤形式装有连续清灰装置的袋式除尘器，才适于处理高含尘浓度的气体。

处理高含尘浓度气体时，在袋式除尘器的构造上应尽量使粉尘直接落入灰斗或加些挡板，以减少附着于滤袋上的粉尘量；防止滤布的摩擦损坏，不应使高速运动的粉尘直接冲击滤布。

关于袋式除尘器入口和入口挡板的形状构造如图 2-32 及图 2-33 所示。后者是以箱体中间一部分作为预除尘器，并兼作粉尘的动力沉降室和入口气体的分流室。

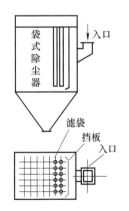

图 2-32　袋式除尘器入口形状构造

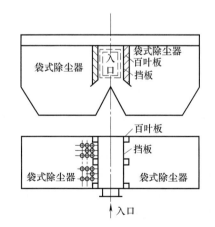

图 2-33　带粉尘沉降分流室的入口挡板形状构造

用于气力输送装置收集粉尘的袋式除尘器，虽然处理风量较少，但粉尘浓度高，箱体要求耐压，故以圆筒形较多。有条件的企业可以用塑烧板除尘器替代袋式除尘器。

如图 2-34 所示的圆筒形箱体入口做成切线方向，使之具有分离作用，许多回转反吹袋式除尘器都是这种形式。有时将灰斗部分做成旋风除尘器的形式（见图 2-35）。气力输送系统的袋式除尘器，因为粉料数量多，灰斗容积和排灰口直径就要设计得大些，而且粉尘排出装置的能力也要留有充分余地，以免在灰斗内滞留粉料。

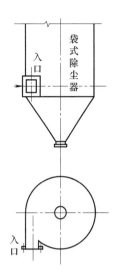

图 2-34　圆筒形箱体切线方向入口形状

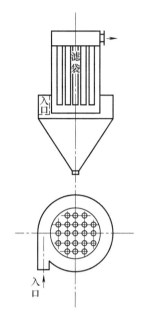

图 2-35　旋风除尘器灰斗形状

第六节　除尘设备设计禁忌

一、忌除尘设计不留裕度

除尘设计留有裕度是环保和生产两方面的要求，不留裕度会造成环保或生产的被动局面。

1. 环保标准要求

鉴于我国标准的频繁修订，如果除尘设计无裕度会导致排放不达标。以燃煤电厂为例，1973年的《工业"三废"排放试行标准》（GBJ 4—1973），对燃煤电厂的烟尘排放以烟囱数量和烟囱高度共同规定全厂小时排放量限值，电厂大部分采用旋风、多管等机械式除尘器，除尘效率一般低于 85%。

1991 年《燃煤电厂大气污染物排放标准》（GB 13223—1991），以三电场电除尘、高效水力除尘器的技术水平确定排放限值，除尘效率大于 95%。

1996 年修订为《火电厂大气污染物排放标准》（GB 13223—1996），开始以电厂建设或环评批复年为标志划分时段，以三电场、四电场除尘器技术水平确定排放限值，除尘效率大于 98%。

2003 年修订的《火电厂大气污染物排放标准》（GB 13223—2003），重新调整时段，以四电场、五电场高效电除尘器、布袋除尘器的技术水平确定排放限值，除尘效率大于 99%。

2011 年修订的《火电厂大气污染物排放标准》（GB 13223—2011），再次重新调整时段按五电场或更高的电除尘器、袋式除尘器的技术发展水平确定排放限值，同时考虑到湿法脱硫系统的部分除尘作用，除尘效率大于 99.5%。近期实施超低排放（排放浓度≤10mg/m³）对除尘效率要求更高。

设计时若只考虑当时排放标准，没考虑标准修订的可能，后期则有排放不达标的风险。

2. 生产发展需要

有一些企业生产发展，产品产量有所提升，原有环保设备因为没考虑裕度不能适应生产需求。有的人认为为了环保要求，生产不应当任意提高产量。实际上，生产和环保二者兼顾才是上策。

二、忌除尘器选型不当

一个袋式除尘器是由多个高技术的独立系统配置而成的，其中包括：除尘器的型式、气流均布装置；入口方式；滤料的选择与滤袋的加工；笼骨和花板的设计、加工质量；除尘清灰系统；润滑系统；电气控制系统；卸灰系统；风机系统；分流挡板和钢结构制作（包括采取露点保温、加热和密封措施）；除尘器报警安全系统等。袋式除尘器看似简单，但要做得好，用得好，仍是技术性很强的设备。所以，如果把除尘器作为家庭用品一样简单"选型"，如果选型不当也会在除尘设备的应用过程中经常产生各种败迹或问题。主要表现是：①滤料的工作寿命低于质量保证；②除尘器的阻力超过原来的设计值；③设备故障多，管理麻烦，作业率低；④电气控制紊乱甚至无法工作等现象。

例如，某煤气除尘器投入运行后，前 20 天比较稳定，20 多天以后布袋出现破损，并且愈演愈烈，更换频率和数量急剧增加，一度造成布袋供应紧张。由于布袋破损严重，直接导致净煤气含尘量超标，最高达到 60mg/m³ 以上。分析原因为箱体荒煤气入口挡板选型不合理，使得箱体内所安装的袋笼（尤其是外侧布袋）在气流的作用下，产生晃动，激烈碰撞，使布袋破损。后对 14 个箱体的入口导流板分 5 种形式逐个进行改造，在原有挡板中间开孔，挡板后增加 1 个导流板，导流板上沿增加盖板与原挡板连接，形成一组导流装置，很好地解决了煤气进入箱体后激烈冲撞布袋问题。新的导流装置使进入箱体的煤气流场更合理，缓解紊乱气流对布袋的激烈碰撞，延长布袋使用寿命，提高设备的可靠性，煤气含尘量基本达到 5mg/m³ 以下。

除尘器选用不当的另一个重要原因是参数选择不合理，过分相信厂家的不实宣传。有经验的设计者和用户都非常重视工程实践。

合理的过滤风速是除尘器选型的重要环节。过滤风速的选取、对保证除尘效果，确定除尘器规格及占地面积，乃至系统的总投资，具有关键性的作用。

国内袋式除尘器的使用工况条件十分复杂，烟气参数多变，不同地区、不同工况、不同机组没有统一的标准。如何选择合理的过滤风速，实际上是一项较复杂的工作，与粉尘性质、含尘气体的初始浓度、滤料种类、清灰方式等都有着密切的关系。因此，设计时必须正确把握具体项目的具体设计条件，有针对性地确定过滤风速、制定设计方案和对特殊工况的应对措施。设计条件主要由业主提供，可以参考同类项目的相关资料，但是更应重视现场的调研与实际勘测。

以电站燃煤锅炉的袋式除尘器为例，讲究高效、低阻、长寿命，以确保机组安全、可靠、稳定运行，湿法脱硫系统前的袋式除尘器过滤风速一般选用 0.9m/min 为宜；半干法脱硫系统后的高浓度袋式除尘器过滤风速一般选用 0.75～0.8m/min。

三、忌配套件质量差

与袋式除尘器配套的机电产品及材料，形式少、功能不齐全。如国产电磁阀性能不好、寿命不长；气缸寿命短、动作缓慢；电动蝶阀电动头、电动推杆的故障率偏高；卸灰阀、输灰设备寿命不长，刮板输送机链条每 1～2 年就要更换一次；密封垫料、胶合料品种单一，抗老化性能差，缺乏特色产品；电器元件、仪器仪表产品质量差；微差压变换器及其显示仪表、料位计、粉尘浓度计、PLC 控制器等还得依赖进口。

例如，某高炉煤气除尘用钟形阀和球阀问题。除尘系统投入运行后多次出现阀门、管道刷漏的情况。投产 1 个月时间内，箱体卸灰 DN300 钟形阀及下侧 DN300 管刷漏 3 次。

原因分析：球体耐磨性差；箱体卸灰过程中，钟形阀开，灰流呈一定角度，此段管的制作是使用 6mm 厚的普通卷焊管，自身偏薄，材质差，耐不住瓦斯灰的长时间磨损。

改进情况：分别试用多个厂家的 DN80 球阀和 DN300 钟形阀，根据试用球阀的使用情况、耐磨强度、使用寿命来确定 DN80 球阀的选型，增强了耐磨性能，延长了使用周期。为了提高 DN300 锥形管使用寿命，准备了耐磨复合管备件，出现问题随时更换。

又如在同样系统中，除尘器箱体入口插板阀的压紧松开机构齿轮传动连杆多次发生折断，阀板不动作，箱体投不上，无法起到备用作用，一度非常紧张。其中 4 号箱入口插板阀最为严重，最长搁置 4 个多月，不能作为备用。

原因分析：①箱体入口的工况条件比较恶劣，温度高，压力高，灰尘大，传感器经常坏，发出错误信号；②密封，大量灰尘进入阀箱，增大了阀板动作的阻力；③齿轮沾满灰尘，齿轮间接触面变小，驱动力减小。

改进情况：增加手动松开压紧装置，改变传感器安装位置，勤换密封垫，减少齿轮数量，增加咬合面积，在箱体内增加刮灰板。

四、集气罩设计禁忌

① 集气罩设计优劣对比见表 2-30。

表 2-30　集气罩设计优劣对比

对 比	说 明
浸漆槽 优　　　　劣　　浸漆槽	应从散发有机溶剂浓度比较高的槽侧直接排风
槽子 优　　　　劣　　上悬式伞形罩 槽子	采用条缝侧吸罩使操作人员不接触有害物。如用上部伞形罩，则有害物首先经过操作人员的呼吸区
x　$Q=1680m^3/h$　　$2x$　$Q=2400m^3/h$ 优　　　　劣	罩子远离污染源，不仅排风量增大而且效果也不好
Q　密闭 输送机 优　　　　劣　　上悬式伞形罩	应尽可能将尘源密闭，减少排风量

续表

对　比	说　明
按控制风速 $v_x=$ 0.25～0.5m/s 计算　　按条缝风速 $v_0=$ 10m/s 计算	按控制风速或每平方米槽面积计算排风量，这就考虑了槽宽和槽面积不同时，排风量也是变动的，而按条缝风速计算，则不论槽子大小，都采用一个固定不变的风量，这是不合理的
优　　　　劣	
优　　　　劣	罩子形式的采用，应使粉尘顺着切线方向直接进入罩口

② 排风罩的吸气气流方向应尽可能与污染气流运动方向一致。

③ 已被污染的吸入气流不允许通过人的呼吸区。设计时要充分考虑操作人员的位置和活动范围。

④ 局部排风罩的配置应与生产工艺协调一致，力求不影响工艺操作。

⑤ 要尽可能避免和减弱干扰气流和穿堂风、送风气流等对吸气气流的影响。

五、风管连接设计禁忌

① 管件的制作、风管的连接、风管与通风机的接口都有一定要求，优劣比较参见图 2-36、图 2-37。

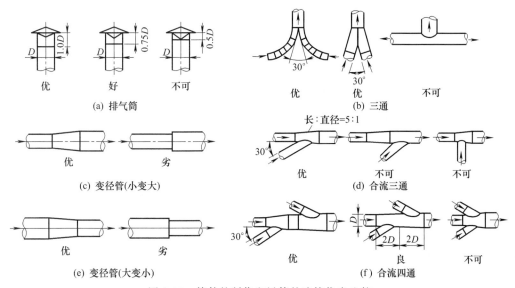

图 2-36　管件的制作和风管的连接优劣比较

② 不允许在风管上安装或在风管内安装电线、煤气管道、热源管道、热水管等。

③ 为调整、检查测定除尘系统及各吸风点的参数，应在各支管及除尘器、通风机前后处设测孔，测孔位置尽可能远离异形管件，以减少涡流影响，测孔位置不要打在风管的上方，以免影响测定。

④ 钢制风管水平安装时，当管径不超过 360mm 时，其固定件（卡箍、吊架、支架等）的间距不大于 4m；管径超过 360mm 时其固定件的间距不大于 3m；当垂直安装时，其固定件的间距不大于 4m，拉绳和吊架不允许直接固定在风管的法兰上。

⑤ 防止可燃物在通风系统中的局部地点（死角）积聚。排除有爆炸性气体时，不允许采用

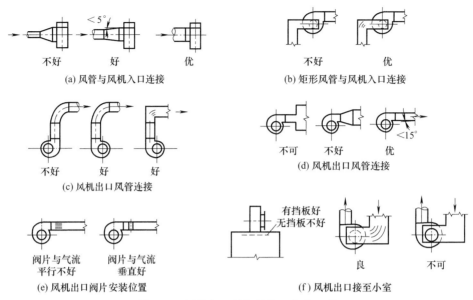

图 2-37 风管与通风机的接口优劣比较

伞形罩或能使该气体积聚不散的装置。

⑥ 在操作伴有爆炸性气体的除尘系统时，同样要注意不使该气体在风管或设备内积聚。在系统运转中，不要在管道上切割和焊接，以防管道中气体爆炸。

⑦ 选用防爆通风机，并采用直联或轴联传动方式，如采用三角皮带传动时，为了防止静电产生火花，可用接地的方法。

六、忌设计参数计算或选用失当

在工业除尘设备设计过程中，基本参数的计算或选用要慎重对待，如果设备设计参数计算或选用失当，会导致整体设计失败，设备性能达不到预期效果甚至无法使用。设计参数计算或选用失当的原因，主要有以下 3 个方面。

1. 采用过时的资料数据

随着科学技术的飞速发展和进步，技术资料和数据不断更新，如果在设计中采用过时的技术数据，则会造成设计失效。例如，大中型脉冲袋式除尘器净气室的风速一般取 3~6m/s，最高 6~8m/s，但是过去缺乏经验，有的设计未经详细核算，取值超过 10m/s 设计，导致设备运行阻力偏高，且难以改正。

2. 采用生产厂家的推荐数据

许多生产厂家推荐的产品样本是可以作为设计参考的，但是有个别厂家夸大产品某些性能又缺乏生产实践，不加分析地把个别厂家数据作为设计依据，往往会造成参数选用失误，影响工程质量。例如，一些厂家的产品样本性能指标很好，又无标示实验和使用条件，设计采用后造成选用失当。

3. 设计欠考虑细节数据

设计细节十分重要，如果设备设计中对某个细节计算错误，会造成严重不良后果。例如，旋风除尘器卸灰阀漏风是细节，但是卸灰阀漏风 1% 除尘效率下降 10%，漏风 3% 除尘效率下降 20% 以上。又例如，湿式除尘器的脱水器看似细节，但许多湿式除尘器效率不高的根本原因不在除尘环节，而在脱水环节。

第三章 机械除尘器工艺设计

第一节 机械除尘器的分类和设计特点

一、机械除尘器分类

机械除尘技术通常分为以下三种，利用这三种技术形成了三种除尘设备。

1. 重力除尘器

重力除尘器适于捕集粒径>50μm 的粉尘粒子；设备较庞大，无运动部件，适合处理中等气量的常温或高温气体，多作为袋式除尘的预除尘器。

2. 惯性除尘器

惯性除尘器是利用粉尘在运动中惯性力大于气体惯性力的作用，将粉尘从含尘气体中分离出来的设备。这种除尘器结构简单，阻力小，但除尘效率较低，一般用于一级除尘。

3. 离心式除尘器

离心式除尘器是利用离心力从气体中除去粒子的设备，又称旋风除尘器。它和挡板除尘器的区别在于：后者气流只是简单地从原来的路线上改变一下方向，或只做接近一圈旋转。离心式除尘器中旋转气流中粒子受到的离心力比重力大得多。例如小直径、高阻力的离心式除尘器的离心力比重力能够大 2500 倍，大直径、低阻力的最少也要大 5 倍。所以，离心式除尘器除去的粒子比重力除尘器的粒子要小得多。但离心除尘器的压力损失一般比重力除尘器和挡板除尘器高，因而消耗的动力大。

由于离心式除尘器结构简单，没有运动部件，造价便宜，维护管理工作量极少，所以除单独使用外，还常用作袋式除尘器的预除尘器。

二、机械除尘器设计特点

机械除尘的特征有以下几个方面。

（1）机械除尘利用的力比较单一。沉降除尘利用的是重力。惯性除尘利用的是惯性。惯性是物质的基本属性之一，在相同的作用力下惯性小的物体比惯性大的物体容易改变运动状态，即得到的加速度比较大，这对惯性小的粉尘分离是有利的。旋风除尘利用的是离心力，是依据在旋转过程中质量大的、旋转速度快的物质获得的离心力也大的原理进行工作的。

（2）机械除尘装置构造简单且没有运动部件。由于机械除尘装置没有运动部件，所以除尘装置故障少，容易操作和管理，运动费用相对较低，投资费用也较少。

（3）机械除尘分离细小粉尘的能力比较弱，它对粒径较大（＞50μm）的粉尘有较好的除尘效果，但对粒径较小（＜5μm）的粉尘分离效果较差。同时对真密度小的粉尘颗粒也不易有效分离。尽管如此，机械除尘仍有广泛的应用。

（4）机械除尘可以用作多级除尘的第一级分离，也可以单独使用。当单独使用时，一般用于对除尘效率要求不高，或者仅仅需要简单除尘的场合。

（5）机械除尘作用力单一，但设计计算复杂，而且设计计算数据往往与实际运动结果不吻合，这是由机械除尘容易受到多种因素影响造成的，特别是外来气流（如漏风）对除尘效果影响特别大。

（6）机械除尘器对漏风敏感，一旦稍有漏风就会严重影响除尘效果。所以，设备设计中应特别注意漏风问题。

第二节　重力除尘器工艺设计

重力除尘器构造和原理都不复杂，要设计得好，也不容易，仍然需要十分重视。设计要点是控制流速，注意形式。

一、重力除尘器分类和工作原理

重力除尘设备是粉尘颗粒在重力作用下沉降而被分离的除尘设备。利用重力除尘是一种最古老最简易的除尘方法。重力沉降除尘装置称为重力除尘器又称沉降室，其主要优点是：①结构简单，维护容易；②阻力低，一般为50～150Pa，主要是气体入口和出口的压力损失；③维护费用低，经久耐用；④可靠性优良，很少有故障。它的缺点是：①除尘效率低，一般只有40％～50％，适于捕集粒径大于50μm的粉尘粒子；②设备较庞大，适合处理中等气量的常温或高温气体，多作为多级除尘的预除尘使用。由于它的独特优点，所以在许多场合都有应用。当尘量很大或粒度很粗时，对串联使用的下一级除尘器会产生有害作用时，先用重力除尘器预先净化是特别有利的。

重力除尘设备种类很多而且形式差异较大，所以构造性能也有许多不同。

（一）重力除尘器的分类
依据气流方向，内部的挡板、隔板不同分为以下几种。

1. 按气流方向不同分类
重力除尘器依据气流方向不同分成以下两类。

（1）水平气流重力除尘器　水平气流除尘器又称沉降室，如图3-1所示。当含尘气体从管道进入后，由于截面的扩大，气体的流速就减慢，在流速减慢的一段时间内，尘粒从气流中沉降下来并进入灰斗，净化气体从除尘器另一端排出。

（2）垂直气流重力除尘器　垂直气流重力除尘器见图3-2。工作时，当含尘气体从管道进入除尘器后，由于截面扩大降低了气流速度，沉降速度大于气流速度的尘粒就沉降下来。垂直气流重力除尘器按进气位置又分为上升气流式和下降气流式，见图3-2。

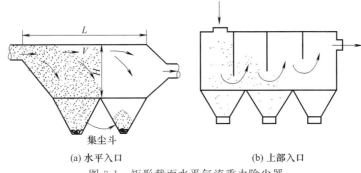

| (a) 水平入口 | (b) 上部入口 |

图 3-1 矩形截面水平气流重力除尘器

2. 按内部有无挡板分类

按重力除尘器内部构造可以分为有挡板式重力除尘器和无挡板式重力除尘器两种，有挡板式还可分为垂直挡板和人字形挡板两种。

（1）无挡板式重力除尘器 如图 3-3 所示，在除尘器内部不设挡板的重力除尘器构造简单，便于维护管理，但体积偏大，除尘效率略低。

（2）有挡板式重力除尘器 如图 3-4 所示。有挡板的重力除尘器有两种挡板：一种是垂直挡板，垂直挡板的数量为 1～4 个；另一种是人字形挡板，一般只设 1 个。由于挡板的作用，可以提高除尘效率，但阻力相应增大。

3. 按有无隔板分类

按重力除尘器内部有无隔板可分为有隔板重力除尘器和无隔板重力除尘器，有隔板除尘器又分为水平隔板重力除尘器和斜隔板重力除尘器。

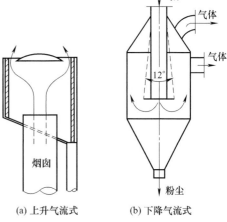

| (a) 上升气流式 | (b) 下降气流式 |

图 3-2 垂直气流重力除尘器

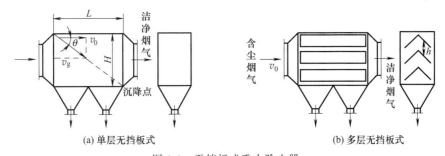

| (a) 单层无挡板式 | (b) 多层无挡板式 |

图 3-3 无挡板式重力除尘器

v_0—基本流速；v_g—沉降速度；L—长度；H—高度；h—层间距

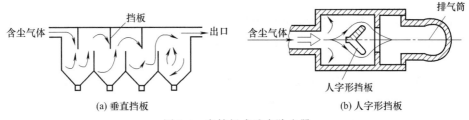

| (a) 垂直挡板 | (b) 人字形挡板 |

图 3-4 有挡板式重力除尘器

（1）无隔板重力除尘器 如图 3-3 （a） 所示。

（2）有隔板多层重力除尘器 图 3-5 是水平隔板多层除尘器，即霍华德（Howard） 多层沉尘室。图 3-6 是斜隔板多层除尘器。斜隔板有利于烟尘排出。

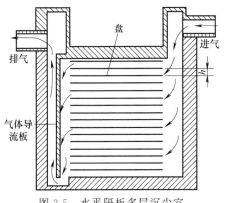

图 3-5 水平隔板多层沉尘室　　　　图 3-6 斜隔板多层沉尘室

（二）重力除尘器的构造

1. 水平气流重力除尘器

如图 3-3 和图 3-4 所示，水平气流重力除尘器其主要由室体、进气口、出气口和灰斗组成。含尘气体在室体内缓慢流动，尘粒借助自身重力作用被分离而捕集起来。

为了提高除尘效率，有的在除尘器中加装一些垂直挡板（见图 3-4）。其目的，一方面是为了改变气流运动方向，这是由于粉尘颗粒惯性较大，不能随同气体一起改变方向，撞到挡板上，失去继续飞扬的动能，沉降到下面的集灰斗中；另一方面是为了延长粉尘的通行路程使它在重力作用下逐渐沉降下来。有的采用百叶窗形式代替挡板，效果更好。有的还将垂直挡板改为人字形挡板如图 3-4 （b） 所示，其目的是使气体产生一些小股涡旋，尘粒受到离心作用，与气体分开，并碰到室壁上和挡板上，使之沉降下来。对装有挡板的重力除尘器，气流速度可以提高到 6～8m/s。多段除尘器设有多个室段，这样相对地降低了尘粒的沉降高度。

2. 垂直气流重力除尘器构造

垂直气流重力除尘器有两种结构形式。一种是入口含尘气流流动方向与粉尘粒子重力沉降方向相反，如图 3-7 （a）、图 3-7 （b） 所示。另一种是入口含尘气流流动方向与粉尘粒子重力沉降方向相同，如图 3-7 （c） 所示。由于粒子沉降与气流方向相同，所以这种重力除尘器粉尘沉降过程快，分离容易。

垂直气流除尘器实质上是一种风力分选器，可以除去沉降速度大于气流上升速度的粒子。气流进入除尘器后，气流因转变方向，大粒子沉降在斜底的周围，顺顶管落下。

在一般情况下，这类除尘器流速为 1.5～2m/s 时可以除去 200～400μm 的尘粒。

图 3-7 （a） 是一种有多个入口的简单除尘器，尘粒扩散沉降在入口的周围并定期停止排尘设备运转以清除积尘。

图 3-7 （c） 是一种常用的气流方向与粉尘沉降方向相同的重力除尘器。这种重力除尘器与惯性除尘器的区别在于前者不设气流叶片，除尘作用力主要是重力。

3. 结构改进

针对工业上重力除尘器存在结构单一、进口位置不够合理、粉尘颗粒不能有效地沉降等问题，根据除尘机理，对重力除尘器进行了改进，提出了把垂直气流重力除尘器由传统中心进气变为锥顶进气、加旋流板、加挡板的方法。

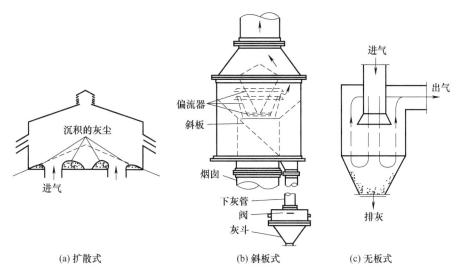

图 3-7　垂直气流重力除尘器

（1）由传统的中心进气变为锥顶进气　图 3-8 为改造后的锥顶进气重力除尘器。此除尘器多了两个"牛角"管，进气口设在两个"牛角"管的胶合处，而出气口设在除尘器的中心。由于进气方式的改变，含尘气体在除尘器内部产生旋流，很好地结合了旋风除尘的除尘方法，使除尘效率提高。

（2）加安全装置　在图 3-9 的锥顶进气重力除尘器中，有安全装置，用于易燃易爆场合，斜进气口，气体进入直管后，使气流刚刚进入除尘器主体就紧贴着除尘器内管壁下滑，直至运动到除尘器底部。这种气流流动方式更好地应用了旋风除尘的除尘方法。粉尘颗粒紧贴除尘器外壁做旋转下滑运动，增加了其与除尘器壁的接触距离，有效地降低了尘粒所具有的能量，低能量的尘粒被捕集的机会大大提高。

（3）加挡板　在各种除尘器底部加 45°倒圆台形挡板，如图 3-10 所示。挡板的加入改变了含尘气体在除尘器底部的流动状态，有效阻止了已经沉积下来的尘粒被气流卷出除尘器外，降低了沉降尘卷起率，从而增加了除尘器的除尘效率。

图 3-8　锥顶进气重力除尘器

（三）重力除尘器的工作原理

重力沉降是最简单的分离颗粒物的方式。颗粒物的粒径和密度越大，越容易沉降分离。

1. 粉尘的重力沉降

当气体由进风管进入重力除尘器时，由于气体流动通道断面积突然增大，气体流速迅速下降，粉尘便借本身重力作用，逐渐沉落，最后落入下面的集灰斗中，经输送机械送出。

图 3-11 为含尘气体在水平流动时，直径为 d 的粒子的理想重力沉降过程示意。

由重力而产生的粒子沉降力 F_g 可用下式表示：

$$F_g = \frac{\pi}{6}d^3(\rho_D - \rho_a)g \qquad (3-1)$$

式中，F_g 为粒子沉降力，$kg \cdot m/s$；d 为粒子直径，m；ρ_D 为粒子密度，kg/m^3；ρ_a 为气体密度，kg/m^3；g 为重力加速度，m/s^2。

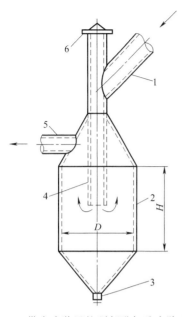

图 3-9　带安全装置的顶部进气重力除尘器

1—进气管；2—除尘器；3—清灰口；

4—中心导入管；5—排气管；6—安全装置

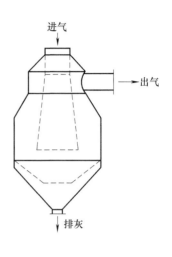

图 3-10　中心进气加挡板重力除尘器

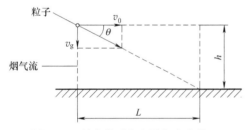

图 3-11　粉尘粒子在水平气流中的理
想重力沉降过程示意

假设粒子为球形，粒径在 $3 \sim 100 \mu m$，且符合斯托克斯定律的范围内，则粒子从气体中分离时受到的气体黏性阻力 F 为

$$F = 3\pi\mu d v_g \tag{3-2}$$

式中，F 为气体阻力，Pa；μ 为气体黏度，Pa·s；d 为粒子直径，m；v_g 为粒子分离速度，m/s。

含尘气体中的粒子能否分离取决于粒子的沉降力和气体阻力的关系，即 $F_g = F$，由此得出粒子沉降速度 v_g 为

$$v_g = \frac{d^2(\rho_D - \rho_a)g}{18\mu} \tag{3-3}$$

当尘粒在空气中沉降时，因 $\rho_D \gg \rho_a$，式（3-3）可简化为

$$v_g = \frac{g\rho_D d^2}{18\mu} \tag{3-4}$$

如果尘粒以速度 v_g 沉降时，遇到垂直向上的速度为 v_w 的均匀气流，当 $v_w = v_g$ 时尘粒将会处于悬浮状态，这时的气流速度 v_w 称为悬浮速度。对某一尘粒来说，其沉降速度与悬浮速度两者的数值相等，但意义不同。前者是指尘粒下落时所能达到的最大速度，而后者是指上升气流能使尘粒悬浮所需的最小速度。如果上升气流速度大于尘粒的悬浮速度，尘粒必然上升；反之，则必定下降。

此式称斯托克斯式。由式可以看出，粉尘粒子的沉降速度与粒子直径、尘粒体积质量及气体介质的性质有关。当某一种尘粒在某一种气体中，处在重力作用下，尘粒的沉降速度 v_g 与尘粒直径平方成正比。所以粒径越大，沉降速度越大，越容易分离；反之，尘粒越小，沉降速度变得

很小，以致没有分离的可能。层流空气中球形尘粒的重力自然沉降速度见图 3-12。利用图 3-12 能简便地查到球形尘粒的沉降速度，可满足工程计算的精度要求。例如确定直径为 $10\mu m$、密度为 $5000kg/m^3$ 的球形尘粒在 $100℃$ 的空气中的沉降速度。利用图 3-12 从相应 $d=10\mu m$ 的点引一水平线与 $\rho_1=5000kg/m^3$ 的线相交，从交点作垂直线与 $t=100℃$ 的线相交，又从这个交点引水平线至速度坐标上，即可求得沉降速度 $v_g=0.0125m/s$。图 3-12 上粗实线箭头所示为已知空气温度、尘粒密度和沉降速度求尘粒直径的过程。

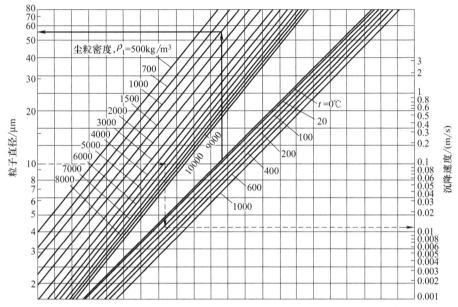

图 3-12 层流空气中球形尘粒重力自然沉降速度（适用于 $d<100\mu m$ 的尘粒）

在图 3-12 中，设烟气的水平流速为 v_0，尘粒 d 从 h 开始沉降，那么尘粒落到水平距离 L 的位置时，其 $\dfrac{v_g}{v_0}$ 关系式为

$$\tan\theta=\frac{v_g}{v_0}=\frac{d^2(\rho_D-\rho_a)g}{180\mu v_0}=\frac{h}{L} \tag{3-5}$$

由式（3-5）看出，当除尘器内被处理的气体速度越低，除尘器的纵向沉度越大，沉降高度越低，就越容易捕集细小的粉尘。

2. 影响重力沉降的因素

粉尘颗粒物的自由沉降主要取决于粒子的密度。如果粒子密度比周围气体介质大，气体介质中的粒子在重力作用下便沉降；反之，粒子则上升。此外，影响粒子沉降的因素还有：a. 颗粒物的粒径，粒径越大越容易沉降；b. 粒子形状，圆形粒子最容易沉降；c. 粒子运动的方向性；d. 介质黏度，气体黏度大时不容易沉降；e. 与重力无关的影响因素，如粒子变形、在高浓度下粒子的互相干扰、对流以及除尘器密封状况等。

（1）颗粒物密度的影响 在任何情况下，悬浮状态的粒子都受重力以及介质浮力的影响。如前所述，斯托克斯假设连续介质和层流的粒子在运动的条件下，仅受黏性阻力的作用。因此，该方程式只适用于雷诺数 $Re=\dfrac{dv\rho_a}{\mu}<0.10$ 的流动情况。在上述假设条件下，阻力系数 C_D 为 $\dfrac{24}{Re}$，而阻力可用下式表示：

$$F = \frac{\pi d^2 \rho_a v_r^2 C_D}{8} \qquad (3-6)$$

式中，v_r 为相对于介质运动的恒速。

（2）颗粒物粒径的影响　对极小的粒子而言，其大小相当于周围气体分子，并且在这些分子和粒子之间可能发生滑动，因此必须应用对斯托克斯式进行修正的坎宁哈姆修正系数，实际上已不存在连续的介质，而且对亚微细粒也不能做这样假设。为此，需按下列公式对沉降速度进行修正：

$$v_{ct} = v_t \left(1 + \frac{2A\lambda}{d}\right) \qquad (3-7)$$

式中，v_{ct} 为修正后的沉降速度；v_t 为粒子的自由沉降速度；A 为常数，在一个大气压，温度为 20℃ 时，$A = 0.9$；λ 为分子自由程，m；d 为粒径，m。

密度为 $1 \sim 3\text{g/cm}^3$ 颗粒物粒径与沉降速度的关系可以由图 3-13 查得。

（3）颗粒形状的影响　虽然斯托克斯式在理论上适用于任何粒子，但实际上是适用于小的固体球形粒子，并不一定适用于其他形状的粒子。

因粒子形状不同，阻力计算式应考虑形状系数 S。

$$C_D = \frac{24}{S \times Re_P} \qquad (3-8)$$

S 等于任何形状粒子的自由沉降速度 v_t 与球形粒子的自由沉降速度 v_{st} 之比，即

$$S = \frac{v_t}{v_{st}} \qquad (3-9)$$

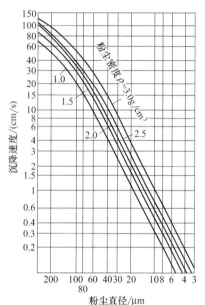

图 3-13　粉尘粒径与沉降速度的关系

单个粒子趋于形成粒子聚集体，并最终因重量不断增加而沉降。但粒子聚集体在所有情况下总是比单个粒子沉降得快，这是因为作用力不仅是重力。如果不知道密度和形状的话，可以根据聚集体的大小和聚集速率来确定聚集体的沉降速率，即聚集体成长得越大，沉降得也越快。

（4）除尘器壁面的影响　斯托克斯式忽视了器壁对粒子沉降的影响。粒子紧贴界壁，干扰粒子的正常流型，从而使沉降速率降低。球形粒子速度降低的表达式为：

$$\frac{v_t}{v_t^\infty} = \left[1 - \left(\frac{d}{D}\right)^2\right]\left[1 - \frac{1}{2}\left(\frac{d}{D}\right)^2\right]^{\frac{1}{2}} \qquad (3-10)$$

式中，v_t 为粒子的沉降速度，m/s；v_t^∞ 为在无限降落时的粒子沉降速度，m/s；d 为粒径，m；D 为容器直径，m。

上述表明，在圆筒体内降落的球体的速度下降。此外如边界层形成和容器形状改变等因素也能引起粒子运动的变化。但容器的这种影响一般可忽略不计。

（5）粒子相互作用的影响　一个降落的粒子在沉降时受到各种作用，它的运动大大受到相邻粒子存在的影响。气体中含粒子浓度高则将大大影响单个粒子间的作用。一个粒子对周围介质产生阻力，因而也对介质中的其他粒子产生阻力。当在介质中均匀分布的粒子通过由气体分子组成的介质沉降时，介质的分子必须绕过每个粒子。当粒子间距很小时，如在高浓度的情况下每个粒子沉降时将克服一个附加的向上的力，此力使粒子沉降速度降低，而降低的程度取决于粒子的浓

度。此外，沉降过程还受高粒子浓度的影响，其表现形式是粒子相互碰撞及聚集速率可能增加，使沉降速度偏离斯托克斯公式。在极高的粒子浓度下，粒子可以互相接触，但不形成聚集体，从而产生了运动的流动性。因此，要考虑粒子的相互作用。此外，由不同大小粒子组成的粒子群或

多分散气溶胶的沉降速率较单分散气溶胶更为复杂。在多分散系中，粒子将以不同的速率沉降。

综上所述，可以对重力除尘器性能做如下判断。

① 重力除尘器内气体速度越小，越能捕集微细尘粒。一般只能除去$>40\mu m$尘粒。

② 重力除尘器高度越小，长度越大，除尘效率越高。除尘器中多层隔板重力除尘器的采用，使其应用范围有所扩大，甚至可以除去$10\mu m$尘粒，但隔板间积灰难以清除，从而造成维护上的困难。

③ 要使式（3-5）成立，需把处理气体整流成均匀气流。

图 3-14 所示为借助于球形尘粒重力的自然沉降速度。

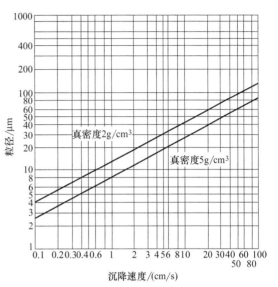

图 3-14 球形尘粒的重力自然沉降速度

如能减小处理含尘气体的速度，就能捕集微细的尘粒，但由于不经济，实际上重力除尘装置用来捕集$100\mu m$以上的粗尘粒是相当容易的。其压力损失大致为$50\sim100Pa$。从阻力看重力除尘器是最节能的除尘设备。

二、重力除尘器设计条件

重力除尘器的除尘过程主要是受重力的作用。除尘器内气流运动比较简单，除尘器设计计算包括含尘气流在除尘器内停留时间及除尘器的具体尺寸。由于重力除尘器定型设计较少，所以多数重力除尘器都是根据污染源的具体情况设计的。重力除尘器设计计算注意事项如下。

① 设计的重力除尘器在具体应用时往往有许多情况和理想的条件不符。例如，气流速度分布不均匀，气流是紊流，涡流未能完全避免，在粒子浓度大时沉降会受阻碍等。为了使气流均匀分布，可采取安装逐渐扩散的入口、导流叶片等措施。为了使除尘器的设计可靠，也有人提出把计算出来的末端速度减半使用。

② 除尘器内气流应呈层流（雷诺数小于2000）状态，因此紊流会使已降落的粉尘二次飞扬，破坏沉降作用，除尘器的进风管应通过平滑的渐扩管与之相连。如受位置限制，应装设导流板，以保证气流均匀分布。如条件允许，把进风管装在降尘室上部，会收到意想不到的效果。

③ 保证尘粒有足够的沉降时间。即在含尘气流流经整个室长的这段时间内，保证尘粒由上部降落到底部。

④ 要使烟气在沉尘室内分布均匀。沉尘室进口管和出口管应采用扩张和收缩的喇叭管。扩张角一般取$30°\sim60°$，如果空间位置受限制，应设置有效的导流板或多孔分布板。

⑤ 沉尘室内烟气流速需要根据烟尘的沉降速度和所需收尘效率慎重确定，一般为$0.2\sim1m/s$。选择太小会使沉尘室截面积过大，不经济，但需要低于尘粒重返气流的气流速度。有色冶金尚无尘粒重返气流的速度数据，仅将其他烟尘的实验数据列于表 3-1，以供参考。

表 3-1   某些尘粒重返气流的气流速度

物 料 名 称	密度 /(kg/m³)	粒径 /μm	尘粒重返气流的气流速度 /(m/s)
淀粉	1277	64	1.77
木屑	1180	1370	3.96
铝屑	2720	335	4.33
铁屑	6850	96	4.64
有色金属铸造粉尘	3020	117	5.72
石棉	2200	261	5.81
石灰石	2780	71	6.41
锯末		1400	6.8
氧化铝	8260	14.7	7.12

⑥ 所有排灰口和门、孔都必须切实密闭，沉尘室才能发挥应有的作用。

⑦ 沉尘室的结构强度和刚度，按有关规范设计计算。

三、重力除尘器的主要尺寸设计

重力除尘器（水平式单层除尘器）主要几何尺寸见图 3-15。

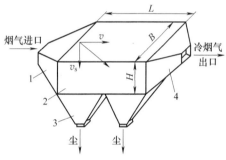

图 3-15   重力除尘器示意

1—进口管；2—沉降室；3—灰斗；4—出口管

（一）重力除尘器主要尺寸设计

1. 粉尘颗粒在除尘器的停留时间

$$t = \frac{h}{v_g} \leqslant \frac{L}{v_0} \qquad (3\text{-}11)$$

式中，t 为尘粒在沉降室内停留时间，s；h 为尘粒沉降高度，m；v_g 为尘粒沉降速度，m/s，可由图 3-12 查出；L 为沉降室长度，m；v_0 为沉降室内气流速度，m/s。

根据上式，沉降室的长度与尘粒在除尘器内的沉降高度应满足下列关系：

$$\frac{L}{h} \geqslant \frac{v_g}{v_0} \qquad (3\text{-}12)$$

2. 除尘器的截面积

$$S = \frac{Q}{v_0} \qquad (3\text{-}13)$$

式中，S 为除尘器截面积，m²；Q 为处理气体量，m³/s；v_0 为除尘器内气流速度，m/s，一般要求小于 0.5m/s。

3. 除尘器容积

$$V = Qt \qquad (3\text{-}14)$$

式中，V 为沉降室容积，m³；Q 为处理气体量，m³；t 为气体在除尘器内停留时间，s，一般取 30～60s。

4. 除尘器的高度

$$H = v_g t \qquad (3\text{-}15)$$

式中，H 为除尘器高度，m；v_g 为尘粒沉降速度，m/s，对于粒径为 40μm 的尘粒可取 $v_g=0.2$m/s；t 为气体在室内停留时间，s。

5. 除尘器宽度

$$B = \frac{S}{H} \tag{3-16}$$

式中，B 为除尘器宽度，m；S 为除尘器截面积，m^2；H 为除尘器高度，m。

6. 除尘器长度

$$L = \frac{V}{S} \tag{3-17}$$

式中，L 为除尘器长度，m；V 为除尘器容积，m^3；S 为除尘器截面积，m^2。

(二) 除尘器的尺寸确定

由以上计算可知，要提高细颗粒的捕集效率，应尽量减小气速 v 和除尘器高度 H，尽量加大除尘器宽度 B 和长度 L。例如在常温常压空气中，在气速 $v=3m/s$ 条件下，要完全沉降 $\rho_p = 2000kg/m^3$ 的颗粒，为层流条件，所需除尘器的 L/H 值及每处理 $1m^3/s$ 气量所需的占地面积 BL 见表 3-2。

表 3-2　设定条件下所需除尘器的几个参数值

$\delta/\mu m$	1	10	25	50	75	100	150
L/H	50640	506	81	20	9	5.06	2.21
BL/m^2	16880	168.7	27	6.67	3	1.7	0.75

若考虑到实际 Re 较大，已可能进入湍流条件，则按上表内所需的 L/H 值及占地面积 BL 至少还要乘 4.6 的系数才够。由此可见，重力除尘器一般只能用来分离大于 $75\mu m$ 的粗颗粒，对细颗粒的捕集效率很低，或所需设备过于庞大，占地面积太大，并不经济。

四、重力除尘器性能计算

(一) 重力除尘器效率计算

进入除尘器的尘粒，随着烟气以横断面流速 v（m/s）水平向前运动，另外在重力作用下以其沉降速度 v_g（m/s）向下沉降。因此尘粒的实际运动速度和轨迹便是烟气流速 v 和尘粒沉降速度 v_g 的矢量和。

从理论上分析，沉降速度 $v_g \geqslant \dfrac{Hv}{L}$ 的尘粒都能在除尘器内沉降下来。各种粒级尘粒的分级除尘效率按下式计算：

$$\eta_i = \frac{L v_{gi}}{Hv} \times 100\% \tag{3-18}$$

式中，η_i 为某种粒级尘粒的分级除尘效率，%；H、L 分别为除尘器高度、长度，m；v 为烟气流速，m/s；v_{gi} 为某种粒级尘粒的沉降速度，m/s。

由于除尘器中的流体流动状态主要属层流状态，式（3-18）可改写为

$$\eta_i = \frac{\rho_1 d_i^2 g L}{18 \mu v H} \times 100\% \tag{3-19}$$

对于粗颗粒尘，计算得到 $\eta_i > 100\%$ 时，表明这种颗粒的烟尘在除尘器内可以全部沉降下来，此时的烟尘直径即为除尘器能够完全沉降下来的最小尘粒直径 $d_{\min}$，按下式计算：

$$d_{\min} = \sqrt{\frac{18 \mu v H}{g \rho_1 L}} \tag{3-20}$$

多层重力除尘器的分级除尘效率按下式计算：

$$\eta_{in} = \frac{L\upsilon_{gi}}{H\upsilon}(n+1) \times 100\% \tag{3-21}$$

式中，η_{in} 为多层除尘器的某种粒级的分级除尘效率，%；υ_{gi} 为某种粒级尘粒的沉降速度，m/s；n 为隔板层数，无量纲。

多层重力除尘器能够沉积尘粒的最小粒径按下式计算：

$$d_{min} = \sqrt{\frac{18\mu\upsilon H}{\rho_1 gL(n+1)}} \tag{3-22}$$

除尘器增加隔板，减小了尘粒沉降高度，增加了单位体积烟气的沉降底面积，因而有更高的除尘效率。但其结构复杂，造价增高，排出粉尘困难，使其应用受到限制。

（二）重力除尘器阻力计算

除尘器的流体阻力主要由进口（扩大）管的局部阻力、除尘器内的摩擦阻力及出口（缩小）管的局部阻力组成，按下式计算：

$$\Delta\rho = \frac{\rho^2 v^2}{2}\left(\frac{L}{R_n}f + K_1 + K_e\right) \tag{3-23}$$

式中，$\Delta\rho$ 为除尘器的流体阻力，Pa；R_n 为除尘器的水力半径，$R_n = \dfrac{BH}{2(B+H)}$，m；f 为除尘器的气流摩擦系数，无量纲；K_1 为进口管局部阻力系数，无量纲，$K_1 = \left(\dfrac{BH}{F_i} - 1\right)^2 \leqslant \dfrac{BH}{F_i}$，$F_i$ 为除尘器进口截面积，m^2；K_e 为出口管局部阻力系数，无量纲，$K_e = 0.45\left(1 - \dfrac{F_e}{BH}\right) \leqslant 0.45$，$F_e$ 为除尘器出口截面积，m^2。

当除尘器内气流为紊流状态（$4 \times 10^5 \leqslant Re \leqslant 2 \times 10^6$）时，$f = 0.00135 + 0.0099Re^{-0.3} \leqslant 0.01$，除尘器的最大阻力可按下式计算：

$$\Delta\rho_{max} = \frac{\rho_2 v^2}{2}\left[\frac{0.02L(B+H)}{BH} + \frac{BH}{F_i} + 0.45\right] \tag{3-24}$$

五、垂直气流重力除尘器设计

垂直气流重力除尘器的工作原理如图 3-2（b）所示，烟气经中心导入管后，由于气流突然转向，流速突然降低，烟气中的灰尘颗粒在惯性和重力作用下沉降到除尘器底部。欲达到除尘的目的，烟气在除尘器内的流速必须小于粉尘的沉降速度，而粉尘的沉降速度与粉尘的粒度和密度有关。

设计垂直气流重力除尘器的关键是确定其主要尺寸——圆筒部分直径和高度。圆筒部分直径必须保证烟气在除尘器内流速不超过 0.6～1.0m/s；圆筒部分高度应保证烟气停留时间达到 12～15s。可按经验直接确定，也可按下式计算：

重力除尘器圆筒部分直径 D（m）：

$$D = 1.13\sqrt{\frac{Q}{v}}$$

式中，Q 为烟气流量，m^3/s；v 为烟气在圆筒内的速度，m/s，取值 0.6～1.0m/s。高压操作取高值。

除尘器圆筒部分高度 H（m）：

$$H = \frac{Qt}{F}$$

式中，t 为烟气在圆筒部分停留时间，s，一般取 $12 \sim 15\mathrm{s}$；F 为除尘器截面积，m^2。

计算出圆筒部分直径和高度后，再校核其高径比 H/D，其值一般在 $1.00 \sim 1.50$ 之间，大高炉取低值。

除尘器中心导入管可以是直圆筒状，也可以做成喇叭状，中心导入管以下高度取决于贮灰体积，一般应满足 3 天的贮灰量。除尘器内的灰尘颗粒干燥而且细小，排灰时极易飞扬，严重影响劳动条件并污染周围环境，一般可采用螺旋输灰器排灰，改善输灰条件。

通常，重力除尘器可以除去粒度大于 $30\mu\mathrm{m}$ 的灰尘颗粒，除尘效率可达到 80%，阻力损失较小，一般为 $50 \sim 200\mathrm{Pa}$。

六、实例——石灰厂重力除尘器性能计算

设计一台重力除尘器，宽 7.5m，高 1.8m，长 27m，以除去空气流中所含的石灰石粉尘，石灰石粉尘密度 $2670\mathrm{kg/m}^3$，入口含尘量 $600\mathrm{g/m}^3$，气体流量 $1500\mathrm{m}^3/\mathrm{h}$，石灰石粉尘的粒径分布如下：

粒径 $d/\mu\mathrm{m}$	$0 \sim 5$	$5 \sim 20$	$20 \sim 50$	$50 \sim 100$	$100 \sim 500$	>500
质量分布率/%	2	6	17	28	36	11

试计算每一级粒径范围的平均分级除尘效率、总除尘效率、出口含尘浓度、每天的除尘量、每天排放的粉尘量。

首先确定完全沉降的最小粉尘粒径 $d_{\min}$，按式（3-20）计算：

$$d_{\min} = \sqrt{\frac{18\mu v H}{g\rho_1 L}} = \sqrt{\frac{18\mu Q}{g\rho_1 BL}} = \sqrt{\frac{18 \times 1.96 \times 10^{-5} \times \dfrac{1500}{3600}}{9.81 \times 2670 \times 7.5 \times 27}} = 5.26(\mu\mathrm{m})$$

即大于 $5.26\mu\mathrm{m}$ 的粉尘的除尘效率均为 100%。因此仅需计算平均粒径为 $2.5\mu\mathrm{m}$ 的颗粒。其沉降速度按式（3-4）计算，代入有关数据，得

$$v_s = \frac{d^2\rho_1 g}{18\mu} = \frac{(2.5 \times 10^{-6})^2 \times 2670 \times 9.80}{18 \times 1.96 \times 10^{-5}} = 0.000464 \ (\mathrm{m/s})$$

平均粒径为 $2.5\mu\mathrm{m}$ 的颗粒的分级除尘效率按式（3-18）计算，代入有关数据，得

$$\eta_i = \frac{Lv_{si}}{Hv} \times 100\% = \frac{27 \times 0.000464}{1.8 \times \dfrac{1500}{3600 \times 7.5 \times 1.8}} \times 100\% = 22.55\%$$

上述计算结果列于表 3-3。

表 3-3 例题计算结果

粒径范围/$\mu\mathrm{m}$	平均粒径/$\mu\mathrm{m}$	分布率/%	分级效率/%
$0 \sim 5$	2.5	2	22.55
$5 \sim 20$	12.5	6	100.0
$20 \sim 50$	35.0	17	100.0
$50 \sim 100$	75.0	28	100.0
$100 \sim 500$	300.0	36	100.0
>500	500.0	11	100.0

总除尘效率为：

$$\eta = \sum W_i \eta = (0.02 \times 22.55 + 0.98 \times 100) \times 100\% = 98.451\%$$

设备出口含尘浓度 $\quad (1-0.98451) \times 600 = 9.294\ (\text{g/m}^3)$

每天的除尘量

$$\frac{0.98451 \times 1500 \times 600 \times 24}{1000} = 21265(\text{g/d}) = 21.265(\text{kg/d})$$

除尘器日排放粉尘量

$$\frac{(1-0.98451) \times 1500 \times 600 \times 24}{1000} = 334000(\text{g/d}) = 334(\text{kg/d})$$

七、实例——高炉煤气重力除尘器设计

高炉煤气除尘设备的第一级，不论高炉大小普遍采用重力除尘器。从高炉炉顶排出的高炉煤气含有较多的 CO、H_2 等可燃气体，可作为气体燃料使用。

高炉所使用的焦炭、重油的发热量中，约有 30% 转变成炉顶煤气的潜热，因此充分利用这些气体的潜热对于节省能源是非常重要的。但是，从高炉引出的炉顶煤气中含有大量灰尘，不能直接使用，必须经过除尘处理，因此应设置煤气除尘设备。

高炉煤气除尘设备一般采用下述流程：①高炉煤气→重力除尘器→文氏管洗涤器→静电除尘器；②高炉煤气→重力除尘器→一次文氏管洗涤器→二次文氏管洗涤器；③高炉煤气→重力除尘器→袋式除尘器。

图 3-16 示出了高炉煤气除尘典型流程。

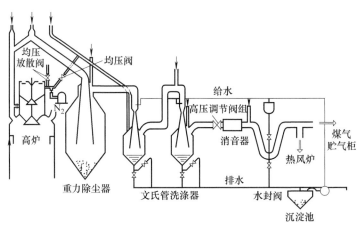

图 3-16　高炉煤气除尘典型流程

1. 重力除尘器的布置及主要尺寸的确定

除尘器靠近高炉煤气设施布置时，一般布置在铁罐线的一侧。重力除尘器应采用高架式，清灰口以下的净空应能满足火车或汽车通过的要求。设计重力除尘器时可参考下列数据：①除尘器直径必须保证煤气在标准状况下的流速不超过 0.6～1.0m/s；②除尘器直筒部分的高度，要求能保证煤气停留时间不小于 12～15s；③除尘器下部圆锥面与水平面的夹角应做成>50°；④除尘器内喇叭口以下的积灰体积应具有足够的富余量（一般应满足 3 天的积灰量）；⑤在确定粗煤气管道与除尘器直径时，应验算使煤气流速符合表 3-4 所列的流速范围；⑥下降管直径按在 15℃ 时煤气流速 10m/s 以下设计；⑦除尘器内喇叭管垂直倾角 5°～6.5°，下口直径按除尘器直径乘以 0.55～0.7 设计，喇叭管上部直径长度为管径的 4 倍。

表 3-4　重力除尘器及粗煤气管道中煤气流速范围

部　位	煤气流速/(m/s)
炉顶煤气导出口处	3~4
导出管和上升管	5~7
下降管	6~9
下降总管	7~11
重力除尘器	0.6~1

某些高炉重力除尘器及粗煤气系统见图 3-17。

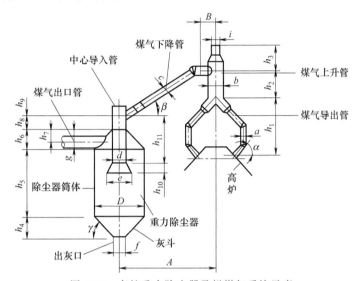

图 3-17　高炉重力除尘器及粗煤气系统示意

某些高炉重力除尘器及粗煤气管道尺寸见表 3-5。

表 3-5　某些高炉重力除尘器及粗煤气管道尺寸

尺寸代号	高炉有效容积/m³								
	50	100	255	620	1000	1513	2000	2025	2516
除尘器 D									
内径/mm	3500	4000	5882	7750	8000	10734	11754	11744	13000
外径/mm	3516	4016	5894	8000	8028	11012	12012	12032	13268
喇叭管直径 d									
内径/mm	960	1100	2000	2510	3200	3274	3400	3270	3274
外径/mm	976	1112	2016	2550	3240	3524	3524	3520	3500
喇叭管下口 e									
内径/mm	1300	1600	2920	3760	3700	3274	—	3270	3274
外径/mm	1312	1612	2936	3800	3740	3524	—	3520	3500
排灰口 f									
外径/mm	600	600	502	850	1385	967	内 940×2	600	890
煤气出口 g									
内径/mm	614	704		2180		2274	2620	2450	3000
外径/mm	630	720		2200		2520	2644	2700	3226
h_5/mm	2155	2300	4000	4263	3958	5961	6576	6640	7300
h_6/mm	5600	6000	7000	10000	11484	12080	10451	13400	13860
h_7/mm	1500	1500	2380	5050	4000	5965	8610	8245	7596
h_8/mm	800	750	1250	2000		2986	2926	3960	2926
h_9/mm	700	600	1270	2500	3400	2339	2339	2330	1639
h_{10}/mm	2500	3000	4000	6000	10000	13594	13596	15500	—
h_{11}/mm	200	2000	2573	5000	0	0		15500	—
γ		65°4′	50°		50°			60°	

2. 重力除尘器结构与内衬

大、中型高炉除尘器及粗煤气管内在易磨损处一般均衬铸钢衬板，其余部分砌黏土砖保护，砌砖时砌体厚度为113mm。为使砌砖牢固，每隔1.5～2.0m焊有托板。

管道及除尘器外壳一般采用Q235镇静钢。小型高炉也可采用Q235沸腾钢。煤气管道及除尘器外壳厚度见表3-6。

表 3-6　管道及除尘器外壳厚度

高炉有效容积 /m³	外壳厚度/mm					
	除　尘　器				粗煤气管道	
	直筒部分	拐角部分	上圆锥体	下圆锥体	导出管	上升和下降管
50	8	12	8	8	10	8
100	8	12	8	12	8	8
255	6	10	6	6	8	8
620	12	30	14	14	16	12
1000	14	30	20	14	10	10
1513	16	24、36	16	16	14	12

3. 重力除尘器荷载

（1）作用在除尘器平台上的均布荷载　见表3-7。

表 3-7　平台上的均布荷载

平台梯子部位及名称	标准均布荷载/(kN/m²)	
	正常 Z	附加 F
清灰阀平台	4	10
其他平台及走梯	2	4

（2）重力除尘器金属外壳的计算温度　重力除尘器金属壳体的计算温度正常值为80℃，附加100℃。

（3）除尘器内的灰荷载　除尘器前和粗煤气管道布置若在前述角度和流速范围内时，一般可不考虑灰荷载。

除尘器内灰荷载可按下列情况考虑。

① 正常荷载 Z。按高炉一昼夜的煤气灰吹出量计算。

② 附加荷载 F。清灰制度不正常或除尘器内积灰未全部放净，荷载可按正常荷载的两倍计算。

③ 特殊荷载 T。按除尘器内最大可能积灰极限计算。煤气灰密度一般可按1.8～2.0t/m³ 计算。

（4）除尘器内的气体荷载

① 正常荷载 Z。高压操作时，按设计采用的最高炉顶压力；常压操作时，采用1～3N/cm²。

② 附加荷载 F。按风机发挥最大能力时，可能达到的最高炉顶压力考虑。

③ 特殊荷载 T。按爆炸压力40N/cm² 及1N/cm² 负压考虑。

（5）其他荷载　包括机械设备的静荷载及动荷载，除尘器内衬的静荷载。

第三节　惯性除尘器工艺设计

惯性除尘器是利用粉尘在运动中的惯性力大于气体惯性力的作用，将粉尘从含尘气体中分离出来的设备。这种除尘器结构简单，阻力小，但除尘效率较低，一般用于一级除尘。

一、惯性除尘器工作原理

为了改善重力除尘器的除尘效果，可在除尘器内设置各种形式的挡板，使含尘气流冲击在挡板上，气流方向发生急剧转变，借助尘粒本身的惯性力作用，使其与气流分离。图 3-18 所示为含尘气流冲击在两块挡板上时尘粒分离的机理。当含尘气流冲击到挡板 B_1 上时，粗尘粒（d_1）首先被分离下来，被气流带走的尘粒（d_2，且 $d_2 < d_1$）由于挡板 B_2 使气流方向转变，若设该点气流的旋转半径为 R_2，切向速度为 v_L，则尘粒 d_2 所受离心力与 $d_2^3 v_L^2 / R_2$ 成正比。显然这种惯性除尘器除借助惯性力作用外，还利用了离心力的使用。

二、惯性除尘器的构造

在除尘器内，主要是使气流冲击在挡板上再急速转向，其中颗粒由于惯性作用，其运动轨迹就与气流轨迹不一样，从而使两者获得分离，气流速度高，这种惯性效应就大，所以这类除尘器的体积可以大大减少，占地面积也小，对细颗粒的分离效率也大为提高，可捕集到粒径 $\geqslant 10 \mu m$ 的颗粒。根据构造和工作原理，挡板除尘器分为以下两种形式。

（1）单板式除尘器　如图 3-19 所示，这种除尘器的特点是用一个或几个挡板阻挡气流的前进，使气流中的尘粒分离出来。该形式除尘器阻力较低，效率不高。

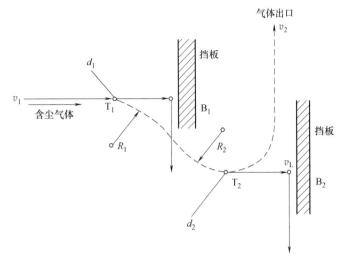

图 3-18　单板式除尘器尘粒分离机理

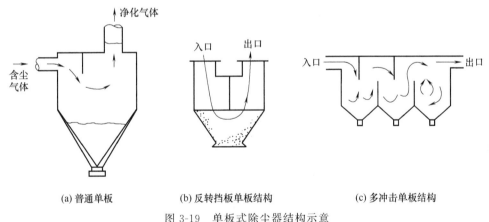

(a) 普通单板　　　　(b) 反转挡板单板结构　　　　(c) 多冲击单板结构

图 3-19　单板式除尘器结构示意

（2）多板式除尘器　多板式除尘器特点是把进气流用多个挡板分割为小股气流。为使任意一股气流都有同样的较小回转半径及较大回转角，可以采用各种挡板结构，最典型的如图 3-20 所示。

百叶挡板能提高气流急剧转折的速度，可以有较地提高分离效率，但速度过高，会引起已捕集颗粒的二次飞扬，所以进口流速一般都选用 $12 \sim 15 m/s$。

三、惯性除尘器设计要求

1. 设计原则

（1）采用碰撞式惯性收尘器时，碰撞的速度越高，出口的速度越低，则粉尘被携带走的量越

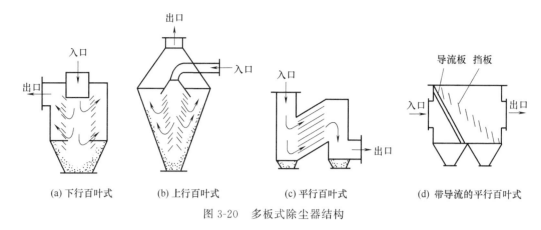

|(a) 下行百叶式|(b) 上行百叶式|(c) 平行百叶式|(d) 带导流的平行百叶式|

图 3-20　多板式除尘器结构

少，除尘效率便越高。

（2）对于折转式惯性除尘器，含尘气体的转向曲率越小，就越能捕集细微的粉尘。

（3）含尘气体转向的次数越多，则压力损失越大，而除尘效率越高。

（4）灰斗一定要有使捕集的粉尘至少不被气流带走的形状和足够的容积。

2. 设计注意事项

注意事项包括：①含尘气体在冲击或方向转变前的速度越高，方向转变的曲率半径越小时，其除尘效率越高，但阻力随之而增大；②含尘气体流动转向次数越多，除尘效率越高，阻力随之增大；③挡板与气体流动方向夹角大，除尘效率高，除尘器阻力大；④除尘器挡板之间距离不宜太小，以防粉尘堵塞；⑤大型除尘器的挡板前可设气流导流板，以使气流分布均匀；⑥挡板材料应耐磨。

四、惯性除尘器的性能计算

一般而言，惯性除尘器的气流速度越高，气流流动方向转变角度越大，转变次数越多，净化效率越高，阻力损失也越大。惯性除尘器用于净化密度和粒径较大的金属或矿物性粉尘，具有较高的除尘效率，而对于黏结性和纤维性粉尘，则因易堵塞而不宜采用。如前所述，惯性除尘器结构繁简不一，与重力沉降室比较，除尘效果明显改善，适于捕集粒径 $10\mu m$ 以上的粗粉尘，且多用于多级除尘中的第一级除尘。其阻力因型式不同差别很大，一般为 $100\sim1000Pa$。

1. 惯性除尘器除尘效率的计算

惯性除尘器的除尘效率可以近似用下式计算：

$$\eta=1-\exp\left[-\left(\frac{A_c}{Q}\right)u_p\right] \tag{3-25}$$

式中，A_c 为垂直于气流方向挡板的投影面积，m^2；Q 为处理气体流量，m^3/s；u_p 为在离心力作用下粉尘的移动速度，m/s。

$$u_p=\frac{d_p^2(\rho_p-\rho_g)v^2}{18\mu r_c} \tag{3-26}$$

式中，v 为气流速度，m/s；d_p 为粉尘粒径，m；ρ_p 为粉尘的密度，kg/m^3；ρ_g 为气体的密度，kg/m^3；μ 为气体的动力黏性系数，$kg\cdot s/m^2$；r_c 为气流绕流时的曲率半径，m。

2. 惯性除尘器的阻力计算

惯性除尘器的阻力用下式计算：

$$\Delta p=\xi\frac{\rho v^2}{2} \tag{3-27}$$

式中，Δp 为惯性除尘器的阻力，Pa；ρ 为含尘气体的密度，kg/m^3；v 为气体入口速度，

m/s；ξ 为除尘器阻力系数，在 0.5～3 范围内，气流折返次数多取大值。

五、惯性除尘器工程应用实例

某 1# 焦炉 75t 干熄焦工程投产运行一段时间后，发现干熄焦环境除尘吸入了大量粗的焦粉粒并引起一系列的问题，如灰斗很快满灰发生局部堵塞，滤袋很快磨破漏灰等。为防止大颗粒粉尘对滤袋的磨损，延长滤袋的使用寿命，必须在脉冲袋式除尘器的进口前增设预分离器。由于该袋式除尘器是高架布置，除尘器进口空间有限，因此只能"量体裁衣"，该处理 $32 \times 10^4 \text{m}^3/\text{h}$ 风量的预分离器根据现场情况特殊设计成了扁宽型，分离器的宽度只能在两条切出输灰机之间，又要使分离器的灰斗下料口对正集合的输灰机，具体的预分离器布置见图 3-21。预分离器上部设有检修孔，从检修孔可拔出作为分离挡板的角钢条。中箱体与灰斗处设有网格板，滤袋收集下来的灰可以通过网格进入灰斗，网格板同时又是检修平台；在中箱体上设有人孔，灰斗口根据需要偏斜设置，正好对准输灰机。该预分离器设计要求对 0.5mm 粒径焦粉除尘效率达到 95％ 以上，设备阻力 300～500Pa。预分离器总装布置见图 3-22。

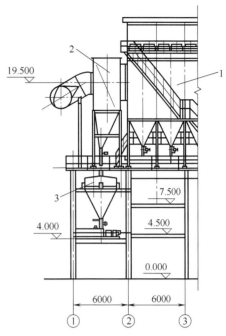

图 3-21　预分离器设备布置图

1—脉冲除尘器；2—预分离器；
3—输灰系统

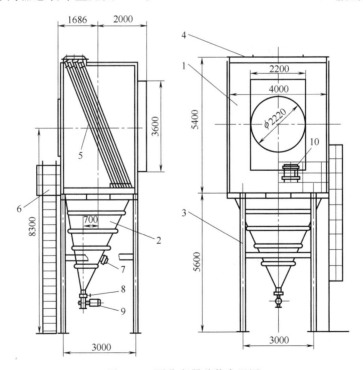

图 3-22　预分离器总装布置图

1—分离器箱体；2—灰斗；3—分离器支架；4—上检修孔；5—角钢组合；
6—梯子；7—仓壁震动器；8—插板阀；9—卸灰阀；10—检修门

$1^{\#}$ 焦炉干熄焦增设的惯性预分离器的挡板采用了 4 排 L 140×14 角钢交叉倾斜布置，角钢为单根插入固定位置，均有定位装置，易于安装维修和更换。角钢倾斜布置是为了有利于被捕集的焦尘落入灰斗，为增加角钢的耐磨性，材料选用 Q345。角钢布置见图 3-23。

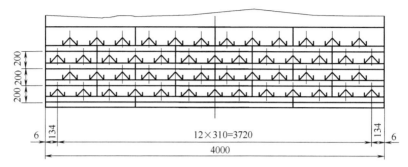

图 3-23　惯性预分离器内角钢布置

第四节　离心式除尘器工艺设计

　　离心式除尘器是利用含尘气流改变方向，使尘粒产生离心力将尘粒分离和捕集的设备。根据进气方向与气流旋转面的角度，可分为切向进气和轴向进气。旋风除尘器是气流在筒体内旋转一圈以上且无二次风加入的离心式除尘器。旋流除尘器是一种加入二次风以增加旋转强度的离心式除尘器。

一、旋风除尘器分类和原理

　　旋风除尘器是利用旋转气流对粉尘产生离心力，使其从气流中分离出来，分离的最小粒径可为 $5\sim10\mu m$。

　　旋风除尘器的结构简单、紧凑、占地面积小、造价低、维护方便、可耐高温高压，可用于分离特高浓度（高达 $500g/m^3$ 以上）的粉尘。其主要缺点是对微细粉尘（粒径<$5\mu m$）的分离效率不高。

（一）旋风除尘器的分类

　　旋风除尘器经历了上百年的发展历程，由于不断改进和为了适应各种应用场合出现了很多类型，因而可以根据不同特点和要求来进行分类。

　　（1）按旋风除尘器的构造，可分为普通旋风除尘器、异型旋风除尘器、双旋风除尘器和组合式旋风除尘器（见表 3-8）。本节按此分类进行编写。

表 3-8　旋风除尘器分类及性能

分类	名称	规格/mm	风量/(m³/h)	阻力/Pa	备注
普通旋风除尘器	DF 型旋风除尘器	φ175～585	1000～17250		XM 型为木工专用
	XCF 型旋风除尘器	φ200～1300	150～9840	550～1670	
	XP 型旋风除尘器	φ200～1000	370～14630	880～2160	
	XM 型木工旋风除尘器	φ1200～3820	1915～27710	160～350	
	XLG 型旋风除尘器	φ662～900	1600～6250	350～550	
	XZT 型长锥体旋风除尘器	φ390～900	790～5700	750～1470	
	SJD/G 型旋风除尘器	φ578～1100	3300～12000	640～700	
	SND/G 型旋风除尘器	φ384～960	1850～1100	790	
	CLT 型旋风除尘器				

分类	名 称	规格/mm	风量/(m³/h)	阻力/Pa	备 注
异型旋风除尘器	SLP/A、B 型旋风除尘器	φ300～3000	750～104980		XZY 型为配锅炉用
	XLK 型扩散式旋风除尘器	φ100～700	94～9200	1000	
	SG 型旋风除尘器	φ670～1296	2000～12000		
	XZY 型消烟除尘器	0.05～1.0t	189～3750	40.4～190	
	XNX 型旋风除尘器	φ400～1200	600～8380	550～1670	
	HF 除尘脱硫除尘器	φ720～3680	6000～170000	600～1200	
	XZS 型流旋风除尘器	φ376～756	600～3000	25.8	
双旋风除尘器	XSW 型卧式双级涡旋除尘器	2～20t	600～60000	500～600	配锅炉用
	CR 型双级涡旋除尘器	0.05～10t	1170～45000	670～1460	
			2200～30000	550～950	
	XPX 型下排烟式旋风除尘器	1～5t	3000～15000		
	XS 型双旋风除尘器	1～20t	3000～58000	600～650	
组合式旋风除尘器	SLG 型多管除尘器	9～16t	1910～9980		配锅炉用
	XZZ 型旋风除尘器	φ350～1200	900～60000	430～870	
	XLT/A 型旋风除尘器	φ300～800	935～6775	1000	
	XWD 型卧式多管除尘器	4～20t	9100～68250	800～920	
	XD 型多管除尘器	0.5～35t	1500～105000	900～1000	
	FOS 型复合多管除尘器	(2500×2100×4800)～(8600×8400×15100)	6000～170000		
	XCZ 型组合旋风除尘器	φ1800～2400	28000～78000	780～980	
	XCY 型组合旋风除尘器	φ690～980	18000～90000	780～10000	
	XGG 型多管除尘器	(1916×1100×3160)～(2116×2430×5886)	6000～52500	700～1000	
	DX 型多管斜插除尘器	(1478×1528×2350)～(3150×1706×4420)	4000～60000	800～900～	

(2) 按旋风除尘器的效率不同，可分为通用旋风除尘器（包括普通旋风除尘器和大流量旋风除尘器）和高效旋风除尘器两类。其效率范围如表 3-9 所列。高效除尘器一般制成小直径筒体，因而消耗钢材较多，造价也高，如内燃机进气用除尘器。大流量旋风除尘器，其筒体较大，单个除尘器所处理的风量较大，因而处理同样风量所消耗的钢材量较少，如木屑用旋风除尘器。

表 3-9 旋风除尘器的分类及其效率范围

粒径/μm	效率范围/%	
	通用旋风除尘器	高效旋风除尘器
<5	<5	50～80
5～20	50～80	80～95
20～40	80～95	95～99
>40	95～99	95～99

(3) 按清灰方式可分为干式清灰和湿式清灰两种。在旋风除尘器中，粉尘被分离到除尘器筒体内壁上后直接依靠重力而落于灰斗中，称为干式清灰。如果通过喷淋水或喷蒸汽的方法使内壁上的粉尘落到灰斗中，则称为湿式清灰。属于湿式清灰的旋风除尘器有水膜除尘器和中心喷水旋风除尘器等。由于采用湿式清灰，消除了反弹、冲刷等二次扬尘，因而除尘效率可显著提高，但同时也增加了尘泥处理工序。本书把这种湿式清灰的除尘器列为湿式除尘器。

(4) 按进气方式和排灰方式，旋风除尘器可分为以下 4 类（见图 3-24）。

① 切向进气，轴向排灰 [见图 3-24 (a)]。采用切向进气获得较大的离心力，清除下来的粉尘由下部排出。这种除尘器是应用最多的旋风除尘器。

② 切向进气，周边排灰 [见图 3-24 (b)]。采用切向进气周边排灰，需要抽出少量气体另行

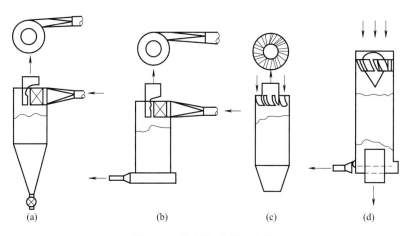

图 3-24　旋风除尘器的分类

净化。但这部分气量通常小于总气流量的 10%。这种旋风除尘器的特点是允许入口含尘浓度高，净化较为容易，总除尘效率高。

③ 轴向进气，轴向排灰 [见图 3-24 (c)]。这种形式的离心力较切向进气要小，但多个除尘器并联时（多管除尘器）布置方便，因而多用于处理风量大的场合。

④ 轴向进气，周边排灰 [见图 3-24 (d)]。这种除尘器采用了轴向进气便于除尘器关联，周边抽气排灰可提高除尘效率。常用于卧式多管除尘器中。

国内外常用的旋风除尘器种类很多，新型旋风除尘器还在不断出现。国外的旋风除尘器有的是用研究者的姓名命名，也有用生产厂家的产品型号来命名。国内的旋风除尘器通常是根据结构特点用汉语拼音字母来命名。根据除尘器在除尘系统安装位置不同分为吸入式（即除尘器安装在通风机之前），用汉语拼音字母 X 表示；压入式（除尘器安装在通风机之后），用字母 Y 表示。为了安装方便，S 形的进气按顺时针方向旋转，N 形进气是按逆时针方向旋转（旋转方向按俯视位置判断）。

（二）旋风除尘器工作原理

1. 旋风除尘器的工作

旋风除尘器由筒体、锥体、进气管、排气管和卸灰室等组成，如图 3-25 所示。旋风除尘器的工作过程是当含尘气体由切向进气口进入旋风除尘器时气流将由直线运动变为圆周运动。旋转气流的绝大部分沿器壁自圆筒体呈螺旋形向下、朝锥体流动，通常称此为外旋气流。含尘气体在旋转过程中产生离心力，将相对密度大于气体的尘粒甩向器壁。尘粒一旦与器壁接触，便失去径向惯性力而靠向下的动量和向下的重力沿壁面落下，进入排灰管。旋转下降的外旋气体到达锥体时，因圆锥形的收缩而向除尘器中心靠拢。根据"旋转矩"不变原理，其切向速度不断提高，尘粒所受离心力也不断加强。当气流到达锥体下端某一位置时，即以同样的旋转方向从旋风除尘器中部，由下反转向上，继续做螺旋性流动，即内旋气流。最后净化气体经排气管排出管外，一部分未被捕集的尘粒也由此排出。

自进气管流入的另一小部分气体则向旋风除尘器顶盖流动，然后沿排气管外侧向下流动；当到达排气管下端时即反转向上，随上升的中心气流一同从排气管排出。分散在这一部分的气流中的尘粒也随同被带走。

关于旋风除尘器的分离理论有筛分理论、转圈理论、边界层理论，均有详细论述。下面仅对除尘器流体和尘粒运动做一分析。

2. 流体和尘粒的运动

旋风除尘器有各种各样的进口设计，其中主要的如图 3-26 所示的切向进口、螺旋形进口和轴向进口。图中在进口截面中气体平均速度为 v_e；净化气体排出旋风除尘器，通过出口管时的平均轴向速度为 v_i；入口截面积为 F_e，出口截面积为 F_i。

在图 3-27 中给出了在旋风除尘器内部流体的速度特性以及从入口到出口间微粒的运动轨迹和轴向流动分量的流线。在旋风除尘器内部是一个三维的流场，其特点是旋转运动叠加了一个从外部环形空间朝向粉尘收集室轴向的运动和一个从旋风除尘器内部空间朝向出口管道的轴向运动。在分离室的内部和外部空间轴向运动是相反的，这一相反的运动与朝向旋风除尘器轴线的径向运动结合在一起。

含尘气体通过切线方向引入旋风除尘器，因此气流被强制地围绕出气管进行旋转运动。图 3-27 中的切线速度 u 是通过径向坐标定量描述的。不考虑旋风除尘器内壁的非润滑条件，在 $r = r_a$ 处的切向速度由 u_a 给出。在旋风除尘器的轴线方向上，当 $r = r_i$ 时速度 u 从 u_a 增加到最大值 u_i。随半径的进一步减少，切向速度也降低；在 $r = 0$ 时 $u = 0$，在 $r = r_i$ 的出气管道表面的切向速度近似为零。

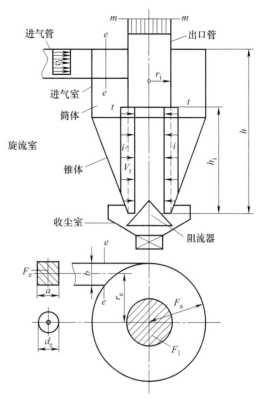

图 3-25　旋风除尘器的组成

在柱状部件内表面 i—i 处，切向速度 u_i 几乎不变。应指出在收尘室附近 u_i 是完全可以被

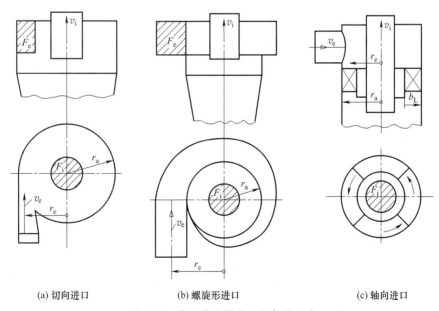

　　(a) 切向进口　　　　　　　(b) 螺旋形进口　　　　　　　(c) 轴向进口

图 3-26　旋风除尘器进口的各种形式

忽视的。还有，在超圆柱面 $i—i$ 的高度上，径向流速 v_r 可以被假定为常数。而通过观测只是在出气管道的入口 $t—t$ 处和收尘室附近，这个常数值稍有偏差。

微粒被气流送进旋风除尘器后，将受到三维流场中典型的离心力、摩擦力以及其他力的作用。离心力是由于流体的旋转运动产生，而摩擦力是由于在径向上，流体朝旋风除尘器轴线的运动产生。加速度 u^2/r 是由离心力引起的，在很多情况下，离心力比地球引力产生的加速度高 100 倍甚至 10000 倍。

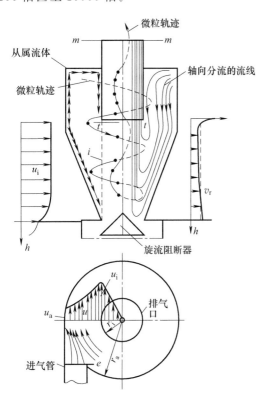

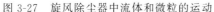

图 3-27　旋风除尘器中流体和微粒的运动

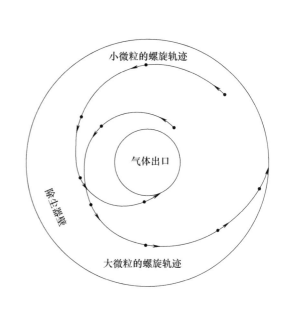

图 3-28　旋风除尘器水平截面上，大小微粒的轨迹

在离心力和摩擦力综合作用的影响下，所有的微粒都按螺旋状的轨迹运动，如图 3-28 所示。大的微粒按照螺旋向外运动，小的微粒按照螺旋向里运动。向外运动的大微粒从气体中被分离出来，将与旋风除尘器的内壁碰撞并向粉尘收集室运动。向内运动的小微粒不但没有从气流中分离出来，而且被气流带走，通过出口管道排出旋风除尘器。

流体的旋转运动的压力场，靠近旋风除尘器内壁的压力最大，在旋风除尘器轴线处压力最小。径向的压力梯度 $\mathrm{d}p/\mathrm{d}r$ 由下式给出：

$$\frac{\mathrm{d}p}{\mathrm{d}r}=\rho\frac{u^2}{r} \tag{3-28}$$

积分后导出

$$p=\rho u^2 \ln r + C \tag{3-29}$$

式中，C 为积分常数。可看出压力随半径 r、切向速度 u 和流体密度 ρ 而增加。不考虑内壁速度为零的情况，完全可以假定在旋风除尘器壁上的压力由上式确定。压力梯度将迫使小的微粒随二次流运动，如图 3-27 中的箭头所示。超过平面 $t—t$ 即超过出口管的进口时，小的微粒沿旋风除尘器的内壁向上移动，然后随流体朝着出口管径向运动，最后将沿出口管外壁向下降落，并到达截面 $t—t$，在这里小微粒将再被进入出口管的流体带走。在分离室上部的二次流将降低旋风除尘器的效率。这可以沿出口管装套环来防止。

在旋风除尘器的底部，如图 3-27 所示为一个锥形部件，流体的二次运动促使尘粒朝收尘室运动。

此外，二次运动使得旋风除尘器入口附近造成尘粒沉积。而且它们沿着旋风除尘器的壁按螺旋状路径向下运动。尤其对于未净化气体的高浓度粉尘更可以观察到形成的沉积。

在旋风除尘器中流体流动的一些重要特性可以从图 3-29 中推论出。在图中根据现有的实验给出了在旋风除尘器内不同截面的压力。根据图 3-25 可以找出截面 $e—e$ 是旋风除尘器的入口处，在分离室出口管下面是截面 $i—i$，截面 $t—t$ 是出口管的进口处，截面 $m—m$ 是在出口管的出口处。关于旋风除尘器压力的无量纲描述中，对流体给出的最大值为全压差用 Δp^* 表示，静压差用 Δp^*_{stat} 表示，这两个量的定义如下：

$$\Delta p^* \equiv \frac{p - p_m}{\frac{v_i^2}{2}} \qquad (3\text{-}30)$$

$$\Delta p^*_{stat} \equiv \frac{p_{stat} - p_{m \cdot stat}}{\frac{v_i^2}{2}} \qquad (3\text{-}31)$$

式中，p 和 p_{stat} 分别是所考虑的截面上的全压和静压值；p_m 和 $p_{m \cdot stat}$ 分别是在出口管出口处截面 $m—m$ 上的全压和静压值，$p - p_m$ 和 $p_{stat} - p_{m \cdot stat}$ 是该处的压力差，与旋风除尘器出口条件有关；$\rho v_i^2 / 2$ 与出口管流体的动态压力有关；ρ 是流体的密度；v_i 是出口气流平均移动速度。

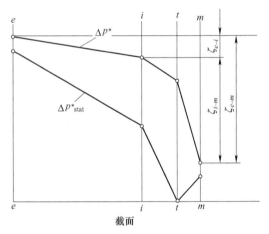

图 3-29　旋风除尘器内各不同截面上的压力

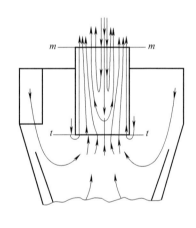

图 3-30　旋风除尘器出口管道中气流的流动情况

为了方便，在所定各截面上压力差 Δp^* 和 Δp^*_{stat} 已用直线运动连起来。从图 3-29 可以看出全压差 Δp^* 在出气口 $t—m$ 两截面间的圆柱状部件内急剧下降。出口管中压力降非常大，这是由于一个非常强的旋转运动叠加上一个轴向的流体运动。这不仅在出口管壁上产生大的摩擦损失，而且在出口管轴线上形成一个低压区。进入这个低压区的气流主要沿轴线向与原来运动方向相反的方向运动。在出口管中轴向气流的图解如图 3-30 所示。由于压力降非常大并对收集效率起着重要的作用，因而出口管被认为是旋风除尘器极其重要的部件。出口管最重要的尺寸是半径 r_i 和伸入分离室中的长度 $h - h_i$。

在图 3-29 中给出的静压曲线，虽然反映同一物理状况，但与全压特性是完全不同的。可以看出在 $i—t$ 截面静压急剧下降，此截面间流体的运动十分复杂，具有旋转运动和反向的轴向运动。显然可以看出静压将意外地沿出口管道增加，这是由于流体流经出口管道时旋转运动下降。

二、旋风除尘器性能设计计算

旋风除尘器的性能包括处理气体量、除尘效率（分级效率和总效率）、设备阻力、漏风率等。

（一）旋风除尘器性能计算

1. 分离粒径

旋风除尘器能够分离捕集到的最小尘粒直径称为这种旋风除尘器的临界粒径或极限粒径，用 d_c 表示。对于大于某一粒径的尘粒，旋风除尘器可以完全分离捕集下来，这种粒径称为100%临界粒径，用 d_{c100} 表示。某一粒径的尘粒，有50%的可能性被分离捕集，这种粒径称为50%临界粒径，用 d_{c50} 表示。d_{c50} 和 d_{c100} 均称临界粒径，但两者的含义和概念完全不同。应用中多采用 d_{c50} 来判别和设计计算旋风除尘器。

旋风除尘器能够分离的最小粒径 d_c，一般可由下式计算：

$$d_c = K \sqrt{\frac{\pi g \mu}{\rho_s v_Q}} \times \frac{D_2^2}{\sqrt{A_0 H_b}} \tag{3-32}$$

式中，K 为系数，小型旋风除尘器 $K = \frac{1}{2}$，大型旋风除尘器 $K = \frac{1}{4}$；g 为重力加速度，m/s^2；μ 为气体黏度，kg·s/m^2；ρ_s 为尘粒的真密度，g/cm^3；v_Q 为气流圆周分速度，m/s；D_2 为除尘器内筒直径，m；A_0 为口宽度，m；H_b 为外筒高度，m。

相似型的旋风除尘器中，假设 $A \propto D_2^2$ 及 $H_b \propto D_2$，并且，只着眼于旋风除尘器的大小，则内圆筒直径 D_2 与极限粒径 d_c 之间有如下的关系。

$$d_c \propto \sqrt{D_2} \tag{3-33}$$

图3-31是表示证实这种关系的实验结果之一。

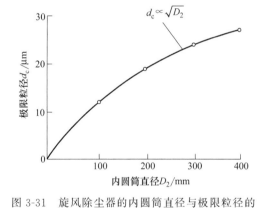

图3-31 旋风除尘器的内圆筒直径与极限粒径的关系（真密度 2.0g/cm^3，堆积密度 0.7g/cm^3 左右）

2. 旋风除尘器的除尘效率

旋风除尘器分级除尘效率是按尘粒粒径不同分别表示的除尘效率。分级效率能够更好地反映除尘器对某种粒径尘粒的分离捕集性能。

图3-32表示旋风除尘器的分级除尘效率。实线表示老式旋风除尘装置，虚线表示新式的旋风除尘装置。

图3-32中为各曲线写的 η_x 和 x 关系的方程式，均以下面的指数函数表示：

$$\eta_x = 1 - e^{-ax^m} \tag{3-34}$$

上式右边第2项表示逸散粉尘的比例，粒径 x 的系数 a 值越大，逸散量越少，因此，这意味着装置的分级除尘效率增大。这些例子中，在 $m = 0.33 \sim 1.20$ 范围内，x 的指数 m 值越大，x 对 η_x 的影响也越大。

旋风除尘器的分级除尘效率还可以按下式估算：

$$\eta_p = 1 - e^{-0.6932 \frac{d_p}{d_{c50}}} \tag{3-35}$$

式中，η_p 为粒径为 d_p 的尘粒的除尘效率，%；d_p 为尘粒直径，μm；d_{c50} 为旋风除尘器的50%临界粒径，μm。

旋风除尘器的总除尘效率可根据其分级除尘效率及粉尘的粒径分布计算。

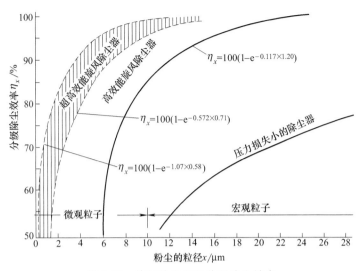

图 3-32　旋风除尘器的分级除尘效率

对上式积分，得到旋风除尘器总除尘效率的计算式如下：

$$\eta = \frac{0.6932 d_t}{0.6932 d_t + d_{c50}} \times 100\%$$ （3-36）

$$d_t = \frac{\sum n_i d_i^4}{\sum n_i d_i^3}$$ （3-37）

式中，η 为旋风除尘器的总除尘效率，%；d_t 为烟尘的质量平均直径，μm；d_i 为某种粒级烟尘的直径，μm；n_i 为粒径为 d_i 的烟尘所占的质量百分数，%。

3. 旋风除尘器的流体阻力

旋风除尘器的流体阻力可分解为主要由进口阻力、旋涡流场阻力和排气管阻力三部分。通常按下式计算：

$$\Delta P = \zeta \frac{\rho_2 v^2}{2}$$ （3-38）

式中，ΔP 为旋风除尘器的流体阻力，Pa；ζ 为旋风除尘器的流体阻力系数，无量纲；v 为旋风除尘器的流体速度，m/s；ρ_2 为烟气密度，kg/m^3。

旋风除尘器的流体阻力系数随着结构形式不同差别较大，而规格大小变化对其影响较小，同一结构形式的旋风除尘器可以视为具有相同的流体阻力系数。

目前，旋风除尘器的流体阻力系数是通过实测确定的。表 3-10 是旋风除尘器的流体阻力系数。

切向流反转旋风除尘器阻力系数可按下式估算：

$$\zeta = \frac{K F_i \sqrt{D_0}}{D_e^2 \sqrt{h + h_1}}$$ （3-39）

式中，ζ 为对应于进口流速的流体阻力系数，无量纲；K 为系数，20～40，一般取 $K = 30$；F_i 为旋风除尘器进口面积，m^2；D_0 为旋风除尘器圆筒体内径，m；D_e 为旋风除尘器出口管内径，m；h 为旋风除尘器圆筒体长度，m；h_1 为旋风除尘器圆锥体长度，m。

表 3-10　旋风除尘器流体阻力系数

型号	进口气速 u_i/(m/s)	流体阻力 ΔP/Pa	流体阻力系数 ζ	型号	进口气速 u_i/(m/s)	流体阻力 ΔP/Pa	流体阻力系数 ζ
XCX	26	1450	3.6	XDF	18	790	4.1
XNX	26	1460	3.6	双级涡旋	20	950	4.0
XZD	21	1400	5.3	XSW	32	1530	2.5
CLK	18	2100	10.8	SPW	27.6	1300	2.8
XND	21	1470	5.6	CLT/A	16	1030	6.5
XP	18	1450	7.5	XLT	16	810	5.1
XXD	22	1470	5.1	涡旋型	16	1700	10.7
CLP/A	16	1240	8.0	CZT	15.23	1250	8.0
CLP/B	16	880	5.7	新 CZT	14.3	1130	9.2

注：旋风除尘器在 20 世纪 70 年代以前，C 为旋风除尘器型号第一字母，取自 cyclone。后来改成 X 为旋风除尘器型号第一字母，取自 xuan。在行业标准 JB/T 9054 中恢复使用 C。

（二）影响旋风除尘器性能的主要因素

1. 旋风除尘器几何尺寸的影响

在旋风除尘器的几何尺寸中，以旋风除尘器的直径、气体进口以及排气管形状与大小为最重要影响因素。

（1）旋风除尘器的直径　一般旋风除尘器的筒体直径越小，粉尘颗粒所受的离心力越大，分离粉尘颗粒直径亦越小（见图 3-33），旋风除尘器的除尘效率也就越高。但过小的筒体直径会造成较大直径颗粒有可能反弹至中心气流而被带走，使除尘效率降低。另外，筒体太小对于黏性物料容易引起堵塞。因此，一般筒体直径不宜小于 $50 \sim 75mm$；大型化后，已出现筒径大于 2000mm 的大型旋风除尘器。

（2）旋风除尘器的长度　较高除尘效率的旋风除尘器，都有合适的长度比例；合适的长度不但使进入筒体的尘粒停留时间增长有利于分离，且能使尚未到达排气管的颗粒有更多的机会从旋流核心中分离出来，减少二次夹带，以提高除尘效率。足够长的旋风除尘器，还可避免旋转气流对灰斗顶部的磨损，但是过长会占据圈套的空间。因此，旋风除尘器从排气管下端至旋风除尘器自然旋转顶端的距离一般用下式确定。

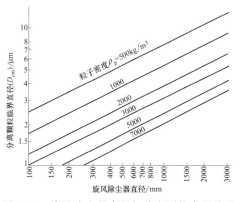

图 3-33　旋风除尘器直径与分离颗粒直径关系

$$l = 2.3D_e \left(\frac{D_0^2}{bh} \right)^{\frac{1}{3}} \qquad (3-40)$$

式中，l 为旋风除尘器筒体长度，m；D_0 为旋风除尘器圆筒体直径，m；b 为除尘器入口宽度，m；h 为除尘器入口高度，m；D_e 为除尘器出口直径，m。

一般常取旋风除尘器的圆筒段高度 $H = (1.5 \sim 2.0)D_0$。旋风除尘器的圆锥体可以在较短的轴向距离内将外旋流转变为内旋流，因而节约了空间和材料。除尘器圆锥体的作用是将已分离出来的粉尘微粒集中于旋风除尘器中心，以便将其排入贮灰斗中。当锥体高度一定而锥体角度较大时，由于气流旋流半径很快变小，很容易造成核心气流与器壁撞击，使沿锥壁旋转而下的尘粒被内旋流所带走，影响除尘效率。所以，半锥角 α 不宜过大，设计时常取 $\alpha = 13° \sim 15°$。

（3）旋风除尘器的进口　有两种主要的进口型式——轴向进口和切向进口，如图 3-26（a）、（c）所示。切向进口为最普通的一种进口型式，制造简单，用得比较多。这种进口型式的旋风除尘器外形尺寸紧凑。在切向进口中螺旋面进口为气流通过螺旋而进口，这种进口有利于气流向下做倾斜的螺旋运动，同时也可以避免相邻两螺旋圈的气流互相干扰。

渐开线（蜗壳形）进口进入筒体的气流宽度逐渐变窄，可以减少气流对筒体内气流的撞击和干扰，使颗粒向壁移动的距离减小，而且加大了进口气体和排气管的距离，减少气流的短路机会，因而提高除尘效率。这种进口处理气量大，压力损失小，是比较理想的一种进口型式。

轴向进口是最好的进口型式，它可以最大限度地避免进入气体与旋转气流之间的干扰，以提高效率。但因气体均匀分布的关键是叶片形状和数量，否则靠近中心处分离效果很差。轴向进口常用于多管式旋风除尘器和平置式旋风除尘器。

进口管可以制成矩形和圆形两种型式。由于圆形进口管与旋风除尘器器壁只有一点相切，而矩形进口管整个高度均与内壁相切，故一般多采用后者。矩形宽度和高度的比例要适当，因为宽度越小，临界粒径越小，除尘效率越高；但过长而窄的进口也是不利的，一般矩形进口管高与宽之比为 2～4。

（4）排气管 常用的排气管有两种型式：一种是下端收缩式；另一种为直筒式。在设计分离较细粉尘的旋风除尘器时，可考虑设计为排气管下端收缩式。排气管直径越小，则旋风除尘器的除尘效率越高，压力损失也越大；反之，除尘器的效率越低，压力损失也越小。排气管直径对除尘效率和阻力系数的影响如图 3-34 所示。

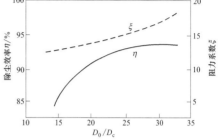

图 3-34 排气管直径对除尘效率
与阻力系数的影响

在旋风除尘器设计时，需控制排气管与筒径之比在一定的范围内。由于气体在排气管内剧烈地旋转，将排气管末端制成蜗壳形状可以减少能量损耗，这在设计中已被采用。

（5）灰斗 灰斗是旋风除尘器设计中不容忽略的部分。因为在除尘器的锥体处气流处于湍流状态，而粉尘也由此排出，容易出现二次夹带的机会，如果设计不当，造成灰斗漏气，就会使粉尘的二次飞扬加剧，影响除尘效率。

常用旋风除尘器各部分间的比例见表 3-11（表中 D_0 为外筒直径）。

表 3-11 常用旋风除尘器各部分间的比例

序号	项 目	常用旋风除尘器比例	序号	项 目	常用旋风除尘器比例
1	直筒长	$L_1 = (1.5 \sim 2)D_0$	5	入口宽	$B = (0.2 \sim 0.25)D_0$
2	锥体长	$L_2 = (2 \sim 2.5)D_0$	6	灰尘出口直径	$D_d = (0.15 \sim 0.4)D_0$
3	出口直径	$D_e = (0.3 \sim 0.5)D_0$	7	内筒长	$L = (0.3 \sim 0.75)D_0$
4	入口高	$H = (0.4 \sim 0.5)D_0$	8	内筒直径	$D_n = (0.3 \sim 0.4)D_0$

2. 气体参数对除尘器性能的影响

气体运行参数对性能影响有以下几方面。

（1）气体流量的影响 气体流量或者说除尘器入口气体流速对除尘器的压力损失、除尘效率都有很大影响。从理论上说，旋风除尘器的压力损失与气体流量的平方成正比，因而也和入口风速的平方成正比（与实际有一定偏差）。

入口流速增加，能增加尘粒在运动中的离心力，尘粒易于分离，除尘效率提高。除尘效率随入口流速的平方根而变化，但是当入口速度超过临界值时，紊流的影响就比分离作用增加得更快，以至除尘效率随入口风速增加的指数小于 1；若流速进一步增加，除尘效率反而降低。因此，旋风除尘器的入口风速宜选取 18～23m/s。

（2）气体含尘浓度的影响 气体的含尘浓度对旋风除尘器的除尘效率和压力损失都有影响。试验结果表明，压力损失随含尘负荷增加而减少，这是因为径向运动的大量尘粒拖曳了大量空气；粉尘从速度较高的气流向外运动到速度较低的气流中时，把能量传递给涡旋气流的外层，减少其需要的压力，从而降低压力降。

由于含尘浓度的提高，粉尘的凝聚与团聚性能提高，因而除尘效率有明显提高，但是提高的速度比含尘浓度增加的速度要慢得多，因此，排出气体的含尘浓度总是随着入口处的粉尘浓度的增加而增加。

（3）气体含湿量的影响　气体的含湿量对旋风除尘器的工况有较大的影响。例如，分散度很高而黏着性很小的粉尘（粒径<10μm的颗粒含量为30%～40%，含湿量为1%）气体在旋风除尘器中净化不好；若细颗粒量不变，湿含量增至5%～10%时，那么颗粒在旋风除尘器内相互黏结成比较大的颗粒，这些大颗粒被猛烈冲击在器壁上，气体净化将大有改善。

（4）气体的密度、黏度、温度对旋风除尘器性能的影响　气体的密度越大，除尘效率越下降，但是，气体的密度和固体的密度相比几乎可以忽略。所以，其对除尘效率的影响较之固体密度来说，也可以忽略不计。通常温度越高，旋风除尘器压力损失越小。气体黏度的影响在考虑除尘器压力损失时常忽略不算，但从临界粒径的计算公式中知道，临界粒径与黏度的平方根成正比。所以除尘效率随气体黏度的增加而降低。由于温度升高，气体黏度增加，当进口气速等条件保持不变时，除尘效率略有降低。

在旋风除尘器的选择或最终运行中，气体的黏度也是需考虑的一个非常重要的因素。黏度是对气体流动阻力进行量度的物理量。斯托克斯定律可准确描述此种效应，即颗粒物的终点速度与气体黏度成反比。

理解黏度与旋风除尘器运行情况间的关系是非常重要的。在实际考虑时，我们假定气体的黏度不会随压力的改变而发生变化。随着气体温度的升高，气体的黏度逐渐增大，从而导致旋风除尘器的收集效率变低。若其他因素均保持不变，随着气体温度的降低，气体的黏度也会随之降低，其结果会导致旋风除尘器的收集效率随之升高。理解气体黏度对旋风除尘器的工作性能的影响非常重要，这是由于旋风除尘器常需要在高温条件下工作，此外由于其结构相对简单，旋风除尘器常用于恶劣条件下非空气气体中的颗粒物收集。气体的黏度值需经测量才能取得，不能够通过对该气体的其他物理性质进行计算得到。黏度与气体密度是完全不同的，而且是相互独立的两种性质。

气体流量为常数时，黏度对除尘效率的影响可按下式进行近似计算。

$$\frac{100-\eta_a}{100-\eta_b}=\sqrt{\frac{\mu_a}{\mu_b}} \tag{3-41}$$

式中，η_a、η_b分别为a、b条件下的总除尘效率，%；μ_a、μ_b分别为a、b条件下的气体黏度，kg·s/m^2。

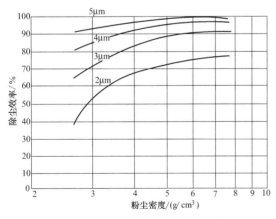

图3-35　粉尘密度和除尘效率的关系

3. 粉尘的物理性质对除尘器的影响

（1）粒径对除尘器的性能影响　较大粒径的颗粒在旋风除尘器中会产生较大的离心力，有利于分离。所以大颗粒所占有的百分数越大，总降尘效率越高。

（2）粉尘密度对除尘器性能的影响　粉尘密度对除尘效率有着重要的影响，如图3-35所示。密度会直接影响到该颗粒物在某种驱动力作用下通过某种气体的速度。此种影响效果可用斯托克斯定律进行明确表达。随颗粒物密度的增加，此种颗粒物通过气体的速度也会随之增加，因而旋风除尘器的收集效率得以提高。若其他因素均保持不变时，随颗粒物密度的降低，则旋风除尘器的收集效率也会随之降低。与气体黏度相同，设计者实际上也不可能对颗粒物密度这个变量进行控制。在许多的工业应用中，颗粒物的相对密度（颗粒物密度/水密度）范围在0.3～7之间。临界粒径d_{c50}或d_{c100}和颗粒密度的平方根成反比，密度越大，d_{c50}或d_{c100}越小，除尘效率也就越高。但粉尘密度对压力损失影响很小，设计计算中可以忽略不计。

4. 除尘器内壁粗糙度的影响

增加壁面粗糙度，压力损失会降低。这是因为压力损失的一部分是由涡旋气流产生的，壁面粗糙减弱了涡流的强度，所以压力损失下降。由于减弱了涡旋的作用，除尘效率也受影响，而且严重的壁面粗糙会引起局部大涡流，它们带着灰尘离开壁面，其中一部分进入排气管的上升气流中，成为降低除尘效率的原因。在搭头接缝、未磨光对接焊缝、配合得不好的法兰接头以及内表面不平的孔口盖板等处，可能形成这样的壁面粗糙情况。因此，要保证除尘效率，应当消除这些缺陷。所以，在旋风除尘器的设计中应避免有没有打光的焊缝、粗糙的法兰连接点等。

旋风除尘器性能与各影响因素的关系如表 3-12 所列。

表 3-12　旋风除尘器性能与各影响因素的关系

变化因素		性能趋向		投资趋向
		流体阻力	除尘效率	
烟尘性质	烟尘粒径增大	几乎不变	提高	(磨损)增加
	烟尘密度增大	几乎不变	提高	(磨损)增加
	烟气含尘浓度增加	几乎不变	略提高	(磨损)增加
	烟尘温度增高	减少	提高	增加
结构尺寸	圆筒体直径增大	降低	降低	增加
	圆筒体加长	稍降低	提高	增加
	圆锥体加长	降低	提高	增加
	入口面积增大(流量不变)	降低	降低	
	排气管直径增加	降低	降低	
	排气管插入长度增加	增大	提高(降低)	增加
运行状况	入口气流速度增大	增大	提高	
	灰斗气密性降低	稍增大	大大降低	减少
	内壁粗糙度增加(或有障碍物)	增大	降低	

三、旋风除尘器工艺设计条件和形式

1. 旋风除尘器设计条件

首先收集原始条件包括：含尘气体流量及波动范围，气体化学成分、温度、压力、腐蚀性等；气体中粉尘浓度、粒度分布，粉尘的黏附性、纤维性和爆炸性；净化要求的除尘效率和压力损失等；粉尘排放和要求回收价值；空间场地、水源电源和管道布置等。根据上述已知条件做设备设计或选型计算。

2. 旋风除尘器基本型式

旋风除尘器基本型式见图 3-36，各部分尺寸比例关系见表 3-11。在实际应用中因粉尘性质不同，生产工况不同，用途不同，设计者发挥想象力设计出不同型式的除尘器，其中短体旋风除尘器如图 3-37 所示，长体旋风除尘器如图 3-38 所示，卧式旋风除尘器如图 3-39 所示。旋风除尘器设计百花齐放。

3. 旋风除尘器最佳形状

旋风除尘器的最佳形状如图 3-40 所示。

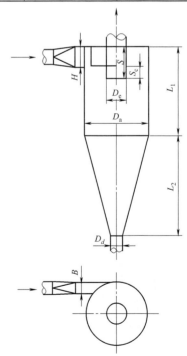

图 3-36　旋风除尘器基本型式

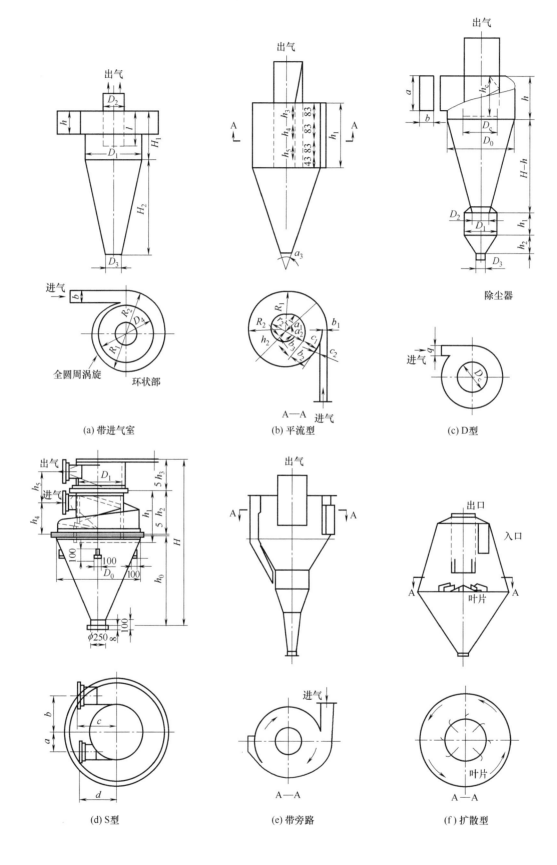

(a) 带进气室　　　　　(b) 平流型　　　　　(c) D型

(d) S型　　　　　(e) 带旁路　　　　　(f) 扩散型

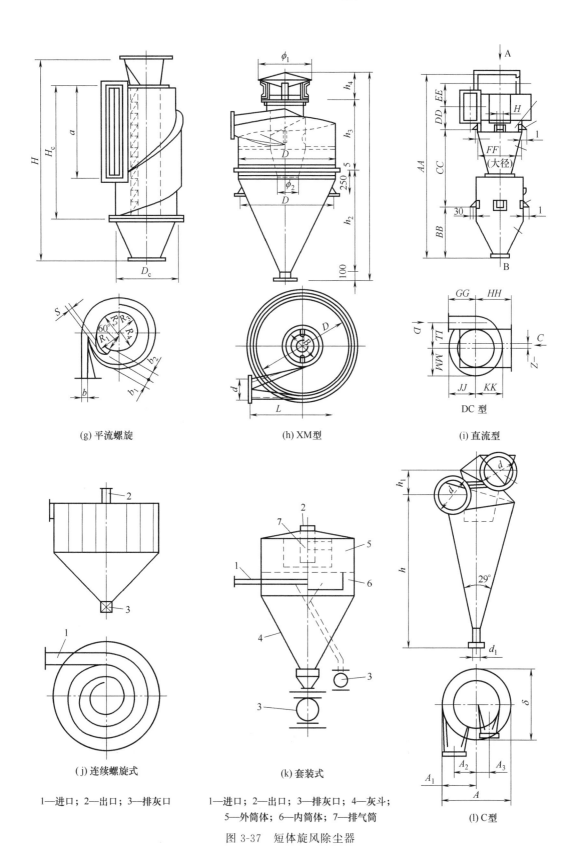

(g) 平流螺旋　　　　　(h) XM型　　　　　(i) 直流型

(j) 连续螺旋式　　　　　(k) 套装式　　　　　(l) C型

1—进口；2—出口；3—排灰口

1—进口；2—出口；3—排灰口；4—灰斗；
5—外筒体；6—内筒体；7—排气筒

图 3-37　短体旋风除尘器

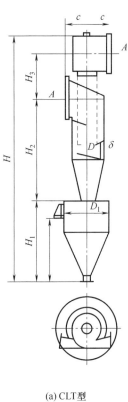

(a) CLT型

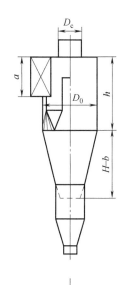

(b) B型

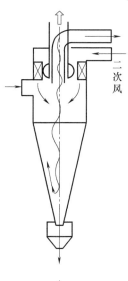

(c) CLP型

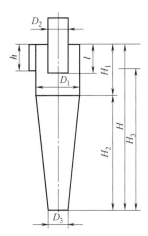

(d) XDF/Q型

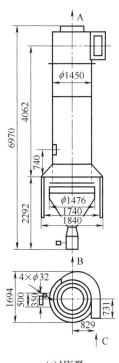

(e) HX型

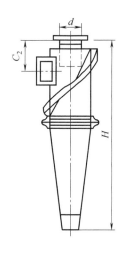

(f) XLP/B型

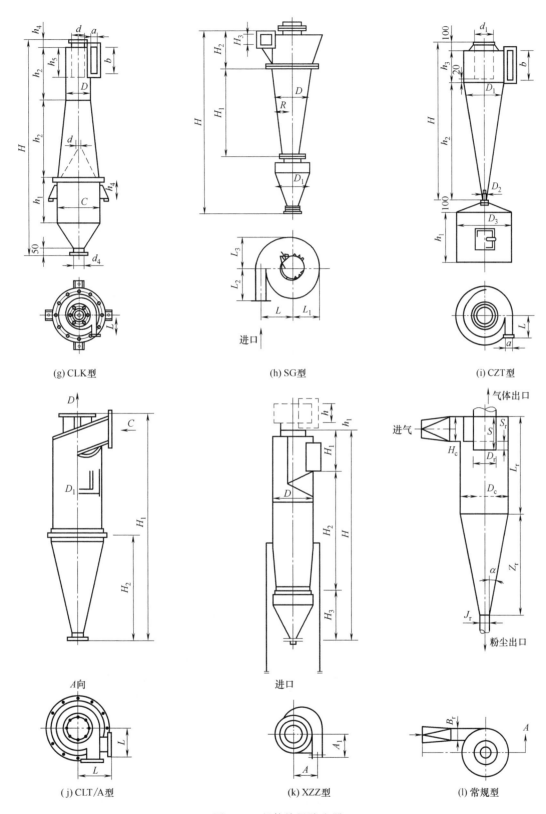

(g) CLK型　　　　　(h) SG型　　　　　(i) CZT型

(j) CLT/A型　　　　　(k) XZZ型　　　　　(l) 常规型

图 3-38　长体旋风除尘器

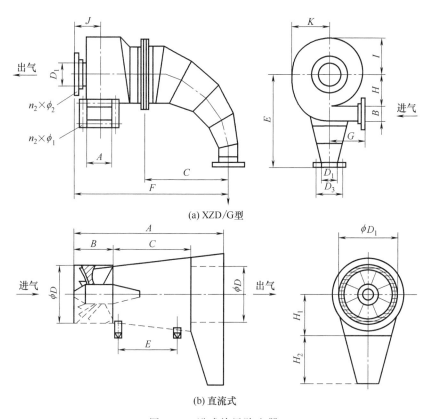

(a) XZD/G 型

(b) 直流式

图 3-39　卧式旋风除尘器

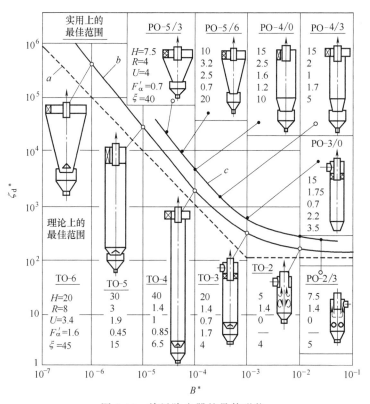

图 3-40　旋风除尘器的最佳形状

图 3-40 中：$H=h/r_i$；$R=r_a/r_i$；$U=u_i/v_i$；$F=F_e/F_i$；$\alpha'=v_e/u_a$；$\xi=\Delta p\Big/\left(\dfrac{\rho}{2}v_i^2\right)$

式中，h 为旋风除尘器高度；r_i 为出口管半径；r_a 为旋风除尘器圆筒部半径；u_i 为出口半径旋转速度；v_i 为出口管内平均轴向速度；F_e、F_i 分别为入口及出口断面积；v_e 为入口断面速度；u_a 为圆筒壁旋转速度；Δp 为压力损失；ρ 为气体密度。

图 3-40 的坐标轴为下列各种无量纲特性数：

$$\xi_d^* = \Delta p\Big/\left[\frac{\rho}{2}\left(\frac{Q}{\pi r_a^{4/3}h^{2/3}}\right)^2\right]$$

$$B^* = \frac{v_r r_i Q}{\pi u_i^2 r_a^2 h}$$

式中，Q 为气体流量；v_r 为半径方向分离临界粒子的终末沉降速度；其他符号意义同前。

图 3-40 中直线 a 为理想的界限，b 为理论最佳曲线（TO），c 为实用上的最佳曲线（PO）。从经济观点考虑，采用接近图中 PO-5/6 居多。工程中各种形状旋风除尘器均有应用。

四、旋风除尘器进气口设计

1. 进气口速度

图 3-41 为旋风除尘器的一般形式，它由圆筒体、圆锥体、进气管、顶盖、排气管及排灰口组成。含尘气流由进气管以较高速度（一般为 $15\sim25\mathrm{m/s}$）沿切线方向进入除尘器，在圆筒体与排气管之间的圆环内做旋转运动。这股气流受到随后进入气流的挤压，继续向下旋转（细实线所示），由圆筒体而达圆锥体，一直延伸到圆锥体的底部（排灰口处）。当气流再不能向下旋转时就折转向上，在排气管下面旋转上升（虚线所示），然后由排气管排出。

2. 进气口形式

旋风除尘器有多种进气口形式，图 3-42 为旋风除尘器的几种进气口形式。

切向进口是旋风除尘器最常见的形式，采用普通切向进口［图 3-42（a）］时，气流进入除尘器后会产生上、下双重旋涡。上部旋涡将粉尘带至顶盖附近，由于粉尘不断地累积，形成"上灰环"，于是粉尘极易直接流入到排气管排出（短路逸出），降低除尘效果。为了减少气流之间的相互干扰，多采用蜗壳切向进口［图 3-42（d）］，即采用断开线进口。这种方式加大了进口气体和排气管的距离，可以减少未净化气体的短路逸出，以及减弱进入气流对筒内气流的撞击

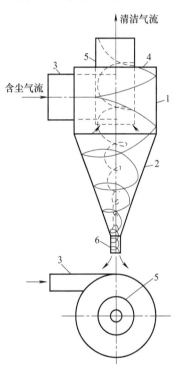

清洁气流

含尘气流

图 3-41　旋风除尘器
1—圆筒体；2—圆锥体；3—进气管；
4—顶盖；5—排气管；6—排灰口

和干扰，从而可以降低除尘器阻力，提高除尘效率，并增加处理风量。渐开线的角度可以是 $45°$、$120°$、$180°$、$270°$等，通常采用 $180°$时效率最高。采用多个渐开线进口［图 3-42（b）］，对提高除尘器效率更有利，但结构复杂，实际应用不多。

进气口采用向下倾斜的蜗壳底板，能明显减弱上灰环的影响。

气流通过进气口进入蜗壳内，由于气流距除尘器轴心的距离不同而流速也不同，因而会产生垂直于气流流线的垂直涡流，从而降低除尘效率。为了消除或减轻这种垂直涡流的影响，涡流底板做成下部向器壁倾斜的锥形底板，旋转 $180°$进入除尘器内。

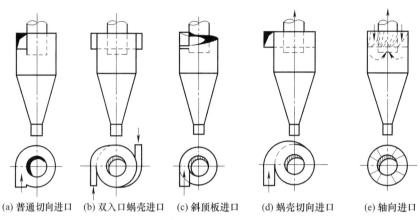

图 3-42 旋风除尘器的进气口形式

(a) 普通切向进口　(b) 双入口蜗壳进口　(c) 斜顶板进口　(d) 蜗壳切向进口　(e) 轴向进口

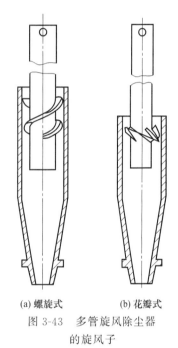

(a) 螺旋式　　(b) 花瓣式

图 3-43　多管旋风除尘器
的旋风子

旋风除尘器的进口多为矩形，通常高而且窄的进气管与器壁有更大的接触面，除尘效率可以提高，但太窄的进气管，为了保持一定的气体旋转圈数，必须加高整个除尘器的高度，因此一般矩形进口的宽高比为 1:(2~4)。

将旋风除尘器顶盖做成向下倾斜（与水平成 10°~15°）的螺旋形 [图 3-42 (c)]，气流进入进气口后沿下倾斜的顶盖向下做旋转流动，这样可以消除上涡流的不利影响，不致形成上灰环，改善了除尘器的性能。

轴向进口 [图 3-42 (e)] 主要用于多管除尘器中，它可以大大削弱进入气流与旋转气流之间的互相干扰，但因气体较均匀地分布于进口截面，靠近中心处的分离效果较差。为使气流造成旋转运动，采用两种形式的导流叶片：花瓣式 [图 3-43 (b)]，通常由八片花瓣形叶片组成；螺旋式 [图 3-43 (a)]，螺旋叶片的倾斜角为 25°~30°。

对旋风除尘器的入口情况有着大量的不同设计。旋风除尘器的收集效率与离心力大小直接有关，因此入口的设计是旋风除尘器设计中最重要的因素之一。一般来说，施加于某个经过环形通道的颗粒物或物体上的离心力可由下式计算：

$$F_c = M \frac{v_T^2}{r} \tag{3-42}$$

式中，F_c 为离心力，N；M 为颗粒物质量，g；v_T 为切线速度，m/s；r 为运行的环形轨道的半径，m。

3. 进气口设计注意事项

可以看出，作用于物体上的力与半径速度（也就是切线速度）直接相关，并随半径速度（也就是切线速度）v_T 的增加而增大。而切线速度则直接来自旋风分离器入口的线性速度。一般来说，一个既定的旋风除尘器入口速度越高，则施加于颗粒物上的离心力也就越大，其结果便是，所述颗粒物便会以越大的速度冲向（收集此类颗粒物的）旋风除尘器壁。旋风除尘器内颗粒物到达旋风除尘器的出气口前，都尽力使此颗粒物向旋风除尘器壁移动。这样，入口速度越高，除尘效率可能就越高。但是，以此种方式获得高性能的同时，设计中必须注意以下问题。

（1）能耗随入口速度的升高而呈指数关系升高。这是因为阻力损失与入口速度平方成正比。

（2）在收集有磨蚀作用的颗粒物时，则随入口速度的增加，对旋风除尘器的磨损一般也会加剧。这是因为，磨蚀速率与入口速度的立方成正比，也就是说，若颗粒物入口速度加倍，则其对管道内壁的磨蚀速率将是原来的 8 倍。

（3）在用于易碎（易破裂或易折断）的颗粒物，或会发生凝聚的颗粒物时，增加入口速度可能使颗粒物变得更小，对颗粒物的收集带来负面影响。

（4）尽管通过增加入口速度来提升收集效率的物理学原理在所有可能的情况下都适用，但是，入口速度增加以后，对装置的安装及配置方面的相关要求将会更加严格。由于此类体系中的旋涡情况将会严重加剧，因此所收集到的细粉可能会被重新带入。通常为确保在运行过程中可达到较好的性能水平，入口速度不宜太高。

（5）在绝大多数的情况下，切线型入口的旋风除尘器的制造价格较低廉，尤其是当所涉及的旋风除尘器主要用于高压或真空条件下使用更是如此。在旋风除尘器机体内径较大，同时要求其使用出口管道直径却较小，在此种情况下，与渐开线型入口相比，切线型入口所产生压降的增加程度便会很小。若旋风除尘器采用切线型入口方案，并且入口内边缘的位置位于出口管道壁与入口管道内边缘的交叉点内时，则可能会产生极高的压降，磨蚀性颗粒物也会对管道产生很大的磨损作用。

五、旋风除尘器基本尺寸设计

旋风除尘器几何结构尺寸是设计者在处理设备最终效率相关问题时需考虑的最重要的单变量。这是因为收集效率更多地取决于其总体几何结构。对许多基本旋风除尘器来说，每一种形式都有大量的几何比例结构可供选择。但绝大部分的工业应用以及研究一直将逆流型的旋风除尘器作为中心内容。

虽然人们无法用数学方法对旋风除尘器物理性能进行准确描述，但是，对旋风除尘器的几何学参量进行改变，却能在能耗相当或能耗较低的情况下，大幅度地改善集尘的效率。事实上，由于在操作的各项参数以及压降既定的条件下，旋风除尘器的几何设计数据可选的组合成千上万，因此，完全可能设计一个满足给定除尘条件的、比以前更好的旋风除尘器。

（一）筒体直径

在旋风除尘器的设计过程中，旋风除尘器筒体的直径是最有用的变量之一，同时也是最容易被误解和误用的变量之一。根据气旋定律，对于给定类型的旋风除尘器，并联使用多个旋风除尘器比使用一个较大的大型旋风除尘器能得到更高的颗粒物收集效率（假定安装恰当）。气旋定律的不当使用致使得出了以下结论：小半径的离心除尘器比大半径的离心除尘器具有更高的效率。实际上，在相同的操作条件下，若将具有不同几何结构的旋风除尘器（不同系列的旋风除尘器）进行对比，则不可能轻易预测出哪一系列的旋风除尘器除尘效率最高。然而当旋风除尘器属于不同系列时，直径较大的旋风除尘器经常比直径较小的旋风除尘器的效率更高，这是由于影响旋风除尘器收集效率曲线的大量因素会产生非常复杂的相互作用。正因为如此才出现多种形式除尘器。

若 L/D 值（即旋风除尘器总体高度与旋风除尘器的机体直径之比）及所有的入口条件保持恒定，则在所有的其他尺寸大小保持不变的条件下，对大直径的旋风除尘器来说，由于颗粒物在其内部停留时间较长，其收集效率也较高。如前所述，增加直径也同时会直接导致离心力降低，而离心力降低的影响结果之一就是会减少收集效率。可是，对绝大多数工业颗粒物来说，若保持上述的条件不变，当停留时间增加时，尽管离心力减少了，但收集效率却依然会增加。事实上，在其他大小尺寸保持恒定时，此种旋风除尘器机体直径以及旋风除尘器净高度改变以后，也可按此设计出一个新的旋风除尘器系列。对不同系列的旋风除尘器的性能，能得出的绝对性结论只有一个，那就是，此类不同系列的旋风除尘器将会有着不同的收集效率曲线。通常情况下，旋风除尘器的收集效率曲线会产生相互交叉。长停留时间的旋风除尘器对大粒径的颗粒物（$>1\mu m$）有着较高的收集效率；而短停留时间（高容量）的旋风除尘器，对粒径 $<1\mu m$ 的极细小的颗粒物

通常有着较高的收集效率。

由于旋风除尘器最常处理的颗粒物，在绝大多数情况下，其颗粒物大小均大于收集效率曲线发生交叉的尺寸（0.5～2μm），因此，具有高停留时间的旋风除尘器有着更好的集尘效果。

长度与直径比（或高度与直径比）L/D 为旋风除尘器的机体高度加上圆锥体高度之和除以旋风除尘器机体或筒体的内径。在所有的其他因子保持恒定时，随着 L/D 值的增加，旋风除尘器的性能也随之改善。对于高性能的旋风除尘器，此比值介于 3～6 之间，常用的此比值为 4。若需考虑到旋风除尘器的总体性能（也就是说要使该旋风除尘器基本可用），则 L/D 值一般不应小于 2。研究也显示 L/D 的最大比值可能会达到 6 以上。

圆筒体的直径对除尘效率有很大影响。在进口速度一定的情况下，筒体直径越小，离心力越大，除尘效率也越高。因此在通常的旋风除尘器中，筒体直径一般不大于 900mm。这样每一单筒旋风除尘器所处理的风量就有限，当处理大风量时可以并联若干个旋风除尘器。

多管除尘器就是利用减小筒体直径以提高除尘效率的特点，为了防止堵塞，筒体直径一般采用 250mm。由于直径小，旋转速度大，磨损比较严重，通常采用铸铁作小旋风子。在处理大风量时，在一个除尘器中可以设置数十个甚至数百个小旋风子。每个小旋风子均采用轴向进气，用螺旋片或花瓣片导流（图 3-43）。圆筒体太长，旋转速度下降，因此一般取为筒体直径的 2 倍。

消除上旋涡造成上灰环不利影响的另一种方式，是在圆筒体上加装旁路灰尘分离室（旁室），其入口设在顶板下面的上灰环处（有的还设有中部入口），出口设在下部圆锥体部分，形成旁路式旋风除尘器。在圆锥体部分负压的作用下，上旋涡的部分气流携同上灰环中的灰尘进入旁室，沿旁路流至除尘器下部锥体，粉尘沿锥体内壁流入灰斗中。旁路式旋风除尘器进气管上沿与顶盖相距一定距离，使有足够的空间形成上旋涡和上灰环。旁室可以做在旋风除尘器圆筒的外部（外旁路）或做在圆筒的内部。利用这一原理做成的旁路式旋风除尘器有多种形式。

（二）圆锥体

增加圆锥体的长度可以使气流的旋转圈数增加，明显地提高除尘效率。因此高效旋风除尘器一般采用长锥体。锥体长度为筒体直径 D 的 2.5～3.2 倍。

有的旋风除尘器的锥体部分接近直筒形，消除了下灰环的形成，避免局部磨损和粗颗粒粉尘的反弹现象，因而提高了使用寿命和除尘效率。这种除尘器还设有平板型反射屏装置，以阻止下部粉尘二次飞扬。

旋风除尘器的锥体，除直锥形外，还可做成牛角弯形。这时除尘器水平设置降低了安装高度，从而少占用空间，简化管路系统。试验表明，进口风速较高时（大于 14m/s），直锥形的直立安装和牛角形的水平安装其除尘效率和阻力基本相同。这是因为在旋风除尘器中，粉尘的分离主要是依靠离心力的作用，而重力的作用可以忽略。

旋风除尘器的圆锥体也可以倒置，扩散式除尘器即为其中一例。在倒圆锥体的下部装有倒漏斗形反射屏（挡灰盘）。含尘气流进入除尘器后，旋转向下流动，在到达锥体下部时，由于反射屏的作用大部分气流折转向上由排气管排出。紧靠筒壁的少量气流随同浓聚的粉尘沿圆锥下沿与反射屏之间的环缝进入灰斗，将粉尘分离后，由反射屏中心的"透气孔"向上排出，与上升的内旋流混合后由排气管排出。由于粉尘不沉降在反射屏上部，主气流折转向上时，很少将粉尘带出（减少二次扬尘），有利于提高除尘效率。这种除尘器的阻力较高，其阻力系数 $\zeta=6.7～10.8$。

（三）排气管

排气管通常都插入除尘器内，与圆筒体内壁形成环形通道，因此通道的大小及深度对除尘效率和阻力都有影响。环形通道越大，排气管直径 D_e 与圆筒体直径 D 之比越小，除尘效率增加，阻力也增加。在一般高效旋风除尘器中取 $\dfrac{D_e}{D}=0.5$，而当效率要求不高时（通用型旋风除尘器）

可取 $\dfrac{D_e}{D}=0.65$，阻力也相应降低。

排气管的插入深度越小，阻力越小。通常认为排气管的插入深度要稍低于进气口的底部，以防止气流短路，由进气口直接窜入排气管，而降低除尘效率，但不应接近圆锥部分的上沿。不同旋风除尘器的合理插入深度不完全相同。通常排气管插入深度可取 $0.7D$（筒体直径）。

由于内旋流进入排气管时仍然处于旋转状态，使阻力增加。为了回收排气管中多消耗的能量和压力，可采用不同的措施。最常见的是在排气管的入口处加装整流叶片（减阻器），气流通过该叶片使旋转气流变为直线流动，阻力明显降低，但除尘效率略有下降。

在排气管出口装设渐开蜗壳，阻力可降低 5%～10%，而对除尘效率影响很小。

（四）排尘口

旋风除尘器分离下来的粉尘，通过设于锥体下面的排尘口排出，因此排尘口大小及结构对除尘效率有直接影响。若圆锥形排尘口的直径太小，则由于在旋风除尘器内部的颗粒物向着回转气体的轴心不断地运动，旋风除尘器的收集效率就会有所降低。此外，还有很重要的一点就是需要注意：在排尘口的直径大小不够时也会产生一些实际操作方面的问题。若排尘口太小时，则需收集的许多物质就不能通过，这样收集效率会有较大程度的降低。旋风除尘器排尘口的最小直径应按下式计算得出。

$$D_d=3.5\times\left(2450\times\frac{v_m}{\rho_B}\right)^{0.4} \tag{3-43}$$

式中，D_d 为排尘口的直径，cm；v_m 为粉尘质量流速，kg/s；ρ_B 为粉尘体积松密度，kg/m³。

【例 3-1】 某个旋风除尘器的质量落尘率为 36.3kg/s，粉尘种类为磷酸铵粉尘，密度 ρ_B 为 336.3kg/m³，计算旋风除尘器的最小排尘口内径应为多大？

解： $D_d=3.5\times\left(2450\times\dfrac{v_m}{\rho_B}\right)^{0.4}=3.5\times\left(2450\times\dfrac{36.3}{336.3}\right)^{0.4}=32.6$ （cm）

通常排尘口直径 D_d 采用排气管直径 D_e 的 $1/2\sim7/10$ 倍，但有加大的趋势，例如取 $D_d=D_e$，甚至 $D_d=1.2D_e$。

由于排尘口处于负压较大的部位，排尘口的漏风会使已沉降下来的粉尘重新扬起，造成二次扬尘，严重降低除尘效率。因此保证排灰口的严密性是非常重要的。为此可以采用各种卸灰阀，卸灰阀除了要使排灰流畅外，还要使排灰口严密，不漏气，因而也称为锁气器。常用的有：重力作用闪动卸灰阀（单翻板式、双翻板式和圆锥式）、机械传动回转卸灰阀、螺旋卸灰机等。

现将旋风除尘器各部分结构尺寸增加对除尘器效率、阻力及造价的影响列入表 3-13 中。

表 3-13 旋风除尘器结构尺寸增加对性能的影响

参数增加	阻力	效率	造价
除尘器直径 D	降低	降低	增加
进气面积(风量不变)$(H_e\times B_c)$	降低	降低	—
进气面积(风量不变)$(H_e\times B_c)$	增加	增加	—
圆筒长度 L_c	略降	增加	增加
圆锥长度 Z_c	略降	增加	增加
圆锥开口 D_c	略降	增加或降低	—
排气管插入长度 S	增加	增加或降低	增加
排气管直径 D_e	降低	降低	增加
相似尺寸比例	几乎无影响	降低	—
圆锥角 $2\tan^{-1}\left(\dfrac{D-D_c}{H-L_c}\right)$	降低	20°～30°为宜	增加

六、直流式旋风除尘器设计

（一）工作原理

含尘气体从入口进入导流叶片。由于叶片导流作用气体做快速旋转运动。含尘旋转气流在离心力的作用下，气流中的粉尘被抛到除尘器外圈直至器壁中心，干净气体从排气管排出，粉尘集中到卸灰装置卸下。直流式旋风除尘器可以水平使用，阻力损失相对较低，配置灵活方便，使用范围较广。

（二）构造特点

直流式旋风除尘器是为解决旋风除尘器内被分离出来的灰尘可能被旋转上升的气流带走而设计的。在这种除尘器中，绕轴旋转的气流只是朝一个方向做轴向移动。它包括四部分（见图3-44）：①筒体，一般为圆筒形；②入口，包含产生气体旋转运动的导流叶片组成；③出口，把净化后的气体和旋转的灰尘分开；④灰尘排放装置。直流式旋风除尘器内气流旋转形状如图3-45所示。典型直流式旋风除尘器如图3-46、图3-47所示。

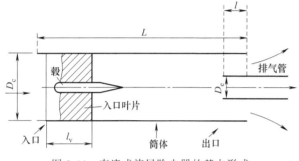

图 3-44　直流式旋风除尘器的基本形式

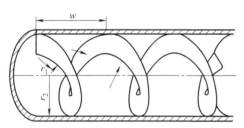

图 3-45　由螺线形隔板导成的旋风流形状

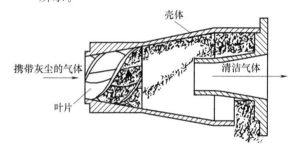

图 3-46　带有轴线型入口的直流式旋风除尘器

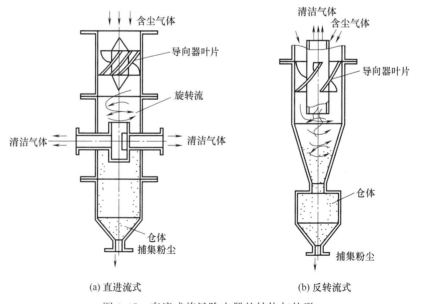

(a) 直进流式　　　　　　　(b) 反转流式

图 3-47　直流式旋风除尘器的结构与外形

（1）除尘器筒体 筒体形状一般只是直径和长度有所变化。其直径比较小的，除尘效率要高一些。但直径太小，则有被灰尘堵塞的可能，筒体短的除尘器中，灰尘分离的时间可能不够，而长的除尘器会损失涡旋的能量增加气流的紊乱，以致降低除尘效率。表 3-14 为直流式旋风除尘器各部分尺寸与本体直径之比。

（2）入口形式 直流式旋风除尘器的入口形式多是绕毂安装固定的导向叶片使气体产生旋转运动（图 3-48）。入口形式有各种不同的设计。图 3-48 中（a）、（b）、（d）、（f）应用较多，叶片与轴线呈 45°，只是叶片形式不同而已。图 3-48 中（c）、（f）入口形式较少应用。图 3-48（h）比较特殊，它有一个短而粗的形状异常的毂，以限制叶片部分的面积，从而增加气体速度对灰尘的离心力；灰尘则由于旋转所产生的相对运动而分离。图 3-48（i）的入口前有一个圆锥形凸出物，使涡旋运动在入口前就开始。图 3-48（j）同普通旋风除尘器雷同，它不用导流叶片而用切向入口来造成强烈旋转，目的在于使大粒子以小的角度和壁碰撞，结果只是沿着壁面弹跳，而不是从壁面弹回，因而可以提高捕集大粒子的效率。图 3-48（k）与旋流除尘器近似，它是环绕入口周围按一定间隔排列许多喷嘴，用一个风机向环形风管供给气体，再经过这些喷嘴喷射出来，使进入旋风除尘器的含尘气体旋转。来自二次系统的再循环气体经过交叉管道在 B 处轴向喷射出来。

表 3-14 直流式旋风除尘器各部分尺寸与本体直径之比

形式	本体长度 L/D_c	叶片占有长度 l_v/D_c	排气管直径 D_e/D_c	排气管插入长度 l/D_c
图 3-48(f)	4.8	0.4	0.8	0.1
图 3-48(g),图 3-49(d)	3.0	0.4	1.0	1.0
图 3-48(c)	2.8	0.4	0.6	0.1
图 3-48(d)	2.6	0.5	0.8	0.7
图 3-48(h)	1.7	0.6	0.6	0.3
图 3-48(a)	1.5	0.3	0.6	0.1
图 3-48(b)	1.5	0.5	0.7	0.1

注：表中符号表示的内容见图 3-44。

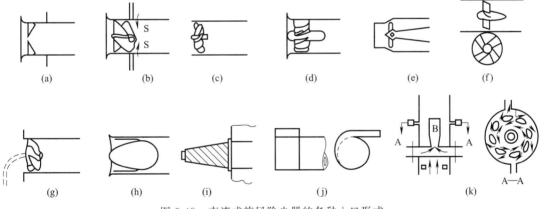

图 3-48 直流式旋风除尘器的各种入口形式

（3）出口形式 图 3-49 所示是气体和灰尘出口的几种形式。图 3-49 中（a）、（b）、（c）是最常用的排气和排灰形式，都是从中间排出干净气体，从整个圆周排出灰尘。图 3-49（d）在末端设环形挡板，用以限制气体，让它从中央区域排出，阻止灰尘漏进洁净气体出口，灰尘只从圆周的两个敞口排出去。图 3-49（e）的排气管带有几乎封闭了环形空间的法兰，它只容许灰尘经过周围条缝出去。图 3-49（f）则用法兰完全封住环形空间，灰尘经一条缝外逸。

不同除尘器筒体和干净气体排出管之间的环形空间的宽度和长度差别很大，除尘器的宽度从

$0.1D_c$ 到 $0.2D_c$ 或更大，长度从 $0.1D_c$ 到 $0.6D_c$ 再到 $1.3D_c$。

（4）粉尘排出方式　从气体中分离出来的灰尘的排出方式，有 3 种方法可以利用，即没有气体循环、部分循环和全部循环。

第一种方法没有二次气流，从除尘器中出来的灰尘在重力作用下进入灰斗，简单实用，优点明显。从洁净气体排出管的开始端到灰尘离开除尘器的通道必须短，而且不能太窄，以免被沉降的灰尘堵塞。

第二种方法是从每个除尘器中吸走一部分气体（见图 3-50），粗粒尘在重力作用下落入灰斗，而较细的灰尘则随同抽出的气体经管道至第二级除尘器。这种方法可以增加除尘效率。

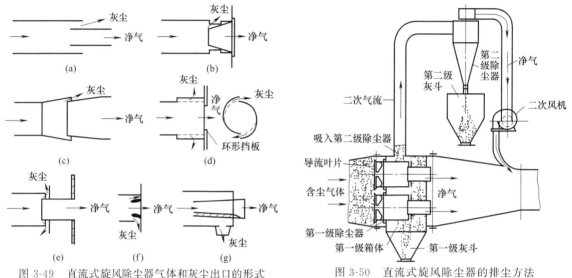

图 3-49　直流式旋风除尘器气体和灰尘出口的形式　　图 3-50　直流式旋风除尘器的排尘方法

第三种方法是把全部灰尘随同气体一起吸入第二级除尘器。这种方法不用灰斗，而是从设备底部吸入二次气流，再回到直流式除尘器组后面的主管道内。

循环气体系统的优点在于一次系统和二次系统的总效率比不用二次系统时高，而功率消耗增加不多，这是因为只有总气量的一小部分进入二次线路，虽然压力损失可能大，但风量小，用小功率风机就可以输送。也有用其他方法来产生二次气流的。例如图 3-48（b）叶片后面，在除尘器筒体上有若干条缝 S，把气体从周围空间引入除尘器，从而在排尘口产生相应的气体外流。再如图 3-48（g）在叶片毂中心有一根管子（图中用虚线表示），依靠这一点和除尘周围的压差提供二次系统所需的压头，使气体经过这根管子流入除尘器。

（三）性能计算

1. 影响性能的因素

（1）负荷　直流式除尘器和回流式除尘器相比，它的除尘效率受气体流量变化的影响轻，对负荷的适应性比后者好。当气体流量下降到效果最佳流量的 50% 时，除尘效率下降 5%；上升到最佳流量的 125% 时，效率几乎不变。压力损失和流量大致成平方关系。

（2）叶片角度和高度　除尘器导流叶片设计是直流式旋风除尘器的关键环节之一，其最佳角度似乎是和气流最初的方向成 45°，因为把角度从 35° 增加到 45°，除尘效率有显著的提高，再多倾斜 5°，对效率就无影响，而阻力却有所增加。如果把叶片高度降低（从叶片根部起沿径向方向到顶部的距离），由于环形空间变窄，以致速度增加，而使离心力加大，效率提高。

（3）排尘环形空间的宽度　除尘效率随着排气管直径的缩小，或者说随着环形空间的加宽而提高。除尘效率的提高，是因为在除尘器截面上从轴心到周围存在着灰尘浓度梯度，也就是靠近轴心的气体比较干净；靠近壁面运动的气体，在进入洁净气体排出管时在环形空间入口处形成灰尘的惯性分离，如果环形空间比较宽，气体的径向运动更显著，这种惯性分离就更有效。从排尘口抽气有提高除尘效率的作用，而且对细粒子的作用比对粗粒子大。

2. 分离粒径

设气流经过入口部分的导流叶片时为绝热过程，在分离室中（出口侧）气体的压力 p、温度 T 和体积 Q（用角标 c 表示）可以根据叶片前面的原始状况（用角标 i 表示）来计算。

$$Q_c = Q_i \left(\frac{p_i}{p_c}\right)^{1/k} \tag{3-44}$$

$$T_c = T_i \left(\frac{p_i}{p_c}\right)^{1/k} \tag{3-45}$$

式中，k 为绝热指数，$k = C_p/C_V$，C_p、C_V 分别为比定压热容和比定容热容。

单原子气体的 k 为 1.67，双原子气体（包括空气）为 1.40，三原子气体（包括过热蒸汽）为 1.30，湿蒸汽为 1.135。

如果除尘器直径为 D_c，毂的直径为 D_b，则气体在离开叶片时的平均速度 v_c 按原始速度 v_i 计算为：

$$v_c = v_i \left(\frac{D_c^2}{D_c^2 - D_b^2}\right) = \frac{Q_c}{Q_i} = v_t \left(\frac{D_c^2}{D_c^2 - D_b^2}\right)\left(\frac{p_i}{p_c}\right)^{1/k} \tag{3-46}$$

平均速度 v_c 可以分解为切向、轴向和径向三个分速度（见图 3-51）。假定气体离开叶片的角度和叶片出口角 α 相同，中央的毂延伸穿过分离室，则在叶片出口的切向平均速度 v_{cr} 为：

$$v_{cr} = v_c \cos\alpha = v_i \left(\frac{D_c^2}{D_c^2 - D_b^2}\right)\left(\frac{p_i}{p_c}\right)^{1/k} \cos\alpha \tag{3-47}$$

而轴向平均速度 v_{ca} 为：

$$v_{ca} = v_c \sin\alpha = v_i \left(\frac{D_c^2}{D_c^2 - D_b^2}\right)\left(\frac{p_i}{p_c}\right)^{1/k} \sin\alpha \tag{3-48}$$

设粒子和流体以同一速度通过分离室，且已知分离室的长度 l_s 和轴向速度 v_{ca} 就可以求出粒子在分离室内的逗留时间。

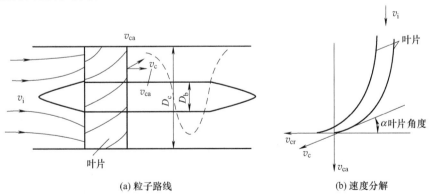

图 3-51 脱离除尘器导流叶片的粒子路线和速度的分解

$$t_i = \frac{l_s}{v_{ca}} = \frac{l_s}{v_i \sin\alpha} \left[1 - \left(\frac{D_b}{D_c}\right)^2\right]\left(\frac{p_c}{p_i}\right)^{\frac{1}{k}} \tag{3-49}$$

在斯托克斯区域内直径为 d 的粒子由于离心力从毂表面（$D_b/2$）到外筒壁（$D_c/2$）所需时间为：

$$t_r = \frac{9}{8}\left(\frac{\mu_f}{\rho_p - \rho}\right)\left(\frac{D_c}{v_{ct}d}\right)\left[1 - \left(\frac{D_b}{D_c}\right)^4\right] \tag{3-50}$$

式中，μ_f 为气体黏度；ρ 为气体密度；ρ_p 为粒子密度。

在直流式旋风除尘器中根据 $t_r = t_i$ 可以分离的最小界限粒径 d_{c100}，用下式表示：

$$d_{c100} = \frac{3}{4} \times \frac{D_c}{\cos\alpha}\left[1 - \left(\frac{D_b}{D_c}\right)^2\right]\left\{\frac{2\mu_f\sin\alpha}{l_s v_i(\rho_p - \rho)}\left(\frac{p_i}{p_c}\right)^{\frac{1}{k}}\left[1 + \left(\frac{D_b}{D_c}\right)^2\right]\right\}^{\frac{1}{2}} \tag{3-51}$$

七、多管旋风除尘器设计

1. 多管旋风除尘器的特点

多管旋风除尘器是指多个旋风除尘器并联使用组成一体并共用进气室、排气室和灰斗。多管旋风除尘器中每个旋风子应大小适中，旋风子数量适中，内径不宜太小，因为太小容易堵塞。

多管旋风除尘器的特点是：①因多个小型旋风除尘器并联使用，在处理相同风量的情况下除尘效率较高；②节约安装占地面积；③多管旋风除尘器比单管并联使用的除尘装置阻力损失小。

多管旋风除尘器中的各个旋风子一般采用轴向入口，利用导流叶片强制含尘气体旋转流动，因为在相同压力损失下，轴向入口的旋风子处理气体量约为同样尺寸的切向入口旋风子的 2～3 倍，且容易使气体分配均匀。轴向入口旋风子的导流叶片入口角 90°，出口角 40°～50°，内外直径比在 0.7 以上，内外筒长度比为 0.6～0.8。

多管除尘器中各个旋风子的排气管一般是固定在一块隔板上，这块板使各根排气管保持一定的位置，并形成进气室和排气室之间的隔板。

多个旋风除尘器共用一个灰斗，容易产生气体倒流。所以有些多管除尘器被分隔成几部分，各有一个相互隔开的灰斗。在气体流量变动的情况下，可以切断一部分旋风子，照样正常运行。

灰斗内往往要储存一部分灰尘，实行料封，以防止排尘装置漏气。为了避免灰尘堆积过高，堵塞旋风子的排尘口，灰斗应有足够的容量，并按时放灰；或者采取在灰斗内装设料位计，当灰尘堆积到一定量时给出信号，让排尘装置把灰尘排走。一般，灰斗内的料位应低于排尘管下端至少为排尘管直径 2～3 倍的距离。灰斗壁应当和水平面有大于安息角的角度，以免灰尘在壁上堆积起来。

2. 多管旋风除尘器的内部布置

在多管旋风除尘器内旋风子有各种不同的布置方法，见图 3-52。图 3-52（a）为旋风子垂直布置在箱体内；图 3-52（b）为把旋风子倾斜布置在箱体内；图 3-52（c）为在箱体内增加了有重力除尘作用的空间减少旋风子的入口浓度负荷。图 3-53 为多管旋风除尘器入口和出口方向自由布置的实例。

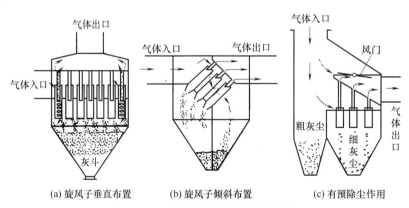

(a) 旋风子垂直布置　　(b) 旋风子倾斜布置　　(c) 有预除尘作用

图 3-52　多管旋风除尘器的布置形式

3. 多管旋风除尘器的性能

多管旋风除尘器是由若干个旋风子组合在一个壳体内的除尘设备。这种除尘器因旋风子直径小，除尘效率较高；旋风子个数可按照需要组合，因而处理量大。现已有多达900个旋风子的 $\phi250mm$ 多管旋风除尘器在运行。

旋风子直径有 100mm、150mm、200mm、250mm，以 $\phi250mm$ 使用较普遍。轴向进气的旋风子的导向叶片有螺旋形和花瓣形两种（见

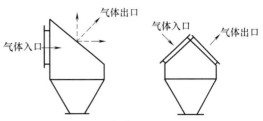

图3-53　多管旋风除尘器入口和出口方向自由布置实例

图3-54）。螺旋形导向叶片的流体阻力小，不易堵塞，但除尘效率低；花瓣形导向叶片有较高的除尘效率，但流体阻力大，且花瓣易堵塞。切向进气的旋风子，在工业中得到应用。切向进气的多管旋风除尘器较轴向进气的多管旋风除尘器有较大的处理量、较高的除尘效率和较大的流体阻力（见图3-55）。

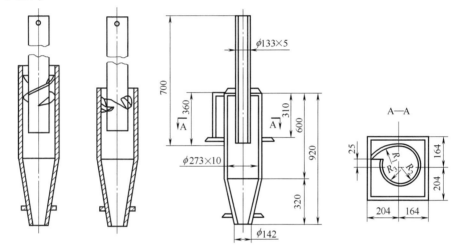

(a) 螺旋形旋风子　(b) 花瓣形旋风子　　(c) 切向进气旋风子

图 3-54　多管旋风除尘器的旋风子

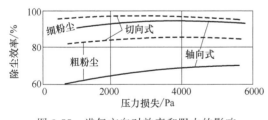

图 3-55　进气方向对效率和阻力的影响

多管旋风除尘器的处理烟气量按下式计算：

$$Q = n \times 3600 \times \frac{\pi}{4} D_0^2 v \qquad (3-52)$$

式中，Q 为多管旋风除尘器的处理烟气量，m^3/h；n 为旋风子个数，无量纲；D_0 为旋风子内径，m；v 为旋风子筒体断面气流速度，m/s，轴向进气时 $v=3.5\sim4.5m/s$，切向进气时 $v=4.5\sim5.4m/s$。

多管旋风除尘器流体阻力系数，轴向流时 $\xi=90$，切向流时 $\xi=115$。

多管旋风除尘器的除尘效率，轴向流的为 $80\%\sim85\%$，切向流的达 $90\%\sim95\%$。

4. 旋风子设计计算

多管旋风除尘器的旋风子一般有 $\phi100mm$、$\phi150mm$、$\phi200mm$、$\phi250mm$、$\phi300mm$，等规格。虽然单个旋风子的除尘器效率随其直径的减小而提高，但由于旋风子直径过小会使制造时几何尺寸难以保证，且使用小直径的旋风子会相应增加旋风子的数量，使气体分布不易均匀及产生堵塞现象，还会增加旋风子之间气体经过总灰斗的溢流，所以，一般旋风子直径采用250mm。

多管旋风除尘器内通常并联几十个乃至上百个旋风子，使气体均匀分布是保证其除尘效率的关键，因此必须合理设计气流分布室和净化室，尽可能使通过各旋风管的气流阻力相等，为了避免气流由一个旋风子窜到另一个旋风子中，可每隔数列在灰斗中设置隔板，或单设灰斗，旋风子的材质可采用钢、铸铁、陶瓷等。

（1）旋风子主要性能

① 处理能力。单个旋风子的处理气量按式（3-53）计算：

$$V = 3600 \frac{\pi}{4} D^2 u \tag{3-53}$$

式中，V 为单个旋风子的处理气量，m^3/h；D 为旋风子直径，m；u 为旋风子截面气速，m/s。

组合多管式旋风除尘器总的处理气量由式（3-54）确定：

$$V_t = nV \tag{3-54}$$

式中，V_t 为多管式旋风除尘器总的处理气量，m^3/h；n 为旋风子数量；其余符号意义同前。

② 压力损失。旋风子的压力损失可按式（3-55）计算，其中的阻力系数 ξ，查表 3-15。

$$\Delta p = \xi \frac{u^2}{2} \rho_t \tag{3-55}$$

式中，Δp 为单个除尘器的压力损失，Pa；ξ 为阻力系数，X 型 $\xi = 5.5$，Y 型 $\xi = 5.0$；ρ_t 温度为 t 时含尘气体的密度，kg/m^3。当处理气体流量较大时，需要采用多台单筒除尘器并联使用。其阻力损失为单个除尘器阻力损失的 1.1 倍。

表 3-15 旋风子性能

旋风子直径 D_c/mm	烟气导向装置		允许含尘浓度 /(g/m³)			旋风子的工作流量 /(m³/h)		旋风子的阻力系数	备注
	形式	导疏片倾角/(°)	Ⅰ	Ⅱ	Ⅲ	最大	最小		
100	花瓣形	25	40	15		100/114	91/98	85	旋风子的工作流量中，分子为铸铁旋风子的工作流量，分母为钢制旋风子的工作流量
		30				129/134	100/117	65	
150	花瓣形	25	100	37	18	250/237	211/220	85	
		30				204/302	251/258	65	
200	花瓣形	25	200	73	33	735/767	630/655	86	
		30				865/900	740/770	65	
250	螺旋形		200	100	50	735/790	650/673	90	

注：表中Ⅰ、Ⅱ、Ⅲ为尘粒的黏度分类，Ⅰ为不黏结的；Ⅱ为黏结性弱的；Ⅲ为中等黏结性的。

③ 除尘效率。旋风子的除尘效率可按下列公式计算：

$$\eta = 1 - \frac{1}{1 + \dfrac{d_m}{d_{50}}} \tag{3-56}$$

在 Stokes 区：

$$d_m = \frac{1}{\alpha} \sqrt{\frac{9\mu D_w - F_b}{\rho_s g H_b u}} \tag{3-57}$$

在 Alten 区：

$$d_{50} = \frac{F_b}{H_b} \left(\frac{255\mu \rho D_w^2}{32 \rho_s^2 g \alpha^4 u} \right) \tag{3-58}$$

式中，d_m 为粉尘的中位粒径，m；d_{50} 为分离效率为 50% 的分割粒径，m；μ 为气体黏度，Pa·s；D_w 为排气管外径，m；F_b 为进气管与排气管面积之比；H_b 为排气管末端到排灰口的距离和排气管外径之比；u 为旋风子进口气速，m/s；ρ_s 为粉尘颗粒真密度，kg/m^3；ρ 为气体密度，kg/m^3；α 为在叶片出口处气流切向速度和轴向速度之比。

经组合的多管式旋风除尘器，由于压力损失大的旋风子中的气体窜流到压力损失小的旋风子，使它比单个旋风子的除尘效率低。对小尺寸旋风子多管式旋风除尘器，特别是在含尘气体浓度高的情况下，除尘效率相差不多，但当旋风子尺寸大和含尘气体浓度低时，除尘效率下降较大。

（2）旋风子尺寸和性能 立式多管旋风除尘器内旋风子的性能见表 3-15，结构尺寸见图 3-56 和表 3-16。

（3）CLG 型多管式旋风除尘器系列旋风子 CLG 型多管式旋风除尘器系列的旋风子直径为 150mm，组合管数为 9、12、16，共 3 种规格。

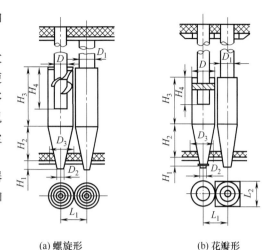

(a) 螺旋形   (b) 花瓣形

图 3-56 旋风子结构尺寸

表 3-16 旋风子尺寸

旋风子直径 D/mm	导流片形式	外壳材料	尺寸/mm									
			H_1	H_2	H_3	H_4	D	D_1	D_2	D_3	L_1	L_2
100	花瓣形	铸铁铸钢	50	150	220	140	98 100	52	40	$\phi100$	130	125 100
150	花瓣形	铸钢	100	200	325	200	148 150	89	53	$\phi160$	180	75
200	花瓣形	铸钢	120	350	520	355	254 259	133	80	$\phi230$ $\square230\times230$	280	160 275
250	螺旋形	铸铁链钢	120	380	700	199	254 259	159	80	$\phi230$ $\square230\times230$	280	275

八、旋风除尘器防磨损设计

1. 旋风除尘器的磨损因素

旋风除尘器被磨损的主要部位是筒体与进口管连接处、含尘烟气由直线运动变为旋转运动的部位和靠近排灰口的锥体底部。其磨损与下列因素有关。

① 烟气含尘浓度。含尘浓度越大，器壁磨损越快。

② 烟气粒径。烟尘粒径越大，器壁磨损越快。

③ 烟尘的琢磨性。烟尘琢磨性越强，器壁磨损越快。密度大、硬度大、粒径大、外形有棱角的机械尘有较强的琢磨性。例如，烧结烟尘、鼓风炉烟尘、氧化铝尘和焙砂等都具有很强的琢磨性。

④ 气流速度。气流速度越大，磨损越严重。

⑤ 旋风除尘器锥角越大，锥体底部越容易被磨损。

2. 旋风除尘器的磨损措施

在磨损大的条件下使用的旋风除尘器应考虑抗磨问题。可对整个旋风除尘器做抗磨处理，也可只对磨损严重部位做抗磨处理。

抗磨处理有使用抗磨材料、渗硼、内衬和涂料等方法。

（1）使用抗磨材料法 旋风除尘器直接用耐磨铸钢、耐磨钢板、陶瓷、花岗岩或钢筋混凝土等抗磨性能好的材料制造。

（2）渗硼法 渗硼法是在加热炉内，控制一定的温度和时间，使硼砂中的硼渗透到钢材内形成以微米计的渗硼层，旋风除尘器形状尺寸均不变化。渗硼层表面硬度很大，高温抗磨能力极强，在高温高压下使用，其抗磨能力超过几十毫米厚的钢板。该项新技术适用于厚壁的铸铁或用钢管制造的小直径旋风除尘器。

（3）内衬法 内衬法是将耐磨材料先加工成一定形状，再固定在旋风除尘器内表面的抗磨方法。

作衬里用的抗磨材料有陶瓷、刚玉、辉绿岩铸石、高铝砖、耐火黏土砖、高锰钢及高硅铸铁等。某厂用耐火黏土砖作内衬，在 500～600℃ 条件下使用多年仍无异样，而同样条件下未做内衬的旋风除尘器 3～4 个月就磨穿了。

内衬的固定方法有螺栓固定法和砌筑法。高铝砖和耐火黏土砖可用砌筑法。螺栓固定法见图 3-57。

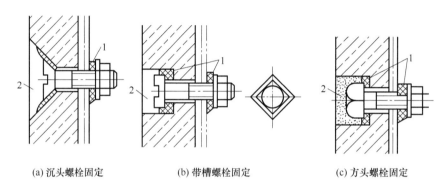

(a) 沉头螺栓固定　　　　(b) 带槽螺栓固定　　　　(c) 方头螺栓固定

图 3-57　耐磨内衬固定结构
1—石棉垫片；2—耐磨胶泥充填抹平

铸石制品有很高的耐磨性，但在温度剧烈变化时往往会炸裂，通常只适用于烟气温度较低，且温度变化不大的旋风除尘器。例如在无介质磨矿的除尘系统和气流干燥除尘系统中使用。

作内补的铸石板允许最小厚度为 25mm，板上螺栓孔两个，孔边至板边距离应比板厚度大10～20mm。

（4）涂抹法 涂抹法是将耐磨材料按一定比例配制好后，充填入事先在旋风除尘器内表面安装好起固定作用的骨架内，经捣实、抹平、压光、养护等一系列工序后形成抗磨涂层的方法。

耐磨涂料由骨料、粉料、黏合剂或另加促凝剂等物料组成。常用耐磨涂料配合比见表 3-17。在高温（>450℃）条件下，可用不定形耐火材料作耐磨涂料，按 GB/T 4513.1—2015 的分类选用。

表 3-17　常用耐磨涂料配合比　　　　　　　　　　单位:%

用途	原料名称	规格	矾土水泥烧黏土	水玻璃矾土熟料	矾土水泥矾土熟料	水玻璃烧黏土	矾土水泥石英砂	水玻璃石英砂
骨料	矾土熟料	化学成分 Al_2O_3 40%～59% Si_2O_3 37%～49% Fe_2O_3 1%～3% 粒径小于 5mm 统料	70	65				

续表

用途	原料名称	规格	矾土水泥 烧黏土	水玻璃 矾土熟料	矾土水泥 矾土熟料	水玻璃 烧黏土	矾土水泥 石英砂	水玻璃 石英砂
骨料	烧黏土	化学成分 Al_2O_3 31.96% Si_2O_3 62.49% CaO 2.95% Fe_2O_3 1.87% 粒径 2#烧黏土骨料 2~25mm 3#烧黏土骨料小于1mm	32 48			32 48		
	石英砂	外观坚硬、洁白、无黏土、草根 粒径:粗石英砂 3~5mm 　　　中石英砂 1~3mm 　　　细石英砂小于1mm 　　　石英粉					30 20 20 10	30 20 20 10
掺合料	矾土熟料细粉	化学成分 Al_2O_3 40%~59% Si_2O_3 40%~49% Fe_2O_3 1%~3%		30	15	20		20
胶结料	矾土水泥	标号:425#(出厂后不得超过半年)	20		20		20	
	水玻璃	模:$m=24~29$ 密度:$1.38~1.4t/m^3$ 波美黏度:10°Bé		15		15		15
促凝剂	氟硅 酸钠 水灰比	纯度:不低于90% 含水率:小于1% 细度:4900孔/cm²筛全部通过	0.5	1.5 0.5	0.5	1.5 0.5	0.5	1.5 0.5

注：表中水玻璃及氟硅酸钠的用量是按干料总量为100%后外加的百分数；水灰比和水玻璃用量可按配制要求适当增减。

为了使耐磨涂料牢固黏结在旋风除尘器内壁上，要在旋风除尘器内壁上安装骨架。骨架有3种。

① 龟甲网骨架。即用1.8mm×20mm扁钢组合成对边尺寸为45mm的正六边形的龟甲网做的骨架。其安装程序和要求是：旋风除尘器内壁除锈，紧靠器壁铺贴龟甲网（滚压成形，与器壁的间隙不超过1mm），将龟甲网点焊在旋风除尘器壁上，点焊长度约20mm，点焊间距150mm，龟甲网两端及端头网孔必须与内壁全焊。

② 筋板穿钢丝骨架。如图3-58所示。筋板用厚3mm扁钢制作，扁钢上相间80~100mm打一直径5mm的孔，在旋风除尘器内壁上间隔50~150mm焊上筋板，再用直径4mm钢丝穿入筋板，拉紧钢丝后两端焊在端头的筋板上。端头筋板倾斜放置。

③ 钢板（丝）网骨架。图3-59为钢板（丝）网骨架示意。将直径4~6mm的钢筋制成爪

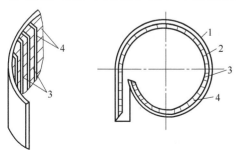

图 3-58　筋板穿钢丝骨架示意

1—壳体；2—耐磨层；3—筋板；4—钢丝

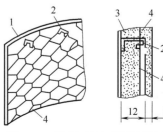

图 3-59　钢板（丝）网骨架示意

1—壳体；2—爪钉；3—耐磨层；4—钢板（丝）网

钉，按 $100 \sim 200mm$ 的间距交错焊接在旋风除尘器内壁上，再铺上钢板网，并焊接固定在爪钉上。

用内衬法和涂抹法作抗磨层时，确定的旋风除尘器尺寸中要包括抗磨层的厚度，同时还需考虑必要的施工空间。因此，小直径的旋风除尘器不宜用内衬法和涂抹法。此外，设计中应对内衬和涂层的表面粗糙度和曲率半径等提出明确的、严格的要求，以确保设备的除尘效率。

九、实例——砂轮机用旋风除尘器设备设计

（一）设计参数

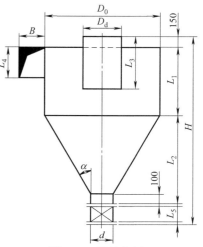

（1）处理风量	$6500m^3/h$
（2）空气温度	常温
（3）粉尘成分	SiO_2
（4）粉尘质量浓度	$<650mg/m^3$
（5）用途	砂轮机除尘
（6）选型方向	标准型旋风除尘器

（二）结构尺寸

1. 选型与绘制设计（计算）草图

见图 3-60。

图 3-60　设计草图

2. 排气管（内筒）截面积与直径

$$S_d = \frac{Q_v}{3600 v_d} = 6500/(3600 \times 22) = 0.082 (m^2)$$

$$D_d = (S_d/0.785)^{0.5} = (0.082/0.785)^{0.5} = 0.323(m)，取 D_d = 325mm$$

3. 圆筒空（环）截面积

$$S_k = \frac{Q_v}{3600 v_k} = 6500/(3600 \times 3.5) = 0.516 (m^2)$$

（一般空截面上升速度 $v_k = 2.5 \sim 4.0m/s$）

4. 圆筒全截面积

$$S_0 = S_d + S_k = 0.082 + 0.516 = 0.598 (m^2)$$

5. 圆筒直径

$$D_0 = (S_0/0.758)^{0.5} = (0.598/0.785)^{0.5} = 0.873 (m)，取 D_0 = 870mm$$

6. 相关尺寸

（1）圆筒长度

$$L_1 + 150 = 2D_0 + 150 = 2 \times 870 + 150 = 1890 (mm)$$

（2）锥体长度

$$L_2 + 100 = 2D_0 + 100 = 2 \times 870 + 100 = 1840 (mm)$$

（3）进口尺寸

$$S_1 = V/3600 v_1 = 6500/(3600 \times 20) = 0.903 (m^2)$$

（一般 $v_1 = 15 \sim 25m/s$）

$$S_1 = BH = B \times 2B = 2B^2$$

$$B = (S_1/2)^{0.5} = (0.903/2)^{0.5} = 0.213 \text{（m），取 } B = 215\text{mm}$$

$$H = 2B = 430\text{mm}$$

（4）排灰口直径

$$d = 0.25D_0 = 0.25 \times 870 = 0.218 \text{（m），取 } d = 220\text{mm}$$

（三）技术性能

（1）处理能力

$$Q_v = 3600S_1v_1 = 3600 \times (0.215 \times 0.430) \times 20 = 6656 \text{（m}^3/\text{h）}$$

（2）设备阻力

$$p = \zeta(v_1^2 \rho_1/2) = 5 \times (20^2 \times 1.205/2) = 1205 \text{（Pa）}$$

$$\zeta = 5.0 \sim 5.5$$

（3）除尘效率

按经验值取 $\eta = 85\%$。

（4）排放浓度

$$c_2 = (1-\eta)c_1 = (1-0.85) \times 650 = 97.5 \text{（mg/m}^3\text{）}$$

（5）回收粉尘量

$$G = Q_v(c_1 - c_2) \times 10^{-6} = 3.68 \text{（kg/h）}$$

（四）定型结论

型式：标准型旋风除尘器。

风量：6660m³/h。

阻力：1200Pa。

外形尺寸：φ870mm×3830mm。

重量：478kg。

十、实例——直流式旋风除尘器设计计算

【例 3-2】 已知：某不锈钢工程袋式除尘系统，烟气流量 $Q = 270000\text{m}^3/\text{h}$，颗粒密度 $\rho_p = 2100\text{kg/m}^3$，烟气密度 $\rho = 0.5564\text{kg/m}^3$，烟气黏度 $\mu_f = 23.83 \times 10^{-6}\text{Pa} \cdot \text{s}$，入口速度 $v_i = 24\text{m/s}$，风管直径为 2m，分离压降 $\Delta p = 730\text{Pa}$。试选择 1 台直流式旋风除尘器作为袋式除尘器的预除尘器，兼作火花捕集器，并计算分离最小颗粒的粒径。

解： 根据处理烟气量计算得出用 φ2000mm 直流式旋风除尘器 1 台，其尺寸为入口和出口直径 $D_c = 2\text{m}$，长度 $L = 5.8\text{m}$，设毂的外径 $D_b = 0.7\text{m}$，分离室长度 $l_e = 1.6\text{m}$，出口管长度 $l = 1.4\text{m}$，叶片角度 $\alpha = 45°$。

分离最小颗粒粒径计算如下。

（1）气流在进入分离室时流量及流速

气体进入分离室时体积流量（Q_c）由式（3-44）得

$$Q_c = Q_i \left(\frac{p_i}{p_c}\right)^{1/k}$$

式中，p_i 为入口端的气体压力，$p_i = 10133.73\text{Pa}$；p_c 为经过分离室叶片后的压力，Pa；k 为流体绝热系数，$k = \dfrac{C_p}{C_V}$。烟气温度为 150℃，按空气取值，$k = 1.4$。

$$p_c = p_0 - \Delta p = 9417.6 \text{（Pa）}$$

则
$$Q_c = 270000 \times \left(\frac{10133.73}{9417.6}\right)^{1/1.4} = 286200 \quad (\text{m}^3/\text{h})$$

流速由 $v_\infty = \dfrac{Q}{F}$ 计算

$$v_\infty = \frac{4Q_c}{3600\pi D_c^2} = \frac{4 \times 286200}{3600 \times \pi \times 2^2} = 25.32 \quad (\text{m/s})$$

（2）气流离开导流叶片时的平均速度为：

$$v_c = v_i \left(\frac{D_c^2}{D_c^2 - D_b^2}\right)\left(\frac{p_i}{p_c}\right)^{1/k} = 25.32 \times \left(\frac{2^2}{2^2 - 0.7^2}\right) \times \left(\frac{10133.73}{9417.6}\right)^{1/1.4} = 30.59 \quad (\text{m/s})$$

（3）导流叶片出口处气体的轴向平均速度为：

$$v_{ca} = v_c \cos\alpha = 30.59 \times \cos 45° = 21.62 \quad (\text{m/s})$$

（4）导流叶片出口处气流的切向平均速度为：

$$v_{ca} = v_c \sin\alpha = 30.59 \times \sin 45° = 21.62 \quad (\text{m/s})$$

（5）能被安全分离下来的最小粒径下由式得：

$$d_{100} = \frac{3}{4} \times \frac{D_c}{\cos\alpha}\left[1 - \left(\frac{D_b}{D_c}\right)^2\right] \times \left\{\frac{2\mu_f \sin\alpha}{l_s v_i (\rho_p - \rho)}\left(\frac{p_i}{p_c}\right)^{1/1.4}\left[1 + \left(\frac{D_b}{D_c}\right)^2\right]\right\}^{1/2}$$

$$= \frac{3}{4} \times \frac{2}{\cos 45°} \times \left[1 - \left(\frac{0.7}{2}\right)^2\right] \times \left\{\frac{2 \times 23.83 \times 10^{-6} \times \sin 45°}{1.6 \times 24 \times (2100 - 0.5564)}\left(\frac{10133.73}{9417.6}\right)^{1/1.4} \times \left[1 + \left(\frac{0.7}{2}\right)^2\right]\right\}^{1/2}$$

$$= 41.4 \times 10^{-6} \text{ m} = 41.4\,\mu\text{m}$$

根据计算，预除尘器可以分离的最小颗粒为 $41.4\,\mu\text{m}$，能避免火花颗粒进入袋式除尘器，作为火花捕集器捕集火花颗粒是安全可靠的。同时它具有将高浓度含尘气体进行预除尘作用。

第四章 袋式除尘器工艺设计

袋式除尘器是利用由过滤介质制成的袋状或筒状过滤元件来捕集含尘气体中粉尘的除尘设备。袋式除尘器的除尘性能不受尘源的粉尘浓度和气体量的影响。捕集对象的粉尘粒径超过 $0.2\mu m$，捕集效率一般可达 99% 以上，粒径在 $1\mu m$ 以上的，捕集效率几乎达 100%。因此，出口气体的粉尘浓度可比国家规定的排放标准还要低，例如能压低到 $0.01g/m^3$ 以下。另外，压力损失的大小与操作条件和机种有关，一般在 500~2000Pa 以内，因此袋式除尘器在除尘工程中有广泛应用。

第一节 袋式除尘器的分类、构造和性能

一、袋式除尘器分类

现代工业的发展，对袋式除尘器的要求越来越高，因此在滤料材质、滤袋形状、清灰方式、箱体结构等方面也不断更新发展。在除尘器中，袋式除尘器的类型最多，根据其特点可进行不同的分类。

1. 按除尘器的结构形式分类

袋式除尘器的结构形式如图 4-1 所示。

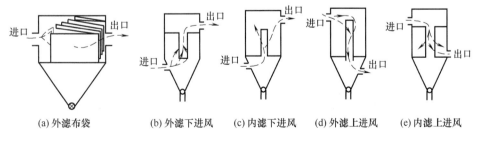

(a) 外滤布袋　　(b) 外滤下进风　　(c) 内滤下进风　　(d) 外滤上进风　　(e) 内滤上进风

图 4-1　袋式除尘器的结构形式

除尘器的分类，主要是依据其结构特点，如滤袋形状、过滤方向、进风口位置以及清灰方式进行分类。

（1）按过滤方向分类 按过滤方向分类，可分为内滤式袋式除尘器和外滤式袋式除尘器两类。

① 内滤式袋式除尘器。图 4-1 中（c）、（e）为内滤式袋式除尘器，含尘气流由滤袋内侧流向外侧，粉尘沉积在滤袋内表面上，优点是滤袋外部为清洁气体，便于检修和换袋，甚至不停机即可检修。一般机械振动、反吹风等清灰方式多采用内滤形式。

② 外滤式袋式除尘器。图 4-1 中（a）、（b）、（d）为外滤式袋式除尘器，含尘气流由滤袋外侧流向内侧，粉尘沉积在滤袋外表面上，其滤袋内要设支撑骨架，因此滤袋磨损较大。脉冲喷吹、回转反吹等清灰方式多采用外滤形式。扁袋式除尘器大部分采用外滤形式。

（2）按进气口位置分类 按进气口位置分类，可分为下进风袋式除尘器和上进风袋式除尘器两类。

① 下进风袋式除尘器，图 4-1 中（b）、（c）为下进风袋式除尘器，含尘气体由除尘器下部进入，气流自下而上，大颗粒直接落入灰斗，减少了滤袋磨损，延长了清灰间隔时间，但由于气流方向与粉尘下落方向相反，容易带出部分微细粉尘，降低了清灰效果，增加了阻力。下进风式除尘器结构简单，成本低，应用较广。

② 上进风袋式除尘器，图 4-1 中（d）、（e）为上进风袋式除尘器，含尘气体的入口设在除尘器上部，粉尘沉降与气流方向一致，有利于粉尘沉降，除尘效率有所提高，设备阻力也可降低 15%～30%。

（3）按除尘器内的压力分类 按除尘器内的压力分类，可分为负压式除尘器、正压式除尘器和微压式除尘器三类，如表 4-1 所列。

表 4-1 袋式除尘器按工作压力分类

类别	图　形	说　明
正压式 （压入式）	滤袋 风机吹入	烟气由风机压入，除尘器呈正压，粉尘和气体可能逸出，污染环境，外壳可视情况考虑密闭或敞开，适用于含尘浓度很低的工况，否则风机磨损
负压式 （吸尘式）	风机吸出 滤袋	烟气由风机吸出，除尘器呈负压，周围空气可能漏入设备，增加了设备和系统的负荷，外壳必须密闭，负压式是最常用的形式
微压式	风机吸出 滤袋 风机吹入	除尘器进出口均设风机，烟气由前风机压入，后风机吸出，除尘器呈微负压，有少量空气漏入设备，设备和系统的负荷增加不大。设计中应注意两台风机的匹配

① 正压式除尘器。正压式除尘器风机设置在除尘器之间，除尘器在正压状态下工作。由于含尘气体先经过风机，对风机的磨损较严重，因此不适用于高浓度、粗颗粒、高硬度、强腐蚀性

的粉尘。

　② 负压式除尘器。负压式除尘器，风机置于除尘器之后，除尘器在负压状态下工作。由于含尘气体经净化后再进入风机，因此对风机的磨损很小，这种方式采用较多。

　③ 微压式除尘器。微压式除尘器在两台风机中间，除尘器承受压力低，运行较稳定。

2. 按滤袋形状分类

按滤袋形状袋式除尘器分为四类，即圆形袋除尘器、扁袋除尘器、双层袋除尘器和菱形袋除尘器，袋形及特点如表 4-2 所列。

表 4-2　袋式除尘器按滤袋形状分类

类别	图　形	特　点
圆形袋		普通型,普遍使用,清灰较易,外滤式其直径为 120～160mm,内滤式其直径为 200～300mm 或更大,是应用最广泛的滤袋形式
扁袋		袋宽 35～50mm,面积 1～4m^2,可以排得较密,单位体积内过滤面积较大,为外滤式,有框架,主要用于回转反吹清灰方式和侧插袋安装方式
双层袋		为在圆袋基础上增加过滤面积,将长袋折成双层,可增加面积近一倍(主要用于脉冲袋上)。主要用于反吹清灰方式
菱形袋		较普通圆形过滤体积小,可在同样箱体内增加过滤面积,只适用于外滤式

3. 按清灰方式分类

清灰方式是决定袋式除尘器性能的一个重要因素，它与除尘效率、压力损失、过滤风速及滤袋寿命均有关系。国家颁布的袋式除尘器的分类标准就是按清灰方式进行分类的。按照清灰方式，袋式除尘器可分为机械振打类、分室反吹类、喷嘴反吹类、振动反吹并用类及脉冲喷吹类 5 大类。各类除尘器的特点见表 4-3。

表 4-3　袋式除尘器的特点

类　别		优　点	缺　点	说　明
自然落灰人工拍打		设备结构简单,容易操作,便于管理	过滤速度低,滤袋面积大,占地大	滤袋直径一般为 300～600mm,通常采用正压操作,捕集对人体无害的粉尘,多用于中小型工厂
机械振打	机械凸轮(爪轮)振打	清灰效果较好,与反气流清灰联合使用效果更好	不适于玻璃布等不抗折的滤袋	滤袋直径一般大于 150mm,分室轮流振打
	压缩空气振打	清灰效果好,维修量比机械振打小	不适于玻璃布等不抗折的滤袋,工作受气流限制	滤袋直径一般为 220mm,适用于大型除尘器
	电磁振打	振幅小,可用玻璃布	清灰效果差,噪声较大	适用于易脱落的粉尘和滤布
反向气流清灰	下进风大滤袋	先在斗内沉降一部分烟尘,可减少滤布的负荷	清灰时烟尘下落与气流逆向,又被带入滤袋,增加滤袋负荷	低能反吸(吹)清灰大型的为二状态清灰和三状态清灰,上部可设拉紧装置,调节滤袋长度,袋长 8～12m
	上进风大滤袋	清灰时烟尘下落与气流同向,避免增加阻力	上部进气箱积尘须清灰	低能反吸,双层花板,滤袋长度不能调,滤袋伸长要小

续表

类 别		优 点	缺 点	说 明
反向气流清灰	反吸风带烟尘输送	烟尘可以集中到一点,减少烟尘输送	烟尘稀相运输动力消耗较大,占地面积大	长度不大,多用笼骨架或弹簧骨架,高能反吸
	回转反吹	用扁袋过滤,结构紧凑	机械复杂,容易出现故障,需要专门反吹风机	用于中型袋式除尘器,不适用于特大型或小型设备,忌袋口漏风
	停风回转反吹	离线清灰效果好	机构复杂,需分室工作	用于大型除尘器,清灰力不均匀
脉冲喷吹	中心喷吹	清灰能力强,过滤速度大,不需分室,可连续清灰	要求脉冲阀经久耐用	适于处理高含尘烟气,滤袋直径 120～160mm,长度 2000～6000mm 或更大,需笼骨架
	环隙喷吹	清灰能力强,过滤速度比中心喷吹更大,不需分室,可连续清灰	安装要求更高,压缩空气消耗更大	适于处理高含尘烟气,滤袋直径 120～160mm,长 2250～4000mm,需笼骨架
	低压喷吹	滤袋长度可加大至 6000mm,占地减小,过滤面积加大	消耗压缩空气量相对较大	滤袋直径 120～160mm,可不用喷吹文氏管,安装要求严格
	整室喷吹	减少脉冲阀个数,每室 1～2 个脉冲阀,换袋检修方便,容易	清灰能力稍差	喷吹在滤袋室排气清洁室,滤袋＜3000mm 为宜,且每室滤袋数量不能多
复合式清灰	振打与反吹风复合	提高清灰效率,降低设备运行阻力	除尘器构造复杂不易管理	机械振打与反吹风复合清灰适合用于中小型除尘器
	声波与反吹风复合	声波与反吹风复合以反吹风为主才能效果更好	增加声波辅助清灰,压缩空气耗量增加	适用于大中型袋式除尘器

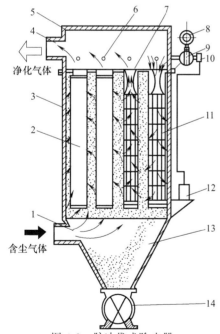

图 4-2 脉冲袋式除尘器

1—进气口；2—滤袋；3—中部箱体；4—排气口；
5—上箱体；6—喷射管；7—文氏管；8—空气包；
9—脉冲阀；10—控制阀；11—框架；12—脉冲
控制仪；13—灰斗；14—排灰阀

二、袋式除尘器构造

袋式除尘器由框架、箱体、滤袋、清灰装置和压缩空气装置、差压装置和电控装置组成。如图 4-2 所示为脉冲袋式除尘器的构造。

1. 框架

袋式除尘器的框架由梁、柱、斜撑等组成，框架设计的要点在于要有足够的强度和刚度支撑箱体、灰重及维护检修时的活动荷载，并防范遇到特殊情况如地震、风、雪等灾害不至于损坏。

2. 箱体

袋式除尘器的箱体分为滤袋室和洁净室两大部分，两室由花板隔开。在箱体设计中主要是确定壁板和花板。

箱体外形有各种形状，如圆形、方形、长方形。不同形状是由除尘工艺条件和除尘器大小决定的，其中以长方形居多。

3. 清灰装置

不同除尘器的主要区别在清灰装置。各种清灰装置将在本章后面各节详述。

4. 除尘器滤袋

（1）安装方式　如图 4-3（a）所示为反吹风袋式

除尘器的滤袋内部气体流向，滤袋为圆筒形。滤袋的下端固定在花板套管上，上端固定在帽盖上。处理气体从滤袋下部的开口处流入，一边上升一边分叉过滤。被过滤的粉尘如图 4-3（b）所示，黏附、沉积在滤袋里面，形成一种粉尘层，洁净气体流向滤袋外侧，至出口通风管，滤袋上端的帽盖固定在吊架上，吊架通过保持适当张力的弹簧固定在天花板上。设滤袋的内径为 D，有效过滤高度为 H，处理气体量 Q，所需要的滤袋个数为 n，则过滤面积 $A = \pi n D H$。过滤的直径 D 一般为 125～458mm，高度 H 在 2～12m 范围内，为了满足过滤要求，其高度和直径比（H/D）取 4～40。

（2）滤袋的材料 滤袋的材料取决于处理气体的温度、气体的酸碱程度、尺寸稳定性、透气性以及滤袋的使用寿命等。滤袋的寿命与使用条件和材料有关，短则几个月，长则几年。

三、袋式除尘器工作原理

袋式除尘器工作原理就是一个过滤过程和一个清灰过程。脉冲喷吹袋式除尘器工作原理见图 4-4。

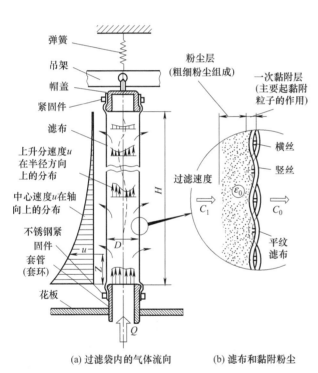

(a) 过滤袋内的气体流向　　(b) 滤布和黏附粉尘

图 4-3　滤袋安装示例和过滤袋内部气体流向

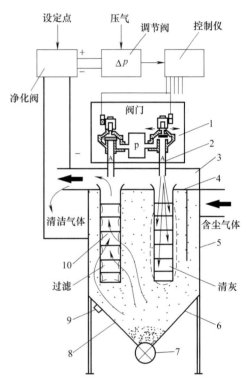

图 4-4　脉冲喷吹袋式除尘器工作原理
1—脉冲阀；2—净气室；3—喷吹管；4—花板；
5—箱体；6—灰斗；7—回转阀；8—料位计；
9—振打器；10—滤袋

1. 过滤过程

从图 4-4 可以看出，在每个滤袋里面装有圆筒形状的支承袋笼，含有粉尘的气体从滤袋的外侧向内侧流动。所以，粉尘被滤袋的外侧面过滤捕集，洁净气体通过内侧从上部排出。洁净室设有压缩空气管，靠压缩空气管喷出来的脉冲气流抖落粉尘。壳体、漏斗等振动方式一样，处于封闭状态。从漏斗上部送进来的含尘气体，分路升至各个滤袋，被过滤捕集。

新滤袋在运行初期主要捕集 $1\mu m$ 以上的粉尘，捕集机理是惯性作用、筛分作用、遮挡作用、静电沉降或重力沉降等。粉尘的一次黏附层在滤布面上形成后，也可以捕集 $1\mu m$ 以下的微粒，并且可以控制扩散。这些作用力受粉尘粒子的大小、密度、纤维直径和过滤速度的影响。

袋式除尘器处理空气的粉尘浓度为 $0.5\sim100g$（粉尘）$/m^3$（气体），因此在开始运动的几分钟内，就在滤布的表面和里面形成一层粉尘的黏附层。这层黏附层又叫作一次黏附层或过滤膜。如果形成一次黏附层，那么该黏附层就起过滤捕集的作用。其原因是粉尘层内形成许多微孔，粉尘层的孔隙率为 $0.8\sim0.9$。这些微孔产生筛分效果。过滤速度越低，微孔越小，粉尘层的孔隙率越大，所以高效率捕集过程在很大程度上依赖于过滤速度。

2. 清灰过程

清灰时由脉冲控制仪（或 PLC）控制脉冲阀的启闭，当脉冲阀开启时，气包内的压缩空气通过脉冲阀经喷吹管上的小孔，向滤袋口喷射出一股高速高压的引射气流，形成一股相当于引射气流体积若干倍的诱导气流，一同进入滤袋内，使滤袋内出现瞬间正压，急剧膨胀；沉积在滤袋外侧的粉尘脱落，掉入灰斗内，达到清灰目的。

在清灰瞬间压缩空气从喷吹管喷嘴中喷出时间很短，只有 $0.05\sim0.1s$，但是喷出来的气流以很高的速度进入滤袋内，在滤袋口处，高速气流能转换成压力能。气流以压力波形式进入滤袋，到达滤袋底部的压力波使滤袋离开内部的支承框架，瞬间产生局部膨胀，于是破坏黏附在滤袋外侧上的粉尘层并使其脱落。由于压力波在滤袋内的压力大小是衡量清灰效果的一个重要指标，所以有经验的设计者经常把到达袋底的压力控制在 $2000Pa$ 以上。

四、袋式除尘器的性能

（一）除尘效率

袋式除尘器的除尘效率基本是滤袋的捕集效率。袋式除尘器的捕集效率高，主要是靠在滤布面上黏附粉尘层。但是，清灰方法也要考虑，如果一次粉尘层局部脱落，可能会造成局部过滤速度过大，所以清灰后重新转入运行时，开始阶段粉尘捕集效率一般下降，出口的粉尘浓度瞬间增高。另外，在反复清灰的过程中，粉尘可能浸入滤布内部堵住孔眼，因此清灰后压力损失偏高。

图 4-5 表示使用单分散气溶胶测量缎织滤布对各种粒径 x 的分级捕集效率 η_x 的示例。过滤风速 v 大约等于 $3cm/s$。例如，新滤布对粒径 $x=0.3\mu m$ 的粒子的捕集效率 η_x 为 20%，压力损失 $\Delta p=190Pa$。但是第十次实验中，$\eta_x=85\%$。如果在滤布上预敷一层烟灰，η_x 则等于 99.8%，$\Delta p=910Pa$。对于粒径小于 $0.3\mu m$ 的粉尘，捕集效率 η_x 基本不受粒径 x 的影响。

总除尘效率系指在同一时间内除尘装置捕集的粉尘质量占进入除尘装置的粉尘质量的百分数，通常以"η"表示。

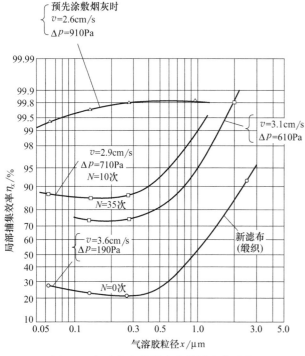

图 4-5　新滤布和黏附有底层粉尘的滤布对气溶胶的分级捕集效率

对于正在运行的袋式除尘器，除尘效率定义为

$$\eta = 1 - \frac{C_0}{C_i} \tag{4-1}$$

式中，η 为除尘效率，%；C_0 为通过除尘器后的清净气体含尘浓度，kg/m^3；C_i 为含尘气体的进口浓度，kg/m^3。

除尘器的除尘效率关系式有三种：一种是经理论推导的除尘效率与孤立粉尘捕集体综合捕集效率的计算式；另一种是根据实验数据而建立的半理论半经验的关系式；第三种是实测关系式。

1. 理论公式

（1）纤维过滤除尘器的除尘效率　当过滤器内所填充的为圆柱形纤维捕尘体时，纤维层过滤除尘器的除尘效率与单根纤维捕尘体的综合捕尘效率关系式为：

$$\eta = 1 - \exp\left[\frac{4(\varepsilon - 1)\delta}{\pi d_D \varepsilon} \eta_\Sigma\right] \tag{4-2}$$

式中，η 为纤维过滤除尘器的除尘效率；ε 为过滤层空隙率；δ 为过滤层厚度，m；d_D 为纤维直径，m；η_Σ 为单根纤维的综合捕尘效率。

（2）纤维体总捕集效率　单根纤维体的总捕集效率受制于各单项捕集效应的综合作用，可用下式计算：

$$\eta_\Sigma = 1 - (1 - \eta_1)(1 - \eta_R)(1 - \eta_D)(1 - \eta_j) \tag{4-3}$$

式中，η_1 为惯性效应产生捕集效率，%；η_R 为拦截效应产生捕集效率，%；η_D 为扩散效应产生捕集效率，%；η_j 为静电效应产生捕集效率，%。

各种作用产生的捕集效率与粉尘粒径的关系见图 4-6。

（3）单根纤维体的单项捕集效率

① 惯性效率。对势流中的圆柱捕集体，Landah 导出惯性效率半经验理论计算公式为：

$$\eta_1 = \frac{S^3}{S^3 + 0.77S^2 + 0.22} \tag{4-4}$$

式中，S 为 Stokes 数或称惯性碰撞系数，$S = \rho_d d_p^2 v_0 / (18\mu d_c)$；$d_p$ 为尘粒直径，m；v_0 为流体特征速度，m/s；d_c 为捕集体直径，m。

② 拦截效率。对围绕圆柱体的黏性流，Langmuir 导出拦截效率计算公式为

$$\eta_R = \frac{1}{La}\left[(1+R)\ln(1+R) - \frac{R(2+R)}{2(1+R)}\right] \tag{4-5}$$

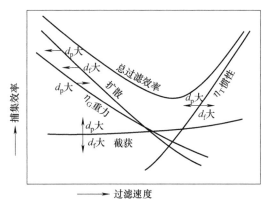

图 4-6　各种过滤机理的效率曲线与总过滤效率
d_p—粉尘粒径；d_f—纤维直径

式中，La 为拉氏系数，$La = 2.002 - \ln Re_c$；R 为截留系数，$R = d_p / d_c$；Re_c 为黏性流流经捕集体的雷诺数，$Re_c = \rho_g d_c v_0 / \mu_0$。

③ 扩散效率。对纤维层过滤器，Langmuir 导出扩散效率计算公式为

$$\eta_D = \frac{1}{2La}\left[2(1+x)\ln(1+x) - (1+x) + \frac{1}{(1+x)}\right] \tag{4-6}$$

式中，$x = 1.308 (La/Pe)^{\frac{1}{3}}$；$Pe$ 为贝克来（Peclet）数，$Pe = v_0 d_c / D$；D 为扩散系数。

④ 静电效率。过滤体的静电效应分为三种情况：一是捕集体荷电，尘粒中性，此时粉尘感应产生反相镜像电荷而相互吸引；二是尘粒荷电，捕集体中性，此时捕集体感应产生反相镜像电荷而相互吸引；三是粉尘、捕集体都荷电，此时视荷电性状，异性相吸，同性相斥。

第一种情况（即捕集体带电，尘粒中性）是最容易发生的。这种情况的静电效率计算公式为：

$$\eta_j = 1.68 N^{\frac{1}{3}} \tag{4-7}$$

$$N = \frac{4}{3\pi}\left(\frac{\varepsilon_p - 1}{\varepsilon_p + 2}\right)\frac{c d_p^2 Q_0^2}{d_c^3 \mu v_0 \varepsilon_0}$$

式中，N 为静电力无量纲参数；Q_0 为单位长度捕集体电荷量，C；ε_p 为尘粒介电常数，F/m；ε_0 为捕集体介电常数，F/m；c 为 Cunningham 修正系数。

2. 经验公式

基尔什、斯捷奇金和富克思等提出纤维过滤器的除尘效率经验公式为

$$\eta = 1 - \exp\left(\frac{1 - d_D \eta_\Sigma \Delta p}{v_g \mu_g F}\right) \tag{4-8}$$

式中，Δp 为过滤除尘器的阻力，Pa；v_g 为粉尘粒子相对于捕集体的速度，m/s；μ_g 为含尘气体黏度，Pa·s；F 为过滤除尘器结构不完善参数，可按下式计算。

$$F = \frac{4\pi}{K_r} = 4\pi[-0.5\ln(1-\varepsilon) - 0.52 + 0.64(1-\varepsilon) + 1.43Kn\varepsilon]^{-1} \tag{4-9}$$

式中，K_r 为气动因素；Kn 为克努德森数；其他符号意义同前。

3. 实测关系式

在许多场合袋式除尘器的除尘效率是现场实测得到的。

根据实测若除尘器进口的气体流量为 Q_1、粉尘的质量流量为 S_1、粉尘浓度为 C_1，除尘器出口的相应量为 Q_2、S_2、C_2，除尘器捕集的粉尘质量流量为 S_3，则有：

$$S_1 = S_2 + S_3 \qquad S_1 = Q_1 C_1 \qquad S_2 = Q_2 C_2$$

根据除尘效率的定义有：

$$\eta = \frac{S_3}{S_1} \times 100\% = \left(1 - \frac{S_2}{S_1}\right) \times 100\% \tag{4-10}$$

$$\eta = \left(1 - \frac{Q_2 C_2}{Q_1 C_1}\right) \times 100\% \tag{4-11}$$

若除尘器本身的漏风率为零，即 $Q_1 = Q_2$，则上式可简化为：

$$\eta = \left(1 - \frac{C_2}{C_1}\right) \times 100\%$$

利用上式通过称重可求得除尘效率，这种方式称为质量法，用这种方法测得的结果比较准确，主要用于实验室。在现场测定除尘器的除尘效率时，通常先同时测除尘器前后的空气含尘浓度，再利用上式求得除尘效率，这种方法称为浓度法。

4. 影响除尘效率因素

通常，袋式除尘器的除尘效率超过 99.5%。因此，在选择袋式除尘器时一般不需要计算除尘效率。影响除尘效率的因素主要有以下方面。

① 粉尘的性质。包括被过滤粉尘的粒径、性状、形状、分散度、静电荷、含湿量等，对于有外静电场的除尘器，还要考虑粉尘的比电阻。

② 滤料性质。包括滤料原料、纤维和纱线的粗细，织造和毡合方式，滤料后处理工艺，滤料厚度、质量、空隙率等。

③ 运行参数。包括过滤速度、阻力、气体温度、湿度、清灰方式、频率、强度等。

④ 清灰方式。包括机械振打、反向气流、压缩空气脉冲和气环等。

⑤ 气体参数。烟气的温度、含尘浓度、湿度等。

而对粉尘排放浓度增高，主要有以下两个方面。

① 直通机制。在过滤中粉尘不被阻留而直接通过，尘粒通过时可能绕一条曲折的路线而过，也可能直接通过滤料表面的针孔而过，一般高的过滤速度可使针孔直通量增加。

② 渗漏机制。起初被滤料阻留的灰尘，由于清灰后变得松散而被吹过滤袋；或当过滤阻力增大时，一些已被捕集的灰尘又被挤压过去，有一些粉尘则从针孔漏去。在高滤速或织物受振动时，渗漏可能加重。

（二）压力损失

除尘器的压力损失 Δp 不仅包含过滤物体本身的阻力，而且还包括气体进入滤袋前后的黏附性和乱流的摩擦阻力。假设摩擦阻力很小，在此只考虑过滤前后的压力差。即 Δp 是指在一定过滤速度 v 和一定粉尘负荷 m_d 下的过滤阻力。

预先涂敷烟灰时 $v = 2.6\text{cm/s}$，$\Delta p = 910\text{Pa}$。

如前所述，粉尘清灰后的过滤阻力可用 Δp_0 表示。Δp_0 中包括残留粉尘（一次黏附层）的阻力。粉尘抖落后重新运行，经过时间 t 之后，在过滤面积 A（m^2）上又黏附一层新粉尘。假设粉尘的厚度为 L，孔隙率为 ε_p 时沉积的粉尘质量为 M_d（kg），那么 $M_d/A = m_d$（kg/m^2）就叫作粉尘负荷或表面负荷，因此，$\Delta p - \Delta p_0$ 是负荷 m_d 相对应的压力损失，用 Δp_d 表示，即 $\Delta p_d = \Delta p - \Delta p_0$。经过清灰之后，$\Delta p_d$ 值可以达到零。此时，压力损失可用下式表示：

$$\Delta p = \Delta p_0 + \Delta p_d \tag{4-12}$$

式中，Δp 为滤料压力损失，Pa；Δp_0 为清灰后滤料压力损失，Pa；Δp_d 为粉尘层压力损失，Pa。

图 4-7 为上述关系示意。

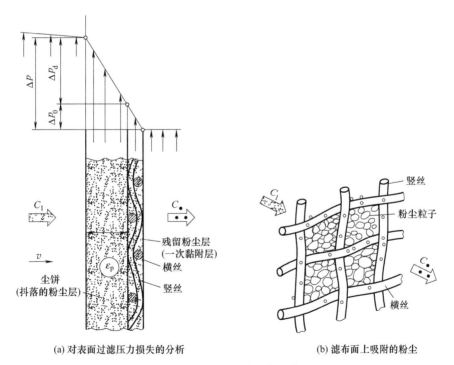

(a) 对表面过滤压力损失的分析　　(b) 滤布面上吸附的粉尘

图 4-7　除尘器过滤阻力示意

如果把通过滤料的气流看作层流，那么 Δp_0 和 Δp_d 均应与气体的黏度 μ 和透过速度（v/ε_p）成正比。但是，如前所述，粉尘层的孔隙率 ε_p 随表观过滤速度 v 的大小而变化，压力损

失一般与 v^n 成正比。

Δp_{d} 与粉尘沉积层的厚度 L 成正比。设粉尘粒子的密度为 ρ_{p}（$\mathrm{kg/m^3}$），则

$$m_{\mathrm{d}} = \frac{M_{\mathrm{d}}}{A} = \frac{AL(1-\varepsilon_{\mathrm{p}})\rho_{\mathrm{p}}}{A} = \rho_{\mathrm{p}}(1-\varepsilon_{\mathrm{p}})L \tag{4-13}$$

式中，m_{d} 为粉尘负荷，$\mathrm{kg/m^2}$；M_{d} 为粉尘质量，kg；A 为过滤面积，$\mathrm{m^2}$；L 为粉尘层厚度，m；ε_{p} 为粉尘孔隙率，$\%$；ρ_{p} 为粉尘粒子密度，$\mathrm{kg/m^3}$。

根据此式可以算出粉尘层的厚度：

$$L = \frac{m_{\mathrm{d}}}{\rho_{\mathrm{p}}(1-\varepsilon_{\mathrm{p}})} \tag{4-14}$$

式中，ε_{p} 不仅与速度 v 有关，还与粒径 d_{p} 和负荷 m_{d} 有关。根据以上关系，将式（4-12）改为下式：

$$\Delta p = (\zeta_0 + \alpha_{\mathrm{m}} m_{\mathrm{d}})\mu v \tag{4-15}$$

式中，Δp 为滤料压力损失，Pa；ζ_0 为滤料阻力系数；α_{m} 为粉尘层的平均比阻力，$\mathrm{m/kg}$；μ 为含尘气体动力黏度，$\mathrm{Pa \cdot s}$；m_{d} 为粉尘负荷，$\mathrm{kg/m^2}$；v 为过滤速度，$\mathrm{m/s}$。

根据式（4-12）和式（4-15）得：

$$\zeta_0 = \frac{\Delta p_0}{\mu v}$$

式中，ζ_0 为粘有残留粉尘的滤布的阻力系数。

同样，由式（4-12）和式（4-15）得出下式

$$\alpha_{\mathrm{m}} = \frac{\Delta p_{\mathrm{d}}}{m_{\mathrm{d}}\mu v} = \frac{\Delta p_{\mathrm{d}}}{\rho_{\mathrm{p}}(1-\varepsilon_{\mathrm{p}})L\mu v} \tag{4-16}$$

设粉尘的比表面积粒径为 d_{as}，那么粒子填充层压力梯度 $\Delta p_{\mathrm{d}}/L$ 可用科兹尼-卡曼公式表示

$$\frac{\Delta p_{\mathrm{d}}}{L} = \frac{K(1-\varepsilon_{\mathrm{p}})^2}{d_{\mathrm{as}}^2 \varepsilon_{\mathrm{p}}^3}\mu v \tag{4-17}$$

式中，K 是取决于粒子大小、形状和气体中水分的无量纲常数。当 $\varepsilon_{\mathrm{p}} < 0.7$ 时，可以使用式（4-17）。将式（4-17）代入式（4-16）中，得：

$$\alpha_{\mathrm{m}} = \frac{K(1-\varepsilon_{\mathrm{p}})}{\rho_{\mathrm{p}} d_{\mathrm{as}}^2 \varepsilon_{\mathrm{p}}^3}$$

从该式中，可以清楚地看出 α_{m} 的物理意义。α_{m} 又称为粉尘层的平均比阻力。根据式（4-16）可以求出 α_{m} 的实验值。α_{m} 值一般为 $\alpha_{\mathrm{m}} = 10^9 \sim 10^{12}\,\mathrm{m/kg}$。

与之比较，不带粉尘的滤布阻力系数则为 $\zeta_0 = 10^7 \sim 10^{10}\,\mathrm{m^{-1}}$。

袋式除尘器所处理的气体，一般为含尘空气。在这种情况下，式（4-15）中的动力黏度 μ 必须移到括号内，而且用关系式 $v = Q/A$，可以把它改写成下式：

$$\Delta p = (K_0 + K_{\mathrm{d}} m_{\mathrm{d}})\frac{Q}{A} \tag{4-18}$$

式中，$K_0 = \zeta_0 \mu$，$K_{\mathrm{d}} = \alpha_{\mathrm{m}} \mu$。

μ 的单位在国际单位中为 $\mathrm{N \cdot s/m^2} = \mathrm{Pa \cdot s}$，也可以写为 $\mathrm{kg/(m \cdot s)}$，因此

$$K_0 = \left[\frac{1}{\mathrm{m}}\right] \times \left[\frac{\mathrm{N \cdot s}}{\mathrm{m^2}}\right] = \left[\frac{\mathrm{N \cdot s}}{\mathrm{m^3}}\right]$$

$$K_{\mathrm{d}} = \left[\frac{\mathrm{m}}{\mathrm{kg}}\right] \times \left[\frac{\mathrm{kg}}{\mathrm{m \cdot s}}\right] = \left[\frac{1}{\mathrm{s}}\right]$$

在常温下，空气的黏滞系数 $\mu = 1.81 \times 10^{-5} \mathrm{kg/(m \cdot s)}$，所以

$$K_\mathrm{d} = (10^9 \sim 10^{12}) \times 1.81 \times 10^{-5} = 10^4 \sim 10^7 (1/\mathrm{s})$$

同样，$K_0 = 10^3 \sim 10^6 \mathrm{N \cdot s/m^3}$。

清灰之后，式（4-18）中的 $m_\mathrm{d} = 0$，该式变成

$$\Delta p = K_0 \frac{Q}{A} \qquad (4\text{-}19)$$

测量清灰后的压力损失 Δp_0 和气体量 Q，便可算出 K_0 值。式（4-18）中的 m_d 等于抖落的粉尘量 M_d 除以过滤面积 A 的值。如前所述，在料斗中由于惯性分离而沉积很多未经过滤的粉尘，所以事先要把这些粉尘取出来，然后进行清灰，测量 M_d 值。若测出 m_d 值，则根据式（4-18）可推导出下式

$$K_\mathrm{d} = \frac{\dfrac{\Delta p A}{Q} - K_0}{m_\mathrm{d}} \qquad (4\text{-}20)$$

当 m_d 为一定值时，根据总的阻力值 Δp 可以求出 K_d。

和 K_d 的情况一样，根据式（4-16），可用实验方法求出比阻力 α_m 值。

（三）过滤阻力随时间的变化

随着运行时间的推移，除尘器滤料的性能和强度下降。例如，运行 4 个月，性能下降到新滤布的 1/6，强度下降到 60%，其下降程度决定于粉尘的性状和浓度、过滤速度、处理气体的温度、湿度或腐蚀性等。掌握滤料性能和强度随运行时间推移的变化情况，不仅是制订计划的需要，而且在运行、维修方面也需要。

如果粉尘细、浓度高而且过滤速度快，则滤布的孔隙就容易堵塞。堵塞程度与滤布的编织方法和表面处理有关。据说，清灰后的压力损失 Δp_0 达到稳定值时通常至少需要运行 50d。如果损失值急剧增加，就意味着滤布不能再使用。图 4-8 表示滤布用于厚毛毡的逆喷吹式除尘器时，压力损失 Δp 随运行时间而增加的情况。在图中示出的运行条件下，处理的粉尘粒径非常粗。鉴于这种情况，Δp 大概需要 20d 才能达到稳定值。但是，总的压力损失按指数函数规律增加，运行 40d 后 Δp 值大约是运行初期的 3 倍。

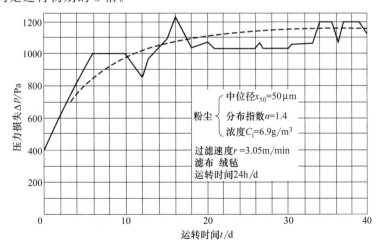

图 4-8 振动式除尘器的压力损失随时间的变化

第二节 袋式除尘器工艺设计

袋式除尘器的设计主要是根据设计步骤、程序确定合适的清灰方式，计算过滤风速，再结合运行条件确定所需的总过滤面积，进而确定滤袋尺寸、数量和布置以及箱体的尺寸、制作材料等，最后确定设备阻力及清灰制度等。

一、设计程序和条件分析

1. 设计程序
袋式除尘器的设计方法如图 4-9 所示。

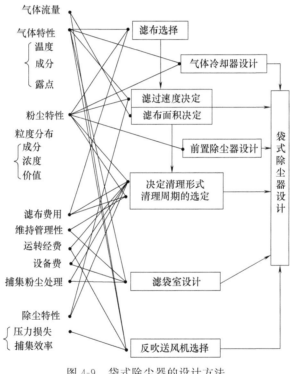

图 4-9　袋式除尘器的设计方法

2. 设计条件分析
袋式除尘器的设计和计算先要分析条件而后分步设计，分析可参照图 4-10 进行。

3. 确定处理风量
（1）袋式除尘器的处理风量　袋式除尘器的处理风量是指工况下的风量。若处理炉窑烟气，该处理风量取炉窑的最大烟气量；若处理多个产尘设备的含尘气体，处理风量取该多个产尘设备排气量之和。

（2）袋式除尘器的处理风量附加值

① 漏风附加，考虑除尘系统（主要是风管及预处理设备）的严密程度和漏风情况，一般附加 10%～15%；

② 清灰附加，考虑清灰时可能增加的风量，对于不同的清灰方式，清灰附加量有所不同，

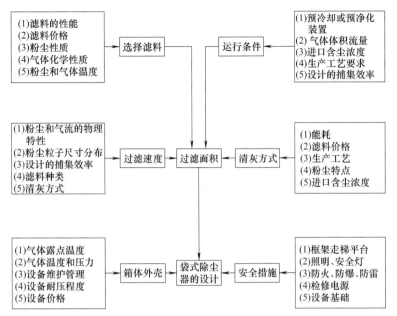

图 4-10 袋式除尘器基本设计条件分析

例如，反吹清灰应将反吹风量考虑在内；

③ 维修附加，考虑更换部件、检查或维修时停止过滤的滤料面积将影响过滤风速，因而适当附加；

④ 除尘器自身漏风量。

4. 选择清灰方式

袋式除尘器运行的两个主要环节是过滤和清灰。从运行效果和运行连续性来说，清灰是比过滤更值得关注的问题。应考虑的问题是怎样获得良好的清灰效果，使袋式除尘器实现较低的设备阻力并长期保持下去。在使用的大量袋式除尘器出现的故障中，绝大多数是由于清灰不良导致阻力增高所致，因此，清灰是袋式除尘器设计的重点，是关系到袋式除尘设备和工程成败的关键。此外，清灰是否良好影响到袋式除尘器的技术经济指标，例如投资、占地面积和运行能耗等。

在设计袋式除尘器时，原则上优先选用强力清灰方式，对于粉尘黏而细的炉窑烟气或含尘浓度高的烟气，则必须采用清灰能力强的脉冲喷吹清灰方式，对于小型除尘器有时选择清灰能力较弱的机械振打清灰方式。在无压缩空气气源的条件下有时选反吹风清灰方式。

二、工艺设计注意事项

1. 处理风量

在袋式除尘器的设计中，小型除尘器处理风量只有几立方米每小时，大中型除尘器风量可达上百万立方米每小时。所以确定处理风量是最重要的因素。一般情况下袋式除尘器的尺寸与处理风量成正比。设计注意事项如下。

（1）风量单位用"m^3/min""m^3/h"表示，但一定要注意除尘器使用场所及烟气温度。高温气体多含有大量水分，故风量不是按干空气而是按湿空气量表示的，其中水分则以体积分数表示。

（2）因为袋式除尘器的性能取决于湿空气的实际过滤风速，因此，如果袋式除尘器的处理温度已经确定，而气体的冷却又采取稀释法时，那么这种温度下的袋式除尘器的处理风量还要加算稀释空气量。在求算所需过滤面积时，其滤速即实际过滤速率。

（3）为适应尘源变化，除尘器设计中需要在正常风量之上加若干备用风量，从而按最高风量设计袋式除尘器。如果袋式除尘器在超过规定的处理风量和过滤速度条件下运转，其压力损失将大幅度增加，滤布可能堵塞，除尘效率也要降低，甚至能成为其他故障频率急剧上升的原因。但是，如果备用风量过大，则会增加袋式除尘器的投资费用和运转费用。

（4）由于尘源温度发生变化，袋式除尘器的处理风量也随之变化。但不应以尘源误操作和偶尔出现的故障来推算风量最大值。

（5）处理风量一经确定，即可依据确定的滤速来决定所必需的过滤面积。过滤速度因袋式除尘器的形式、滤布的种类和生产操作工艺的不同而有很大差异。滤速的大小可以查阅相关资料或类似的生产工艺，根据经验加以推定。

2. 使用温度

脉冲袋式除尘器的使用温度是设计的重要依据，出现使用温度误差有时会酿成严重后果。这是因为温度受下述 2 个条件所制约。

① 不同滤布材质所允许的最高承受温度（瞬间忍耐温度和长期运行温度）有严格限制。

② 为防止结露，气体温度必须保持在露点以上，一般要高于 30℃ 以上。

对于高温尘源，就必须将含尘气体冷却至滤布能承受的温度以下。一般情况下，处理高温气体所用袋式除尘器，其投资费颇高，而且空气冷却设施也需要经费。

应当按照生产工艺形成的温度、风量来决定冷却方法，并且考虑袋式除尘器的大小尺寸，制订出最经济的处理温度。较高温度的气体如果含有大量水分和硫的氧化物，不能冷却到较低的温度，这是因为含 SO_x 的气体的酸露点较高。

袋式除尘器的处理温度与除尘效率的关系并不明显，多数情况下出口浓度以"mg/m^3"来要求，要注意到这与高温过滤时以"g/m^3"计算的含尘浓度存在很大差别。

在处理温度接近露点的高湿气体时，如果捕集的粉尘极易潮解，反而应该混入高温气体以降低气体的相对湿度。

3. 气体成分

在除尘工程中许多工况的烟气中多含有水分。随着烟气中水分量的增加，袋式除尘器的设备阻力和风机能耗也随之变化。这虽然和处理温度有关，但露点的高低也成为与设计袋式除尘器有关的重要因素。

含尘空气中的含水量，可以通过实测来确定；也可以根据燃烧、冷却的物质平衡进行计算。空气中含水量的表示方法如下：①体积分数（%）；②绝对湿度，即每千克干空气的含湿量，以 H（kg/kg）表示；③相对湿度，以 $\varphi = \dfrac{p}{p_s} \times 100\%$ 表示；④水分总量，即每小时若干千克水（kg/h）的单位来表示。

除特殊情况外，袋式除尘器所处理的气体，多半是空气或窑炉的烟气。通常情况下袋式除尘器的设计按处理空气来计算。只有在密度、黏度、质量热容等参数关系到风机动力性能和管道阻力的计算及冷却装置的设计时，才考虑气体的成分。

此外，有无腐蚀性气体是决定滤布和除尘器壳体材质以及防腐方法等的选择所必须考虑的因素。

在袋式除尘器所处理的含尘空气组成中存在的有毒气体一般都是微量的，所以对装置的性能没有多大的影响。不过在处理含有毒性气体的含尘空气时，袋式除尘器必须采取不漏气的结构措施，而且要经常维护，定期检修，避免泄漏有毒气体造成安全事故。

4. 入口含尘质量浓度

入口含尘质量浓度以"mg/m³"或"g/m³"表示，但在气力输送装置的场合，不用浓度表示，而采用每小时输送量为若干千克（kg/h）的方法表示。

入口含尘浓度对袋式除尘器的设计影响着下列事项：

（1）压力损失和清灰周期　入口含尘浓度增大，同一过滤面积上的损失即随之增加，其结果是不得不缩短清灰周期。这是设备设计中必须考虑的。

（2）滤布和箱体的磨损　在粉尘具有强磨损性的情况下，可以认为磨损量与含尘浓度成正比。氧化铝粉、硅砂粉等硬度高且粒度粗的粉尘，当入口含尘浓度较高时，由于滤袋和壳体等容易磨损，有可能造成事故，所以应予以密切注意。

（3）预除尘器　在入口含尘浓度很高的情况下，应考虑设置预除尘器。但有经验的设计师往往会改变袋式除尘器的形式而不是首先设置预除尘器。实用上有入口含尘浓度在数百克每立方米左右而不设预除尘器的类型。

（4）排灰装置　排灰能力是以能否排出全部除下的粉尘为标准。其必须排出的粉尘量，等于入口含尘浓度乘处理风量之积。

5. 出口含尘浓度

出口含尘浓度必须低于环境保护法规和国家卫生标准的指定值。在污染物综合排放标准中，国家对排气筒排出粉尘量有严格规定。

袋式除尘器的出口含尘浓度，依除尘器的形式、滤布种类、粉尘性质和袋式除尘器的用途不同而各异，一般介于 $1 \sim 50 mg/m^3$ 之间。对于含有铅、镉等有害物质的情况，则要求出口浓度特别低，这时要采用特殊型式的袋式除尘器。

6. 粉尘的性质

粉尘的各种性质对袋式除尘器的设计有很大的影响，所以针对粉尘的一些特殊性质，需要根据经验采取有效的设计措施。

（1）附着性和凝聚性粉尘　进入袋式除尘器的粉尘稍经凝聚就会使颗粒变大；堆积于滤袋表面的粉尘在被抖落掉的过程中也能继续进行凝聚。清灰效能和通过滤料的粉尘量也与凝聚性和附着性有关。

因此，在设计时，对凝聚性和附着性非常显著的粉尘，或者当几乎没有凝聚性和附着性的粉尘，必须按粉尘种类、用途的不同根据经验采取不同的处理措施。

（2）粒径分布　粒径分布对袋式除尘器的主要影响是压力损失和磨损。粉尘中微细部分对压力损失的影响比较大，因此表示粒度分布的方法要便于了解微细部分的组成。粗颗粒粉尘对滤袋和除尘装置的磨损起决定性作用；但是，只有入口含尘浓度高和硬度大的粉尘，其影响才比较大。

（3）粒子形状　一般认为，针状结晶粒子和薄片状粒子容易堵塞滤料的孔隙，影响除尘效率。但是，实际上究竟有多大影响还不十分明了。所以，除了极特殊的形状以外，设计袋式除尘器时，对此不必详加考虑。例如，能够凝聚成絮状物的纤维状粒子，如采取很高的过滤速度就很难从滤料表面脱落，虽然脉冲除尘器属于外滤方式，滤袋的间距也必须适当加大。

（4）粒子的密度　粒子的密度对设计袋式除尘器的关系也很重要，但是，因为出口浓度要求用"mg/m³"表示，所以像铅和铅氧化物等密度特别大的粉尘，若用计重标准表示出口浓度时，则应加以注意。

粉尘的堆积密度与粉尘粒径分布、凝聚性、附着性有关，也与袋式除尘器的压力损失与过滤面积的大小有关。堆积密度越小，清灰越困难，从而使袋式除尘器的压力损失增大，这时必须考虑较大的过滤面积。

此外，粉尘的堆积密度对选定除尘器排灰装置能力至关重要。

（5）吸湿性和潮解性粉尘 吸湿性和潮解性强的粉尘，在袋式除尘器运转过程中，极易在滤料表面上吸湿而固化，或因遇水潮解而成为稠状物，造成清灰困难、压力损失增大，以致影响袋式除尘器正常运转。例如对含有 KCl、$MgCl_2$、NaCl、CaO 等强潮解性物质的粉尘，有必要采取相应的技术措施。

（6）荷电性粉尘 容易荷电的粉尘在滤料上一旦产生静电就不易清落，所以选定过滤速度时原则上要以同一粉尘在类似工程实践的使用经验为根据。

对非常容易带电的粉尘，虽然也有使用导电滤料的，但效果究竟如何，尚未得到定量的确认。但是在粉尘有可能发生爆炸的情况下，即使清灰没什么问题也应采取防止静电危害的措施，以避免因静电发生的火花而引起爆炸。

（7）爆炸性和可燃性粉尘 在处理有爆炸可能的含尘空气时，设计要十分小心。爆炸性粉尘均有其爆炸界限。袋式除尘器内粉尘浓度是不均匀的，浓度超过爆炸界限的情况完全可能出现，这时遇有火源就会发生爆炸，这种事例屡见报道。

对于可燃性粉尘，虽然不一定都引起爆炸，但如在除尘器以前的工艺流程中出现火花，且能进入袋式除尘器内时，就应采用防爆措施，如增设火花捕集器等。

7. 压力损失

除尘器的压力损失是指除尘器本身的压力损失。由于管道布置千差万别，压力损失所受影响较多。所以，一般标准规定的压力损失只限除尘装置本身的阻力。所谓本身阻力指除尘器入口至出口在运行状态下的全压差。袋式除尘器的压力损失通常在 1000～2000Pa 之间。脉冲袋式除尘器压力损失通常＜1500Pa。

仅从袋式除尘器本身来讲，如果它是在根据其形式所决定的压力损失范围内工作，那么，就认为它的技术性能和经济性能都是合适的。由于压力损失是按袋式除尘器前后装置及风机性能考虑的，所以在设备运行过程中允许压力损失有某种变动范围。此时应对压力和清灰周期等做适当的调整。设计时须考虑这种调整的可能。

8. 外壳耐压力

袋式除尘器内的耐压力是根据器前与器后装置和风机的静压及其位置而定。必须按照袋式除尘器正常使用的压力来确定外壳的设计耐压力。袋式除尘器壳体的设计耐压力虽然也按正常运转时的静压计算，但是要考虑到一旦出现误操作所出现的风机最高静压。

作为一般用途的袋式除尘器，其外壳的耐压度，对长袋和气箱脉冲除尘器为 5000Pa，对其他型式的脉冲袋式除尘器为 4000Pa。对于采用以罗茨鼓风机为动力的负压型空气输送装置，除尘器的设计耐压为 15～50kPa。

另外，某些特殊的处理过程，也有在数百千帕表压下运转的。要求较高耐压力的袋式除尘器，一般将其外壳制成圆筒形，例如高炉煤气净化用脉冲袋式除尘器。

9. 尘源工况

在袋式除尘器的设计中，必须考虑尘源工况。若尘源机械是 24h 连续运转，而且无一日间断者，就必须做到能在设备运转过程中从事更换滤袋和进行其他维护检修工作。对于在短时间运转后必须停运一段时间的间歇式机械设备，则应充分利用停运期间开动清灰装置，以防滤料堵塞。

在用袋式除尘器处理高湿气体中的吸湿性和潮解性粉尘时，应采用防水滤袋并设计防止结露的措施，以防出现停运故障。

在尘源装置运转过程中，如果气体温度、粉尘浓度、粉尘性状发生周期性变化，这就要求设计的参数以最高负荷为基础，否则将不适应过负荷条件下的正常运转。

10. 设备设置环境

（1）袋式除尘器的设置地点以室外的居多，只有少数小型袋式除尘器设置在室内，应根据室内外设置情况，考虑采取何种电气系统及是否设立防雨棚。设置场所无论是在室内还是室外，或在高处，都需要进行安装前的勘测；对到达安装现场前所经路径、各处障碍以及装配过程中必须使用的起吊搬运机械等都应事先做好设计和安排。

（2）如果袋式除尘器是设在腐蚀性气体或是有腐蚀性粉尘的环境之中，应充分考虑袋式除尘器的结构材质和外表面的防腐涂层。对受海水影响的海岸和船上的情况亦应考虑相应的涂装方案。

（3）把袋式除尘器设置在高出地面 20～30m 的高处位置时，必须按其最大一面的垂直面能充分承受强风时的风压冲击来设计。设在地震区的除尘器必须考虑地震烈度的影响。

（4）使用压缩空气清灰的袋式除尘器以及使用气缸驱动的切换阀由于压缩空气中的水分冻结会发生动作不灵，甚至无法运转。设计中应对压缩空气质量做出规定，同时需要考虑积雪和冰冻处理措施。

（5）大型袋式除尘器必须考虑解体运输和在现场组装，一般采用组合式的为好；小型袋式除尘器是可以在制造厂装配好，再整机搬运到现场安装上。

（6）脉冲袋式除尘器更换滤袋时都在除尘器顶部进行，如旧滤袋放置不当会因扬尘污染环境，设计中应考虑卸下滤袋的落袋管及地面放置场所。

三、主要技术参数设计计算

在设计袋式除尘器过程中要计算的主要技术参数包括过滤面积、过滤速度、气流上升速度、压力损失、清灰周期等。

（一）过滤面积

过滤面积是指起滤尘作用的滤料有效面积，以"m^2"计。过滤面积按下式计算：

$$S_1 = \frac{Q}{60 v_F} \tag{4-21}$$

式中，S_1 为除尘器有效过滤面积，m^2；Q 为处理风量，m^3/h；v_F 为过滤速度，m/min。

（1）处理风量　计算过滤面积时，处理风量指进入袋式除尘器的含尘气体工况流量，而不是标准状态下的气体流量。有时候还要加上除尘器的漏风量。

（2）总过滤面积　计算出的过滤面积是除尘器的有效过滤面积。但是，滤袋的实际面积要比有效面积大，因为滤袋进行清灰作业时这部分滤袋不起过滤作用。如果把清灰滤袋面积加上去则除尘器总过滤面积按下式计算：

$$S = S_1 + S_2 = \frac{Q}{60 v_F} + S_2 \tag{4-22}$$

式中，S 为总过滤面积，m^2；S_1 为滤袋工作部分的过滤面积，m^2；S_2 为滤袋清灰部分的过滤面积，m^2；Q 为通过除尘器的总气体量，m^3/h；v_F 为过滤速度，m/min。

求出总过滤面积后就可以确定袋式除尘器总体规模和尺寸。

（3）单条滤袋面积　单条圆形滤袋的面积，通常用下式计算：

$$S_d = \pi D L \tag{4-23}$$

式中，S_d 为单条圆形滤袋的公称过滤面积，m^2；D 为滤袋直径，m；L 为滤袋长度，m。

在滤袋加工过程中，因滤袋要固定在花板上，所以滤袋两端需要双层缝制甚至多层缝制，双层缝制的这部分因阻力加大已无过滤作用，同时滤袋中间还要加袋笼，这部分也没有过滤作用，

故上式可改为

$$S_j = \pi DL - S_x \tag{4-24}$$

式中，S_j 为滤袋净过滤面积，m^2；S_x 为滤袋未能起过滤作用的面积，m^2；其他符号意义同前。

例如，在大中型脉冲袋式除尘器中，滤袋长 6m，直径 0.16m，其公称过滤面积为 $0.16 \times \pi \times 6 = 3.01$（$m^2$），如果扣除没有过滤作用的面积 $0.36m^2$，其净过滤面积为 $3.01 - 0.36 = 2.65m^2$，由此可见，滤袋没用的过滤面积占滤袋面积的 5%～10%。在大中型除尘器规格中应注明净过滤面积大小。但在现有除尘器样本中，其过滤面积多数指的是公称过滤面积，在设计和选用中应该注意。

（4）滤袋数量　根据总过滤面积和单条滤袋面积求滤袋数量

$$n = \frac{S}{S_d} \tag{4-25}$$

式中，n 为滤袋数量，条；其他符号意义同前。

（二）滤袋规格

滤袋尺寸是除尘器设计中的重要数据，决定滤袋尺寸有以下因素。

（1）清灰方式　自然落灰的袋式除尘器一般长径比为（5∶1）～（20∶1），其直径在 200～500mm，袋长 2～5m。大直径的滤袋多用单袋工艺。人工振打的袋式除尘器、机械振打袋式除尘器滤袋长径比为（10∶1）～（20∶1），其直径在 100～200mm，袋长 1.5～3.0m；反吹风袋式除尘器滤袋长径比为（20∶1）～（45∶1），其直径在 150～300mm，袋长 4～12m；脉冲袋式除尘器滤袋长径比为（12∶1）～（60∶1），其直径在 120～200mm，袋长 2～9m。袋式除尘器清灰方式不同，所以滤袋尺寸是不一样的。

（2）过滤速度　袋式除尘器过滤速度不同，直接影响滤袋尺寸大小。较低过滤速度的滤袋一般直径较大，长度较短。

（3）粉尘性质　确定滤袋尺寸时要考虑烟尘性质，黏性大、易水解和密度小的粉尘不宜设计较长的滤袋。

（4）滤布的强度　在使用中应考虑滤袋的实际载荷（即滤袋自重、被黏附在滤袋上的粉尘重量及其他力的总和）与滤布之间的关系。当实际载荷超过滤布的允许强度时，滤袋将因强度不够而破裂。很明显，最主要的是滤布的抗拉强度是否能满足使用要求。

（5）入口气流速度　当含尘气体进入每条滤袋时，入口速度 v_i 过大，一方面会加速清灰除尘的二次飞扬，另一方面由于粉尘的摩擦使滤袋的磨损急速增加，一般工况气体入口速度不能大于 1.0m/s。

袋式除尘器的过滤速度 v_F（m/min）与入口速度 v_i 有一定关系，通过计算，其长度与直径的关系式如下。

设单条滤袋气体的流量为 q

按过滤速度计算：

$$q = \frac{\pi DL v_F}{60} \tag{4-26}$$

按入口速度计算：

$$q = \frac{\pi D^2 v_i}{4} \tag{4-27}$$

两式相等

$$\frac{\pi DL v_F}{60} = \frac{\pi D^2 v_i}{4} \tag{4-28}$$

即
$$L/D = \frac{15 v_i}{v_F} \qquad (4\text{-}29)$$

式中，q 为单条滤袋气体流量，m^3/s；D 为滤袋直径，m；L 为滤袋长度，m；v_F 为滤袋过滤速度，m/min；v_i 为滤袋入口速度，m/s。

从上式可得出，当 v_F 较高时，L/D 值应在一个较小的范围内，当 v_F 较低时，L/D 值在一个较大的范围内。根据有关资料介绍，袋式除尘器的 L/D 值一般为 $15\sim35$，而玻纤袋式除尘器 L/D 值可达 $40\sim50$。

当玻纤袋式除尘器选用过滤速度 $v_F = 0.5m/min$，入口流速 $v_i \leqslant 1.5m/s$。

则
$$L/D = \frac{15 \times 1.5}{0.5} = 45 \qquad (4\text{-}30)$$

所以，反吹风除尘器滤袋的直径可为 $150\sim300mm$，袋长也可在 $3\sim12m$ 内选择。

（三）过滤速度

袋式除尘器的过滤速度 v 是被过滤的气体流量和滤袋过滤面积的比值，因而其量纲为 "m/min"，简称为过滤速度，它只代表气体通过织物的平均速度，不考虑有许多面积为织物的纤维所占用，因此，亦称为 "表观气流速度"。

过滤速度是决定除尘器性能的一个很重要的因素。过滤速度太高会造成压力损失过大，降低除尘效率，使滤袋堵塞和迅速损坏。但是，提高过滤速度可以减少需要的过滤面积，以较小的设备来处理同样体积的气体。

袋式除尘器在选择过滤速度这一参数时，应慎重细致。其理由是：通常情况下，烟气含尘浓度高、粉细，而且气体含有一定的水分。所以，对反吹风袋式除尘器而言，其过滤速度以小于 $1m/min$ 为好，当除尘器用于炼焦、水泥、石灰炉窑等场所时，其过滤速度应更低。

1. 过滤速度计算

过滤速度可以按下式做出对实际应用足够准确的计算

$$q_f = q_n C_1 C_2 C_3 C_4 C_5 \qquad (4\text{-}31)$$

式中，q_f 为气布比，$m^3/(m^2 \cdot min)$；q_n 为标准气布比，该值与要过滤的粉尘种类、凝集性有关，对黑色和有色金属升华物质、活性炭采用 $1.2m^3/(m^2 \cdot min)$，对焦炭、挥发性渣、金属细粉、金属氧化物等取值 $1.7m^3/(m^2 \cdot min)$，对铝氧粉、水泥、煤炭、石灰、矿石灰等取值为 $2.0m^3/(m^2 \cdot min)$；C_1 为考虑清灰方式的系数，脉冲清灰（织造布）取 1.0，脉冲清灰（无纺布）取 1.1，反吹加振打清灰取 $0.7\sim 0.85$，单纯反吹风取 $0.55\sim0.7$；C_2 为考虑气体初始含尘浓度的系数，以图 $4\text{-}11$ 所示曲线可以查找；C_3 为考虑要过滤的粉尘粒径分布影响的系数，如表 $4\text{-}4$ 所列数据，以粉尘质量中位径 d_m 为准，将粉尘按粗细划分为 5 个等级，越细的粉尘，其修正系数 C_3 越小；C_4 为考虑气体温度的系数，其值如表 $4\text{-}5$ 所列；C_5 为考虑气体净化质量要求的系数，以净化后气体含尘量估计，其含尘浓度 $> 30mg/m^3$ 的系数 C_5 取 1.0，含尘浓度低于 $10mg/m^3$ 时 C_5 取 0.95。

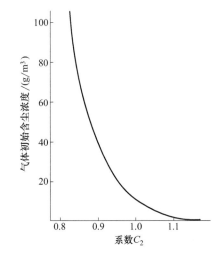

图 4-11 系数 C_2 随含尘浓度
而变化的曲线

表 4-4　C_3 与粉尘中位径大小的关系

粉尘中位径 $d_m/\mu m$	>100	100~50	50~10	10~3	>3
修正系数 C_3	1.2~1.4	1.1	1.0	0.9	0.9~0.7

表 4-5　温度的修正系数

温度 $t/℃$	20	40	60	80	100	120	140	160
系数 C_4	1.0	0.9	0.84	0.78	0.75	0.73	0.72	0.70

2. 根据流体阻力计算过滤速率

根据流体阻力计算过滤速率，应使用 A. C. 孟德里柯和 H. П. 毕沙霍夫的公式：

$$\Delta p = \frac{817\mu v_F(1-m)}{d^2 m^3}\left[0.82\times 10^{-6} d^{0.25} m_T^3(1-m)h_0^{2/3} + \frac{v_F tz}{\rho}\right] \tag{4-32}$$

式中，μ 为气体黏度，Pa·s；v_F 为按滤布全部面积计算的气体速度（气体负荷），m/s；d 为粉尘平均粒径（用空气渗透法测定），m；m 为粉尘层的气孔率，以小数表示；m_T 为滤布气孔率，以小数表示；ρ 为粉尘密度，kg/m³；z 为气体含尘量，kg/m³；t 为再生间隔时间（再生周期），s；h_0 为新滤料过滤速率为 1m/s 时的单位流体阻力，Pa。

几种滤布的 m_T 和 h_0 标准值列于表 4-6。

表 4-6　m_T 和 h_0 值

滤　　布	m_T（小数表示）	$h_0/\times 10^5$ Pa
21 号 ЧШ 纯毛厚绒布	0.91~0.86	0.84
83 号 ЦМ 滤袋	0.89	1.8
НЦМ 尼特纶	0.83	1.8
聚酚醛纤维布	0.66	8.8

注：m_T，h_0 值由滤料生产厂家提供。

按流体阻力计算过滤速率 v_F，举例如下。

【例 4-1】　如果已知粉尘密度为 6400kg/m³，粒子分散度 $d=0.35\times 10^{-6}$，粉尘层气孔率为 0.94，气体温度为 90℃，清灰间隔时间为 15min，过滤器采用 HUM 滤袋的滤布。滤布气孔率 $m_T=0.83$，$h_0=1.8\times 10^5$ Pa。假定流体阻力 $\Delta p=900$ Pa；90℃ 时，气体 $\mu=22\times 10^{-6}$ Pa·s。求算对于含尘量为 1.4×10^{-3} kg/m³ 气体的允许过滤速率。

将这些数据代入公式（4-32）：

$$900 = \frac{817\times 22\times 10^{-6} v_F\times(1-0.94)}{(0.35\times 10^{-6})^2\times 0.94^3}\left[0.82\times 10^{-6}\times(0.35\times 10^{-6})^{0.25}\times\right.$$

$$\left.(1-0.94)\times 0.83^3\times(1.8\times 10^5)^{2/3} + \frac{v_F\times 15\times 60\times 1.4\times 10^{-3}}{6400}\right]$$

$$= 10600 v_F(2.18 + 197 v_F)$$

得 $v_F = 0.016$ m/s $= 0.96$ m/min。

3. 过滤速率推荐值

袋式除尘器常用过滤速率见表 4-7，因计算方法不同，有的资料推荐值大。

表 4-7　袋式除尘器推荐的过滤速率　　　　　　　　　　　单位：m/min

等级	粉尘种类	清灰方式		
		机械振动	脉冲喷吹	反吹风
1	炭黑[①]、氧化硅（白炭黑）；铅[①]、锌[①] 的升华物以及其他在气体中由于冷凝和化学反应而形成的气溶胶；化妆粉；去污粉；奶粉；活性炭；由水泥窑排出的水泥[①]；颜料	0.45~0.6	0.5~1.0	0.33~0.45

续表

等级	粉尘种类	清灰方式		
		机械振动	脉冲喷吹	反吹风
2	铁[1]及铁合金[1]的升华物;铸造尘;氧化铝;由水泥磨排出的水泥[1];炭化炉的升华物[1];石灰;刚玉;安福粉及其他肥料;塑料;淀粉	0.6~0.75	0.8~1.2	0.45~0.55
3	滑石粉;煤;喷砂清理尘;飞尘[1];陶瓷生产的粉尘;炭黑(二次加工);高岭土;石灰石[1];矿尘;铝土矿;水泥(来自冷却器)[1];搪瓷	0.7~0.8	1.0~1.5	0.6~0.9
4	石棉;纤维尘;石膏;珠光石;橡胶生产中的粉尘;盐;面粉;研磨工艺中的粉尘	0.8~1.2	1.2~2.0	0.6~1.0
5	烟草;皮革粉;混合饲料;木材加工中的粉尘;粗植物纤维(大麻、黄麻等)	0.9~1.5	1.5~2.2	0.8~1.2

[1] 基本上为高温粉尘,多采用反吹清灰除尘器捕集。

4. 气布比

工程上还使用气布比 g_f [$m^3/(m^2 \cdot min)$] 的概念,它是指每平方米滤袋表面积每分钟所过滤的气体量(m^3),气布比可表示为:

$$g_f = \frac{Q}{A} \tag{4-33}$$

显然有

$$g_f = v_f$$

过滤速度(气布比)是反映袋式除尘器处理气体能力的重要技术经济指标,它对袋式除尘器的工作和性能都有很大影响。在处理风量不变的前提下,提高过滤速度可节省滤料(即节省过滤面积),提高了过滤料的处理能力。但过滤速度提高后设备阻力增加,能耗增大,运行费用提高,同时过滤速度过高会把积聚在滤袋上的粉尘层压实,使过滤阻力增加。由于滤袋两侧压差大,会使微细粉尘渗入滤料内部,甚至透过滤料,使出口含尘浓度增加。过滤风速高还会导致滤料上迅速形成粉尘层,引起清灰过于频繁,增加清灰能耗,缩短滤袋的使用寿命。在低过滤速度下,压力损失少,效率高,但需要的滤袋面积也增加了,则除尘器的体积、占地面积、投资费用也要相应增大。因此,过滤速度的选择要综合烟气特点、粉尘性质、进口含尘浓度、滤料种类、清灰方法、工作条件等因素来决定。一般而言,处理较细或难于捕集的粉尘、含尘气体温度高、含尘浓度大和烟气含湿量大时宜取较低的过滤速度。

(四) 气流上升速度计算

在除尘器内部滤袋底端含尘气体能够上升的实际速度就是气流上升速度,有的称可用速度。气流上升速度的大小对滤袋被过滤的含尘气体磨损以及因脉冲清灰而脱离滤袋的粉尘随气流重新返回滤袋表面有重要影响。气流上升速度是除尘器内烟气不应超过的最大速度,达到和超过这个速度,烟气中的颗粒物就会磨坏滤袋或带走粉尘,甚至导致设备运行阻力偏大。

袋式除尘器用滤袋进行过滤时分为内滤和外滤两种,前者含尘气流由滤袋内部流向外部,后者含尘气流由滤袋外部流向滤袋内部。

(1) 内滤式 在内滤的袋式除尘器中,气流上升速度以滤袋的滤料面积乘过滤速度再除以滤袋底部的敞口面积来计算。即烟气进入滤袋口时的速度,按下式计算

$$v_K = \frac{f v_F}{F} \tag{4-34}$$

式中,v_K 为除尘器气流上升速度,m/min;f 为单条袋面积,m^2;v_F 为过滤速度,m/min;F 为滤袋口面积,m^2。

(2) 外滤式 外滤式气体入口在灰斗上或气体入口迫使气流进入灰斗。外滤袋式除尘器的气

流上升速度按与滤袋底部等高的平面上气体上升流速来衡量。计算方法是用一个分室的截面积减去滤袋占有的面积，再除该分室的气体流量，按下式计算

$$v_K = \frac{Q}{A - n f_\alpha} \tag{4-35}$$

式中，v_K 为除尘器气流上升速度，m/min；A 为滤袋室截面积，m^2；n 为滤袋室滤袋数量，个；f_α 为每只滤袋占有的面积，m^2；Q 为滤袋室的气体量，m^3/min。

过滤速度和气流上升速度二者的数值在袋式除尘器内各处都应保持在一定范围内。如果按 1.2m/min 的过滤速度设计的袋式除尘器中气流分布不均匀，以致一个分室中以不到 1m/min 的过滤速度运行，而在另一室中以超过 2m/min 的过滤速度运行，则该系统是不会成功的。同样，如果设计的气流上升速度平均值为 70m/min，但因入口气体分布不良，袋式除尘器系统的某些部分达到 150m/min 或更高的气流上升速度，而其他部分则是空气死区或有逆流，这样就会导致滤袋过早损坏。因此，在袋式除尘器系统中采取某些使气流分布均匀的措施和适当的袋间距离都是很重要的。气流上升速度的取值与粉尘的粒径、浓度、袋室大小等因素有关，可根据设计者的经验和工程成功案例确定。

（五）设备阻力和清灰周期估算

袋式除尘器的阻力 Δp 由设备本体结构阻力 Δp_c 和过滤组件阻力 Δp_f 叠加而成

$$\Delta p = \Delta p_c + \Delta p_f \tag{4-36}$$

本体结构阻力由气体入口和出口的局部阻力以及从总风管向单元分室气流的阻力组成

$$\Delta p_c = \zeta v_{in}^2 \rho_a / 2 \tag{4-37}$$

式中，ζ 为阻力系数，按入口连接管的速度（通常取 $5 \sim 15$m/s）计算，在正确设计的袋式除尘器结构情况下，该值为 $1.5 \sim 2.5$；v_{in} 为气流速度，m/s；ρ_a 为气体密度；kg/m^3。

过滤组件的阻力 Δp_f 可按两项之和计算

$$\Delta p_f = \Delta p' + \Delta p'' = A \mu v_F + B \mu v_F M_1 \tag{4-38}$$

式中，$\Delta p'$ 为清灰之后，带有余留粉尘的过滤件自身的阻力，认为它是常数；$\Delta p''$ 为在滤袋表面积附着但在清灰时能清除掉的粉尘阻力，是变化着的数量；A、B 为系数，将其值列于表 4-8；μ 为气体动力黏度系数，Pa·s；v_F 为滤袋的过滤速率，m/s；M_1 为单位过滤面积上的粉尘质量，kg/m^2。

表 4-8　对一些粉尘的系数 A、B（滤布涤纶）

$d_m/\mu m$	粉尘种类	A/m	$B/(m/kg)$
$10 \sim 20$	石英、水泥	$(1100 \sim 1500) \times 10^6$	$(6.5 \sim 16) \times 10^9$
$2.5 \sim 3.0$	炼钢、升华尘	$(2300 \sim 2400) \times 10^6$	80×10^9
$0.5 \sim 0.7$	硅及升华尘	$(1300 \sim 15000) \times 10^6$	330×10^9

在进行粗估时，可参照表 4-8 不同粉尘品种选取系数 A 与 B 的数值。在给定滤袋组件的最佳压力差 Δp_{op} 之后，可以求得清灰周期，也就是滤袋组件连续进行过滤的时间 t_f 时间内，过滤面积上积累的粉尘数量近似地等于

$$M_1 = Z_1 v_F t_f \tag{4-39}$$

式中，M_1 为单位过滤面积上的粉尘质量，kg/m^2；Z_1 为气体初始含尘浓度，kg/m^3；v_F 为过滤速率，m/min；t_f 为清灰周期，min。

将式（4-39）代入式（4-38）得

$$\Delta p_f = \Delta p' + \Delta p'' = \mu v_F (A + B Z_1 v_F t_f)$$

$$t_f = \frac{[\Delta p_f / (\mu v_F)] - A}{B Z_1 v_F} \tag{4-40}$$

过滤组件阻力 Δp_f 如果取值过高或过低都会影响过滤效率，存在着 Δp_f 的最佳值（Δp_{op}），它对应着袋式除尘器的最佳过滤效率和最佳的连续过滤时间 t_f。这个值只能通过试验办法寻求。

简化的做法是给出变化着的粉尘层的阻力 $\Delta p''$。对于细尘 $\Delta p''$ 取值不大于 $600 \sim 800 \mathrm{Pa}$，对于中位径 $d_m > 20 \mu m$ 的粗尘，$\Delta p''$ 取值为 $250 \sim 350 \mathrm{Pa}$。

如此，有了 Δp_f、Δp_c 即可按式 $\Delta p = \Delta p_c + \Delta p_f$ 求得袋式除尘器阻力 Δp（Pa），同时也可求得最佳清灰周期 t_f 值。

除尘器的压力损失是指除尘器本身的压力损失。由于管道布置千差万别，压力损失所受影响较多。所以，一般标准规定的压力损失只限除尘装置本身的阻力。所谓本身阻力指除尘器入口至出口在运行状态下的压力差。袋式除尘器的压力损失通常在 $1000 \sim 2000 \mathrm{Pa}$ 之间。脉冲袋式除尘器压力损失通常 $< 1.5 \mathrm{kPa}$。

仅从袋式除尘器本身来讲，如果它是在根据其形式所决定的压力损失范围内工作，那么就认为它的技术性能和经济性能都是合适的。由于压力损失是按袋式除尘器前后装置及风机性能考虑的，所以在设备运行过程中允许压力损失有某种变动范围。此时应对压力和清灰周期等做适当的调整，设计时必须考虑这种调整的可能。

四、除尘器工艺布置

（一）除尘器壳体及入口形式

除尘器常用圆形或者方形。方形除尘器是建设费用少、结构紧凑以及最经济的多行滤袋配置。方形除尘器适用于中等操作压力，然而，大约 $0.02 \mathrm{MPa}$ 是实际极限。在这个点之上再增加压力费用十分昂贵。方形结构使许多制造厂的制作能力增强，并且产生比圆形结构更少的废料。

圆形的除尘器也有一些实际的优点。圆形允许较高压力值，而不用重新加固。即使在低压操作静态压力下，当要求防爆时，这种固有的优点很有价值。

通过使用切线的或者在箱体上的蜗形进口，圆柱形的除尘器有预清洁能力。这在木工工业、金属加工和产生重固体荷重和大量碎片尺寸的其他工业中，已经广泛应用。

圆形、圆锥形箱体对粉尘收集来说优点较小，存在易桥接和不易流动的缺点。普通灰斗的勾角为直角或者方形，更易于存放和排出粉尘。

当出口或者入口开口需要切断连接管道时，圆形灰斗的修改比较困难。从降低造价节省钢材方面考虑，圆筒形除尘已被用于袋式除尘器的各种系列，如仓顶除尘器、煤气除尘器、回转式除尘器等。

（二）气体入口类型和位置

1. 灰斗入口

对于长方形除尘器最常用的入口处是灰斗。如果收集的粉尘含有大量颗粒，则需在空气达到过滤区域前方向变化从而产生一些惯性和重力的分离。入口设计必须包括一种扩散方式，以阻止粉尘从灰斗对面的斜面壁上跳出，磨蚀除尘器灰斗。

圆形除尘器适合于切线或者蜗形入口。这种设计允许气体在切线方向上进入灰斗。然后空气沿箱体和灰斗的曲线运动，离心力大的固体附着到壁上，重力驱使物料掉落到灰斗出料。半清洁的气体移动到除尘器上部最后被清洁。流量导流装置部件安装在灰斗和过滤区域部件之间，旋转气体运动到垂直方向上，在袋滤室使含尘气体充分过滤。当处理磨损性粉尘或者高浓度粉尘时，可以延长滤袋的磨损寿命。

2. 箱体侧入口

当处理细微或者轻的、毛绒颗粒时，灰斗使用失败的一个主要原因是气体向上的速度。这是指上升气流、轴向速度或者容器速度。在除尘器在线清灰时，通过清灰循环置换掉的颗粒，从除尘器上以凝聚方式掉落而不是单个颗粒掉落。这些物质必须掉落进除尘器下面的收集区域。如果进口空气的上升气流克服了引力作用，物质停留在过滤区域，重新悬浮于进来的气流中，然后被重新推进除尘器。如果收集的固体的粉尘沉降速率不等于额外进入滤袋区域的颗粒速率，气流中的颗粒浓度将持续升高，同时通过除尘器的压力将会上升。清灰系统必须在高气压下操作，才能从这种状态中恢复过来。

在许多应用中，采用侧部入口，降低上升气流的速率，允许固体颗粒物进入除尘器，沉降进灰斗。这种入口通常要求在入口和袋子之间安装导流板来减小除尘器的摩擦或者磨蚀。如果颗粒形状小和密度低的场合，可考虑上部入口。

3. 上部入口

在主体设计允许顶部进口时，含尘气体能够从上部进入，向下流动。上部入口设计可帮助粉尘从过滤室掉进灰斗中，这比侧入口更易卸料。这种形式也明显地减少了固体的重新悬浮夹带，降低了含尘气体在滤袋间的微粒浓度，并且有助于除尘器的压力降稳定。

（三）除尘器工艺布置

1. 除尘器型式

在各种的除尘器中，袋式除尘器是种类最多、应用最广泛的除尘设备。随着袋式除尘器技术的不断提高和发展，袋式除尘器在大气污染治理中作用越来越重要。其中脉冲袋式除尘器的应用尤为重要和普遍。

通常袋式除尘器主要由箱体、框架、走梯、平台、清灰装置和控制系统组成。在除尘器设计中首先应选定袋式除尘器的型式，即选定清灰方式、滤尘方向、压力方式、滤袋形状、进出口位置等，通常可按表 4-9 进行组合。

表 4-9　袋式除尘器的型式

型式	名　　称	型式	名　　称
按清灰方式	机械式振打	按滤尘方向	内滤式
	逆气流清灰		外滤式
	脉冲喷吹清灰	按压力方式	吸出式（负压式）
	喷嘴反吹清灰		压入式（正压式）
按滤袋形状	圆形滤袋式	按进口位置	上进风式
	扇形滤袋式		下进风式

2. 除尘器布置

（1）除尘设备　要针对具体的使用工况，进行除尘器布置。

① 除尘器本体的占地面积可用下式进行估算

$$S = kn\phi^2 \tag{4-41}$$

式中，S 为除尘器本体占地面积，m^2；k 为系数，一般取值 3～5，其大小与除尘器大小有关，除尘器越大 k 值越小；n 为滤袋数量，条；ϕ 为每条滤袋直径，m。

根据用户的场地情况确定除尘器的高度，而确定除尘器高度，一要考虑足够更换滤袋的空间，二要考虑灰斗排灰装置的空间，以便使排灰系统有足够的位置。

② 根据平面位置情况，要尽可能使清灰装置能力发挥，也就是说要合理选择一个单元清灰装置所配的滤袋面积、滤袋的长度和滤袋的数量。

③ 箱体的上升气流设计，设计中要充分留足流体上升的方向和速度。

④ 灰斗的落灰功能和灰斗的气流设计，包括气流组织均匀，除尘器灰斗大小分割合理，除尘器灰斗壁板倾斜角度小于安息角，灰斗密闭性能好，灰斗清堵空气炮或振打装置配备等。

⑤ 除尘器花板与滤袋间距设计要合理。

⑥ 除尘器的更换滤袋方式以及除尘器检修门密封设计。

⑦ 除尘器气包及其清灰系统结构设计。

⑧ 除尘器壳体要全面考虑，壳体材质、厚度，壳体加强筋方式，壳体防腐措施，壳体抗结露方法，壳体保温措施。

（2）除尘器卸灰阀 除尘器灰斗用哪一种卸灰阀是袋式除尘器设计的一个要点，反吹风清灰的袋式除尘器灰斗一定要配双层卸灰阀，脉冲除尘器往往采用星形卸灰阀，但实际使用常出现星形卸灰阀容易损坏的情况，特别是对于细粉尘和琢磨性强的粉尘，还有间歇排灰的情况，容易产生漏风和损坏。有些行业还采用风动溜槽及密封箱来取代星形卸灰阀也是非常有效的，但不适用于大型袋式除尘器。

3. 进风总管配置

大型除尘设备进出风总管配置关系到除尘设备的气流分布、各过滤袋室阻力是否均匀，如果仅仅是简单的并联，往往受粉尘的惯性作用，出现沿气流方向进入后端过滤袋室比前端过滤袋室粉尘浓度大的现象。如果采用风管调节阀，对于琢磨性强的粉尘，运行中很容易造成阀板磨损，从而起不到调节风量的作用。为了解决进风总管风量分配问题，推荐采用降低总管风速（<12m/s）和设特殊阻流装置，减小粉尘的惯性作用，有利于气流均匀分布，同时采用防积灰进风支管措施，避免粉尘沉积。因此，除尘器总管风量分配应依据除尘器入风气流分布模拟实验报告进行，同时在除尘器各箱体入风管道要装设可调节的风量阀门，在除尘器各箱体出风管安装离线阀门。

五、袋式除尘器箱体设计

1. 设计要点

① 袋式除尘器的箱体结构主要包括箱体（净气室、尘气室、灰斗）、过滤元件（滤袋和滤袋框架）、清灰装置、卸灰和输灰装置、安全检修设施。

② 规格较小的袋式除尘器根据运输条件的许可，把箱体、灰斗等制作成整体发运；在现场进行组装的大、中型袋式除尘器，应在制造厂将主要零部件加工成符合公路及铁路运输限定尺寸的单元，并经过标识和包装，再运往现场。

③ 一般大型的袋式除尘器的壳体钢结构外壳可以采用标准模块设计，每个仓室都是一个独立的过滤单元体。可以设计成标准型和用户型两种类型：在工厂组装成单元箱体，再运往现场，称为标准型；在工厂将壳体等主要零部件制造完后，在现场进行组装，称为用户型。

2. 箱体形式

依滤袋布置不同，滤袋室有方形滤袋室布置、圆形滤袋室布置、矩形滤袋室布置和塔形滤袋室布置等，分别如图 4-12～图 4-15 所示。

3. 设计注意事项

① 箱体的耐压强度应能承受系统压力，一般情况下，负压按引风机铭牌全压的 1.2 倍来计取，按 +6000Pa 进行耐压强度校核。

② 检修门的布置以路径便捷、检修方便为原则。花板的厚度一般不小于 5mm，并在加强后应能承受两面压差、滤袋自重和最大粉尘负荷。大型袋式除尘器的花板设计一定要考虑热变形问题。花板边部袋孔中心与箱体侧板的距离应大于孔径。净气室的断面风速取值以 4～6m/s 为宜，<4m/s 最佳。

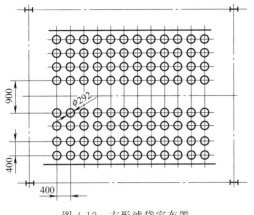

图 4-12　方形滤袋室布置

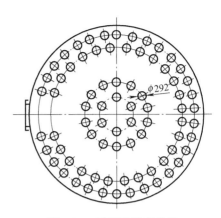

图 4-13　圆形滤袋室布置

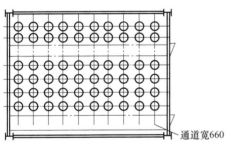

图 4-14　矩形滤袋室布置

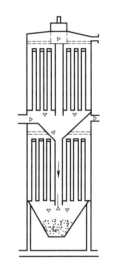

图 4-15　塔形滤袋室布置

③ 袋式除尘器结构、支柱和基础设计应考虑恒载、活载、风载、雪载、检修荷载和地震荷载，并按危险组合进行设计。

④ 大型高温袋式除尘器在设计中必须考虑整体热应力的消除以及材料的膨胀变形等问题。

六、袋式除尘器灰斗设计

1. 灰斗设计要点

主要包括：①灰斗的耐压强度应按满负荷工况下风机全压的120%设计，并能长期承受系统压力和积灰的重量，灰斗的容积应考虑输灰设备卸灰间隔时间内的储灰量；②除单机袋式除尘器外，灰斗应设置检修门；③卸灰阀与灰斗之间应装手动插板阀；④处理易结露烟气或捕集黏性较大的粉尘时，宜在灰斗设料位计、伴热和保温装置、破拱装置；⑤宜采取措施防止滤袋脱落时堵塞卸灰口，损坏卸灰设备；⑥灰斗料位计与破拱装置不宜设置在同一侧面；⑦卸灰设备应符合机电产品技术条件，满足最大卸灰量和确保灰斗锁气的要求，避免粉尘外逸。

2. 灰斗形式设计

除尘器灰斗的形式有锥形灰斗、船形灰斗、平底灰斗、抽屉式灰斗及无灰斗除尘器几种。

（1）锥形灰斗（见图 4-16）　锥形灰斗是袋式除尘器最常用的一种灰斗。

锥形灰斗的锥角应根据处理粉尘的安息角决定，一般不小于 55°，常用 60°，最大为 70°。

锥形灰斗的壁应采用 5～6mm 的钢板。

（2）船形灰斗（见图 4-17）　一般除尘器多室合用一个灰斗时，可采用船形灰斗，有时单室灰斗为降低灰斗高度，也会采用船形灰斗。

船形灰斗一般具有以下特点：①船形灰斗与锥形灰斗相比，高度较矮；②船形灰斗的侧壁倾角较大，与锥形灰斗相比它不容易搭桥、堵塞；③船形灰头底部通常设有螺旋输送机或刮板输送机，并在端部设置卸灰阀卸灰，也有配套空气斜槽进行气力输灰。

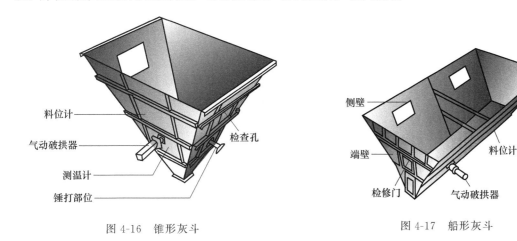

图 4-16　锥形灰斗　　　　　　　　　　图 4-17　船形灰斗

（3）平底灰斗（见图 4-18）　平底灰斗一般用于安装在车间内高度受到一定限制的除尘器上。

平底灰斗一般具有以下特点：①平底灰斗可降低除尘器的高度；②平底灰斗的底部设有回转形的平刮板机，它可将灰斗内的灰尘刮到卸灰口，然后通过卸灰阀排出；③平底灰斗的平刮板机转速一般采用 47r/min。

（4）抽屉式灰斗（见图 4-19）　抽屉式灰斗一般用于小型除尘机组的袋滤器，灰尘落入抽屉（或桶）内定期由人工进行清理。

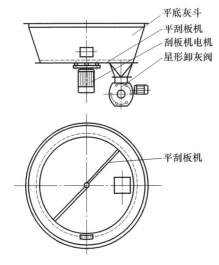

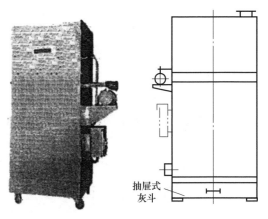

图 4-18　平底灰斗　　　　　　　　　　图 4-19　抽屉式灰斗

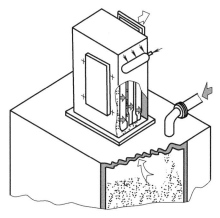

图 4-20　无灰斗除尘器

（5）无灰斗除尘器（见图 4-20）　一般仓顶除尘器及扬尘设备的就地除尘用的除尘器可不设灰斗，除尘器箱体可直接坐落在料仓顶盖或扬尘设备的密闭罩上。

常用的仓顶除尘器有振打式袋式除尘器、脉冲袋式除尘器及回转反吹扁袋除尘器等类型。

3. 灰斗设计注意事项

① 灰斗壁板一般用 6mm 钢板制作。

② 灰斗强度应能满足气流压力、风负荷以及当地的地震要求。

③ 为确保除尘器的密封性，不宜将灰斗内的灰尘完全排空，以免造成室外空气通过灰斗下部的排灰口吸入，影响除尘器的净化效率。一般在灰斗下部排灰口以上，应留有一定高度的灰封（即灰尘层），以保证除尘器排出口的气密性。

灰斗灰封的高度（H，mm）可按下式计算：

$$H = \frac{0.1\Delta p}{\varGamma} + 100 \tag{4-42}$$

式中，Δp 为除尘器内排出口处与大气之间的压差（绝对值），Pa；$\varGamma$ 为粉尘的堆积密度，g/cm^3。

④ 灰斗的有效储灰容积应不小于 8h 运行的捕灰量。

七、袋式除尘器进风方式设计

1. 灰斗进风设计

（1）灰斗进风的特征　灰斗进风是袋式除尘器最常用的一种进风方式，通常反吹风清灰、振动清灰及脉冲清灰袋式除尘器的含尘气流，都是采用从滤袋底部灰斗进入。

灰斗进风的主要特点为：①结构简单；②灰斗容积大，可使进入的高速气流分散，使大颗粒粉尘在灰斗内沉降，起到预除尘作用；③灰斗容积大，有条件设置气流均布装置，以减少进入气流的偏流。

（2）灰斗进风导流板　归纳灰斗导流板的形式目前主要有 3 种：①栅格导流板（见图 4-21），主要是在进风口加挡板或是由百叶窗组成挡板；②梯形导流板（见图 4-22），起到改变气流方向，使流场在除尘器内部分布均匀的作用；③斜板导流板（见图 4-23），除了改变气流方向、使流场分布均匀以外，还能使气流上升过程有个缓冲。

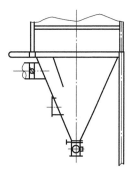

图 4-21　栅格导流板

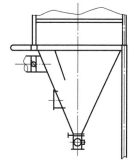

图 4-22　梯形导流板

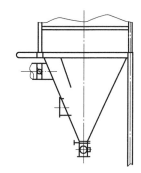

图 4-23　斜板导流板

对灰斗进气的除尘器用以上 3 种灰斗导流板进行试验，试验结果表明：当除尘器未加装气流均布装置时，内部气流分布相当不均匀，气流进入箱体后直接冲刷到除尘器后壁，在后壁的作用下，大部分气流沿器壁向上进入布袋室，这样就导致了在除尘器内部、后部的气流速度明显高于其他部分的气流速度，导致后部滤袋负荷过大容易损坏，即上升气流不匀，后部滤袋负荷大，并受到气流冲刷；而前部滤袋负荷小，造成局部少数滤袋受损，寿命大打折扣，这样不利于除尘器长期稳定达标。安装导流板后，除尘器内部的流场得到了显著均化。测试最优的情况下，斜板导流板比梯形导流板阻力降低 27%，比栅格导流板阻力更是降低 33%，而且该种形式的导流板加工安装方便，成本低。

（3）防磨除尘器入口设计　除尘器入口是除尘器本体中最易磨损的部位，因此对磨琢性强的粉尘，宜采取特殊措施。通常将入口做成下倾状，使粗粒尘顺势沉降，并可在底板敷贴耐磨衬，如图 4-24（a）、（b）所示；也可在水平入口设多孔板或阶梯栅状均流缓冲装置，如图 4-24（c）所示。

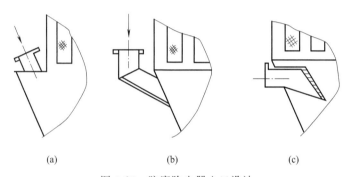

| (a) | (b) | (c) |

图 4-24　防磨除尘器入口设计

2. 箱体进风设计

（1）箱体底部进风的特点　包括：①气流从除尘器箱体下部侧向进入滤袋室，进口处应设有挡风板，以避免冲刷滤袋，影响滤袋的寿命；②由于挡风板的作用，气流向上流动进入滤袋室上部，再向下流动，使气流在滤袋室内分布均匀；③气流进入滤袋室后，向下流动的气流中的粗颗粒粉尘沉降落入灰斗，具有一定的预除尘作用，减轻了滤袋的过滤负荷，一般适用于高浓度烟气除尘；④由于挡风板占据滤袋室一定空间，影响了除尘器的结构大小及设备重量。

（2）箱体进风方式

① 箱体底部进风如图 4-25 所示。

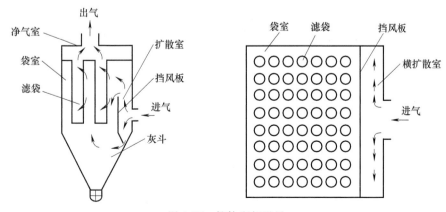

图 4-25　箱体底部进风

② 箱体中部进风如图 4-26 所示。

③ 圆筒形箱体的旋风式进风如图 4-27 所示。

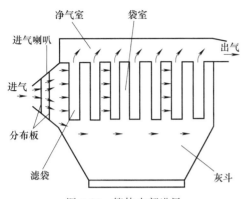

图 4-26　箱体中部进风

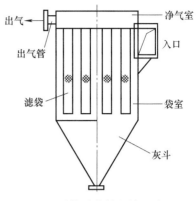

图 4-27　圆筒形箱体的旋风式进风

④ 箱体与灰斗结合式进风如图 4-28 所示。

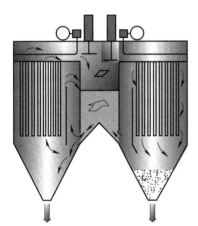

图 4-28　箱体与灰斗结合式进风

八、进风总管设计

1. 进风总管配置

大型除尘设备进风总管配置关系到除尘设备的气流分布，各过滤袋室阻力是否均匀，如果仅仅是简单的并联，往往受粉尘的惯性作用，出现沿气流方向进入后端过滤袋室比进入前端过滤袋室粉尘浓度大的现象。如果采用风管调节阀，对于磨琢性强的粉尘，运行中很容易造成阀板磨损，从而起不到调节风量的作用。为了解决进风总管风量分配问题，推荐采用降低总管风速（<12m/s）和设特殊导流装置，减小粉尘的惯性作用，有利于气流均匀分布，同时采用防积灰进风支管措施，避免粉尘沉积。因此，除尘器总管风量分配应依据除尘器入风气流分布模拟实验报告进行，同时在除尘器各箱体入风管道要装设可调节的风量阀门，在除尘器各箱体出风管安装离线阀门。

2. 进风总管的结构形式

烟道总管有喇叭形斜坡进气口烟道、带有挡流板喇叭形斜坡进气口烟道和台阶式进气口烟道几种形式，如图 4-29 所示。

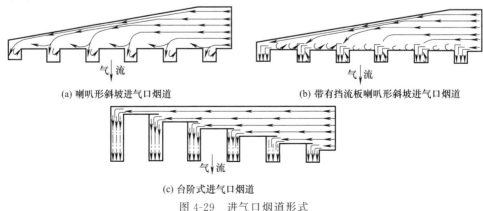

(a) 喇叭形斜坡进气口烟道

(b) 带有挡流板喇叭形斜坡进气口烟道

(c) 台阶式进气口烟道

图 4-29　进气口烟道形式

3. 进气总管设计要求

在多室组合的袋式除尘器中，为将烟气均匀地分配至各室，烟道总管的设计应满足以下要求：①使系统的机械压力降最小；②使各室之间的烟气及灰尘分布达到平衡；③使灰尘在进口烟道里的沉降达到最小。

九、清灰装置设计

（一）脉冲除尘器清灰装置设计

脉冲袋式除尘器的清灰装置由脉冲阀、喷吹管、贮气包、导流器和控制仪等几部分组成。

1. 清灰装置工作原理

脉冲袋式除尘器清灰装置工作原理如图 4-30 所示。脉冲阀一端接压缩空气包，另一端接喷吹管，脉冲阀背压室接控制阀，脉冲控制仪控制着控制阀及脉冲阀开启。当控制仪无信号输出时，控制阀的排气口被关闭，脉冲阀喷口处关闭状态；当控制仪发出信号时，控制排气口被打开，脉冲阀背压室外的气体泄掉，压力降低，膜片两面产生压差，膜片因压差作用而产生位移，脉冲阀喷吹打开，此时压缩空气从气包通过脉冲阀经喷吹管小孔喷出（从喷吹管喷出的气体为一次风）。高速气流通过文氏管导流器诱导了数倍于一次风的周围空气（称为二次风）进入滤袋，造成滤袋内瞬时正压，实现清灰。

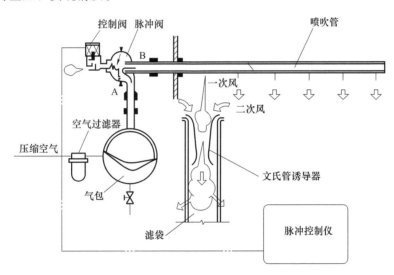

图 4-30　脉冲袋式除尘器清灰装置

2. 气源气包设计

气源气包又称为分气箱，简称气包，它对袋式除尘器脉冲清灰系统而言起定压作用。原则上讲，如果气包本体就是压缩稳压罐，其容积越大越好。对于脉冲喷吹清灰系统而言，所提供的气源气压越稳定，清灰效果越好。然而，从工程实际角度出发，气源气包容积的大小往往受场地、资金等因素限制。因此，设计一个合理的气源气包成为脉冲清灰系统设计的一个重要环节。

（1）气包容积设计计算　根据实践经验，在脉冲喷吹后气包内压降不超过原来贮存压力的30%。即根据所选型号脉冲阀一次喷吹最大耗气量来确定气源气包容积。

针对某型号脉冲阀分别配置容积大小不等的两个气源气包，在相同脉冲信号（80ms）、相同气源压力（0.2MPa）下进行喷吹试验，参数见表 4-10。

表 4-10　不同容积气包下脉冲喷吹参数对比

气源气包/L	喷吹压力峰值/kPa	耗气量/L	气源气包压降/%	气脉冲时间/ms
236（大）	40	78	18	106
117（小）	18	74	34	114

由表 4-10 脉冲喷吹参数对比可知：

① 该脉冲阀在大气包上一次喷吹压降仅为原压力的 18%（<30%），其喷吹压力峰值远大于在小气包上的喷吹压力峰值；

② 该脉冲阀在大气包上喷吹气量（耗气量）较大。

可见，脉冲阀配置大气包时，脉冲喷吹效果明显好于小气包。因此，根据脉冲阀最大喷吹耗气量来确定气源气包容积是合理可行的。

气包最小体积计算式如下：

$$V_{\min} = \frac{\Delta n R T}{\Delta p_{\min} K} \tag{4-43}$$

$$\Delta n = \frac{Q}{22.4} \tag{4-44}$$

式中，$V_{\min}$ 为气包最小体积，L；Δn 为脉冲阀喷吹耗气量，mol；Q 为脉冲阀一次喷吹耗气量，L；22.4 为标准状态下气体分子摩尔体积，L/mol；R 为气体常数，$R = 8.3145 J/(mol \cdot K)$；$\Delta p_{\min}$ 为气包内最小工作压力，Pa；T 为气体温度，℃；K 为容积系数，%，一般 <30%。

本例中：脉冲阀喷吹耗气量 Δn 为

$$\Delta n = \frac{428L}{22.4 L/mol} = 19.1 mol$$

应配置气源气包最小容积 $V_{\min} = \dfrac{\Delta n R T}{\Delta p_{\min} K} = \dfrac{19.1 \times 8.3145 \times 293}{6 \times 10^5 \times 30\%} = 0.259 \, (m^3)$

计算结果表明，该脉冲阀在上述喷吹条件下，需要配置有效容积大于 259L 的气包才能实现高效清灰目的。

（2）制作安装　气包有不同形状，不管设计为圆形或方形截面，必须考虑安全可靠和保证质量要求。可参照《袋式除尘器安全要求　脉冲喷吹类袋式除尘器分气箱》（JB/T 10191—2010）或压力容器进行设计。

气包的进气管口径尽量选大，满足补气速度。对大容量气包可设计多个进气输入管路。对于大容器气包，可用 3in 以上管道把多个气包连接成为一个贮气回路。

脉冲阀安装在气包的上部或侧面，避免气包内的油污、水分经过脉冲阀喷吹进滤袋。每个气包底部必须带有自动或手动油水排污阀，周期性地把容器内的杂质向外排出。

如果气包按压力容器标准设计，并有足够大容积，其本体就是一个压缩空气稳定罐，可不另外安装贮气罐。当气包前另外带有稳压贮气罐时，需要尽量把稳压贮气罐位置靠近气包安装，防止压缩空气在输送过程中经过细长管道而损耗压力。

气包在加工生产后，必须用压缩空气连续喷吹清洗内部焊渣，然后再安装阀门。在车间测试脉冲阀，特别是 3in 淹没阀时，必须保证气包压缩空气的压力和补充流量。否则脉冲阀将不能打开或者漏气。

如果在现场安装后，发现阀门的上出气口漏气，那么是因为气包内含有杂质，导致小膜片上堆积尘粒、冰块、铁锈等污染物不能闭阀，需要拆卸小膜片清洁。

气包上应配置安全阀、压力表和排气阀。安全阀可配置为弹簧微启式安全阀。

3. 喷吹管设计计算

脉冲袋式除尘器，在滤袋上方设有喷吹管，每个喷吹管上有若干个喷吹孔，每个喷吹孔对准一个滤袋口，清灰时从脉冲阀喷出的脉冲气流通过喷吹孔的喷射作用射入滤袋，并诱导周围的气体，使滤袋产生振动，加上逆气流的作用使滤袋上的粉尘脱落下来，从而完成清灰过程。喷吹管结构设计的合理性直接影响到除尘器的使用效果和滤袋的使用寿命。

（1）喷吹管管径　选择喷吹管时，其直径与脉冲阀出气管的管径相当，由于无需耐压要求，一般都选择薄板无缝管；喷吹管的长度取决于脉冲阀能喷吹的滤袋数、滤袋的直径和滤袋的中心距；喷吹管的壁厚取决于管的长度和材质，选用时要保证喷吹管不会因自重而弯曲即可，如 3in 淹没式脉冲阀所选用的喷吹管一般采用无缝钢管外径为 $\phi89$mm，壁厚≤4mm。

（2）喷吹口孔径　喷吹口孔径大小各生产厂家设计相差甚大，这与其使用脉冲阀性能不同造成的，一般情况下喷吹口孔径按下式计算

$$\phi = \sqrt{\frac{Cd^2}{n}}$$
$$(4\text{-}45)$$

式中，ϕ 为喷吹口孔径，mm；C 为系数，%，取 50%～65%；n 为喷吹孔数量；d 为脉冲阀出口直径，mm。

设计喷吹管上喷嘴孔径的大小时，离脉冲阀远的喷吹孔径小，一般比离脉冲阀近的喷吹孔径要小 0.5～2.0mm。上例中近端 3 个孔可取为 $\phi16$mm 为宜。喷嘴孔径与脉冲阀的对应关系也可以参照表 4-11 选取。

表 4-11　喷嘴孔径与脉冲阀的对应关系

阀直径	阀出口直径/mm	截面积/mm²	孔径/mm	截面积/mm²
3/4″	22	380	5～7	19.6～38.4
1″	28	615	6～8	28.2～50
1～1 1/2″	42	1384	7～9	38.4～63
2″	53	2205	8～11	50～95
2～2 1/2″	69	3737	9～14	63～153
3″	81	5150	14～18	153～254
4″	106	8820	16～22	200～380

注：设计喷嘴孔径时要考虑用高品质脉冲阀；"″"为英寸（in）符号，1in=2.54cm，下同。

（3）喷吹口孔形状　设计喷吹管的喷吹口时，喷吹口孔距的公差为±0.5mm，喷吹孔应垂直向下，不能倾斜，其轴心线的垂直度≤0.4mm，否则喷吹气流会冲刷滤袋；喷吹口一般是钻孔成型，这种孔易加工，但喷吹阻力大。带翻边的弧形孔阻力较小，详见图 4-31。这种喷吹口不仅减少系统喷吹阻力，而且能使压缩气流尽量汇于一点喷出。以防气流发散无序冲刷滤袋，从而从结构上减少气流冲刷滤袋的可能性。

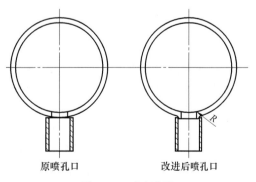

图 4-31　喷吹孔形

4. 喷吹管到袋口的距离

喷吹管导流管喷出口与滤袋口的距离 h_1，对喷吹清灰效果至关重要。因为 h_1 值太小，吸进的气流会太少，影响清灰效果；h_1 值太大，喷射气流可能不能有效进入滤袋。所以 h_1 值可根据等温圆射流原理和试验确定。压缩空气从导流管喷出后形成射流，射流不断将周围空气吸入射流之中，射流的断面不断扩大，此时的射流流量也逐

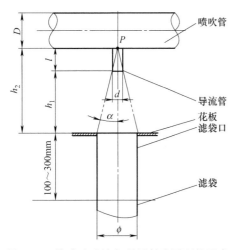

图 4-32　脉冲喷吹清灰利用射流原理的示意

l—导流管长度；d—导流管直径；α—射流扩散角；
h_1—导流管出口到花板距离；h_2—喷吹管到花板
距离；D—喷吹管直径；ϕ—滤袋直径

渐增加，而射流速度逐渐降低直到消失。射流速度开始从射流周边降低，逐步发展到射流中心。当射流出口为圆形时，射流可向上下左右扩散，这种射流称为圆形射流。图 4-32 为脉冲喷吹清灰利用射流原理的示意。

5. 电磁脉冲阀

所谓电磁脉冲阀是指在给出瞬间电信号时通过这种阀门的气流，如同脉冲现象一样有短暂起伏的变化，故称脉冲阀。行业标准定义的电磁脉冲阀为电磁先导阀和脉冲阀组合在一起，受电信号控制的膜片阀。

脉冲阀是脉冲喷吹清灰装置的执行机构和关键部分，主要是直角式、淹没式和直通式三类，每类有若干规格，接通口 20～102mm，还有更大尺寸。国产脉冲阀的工作压力直角式阀和直通式阀是 0.4～0.6MPa；淹没式阀是 0.2～0.6MPa；进口产品不管哪一种阀，工作压力范围均是 0.06～0.86MPa，没有承受压力和应用力高低之区别。

（1）电磁脉冲阀结构　除尘器所使用的电磁脉冲阀内部设有两条气路，由电磁先导阀控制其开通和关闭。阀门具有良好的流通特性，压力损失低。精良的制造工艺，能保证电磁阀在得到脉冲电信号时极为快速地开启（20～30ms）和在完成设定的脉冲宽度后迅速关闭，使得喷吹性能更为强大。

阀体和阀盖用铝合金压铸而成，用不锈钢螺栓互相连接。

通径在 $1\frac{1}{2}''$ 以下的阀门为单膜片阀，$1\frac{1}{2}''$ 以上的阀门（含 $1\frac{1}{2}''$）为双膜片阀。高品质脉冲阀其先导阀膜片和脉冲阀主膜片采用的是内部带有特殊夹织物的加强橡胶制成，使得膜片具有极高的拉伸强度、抗老化性和极低的磨耗量，从而喷吹 100 万次不损坏。

优质的电磁线圈按 F 级的绝缘等级铸成在一个防护等级为 IP65 的插头内，绝不会受到外界条件的干扰，因而 500 万次通电吸合不损坏。电磁线圈可以在脉冲阀芯上 360° 旋转并可在任一位置安装，极大地方便了使用者的不同需求。外线接线盒也可 4×90° 旋转，既方便了接线又能防止在露天安装时雨水的进入。

先导阀亦可安装在距脉冲阀体较远的控制盒内，对脉冲阀进行远程气动控制。

脉冲阀还可选装消声器使之安静工作，在环保除尘的同时避免噪声对周边环境污染。

（2）脉冲阀工作原理　膜片将先导阀和脉冲阀体分成三个气室。分气包输出的压缩空气经脉冲阀阀座的进气口进入下气室，又经主膜片的通气孔到达脉冲阀体内的中气室后，又迅速通过先导阀膜片上的通气孔到达先导阀内的上气室，并同时也有少量压缩空气通过脉冲阀体上的泄气孔排往大气（但此过程极短，以几毫秒计，可略）。

但由于上气室作用在先导阀膜片上的压力大于中气室（作用面积大于中气室的作用面积），使先导膜片弹性变形封住中气室出口，故而关闭通往上气室的气路。同时中气室作用在脉冲阀主膜片上的压力也大于阀座内的压力（同样是作用面积大），使主膜片变形，几乎同时封住下气室的喷吹口。此时阀内三个气室压力平衡，使脉冲阀处于关闭状态，这也是电磁线圈处于失电的状态。

当电磁线圈瞬间得电，电磁铁吸合，先导阀动作，使这三个气室在设定脉冲宽度时间内排放贮存在阀内的压缩空气,阀内的压力失衡,主膜片抬起,分气包内的压缩空气急速、高压冲出喷吹管形成"空气炮",通过各喷嘴对布袋或折叠式滤筒进行反吹除尘。

单膜片脉冲阀只有上、下两个气室,但工作原理相同。脉冲阀构造和外形见图4-33。

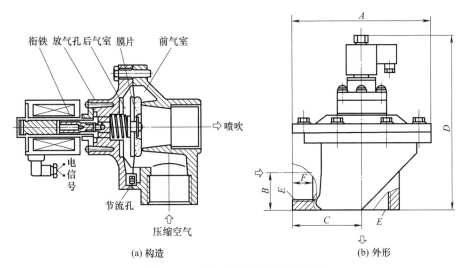

(a) 构造 (b) 外形

图 4-33 直角式脉冲阀构造和外形

(3) 脉冲阀技术性能 优质的脉冲阀应具备以下性能。

① 工作压力范围:0.05~0.80MPa。

② 工作介质:干燥、无油、洁净的压缩气体。

③ 使用环境:

　　-20~80℃(丁腈橡胶+尼龙纤维膜片);

　　-30~200℃(硅橡胶+尼龙纤维膜片)。

④ 工作电压:

交流(AC) 23-110-230V/50~60Hz 19V·A;

直流(DC) 24V 15W。

⑤ 电磁线圈绝缘等级F级;允许电压波动±10%;安装角度360°。

⑥ 接线盒保护等级:IP65。

⑦ 控制形式:直控式和遥控式两种。

⑧ 阀门开启速度:20~30ms。

⑨ 使用寿命:膜片100万次喷吹不泄漏,电磁线圈500万次吸合不被击穿,$\frac{3}{4}''$~$1''$阀门为单膜片,$1\frac{1}{2}''$~$3\frac{1}{2}''$阀门为双膜片。

⑩ 可选装消声器使除尘器安静工作,连接螺纹为 BN$\frac{3}{4}''$。

(4) 防爆型脉冲阀

① 防爆型电磁先导阀,可配装形成防爆型电磁脉冲阀,应用于对防爆等级有特殊要求的场合。

② 防爆电磁头是用一种特殊的树脂,把线圈内所有的金属导线均包容在其内部并牢固黏合,形成一体化结构。这种构造保证了线圈内的导线绝对不会接触到防爆炸性环境,从而杜绝了爆炸

的可能性。电源线也被胶接密封在电磁头内的接线柱上，防止两者松动时火花的产生。

③ 防爆型电磁脉冲阀的应用场合：有可能因空气和可燃气体混合发生爆炸的环境；有可能因空气和粉尘混合发生爆炸的环境；矿井下容易燃烧的环境除外。

④ 防爆型脉冲阀的技术性能：防爆等级为Ⅱ级；防爆种类为可燃气体或爆炸性粉尘气体；电压波动允许范围为±10%。

（二）反吹风除尘器清灰装置设计

1. 反吹风袋式除尘器工作原理

反吹风袋式除尘器由除尘器箱体、框架、灰斗、阀门（卸灰阀、反吹风阀、风量调节阀）、风管（进风管、排风管、反吹风管）、差压系统、走梯平台及电控系统组成。所谓反吹风清灰是利用大气或除尘系统循环烟气进行反吹（吸）风清灰的。它是逆向气流清灰的一种形式。其工作原理如图4-34所示。

多数反吹风除尘器工作有三个过程，即过滤、清灰和沉降过程。在过滤过程中含尘气体从进风管到除尘器灰斗，此时大颗粒粉尘在重力作用下降入灰斗之后含尘气流经气流分布整流进入滤袋。滤袋为内滤袋式，这是反吹风袋式除尘器的共同特点。在过滤时小颗粒粉尘被滤布阻留和分离，过滤后的干净气体经由三通换向阀在风机负压作用下经排气筒送入大气。

清灰过程中如图4-34中第一室所示，通往排气总管的通道被三通换向阀阀板关闭，通往反吹风管三通换向阀和调节阀的阀板都打开，这时反吹风机工作，反吹风吹向滤袋对滤袋进行与过滤方向相反的吹洗，滤袋上的粉尘层被

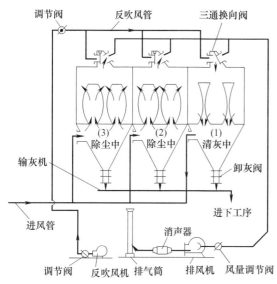

图4-34 负压反吹风袋式除尘器工作原理

吹落，清灰完毕。清灰后的沉降过程是关闭调节阀，让滤袋既无过滤过程又无反吹清灰过程，而是处于静止阶段，使从滤袋上吹落的粉尘沉降在灰斗中，之后换向阀换向，沉降过程停止再进入过滤过程。

2. 主要参数的计算

反吹风袋式除尘器清灰时反吹气流通过滤袋的速度平均为0.6～1.5m/min。反吹一般持续15～20s，有时长达50s。

曼德雷卡·A.C研究认为，没有压密实的粉尘层的脱落阻力不大。对于中位径1μm、密度为$6×10^3 kg/m^3$的粉尘层，其阻力仅有50Pa。然而，气流压力并不是作用在粉尘层整个面积上，而是只作用在有开孔的地方，因此，为使粉尘脱落，就需要在过滤材料上施加更高的反吹压力。滤材的孔隙率越高，使粉尘层脱开所需的余压越低，其清灰达到阻力下降的程度越高。对每种滤材都有反吹清灰的最大流速，再超越该数值并不能明显地增加粉尘的脱离，而只能引起多余的能耗。

如果掌握滤材的孔隙率ε，则反吹风的速度可以按下式确定

$$v_{cd} = K\varepsilon$$

式中，v_{cd}为反吹速度，m/min；K为系数，对织造布取1.6～2.0；ε为滤料孔隙率，0.7～0.95。

按佩萨霍夫·И.л所给数据，对于过滤布孔隙的反吹流速达到0.033m/s（即≈2m/min）

已足够。柔性滤材在反吹风时总要发生变形，这会引起粉尘积层的移动并助长其脱落。因此反吹清灰时一般耗费的压差值不高。如果滤袋内所收集的粉尘的中位径为 $3\sim15\mu m$，压力差为 $500\sim1000$Pa 即可。反吹时，由于变形，滤袋出现瘪缩，袋上出现褶皱，其直径缩小（见图 4-35）。被压瘪的滤袋的应力为：

$$G_{cd}=\pi Dl\Delta p$$

式中，G_{cd} 为滤袋应力，Pa；D 为滤袋直径，m；Δp 为滤袋内外压差，Pa；l 为支撑环之间的长度，m。

做某些简化后，滤袋的弯曲距离（挠度）为

$$f=\frac{q'l^2}{16G_n} \tag{4-46}$$

$$q'=\pi D\Delta p \tag{4-47}$$

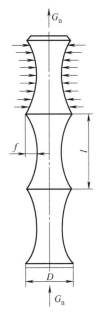

图 4-35 处在反吹风中的滤袋

式中，q' 为每米滤袋的压力负荷，N；G_n 为滤袋拉力，N；其他符号意义同前。

在反吹过程中，滤袋的收瘪不应导致袋径大量缩减和出现大的褶皱，以免影响反吹气体的流动和粉尘的正常剥落。为此，滤袋都装有横椎支撑环，用于增加滤袋拉力和限制喷吹气流压力。

支撑环沿滤袋长度不按平均距离布置，而是在上部，按 $5\sim6$ 个袋径从袋顶算起布置定位，并相互间隔；到滤袋底部，其距离缩短为 $2\sim3$ 个袋径。这种布置是为了在反吹清灰时，清灰用的逆向气流能自由流通。例如，对直径为 $\phi296$mm 的长型滤袋（袋长一般为 10m），其支撑环的距离分配自上而下分别为 (1800 ± 10) mm、(1500 ± 10) mm、(1200 ± 10) mm、(900 ± 10) mm、(700 ± 10) mm 等。

为限制滤袋内外压差，换向阀通常采用比排气管更小的直径。除尘器滤袋上部装配有吊挂装置，以保证在清灰过程中滤袋上维持最佳压降。

3. 反吹风清灰机构

反吹风袋式除尘器的清灰机构有以下几种形式。分别和不同结构的反吹风除尘器配合使用。

（1）三通换向阀 三通换向阀有三个进出口，除尘器滤袋室正常除尘过滤时气体由入口至排气口，反吹口关闭。反吹清灰时，反吹风口开启，排气口关闭，反吹气流对滤袋室滤袋进行反吹清灰。三通换向阀工作原理如图 4-36 所示。三通阀是最常见的反吹风清灰机构形式、配置方式见图 4-36，这种阀的特点是结构合理，严密不漏风（漏风率<1%），各室分量分配均匀。驱动装置为气缸。

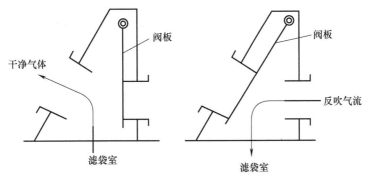

图 4-36 三通换向阀工作原理

（2）一、二次挡板阀　所谓挡板阀实际是气动轻型碟阀，气动蝶阀全行程 2～3s，而电动碟阀动作行程约 5s，所以较少采用。利用一次挡板阀和二次挡板阀进行反吹风袋式除尘器的清灰工作是清灰机构的另一种形式。除尘器某滤袋室除尘工作时，一次阀打开，二次阀关闭；反吹清灰时，一次阀关闭，二次阀打开，相当于把三通换向阀一分为二。一、二次挡板阀的结构形式要求阀关闭严密，阀的漏风率小于 1%，图 4-37 是一、二次挡板阀配置在负压反吹风除尘器的示意。图 4-38 是一、二次挡板阀配置在正压反吹除尘器的示意。

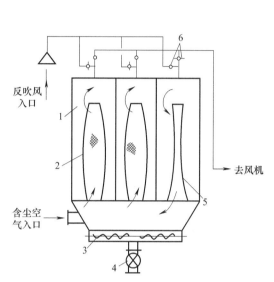

图 4-37　负压反吹风袋式除尘器

1—除尘器壳体；2—布袋（过滤时）；3—螺旋输送机；
4—旋转卸灰阀；5—布袋（清灰时）；6—反吹风挡板阀

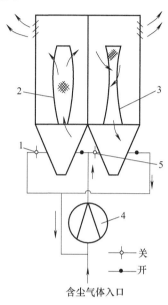

图 4-38　正压反吹风袋式除尘器

1—二次挡板阀；2—布袋（过滤时）；3—布袋
（清灰时）；4—引风机；5——次挡板阀

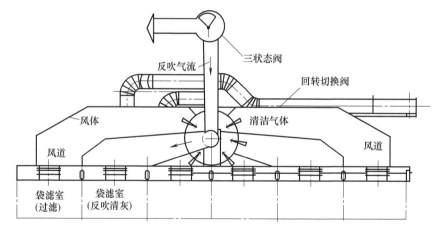

图 4-39　回转切换阀工作原理

（3）回转切换阀　回转切换阀由阀体、回转喷吹管、回转机构、摆线针轮减速器、制动器、密封圈及行程开关等组成。回转切换阀工作原理如图 4-39 所示。当除尘器进行分室反吹时，回转喷吹管装置在控制装置作用下，按程序旋转并停留在清灰布袋室风道位置。此时滤袋处于不过滤状态，同时反吹气流逆向通过布袋，将粉尘清落。该程序依次进行直至全部滤袋清灰完毕，回转喷吹管自动停留于零位，除尘器恢复气室过滤状态。

（4）盘式提升阀　用于反吹风袋式除尘器的盘式提升阀有两类：一类是用于负压反吹风袋式除尘器，结构同脉冲除尘器提升阀；另一类是用于正压反吹风袋式除尘器，其外形如图4-40所示。这两类阀的共同特点是靠阀板上下移动开关进出口。构造简单，运行可靠，检修维护方便。

阀门在出厂前必须进行单机调试，检查主要部件运转的灵活性、密封部位的气密性以及气缸运行的可靠性。

（5）机械回转装置　回转反吹袋式除尘器反吹风系统，包括：反吹风机、调节阀、反吹风管、机械回转装置和反吹风喷嘴以及风机减振设施。其中主要是机械回转装置。机械回转装置有拨叉式和转动式，通常用转动式，其构造见图4-41，由无油轴承传递反吹风喷嘴的机械回转。回转反吹风与其他形式反吹风的最大区别是除尘器不分室，回转装置在线工作。反吹风的气流压力必须大于过滤气流的压力才能达到清灰效果，因此反吹风机必须选用高压风机。机械回转装置在除尘器上的配置见图4-42。

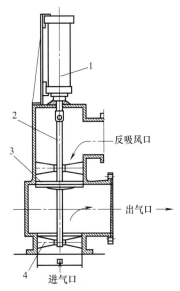

图 4-40　盘式提升阀外形
1—气缸；2—连杆；3—阀板；4—导轨

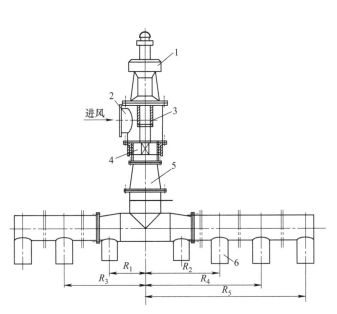

图 4-41　回转反吹袋式除尘器反吹风装置
1—立式减速机；2—三通管；3—传动轴；
4—转动盘；5—反吹风管；6—喷嘴

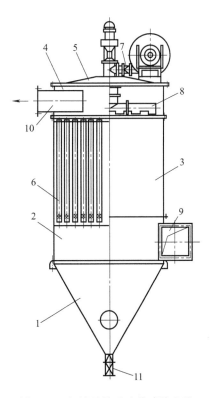

图 4-42　机械回转反吹袋式除尘器
1—灰斗；2—下箱体；3—中箱体；4—上箱体；
5—顶盖；6—滤袋；7—反吹风机；8—回转反吹
装置；9—进风口；10—出风口；11—卸灰装置

（三）机械振动除尘器清灰装置

1. 工作原理

图 4-43 是袋式除尘器结构简图。含尘气体进入除尘器后，通过并列安装的滤袋，粉尘被阻留在滤袋的内表面，净化后的气体从除尘器上部出口排出。随着粉尘在滤袋上的积聚，含尘气体通过滤袋的阻力也会相应增加。当阻力达到一定的数值时，要及时清灰，以免阻力过高，造成除尘效率下降。图 4-43 所示的除尘器是通过凸轮振打机构进行清灰的。

在过滤过程中，含尘气体中的粉尘被阻留在滤袋表面上的这种过滤作用通常是通过筛滤、惯性碰撞、直接拦截和扩散等几种除尘机理的综合作用而实现的。

机械振打清灰是指利用机械振动或摇动悬吊滤袋的框架，使滤袋产生振动而清灰的方法。常见的三种基本方式如图 4-44 所示。图 4-44（a）是水平振打清灰，有上部振打和中部振打两种方式，靠往复运动装置来完成；图 4-44（b）是垂直振打清灰，它一般可利用偏心轮装置振动滤袋框架或定期提升滤袋框架进行清灰；图 4-44（c）是机械扭转振打清灰，即利用专门的机构定期地将滤袋扭转一定角度，使滤袋变形而清灰。也有将以上几种方式复合在一起的振动清灰，使滤袋做上下、左右摇动。

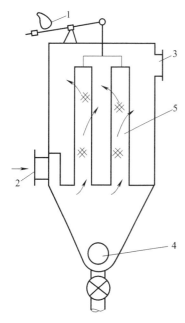

图 4-43 袋式除尘器结构简图
1—凸轮振打机构；2—含尘气体进口；3—净化气体出口；4—排灰装置；5—滤袋

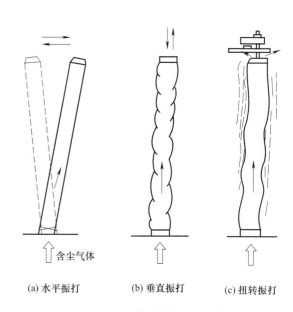

(a) 水平振打　(b) 垂直振打　(c) 扭转振打

图 4-44 机械清灰的振打方式

机械清灰时改善清灰效果，要求停止过滤情况下进行振动，但对小型除尘器往往不能停止过滤，除尘器也不分室，因而常常需要将整个除尘器分隔成若干袋组或袋室，顺次地逐室清灰，以保持除尘器的连续运转。

机械清灰方式的特点是构造简单，运转可靠，但清灰强度较弱，故只能允许较低的过滤速度，见图 4-45。

2. 振动参数

机械振动袋式除尘器的振动分类见表 4-12。

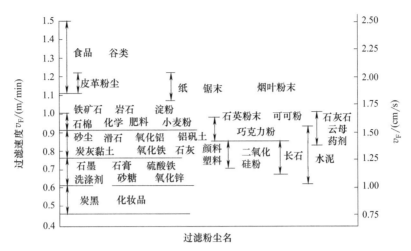

图 4-45 机械振动袋式过滤器过滤各种粉尘的过滤速度

表 4-12 机械振动袋式除尘器的分类

序号	名 称	定 义
1	低频振动	振动频率低于 60 次/min,非分室结构
2	中频振动	振动频率为 60~700 次/min,非分室结构
3	高频振动	振动频率高于 700 次/min,非分室结构
4	分室振动	各种振动频率的分室结构
5	手动振动	用手动振动实现清灰
6	电磁振动	用电磁振动实现清灰
7	气动振动	用气动振动实现清灰

表 4-12 中，低频振打是指以凸轮机构传动的振打式清灰方式，振打频率不超过 60 次/min；中频振打是指以偏心机械传动的摇式清灰方法，摇动频率一般为 100 次/min；高频振打是指用电动振动器传动的微幅清灰方法，一般配用 8 级、6 级、4 级和 2 级电机（或者使用电磁振动器），其频率均在 700 次/min 以上。

不管是哪种振动方式，滤布的振幅 A 为 2~10mm，振动频率 f 为 2~30Hz，清灰持续时间 t_c 为 15~60s，清灰周期 T 受粉尘浓度和过滤速度影响，一般为 0.3~3h。如果减少振幅 A，增加频率 f，可减少滤布的损伤，而且可以使整个滤袋振动，防止粉尘层的不均匀脱落。但是，对于黏附性很强的粉尘，只能加大振幅，使滤布折弯松弛，弄碎粉尘层后进行抖落。除尘器压力损失 Δp 达到最小值所需要的振幅、振动频率和振动清灰时间之间大致有下列关系：

$$A(ft_c)^n = K \tag{4-48}$$

式中，指数 n 和常数 K 是根据粉尘、滤布和运行条件决定的实验常数。

3. 振动清灰装置

微型机械振打袋式除尘器的结构与其他清灰方式的袋式除尘器一样，由箱体、框架、滤袋、灰斗等组成，其区别在于清灰装置不同。机械振打袋式除尘器清灰装置有手工振动装置、电动装置和气动装置，其中电动类装置用得最多。

（1）凸轮机械振打装置 依靠机械力振打滤袋，将黏附在滤袋上的粉尘层抖落下来，使滤袋恢复过滤能力。对小型滤袋效果最好，对大型滤袋效果较差。其参数一般为：振打时间 1~2min；振打冲程 30~50mm；振打频率 20~30 次/min。

凸轮机械振打装置结构如图 4-46 所示。

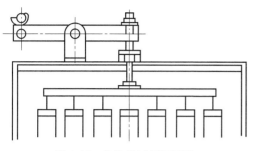

图 4-46　凸轮机械振打装置

（2）压缩空气振动装置　以空气为动力，采用气缸活塞上下运动来振动滤袋，以抖落粉尘。其冲程较小而频率很高，振动结构如图 4-47 所示。

（3）电动机偏心轮振打装置　以电动机偏心轮作为振动器，振动滤袋框架，以抖落滤袋上的烟尘。由于无冲程，所以常以反吹风联合使用，适用于小型滤袋，其结构如图 4-48 所示。

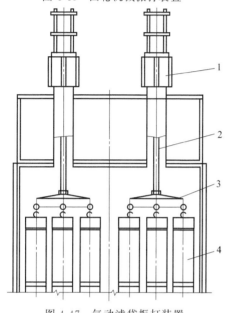

图 4-47　气动滤袋振打装置
1—气动传动装置；2—连杆；3—吊架；4—滤袋

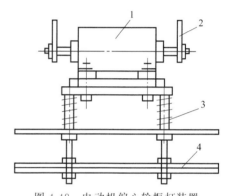

图 4-48　电动机偏心轮振打装置
1—电动机；2—偏心轮；3—弹簧；4—滤袋吊架

（4）横向振打装置　依靠电动机、曲柄和连杆推动滤袋框架横向振动。该方式可以安装滤袋时适当拉紧，不致因滤袋松弛而使滤袋下部受积尘冲刷磨损，其结构如图 4-49 所示。

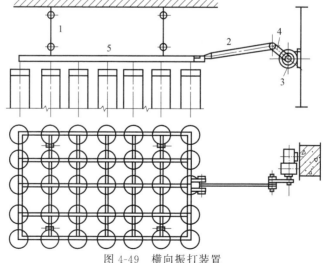

图 4-49　横向振打装置
1—吊杆；2—连杆；3—电机；4—曲柄；5—框架

（5）振动器振打装置　振动器振打清灰是最常用的振打方式（见图 4-50）。这种方式装置简单，传动效率高。根据滤袋的大小和数量，只要调整振动器的激振力大小就可以满足机械振打清灰的要求。

（6）传动振动装置　每个滤室的振动机构实行单体传动（图 4-51）。清灰转换是借助独立的传动装置实现的，它只执行一个功能——对滤袋室内的滤袋实行振打。这样就大大简化了机构。过滤器的每个滤室分隔成两个小间，分设两组滤袋，所以该机械可以保证独立振打其中任意一组滤袋。

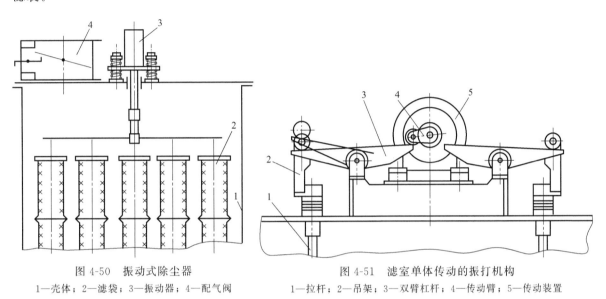

图 4-50　振动式除尘器　　　　　　　　　图 4-51　滤室单体传动的振打机构

1—壳体；2—滤袋；3—振动器；4—配气阀　　　1—拉杆；2—吊架；3—双臂杠杆；4—传动臂；5—传动装置

十、实例——LFSF 型袋式除尘器工艺设计计算

（一）原始资料

1. 概述

LFSF-10×1080 型负压反吹风袋式除尘器是专为某高炉出铁场通风除尘系统设计的除尘设备，以净化高炉铁水沟和车间内的含尘空气，改善作业环境。本设备工艺设计是按照除尘设备技术规格书，并且吸取了同类设备有关设计、制造经验进行的。

2. 工艺参数

（1）处理气体量：$10800 \text{m}^3/\text{min}$。

（2）处理气体温度：$<130℃$。

（3）入口含尘浓度：$<2 \text{g/m}^3$。

（4）出口含尘浓度：$<0.05 \text{g/m}^3$。

（5）各室间风量分布误差：$<±5\%$。

（6）粉尘成分

Fe_2O_3	Al_2O_3	CaO	MgO	C	SiO_2
$47.8\%\sim69.4\%$	$1.2\%\sim0.95\%$	0.77%	$0.3\%\sim0.227\%$	$35.39\%\sim15.49\%$	$14.13\%\sim10.97\%$

（7）粉尘分散度

$>850\mu m$	$850\sim250\mu m$	$250\sim74\mu m$	$74\sim20\mu m$
1.67%	5.94%	15.09%	43.93%

$20\sim10\mu m$	$10\sim5\mu m$	$5\sim2\mu m$	$<2\mu m$
13.21%	8.26%	5.52%	6.38%

（8）粉尘密度：$1.161t/m^3$。

3. 除尘器规格

（1）型式：负压、内滤、反吹清灰、下进风型。

（2）过滤风量：$10800m^3/min$。

（3）过滤面积：$10800m^2$。

（4）过滤风速：$1.0m/min$。

（5）设备阻力：$<1960Pa$。

（6）滤袋室数：10 室。

（7）清灰周期：$1\sim2h$。

（8）本体内压：$>8000Pa$。

（9）漏风率：$<2\%$。

（10）结构形式：见图 4-52。

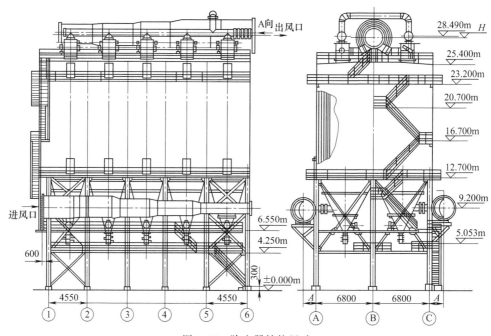

图 4-52　除尘器结构尺寸

（二）设计与计算

1. 滤袋的选择及布置

（1）滤袋的材质　由原始资料中得知，本除尘器所要处理的烟气浓度比较低，粒径比较小，不具有腐蚀性，温度小于 130℃，过滤速度达 1m/min。考虑各种滤布的主要性能，选取涤纶作为本除尘器的滤料，其性能为：密度 $1.38g/cm^3$，长期使用温度 130℃，有很好的耐磨性。

（2）滤袋尺寸　根据本除尘器的结构尺寸，本着使除尘器每单位占地面积内的滤袋过滤面积达到最大的原则，根据反吹风袋式除尘器的滤袋使用情况，选取大型滤袋 $\phi300mm\times10000mm$ 的圆筒形滤袋，其长径比为：

$$L/D=10000/300=33.3$$

滤袋长径比一般取 5~40 范围内，故本滤袋满足以上要求。

（3）滤袋入口处风速

$$v_R = v_g \times 4L/D$$

式中，v_R 为滤袋入口处风速，一般 1~1.5m/s；v_g 为过滤风速，m/s。

$$v_R = 1.0 \times 4 \times 33.3/60 = 2.22\text{m/s}$$

$v_g > 1.5\text{m/s}$，说明本除尘器的过滤风量偏大，过滤风速偏高；若入口含尘浓度比较高，灰尘颗粒比较大，磨琢性强时，滤袋袋口的磨损将非常严重，为避免袋口损坏，要求灰尘底板上接滤袋的短管加长。

（4）滤袋的数量　每室的滤袋数量

$$n = F/f \text{（个）}$$

式中，F 为单室滤袋的过滤面积，m^2；f 为每个滤袋的过滤面积，m^2。

则　　　　　　　$n = (10.80/\pi) \times 0.3 \times 9.5725 = 119.77 \approx 120 \text{（根）}$

除尘器滤袋总数　　　　　　　$n = 1200\text{根}$

（5）滤袋的吊装　本除尘器为下进风，内滤式，故易采用吊挂形式，滤袋两端利用袋夹固结在下花板的连接短管和上部顶盖上，顶盖利用曲别勾、压缩弹簧及短环链吊挂在上部走台的底座上，弹簧使链条的吊挂张力保持在 20~40kg，以防止滤袋出现扭曲或下垂现象，为防止滤袋反吹时缩瘪，滤袋内设有支撑环。

袋夹选用搭扣式可调袋夹，支撑环的设置间距从滤袋底至顶分别为：

$$1085\text{mm} \rightarrow 1000\text{mm} \rightarrow 1000\text{mm} \rightarrow 1500\text{mm} \rightarrow 1500\text{mm} \rightarrow 1700\text{mm} \rightarrow 2000\text{mm}$$

（6）滤袋的布置　$\phi 300\text{mm}$ 滤袋的布置中心距为 350~400mm，根据除尘器的结构尺寸（原始资料），其布置方式可为 W4W4W、2W4W2 两种，分别见图 4-53。

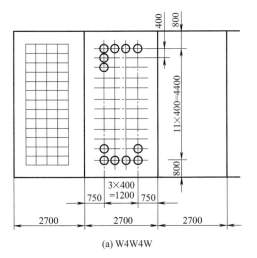

(a) W4W4W

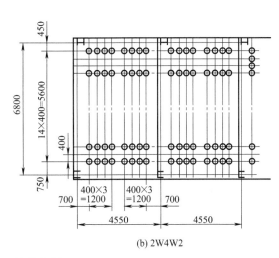

(b) 2W4W2

图 4-53　滤袋布置

从以上两图可看出，两种布置方式均能满足要求，但将两图做一比较，W4W4W 较 2W4W2 滤袋布置紧凑、集中，有利于从灰斗中进入的烟尘均匀地进入各滤袋，故设计采用 W4W4W 的滤袋布置方式。

2. 过滤面积及过滤风速

（1）除尘器总过滤面积

$$F = Nf \text{（m}^2\text{）}$$

式中，N 为滤袋总数量；f 为每个滤袋的过滤面积，m^2。

$$F = 1200 \times \pi \times 0.3 \times 9.5727 = 10820 \ (m^2)$$

（2）过滤风速

① 正常状态过滤风速

$$v = Q/F$$

$$v = 10800/10820 = 0.998 \ (m/min)$$

② 反吹清灰时

$$v = (Q + Q_f) \Big/ \left(\frac{9F}{10}\right) = \frac{[10800 + (250 \sim 1000)] \times 10}{10820 \times 9} = 1.135 \sim 1.212 \ (m/min)$$

3. 管道设计计算

（1）进风管设计计算（图 4-54）

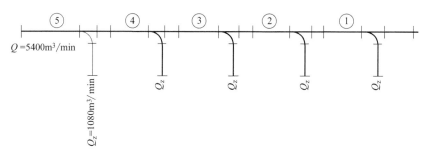

图 4-54　进风管设计计算图

管道①　$D_1 = \sqrt{4 \times Q_z/\pi v} = \sqrt{4 \times 1080/(\pi \times 17.60 \times 60)} = 1.16 \ (m)$

取　$D_1 = 1200mm$

则　$v_1 = 15.9 m/s$

管道②　$D_2 = \sqrt{4 \times 1080 \times 2/(\pi \times 17.60 \times 60)} = 1.64 \ (m)$

取　$D_2 = 1650mm$

则　$v_2 = 16.85 m/s$

管道③　$D_3 = \sqrt{4 \times 1080 \times 3/(\pi \times 17.60 \times 60)} = 2.01 \ (m)$

取　$D_3 = 2000mm$

则　$v_3 = 17.2 m/s$

管道④　$D_4 = \sqrt{4 \times 1080 \times 4/(\pi \times 17.60 \times 60)} = 2.32 \ (m)$

取　$D_4 = 2300mm$

则　$v_4 = 17.34 m/s$

管道⑤　$D_5 = \sqrt{4 \times 5400/(\pi \times 17.60 \times 60)} = 2.6 \ (m)$

取　$D_5 = 2600mm$

则　$v_5 = 17 m/s$

进风支管

取　$D_z = 1100mm$

则　$v_z = 18.95 m/s$

（2）排风管道设计计算（图 4-55 和图 4-56）　排风管道的设计风速仍取 17m/s，各管的计算如下：

管道①　$D_1 = \sqrt{4 \times 1080 \times 2/(\pi \times 17.60)} = 1.64 \ (m)$

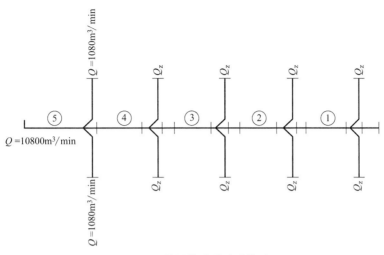

图 4-55　排风管道设计计算图

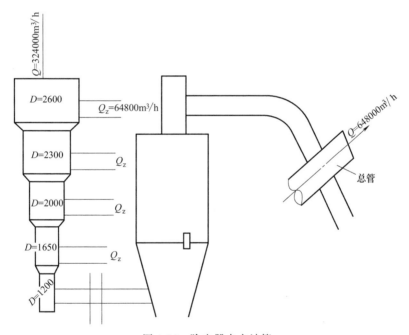

图 4-56　除尘器水力计算

取 $D_1 = 2000\text{mm}$

则 $v_1 = 11.5\text{m/s}$

管道② $D_2 = \sqrt{4 \times Q_z \times 4 / (\pi \times 17.60)} = 2.32$ （m）

取 $D_2 = 2300\text{mm}$

则 $v_2 = 17.34\text{m/s}$

管道③ $D_3 = \sqrt{4 \times Q_z \times 6 / (\pi \times 17.60)} = 2.85$ （m）

取 $D_3 = 2800\text{mm}$

则 $v_3 = 17.55\text{m/s}$

管道④ $D_4 = \sqrt{4 \times Q_z \times 8 / (\pi \times 17.60)} = 3.29$ （m）

取 $D_4 = 3200\text{mm}$

则 $v_4 = 17.9\text{m/s}$

管道⑤ $\quad D_5 = \sqrt{4 \times Q_z \times 10/(\pi \times 17.60)} = 3.7 \text{ (m)}$

取 $D_5 = 3530\text{mm}$

则 $v_5 = 18.4\text{m/s}$

排风支管

取 $\quad D_z = 1100\text{mm}$

则 $\quad v_z = 18.95\text{m/s}$

（3）反吹风管道设计计算（图 4-57）

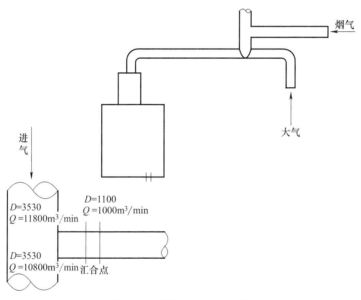

图 4-57　反吹风管水力计算

① 反吹风量的确定。参照过去设计的反吹风量，其值往往为单室过滤风量的 $25\% \sim 100\%$，则对本除尘器为 $250 \sim 1000\text{m}^3/\text{min}$ 可调。

按每个小室内所有滤袋内的气体在 10s 内抽净，作为反吹风量，则为

$$q = \frac{Vn}{t}k \text{ (m}^3/\text{s)} \tag{4-49}$$

式中，V 为被清灰滤袋的容积，m^3；n 为被清灰的滤袋数，个；t 为所有被清灰的滤袋内气体抽净所需的时间，s，一般取 10s；k 为漏风系数。

$$q = 120 \times \frac{\pi}{4} \times 0.3^2 \times 10 \times 1.05/10 = 8.9 \text{ (m}^3/\text{s)} = 534\text{m}^3/\text{min}$$

确定反吹风量为 $250 \sim 1000\text{m}^3/\text{min}$ 可调。

② 反吹风管道设计。按以上确定的反吹风量，设反吹风管径为 800mm，则

$$v_f = 8.29 \sim 33.2\text{m/s}$$

（4）管道壁厚的确定

① 进风管道由于磨损比较厉害，按《除尘工程设计手册》推荐进风管道壁厚一律为 8mm。

② 排风管壁厚：$2000\text{mm} < \phi < 3000\text{mm}$ 为 8mm，$\phi > 3000\text{mm}$ 为 10mm。

③ 反吹风管壁厚取 6mm。

4. 压力损失

除尘器压力损失

$$\Delta p = \Delta p_c + \Delta p_f + \Delta p_d$$

式中，Δp_c 为除尘器结构压力损失，Pa；Δp_f 为清洁布袋压力损失，Pa；Δp_d 为布袋表面附着的粉尘阻力，Pa。

（1）结构压力损失　　选择离进风口最远的室为最不利环路，参考书《除尘工程设计手册》及《全国通用通风管道计算表》计算出除尘器的结构压力损失

$$\Delta p_c = 555.73\text{Pa}$$

详细计算见表 4-13。

表 4-13　除尘器阻力计算表

序号	资料来源	管件种类	风量/(m³/h)	风道尺寸(ϕ)/mm	风速/(m/s)	动压/Pa	风道长/m	局部阻力系数(ζ)	摩阻系数(R)	压力损失/Pa
1		直管	324000	2600	17	173.5	2.5		0.76	1.91
2	F-8	T三通主风道		2600		214.4	—	0.02		4.29
3	E-1	渐缩管	259200	2600~2300	17.34	181.8	—	0.05		9.09
4		直管	259200	2300	17.34	181.8	2.5	—	0.92	2.3
5	F-8	T三通主风道		2300		214.4	—	0.03		6.43
6	E-1	渐缩管	194400	2300~2000	17.2	177.6	—	0.05		8.88
7		直管	194400	2000	17.2	177.6	2.5	—	1.09	2.72
8	F-8	T三通主风道		2000		214.4	—	0.04		8.58
9	E-1	渐缩管	129600	2000~1650	16.85	170.5	—	0.05		8.53
10		直管	129600		16.85	170.5	2.5	—	1.27	3.19
11	F-8	T三通主风道				214.4	—	0.09		19.3
12	E-1	渐缩管	6480	1650~1200	15.9	151.9	—	0.05		7.6
13		直管	6480	1200	15.9	151.9	2.5	—	1.67	4.17
14	C-3	三通	6480		19	214.4	—	1.2		257.28
15		阀门								
16		直管	6480	1100	19	214.4	3	—	2.65	7.94
17	B-1	突扩	6480		3.0	5.4		1.0		5.4
18	A-1	突缩	6480		2.2	2.94		1.0		2.94
19	E-1	突缩	6480		8.65	45.1		0.43		19.38
20	E-1	突缩	6480		19	214.4		0.3		64.32
21	C-2	36°弯头	6480		19	214.4		0.12		25.73
22	F-2	合流四通				214.4	—	0.4		25.76

表 4-13 计算时，ρ 取 1.2kg/m^3，当气体为 130℃ 时，$\rho = 0.85\text{kg/m}^3$，则进行修正。

$$\Delta p_c = 555.73 \times 0.85 / 1.2 = 394 \ (\text{Pa})$$

（2）清洁滤布压力损失

$$\Delta p_f = \zeta_0 \rho \mu v \quad (\text{Pa})$$

式中，ζ_0 为清洁滤布的阻损系数，由《除尘器手册》（第二版）查出 $\zeta_0 = 7.2 \times 10^7$；$\rho$ 为气体密度，130℃时 $\rho = 0.85\text{kg/m}^3$；μ 为气体黏性系数，$\mu = 23.15 \times 10^{-6}\text{Pa·s}$；$v$ 为过滤风速。

则

$$\Delta p_f = 7.2 \times 10^7 \times 0.85 \times \frac{23.15 \times 10^{-6}}{9.8} \times 1.0 = 144.6 \ (\text{Pa})$$

（3）滤布表面积附的粉尘压力损失

$$\Delta p_d = am \rho \mu v \quad (\text{Pa})$$

式中，a 为粉尘层的表面比阻力，取 $10^9 \sim 10^{12}$；m 为粉尘堆积负荷为 $0.1 \sim 1.0\text{kg/m}^2$。

则
$$\Delta p_d = 10^9 \times 0.2 \times 0.85 \times \frac{23.15 \times 10^{-6}}{9.8} \times 1.0 = 402 \text{（Pa）}$$

5. 反吹风管道的计算

反吹风管道的压力损失。选择最远的为不利管路，且考虑反吹风量为 $1000\text{m}^3/\text{min}$（按最不利的情况考虑）详细计算见表 4-14。

$$\Delta p_f = 2347 \text{Pa}$$

① 当用 130℃ 循环烟气反吹时，其反吹风管阻力为

$$\Delta p_f = 2347 \times 0.85/1.2 = 1663 \text{（Pa）}$$

考虑 2000Pa 的滤袋阻力，则反吹风环路总阻力为 3663Pa，要保证 $1000\text{m}^3/\text{min}$ 的反吹风量，要求进风管入口处的负压值和反吹风管入口处正压值之和大于 3663Pa。

② 当利用大气反吹时，其反吹风管阻力

$$\Delta p_f = 2894.3 \text{Pa}$$

表 4-14 反吹风管道阻力计算表

序号	资料来源	管件种类	风量 /(m³/h)	风道尺寸(ϕ) /mm	风速 /(m/s)	动压 /Pa	风道长 /m	局部阻力系数(ζ)	摩阻系数(R)	压力损失 /Pa
1		直管	6000	800	33.2	661	3.8	—	11.8	44.8
2	F-2	三通	6000	800	33.2	661	—	1.1	—	727.1
3		直管	6000	800	33.2	661	2.5	—	11.8	29.5
4	C-2	90°弯头	6000	800	33.2	661	—	0.37	—	244.6
5		直管	6000	800	33.2	661	1.0	—	11.8	11.8
6	F-2	三通	6000	800	33.2	661	—	1.1	—	727.1
7		直管	6000	800	33.2	661	15	—	11.8	177
8	C-2	90°弯头	6000	800	33.2	661	—	0.37	—	244.6
9	B-1	突扩	6000	$\phi 800 \to$ 1600×1300	8.0	38.4	—	1.0	—	38.4
10	B-1	突扩	6000	1600×1300 4550×6800	0.54	0.17	—	1.0	—	0.17
11	A-1	突缩	6000		2.0	2.4	—	1.0	—	2.4
12	B-1	突扩	6000	$\phi 300 \to$	0.54	0.17	—	1.0	—	0.17
13	A-1	突缩	6000		17.6	184.7	—	0.5	—	92.4
14		直管	6000		17.6	184.7	3	—	2.4	7.2
大气反吹										2347
(1)		直管	6000	8000	33.2	661	1.2	—	11.8	14.2
(2)	C-2	90°弯头	6000	8000	33.2	661	—	0.37	—	244.6
(3)		直管	6000	8000	33.2	661	3.5	—	11.8	41.3
(4)	F-2	三通	6000	8000	33.2	661	—	1.1	—	727.1
(5)	C-2	90°弯头	6000	8000	33.2	661	—	0.37	—	244.6
(6)		直管	6000	8000	33.2	661	6.5	—	11.8	76.7
总计										2894.3

考虑 2000Pa 的滤袋阻力，则反吹风环路总阻力为 4894.3Pa，要保证 $1000\text{m}^3/\text{min}$ 的反吹风量，要求进风管入口处的负压值大于 4894.3Pa。

6. 灰斗设计（图 4-58）

(1) 灰斗的安息角　从粉尘的性质查出此类粉尘的安息角为 40°～42°［见《袋式除尘技术》（张殿印等编著）］，另外灰斗安息角一般＞60°。

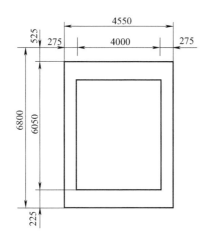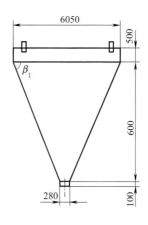

图 4-58 灰斗计算

取灰斗高度为 6500mm，则其安息角为

$$\beta_1 = 90° - \arctan\frac{6050-280}{2\times6000} = 64.3°$$

$$\beta_2 = 90° - \arctan\frac{4000-280}{2\times6000} = 72.8°$$

（2）灰斗容积

$$V = \frac{h}{6}(2a_1b_1 + a_1b_2 + a_2b_1 + 2a_2b_2)$$

$$= \frac{6}{6}(2\times4\times6.05 + 4\times0.28 + 6.05\times0.28 + 2\times0.28^2)$$

$$= 51.4\ (\text{m}^3)$$

（3）灰斗可容灰量

$$G = 51.4\times1.161 = 59.68\ (\text{t})$$

（4）灰斗贮满所需时间

$$t = G/g$$

式中，g 为每小时单室产灰量，t/h。

$$g = 1080\times60\times2\times10^{-6} = 0.13\ (\text{t/h})$$

则 $\qquad t = 59.68/0.13 = 459\ (\text{h})$

（5）双层卸灰阀排灰量 除尘器清灰周期为 1～2h，则总产灰量为：

$$G' = 2\times10800\times60\times2\times10^{-6} = 2.6\ (\text{t})$$

单室产灰量

$$G'' = 0.26\ (\text{t})$$

此灰在灰斗中所占高度

$$\frac{0.26}{1.161}\times0.28^2\times0.1 = \frac{h}{6}(2ab + 0.28a + 0.28b + 2\times0.28^2)$$

$$(2ab + 0.28a + 0.28b + 0.16)h = 1.3$$

$$2h = \tan72.8\times(a - 0.28)$$

$$2h = \tan64.3\times(b - 0.28)$$

解得 $h = 0.68\text{m}$。

假设，双层卸灰阀每次排灰时的开启时间累积为 5min，则需排灰量为

$$\rho = 0.26/5 = 0.052(t/min) = 3.12(t/h)$$

（6）刮板输送机输灰量　当一个室一个室排灰时，刮板输送机的输灰量不应小于 3.12t/h。

第三节　除尘滤料的性能与选用

滤料是袋式除尘器的关键部位，滤料性能的优劣直接影响袋式除尘器除尘效果。本节就滤料纤维、主要滤料、滤料性能及应用注意事项进行介绍。

一、滤料纤维特性

1. 滤料纤维及分类

滤料纤维的品种很多，如图 4-59 所示，可以分为天然纤维、普通合成纤维、高性能纤维、玻璃纤维和金属纤维等类别，每一个类别又可分为若干种。

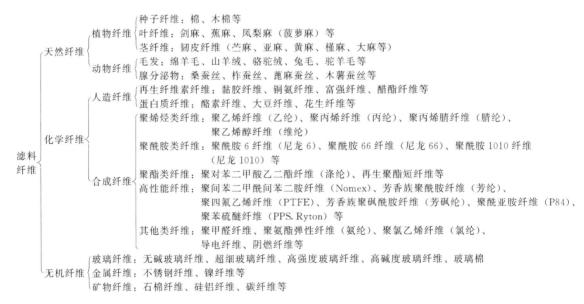

图 4-59　滤料纤维分类

2. 滤料纤维特性

（1）聚酯（涤纶）　聚酯在环保领域应用广泛，尤以涤纶针刺过滤毡的应用为甚，是袋式除尘器使用的主要滤料。聚酯的特点是：常温性能好，能连续在 130℃下工作；弹性回复性能好，强度为 3.52～5.28cN/dtex，断裂伸长率 30%～40%；其耐磨及耐热性能优于尼龙，强度较高，在 150℃空气中加热 1000h 稍有变色，强度下降不超过 50%；耐酸和弱碱，化学性能稳定。聚酯是热塑料纤维，能压光、烧毛，但聚酯不耐强碱，容易水解。

（2）聚酰胺（锦纶）　其强度高，耐磨性能优于天然纤维；表面光滑，弹性好，耐连续的屈曲；耐碱，但不耐浓酸。尼龙的极限使用温度为 90～95℃。

（3）美塔斯　美塔斯具有良好的耐温性能及化学性能，可在 200℃干燥条件下连续运行，耐折、耐磨，耐酸性能强于尼龙，它能耐氟化物。在常温下耐碱性强，但在高温下则易被溶解。但

美塔斯属水解性纤维，当烟气中水分含量＞20%、遇高温或化学成分（尤其是 SO_x）时，美塔斯会很快发生水解。

（4）聚丙烯（丙纶） 它在合成纤维中是最轻的，也是比较便宜的一种，强度相当于尼龙和涤纶。聚丙烯限氧指数19，能在90℃下潮湿环境里连续运行而不改变其性能，软化温度150℃。聚丙烯具有良好的耐酸、碱性能，耐磨性好，弹性回复率高，具有比涤纶纤维更加优异的耐酸、碱性能及较低的软化点，且耐一般有机溶剂，是一种优良的热塑性纤维，后处理效果好；但聚丙烯耐氧化性能弱，且耐热性能较差，容易受光、热等影响而产生分解，大多数情况下会因氧化而降解。

（5）聚丙烯腈（腈纶） 其耐磨性不如其他合成纤维，强度也较低，其耐热不如涤纶。试验证明，它能在125℃热空气下维持32d强度不变。能耐酸，但耐碱性较差。

（6）聚丙烯腈均聚体（亚克力） 丙烯腈均聚体不会水解，在温度低于125℃时，对有机溶剂、氧化剂、无机及有机酸具有良好的抵抗力。丙烯腈均聚体不是产自缩聚型聚合物，常用来取代有水解问题的纤维，即在低温、潮湿及有化学腐蚀的场合来取代聚酯。而丙烯腈的共聚物不耐水解，所以不能在过滤用途中用它来取代均聚体。

（7）聚苯硫醚（Ryton） 也叫PPS。聚苯硫醚纤维是一种耐高温合成纤维，具有优异的耐热性能，熔点285℃，常用温度190℃，瞬间耐温可达230℃。此外，它具有优良的阻燃性，限氧指数34～35，正常大气条件下不助燃；其化学性能与尺寸的稳定性等也相当优异，能抵御酸、碱和氧化剂的腐蚀（仅次于聚四氟乙烯纤维），可以在恶劣的工况下保持良好的过滤性能，并达到理想的使用寿命；PPS纤维最突出的优点是不会水解，可在潮湿、腐蚀性环境下运行；但PPS的抗氧化性能差，当 O_2 含量达到12%时，操作温度应＜140℃，否则PPS会因氧化而迅速降解。

（8）聚亚酰胺P84 P84纤维具有优良的耐高温性能，可在260℃下连续运行，瞬间工作温度可达280℃。P84纤维很细，其纤维表面积大，孔隙微小，粉尘只能停留在滤毡表面而不能穿入毡中，逆洗压力小，运行阻力低，滤饼弹脱效率得以明显改善；P84纤维具有较强的阻尘与捕尘能力，并能捕获微小粉尘，从而提高了过滤效率；由于P84纤维的不规则截面，纤维具有较强的抱合缠结力，与玻璃纤维相比，P84纤维的化学性能、强度、耐磨折性、使用寿命等显著提高；但P84纤维不耐水解。

（9）聚四氟乙烯（Teflon，也叫PTFE） 聚四氟乙烯纤维是当今化学性能最好、抗水性、抗氧化能力最强的纤维。它具有优良的高温及低温性能，熔点327℃，瞬间耐温可达300℃；该纤维还具有良好的过滤效率及清灰性能，阻燃性好、阻力低、使用寿命长，但价格昂贵。

（10）玻璃纤维（Glass） 玻璃纤维是无机纤维中应用较广的一种，它高温性能突出且价格低廉。玻璃纤维还耐腐蚀（除氟氢酸外，能抵抗大部分酸，但不耐强碱及高温下的中碱）；其抗拉强度很高，但不耐磨，性脆，耐曲挠性能差。工业上使用的玻璃纤维滤料一般都经过改性处理，它的表面光滑，其流体阻力小，容易清灰，因此得到广泛的应用。

（11）金属纤维 金属制成的纤维，特点是耐温可达500℃，其导电性最好，又可洗刷，使用寿命长。

二、滤布的织造和整理

1. 机织滤料

机织滤料编织方法主要有平纹织法、斜纹织法、缎纹织法等，见图4-60。

（1）平纹滤布 由经纬纱上下交错编织而成。滤布无方向性，结构紧密。除尘效率高，阻力

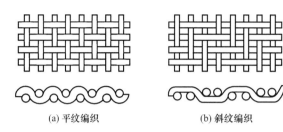

(a) 平纹编织　　　　　(b) 斜纹编织　　　　　(c) 缎纹编织

图 4-60　滤布编织方法

损失大。

（2）斜纹滤布　由两根以上的经线和纬线交错编织而成。滤布表面呈斜纹状，故称斜纹滤布。其除尘效率及阻力损失介于平纹滤布与缎纹滤布之间。

（3）缎纹滤布　由一根纬线和五根以上的经线交错编织而成。其特点是阻力损失小，透气性好，但除尘效率低。

玻璃纤维和 729 滤料均属机制滤料。

2. 针刺滤料

针刺滤料有多种原料、多种用途、多种规格。针刺毡滤料具有以下特点。

（1）针刺毡滤料中的纤维三维结构，这种结构有利于形成粉尘层，捕尘效果稳定，因而捕尘效率高于一般织物滤料。

（2）针刺滤料，孔隙率高达 70%～80%，为一般织造滤料的 1.6～2.0 倍，因而自身的透气性好、阻力低。

（3）生产流程简单（见图 4-61），便于监控和保证产品质量的稳定性。

脉冲除尘器多用针刺滤料。

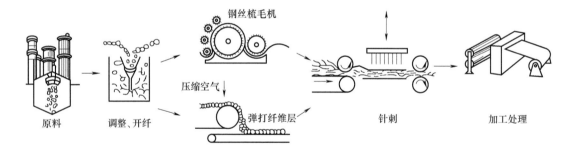

图 4-61　针刺滤料生产流程

3. 水刺滤料

水刺工艺的原理与针刺相似，不同的是将钢针改为极细的高压水流（"水针"）。水刺工艺使高压水经过喷水板的喷孔，形成的微细高速水射流连续向纤维网喷射［图 4-62（a）］，在水射流直接冲击力和下方托网帘反射力的双重作用下，纤维网中的纤维发生不同方向的移位、穿插、抱合、缠结［图 4-62（b）］。在纤维网整个宽度上有大量水柱同时垂直地向纤维网喷射，而被金属网帘托持的纤维网连续向前移动，纤维网便得到机械加固而形成水刺毡。

水刺工艺流程：纤维经开松、混合、梳理、铺网、牵引，然后通过双网夹持方式喂入水刺缠结加固系统，先后进行预水刺和第二道水刺，再经后处理而制得成品。

与针刺工艺相比，水刺工艺的主要优点是：滤料在加工过程中纤维受到的机械损伤显著降低，所以同等克重下其强力高于针刺滤料；水针为极细的高压水柱，其直径显著细于针刺工艺的刺针，所以水刺毡几乎无针孔，表面更光洁、平整，过滤性能更好。

4. 合成纤维织物的后处理

合成纤维织物滤料和毡滤料制成后，还需要进行后整理，以稳定尺寸，改善性能，提高质量，从而扩大其应用范围。后整理主要有以下几种，可根据需要选用。

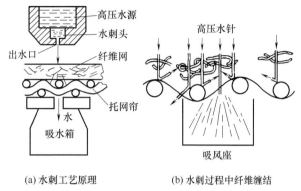

图 4-62　水刺工艺流程

（1）热定型处理　目的是消除滤料加工过程中残存的应力，使滤料获得稳定的尺寸和平整的表面。因为滤料尺寸如不稳定，则滤袋在使用中就会发生变形，从而增加滤袋与框架的磨损或使滤袋框架难以抽出，还可能导致内滤式滤袋下部弯曲积尘。热定型一般在烘燥机中进行。确定热定型温度有两个原则：一是高于滤料所用纤维的玻璃化温度，但要低于其软化点温度；二是略高于滤料能在几分钟之内耐受的最高温度。

（2）热轧光处理　在针刺毡的后整理中，热轧光机应用越来越多，通过热轧可使针刺毡滤料表面光滑、平整、厚度均匀。热轧机有钢-棉两辊和钢-棉-钢三辊轧机两种。三辊机工作面在上钢辊与棉辊之间，下钢辊仅对棉辊起平整作用。因为工作一定时间后，棉辊上会有轧痕出现，需要用钢辊连续地将棉辊表面轧平。如系两辊轧机，轧机运转一定时间后，为消除棉辊表面的轧痕，应让轧机在不进步的情况下空车运转一段时间。采取深度的热轧技术可制成表面极为光滑且透气均匀的针刺毡，这种滤料的初阻力虽略有增加，但粉尘不易进入滤料深层，因而容易清灰，有助于降低袋式除尘器的工作阻力和提高滤袋的寿命。

（3）烧毛处理　滤料的烧毛工艺与普通纺织品的烧毛工艺一样，燃料都是利用煤气。通过烧毛可将悬浮于滤料表面的纤毛烧掉，改善表面结构，有助于滤料的清灰。但是，表面部分纤维的不均匀熔融有可能形成熔结斑块反而不利滤尘。由于热轧光等技术同样可使滤料表面光滑且比较均匀，因此，除特殊情况（如对耐高温滤料或无热压设备时）外不一定都需要进行烧毛整理。

（4）抗静电处理　目前，国内外有很多用以解决滤料静电吸附性的途径，归纳起来大致有两大类。

① 使用改性涤纶。通过一定的化学处理，涤纶改变它的疏水性，使之产生离子，将积聚的静电荷泄漏，使纤维及其织物具有耐久的抗静电性能。

其抗静电机理为：在共纺丝过程中，经混练形成的抗静电剂和涤纶（PET）混练物均匀地分散，抗静电剂中的一组分子的微纤状态沿着纤维轴间分布，且因微纤之间有连接，便在纤维内形成由里向外的吸湿、导电通道，且易与另一组亲水性基团相结合，将积聚于纤维上的静电荷泄漏而达到抗静电的目的。

② 纺入金属纤维。滤料用不锈钢纤维同化学纤维混纺合成的纱为原料。由于不锈钢纤维具有良好的导电性能，与化学纤维混纺后具有永久的抗静电性能。

不锈钢金属纤维（4～20μm）具有良好的导电性能，且容易与其他纤维进行混纺，它具有挠性好，力学性能、导电性能好，耐酸碱及其他化学腐蚀，耐高温等特点。

不锈钢金属纤维主要技术性能：容重 $7.96\sim8.02\text{g/cm}^3$；纤维束根数 $10000\sim25000$ 根/束；纤维束不匀率 $\leqslant3\%$；单纤维室温电阻 $220\sim50\Omega/\text{cm}$；初始模量 $10000\sim11000\text{kg/cm}^2$；断裂伸长率 $0.8\%\sim1.8\%$；耐热熔点 $1400\sim1500℃$。

（5）拒水拒油处理 拒水拒油就是指在一定程度上滤料不被水或油润湿。理论上讲，液体 B 是否能够润湿固体 A 是由液体表面张力和固体临界表面张力决定的。如果液体表面张力大于固体临界表面张力则液体不能浸润固体。反之液体表面张力小于固体临界表面张力则能浸润固体。

根据上述分析，若想让滤料具有拒水防油性，必须要使它的表面张力降低，降到小于水和油的表面张力才能达到预期目的。拒水拒油整理有两种方法：一种是涂敷层，即用涂层的方法来防止滤料被水或油浸湿；另一种是反应型，即使防水防油剂与纤维大分子结构中的某些基团起反应，形成大分子链，改变纤维与水油的亲和性能，变成拒水拒油型。前者方法一般会使产品丧失透气性能，后者只是在纤维表面产生拒水拒油性，纤维间的空隙并没有被堵塞，不影响透气性能，这正是过滤材料所要求的。因此一般采用反应型整理方法。

需要指出的是，拒水和防水是完全不同的两个概念。拒水整理是使织物产生防止被水润湿的效果，整理后的织物存在敞开的孔隙，允许水和空气通过，故又称透气的防水整理；而防水整理则是在织物表面涂上一层不透水、不溶水的涂层薄膜，织物上的孔隙全被填塞，即使在较高的静水压力下也不能透过，故又称不透气的防水整理。

（6）涂层处理 通过涂层可改变非织造物的单面、双面或整体的外观、手感和内在质量，也可使产品性能满足某些特定的（如使针刺毡变挺可折叠成波浪形做滤筒用）要求。

5. 玻璃纤维织物的后处理

玻纤针刺毡是专为处理高温气体的脉冲喷吹袋式除尘器设计的，制造过程中使用了比例相当高的树脂、黏合剂。因为在高温下树脂软化，毡子就容易弯曲，于是滤袋便具有清灰所需的柔软性；如温度低于 $90℃$，则此种柔软性就会消失。因为在常温下玻纤针刺毡比较硬，所以在制作、包装和安装时要注意防止产生裂缝或小孔。

为使玻璃纤维滤料在酸性或碱性环境中其强度、耐折、耐磨等性能不受影响，改善玻璃纤维的曲挠性，使其满足袋式除尘器反吹风清灰或脉冲清灰工作的要求，提高滤料表面的疏水性，使其具备抗结露能力。

表面处理技术属于软技术，有以硅油为主；以硅油、石墨、聚四氟乙烯为主；以耐酸耐碱为主等处理种类。如表 4-15 所列。

表 4-15 玻璃纤维表面处理的种类及性能

种类	表面浸渍剂	耐温性/℃	抗化学侵蚀性	粉尘剥落性	抗折强度	成本
标准有机硅	有机硅（唯一的）	220	尚好	好	尚好	一般
特级有机硅	有机硅＋聚四氟乙烯	240	尚好	极好	尚好	较高
Graf-O-Sil	有机硅＋石墨＋聚四氟乙烯	280	好	好	好	较高
新的表面浸渍剂		7250	极好	极好	极好	很好

缝制玻纤滤袋的玻璃纤维缝纫线也需经特殊的表面化学处理。

6. 滤料覆膜

覆膜滤料是在织造滤料或非织造滤料表面覆盖一层聚四氟乙烯薄膜而成的。覆膜的目的是形成表面过滤，只让气体通过滤料，而把气体中含有的粉尘留在滤料表面。

覆膜滤料性能优异，其过滤方法是膜表面过滤，近 100% 截留被滤物。覆膜滤布成为粉尘与物料过滤和收集以及精密过滤方面不可缺少的新材料，其优点如下。

（1）表面过滤效率高 通常工业用滤材是依赖在滤材表面先建立一次粉尘层进行有效过滤，建立有效过滤时间长（约需整个滤程的10%），阻力大，效率低，截留不完全，损耗也大，过滤和反吹压力高，清灰频繁，能耗较高，使用寿命不长，设备占地面积大。

使用覆膜滤布，粉尘不能透入滤料，只是表面过滤，无论是粗细粉尘，全部沉积在滤料表面，即靠膜本身孔径截留被滤物，无初滤期，开始就是有效过滤，近百分之百的时间处于有效过滤。

（2）低压、高通量连续工作 传统的深层过滤的滤料，一旦投入使用，粉尘穿透，建立一次粉尘层，透气性便迅速下降。过滤时，内部堆积的粉尘造成阻塞现象，从而增加了除尘设备的阻力。

覆膜滤料以微细孔径及其不黏性，使粉尘穿透率近于零，投入使用后提供极佳的过滤效率，当沉积在覆膜滤料表面的粉尘达到一定厚度时就会自动脱落，易清灰，使过滤压力始终保持在很低的水平，空气流量始终保持在较高水平、可连续工作。

（3）容易清灰 任何一种滤料的操作压力损失直接取决于清灰后残留在滤料表面上的粉尘量。覆膜滤料清灰容易，具有非常优越的清灰特性，每次清灰都能彻底除去尘层，滤料内部不会产生堵塞，不会改变孔隙率和滤料密度，能经常维持低压损工作状态。

（4）寿命长 覆膜滤料无论采用什么清灰机制都可以发挥其优越的特性，是一种能使除尘器机能完全发挥过滤作用的材料，因而成本低廉。覆膜滤料是一种强韧而柔软的纤维结构，与坚强的基材复合而成，所以有足够的机械强度，加之有卓越的脱灰性，降低了清灰强度，在低而稳的压力损失下能长期使用，延长了滤袋寿命。

目前复合方法有胶复合和热复合两种方式。

① 胶复合。这是较初级的复合方式，复合强度低，易脱膜，寿命短，由于胶渗透，导致透气性差，不宜清灰，削弱了PTFE的优越性能。

② 热复合。这是一种最先进的复合方式，能完整地保持PTFE的优越性能，但对热复合技术要求严格。

应当特别指出的是：对琢磨性特别强的粉尘不适宜用覆膜滤料，如炭粉、氧化铝粉、铁矿烧结粉尘等。因为这些琢磨性强的粉尘会在短时间内把膜磨破，使其失去原有性能。

三、常用滤料性能

1. 常用滤料性能
见表4-16～表4-18。

2. 滤筒滤料性能
白云滤筒的滤材主要分为常温滤材及高温滤材两大部分。

常温滤筒的滤材主要是纺粘法生产的聚酯无纺布作基材，经过后整理加工而成。该部分滤材又分为六大系列产品。普通聚酯无纺布系列；铝（Al）覆膜防静电系列；防油、防水、防污（F2）系列；氟树脂多微孔膜（F3）系列；PTFE覆膜（F4）系列；纳米海绵体膜（F5）系列。

高温滤筒的滤材适用于生产滤筒，在150～220℃的温度下还能够使滤筒上的折棱保持足够的挺度，并且长期工作不变形。目前所有的材质有芳纶无纺布及聚苯硫醚无纺布两大系列。

常用型号性能见表4-19。

表 4-16　各种常用滤料的性能特点

类别	原料或聚合物	商品名称	密度/(g/cm³)	最高使用温度/℃	长期使用温度/℃	20℃以下的吸湿性/% φ=65%	φ=95%	抗拉强度/(×10⁵ Pa)	断裂延伸率/%	耐磨性	耐热性 干热	耐热性 湿热	耐有机酸	耐无机酸	耐碱性	耐氧化剂	耐溶剂
天然纤维	纤维素	棉	1.54	95	75~85	7~8.5	24~27	30~40	7~8	较好	较好	较好	较好	差	较好	一般	很好
	蛋白质	羊毛	1.32	100	80~90	10~15	21.9	10~17	25~35	较好	—	—	较好	很好	差	差	较好
	蛋白质	丝绸		90	70~80	—	—	38	17	较好	—	—	较好	较好	差	差	较好
合成纤维	聚酰胺	尼龙、锦纶	1.14	120	75~85	4~4.5	7~8.3	38~72	10~50	很好	较好	较好	一般	很差	较好	一般	很好
	芳香族聚酰胺	诺梅克斯	1.38	260	220	4.5~5	—	40~55	17~14	很好	很好	很好	较好	较好	较好	一般	很好
	聚丙烯腈	奥纶	1.14~1.16	150	110~130	1~2	4.5~5	23~30	20~24	较好	较好	较好	较好	较好	一般	较好	很好
	聚丙烯	丙纶	1.14~1.16	100	85~95	0	0	45~52	22~25	较好	较好	较好	很好	很好	较好	较好	较好
	聚乙烯醇	维尼纶	1.28	180	<100	3.4	—	—	—	差	一般	一般	较好	很好	很好	一般	一般
	聚氯乙烯	氯纶	1.39~1.44	80~90	65~70	0.3	0.9	24~35	12~25	较好	差	差	很好	很好	很好	很好	较好
	聚四氟乙烯	特氟纶	2.3	280~300	220~260	0	0	33	13	较好	较好	较好	很好	很好	很好	很好	很好
	聚苯硫醚	PPS	1.33~1.37	190~200	170~180	0.6	—	—	25~35	很好	较好	较好	较好	很好	较好	差	很好
	聚酯	涤纶	1.38	150	130	0.4	0.5	40~49	40~55	很好	较好	一般	较好	较好	较好	较好	很好
无机纤维	铝硼硅酸盐玻璃	玻璃纤维	3.55	315	250	0.3	—	145~158	0~3	很差	很好	很好	很好	很好	差	很好	很好
	铝硼硅酸盐玻璃	经硅油、聚四氟乙烯处理的玻纤	—	350	260	0	0	145~158	0~3	一般	很好	很好	很好	很好	差	很好	很好
	铝硼硅酸盐玻璃	经硅油、石墨和聚四氟乙烯处理的玻纤	—	350	300	0	0	145~158	0~3	一般	很好	很好	很好	很好	较好	很好	很好
	陶瓷纤维	立武岩滤料	—	300~350	300~350	0	0	16~18	0~3	一般	很好	很好	好	好	好	很好	很好

表 4-17　常用针刺毡性能指标

名称	材质	厚度/mm	单位面积质量/(g/m²)	透气性/[m³/(m²·s)]	断裂强力/N		断裂伸长率/%		使用温度/℃
					经向	纬向	经向	纬向	
丙纶过滤毡	丙纶	1.7	500	80~100	>1100	>900	<35	<35	90
涤纶过滤毡	涤纶	1.6	500	80~100	>1100	>900	<35	<55	130
涤纶覆膜过滤毡	涤纶 PTFE 微孔膜	1.6	500	70~90	>1100	>900	<35	<55	130
涤纶防静电过滤毡	涤纶导电纱	1.6	500	80~100	>1100	>900	<35	<55	130
涤纶防静电覆膜过滤毡	涤纶、导电纱 PTFE 微孔膜	1.6	500	70~90	>1100	>900	<35	<55	130
亚克力覆膜过滤毡	共聚丙烯腈 PTFE 微孔膜	1.6	500	70~90	>1100	>900	<20	<20	160
亚克力过滤毡	共聚丙烯腈	1.6	500	80~100	>1100	>900	<20	<20	160
PPS 过滤毡	聚苯硫醚	1.7	500	80~100	>1200	>1000	<30	<30	190
PPS 覆膜过滤毡	聚苯硫醚 PTFE 微孔膜	1.8	500	70~90	>1200	>1000	<30	<30	190
美塔斯	芳纶基布纤维	1.6	500	11~19	>900	>1100	<30	<30	180~200
芳纶过滤毡	芳族聚酰胺	1.6	500	80~100	>1200	>1000	<20	<50	204
芳纶防静电过滤毡	芳族聚酰胺导电纱	1.6	500	80~100	>1200	>1000	<20	<50	204
芳纶覆膜过滤毡	芳族聚酰胺 PTFE 微孔膜	1.6	500	60~80	>1200	>1000	<20	<50	204
P84 过滤毡	聚酰亚胺	1.7	500	80~100	>1400	>1200	<30	<30	240
P84 过覆膜过滤毡	聚酰亚胺 PTFE 微孔膜	1.6	500	70~90	>1400	>1200	<30	<30	240
玻纤针刺毡	玻璃纤维	2	850	80~100	>1500	>1500	<10	<10	240
复合玻纤针刺毡	玻璃纤维 耐高温纤维	2.6	850	80~100	>1500	>1500	<10	<10	240
玻美氟斯过滤毡	无碱基布	2.6	900	15~36	>1500	>1400	<30	<30	240~320
PTFE	超细 PTFE 纤维	2.6	650	70~90	>500	>500	≤20	≤50	250

表 4-18 聚四氟乙烯微孔薄膜复合滤料技术性能

代码	品名	使用温度/℃ 连续	使用温度/℃ 瞬间	耐无机酸	耐有机酸	耐碱性	单位面积质量/(g/m²)	厚度/mm	透气量(127Pa条件下)/[cm³/(cm²·s)]	断裂强力(样品尺寸210cm×50cm)/N 纵向	断裂强力 横向	断裂伸长/% 纵向	断裂伸长/% 横向	150℃下热收缩率/% 纵向	150℃下热收缩率/% 横向	表面处理
DGF202/PET550	薄膜·涤纶针刺毡	130	150	良好	良好	一般	550	1.6	2~5	1800	1850	<26	<19	<1	<1	
DGF202/PET500	薄膜·涤纶针刺毡	130	150	良好	良好	一般	500	1.6	2~5	1770	1810	<26	<19	<1	<1	
DGF202/PET350	薄膜·涤纶针刺毡	130	150	良好	良好		350	1.4	2~5	2000	1110	<28	<32	<1	<1	
DGF202/PET/E350	薄膜·抗静电涤纶毡	130	150	良好	良好	一般	350	1.6	2~5	1950	1110	<31	<35	<1	<1	
DGF202/PET/E500	薄膜·抗静电（不锈钢纤维）涤纶毡	130	150	良好		一般	500	1.6	2~5	2000	1630	<26	<19	<1	<1	
DGF204Nomex	薄膜·偏芳族聚酰胺	180	220	一般	一般	一般	500	2.5	2~5	650	1800	<29	<51	<1	<1	
DGF206/PT(P84)	薄膜·聚酰亚胺	240	260	良好	良好	一般	500	2.4	2~5	200/50(mm) 670	1030	<19	<31	240℃下 <1	<1	
DGF207/PPS(Ryton)	薄膜/均聚苯硫醚	190	200	良好	很好	很好	500	1.5	2~5	200/50(mm) 809	1245	<25	<30	200℃下 <1.2	<1.5	
DGF208/DT500	薄膜/均聚聚丙烯腈针刺毡	125	140	良好	良好	一般	500	2.5	2~5	210/50(mm) 630	1020	<11	<29	125℃下 <1	<1	
DGF-205 550	薄膜/无碱膨体纱玻纤	260	280	良好	良好	一般	680	~0.64	2~5	标准号 JC176N/25(mm) 3165	3290	破裂强度 ≥50kg/cm²				PTFE微孔膜，基布耐酸处理
DGF-205	薄膜/无碱膨体纱玻纤（黑色）	260	280	良好	良好	一般	750~850	0.8	200Pa时，24.6~30.9L/(dm²·min)	标准号 JC176N/25(mm) ≥3000	≥2100	破裂强度 ≥50kg/cm²				PTFE微孔膜，基布耐酸处理
DGFC501/PET500	PTFE涂膜/涤纶针刺毡	130	150	良好	良好	一般	500	1.6	200Pa时，40.6L/(dm²·min)	210/50(mm) 1370	1720	<17.6	<23.8	<1	<1	
DGF200/PET500	防水防油涤纶针刺毡	130	150	良好	良好	一般	500	1.4	200Pa时，200L/(dm²·min)	210/50(mm) 1770	1810	<26	<19	<1	<1	针刺毡·防水防油·单面压光
DGF202/PP	薄膜/聚丙烯针刺毡	90	100	很好	很好	很好										

注：引自大营新材料公司样本。DGF系列薄膜复合滤料的孔径分0.5μm、1μm、3μm（一般指平均孔径），以适应不同粒径的粉尘和物料。

表 4-19　常用滤筒的滤材主要型号性能表

序号	分类	型号	克重 /(g/m²)	厚度 /mm	透气度 /[L/(m²·s)] $\Delta p=200Pa$	强度 纵向 /(N/5cm)	强度 横向 /(N/5cm)	工作 温度 /℃	过滤 精度 /μm	备注
1	涤纶滤料系列	MH226	260	0.6	150	380	440	≤135	5	
2	防静电系列	MH226AL	260	0.6	150	380	440	≤65	5	
3	拒水防油系列	MH226F2	260	0.6	150	380	440	≤135	5	
		MH226ALF2	260	0.6	150	380	440	≤65	5	有抗静电功能
4	氟树脂多微孔膜系列	MH226F3	260	0.6	50~70	380	440	≤135	1	
5	PTFE 覆膜系列	MH226F4	260	0.6	50~70	380	440	≤135	0.3	
		MH217F4-ZR	170	0.45	50~70	250	300	≤135	0.3	用于焊烟过滤
		MH226F4-KC	260	0.6	45~65	380	440	≤135	0.3	用于高湿场合
6	纳米海绵体膜系列	MH217F5	170	0.45	55~80	250	300	≤120	0.5	用于大气除尘
		MH226F5	260	0.6	55~75	380	440	≤135	0.5	
		MH226ALF5	260	0.6	55~75	380	440	≤65	0.5	有抗静电功能
7	芳纶	MH433-NO	335	1	200	1100	1000	≤200	5	有基布
8	聚苯硫醚	MH533-PPS	330	1	230	650	850	≤190	5	无基布

四、滤料选用原则和注意事项

1. 选择的原则

滤料的选择应遵循如下基本原则：

① 所选滤料的连续使用温度应高于除尘器入口烟气温度及粉尘温度。

② 根据烟气和粉尘的化学成分、腐蚀性和毒性选择适宜的滤料材质和结构。

③ 选择滤料时应考虑除尘器的清灰方式。

④ 对于烟气含湿量大、粉尘易潮结和板结、粉尘黏性大的场合，宜选用表面光洁度高的滤料。

⑤ 对微细粒子高效捕集、车间内空气净化回用、高浓度含尘气体净化等场合，可采用覆膜滤料或其他表面过滤滤料；对爆炸性粉尘净化，应采用抗静电滤料；对含有火星的气体净化，应选用阻燃滤料。

⑥ 高温滤料应进行充分热定型；净化腐蚀性烟气的滤料应进行防腐后处理；对含湿量大、含油雾的气体净化，所选滤料应进行疏油疏水后处理。

⑦ 当滤料有耐酸、耐氧化、耐水解和长寿命等的组合要求时，可采用复合滤料。

2. 根据含尘气体性质选择滤料

含尘气体的性质对除尘效果影响较大，选择滤料时应注意。

（1）气体温度　含尘气体温度是选用滤料的重要因素。根据气体温度，可将滤料分为常温滤料（适用于温度低于 130℃ 的含尘气体）和高温滤料（适用于温度高于 130℃ 的含尘气体）。为此，应根据烟气温度选用合适的滤料。

滤料的耐温有"连续长期使用温度"及"瞬间短期温度"两种："连续长期使用温度"是指滤料可以适用的、连续运转的长期温度，应以此温度来选用滤料；"瞬间短期温度"是指滤料每天不允许超过 10min 的最高温度，时间过长，滤料就会老化或软化变形。

（2）气体湿度　对于相对湿度在 80% 以上的高湿气体，又处于高温状态时，气体冷却会产生结露现象，特别是在含 SO_3 的情况下。产生结露现象，不仅会使滤袋表面结垢、堵塞，而且会腐蚀结构材料，因此需注意。对于含湿气体在选择滤料时应注意以下几点。

① 含湿气体使滤袋表面捕集的粉尘润湿黏结，尤其对吸水性、潮解性和湿润性粉尘，会引

起糊袋，为此应选择锦纶和玻璃纤维等表面滑爽、长纤维、易清灰的滤料，并宜对滤料使用硅油、碳氟树脂做浸渍处理，或在滤料表面使用丙烯酸、聚四氟乙烯等物质进行涂布处理。

② 当高温和高湿同时存在时会影响滤料的耐温性，应尽可能避免使用锦纶、涤纶、亚酰胺等水解稳定性差的材料。

③ 对含湿气体宜采用圆形滤袋，尽量不采用形状复杂、布置十分紧凑的扁滤袋和菱形滤袋（塑烧板除外）。

④ 除尘器含尘气体入口温度应高于气体露点温度 $10\sim30℃$。

（3）气体的化学性质　在各种炉窑烟气和化工废气中，常含有酸、碱、氧化剂、有机溶剂等多种化学成分，而且往往受温度、湿度等多种因素交叉影响。因此应根据气体不同的化学性质。选用合适的滤袋材料。

3. 根据粉尘性质选择滤料

粉尘的性质是选择滤料时需要重点考虑的因素之一。

（1）粉尘的湿润性和黏着性　当湿度增加后，吸湿性粉尘粒子的凝聚力、黏性力随之增加，流动性、荷电性随之减小，黏附于滤袋表面，使清灰失效。更有些粉尘，如 CaO、$CaCl_2$、KCl、$MgCl_2$、Na_2CO_3 等吸湿后发生潮解，糊住滤袋表面，使得除尘效率降低。对于湿润性、潮解性粉尘，在选用滤料时应注意选用光滑、不起绒和憎水性的滤料，其中以覆膜滤料和塑烧板为最好。对于黏着性强的粉尘应选用长丝不起绒织物滤料，或经表面烧毛、压光、镜面处理的针刺毡滤料。

（2）粉尘的可燃性和荷电性　对于可燃性和荷电性的粉尘如煤粉、焦粉、氧化铝粉和镁粉等，宜选择阻燃滤料和导电滤料。

（3）粉尘的流动性和摩擦性　粉尘的流动性和摩擦性较强时，会直接磨损滤袋，降低使用寿命。对于磨损性粉尘宜选用耐磨性好的滤料。一般来说，化学纤维的耐磨性优于玻璃纤维，膨化玻璃纤维的耐磨性优于一般玻璃纤维，细、短、卷曲型纤维的耐磨性优于粗、长、光滑性纤维。对于普通滤料表面涂覆、压光等后处理也可提高其耐磨性。

4. 根据清灰方式选择滤料

不同清灰方式的袋式除尘器因清灰能量、滤袋形变等的不同特性，宜选用不同结构品种的滤料。

（1）机械振动类袋式除尘器　此类除尘器的特点是振动粉尘层的力量较小而次数较多，为使能量易传播，保证过滤面上振击力足够，应该选择薄而光滑，质地柔软的滤料。例如化纤缎纹或斜纹织物，厚度 $0.3\sim0.7mm$，单位面积质量 $300\sim350g/m^2$，过滤速度 $0.6\sim1.0m/min$，对小型机组过滤速度提高到 $1.0\sim1.5m/min$。

（2）分室反吹类袋式除尘器　此类除尘器属于低动能清灰类型，滤料可选用薄型滤料，如729、MP922 等，这类滤料质地轻柔、容易变形且尺寸稳定。对于分室反吹袋式除尘器，无论是内滤还是外滤，滤料的选用都无差异。大中型除尘器优于选用缎纹（或斜纹）机织滤料，在特殊场合也可选用基布加强的薄型针刺毡滤料。小型除尘器优先选用耐磨性、透气性好的薄型针刺毡滤料，单位面积质量 $350\sim400g/m^2$，也可用纬二重或双重织物滤料。

（3）脉冲喷吹类袋式除尘器　此类除尘器属于高动能清灰类型，通常采用带框架的外滤圆袋或扁袋，因此应选用厚实、耐磨、抗张力强的滤料。可优先选用化纤针刺毡或压缩毡滤料。

5. 根据特殊工况选用滤料

特殊除尘工况主要指以下几种情况：①高浓度粉尘工艺收尘；②高湿度工艺收尘；③温度变化大的间断工艺收尘；④含有可燃气体的工艺收尘；⑤排放标准严格和具有特殊净化要求的场合；⑥要求低阻运行的场合；⑦含有油雾等黏性微尘气体的处理。

处理以上特殊工艺和场合的气体，在除尘系统的设计、除尘设备的选用、滤料的选用上都要综合考虑、区别对待。特殊烟气处理方法及滤料选用见表 4-20。

表 4-20　特殊烟气处理方法及滤料选用

特殊除尘工况	除尘系统设计	除尘设备	滤袋材料
高浓度	(1)采用较低过滤风速； (2)含有硬质粗颗粒，前级可采取粗颗粒分离器	(1)采用外滤脉冲除尘器； (2)滤袋间隔较宽，落灰畅通； (3)应设计较大灰斗，使气流分布合理，采取防止冲刷滤袋的措施； (4)清灰装置应连续运行	(1)滤袋应变形小，厚实； (2)滤袋表面轧光或浸渍疏油疏水及助剂处理； (3)最好选用 PTFE 覆膜滤料
高湿式工况变化大	(1)系统管道保温、疏水； (2)除尘器保温或加热； (3)控制工艺设备工作温度	(1)采用船形灰斗、空气炮等防止灰斗堵灰； (2)喷吹压缩空气应干燥，并加热防结露； (3)设干燥送热风系统； (4)采用塑烧板除尘设备； (5)增加喷吹系统的压力	(1)采用 PTFE 覆膜滤料； (2)在保证滤料不结露的情况下，可采取疏水、疏油性好的表面光滑处理的滤料
温度变化大，间断工艺	(1)延长除尘管道防止温度过高； (2)增加蓄热式冷却器，减少温度波动； (3)增加掺兑冷风的冷风阀，防止温度过高	(1)如温度下降有结露情况，需考虑除尘设备的保温和伴热； (2)喷吹压缩空气需干燥	(1)采用相适应的耐温滤料； (2)湿度大时，需采用疏水滤料
标准排放要求高或有特殊的净化要求	(1)过滤风速取常规的1/2~2/3； (2)避免清灰不足或清灰过度，有效控制清灰的压力、振幅和周期	(1)密封好除尘设备； (2)采用静电-袋滤复合型除尘器； (3)增加过滤面积	(1)采用特殊工艺的 MPS 滤料，涂一层有效的活性滤层，对小于 $5\mu m$ 的粉尘有良好的过滤效果； (2)采用 PTFE 覆膜滤料； (3)采用超细纤维滤料
稳定低阻运行	(1)减少进出风口的阻力； (2)减少设备内部的阻力	(1)有效的清灰机构； (2)减少清灰周期； (3)采用定阻清灰控制； (4)降低过滤速度	(1)采用常规滤料浸渍、涂布、轧光等后处理工艺； (2)实行表面过滤，防止运行期间滤料的阻力增高
含有油雾的除尘	(1)工艺可能与其他除尘合并，以吸收油雾； (2)采用预喷涂和连续在管道内部添加适量的吸附性粉尘； (3)有火星和燃烧爆炸的可能，增加阻火器	(1)采用脉冲除尘器，提高清灰能力； (2)除尘器保温加热，防止油雾和水汽凝结； (3)设备采取防爆措施	(1)选用经疏油、疏水处理的滤料； (2)采用 PTFE 覆膜滤料； (3)采用波浪形塑烧板

第四节　滤筒式除尘器工艺设计

　　20 世纪 80 年代以来，伴随国外先进科学技术的引进，依靠环保技术、纺织技术、电子技术和造纸技术的科技进步，脉冲袋式除尘器和脉冲滤筒除尘器形成相互补充的趋势，构建除尘技术的主体，以期满足常温状态下不同风量、不同浓度的空气除尘技术要求。

一、滤筒式除尘器分类和工作原理

1. 按滤筒安装方式分类

滤筒式除尘器按滤筒安装方式可分为水平式、垂直式和倾斜式3种类型（见图4-63）。

（1）水平式滤筒除尘器　水平式滤筒除尘器，主要利用其单个滤筒过滤量大、结构尺寸小的特点，分室将单元滤筒并联起来，形成组合单元体，为实现大容量空气过滤提供排列组合单元，构建任意规格的脉冲滤筒除尘器。其具有技术先进、结构合理、多方位进气、空间利用好、钢耗低、造型新颖等特点。如果处理含尘浓度很低的气体（诸如大气飘尘），可选用水平安装形式。

（2）垂直式滤筒除尘器　垂直式滤筒除尘器，其滤筒垂直安装在花板上；依靠脉冲喷吹清灰滤袋外侧集尘，清灰下来的尘饼直接落下、回收。垂直（预装）式滤筒除尘器适用 $15g/m^3$ 以下的空气过滤或除尘工程。

（3）倾斜式滤筒除尘器　倾斜式滤筒除尘器适用于前两者之间的工况，在加强清灰强度仍不能降低阻力时，应改变滤筒安装方式并降低过滤风速。

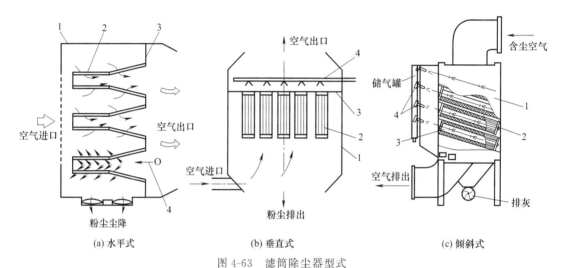

图 4-63　滤筒除尘器型式
1—箱体；2—滤筒；3—花板；4—脉冲清灰装置

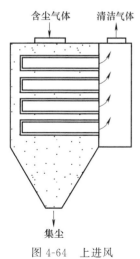

图 4-64　上进风
滤筒除尘器

2. 按进风位置分类

按其进风口位置，可将滤筒除尘器分为上进风滤筒除尘器、下进风滤筒除尘器、侧向进风滤筒除尘器。

（1）上进风滤筒除尘器　上进风滤筒除尘器是含尘气体由除尘器上部进入（见图4-64）。粉尘沉降与气流方向一致，有利于粉尘沉降。向下的气流中的粒子，不管粒度如何，均有不被滤筒捕集而直接落入灰斗的可能性。因此，根据粒子粒度分布情况，选择向上或向下流动，会减少灰尘层的平均重量。对于较小的灰尘，采取向下流动的方式，滤筒上形成的灰尘层重量可能要稍微轻些。气体在滤筒内向下流动时，大小粒子都会更均匀地分布在整条滤筒上。这比向上流动可以更均匀地利用全部过滤表面。

（2）下进风滤筒除尘器　下进风滤筒除尘器的含尘气体由除尘器下部进入（见图4-65）。气流自下而上流动，含尘空气进入滤筒后，粒度较大的粉尘直接沉降到灰斗中，从而减少滤筒磨损和延长清灰的间隔时间。但由于气流方向与粉尘下落方向相反，降低了清灰效果，增加了阻力。脉冲清灰后脱离滤筒的灰尘随着过滤气流而重新沉降在滤筒上的数量会增加，因为在袋室内剩余的向上气流降低了由于脉冲清灰而脱离滤筒的灰尘向灰斗沉降的有效速度，这对过滤器的性能有不良影响。尽管如此，由于下进风滤筒除尘器结构简单，成本较低，应用较广。

（3）侧向进风滤筒除尘器　侧向进风滤筒除尘器的含尘气流从滤筒侧面进入（见图 4-66），它是为了解决滤筒在不改变放置方向（即将滤筒由垂直放置改为水平放置），从而浪费许多过滤介质的情况下，出现气流越过滤筒间隙向上的问题。它采取高入口进气，使气体进入除尘器的高度与滤筒本身的高度平齐。气体首先通过一系列错开的通道隔板（导流板），使气流分散，并且还可看作一个筛分器，在气流接触滤筒之前，将大颗粒粉尘分离出来，直接掉入灰斗。

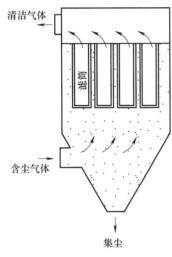

图 4-65　下进风滤筒除尘器

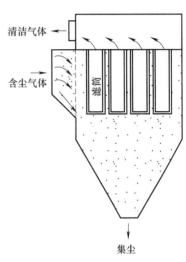

图 4-66　侧向进风滤筒除尘器

3. 除尘器工作原理

含尘气体进入除尘器灰斗后，由于气流断面突然扩大，气流中一部分颗粒粗大的尘粒在重力和惯性作用下沉降下来；粒度细、密度小的尘粒进入过滤室后，通过布朗扩散和筛滤等综合效应，使粉尘沉积在滤料表面，净化后的气体进入净气室，由排气管经风机排出。

滤筒式除尘器的阻力随滤料表面粉尘层厚度的增加而增大。阻力达到某一规定值时进行清灰。

4. 滤筒式除尘器应用

过去滤筒式除尘器广泛适用高炉鼓风机进气除尘、制氧机进气除尘、空气压缩机进气除尘、主控室进气除尘、洁净车间进气除尘、公共建筑的空调进气除尘和中低浓度的烟（空）气除尘。现在已应用于工业企业各领域。

二、滤筒式除尘器总体设计

滤筒式除尘器工艺特点如下：①由于滤料折褶成筒状使用，使滤料布置密度大，所以除尘器结构紧凑，体积小；②滤筒高度小，安装方便，使用维修工作量小；③同体积除尘器过滤面积相对较大，过滤风速较小，阻力不大；④滤料折褶要求两端密封严格，不能有漏气，否则会降低效果。

1. 滤筒式除尘器组成和滤筒布置

（1）除尘器组成　滤筒式除尘器由进风管、排风管、箱体、灰斗、清灰装置、滤筒及电控装置组成，如图 4-67 所示。

（2）滤筒布置　滤筒在除尘器中的布置很重要，滤筒可以垂直布置在箱体花板上，也可以倾斜布置在花板上，用螺栓固定，并垫有橡胶垫，花板下部分为过滤室，上部分为净气室。滤筒除了用螺栓固定外，更方便的办法是自动锁紧装置（见图 4-68）和橡胶压紧装置（见图 4-69）。

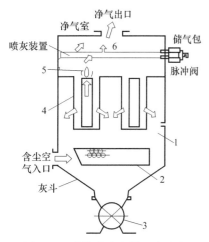

图 4-67　滤筒式除尘器组成示意

1—箱体；2—气流分布板；3—卸灰阀；
4—滤筒；5—导流喷嘴；6—喷吹管

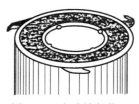

图 4-68　自动锁紧装置

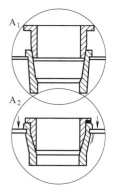

图 4-69　橡胶压紧装置

滤筒式除尘器卸灰斗的倾斜角应根据粉尘的安息角确定，一般应不小于 60°。滤筒式除尘器的卸灰阀应严密。滤筒式除尘器的净气室高度应能方便脉冲喷吹装置的安装、检修。

2. 设计计算

（1）过滤面积

$$S_t = Q_{Vt}/(60v) \tag{4-50}$$

式中，S_t 为计算过滤面积，m^2；Q_{Vt} 为设计处理风量，m^3/h；v 为过滤风速，m/min，一般取值 $0.60 \sim 1.00 m/min$。

通常以过滤面积计算值为依据，按产品说明书及现场实际情况，选用实际需要的相近产品型号，科学确定其实际过滤面积。

（2）滤筒计算数量

$$n_t = S_t/S_f \tag{4-51}$$

式中，n_t 为滤筒计算数量，组；S_t 为滤筒计算过滤面积，m^2；S_f 为每组滤筒过滤面积，$m^2/$组。

（3）滤筒数量

$$n \geqslant n_t = ab \tag{4-52}$$

式中，n 为按排列组合确定的滤筒数，组；a 为每排滤筒的设定数；b 为每列滤筒的计算数。

$$b \geqslant n/a$$

（4）实际过滤面积

$$S_s = nS_f \tag{4-53}$$

式中，S_s 为实际过滤面积，m^2；n 为实际滤筒数；S_f 为每组滤筒过滤面积，m^2。

（5）设备阻力

$$p = p_1 + p_2 + p_3 + p_4 \tag{4-54}$$

式中，p 为设备阻力，Pa；p_1 为设备入口阻力损失，Pa；p_2 为滤筒阻力损失，Pa；p_3 为花板阻力损失，Pa；p_4 为设备出口阻力损失，Pa。

一般设备阻力损失 $p = 400 \sim 800$Pa。

（6）外形尺寸　一般滤筒外径间隔按 $60 \sim 100$mm 计算，详细按排列组合推算外形相关尺寸。

北方寒冷地区和厂区空气质量在 2 级以上时，推荐应用有灰斗的排灰系统。

（7）压缩空气需用量

$$Q_g = 1.5qnK / (1000T) \ (\text{m}^3/\text{min}) \tag{4-55}$$

$$K = n'/n \tag{4-56}$$

式中，Q_g 为压缩空气消耗量（标准状态），m^3/min；T 为清灰周期，min；q 为单个脉冲阀喷吹一次的耗气量，3in 淹没式脉冲阀 $q = 250$L；n 为脉冲阀装置数量；K 为脉冲阀同时工作系数；n' 为同时工作的脉冲阀数量。

一般，大气中粉尘浓度在 10mg/m^3 以下；本过滤器的清灰周期，可按用户要求及运行工况来确定，建议采用定时、定压清灰。

本设备采用在线清灰工艺，按设计要求可采用连续定时清灰、间歇定时清灰或定压自动清灰制度。

（8）粉尘回收量

$$G = 24(\rho_1 - \rho_2)Q_V K \times 10^{-6} \tag{4-57}$$

式中，G 为粉尘日回收量，kg/d；ρ_1 为过滤器入口粉尘质量浓度，mg/m^3；ρ_2 为过滤器出口粉尘质量浓度，mg/m^3；Q_V 为过滤器处理风量，m^3/h；K 为工艺（除尘器）日作业率，%。

3. 箱体设计

除尘器的箱体分为上箱体、中箱体、下箱体。上箱体包括上盖、储气包、脉冲阀、提升气缸、开关碟阀等；中箱体包括花板、滤筒、中箱体检查门、进风管、出风管等；下箱体包括灰斗、螺旋输送机及传动电机、出灰口、支腿等。

（1）气流上升速度的确定　气流上升速度指的是除尘器内部滤筒底端含尘气体能够上升的实际速度，或滤筒间隙内的气体平均上升速度。气流上升速度的大小对滤筒被含尘气体磨损以及因脉冲清灰而脱离滤袋的粉尘的返混和沉降等都有重要影响。气体上升速度是除尘器内烟气不应超过的最大速度，达到和超过这个速度，烟气中的颗粒物就难以沉降或带走粉尘，也会加速滤筒的磨损，甚至导致设备运行阻力偏大。

另外，滤筒直径确定以后，除尘器内气流上升速度便是计算箱体横断面积的依据。因此，滤筒底部平面的筒间速度是设计脉冲滤筒除尘器要考虑的一个重要参数。显然，气流上升速度过大，会造成滤筒表面磨损及已清灰粉尘的返混和沉降困难。而气流上升速度过低，又会造成箱体过流断面增加，除尘器体积庞大。

（2）箱体结构设计　箱体是整个除尘器的外壳，多为钢制，基本采用多元组合结构装配，包括花板、进风口、出风口、灰斗（收集过滤下来的物料）等，具有"高效、密封、强度、刚度"兼容的功能。根据地域或厂区空气质量的不同，北方地区在结构上应增设防风雪、防树叶等杂物混入的防护设施。

箱体的形状有圆形和方形，箱体结构与承压有关系，圆形的承压能力比方形的好，也比方形的下料顺畅，但方形的布置方便，且容易加支撑筋。卧式的滤筒除尘器一般都用方形结构。在箱体的设计中主要确定壁板和花板，壁板设计要进行详细的结构计算，花板设计除了参考同类产品，基本是凭设计者的经验。花板是指开有相同安装滤筒孔又能分隔上箱体和中箱体的钢隔板。在花板设计中主要是布置滤筒孔的距离，该间距与滤筒内径、长度、过滤速度等因素有关。

为了提高滤筒除尘器的效率，可考虑在箱体中加设气流分布装置，最常见的气体分布有百叶窗式、多孔板、分布格子、槽型钢分布板和栏杆型分布板等。为避免一方面入口处滤筒由于风速较高造成对滤料的高磨损，另一方面距离入口较远的滤筒又不能充分利用，为此采用导流板或者气流分布板就很有必要。目前滤筒除尘器多选用多孔气流分布板，以有利于气流分布稳定和均匀，有利于气流的上升及粉尘的下降。

（3）进、出风口设计　进风口和出风口设置要合理，一个是将外界空气引入除尘器内，一个是过滤后的空气排出除尘器，这都将影响除尘器的除尘效率。

进风装置由下风管、风量调节阀和矩形进风管组成。对进风装置进行设计，主要是考虑风管壁板的耐负压程度。风量调节阀可以作为厂通件，其内的阀板一般采用5mm厚度的16Mn钢板制作。此外，进风装置的合理布置也很重要，应保证烟尘在经过进风装置时，烟气流向合理，对管壁的冲刷降低到最低。为防止高浓度含尘气体对中箱体内滤袋及壁板的冲刷，烟气离开进风装置，通过矩形进风管的风速一般控制在4m/s以下。

4. 灰斗设计

灰斗用来收集过滤后的粉尘以及进入除尘器的气体中直接落入灰斗的粉尘。因为灰斗中的粉尘需要排出，所以灰斗要逐渐收缩，四壁是便于粉尘向下流动的斜坡，下端形成出口，它的设置也不能太小，太小往往会引起堵塞，而太大容易导致粉尘撒在外面。因此，要根据实际情况进行设计灰斗。滤筒式除尘器卸灰斗的倾斜角应根据粉尘的安息角确定，一般应不小于60°。

灰斗上部与中箱体焊接，下部接输灰装置。设计灰斗时，除根据工艺要求确定灰斗的容积和下灰口尺寸，还要对其强度进行计算。灰斗组件同进风装置、中箱体和上箱体一样，属于负压装置。对其强度计算的目的是保证其在规定的最大负压（或规定正压）下能满足除尘器的正常运行，不会发生压瘪（凹陷）的现象。灰斗壁板的厚度一般为4～5mm。

对下进风除尘器而言，为使入口气流均匀，一般要设置灰斗导流板。导流板由若干组耐磨角钢板（材料为Q345A）组成，一般交错布置在灰斗进风口。它的主要作用是均衡烟气流，同时使烟气中大颗粒粉尘通过碰撞导流板减缓速度沉降于灰斗底部，减轻滤袋过滤的负荷。导流板一般按经验进行布置，其布置也可以通过专业软件对烟气流的理论模拟而确定。

5. 设计注意事项

① 处理含尘浓度较高，宜选用垂直安装且褶数较少的滤筒，并选用较低的过滤风速。

② 处理含尘浓度很低（诸如大气飘尘），可选用水平安装形式。

③ 倾斜式安装滤筒的适用于前两者之间的工况，在加强清灰强度仍不能降低阻力时，应改变滤筒安装方式并降低过滤风速。

④ 在处理含尘气体中含有油、水液滴时，应在进风管道上游混入吸附性粉尘，降低粉尘的黏结性，提高对滤料的剥落性。

⑤ 在处理相对湿度较高的含尘气体时，含尘气体的温度应高于其露点温度10～20℃，应采取防止其在除尘器内部结露的措施。

⑥ 当处理易燃易爆粉尘时，滤筒式除尘器应采取相应的安全措施：a. 滤料表面应做抗静电处理；b. 除尘器必须设置泄爆门，其朝向不得正对检修人员所在位置，且泄爆门要定期检修；c. 滤筒应垂直安装，除尘器内不应积存粉尘，除尘器的花板等各部分用导线接地。

三、滤筒式除尘器清灰设计

1. 清灰方式的选择

滤筒常用的自动清灰方式有脉冲喷吹、高压气体反吹及机械振动等。

脉冲喷吹是利用脉冲反吹控制仪预先设定的参数给电磁阀一个信号，然后瞬间开闭电磁阀膜片，使压缩气体瞬间进入喷吹管，利用气体的急速反冲力抖落滤筒表面的灰尘。一般气体压力设定为 0.3～0.6MPa。

机械振动清灰常用于小型单机滤筒除尘器，它是利用除尘器花板上偏心装置产生的抖动力来清灰的，这个动作需要停机后操作。

目前滤筒除尘器最常用的清灰方式仍然是脉冲喷吹清灰。

2. 脉冲阀尺寸选择

（1）脉冲阀喷吹面积 脉冲阀喷吹面积见表 4-21。

表 4-21 脉冲阀喷吹面积

直角式 ϕ/in	压力/MPa	喷吹面积/m²
3/4	0.6	6～8
1	0.6	10～12
1½	0.6	20～22
2	0.6	34～36
2½	0.6	40～42
3（淹没式）	0.3～0.6	42～45

注：直角式和淹没式喷吹面积大致相同。

（2）压缩气体消耗量 压缩空气消耗量可用式（4-58）计算。

$$L = \frac{nQ}{1000T} \times 1.5 \tag{4-58}$$

式中，n 为每分钟喷吹的脉冲阀个数，个/min；Q 为脉冲阀每次喷吹气量，L/次；T 为喷吹周期，min，可按入口粉尘浓度确定。当入口含尘浓度小于 5g/m^3 时 $T=25\sim30\text{min}$，当入口含尘浓度为 $5\sim10\text{g/m}^3$ 时 $T=20\sim25\text{min}$，当入口含尘浓度大于 10g/m^3 时 $T=10\sim25\text{min}$。

（3）选择线图 脉冲阀尺寸选择线图如图 4-70 所示。

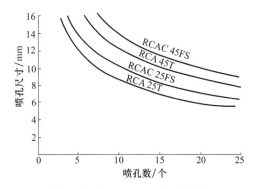

图 4-70 脉冲阀尺寸选择线图

3. 气包

（1）清灰系统压缩空气需用量 清灰系统压缩空气需用量可按式（4-59）进行计算。

$$Q_g = 1.5qnK/(1000T) \tag{4-59}$$

式中，Q_g 为压缩空气消耗量（标准状态），m³/min；T 为清灰周期，min；q 为单个脉冲阀喷吹一次的耗气量，3in 淹没式脉冲阀 $q=250\text{L}$，2in 淹没式脉冲阀 $q=130\text{L}$，1.5in 淹没式脉冲阀 $q=100\text{L}$，1in 淹没式脉冲阀 $q=60\text{L}$；n 为电磁脉冲阀数量，个；K 为电磁脉冲阀同时工作系数。

$$K = n'/n \tag{4-60}$$

式中，n' 为同时工作的脉冲阀数量，个。

（2）气包容量的确定 气包的工作最小容量为单个脉冲阀喷吹一次后，气包内的工作压力下降到原工作压力的 70%。在进行气包容量的设计时，应按最小容量进行设计，确定气包的最小体积，然后在此基础上，对气包的体积进行扩容。气包体积越大，气包内的工作气压就越稳定。也可以先设计气包的规格，然后用最小工作容量进行校正，设计容量要大于（最好远远大于）最小工作容量，一般来说，气包工作容量为最小容量的 2~3 倍为好。

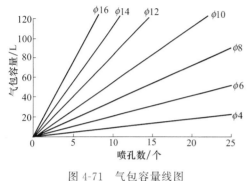

图 4-71　气包容量线图

气包必须有足够容量，满足喷吹气量需求。建议在进行脉冲喷吹时，气包内压力应不低于原始压力的 85%；某公司提出在脉冲喷吹后气包内压降不超过原来储存压力的 30%。

（3）气包容量线图　如图 4-71 所示，图中 ϕ 表示喷孔直径，单位为 mm。

4. 喷吹管设计

喷吹管结构的设计，主要考虑喷吹管直径、喷吹管长度、喷嘴直径及数量、喷吹短管的结构形式及喷吹短管端面距离滤筒口的高度等。

（1）喷吹管直径　按澳大利亚高原脉冲阀厂家的设计规范，一般是，喷吹管直径与脉冲阀口径相对应。例如，采用 3in 的脉冲阀，则喷吹管直径也为 3in。国内大多数厂家，也都遵照喷吹管直径与脉冲阀口径相对应的原则。喷吹管的板厚，一般是 2.5in 以上采用 4mm，2.5in 以下采用 3mm 的焊接钢管制作。应使用无缝钢管来制造喷吹管。

（2）喷吹管长度　喷吹管的长度应根据喷吹的滤筒数、滤筒直径及其间距确定。喷吹管壁厚应根据其长度和材质确定，应保证不会因自重弯曲变形。应做到进入第一个滤筒和最后一个滤筒的喷吹气流流量相差小于 10%。为此，远离气包的喷吹孔孔径比靠近气包的喷吹孔孔径要小 0.5~1.0mm。为防止喷吹气流偏离中心现象发生，应在喷吹管上安装引流喷嘴。此喷嘴在喷吹孔出口附加一个小室，能保证喷吹气流朝下的垂直度。

喷嘴出口两侧带有引流入口，可以引进更多气流进入滤筒。

（3）喷嘴直径　喷嘴直径及数量是整个喷吹管设计的核心。在脉冲阀型号确定后的情况下，喷嘴数量不能无限制增多，它要受到喷吹气量、喷吹压力及喷吹滤筒长度等各类因素的综合影响。目前，3in 脉冲阀所配套的喷嘴数量建议最多不要超过 16 只（一般来说，10 只以下比较合适）。根据试验，在中压喷吹的状态下，喷吹管上所有喷嘴直径的面积之和应该为喷吹管内腔面积的 60%~80%，即

$$(60\% \sim 80\%)A_{\text{喷吹管}} = \sum_{i=1}^{n} A_{i\text{喷嘴}} \tag{4-61}$$

式中，$A_{\text{喷吹管}}$ 为喷吹管内腔面积，m^2；n 为单个喷吹管上的喷孔数，个；$A_{i\text{喷嘴}}$ 为喷孔内腔面积，m^2。

如果采用图 4-72 所示滤筒清灰法，即脉冲气流没有经过文丘里就直接喷吹进入滤筒内部，将会导致滤筒靠近脉冲阀的一端（上部）承受负压，而滤筒的另一端（下部）将承受正压，如图 4-73 所示。这就会造成滤筒的上下部清灰不同而可能缩短使用寿命，并使设备不能达到有效清灰。

为此，可在脉冲阀出口或者脉冲喷吹管上安装滤筒用文丘里喷嘴。把喷吹压力的分布情况改良成比较均匀的全滤筒高度正压喷吹。滤筒用文丘里喷嘴的结构和安装高度如图 4-74 所示。

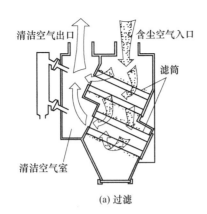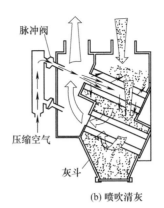

图 4-72　滤筒清灰示意

(a) 过滤　　　　　　　　　(b) 喷吹清灰

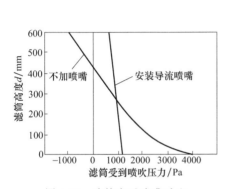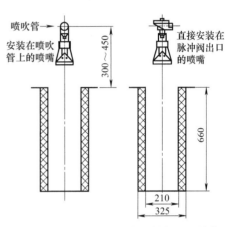

图 4-73　滤筒有无喷嘴对比　　　　图 4-74　滤筒用文丘里喷嘴的结构和安装高度

灰尘堆积在滤筒的折叠缝中将使清灰比较困难。所以折叠面积大的滤筒（每个滤筒的过滤面积达到 20～22m²）一般只适合应用于较低入口浓度的情况。

滤筒式除尘器脉冲喷吹装置的分气箱应符合 JB/T 10191—2010 的规定。洁净气流应无水、无油、无尘。脉冲阀在规定条件下，喷吹阀及接口应无漏气现象，并能正常启闭，工作可靠。

脉冲控制仪工作应准确可靠，其喷吹时间与间隔均可在一定范围内调整。诱导喷吹装置与喷吹管配合安装时，诱导喷吹装置的喷口应与喷吹管上的喷孔同轴，并保持与喷管一致的垂直度，其偏差小于 2mm。

（4）喷吹短管端面距离滤筒口（花板）高度的确定　喷吹短管端面距离滤筒口（花板）的高度，受喷射气流扩散角和二次诱导风量的影响，气流的适宜扩散角一般是沿喷吹轴线成 20°角。理论上来说，二次诱导风量越多越好，也就是加大喷吹短管距离滤筒口的高度，但高度不能无限制抬高，否则脉冲气流会喷出滤筒口造成浪费。结合滤筒口径，设计喷吹管离花板的距离，通常该距离为 380～450mm，但滤筒直径与其他喷吹参数不同时，该值显然会变化。

该值恰好能保证扩散的原始气流连同诱导的气流同时超音速进入滤筒口。进入滤筒的气流瞬间吹到滤筒底部，在滤筒底部形成一定的压力。然后，气流反冲向上，在滤袋内急剧膨胀，压力升高，冲击并吹落附着在滤筒外表面的积灰。根据澳大利亚高原公司的实验，脉冲气流在滤筒底部的冲击力为 1500～2500Pa。

5. 导流装置设置

由喷吹管喷出的压缩气体具有很高的速度，其能量主要以动压的形式存在。由于动压只作用于气流前进的方向，因而对位于垂直方向的滤筒壁面不起作用，只有采用导流装置将其转换成静压时，才能促进滤筒的清灰作用。

目前使用较多的导流装置是文氏管，在袋口安装文氏管导流器的作用有两个：一是把喷吹管喷出的气流导向滤袋，避免气流偏斜吹坏滤筒；二是促进喷出的气流与被其诱导的二次气流充分混合进行能量交换。这两个作用使得许多脉冲除尘器都装有文氏管导流器。当喷吹管喷吹嘴口与滤袋中心不在一条中心轴线时，其作用更为明显。使用文氏管存在的缺点主要是增加了气流阻力、减少了过滤面积并有可能削弱清灰效果。

脉冲喷吹主要依靠脉冲喷吹的压缩空气和气体高速流动时周围产生的引射气流。脉冲喷吹引射型式目前有四种，如图 4-75 所示。

在设计滤筒除尘器时，是否采用导流装置，采用何种导流装置，以及导流装置如何设置，除了要考虑脉冲阀种类、压缩气体压力大小、喷管直径、喷嘴形式、滤筒结构与粉尘的特性等，还要考虑箱体结构及尺寸等才能决定。

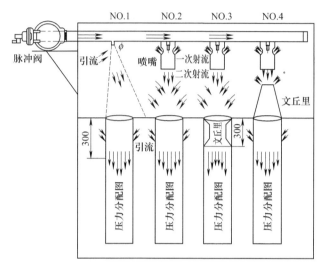

图 4-75　脉冲喷吹引射型式示意

四、滤筒式除尘器滤筒设计

（一）滤筒的分类

常用滤筒分为 3 大类。这 3 类滤筒的区别分别见表 4-22 和表 4-23。

表 4-22　不同空气滤筒的不同保护对象和安装部位

类别	名称区别	保护对象	具体应用场合及安装位置	滤筒使用对象
I	保护机器类的空气滤筒	制氧机、大型鼓风机、内燃机、空气压缩机、汽轮机及其他类发动机的进气系统机件保护	通信程控交换机室、制氧厂、鼓风机房、汽车、各种战车、各类船舰、铁路机车、飞机、运载火箭等发动机的进气口或进气道	
II	创建洁净房间的空气滤筒	洁净室无尘，保证生产产品质量，烟雾厂房净化后保证人体健康	药品、食品、电子产品的生产车间净化；博物馆、图书馆等馆藏间净化；手术室、健身房、生产厂房烟尘排放；行走器、飞行器、驾驶舱净化。安装在进气口或进气道	

续表

类别	名称区别	保护对象	具体应用场合及安装位置	滤筒使用对象
Ⅲ	保护大气用除尘器滤筒	控制烟尘粉尘排放,保护地球生物健康	水泥厂、电厂、钢厂等烟粉尘控制排放;垃圾焚烧、炼焦炼铁、锻铸厂房及汽车等烟尘排放口	

表 4-23　不同滤筒净化的尘源和精度

类别	空气滤筒名称	保护对象和阻止灰尘源	阻截颗粒的来源和性质	颗粒尺寸/μm	灰尘浓度(使用空气滤筒前)/(mg/m³)	要求过滤器效率/%
Ⅰ	保护机器用空气滤筒	保护内燃机缸体;阻止道路灰尘进入进气道	道路灰尘,如 SiO、Fe_2O_3、Al_2O_3;大气飘尘,如 SO_2、CO_2 等	1~100	已筑路面 0.005~0.013;多尘路面 0.3~0.5;建筑工地 0.5~1.0	92~99
Ⅱ	创建洁净空间空气滤筒	洁净室、洁净厂房、超净间、滤除室内飘浮颗粒物	大气飘尘,如 SO_2、NO_x、CO_2、NO_2、NH_3、H_2S 及人体排泄物	0.01~200	国家标准允许(日平均);美国,工业区 0.2,居民区 0.15;中国,工业区 0.3,居民区 0.15	99.97~99.999
Ⅲ	保护大气除尘器滤筒	保护大气、滤除排放的烟尘、粉尘	二矿企业产生的排放颗粒,如 SO_2、NO_x、CO_2、NO_2、H_2S 等	0.01~200	产生烟尘浓度多倍于:火电厂排放1200~2000;工业窑炉排放100~400	达到排放标准(注:过滤器必须满足排放标准,而产生的灰尘浓度是未知数)

(二) 除尘器滤筒构造

滤筒式除尘器的过滤元件是滤筒。滤筒的构造分为顶盖、金属框架、褶形滤料和底座等 4 部分。

滤筒的上下端盖、护网的粘接应可靠,不应有脱胶、漏胶和流挂等缺陷;滤筒上的金属件应满足防锈要求;滤筒外表面应无明显伤痕、磕碰、拉毛和毛刺等缺陷;滤筒的喷吹清灰按需要可配用诱导喷嘴或文氏管等喷吹装置,滤筒内侧应加防护网,当选用 $D \geqslant 320mm$、$H \geqslant 1200mm$ 滤筒时宜配用诱导喷嘴。

(三) 除尘器滤筒设计

滤筒成品体积对过滤器总成体积关系很大。使用过滤器总成的主机,往往对过滤器提出以下要求:①除尘器总高和进出口距离 (宽);②滤筒下体总高和直径;③滤筒总质量;④出气口连接方式及尺寸;⑤过滤精度等一系列与过滤特性相关的性能要求。

滤筒设计根据总成要求要注意以下要素:①滤筒外径尺寸,大于滤筒内径 10mm 以上为最佳,这是因为高而窄小的空间,可以让污染颗粒在滤筒外层缓慢沉降,这样使滤筒从上而下地均匀接受污染颗粒;②内骨架直径尺寸的确定,主要考虑通油小孔的大小不应影响过滤气量,同时要照顾小孔尺寸对骨架强度的影响;③内骨架总强度极为重要,首要考虑滤筒承受的压差要以骨架支撑,所以直径越小强度越高;④褶波纹牙高度应选在 10~50mm 为最佳;⑤充分留有压差极限余地,当计算出所需过滤面积后应将此面积增大 1 倍,这是因为要充分考虑实际工作中粉尘污染物是不可预测的。

1. 滤筒外形设计

选用纸张式且需要打褶的滤筒的设计和制造方法大同小异。滤筒设计应该是按实际使用要求去设计，而强度、压降和纳污量等要求决不可单纯依靠计算公式得出的参数给出确定值。应靠试验得出的经验数值。计算、推导只能是个参考，这就是滤筒不同于其他机件的特殊点。

滤筒外形设计包括形状、尺寸、选材、结构及强度。

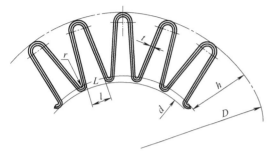

图 4-76　滤筒波纹高度和各元素代号

波纹牙型要求包括波纹各部尺寸、波纹数量和波纹展开面积等。

（1）滤筒波纹高度　如图 4-76 所示，此图形确立就是为了展开面积增大。面积大则通过含尘气体应力小，负荷量大。

设计者首先确立总展开尺寸和波纹形成后的滤筒外圆及总长。两者综合考虑的结果，确立了波纹高度。即式：

$$h = \frac{1}{2}(D - d) \tag{4-62}$$

式中，h 为波纹高度，mm；D 为波纹总体外圆直径，mm；d 为波纹总体内圆直径，mm。

最佳波纹高度（过滤面积最大取决于波纹高度），可按下式计算：

$$h = \frac{1}{4}D \tag{4-63}$$

（2）波纹牙数　波纹高度乘滤筒长度是半个波纹牙的面积，一个波纹高度乘以总牙数是滤筒总过滤面积。如果一味追求牙数增多而求其面积增大，则会呈现牙挤牙，牙间隙小，反而增大通油阻力。合适的滤筒牙数按下式计算：

$$n = \frac{\pi D}{2(t + r) + l} \tag{4-64}$$

式中，n 为波纹牙数，个；t 为滤层厚度，mm；r 为波纹牙型折弯半径，mm；l 为波纹牙间距，mm。

（3）过滤筒面积　按下式计算：

$$A = 2nhL \tag{4-65}$$

式中，A 为滤筒过滤面积，mm^2；L 为滤筒总长，mm。

（4）需求过滤面积　滤筒实际需求过滤面积按下式计算

$$A = \frac{Q\mu}{q\Delta p} \tag{4-66}$$

式中，Q 为空气流量，L/min；q 为对选用滤材实际测得的单位面积流量，$L/(min \cdot cm^2)$；μ 为气体动力黏度，$Pa \cdot s$；Δp 为滤材实测压差，MPa/cm^2。

实际设计选用"过滤面积"应大于理论计算的"需求过滤面积"，以保证滤筒寿命。

2. 滤筒强度设计

滤筒强度要求有：压扁强度和轴向强度。滤筒结构及受力方向如图 4-77 所示。

（1）滤筒内骨架负荷系数　滤筒内骨架是外部滤层的主要支撑体，它必须有一定强度。但滤过的气体要通过它流出。为近似地计

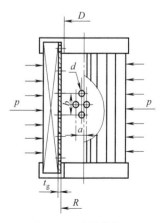

图 4-77　滤筒结构及受力方向示意

算内骨架强度，引入了负荷系数 C_1、C_2 和 C_3，其值按经验公式进行计算：

$$C_1 = \frac{a^2 + b^2 - 2d\sqrt{a^2 + b^2}}{a^2 + b^2} \tag{4-67}$$

$$C_2 = \frac{a - d}{a} \tag{4-68}$$

$$C_3 = \frac{2ab - \pi d^2}{2ab} \tag{4-69}$$

式中，C_1 为径向负荷系数；C_2 为轴向负荷系数；C_3 为通孔负荷系数；a 为通孔周向间距，mm；b 为通孔轴向间距，mm；d 为通孔直径，mm。

（2）滤筒外部径向压力产生的应力　按下式计算：

$$\sigma_1 = 0$$
$$\sigma_2 = \frac{\Delta p R}{t_g C_1} \tag{4-70}$$
$$\tau = 0$$

式中，σ_1 为轴向应力，MPa；σ_2 为径向应力，MPa；τ 为切应力，MPa；Δp 为滤筒承受的压差，MPa；t_g 为骨架壁厚，mm；R 为骨架外圆半径，mm。

（3）端向负荷产生的应力　按下式计算：

$$F = \frac{\pi}{4} D_3^2 \Delta p + F_K \tag{4-71}$$

式中，F 为端向负荷，N；F_K 为滤筒压紧弹簧力，N；D_3 为滤筒端盖内圆直径，mm。

端向负荷产生的应力按下式计算：

$$\sigma_1 = \frac{F}{2\pi R t_g C_2}$$
$$\sigma_2 = 0 \tag{4-72}$$
$$\tau = 0$$

（4）强度失效　滤筒强度失效形式通常有三种：当承受外部径向压力时，失效形式为压扁变形；当端向负荷作用下细长滤筒容易产生弯曲变形；短粗滤筒容易产生腰鼓变形。

（5）临界压扁力　按式下面公式计算：

$$令 \beta_q = \frac{L_g}{R}$$

$$K_q = \sqrt[4]{3(1 - \mu_1^2)} \times \sqrt{\frac{R}{t_g}} \tag{4-73}$$

$$\lambda_q = \frac{\pi}{\beta_q}$$

式中，L_g 为内骨架受力长度，mm；μ_1 为泊桑比。

当 $K_q \beta_q < 3$ 时：

$$p_c = C_1 C_3 \frac{E t_g}{R} \left\{ \frac{1}{4 K_q^4} \left[8 + \frac{17 - \mu_1}{1 + \frac{9}{\lambda_q^2}} \right] + \left[\frac{1}{8\left(1 + \frac{9}{\lambda_q^2}\right)^2} \right] \right\} \tag{4-74}$$

式中，p_c 为临界压扁力，MPa；E 为弹性模量，MPa。

当 $\beta_q \geqslant K_q$ 时：

$$p_c = C_1 C_3 \frac{E t_g^3}{4(1 - \mu_1^2) R^3} \tag{4-75}$$

当 $\frac{1}{2}K_q^2 \leqslant \lambda_q^2 \leqslant 2K_q^2$ 时：

$$p_c = K_c C_1 C_3 \frac{Et_g}{RL_g}\sqrt{\frac{t_g}{R}} \tag{4-76}$$

式中，K_c 为计算系数，mm，一般取 0.918mm。

如果 β_q、K_q 同时满足 $K_q\beta_q < 3$，$\beta_q \geqslant K_q$ 条件时，临界压扁力应按式（4-75）计算；如果 β_q、K_q 同时满足 $\beta_q \geqslant K_q$、$\frac{1}{2}K_q^2 \leqslant \lambda_q^2 \leqslant 2K_q^2$ 条件时，临界压扁力应按式（4-76）计算。

3. 滤筒压降设计

滤筒应设计成流量大而压降却小的水平。

（1）不锈钢纤维毡滤筒的压降　不锈钢纤维毡制成的滤筒压降按下式计算：

$$\Delta p_1 = 27.3 \times \frac{Q\mu}{A} \times \frac{H}{K} \tag{4-77}$$

式中，μ 为流体动力黏度，Pa·s；H 为滤毡厚度，m；K 为渗透系数，m^3。

（2）烧结滤筒的压降　金属粉末烧结滤芯的压降按下式计算：

$$\Delta p_1 = \frac{Q\mu}{K'A} \times 10^6 \tag{4-78}$$

$$K' = \frac{1.04d_2^2 \times 10^3}{t_s} \tag{4-79}$$

式中，K' 为过滤能力系数；d_2 为烧结粉末颗粒平均直径，m；t_s 为烧结板厚度，m。

（3）纤维类滤材的压降　纤维类滤材的压降计算式如下：

$$\Delta p_1 = \frac{Q\mu}{A} K_x \times 10^8 \tag{4-80}$$

纤维类滤材制成滤芯过滤能力总数 $K_x = 1.67^{-1}$m，包括植物纤维、玻璃纤维和无纺布。

（4）过滤器空壳压降　过滤器空壳压降按下式计算：

$$\Delta p_k = \frac{1}{2}\sum_{i=1}^n \lambda_i \frac{L_i}{d_i} \times \frac{\rho Q}{A_i} + \frac{1}{2}\sum_{j=1}^m \xi_j \frac{\rho Q}{A_j} \tag{4-81}$$

式中，Δp_k 为过滤器空壳压降，Pa；λ_i 为空壳沿程阻力系数；L_i 为每段沿程长度，m；ρ 为气体密度，kg/m^3；A_i 为每段沿程通油面积，m^2；A_j 为某局部变化后的面积，m^2；ξ_j 为某局部阻力系数；d_i 为每段沿程的水力直径，m。

（四）滤筒成品外形

滤筒是用设计长度的滤料折叠成褶，首尾粘合成筒，筒的内外用金属框架支撑，上、下用顶盖和底座固定。顶盖有固定螺栓及垫圈。滤筒成品有圆形和扁形两种，圆形滤筒外形如图 4-78 所示，扁形滤筒的外形如图 4-79 所示。

（五）除尘器滤筒国际规定的尺寸

滤筒规定的外形尺寸见表 4-24，滤筒外形尺寸偏差极限值见表 4-25，滤筒的直径与褶数见表 4-26。实际上各厂家还根据工程实际需要，设计和生产许多滤筒尺寸。

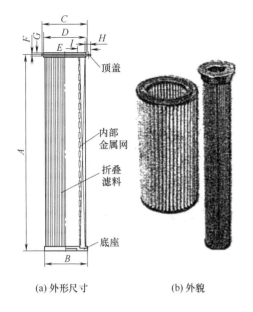

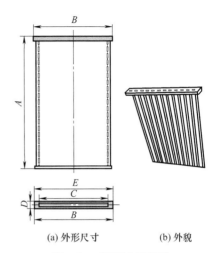

(a) 外形尺寸	(b) 外貌

图 4-78　圆形滤筒外形

(a) 外形尺寸	(b) 外貌

图 4-79　扁形滤筒外形

表 4-24　滤筒规定的外形尺寸　　　　　　　　　　单位：mm

长度 H	直径 D							
	120	130	140	150	160	200	320	350
660						☆	☆	☆
700						☆	☆	☆
800						☆	☆	☆
1000	☆	☆	☆	☆	☆	☆	☆	☆
2000	☆	☆	☆	☆	☆	☆		

注：1. 滤筒长度 H，可按使用需要加长或缩短，并可两节串联。

2. 直径 D 是指外径，是名义尺寸。

3. 标志"☆"为推荐组合。

表 4-25　滤筒外形尺寸偏差极限值　　　　　　　　单位：mm

直径 D	偏差极限	长度 H	偏差极限
120 130 140 150	±1.5	600 700 800	±3
160 200		1000	±5
320 350	±2.0	2000	

注：检测时按生产厂产品外形尺寸进行。

表 4-26　滤筒的直径与褶数

褶数	直径 D/mm							
	120	130	140	150	160	200	320	350
35	☆	☆	☆					
45	☆	☆	☆	☆	☆			
88			☆	☆	☆	☆	☆	☆
120					☆	☆	☆	☆
140					☆	☆	☆	☆

续表

褶数	直径 D/mm							
	120	130	140	150	160	200	320	350
160							☆	☆
250							☆	☆
330							☆	☆
350								☆

注：1. 标志"☆"为推荐组合。

2. 褶数 250～350 仅适应于纸质及其覆膜滤料。

3. 褶深 35～50mm。

（六）滤筒装配与安装

① 滤筒串联使用时应同轴、密封、不晃动。

② 配用诱导喷嘴时，喷嘴的下口与滤筒的上端口距离可在 150～200mm 范围内。

③ 防静电处理的滤筒安装，金属线应可靠接地，接地电阻应小于 4Ω。

④ 滤筒的上下端盖、护网的粘接应可靠，不应有脱胶、漏胶和流挂等缺陷。

⑤ 滤筒上的金属件应满足防锈或防腐要求。

⑥ 滤筒外表面应无明显可见伤痕、磕碰、拉毛、毛刺等缺陷。

⑦ 滤筒的喷吹清灰按需要可配用诱导喷嘴或文氏管等喷吹装置，滤筒内侧应加防护网。

⑧ 当选用直径≥320mm 或长度≥1200mm 滤筒时，宜配用诱导喷嘴。

⑨ 滤筒外形尺寸偏差极限值应符合表 4-27 的规定。

表 4-27　滤筒外形尺寸偏差极限值　　　　　　单位：mm

直径 D	偏差极限	长度 H	偏差极限
120			
130		600	
140	±1.5	700	±2
150		800	
160			
200		1000	
320	±2.0	2000	±3
350			

五、滤筒专用滤料

1. 滤筒专用滤料特点

滤筒专用滤料除必须保证通常滤料所具备的过滤性能外，还应符合以下要求。

① 有一定的硬挺度，能够折叠后保证牙纹的形状，并且能够承受一定的负压不变形。如图 4-80 所示，图 4-80（a）为滤料硬挺度不足的情况，在压力的作用下，折叠之间没有了间隙，能够透气的地方非常小，大部分滤料已经失去了通风的能力；图 4-80（b）为正常工作状态的滤料。

② 滤料不能太脆，折叠后叠痕部位不能破损，并在长期经受脉冲作用下也能保证完好，且不变形。

③ 滤料不能过厚（过厚的滤料不利

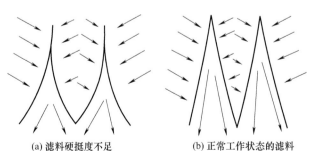

(a) 滤料硬挺度不足　　　(b) 正常工作状态的滤料

图 4-80　滤料硬挺度对比

于增加过滤面积）。

④ 必须有足够的强度，能抵抗脉冲长期冲击而不破损，使用寿命长。

⑤ 湿度、温度等条件变化后，滤料的尺寸及形状不能有太大的变化，必须要有较好的稳定性。

⑥ 符合环保要求，在使用过程中，特别是在脉冲冲击下，滤料本身不能有危害人体健康的物质释出。

2.《滤筒式除尘器》（JB/T 10341—2014）**对滤筒专用滤料的要求** ❶

（1）合成纤维非织造滤料

① 按加工工艺可分为双组分连续纤维纺粘聚酯热压及单组分连续纤维纺粘聚酯热压两类。

② 合成纤维非织造滤料的主要性能和指标应符合表 4-28 的规定。

表 4-28 合成纤维非织造滤料的主要性能和指标

特性	项目		单位	双组分连续纤维纺粘聚酯热压	单组分连续纤维纺粘聚酯热压
形态特性	单位面积质量偏差		%	±2.0	±4.0
	厚度偏差		%	±4.0	±6.0
断裂强力(20cm×5cm)		经向	N/50mm	>900	>400
		纬向		>1000	>400
断裂伸长率		经向	%	<9	<15
		纬向		<9	<15
透气度	透气度		m³/(m²·min)	15	5
	透气度偏差		%	±15	±15
除尘效率,计重法			%	≥99.95	≥99.5
最高连续工作温度			℃	≤120	

注：1. 透气度的测试条件为 $\Delta p = 125\text{Pa}$。

2. 透气度与过滤阻力的换算公式为：

$$Q_1/Q_2 = \Delta p_1/\Delta p_2$$

式中，Q_1 为透气度，$\text{m}^3/(\text{m}^2 \cdot \text{min})$ 或 m/min；Q_2 为过滤风速，m/min；Δp_1 为透气度的测试条件，Pa；Δp_2 为过滤阻力，Pa。

③ 表面防水处理后的滤料其浸润角应大于 90°，沾水等级不得低于Ⅳ级。

④ 防静电滤料应符合表 4-29 的规定。

表 4-29 滤料的抗静电特性

滤料抗静电特性	最大限值	滤料抗静电特性	最大限值
摩擦荷电电荷密度/(μC/m²)	<7	表面电阻/Ω	<10¹⁰
摩擦电位/V	<500	体积电阻①/Ω	<10⁹
半衰期/s	<1		

① 本项指标根据产品合同决定是否选用。

⑤ 对高温等其他特殊工况，滤料材质的选用应满足应用要求。

（2）改性纤维素滤料 改性纤维素滤料的主要性能和指标应符合表 4-30 的规定。

表 4-30 改性纤维素滤料的主要性能和指标

特性	项目	单位	指标值
形态特性	单位面积质量偏差	%	±3
	厚度偏差	%	±6.0
透气度	透气度	m³/(m²·min)	≥5
	透气度偏差	%	±12
除尘效率(计重法)		%	≥99.8
耐破度		MPa	≥0.2
挺度		N·m	≥20
最高连续工作温度		℃	≤80

注：同表 4-28。

---

❶ 由于受各种因素的影响，各厂家的滤料可能跟标准有所出入，本资料仅供参考。

（3）聚四氟乙烯覆膜滤料

① 合成纤维非织造聚四氟乙烯覆膜滤料的主要性能和指标应符合表 4-31 的规定。

表 4-31　合成纤维非织造聚四氟乙烯覆膜滤料的主要性能和指标

特性	项目		单位	双组分连续纤维纺粘聚酯热压	单组分连续纤维纺粘聚酯热压
形态特性	单位面积质量偏差		%	±2.0	±4.0
	厚度偏差		%	±4.0	±6.0
断裂强力(20cm×5cm)	经向		N	＞900	＞400
	纬向			＞1000	＞400
断裂伸长率	经向		%	＜9	＜15
	纬向			＜9	＜15
透气度	透气度		$m^3/(m^2 \cdot min)$	6	3
	透气度偏差		%	±15	±15
除尘效率(计重法)			%	≥99.99	≥99.99
$PM_{2.5}$ 的过滤效率			%	≥99.7	≥99.7
覆膜牢度	覆膜滤料		MPa	0.03	0.03
疏水特性	浸润角		(°)	＞90	＞90
	沾水等级			≥Ⅳ	≥Ⅳ
最高连续工作温度			℃	≤120	

注：同表 4-28。

② 改性纤维素聚四氟乙烯覆膜滤料的主要性能和指标应符合表 4-32 的规定。

表 4-32　改性纤维素聚四氟乙烯覆膜滤料的主要性能和指标

特性	项目	单位	低透气度	高透气度
形态特性	单位面积质量偏差	%	±3	±5
	厚度偏差	%	±6.0	±6.0
透气度	透气度	$m^3/(m^2 \cdot min)$	3.6	8.4
	透气度偏差	%	±11	±12
除尘效率(计重法)		%	≥99.95	≥99.95
$PM_{2.5}$ 的过滤效率		%	≥99.5	≥99.0
覆膜牢度	覆膜滤料	MPa	0.02	0.02
疏水特性	浸润角	(°)	＞90	＞90
	沾水等级		≥Ⅳ	≥Ⅳ
最高连续工作温度		℃	≤80	

注：同表 4-28。

3. 滤筒常用滤料的性能

（1）普通系列　普通滤料是未经后处理、不具备特种功能的滤料，主要型号技术参数如表 4-33 和表 4-34 所示。

表 4-33　聚酯型普通系列滤料技术参数

型号	主要成分	单重/(g/m²)	厚度/mm	透气度[1]/[L/(m²·s)]	断裂强力(20cm×5cm)/N 纵向	断裂强力(20cm×5cm)/N 横向	工作温度/℃	过滤精度[2]/μm	除尘效率[3]/%	精度等级[4]	备注
MH217	聚酯(PET)	170	0.45	220	250	300	≤135	5	≥99	MERV11 或 F6	可做阻燃处理型号为 MH217Z
MH226	聚酯(PET)	260	0.6	150	380	440	≤135	5	≥99.5	MERV12 或 F6	可做阻燃处理型号为 MH226Z

① 透气度是在 $\Delta p = 200Pa$ 时测得。

② 过滤精度：通常是指在原始状态下未建立初尘饼时，能够有效地阻隔粒子的最小尺寸级别。

③ 除尘效率：采用 325 目中位径 $8 \sim 12 \mu m$ 滑石粉，过滤速度≤1.2m/min，粉尘浓度为 (4 ± 0.5) g/m³，经过 5 次以上清灰过程后，滤料有效阻隔粉尘与总进入粉尘的质量比。

④ 精度等级：为滤料初始时测定的，美国 ASHARE52.2 过滤级别，或欧洲 EN779 过滤级别。

注：1. 以下各表中定义均同此表。

2. 在 EN 779：2012 标准中 F6 改为 M6，下同。

表 4-34　纤维素型普通系列滤料技术参数

型号	主要成分	单重 /(g/m²)	总厚度 /mm	透气度 /[L/(m²·s)]	耐破度 /kPa	工作温度 /℃	过滤精度 /μm	除尘效率 /%	精度等级
MH112	纤维素	120	≥0.6	110	≥200	≤80	5	≥99.5	MERV12 或 F6
MH112A	纤维素及合成纤维	120	≥0.6	110	≥200	≤80	5	≥99.5	MERV13 或 F7

（2）防静电聚酯无纺布系列　防静电聚酯无纺布滤料是在普通聚酯无纺布上覆上一层导电的铝涂层。主要是起抗静电、防爆的作用。其技术参数见表 4-35。

表 4-35　防静电聚酯无纺布系列滤料技术参数

型号	基材成分	单重 /(g/m²)	厚度 /mm	透气度 /[L/(m²·s)]	断裂强力 (20cm×5cm)/N 纵向	断裂强力 (20cm×5cm)/N 横向	工作温度 /℃	过滤精度 /μm	除尘效率 /%	精度等级	备注
MH226AL	聚酯 (PET)	260	0.6	150	380	440	65	5	≥99.5	MERV12 或 F6	
MH226ALF2	聚酯 (PET)	260	0.6	150	380	440	65	5	≥99.5	MERV12 或 F6	具防油、水、污功能

（3）防油、防水、防污（F2）系列　其技术参数见表 4-36。

表 4-36　防油、防水、防污（F2）系列滤料技术参数

型号	基材成分	单重 /(g/m²)	厚度 /mm	透气度 /[L/(m²·s)]	断裂强力 (20cm×5cm)/N 纵向	断裂强力 (20cm×5cm)/N 横向	工作温度 /℃	过滤精度 /μm	除尘效率 /%	精度等级	备注
MH217F2	聚酯 (PET)	170	0.45	220	250	300	≤135	5	≥99	MERV11 或 F6	用于高湿度大气除尘
MH226F2	聚酯 (PET)	260	0.6	150	380	440	≤135	5	≥99.5	MERV12 或 F6	

注：防水等级大于 V 级（GB/T 4745）。

（4）覆膜（F3、F4、F5）系列　覆膜滤料是一种典型的表面过滤型滤料，它是在滤料表面覆贴上一层非常薄并且微孔非常多的薄膜。结构示意见图 4-81。

① 氟树脂多微孔膜（F3）系列　氟树脂多微孔膜（F3）系列滤料是在普通聚酯无纺布上覆上一层非常薄而均匀的氟树脂多孔膜。其技术参数见表 4-37。

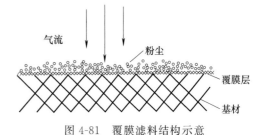

图 4-81　覆膜滤料结构示意

表 4-37　氟树脂多微孔膜（F3）系列滤料技术参数

型号	基材成分	基材单重 /(g/m²)	厚度 /mm	透气度 /[L/(m²·s)]	断裂强力 (20cm×5cm)/N 纵向	断裂强力 (20cm×5cm)/N 横向	工作温度 /℃	过滤精度 /μm	除尘效率 /%	精度等级
MH226F3	聚酯 (PET)	260	0.6	50~70	380	440	≤135	1	≥99.9	MERV13 或 F7

② 聚四氟乙烯（PTFE）覆膜（F4）系列　聚四氟乙烯（PTFE）覆膜（F4）系列滤料是在普通聚酯无纺布上做 PTFE 覆膜处理。其技术参数见表 4-38。

表 4-38 聚四氟乙烯（PTFE）覆膜（F4）系列滤料技术参数

型号	基材成分	基材单重/(g/m²)	厚度/mm	透气度/[L/(m²·s)]	断裂强力(20cm×5cm)/N 纵向	断裂强力(20cm×5cm)/N 横向	工作温度/℃	过滤精度/μm	除尘效率/%	精度等级	备注
MH217F4-ZR	聚酯(PET)	170	0.45	50~70	250	300	≤135	0.3	≥99.9	MERV16 或 H11	有阻燃功能
MH226F4	聚酯(PET)	260	0.6	50~70	380	440		0.3	≥99.9	MERV16 或 H11	
MH226ALF4	聚酯(PET)	260	0.6		380	440	≤80	0.3	≥99.9	MERV16 或 H11	抗静电功能
MH226F4-ZR	聚酯(PET)	260	0.6	45~65	380	440		0.3	≥99.9	MERV16 或 H11	有阻燃功能
MH226F4-KC	聚酯(PET)	260	0.6	45~65	380	440	≤135	0.3	≥99.9	MERV16 或 H11	适用于高湿度场合
MH226HF4	聚酯(PET)	260	0.6	55~75	380	440		0.3	≥99.9	MERV16 或 H12	热压型覆膜（白色）

注：在 EN779：2012 标准中 H11 改为 E11，H12 改为 E12，下同。

③ 纳米海绵膜（F5）系列 纳米海绵膜（F5）系列滤料是在普通聚酯无纺布上覆上一层 $<2g/m^2$ 的超薄海绵状多孔材料，其技术参数见表 4-39。

表 4-39 纳米海绵膜（F5）系列滤料技术参数

型号	基材成分	基材单重/(g/m²)	厚度/mm	透气度/[L/(m²·s)]	断裂强力(20cm×5cm)/N 纵向	断裂强力(20cm×5cm)/N 横向	工作温度/℃	过滤精度/μm	除尘效率/%	精度等级	备注
MH217F5	聚酯(PET)	170	0.45	55~80	250	300	≤120	0.5	≥99.95	MERV13 或 F7	大气除尘
MH226F5	聚酯(PET)	260	0.6	55~75	380	440		0.5	≥99.95	MERV14 或 F8	
MH226ALF5	聚酯(PET)	260	0.6	55~75	380	440	≤65	0.5		MERV14 或 F8	抗静电功能
MH226HF5	聚酯(PET)	260	0.6	45~65	380	440	≤120	0.5	≥99.99	MERV15 或 F9	

（5）高温芳纶系列 其技术参数见表 4-40。

表 4-40 高温芳纶系列滤料技术参数

型号	基材成分	基材单重/(g/m²)	厚度/mm	透气度/[L/(m²·s)]	断裂强力(20cm×5cm)/N 纵向	断裂强力(20cm×5cm)/N 横向	工作温度/℃	瞬时温度/℃	过滤精度/μm	除尘效率/%	精度等级
MH433-NO	芳纶及耐高温树脂	340	1	200	1100	1000	200	220	5	≥99.5	MERV11 或 F6
MH437F4-NO	芳纶及耐高温树脂	380	1	50~70	1100	1000	200	220	0.3	≥99.9	MERV16 或 H11

第五节 圆筒式袋式除尘器工艺设计

把袋式除尘器的外壳做成圆筒形很普遍，既有小型的，如仓顶式袋除尘器；也有大型的，如高炉煤气袋式除尘器。筒形袋式除尘器的突出优点是节省钢材、耐压好。

圆筒式袋式除尘器是以圆筒形结构为壳体，以滤袋为过滤元件，可用不同的清灰方法，按滤料的过滤原理完成工业气体除尘与净化。

一、圆筒式袋式除尘器分类

圆筒式袋式除尘器，按过滤方式分为外滤式和内滤式；按清灰压力分为低压式（＜0.4MPa）和高压式（≥0.4MPa），喷吹介质为压缩氮气；按滤袋长度分为长袋式（6m≤L≤9m）和短袋式（L＜6m）。

圆筒式袋式除尘器在结构上具有良好的力学特性，适用于易燃、易爆的工业气体除尘与净化。广泛用于高炉煤气、转炉煤气、铁合金煤气等干法除尘工程，烟气温度可达300℃。

目前，以长袋、低压、外滤为代表的圆筒式袋式除尘器在我国获得巨大发展，成功用于 $5000m^3$ 高炉煤气干法除尘工程，在世界范围首次全面实现了高炉煤气的全干法除尘，对推进和发展高炉炼铁工艺、配套短流程输灰设施、实现环境保护与节能具有重大经济效益、社会效益和环境效益。

二、圆筒式袋式除尘器本体设计

圆筒式袋式除尘器（见图4-82）由筒身、锥形灰斗、封头、过滤装置、喷吹清灰装置、进气管、出气管和输灰设施等组成。除尘器壳体、喷吹清灰装置、过滤装置是圆筒式袋式除尘器的关键构件。

1. 除尘器壳体

除尘器壳体为圆形结构，按钢制容器设计。其中，筒身为圆筒形，封头为球形，灰斗为圆锥形。为满足检修换袋需要，封头与筒身之间可为法兰式，也可为焊接式。弹簧式滤袋骨架的出现（见图4-83），使长滤袋（6～9m）在净气室内整体换袋成为可能，使除尘器壳体的按压力容器管理成为现实。在设计除尘器壳体时还应按需要设置必要的检修孔。

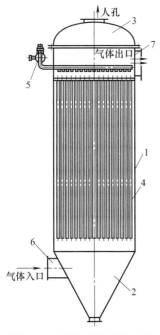

图4-82 圆筒式袋式除尘器
1—筒身；2—锥形灰斗；3—封头；4—过滤装置；
5—喷吹清灰装置；6—进气管；7—出气管

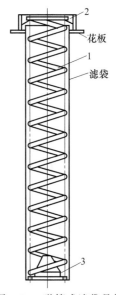

图4-83 弹簧式滤袋骨架
1—弹簧；2—支架；3—配重

2. 喷吹清灰装置

喷吹清灰装置由脉冲喷吹控制仪、电磁脉冲阀和强力喷吹装置组成，按清灰工艺需要设计与配置。其中，强力喷吹装置推荐应用中冶集团建筑研究总院环保研究设计院的专利产品——脉冲喷吹袋式除尘器的侧管诱导清灰装置（ZL99253722.3），滤袋直径为 $\phi120mm$、$\phi130mm$、$\phi140mm$、$\phi150mm$、$\phi160mm$，滤袋长度为 6～9m 时，袋底喷吹压力可保证 3000Pa，具有优良的清灰特性。

脉冲反吹具有反吹效果好、系统简单、投资省、既节省又环保等优点，但需要 0.4～0.6MPa 动力气源，气源一般采用氮气。由于反吹气体进入煤气中，对煤气热值有影响，但影响非常小，按经验计算热值的降低量小于 0.01%。小布袋一般采用氮气脉冲反吹。脉冲反吹系统示意图、脉冲波形图、阻力曲线图分别见图 4-84～图 4-86。

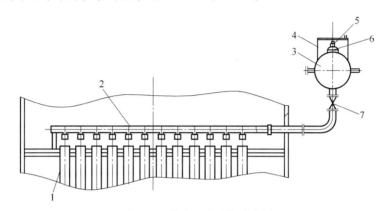

图 4-84　脉冲反吹系统示意图

1—滤袋；2—喷吹管；3—氮气包；4—氮气包保护罩；5—电磁阀；6—脉冲阀；7—球阀

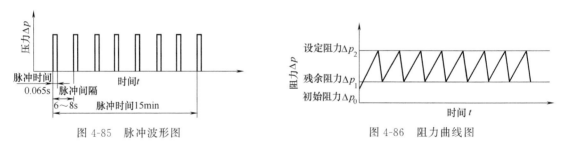

图 4-85　脉冲波形图　　　　　　　　　　图 4-86　阻力曲线图

3. 过滤装置

过滤装置主要包括滤袋骨架和滤袋。滤袋骨架随着滤袋的加长而加长（有效长度为 6～9m），按需要可采用二段式、三段式或弹簧式。弹簧式特别适用于封头内置换滤袋（见图 4-83 和表 4-41）。

表 4-41　弹簧式滤袋

型号	滤袋直径 /mm	钢丝直径 /mm	滤袋长度 /m	压缩长度/mm				质量/kg			
				6m	7m	8m	9m	6m	7m	8m	9m
120	120	3.0	6,7,8,9	478	541	604	667	5.6	6.0	6.4	6.8
130	130	3.0	6,7,8,9	478	541	604	667	5.8	6.2	6.7	7.1
140	140	3.0	6,7,8,9	478	541	604	667	5.9	6.4	6.9	7.4
150	150	3.5	6,7,8,9	544	618	692	766	7.6	8.3	9.0	9.7
160	160	3.5	6,7,8,9	544	618	692	766	7.7	8.4	9.2	9.9

三、工艺参数设计计算

1. 计算过滤面积

$$S_0 = \frac{q_{vt}}{60 v_F} = \frac{q_{vt}}{q_g} \tag{4-82}$$

式中，S_0 为滤袋计算过滤面积，m^2；q_{vt} 为工况煤气流量，m^3/h；v_F 为滤袋过滤速度，m/min，一般取 $0.60 \sim 0.90 m/min$；q_g 为过滤负荷，$m^3/(h \cdot m^2)$。

2. 计算滤袋数量

预估滤袋材质、规格与长度，计算滤袋数量：

$$S_1 = \pi d L \tag{4-83}$$

$$n_0 = \frac{S_0}{S_1} \tag{4-84}$$

式中，S_1 为 1 条滤袋过滤面积，m^2；d 为滤袋直径，m；L 为滤袋有效长度，m；n_0 为滤袋设计数量，条。

3. 排列组合

以圆形花板为依据，考虑滤袋直径、孔间隔及边距等必要尺寸，排列组合，确定滤袋实际分布数量。具体按下式计算核定。

$$D_0 = \left(\frac{q_{vt}}{2826 v_g} \right)^{0.5} \tag{4-85}$$

$$D = m(d + a) + 2a_0 \tag{4-86}$$

式中，D_0 为圆筒计算直径，m；q_{vt} 为每台除尘器处理风量，m^3/h；v_g 为圆筒断面速度，m/s，一般取 $0.7 \sim 1.0 m/s$；m 为直径上花板孔的最大数量，个；d 为滤袋直径，m；a 为花板孔净间隔，m，一般取 $0.05 \sim 0.07 m$；a_0 为距筒壁的净边距，m，一般取 $0.12 \sim 0.15 m$；D 为筒体实际定性直径，m，校核时要求 $D \geqslant D_0$。

4. 确定滤袋实际数量

以滤袋定性尺寸和圆中心为基准，呈直线排列，按最大数量确定滤袋实际装置数量。

5. 校核滤袋长度

按花板上滤袋实际装置数量与尺寸适度校核滤袋长度，保证滤袋过滤面积的优化。

6. 确定除尘器外形尺寸

（1）封头高度：

$$H_1 = 0.25D + 80 \tag{4-87}$$

（2）净气室高度：

$$H_2 = 2h \tag{4-88}$$

（3）尘气室高度：

$$H_3 = L + \Delta H \tag{4-89}$$

（4）灰斗高度：

$$H_4 = \frac{0.5(D - d)}{\tan\alpha} + \Delta h \tag{4-90}$$

式中，H_1 为封头高度，m；D 为圆筒直径，m；H_2 为净气室直线段高度，m；h 为喷吹管中心至花板面的净高，m；H_3 为净气室高度，m；L 为滤袋有效长度，m；ΔH 为安全高度，m，一般取 $0.3 \sim 0.5 m$；H_4 为灰斗高度，m；d 为排灰口直径，m；$\tan\alpha$ 为灰斗倾斜角的正切，

一般 α 取 $30°\sim32°$；Δh 为排灰管直线段高度，m，一般取 $0.08\sim0.12$m。

（5）支架高度按实际需要确定支架形式与排灰口至支座底脚的高度 H_5。

（6）设备总高度：

$$H = H_1 + H_2 + H_3 + H_4 + H_5 \tag{4-91}$$

式中，H 为设备总高度，m。

四、附属设施和参数控制

1. 附属设施

按主体除尘工艺计算结果，相应确定附属设施的规格与数量。包括：①走台、栏杆、梯子及安全设施；②脉冲喷吹清灰设施；③检测设施；④运行操作与控制系统；⑤储气罐及其配气设施；⑥料位监测与控制；⑦输灰设施。

2. 工艺控制参数

（1）煤气压力控制

① 布袋允许高炉炉顶压力不大于 0.30MPa。

② 脉冲用氮气压力为 $0.20\sim0.25$MPa，氮气用量与箱体数量有关并保证纯净。脉冲用氮气压力为炉顶压力 0.02MPa，并保证纯净。

③ 布袋脉冲压差不超过 5kPa。

④ 净煤气管网压力为 $6\sim15$kPa（有的企业控制在 16kPa 以下）。

（2）煤气温度控制

① 炉顶煤气温度控制在 $100\sim260℃$ 的范围内。

② 进入布袋箱体内的煤气温度不高于 $260℃$，事故温度 $300℃$（瞬间）。

（3）除尘器本体　除尘器本体的工艺控制参数包括：

① 低压脉冲袋式除尘器箱体数量。按高炉煤气处理量和过滤速度综合考虑灰选择数量和筒体直径。

② 低压脉冲清灰装置数量和清灰方式有关。

③ N_2 清堵装置优于振打装置。

④ 滤袋筒体压力不小于高炉炉顶的设计压力。

（4）温度控制　温度控制参数包括：

① 炉顶煤气温度控制在 $100\sim260℃$ 的范围内。

② 进入滤袋筒体内的煤气温度不高于 $260℃$，事故温度 $300℃$（瞬间）。

③ 北方应用滤袋除尘时必须确保筒体内的煤气温度高于露点温度 $20\sim30℃$。

（5）含尘量控制　含尘量控制包括：

① 进入滤袋筒体的煤气含尘量 $10\sim15$g/m^3。

② 经过除尘净化后的煤气含尘量不大于 10mg/m^3。

3. 设计技术文件

设计文件至少应包括：①设计说明书；②设计概算书；③系统图、平面图、侧视图和相关图样；④安装说明书；⑤操作维护说明书；⑥安全操作规程；⑦重大事故抢救预案。

五、实例——高炉煤气袋式除尘器投标方案

1. 建设单位

略。

2. 项目名称

$500m^3$ 高炉煤气袋式除尘器。

3. 工程地点

××省××市。

4. 投标依据

① 工艺参数：筒体直径 DN3900，煤气量 130000m³/h，布袋尺寸 φ130mm×6000mm，煤气压力 0.15MPa，煤气温度 100～300℃，FMS 针刺毡，排放浓度以 5～10 mg/m³ 为宜，＜5mg/m³ 最佳；过滤负荷 8 台工作时不大于 30m³/(h·m²)，7 台工作时不大于 35m³/(h·m²)。在规定筒体直径内按滤袋允许间距尽量增加滤袋数量。

②《工业企业煤气安全规程》（GB 6222—2005）。

③《钢制焊接常压容器》（NB/T 47003.1—2009）。

5. 投标范围

钢结构制作与安装，包括荒（净）煤气总管、支管连接管、除尘器本体、滤袋及骨架、中间灰斗、框架、支柱、平台、梯子、栏杆、放散管以及保温与电气控制的配套安装。

不在投标范围的设备有阀门、埋刮板机、斗提机、卸灰装置、振动器、分气包。

6. 主要设计指标

本除尘器按高炉煤气烟气特性和国内领先的除尘技术，8 台脉冲袋式除尘器组合和离线清灰方式，采用粉体无尘装车的短流程输灰工艺。具体方案如下：

形式 YLFDM8×585；处理风量 8×16250＝130000（m³/h）；过滤面积 4680m²；设备阻力 ≤1500Pa；排放质量浓度≤10mg/m³。

7. 技术计算

（1）计算过滤面积（m²）

$$S_0 = \frac{q_{vt}}{q_g}$$

8 台工作时：

$$S_{08\text{-}1} = 130000 \div 8 \div 30 = 542 （m^2）$$

7 台工作时：

$$S_{07\text{-}1} = 130000 \div 7 \div 35 = 531 （m^2）$$

（2）单台滤袋数量（条） 初定 FMS 滤袋，滤袋规格为 φ140mm×6000mm。

$$n_{01} = \frac{S_{08\text{-}1}}{\pi d L} = \frac{542}{3.14 \times 0.14 \times 6} = 205 （条）$$

（3）排列组合确定滤袋分布 根据脉冲喷吹清灰的要求，采用 76.2mm（3in）淹没式电磁脉冲阀，以花板中心线为准，组织滤袋花板孔对称成排分布。脉冲喷吹结构如图 4-87 所示；花板孔分布如图 4-88 所示；分气包结构如图 4-89 所示。

（4）校核

① 数量。按花板滤袋孔分布最大化的原则，实际装设 φ140mm×6000mm 滤袋 222 条，超过了 205 条。

② 过滤面积

$$S = 222 \times 2.638 = 585 （m^2）$$

过滤负荷

$$q_8 = 130000 \div 8 \div 585 = 27.78 [m^3/(h·m^2)]$$

$$q_7 = 130000 \div 7 \div 585 = 31.75 [m^3/(h·m^2)]$$

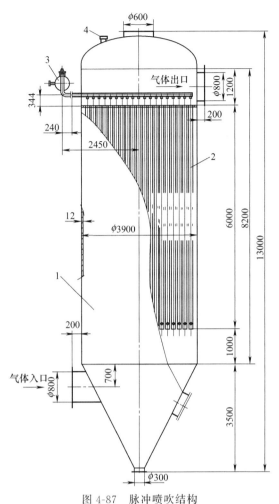

图 4-87 脉冲喷吹结构

1—筒体；2—过滤装置；3—脉冲喷吹装置；4—安全阀

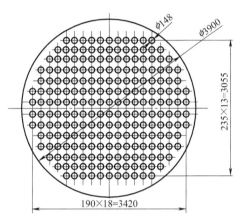

图 4-88 花板孔分布

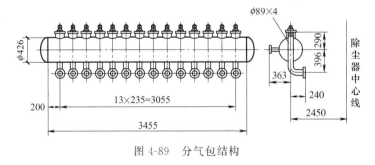

图 4-89 分气包结构

8. 设备结构

按技术计算确定的设备结构与规格分述如下：

（1）除尘器主体结构为圆筒形、钢结构（$\phi3900mm \times 13000mm$）。分 8 组全过滤工作，过滤负荷为 $27.78m^3/(h \cdot m^2)$；分室离线清灰时为 7 组工作，过滤负荷为 $31.75m^3/(h \cdot m^2)$。

（2）筒体钢结构由筒身、封头、进出口、检查孔、花板及支架组成。

（3）过滤装置由 222 组（条）弹簧式钢骨架（$\phi140mm \times 6000mm$）和滤袋（$\phi140mm \times 6000mm$）组成。滤袋材料为 FMS，单重为 $500g/m^2$，耐温不超过 $300℃$。

（4）脉冲喷吹装置由 14 组强力喷吹管和 14 个 76.2mm（3in）电磁脉冲阀组成。脉冲喷吹清灰时，除尘器进出口煤气切断阀（ϕ800mm）处于关闭状态（离线定时清灰），有一定实践（运行）经验后可改为离线定压清灰。

（5）荒（净）煤气管道均为 ϕ1600mm，进出口分设 ϕ1600mm 电动煤气切断阀（常开）；进出煤气分支管分设 ϕ800mm 电动煤气切断阀（常开）及相应的盲板阀。

（6）除尘器运行控制由 PLC 执行，检测项目包括煤气流量、煤气成分、设备阻力、进出口煤气温度和煤气含尘量，具体由煤气工艺决定。

（7）除尘器排灰采用最新输灰技术的短流程排灰工艺，用 2 台圆板拉链输送机和 3GY150 型粉体无尘装车机装车，用斯太尔汽车输出。

（8）除尘器筒体、荒（净）煤气管及其分支管的保温采用厚度 80mm 的泡沫保温瓦，外包 0.5mm 镀锌铁皮。

（9）除尘器框架为 H 型钢结构组列，分别承担荒（净）煤气管道与配件以及圆板拉链输送机、粉体无尘装车机的重量。除尘器设有设备支架，直接由标高为 11.51m 平台梁承担设备重量。

（10）除尘器梯子、平台与栏杆直接焊接与固定在钢结构框架上。

（11）除尘器、管道和钢框架的涂装与着色按建设单位规定执行。

（12）除尘器按《工业企业煤气安全规程》（GB 6222）规定设有检查孔、安全放散阀和防爆阀，并由 PLC 完成检测显示。

（13）除尘器封头与筒身为焊接；选用弹簧式滤袋骨架，换袋时由封头检查孔进出，组织强力喷吹装置、龙骨及滤袋的拆除与安装。

（14）防雨棚直接焊接在框架钢柱上。

（15）储气罐直接坐装在二层平台上。

9. 技术经济指标

500m³ 高炉煤气圆筒式袋式除尘器技术经济指标见表 4-42。

表 4-42　500m³ 高炉煤气圆筒式袋式除尘器技术经济指标

序号	名称	技术经济指标	备注
1	型号	YLFDM8×585	
2	过滤面积/m²	8×585＝4680	
3	煤气量/(m³/h)	130000	
4	煤气温度/℃	100～300	
5	煤气压力/MPa	0.15	
6	煤气含尘量		
	入口/(g/m³)	80	
	出口/(mg/m³)	≤10	
7	过滤室数/室	8	
8	过滤负荷		
	全过滤/[m³/(h·m²)]	27.78	
	清灰过滤/[m³/(h·m²)]	31.75	
9	滤袋材料	FMS	500g/m²
10	滤袋规格/(mm×mm)	ϕ140×6000	配用弹簧式滤袋骨架
11	滤袋数量/条	8×222＝1776	
12	脉冲喷吹装置/组	8×14＝112	DMF-Y76S
13	强力喷吹装置/组	8×14＝112	ϕ89mm
14	氮气炮振动器/组	8	ϕ40mm
15	氮气压力/MPa	0.4～0.5	
16	氮气流量/(m³/min)	6	
17	设备阻力/Pa	≤1500	
18	总排灰量/(t/h)	4	
19	外形尺寸/m	22.6×16.0×23.9	

10. 设计总图

圆筒式袋式除尘器总图如图 4-90 所示。

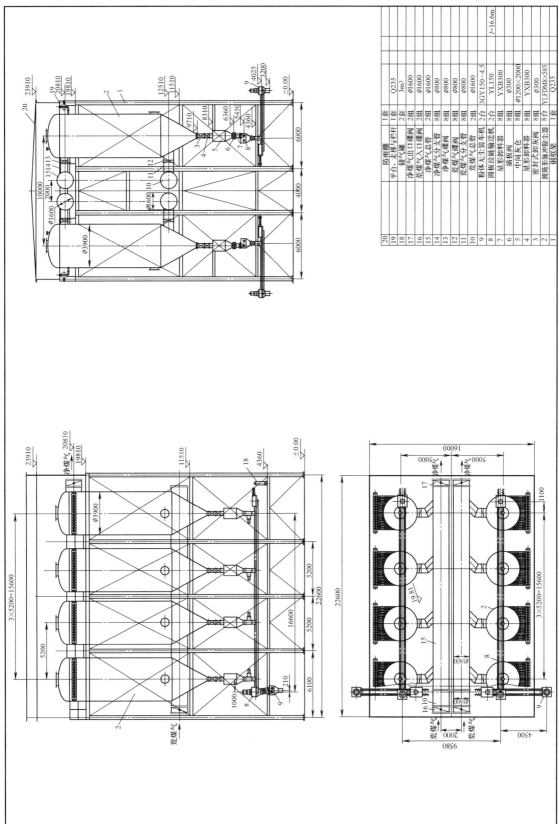

20							
19	防雨棚	1套	Q235				
18	平台、走梯与栏杆	1套					
17	储气罐	2套	3m³				
16	净煤气出口蝶阀	2组	φ1600				
15	荒煤气入口蝶阀	2组	φ1600				
14	净煤气总管	2组	φ1600				
13	净煤气分支管	8组	φ800				
12	净煤气蝶阀	8组	φ800				
11	荒煤气蝶阀	8组	φ800				
10	荒煤气分支管	8组	φ800				
9	荒煤气总管	2组	φ1600				
8	粉体无正压车机	2台	3GY150-4.5				
7	阀板拉链输送机	2台	YL150	l=16.6m			
6	插板阀	8组	YXB300				
5	中间灰仓	8组	φ300				
4	星形卸料器	8组	φ1200×2000				
3	密封式卸灰阀	8组	YXB300				
2	圆筒形脉冲除尘器	8台	φ300				
1	倒框架	1套	YLFDM8×585				
			Q235				

图 4-90 圆筒式袋式除尘器总图

第五章　静电除尘器工艺设计

静电除尘器是利用静电力（库仑力）将气体中的粉尘或液滴分离出来的除尘设备，也称电除尘器、电收尘器。静电除尘器在冶炼、水泥、煤气、电站锅炉、硫酸、造纸等工业中得到了广泛应用。

静电除尘器与其他除尘器相比其显著特点是：几乎对各种粉尘、烟雾甚至极其微小的颗粒都有很高的除尘效率；即使高温、高压气体也能应用；设备阻力低（100～300Pa），耗能少；维护检修不复杂。

第一节　静电除尘器分类和工作原理

一、静电除尘器的分类

1. 按清灰方式不同

可分干式静电除尘器、湿式静电除尘器、雾状粒子静电除雾器和半湿式静电除尘器等。

（1）干式静电除尘器　在干燥状态下捕集烟气中的粉尘，沉积在收尘极板上的粉尘借助机械振打、电磁振打、声波清灰等清灰的除尘称为干式静电除尘器。这种除尘器，清灰方式有利于回收有价值粉尘，但是容易使粉尘二次飞扬。所以，设计干式静电除尘器时，应充分考虑粉尘二次飞扬问题。现大多数除尘器都采用干式。干式静电除尘器示意如图5-1所示。

（2）湿式静电除尘器　对收尘极捕集的粉尘，采用水喷淋溢流或用适当的方法在收尘极表面形成一层水膜，使沉积在除尘器上的粉尘和水一起流到除尘器的下部排出，采用这种清灰方法的称为湿式静电除尘器。如图5-2所示。这种静电除尘器不存在粉尘二

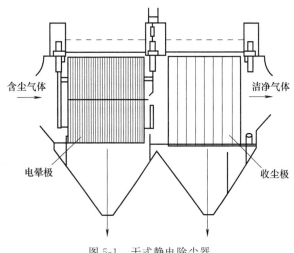

含尘气体　　　　　　　　　　洁净气体

电晕极　　　　　　　　　　　收尘极

图 5-1　干式静电除尘器

次飞扬的问题，但是极板清灰排出水会产生二次污染，且容易腐蚀设备。

（3）雾状粒子静电除雾器 用静电除尘器捕集像硫酸雾、焦油雾那样的液滴，捕集后呈液态流下并除去。这种除尘器（如图 5-3 所示）也属于湿式静电除尘器的范围。

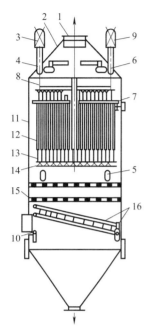

图 5-2 湿式静电除尘器

1—节流阀；2—上部锥体；3—绝缘子箱；4—绝缘子接管；

5—人孔门；6—电极定期洗涤喷水器；7—电晕极悬吊架；

8—提供连续水膜的水管；9—输入电源的绝缘子箱；

10—进风口；11—壳体；12—收尘极；13—电晕极；

14—电晕极下部框架；15—气流分布板；16—气流导向板

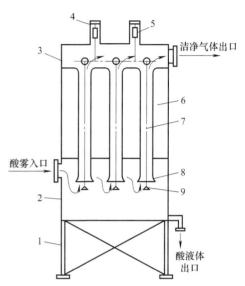

图 5-3 硫酸雾静电除雾器

1—钢支架；2—下室；3—上室；4—空气清
扫绝缘子室；5—高压绝缘子；6—铅管；
7—电晕线；8—喇叭形入口；9—重锤

（4）半湿式静电除尘器 兼收干式和湿式静电除尘器的优点，出现了干、湿混合式静电除尘器，也称半湿式静电除尘器，其构造系统是，高温烟气先经两个干式除尘室，再经湿式除尘室经烟囱排出。湿式除尘室的洗涤水可以循环使用，排出的泥浆，经浓缩池用泥浆泵送入干燥机烘干，烘干后的粉尘进入干式除尘室收集后排出，如图 5-4 所示。

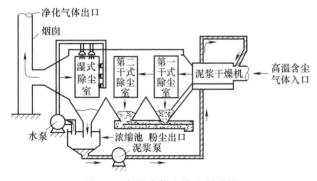

图 5-4 半湿式静电除尘器系统

2. 按气体在静电除尘器内的运动方向

可分为立式静电除尘器和卧式静电除尘器。

（1）立式静电除尘器 气体在静电除尘器内自下而上做垂直运动的称为立式静电除尘器。这种电除尘器适用于气体流量小、除尘效率要求不高、粉尘性质易于捕集和安装场地较狭窄的情况，如图 5-5 所示。一般管式静电除尘器都是立式静电除尘器。

（2）卧式静电除尘器 气体在静电除尘器内沿水平方向运动的称为卧式静电除尘器，如图 5-6 所示。

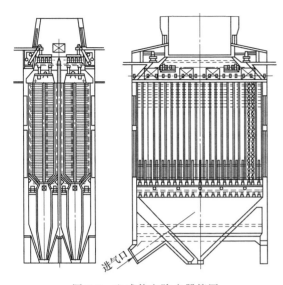

图 5-5 立式静电除尘器简图

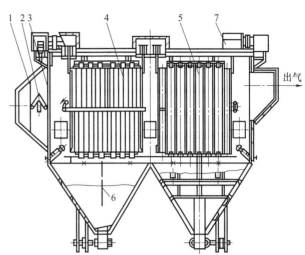

图 5-6 卧式静电除尘器简图

1—气体分布板；2—分布板振打装置；3—气孔分布板；

4—电晕极；5—收尘极；6—阻力板；7—保温箱

卧式静电除尘器与立式静电除尘器相比有以下特点：①沿气流方向可分为若干个电场，这样可根据除尘器内的工作状态，各个电场可分别施加不同的电压以便充分提高电除尘的效率；②根据所要求达到的除尘效率，可任意延长电场长度，而立式静电除尘器的电场不宜太高，否则需要建造高的建筑物，而且设备安装也比较困难；③在处理较大的烟气量时，卧式除尘器比较容易保证气流沿电场断面均匀分布；④各个电场可以分别捕集不同粒度的粉尘，这有利于有价值粉料的捕集回收；⑤占地面积比立式静电除尘器大，所以旧厂扩建或除尘系统改造时，采用卧式静电除尘器往往要受到场地的限制。

3. 按除尘器收尘极的形式

分为管式静电除尘器和板式静电除尘器。

（1）管式静电除尘器 管式静电除尘器，就是在金属圆管中心放置电晕极，而把圆管的内壁作为收尘的表面。管径通常为 150～300mm，管长为 2～5m。由于单根通过的气体量很小，通常是用多管并列而成。为了充分利用空间可以用六角形（即蜂房形）的管子来代替圆管，也可以采用多个同心圆的形式，在各个同心圆之间布置电晕极。管式静电除尘器一般适用于流量较小的情况，如图 5-7 所示。

（2）板式静电除尘器 这种静电除尘器的收尘极板由若干块平板组成，为了减少粉尘的二次飞扬和增强极板的刚度，极板一般要轧制成各种不同的断面形状，电晕极安装在每排收尘极板构成的通道中间。

4. 按收尘极和电晕极的不同配置

分为单区静电除尘器和双区静电除尘器。

（1）单区静电除尘器 单区静电除尘器的收尘极和电晕极都装在同一区域内，含尘粒子荷电和捕集也在同一区域内完成，是应用最为广泛的除尘器。图 5-8 为板式单区

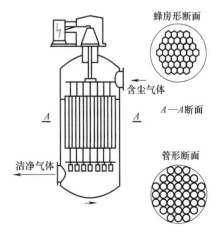

图 5-7 管式静电除尘器

静电除尘器结构示意。

（2）双区静电除尘器 双区静电除尘器的收尘极系统和电晕极系统分别装在两个不同区域内，前区安装放电极称放电区，粉尘粒子在前区荷电；后区安装收尘极称收尘区，荷电粉尘粒子在收尘区被捕集，图5-9为双区静电除尘器结构示意。双区静电除尘器主要用于空调净化方面。

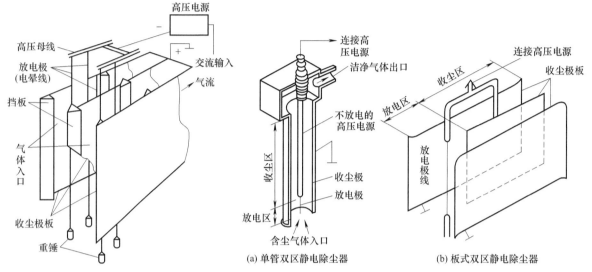

图 5-8 板式单区静电除尘器结构示意

（a）单管双区静电除尘器　（b）板式双区静电除尘器

图 5-9 双区静电除尘器结构示意

5. 按振打方式分类

可分为侧部振打静电除尘器和顶部振打静电除尘器。

（1）侧部振打静电除尘器 这种除尘器的振打装置设置于除尘器的阴极或阳极的侧部，称为侧部振打静电除尘器，应用较多的均为侧部挠臂锤振打。为防止粉尘的二次飞扬，在振打轴的360°上均匀布置各锤头，避免同时振打引起的二次飞扬。其振打力的传递与粉尘下落方向成一定夹角。

（2）顶部振打静电除尘器 振打装置设置于除尘器的阴极或阳极的顶部，称为顶部振打静电除尘器。应用较多的顶部振打为刚性单元式。引到除尘器顶部振打的传递效果好，且运行安全可靠、检修维护方便，如图5-10所示。

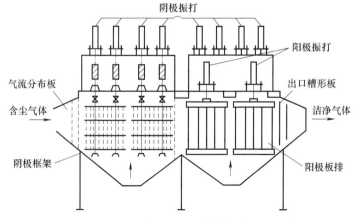

图 5-10 BE 型顶部电磁锤振打静电除尘器示意

静电除尘器的类型很多，但大多数是利用干式、板式、单区卧式、侧部振打或顶部振打电除尘器，各类型静电除尘器的特性和使用特点如表 5-1 所列。

表 5-1 静电除尘器分类及应用特点

分类方式	设备名称	主 要 特 性	应 用 特 点
按除尘器清灰方式分类	干式 静电除尘器	收下的烟尘为干燥状态	(1)操作温度为 250～400℃或高于烟气露点 20～30℃ (2)可用机械振打、电磁振打和压缩空气振打等 (3)粉尘比电阻有一定范围
	湿式 静电除尘器	收下的烟尘为泥浆状	(1)操作温度较低，一般烟气需先降温至 40～70℃，然后进入湿式静电除尘器 (2)烟气含硫等有腐蚀性气体时，设备须防腐蚀 (3)清除收尘电极上烟尘采用间断供水方式 (4)由于没有烟尘再飞扬现象，烟气流速可较大
	雾状粒子 静电除雾器	用于含硫烟气制硫酸过程捕集酸雾，收下物为稀硫酸和泥浆	(1)定期用水清除收尘电极、电晕电极上的烟尘和酸雾 (2)操作温度低于 50℃ (3)收尘电极和电晕电极须采取防腐措施
	半湿式静电 除尘器	收下粉尘为干燥状态	(1)构造比一般静电除尘器更严格 (2)水应循环 (3)适用高温烟气净化场合
按烟气流动方向分类	立式 静电除尘器	烟气在除尘器中的流动方向与地面垂直	(1)烟气分布不易均匀 (2)占地面积小 (3)烟气出口设在顶部直接放空，可节省烟管
	卧式 静电除尘器	烟气在除尘器中的流动方向和地面平行	(1)可按生产需要适当增加电场数 (2)各电场可分别供电，避免电场间互相干扰，以提高收尘效率 (3)便于分别回收不同成分、不同粒级的烟尘，分类富集 (4)烟气经气流分布板后比较均匀 (5)设备高度相对低，便于安装和检修，占地面积大
按收尘电极型式分类	管式 静电除尘器	收尘电极为圆管、蜂窝管	(1)电晕电极和收尘电极间距相等，电场强度比较均匀 (2)清灰较困难，不宜用作干式静电除尘器，一般用作湿式静电除尘器 (3)通常为立式静电除尘器
	板式 电除尘器	收尘电极为板状，如网形、棒帏形、槽形、波形等	(1)电场强度不够均匀 (2)清灰较方便 (3)制造安装较容易
按收尘极电晕极配置	单区 静电除尘器	收尘电极和电晕电极布置在同一区域内	(1)荷电和收尘过程的特性未充分发挥，收尘电场较长 (2)烟尘重返气流后可再次荷电，除尘效率高 (3)主要用于工业除尘
	双区 静电除尘器	收尘电极和电晕电极布置在不同区域内	(1)荷电和收尘分别在两个区域内进行，可缩短电场长度 (2)烟尘重返气流后无再次荷电机会，除尘效率低 (3)可捕集高比电阻烟尘 (4)主要用于空调空气净化
按极间距宽窄分类	常规极距 静电除尘器	极距一般为 200～325mm，供电电压 45～66kV	(1)安装、检修、清灰不方便 (2)离子风小，烟尘驱进速度低 (3)适用于烟尘比电阻为 $10\sim10^{10}\Omega\cdot cm$ (4)使用比较成熟，实践经验丰富
	宽极距 静电除尘器	极距一般为 400～600mm，供电电压 70～200kV	(1)安装、检修、清灰不方便 (2)离子风大，烟尘驱进速度大 (3)适用于烟尘比电阻为 $10\sim10^{14}\Omega\cdot cm$ (4)极距不超过 500mm 可节省材料

续表

分类方式	设备名称	主要特性	应用特点
按其他标准分类	防爆式	防爆静电除尘器有防爆装置，能防止爆炸	防爆静电除尘器用在特定场合，如转炉烟气的除尘、煤气除尘等
	原式	原式静电除尘器正离子参加捕尘工作	原式静电除尘器是静电除尘的新品种
	移动电极式	可移动电极静电除尘器顶部装有电极卷取器	可移动电极静电除尘器常用于净化高比电阻粉尘的烟气

二、静电除尘器工作原理

静电除尘器是利用静电力（库仑力）实现粒子（固体或液体粒子）与气流分离的一种除尘装置。静电除尘器的种类和结构形式很多，但都基于相同的工作原理。图 5-11 所示为静电除尘器工作原理。接地的金属管叫收尘极（或集尘极），置于圆管中心，靠重锤张紧。含尘气体从除尘器下部进入，向上通过一个足以使气体电离的静电场，产生大量的正负离子和电子并使粉尘荷电，荷电粉尘在电场力的作用下向集尘极运动并在收尘极上沉积，从而达到粉尘和气体分离的目的。当收尘极上的粉尘达到一定厚度时，通过清灰机构使灰尘落入灰斗中排出。静电除尘的工作原理包括电晕放电、气体电离、粒子荷电、粒子的沉积、清灰等过程。

静电除尘的基本过程如下（图 5-12）。

（1）气体的电离　空气在正常状态下几乎是不能导电的绝缘体，气体中不存在自发的离子，它必须依靠外力才能电离，当气体分子获得能量时就可能使气体分子中的电子脱离而成为自由电子，这些电子成为输送电流的媒介，气体就具有导电的能力。使气体具有导电能力的过程称之为气体的电离。

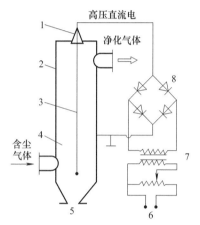

图 5-11　静电除尘器工作原理示意
1—绝缘子；2—收尘极；3—电晕极；
4—收尘层；5—灰斗；6—电源；
7—变压器；8—整流器

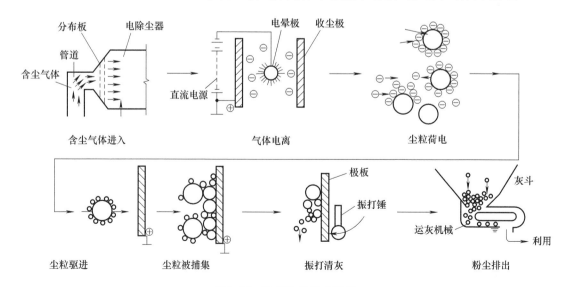

图 5-12　静电除尘基本过程

（2）粉尘荷电　在放电极与集尘极之间施加直流高压电，使放电极发生电晕放电，气体电离，生成大量的自由电子和正离子，在放电极附近的所谓电晕区内正离子立即被电晕极（假定带负电）吸引过去而失去电荷。自由电子和随即形成的负荷离子则因受电场力的驱使向集尘极（正极）移动，并充满到两极间的绝大部分空间。含尘气流通过电场空间时，自由电子、负离子与粉尘碰撞并附着其上，便实现了粉尘的荷电。

（3）粉尘沉降　荷电粉尘在电场中受库仑力的作用被驱往集尘极，经过一定时间后达到集尘极表面，放出所带电荷而沉积其上。

（4）清灰　集尘极表面上的粉尘沉积到一定厚度后，用机械振打等方法将其清除掉，使之落入下部灰斗中。放电极也会附着少量粉尘，隔一定时间也需进行清灰。

可见，为保证电除尘器在高效率下运行，必须使上述 4 个过程进行得十分有效。

三、静电除尘器的结构和部件

目前，应用最广泛的是板卧式电除尘器，其一般结构如图 5-13 所示。主要部件包括壳体、阳极系统、阴极系统、阳极振打装置、阴极振打装置、气流分布装置和排灰装置等。这些部件在电除尘器中有着各自的特点和功能。

电除尘器本体主要部件组成见图 5-14。

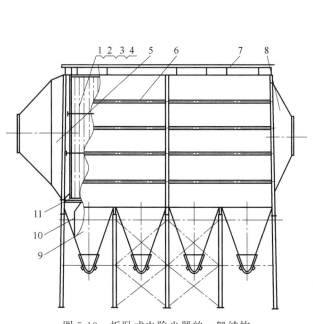

图 5-13　板卧式电除尘器的一般结构

1—阳极系统；2—阳极振打；3—阴极系统；4—阴极振打；5—进口封头（内含气流分布板）；6—壳体；7—顶盖；8—出口封头（含气流分布板）；9—灰斗；10—灰斗挡风；11—尘中走道

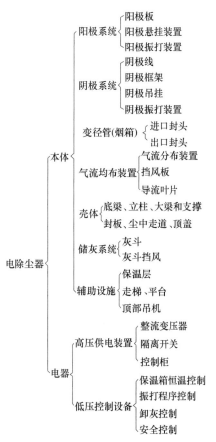

图 5-14　电除尘器本体主要部件组成

第二节　静电除尘器设计条件

一、原始资料

电除尘器的工艺设计所需原始资料，主要包括以下数据：a. 净化气体的流量、组成、温度、湿度、露点和压力；b. 粉尘的组成、粒径分布、密度、比电阻、安息角、黏性及回收价值等；c. 粉尘的初始浓度和排放要求（浓度或排放速率）。

电除尘器的工艺设计主要是根据给定的运行条件和要求达到的除尘效率确定电除尘器本体的主要结构和尺寸，包括有效断面积、收尘极板总面积、极板和极线的形式、极间距、吊挂及振打清灰方式、气流分布装置、灰斗卸灰和输灰装置、壳体的结构和保温等，以及设计电除尘器的供电电源和控制方式。

二、技术要求条件

（1）电除尘器应在下列条件下达到保证效率：

① 需方提供的设计条件。

② 一个供电分区不工作。当一台炉配一台单室电除尘器时，不予考虑；双室以上的电除电器，按停一个供电分区考虑；小分区供电按停两个供电分区考虑。

③ 烟气温度为设计温度加 $10 \sim 15{}^{\circ}\!C$ 的裕量。

④ 烟气量为设计烟气量加 10% 的裕量。

⑤ 电除尘器燃用设计煤种或校核煤种均应达到保证效率；需要时也可按照最差煤种考虑，但应予以说明。

（2）电除尘器的本体漏风率和本体压力降应符合 DL/T 514 的规定，即本体漏风率不超过 2.5%、本体压力降不超过 300Pa，同时符合任务书提出的规定大小。

（3）距电除尘器壳体 1.5m 处的最大噪声级不超过 85dB（A）。

三、处理风量

处理风量是设计静电除尘器的主要指标之一。处理风量应包括额定设计风量和漏风量，并以工况风量作为计算依据，按下式计算：

$$q_{vt} = q_0 \frac{273+t}{273} \times \frac{101.3}{B+p_j} \tag{5-1}$$

式中，q_{vt} 为工况处理风量，m^3/h；q_0 为标况处理风量，m^3/h；t 为烟气温度，${}^{\circ}\!C$；B 为运行地点大气压力，kPa；p_j 为除尘器内部静压，kPa。

第三节　静电除尘器工艺设计

一、静电除尘器设计要点

壳体应符合下列要求：

① 壳体应密封、保温、防雨、防顶部积水，外壳体内应尽量避免死角或灰尘积聚。

② 电除尘器的承载部件应有足够的刚度、强度以保证安全运行，承载部件应符合国家标准及任务书提出的规定大小。

③ 壳体的材料根据被处理含尘气体的性质确定，其厚度应不小于 4mm。

④ 壳体应设有检修门、扶梯、平台、栏杆、护沿、人孔门、通道等；电除尘器的每一个电场前后均应设置人孔门和通道，电除尘器顶部应设有检修门，圆形人孔门直径至少为 600mm，矩形人孔门尺寸应至少为 450mm×600mm；平台载荷应至少为 4kN/m²，扶梯载荷应至少为 2kN/m²，楼梯、防护栏杆、平台等安全技术条件应符合 GB 4053.1～4053.3 的规定。

⑤ 通向每一本体高压部分的入口门处设置高压隔离开关柜（箱），并与该高压部分供电的整流变压器联锁。

⑥ 绝缘子应设有加热装置。

⑦ 应充分考虑壳体热膨胀。

⑧ 外壳形式应根据粉尘的易燃易爆性确定。

二、静电除尘器设计程序

设计电除尘器，基本设计顺序如图 5-15 所示。

1. 除尘效率和驱进速度

电除尘的效率公式是多依奇首先推导出来的，通常也称多依奇公式

$$\eta = 1 - e^{-\frac{A}{Q}\omega} \qquad (5-2)$$

式中，η 为除尘效率；A 为收尘面积；Q 为处理烟气量；ω 为粉尘驱进速度。

按照上式计算除尘器效率，关键在于求得驱进速度 ω 值。按上面介绍的理论公式（忽略扩散荷电）计算的驱进速度，常常比实际驱进速度高 2～10 倍。工程上实用的驱进速度是根据工业电除尘器的收尘面积、处理气体量和实测除尘效率反算出来的。为了与前者相区别，后者称为有效驱进速度，但实用上人们所称的驱进速度习惯上都是指有效驱进速度。工业粉尘有效驱进速度大致在 5～11cm/s，参见表 5-2。

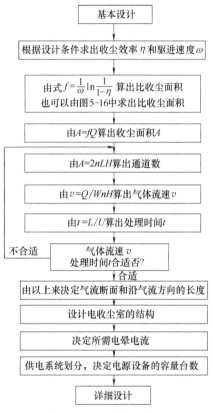

图 5-15　基本设计顺序

表 5-2　**粉尘的有效驱进速度** 单位：cm/s

名称	范围	平均值	名称	范围	平均值
锅炉飞灰	4～10	7	铁矿烧结	8.5～11	9
纸浆及造纸	6.5～10	7.5	高炉	6～11	8
硫酸	6～8.5	7.0	冲天炉	3～4	
水泥（干法）	6～7	6.5	闪速炉		7.6
水泥（湿法）	8～10	9.0	氧气转炉	8～10	
石膏	16～20	18	石灰石	3～4	5

2. 收尘面积计算

在已知处理烟气量 Q 和除尘效率 η 的条件下，若通过类比法或试验法确定了粉尘的驱进速度 ω，则将多依奇公式变换成下列形式即可求出收尘面积。

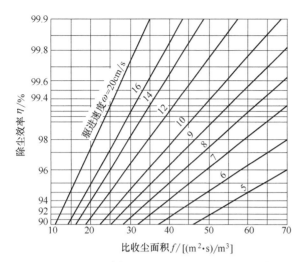

图 5-16 除尘效率与比收尘面积和驱进速度的关系

$$A = \frac{Q}{\omega}\ln\frac{1}{1-\eta} \qquad (5\text{-}3)$$

以驱进速度 ω 为参量表示除尘效率和比收尘面积 $f = \dfrac{A}{Q}$（s/m）的关系，用图 5-16 从 ω 和 η 就很容易求得 f，求得的 f 再乘以 Q 就得到 A。

3. 通道的计算

构成电除尘器的电场是由放电极和收尘电极组成的。沿处理烟气流方向上的一组收尘电极间的宽度定为 B，$n+1$ 块收尘电极板以等距离构成电场。

若收尘电极的高度为 H，沿处理烟气流方向的收尘电极长度为 L，则处理烟气流通断面积为 $S = BnH$。

沿处理烟气流方向的一组收尘电极空间称为一个通道。若收尘电极为 $n+1$，则有 n 个通道。一个通道的收尘面积为 $2LH$，n 个通道时的全部收尘面积为 $A = 2nLH$。

另外，从 $Q = Sv$ 的关系中，可以计算出除尘器内的烟气流速 v 为：

$$v = \frac{Q}{S} = \frac{Q}{nBH} \qquad (5\text{-}4)$$

因此，电除尘器的宽度 B 及收尘电极高度 H 和长度 L 已决定，则由收尘面积 A 就可计算出通道数，同时也可确定烟气在电场内的流速。

4. 电场的划分和处理时间

一台电除尘器由若干个电场串联组成。为了防止热弯曲，沿气流方向的每个电场长度一般控制在 3.5m 左右。另外还需考虑烟尘通过电场的时间，为了使处理时间达到设计上的要求，必须设置数个长度相同的电场。在通常的情况下，一般设计 3 个电场。

在处理烟气量大的场合，还可以将电场在处理烟气流方向上并行排列，图 5-17 为两室三电场示意图。

沿气流方向第一电场的长度为 L_1，则第二、第三电场的长度为 L_2、L_3，沿处理气流方向的电场长度总和为 $L = L_1 + L_2 + L_3$。

若处理烟气流的流速为 v，则处理时间 t 为：

$$t = L/v \qquad (5\text{-}5)$$

一个通道的宽度为 B，每个电场由 n_1 个通道组成。二室的通道为 $2n_1$，电场宽度 $D = 2n_1B$，烟气流通断面积 $S = D \times H = 2n_1BH$，处理烟气量 $Q = vS = 2n_1BHV$。

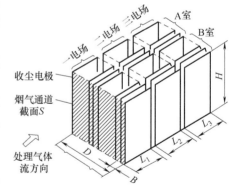

图 5-17 两室三电场电除尘器示意

5. 供电区域的划分

供电电压提高，火花频率增加，电场强度提高，除尘效率也提高。相反，因火花发生而产生极间短路，除尘效率又会下降，这就意味着火花频率有个最佳值。

若用一台电源设备给电除尘器供电，每当火花发生时，除尘器内短路。若划分若干个送电系统，每个系统分别由各自电源供电，则不会因局部火花放电影响整台除尘器。将除尘器划分多个供电系统，电源设备数量增加，每一台电源设备的容量减小，每台电源设备的阻抗增加。阻抗增加可抑制火花放电电流，起到抑制火花放电而向弧光放电发展的作用。

此外，粉尘入口电场和出口电场的浓度是不一样的。不论是使粒子荷电或以除尘为主要目的的电场，其采用的电源电压和火花发生频率的设定方法均不相同。

由于上述原因，一般将电源按电场分别设置，特殊情况另做选择。

6. 供电容量的选择

电源容量应根据除尘器工作的电压、电流值选取。额定电压按极间距的大小确定。当极间距为 300mm 时，额定电压取 60kV 左右；当极间距为 400mm 时，可取额定电压为 72kV。电流值与烟尘性质、放电线的几何形状及极间距等因素有关，可由实际的经验数据推算。即掌握了单位放电线的电晕电流，或将其换算成收尘电极单位面积的电流值时，用放电线的总长度或收尘总面积，再乘以单位长度或面积的电流，就得到总的电晕电流值。

三、静电除尘器本体设计

（一）电场断面

以收尘极围挡形成的电场过流断面积为准，按下式计算：

$$S_{F0} = \frac{q_{vt}}{3600 v_d} \tag{5-6}$$

式中，S_{F0} 为电场计算断面积，m^2；q_{vt} 为工况处理风量，m^3/h；v_d 为电场风速，m/s。静电除尘器电场风速推荐值见表 5-3。

表 5-3　静电除尘器电场风速推荐值　　　　　　　　　　　　单位：m/s

项目	工 业 炉 窑	电场风速	项目	工 业 炉 窑	电场风速
热电工业	电厂锅炉 造纸工业锅炉	0.7~1.4 0.9~1.8	水泥工业	湿法水泥窑 立波尔水泥窑 干法水泥窑（增温） 干法水泥窑（不增湿） 烘干机 磨机	0.9~1.2 0.8~1.0 0.8~1.0 0.4~0.7 0.8~1.2 0.7~0.9
冶金工业	冶金烧结机 高炉 顶吹氧气平炉 焦炉 有色金属炉	1.2~1.5 0.8~1.3 1.0~1.5 0.6~1.2 0.6	化学工业	硫酸雾 热硫酸	0.9~1.5 0.8~1.2
			环保工业	城市垃圾焚烧炉	1.1~1.4

电场风速的大小要按要求的除尘效率、烟尘排放浓度及用户提供场地的限制条件等综合因素确定。在相同比集尘面积情况下，如果电场风速选得过高，也就是电除尘器的有效横断面积过小，必须增加电场的有效长度，不但占用较长的场地，还会因振打清灰造成二次扬尘增加，降低除尘效率。反之，如果电场风速选得过低，则电除尘器有效横断面积过大，给断面气流均匀分布带来困难，还会造成不必要的浪费。因此，选择合理的电场风速就显得非常重要。在我国燃煤电厂中，电场风速的选择经历了从高到低的过程。20 世纪 90 年代以前，电除尘器的设计效率要求只有 98.0%～99.0%，相应的烟尘排放浓度为 400～500mg/m³，电场风速一般选为 1.2～1.4m/s；到 90 年代初，要求的电除尘器效率为 99.0%～99.3%，烟尘排放浓度小于 200mg/m³，电场风速一般选为 1.0～1.2m/s；到 21 世纪初，对新建和扩建的燃煤电厂要求烟尘排放浓度小于 50mg/m³，对应的除尘效率提高到 99.0%～99.8%，此时电场风速一般选为 0.8～

1.1m/s。

（二）集尘面积

收尘极板与气流的接触面积称为集尘面积。集尘面积对于实现除尘目标（排放浓度或除尘效率）具有决定意义，可按多依奇公式由下式计算：

$$S = \frac{-\ln(1-\eta)}{\omega} \tag{5-7}$$

$$S_A = S q_{ts} \tag{5-8}$$

式中，S 为比集尘面积，$m^2/(m^3 \cdot s)$；η 为设计要求除尘效率；ω 为驱进速度，m/s，有效驱进速度推荐值见表 5-4；S_A 为收尘极计算集尘面积，m^2；q_{ts} 为工况处理风量，m^3/s。

表 5-4　有效驱进速度推荐值

序号	粉尘名称	驱进速度/(m/s)	序号	粉尘名称	驱进速度/(m/s)
1	电站锅炉飞灰	0.04～0.20	17	焦油	0.08～0.23
2	煤粉炉飞灰	0.10～0.14	18	硫酸雾	0.061～0.071
3	纸浆及造纸锅炉尘	0.065～0.10	19	石灰窑尘	0.05～0.08
4	铁矿烧结机头尘	0.05～0.09	20	白灰尘	0.03～0.055
5	铁矿烧结机尾尘	0.05～0.10	21	镁砂回转窑尘	0.045～0.06
6	铁矿烧结尘	0.06～0.20	22	氧化铝尘	0.064
7	碱性顶吹氧气转炉尘	0.07～0.09	23	氧化锌尘	0.04
8	焦炉尘	0.067～0.161	24	氧化铝熟料尘	0.13
9	高炉尘	0.06～0.14	25	氧化亚铁尘(FeO)	0.07～0.22
10	闪烁炉尘	0.076	26	铜焙烧炉尘	0.036～0.042
11	冲天炉尘	0.03～0.04	27	有色金属转炉尘	0.073
12	火焰清理机尘	0.0596	28	镁砂尘	0.047
13	湿法水泥窑尘	0.08～0.115	29	热硫酸	0.01～0.05
14	立波尔水泥窑尘	0.065～0.086	30	石膏尘	0.16～0.20
15	干法水泥窑尘	0.04～0.06	31	城市垃圾焚烧炉尘	0.04～0.12
16	煤磨尘	0.08～0.10			

图 5-18 给出了各种应用场合下除尘效率为 99% 时所需的比集尘面积 A/Q 的典型值。该图表明，随着粉尘粒径的减小，所需比集尘面积 A/Q 增大；对一定的应用场合来说，A/Q 有一变化范围，因而也预示出有效驱进速度 ω_e 值的变化范围。表 5-4 中的经验数据也表明了这一点。由于存在着这种变化范围，则需提出其他一些关系，以便限定设计中的不定因素。

确定 ω_e 值的基本因素有粉尘粒径、要求的捕集效率、粉尘比电阻及二次扬尘情况等。在确定 ω_e 值以及由此而定的除尘器尺寸时，捕集效率起着重要作用。由于电除尘器捕集较大粒子很有效，所以若达到较低的捕集效率就符合设计要求时，则可以采取较高的 ω_e 值。若所占比例很大的细粒子必须捕集下来，需要更高的捕集效率，当需要更大的集尘面积时应选取更低的 ω_e 值。

图 5-19 为电厂锅炉飞灰的有效驱进速度 ω_e 随除尘器效率的提高而减小的情况。图中给出了荷电场强和集尘场强之积 $E_0 E_p$ 的两组不同值，它又是电晕电流密度的函数。

选择 ω_e 值的第二个主要因素是粉尘比电阻。若粉尘比电阻高，则容许的电晕电流密度值减小，导致荷电场强减弱，粒子的荷电量减少，荷电时间增长，则应选取较小的 ω_e 值。图 5-20 中的实验曲线表示有效驱进速度与锅炉飞灰比电阻之间的关系，它是对质量中位粒径为 $10\mu m$ 左右的飞灰在中等效率（90%～95%）的电除尘器中得到的。这类曲线为在给定的效率范围内选取值 ω_e 提供了合适的依据，该曲线的形状是值得注意的，在飞灰比电阻值小于 $5 \times 10^{10} \Omega \cdot cm$ 左右时，ω_e 值几乎与比电阻无关。

选择 ω_e 值的另一个因素是在某一粒径分布下 ω_e 值随电晕功率的变化资料。图 5-21 为中等

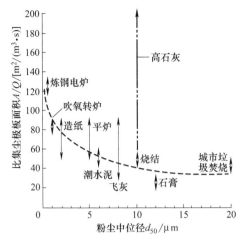

图 5-18　比集尘面积随粉尘粒径的变化

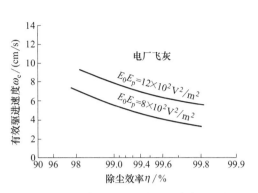

图 5-19　有效驱进速度随除尘效率的变化

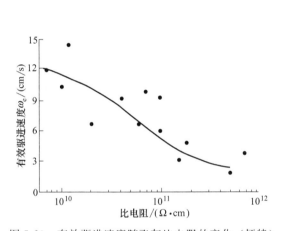

图 5-20　有效驱进速度随飞灰比电阻的变化（怀特）

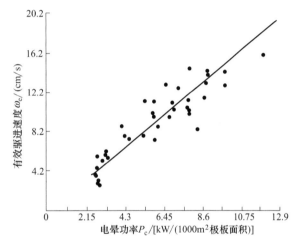

图 5-21　有效驱进速度与电晕功率的关系

效率的飞灰电除尘器中得到的一组数据，其中的输入电功率应是有用功率。在高比电阻情况下，输入功率仍可能在正常范围内，但由于反电晕，除尘器的运行性能可能很差。

除了飞灰以外的其他应用中，ω_e 值与各种运行参数之间的关系没有得到这样好的经验数据，所以需要更多地依靠现有装置的分析。如同对飞灰所做的分析那样，粉尘比电阻起着很重要的作用，全面分析影响比电阻的各种因素，有助于得到更加可靠的设计。

（三）电场及电场长度的确定

（1）电场通道数　电除尘器的电场是由收尘极和放电极构成的。若电场的总宽度为 B，相邻两排收尘极板之间的距离（即同极距）为 b，由 $n+1$ 排收尘极板构成了电场，则板排与板排之间的空间构成的通道数为 n。若收尘极板的高度为 H，则电场的有效流通断面积 $F=BH$ 或 $F=nbH$。由下式可以确定电场通道数：

$$n=\frac{Q}{bHv} \tag{5-9}$$

（2）单电场长度　沿烟气流动方向独立吊挂的收尘极板长度 L 称为单电场长度。一个通道的集尘面积为 $2LH$，n 个通道的集尘面积 $A=2nLH$。单电场长度是由多块独立的极板组成的，通常由一台高压电源供电（小分区供电的除外）。在相同电场数情况下，单电场长度越长，比集尘面积越大。试验研究和工程实践结果皆表明，随着单电场长度的增加，除尘效率随之增加；当单电场长度从 1.0m 增加到 4.0m 时，除尘效率增加得很快，但增加到 4m 以后，除尘效率的增加就变得十分缓慢了。因此，单电场长度应在 3.5～4.5m 之间选择，以 4.0m 为最佳电场长度。

（3）电场数量　科学组织沉淀极板与电晕线的组合与排列，调整与决定电场数量，确定沉淀极板、电晕线的形式及其极配关系，是关系电场结构的决策原则。电场数量可按表 5-5 确定且可作为设计选用依据。

表 5-5　电场数量的选用

驱进速度 /(m/s)	电场数量/个		
	$-\ln(1-\eta)<4$	$-\ln(1-\eta)=4\sim7$	$-\ln(1-\eta)>7$
≤0.05	3	4	5
0.05～0.09	2	3	4
0.09～0.13		2	3

一般卧式静电除尘器设计为 2～3 个电场，较少用 4 个电场的。多设置 1 个电场建设投资要增加很多，极不经济；运行管理也要增加不少麻烦。推荐科学配足集尘面积的办法来达标排放；不要把希望寄托在 4 个电场上。还要预估静电除尘器中后期运行效率衰减的问题。

四、收尘极和放电极配置

静电除尘器通常包括除尘器机械本体和供电装置两大部分。其中除尘器机械本体主要包括电晕电极装置、收尘电极装置、清灰装置、气流分布装置及除尘器外壳等。

无论哪种类型，其结构一般都由图 5-22 所示的几部分组成。

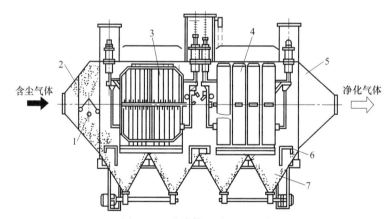

图 5-22　卧式静电除尘器示意

1—振打器；2—气流分布板；3—电晕电极；4—收尘电极；5—外壳；6—检修平台；7—灰斗

（一）收尘电极装置

收尘电极是捕集回收粉尘的主要部件，其性能的好坏对除尘效率及金属耗量有较大影响。

通常在应用中对收尘电极的要求如下。

① 集尘效果好，能有效地防止二次扬尘。振打性能好，容易清灰。

② 具有较高的力学强度，刚性好，不易变形，防腐蚀，金属消耗量小。由于收尘极的金属消耗量占整个除尘器金属消耗量的 30%～50%，因而要求收尘极板做得薄些。极板厚度一般为 1.2～2mm，用普通碳素钢冷轧成型。对于处理高温烟气的静电除尘器，在极板材料和结构形式

等方面都要做特殊考虑。

③ 气流通过极板时阻力要小，气流容易通过。

④ 加工制作容易，安装简便，造价成本低，方便检修。

1. 管式收尘电极

管式收尘电极的电场强度较均匀，但清灰困难。一般干式电收尘器很少采用，湿式静电除尘器或静电除雾器多采用管式收尘电极。

管式收尘电极有圆形管和蜂窝形管。后者虽可节省材料，但安装和维修较困难，较少采用。管内径一般为250～300mm，长为3000～6000mm，对无腐蚀性气体可用钢管，对有腐蚀性气体可采用铅管或塑料管或玻璃钢管。

同心圆式收尘电极中心管为管式收尘电极，外圈管则近似于板式收尘电极。各种收尘电极的形式见图5-23。

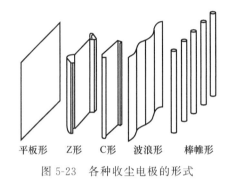

图 5-23　各种收尘电极的形式

图 5-24　网状收尘电极

2. 板式收尘电极

板式收尘电极的形状较多，过去常用的有网状、鱼鳞状、棒帏形、袋式收尘电极等。

（1）网状收尘电极　网状收尘电极是国内使用最早的，能就地取材，适用于小型、小批量生产的电收尘器。网状收尘电极见图5-24。

（2）棒帏形收尘电极　棒帏形收尘电极结构简单，能耐较高烟气温度（350～450℃），不产生扭曲，设备较重，二次扬尘严重，烟气流速不宜大于1m/s。棒帏形收尘电极见图5-25。

（3）袋式收尘电极　袋式收尘电极一般用于立式静电除尘器，袋式收尘电极适用于无黏性的

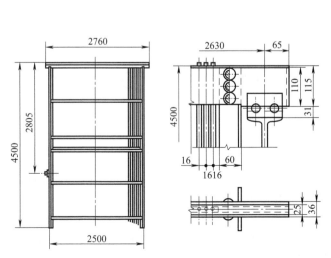

图 5-25　棒帏形收尘电极

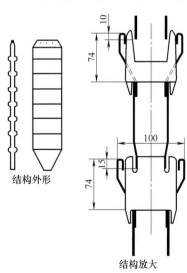

图 5-26　袋式收尘电极

烟尘，能较好地防止烟尘二次飞扬，但设备重量大，安装要求严。烟气流速可达 1.5m/s 左右。袋式收尘电极结构如图 5-26 所示。

（4）鱼鳞状收尘电极　鱼鳞状收尘电极能较好地防止烟尘二次飞扬，但极板重，振打效果不好。鱼鳞状收尘电极结构见图 5-27。

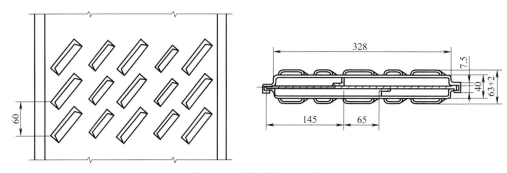

图 5-27　鱼鳞状收尘电极

（5）C 形收尘电极　极板用 1.5～2mm 的钢板轧成，断面尺寸依设计而定。整个收尘电极由若干块 C 形极板拼装而成。

C 形收尘极板具有较大的沉尘面积，烟气流速可超过 0.8m/s，使用温度可达 350～400℃。为充分发挥极板的集尘作用，有采用所谓双 C 形极板。

C 形收尘电极常用宽度为 480mm，也有宽度为 185～735mm。其结构尺寸见图 5-28。

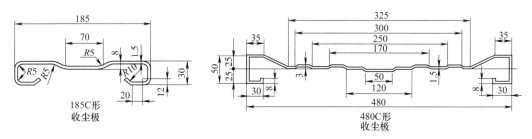

图 5-28　C 形收尘电极

（6）Z 形收尘电极　极板分窄、宽、特宽三种形式，用 1.2～3.0mm 钢板压制或轧成，其断面尺寸如图 5-29。整个收尘电极也是由若干块 Z 形极板拼装而成。

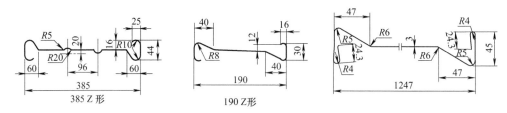

图 5-29　Z 形收尘电极断面尺寸

因为 Z 形板两面有槽，所以可充分发挥其槽形防止二次扬尘和刚性好的作用。对称性好，悬挂比较方便。Z 形的电极常用宽度 385mm，也有宽 190mm 或 1247mm 的。

3. 管帷式收尘电极

此种电极主要适用于三电极静电除尘器，管径为 25～40mm，管壁厚 1～2mm，两管间的间隙为 10mm。由于管径较粗，可形成防风区，防止二次飞扬。管帷式收尘电极见图 5-30。

4. 其他形式的板型收尘电极

其他断面形状和尺寸的收尘电极还有很多，如图 5-31 所示。

此外，静电除尘器中的收尘电极表面如果完全向气流暴露，其保留灰尘的性能不好。例如，普通的管式静电除尘器或使用光滑平面极板的板式静电除尘器用于干式收尘都不能令人满意，除非是捕集黏性粉尘或在特别低的气体速度下使用。如果把捕尘区域屏蔽起来，以防止气流直接吹到就可以大大改善收尘效果。根据这一原理曾经设计出许多屏蔽收尘极板。图 5-32 是这类极板的一些例子。

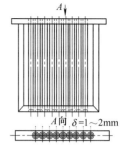

图 5-30 管帏式收尘电极

5. 收尘电极的材质

收尘电极一般采用碳素钢板制作，其成分和性能见表 5-6 和表 5-7，亦可选用不含硅的优质结构钢板（08Al），08Al 结构钢的化学成分与力学性能见表 5-8。

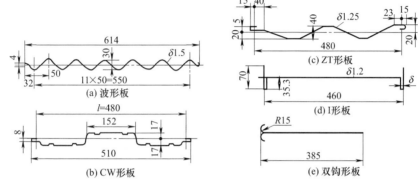

图 5-31 板式收尘电极的一些形状

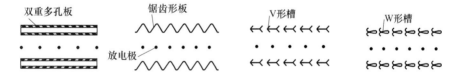

图 5-32 防止灰尘重返气流的收尘极板

表 5-6 碳素结构钢的化学成分

牌号	等级	厚度（或直径）/mm	脱氧方法	化学成分（质量分数）/%				
				C	Si	Mn	P	S
Q195	—	—	F、Z	≤0.12	≤0.30	≤0.50	≤0.035	≤0.040
Q215	A	—	F、Z	≤0.15	≤0.35	≤1.20	≤0.045	≤0.050
	B							≤0.045
Q235	A	—	F、Z	≤0.22	≤0.35	≤1.40	≤0.045	≤0.050
	B			≤0.20			≤0.045	≤0.045
	C		Z	≤0.17			≤0.040	≤0.040
	D		TZ				≤0.035	≤0.035
Q275	A	—	F、Z	≤0.24	≤0.35	≤1.50	≤0.045	≤0.050
	B	≤40	Z	≤0.21			≤0.045	≤0.045
		>40		≤0.22				
	C	—	Z	≤0.20			≤0.040	≤0.040
	D		TZ				≤0.035	≤0.035

表 5-7 碳素结构钢的力学性能

牌号	屈服点/(N/mm²) ≥ 钢材厚度或直径 /mm						抗拉强度 /(N/mm²)	伸长率 σ_5/% ≥ 钢材厚度或直径 /mm					
	≤16	16～40	40～60	60～100	100～150	>150		≤16	16～40	40～60	60～100	100～150	>150
Q195	(195)	(185)	—	—	—	—	315～435	33	32	—	—	—	—
Q215	215	205	195	185	175	165	335～450	31	30	29	28	27	26
Q235	235	225	215	205	195	185	375～500	26	25	24	23	22	21
Q255	255	245	235	225	215	205	410～550	24	23	22	21	20	19
Q275	275	265	255	245	235	225	490～630	20	19	18	17	16	15

表 5-8 08Al 结构钢的化学成分和力学性能

化学成分/%						力学性能/MPa		
C	Mn	Al	Si	P	S	σ_S	σ_b	σ_{10}
≤0.08	0.3～0.45	0.02～0.07	痕	<0.02	<0.03	220	260～350	39

6. 收尘电极的组装

网状、棒帏式、管帏式收尘电极都是先安在框架上，然后把带电极的框架装在除尘器内。常用的 C 形、Z 形等收尘电极都是单板状，须进行组装。每片收尘电极由若干块极板拼装而成，并通过连接板与上横梁相连，有单点连接偏心悬挂的铰接式，也有两点紧固悬挂的固接式。极板间隙 15～20mm。单点偏心悬挂极板可向一侧摆动，振打时与下部固定杆碰撞，产生若干次碰击力，有利于振灰，固接式振打力大于铰接式。通烟气时，极板膨胀量大，固接式极板易弯曲。固接式极板高度大于 8m 时，极板间用扁钢（亦称腰带）相连，以增加刚性。极板悬挂方式见图 5-33 及图 5-34。

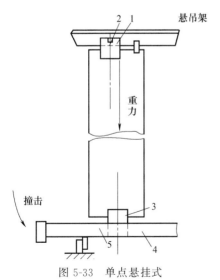

图 5-33 单点悬挂式

1—上连接板；2—销轴；3—下连接板；4—撞击杆；5—挡块

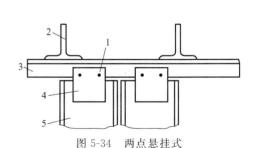

图 5-34 两点悬挂式

1—螺栓；2—顶部梁；3—角钢；4—连接板；5—极板

（二）电晕电极装置

电晕电极的类型对静电除尘器的运行指标影响较大，设计制造、安装过程都须十分重视。在应用中对电晕电极的一般要求如下。

① 有较好的放电性能，即在设计高压下能产生足够的电晕电流，起晕电压低，和收尘电极相匹配，收尘电极上电流密度均匀。直径小或带有尖端的电晕电极可降低起晕电压，利于电晕放电。如烟气含尘量高，特别是电收尘器入口电场空间电荷限制了电晕电流时，应采用放电性能强的芒刺状电晕电极。

② 易于清灰，能产生较高的振打加速度，使黏附在电晕电极上的烟尘振打后易于脱落。

③ 机械强度好，在正常条件下不因振打、闪络、电弧放电而断裂。

④ 能耐高温，在低温下也具有抗腐蚀性。

1. 电晕电极的形式

电晕线的形式见图 5-35。电晕电极按电晕辉点状态分为有固定电晕辉点状态和无固定电晕辉点状态两种。

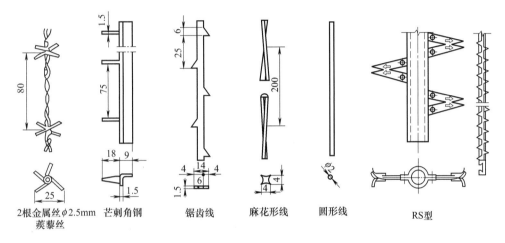

图 5-35　电晕线的形式

（1）无固定电晕辉点的电晕电极　这类电晕电极沿长度方向无突出的尖端，亦称非芒刺电极，如光圆线、星形线、绞线、螺旋线等。

① 光圆线。光圆线的放电强度随直径变化，即直径越小，起晕电压越低，放电强度越高。为保持在悬吊时导线垂直和准确的极距，要挂一个 2～6kg 的重锤。为防止振打过程火花放电时电晕线受到损伤，电晕线不能太细。一般采用直径为 1.5～3.8mm 镍铬不锈钢或合金钢线，其放电强度与直径成反比，即电晕线直径小，起始电晕电压低，放电强度高。通常采用 $\phi2.5$～3mm 耐热合金钢（镍铬线、镍锰线等），制作简单。常采用重锤悬吊式刚性框架式结构，但极线过细时，易断造成短路。

② 星形线。星形电晕线四面带有尖角，起晕电压低，放电强度高。由于断面积比较大（边长为 4mm×4mm 左右），比较耐用，且容易制作。它也采用管框绷线方式固定。常用 $\phi4$～6mm 普通钢材经拉扭成麻花形，力学强度较高，不易断。由于四边有较长的尖锐边，起晕电压低，放电均匀，电晕电流较大。多采用框架式结构，适用于含尘浓度低的场合。星形电晕线如图 5-36 所示。

星形线的常用规格为边宽 4mm×4mm，四个棱边为较小半径的弧形，其放电性能和小直径圆线相似，而断面积比 2mm 的圆线大得多，强度好，可以轧制。

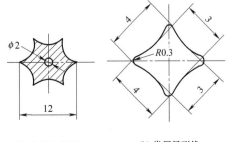

(a) 包铅六角形　　(b) 常用星形线

图 5-36　星形电晕电极

湿式电除尘器和电除雾器使用星形线时应在线外包铅。

③ 螺旋线。螺旋线的特点是安装方便，振打时粉尘容易脱落，放电性能和圆线相似，一般采用弹簧钢制作，螺旋线的直径为 2.5mm。一些企业采用的电除尘技术，其电晕电极即为螺旋线。图 5-37 为螺旋线电晕电极。

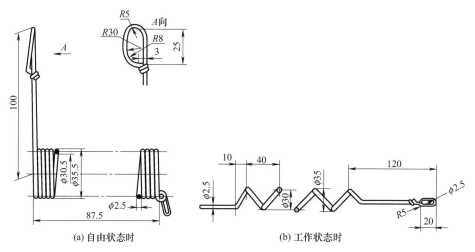

图 5-37　螺旋线电晕电极

（2）有固定电晕辉点的电晕电极　芒刺电晕线属于点状放电，其起晕电压比其他形式极线低，放电强度高，在正常情况下比星形线的电晕电流高 1 倍。力学强度高，不易断线和变形。由于尖端放电，增强了极线附近的电风，芒刺点不易积尘，除尘效率高，适用于含尘浓度高的场合，在大型静电除尘器中，常在第一、第二电场内使用。芒刺电极的刺尖有时会结小球，因而不易清灰。常用的有柱状芒刺线、扁钢芒刺线、管状芒刺线、锯齿线、角钢芒刺线、波形芒刺线和鱼骨线等。不同芒刺间距和电晕电流的关系见图 5-38。不同芒刺高度的伏安特性曲线见图 5-39。

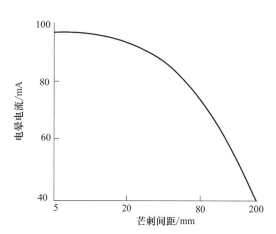

图 5-38　芒刺间距与电晕电流的关系（电压 50V）

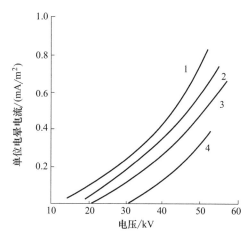

图 5-39　不同芒刺高度的伏安特性曲线
1—芒刺高 20mm；2—芒刺高 15mm；
3—芒刺高 12mm；4—芒刺高 5mm

① 管状芒刺线。管状芒刺线亦称 RS 线，一般和 480 C 形板或 385 Z 形板配用，是使用较为普遍的电晕电极。早期的管状芒刺线是由两个半圆管组成并焊上芒刺。因芒刺点焊不好容易脱落，如果把芒刺和半圆管由一块钢板冲出，成为整体管状芒刺线，芒刺不会脱落，但测试表明，

与圆相对的收尘极板处电流密度为零。现在在圆管上压出尖刺的管形芒刺线，解决了电晕电流不均匀问题。

② 扁钢芒刺线。扁钢芒刺线是使用较普遍的电晕电极，其效果与管状芒刺线相近，480 C 形板和 385 Z 形板一般配两根扁钢芒刺线。

③ 鱼骨状芒刺线。鱼骨状电晕电极是三电极静电除尘器配套的专用电极，管径为 $25 \sim 40mm$，针径 3mm，针长 100mm，针距 50mm。几种芒刺形电极见图 5-40，鱼骨状收尘电极及其他形式电晕电极见图 5-41 及图 5-42。

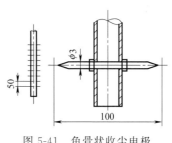

图 5-41 鱼骨状收尘电极

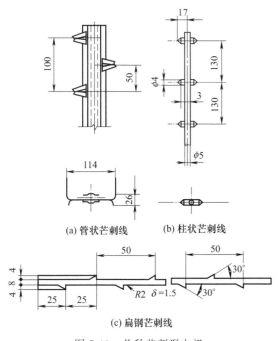

(a) 管状芒刺线　(b) 柱状芒刺线

(c) 扁钢芒刺线

图 5-40 几种芒刺形电极

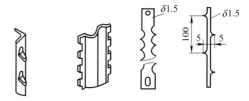

(a) 角钢芒刺线　(b) 波形芒刺线　(c)锯刺线　(d)条状芒刺线

图 5-42 其他形式电晕电极

不同类型电晕电极的伏安特性见图 5-43。

2. 电晕电极的材质

圆形线通常采用 Cr15Ni60、Cr20Ni80 或 1Cr18NiTi 等不锈钢材质；星形线采用 Q233-A 钢；螺旋线采用 60SiMnA 或 50CrMn 等弹簧钢；芒刺状电极可全部采用 Q235 钢。

3. 电晕电极的组装

电晕电极的组装有两种方式。

（1）垂线式电晕电极　这种结构是由上框架、下框架和拉杆组成的垂线式立体框架，中间按不同极距和线距悬挂若干根电晕电极，下部悬挂重锤把极线拉直（重锤一般为 $4 \sim 6kg$），下框架有定向环，套住重锤吊杆，保证电晕电极间距符合规定要求，其结构见图 5-44。

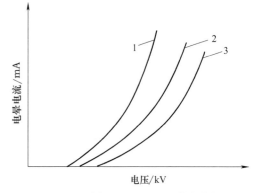

图 5-43 不同类型电晕电极的伏安特性
1—芒刺线；2—星形；3—圆形

垂线式电晕电极结构可耐 450℃ 以下烟气温度，更换电极较方便，但烟气流速不宜过大，以免引起框架晃动。垂线式电晕电极结构可采用圆形线、星形线或芒刺线。这种结构只能用顶部振打方式清灰。

（2）框架式电晕极 静电除尘器大都采用框架式电晕极。通常是将电晕线安装在一个由钢管焊接而成的、具有足够刚度的框架上，框架上部受力较大，可用钢管并焊在一起。框架可以适当增加斜撑以防变形，每一排电晕极线单独构成一个框架，每个电场的电晕极又由若干个框架按同极距连成一个整体，由 4 根吊杆、4 个或数个绝缘瓷瓶支撑在静电除尘器的顶板（盖）上。框架式电晕电极的结构形式如图 5-45 所示。电晕线可分段固定，框架面积超过 25m² 时，可用几个小框架拼装而成。极线布置应与气流方向垂直，卧式除尘器极线为垂直布置，立式除尘器极线为水平布置。

框架式电晕电极的电晕线必须固定好，否则电晕线晃动，极距的变化影响供电电压。电晕线固定形式有螺栓连接、楔子连接、弯钩连接或挂钩连接等（见图 5-46）。

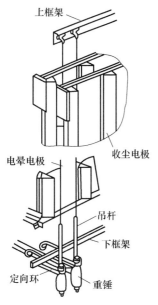

图 5-44 垂线式电晕电极结构

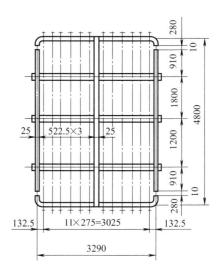

图 5-45 框架式电晕电极

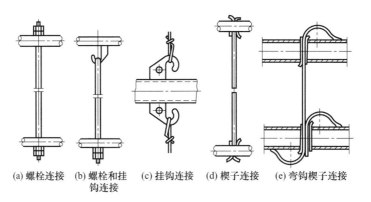

(a) 螺栓连接　(b) 螺栓和挂钩连接　(c) 挂钩连接　(d) 楔子连接　(e) 弯钩楔子连接

图 5-46 几种电晕线的固定方式

螺栓连接不便松紧，已很少使用，挂钩连接适用于螺旋线电晕电极。

大型框架式电晕电极可以由若干小框架拼装而成，这种拼装分水平方向拼装式和垂直方向拼装式，分别见图 5-47 和图 5-48。

4. 电晕电极悬挂方式

电晕电极带有高压电，其悬挂装置的支承和电极穿过盖板时，要求与盖板之间的绝缘良好。

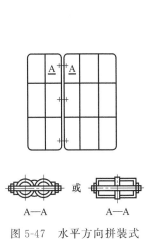

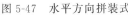

图 5-47　水平方向拼装式

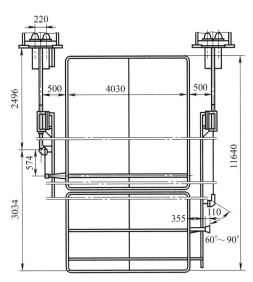

图 5-48　垂直方向拼装式

同时，悬挂装置既要承受电晕电极的重量，又要承受电晕电极振打时的冲击负荷，故悬挂装置要有一定强度和抗冲压负荷能力。

电晕电极可分单点、两点、三点、四点四种悬挂方式（见图 5-49）；单点悬挂通常用于小型或垂线式电晕电极的静电除尘器，单点悬挂的吊杆要有较大的刚性，最好用圆管制作，同时要有紧固装置，以防框架旋转；两点悬挂一般用于垂线式电晕电极和小型框架式电晕电极的静电除尘器；三点和四点悬挂一般用于框架式电晕电极结构的静电除尘器，三点悬挂可节省顶部配置面积。

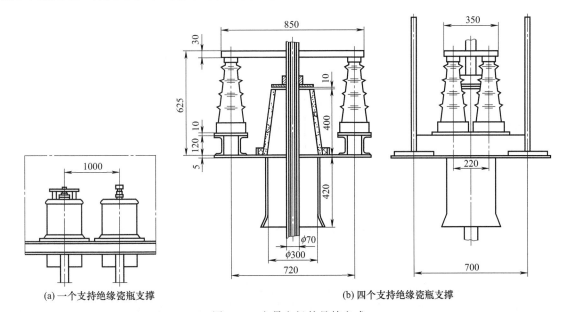

(a) 一个支持绝缘瓷瓶支撑　　　　　　　(b) 四个支持绝缘瓷瓶支撑

图 5-49　电晕电极的悬挂方式

电晕电极的支承和绝缘一般采用绝缘瓷瓶和石英管。电晕电极的悬挂结构有两种。

① 悬挂电晕电极的吊杆穿过盖板，用石英管或石英盆绝缘，吊杆固定于横梁上，横梁由绝缘瓷瓶支承。这种悬挂方式是电晕电极重量和振打的冲击负荷都由瓷瓶承担，石英管仅起与盖板的绝缘作用，不受冲击力，因而使用寿命较长，一般用于大型静电除尘器或垂线式电晕电极。

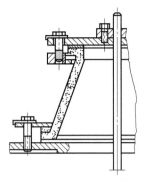

图 5-50　采用机械卡装
的悬挂装置

② 悬挂电晕电极的吊杆穿过盖板与金属盖板连接，直接支承在锥形石英管上，节省材料，但电晕电极及振打冲击负荷都由石英管承担，石英管容易损坏，一般适用于小型静电除尘器或框架式电晕电极。此外，采用机械卡装的悬挂装置（见图 5-50），其稳定性和密封性均较好。

5. 绝缘材料

（1）支撑绝缘瓷瓶　绝缘瓷瓶的材质为瓷和石英。瓷质瓶制造容易，价格便宜，适用于工作温度低于 100℃ 的环境。气温高时，绝缘性能急剧下降。气体温度高于 100～130℃ 时，可用石英质绝缘瓶。绝缘瓷瓶如图 5-51 所示。这两种瓷瓶如使用地点海拔标高超过 1000m 时，其电气特性按规定乘 K，K 值按下式计算

$$K = \frac{1}{1.1} - \frac{H}{1000} \tag{5-10}$$

式中，H 为使用地点的海拔标高，m。

上式适用于环境温度为 $-40\sim+40℃$，相对湿度不超过 85%，如温度高于 40℃，每超过 3℃ 电气特性按规定值提高 1%。

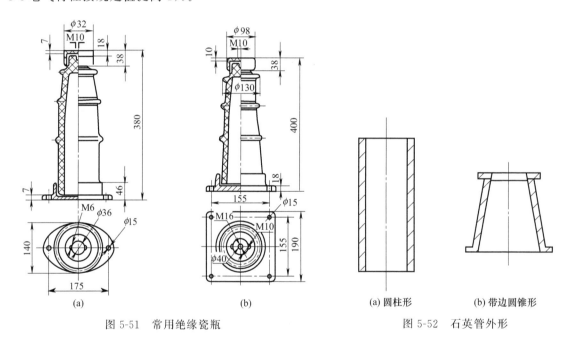

(a)	(b)

图 5-51　常用绝缘瓷瓶

(a) 圆柱形	(b) 带边圆锥形

图 5-52　石英管外形

（2）石英管及石英盆　静电除尘器常用的石英管为不透明石英玻璃。《不透明石英玻璃材料》规定：抗弯强度大于 3433N/cm²；抗压强度大于 3924N/cm²；电击穿强度为能经受交流电 10～14kV/mm；热稳定性为试样在 800℃ 降至 20℃ 情况下，经受 10 次试验不发生裂纹和崩裂；二氧化硅含量大于 99.5%；断面承载能力 40N/cm²。石英管的外形见图 5-52。静电除尘器常用石英管直径和厚度关系见表 5-9。烟气温度在 130℃ 以下时，可用相同规格的瓷管代替石英盆，但壁尖不小于 25mm。

表 5-9　石英管管壁厚度与直径的关系　　　　　　　　　　　　　单位：mm

石英管直径	80	100	150	200	300
壁厚	7	8	10	10	12

6. 绝缘装置的保洁措施

由于环境条件或绝缘装置与含尘烟气直接接触，积灰将降低绝缘性能，为使绝缘装置保持清洁可采取如下措施。

（1）定期擦绝缘瓷瓶　擦时关闭电源，导走剩余静电。此法适用于裸露在大气中的绝缘瓷瓶。

（2）用气封隔绝含尘烟气与绝缘瓷瓶接触，并采用热风清扫　其装置见图 5-53。气封处气体断面速度为 $0.3 \sim 0.4 \mathrm{m/s}$，喷嘴气流速度为 $4 \sim 6 \mathrm{m/s}$，气封气体温度一般不低于 $100 ℃$，气体含尘不大于 $0.03 \mathrm{g/m^3}$，增设防尘套管。为防止烟尘进入石英套管可在其下端增设防尘套管，其结构见图 5-54。

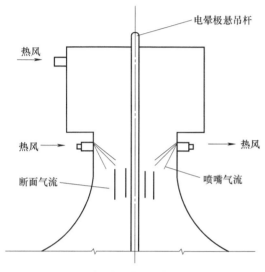

图 5-53　气封及热风清扫装置示意

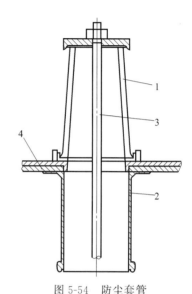

图 5-54　防尘套管

1—石英套管；2—防尘套管；3—吊杆；4—垫板

若不采取措施，烟气中的酸雾和水分在石英管表面会凝结引起爬电。不仅影响电压升高，而且会造成石英管击穿，设备损坏。防止爬电的方法一般是在石英管周围设置电加热装置，但其耗电大。静电除尘器操作温度高时，电加热装置可间歇供电，在某些条件下适当控制操作温度，也可不设电加热器。湿式静电除尘器和静电除雾器必须设置电加热装置。一般使用管状加热器，其结构简单，使用方便，并用恒温控制器自动调节温度。

管状加热器是在金属管内放入螺旋形镍铬合金电阻丝，管内空隙部分紧密填满具有良好导热性和绝缘性的氧化物。加热静止的空气，管径宜选 $10 \sim 12 \mathrm{mm}$，表面发热能力为 $0.8 \sim 1.2 \mathrm{W/cm^2}$，一般弯成 U 形，曲率半径应大于 $25 \mathrm{mm}$。电除尘空气管状加热器如图 5-55 及

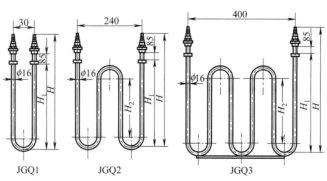

图 5-55　流动空气管状加热器

图 5-56 所示。常用管状加热器的型号和外形尺寸见表 5-10 及表 5-11。

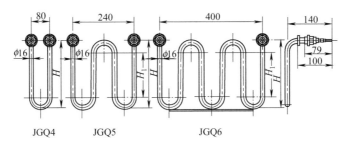

图 5-56 静止空气管状加热器

表 5-10 流动空气管状加热器型号和尺寸

型　　号	电压 /V	功率 /kW	外形尺寸/mm				重量 /kg
			H	H_1	H_2	总长	
JGQ1-22/0.5	220	0.5	490	330		1025	1.25
JGQ1-220/0.75	220	0.75	690	530		1425	1.60
JGQ2-220/1.0	220	1.0	490	330	200	1675	1.83
JGQ2-220/1.5	220	1.5	690	530	400	2475	2.62
JGQ3-380/2.0	380	2.0	590	430	300	2930	3.43
JGQ3-380/2.5	380	2.5	690	530	400	3530	4.00
JGQ3-380/3.0	380	3.0	790	630	500	4130	4.50

注：元件固螺纹管为 M22×1.5×45，接线部分长 30mm。

表 5-11 静止空气管状加热器型号和尺寸

型　　号	电压 /V	功率 /kW	外形尺寸/mm		
			H	H_1	总长
JGQ4-220/0.5	220	0.5	330		950
JGQ4-220/0.8	220	0.8	450		1190
JGQ4-220/1.0	220	1.0	600		1490
JGQ3-220/1.2	220	1.2	350	250	1745
JGQ3-220/1.5	220	1.5	450	350	2145
JGQ3-220/1.8	220	1.8	550	450	2545
JGQ3-380/2.0	380	2.0	400	300	2795
JGQ3-380/2.5	380	2.5	500	400	3395
JGQ3-380/30	380	3.0	600	500	3995

注：元件固螺纹管为 M22×1.5×45，接线部分长 30mm。

管状加热器需功率按下式计算

$$W = \frac{KqF}{0.74} \tag{5-11}$$

$$q = \frac{t_1 - t_2}{\frac{1}{a_1} + \frac{\delta}{\lambda} + \frac{1}{a_2}} \tag{5-12}$$

式中，K 为系数，一般取 1.5；q 为单位散热量，W/m²；t_1 为保温箱内气体温度，℃；t_2 为保温箱外空气温度，℃；a_1 为 t_1 时的散热系数，W/(m²·℃)；a_2 为 t_2 时的散热系数，W/(m²·℃)；λ 为保温层的传热系数，W/(m²·℃)；δ 为保温层厚度，m；F 为保温箱的散热面积，m²。

五、振打装置设计

良好的静电除尘器应当是能够从电极上除掉积存的灰尘。清掉积尘不仅对于回收的粉尘是必要的，而且对于维持除尘工艺的最佳电气条件也是必要的。一般清除电极积尘的方法是使电极发生振动或受到冲击，这个过程叫作电极的振打。有些静电除尘器的收尘电极和电晕电极上都积存着粉尘，且积尘的厚度可以使电晕极都需要进行有效的振打清灰。

静电除尘器清灰装置绝不是次要的装置，它决定着总的除尘效率。考虑来自电极积尘和来自灰斗中的气流干扰等所引起的返流损失，就会知道清灰的困难程度。如何解决清灰问题有许多方法，这些方法有振打装置、湿式清灰、声波清灰等。对良好振打的要求是：①保证清除掉黏附在分布板、收尘电极和电晕电极上的烟尘；②机械振打清灰时传动力矩要小；③尽量减少漏风；④便于操作和维修；⑤电晕电极振打系统高压和电动机、减速机、盖板等均须绝缘良好，并设接地线。

（一）湿式静电除尘器的清灰

湿式静电除尘器是广泛采用的静电除尘器之一。湿式静电除尘器一般采用水喷淋湿式清灰。在除尘过程中，对于积沉到极板上的固体粉尘，一般是用水清洗沉淀极板，使极板表面经常保持一层水膜，当粉尘沉到水膜上时，便随水膜流下，从而达到清灰的目的。形成水膜的方法，既可以采用喷雾方式，也可以采用溢流方式。

湿式清灰的主要优点是：二次扬尘最少；粉尘比电阻问题不存在了；水滴凝聚在小尘粒上更利于捕集；空间电荷增强，不会产生反电晕。此外，湿式除尘器还可同时净化有害气体，如二氧化硫、氟化氢等。湿式静电除尘器的主要问题是腐蚀、生垢及污泥处理等。

湿式清灰的关键在于选择性能良好的喷嘴和合理地布置喷嘴。湿式清灰一般选用喷雾好的小型不锈钢喷嘴或铜喷嘴。清灰的喷嘴布置是按水膜喷水和冲洗喷水两种操作制度进行的。

（1）水膜喷水　湿式静电除尘器一般设有三种清灰水膜喷水，即分布板水膜、前段水膜和电极板水膜。气流分布板水膜喷水在静电除尘器进风扩散管内气流分布板迎风面的斜上方，使喷嘴直接向分布板迎风面喷水，形成水膜。大中型湿式静电除尘器往往设两排喷水管装多个斜喷嘴，其中第 1 排少一些，第 2 排多一些。每个喷嘴喷水量为 2.5L/min 左右，前段水膜喷水在紧靠进风扩散管内的气流分布板上面设有 1 排喷嘴，直接向气流中喷水（顺喷）形成一段水膜段，使烟尘充分湿润后进入收尘室。

收尘电极水膜喷水是在收尘室电极板上设若干喷嘴，喷嘴由电极板上部向电极板喷水，使电极板表面形成不断向下流动的水膜，以达到清灰的目的。

（2）冲洗喷水　在每个电场电极板水膜喷水管的上部，装设冲洗喷嘴进行冲洗喷水，冲洗水量较水膜喷水少些。

根据操作程序规定，应在停电和停止送风后对静电除尘器电场进行水膜喷水。停止后，立即进行前区冲洗约 3min，接着后区冲洗约 3min。

每个喷嘴喷水量依喷嘴而异，大约为 15L/min，总喷水量比水膜喷水略少。

（3）供水要求　静电除尘器清灰用水应有基本要求。耗水指标为 $0.3 \sim 0.6 L/m^3$ 空气；供水压力为 0.5MPa，温度低于 50℃；供水水质为悬浮物低于 50mg/L，全硬度低于 200mg/L。

清灰用水一般是循环使用，当悬浮物或其他有害物超过一定浓度时要进行净化处理，符合要求时再使用。

（二）收尘极振打清灰

收尘极板上粉尘沉积较厚时，将导致火花电压降低，电晕电流减小，有效驱进速度显著减小，除尘效率大大下降。因此，不断地将收尘极板上沉积的粉尘清除干净，是维持静电除尘器高效运行的重要条件。

收尘极板的清灰方式有多种，如刷子清灰、机械振打、电磁振打及电容振打等。但应用最多的清灰方式是挠臂锤机械振打及电容振打等。

振打清灰效果主要为振打强度和振打频率。振打强度的大小决定于锤头的质量和挠臂的长度。振打强度一般用沉淀极板面法向产生的重力加速度 g（9.80m/s^2）表示。一般要求，极板上各点的振打强度不小于（$100\sim200$）g，实际上，振打强度也不宜过大，只要能使板面上残留薄的一层粉尘即可，否则二次扬尘增多，结构损坏加重。

1. 决定振打强度的因素

（1）静电除尘器容量　对于外形尺寸大、极板多的静电除尘器，需要振打强度大。

（2）极板安装方式　极板安装方式不同，如采用刚性连接或自由悬吊方式，由于它们传递振打力情况不同，所需振打强度不同。

（3）粉尘性质　黏性大、比电阻高和细小的粉尘振打强度要大，例如振打强度大于 $200g$，这是因为高比电阻粉尘的附着力，主要靠静电力，所以需要振打强度更大。细小粉尘比粗粉尘的黏着力大，振打强度也要大些。

（4）湿度　一般情况下湿度高些对清灰有利，所需振打加速度小些。但湿度过高可能使粉尘软化，产生相反的效果。

（5）使用年限　随着静电除尘器运行年限延长，极板锈蚀，粉尘板结，振打的强度应该提高。

（6）振打制度　一般有连续振打和间断振打两种。采用哪种制度合适，要视具体条件而定。例如，若粉尘浓度较高，黏性也较大，采用强度不太大的连续振打较合适。总之，合适的振打强度和振打频率，在设计阶段只是大致的确定，只有在运行中根据实际情况通过现场调节来完成。

机械振打机构简单，强度高，运转可靠，但占地较大，运动构件易损坏，检修工作量大，控制也不够方便。

2. 挂锤（挠臂锤）式振打装置

这种装置是使用最普遍的振打方式，其结构简单，运转可靠，无卡死现象。为避免振打时烟尘出现二次飞扬，每个振打锤头应顺序错开一定位置。根据经验每个锤头所需功率为 0.014kW。常用的挂锤振打装置见图 5-57 及表 5-12。

表 5-12　几种锤头型式

普通型锤头	整体锤头	加强整体锤头	加强型锤头
锤头易损坏及脱落	锤头不易损坏、脱落	锤头不易损坏,振打力比普通型明显增加	锤头不易脱落,振打力比普通型明显增加

3. 电磁振打装置

这种装置适用于顶部振打，多用于小型静电除尘器，电磁振打装置及脉冲发生器见图 5-58。

电磁振打装置由电磁铁、弹簧和振打杆组成。线圈通电时，振打杆被抬起，并压缩弹簧，线圈断电后，振打杆依靠自重和弹簧的弹力撞击极板，振打强度可通过改变供电变压器的电压调节。此外，尚需一套脉冲发生器与电磁振打器相配合。

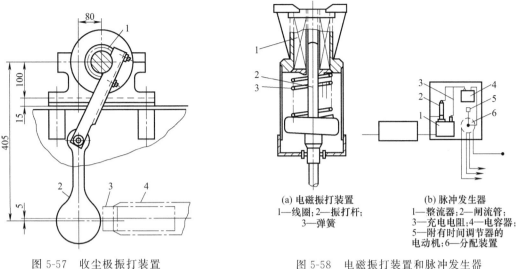

图 5-57　收尘极振打装置

1—传动轴；2—锤头；3—振打铁锤；
4—振打杆

(a) 电磁振打装置
1—线圈；2—振打杆；
3—弹簧

(b) 脉冲发生器
1—整流器；2—闸流管；
3—充电电阻；4—电容器；
5—附有时间调节器的
电动机；6—分配装置

图 5-58　电磁振打装置和脉冲发生器

4. 压锤（拨叉）式振打装置

如图 5-59 所示。这种装置是把振打锤悬挂在收尘电极上，回转轴上按不同角度均匀安设若干压辊式拨叉，回转转动时顺序将振打锤压至一定高度，压辊或拨叉转过后，振打轴落下锤击收尘电极。由于振打锤悬挂在收尘极板上，不会因温度变化、极板伸长而影响准确性。

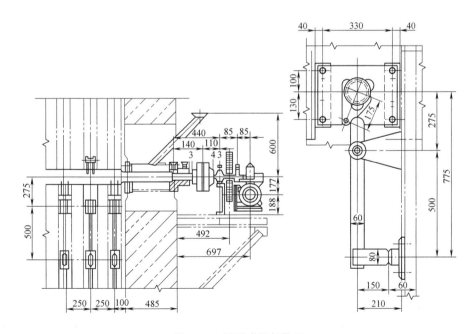

图 5-59　压锤式振打装置

5. 铁刷清灰装置

在一些特殊条件下，用常规振打装置不能将收尘极板上的烟灰清除干净，为此有采用刷子清灰的方法。除尘器采用刷子清灰方式，效果都不错。但刷子清灰结构复杂，只在振打方式无效时才采用。

6. 多点振打和双向振打

如图 5-60、图 5-61 所示。由于大型除尘器的极板高且宽，为保证振打力均匀，采用多点或双向振打。静电除尘器的振打轴穿过除尘器壳体时，对小型除尘器，只需两端支持在端轴承上；对大型除尘器在轴中部还需设置中轴承、端轴承贯通除尘器内外，需有良好的轴密封装置，常用的端轴承密封装置见图 5-62。中轴承处于粉尘之中，不宜采用润滑剂。常用轴承有托辊式和剪刀叉式两种。剪刀叉式轴承见图 5-63。各电场的收尘电极依次间断振打，如多台静电除尘器并联，振打最后一个电场时，应关闭出口阀门，以免把振落的烟尘随气流带走，降低除尘效率。

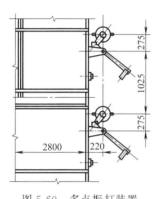

图 5-60　多点振打装置

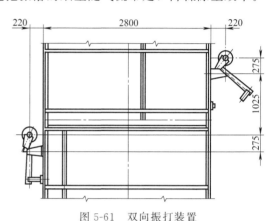

图 5-61　双向振打装置

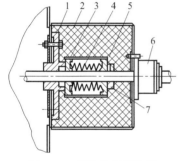

图 5-62　端轴承密封装置

1—密封盘；2—矿渣棉；3—密封摩擦块；4—弹簧；
5—弹簧座；6—滚动轴承；7—挡圈

 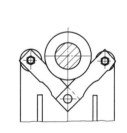

图 5-63　剪刀叉式轴承

（三）电晕极的清灰

电晕极上沉积粉尘一般都比较少，但对电晕放电的影响很大。如粉尘清不掉，有时在电晕极上结疤，不但使除尘效率降低，甚至能使除尘器完全停止运行。因此，一般是对电晕极采取连续振打清灰方式，使电晕极沉积的粉尘很快被振打干净。

电晕极的振打形式分顶部振打和侧部振打两种。振打方式有多种，常用的有提升脱钩振打、侧部挠臂锤振打等方式。

1. 顶部振打装置

顶部振打装置设置在除尘器的阴极或阳极的顶部，称为顶部振打静电除尘器。静电除尘器顶部锤式振打，由于其振打力不用调整，普遍用于立式静电除尘器。应用较多的顶部振打为刚性单元式，这种顶部振动的传递效果好，且运行安全可靠、检修维护方便。顶部振打分内部振打和外部振打，前者的传动系统需穿过盖板，密封性较差；后者振打锤不直接打在框架上，而是通过振打杆传至上框架，振打力较差。顶部振打装置见图 5-64、图 5-65。

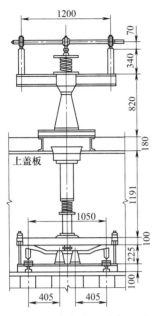

图 5-64 顶部振打（内部）装置

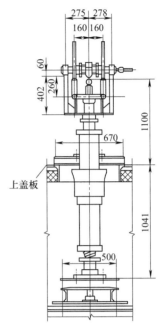

图 5-65 顶部振打（外部）装置

内部振打是利用机械将振打锤或振打辊轮提升至一定高度，然后直接冲击顶部上框架，使电晕电极发生振动。振打对电晕电极（挂锤式管状芒刺线）清灰效果良好。

外部振打由于锤、砧设在外面，维修比较方便。

2. 侧部振打装置

框架式电晕电极一般采用侧部振打，用得较多的均为挠臂锤振打。为防止粉尘的二次飞扬，在振打轴的 360°上均匀布置各锤头以避免同时振打引起的二次飞扬。其振打力的传递与粉尘下降方向成一定夹角。

（1）提升脱钩电晕电极振打装置 这种方式结构较复杂，制造安装要求高，其结构见图 5-66。传动部分在顶盖上，通过连杆抬起振打锤，顶部脱钩后振打锤下落，撞击电晕电极框架。

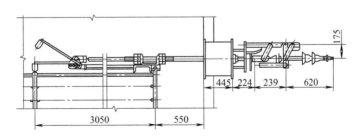

图 5-66 提升脱钩电晕电极振打装置

（2）侧传动振打装置 这种装置，结构简单、故障少，使用较普遍。侧传动又分直连式和链传式两种，分别见图 5-67、图 5-68。为防止烟尘进入传动箱污染绝缘轴，在穿过壳体处可用聚四氟乙烯板密封或用热空气气封。直连式占地面积大，操作台宽，但传动效率高；链传式配置紧凑，操作台窄一些，传动效率稍低。

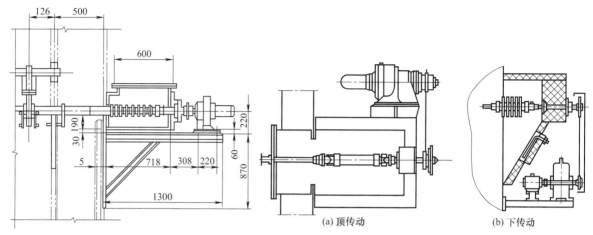

图 5-67　直连式侧传动振打装置　　　　　图 5-68　链传式侧传动振打装置

（3）顶部传动侧向振打装置　这种装置靠伞齿轮使传动轴改变方向，以适应侧面振打（见图 5-69）。

3. 绝缘瓷轴

通常使用的绝缘瓷轴有螺孔连接和耳环连接。绝缘轴见图 5-70、图 5-71，其尺寸见表 5-13。该产品适用电压不大于 72kV，操作温度不大于 150℃。

表 5-13　绝缘瓷轴的型号及尺寸　　　　　　　　　　　　　　单位：mm

型号	H	L	a	b	c	d	ϕ_1	ϕ_2	ϕ_3	ϕ_4
AZ72/150-L$_1$	390^{+3}_{-4}	53	58	67	5	M10	80	130	120	56
AZ72/150-L$_2$	390^{+3}_{-4}	53	50	62	5	M10	80	130	120	60
AZ72/150	460^{+4}_{-4}	53	85	12		50	80	130	120	18.5

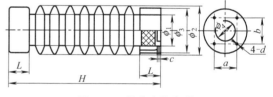

图 5-70　螺孔连接瓷轴

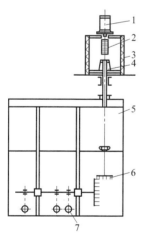

图 5-69　顶部传动侧向振打装置

1—电动机；2—绝缘瓷轴；3—保温箱；4—绝缘支座；

5—电晕电极框架；6—伞齿轮；7—振打锤

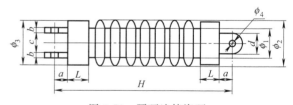

图 5-71　耳环连接瓷环

4. 气流分布板振打装置

由于机械碰撞和静电作用，进口气流分布板孔眼有时被烟尘堵塞，影响气流均匀分布且增加设备阻力，甚至影响除尘效果。所以要定时清灰振打。分布板的振打装置有手动和电动两种。由于烟尘堵塞和设备锈蚀原因，手动振打装置有时不能正常操作而失去清灰作用。实践中静电除尘器绝大部分为电动振打，其传动系统可以单独设置，也可与收尘电极振打共用。手动振打装置见图 5-72。电动振打装置见图 5-73，这种电动振打装置较为常用。

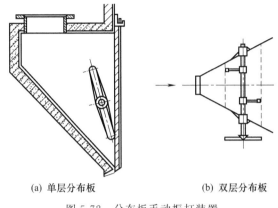

(a) 单层分布板　　　(b) 双层分布板

图 5-72　分布板手动振打装置

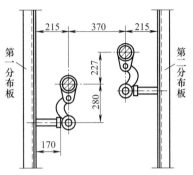

图 5-73　分布板电动振打装置

六、进气箱和气流均布装置设计

1. 进气箱设计

烟箱又称气箱或封头。烟箱按进出气方向分三种形式，即水平进出气、上方进出气、下方进出气。水平进出气采用喇叭形，上下方进出气采用竖井形。进入静电除尘器前的气体流速在管道内为 8～20m/s，而电场内的气体流速为 0.6～1.2m/s。这种速度骤降会引起严重的紊流且流速分布不均。为保证气流在静电除尘器断面上扩散达到均匀分布的要求，需在管道和电除尘器的电场之间设置渐扩式烟箱，并加设各种形状的气流分布板。烟箱由钢材制作，小口断面积按流速小于 14m/s 左右考虑，而大口由电场断面积所决定。烟箱夹角不小于 60°（即底壁板与水平面夹角），并具备足够的刚度和强度，出口烟箱亦然。为使出口端下部形成一个死区，提高收尘效率，使出口烟箱大端断面小于进口烟箱，出气中心线略抬高一些，约高出 150mm。

2. 气体均布装置设计

进口烟箱大小端断面变化降低流速，一般很难做到气体流速的均匀分布，尚需增设气流分布板，诸如蜂窝状导流板，各种几何形状的多孔板和折流板等。图 5-74、图 5-75 分别为国内各行业通用的气流分布板的各种形式。

Lurgi 型四种分布板是按照不同进气方式经过试验而确定的，对于上进气或下进气时，采用百叶形式或 X 形（折叶形）为宜。从图 5-74 中可见，图 5-74 (a) 采用二层格子板（多孔），开孔率分别为 67.19％和 62.99％；图 5-74 (b) 是多孔板上挂折流板，现场调整气流均匀分布，行之有效；图 5-74 (c) 是丹麦 Smidth 上进气所采用的一种方式；图 5-74 (d) 蜂窝状导流板的长度为进口烟箱的 1/3，最长不得超过 1/2，按 7 个格子分流，压力降小，不易积灰。图 5-75 中的 (a)、(b)、(c) 均为上进气方式，分别为：以两块导流叶片将气体分成三股气流；在三角形导流板后垂直方向加设半圆形板；加 V 形导向板和多孔板。图 5-75 (d) 为下进气加设折翼形导流板；图 5-75 (c)、(d) 均基于管道气体流速为 20m/s，电场内气体流速为 1.0m/s 左右所设计，从速度场曲线图可表明气流均匀分布效果较好。

关于气流分布板开孔率过去设计都偏小，不利于均流。分布板的开孔率因气体流速不同而异，对于流速在 1.0m/s 左右时，开孔率应为 50％～65％，其临值是 50％。两层分布板：一层

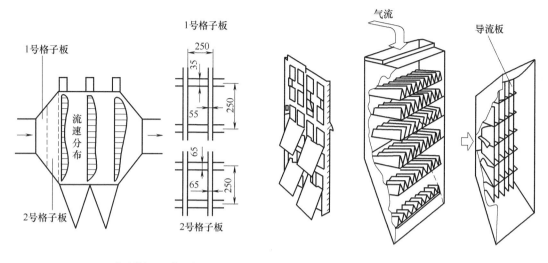

(a) 水平进气二层格子板　　　　(b) 格子板上挂折流板　(c) 上进气角形板　(d) 水平进气蜂窝板

图 5-74　气流分布板形式之一

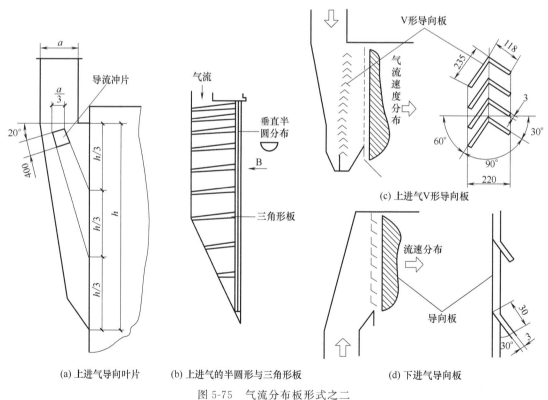

(a) 上进气导向叶片　　(b) 上进气的半圆形与三角形板　　　(d) 下进气导向板

图 5-75　气流分布板形式之二

为粗调孔率，应大些；二层为细调孔率，小于一层。多孔板的作用是把气流分成多股紊流程度高而涡流尺寸较小的小射流。这些小射流在下游最后汇合在一起。紊流强度在板的下游 2～3 倍孔距（孔的中心到中心）处达到最高值，此后按指数规律衰减。在分布板处，涡流尺寸大致和孔洞的大小为同一数量级，此后逐渐增长，一直扩展到与管道同样大小。开孔率若小于 50％时，射流要在很远处才能汇合均匀，对均流不利且易堵灰，开孔率也不应开得过大，否则难以有效地缩小涡流尺寸。当开孔率为 50%～65% 时，射流在 5～10 倍孔距处汇合，有利于气流均匀分布，分布板也存在一定的压力降，分布板的朝向应将气流诱导到预定方向上去，板与板之间距不得小于 5～10 倍孔口大小，板底缘与烟箱的下壁板间留有大于 100mm 间隙，便于流灰。分布板的设置和开孔率应通过实验模型试验后确定。按 ZBJ 88001.4 标准和 JB/TQ 493 标准规定，气流分布的相对均方根差系数 σ 应分别小于 0.25 和 0.20。

为防止烟尘沉积，静电除尘器入口管道气流速度一般为 10～18m/s，静电除尘器内气体流速仅 0.5～2m/s，气流通过断面变化大，而且当管道与静电除尘器入口中心不在同一中心线时，可引起气流分离，产生气喷现象并导致强紊流形成，影响除尘效率，为改善静电除尘器内烟气分布的均匀性，气体在进入除尘器处必须增设导流板、气流分布阻流板。

静电除尘器内烟气分布的均匀性对除尘效率影响很大。当气流分布不均匀时，在流速低处所增加的除尘效率远不足以弥补流速高处效率的降低，因而总效率降低。气流分布影响除尘效率降低有两种方式：第一，在高流速区内的非均一气流使除尘效率降低的程度很大，以致不能由低流速区内所提高的除尘效率来补偿；第二，在高流速区内，收尘电极表面上的积尘可能脱落，从而引起烟尘的返流损失。这两种方式都很重要，如果气流分布明显变坏，则第二种方式的影响一般要更大些。有时发现除尘效率大幅度下降到只有 60% 或 70%，其原因也在于此。气流分布与除尘效率的关系见图 5-76。

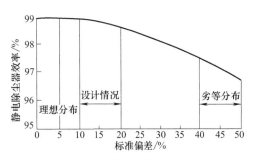

图 5-76　气流分布与除尘效率关系

七、静电除尘器壳体设计

1. 对壳体的基本要求

基本要求包括：①根据除尘器所承受的各种载荷，如风荷载、雪荷载、检修荷载、地震烈度等，进行壳体结构计算要有足够的强度、刚度和稳定性；②为减少漏风，壳体设计必须保证严密；③对于使用在高温条件的静电除尘器，除外壳考虑适当的保温外，壳体设计必须考虑高温热胀要求；④壳体必须考虑耐烟气的腐蚀要求，在满足工艺生产要求的条件下，应尽量节约钢材；⑤设备维护检修方便。

2. 壳体结构材料和主要尺寸

静电除尘器的壳体的材料应根据处理的烟气温度和性质来选择，常用的壳体材料如表 5-14 所列。在表列材料中以使用 Q235 钢材为主。

表 5-14　壳体材料

烟气性质	壳体材料
常温无腐蚀性气体	钢板
高温气体（≤400℃）	钢板外壁保温；耐热混凝土；钢板内衬砖
腐蚀性气体	玻璃钢；铅；混凝土内衬耐酸砖
硫酸雾	不锈钢；玻璃钢

为节省钢材，降低成本，满足安全使用，壳体结构的强度计算根据装置的具体情况可采用有限单元法进行部分计算，并利用计算机已有程序进行整体结构力学计算。

一般静电除尘器每个电场下设置一个灰斗，灰斗在设计时最主要的是保证粉尘能顺利排出，密闭安全可靠，灰斗的水平外角大于粉尘的安息角，通常角度不小于 60°。灰尘流动性较差的除尘器灰斗角度不小于 70°。

灰斗的保温十分重要，否则在灰斗中由于烟气中水分冷凝会使粉尘结块、搭桥甚至堵塞而影响粉尘的排出，为此有些静电除尘器在灰斗外壳还设有专门的加热装置。为防止窜气，在灰斗内还设有阻流板，灰斗的侧面根据需要设置检修人孔，在卸灰阀上部最好有手掏孔以便清理检修。

八、实例——燃煤锅炉静电除尘器工艺设计

1. 设计依据

锅炉类型	煤粉锅炉
蒸发量	240t/h
锅炉数量	2 台
配置方式	一炉一机
烟气流量	$50 \times 10^4 \mathrm{m}^3/\mathrm{h}$，最大不超过 $55 \times 10^4 \mathrm{m}^3/\mathrm{h}$
入口烟气温度	135℃
入口烟尘质量浓度	$32\mathrm{g/m}^3$
出口烟尘质量浓度	$C_2 = 100\mathrm{mg/m}^3$
要求除尘效率	$\eta = \dfrac{32-0.1}{32} = 0.997 = 99.70\%$
电场形式	卧式 3 电场

供电机组、工控机、料位仪、输灰设施按要求配套。

2. 验收标准与规范

《通风与空调工程施工质量验收规范》（GB 50243）；《钢结构工程施工质量验收规范》（GB 50205）；《机械设备安装工程施工及验收通用规范》（GB 50231）；《电气装置安装工程施工质量验收规范》（GB 52054）；《火电厂大气污染物排放标准》（GB 13223）；《卧式电除尘器》（HRCJ 002）；《高压静电除尘用整流设备》（HCRJ 011）；《电除尘器低压控制电源》（HBC 35）。

3. 电场结构

（1）电场数量：单室 3 电场。

（2）沉淀极：C480。

（3）电晕极：1、2 电场，芒刺线；3 电场，星形线。

（4）同极间距：300mm，400mm，400mm。

（5）进出口设置气流分布板。

（6）灰斗内设置阻流板。

（7）灰斗内设置高、低位料位仪监控。

（8）除尘系统设置 PLC 监控运行。

（9）输灰系统按要求配套。

（10）硅整流机组分电场供电，自动跟踪、调节。

4. 技术计算

按煤粉锅炉烟气特性设计与安装卧式 3 电场静电除尘器。

（1）烟气流量（取 $t = 135℃$，$v_d = 1.05\mathrm{m/s}$）

$$v_t = v_0 \frac{273+t}{273}$$

$$v_{135} = 50 \times 10^4 \mathrm{m}^3/\mathrm{h} = 139\mathrm{m}^3/\mathrm{s}$$

$$v_{135} = 55 \times 10^4 \mathrm{m}^3/\mathrm{h} = 153\mathrm{m}^3/\mathrm{s}$$

（2）电场断面积

$$S_F = \frac{v_{135}}{3600 v_d} = \frac{50 \times 10^4}{3600 \times 1.05} = 132 \ (\text{m}^2)$$

S_F 取 140m²，$v_d = 0.992$m/s；$v_{max} = 550000$m³/h 时，$v_d = 1.091$m/s。

（3）计算集尘面积

$$S_A = \frac{v_{st}}{\omega} \ln \frac{1}{1-\eta}$$

取 $\omega = 0.09$m/s；$\eta = 99.70\%$，则

$$S = -\ln(1-\eta)/\omega = -\ln(1-0.997)/0.09 = 64.56 \text{m}^2/(\text{m}^3/\text{s})$$
$$S_A = v_{ts}S = (139 \times 64.56) \sim (153 \times 64.56) = 8974 \sim 9878 \ (\text{m}^2)$$

（4）沉淀极

形式　　　　　　　　C480

板间距　　　　　　　300mm；400mm；400mm

有效长度　　　　　　$(0.5 \times 8) \times 3 = 12$m

高度　　　　　　　　11.74m

通道数　　　　　　　1电场，40个

　　　　　　　　　　2、3电场，30个

排数　　　　　　　　1电场，41个

　　　　　　　　　　2、3电场，31个

实际集尘面积

$$S_A = 2 \times 5 \times 11.74 \times (41-1) \times 1 + 2 \times 5 \times 11.74 \times (31-1) \times 2 = 11740 \ (\text{m}^2)$$

校核

比集尘面积

$$S = \frac{11740}{139} = 84.46 \text{m}^2/(\text{m}^3/\text{s})$$

驱进速度

$$\omega = -\ln \frac{1-0.997}{84.46} = 0.069 \ (\text{m/s})$$

电场内停留时间

$$t = \frac{1}{v_d} = \frac{15}{1.091} = 13.8\text{s} > 10\text{s}$$

除尘效率

500000m³/h 时，$\eta = 1 - e^{11740/500000 \times 3600 \times 0.069} = 99.71\%$

550000m³/h 时，$\eta = 1 - e^{11740/550000 \times 3600 \times 0.076} = 99.70\%$

（5）电晕极　1、2电场，芒刺线，140组；3电场，星形线，60组。

（6）供电机组　按3电场分别供电，自动跟踪调节运行。

1电场：62kV，1.00A。

2电场：68kV，0.90A。

3电场：72kV，0.85A。

（7）其他按除尘工艺设计配套

5. 技术经济指标

型号　　　　　　　　TAWC140-1/3

形式	卧式单室 3 电场
电场有效断面积	$12 \times 11.74 = 140$（m^2）
电场风速	$1.0 \sim 1.1 m/s$
电场风量	$(50 \times 10^4) \sim (55 \times 10^4) m^3/h$
气体温度	$\leqslant 200℃$
允许工作压力	$-3500Pa$
入口烟尘质量浓度	$32g/m^3$
出口烟尘质量浓度	$\leqslant 0.10g/m^3$
设计除尘效率	99.70%
电场阻力	$<300Pa$
同极间距	300mm；400mm；400mm
电场通道数	40 个；30 个；30 个
沉淀极形式	C480；C480；C480
电晕极形式	芒刺；芒刺；星形
电场有效总长度	$3 \times 4.0 = 12m$
沉淀极振打装置	双侧摇臂振打
	XWED 1.1-63-1/1505，3 台
电晕极振打装置	单侧双层摇臂振打
	XWED 0.75-63-1/1225，6 台
防爆要求	防爆
保温箱加热器	JGQ_2-220/2.0，8 组
供电机组形式	$GGAJO_2$ 型，80kV/1.0A，3 台
设备外形尺寸	$20.0m \times 14.4m \times 22.16m$

6. 主要工程量

分部工程量明细表见表 5-15。

表 5-15　分部工程量明细表

项　　目	型　　号	质量/t	数　　量
1. 静电除尘器	TAWC140-1/3	588.32	1 台
(1)进风口		16.98	1 组
(2)进口气流分布装置		11.97	1 组
(3)电晕极装置	芒刺+星形	100.98	3 组
(4)电晕极振打装置		8.00	6 组
(5)沉淀极装置	C480	142.82	3 组
(6)沉淀极振打装置		10.72	6 组
(7)电场挡风板		1.60	6 组
(8)灰斗挡风板		6.00	12 组
(9)出口槽形板		6.25	1 组
(10)人孔门(方形)		0.32	3 组
(11)人孔门(圆形)		0.20	8 组
(12)保温箱及馈电		6.00	8 组
(13)壳体		180.02	1 组
(14)电场内部走台		2.50	1 组
(15)出风口		15.78	1 组
(16)梯子平台		11.20	1 组
(17)支座装配		18.50	12 组
(18)保温		48.48	1 台

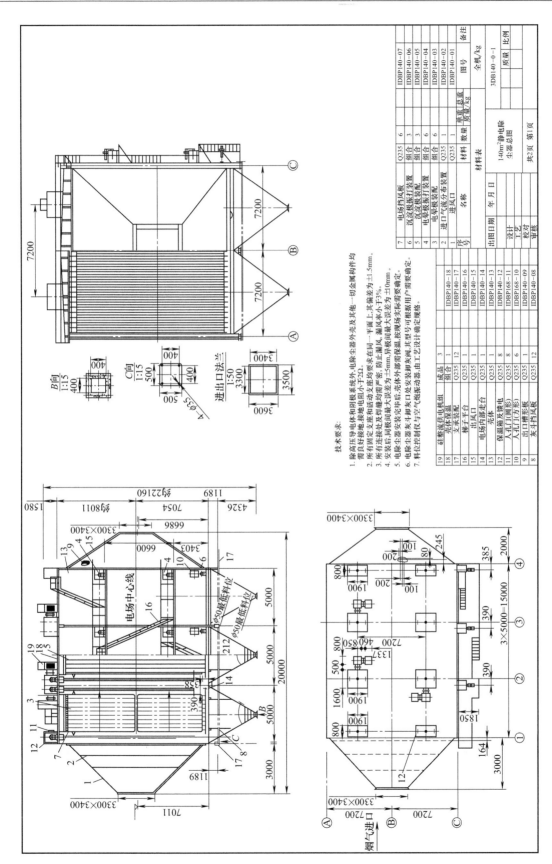

图 5-77　3DB140-0-1 140m² 静电除尘器总图

续表

项　目	型　号	质量/t	数　量
2. 供电装置			
（1）硅整流机组	GGAO2-1.0/80		3 台
（2）高压隔离开头柜	GK		3 台
（3）低压程控控制柜	DDPLC-2		1 台
（4）安全连锁箱	XLS		1 台
（5）操作端子箱	XD		2 台
（6）检修箱	XJ		1 台
（7）其他			1 台
3. 其他		49.00	1 台
（1）输灰系统	18t/h	16.00	1 组
（2）料位控制仪		1.00	6 组
（3）PLC 控制系统		4.00	1 套
（4）除尘管道		28.00	1 套

7. 绘制方案图

见图 5-77。

第四节　管式电除尘器设计

管式除尘器的应用，通常是在烟尘排放的管道或小直径的烟囱中设置一根或多根放电线，接通高压电源就形成了收尘电场。利用设备的余压或物料的热压，有的也由风机引风使含尘气体通过收尘电场，含尘烟气在向外排放的过程中被净化（见图 5-78）。

一、管式电除尘器组成

管式除尘器主要由放电极、筒体、振打器、气流分布装置、灰斗和风帽等部件组成。

管式除尘器的管径在 1m 以下，因为管径是根据高压供电装置的额定输出电压和按经验选取的电场强度来确定的，即

$$D = 2V/E \tag{5-13}$$

式中，D 为管径，cm；V 为高压供电装置的额定输出电压，kV；E 为电场强度，kV/cm。

由式（5-13）可看出，当高压供电装置的额定输出电压一定时，管径与电场强度成反比关系。目前与管式除尘器配套电源为 $100 \sim 140$kV，收尘管径一般在 800mm 以内。

二、管式电除尘器设计

1. 放电极

管式除尘器每个筒体一般安装一根放电线。放电线的

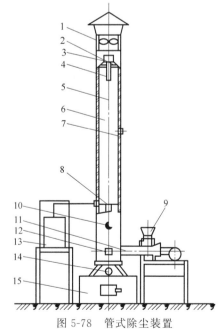

图 5-78　管式除尘装置

1—风机；2,7,10—测定孔；3—检查门；
4—绝缘子；5—放电线；6—风管；8—绝缘子；
9—产尘设备；11—连接管；12—检查门；
13—控制器；14—重锤；15—灰斗

放电强度与线的截面积成反比，但实际应用中，线截面不宜过小，否则易被折断。放电线除了要求有较低的起晕电压和较大的电晕电流外，还要求有一定的机械强度和耐腐蚀能力。

放电线型式有星形线、圆线、十字形芒刺线、组合式芒刺线，实际中多用十字形芒刺线或组合式芒刺线，主要根据粉尘浓度、性质而定。

放电线与筒体之间应用高压绝缘子可靠地绝缘。绝缘子可选用电瓷棒或聚四氟乙烯棒，长度应大于异极距。

2. 筒体

筒体既是含尘烟气的通道，又是捕集粉尘的电极，一般用厚 $3\sim6mm$ 的钢板卷制焊接而成。为了便于沉积粉尘脱落，焊接过程中的焊渣应彻底清除，保证筒体内壁平滑。同时也要严格控制筒体的加工精度，否则会因极间距的改变而降低除尘效率。

为了减少漏风，筒体之间的连接均应以焊接为主。采用法兰连接时，法兰与筒体的连接不允许用点焊或间隔焊，两法兰间应加垫片。对筒体上下端的检查门，高压进线以及放电极振打的所有开孔处，均需采取相应的密封措施。

处理高温、高湿含尘烟气，应特别注意筒体外表面的保温，以增加筒体的热阻，减少散热损失，防止结露。

筒体内烟气流速与电场长度可参考表 5-16 确定，筒体高度则根据工艺及现场情况确定。

表 5-16 电场长度与烟气流速的关系

粉尘	初浓度/(mg/m^3)	管内风速/(m/s)	放电线长度/m
黏土	$\leqslant10000$	$\leqslant3.0$	$\geqslant5.0$
水泥	$\leqslant10000$	$\leqslant2.5$	$\geqslant5.0$
铁粉	$\leqslant10000$	$\leqslant2.0$	$\geqslant5.0$
铁粉	$\leqslant15000$	$\leqslant1.2$	$\geqslant5.0$
铁粉	$\leqslant1000$	$\leqslant2.5$	$\geqslant5.0$

注：表中部分数据是现场应用实测值。在具体应用时应根据尘源点粉尘和烟气的性质来选取。

3. 振打器

放电极清灰方式有机械振打、电磁振打和人工振打等，目前常用的是电磁振打。电磁振打又可分为牵引电磁振打和电磁激振器振打。

牵引电磁振打一般是定时振打。实践证明，电磁铁的牵引力为 $15\sim25kg$，行程为 $30\sim50mm$ 较为适宜。为了减少二次扬尘和保证电磁铁有足够的牵引力，最好每根放电线安装一副电磁铁，并使每根放电线的振打时间错开。

电磁激振器振打可以是定时的，也可以是连续的。激振频率一般为 3000 次/min，振打力根据实际情况确定。其结构形式见图 5-79。

对于比电阻在 $10^{10}\Omega\cdot cm$ 以下的粉尘，筒体可不设振打装置，但要避免筒体结露。

4. 灰斗和进风口形式

根据粉尘性质和现场条件，灰斗和进风口有以下几种形式。

（1）利用重力沉降和电场力的灰斗 这种形式的主要特征是将放电线延伸到灰斗内，使灰斗也成为收尘极板。进风口处于放电极的下方，含尘气体进入灰斗后就开始荷电，由于灰斗截面大，风速低，并且电力线的方向正好和粉尘沉降的方向一致，电场力加速了粉尘的重力沉降，使大颗粒粉尘和气体分离。

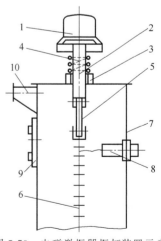

图 5-79 电磁激振器振打装置示意
1—电磁激振器；2—振打连杆；3—连杆定位套；4—压簧；5—高压绝缘子；6—放电极；7—筒体；8—穿壁绝缘子；9—检修门；10—出风口

为使各通道电场的气流分布均匀，一般进风口采用长方形，参见图 5-80（a）。由于进风口处于灰斗底部，容易使从电场降下的粉尘再次扬起，所以进口风速不宜过高，选择 6～7m/s 为宜。

（2）利用惯性碰撞和电场力的灰斗 图 5-80（b）也是将灰斗内设置放电线，形成电场，粉尘随高速气流进入灰斗后和电场壁碰撞，失去动能，靠重力脱落，而气流向四周扩散，速度减慢，较均匀地进入各个通道。这种形式布置放电极框架，还能抑制由电场脱落的粉尘的二次飞扬，但进风口阻力损失较大，主要应用于多通道的管式电除尘器。

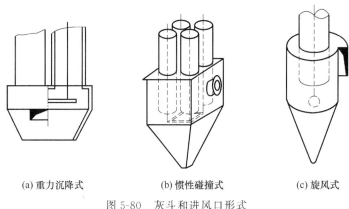

| (a) 重力沉降式 | (b) 惯性碰撞式 | (c) 旋风式 |

图 5-80　灰斗和进风口形式

（3）旋风式进风口灰斗 图 5-80（c）为含尘气流由灰斗的切线方向进入灰斗，离心力使大颗粒粉尘沿锥体沉降。得到初步净化的含尘气体再进入收尘电场净化。这种形式主要用于简单的单筒管式电除尘器，是一种旋风式除尘器和静电除尘器的结合。

5. 风帽

管式电除尘器的筒体上端一般要设置风帽，直径较小时，也可不设。风帽直径可按式（5-14）计算，即

$$D = 0.0188\sqrt{\frac{Q}{v}} \tag{5-14}$$

式中，Q 为处理风量，m^3/h；v 为风管内风速，m/s。

只考虑风压时

$$v = \sqrt{\frac{0.4v_f^2}{1.2 + \sum\xi + 0.02L/D}} \tag{5-15}$$

只考虑热压时

$$v = \sqrt{\frac{16H}{\sum\xi + 0.61 + 0.02L/D}} \tag{5-16}$$

同时考虑到风压和热压时

$$v = \sqrt{\frac{0.4v_f^2 + 16H}{1.2 + \sum\xi + 0.02L/D}} \tag{5-17}$$

式中，v_f 为外界风速，m/s；H 为热压，Pa（换算成 kgf/m^2）；L 为风管长度，m；D 为风帽与风管连接处直径，m；$\sum\xi$ 为风帽前风管总局部阻力系数。

风帽形式可参考图 5-81。

三、多管式电除尘设计

在处理烟气量较大，一根直管不够使用时，可用多根管并列组合。一般为 4 管和 6 管，也有

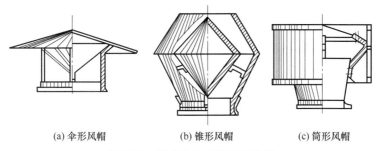

| (a) 伞形风帽 | (b) 锥形风帽 | (c) 筒形风帽 |

图 5-81　管式电除尘器各种风帽

用 8 管的。

多管式静电除尘器如图 5-82 所示。它与单管式静电除尘器相比有如下特点：

（1）放电线　放电线上下连成一个整体，宜采用刚性结构。

（2）绝缘　放电线的绝缘可用单个或多个高压瓷绝缘子悬吊结构，下端通过框架相连，避免摆动。直接与放电线连接的绝缘子应避免放在粉尘浓度高的区域。

（3）高压进线位置　高压电引线放在除尘器上部，进线用聚四氟乙烯套管和平板固定。

（4）振打方式　阴极和阳极分别振打时，放电线的振打器安装在放电线框架上，在每个筒体的适当位置安装 MID-200 电磁铁。阴极和阳极同时振打时选用振动器。

（5）气流分布　多管式除尘装置要求每个筒体内的气量分配均匀，否则使总的除尘效率下降。为了使每个筒体烟气量分配均匀，现场条件允许时，可按分筒体进风或排风（见图 5-83）。必要时还可在每根进风管或排风管安装阀门进行调节。

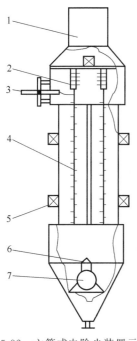

图 5-82　六管式电除尘装置示意

1—排风口；2—绝缘子；3—高压进线；4—放
电线；5—振打器；6—分风帽；7—进风管

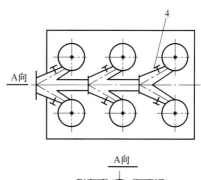

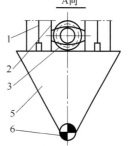

图 5-83　多筒体分管进风示意

1—放电极；2—筒体；3—进风管；
4—闸阀；5—灰斗；6—螺旋输送机

另一种方式是在筒体底部（即灰斗上部）加一集气箱，箱内设一组导流板（见图 5-83）。导流板的长度视集气箱的几何尺寸而定。高速含尘气体从进风管通过进口的气流分布器到集气箱

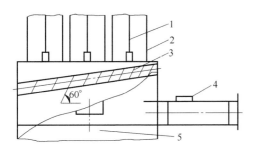

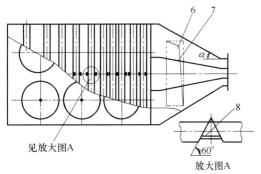

图 5-84　集气箱分风装置示意

1—放电极；2—筒体；3—导风板；4—清扫孔；
5—灰斗；6—气流分布器；7—分流隔板；8—圆钢

后，由于断面突然扩大，烟气动能减小，在进入筒体之前有个充分的缓冲过程，使集气箱内各点的烟气压力趋向平衡，借助于导流板的调整，每个筒体分配烟气量大致相同。或如图 5-84 所示用风帽进行分风。

四、管式电除尘器设计计算

管式电除尘器的设计计算包括除尘装置本体的设计计算和供电装置的选型计算两部分。除尘器本体的设计是根据处理烟气量和粉尘浓度以及按经验或类比方法选取的电场风速及驱进速度等，确定出电场截面积和筒体高度，并根据结构及工艺要求，确定气流分布装置、振打装置以及排灰装置等。高压供电装置的选型计算则是根据放电线单位长度的电流值和放电线总长，计算出放电线的工作电流，然后进行设备选型。

1. 临界电压

在管式电除尘器有效区内产生电晕放电之前的电场实际是静电场，电场中任何一点 X 的电场强度 E_x 可按圆柱形电容器方程式计算：

$$E_x = \frac{U}{x \ln(R_2/R_1)} \tag{5-18}$$

式中，E_x 为在 x 处的电场强度，kV/cm；U 为外加电压，kV；R_2 为圆筒形沉淀极内半径，cm；R_1 为电晕极导线半径，cm；x 为中心线至确定电场强度的距离，cm。

由该式可知，电晕极导线与沉淀极之间各点的电场强度是不同的，越靠近电晕线，电场强度就越大。故 $x = R_1$ 处的电场强度为最大，即

$$E_x = \frac{U}{R_1 \ln(R_2/R_1)} \tag{5-19}$$

根据经验，当电晕极周围有电晕出现时，对于空气介质来说，临界电场强度可用下面经验公式计算：

$$E_0 = 31\gamma[1 + 0.308/(\varepsilon R_1)^{-2}] \tag{5-20}$$

式中，E_0 为临界场强，kV/cm；R_1 为电晕极导线半径，cm；γ 为空气相对密度，$\gamma = T_0 p/(T p_0)$，$T_0 = 298\text{K}$，$p_0 = 0.1\text{MPa}$，T、p 为运行状况下空气的温度和压力，K、Pa；ε 为系数。

当负电晕周围空气介质接近大气压时

$$S = 3.92 p/(273 + t) \tag{5-21}$$

式中，p 为空气介质压力，kPa；t 为空气温度，℃。

由式（5-19）和式（5-20）即可求出临界电压：

$$V_0 = E_0 R_1 \ln(R_2/R_1) \tag{5-22}$$

式中，V_0 为临界电压，kV；其他符号意义同前。

2. 驱进速度

尘粒随气流在静电除尘器中运动，受到电场力、流体阻力、空气动力及重力的综合作用，尘

粒由气体驱向于电极称为沉降。沉降速度是指在电场力作用下尘粒运动与流体之间产生的阻力达到平衡后的速度。沉降速度常称驱进速度，可由下式计算：

$$\omega = ne_0 E_x / (3\pi\mu d) \tag{5-23}$$

式中，e_0 为一个电子的电荷电量，静电单位（1 静电单位 $=2.08\times10^9$ 电子电荷）；n 为附着在尘粒上的基本电荷数；ne_0 为尘粒上的最大电荷量，静电单位；E_x 为电场强度，绝对静电单位；d 为尘粒直径，cm；μ 为动力黏度，Pa·s。

在求得尘粒受到电场力作用的驱进速度之后，可求得尘粒到达沉淀极所需时间 $\tau = R_2/\varepsilon$，气流在电场内停留时间要大于 τ 的 3～4 倍。

3. 除尘效率

一般地说，影响除尘效率的主要因素有电源电压、供电方式、烟气流速、粉尘浓度和粒度、电阻率、电场长度及电极的构造等。除尘效率的表达式如下：

$$\eta = L - e^{-4\omega LK/v_p D} \tag{5-24}$$

式中，ω 为粉尘驱进速度，m/s；v_p 为含尘气体的平均速度，m/s；L 为在气体方向沉淀极的总有效长度，m；D 为管式沉淀极的内径，m；K 为由电极的几何形状、粉尘凝聚和二次扬尘决定的经验系数。

4. 电场的截面积

按下式求出电场截面积：

$$F = \frac{Q}{3600v} \tag{5-25}$$

式中，F 为电场截面积，m^2；Q 为废气量，m^3/h；v 为电场风速，m/s。

5. 筒体直径

由下式求得筒体直径：

$$D = \frac{2U}{E} \tag{5-26}$$

式中，D 为筒体直径，m；U 为额定输出电压，kV；E 为电流强度，kV/cm。

6. 筒体个数

确定筒体个数见下式。

$$N = \frac{F}{0.785D^2} \tag{5-27}$$

式中，N 为筒体数，个；其他符号意义同前。

7. 筒体高度

由下式求得筒体的高度：

$$h = \frac{Dv_2}{4\omega}\ln\left(\frac{1}{1-\eta}\right) \tag{5-28}$$

式中，h 为筒体高度，m；D 为筒体直径，m；v_2 为电场实际风速，m/s；ω 为粉尘驱进速度，cm/s；η 为除尘效率，%。

8. 放电极工作电流

放电极的工作电流由下式求得：

$$I = Li = Nhi \tag{5-29}$$

式中，I 为放电极工作电流，mA；L 为放电极长度，m；i 为放电极单位长度电流，mA/m（通常用芒刺线时为 0.25～0.35mA/m）；其他符号意义同前。

根据计算所得放电极所需的电流，选用高压供电装置。

五、实例——管式除尘器的设计计算

某水泥厂一台 $\phi 2.4\text{m} \times 6\text{m}$ 的干法生料磨，废气量 $Q = 7200\text{m}^3/\text{h}$，含尘浓度 $C_1 = 60\text{g/m}^3$，温度 $t_1 = 70℃$，含湿量 $G_{sw} = 86\text{g/kg}$（干），欲设计一台管式除尘装置。

（1）确定电场的截面积 由已知废气量 Q，取电场流速 1m/s，求出电场截面积为：

$$F = \frac{Q}{3600V} = \frac{7200}{3600 \times 1} = 2 \text{ (m}^2\text{)}$$

（2）计算筒体直径 取 GJX 系列高压供电装置的额定输出电压 $U = 100\text{kV}$，取电场强度 $E = 2.5\text{kV/cm}$，求得筒体直径为：

$$D = \frac{2U}{E} = \frac{2 \times 100}{2.5} = 80 \text{ (cm)}$$

（3）确定筒体个数

$$N = \frac{F}{0.785D^2} = \frac{2}{0.785 \times 0.8^2} \approx 4 \text{ (个)}$$

则实际电场风速为：

$$v_2 = \frac{Q}{2826ND^2} = \frac{7200}{2826 \times 4 \times 0.8^2} = 0.995 \text{ (m/s)}$$

（4）计算筒体高度 根据废气的初始浓度 C_1 和实际电场风速 v_2 以及筒体直径 D，取粉尘驱进速度 $\omega = 15\text{cm/s}$，由下式求得筒体的高度为：

$$h = \frac{Dv_2}{4\omega}\ln\left(\frac{1}{1-\eta}\right) = \frac{0.8 \times 0.995}{4 \times 0.15} \times \ln\left(\frac{1}{0.15/60}\right) \approx 7.95 \text{ (m)}$$

（5）确定保温层的最小厚度 由于废气含湿量大，为防止在筒体内结露，需对筒体进行保温。选用热导率较小的水泥膨胀珍珠岩制品作为保温材料。保温层的最小厚度计算按式（5-30）进行，即

$$\delta = 12.3D_0\left(\frac{\lambda \Delta t}{q}\right)^{1.45} - \frac{\lambda}{\alpha_0} \tag{5-30}$$

$$q = 0.063\frac{D^{0.8}U^{0.8}\lambda_\alpha}{\gamma^{0.8}}(t_1 - t) \tag{5-31}$$

式中，δ 为保温层最小厚度，mm；D_0 为筒体外径，m；λ 为保温材料的热导率；$\Delta t = t - t_0$；t 为高于露点 $10\sim 15℃$ 时的温度，$t = t_{vd} + (10\sim 15)℃$；$t_{vd}$ 为烟气露点温度，根据烟气含湿量从手册中查得，℃；t_0 为周围环境温度，℃；α_0 为筒体外表面的放热系数，一般室内取 $\alpha_0 = 7.5$，室外按经验公式 $\alpha_0 = 6.3v_0^{0.656} + 3.2e^{-1.9}$ 计算；v_0 为室外空气流速，m/s；U 为外加电压，kV；q 为单位筒体高度在保证不结露的情况下所允许的传热量；D 为筒体内径，m；t_1 为筒体内烟气温度，℃；λ_α 为空气的热导率；γ 为气体的运动黏度，m^3/s。

对有些含湿量大，但温度却不太高的烟气，有时仅靠单纯加保温层保温，还不足以保证筒体内不结露，因此还需采取一定的加热措施。

本例中根据废气的含湿量 G_{sw}、温度 t_1，分别从手册中查得废气的露点温度 $t_{rd} = 50℃$；气体黏度 $\gamma = 20.45 \times 10^{-6}\text{m}^2/\text{s}$；热导率 $\lambda_\alpha = 0.024\text{W/(m·K)}$ 并求得单位筒体高度允许散热量 $q = 73\text{W/(m·K)}$。

为使筒体有一定的耐腐蚀和抵抗受热变形的能力，采用 $\delta_0 = 6\text{mm}$ 的钢板，则筒体外径 $D_0 = 812\text{mm}$。若除尘器安装在室内，取筒体外表面的放热系数 $\alpha_0 = 7.5$，周围环境温度 $t_0 = 20℃$，查

得膨胀珍珠岩制品保温材料的平均热导率 $\lambda = 0.061\text{W}/(\text{m} \cdot \text{K})$。由公式求得最小保温层厚度 $\delta = 64\text{mm}$。

（6）计算放电极的工作电流　根据所确定的筒体数 N 和筒体高度 h，并取放电线单位长度的电流值 $i = 0.3\text{mA/m}$（通常用芒刺线时为 $0.25 \sim 0.35\text{mA/m}$），由下式求得放电线的工作电流为

$$I = Li = Nhi = 4 \times 7.95 \times 0.3 = 9.54 \text{（mA）}$$

根据计算所得放电极所需的电流，选用高压供电装置为 GJX-10/100 型，其额定输出电压 $U \geqslant 100\text{kV}$，额定输出电流 $I \geqslant 10\text{mA}$。

第五节　电袋复合式除尘器设计

电袋复合式除尘器是利用静电力和过滤方式相结合的一种复合式除尘器。在电除尘器升级改造工程中有较多应用。

一、电袋复合式除尘器分类和工作原理

1. 电袋复合式除尘器分类

复合式除尘器通常有四种类型。

（1）串联复合式　串联复合式除尘器都是电区在前、袋区在后，如图 5-85 所示；串联复合式也可以上下串联，电区在下，袋区在上，气体从下部引入除尘器。

前后串联时气体从进口喇叭引入，经气体分布板进入电场区，粉尘在电区荷电进入，部分被收下来，其余荷电粉尘进入滤袋区，滤袋区粉尘被过滤干净，纯净气体进入滤袋的净气室，最后从净气管排出。

（2）并联复合式　并联复合式除尘器电场区、滤袋区并联排列，如图 5-86 所示。

气流引入后经气流分布板进入电区各个通道，

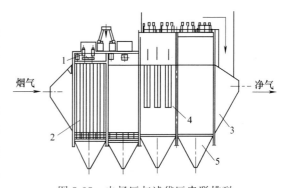

图 5-85　电场区与滤袋区串联排列
1—电源；2—电场；3—外壳；4—滤袋；5—灰斗

电场区的通道与滤袋区的每排滤袋相间横向排列，烟尘在电场通道内荷电，荷电和未荷电粉尘随气流流向孔状极板，部分荷电粉尘沉积在极板上，另一部分荷电或未荷电粉尘进入袋区的滤袋，粉尘被吸附在滤袋外表面，纯净的气体从滤袋内腔流入上部的净气室，然后由净气室排出。

（3）混合复合式　混合复合式除尘器是电场区、滤袋区混合配置，如图 5-87 所示。

在袋区相间增加若干个短电场，同时气流在袋区的流向从由下而上改为水平流动。

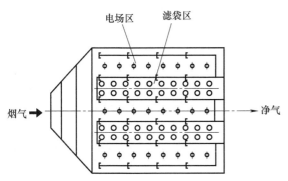

图 5-86　电场区与滤袋区并联排列

粉尘从电场流向袋场时，在流动一定距离后，流经复式电场，再次荷电，增强了粉尘的荷电量和捕集量。

此外，也有在袋式除尘器之前设置一台单电场电除尘器，称为电袋一体化除尘器，但应用比电袋复合式除尘器少。

（4）电袋除尘器　电袋除尘器是在滤袋内设置电晕极，并对滤袋内部施加电场，施加到电晕极线上的极性通常是负极性，如图 5-88 所示。设置电场和电晕线的主要目的是对粉尘进行荷电，提高收尘效率，同时由于粉尘带有相同极性的电荷，起到相互排斥作用，使收集到滤袋表面的粉尘层较松散，增加了透气性，降低了过滤阻力，使清灰变得更容易，减少了清灰次数，提高了滤袋使用寿命。

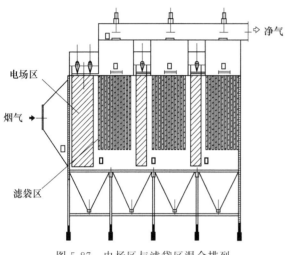

图 5-87　电场区与滤袋区混合排列

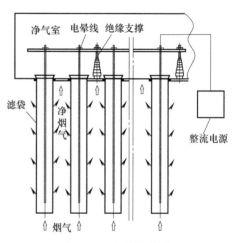

图 5-88　电袋除尘器

2. 电袋复合式除尘器工作原理

电袋复合式除尘器是在一个箱体内紧凑地安装电场区和滤袋区，有机结合电除尘和袋式除尘两种机理的一种新型除尘器。基本工作原理是利用前级电场区收集大部分的粉尘使烟尘荷电，利用后级滤袋区过滤拦截剩余的粉尘，实现烟气的净化。

（1）尘粒的荷电　对电袋复合除尘器来说，电场区具有电除尘的工作原理，最重要的作用是对粉尘颗粒进行收尘和荷电，相比之下，在除尘效率方面不需求太高，可由后级袋除尘保证。

尘粒荷电是电除尘最基本的功能，在除尘器的电场中，尘粒的荷电量与尘粒的粒径、电场强度和停留时间等因素有关。尘粒荷电有两种基本形式：一种是电场中的离子在电场力的作用下与尘粒发生碰撞使其荷电，这种荷电机理通常称为电场荷电或碰撞荷电；另一种是离子由于扩散现象做不规则热运动而与尘粒发生碰撞使其荷电，这种荷电机理通常称为扩散荷电。

（2）荷电粉尘的过滤机理　含尘烟气经过电场时，在高压电场的作用下气体发生电离，粉尘颗粒被荷电或极化凝并，荷电粉尘在静电力的作用下被收尘极捕集。未被捕集的粉尘在流向滤袋区的过程中，再次因静电力的作用而凝并，粉尘粒径增大而不容易穿透滤料；同时荷电粉尘在向滤袋表面沉积的过程中受库仑力、极化力和电场力的协同作用，使得微细尘粒凝并、吸附、有序排列，粉尘在滤袋表面凝并与沉积。无论粉尘是否带电，未被电场区捕集的粉尘必须通过电袋复合除尘器的后级袋区过滤，这些粉尘受到烟气流压差的作用向滤袋表面驱进，并吸附在滤袋表面。根据尘粒的荷电理论，能够穿过电场的难于荷电的粉尘，大部分为粒径小、比电阻高的细颗粒粉尘，因此荷电粉尘层在一定程度上提高了细微粉尘的捕集效率，实现对烟气中粉尘的高效脱除。

（3）荷电粉尘层特性 新沉积在荷电粉尘层的带负电尘粒，一方面受到负电粉尘层的排斥作用，加上荷电粉尘层不断释放静电，形成与气流流动方向相反的阻力，产生粉尘在滤袋表面的阻尼振荡，减弱了粒子穿透表面粉尘层的能力，提高了捕集率；另一方面由于相同极性粉尘的相互排斥，滤料表面的粉尘层呈棉絮状堆积，形成更为有序、疏松的结构，粉尘层阻力小，清灰后易剥离，有利于提高清灰效果，降低运行阻力。

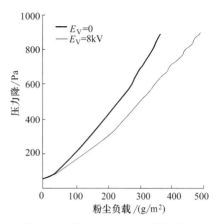

图 5-89 给出了粉尘负载与压力降的关系，当滤料上堆积相同的粉尘量时，荷电粉尘形成的粉尘层与未荷电粉尘层阻力的比较。从图 5-89 中可以看到，在试验条件下经 8kV 电场荷电后的粉尘层其阻力要比未荷电时低约 25%。这个试验结果既包含了粉尘的粒径变化效应，也包含了粉尘的荷电效应。

可见，电袋复合式除尘器是综合利用电除尘器与袋式

图 5-89 粉尘负载与压力降的关系

除尘器的优点，先由电场捕集烟气中大量的大颗粒的粉尘，能够收集烟气中 70%～80% 以上的粉尘量，再结合后者布袋收集剩余细微粉尘的一种组合式高效除尘器，具有除尘稳定、性能优异的特点，标准状态下，排放浓度≤10mg/m³。

二、除尘器技术性能

1. 综合了两种除尘方式的优点

由于在电袋复合式除尘器中，烟气先通过电除尘区后再缓慢进入后级滤袋除尘区，滤袋除尘区捕集的粉尘量仅有入口的 1/4。这样滤袋的粉尘负荷量大大降低，清灰周期得以大幅度延长；粉尘经过电除尘区的电离荷电，粉尘的荷电效应提高了粉尘在滤袋上的过滤特性，即滤袋的透气性能、清灰性能。这种合理利用电除尘器和布袋除尘器各自的除尘优点，以及两者相结合产生的新功能，能充分克服电除尘器和布袋除尘器的除尘缺点。

（1）除尘性能不受烟灰特性等因素影响，长期稳定超低排放 电袋复合除尘器的除尘过程由电场区和滤袋区协同完成，出口排放浓度最终由滤袋区掌控，对粉尘成分、比电阻等特性不敏感。因此适应工况条件更为宽广，出口排放浓度值可控制在 30mg/m³ 以下，甚至达到 5mg/m³ 以下，并长期稳定运行。

（2）捕集细颗粒物（PM₂.₅）效率高 电袋复合除尘器的电场区使微细颗粒尘发生电凝并，滤袋表面粉尘的链状尘饼结构，对 $PM_{2.5}$ 具有良好的捕集效果。

（3）电袋协同脱汞，提高气态汞脱除率 电袋协同脱汞技术是以改性活性炭等作为活性吸附剂脱除汞及其化合物的前沿技术。其主要工作原理是在电场区和滤袋区之间设置活性吸附剂吸附装置，活性吸附剂与浓度较低的粉尘在混合、过滤、沉积过程中吸附气态汞，效率高达 90% 以上。为提高吸附剂利用率，滤袋区的粉尘和吸附剂混合物经灰斗循环系统多次利用，直至吸收剂达到饱和状态时被排出。

2. 降低滤袋破损率，延长滤袋使用寿命

袋式除尘器滤袋破损主要有两种原因：一是物理性破损，由粉尘的冲刷、滤袋之间相互摩擦、磕碰及其他外力所致，造成滤袋局部性异常破损；二是化学性破损，由烟气中化学成分对滤袋产生的腐蚀、氧化、水解作用，造成滤袋区域性异常破损。电袋复合除尘器由于自身的优势，前袋为后袋起了缓冲保护作用，进入滤袋区的粉尘浓度较低、粗颗粒尘很少，并且清灰频率降低，从而有效减缓了滤料的物理性及化学性破损，延长了使用寿命。

3. 运行阻力低，具有节能功效

电袋复合式除尘器滤袋的粉尘负荷小，由于荷电效应作用，滤袋形成的粉尘层对气流的阻力小，易于清灰，比常规布袋除尘器约低 500Pa 的运行阻力，清灰周期时间是常规布袋除尘器的 4～10 倍，大大降低了设备的运行能耗；同时滤袋运行阻力小，滤袋粉尘透气性强，滤袋的强度负荷小，使用寿命长，一般可使用 3～5 年，而普通的布袋除尘器只能使用 2～3 年；这样就使电袋除尘器的运行费用远低于袋式除尘器。

4. 运行、维护费不高

电袋复合式除尘器通过适量减少滤袋数量、延长滤袋的使用寿命、减少滤袋更换次数，来保证连续无故障开车运行，又可减少人工劳力的投入，降低维护费用；电袋复合式除尘器由于荷电效应的作用，降低了布袋除尘的运行阻力，延长了清灰周期，大大降低除尘器的运行、维护费用；稳定的运行压差使风机耗能有不同程度降低，同时也节省清灰用的压缩空气。

5. 管理复杂

电袋复合式除尘器对人员技术要求、备品备件存量、检修程序都比单一的电除尘器或袋式除尘器复杂。

电袋复合除尘器的电场区充分发挥了电除尘高效的特点，并使未被收集的粉尘荷电，可以大幅度降低进入布袋除尘区的烟气含尘浓度，改善布袋区的粉尘条件及粉尘在滤袋表面的堆积状况，降低布袋除尘区的负荷和过滤层的压力损失。然而对整个电袋复合除尘系统来说，电场区和布袋区需要达到一个科学匹配的分级除尘效率，才能更加有效地发挥两种除尘方式相结合的优势。

三、进气烟箱及气流均布装置设计

一般而言，电袋复合除尘器设计时，其电场区与袋区之间分级效率的划分以控制进入袋区的粉尘浓度为基本原则。当出口排放要求低、设备阻力要求更严格时，则要求以更低的粉尘浓度进入滤袋区。电场区的除尘效率也不是越大越好，对于入口浓度高、粉尘驱进速度低的烟气工况条件，通过无限制地增加比集尘面积来满足较低的袋区入口含尘浓度，必然会大大增加设备的整体投资和占地面积，显然不经济。此时，可提高进入袋区的粉尘浓度，并适当降低袋区过滤风速来获得电区与袋区最佳匹配，以最高的性价比来实现设备的整体性能要求。同样，对于灰分较低、入口含尘浓度小的项目，也不可过于忽视电场区设计。电场区另一个重要作用是对未收集粉尘进行荷电，荷电量越大，越有利于粉尘在滤袋表面堆积。电场区设计过小，将导致粉尘荷电量降低，在滤袋表面堆积状况不理想，亦将影响设备整体性能。

1. 进气烟箱设计

进气烟箱用于除尘器前烟道和除尘器电场区之间的过渡，起到扩散和缓冲气流的作用。进气烟箱设计的基本要求是：满足扩散烟气的要求，防止内部积灰，满足结构强度、刚度及气密性要求。

进气烟箱的结构根据除尘系统工艺条件的要求，可采用水平进气、上进气和下进气（见图 5-90）。

进气烟箱一般为 4～6mm 钢板制作，适当配置型钢作为加强筋，对于较大的进气烟箱还需在内部设置支撑管。进气烟箱支撑管设计还需注意增加适当的防磨措施。

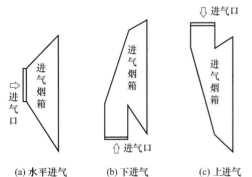

(a) 水平进气　(b) 下进气　(c) 上进气

图 5-90　进气烟箱的结构

2. 气流均布装置的选择

气流均布装置包括导流板及气流分布板。

导流板对急剧扩散、转向的气流进行分隔、导向，使气流均匀流动并减少动压损失。

气流分布板通过增加气流阻力，使全断面气流均匀。气流分布板的类型很多（见图5-91），有格板式、多孔板式、垂直偏转板、锯齿形板、X形孔板和垂直折板式等，其中垂直偏转板及垂直折板式适用于上进气口的进气口箱。对于中心进气的进气箱，目前应用最广的是多孔板型均布装置。它结构简单，容易制造。为了获得较好的气流分布，可在进气口箱上设置三层多孔板。

为了减少静电除尘器调整时期的工作量，并获得气流均布的良好效果，对烟气量较大或进风口形式特殊的电除尘器宜进行气流均布的模型试验，确定导流板、气流分布板的形式、块数与开孔率。

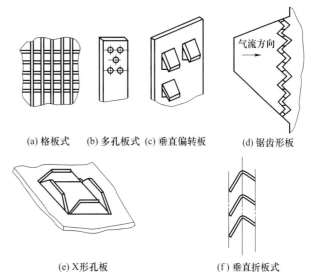

(a) 格板式　(b) 多孔板式 (c) 垂直偏转板　(d) 锯齿形板

(e) X形孔板　(f) 垂直折板式

图5-91　气流分布板的类型

四、粉尘荷电区设计

1. 处理风量

处理风量是设计荷电区的主要指标之一。处理风量应包括额定设计风量和漏风量，并以工况风量作为计算依据，按下式计算：

$$q_{vt}=q_0\frac{273+t}{273}\times\frac{101.3}{B+P_j} \tag{5-32}$$

式中，q_{vt} 为工况处理风量，m^3/h；q_0 为标况处理风量，m^3/h；t 为烟气温度，℃；B 为运行地点大气压力，kPa；P_j 为除尘器内部静压，kPa。

2. 电场断面

以沉淀极围挡形成的电场过流断面积为准，按下式计算：

$$S_{F_0}=\frac{q_{vt}}{3600v_d} \tag{5-33}$$

式中，S_{F_0} 为电场计算断面积，m^2；q_{vt} 为工况处理风量，m^3/h；v_d 为电场风速，m/s，静电除尘器电场风速为 0.5～1.2m/s。

3. 集尘面积

沉淀极板与气流的接触面积称为集尘面积。集尘面积对于实现除尘目标（排放浓度或除尘效率）具有决定意义，可按多依奇公式计算：

$$S=\frac{-\ln(1-\eta)}{w} \tag{5-34}$$

$$S_A=Sq_{ts} \tag{5-35}$$

式中，S 为比集尘面积，$m^2/(m^3\cdot s)$；η 为设计要求除尘效率；w 为驱进速度，m/s；S_A 为沉淀极计算集尘面积，m^2；q_{ts} 为工况处理风量，m^3/s。

4. 电场数量

科学组织沉淀极板与电晕线的组合与排列，调整与决定电场数量，确定沉淀极板、电晕线的形式及其极配关系，是关系电场结构的决策原则。

芒刺线、电晕线、沉淀极板形式多种多样（见图5-92～图5-94）。其选用要以电性能稳定、捕尘效率高、制作与安装易保证质量、运行故障低和经济适用为优选原则，以实际建设和运行经

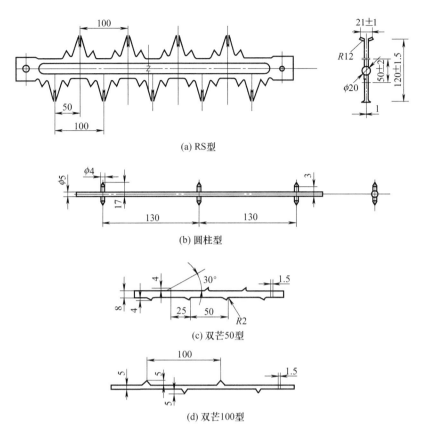

(a) RS型

(b) 圆柱型

(c) 双芒50型

(d) 双芒100型

图 5-92　有固定点的芒刺线

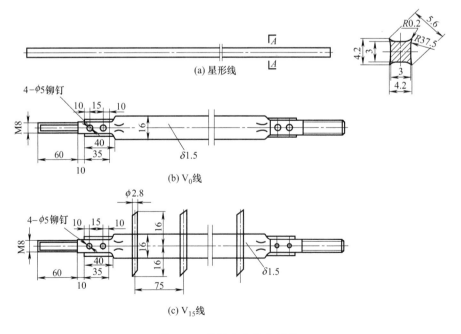

(a) 星形线

(b) V₀线

(c) V₁₅线

图 5-93　无固定点的电晕线

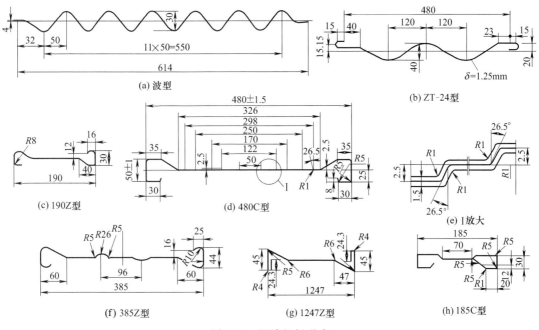

图 5-94　沉淀极板形式

验为依据。

沉淀极板高度一般为 $7 \sim 12 \mathrm{m}$，最高可达 $15 \mathrm{m}$；为保证电晕极的配套安装，有框架的电晕极可改为双层框架结构。保证沉淀极板与电晕线的制作质量，关键在于制造厂要有消除变形和防止变形的技术措施和组织措施，当然还要有安装单位的精心安装与科学调试来保证。

5. 调整与决定电场结构尺寸

电场结构尺寸主要包括电场的有效宽度、高度和长度，可按下式计算确定。

电场有效宽度：

$$B = \frac{S_F}{H} \tag{5-36}$$

电场有效高度：

$$H = \frac{S_F}{B} \tag{5-37}$$

电场总有效长度：

$$L = S_A / [2(n-1)H] \tag{5-38}$$

式中，B 为电场有效宽度，m；S_F 为电场计算断面积，m^2；H 为沉淀极有效高度，m；L 为电场总有效长度，m；S_A 为电场总计算集尘面积，m^2；n 为沉淀极的排数，个。

通道数可按下式计算，最后取整数值。

$$m = \frac{S_F / H}{a} \tag{5-39}$$

式中，m 为电场数量，个；S_F 为静电除尘器电场断面积，m^2；H 为静电除尘器沉淀极高度，m；a 为同极（板）间距，mm，一般取 $300 \mathrm{mm}$、$400 \mathrm{mm}$。

6. 排列组合

按沉淀极定性尺寸决定一个电场沉淀极板数量和实际有效长度，最后校准极配关系、数量与结构尺寸。

7. 硅整流供电机组

硅整流供电机组是除尘器的重要供电设备,其供电工艺由单相一次交频(AC)输入,转换为二次高压直流(DC)输出,实现除尘器的电场供电。随着科技进步的发展,目前硅整流供电机组已由一次单相输入实现一次三相输入的重大创新,供电效率由 69.90% 提升为 94.99%,具有重大环保与节能意义。

8. 电场数的确定

通常单个电场的板块数为 6~12 块,一般尽量少采用 10 块以上的板块数,如有 2 个电场,尽量两者之间的板块数一致。当理论计算的电场板块数不足以划分为 2 个电场时,可考虑采用前后分区供电方式,即把 1 个大电场分成 2 个分区小电场。当一个分区故障时,另一个分区可正常工作,以提高静电除尘区的投运率及可靠性。

9. 高压电源的确定

(1)电源型式 目前,静电除尘器高压电源一般配套采用工频电源或高频电源。在静电除尘器中,高频电源主要配置在前级电场,以提高前级电场收尘量,从而减少后级电场收尘量以挖掘后级电场的节能空间。同时在进口浓度高时,高频电源可较好地解决由于空间电荷效应造成第一电场电晕封闭现象,提高了前级电场的除尘效率。

(2)电源容量 通常前级电场区电压等级可选择 66kV 或 72kV,板电流密度取 0.35~0.4mA/m²,在集尘面积确定后即可算出所需电源容量。

五、滤袋除尘区设计

1. 清灰方式选择

目前,电袋复合除尘器的清灰方式可分为低压行脉冲清灰和低压回转脉冲清灰两种方式,其中低压行脉冲清灰方式综合性能较优,是当前电袋复合除尘器的主流清灰方式。两种清灰方式特点如表 5-17 所列。

表 5-17 低压行脉冲清灰与低压回转脉冲清灰特点

序号	比较内容	低压行脉冲清灰	低压回转脉冲清灰
1	技术流派	行业通用技术	引进德国鲁奇公司技术
2	清灰压力	0.2~0.4MPa,清灰压力较高,流量小	0.085MPa,清灰压力小,流量大
3	清灰模式	逐行逐个喷吹,每个滤袋均有对应喷吹孔,不会出现无喷吹或过喷吹现象	模糊清灰,容易出现个别滤袋无喷吹或过喷吹现象
4	滤袋布置方式	按行列矩阵布置,前后左右滤袋之间间隔均匀	按同心圆周布置,内、外圈的滤袋间隔无法对应,烟气在袋束区域气流分布紊乱,烟气从外圈到内圈绕转曲线多
5	可靠性	无转动部件,可靠性较高	设置转动部位,需定期检修,可靠性较差
6	脉冲阀	数量多,单个阀更换、检修操作简单	数量少,单个阀更换、检修操作复杂
7	日常检修	检查喷吹管是否移位、脉冲阀是否漏气,无需专用工具	定期对齿轮结构、转动电动机进行加油,需采用多种专用工具
8	清灰气源	可用厂内空气压缩机系统,布置于空气压缩机机房内,不再增加减噪设备	罗茨风机一般布置于除尘器底部,虽然设有隔声罩,但现场噪声仍然较大
9	清灰效果	清灰均匀、有效	清灰内外不均,有效性较差,压缩空气利用率较低

2. 过滤风速的选择

过滤风速的大小与进入袋区的粉尘浓度、出口排放要求、系统阻力、清灰方式均有关系。当系统阻力要求小于或等于 1200Pa、清灰方式选用低压行脉冲时,一般可按表 5-18 选取。

表 5-18　过滤风速的选取　　　　　　　　　　　　单位：m/min

出口排放/(mg/m³)	袋区入口浓度/(g/m³)	
	<10	≥10
≤10	≤1.2	<1.1
10～20	≤1.25	<1.2
20～30	≤1.3	<1.25

3. 滤袋规格选择

早期，国外引进的布袋除尘器多采用小口径滤袋，例如 $\phi130mm$，长度为 2.5～3.0m。随着电袋技术及滤袋技术的发展，滤袋的长度及口径出现了多种规格。目前电力行业内普遍采用的滤袋长度为 8～8.5m（除小型机组由于极板高度低而有小部分采用 6～7m 滤袋外）。其他行业滤袋的选择要综合考虑场地布置、过滤风速等，选取适合的长度和直径规格。滤袋口破损是滤袋失效的主要原因之一，其破损主要与袋口流速有关，袋口流速可按下式计算，即

$$v_0 = \frac{4v_F h}{60D} \tag{5-40}$$

式中，v_0 为袋口流速，m/s；v_F 为袋区过滤风速，m/min；h 为滤袋长度，m；D 为滤袋直径，m。

在电袋复合除尘器设计中，应根据实际情况，选择最佳的滤袋规格。

4. 脉冲阀型式选择及数量计算

（1）脉冲阀型式　电磁脉冲阀是脉冲清灰动力元件，目前国内外应用的主要有膜片式脉冲阀和活塞式脉冲阀。膜片式的脉冲阀不易受清灰气源清洁程度和低温环境时冷凝水结冰的影响，长期运行可靠稳定，清灰效果较好；活塞式脉冲阀喷吹口径比较大、阻力小、外形体积小，可以节省布置空间、节约耗材。因此，电袋复合除尘器在选型时，可以根据不同的需求及使用场合，选用适应性更强的脉冲阀类型。

（2）脉冲阀数量　在过滤风速及滤袋规格确定后可计算得出单台炉需布置的滤袋数量。通过大量的工程应用及实物模型清灰试验，3 寸膜片式脉冲阀，其单阀最大可喷吹大口径滤袋数量为19 条；4 寸膜片式脉冲阀，其单阀最大可喷吹滤袋数量为 30 条。具体单行喷吹数量的确定与进入袋区入口含尘浓度、脉冲阀品牌、开阀时间、前级电场区有效宽度、滤袋长度、过滤风速等均有关系，具体问题具体分析。滤袋总数量除以单行喷吹数量即可得到脉冲阀的大概设计数量，再根据结构情况进行修正，即可获得脉冲阀设计数量。

5. 滤料选择

（1）滤料的选择应遵循如下基本原则：①所选滤料的连续使用温度应高于除尘器入口烟气温度及粉尘温度；②根据烟气和粉尘的化学成分、腐蚀性和毒性选择适宜的滤料材质和结构；③选择滤料时应考虑除尘器的清灰方式；④对于烟气含湿量大、粉尘易潮结和板结、粉尘黏性大的场合，宜选用表面光洁度高的滤料结构；⑤对微细粒子高效捕集、车间内空气净化回用、高浓度含尘气体净化等场合，可采用覆膜滤料或其他表面过滤滤料；对爆炸性粉尘净化，应采用抗静电滤料；对含有火星的气体净化，应选用阻燃滤料；⑥高温滤料应进行充分热定型，净化腐蚀性烟气的滤料应进行防腐后处理，对含湿量大、含油雾的气体净化所选滤料应进行疏油疏水后处理；⑦当滤料有耐酸、耐氧化、耐水解和长寿命等的组合要求时可采用复合滤料。

（2）当烟气温度小于 130℃时，可选用常温滤料；当烟气温度高于 130℃时，可选用高温滤料；当烟气温度高于 260℃时，应对烟气冷却后方可使用高温滤料或常温滤料。

（3）在正常工况和操作条件下，滤袋设计使用寿命不小于 2 年。

六、净气室设计

当含尘烟气经过滤袋的过滤，从滤袋口流出进入上箱体时，该箱体内的气体均已经过过滤，

该箱体称为净气室。

1. 净气室的类型

净气室根据结构组成的不同可以分为揭盖式和进入式。

（1）揭盖式净气室　净气室整个顶板为活动盖板式，检修人员从盖板处进入净气室。该类型净气室主要为沿用早期布袋除尘器的净气室结构，净气室及清灰系统可以在车间内完成组装，具有整体发货方便、安装精度较高的优点，且维修条件好，操作工人打开顶盖就可以在正常的大气环境条件下进行维修工作，不受高温及烟气中有毒有害气体的影响。但该结构在电袋复合除尘器中较少采用，主要原因为密封性能相对较差，检修工作受天气影响较大。

图 5-95　进入式净气室示意

（2）进入式净气室　目前国内电袋复合除尘器净气室主要采用这种结构。净气室顶部整体采用密封焊接，密封性好，无泄漏点。同时，净气室顶板或顶板保温外护板设置不小于 3°的排水坡度，保证顶部不会出现积水、倒灌等现象。由于内部空间较大，所以滤袋和袋笼的安装、拆卸、更换等工作均可在净气室内部完成，不受雨、雪、大风等天气的影响。具有密封垫少，容易维护，除尘器的漏风率小的特点（见图 5-95）。

该类型净气室仅在侧部或顶部设置少量检修人孔门，与顶开盖整个顶板均设置为人孔门相比，极大减少了开孔数量，从而降低除尘器的漏风率，提高除尘器性能。

2. 净气室的设计

净气室的设计应满足以下要求：①当净气室采用分室结构时，其分室数量应根据处理烟气量的不同进行确定；②净气室的强度设计应与壳体保持一致；③设置有良好密封性能的检修人孔门，人孔门数量及位置应方便人员及设备进出；④净气室的设计应该能够尽量方便滤袋、袋笼的安装，并应考虑检修、更换方便等；⑤当除尘器需要实现在线检修功能时，应设置进口、出口隔离门，进口、出口隔离门在关闭时，其漏风率应小于2%；⑥在必要的情况下，净气室壁板上可以设置观察窗及照明装置，便于运行过程中，对滤袋及内部设备的运行情况进行监控。

提升阀是一种安装在净气室出口烟箱上的装置，通常采用气动执行机构控制，通过控制提升阀的开关实现净气室在线和离线的切换。除尘器正常运行时，提升阀处于常开状态。

清灰装置是电袋复合除尘器的核心部件之一，对除尘器的性能有至关重要的影响。因此，对其用材、制造和安装规定具体的尺寸及控制偏差等，都应该严格按照设计要求进行。

第六节　供电装置设计

一、静电除尘器供电特点和组成

1. 静电除尘器供电的特点

静电除尘器获得高效率，须有合理而可靠的供电系统，其特点如下。

（1）要求供给直流电，且电压高（40～100kV），电流小（150～1500mA）。

（2）电压波形应有明显峰值和最低值，以利用峰值提高收尘效率，低值熄弧，不宜用三项全波整流，静电除尘器大多采用单相全波整流，效果较好。比电阻高的烟尘宜采用半波整流，脉冲供电或间歇供电。

（3）静电除尘器是阻容性负载，当电场闪络时，产生振荡过电压，因此硅整流设备及供电回路须选配适当电阻、电容和电感，使回路限制在非周期振荡和抑制过压幅度，同时硅堆设计制作中需考虑均压、过载等问题，以免设备在负载恶化的情况下损坏。

（4）收尘电极、壳体等均必须接地，电晕电极采用负电晕。

（5）供电须保持较高的工作电压和较大的电晕电流，供电参数与收尘效率的关系如下：

$$\eta = 1 - e^{-\frac{A}{Q}\omega} \tag{5-41}$$

$$\omega = K_1 \frac{P_c}{A} = K_1 \frac{u_p + u_m}{2A} i_0 \tag{5-42}$$

式中，η 为除尘效率，%；A 为收尘极极板面积，m^2；Q 为处理气量，m^3/s；ω 为驱进速度，m/s；K_1 为随气体、粉尘性质和静电除尘器结构不同而变化的常数；P_c 为电晕功率，kW；u_p 为电压峰值，kV；u_m 为电压最低值，kV；i_0 为电流平均值，mA。

2. 静电除尘器对供电设备性能的要求

① 根据火花频率，临界电压能进行自动跟踪，使供电电压和电流达到最佳值。

② 具有良好的连锁保护系统，对闪络、拉弧、过流能及时做出反应。

③ 自动化水平高。

④ 机械结构和电气元件牢固可靠。

3. 供电设备组成

供电设备的系统结构方框见图 5-96。静电除尘供电系统如图 5-97 所示。

供电设备一般包括如下部分。

（1）升压变压器 将外部供给的低压交流电（380V）变为高压交流电（60～150kV）。

（2）高压整流器 将高压交流电整流成高压直流电的设备，常用的高压整流器有：机械整流器、电子管整流器、硒整流器和高压硅整流器。高压硅整流器具有较低的正向阻抗，反向耐压高、耐冲击，整流效率高，轻便可靠，使用寿命长，无噪声等优点。现在几乎都用高压硅整流器。

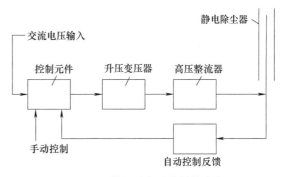

图 5-96 供电设备系统结构方框

（3）控制装置 静电除尘器供电设备的控制系统由高压电源控制、低压电源控制、输灰控制等几部分组成。

（4）调压装置 为维护静电除尘器正常运行而不被击穿，须采用自动调压的供电系统，以适应烟气、烟尘条件变化时供电电压亦随之变化的需要。

（5）保护装置 为防止因静电除尘器局部断路和其他故障，造成对升压变压器或整流器的损害，供电系统必须设置可靠的保护装置，此装置包括过流保护、灭弧保护、欠压延时、跳闸、报警保护和开路保护。

（6）显示装置 控制系统应把供电系统的各项参数用仪表显示出来，应显示的内容为一次电压、一次电流、二次电压、二次电流和导通角等。

4. 供电装置设计注意事项

（1）接地电阻 为确保电收尘器安全操作，供电器与除尘器均必须设接地装置，且需有一定

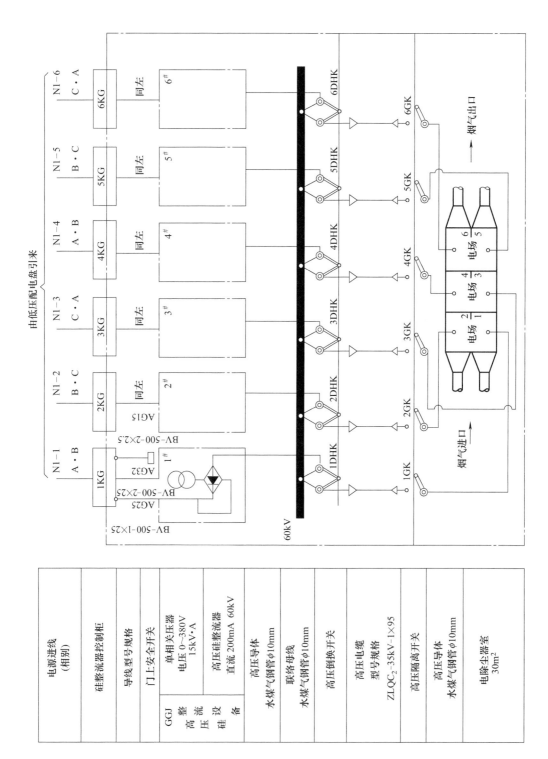

图 5-97 双室三电场静电除尘器的供电系统

接地电阻。一般电除尘器接地电阻应小于4Ω，除尘器的接地线（包括收尘电极、壳体人孔门和整流机等）应自成回路，不得和别的电气设备，特别是烟囱地线相连。

（2）供电系统至电晕电极的电源线 早期的静电除尘器都采用裸线外罩以400mm的钢管，其安全性较差，现采用电缆。采用 ZLQC$_2$ 型铝导电线芯，油浸纸绝缘，金属化纸屏蔽，铅皮及钢带铠装有外被层，其技术特性为：直流电压（75％＋15％）kV；公称截面积 95mm^2；计算外径 49.5mm；重量约 5.9kg/m。

（3）供电系统的安全 除尘器运行中常易发生电击事故，故设计须对其安全操作做充分考虑。

① 设置安全隔离开关。当操作人员需接触高压系统时，先拉开隔离开关，确保电源电流不能进入高压系统。高压隔离开关可附设在电收尘器上，亦可由供电系统另外设置，但其位置必须便于操作。

② 壳体人孔门、高压保护箱的人孔门启闭应和电源联锁，即人孔门打开时，电源断开，人孔门关闭时，电源供电。

③ 装设安全接地装置。人孔门打开时，安全接地装置接地，导走高压部分残留的静电，保证操作人员不受静电危害，同时可在前两种安全措施发生误操作或失灵时起双保险作用。

静电除尘器供电设备包括高压供电设备和低压供电设备两类，高压供电设备还包括升压变压器、整流器等，低压供电设备包括自控设备和输排灰装置、料位计、振打电机等供电设备。

二、高压供电设备

1. 升压变压器

升压变压器是变换交流电压、电流和阻抗的器件，电除尘器用的变压器，一般由 380V 交流电升压到 60～150kV。当初级线圈中通有交流电流时，铁芯中便产生交流磁通，使次级线圈中感应出电压。

变压器由铁芯和线圈组成，线圈由两个或两个以上的绕组，其中接电源的绕组叫初级线圈，其余的绕组叫次级线圈。

（1）变压器工作原理 变压器工作的基本原理是电磁感应原理，如图 5-98 所示，当初级侧绕组上加上电压 $\dot{U}_1$ 时，流过电流 $\dot{I}_1$，在铁芯中就产生交变磁通 ϕ_1，这样磁通称为主磁通，在它的作用下，两侧绕组分别感应电势 $\dot{E}_1$、$\dot{E}_2$，感应电势公式为：

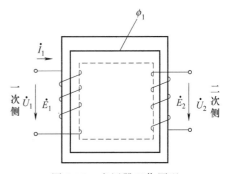

图 5-98 变压器工作原理

$$\dot{E}=4.44fN\phi_{\mathrm{m}} \qquad (5\text{-}43)$$

式中，$\dot{E}$ 为感应电势有效值；f 为频率；N 为匝数；ϕ_{m} 为主磁通最大值。

由于次级绕组与初级绕组匝数不同，感应电势 E_1 和 E_2 大小也不同，当略去内阻抗压降后电压 $\dot{U}_1$ 和 $\dot{U}_2$ 大小也就不同。

当变压器次级侧空载时，初级侧仅流过主磁通的电流（$\dot{I}_0$），这个电流称为激磁电流。当二次侧加负载流过负载电流 $\dot{I}_2$ 时，也在铁芯中产生磁通，力图改变主磁通，但一次电压不变时主磁通是不变的，初级侧就要流过两部分电流，一部分为激磁电流 $\dot{I}_0$，一部分为用来平衡 $\dot{I}_2$，所以这部分电流随着 $\dot{I}_2$ 变化而变化。当电流乘以匝数时就是磁势。

上述的平衡作用实质上是磁势平衡作用，变压器就是通过磁势平衡作用实现了一、二次侧的能量传递。

（2）变压器构造　变压器的核心部件由其内部的铁芯和绕组两部分组成。铁芯是变压器中主要的磁路部分。通常由晶粒取向冷轧硅钢片制成。硅钢片厚度为 0.35mm 或 0.5mm，表面涂有绝缘漆。铁芯分为铁芯柱和铁轭两部分，铁芯柱套有绕组，铁轭闭合磁路之用，铁芯结构的基本形式有芯式和壳式两种，其结构示意如图 5-99 所示。绕组是变压器的电路部分，它是用纸包的绝缘扁线或圆线绕成。

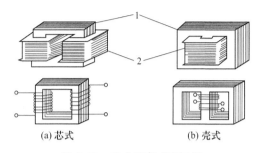

图 5-99　芯式和壳式变压器
1—铁芯；2—绕组

如果不计变压器初级、次级绕组的电阻和铁耗，其耦合系数 $K=1$ 的变压器称之为理想变压器。其电动势平衡方程式为：

$$e_1(t) = -N_1 \mathrm{d}\phi/\mathrm{d}t \tag{5-44}$$

$$e_2(t) = -N_2 \mathrm{d}\phi/\mathrm{d}t \tag{5-45}$$

若初级、次级绕组的电压、电动势的瞬时值均按正弦规律变化，则有：

$$\dot{U}_1/\dot{U}_2 = \dot{E}_1/\dot{E}_2 = N_1/N_2 \tag{5-46}$$

不计铁芯损失，根据能量守恒原理可得：

$$\dot{U}_1 \dot{I}_1 = \dot{U}_2 \dot{I}_2 \tag{5-47}$$

由此得出初级、次级绕组电压和电流有效值的关系：

$$\dot{U}_1 \dot{U}_2 = \dot{I}_2 \dot{I}_1 \tag{5-48}$$

令 $k=N_1/N_2$，称为匝比（也称电压比），则：

$$\dot{U}_1/\dot{U}_2 = k \tag{5-49}$$

$$\dot{I}_1/\dot{I}_2 = k \tag{5-50}$$

（3）变压器特性参数　在进行变压器设计和选型、应用中，都将知道其运行工作中的一些特性参数，主要性能参数如下。

① 工作频率。变压器铁芯损耗与频率关系很大，故应根据使用频度来设计和使用，这种频率称为工作频率。

② 额定功率。在规定的频率和电压下，变压器能长期工作，而不超过规定温升的输出功率。

③ 额定电压。指在变压器的线圈上允许施加电压，工作时不得大于规定值。变压器初级电压和次级电压的比值称电压比，它有空载电压比和负载电压比的区别。

④ 空载电流。变压器次级开路时，初级仍有一定的电流，这部分电流称为空载电流。空载电流由磁化电流（产生磁通）和铁损电流（由铁芯损耗引起）组成。对于 50Hz 电源变压器而言，空载电流基本上等于磁化电流。

⑤ 空载损耗。指变压器次级开路时，在初级侧的功率损耗。主要损耗是铁芯损耗，其次是空载电流在初级线圈铜阻上产生的损耗，这部分损耗很小。

⑥ 效率。指次级功率 P_2 与初级功率 P_1 比值的百分比。通常变压器的额定功率越大，效率就越高。

⑦ 绝缘电阻。表示变压器各线圈之间、各线圈与铁芯之间的绝缘性能。绝缘电阻的高低与所使用的绝缘材料的性能、温度高低和潮湿程度有关。

⑧ 频率响应。指变压器次级输出电压随工作频率变化的特性。

⑨ 通频带。如果变压器在中间频率的输出电压为 U_0，当输出电压（输入电压保持不变）下降到 $0.707U_0$ 时的频率范围，称为变压器的通频带 B。

⑩ 初、次级阻抗比。变压器初、次级接入适当的阻抗 R_o 和 R_i，使变压器初、次级阻抗匹配，则 R_o 和 R_i 的比值称为初、次级阻抗比。

2. 高压整流

将高压交流电整流成高压直流电的设备称为高压整流器。整流器有机械整流器、电子管整流器、硒整流器和高压硅整流器等。前三种因固有缺点逐渐被淘汰，现在主要用高压硅整流器。在静电除尘器供电系统中采用各种半导体整流器电路如图 5-100 所示。

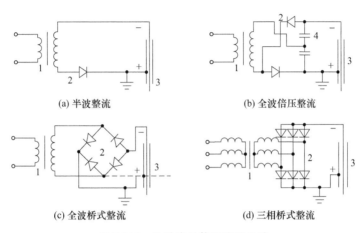

(a) 半波整流　　　　　　　　(b) 全波倍压整流

(c) 全波桥式整流　　　　　　(d) 三相桥式整流

图 5-100　几种半导体整流器电路

1—变压器；2—整流器；3—静电除尘器；4—电容

可控硅调压工作原理如图 5-101 所示，GGAJO_2B 型可控硅自动控制高压整流设备系列技术参数见表 5-19。

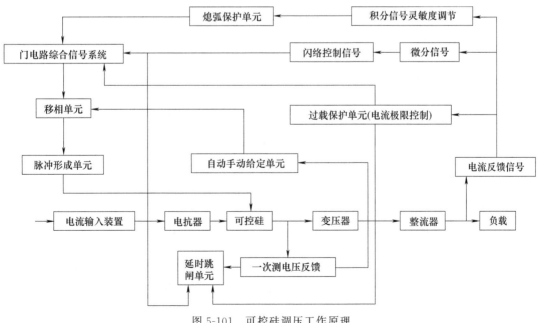

图 5-101　可控硅调压工作原理

表 5-19 GGAJO$_2$B 型可控硅自动控制高压整流设备系列技术参数

型号	0.2/60	0.4/72	1.0/60	0.2/140	0.2/300
交流输入电压	单相 50Hz，380V				
交流输入电流/A	45（A）	100	220	120	250
直流输出电压（平均值）/kV	60	72	60	140	300
直流输出电流（平均值）/mA	200	400	1000	200	200
输出电压调节范围/%	0～100				
输出电流调节范围/%	0～100				
输出电流极限整定范围/%	50～100				
稳流精度/%	<5				
输出电压上升率调节范围	0～10 分度可调				
输出电流上升率调节范围	0～10 分度可调				
延时跳闸整定值/s	3～15				
偏励磁保护最大极限整定值	55～60	120～130	240～250	140～150	260～280
开路保护允许电网最低值/V	340				
电抗器 体积（长×宽×高）/mm	430×390×435		680×486×992		790×460×1100
质量/kg	80		400		500
整流变压器 体积（长×宽×高）/mm	1090×698×1570		1090×852×1700		1260×876×1815
质量/kg	900		1500		1800
控制柜 体积（长×宽×高）/mm	200				800×100×1800
质量/kg					230

3. 高压硅整流变压器

高压硅整流变压器集升压变压器、硅整流器（带均压吸收电容）及测量取样电路于一体，装置于变压器筒体内。

升压变压器由铁芯和高、低压绕组构成，低压（初级）绕组在外，高压（次级）绕组在内。考虑均压作用，一般把次级绕组分成若干个绕组，分别通过若干个整流桥串联输出。高压绕组一般都有骨架，用环氧玻璃丝布等材料制成，整体性能好，耐冲击，易加工和维修。为提高线圈抗冲击能力，低压绕组外加设静电屏，增大绕组对地的电容，使冲击电流尽量从静电屏流走（不是击穿，而是以感应的形式流走）。也可以理解为由于大电容的存在，使绕组各点电位不能突变，电位梯度趋于平稳，对绕组起着良好的保护作用。但是静电屏必须接地良好，否则不但起不了保护作用，还会因悬浮电位的存在引起内部放电等问题。高压绕组除采取分绕组的形式外，有些厂家还采取设置加强包的方法来提高耐冲击能力，即对某些特定的绕组选取较粗的导线，减少绕组匝数；对应的整流桥堆也相应提高一个电压等级。

为降低硅整流变压器的温升，高、低绕组导线的电流密度都取得较低，铁芯的磁通密度也取得较低，部分高压绕组设置有油道。容量较大的硅整流变压器一般都配有散热片。

为电除尘设备提供可靠的高压直流电源。各生产厂家都按各自的特点、条件进行设计。下面是某厂的设计。

（1）产品技术参数

① 一次输入为单相交流，$\dot{U}_1 = 380V$，$f = 50Hz$；

② 二次输出为直流高压，$\dot{U}_2 = 60～80kV$，$\dot{I}_2 = 0.1～2.0A$；

③ 整流回路为全被整流桥串联。

（2）产品使用条件

① 海拔高度不超过 1000m，若超过 1000m 时，按 GB 3859 做相应修正；

② 环境温度不高于 40℃，不低于变压器油所规定的凝点温度；

③ 空气最大相对湿度为 90%（在相对于空气温度 20℃±5℃时）；

④ 无剧烈振动和冲击，垂直倾斜度不超过 5%；

⑤ 运行地点无爆炸尘埃，没有腐蚀金属和破坏绝缘的气体或蒸气；

⑥ 交流正弦电压幅值的持续波动范围不超过交流正弦电压额定值的±10%；

⑦ 交流电压频率波动范围不超过±2%。

（3）产品结构　$GGAJO_2$ 系列高压硅整流变压器由升压变压器和整流器两大部分组成。高压绕组采用分组式结构，各自整流，直流串联输出，适用于较大容量的变压器。它按全绝缘的结构设计，散热条件好，运行可靠性高。该系列变压器根据阻抗值的大小，分为低阻抗和高阻抗变压器两种。

（4）低阻抗变压器　低阻抗变压器外形见图 5-102，工作原理见图 5-103。

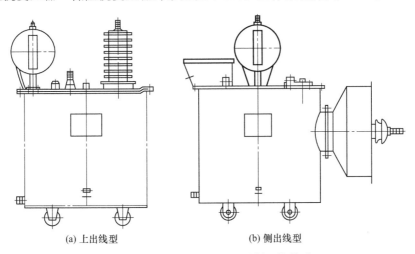

(a) 上出线型	(b) 侧出线型

图 5-102　高压硅整流变压器低阻抗外形

这种变压器的阻抗较小，必须配电抗器才能使用，电抗器上备有抽头，所以阻抗值调整方便。

1）名称

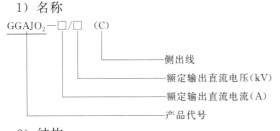

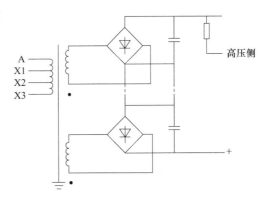

图 5-103　高压硅整流变压器低阻抗原理

2）结构

① 铁芯：该变压器的铁芯采用壳式结构，由高导磁材料的冷轧硅钢片（DQ151-35）组成，其截面采用多级圆柱形，只有一个芯柱。铁轭为矩形截面。

② 绕组：有一个低压绕组，低压绕组上共有三个抽头，其输出分别为额定电压的 100%、90%、80%。高压绕组的数量根据电压等级的不同分为 n 个不等。高压绕组分别与整流桥连接。

③ 整流器：各整流桥为串联，其数量根据电压等级的不同而分为 n 个不等，变压器与整流器同装于一个箱体内，每个整流桥都接有一个均压电容。

④ 油箱：由于阻抗电压较小，变压器体积小、损耗小，所以它可利用平板油箱进行散热，不需加散热片。

3）特性

① 调整方便：由于整个回路的电感量没有设计在变压器内部，对不同负载所需的电感量，由平波电抗器来调节。因此，适用于负载变化较大的场合。

② 效率高：采用壳式结构，铁多铜少，总损耗低，效率高。

③ 变压器体积小，成本低，质量轻。

（5）高阻抗变压器　高阻抗变压器外形见图 5-104，工作原理见图 5-105。

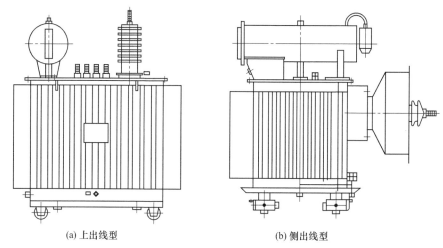

(a) 上出线型　　　　　　　　　　(b) 侧出线型

图 5-104　高压硅整流变压器高阻抗外形

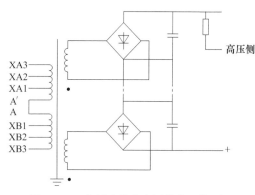

图 5-105　高压硅整流变压器高阻抗原理

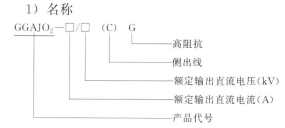

1）名称

GGAJO$_2$—□/□　(C)　G

- 高阻抗
- 侧出线
- 额定输出直流电压(kV)
- 额定输出直流电流(A)
- 产品代号

2）结构

① 铁芯：该变压器的铁芯采用芯式结构，由高导磁材料的冷轧硅钢片（DQ151-35）组成，其截面采用多级圆柱形，有两个铁芯柱。

② 绕组：有两个相互串联的低压绕组，每个低压绕组上有三个抽头，其输出分别为额定电压的 100％、90％、80％。有 n 个高压绕组，高压绕组分别与整流桥连接。

③ 整流器：各整流桥为串联，有 n 个整流桥，变压器与整流器同装于一个箱体内，每个整流桥都接有一个均压电容。

④ 油箱：由于阻抗电压较大，变压器体积大、损耗大，所以它必须通过波纹片进行散热。

3）特性

① 由于整个回路的电感量设计在变压器内部，不需要平波电抗器，因此，安装方便。

② 阻抗高，阻流能力强，抗冲击。

③ 体积大，成本高，重量大。

（6）电抗器　电抗器对于低阻抗的高压硅整流变压器是必不可少的，它分为干式和油浸式两种。其中电流在 0.1～0.4A 的为干式，其余为油浸式，每台电抗器备有 5 个抽头。电抗器的主要作用如下：①电抗器是电感元件，而电流在电感中不能突变，可以改善二次电流波形，使之平滑；②减少谐波分量，有利于电场获得较高的运行电流；③限制电流上升率，对一、二次瞬间电流变化起缓冲作用；④抑制电网高效谐波，改善可控硅的工作条件。

闭合铁芯的磁导率随电流变化而做非线性变化，当电流超过一定值后，铁芯饱和，磁导率急剧下降，电感及电抗也急剧下降。增加气隙，铁芯不易饱和，使其工作在线性状态。

因电流大，当受到冲击电压时它承受的电压较高。故工作时，因磁滞伸缩会有噪声是正常的，但若装配不紧，气隙或抽头选择不当，也会增大噪声。

按火花放电频率调节电极电压的方式也有不足之处；系统是按给定火花放电的固定频率而工作的，而随着气流参数的改变，电极间击穿强度的改变，火花放电最佳频率也要发生变化，系统对这些却没有反应，若火花放电频率不高，而放电电流很大的话容易产生弧光放电，也就是说这仍是"不稳定状态"。

随着变压器初级电压的上升，在电极上电压平均值先是呈线性关系上升，达到最大值之后开始下跌。原因是火花放电强度上涨。电极上最大平均电压相应于除尘器电极之间火花放电的最佳频率。所以，保持电极上平均电压最大水平就相应于将静电除尘器的运行工况保持在火花放电最佳的频率之下。而最佳频率是随着气流参数在很宽限度内的变化而变化的，这就解决了单纯按火花电压给定次数进行调节的"不稳定状态"。在这种极值电压调节系统下，工作电压曲线距击穿电压曲线更接近。

总之，在任何情况下，工作电压与机组输出电流的调节都是通过控制信号对主体调节器（或称主体控制元件）的作用而实施的。而这主体调节器可能是自动变压器、感应调节器、磁性放大器等，现在最普遍的则是硅闸流管（可控硅管）。

三、低压供电设备

低压供电设备包括高压供电设备以外的一切用电设施，低压自控装置是一种多功能自控系统，主要有程序控制、操作显示和低压配电三个部分。按其控制目标，该装置有如下部分。

（1）电极振打控制　指控制同一电场的两种电极根据除尘情况进行振打，但不要同时进行，而应错开振打的持续时间，以免加剧二次扬尘，降低除尘效率。目前设计的振打参数，振打时间在 $1\sim5$min 内连续可调。停止时间 $5\sim30$min 连续可调。

（2）卸灰、输灰控制　灰斗内所收粉尘达到一定程度（如到灰斗高度的 $1/3$ 时），就要开动卸灰阀以及输灰机，进行输排灰。也有的不管灰斗内粉尘多少，卸灰阀定时卸灰或螺旋输送机、卸灰阀定时卸灰。

（3）绝缘子室恒温控制　为了保证绝缘子室内对地绝缘的配管或瓷瓶的清洁干燥，以保持其良好的绝缘性能，通常采用加热保温措施。加热温度应较气体露点温度高 $20\sim30$℃左右。绝缘子室内要求实现恒温自动控制。在绝缘子室达不到设定温度前，高压直流电源不得投入运行。

（4）安全连锁控制和其他自动控制　一台完全的低压自动控制装置还应包括高压安全接地开关的控制、高压整流室通风机的控制、高压运行与低压电源的连锁控制以及低压操作信号显示电源控制和静电除尘器的运行与设备事故的无距离监视等。

四、静电除尘器供电技术进展

1. 智能型控制电源技术

先进的智能型控制电源是以微处理器为基础的新型高压控制器，技术成熟，已在行业内得到广泛应用，其主要功能如下。

（1）火花控制功能　拥有更加完善的火花跟踪和处理功能，采用硬件、软件单重或软硬件双重火花检测控制技术，电场电压恢复快，损失小，闪络控制特性良好，设备运行稳定、安全，有利于提高除尘效率。

（2）多种控制方式　控制方式扩充为全波、间歇供电等模式。全波供电包括火花跟踪控制、峰值跟踪控制、火花率设定控制等多种方式；间歇供电包括双半波、单半波等模式，并提供了充足的占空比调节范围，大大减轻了反电晕的危害。

（3）绘制电场伏安特性曲线　多数控制器能够手动绘制电场伏安特性曲线，也有部分控制器能够自动快速绘制电场动态伏安特性曲线族（包括电压平均值、电压峰值、电压谷值等三组曲线），它们真实地反映了电场内部工况的变化，有助于对反电晕、电晕封闭、电场积灰等是否发生及程度做出准确的判断。

（4）断电振打功能或降功率振打功能　又称电压控制振打技术，指的是在某个电场振打清灰时，相应电场的高压电源输出功率降低或完全关闭不输出。采用的是高压控制器和振打控制器联动方式的控制技术，二者有机配合，参数可调，使用灵活，能显著提高振打清灰效果，进而提高除尘效率。

（5）通信联网功能　提供了 RS-422/485 总线或工业以太网接口，所有工况参数和状态均可送到上位机显示、保存，所有控制特性的参数均可由上位机进行修改和设定。

（6）具备完善的短路、开路、过电流、偏励磁、欠压、超油温等故障检测与报警功能，设备保护更加完善，保证设备安全、可靠运行。

（7）控制部分采用高性能的单片机系统，数字化控制程度大幅度提高。

2. 三相高压电源技术

作为一种新型电源，与传统的单相电源相比，电除尘器用三相高压电源更能适应多种特性的粉尘和不同的工况，可向电场提供更高、更平稳的运行电压。三相高压电源有三相平衡、提效、大功率输出的特点。

三相高压电源的工作原理如图 5-106 所示。三相输入的工频电源，经主回路的断路器和接触器，由 3 对双向反并联的晶闸管（SCR）模块调压，送至整流变压器升压整流（输入端为三角形接法，输出为星形接法）后到负载。如果 A 相的正半波发生闪络（火花放电）时，B 相的晶闸管（SCR）已经导通，待 A 相正半波的过零换相时输出封锁信号，可以关断 A、C 相的负半波，却无法及时封锁 B 相已经导通的信号，一直要持续到 B 相过零点，才能完全封锁输出。A 相的闪络冲击有瞬态导通电流的 1.5～2.5 倍，但 B 相是在 A 相对介质击穿的状态下继续导通，而且基波能量很大，在本质上大大加强了击穿的强度，实际产生的闪络状态下的冲击电流是瞬态导通电流的 3～5 倍，给控制和整流变压器系统带来了强烈的干扰。

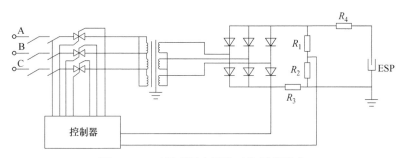

图 5-106　三相高压电源的工作原理示意

三相高压电源的各相电压、电流、磁通的大小相等，相位依次相差 120°，任何时候电网都是平衡的。相比单相电源在大型电除尘器应用中出现电流不平衡的现象，其对电网质量的贡献是显著的。

三相高压电源采用完全的三相调压、三相升压、三相整流，其功率因素较高、电网损耗低，三相高压电源能有效克服目前单相电源功率因素低、缺相损耗大、电源利用率较低的弊端。

3. 高频开关式电源技术

20 世纪 90 年代高频开关电源开始商业化。现在采用了比 20 世纪 90 年代更高的 20～50kHz 的频率，加上是三相供电，所以输出到电除尘器的电压几乎是恒稳的纯直流，从而带来一系列常规单相反并联晶闸管调压电源所不具备的特性与优点：

① 纯直流供电的电压、电流较常规电源的平均值高，有利于提高中低比电阻粉尘的除尘效率，一般可使粉尘排放降低 30%。由于只有单一的直流输出值，因此选择电源时避免了峰值、平均值等带来的歧义。

② 产生火花时常规电源一般至少要关断一个半波，即 10ms，高频电源大都可在 2～5ms 之内使火花熄灭，5～15ms 恢复全功率供电。在 100 次/min 的火花放电频率下输出高压无下降的迹象。

③ 整流变压器（T/R）显著减轻和缩小，成本可比常规整流变压器（T/R）还低，性价比也高。一台 70kV/800mA 的整套电源［包括输入整流变压器（T/R）、控制柜、高频开关等］仅 200kg 左右，而常规整流变压器（T/R）可达 700～1700kg，甚至比常规电源的控制柜还轻，安装成本大大降低。由于高频变压器用油不多，因此省去了常规整流变压器（T/R）的集油盘、排油管、储油罐等配套件。

④ 集成度高。所有线路、输入电源、高频开关、整流变压器（T/R）、高压/低压/振打/加热控制器都集中在一个小箱体中，并具有良好的模块性。

⑤ 电源转换效率高。

⑥ 三相均衡对称供电，对电网的干扰小。

⑦ 也可像常规电源一样，采取"间歇供电"，用于高比电阻粉尘，自由度更大、效果更佳。开关电流的间歇供电"脉冲"不再受常规供电时半波宽度（10ms）的限制，其最佳供电的宽度和幅值、最佳周期（充电比）均是可"任意"选择的，在同样的输入 ESP 的功率下，开关电源较常规电源能提供更大的电流和更窄的脉冲宽，更有利于高比电阻粉尘的收集。

开关电源是根据高频转换技术开发的，其结构如图 5-107 所示，图中表示出了向一个电场供电的开关电源。该电源由三相电网供电，电压经三相整流桥整流并由带缓冲电容器的平波器滤波。直流电压馈送到与高压变压器连接的串联谐振变换器，变压器的二次电压经单相桥整流，最后施加到电除尘器的放电极上。

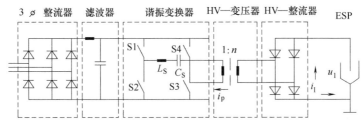

图 5-107　开关电源结构原理

4. 恒流高压电源技术

对电除尘器采用恒流源供电始于 20 世纪 80 年代中期，虽然它采用了大量的无源元件（电抗器、电容组成 L-C 变换网络），但却改变了一种供电方式，采用电流源供电。

L-C 电源原理示意图如图 5-108 所示。

电网输入的交流正弦电压源，通过 L-C 恒流变换器转换为交流正弦电流源，经升压、整流后成为恒流高压直流电源，给沉积电场供电。其技术特点如下：

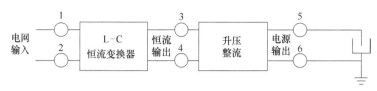

图 5-108　L-C 电源原理示意图

① 运行稳定，可靠性高，能长期保持沉积效率，能承受瞬态及稳态短路；

② 能适应工况变化，克服二次扬尘，并有抑制电晕闭塞和阴极肥大的能力；

③ 运行电压高，并能抑制放电，对机械缺陷不敏感；

④ 电源结构简单，采用并联模块化的设计，检修方便，电源故障率低；

⑤ 功率因数高（$\cos\phi \geqslant 0.90$），而且不随运行功率水平变化，节电效果明显；

⑥ 输入和输出的波形为完整的正弦波，不干扰电网。

在静电除尘器实际运行中，由于工况的不可预见性，使得除尘器热态运行的伏安特性偏离了设计值，如高电压、低电流、频繁闪络、运行电压偏低等不正常的运行状态，通过恒流源供电可以改变其运行特性，以求达到最佳控制效果。

随着电除尘技术的不断发展，除上述类型的电除尘用电源外，市场上还出现了脉冲和等离子等电源，但这些电源市场应用相对较少，还未广泛地推向整个电除尘市场。

第六章 湿式除尘器工艺设计

湿式除尘器是通过分散洗涤液体或分散含尘气流而生成的液滴、液膜或气泡，使含尘气体中的尘粒得以分离捕集的一种除尘设备。湿式除尘器在 19 世纪末的钢铁工业开始应用，1892 年格斯高柯（G. Zschhocke）被授予一种湿式除尘器专利权，之后在各行业有较多应用。

湿式除尘器的主要优点如下：①设备简单，制造容易，占地较小，适于处理高温或高湿的气体，这是其他除尘器不易做到的；②收尘效率较高，一般可达 90% 左右，有的更高一些；③同时具有收尘、降温、增湿等效果，特别是可以同时处理易燃易爆和有害气体；④如果材料选择合适，并预先已考虑防腐蚀措施时，一般不会产生机械故障；⑤只要保证供应一定的水量，可连续运转、工作可靠。

湿式除尘器的主要缺点是：①消耗水量较大，需要给水、排水和污水处理设备；②泥浆可能造成收集器的黏结、堵塞；③尘浆回收处理复杂，处理不当可能成为二次污染源；④处理有腐蚀性含尘气体时，设备和管道要求防腐，在寒冷地区使用应注意防冻危害；⑤对疏水性的尘粒捕集有时较困难。

第一节 湿式除尘器工作原理和性能

湿式除尘器与其他类型除尘器的重要区别在于其种类和工作原理相差很大。

一、湿式除尘器的分类

湿式除尘器按照水气接触方式、除尘器构造或用途不同有多种分类方法。

1. 按接触方式分类

见表 6-1。

表 6-1 湿式除尘器分类

分类	设备名称	主要特征
贮水式	水浴式除尘器 卧式水膜除尘器 自激式除尘器 湍球塔除尘器	使高速流动含尘气体冲入液体内，转折一定角度再冲出液面，激起水花、水雾，使含尘气体得到净化。压降为 $(1\sim5)\times10^3\,\text{Pa}$，可清除几微米的颗粒或者在筛孔板上保持一定高度的液体层，使气体从下而上穿过筛孔鼓泡入液层内形成泡沫接触，它又有无溢流及有溢流两种形式。筛板可有多层

续表

分类	设备名称	主要特征
淋水式	喷淋式除尘器 水膜除尘器 漏板塔除尘器 旋流板塔除尘器	用雾化喷嘴将液体雾化成细小液滴，气体是连续相，与之逆流运动，或同相流动，气液接触完成除尘过程。压降低，液量消耗较大。可除去大于几个微米的颗粒。也可以将离心分离与湿法捕集结合，可捕集大于 $1\mu m$ 的颗粒。压降为 $750 \sim 1500 Pa$
压水式	文氏管除尘器 喷射式除尘器 引射式除尘器	利用文氏管将气体速度升高到 $60 \sim 120 m/s$，吸入液体，使之雾化成细小液滴，它与气体间相对速度很高。高压降文氏管（$10^4 Pa$）可清除小于 $1\mu m$ 的亚微颗粒，很适用于处理黏性粉体

2. 按不同能耗分类

湿式除尘器分低能耗、中能耗和高能耗三类。压力损失不超过 $1.5 kPa$ 的除尘器属于低能耗湿式除尘器，这类除尘器有喷淋式除尘器、湿式（旋风）除尘器、泡沫式除尘器。压力损失为 $1.5 \sim 3.0 kPa$ 的除尘器属于中能耗湿式除尘器，这类除尘器有动力除尘器和水浴式除尘器；压力损失大于 $3.0 kPa$ 的除尘器属于高能耗湿式除尘器，这类除尘器主要是文丘里洗涤除尘器和喷射式除尘器。

3. 按构造分类

按除尘器构造不同，湿式除尘器有七种不同的结构类别，见图 6-1、表 6-2。

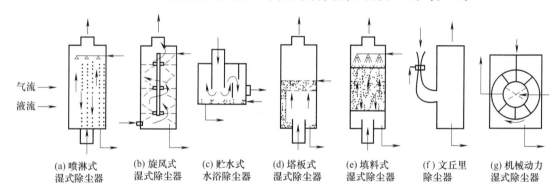

图 6-1　七种类型湿式除尘器的工作示意

表 6-2　7 种不同结构类别的湿式除尘器的基本性能

湿式除尘器形式	对 $5\mu m$ 尘粒的近似分级效率[①]/%	压力损失/Pa	液气比/(L/m³)
喷淋式湿式除尘器	80[①]	$125 \sim 500$	$0.67 \sim 2.68$
旋风式湿式除尘器	87	$250 \sim 1000$	$0.27 \sim 2.0$
贮水式水浴除尘器	93	$500 \sim 1000$	$0.067 \sim 0.134$
塔板式湿式除尘器	97	$250 \sim 1000$	$0.4 \sim 0.67$
填料式湿式除尘器	99	$350 \sim 1500$	$1.07 \sim 2.67$
文丘里除尘器	>99	$1250 \sim 9000$	$0.27 \sim 1.34$
机械动力湿式除尘器	>99	$400 \sim 1000$	$0.53 \sim 0.67$

① 近似值，文献给出的数值差别很大。

二、湿式除尘器工作原理

湿法除尘是尘粒从气流中转移到一种液体中的过程。这种转移过程主要取决于 3 个因素：①气体和液体之间接触面面积的大小；②气体和液体这两种流体状态之间的相对运动；③粉尘颗粒与流体之间的相对运动。

1. 利用液滴收集尘粒

首先对用液滴收集尘粒过程需做如下假设：①气体和尘粒有同样的运动；②气体和液滴有同

一速度方向；③气体和液滴之间有相对运动速度；④液滴有变形。

在图 6-2（a）中用流线和轨迹表示气体和尘粒的运动。由于惯性力，接近液滴的尘粒将不随气流前进，而是脱离气体流线并碰撞在液滴上。尘粒脱离气体流线的可能性将随尘粒的惯性力和减小流线的曲率半径而增加［见图 6-2（b）］。一般认为所有接近液滴的尘粒如图 6-2（c）所示，在直径 d_0 的面积范围内将与液滴碰撞。尘粒在吸湿性不良的情况下将积累在液滴表面［见图 6-2（d）］，若吸湿性较好时则将穿透液滴［见图 6-2（e）］。碰撞在液滴表面上的尘粒将移向背面停滞点，并积聚在那里［见图 6-2（d）］。而那些碰撞在接近液滴前面停滞点的尘粒将停留在此，因为靠近前面停滞点处，液滴分界面的切线速度趋向零。

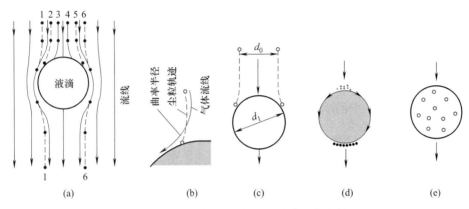

图 6-2　最简单类型流场中用液滴收集尘粒

——气体流线；- - -尘粒运动轨迹

试验表明，湿式除尘器的除尘效率主要不是取决于粉尘的湿润性，而是所有到达液滴表面的尘粒或者进入并穿过液滴，或者黏附在液滴表面。这个过程不受分界面的张力支配。因此吸湿性不是一个重要的尘粒-液体系统特性。

直径 d_0/d_1 称为碰撞因数

$$\varphi_i = \frac{d_0}{d_1} \tag{6-1}$$

这个因数在 $0 \sim 1$ 之间变化。它可表示为惯性参数 φ 的函数，其定义为

$$\varphi = \frac{W_r \rho_p d_p^2}{18 \eta_g d_1} \tag{6-2}$$

式中，W_r 为尘粒与液滴之间的相对速度；ρ_p 为尘粒密度；d_p 为尘粒直径；η_g 为气体动力黏度；d_1 为液滴直径。

如图 6-3 所示碰撞因数对惯性参数有依赖关系。参数 Re 是雷诺数。

$$Re = \frac{W_r d_1 \rho_g}{\eta_g} \tag{6-3}$$

在这个定义里，ρ_g 是气体密度。由于尘粒的惯性作用，碰撞因数将随相对速度 W_r、尘粒密度 ρ_p 和粒径 d_p 的增加而增加。而当气体的黏度 η_g 和液滴的直径 d_1 增加时，碰撞力、摩擦力占支配地

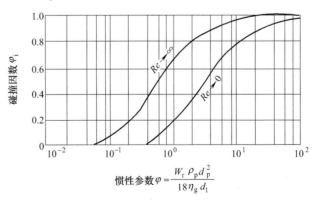

图 6-3　碰撞因数 φ_i 与惯性参数 φ 和
参数雷诺数 Re 的关系曲线

位，气体将携带尘粒离去。

图 6-3 中给出的碰撞因数仅是定性的数值。气体、尘粒和液滴运动的实际情况与假设的条件很不相同。

在高效率的湿法除尘器中，气体、尘粒、液滴运动处于支配它们的 2 种情况：①高速液滴运动垂直于低速气体和尘粒运动（液滴接近尘粒）；②高速气体和尘粒运动平行汇合低速液滴运动（尘粒接近液滴）。

上述两种情况下，碰撞因数 φ_i 较图 6-3 中给的值高很多。

2. 用高速气体和尘粒运动收集尘粒

尘粒与液滴的相互作用是发生在文氏管式湿法除尘器喉口中的典型情况，文氏管式湿法除尘器是最有效的湿法除尘器。图 6-4（a）表示液滴、尘粒和气体以相互悬殊的速度平稳地流动。在这种情况中，更确切地说是大的液滴在垂直方向上被推进到气流里。液滴的轨迹是从垂直于气流的方向改变为平行于气流的方向。图 6-4（a）描绘了大颗粒液滴运动的后一段情况。

由于高速气流摩擦力的作用，将迫使大颗粒液滴分裂成若干较小的液滴，这些液滴假设保留球面形状。这种分裂过程的中间步骤，说明在图 6-4（b）、（c）中。这个过程包括了下面几步：①球面液滴变形为椭球面液滴；②进一步变形为降落伞形；③伞形薄层分裂为细丝状液体和液滴；④丝状液体分裂为液滴。

变形和分裂过程所需要的能量由高速气流供给。图 6-4（b）是围绕着一个椭球面液滴的气体流和尘粒运动的情况。因为接近椭球面液滴上面的流线曲率半径很小，故除尘效率很高。

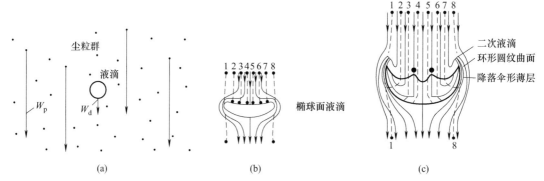

图 6-4 用低速液滴和高速气体/尘粒运动收集尘粒

3. 气体和液体间界面的形成

气体和液体间的界面具有一种潜在的收尘作用。它能否有效地收集尘粒，取决于界面的大小和在载尘气流中的分布，以及尘粒和界面的相对运动状况。在所有情况下，气-液界面的形成都密切地与它所在环境里的分布有关。

含尘气流和液体间的界面的形成与液膜、射流、液滴和气泡的形成密切相关。

（1）液膜的形成 对一般喷淋液体除尘往往是不够的，因此人为地往除尘器内添加各种各样的填充材料和组件增加接触表面形成更多的液膜。常见的填料式除尘器中填充组件是拉希格环和球形体。拉希格环是空心圆柱体，其外径等于其高度。一般，在浸湿的填料中液体和气体是平行运动的。气流的方向主要是平行于液膜的表面，当气体和液体从一个拉希格环到另一个环时，仅有少数的中断现象发生，气流垂直于液流现象几乎观察不到。气体和液体的运动，可以是反向或者顺向地通过填料塔。在顺向流动的情况中，流动方向可以向上或者向下。当湿式填料除尘器在泛流情况下工作时，除尘能得到改善，液体向下流动被上升的气流所阻碍，在填料内部两种相态进行强烈的混合，而尘粒和液体界面之间的相对速度是很小的。这就是为什么在多数情况下，在填料除尘器进一步改进除尘效率时可用紧密相靠的平行管束。管束布置在任意装填的球形填料或其他填料组件的顶部，如图 6-5（a）所示，气体和液体在同向运动。图 6-5（b）描绘了气体和液体迫使产生独特的柱形气泡和液膜。这些气泡被压差推动通过管束，气体和液体之间的相对速度对提高除尘效率是有利的。

（2）液体射流的形成　在喷射式湿法除尘器中，用液体射流来产生界面。图 6-6 中表示由一个压力喷嘴形成的射流。喷出的射流在一定长度后，破碎为直径分布范围很大的液滴群，气体平行于射流运动。在射流破碎过程中，气体和液滴发生强烈混合。更远的下游，气/液混合射流冲击在液体贮存器的表面上，贮存器中的流体也部分被分裂。因为尘粒和液体表面之间的相对速度很小，这种系统的除尘效率比湿式填料除尘器高。由于水的喷射抽吸作用，避免了气流中的压力降。

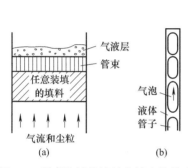

图 6-5　任意装填的填料和管束的排列

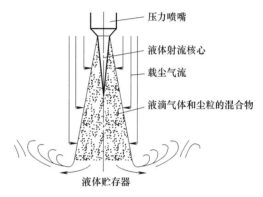

图 6-6　液体射流的破碎

（3）液滴的形成　在给定的液体容积流量中，主要依靠摩擦力或惯性力来得到液滴。

摩擦力来分散液体可由两种过程之一来完成。其中的一种情况，首先是使载尘的高速气流平行于液体表面来分散液体，如图 6-7 所示。液滴是被平行于液体表面流入的高速气流从大量的流体中分离出来的。气体和液滴通过一个旋涡室。在旋涡室里整个流动方向发生改变，从而产生了必要的尘粒和液滴的相对运动，成为一种有效的除尘过程。离开旋涡室后，载尘的液滴和净化后的气体发生分离。此法形成的液滴比较大，这取决于气体的速度。因为在工业应用中允许的压力降限定了液滴的大小，因而也限制了除尘效率。

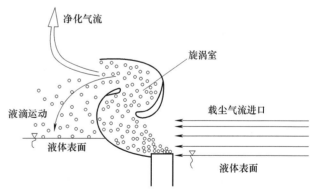

图 6-7　在旋涡室中用气流分散液体

（4）气泡的形成　如果不是在大量的气体中分散少量的液体，而是在大量的液体中分散少量载尘的气体，必然产生气泡。但一般这个系统被证明无效，因为在气泡里气体和尘粒间相对速度非常低。这样低效率对除尘而言可不做主要考虑。

三、湿式除尘器性能

1. 消耗能量

实践表明，湿式机械除尘器的效率主要取决于净化过程的能量消耗。虽然这一关系缺乏严密的理论依据，但已被许多实验研究证明。

湿式除尘器中气体和液体的接触能（E_T）在一般情况下可能包含以下 3 个部分：①表征设备内气液流紊流程度的气流能；②表征液体分散程度的液流能；③动力气体洗涤器所显示的设备旋转构件的机械能。接触能总是小于湿式除尘器的能耗总量，因为接触能不包含除尘器、进气和排气烟道、液体喷雾器、引风机、泵等各种设备内部摩擦所造成的能量损失。对于引射洗涤器来说，情况也是如此，这种除尘设备有部分能量被引入流体而不能用来捕集粉尘微粒。因为这部分能量传递给气流，保证气流通过除尘设备。因此，要精确计算接触能 E_T，对于所有湿式除尘器都有一定困难。

通常假设气流能量值等于设备的流体阻力 Δp（Pa），而实际上，如果计入干式除尘设备内的摩擦损耗，气流能量值应略小于流体阻力。

在高速湿式除尘器内，有效能量大大超过不洒水时的摩擦损耗，完全可以认为它等于 Δp。在低压设备中，这样的计算方法可能导致有效能量明显偏高。因此，很多学者认为，湿式除尘器能量计算法只适用于高效气体洗涤器。

在总能量 E_T 中被液流和旋转装置带入的能量的精确计算，由于难以估算液体雾化摩擦损耗和这一能量部分转化为气体通过设备的引力而变得十分复杂。所以，总能量 E_T 值一般按近似公式计算。该公式的通式如下：

$$E_T \approx \Delta p + p_y \frac{V_y}{V_g} + \frac{N}{V_y} \tag{6-4}$$

式中，E_T 为除尘器的总能量，$kW \cdot h/10^3 m^3$ 气体；Δp 为气体通过除尘器的压力损失，Pa；p_y 为喷雾液压力，Pa；V_y、V_g 分别为液体和气体的体积流量，m^3/s；N 为旋转装置使气体与液体接触而需消耗的功率，功率的大小对 E_T 值的影响因设备类型不同而异。例如，在文丘里除尘器内流体阻力是起决定性作用的，而在喷淋除尘器内液体雾化压力大小是起决定性作用的。

式（6-4）中的第三项只有在动力作用气体除尘器中才需加以计算。

由此可见，使用能量计算法，可按能量供给原理将湿法除尘设备分为以下 3 种基本类型：①借助气流能量实现除尘的除尘器（文丘里除尘器、旋风喷淋塔等）；②利用液流能量的除尘器（空心喷淋除尘器、引射除尘器等）；③需提供机械能的除尘器（喷雾送风除尘器、湿式通风除尘器等）。

2. 净化效率

气体净化效率与能量消耗之间的关系可用下列公式表达：

$$\eta = 1 - e^{-BE_T^k} \tag{6-5}$$

式中，η 为除尘效率，%；B、k 分别为取决于粉尘分散度组成的常数。

η 值不易说明在高除尘效率（0.98～0.99）范围内的净化质量，所以在上述情况下常常使用转移单位数的概念，它与传热与传质有关工艺过程中使用的概念相似。

转移单位数可按下式求出：

$$N = \ln(1-\eta)^{-1} \tag{6-6}$$

由式（6-5）和式（6-6）可得出：

$$N = BE_T^k \tag{6-7}$$

在对数坐标中，式（6-7）为一直线，其倾角对横坐标轴的正切等于 k，当这条直线与 $E_T = 1.0$ 对应线相交时即得 B 值。实验证明，数值 B 和 k 只取决于被捕集粉尘的种类，而与湿式除尘器的结构、尺寸和类型无关。在式（6-7）的曲线图中可以观察到某些离散的点，其原因是粉尘分散度组成发生波动，这种波动现象对任何反应器来说都是实际存在的。E_T值考虑了液体进入设备的方法、液滴直径以及像黏度和表面张力这样一些流体特性。

由此可见，在湿式除尘设备的除尘过程中，能量消耗是决定性因素。设备结构起主要作用，且在每种具体情况下结构的选择应当根据除尘器的费用和机械操作指标来确定。

3. 流体阻力

湿式除尘器流体阻力的一般表示式为：

$$\Delta p \approx \Delta p_i + \Delta p_o + \Delta p_p + \Delta p_g + \Delta p_y \tag{6-8}$$

式中，Δp为湿式除尘器的气体总阻力损失，Pa；Δp_i为湿式除尘器进口的阻力，Pa；Δp_o为湿式除尘器出口的阻力，Pa；Δp_p为含尘气体与洗涤液体接触区的阻力，Pa；Δp_g为气体分布板的阻力，Pa；Δp_y为挡板阻力，Pa。

Δp_i、Δp_o、Δp_p、Δp_g、Δp_y可按《除尘工程设计手册》（第三版）中有关公式进行计算。

只有空心喷淋除尘器中装有气流分布板，在填料或板式塔中一般不装气体分布板。因为在这些塔中填料层和气泡层都有一定的流体阻力，足以使气体分布均匀，因而不需设置气流分布板。

含尘气体与洗涤液体接触区的阻力与除尘器结构形式和气液两相流体流动状态有关。两相流体的流动阻力可用气体连续相通过液体分散相所产生的压降来表示。此压力降不仅包括用于气相运动所产生的摩擦阻力，而且还包括必须传给气流一定的压头以补充与液流摩擦而产生的压力降。

第二节 水浴除尘器工艺设计

一、水浴除尘器工作原理

水浴除尘器是使含尘气体在水中进行充分水浴作用的湿式除尘器。其特点是结构简单、造价较低，但效率不高。主要由水箱（水池）、进气管、排气管、喷头和脱水装置组成。其工作原理如图6-8所示。当具有一定速度的含尘气体经进气管在喷头处以较高速度喷出，对水层产生冲击作用后进入水中。改变了气体的运动方向，而尘粒由于惯性的作用则继续按原来方向运动，其中大部分尘粒与水黏附后留在水中。在冲击水浴作用后，有一部分尘粒仍随气体运动并与大量的冲击水滴和泡沫混合在一起，池内形成一抛物线形的水滴和泡沫区域，含尘气体在此区域进一步净化。在这一过程中，含尘气体中的尘粒被水所捕集，净化气体中含尘的水滴经脱水装置与气流分离；干净的气体由排气管排走。

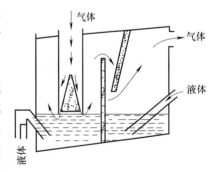

图6-8 水浴除尘器工作原理

二、喷头

为了使含尘气体能较均匀受到水的洗涤，在进气管末端装置喷头（散流器）。喷头有多种形状，有的由喇叭口和伞形帽组成。喷头与水面的相对位置至关重要，它影响除尘效率及压力损失，也与其出口气速有关（图6-9）。当喷头气速一定时，除尘效率、压力损失随埋入深度的增加而增加；当埋入深度一定时，除尘效率、压力损失随喷头气速增加而增加。但对不同性质粉尘的影响是不同的，密度小、分散度大的粉尘，由于在净化过程中粉尘产生的惯性力提高不大，故

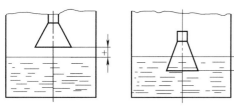

图 6-9 喷头的埋入深度

提高冲击速度对提高除尘效率意义不大；对密度大、分散度小的粉尘，由于粉尘惯性力增加，而易与水黏结，提高气速成为提高除尘效率的途径。进口气速可取大于 11m/s；出口气速一般取 8~12m/s，气体离开水面上升速度不大于 2m/s，以免带出水滴。

喷头的埋入深度一般情况下可取表 6-3 数值。

表 6-3 喷头的埋入深度

粉 尘 性 质	埋入深度/mm	冲击速度/(m/s)
密度大、粒径大的粉尘	−30~0 0~+50	10~14 14~40
密度小、粒径小的粉尘	−100~−50 −50~−30	5~8 8~10

注：喷头的埋入深度"＋"表示离水面距离，"−"表示插入水层深度。

水浴除尘器的喷头环形窄缝不宜过大，也不宜太窄。一般窄缝为喷头上端管径的 1/4，喇叭口圆锥角度为 60°。

挡水板有多种形状，一般用板式和折板式。板式又分直板和曲板两种。挡水板下缘距运行时水面应有适当的距离，一般采用 ≥0.5m，以免水花直接溅入挡水板。另外，挡水板出气方向应与除尘器出气口方向相反。为方便检修，挡水板除尘器的外壁或顶上应开手孔。

水浴除尘器的用水量可根据粉尘性质、粉尘量及排水方式确定。污水排放可定期或连续，由实际需要确定。根据经验，液气比在 0.1~0.2L/m³ 之间。

增加喷头与水面接触的周长与含尘气体量之比，可提高除尘效率。因此改进喷头结构形式是提高除尘的一个有效途径。图 6-10 是一种锯齿形喷头结构，它的喷头内还增设了一个锥形分流器。

图 6-10 锯齿形喷头水浴除尘器

三、常用水浴除尘器设计

图 6-11 是一种常用的水浴除尘器设计。含尘气体从进气

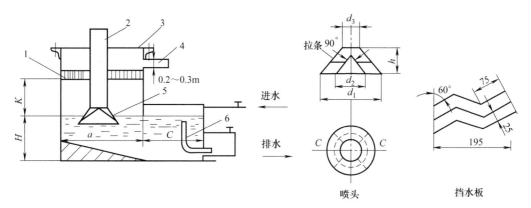

图 6-11 水浴除尘器

1—挡水板；2—进气管；3—盖板；4—排气管；5—喷头；6—溢水管

管进入，经喷头喷入水中，此时造成的水花和泡沫与气体一起冲入水中，经过一个转弯以后进入简体内，气体再经过挡水板由排气管排出。水从进水管进入，水面用溢流管控制并可以调节。压力损失为1000Pa左右。

常用水浴除尘器的性能及结构尺寸如表6-4和表6-5所列。

表6-4　水浴除尘器性能

喷口速度 /(m/s)	型　号									
	1	2	3	4	5	6	7	8	9	10
	净化空气量/(m³/h)									
8	1000	2000	3000	4000	5000	6400	8000	10000	12800	16000
10	1200	2500	3700	5000	6200	8000	10000	12500	16000	20000
12	1500	3000	4500	6000	7500	9600	12000	15000	19200	24000

表6-5　水浴除尘器结构尺寸　　　　　　　　　　　　　　单位：mm

型号	喷头尺寸				水池尺寸			
	d_1	d_2	d_3	h	$a \times b$(b宽度)	C	H	K
1	270	170	170	85	430×430	800	800	1000
2	490	390	276	195	680×680	800	800	1000
3	720	590	340	295	900×900	800	800	1000
4	730	620	400	310	980×980	800	800	1000
5	860	720	440	360	1130×1130	800	1000	1000
6	900	730	480	365	1300×1300	1000	1000	1500
7	1070	890	540	445	1410×1410	1200	1000	1500
8	1120	900	620	450	1540×1540	1200	1000	1500
9	1400	1180	720	590	1790×1790	1200	1200	1500
10	1490	1230	780	615	2100×2100	1200	1200	1500

图6-12是一种带有反射盘的水浴除尘器。含尘气体从进气管进入，经喷头喷入水中，此时造成的水花和泡沫与气体一起冲到反射盘上，经过一个转弯以后进入简体内，气体再经过挡水板由排气管排出。水从进水管进入，水面用溢流管控制，反射盘用调节螺栓加以调节。图示的尺寸用于设计气量800m³/h时，除尘效率可达99%；当喷头埋入深度0.8～14mm时，压力损失为1～1.06kPa。

四、双级水浴除尘器

为提高除尘效率出现了图6-13所示的一种有双级水浴组成的湿式除尘器。该除尘器用鱼雷罐车高温烟气除尘，它由两个水箱、两个喷头、三个脱水装置、一台风机和一个消声器组成。该除尘器的特点是结构紧凑、除尘效率较高，适合温度较高、含尘气体浓度较大的除尘场合。

EL-75-S型双级水浴除尘器的性能见表6-6。

表6-6　双级水浴除尘器性能

型　号	EL-75-S 型	
风量/(m³/min)	70	
静压/MPa	0.034	
动力/kW	75	
一次除尘	分离方式	湿式
	需水容量/L	600
二次除尘	分离方式	湿式
	需水容量/L	600
连接管直径/mm	150	
设备尺寸/mm	3400(长)×2900(宽)×2900(高)	

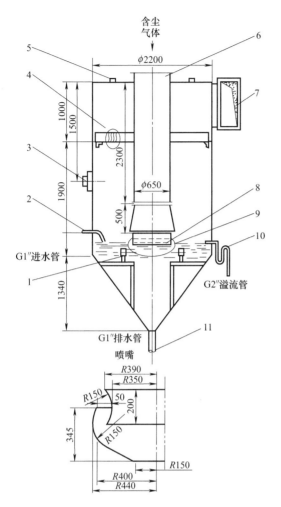

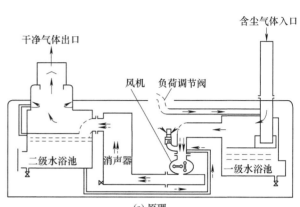

(a) 原理

(b) 外形

图 6-12　带反射盘的水浴除尘器

1—调节螺丝；2—供水管；3—人孔；4—挡水板；
5—冲洗小孔；6—进气管；7—排气管；8—喷头；
9—反射盘；10—溢流管；11—排水管

图 6-13　双级水浴式除尘器

五、多管水浴除尘器

由于单管除尘器受风量难于扩大的限制，所以出现了多管水浴除尘器，其中 XDCC 系列多管水浴式除尘器，是一种新型湿式除尘器，该除尘器主要用于非纤维性、无腐蚀性、温度不高于 300℃ 的含尘气体净化处理，广泛适用于矿山、化工、煤炭建材、冶金、电力等行业。经环保部门测试，该除尘器各项性能指标均达到先进水平。

（1）总体结构　该除尘器分为上、下箱体两大部分：上箱体包括进出风管、分配送风管、二道挡水板、喷头、离心机（Ⅰ型不包括离心机）；下箱体包括泥浆斗、喷水管等。

该除尘器另外装有：电动推杆、液位开关、电磁阀和 U 形压力计等。

（2）工作原理　除尘器原理见图 6-14，含尘气体由入口进入后，较大的粉尘颗粒被挡灰板阻挡下落后被除掉，较小的粉尘颗粒随着气流一同进入联箱，这时含尘气体经过送风管，以较高的速度从喷口处喷出，冲击液面撞击起大量的泡沫和水滴，以此达到净化含尘空气。净化后的空

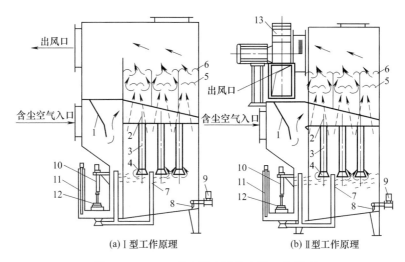

图 6-14　XDCC 型多管水浴除尘器工作原理

1—灰板；2—联箱；3—送风管；4—喷头；5—第一挡水板；6—第二挡水板；7—溢流管；8—冲洗喷头；
9—电磁阀；10—电动推杆；11—水位控制仪；12—密封装置；13—离心风机

气在负压的作用下（图中虚线箭头），通过第一挡水板和第二挡水板由排风口排出。净化后的气体中所含的水滴由第一、第二挡水板除掉。

第三节　喷淋式除尘器工艺设计

虽然空心喷淋除尘器比较古老，具有设备体积大、效率不高，对灰尘捕集效率仅达 60% 等缺点，但是还有不少工厂仍沿用，这是由空心喷淋除尘器的结构简单、便于制作、便于采用防腐蚀措施、阻力较小、动力消耗较低、不易被灰尘堵塞等几个显著优点造成。

一、喷淋式除尘器的结构和工作原理

图 6-15 所示为一种简单的代表性结构。塔体一般用钢板制成，也可以用钢筋混凝土制作。塔体底部有含尘气体进口、液体排出口和清扫孔。塔体中部有喷淋装置，由若干喷嘴组成，喷淋装置可以是一层或两层以上，视塔底高度而定。塔的上部为除雾装置，以脱去由含尘气体夹带的液滴。塔体上部为净化气体排出口，直接与烟筒连接或与排风机相接。

塔直径由每小时所需处理气量与气体在塔内通过速度决定。计算公式如下：

$$D = \sqrt{\frac{Q}{900\pi v}} = \frac{1}{30}\sqrt{\frac{Q}{\pi v}} \tag{6-9}$$

式中，D 为塔直径，m；Q 为每小时处理的气量，m^3/h；v 为烟气穿塔速度，m/s。

空心喷淋除尘器的气流速度越小对吸收效率越有利，一般在 1.0~1.5m/s 之间。

除尘器本体是由以下三部分组成的。

（1）进气段　进气管以下至塔底的部分，使烟气在此间得以缓冲，均布于塔的整个截面。

（2）喷淋段　自喷淋层（最上一层喷嘴）至进气管上口，气液在此段进行接触传质，是塔的主要区段。氟化氢为亲水性气体，传质在瞬间即能完成。但在实际操作中，由于喷淋液雾化状况、气体在本体截面分布情况等条件的影响，此段的长度仍是一个主要因素。因为在此段，塔的

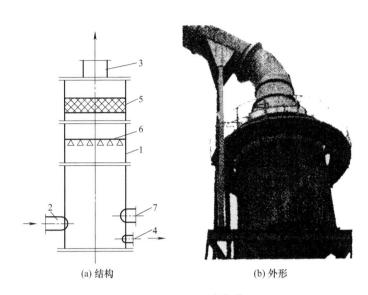

(a) 结构   (b) 外形

图 6-15　空心喷淋塔

1—塔体；2—进口；3—烟气排出口；4—液体排出口；5—除雾装置；6—喷淋装置；7—清扫孔

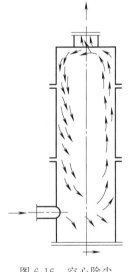

图 6-16　空心除尘器气流状况

截面布满液滴，自由面大大缩小，从而气流实际速度增大很多倍，因此不能按空塔速度计算接触时间。

（3）脱水段　喷嘴以上部分为脱水段，作用是使大液滴依靠自重降落，其中装有除雾器，以除掉小液滴，使气液较好地分离。塔的高度尚无统一的计算方法，一般参考直径选取，高与直径比（H/D）在 4～7 范围以内，而喷淋段占总高的 1/2 以上。

二、匀气装置设计

库里柯夫等形容空心除尘器中的气体运动情况时指出：气体在本体内各处的运动速度和方向并不一致，如图 6-16 所示。

气流自较窄的进口进入较大的塔体后，气体喷流先沿塔底展开，然后沿进口对面的塔壁上升，至顶部沿着顶面前进，然后折而向下。这样，便沿塔壁发生环流，而在塔心产生空洞现象。于是，在塔的横断面上气体分布很不均匀，而且使得喷流气体在本体内的停留时间亦不相同，致使塔的容积不能充分利用。为了改进这一缺点，常将进气管伸到塔中心，向下弯，使气体向四方扩散，然后向上移动。也可以在入口上方增加一个匀气板，大孔径筛板或条状接触面积增加，有利于吸收。

三、喷嘴选用

喷嘴的功能是将洗涤液喷散为细小液滴。喷嘴的特性十分重要，构造合理的喷嘴能使洗涤液充分雾化，增大气液接触面积。反之，虽有庞大的塔体而洗涤液喷散不佳，气液接触面积仍然很小，影响设备的净化效率。理想的喷嘴如下。

（1）喷出液滴细小　液滴大小决定于喷嘴结构和洗涤液压力。

（2）喷出液体的锥角大　锥角大则覆盖面积大，在出喷嘴不远处便布满整个塔截面。喷嘴中装有旋涡器，使液体不仅向前进方向运动，而且产生旋转运动，这样有助于将喷出液洒开，也有利于将喷出液分散为细雾。

（3）所需的给液压力小 给液压力小，则动力消耗低，一般为 2～3atm（1atm＝101325Pa）时，喷雾消耗能量为 0.3～0.5kW·h/t 液体。

（4）喷洒能力大 喷雾喷洒能力理论计算公式为：

$$q = \mu F \sqrt{\frac{2p}{\rho_\gamma}} \tag{6-10}$$

式中，q 为喷嘴的喷洒能力，m^3/s；μ 为流量系数，取 0.2～0.3；F 为喷出口截面积，m^2；p 为喷出口液体压力，Pa；ρ_γ 为液体密度，kg/m^3。

在实际工程中，多采用经验公式，其形式如下

$$q = kp^n \tag{6-11}$$

式中，k 为与进出口直径有关的系数；n 为压力系数，与进口压力有关，一般在 0.4～0.5 之间。

需用喷嘴的数量，根据单位时间内所需喷淋液量决定，计算公式如下：

$$n = \frac{G}{q\phi} \tag{6-12}$$

式中，n 为所需喷嘴个数；G 为所需喷淋液量，m^3/h；q 为单个喷嘴的喷淋能力，m^3/h；ϕ 为调整系数，根据喷嘴是否容易堵塞而定，可取 0.8～0.9。

喷嘴应在断面上均匀配置，以保证断面上各点的载淋密度相同，而无空洞或疏密不均现象。

四、喷雾设计

在喷淋段气液接触后，气体的动能传给液滴一部分，致使一些细小液滴获得向上的速度而随气流飞出塔外。液滴在气相中按其尺寸大小分类为：直径在 $100\mu m$ 以上的称为液滴，在 $100～50\mu m$ 之间的称为雾滴，在 $50～1\mu m$ 的称为雾沫状，而 $1\mu m$ 以下的为雾气状。

如果除雾效果达不到要求，不仅损失洗涤液，增加水的消耗，而且还降低净化效率，飞溢出的液滴加重了厂房周围的污染程度，更重要的是损失掉已被吸收的成分。在回收冰晶石的操作中，对吸收液的最终浓度都有一定要求，若低于此浓度，则回收合成无法进行。当夹带损失很高时，由于不断地添加补充液，结果使吸收液浓度稀释，有可能始终达不到要求的浓度。因此，除雾措施是不可缺少的步骤。常用的除雾装置有以下几种。

（1）填充层除雾器 在喷嘴至塔顶间增加一段较疏散填料层，如瓷环、木格、尼龙网等。借液滴的碰撞，使其失去动能而沿填料表面下落。也可以是一层无喷淋的湍球。

（2）降速除雾器 有的吸收器上部直径扩大，借助断面积增加而使气流速度降低，使液滴靠自重下降。降速段可以与除尘器一体，也可以另外配置。这是阻力最小的一种除雾器。

（3）折板除雾器 使气流通过曲折板组成的曲折通路，其中液滴不断与折板碰撞，由于惯性力的作用，使液滴沿折板下落。折板除雾器一般采用 3～6 折，其阻力按下式计算：

$$H = \zeta \frac{v^2 \rho}{20} \tag{6-13}$$

式中，ζ 为阻力系数，视折板角度、波折数和长度而异，图 6-17 列出几种折板形式及其阻力系数；v 为穿过折板除雾器的烟气流速，m/s；ρ 为气体密度，kg/m^3。

（4）旋风除雾器 烟气经过喷淋段后，依切线方向进入旋风除雾器。其原理与旋风除尘器一样，液滴借旋转而产生的离心力将液滴甩到器壁，而后沿壁下落。

（5）旋流板除雾器 是一种喷淋除尘器常用的除雾装置。

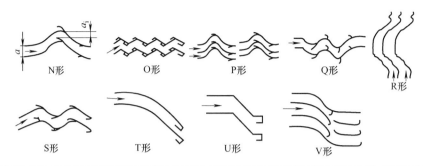

折板式分 离器形式	宽　　度		长度 L/mm	角 α/(°)	ζ
	a/mm	a_i/mm			
N 形	20	6	150	$2\times45+1\times90$	4
O 形	20	10	250	$1\times45+7\times60$	17
P 形	20	10	2×150	$4\times45+2\times90$	9
Q 形	23	9	140	$2\times45+3\times90$	9
R 形	22	12	255	$2\times45+1\times90$	4.5
S 形	20	12	160	$1\times45+3\times60$	13
T 形	16	7	100	1×45	4
U 形	33	21	90	1×45	1.5
V 形	30	7	160	2×45	16

图 6-17　工业用各种形式折板式分离器

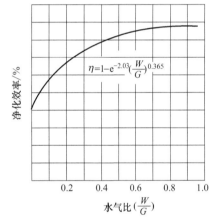

图 6-18　水气比与净化效率的关系

五、除尘器效率与操作条件的关系

水气比是与净化效率关系最密切的控制条件，其单位为 kg 液体/m³ 烟气。在其他条件不变时，水气比越大，净化效率越高。特别是水气比在 0.5 以下时，净化效率随水气比提高而剧增，这是因为水量还不能满足吸收要求的缘故。但增大到一定程度之后，再增加喷淋量已无必要，反而会使气流夹带量增加。试验确定，空心塔的水气比以 0.7~0.9 为宜。当然这不是一个固定的数值，而与很多条件有关，例如，洗涤液雾化不好，即使水气比较大，传质效果仍然不好。图 6-18 为水气比与净化效率的关系曲线。

影响净化效率的另一个重要因素是含尘气体浓度，浓度稍有增加，效率明显下降。这是由于排气中夹带雾滴造成的。

六、实例——钢渣处理喷淋式除尘器设计

1. 原始条件

钢渣处理装置是根据炼钢的需要设计的，每处理一炉钢渣大约需要 10~20min，冷却 10~15min 后处理下一炉。处理过程中尾气（干）发生量 $(2\sim6)\times10^4$ m³/h，温度 68~110℃，含湿量 13%~15%，气流速度为 3~6m/s，平均含尘浓度约为 400mg/m³。

渣处理装置尾气含尘粒径的分布情况如图 6-19 所示。处理后的数据汇总在表 6-7 中。

粉尘粒径的这种分布基本符合喷雾除尘技术对粉尘粒径的要求，因此只要选用恰当的喷雾除尘工艺参数即可。

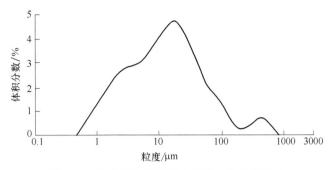

图 6-19　渣处理装置尾气夹带粉尘的粒度分布

表 6-7　粉尘粒度分布汇总

粒径/μm	各粒径所占的体积分数			
	1 号	2 号	3 号	平均值
≤1	3.34	3.33	3.82	3.50
1~2	10.07	7.85	8.93	8.95
2~10	37.81	26.56	30.18	31.52
>10	48.81	62.26	57.05	36.04
合计	100.03	100.00	99.98	100.00

2. 除尘工艺

除尘分前后两个阶段，第一阶段只在烟道内安装了喷嘴除尘系统，即在尘发点附近的烟道部位，沿气流方向分别设置了一道环形的水喷嘴和一道环形气水喷嘴（图 6-20），保证喷射面完全覆盖气流截面，并逆气流方向喷淋，以便增加水雾与粉尘的惯性碰撞效率，提高捕集大颗粒粉尘的效果，并适当冷却烟气，设计液气比为 $0.80L/m^3$。

第二阶段在保证烟道内喷嘴正常工作外，在烟道和烟囱中分别设了一根和两根气雾两相流喷枪，喷枪的喷头分别位于烟道或烟囱中心，一顺两逆喷射，

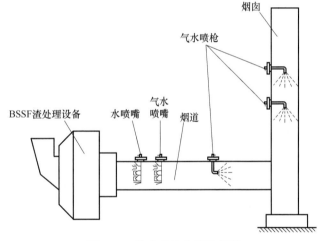

图 6-20　除尘系统布置示意图

用主尾气中水雾微滴的长大、融并和冷却捕集粉尘，总的液气比为 $0.9L/m^3$。具体工艺参数见表 6-8。

表 6-8　除尘系统的工艺参数

参数	数值		
	水喷嘴	气水喷嘴	气水喷嘴
除尘水压/MPa	1.0	1.00	1.00
压缩空气压力/MPa	—	0.60	0.60
平均液气比/(L/m³)	—	0.79	0.84

当在烟道内增设常规雾化喷嘴，在平均液气比为 $0.79L/m^3$ 的条件下进行喷雾除尘，降尘效果明显。

当在烟囱上安装气雾两相流喷枪后，平均液气比增加到 $0.84L/m^3$，除尘效率从 69% 提高到

94％，排放浓度被有效地控制在 40mg/m³ 以下（均值 26mg/m³），本除尘方案的装置不仅可以将大于 10μm 的粉尘全部捕集下来，就连 10μm 以下的粉尘捕集效率也能达到 86％，相当于捕集了粒径大于 1.5μm 的所有粉尘颗粒，达到满意的除尘效果。

综上所述，渣处理装置排放尾气的粉尘是微米级的尘粒，粒径为 10～600μm 的粉尘超过 50％，粒径为 2～10μm 的约占 31％，粒径小于 1μm 者不足 4％，这种粒径分布较适合喷雾除尘技术。常规的水喷嘴能起到一定的抑尘作用，在平均液气比 0.79L/m³ 时除尘效率只达到 69％ 左右。在烟囱部位安装适量的气雾两相流喷枪，协同常规的水喷嘴在平均液气比 0.84L/m³ 时，除尘效率可达 94％，尾气粉尘浓度被控制在 40mg/m³ 以下。

3. 注意事项

渣处理装置尾气湿度大，粉尘粒径细小且浓度较高，一旦除尘系统与渣处理操作不同步，渣处理设备运行而喷雾除尘系统停止，粉尘就很容易在喷孔部位沉积、板结，轻则喷孔减小，重则喷孔堵塞，严重影响雾化效果和除尘效率。鉴于此，一旦喷雾除尘系统投入运行，就必须加强标准化操作，确保每处理一炉钢渣都使用喷雾除尘系统；另外，最好通过旁路气体为喷枪和喷嘴提供少量的不间断气体，保证喷头内一直处于正压状态，避免粉尘侵入并堵塞喷孔。

第四节　文氏管除尘器工艺设计

文氏管除尘器由收缩段、喉口和扩散管以及脱水器组成（见图 6-21）。文丘里管是意大利物理学家文丘里（G. B. Venturi. 1746～1822）首次研究了收缩管道对流体流动的效率后命名的，在 1886 年美国克莱门斯·赫歇尔（Clemens Herschel）为了增加流体的速度从而引起压力的减小而制作的。文丘里管除尘器于 1946 年开始在工业中应用。

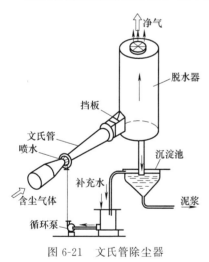

图 6-21　文氏管除尘器

湿式除尘器要得到较高的除尘效率，必须造成较高的气液相对运动速度和非常细小的液滴，文氏管除尘器就是为了适应这个要求而发展起来的。

文氏管除尘器是一种高能耗高效率的湿式除尘器。含尘气体以高速通过喉管，水在喉管处被调整气流雾化，尘粒与水滴之间相互碰撞使尘粒沉降，这种除尘器结构简单，对 0.5～5μm 的尘粒除尘效率可达 99％ 以上，但其费用较高。该除尘器常用于高温烟气降温和除尘，也可用于吸收气体污染物。

一、文氏管除尘器的工作原理

文氏管除尘器的除尘过程，可分为雾化、凝聚和脱水三个环节，前两个环节在文氏管内进行，后一环节在脱水器内完成。含尘气体由进气管进入收缩管后流速逐渐增大，在喉管气体流速达到最大值。在收缩管和喉管中气液两相之间的相对流速达到最大值。在收缩管和喉管中气液两相之间的相对流速很大。从喷嘴喷射出来的水滴，在高速气流冲击下雾化，能量由高速气流供给。

在喉口处气体和水充分接触，并达到饱和，尘粒表面附着的气膜被冲破，使尘粒被水湿润，发生激烈的凝聚。在扩散管中，气流速度减小，压力回升，以尘粒为凝结核的凝聚作用形成，凝聚成较大的含尘水滴，更易于被捕集。粒径较大的含尘水滴进入脱水器后，在重力、离心力等作用下，干净气体与水尘分离，达到除尘的目的。

文氏管的结构形式是除尘效率高低的关键。文氏管结构形式有多种类型，如图 6-22 所示，可以分为若干种类。

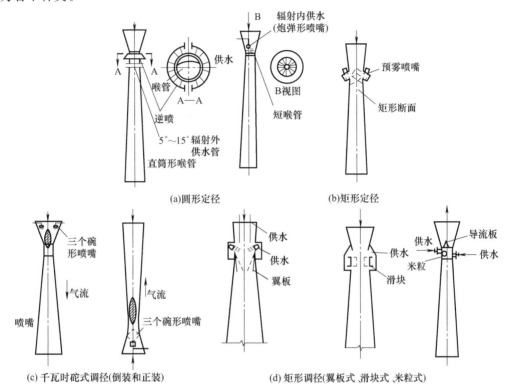

图 6-22　文氏管结构形式

（1）**从断面形状分**　有圆形和矩形两类。

（2）**按喉管构造分**　有喉口部分无调节装置的定径文氏管，有喉头部分装有调节装置的调径文氏管。调径文氏管要严格保证净化效率，需要随气体流量变化调节喉径以保持喉管气流速率。喉径的调节方式，圆形文氏管一般采用砣式调节；矩形文氏管可采用翼板式、滑块式和米粒（R-D）型调节。

（3）**按水雾化方式分**　有预雾化和不预雾化两类方式。

（4）**按供水方式分**　有径向内喷、径向外喷、轴向喷雾和溢流供水四类。各种溢流文氏管都有能够清除干湿界面上粘灰的作用。各种供水方式皆以利于水的雾化并使水滴布满整个喉管断面为原则。

（5）**按使用情况分**　有单级文氏管和多管文氏管等。

（6）**按文氏管与脱水装置的配套装置**　文氏管除尘器又可分为若干类型，见图 6-23。

二、文氏管的供水装置

文氏管的供水采用外喷、内喷及溢流三种形式。溢流供水常与内喷或外喷配合使用，亦有单独使用的。

（1）**外喷文氏管喷嘴**　圆形外喷文氏管采用针形喷嘴呈辐射状均匀布置（见图 6-24）。喷嘴

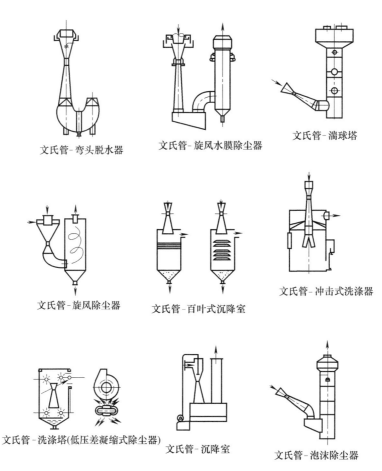

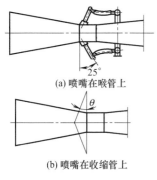

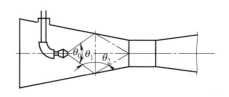

图 6-23　文氏管除尘器类型

角 θ 一般为 15°与 25°，亦有取 θ 值为零，即喷嘴在靠近喉管一端的收缩管上与文氏管中心线垂直布置。θ 值越大，水雾化越好，但阻力也越大。对喉管较大的文氏管，应注意水流受高速气流冲击下仍能喷射到喉管中心，构成封闭的水幕。必要时喷嘴可分两层错列布置。

（2）内喷文氏管喷嘴　内喷文氏管采用碗形喷嘴，其布置见图 6-25。喷嘴的喷射角 θ_0 约 60°，喷嘴口与喉口之间的距离约为喉管直径的 1.3～1.5 倍，根据入射角 θ_1 等于反射角 θ_2 并使反射后的流股汇集于喉管中心，用作图法确定。圆形文氏管喉径在小于 ϕ500mm 时用单个喷嘴，大于 ϕ500mm 时可用 3～4 个喷嘴。

(a) 喷嘴在喉管上

(b) 喷嘴在收缩管上

图 6-24　外喷文氏管喷嘴布置

图 6-25　内喷文氏管喷嘴布置

采用碗形喷嘴时，要求水质清净，避免喷嘴堵塞。在水质不良的情况下，宜使用螺旋形喷嘴。

（3）溢流文氏管　图 6-26 为溢流装置，溢流水沿收缩管内壁流下，溢流水量按收缩管入口每 1m 周边 0.5～1.0t/h 考虑。炼钢氧气顶吹转炉文氏管的溢流水按喉管边长计算，每 1m 周边用水量为 5～6t/h。

为了使溢流口四周均匀给水，在收缩管入口应安装可调节水平的球面架。水封罩插入溢流面以下的深度必须大于文氏管入口处的负压值。

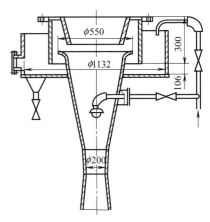

图 6-26　文氏管溢流装置

三、文氏管除尘器的设计与计算

文氏管除尘器的设计包括：确定净化气体量和文丘里管的主要尺寸两个内容。

1. 净化气体量确定

净化气体量可根据生产工艺物料平衡和燃烧装置的燃烧计算求得。也可以采用直接测量的烟气量数据。对于烟气量的设计计算均以文丘里管前的烟气性质和状态参数为准。一般不考虑其漏风、烟气温度的降低及其中水蒸气对烟气体积的影响。

2. 文氏管尺寸确定

文氏管几何尺寸确定主要有收缩管、喉管和扩张管的截面积、圆形管的直径或矩形管的高度和宽度以及收缩管和扩张管的张开角等（见图 6-27）。

（1）收缩管朝气端截面积，一般按与之相连的进气管道形状计算　计算式为：

$$A_1 = \frac{Q_{t_1}}{3600 v_1} \tag{6-14}$$

图 6-27　文氏管示意

式中，A_1 为收缩管进气端的截面积，m^2；Q_{t_1} 为温度为 t_1 时进气流量，m^3/h；v_1 为收缩管进气端气体的速度，m/s，此速度与进气管内的气流速度相同，一般取 15～22m/s。

收缩管内任意断面处的气体流速为：

$$v_g = \frac{v_a}{1 + \dfrac{z_2 - z}{r_a} \tan\alpha} \tag{6-15}$$

圆形收缩管进气端的管径可用下式计算：

$$d_1 = 1.128 \sqrt{A_1} \tag{6-16}$$

对矩形截面收缩管进气端的高度和宽度可用下式求得：

$$a_1 = \sqrt{(1.5 \sim 2.0) A_1} = (0.0204 \sim 0.0235) \sqrt{\frac{Q_{t_1}}{v_1}} \tag{6-17}$$

$$b_1 = \sqrt{\frac{A_1}{1.5 \sim 2.0}} = (0.0136 \sim 0.0118) \sqrt{\frac{Q_{t_1}}{v_1}} \tag{6-18}$$

式中，1.5～2.0 是高宽比经验数值。

（2）扩张管出气端的截面积计算式

$$A_2 = \frac{Q_2}{3600 v_2} \tag{6-19}$$

式中，A_2 为扩张管出气端的截面积，m^2；Q_2 为扩张管进气流量，m^3/h；v_2 为扩张管出气端的气体流速，通常可取 $18 \sim 22 m/s$。

圆形扩张管出气端的管径计算

$$d_2 = 1.128 \sqrt{A_2} \tag{6-20}$$

矩形截面扩张管出口端高度与宽度的比值常取 $\dfrac{a_2}{b_2} = 1.5 \sim 2.0$，所以 a_2、b_2 的计算可用

$$a_2 = \sqrt{(1.5 \sim 2.0) A_2} = (0.0204 \sim 0.0235) \sqrt{\frac{Q_2}{v_2}} \tag{6-21}$$

$$b_2 = \sqrt{\frac{A_2}{1.5 \sim 2.0}} = (0.0136 \sim 0.0118) \sqrt{\frac{Q_2}{v_2}} \tag{6-22}$$

（3）喉管的截面积计算式

$$A_0 = \frac{Q_1}{3600 v_0} \tag{6-23}$$

式中，A_0 为喉管的截面积，m^2；Q_1 为通过喉管的气体流量，m^3/h；v_0 为通过喉管的气流速度，m/s。气流速度按表 6-9 条件选取，不同粒径粉尘最佳水滴直径和气体速度的关系见图 6-28。

表 6-9 各种操作条件下的喉管烟气速度

工艺操作条件	喉管烟气速度/(m/s)
捕集小于 $1\mu m$ 的尘粒或液滴	$90 \sim 120$
捕集 $3 \sim 5\mu m$ 的尘粒或液滴	$70 \sim 90$
气体的冷却或吸收	$40 \sim 70$

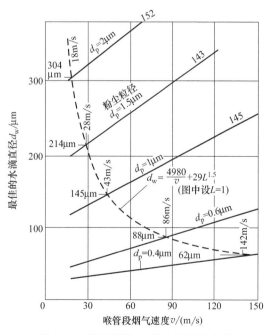

图 6-28 不同粒径 d_p 粉尘的最佳水滴
直径 d_w 和烟气速度 v_0 的关系

圆形喉管直径的计算方法同前。对小型矩形文氏管除尘器的喉管高宽比仍可取 $a_0/b_0 = 1.2 \sim 2.0$，但对于卧式通过大气量的喉管宽度 b_0 不应大于 600mm，而喉管的高度 a_0 不受限制。

（4）收缩和扩张角的确定 收缩管的收缩角 α_1 越小，文氏管除尘器的气流阻力越小，通常 α_1 取用 $23° \sim 30°$。文氏管除尘器，用于气体降温时，α_1 取 $23° \sim 25°$，而用于除尘时，α_1 取 $25° \sim 28°$，最大可达 α_1 为 $30°$。

扩张管扩张角 α_2 的取值通常与 v_2 有关，v_2 越大，α_2 越小，否则不仅增大阻力且捕尘效率也将降低，一般 α_2 取 $6° \sim 7°$。α_1 和 α_2 取定后即可算出收缩管和扩张管的长度。

（5）收缩管和扩张管长度的计算 圆形收缩管和扩张管的长度分别按下式计算：

$$L_1 = \frac{d_1 - d_0}{2} \cot \frac{\alpha_1}{2} \tag{6-24}$$

$$L_2 = \frac{d_2 - d_0}{2} \cot \frac{\alpha_2}{2} \tag{6-25}$$

矩形文氏管的收缩长度 L_1 可按下式计算（取最大值作为收缩管的长度）：

$$L_{1a} = \frac{a_1 - a_0}{2} \cot \frac{\alpha_1}{2} \tag{6-26}$$

$$L_{1b} = \frac{b_1 - b_0}{2} \cot \frac{\alpha_2}{2} \tag{6-27}$$

式中，L_{1a} 为用收缩管进气端高度 a_1 和喉管高度 a_0 计算的长度，m；L_{1b} 为用收缩管进气端宽度 b_1 和喉管宽度 b_0 计算的长度，m。

（6）喉管长度的确定　在一般情况下，喉管长度取 $L_0 = 0.15 \sim 0.30 d_0$，d_0 为喉管的当量直径。喉管截面为圆形时，d_0 即喉管的直径；管截面为矩形时，喉管的当量直径按下式计算：

$$d_0 = \frac{4A_0}{q} \tag{6-28}$$

式中，A_0 为喉管的截面积，m²；q 为喉管的周长，m。

一般喉管的长度为 $200 \sim 350$mm，最大不超过 500mm。

确定文氏管几何尺寸的基本原则是保证净化效率和减小流体阻力。如不做以上计算，简化确定其尺寸时，文氏管进口管径 D_1，一般按与之相连的管道直径确定，流速一般取 $15 \sim 22$m/s。文氏管出口管径 D_2，一般按其后连接的脱水器要求的气速确定，一般选 $18 \sim 22$m/s。由于扩散管后面的直管道还具有凝聚和压力恢复作用，故最好设 $1 \sim 2$m 的直管段，再接脱水器。喉管直径 D 按喉管内气流速度 v_0 确定，其截面积与进口管截面积之比的典型值为 $1 : 4$。v_0 的选择要考虑粉尘、气体和液体（水）的物理化学性质，对除尘效率和阻力的要求等因素。在除尘中，一般取 $v_0 = 40 \sim 120$m/s；净化亚微米的尘粒可取 $90 \sim 120$m/s，甚至 150m/s；净化较粗尘粒时可取 $60 \sim 90$m/s，有些情况取 35m/s 也能满足。在气体吸收时，喉管内气速 v_0 一般取 $20 \sim 30$m/s。喉管长 L 一般采用 $L/D = 0.8 \sim 1.5$，或取 $200 \sim 300$mm。收缩管的收缩角 α_1 越小，阻力越小，一般采用 $23° \sim 25°$。扩散管的扩散角 α_2 一般取 $6° \sim 8°$。当直径 D_1、D_2 和 D 及角度 α_1 和 α_2 确定之后，便可算出收缩管和扩散管的长度。

四、文氏管除尘器性能计算

（1）压力损失　估算文氏管的压力损失是一个比较复杂的问题，有很多经验公式，下面介绍目前应用较多的计算公式。

$$\Delta p = \frac{v_t^2 \rho_t S_t^{0.133} L_g^{0.78}}{1.16} \tag{6-29}$$

式中，Δp 为文氏管的压力损失，Pa；v_t 为喉管处的气体流速，m/s；S_t 为喉管的截面积，m²；ρ_t 为气体的密度，kg/m³；L_g 为喉管长度，m。

（2）除尘效率　对 5μm 以下的粒尘，其除尘效率可按下列经验公式估算

$$\eta = (1 - 9266\Delta p^{-1.43}) \times 100\% \tag{6-30}$$

式中，η 为除尘效率；Δp 为文氏管压力损失，Pa。

文氏管的除尘效率也可按下列步骤确定：

① 据文氏管的压力损失 Δp 由图 6-29 求得其相应的分割粒径（即除尘效率为 50% 的粒径）d_{c50}。

② 根据处理气体中所含粉尘的中位径求出 d_{c50}/d_{50}。

③ 根据 d_{c50}/d_{50} 值和已知的处理粉尘的几何标准偏差 σ_g，从图 6-30 查得尘粒的穿透率 τ。

④ 除尘效率的计算如下

$$\eta=(1-\tau)\times100\%$$

（3）文氏管除尘器的除尘效率图解　除了计算外，典型文氏管除尘器的除尘效率还可以由图 6-31 来图解。此外在图 6-32 中，条件为粉尘粒径 $d_p=1\mu m$、粉尘密度 $\rho_p=2600kg/m^3$、喉口速度为 $40\sim120m/s$ 的试验结果，表明了水气比、阻力、效率及喉口直径间的相互关系。

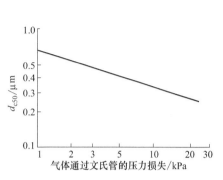

图 6-29　文氏管压力损失/kPa

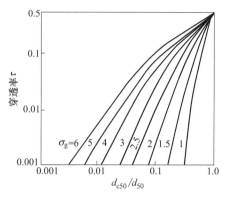

图 6-30　尘粒穿透率与 d_{c50}/d_{50} 的关系

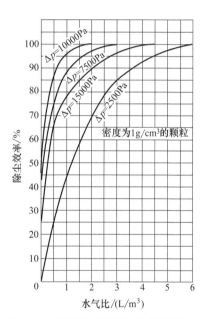

图 6-31　典型的文氏管除尘器捕集效率

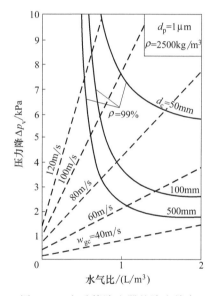

图 6-32　文氏管除尘器的除尘效率

五、文氏管设计和使用注意事项

① 文氏管的喉管表面粗糙度要求一般为 ▽6。其他部分可用铸件或焊件，但表面应无飞边毛刺。

② 文氏管法兰连接处的填料不允许内表面有突出部分。

③ 不宜在文氏管本体内设测压、测温孔和检查孔。

④ 对含有不同程度的腐蚀性气体，使用时应注意防腐措施，避免设备腐蚀。

⑤ 采用循环水时应使水充分澄清，水质要求含尘量在 0.01% 以下，以防止喷嘴堵塞。

⑥ 文氏管在安装时各法兰连接管的同心度误差不超过 $\pm2.5mm$。圆形文氏管的椭圆度误差不超过 $\pm1mm$。

⑦ 溢流文氏管的溢流口水平度应严格调节在水平位置，使溢流水均匀分布。

⑧ 文氏管用于高温烟气除尘时，应装设压力、温度升高警报信号，并设事故高位水池，以确保供水安全。

六、文氏管除尘技术新进展——环隙洗涤器

环隙洗涤器是中冶集团建筑研究总院环保分院最新开发的新技术，是第四代转炉煤气回收技术的核心部件，具有占地少、寿命长、噪声低等优点，最初在 20 世纪 60 年代用于转炉煤气除尘。环隙洗涤器结构如图 6-33 所示。其关键部件是由文丘里外壳和与之同心的圆锥两部分组成，后者可在文丘里管内由液压驱动沿轴上下运动，在外壳和圆锥体之间构成环缝形气流通道，通过圆锥体的移动来调节环缝的宽度，即调节环缝的通道面积和气体的流速，以适应转炉的不同操作工况，达到除尘和调节炉顶压力的目的。为了获得较强的截流效应，环缝最窄处的宽度设计得非常小，在此形成高速气流以保证好的雾化效果，足够的通道长度有利于液滴的聚合，提高除尘效率。

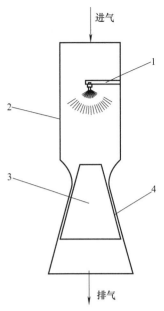

图 6-33　环隙洗涤器结构示意
1—喷嘴；2—外壳；
3—内锥；4—环隙

从目前来看，不管是塔文一体还是塔文分离的配置，分别在承德钢铁厂和新余钢铁厂的转炉一次除尘系统中得到应用，第四代转炉煤气回收技术应该作为我国转炉煤气回收系统的主要发展方向。

七、实例——文式管除尘器基本设计

(一) 概况

1. 工程对象

石灰回转窑在烘窑试生产及调产时烟气中含湿量极高，这些含湿量极高的烟尘是不宜进入袋式除尘器净化的。同时考虑到原 4# 窑此部分烟气的处理，故将 4#、5# 窑共建一套旁通湿式除尘系统。对回转窑在开窑升温和停窑降温过程中产生的含湿量大的烟气进行有效处理，或当窑尾除尘系统发生故障时，使回转窑维持低产量运行，降低工序能耗。湿式除尘器收集下来的污泥浊水进入湿式除尘器下部的泥浆罐。

2. 安装位置

湿式除尘器安装在 4#、5# 回转窑之间，露天布置。

3. 能源介质条件

(1) 电源　交流 3000V（±10%）50Hz（0.5～1.0Hz）三相；交流 380V（±10%）50Hz（0.5～1.0Hz）三相；交流 220V（±10%）50Hz（0.5～1.0Hz）。

(2) 水源　浊循环水（洗石浊循环水槽水经浓缩沉淀后的出水）；水压 $p = 0.3～0.4MPa$。水质：SS 浓度≤100mg/L。

4. 地震

地震烈度按 7 度设防。地面最大加速度：水平 $0.075g$，垂直 $0.075g$。

5. 原始烟尘 (气) 特征

含尘浓度 5～20g/m³；烟气中粉尘成分有 CaO、CaCO₃；烟气中粉尘密度 0.7t/m³；烟气温度约 300℃。

（二）湿式除尘器基本参数

1. 湿式除尘器工作的环境及工作制度

温度：－10.1～38.9℃；相对湿度：67%～83%；工作制度为间歇运行。

2. 湿式除尘器的主要参数

处理风量约88515m³/h；工作压力－12500Pa；除尘器阻力损失约5100Pa；入口烟气温度约300℃；出口烟气温度约80℃；入口烟气含尘浓度5～20g/m³；出口烟气含尘浓度＜100mg/m³；设备静态漏风量＜1%；耗水量约170t/h。

3. 设备材质

冷却器、文丘里洗涤器、分离器、泥浆罐、膨胀器、导管采用不锈钢，其他采用碳钢。

4. 防护等级

配套设备电机为户外型，电机防护等级为IP54。

（三）设备组成

湿式除尘器为整套设备，由冷却器、文丘里洗涤器、脱水器、泥浆罐、搅拌器、膨胀器、导管、给水装置、支架、梯子平台、扶手栏杆组成。

1. 冷却器

冷却器的主要作用是将冷水直接雾化喷向高温烟气以降低烟气温度，在冷却降温的过程中同时有凝聚较粗尘粒的作用。设计中入口烟气量按（约）88515m³/h、温度300℃来计算，算得冷却器外形尺寸为ϕ4020mm×9100mm。

冷却水按设计院中浊循环水水质要求进行热平衡计算，耗水量为20t/h。

考虑到设备承受负压12500Pa的能力，冷却器壁厚会适当加厚。

2. 文丘里洗涤器

文丘里洗涤器的形式很多，此方案采用手动可调矩形文氏管。调径文氏管较常规文丘里洗涤器做了改进：把手动齿轮调节改为双向丝杠调节，从而使文氏管喉口在长时间使用后依旧可调，而且可将喉口截面积进行细微准确地调节，以平衡系统阻力。

喉口尺寸为1500mm×800mm。

文丘里洗涤器用水量为150t/h，水压0.4MPa。

3. 脱水器

脱水器形式有多种。

复挡脱水器的除液滴机理与旋风除尘器相同，其构造是有多层同心圆挡板。工作原理是含有液滴的气体切向进入脱水器后，分为几部分在挡板间的通道内旋转。在离心力的作用下，液滴甩向挡板并形成液膜顺着侧壁流下，液膜同时将液滴捕集下来。增加了挡板即增大了接触面积，同时控制气流在分离器内只旋转3/4圈就排出系统，而液滴及液雾被捕集效率大大提高，故比单一旋风除尘器压降小、效果好。

具体其外形尺寸为ϕ5140mm×8855mm，内设三层挡板，进出口尺寸为进口1620mm×1220mm，出口为ϕ1620mm，进排气流速分别为25m/s和20m/s。

4. 泥浆罐

泥浆罐设在脱水器下方，储液量约为10m³，为防止泥浆在罐内沉淀，在泥浆罐上部装设搅拌器，搅拌器深入泥浆罐底部，为两叶片形式，采用摆线减速机，功率＜3.5kW。

5. 框架和平台

主要框架为冷却器、文氏管洗涤器框架和脱水器框架，立柱和梁采用H300mm×300mm×10mm×12mm的H型钢，斜撑采用L100mm×100mm×6mm的角钢。平台上铺钢搁板，走梯宽度

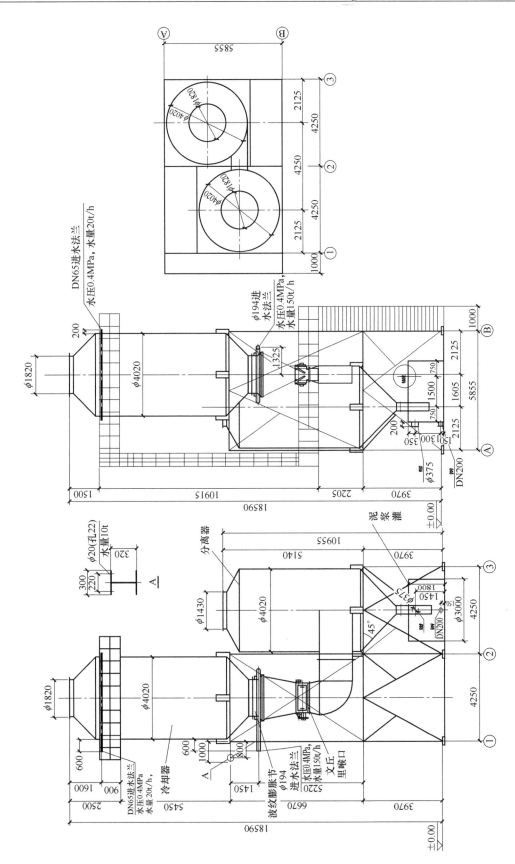

图 6-34　湿式除尘器平面图

暂定为 1000mm，倾斜角 45°，栏杆标高 1100mm，栏杆立柱为 L 50mm×50mm×6mm，扶手直径为 ϕ42mm 钢管。

框架和平台采用 Q235A 材质。

（四）防锈及涂漆要求

按工厂设计技术规定中《防锈及涂漆》要求执行。

色标：冷却器、文丘里洗涤器及脱水器外表面涂铂灰（色卡号 602）；支架、梯子平台涂中灰棕色（色卡号 702）；扶手、栏杆涂金黄色（色卡号 108）；搅拌器涂灰绿色（色卡号 507）。

（五）除图

湿式除尘器平面图如图 6-34 所示。

第五节 冲激式除尘器的设计

冲激式除尘器是借助于气流的动能直接冲击液面、经 S 形通道形成雾滴洗涤尘粒的湿式净化设备。自 1968 年实验室和工业性实验获得成功后，表明它具有净化效率高、运行稳定、结构紧凑、安装方便、适应性强、处理风量弹性大的特点。由于它对高温且含尘浓度高及黏性大粉尘的处理也取得满意的净化效果（99%以上），并且随着环保要求的增长，处理大烟气量的需要，系列机组已不能满足要求，必须设计大型冲激式除尘器。这里"大型"就是指超越 6 万立方米/小时风量的自行设计的冲激式除尘器。大型化有其与机组型迥然不同的特点，本节就从设计及使用方面进行总结并提出不同技术观点，以求引起讨论，使大型冲激式除尘器日臻完善，以适应环保之要求。

一、冲激式除尘器组成

冲激式除尘器由箱体、S 板、净气室、挡水板、水位自控装置、供水阀、排水阀等组成（图 6-35）。

（1）箱体　箱体由进气室、净气室组成，用 6～8mm 钢板制作，外部用钢骨架支撑；围挡钢板外表面设有 25mm×6mm 加固筋，用以提高箱体刚度。

（2）S 板　S 板是冲激式除尘器的核心部件，由上叶片和下叶片组成，多由不锈钢制作。S 板安装时必须水平，间距准确，连接密封。

（3）水位自控装置　水位自控装置是核心控制装置，由机电元件组合而成。

（4）挡水板　挡水板多由钢板制作，分为锯齿式和百叶式；百叶式挡水板间距过密，防止尘泥堵塞。

（5）通风机　可直接坐在除尘器箱体上，也可以分装在其他适宜部位；必须强调 10 号以上通风机应与机体分装。

二、冲激式除尘器工作机理

1. 冲激式除尘器的工作过程

（1）含尘气体由入口进入除尘器内，一般速度为 15～18m/s，在除尘器长度方向较均匀地转弯向下冲击水面，使尘粒在惯性力的作用下而沉降于水中，由此含尘气体得到粗净化。

（2）继而在风机的抽力作用下，使内腔（对 S 形叶片来讲，气体的进入侧）水位下降，外腔水位相应地升高，气流冲击水面后，转弯进入上叶片和下叶片之间的 S 形弯曲净化室中，气流以

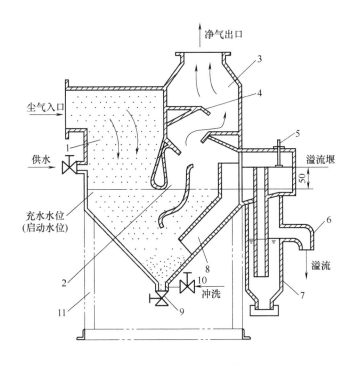

图 6-35　冲激式除尘器结构

1—进气室；2—S形通道；3—净气室；4—挡水板；5—水位自控装置；6—溢流管；

7—溢流水箱；8—稳压管；9—排泥阀；10—冲洗管（阀）；11—机组支架

18～30m/s 速度通过净化室时，气流和水充分接触混合，并激起大量水花，使微细的灰尘也得以湿润并混入水中，使气体得到进一步净化。

（3）净化的气体进入分雾室，速度突然降低，大部分水滴沉降下来，落入漏斗的水中，再经过挡水板进一步除掉雾滴，清洁的空气经集风室由出口排出，如图 6-36 所示。

2. 除尘机理

上述过程中起主要作用的仍是 S 形净化室，这是与其他湿式净化设备不同的关键部件，对除尘效率及阻力均起主要作用。至于粗尘粒的初净化，对冲激式除尘器最终效率是不起什么作用的。因此，探索这种除尘机理必须对 S 形净化室中水、气、尘三者的运动规律进行研究。

在风机未启动时，S 形叶片两侧静水位是相同的；当风机启动后，在抽力下形成高低水位，一般控制 S 形上叶片下沿到水面 50mm 的距离。当含尘气流高速通过净化室时，由于动能的传递使水液溅起水花、雾滴，充塞于 S 形净化室，并流向 S 形叶片之外侧高水位，因此水花、雾滴是不断更新的。凡湿式除尘器其主要机理是尘粒与水滴的碰撞，被湿润或凝聚而捕集，因此含尘气流通过 S 形缝隙时显然会发生此种现象。然而可以想象，这种靠气流动能而形成的水雾，其液滴不会太细，数目也不会过多，和喷嘴喷成的雾滴不同而近于泡沫状，所以当含尘气流通过时细微的尘粒被泡沫状的雾滴所包围而捕获。因此除掉雾滴

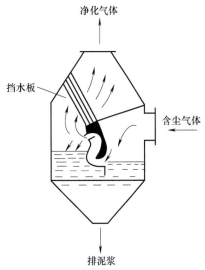

图 6-36　分雾室工作原理

对净化效率的提高有着一定的作用。

据观察，S形断面上并不是被气流所充满的，而是有一层液体存在，如图6-37所示。其液层形成曲线水面，可称为使粉尘分离的表面。因为尘粒分离的关键场所在于这个曲线形的水面，当含尘气流通过曲面时，受到惯性的作用，众所周知，气体分子的质量远远不及具有一定粒度的尘粒，因而尘粒所获之惯性大得多，沿叶片曲率造成离心力，从气流中分离出来。可以清楚地看出尘粒被捕获的位置大都在S形叶片入口处曲形液面处且在S形叶片的入口侧。出口侧则是大量的含尘水滴降落在水中。

简言之，这种冲激式除尘器的主要除尘机理是在上下S形叶片间形成粉尘分离表面——曲线形水面，为惯性分离建立了最佳条件，其入口侧的粗净化作用是从属的、附带的。而出口侧高效率地除掉含尘雾滴，有进一步提高除尘效率的作用。所以效率的提高关键在曲形水面，而水面曲率又与叶片形状有关。目前所采用的叶片形式是五种实验比较出来的，应当指出它是否是一种最佳形式有待研究。

前苏联曾利用电子计算机计算和研究了S形通道间粒尘运动与气流运动情况（见图6-38）。取速度曲线的平断面坐标，X为S形叶片高度，Y为宽度。

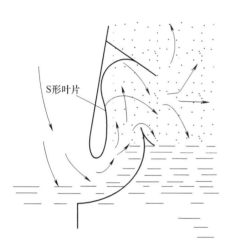

图6-37　S形叶片附近的气流与液面

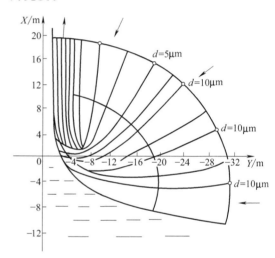

图6-38　S形通道间粒尘运动与气流运动情况

图6-38表示了前述机理：$5\mu m$以上的尘粒均在曲线液面沉降；只有$4\mu m$以下的尘粒被水滴带到出口。

三、冲激式除尘器结构设计

冲激式除尘器各部件结构尺寸设计对其效率及阻力损失有很大影响。参数选用不当、结构不够合理就难以取得理想的效果，甚至造成难以克服的副作用。

1. 比风量的确定

所谓比风量即单位长度的S形叶片所处理的风量，单位为$m^3/(h \cdot m)$。目前所推荐的比风量各家不一，见表6-10。

表6-10　比风量推荐值

比风量/[$m^3/(h \cdot m)$]	推荐来源	比风量/[$m^3/(h \cdot m)$]	推荐来源
4000~8400	冲激式除尘机组试制总结报告	5500~6000	国家标准图
5800	冶金工厂防尘	6000	综卫82
5000~7000	鞍钢二烧实验报告	6500	湘锰

比风量选取过低则除尘器设备庞大，造价增高，占地面积也大。比风量过高则带水严重，影响运行，同时阻损也增加。如某返矿系统，每台设计风量为 $8 \times 10^4 \, \mathrm{m}^3/\mathrm{h}$，经实际测定运行风量为 $(4\sim5) \times 10^4 \, \mathrm{m}^3/\mathrm{h}$。若提高风量运行则风机带水严重，振动也很厉害。因此，技术上、经济上两者均兼顾。鉴于目前所用脱水方式仍不够理想，根据近几年的运行实验证明，大型冲激式除尘器选用比风量为 $5000 \, \mathrm{m}^3/(\mathrm{h \cdot m})$ 为宜。另外，设计中选用系列化产品时也建议不要选用太高的比风量。

确定选用的比风量值之后，根据所要求处理的风量大小便可求得叶片排数及除尘器的长度。

2. 除尘器宽度的确定

大型冲激式除尘器通常采用两排以上 S 形叶片。以往设备的宽度由"S 形叶片两侧的宽度大小近似相等"的原则来确定。但经生产实践表明，此原则存在片面性。现做如下分析。

叶片两侧的宽度相等的原则，其意图在于使两侧的容水量近似相等，以便运行时进气室水位下降的体积和净气分雾室上升的体积相等，这样可以防止风机启停时箱内水量变化，增大用水量，如某锰矿所用的除尘器，每次停机时除尘器内部水由溢流管流出 $3\sim35\mathrm{t}$，再次启动充至原来水位费时较长，但应指出，此弊病的产生是由于控制箱内压力不等和手动控制水位所致，如采用自动控制并设置连气管使控制箱与除尘器内压力相同而不和大气相通，这个缺点就会消除。至于启动时多溢水，可调整启动水位来控制。正是由于这个"两侧宽度相等的原则"，致使带水问题一直没有得到合理的解决。

从除尘机理上不难得出：S 形叶片两侧所要求的气流速度（或称断面风速）是不同的。进气室对气流速度并无严格要求。前述所谓进气室的粗净化作用，仅仅是理论上的探讨，由于气流速度由高变低，尘粒受惯性作用冲入水面，起到降尘效果。但无论从气速大小或除尘器长度上都表明这种粗净化作用是无足轻重的。即便是有一定的除尘效果，也不影响最终的除尘效率，因为主要净化作用的关键还是 S 形净化室，进口的含尘浓度不影响出口含尘量，而关键在于尘粒的大小。所以提高进气室的断面速度，可使宽度减小，设备体积减小。而在分雾室中为使夹带的水雾滴分离，速度不宜过高，应小于 $2.5\mathrm{m/s}$，因此其宽度要大些。所以 S 形叶片的气体入口侧宽度应小于湿气体出口侧。这里，要选取合理的宽度比值，综合设计和生产实践，该比值在 $1.3\sim1.5$ 之间为好。

3. 水位控制及其稳定性

这种除尘器的除尘效率和阻力与水位高低很有关系。通常水位为 $50\mathrm{mm}$（指溢流堰高出 S 形上叶片底部 $50\mathrm{mm}$），对大型冲激式除尘器有两种方式控制水位：一种是人工手动，如湘潭锰矿及鞍钢二烧所用除尘器；另一种是电极检测自动控制，大型的仍推荐用自动控制为宜。

水位的稳定性也是极重要的一个环节，只有稳定的水面才能保证稳定的高效率，所以使用自动控制要保证水位波动不超过 $\pm5\mathrm{mm}$。目前系列化图纸中将给水管设在水面之上，这样在供水时造成水面的波动，带来不好的影响，因此给水管应埋设水面以下才能减少水面的波动。同时也可以看出，利用手动阀门控制水位，除尘器的工作是不易稳定的。例如水位过高，叶片断面上充填有大量的水，被气流裹带的水层厚度大为增加，S 形通道内被水堵塞陡增阻力，风机的运行按其特性曲线相应地增加压头，迫使阻塞多余水量甩到 S 形下叶片之外，造成水面剧烈地搅动，这种工作状态除尘效率也就不会稳定，大型冲激式除尘器为了保持水位稳定，设计了"水面稳定室"，如图 6-39 所示。

由图 6-39 可见，稳定室上部两侧留有三角形小窗，能与除尘器中部箱体的工作气体相通，保持均压，而且有隔板，使水花不能溅入溢流水箱内。稳定室下部至漏斗深部，使不宜搅动而稳定的水层和溢流水箱相通。

4. 污水排出方式及处理

影响湿式除尘器使用的可靠性重要因素之一是污水的排出及处理。据目前大型冲激式除尘器

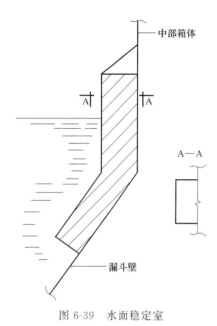

图 6-39　水面稳定室

使用实践有两种方式。

（1）常流水　污水由除尘器下部漏斗排出至污水池内，如某锰矿等。

（2）不排污水　用刮板机将尘泥（含水率不超过 20%）把出。

第一种耗水量太大，第二种使用有局限性且占地大，因此推荐烧结机头旋风除尘器下部用湿式排浆阀，既省水量，也不易堵塞。

大型冲激式除尘器用在烧结厂的实践表明，污水的处理有 3 种方式。

① 排至生产工艺的水封拉链，对于富矿铁粉因其密度大，易沉降，效果显著，如鞍钢一烧、马钢一烧、攀钢烧结等。

② 设置斜板浓缩池，如某钢厂二烧结车间，设备庞大流程复杂，投资大，不得已采用此法。

③ 自设污水池，用埋刮板耙出，返回工艺的返矿皮带，回收资源，综合利用，如某钢厂二烧结通廊返矿皮带。要根据生产工艺流程及布置条件不同，区别对待，因地制宜选择处理方式。

四、关键部位工艺设计

1. 防止带水设计

湿式除尘器的通病是产生带水现象。对于湿式除尘器的总除尘效率既取决于洗涤过程的程度也取决于含尘液滴的分离程度。气水分离率低，带来了一系列恶果，如风管堵塞、风机结壳，影响正常运转，更甚者只好降低负荷使用，致使系统的抽风点风量不足，达不到控制尘源的目的，所以要充分利用冲激式除尘器的运行效果，使其具有较高的经济合理性，对于带水问题必须予以足够的注意。

液滴分离是依洗涤除尘的方式而异。对于冲激式除尘器因使用于烧结矿粉尘，由于存在造成阻塞和硬化结壳的危险，在应用高效脱水器如过滤式（丝网）除雾器就受到限制。因此大都采用转向式脱水器。实践使用表明，用折叠式挡板能获得较高的脱水效率，但极易堵塞（如湘潭锰矿烧结厂等）；用箱形挡水板，更换方便，但每月约维修两次。经生产实践表明，对于大型冲激式除尘器仍用檐板式挡水板为宜，因其结构简单，不易粘泥堵塞，维护方便，其结构为将多块类似房檐的挡板装在脱水段内，使夹水气流在脱水段内先后与下部和上部的檐式挡水板相撞、遮挡而被迫拐弯，利用惯性力使气水分离。然而设计中应注意以下两点。

（1）脱水率与气流通过 S 形通道的速度很有关系，速度过高，夹带水滴量大，故此脱水室应有足够的空间，使由 S 形通道出来的高速度气流有回旋的余地而减缓其动能作用，不至于再将水滴裹带而去。此外檐板的端头呈弧状弯钩式，对水滴有所钩附。

（2）两块挡水板布置要合理：第一块板离 S 形叶片应有一定的高度（对大型冲激式应为 1m 左右），两挡水板处最高流速不超过 3m/s 为宜。脱水室最狭窄处速度不大于 2.2~2.5m/s。

使用脱水器其效率总是有限度的，而且生产使用中难免遇到操作不慎等原因造成除尘器出口带水。为防止这种现象发生时把水带入风机，建议在除尘器后的水平管道上设置排水管以保护风机，如图 6-40 所示。

2. 防除尘器内部结垢设计

经过现场多次检查（包括某钢厂一烧结和二烧结），除尘器有结垢现象的主要部位在下部漏斗、S形净化室（材质为钢材时）、水位线60mm上下一段内壁上，以及叶片支承和叶片接头处。

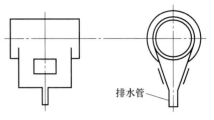

图6-40 风机排水管

结垢原因：烧结矿粉尘中有近7%的CaO和6%的MgO遇水产生黏性，水硬性。

化学反应	$CaO + H_2O \longrightarrow Ca(OH)_2 + 热 \uparrow$
同样	$MgO + H_2O \longrightarrow Mg(OH)_2 + 热 \uparrow$
而	$Ca(OH)_2 + CO_2 \xrightarrow{H_2O} CaCO_3 \downarrow + H_2O$
同样	$Mg(OH)_2 + CO_2 \xrightarrow{H_2O} MgCO_3 \downarrow + H_2O$

因为含尘气体中CO和CO_2都是少量的，水的温度也不太高（一般不超过40℃）。所以上面的反应进行得较缓慢，但是由于粉尘有黏性附着，特别是CaO和金属表面容易亲合，这就使得在金属表面处，上述的反应有了充分时间。结果生成坚硬的$CaCO_3$和$MgCO_3$。这就是在金属表面粉尘附着沉积、产生结垢和堵塞的原因及过程。

根据实际运行的经验看来，钢材是很容易结垢的，而不锈钢较好，既能避免腐蚀又改善了积灰和结垢情况，从而延长了使用寿命。当处理高温的含SO_2较高的含灰尘气体时，除采用不锈钢S形叶片外，最好在外壳内侧加橡胶衬，因为橡胶既耐酸，又不易结垢。或者做耐酸混凝土外壳，效果也很好。

3. 防止堵塞设计

防止除尘器内部局部堵塞是保证运行稳定的重要环节，根据生产实践所发现的堵塞情况及采取措施归纳如下。

（1）挡水板堵塞　不宜采用空调的折板式，应用檐板式挡水板。

（2）叶片积灰　叶片材质改用不锈钢后，实践表明对防止叶片积垢起到良好的作用。

（3）溢流水箱积灰　水箱中间隔板常积泥而堵，不能保证溢流水箱正常工作，也使得低水位的电极失灵，而不能自动控制。今改为倾斜式隔板，倾角最好不小于50°，以便使淤泥流入漏斗。

（4）水连通管堵塞　水连通管系插入设备下部漏斗里，把溢流水箱与除尘器本体的水连通起来，通过溢流水箱反映出除尘器的水面高度，并使水面稳定。由于此管内的水并不流动，加之烧结矿粉尘在水中的沉降速度约70%达1.4～2.5mm/s，沉降快从而淤积于管内，无法清除，今改为下部贮水漏斗与溢流水箱直接开孔连通，孔为200mm×100mm左右，如此既简便又防堵，提高了水位自动控制的可靠性。

（5）连气管堵塞　气连通管沟通除尘器本体上部与溢流水箱，使二者保持均压，使溢流箱精确地示出液面高度。

由于除尘系统运行的间歇性，时而通过湿气体，时而通过未净化的含尘气体，造成粘灰堵塞，在与除尘器相接处尤甚。解决办法与水连通管相同，不再

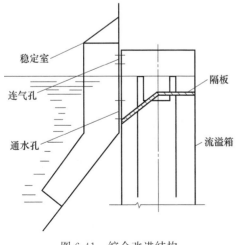

图6-41 综合改进结构

稳定室

连气孔

通水孔

隔板

流溢箱

赘述。

图 6-41 为（3）、（4）、（5）综合改进结构。

（6）排污漏斗堵塞 除漏斗侧壁积灰之外，排污口有时也堵塞，因此，设计中要保证漏斗的角度不小于 50°。以往用大水量冲刷，既费水又增加污水处理量，现根据一烧机头现场排污的经验，设计了杠杆式排污阀，见图 6-42。

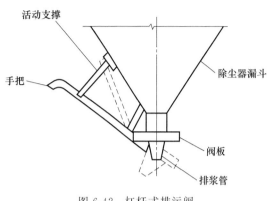

图 6-42 杠杆式排污阀

4. 防振设计

冲激式除尘机组系列化在 $60000 m^3/h$ 以下，风机及电动机皆置于箱体顶部，使两者整机化。生产实践表明，箱体刚度不够，产生剧烈地振动，不能安全运行。如某厂 $3^\#$ 烧结机的成品筛分室除尘系统中采用 CCJ/A-40，由于振动很厉害，对顶部风机基础进行了加固也不行，最后，只好移下来，放在平台上。该厂另一烧结机采用一台 CCJ/A-30，为了减轻振动，改变降低了电机转数，致使除尘系统风量不足，尘源灰尘无法控制，看来，$30000 m^3/h$ 以上的除尘器均不宜整体化。

大型冲激式除尘器，风机与电动机并不因基础刚度不够或不牢固而产生振动，因其往往置于地面或平台上，但是也存在防振问题，原因之一是含水汽的废气中由于脱水效率不高，使得叶轮积垢、挂泥，从而破坏了叶轮的静平衡，造成风机振动，为此提出下述防振措施。

（1）为使脱水或气水分离率提高，合理地选择除雾方式。

（2）选用低转速的风机。为了保证风机叶轮的正常运转，对叶轮残余不平衡允许的偏心距有下列要求，见表 6-11。

表 6-11 叶轮允许的偏心距

叶轮转数/(r/min)	≤375	500	600	750	1000	1450	3000	>3000
允许偏心距/μm	18	16	14	12	10	8	6	4

可见，在同样叶轮不平衡的条件下，转速高的，更容易发生振动，故力求选用低速运转的风机。

（3）选择合理的风机叶型。为减少积灰和振动，选择双凸弧面型，较其他机翼风机为好。

（4）定期用水冲洗叶轮，消除积灰。

（5）防止风机进气管道的安装不良而产生共振。

（6）加防振橡胶隔垫。

五、冲激式除尘器设计计算

1. 叶片长度

叶片形状及尺寸见图 6-43。冲激式除尘器的叶片是由上叶片、下叶片和端板组成，图 6-43 所示的叶片组合，是经大量的试验和应用实践所证明的最佳组合。单位长度叶片的处理能力为 $5000 \sim 7000 m^3/(h \cdot m)$。当叶片需要防腐时，其叶片材质应采用不锈钢板。当冲激式除尘器用于锅炉消烟除尘和脱硫时，因有除尘设备折算阻力不超过 1200Pa 的要求，单位叶片处理风量不宜大于 $5000 m^3/(h \cdot m)$。

$$L_d = \frac{Q_V}{q}$$

$$(6-31)$$

式中，L_d 为 S 板长度，m；Q_V 为处理风量，m^3/h；q 为 S 板处理能力，$m^3/(h \cdot m)$，一般 q 为 $5000 \sim 7000m^3/(h \cdot m)$。

2. 溢流箱的水封高度

溢流箱的水封高度，是按机组分雾室内负压不大于 4kPa 或正压不大于 1.5kPa 的原则设计的；非此使用条件，需另行设计溢流箱。

除尘器分雾室内负压大于 16kPa（CCJ/A-5 型为大于 13kPa）时，需另行设计除尘器的漏斗，按实需增加漏斗水封高度。

3. 用水量计算

（1）净化常温气体　定期排泥浆的用水量　按下式计算：

$$Q_W = Q_{W_1} + Q_{W_2} + Q_{W_3} = (\rho_{d_2} - \rho_{d_1})Q_V + W_K Q_V + 1000V/T \tag{6-32}$$

式中，Q_W 为机组用水量，kg/h；Q_{W_1} 为蒸发水量，kg/h；Q_{W_2} 为溢流水量，kg/h；Q_{W_3} 为排泥浆中的水量，kg/h；Q_V 为通过机组的空气量，m^3/h；ρ_{d_1} 为进口气体的水蒸气的饱和含湿量，kg/m^3；ρ_{d_2} 为出口气体的水蒸气的饱和含湿量，kg/m^3；W_K 为每立方米气体需要的溢流水量，$0.03kg/m^3$；V 为机组充水体积，m^3；T 为排泥浆周期，h。

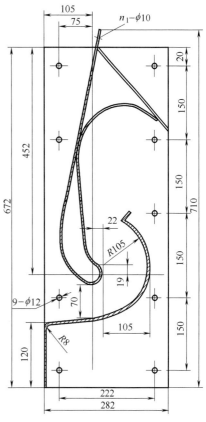

图 6-43　叶片形状及尺寸

（2）净化常温气体　连续排泥浆的用水量按下式计算：

$$Q_W = Q_{W_1} + Q_{W_2} + Q_{W_3} = [(\rho_{d_2} - \rho_{d_1}) + W_K + A\rho_\lambda]Q_V \tag{6-33}$$

式中，A 为排出的泥浆中，每千克粉尘的用水指标，一般取 $A = 8 \sim 10kg/kg$；ρ_λ 为气体入口含尘质量浓度，kg/m；其他符号意义同前，其中排泥浆中的水量 Q_{W_3}，系指连续排泥浆时排浆阀不堵塞的最小水量。

（3）高温气体除尘时的用水量　高温气体湿法除尘过程的用水量，不仅用于除尘，还用于气体冷却。其热平衡方程式可视为带入除尘器的热量等于带出除尘器的热量。

$$Q_1 + Q_2 + Q_3 = Q_4 + Q_5 + Q_6 + \Delta Q \tag{6-34}$$

式中，Q_1 为气体带入除尘器的热量，kJ/h；Q_2 为水带入除尘器的热量，kJ/h；Q_3 为烟尘带入除尘器的热量，kJ/h；Q_4 为气体带出除尘器的热量，kJ/h；Q_5 为水带出除尘器的热量，kJ/h；Q_6 为烟尘带出除尘器的热量，kJ/h；ΔQ 为除尘器散热热损失，kJ/h。

一般除尘器散热热损失和烟尘热损失的影响，可以忽略不计。

综合整理：

$$Q_1 + Q_2 = Q_4 + Q_5$$

$$c_{V1}Q_{V1}T_1 + (I_{t1} + c_{W1}T_1)Q_{V1}\rho_{d_1} + c_{Wt1}Q_{W1}t_1$$

$$= c_{V2}Q_{V2}T_2 + (I_{t2} + c_{W2}T_2)Q_{V2}\rho_{d_2} + c_{Wt2}(Q_{W1} - \rho_{d_2}Q_{V2})t_2$$

$$(c_{Wt1}t_1 - c_{Wt2}t_2)Q_{W1} = c_{V2}Q_{V2}T_2 + (I_{t2} + c_{W2}T_2)Q_{V2}\rho_{d_2} - c_{V1}Q_{V1}$$

$$T_1 - (I_{t1} + c_{W1}T_1)Q_{V1}\rho_{d_1} - c_{Wt2}\rho_{d_2}Q_{V2}t_2$$

式中，c_{W1} 为蒸发水量热容，kJ/(kg·K)；c_{W2} 为溢流水量热容，kJ/(kg·K)。

除尘器给水量：

$$Q_{W1}=[c_{V2}Q_{V2}T_2+(I_{t2}+c_{W2}T_2)Q_{V2}\rho_{d_2}-c_{V1}Q_{V1}T_1-$$
$$(I_{t1}+c_{W1}T_1)Q_{V1}\rho_{d_1}-c_{Wt2}\rho_{d_2}Q_{V2}t_2]/(c_{Wt1}t_1-c_{Wt2}t_2)$$

当入口为干气体时（即 $\rho_{d_1}=0$，$Q_{V2}=Q_{V1}=Q_V$）：

$$Q_{W1}=\{[c_{V2}Q_VT_2+(I_{t2}+c_{W2}T_2)Q_V\rho_{d_2}-c_{V1}Q_VT_1-$$
$$c_{Wt2}\rho_{d_2}Q_Vt_2]\}/(c_{Wt1}t_1-c_{Wt2}t_2)$$
(6-35)

式中，Q_{W1} 为除尘器给水量，kg/h；c_{V1} 为除尘器入口烟气质量热容，kJ/(m³·K)；c_{V2} 为除尘器出口烟气质量热容，kJ/(m³·K)；Q_{V1} 为除尘器入口烟气流量，m³/h；Q_{V2} 为除尘器出口烟气流量，m³/h；T_1 为除尘器入口烟气温度，K；T_2 为除尘器出口烟气温度，K；t_1 为除尘器供水温度，K；t_2 为除尘器排水温度，K；c_{Wt1} 为除尘器给水质量热容，kJ/(kg·K)；c_{Wt2} 为除尘器排水质量热容，kJ/(kg·K)；ρ_{d_1} 为除尘器入口气体含湿量，kg/m³；ρ_{d_2} 为除尘器出口气体含湿量，kg/m³（取饱和湿度的 90%）；I_{t1} 为进口烟气中饱和水蒸气汽化热，kJ/kg；I_{t2} 为出口烟气中饱和水蒸气汽化热，kJ/kg。

（4）设备阻力　设备阻力按除尘器结构的局部阻力之和计算

$$Z=Z_1+Z_2+Z_3+Z_4$$
(6-36)

式中，Z_1 为除尘器入口局部阻力，Pa；Z_2 为 S 板局部阻力，Pa；Z_3 为挡水板局部阻力，Pa；Z_4 为除尘器出口局部阻力，Pa。

冲激式除尘器设备阻力，一般为 1000～1800Pa。

六、冲激式除尘器的制作

当机组自行制作时对其结构提出下列要求：

① 为使进入除尘器内的气体均匀分布于整个叶片上，进气口应高出叶片 0.5m。进气速度不宜过大，一般不超过 18m/s。

② 为使气流均匀，防止带水和便于控制水位，叶片两侧的大小以近似相等为宜，断面宽度一般不宜小于 0.5m。

③ 分雾室应有足够的空间，防止水滴带入挡水板内，气流上升速度一般不应大于 2.7m/s。

④ 扒灰机构的高低要满足除尘器的水封要求。排灰口距水面越高排除灰尘含水越少。

⑤ 水箱与除尘器的连通管应插入除尘器中心保证水面平稳。水封的溢流管应低于操作水面，其值不小于除尘器内负压值加 50mm。

⑥ 叶片端部应设有玻璃窗，以便随时观察运行情况。

⑦ 当受安装地点的限制，可将机组的风机电动机取下，由除尘器的汇风出口或另设天圆地方，引出管道与通风机相接。

⑧ 除尘器的关键部件是叶片，在制作时一定要符合设计要求并且叶片安装必须水平，否则将直接影响除尘器的效率。

七、冲激式除尘器的使用维护

1. 注意事项

① 系统工作时，应保持机组的进气速度为 12～18m/s。

② 使用时注意机组及其管道的密封性，微量的渗漏也会显著降低除尘效率。

③ 应经常注意机组的阻力变化及净化程度。阻力过大或净化不佳时机组应分解清洗。一般不超过一个月清洗一次。清洗时先将机组与其相连接的管道拆开将上部盖板卸下，打开检查门用清水或压缩空气清洗挡水板及叶片。

④ 如发现机组的叶片有所损坏必须及时更换。

⑤ 机组的刮灰机构不应在机组工作时长时间停转以防再次开动时刮板被积尘压住而损坏机构。

2. 机组的故障原因

（1）系统风量降低

① 风机传动皮带松动。

② 管道大量积灰。

③ 机组中水位过高。其原因有：a. 水位控制箱的排水管或漏斗排水阀堵塞；b. 检查孔关不严或水向排水管倒灌而水封遭到破坏使控制箱漏气；c. 由于电磁阀被粘住或漏水，过量的水流入机组；d. 挡水板被堵塞或叶片上大量积灰。

（2）机组的效率降低

① 叶片被腐蚀或磨损。

② 机组中水位降低。其原因有：a. 给水管堵塞或机组内水迅速蒸发；b. 电磁阀在关闭状态下被粘住；c. 排气量过多使通过叶片的水流量下降；d. 通过机组不严密处漏风。

（3）机组漏斗上积尘

① 给水量不足。

② 机组停运后过早关闭排水阀。

（4）排风机带水

① 在安装时或停运时排风机内灌入雨水或雪。

② 挡水板堵塞或位置安装不当。

③ 风量过多地流过机组。

第六节 风送喷雾除尘机设计

近年来，随着大气污染日益严重，PM$_{2.5}$ 时有超标，造成大气雾霾现象时有发生。大气粉尘污染是雾霾形成的罪魁祸首，"贡献率"高达 18%，远高于机动车污染。工矿企业露天粉尘的排放是造成大气污染的主要原因之一，工矿企业露天除尘至关重要。

一、风送喷雾除尘机组成和分类

1. 风送喷雾除尘机组成

风送式喷雾除尘机由筒体、风机、喷雾系统组成，如图 6-44 所示。风送式喷雾除尘机，能有效地解决露天粉尘治理问题。JJPW 系列风送式喷雾除尘机采用两级雾化的高压喷雾系统，将常态溶液雾化成 $10\sim150\mu m$ 的细小雾粒，在风机的作用下将雾定向抛射到指定位置，在尘源处及其上方或者周围进行喷雾覆盖，最后粉尘颗粒与水雾充分地融合，逐渐凝结成颗粒团，在自身的重力作用下快速沉降到地面，从而达到降尘的目的。

2. 风送喷雾除尘机分类

风送喷雾除尘机可分为固定式和移动式两类。

（1）固定式风送喷雾除尘机一般简略地固定或安装在混凝土平台上，方便调整角度对准起尘

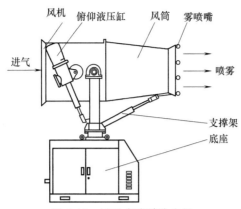

图 6-44 风送式喷雾除尘机

处喷雾除尘，主要分为三种，分别是地面固定型风送喷雾除尘机、塔架固定型风送喷雾除尘机和升降固定型风送喷雾除尘机。固定式风送喷雾除尘机除尘效果好，易安装，易操作，维护方便，可直接接入供水管路或者配置水箱。

（2）移动式风送喷雾除尘机准确地来讲是将喷雾机装在可移动的车辆上，一体化设备更加灵活，不会受到地域限制，方便运行到任何一个区域工作，特别是用于面积大，现场情况复杂粉尘多的施工现场或复杂多变的道路城市街道。

3. 技术特点

（1）风送式喷雾除尘机工作方式灵活，有固定式和移动式两种模式。

（2）风送式喷雾除尘机不需要铺设管道，不需要集中泵房。维护方便，节省施工和维护成本。

（3）水枪喷出的水成束状，水覆盖面窄，对粉尘的捕捉能力较差，风送式喷雾除尘机喷出为水雾，水雾粒度和粉尘粒度大致相同（30～300μm），能有效地对粉尘进行捕捉，除尘效果明显。

（4）当除尘地点搬迁时，风送式喷雾除尘机可随地点的不同而随时移动，喷枪预埋管道则被废弃，而且要重新预埋，浪费资源。

（5）风送式喷雾除尘机比传统喷枪节水90%以上，属于环保型产品。

4. 应用场合

（1）城市空气污染　在城市生产生活中会到处产生粉尘，例如汽车尾气、工业污染等。

（2）建筑工地扬尘　包括建筑物施工过程、拆除过程扬尘、运输过程扬尘器。

（3）矿山、采石场　矿山在采掘生产中，钻孔、爆破、机械凿动、铲装作业、运输、破碎等过程均会产生大量的粉尘。

（4）堆煤场及煤料输送　堆煤区煤的堆放过程会产生煤粉尘，煤的装卸及搬运都会产生煤粉尘。

（5）物料加工　在木材、水泥、石材等的加工过程中，例如切割、打磨、抛光过程中均会产生大量的粉尘。

二、除尘机理

尘粒和液滴之间的惯性碰撞是最基本的除尘作用（图 6-45）。含尘气体在运动过程中如果遇到障碍物（如液滴）会改变气流方向，绕过物体进行流动。其中细小的尘粒随气流一起绕流，运动轨迹由直线变为曲线。粒径较大（>0.3μm）和密度较大的尘粒具有较大的惯性，便脱离气流的流线保持直线运动，与捕尘体相撞而被捕集，使 $2b$ 之间的含尘气体得到净化。最远处能被捕集的尘粒的运动轨迹是极限轨迹，如图 6-45 中虚线所示。

通常，把含尘气体中有可能被分离的垂直断面面积与障碍物（液滴）在气流方向上的投影面积的比值称为碰撞效率 η_t，如图 6-45 所示，η_t 可表示如下：

$$\eta_t = \left(\frac{b}{a}\right)^2 \qquad (6\text{-}37)$$

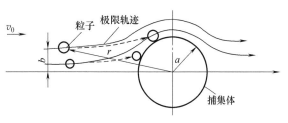

图 6-45　惯性碰撞效应

式中，η_t 为碰撞效率，无量纲；a 为液滴半径，m；b 为能被液滴半径范围捕集的流线范围，m。

假定含尘气体在运动中与液滴相遇，在液滴前 r 处开始改变方向，绕过液滴运动，而惯性较大的尘粒将继续保持原来的直线运动趋势。如果尘粒从脱离流线到停止运动时所移动的直线距离为 x_s，若 x_s 大于尘粒脱离流线的点到液滴的距离，尘粒就会和液滴碰撞而被捕集。单个液滴和尘粒发生碰撞的概率可用无量纲碰撞数（或称为惯性参数）ψ 表示。

$$\psi = \frac{x_s}{d_w} \qquad (6\text{-}38)$$

式中，x_s 为尘粒从脱离流线到停止运动时所移动的直线距离，m；d_w 为液滴直径，m。

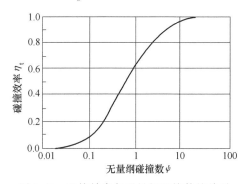

图 6-46　碰撞效率与无量纲碰撞数的关系

从捕尘角度来看，希望 η_t 值接近 1。粒径在 $3\sim 100\mu m$ 范围服从 Stokes 的球形粒子，碰撞效率和无量纲碰撞数 ψ 的关系见图 6-46。

如果尘粒运动服从 Stokes 公式，再考虑 Cunninghum 滑动修正系数的影响后，无量纲碰撞数 ψ 可表示为：

$$\psi = \frac{Cu_x d_p^2 \rho_p}{18\mu d_w} \qquad (6\text{-}39)$$

式中，C 为 Cunninghum 滑动修正系数，在 $t = 20℃$、$p = 9.8 \times 10^{-4}\text{Pa}$ 时，

$$C = 1 + \frac{0.172}{d_w}$$

d_p 为尘粒的直径，m；u_x 为气体与水滴的相对速度，m/s；ρ_p 为尘粒密度，kg/m^3；μ 为气体黏度，Pa·s；其余符号意义同前。

从定义可知，ψ 值越大，单个液滴和尘粒碰撞机会越多，除尘效率越高。由上式可知，ψ 与 u_x 成正比而与 d_w 成反比，因此提高气流和液滴的相对速度、减小液滴直径是提高除尘效率的主要途径。此外，与含尘气体的接触面积越多，尘粒的密度、粒径越大，效率也越高；而气体黏度越大则效率越低。

三、风送喷雾除尘机筒体设计

1. 筒体形状和安装方式

筒体形状通常设计为 1~2 节，第二节为锥形，锥度为 5°~20°。

风送喷雾除尘机分为固定式和移动式两种模式，因此其射雾器筒体设计也分为以下两种。

（1）可移动式射雾器　可移动式射雾器（图 6-47），适应各种车辆拖挂行走。射雾器的射程不仅远，覆盖面积还大，喷洒出的雾粒细小，与飘起的尘埃接触时形成一种潮湿雾状体，能快速将尘埃抑制降尘；工作效率高、喷雾速度快，对尘埃有较强的穿透力和雾珠附着力，能有效地节约用水量和减少环境污染；工作效率高、适用范围广、电控遥控兼容、水平旋转，电动控制仰俯角度、变换角度速度快。

（2）固定式射雾器　固定式射雾器（图 6-48）的应用范围非常广泛，目前主要在工矿、钢铁、冶金、火电厂等行业进行喷雾除尘，能够短时间控制粉尘浓度，达到净化空气的作用。一般固定式射雾器的风筒直径越大，气流速度越小，相应的喷洒幅度也越小；反之，喷洒幅度越大。

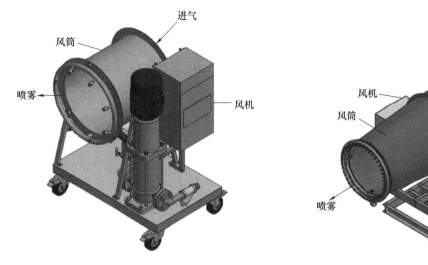

图 6-47　可移动式射雾器　　　　　　　　　　图 6-48　固定式射雾器

安装固定式射雾器时，要注意周围的环境因素，虽然固定式射雾器能够安装在混凝土平台上，但也要注意不要安装在危险区域，防止在以后工作时出现危险。固定式射雾器不止可以固定在平台上，也能放置在移动运输车辆上，可以跟随车辆移动，不受地域限制。固定式射雾器使用的动力可以直接采用三相电，也能用柴油发电机组提供动力。操作简单，能够手动操作和远程遥控相结合，方便使用，提高操作人员的工作效率。

固定式射雾器使用时，操作方式十分简单灵活，能够让操作人员进行手动操作，也能进行远程遥控，更可以同粉尘检测仪器相互连接，实现全自动控制，设定好粉尘浓度值，固定式射雾器可以自动进行喷雾除尘。当喷洒的范围比较大时，能够自主调节固定式射雾器的水平旋转角度和上下仰俯角度，来调整射雾器的喷洒面积和喷射高度，每次工作的耗水量极低，要比同等级的喷水设备节约 80% 的水量，节约大量资源。

2. 筒体尺寸设计

风送喷雾除尘机筒体的设计按照经验推荐设计参数为：$L = 1 \sim 2d$，即筒长是筒径的 $1 \sim 2$ 倍。筒径 d 根据风量而定。

3. 筒体材料

风送喷雾除尘机筒体材料采用日本及国内产的不锈钢材料，主要几种材料有：0Cr18Ni9（304）、0Cr17Ni12Mo2（316）、00Cr17Ni14Mo2（316L）。

（1）0Cr18Ni9（304）国标不锈钢材。304 不锈钢是应用最为广泛的一种铬-镍不锈钢，作为一种用途广泛的钢，具有良好的耐蚀性、耐热性、低温强度和机械特性；冲压、弯曲等热加工性好，无热处理硬化现象（使用温度 $-196 \sim 800$℃）。在大气中耐腐蚀，如果是工业性气氛或重污染地区，则需要及时清洁以避免腐蚀。

（2）0Cr17Ni12Mo2（316）不锈钢在海水和其他各种介质中，耐腐蚀性较 304 好。主要用作耐点蚀材料。

（3）00Cr17Ni14Mo2（316L）又称钛钢、精钢、钛材钢，新牌号为 022Cr17Ni12Mo2，美标又称 TP316L，由于它添加 Mo（2% ~ 3%），所以具有优秀的耐点蚀性、耐高温、抗蠕变性。

316L 不锈钢冷轧产品外观光泽度好，有优秀的加工硬化性，固溶状态无磁性，相对 304 不锈钢价格较高。

4．导流板

对于风送喷雾除尘机，叶轮在圆柱壳内旋转时，空气沿轴向进入，动能流通过叶轮的作用在叶轮后方轴向排出。雾化器依靠风扇的空气将雾滴进一步分解并雾化，使雾滴有足够的动能穿透尘埃。充满微小液滴的液滴填满灰尘颗粒，并随灰尘一起落下。导流板必须设计在雾化器的壳体内，使排风喷得更远。如果没有导流板，则气流向前旋转。因为旋转降低了前进的速度。

四、配套装置选用

（一）水泵

风送喷雾除尘机的水泵有柱塞泵、漩涡泵和离心泵三类。其性能见表 6-12。

表 6-12　除尘机常用水泵性能

雾炮机号	柱塞泵				W 系列漩涡泵				离心泵			
	型号	功率/kW	最高压力/MPa	最大耗水量/(t/h)	型号	功率/kW	最高压力/MPa	最大压力下耗水量/(t/h)	型号	功率/kW	最高压力/MPa	耗水量/(t/h)
ZT-30	3wz-26	1.5	3.5	1.6	1W2.0-9	2.2	0.9	2	BLT2-22	2.2	1.9	1～3.5
ZT-40	3wz-60	4	3.5	3.4	40W2.5-12	3	1.2	2.5	BLT2-26	3	2.3	1～3.5
ZT-50	3wz-90	5.5	4	5	40W4-13	4	1.3	4	BLT4-22	4	2.1	1.5～8
ZT-60	3wz-120	7.5	5	5	40W5-14	5.5	1.4	5	BLT8-16	5.5	1.6	5～12
ZT-70	3wz-120	7.5	5	5	40W5-14	5.5	1.4	5	BLT8-16	5.5	1.6	5～12
ZT-80	3wz-2800	11	5	10	40W6-16	7.5	1.6	6	BLT8-20	7.5	2.0	5～12
ZT-90	3wz-2800	11	5	10	40W6-20	11	2.0	6	BLT12-18	11	2.1	7～16
ZT-100	RS-5200	18.5	4	14	50W10-18	15	1.8	15	BLT16-16	15	2.2	8～22
ZT-120	RS-5200	18.5	4	14	50W10-18	15	1.8	15	BLT20-17	18.5	2.3	10～28

（二）喷嘴

湿式除尘所选用的喷嘴对除尘设备的性能和运行有直接影响，所以合理选择喷嘴的形式，充分掌握和发挥喷嘴性能，对除尘器运行具有重要意义。

1．喷嘴的分类

喷嘴是湿式除尘设备的附属构件之一，对烟气冷却、净化设备性能影响很大，根据喷嘴的结构形式不同，一般可分为喷洒型喷头、喷溅型喷嘴和螺旋型喷嘴等。根据喷雾特点不同，又可分为粗喷、中喷及细喷三类。常用喷嘴型式分类见表 6-13。

表 6-13　常用的喷嘴型式及特性

类型	喷嘴名称	喷雾特性	适用范围
喷洒型	圆筒型喷头	水滴不细，分布不均匀	湍球式除尘器、填料除尘器
	莲蓬头	水滴不细	
	弹头型喷头	水滴不细	湍球式除尘器、填料除尘器
	环型喷头	水滴不细	冲洗用
	扁型喷头	水滴不细	泡沫除尘器、表面淋水除尘器
	丁字型喷头	水滴不细	
喷溅型	反射板型喷嘴	水滴不细	洗涤除尘器
	反射盘型喷嘴	水滴不细	
	反射锥型喷嘴	水滴不细	

续表

类型	喷嘴名称	喷雾特性	适用范围
外壳为螺旋型	螺旋型喷嘴 针型喷嘴 角型喷嘴	中等 中等 细	空心喷淋除尘器、文氏管除尘器 外喷文氏管 喷雾降温用
芯子为螺旋型	碗型喷嘴 旋塞型喷嘴 圆柱蜗旋型喷嘴 格·波型喷嘴	中等、细 细 细 很细	内喷文氏管除尘器 小文氏管除尘器 空心喷淋除尘器

2. 喷嘴的基本特性

下面以除尘器中用得较多的蜗旋喷嘴和孔口喷嘴为代表，介绍喷嘴的基本特性和影响其特性的主要因素。

（1）喷嘴外观和喷射角　简单孔口喷嘴和蜗旋式喷嘴产生的均为圆锥形喷雾流。最外层是悬浮在周围空气中的细小雾滴，里面是主喷雾流。雾滴随着喷射压力增加而增多。简单孔口喷嘴的喷雾流截面是个圆，蜗旋式喷嘴的喷雾流截面是个圆环，环内外都是空气。

孔口喷嘴雾滴从喷嘴喷出，径向分速就把射流扩宽而形成圆锥形。其顶角，亦即喷射角，视轴向和径向速度的相对值而定，通常为 $5° \sim 15°$。蜗旋式视径向和切向分速度的相对值而定，很少小于 $60°$。在极端情况下，接近 $180°$。

（2）喷雾的分散性　分散性指喷出的液滴散开的程度。用圆锥形喷雾流中液体体积与圆锥体积之比来表示。但这种方法只和圆锥角有关，而不能看出在整个圆锥中都很好分散的喷雾流和聚集在圆锥表面的喷雾流之间的差别。一般地说，所有可以增加喷射角的因素也有改善液滴在周围介质中分散程度的作用。

（3）流量系数　喷嘴的轴向喷射速度，可以根据孔口入口处和出口处的压力差 Δp 和液体密度 ρ_1 以及喷嘴的流量系数 C 来计算：

$$v_a = C \sqrt{\frac{2g \Delta p}{\rho_1}} \tag{6-40}$$

设 Q_1 为液体体积，A 为孔口面积，t 为时间，则：

$$Q_1 = A v_a t = AtC \sqrt{\frac{2g \Delta p}{\rho_1}} \tag{6-41}$$

由此

$$C = \frac{Q_1}{At \sqrt{\frac{2g \Delta p}{\rho_1}}} \tag{6-42}$$

不同的喷嘴，在不同的流动状况下 C 值是不同的，可通过实验来决定。一般，简单孔口喷嘴的 C 值是 $0.8 \sim 0.95$；蜗旋式喷嘴则低得多，只有 $0.2 \sim 0.6$。

（4）液滴粒度和粒度分布　实际的喷雾流是由很多粒径与粒数不同的粒群组成的。特别是由液体压力和空气流产生的喷雾流，液滴粒度变化相当大。最大液滴可能是最小液滴粒度的 50 倍甚至 100 倍。

关于喷雾流的细度特性，可以用一种有代表性的粒径和粒径分布来表示。作为代表性粒径的，有最大频数径、中位径（或 50% 径）以及各种平均粒径，如几何平均径等。平均粒径一般是喷嘴的代表尺寸、喷射速度、液体和气体的密度、黏度系数以及表面张力等的函数。

（5）喷射压力对喷雾特性的影响

① 压力越高则液滴的平均粒径越小；

② 喷射速度是随压力的增加而提高的，因而贯穿性也会随之加强，但是，增加喷射速度，液滴的粒度要减小，这又会使贯穿性能减弱，这两种相反的影响是否互相抵消，要看喷雾的具体情况而定；

③ 如果压力已经达到使圆锥形喷雾流发展完全的程度，再增加压力对圆锥角的影响是不大的。

（6）空气性质对喷雾特性的影响　增加空气密度将使喷射速度降低，贯穿性也随之减弱，并使液滴粒度减小，喷雾流的分散程度增加。

增加空气黏度对喷射速度和贯穿性的影响与密度的影响相似，不过只有在空气是半紊流或层流的情况下影响才大。

3. 精细雾化喷嘴

精细雾化喷嘴采用液体压力来产生非常细小的液滴，喷雾形状成均匀的空心锥形，通常能获得好的湿雾效果。其性能如表 6-14 所列。

表 6-14　精细雾化喷嘴性能

LNN NN 系列	LN N 系列	M 系列	额定喷孔孔径/mm	芯号	流量/(L/h)									喷射角度		
					2bar	5bar	10bar	15bar	20bar	30bar	40bar	50bar	70bar	3bar	6bar	20bar
0.6	0.6	0.6	0.41	206		4.3	5.3	6.1	7.5	8.6	9.7	11.4		35°	65°
1	1	1	0.51	210		5.1	7.2	8.8	10.2	12.5	14.4	16.1	19.1	45°	62°	72°
1.5	1.5	1.5	0.51	216	4.8	7.6	10.8	13.2	15.3	18.7	22	24	29	65°	70°	72°
2	2	2	0.71	216	6.4	10.2	14.4	17.7	20	25	29	32	38	70°	75°	77°
3	3	3	0.71	220	9.7	15.3	22	26	31	37	43	48	57	65°	70°	73°
4	4	4	1.1	220	12.9	20	29	35	41	50	58	64	76	72°	81°	84°
6	6	6	1.1	225	19.3	31	43	53	61	75	86	97	114	73°	79°	81°
8	8	8	1.5	225	26	41	58	71	82	100	115	129	153	85°	89°	91°
10	10	10	1.6	420	32	51	72	89	102	125	144	161	191	82°	84°	86°
12	12	12	1.9	420	39	61	86	106	122	150	173	193	230	78°	82°	85°
14	14	14	1.9	421	45	71	101	124	143	175	200	225	265	85°	88°	90°
18	18	18	1.9	422	58	92	130	159	183	225	260	290	345	81°	84°	86°
22	22	22	1.9	625	71	112	159	194	225	275	320	355	420	70°	72°	75°
26	26	26	2.2	625	84	133	187	230	265	325	375	420	495	73°	74°	77°

注：1bar=10⁵Pa。

① M 系列具有一个 1/4″NPT 或 BSPT（外）螺纹接口和一个可拆卸的镶件，便于清洗或更换，见图 6-49。

② NN 和 N 系列由喷嘴底座、喷头主体、镶件、旋流芯和旋流芯座组成，外形见图 6-49（b）、（d）。

③ LNN 和 LN 系列内装有过滤器，外形见图 6-49（a）、（c）。

（a）LNN　　（b）NN　　（c）LN　　（d）N　　（e）M

图 6-49　精细雾化喷嘴外形

（三）风机的选用

（1）风送喷雾除尘机所用风机都是轴流通风机。

（2）固定式喷雾除尘机可选用普通型轴流通风机，移动式喷雾除尘机宜选用中高压轴流通风机。

（3）通风机样本上的性能参数是在标准状态（大气压力 101.325kPa，温度 20℃，相对湿度 50%，$\rho=1.2kg/m^3$ 的空气）下测出的，当实际使用情况不同时，通风机的实际性能就会变化（风量不变），因此选择通风机时应对参数进行换算，其换算关系如下：

$$Q_1 = Q_0 \tag{6-43}$$

$$\Delta p_1 = \Delta p_0 \frac{273+t}{273+20} \times \frac{101.3}{B} = \Delta p_0 \frac{\rho_1}{1.2} \tag{6-44}$$

式中，Q_1、Δp_1 为实际运行时通风机的风量、风压；Q_0、Δp_0 为通风机样本上的风量、风压；ρ_1 为实际运行工况下的空气密度，kg/m^3；B 为实际运行条件下的大气压力，kPa；t 为运行条件下的气体温度，℃。

（四）水箱

水箱箱体内应设置防波板，水箱应有足够的强度，并设进水口、出水口、液位报警连锁保护装置。进水口和出水口应设有滤网，进水口滤网网孔基本尺寸应不大于 0.25mm（60 目），出水口滤网网孔基本尺寸应不大于 0.2mm（80 目）。滤网不应有缺损。

（五）喷射组件

喷射组件按装置常用喷雾工作压力配置，雾化应良好。水路系统承压组件管路、接头，不应有渗漏现象。喷雾胶管及接头等材料应符合表 6-15 的规定，且能承受正常工作产生的载荷，不应松脱或泄漏，胶管上应有最大允许压力的标志。

表 6-15 零件材料

零件名称	抗拉强度 R_m/MPa	牌号（推荐）
螺母	≥530	35
接头芯	530～600	35、45
接头外套	≥410	20
卡套式接头芯	≥410	20

注：若选用其他材料，供需双方协商确定，并在订货合同中注明。

（六）旋转机构

旋转机构应有足够的转矩带动支架，不工作时应有制动装置，运行、往复、锁定、限位等应灵活可靠。

（七）液压系统

风筒俯仰液压缸应动作平稳，且当液压管路损坏或液压系统失压时，风筒俯仰液压缸应能自动锁定，液压供油管路不应有漏油现象。

液压系统或系统的某一部分可能被断开和封闭，其所截留液体的压力会出现增高或降低（例如：由于负载或液体温度的变化），如果这种变化会引起危险，则应具有限制压力的措施。而对压力过载保护的首选方法是设置一个或多个起安全作用的溢流阀（卸压阀），以限制系统所有相关部分的压力。也可采用其他方法，如采用压力补偿式泵控制来限制主系统的工作压力，只要这些方法能保证在所有工况下安全。

在液压系统设计中，在可行的情况下，液压系统宜使用符合国家标准或行业标准的元件和配管。同时应考虑预计的噪声，并使噪声源产生的噪声降至最低。应根据实际应用采取措施，将噪声引起的风险降至最低。应考虑由空气、结构和液体传播的噪声。

五、抑尘剂与选用

抑尘剂是以颗粒团聚理论为基础，利用物理化学技术和方法，使矿粉等细小颗粒凝结成大胶团，形成膜状结构。

抑尘剂产品的使用，可以极其经济的改善：矿山开采和运输的环境，火电厂粉煤灰堆积场的污染问题，煤和其他矿石的堆积场损耗和环境问题，众多简易道路的扬尘问题，市政建设中土方产生的扬尘问题。抑尘剂的特点和应用范围见表6-16，同时抑尘剂应符合以下要求：

① 融合了化学弹性体技术、聚合物纳米技术、单体三维模块分析技术。

② 不易燃，不易挥发。具有防水特性，形成的防水壳不会溶于水。

③ 抗压，抗磨损，不会粘在轮胎上。抗紫外线UV照射，在阳光下不易分解。

④ 水性产品，无毒，无腐蚀性，无异味，环保。

⑤ 使用方便，只需按照一定比例与水混合即可使用，省时省力。水溶迅速，无需额外添加搅拌设备。即混即用。

表 6-16 抑尘剂种类、特点和应用范围

抑尘剂型号及种类	抑尘原理	抑尘特点	应用领域
运输型抑尘剂	以颗粒团聚理论为基础，使小扬尘颗粒在抑尘剂的作用下表面凝结在一起，形成结壳层，从而控制矿粉在运输中遗撒	(1)保湿强度高、喷洒方便、不影响物料性能； (2)耐低温，一年四季均可使用； (3)使用环境友好型材料	散装粉料的表面抑尘固化，铁路或长途公路运输的矿粉矿渣、砂黄土
耐压型抑尘剂	以颗粒团聚及络合理论为基础，利用物理化学技术，通过捕捉、吸附、团聚粉尘微粒，将其紧锁于网状结构之内，起到湿润、粘接、凝结、吸湿、防尘、防浸蚀和抗冲刷的作用	(1)保湿强度高、耐低温； (2)效果持续，耐重载车辆反复碾压，不粘车轮； (3)使用环境友好型材料	临时道路、建筑工地、货场行车道路、市政工程等。对被煤粉、矿粉、砂石、黄土或混合土壤覆盖的地表均适用
接壳型抑尘剂	抑尘剂具有良好的成膜特性，可以有效地固定尘埃并在物料表面形成防护膜，抑尘效果接近100%	(1)抑尘周期长，效果最多可持续12个月以上； (2)并有浓缩液和固体粉料多种选择； (3)结壳强度大，不影响物料性能； (4)使用环境友好型材料	裸露地面、沙化地面、简易道路等

六、喷射参数设计计算

风送喷雾除尘机喷射参数既不是单纯的气体射流，也不是单纯的水射流而是水气混合射流，计算比较繁杂，故这里介绍的是近似按空气射流计算。

1. 吹出气流运动规律

空气从孔口吹出，在空间形成一股气流称为吹出气流或射流。据空间界壁对射流的约束条件，射流可分为自由射流（吹向无限空间）和受限射流（吹向有限空间）；按射流内部温度的变化情况可分为等温射流和非等温射流。

等温圆射流是自由射流中的常见流型。其结构如图6-50所示。圆锥的顶点称为极点，圆锥的半顶角 α 称为射流的扩散角。射流内的轴线速度保持不变并等于吹出速度 v_0 的一段，称为射流核心段（图6-50的AOD锥体）。由吹气口至核心被冲散的这一段称为射流起始段。以起始段的端点O为顶点，吹气口为底边的锥体中，射流的基本性质（速度、温度、浓度等）均保持其原有特性。射流核心消失的断面BOE称为过渡断面。过渡断面以后称为射流基本段，

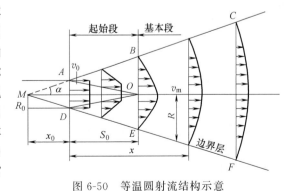

图 6-50 等温圆射流结构示意

射流起始段是比较短的，在工程设计中实际意义不大，在除尘机设计中常用到的等温圆射流和扁射流基本段的参数计算公式列于表 6-17 中。

表 6-17 等温圆射流和扁射流基本段参数计算公式

参数名称	符号	圆射流	扁射流
扩散角	α	$\tan\alpha = 3.4a$	$\tan\alpha = 2.44a$
起始段长度	S_0/m	$S_0 = 8.4R_0$	$S_0 = 9.0b_0$
轴心速度	$v_m/(m/s)$	$\dfrac{v_m}{v_0} = \dfrac{0.996}{\dfrac{ax}{R_0} + 0.294}$	$\dfrac{v_m}{v_0} = \dfrac{1.2}{\sqrt{\dfrac{ax}{b_0} + 0.41}}$
断面流量	$Q_x/(m^3/s)$	$\dfrac{Q_x}{Q_0} = 2.2\left(\dfrac{ax}{R_0} + 0.294\right)$	$\dfrac{Q_x}{Q_0} = 1.2\sqrt{\dfrac{ax}{R_0} + 0.294}$
断面平均速度	$v_x/(m/s)$	$\dfrac{v_x}{v_0} = \dfrac{0.1915}{\dfrac{ax}{R_0} + 0.294}$	$\dfrac{v_x}{v_0} = \dfrac{0.492}{\sqrt{\dfrac{ax}{b_0} + 0.41}}$
射流半径或半高度	R_b/m	$\dfrac{R}{R_0} = 1 + 3.4\dfrac{ax}{R_0}$	$\dfrac{b}{b_0} = 1 + 2.44\dfrac{ax}{b_0}$

注：表中 a 为射流紊流系数，圆射流 $a=0.08$，扁射流 $a=0.11\sim0.12$；R_0 为圆形吹气口的半径；b_0 为扁矩形吹气口半高度；表中各符号角标 0 表示吹气口处起始段的有关参数；角标 x 表示离吹气口距离 x 处断面上的有关参数。

2. 等温自由射流一般特征

① 由于紊流动量交换，射流边缘有卷吸周围空气的作用，所以射流断面不断扩大，其扩散角 α 为 $15°\sim20°$。

② 射流核心段呈锥形不断缩小。对于扁射流，距吹气口的距离 x 与吹气口高度 $2b_0$ 的比值 $x/2b_0 = 2.5$ 以前为核心段。核心段轴线上射流速度保持吹气口上的平均速度 v_0。

③ 核心段以后（扁射流 $x/2b_0 > 2.5$），射流速度逐渐下降。射流中的静压与周围静止空气的压强相同。

④ 射流各断面动量相等。根据动量方程式，单位时间通过射流各断面的动量应相等。

3. 设计计算

在计算中射口的半径 R_0、气流出口速度 v_0 为已知，各种喷口的紊流系数 a 值由表 6-18 查得，这样即可根据表 6-17 的公式，计算出射流的射流轴心、断面流量 Q_m、射程 x、射流半径 R 以及射流覆盖面积 A 等参数。

表 6-18 喷嘴紊流系数 a

射流喷口形状	紊流系数 a	自由射流时的起始段长度 S_q
带有缩口的光滑卷边喷口	0.066	$10.2R_0$
圆柱形喷管	0.08	$8.4R_0$
带有导风板或栅栏的喷管	0.09	$7.5R_0$
方形喷管	0.10	$6.7R_0$
巴吐林喷管(有导风板)	0.12	$5.6R_0$
轴流风机(有导风板)	0.16	$4.1R_0$
轴流风机(两侧有网)	0.20	$3.4R_0$
条缝喷口	$0.11\sim0.12$	$9.0b_0$

有条件的单位可对水气混合射流进行计算机数值模拟，获得更接近实际的结果。

4. 计算实例

【例 6-1】 用带有导风板的轴流风机除尘机向水平方向喷射，风口直径 $d_0 = 0.6m$，出风口风速为 10m/s，求距出风口 10m 处的轴心速度和风量。

解： 由表 6-18 查得 $a = 0.12$，用表 6-17 中的公式计算。

1. 轴心速度 v_m

$$\frac{v_m}{v_0} = \frac{0.996}{\frac{ax}{R_0} + 0.294} = \frac{0.996}{\frac{0.16 \times 10}{0.30} + 0.294} = 0.177$$

$$v_m = 0.177 v_0 = 0.177 \times 10 = 1.17 \ (m/s)$$

2. 求风量 Q

$$\frac{Q}{Q_0} = 2.2 \left(\frac{ax}{R_0} + 0.294 \right) = 2.2 \left(\frac{0.16 \times 10}{0.30} + 0.294 \right) = 12.38$$

$$Q = 12.38 Q_0 = 12.38 \times \frac{\pi}{4} d_0^2 v_0 = 12.38 \times \frac{\pi}{4} \times (0.60)^2 \times 10 = 35.0 (m^3/s)$$

第七章 除尘设备升级改造设计

在各种除尘设备中，只有袋式除尘器、电除尘器能够满足日益严格的大气污染物排放标准的排放要求。但现有生产企业中，有不少的袋式除尘器、电除尘器和其他除尘器在运行中存在种种问题需要进行技术改造设计才能满足节能减排的要求。

第一节 改造设计的原则和实施

一、改造设计原则

1. 必要性

① 除尘器选型失当或先天性缺陷，参数偏小，过滤风速大，阻力大，排放不能达到国家标准；

② 主机设备改造，增风、提产、增容；

③ 主机系统采用先进工艺，原除尘设备不适应新的入口浓度及处理风量的要求；

④ 国家执行环保新标准的实施，原有除尘器难以满足新的排放要求；

⑤ 国家新的节能减排政策，原有除尘设备不符合要求；

⑥ 原有除尘设备老化经改造尚可使用。

2. 可行性

① 有可行的方案和可靠的技术；

② 现场条件许可，现在空间允许；

③ 原除尘器尚有可利用价值，并对结构受力情况进行分析校验证明其可承受新的荷载。

3. 改造的原则

① 满足节能减排要求；

② 切合工厂改造设计实际，原有除尘器状况、技术参数、操作习惯、允许的施工周期、空压机条件具备气源等；

③ 适应工艺系统风量、阻力、浓度、温度、湿度、黏度等方面的参数；

④ 投资相对合理，初次投资与综合效益；

⑤ 便于现场施工，外形尺寸适应场地空间，设备接口满足工艺布置要求，施工队伍有作业

条件。

4. 改造方向

① 一种形式袋式除尘器改造为另一种形式；

② 一种形式电除尘器改造为另一种形式；

③ 电除尘器改造为袋式除尘器；

④ 电除尘器改造为电袋复合式除尘器。

二、升级改造的技术条件

1. 立项原则

因设备主体部分长期运行损伤严重，设备性能明显下降，排放不达标具有重大安全隐患，不能继续带病运行的设备，必须申报立项，科学组织。

2. 改造项目资料准备

改造项目除第二章的条件外，还需收集以下资料：①原除尘器总图、基础荷载图、各部件图纸、原除尘器设计参数；②近期原除尘器满负荷工况效率测试报告及设备使用情况；③除尘器入口历史运行最高温度及持续时间；④原引风机系统裕量、空气压缩机裕量（附属设备校核，以判断是否需同步改造）；⑤输灰系统原始设计参数（附属设备校核，以判断是否需同步改造）。

三、升级改造的实施

（1）编制和审定设备改造申请单。设备改造申请单由企业主管部门根据各设备使用部门的意见汇总编制，经有关部门审查，在充分进行技术经济分析论证的基础上，确认实施的可能性和资金来源等方面情况后，经上级主管部门和厂长审批后实施。

设备改造申请单的主要内容如下：①升级改造的理由（附可行性研究报告）；②改造设备的技术要求，包括对随机附件的要求；③现有设备的处理意见；④订货方面的商务要求及要求使用的时间。

（2）对旧设备组织技术鉴定，确定残值，区别不同情况进行处理。对报废的受压容器及国家规定淘汰设备不得转售其他单位，只能作为废品处理。

目前尚无确定残值的较为科学的方法，但它是真实反映设备本身价值的量，确定它很有意义。因此残值确定的合理与否，直接关系到经济分析的准确与否。

（3）积极筹措设备改造资金。

（4）组织或委托改造项目设计。

（5）委托施工。

（6）组织验收总结。

第二节 静电除尘器升级改造设计

一、静电除尘器升级改造适用技术

静电除尘器的升级改造需要采取一些新技术，这些技术有低低温静电除尘技术、移动电极技术、斜气流技术、电袋复合技术、湿式静电除尘技术、静电凝并技术、新型电源技术等。

1. 低低温静电除尘技术

在燃煤发电系统中，主要采用汽机冷凝水与热烟气通过特殊设计的换热装置进行气液热交换，使汽机冷凝水得到额外热量，达到少耗煤多发电的目的。同时，由于烟气换热降温后进入电除尘器电场内部，其运行温度由通常的 120～130℃（燃用褐煤时为 140～160℃）下降到低温状态 85～110℃。

由于烟温降低，使得进入 ESP 静电除尘器内的粉尘比电阻降低（根据降温幅度，可降 1～2 个数量级），烟气体积流量亦得以降低。ESP 内的烟气流速及粉尘比电阻的降低，使除尘效率大幅度提高，利于达到更高的排放要求。同时，余热利用可降低电煤消耗 1.5g/（kW·h）以上，还能提高脱硫效率和节省脱硫用水量，有效解决 SO_3 腐蚀难题。

2. 湿式静电除尘技术

湿式静电除尘器作为有效控制燃煤电厂排放 $PM_{2.5}$ 的设备，在日本、美国、欧洲等国家和地区得到广泛应用。湿式电除尘器（WESP）的工作原理和常规电除尘器的除尘机理相同，都要经历荷电、收集和清灰三个阶段，与常规电除尘器不同的是清灰方式。

干式静电除尘器是通过振打清灰来保持极板、极线的清洁，主要缺点是容易产生二次扬尘，降低除尘效率。而湿式静电除尘器则是用液体冲刷极板、极线来进行清灰，避免了产生二次扬尘的弊端。

在湿式静电除尘器中，由于喷入了水雾而使粉尘凝并、增湿，粉尘和水雾一起荷电，一起被收集，水雾在收尘极板上形成水膜，水膜使极板保持清洁，可使 WESP 长期高效运行。

3. 移动电极技术

移动电极电除尘技术早在 1973 年由美国麻省的高压工程公司研发。1984 年，日本日立公司在此基础上改进和完善，获美国专利授权，30 多年来有多台工程业绩。

移动电极静电除尘器一般仅在末级电场采用，通常采用 3＋1 模式（即 3 个常规电场＋1 个移动电场）。移动电极主要包括旋转阳极系统、旋转阳极传动装置和阳极清灰装置 3 部分。主要技术优势是高效、节能、适应性广。所谓移动电极是指采用可移动的收尘极板、固定放电极、旋转清灰刷共同组成的移动电极电场。该技术基本避免了因清灰而引起的二次扬尘，从而可以提高电除尘器的效率，降低烟尘排放浓度。移动电极式电除尘器布置如图 7-1 所示。

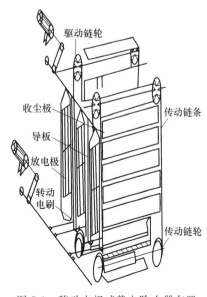

图 7-1　移动电极式静电除尘器布置

4. 斜气流技术

对于高效静电除尘器来说，组织良好的电场内部气流分布是保证高效和低排放浓度的基础。通常要求电场内气流均匀分布，即从静电除尘器进口断面到出口断面全流程均匀分布。从粉尘平均粒径分布看，呈现出下部粉尘粒径大于上部、前部粉尘平均粒径大于后部的分布规律。

组织合理的电场内部气流分布，适应静电除尘器收集粉尘的规律，是提高电除尘效率的重要内容。为此，开始研究斜气流技术，所谓斜气流就是按需要在沿电场长度方向不再追求气流分布均匀，而是按各电场的实际情况和需要调整气流分布规律。斜气流技术有各种各样的分布形式，图 7-2 为较典型的四电场分布形式之一，将一电场的气流沿高度方向调整为上小下大。只要在进气烟箱中采取导流、整流和设置不同开孔率等措施，就能实现这种斜气流的分布效果。

当烟气进入一、二电场后，由于烟气的自扩散作用，斜气流速度场分布有所缓和，速度梯度减小如图 7-2（a）、（b）所示。当烟气进入三电场后不再受斜气流的作用，速度场分布已基本趋于均匀，如图 7-2（c）所示。当烟气进入末电场后，将烟气调整成如图 7-2（d）所示的速度场分布规律，往往采用在末电场前段上抽气的办法来实现上大下小的速度分布规律。合理地控制抽气量，可以实现所希望的速度场分布，或采用抬高出气烟箱中心线高度，有意地抬高上部烟气流速，造成如图 7-2（d）所示的速度场分布。这样做的目的是有益于对逃逸出电场的粉尘进行拦截。针对电场下部粉尘距灰斗落差小，创造低流速环境，就有希望将逃逸的漏尘收集到灰斗中。而对于电场上部的粉尘，因其落入灰斗的距离很长，即

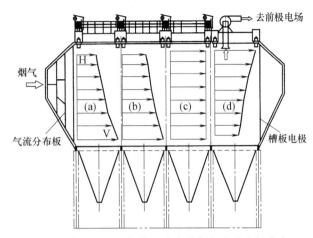

图 7-2　典型的四电场静电除尘器斜气流速度场分布

便是低流速也很难将其收集到灰斗中，更由于下部粉尘浓度远高于上部，重点处理好下部粉尘，不使其逃逸出电场，对提高除尘效率有明显的作用。此方法已在部分电除尘器上得到应用，并取得了良好的效果。

5. 静电凝并技术

静电凝并技术是近年提出的一种利用不同极性放电导致粉尘颗粒荷不同电荷，进而在湍流输运和静电力的共同作用下使粉尘颗粒凝聚变大的技术。该技术的应用，不仅可提高除尘器的除尘效率、减小除尘器本体体积及降低制造成本，还能减少微小颗粒的排放，尤其对 $PM_{2.5}$ 微细颗粒的凝聚效果明显，从而降低微小颗粒的危害。

粉尘颗粒的凝并是指粉尘之间由于相对运动彼此间发生碰撞、接触，从而黏附聚合成较大颗粒的过程。其结果是粉尘颗粒的数目减少，粉尘的有效直径增大。电除尘器的除尘理论指出，粉尘荷电量的大小与粉尘粒径、场强等因素有关。通常，粉尘的饱和荷电量由下式计算：

$$q_b = 4\pi\varepsilon_0 \left(1 + 2 \times \frac{\varepsilon-1}{\varepsilon+2}\right) a^2 E_0 \tag{7-1}$$

式中，q_b 为粉尘粒子表面的饱和荷电量；ε 为粉尘粒子的相对介电常数；a 为粉尘粒子的半径；E_0 为未受干扰时的电场强度；ε_0 为自由空间电容率。

从式（7-1）中可以看出，粉尘粒子的饱和荷电量与粒子半径的平方成正比，因此，创造条件使粉尘在电场中发生凝并，粉尘颗粒增大，是提高静电除尘器效率的有效途径。

双极静电凝聚技术是近年来提出的一种利用不同极性放电导致粉尘颗粒带上不同电荷，进而在湍流运输过程中碰撞凝集，通过布朗运动和库仑力的作用由小颗粒结合成大颗粒的技术。

凝聚器安装在电除尘器前面长度大约 5m 的进口烟道上，如图 7-3 所示。凝聚器内烟气流速通常在 10m/s 左右。在凝聚器内的高烟气流速能使接地极板不需要像电除尘器那样设置振打就能保持清洁，从而能节约维护费用。对于 100MW 的发电机组，凝聚器只需要 5kW 左右的电力。对于引风机，增加的阻力不超过 200Pa，故运行费用很低。

6. 电袋复合技术

电袋复合除尘器是有机结合了静电除尘和布袋除尘的特点，通过前级电场的预除尘、荷电作用和后级滤袋区过滤除尘的一种高效除尘器。它充分发挥静电除尘器和布袋除尘器各自的除尘优势，以及两者相结合产生新的性能优点，弥补了静电除尘器和布袋除尘器的除尘缺点。该复合型

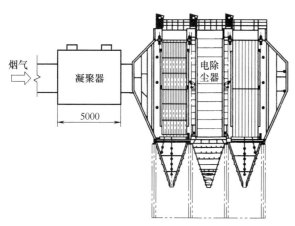

图 7-3　凝聚器与静电除尘器布置

除尘器具有效率高、稳定、滤袋阻力低、使用寿命长、占地面积小等优点，是未来控制细微颗粒粉尘、$PM_{2.5}$ 以及重金属汞等多污染物协同处理的主要技术手段。

电袋复合除尘器是在一个箱体内合理安装电场区和滤袋区，有机结合静电除尘和过滤除尘两种机理的一种除尘器。通常为前面设置电除尘区，后面设置滤袋区，二者为串联布置。静电除尘区通过阴极放电、阳极除尘，能收集烟气中大部分粉尘，除尘效率大于 85% 以上，同时对未收集下来的微细粉尘电离荷电。后级设置滤袋除尘区，使含尘浓度低并荷电的烟气通过滤袋过滤从而被收集下来，达到排放浓度 $<30mg/m^3$ 的环保要求。

二、静电除尘器改造技术分析比较

静电除尘器因具有除尘效率高、处理烟气量大、适应范围广、设备阻力小、运行费用低、使用方便且无二次污染等独特优点，在国内外电力行业中得到了广泛的应用。我国燃煤电站现有的烟气除尘技术中，静电除尘器也长期占据着主流地位。随着环境保护要求的日益提高，国家制定了更为严格的烟尘排放标准。为满足此标准，国内很大一部分燃煤电站现役静电除尘器均需要提效改造，因此，如何制订静电除尘器提效改造的技术路线成为行业内关注和研究的重点问题。

1. 静电除尘器改造的主要影响因素

静电除尘器（ESP）提效改造需要考虑的主要因素包括：①煤、飞灰成分；②除尘设备出口烟尘浓度要求；③原静电除尘器的状况，包括比集尘面积（SCA）、电场数、烟气流速、目前运行状况（运行参数、ESP 出口烟尘浓度）；④改造场地情况。此外，还应对改造后除尘设备的技术经济性、二次污染情况、引风机的压头情况进行分析。

对于燃煤电站，在影响静电除尘器性能的诸多因素中，包括燃煤性质（成分、挥发分、发热量、灰熔融性等）、飞灰性质（成分、粒径、密度、比电阻、黏附性等）、烟气性质（温度、湿度、成分、露点温度、含尘量等）在内的工况条件占据着核心地位，其中，工况条件中的煤、飞灰成分对静电除尘器性能的影响最大。

作为提效改造的最终目的，除尘设备需达到的出口烟尘浓度直接影响静电除尘器技术改造路线的制订。

原静电除尘器状况中的 SCA 及目前 ESP 出口烟尘浓度是影响提效改造技术路线的关键性因素。此外，应分析静电除尘器运行是否处于正常状态，以便在改造时对各运行状况做相应调整。

制订的静电除尘器提效改造技术路线必须适用于现有改造场地的情况。应考虑原静电除尘器进、出口端是否可增加电场，并应充分考虑脱硝改造引风机移位后的富余场地。另外，也可考虑加宽改造的可能性。

如何制订更具技术经济性的技术路线在电除尘器提效改造中备受关注，因此，对应技术路线的技术经济性分析应始终贯彻静电除尘器提效改造的全过程。除尘设备改造的经济性应以一次性投资费用即设备费用和全生命周期内（即设计寿命 30 年）的年运行费用总和进行评估。年运行费用指除尘设备电耗费用、维护费用与引风机电耗费用之和。除尘设备改造的技术经济性分析内容如表 7-1 所列。

表 7-1 除尘设备改造的技术经济性分析内容

类别	分项内容
技术特点比较	除尘效率 除尘设备出口烟尘浓度 平均压力损失 最终压力损失 安全性 检修
经济性比较	设备费用 年运行费用 总费用

2. 静电除尘器提效改造可采用的技术

根据国内静电除尘器应用现状及新技术研发和应用情况，我国静电除尘器提效改造可采用的主要技术有静电除尘器扩容、低低温电除尘技术、旋转电极式电除尘技术、烟尘预荷电微颗粒捕集增效技术（简称微颗粒捕集增效技术）、高频高压电源技术、电袋复合除尘技术、袋式除尘技术、湿式电除尘技术等。各改造技术的实施方法及主要技术特点如表 7-2 所列，各技术的综合比较如表 7-3 所列。

表 7-2 各改造技术的实施方法及主要技术特点

可采用的改造技术	实施方法	主要技术特点
静电除尘器扩容	增加电场有效高度，原静电除尘器进、出口端增加电场，并可考虑加宽改造的可能性	(1)对粉尘特性较敏感，即除尘效率受煤、飞灰成分的影响； (2)除尘效率高，使用方便且无二次污染； (3)对烟气温度及烟气成分等影响不敏感，运行可靠； (4)本体阻力低，一般为 200～300Pa
低低温电除尘技术	在静电除尘器的前置烟道上或进口封头内布置低温省煤器	(1)烟气降温幅度为 30～50℃，降低粉尘比电阻，减小烟气量，进一步提高电除尘器的除尘效率； (2)可节省煤耗及厂用电消耗，平均可节省电煤消耗 1.5～4g/(kW·h)，一般 3～5 年可收回投资成本； (3)每级低温省煤器烟气压力损失为 300～500Pa
旋转电极式静电除尘器	将末电场改成旋转电极电场	(1)保持阳极板永久清洁，避免反电晕，有效解决高比电阻粉尘收尘难的问题，大幅提高电除尘器除尘效率； (2)最大限度地减少二次扬尘，显著降低电除尘器出口烟尘浓度； (3)增加电除尘器对不同煤种的适应性，特别是高比电阻粉尘、黏性粉尘； (4)可使电除尘器小型化，占地少； (5)本体阻力低，一般为 200～300Pa
微颗粒捕集增效技术	在前置烟道上布置微颗粒捕集增效技术装置	(1)减少烟尘总量排放； (2)显著减少 $PM_{2.5}$ 的排放，改善大气能见度，提高空气质量； (3)减少汞、砷等有毒元素的排放； (4)压力损失增加 250Pa
高频高压电源技术	将原常规电源改为高频高压电源	(1)可以有效提高脉冲峰值电压，增加粉尘荷电量，克服反电晕，提高电除尘器的除尘效率； (2)可为 ESP 提供从纯直流到窄脉冲的各种电压波形，可根据 ESP 的工况，提供最佳电压波形，达到节能的效果
电袋复合除尘技术	保留一个或两个电场，其余改为袋式除尘	(1)除尘效率高，对粉尘特性不敏感，但对烟气温度、烟气成分较敏感； (2)本体阻力较高，一般<1100Pa； (3)滤袋的使用寿命及换袋成本仍是电袋复合除尘器的一个重要问题，目前旧滤袋的资源化利用率较低
袋式除尘技术	将所有电场改为袋式除尘	(1)除尘效率高，对粉尘特性不敏感，但对烟气温度、烟气成分较敏感； (2)本体阻力高，一般小于 1500Pa； (3)滤袋的使用寿命及换袋成本仍是袋式除尘器的一个重要问题，目前旧滤袋的资源化利用率较低

续表

可采用的改造技术	实施方法	主要技术特点
湿式电除尘技术（WESP）	在湿法脱硫后新增湿式电除尘器	(1)有效收集微细颗粒物（$PM_{2.5}$粉尘、SO_3酸雾、气溶胶）、重金属（Hg、As、Se、Pb、Cr）、有机污染物（多环芳烃、二噁英）等，烟尘排放浓度为10mg/m³甚至5mg/m³以下； (2)收尘性能与粉尘特性无关，也适用于处理高温、高湿的烟气； (3)本体阻力增加200～300Pa； (4)投资成本高

表 7-3 各改造技术的综合比较

技术名称	提效幅度及适用范围	运行费用	二次污染
静电除尘器扩容	提效幅度受煤、飞灰成分和比电阻影响及场地限制	较低	无
低低温电除尘技术	提效幅度有限，且受降温幅度限制，适用范围较广	3～5年可收回投资成本	无
旋转电极式电除尘技术	提效幅度显著，适用范围较广	较低	无
微颗粒捕集增效技术	提效幅度有限，且受烟道长度限制，适用范围较窄	低	无
高频高压电源技术	提效幅度有限，适用范围较广	有节能效果	无
袋式除尘技术	提效幅度显著，适用范围较广	高	旧滤袋的资源化利用率较小
电袋复合除尘技术	提效幅度显著，适用范围较广	较高	旧滤袋的资源化利用率较小
湿式电除尘技术	烟尘排放浓度低至10mg/m³甚至5mg/m³以下，适用范围较窄	高（需与其他除尘设备配套使用）	无

3. 静电除尘器提效改造技术路线分析

静电除尘器提效改造技术路线可分三大类，即电除尘技术路线（包括电除尘器扩容、采用电除尘新技术及多种新技术的集成）、袋式除尘技术路线（包括电袋复合除尘技术及袋式除尘技术）、湿式电除尘技术路线。

（1）按表观驱进速度 ω_k 值的大小评价 ESP 对国内煤种的除尘难易性，如表 7-4 所列。

表 7-4 按 ω_k 值评价 ESP 对国内煤种的除尘难易性

ω_k 值	除尘难易性	ω_k 值	除尘难易性
$\omega_k \geqslant 55$ $45 \leqslant \omega_k < 55$ $35 \leqslant \omega_k < 45$	容易 较容易 一般	$25 \leqslant \omega_k < 35$ $\omega_k < 25$	较难 难

（2）除尘设备出口烟尘浓度限值为 30mg/m³ 时的改造技术路线如表 7-5 所列。

表 7-5 除尘设备出口烟尘浓度限值为 30mg/m³ 时的改造技术路线

除尘难易性	采用的技术路线	扩容后静电除尘器 SCA/[m²/(m³/s)]	采用 ESP 新技术集成时的 SCA/[m²/(m³/s)]
容易	电除尘技术路线	≥110	≥80
较容易	电除尘技术路线	≥130	≥100
一般	宜通过可行性研究后选择除尘技术路线	≥150	≥120
较难	袋式除尘技术路线	—	—
难	袋式除尘技术路线	—	—

（3）除尘设备出口烟尘浓度限值为 20mg/m³ 时的改造技术路线如表 7-6 所列。

表 7-6　除尘设备出口烟尘浓度限值为 20mg/m³ 时的改造技术路线

除尘难易性	采用的技术路线	扩容后静电除尘器 SCA/[m²/(m³/s)]	采用 ESP 新技术集成时 的 SCA/[m²/(m³/s)]
容易	电除尘技术路线	≥130	≥100
较容易		≥150	≥120
一般	宜通过可行性研究后 选择除尘技术路线	≥170	≥140
较难	袋式除尘技术路线	—	
难			

（4）要求烟尘排放浓度≤10mg/m³，且对 SO_3、雾滴、$PM_{2.5}$ 排放有较高要求时，可采用湿式电除尘技术，或以低低温电除尘技术为核心的烟气协同治理技术。

对于既定的除尘设备出口烟尘浓度限值要求，静电除尘器提效改造时需要优先分析煤种的除尘难易性及原有静电除尘器的状况（以比集尘面积 SCA 和目前静电除尘器的出口烟尘浓度为主要考虑因素），在考虑满足现有改造场地的前提下，以具备最佳技术经济性为原则来确定改造技术路线。

三、电除尘器改造为袋式除尘器

1. 电除尘系统存在的问题
电除尘器设计排放浓度较高，在电厂、水泥等排放标准修改后，电除尘器有待改造。

2. 改造内容
原有的电除尘器壳体、灰斗、管道、承重基础、物料输送系统都可以保留、沿用，仅对性能先进的脉冲袋式除尘器的过滤和清灰方式进行改造。

3. 技术特点
① 袋式除尘器效率高、排放低，滤袋使用寿命 2~5 年；
② 与传统袋式除尘器相比，改造后的袋式除尘器由于过滤面积大，运行阻力低且稳定；
③ 对入口粉尘的性质变化没有太多的限制；
④ 可处理增加的烟气量；
⑤ 设备所包括的机械活动部件数量较少，不需要进行频繁维护或更换；
⑥ 过滤元件既可在净气室进行安装（从上面将其装入除尘器），也可在含尘室进行安装（在除尘器下部进行安装）。现场优势主要体现在其改造工程简便易行，是这种改造的实例（见图 7-4）。

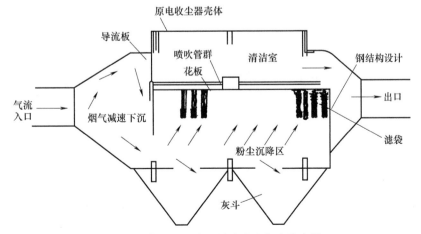

图 7-4　典型的电除尘器改造为袋式除尘器

4. 改造设计内容

（1）去除电除尘器内部的各种部件　包括极线、极板、振打系统、变压器、上下框架、多孔板等。通常所有的工作部件都应去除。现有的除尘器地基不动，外壳、出风管路、输灰装置不做改动，即可改造为脉冲袋式除尘器，可利用原外壳，节约资金，节省改造工期。

（2）安装花板、挡板、气体导流系统　对管道及进出风口改动以达到最佳效果。在结构体上部设计安装净气室。

（3）顶盖安装维修、走道及扶梯　根据净气室及通道的位置来安装检修门、走道及扶梯。

（4）安装滤袋　袋式除尘器的滤材选择至关重要，主要取决于风量、气流温度、湿度、除尘器尺寸、安装使用要求及价格成本。选择合适的滤材对整个工程的成败起着举足轻重的作用，特别对脉冲除尘器高温玻璃纤维滤件，如选用不当，改造后的袋式除尘器未必会优于原有的电除尘器。更有甚者，错误的选择滤袋会导致其快速损坏，增加更多的维护工作量。只有合理的设计、选型和安装滤袋才会保证高效率除尘及最少的维护量。

（5）安装清灰系统　清灰系统主要包括压缩空气管线、脉冲阀、气包、吹管及相关的电器元件。同时尽可能实行按压差清灰。当控制器感应到压差增到高位时会启动脉冲阀喷吹至合适的压差而中止。根据不同的工艺条件，清灰的"开""关"点可以分别设置。

将电除尘器改造为袋式除尘器，到目前为止电厂、水泥厂、烧结厂已有改造的案例。随着电除尘器使用的老化，对除尘效率要求的日益提高，电除尘器改造为袋式除尘器的需求又被赋予了新的要求和生命力。从长远眼光看，一次性投资稍高些但搞得成功有效，比重复投资反复改造要经济得多，而且也有利于连续稳定生产。少花费资金，减少停工时间，电除尘器改造成袋式除尘器是提高生产效率和收尘效率的一个有效且成功的途径。

四、电除尘器改造为电-袋复合除尘器

（一）理论基础

电除尘器是利用粉尘颗粒在电场中荷电并在电场力作用下向收尘极运动的原理实现烟气净化的。在一般情况下，当粉尘的物理、化学性能都适合时，电除尘器可达到很高的收尘效率且运行阻力低，所以是目前广泛应用的一种除尘设备，但它也存在一些不足。

首先，电除尘器的除尘效率受粉尘性能和烟气条件影响较大（如电阻率等）。其次，电除尘器虽是一种高效除尘设备，但其除尘效率与收尘极极板面积呈指数曲线关系。有时为了达到 $20\sim30mg/m^3$ 的低排放浓度，需要增设第四、第五电场。也就是说，为了降低粉尘排放而需增加很大的设备投资。

袋式除尘器有很高的除尘效率，不受粉尘电阻率性能的影响，但也存在设备阻力大、滤袋寿命短的缺点。

电袋复合除尘器，就是在除尘器的前部设置一个除尘电场，发挥电除尘器在第一电场能收集 $80\%\sim90\%$ 粉尘的优点，收集烟尘中的大部分粉尘，而在除尘器的后部装设滤袋，使含尘浓度低的烟气通过滤袋，这样可以显著降低滤袋的阻力，延长喷吹周期，缩短脉冲宽度，降低喷吹压力，从而大大延长滤袋的寿命。

（二）主要技术问题

（1）多数卧式电除尘器，烟气进入电除尘部分，采用烟气水平流动，保留一个或两个电场不改变气流方向，但袋式除尘部分，烟气应由下而上流经滤袋，从滤袋的内腔排入上部净气室。这样，应采用适当措施使气流在改向时不影响烟气在电场中的分布（图7-5）。

（2）应使烟尘性能兼顾电除尘和袋除尘的操作要求。烟尘的化学组成、温度、湿度等对粉尘

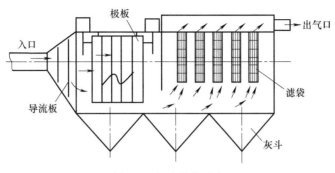

图 7-5　气流分布示意

的电阻率影响很大，很大程度上影响了电除尘部分的除尘效率。所以，在可能条件下应对烟气进行调质处理，使电除尘器部分的除尘效率尽可能提高。袋除尘部分的烟气温度一般应小于 200℃且大于 130℃（防结露糊袋）。

（3）在同一个箱体内，要正确确定电场的技术参数，同时也应正确地选取袋除尘各个技术参数。在旧有电除尘器改造时往往受原有壳体尺寸的限制，这个问题更为突出。在电袋复合式除尘器中，由于大部分粉尘已在电场中被捕集，而进入袋除尘部分的粉尘浓度、粉尘细度、粉尘分散度等与进入除尘器时的粉尘发生了很大的变化。在这样的条件下过滤风速等参数也必须随着变化，需要慎重对待。

（4）如何使除尘器进出口的压差（即阻力）降至 1000Pa 以下。除尘器阻力的大小，直接影响电耗的大小，所以正确的气路设计是减少压差的主要途径。

（三）改造内容

1. 除尘器的改造

除尘器是在保持原壳体不变的情况下进行改造，一般要保留第一电场和进出气喇叭口、气体分布板、下灰斗、排灰拉链机等。

烟气从除尘器进气喇叭口引入，经两层气流均布板，使气流沿电场断面分布均匀进入电场，烟气中的粉尘约有 80%～90% 被电场收集下来，烟气由水平流动折向电场下部，然后从下向上运动，通入除尘室。含尘烟气通过滤袋外表面，粉尘被阻留在滤袋的外部，纯净气体从滤袋的内腔流出，进入上部净化室，并分别进入上部的气阀，然后汇入排风管，流经出口喇叭、管道、风机，从烟囱排出。

该设备可以采用在线清灰，也可以采用离线清灰。当采用离线清灰时，先关闭清灰室的主气阀，然后 PLC 电控装置有顺序地启动清灰室上每个脉冲阀的电磁阀，使压缩空气沿喷吹管喷入滤袋，进行清灰。脉冲宽度可在 0.1～0.2s 范围内调节，脉冲间隔时间为 5～30s，喷吹周期为 4～50min，喷吹压力为 0.2～0.3MPa。在每个除尘室的花板上下侧都安装了压差计，可以随时了解该室滤袋的积灰情况以及每个室的气流均布情况。除尘器的进出口处均设置压力计和温度计，可以了解设备工作时的压力升降变化。

除尘器的气路设计至关重要，它的正确与否关系到除尘器的结构阻力大小，即关系到设备运行时的电耗大小。改造设计应做气流模拟计算或借鉴成功的案例。

2. 风机改造

将电除尘器改造为电-袋除尘器后，由于滤袋阻力较电除尘器高，所以原有尾部风机的风压需提高。此外，为满足增产的需要，风机风量也需提高。

风机改造有两种方式：一是更换风机或加长风叶；二是适当提高转速，以满足新的风压、风量要求。

综上所述，这种电袋复合除尘器，充分利用了电、袋除尘器的各自优势，既降低了投资成本，也减少了占地面积，更降低了排放浓度，是值得推广的用于改造除尘器的除尘设备。

五、电除尘器提效改造设计

静电除尘器改造途径主要有 3 个方面：①保留原电除尘器外壳，利用先进技术对内部核心部件改造（即"留壳改仁"），提高除尘效果；②在原有电除尘器基础上增大电除尘器（包括加长、加宽和加高）；③在原有电除尘器仍有使用价值的情况下，串联或并联一台新的静电除尘器。

（一）保留壳体的改造技术

保留壳体是指利用先进技术对影响除尘效果的关键部件进行改造。框架和壳体予以保留。

改造方案主要是保留壳体利用静电除尘器技术对内部关键部件进行改造，使之与原有壳体结构相匹配。

（1）气流分布板改造，使之符合斜气流要求，从而提高除尘效率。

（2）振打传动用行星摆线针轮减速电机直联在轴上，振打锤采用夹板式挠臂锤，轴承用托辊式尘中轴承，振打方向为分布板的法向振打，振打力大，清灰彻底。

（3）用电晕性能好，起晕电压低，放电强度高，易清灰的新型电晕线进行改造，用于浓度较大的电场。

（4）用新的收尘极使极板上各点近似与电晕极等距，形成均匀的电流密度分布，火花电压高，电晕性能好；与电晕线形成最佳配合，粒子重返气流机会少；采用活动铰接形式，有利于振打传递。振打采用挠臂锤。振打周期可根据运行工况调整，以获最佳效果。

（5）阻流板、挡风板，采用新技术重新设计，避免气流短路。

（6）采用新的供电技术，提高除尘效果。

（二）改变壳体的改造技术

（1）在原静电除尘器之前增加电场　新增前加电场的基础和钢支架；增加电场壳体和灰斗；增加电场收尘极和放电极系统；增加电场的收尘极和放电极振打系统；进气烟箱、前置烟道的改造；增加高、低压供电装置；附属配套设施的增加和改造。其布置如图 7-6 所示。

（2）在原静电除尘器之后增加电场　新增后加电场的基础和钢支架；增加电场的壳体和灰斗；增加电场的收尘极和放电极系统；增加电场的收尘极和放电极振打系统；出气烟箱；增加高、低压供电装置；附属配套设施的增加和改造。增加电场和高度后的布置如图 7-7 所示。

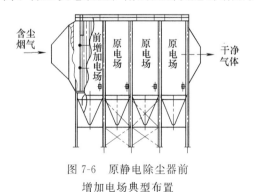

图 7-6　原静电除尘器前
增加电场典型布置

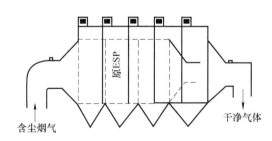

图 7-7　原静电除尘器后增加
电场和高度的布置示意

（3）原静电除尘器加宽　新增室的基础和钢支架；新增室的壳体和灰斗；新增室的收尘极和放电极系统；新增室的收尘极和放电极振打系统；重新设计进气烟箱；前置烟道的改善；增加

高、低压供电装置；除尘配套设施的增加和改造。典型布置如图 7-8 所示。

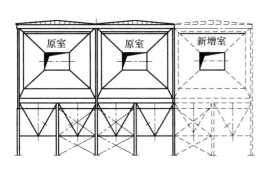

图 7-8 在一侧增加电场宽度布置形式

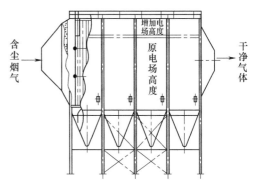

图 7-9 增加电场高度布置方案

（4）原除尘器增加高度 基础、钢支架、壳体和灰斗不变。在原壳体基础上增加高度，更换所有收尘极和放电极系统；更换收尘极和放电极振打系统；重新设计进气烟箱；必要时更换增加高、低压供电装置及附属配套设施的改造。典型布置如图 7-9 所示。

（5）重新分配电场 基础、钢支架、壳体和灰斗不变。利用原电除尘器收尘极和放电极侧部振打沿电场长度方向的空间，重新分配电场，并采用顶部振打，通常情况下原四个电场的可以增加到五个电场，可有效增加收尘极板面积。更换所有收尘极和放电极系统；更换收尘极和放电极振打系统；增加高、低压供电装置及附属配套设施的改造。典型布置方案如图 7-10 所示。

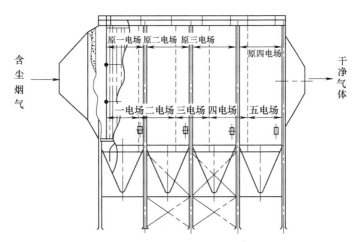

图 7-10 利用内部空间重新分配电场方案

六、实例——电除尘器提效技术改造

在锥炉、屏炉两台炉窑上安装了两台 GD44-ⅡC 型电除尘器，它们已经安全运行了 13 年。随着国家提高了大气污染排放标准，它们已经不能满足要求，急需进行技术改造。改造在保证两炉窑正常运行的情况下逐台进行。通过改善除尘器入口气流分布、加大极距、改变电源和控制、改善振打、增加电场等，满足了《工业炉窑大气污染排放标准》（GB 9078—1996）中对有害污染物 PbO 的排放要求，取得了满意的结果。

1. 改造内容

改造前后的电除尘器技术参数见表 7-7。

表 7-7 GD44-ⅡC 型电除尘器改造前后的技术参数

序号	名　称	单位	改造前	改造后
1	电场有效截面积	m^2	47.49	47.49
2	处理烟气量	m^3/h	83000	107400
3	烟气温度	℃	260	280
4	工作负压	Pa	−3300	−3300
5	电场风速	m/s	0.512	0.628
6	有效电场长度	m	6	9
7	气体停留时间	s	11.7	15.7
8	进口含尘浓度(PbO)	mg/m^3	179.49	180
9	出口含尘浓度(PbO)	mg/m^3	1.8	0.6
10	通道数		17	16
11	同极距	mm	360	400
12	异极距	mm	180	200
13	烟气阻力	Pa	<300	<300
14	高压电源		2×500mA/72kV	HL-Ⅲ0.4/72kV
15	电晕极型式		鱼骨形	鱼骨形
16	收尘极型式		管极式	管极式

（1）**壳体** 原壳体为宽立柱式钢结构。由于该结构稳定度较高，且几年来磨损较少，所以仍可利用。为了提效，增加了一个电场，新增壳体还采用宽立柱式钢结构。

（2）**气流分布装置** 原进口喇叭中的分布板由于磨损较严重，所以全部报废，重新设计气流分布板，其开孔率和层数根据气流分布模拟试验确定，中间开孔率低，四周开孔率高的气流分布板共有三层。新气流分布板与原有的相比，气流分布更加均匀，进入电场烟尘浓度基本一致。

气流分布板还起到预收尘的作用，当烟气流速从 15～18m/s 逐渐低到 0.6m/s 左右时，粗颗粒粉尘在重力作用下自然沉降。主气流通过分布板时，将气流分割扩散，分气流突然改变方向，由于惯性作用一部分粉尘在重力和惯性力的作用下沉降下来。

（3）**极间距** 原同极距为 360mm，异极距为 180mm，实际同极净距只有 320mm，异极净距 140mm，再加上安装及运行的热变形，异极距实际小于 140mm，这就限制了运行电压的升高。把同极距改为 400mm，异极距改为 200mm 后，提高了运行电压，除尘效率显著提高。

（4）**收尘极** 仍采用原来的管极式收尘极。这种收尘极具有抗热变形能力强、总集尘面积大、电场内气流分布均匀、制造、安装、调整容易，以及耐腐蚀，成本较低，维护量小等特点。

（5）**电晕极** 仍采用原来的鱼骨形电晕极。鱼骨形电晕极由 5 根辅助电极和鱼骨形电晕线交替布置，辅助电极和电晕极施加相同的极间电压，产生高电场强度和低电流密度，可防止反电晕又可捕集荷正电的粉尘，提升高比电阻粉尘的捕集效率。

（6）**振打系统** 仍采用原来的侧部振打装置。设计良好的振打系统可有效地清除电极上的粉尘，同时减少二次扬尘。振打效果不仅仅与振打加速度大小有关，还与电极的振幅及固有频率有关。

振打加速度与振打频率平方成正比，振打频率与振幅又互为函数。频率低，振幅大，粉尘不易从电极上清除下来。相反，频率高，振幅小，粉尘往往不能呈片状下落而引起二次扬尘，还容易导致振打系统疲劳破坏。通过试验测定，把锤臂由原来的 300mm 长 ［见图 7-11（a）］增加到 400mm 长 ［见图 7-11（b）］，振打效果有很大提高。

2. 电瓷件

原来的支柱绝缘子、瓷套筒、瓷转轴等电瓷件均是 50 瓷，在高温状态下易龟裂，导致积灰、爬电、电压升高。这次改造把 50 瓷改为 95 瓷，在 250℃ 以上高温情况下，绝缘性能好，抗热震性好，机械强度高，确保除尘器长期稳定运行。

3. 电源及电控

改造采用上海激光电源设备厂生产的恒流高压直流电源（HL-Ⅲ0.4/72kV），能使电场充分

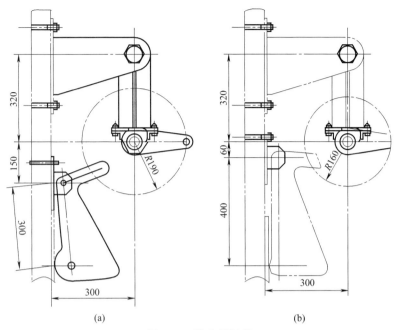

图 7-11　除尘器锤臂

电晕而不容易转化为贯穿性的火花击穿。与其他电源相比，在同一电场上运行电压和电晕电流均显著提高，节电效果也比较明显，功率因数 $\cos\phi \approx 0.9$。

低压电控也是电除尘器稳定高效运行不可缺少的重要部分。随着工业控制自动化要求的提高，监控和数据采集系统应用日益广泛。改造采用北京亚控公司开发的工控软件——组态王5.0，将除尘器的整个系统画面动态化，在上位机上显示。上位机的应用使电除尘的自动化控制起了质的变化。它不仅形象直观地描述现场各个部件的运行情况，还可以利用设定的软件操作，处理数据以用记录、打印、通信、自诊断、显示过程变量、控制参数及重要报警信息等。低压的核心部件 PLC 由原三菱 F1 系统改成了德国西门子 S7-300，增加了 S7 的模拟量模块，使控制更加简单可靠。总之这次改造的电气控制模式体现了当今工业控制领域的技术发展趋势。

4. 实际效果

电除尘器改造工程工期短，时间紧，为此投入了必要的人力、物力。有经验的工人和技术人员也到场参与安装调试。经过以上改造，除尘器投运 3 个月后测定数据表明，这次改造是非常成功的（见表 7-8）。

表 7-8　改造前后监测对比

项目	入口粉尘浓度 /(mg/m³)	出口粉尘浓度 /(mg/m³)	除尘效率 /%	烟气量 /(m³/h)	PbO 排放浓度 /(mg/m³)
改造前	735.6	5.45	99.26	82410	1.2
改造后	730.7	2.27	99.68	107400	0.5

第三节　袋式除尘器升级改造

袋式除尘器是指利用纤维性滤袋捕集粉尘的除尘设备。袋式除尘器的突出优点是：除尘效率高，属高效除尘器，除尘效率一般＞99％，运行稳定，不受风量波动的影响；适应性强，不受粉尘比电阻值限制。因此，袋式除尘器在应用中备受青睐。袋式除尘器是除文氏管除尘器外运行阻力最大的除尘器。所以，袋式除尘器的升级改造主要是降阻节能改造，同时也有达标排放和安全运行改造。

一、袋式除尘技术发展趋势

1. 进一步降低袋式除尘器的能耗

袋式除尘器在降低阻力方面已经取得很大的进步，从"节能减排"的大目标，以及今后袋式除尘器越来越广的应用局面考虑，仍需加强研究，以进一步降低袋式除尘器的阻力和能耗。

在役袋式除尘器的阻力和能耗较大，其原因并不是袋式除尘技术本身的问题，也不是袋式除尘技术解决不了的问题。标准规定反吹风袋式除尘器阻力 2000Pa，脉冲袋式除尘器阻力 1500Pa，从业者都执行标准。一旦标准有降低阻力和能耗的新要求，相信袋式除尘器的阻力和能耗一定会大幅降低，因为降低能耗是袋式除尘器技术的发展趋势。而且现在已有相当数量的袋式除尘器运行阻力在 1000Pa 以下。

2. 净化微细粒子的技术

袋式除尘器虽然能够有效捕集微细粒子，但以往未将微细粒子的捕集作为技术发展的重点。随着国家针对微细粒子控制标准的提高，袋式除尘技术需要进一步提高捕集效率、降低阻力和能耗。针对 $PM_{2.5}$ 粉尘的捕集，还要研究和开发主机控制、滤料、测试及应用技术。

细颗粒物（PM_{10}、$PM_{2.5}$）是危害人体健康和污染大气环境的主要因素，减排 $PM_{2.5}$ 已经成为国家的环保目标。$PM_{2.5}$ 细颗粒由于粒径小，其运动、捕集、附着、清灰、收集等方面都有特殊性，针对 TSP 大颗粒粉尘捕集的常规过滤材料和除尘技术难以适应超细粒子的问题，一些企业研发的 $PM_{2.5}$ 细粒子高效捕集过滤材料，对粒径 $PM_{2.5}$ 以下的超细粒子，有较高的捕集效率。可以说，目前只有袋式除尘技术才能够有效控制 $PM_{2.5}$ 等微细粒子的排放。

需要指出的是，袋式除尘器实现更低的颗粒物排放并不意味提高造价，只要严格按照有关标准和规范设计、制造、安装和运行，就能获得好的效果。

3. 高效去除有害气体技术

袋式除尘器能够高效去除有害气体，电解铝含氟烟气的净化是依靠袋式除尘器实现的，含沥青烟气的最有效的净化方法是以粉尘吸附并以袋式除尘器分离；煤矿开采、焚化炉一些特殊行业的烟尘排放也依靠袋式除尘器来解决。

在垃圾焚烧烟气净化中，袋式除尘器起着无可替代的作用，垃圾焚烧尾气中含有多种有害气体，袋式除尘器"反应层"的特性对垃圾焚烧烟气中的 HCl、SO_2、重金属等污染物的去除具有重要作用。垃圾焚烧尾气中二噁英的净化方法，是用吸附剂吸附再以袋式除尘器去除，且不会产生新生成的问题。

试验结果表明，在干法和半干法脱硫系统中，采用袋式除尘器可比其他除尘器提高脱硫效率约 10％。滤袋表面的粉尘层含有未反应完全的脱硫剂，相当于一个"反应层"的作用。若滤袋表面粉尘层厚度 2.0mm，过滤风速为 1m/min，则含尘气流通过粉尘层的时间为 0.12s，可显著提高脱硫反应的效率。

铁矿烧结机的机头烟气采用"ESP（电除尘）＋CFB（脱硫）＋BF（袋除尘）"组合的脱硫除尘一体化处理技术，已有成功应用的实例，应扩大袋式除尘技术在烧结机头烟气脱硫除尘系统的应用。

4. 在多种复杂条件下实现减排

袋式除尘器对各种烟尘和粉尘都具有很好的捕集效果，不受粉尘成分及比电阻等特性的影响，对入口含尘浓度不敏感，在含尘浓度很高或很低的条件下，都能实现很低的粉尘排放。

近年来袋式除尘技术快速发展，在以下诸多不利条件下都能成功应用和稳定运行：①烟气高温，在≤280℃下已普遍应用；②烟气高湿，如轧钢烟气除尘、水泥行业原材料烘干机和联合粉磨系统等尾气净化；③高负压或高正压除尘系统，一些大型煤磨袋式除尘系统的负压达到 $(1.4\sim1.6)\times10^4$ Pa；大型高炉煤气袋滤净化系统的正压可达 0.3MPa；而某些水煤气袋滤净化系统的正压更高达 $0.6\sim4.0$ MPa；④高腐蚀性，例如垃圾焚烧发电厂的烟气净化，燃煤锅炉的烟气除尘，烟气中含 HCl、HF 等腐蚀性气体；⑤烟气含易燃、易爆粉尘或气体，如高炉煤气、炭黑生产、煤矿开采、煤磨除尘等；⑥高含尘浓度，水泥行业已将袋式除尘器作为主机设备，直接处理含尘浓度为 $1600g/m^3$ 的含尘气体，收集产品，并达标排放；还可直接处理含尘浓度 $3\times10^4g/m^3$ 的气体（例如仓式泵输粉），并达标排放。

5. 适应严格的环保标准

袋式除尘技术作为微细粒子高效捕集的手段，有力地支持了国家更加严格的环保标准。最近几年，一些工业行业的大气污染物排放标准多次修订。新修订的《火电厂大气污染物排放标准》（GB 13223—2011），规定新建、改建和扩建锅炉机组烟尘排放限值为 $30mg/m^3$。国家三部委要求垃圾焚烧厂必须严格控制二噁英排放，规定"烟气净化系统必须设置袋式除尘器，去除焚烧烟气中的粉尘污染物"。水泥行业排放标准再次修订，粉尘排放限值将改为 $20\sim30mg/m^3$。钢铁行业的污染物排放标准已颁布，其中颗粒物排放限值低于 $20mg/m^3$。超低排放的实施排放限值进一步降低，规定固体颗粒物排放限值低于 $10mg/m^3$，对固体颗粒物减排起到巨大的作用。对于袋式除尘器而言应无问题，设计良好的袋式除尘器其出口排放浓度多为 $3\sim10mg/m^3$。

二、袋式除尘器缺陷改造

除尘器设计和制造过程中，为了追求先进指标，降低造价，触犯了除尘器的一些禁忌，导致使用后改造。

1. 进风管道的气流速度优化

在许多沿着总管—支管—阀门—弯管进风的除尘器中，有的将管道内的风速设计为 $16\sim18m/s$，甚至更高。带来的后果是除尘器的结构阻力过高，有的甚至达到设备阻力的 50% 以上。

除尘器的进风总管下部一般都有斜面，支管通常垂直安装，即使水平安装其长度也很短。而在流动着的含尘气体中，与气体充分混合的粉尘具有类似流体的流动性，只要有少许坡度即可流动，不会在管道内沉积。因此，完全可以将总管和支管内的风速适当降低，这对减少结构阻力具有显著的作用。计算表明，将风速从 $18m/s$ 降至 $14m/s$，阻力可降低 40%；而将风速从 $16m/s$ 降至 $14m/s$，阻力可降低 24%。

推荐除尘器进风总管的风速≤12m/s；支管的风速 $8\sim10m/s$ 为宜，≤8m/s 最佳；停风阀的风速≤12m/s。

一些袋式除尘器被设计成下进风方式，即从灰斗进风。这种进风方式可省占地面积和钢耗，但进风速度高，容易引发设备阻力过高、滤袋受含尘气流冲刷等问题。

图 7-12 所示为一台长袋低压脉冲袋式除尘器，设计成多仓室结构，含尘气流从灰斗进入。投入运行之初

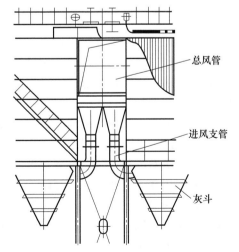

总风管

进风支管

灰斗

图 7-12 长袋低压脉冲袋式除尘器

便发现设备阻力高达 1700Pa，很快升至 2000Pa 以上。超过国家标准规定的≤1500Pa。

下进风除尘器经常出现的另一问题是，运行时间不长（1～2 个月，甚至数天）即出现滤袋破损。破损滤袋多位于远离进风口一侧，或靠近进风口处。滤袋破损部位多在滤袋下部（对于外滤式滤袋，位于袋底，对于内滤式滤袋，位于袋口），或者在靠近进风口的部位。滤袋破口部位周边的滤料，其迎尘面的纤维多被磨去，露出基布，而背面的纤维则相对完好。这种破袋的原因在于气流分布不当，部分滤袋直接受到含尘气流的冲刷。

为避免上述情况，在条件许可时，尽量不采用灰斗进风。若不能避免灰斗进风，图 7-13 所示的气流分布装置是一种可供选择的方案，即在灰斗中设垂直的气流分布板，置于含尘气流之中，使之正面迎向含尘气流，以削弱过高的气流动压。同时，垂直的气流分布板长短不一，布置成阶梯状，使含尘气流均匀分散并向上流动。实践证明，这种装置有效地避免了含尘气流对滤袋的冲刷。

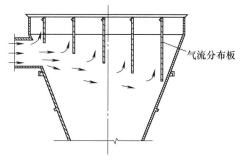

图 7-13　一种可供选择的气流分布装置

图 7-14（a）所示进风方式，含尘气流从灰斗的一侧垂直向下进入，设计者希望灰斗的容积和断面积可以使含尘气流充分扩散。但是，气流有保持自己原有速度和方向的特性，进入灰斗后含尘气流沿着灰斗壁面流向底部，并沿着远端的壁面向上流动，其速度没有足够的衰减，导致远端第一、第二排滤袋底部受冲刷而破损。

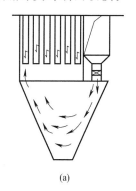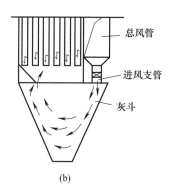

（a）　　　　　　　　　　（b）

图 7-14　灰斗进风方式

采取内滤方式的袋式除尘器多从灰斗进风，当气流分布效果不好，或入口风速过高时，部分滤袋的袋口风速将会过高（例如超过 2～3m/min），导致袋口附近受到冲刷而磨损。避免含尘气流冲刷滤袋的方法是，将进风口设于除尘器侧面，但尽量避免灰斗进风，宜使含尘气流从中箱体侧面进入，内部加挡风板形成缓冲区［图 7-14（b）］，并使气流分布板与箱板之间具有足够的宽度，从而使含尘气流向两侧分散，并以较低的速度沿缓冲区流动。

2. 排气通道气流速度优化

许多除尘器的排风装置也存在风速过高的问题，同样会导致阻力增加。在排气通道中，风速过高主要出现在两个环节：一是除尘器净气室风速大，特别是净气室与风道交界处，该处有横梁和众多脉冲阀出口弯管，迫使气流速度提高；二是提升阀处，或提升阀提升高度不够，或提升阀阀板面积小，排气口处气流速度过高，气流涡流区大，阻力大。

3. 过滤风速优化

过滤风速是表征袋式除尘器处理气体能力的重要技术经济指标。可按下式计算：

$$v_F = L/(60S) \tag{7-2}$$

式中，v_F 为过滤风速，m/min；L 为处理风量，m^3/h；S 为所需滤料的过滤面积，m^2。

在工程上，过滤风速还常用比负荷 q_S 的概念来表示，是指单位过滤面积单位时间内过滤气体的量 $[m^3/(m^2 \cdot h)]$。

$$q_S = Q/A \tag{7-3}$$

式中，Q 为过滤气体量，即处理风量，m^3/h；A 为过滤面积，m^2。

显然
$$q_S = 60v \tag{7-4}$$

式中，v 为过滤风速 $[m^3/(m^2 \cdot min)$，即 m/min]。

过滤风速有的也称气布比，其物理意义是指单位时间过滤的气体量（m^3/min）和过滤面积（m^2）之比。实质上，这与过滤风速及比负荷意义是相同的。

过滤风速的大小，取决于粉尘特性及浓度大小、气体特性、滤料品种以及清灰方式。对于粒细、浓度大、黏性大、磨琢性强的粉尘，以及高温、高湿气体的过滤，过滤风速宜取小值，反之取大值。对于滤料，机织布阻力大，过滤风速取小值，针刺毡开孔率大，阻力小，可取大值；覆膜滤料较针刺毡还可适当加大。对于清灰方式，如机械振打、分室反吹风清灰，强度较弱，过滤风速取小值（如 0.5～1.0m/min）；脉冲喷吹清灰强度大，可取大值（如 0.6～1.2m/min）。

选用过滤风速时，若选用过高，处理相同风量的含尘气体所需的滤料过滤面积小，则除尘器的体积、占地面积小，耗电量也小，一次投资也小；但除尘器阻力大，耗电量也大，因而运行费用就大，且排放质量浓度大，滤袋寿命短。显然高风速是不可取的，设备制造厂在产品样本中推介的过滤速度一般偏高，设计选用应予注意；反之，过滤风速小，一次投资稍大，但运行费用减小，排放质量浓度小容易达标，滤袋寿命长。近年来，袋式除尘器的用户对除尘器的要求高了，既关注排放质量浓度又关注滤袋寿命，不仅要求达到 5.0～20mg/m³ 的排放质量浓度，还要求滤袋的寿命达到 2～5 年，要保证工艺设备在一个大检修周期（2～4 年）内，除尘器能长期连续运行，不更换滤袋。这就是说，滤袋寿命要较之以往 1～2 年延长至 3～5 年。因此，过滤风速不宜选大而是要选小，从而阻力也可降低，运行能耗低，相应延长滤袋寿命，降低排放质量浓度。这一情况，一方面促进了滤料行业改进，提高滤料的品质，研制新的产品，另一方面也促使除尘器的设计者、选用者依据不同情况选用优质滤料，选取较低的过滤风速。例如，火电厂燃煤锅炉选用脉冲袋式除尘器，排放质量浓度为 10～30mg/m³，滤袋使用寿命 4 年，过滤风速为 0.6～1.2m/min，较之过去为低。笔者认为，改造工程的过滤风速应低些。

选用过滤风速时，若采用分室停风的反吹风清灰或停风离线脉冲清灰的袋式除尘器，过滤风速要采用净过滤风速。按下式计算：

$$v_n = L/[60(S - S')] \tag{7-5}$$

式中，v_n 为净过滤风速，m/min；L 为处理总风量，m^3/h；S 为按式（7-2）计算的总过滤面积，m^2；S' 为除尘器一个分室或两个分室清灰时的各自的过滤面积，m^2。

4. 供气系统优化

有些脉冲袋式除尘器供气系统管路过小，例如一台中等规模的除尘器供气主管直径小于DN50，甚至只有 DN40。清灰时，压缩气体补给不足，除第一个脉冲阀外，后续的脉冲阀喷吹时气包压力都不足，有的在 50% 额定压力下进行喷吹，以致清灰效果很差，设备阻力居高不下。

大量工程实践证明，供气主管宜选用直径较大的管道，一般不应小于 DN65。大型袋式除尘设备最好采用 DN80 管道。增大管道而增加的造价微不足道，而清灰效果却得到保障。

（1）脉冲阀出口弯管曲率半径过小　许多脉冲阀出口弯管采用钢制无缝弯头（见图 7-15），虽然省事，但其曲率半径过小，DN80 无缝弯头的曲率半径只有 220mm。有些除尘器采用此种弯头后，出现喷吹管背部穿孔的现象。

对于曲率半径过小的弯管，如果喷吹装置或供气管路内存在杂物，喷吹时气流携带杂物会从弯管内壁反弹，对喷吹管背面构成冲刷（见图7-16），导致该处出现穿孔。除此之外，曲率半径过小的弯管自身也容易磨损，并对喷吹气流造成较高阻力，影响清灰效果。

避免上述情况的有效途径是，加大脉冲阀出口弯管曲率半径。对于 DN80 的脉冲阀，其弯管曲率半径宜取 $R＝350\sim400mm$。此外，袋式除尘器供气系统安装结束后，在接通喷吹装置之前，应先以压缩气体对供气系统进行吹扫，将其中的杂物清除

图7-15　脉冲阀出口弯管曲率半径过小

干净。喷吹装置的气包制作完成后应认真清除内部的杂物，完成组装出厂前，应将气包所有的孔、口全部堵塞，防止运输过程中进入杂物。

（2）喷吹管或喷嘴偏斜　喷吹管或喷嘴偏斜是脉冲袋式除尘器常见的问题，其后果是清灰气流不是沿着滤袋中心喷吹，而是吹向滤袋一侧（见图7-17），滤袋在短时间（往往数日）内便破损。

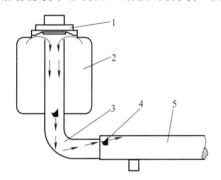

图7-16　杂物从弯管反弹冲刷喷吹管背面
1—脉冲阀；2—稳压气色；3—弯管；4—杂物；5—喷吹管

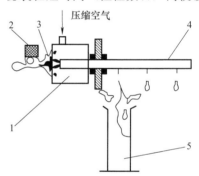

图7-17　喷吹气流偏斜直接吹向滤袋侧面
1—分气箱；2—电磁阀；3—脉冲阀；4—喷水管；5—滤袋

如果喷嘴偏移预定位置，滤袋会严重破损，花板表面会被粉尘污染。喷吹管整体偏斜，会导致一排滤袋大部分破损。

避免喷嘴与喷吹管偏斜应从提高制造和拼装质量入手。喷吹管上喷孔（嘴）的成型、喷吹装置与上箱体的拼装，一定要借助专用机具、工具和模具，并由有经验的人员操作。在条件许可时，尽量将喷吹装置和上箱体在厂内拼装，经检验合格后整体出厂，并在现场整体吊装，避免散件运到现场拼装。

（3）喷吹制度的缺陷　一台大型脉冲袋式除尘器，曾将电脉冲宽度定为500ms，认为这样可以有足够大的喷吹气量，从而获得良好的清灰效果。

除尘器投运后，发现空气压缩机按预定的一用一备制度运行完全不能满足喷吹的需要，两台空气压缩机同时运行仍然不够用。随后，将电脉冲宽度缩短为200ms（受控制系统的限制而不能再缩短），两台空气压缩机才勉强满足喷吹的需要。

图7-18所示为脉冲喷吹气流的压力波形。当同时满足以下2个条件时脉冲喷吹才能获得良好的清灰效果：①压力峰值高；②压力上升速度快（亦即压力从零上升至峰值的时间短）。大量实验和工程实践证明，对脉冲喷吹清灰而言，重要的是压缩气体快速释放对滤袋形成的强烈冲击，伴随压力峰值形成的这一冲击实现之后，本次清灰过程即结束。此后，若脉冲阀继续开启，

对于清灰已经没有任何作用。所以，脉冲喷吹最理想的压力波形是一个方波，如图 7-18 中 *abcd* 所示；而波形中斜线覆盖的部分则对清灰不起作用，要尽量改善脉冲阀的开关性能，以获得短促而强力的气脉冲。试验表明，脉冲阀的电信号以不超过 100ms 为宜。

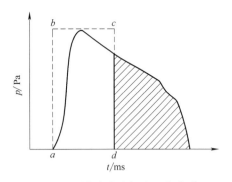

图 7-18 脉冲喷吹气流压力波形

三、袋式除尘器扩容改造

袋式除尘器扩容改造的主要任务是增加过滤面积。增加过滤面积的途径有并联新的除尘器，把原有的除尘器加高、加宽、加长，改变滤袋形状，把滤袋改为滤筒等。扩容改造可以满足生产需要，降低除尘设备阻力，使除尘系统稳定运行。

1. 并联新的袋式除尘器

在扩容改造中，如果场地等条件允许，并联新的同类型除尘器是常用的方法。并联新除尘器要注意管路阻力平衡。

2. 把袋式除尘器加高

把除尘器加高也是袋式除尘器扩容改造最常用的方法。袋式除尘器加高，首先是把除尘器壳体加高，同时将滤袋延长后，除尘器扩容很容易实现。

加高袋式除尘器后，除尘器的荷载加大，因此需对除尘器壳体结构和基础进行验算，以便预防事故发生。

3. 改变滤袋形状

用改变滤袋形状的方法增加除尘器过滤面积是袋式除尘器改造中比较简单的方法。改形状可以改变滤袋的直径，把大直径的滤袋改为小直径滤袋，把圆形滤袋改为菱形滤袋或扁袋等。把反吹风袋式除尘器改造为脉冲袋式除尘器，可以增加过滤面积，实质是把反吹风除尘器直径较大的滤袋（150~300mm）改变为脉冲除尘器直径较小的滤袋（80~170mm）。

利用褶皱式滤袋和袋笼扩容为现有布袋除尘器适应超细工业粉尘特别是 PM_{10} 和 $PM_{2.5}$ 超细粉尘的控制和收集提供了可行的解决方案，是现有除尘器改造成本最低、最简单易行的选择。无须对除尘器箱体改造，按需要提高过滤面积 50% 以上，从而降低系统压差、能耗和粉尘排放。

褶皱式滤袋和袋笼如图 7-19 所示。

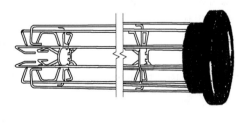

(a) 褶皱式滤袋　　　　　　　　　　　(b) 袋笼

图 7-19 褶皱式滤袋和袋笼

褶皱式滤袋特点如下。

（1）大幅度提高现有除尘器的风量　使用易滤褶皱滤袋对现有除尘器改造，不需要对除尘器本体进行改造，直接更换现有滤袋和袋笼，可增加系统过滤面积50％～150％，是提高除尘系统生产效率和容量的最佳改造方案。

（2）提高除尘器对粉尘特别是 PM$_{2.5}$ 的捕集效率　使用易滤褶皱滤袋替代普通圆或椭圆滤袋可提高过滤面积，直接降低气布比，降低系统压差和脉冲喷吹频率，从而大幅度降低系统的粉尘排放特别是超细粉尘的排放。

（3）降低系统运行能耗和维护成本　使用易滤褶皱滤袋代替普通圆或椭圆滤袋，系统压差大幅度降低，风机能耗大幅度下降；喷出频率显著降低，因而压缩空气使用量显著降低，喷吹系统部件损耗也大大下降。

（4）延长布袋使用寿命　使用易滤褶皱滤袋代替普通圆或椭圆滤袋，独特的滤袋和袋笼组合完全避免了普通袋笼横向支撑环对滤袋的疲劳损伤，加之较低的运行压差和喷吹频率，滤袋疲劳损伤大幅度降低，寿命大幅度延长。

对一般中小型袋式除尘器来说，把普通圆形滤袋改为除尘滤筒，可以较多地增加除尘器过滤面积，所以在袋式除尘器升级改造工程中应用较多。但是在大型袋式除尘器升级改造工程中较少采用。

四、袋式除尘器节能改造

袋式除尘器除尘效率高、运行稳定、适应性强，所以备受青睐，但它的设备能耗是文氏管除尘器之外所有的除尘器中最高的，或者说是能耗最大的。所以通过升级改造，做到节能又减排，降低袋式除尘器能耗是大势所趋。

（一）降低能耗的意义

袋式除尘器降低能耗意义重大，这是因为它的设备能耗是文氏管除尘器之外所有的除尘器中能耗最大的，而节能的手段是成熟的，节能的潜力是很大的，大幅度降低能耗是可能的。设计合理的袋式除尘器，节能25％～30％是完全可以做到的。节能除尘器还有如下好处：除尘器出口气体含尘浓度降低，设备运行稳定，故障少，作业率高，滤袋寿命延长，除尘器可随生产工艺设备同期检修。

（二）袋式除尘器能耗分析

1. 袋式除尘器阻力组成

袋式除尘器阻力指气流通过袋式除尘器的流动阻力，当除尘器进出口截面积相等时可以用除尘器进出口气体平均静压差度量。设备阻力 Δp 包括除尘器结构阻力 Δp_j 和过滤阻力 Δp_L 两部分，过滤阻力又由洁净滤料阻力 Δp_Q、滤料中粉尘残留阻力 Δp_c（初层）和堆积粉尘层阻力 Δp_d 三部分组成，即：

$$\Delta p = \Delta p_j + \Delta p_L \tag{7-6}$$
$$\Delta p_L = \Delta p_Q + \Delta p_c + \Delta p_d \tag{7-7}$$

对于传统结构的脉冲袋式除尘器，其设备阻力分布大致如表7-9所列（以电厂锅炉、炼钢电炉烟气净化为例）。

表 7-9　脉冲袋式除尘器设备阻力分布

项目	结构阻力 Δp_j	洁净滤料阻力 Δp_Q	粉尘残留阻力 Δp_c	堆积粉尘层阻力 Δp_d	设备阻力 Δp
阻力范围/Pa	300～600	20～100	140～500	0～300	1000～1500
最大值/Pa	600	100	500	300	1500
比例/%	40	7	33	20	100

由表7-9可以看出,袋式除尘器设备结构阻力和滤袋表面残留阻力是设备阻力的主要构成,也是节能降阻的重点环节。

2. 袋式除尘器结构阻力分析

除尘器本体(结构)阻力占其总阻力比重40%,值得特别重视。该阻力主要由进出风口、风道、各袋室进出风口、袋口等气体通过的部位产生的摩擦阻力和局部阻力组成,即为各部分摩擦阻力和局部阻力之和,简易公式表示为:

$$\Delta p_g = \sum K_m v^2 + \sum K_g v^2 \tag{7-8}$$

式中,K_m 为摩擦阻力综合系数;K_g 为局部阻力综合系数;v 为气体流经各部位速度。

可见,欲减小 Δp_g,首先减小局部阻力系数和降低气体流速度。

由公式(7-8)看出,阻力的大小与气体流速大小的平方成正比,因此,设计中,应尽可能扩大气体通过的各部位的面积,最大限度地降低气流速度,减小设备本体阻力损失。

由于阻力与流速的平方成正比,故降低气体流速更为有效。降低速度的关键是进出风口,进出风口气流速度高,降速潜力大。

再加上流体速度的降低,把结构阻力降为300Pa是完全可能的。

3. 袋式除尘器滤料阻力分析

(1)洁净滤料阻力 Δp_j 洁净滤料的阻力计算式可用下式表示:

$$\Delta p_j = C v_f \tag{7-9}$$

式中,Δp_j 为洁净滤料的阻力,Pa;C 为洁净滤料阻力系数;v_f 为过滤速度,m/min。

《袋式除尘器技术要求》(GB/T 6719—2009)规定滤料阻力特性以洁净滤料阻力系数 C 和动态滤尘时阻力值表示,见表7-10。

表7-10 滤料阻力特性

滤料类型	非织造滤料	机织滤料
洁净滤料阻力系数 C	≤20	≤30
动态滤尘时阻力值 Δp/Pa	≤300	≤400

注:摘自 GB/T 6719—2009。

滤袋阻力与滤料的结构、厚度、加工质量和粉尘的性质有关,采用表面过滤技术(覆膜、超细纤维面层等)是防止粉尘嵌入滤料深处的有效措施。

(2)滤袋残留粉尘阻力 Δp_c 滤袋使用后,粉尘渗透到滤料内部,进行"深度过滤",但随着运行时间的增长,残留于滤料中的粉尘会逐渐增加,滤料阻力显著增大,最终形成堵塞,这也意味着滤袋寿命终结。

袋式除尘器在运行过程中主要是防止粉尘进入滤料纤维间隙,如果出现糊袋(烟气结露、油污等)则过滤状态会更恶化。

一般情况下,滤料阻力长时间保持小于400Pa是理想的状况,如果保持在600~800Pa也是很正常的。

残留在滤料中的粉尘层阻力经验计算式如下:

$$\Delta p_c = K v_f^{1.78} \tag{7-10}$$

式中,Δp_c 为残留在滤料中的粉尘层阻力,Pa;K 为残留在滤料中的粉尘层阻力系数,通常在100~600之间,主要与滤料使用年限有关;v_f 为过滤速度,m/min。

滤袋清灰后,残留在滤袋内部的粉尘残留阻力也是除尘器过滤的主要能耗。残留粉尘阻力大小与粉尘的粒径和黏度有关,特别是与清灰方式、滤袋表面的粗糙度有关。在保障净化效率的前提下,应尽量减小残留粉尘的阻力,相关措施如下:①选择强力清灰方式或缩短清灰周期,并保证清灰装置正常运行;②强化滤料表面粗糙度,如轧光后处理,或采用表面过滤技术,如使用覆膜滤料、超细纤维面层滤料；③粉尘荷电，改善粉饼结构，增强凝并效果。

通过覆膜、上进风等综合措施，滤袋表面残留粉尘阻力可从目前 500Pa 降到 250Pa 左右，下降 50%。

（3）堆积粉尘层阻力 Δp_{d} 堆积粉尘层阻力 Δp_{d} 与粉尘层厚度有关，经验式为：

$$\Delta p_{d} = B\delta^{1.58} \tag{7-11}$$

式中，Δp_{d} 为堆积粉尘层阻力，Pa；B 为粉尘层阻力系数，在 2000～3000 之间，与粉尘性质有关；δ 为粉尘层厚度，mm。

一定厚度的粉尘层，经清灰后，粉尘抖落后重新运行。经过时间 t 之后，在过滤面积 A（m^2）上又黏附一层新粉尘。假设粉尘的厚度为 L，孔隙率为 ε_p 时沉积的粉尘质量为 M_d（kg），那么 $M_d/A = m_d$ 为粉尘负荷或表面负荷（kg/m^2）。负荷相对应的压力损失就是堆积粉尘层的阻力。

堆积粉尘层阻力大于等于定压清灰上下限阻力设定压差值，清灰前粉尘层阻力达到最大值，清灰后粉尘层阻力降到最小值或等于零。除尘器型式和滤料确定后，堆积粉尘层阻力是设备阻力的构成中唯一可调部分。对于单机除尘器，粉尘层阻力反映了清灰时被剥离粉尘的量，即清灰能力和剥离率；对于大型袋式除尘器，则体现了每个清灰过程中被喷吹的滤袋数量。

堆积粉尘层阻力（即清灰上下限阻力设定差值）主要与粉尘的粒径、黏性、粉尘浓度和清灰周期有关。粉尘浓度低时，可延长过滤时间；当粉尘浓度高时，可适当缩短清灰周期。

刻意地追求低的粉尘层阻力是不合适的，一般认为增加滤袋喷吹频度会缩短滤袋的寿命，但是运行经验表明，除玻纤袋外，尚无因缩短清灰周期而明显影响滤袋使用寿命的案例。根据工程经验，粉尘层阻力选择 200Pa 为宜。

4. 理想的袋式除尘器设备阻力

基于以上分析，若采用脉冲袋式除尘器结构和表面过滤技术，对于一般性原料粉尘和炉窑烟气，当过滤风速 1m/min 时，现提出理想的袋式除尘器设备阻力和分布，如表 7-11 所列。

表 7-11 理想的袋式除尘器设备阻力和分布

项目	结构阻力 Δp_j	清洁滤料阻力 Δp_Q	滤袋残留阻力 Δp_c	堆积粉尘层阻力 Δp_d	设备阻力 Δp
正常值/Pa	300	80	300	120	800
最大值/Pa	300	80	400	220	1000

可见，采取降阻措施后，理想的袋式除尘器阻力比传统的袋式除尘器阻力大约可降低 25%～30%，节能效果十分显著。如果再适当调低过滤速度，能耗还可以进一步降低。

（三）节能改造的途径

（1）改变袋式除尘器的形式 改变袋式除尘器的形式，把振动式袋式除尘器、反吹风袋式除尘器、反吹-微振式袋式除尘器改造成脉冲袋式除尘器，除尘器的能耗可以大幅度降低。

（2）适当调低过滤速度 袋式除尘器的过滤速度是决定除尘器能耗的关键因素。随着袋式除尘器技术的发展，认识越来越深刻。1970～1980 年，脉冲袋式除尘器的过滤速度取 2～4m/min，1990～2000 年，过滤速度取 1～2m/min。2010 年，过滤速度取 1m/min 左右已成为多数业者共识。在袋式除尘器节能升级改造工程中过滤速度降为 <1m/min 是合理的。

（3）使用低阻滤袋 为了节能，许多袋式除尘器滤料厂家生产出低阻滤料，如覆膜滤料等，选用时应当注意。

（4）改进结构设计 袋式除尘器优化结构设计对降低阻力，节约能源有很大潜力。

（5）完善操作制度 袋式除尘器运行操作制度有较大的弹性，除尘器工艺设计和电控设计应当统一考虑，不断完善，做到简约操作，节能运行。

五、实例——不同除尘器改造为脉冲袋式除尘器

1. 底盘间高频振动扁袋除尘器改造

（1）主要参数 钢厂下铸底盘间的底盘在倾翻时将碎耐火砖倒入台车，散发大量灰尘，设袋式除尘器一台。台车上部设密闭罩，含尘气体由罩内吸出，经高频振动扁袋净化后排放。收集到的粉尘定期排除。除尘工艺流程如图 7-20 所示。

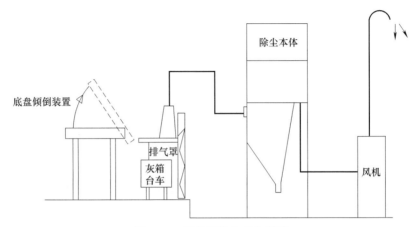

图 7-20 底盘间除尘工艺流程

该除尘器特点是：①扁袋除尘器体积小，占地面积少，除尘效率高；②采用高频振动清灰，四组扁袋，轮流进行振动；③滤袋材质采用聚丙烯，有一定的耐热性能。

主要设计参数如下：①风量 300m³/min（60℃）；②风机风压 3000Pa；③功率 30kW；④初始含尘量 0.5~15g/m³；⑤出口含尘量 0.05g/m³；⑥扁袋规格 1440mm×1420mm×25mm；⑦滤袋数量 40 只；⑧室数 4 室；⑨除尘器外形尺寸 2118mm×2068mm×7220mm，其中箱体尺寸 2018mm×2068mm×3585mm。

除尘系统投产后集尘密闭罩吸尘效果差，除尘器阻力＞3000Pa，分析原因有：①高频振动扁袋除尘器属于在线清灰，振动下的灰会迅速返回滤袋；②滤袋过滤速度太高、阻力大，根据分析和实际运行情况，决定对除尘器进行改造。

（2）改造内容 首先决定不做大的改造，而是决定把振动清灰除尘器改为脉冲除尘器。但扁袋振动除尘器箱体体积小，不能容纳更多的过滤袋，为此将除尘器箱体向上增高 2130mm（其中清洁室 880mm），同时把扁袋和振动器拆除，安装花板、滤袋、袋笼和清灰装置。其他部分如风机、管道、卸灰阀等不动。改造后的除尘器外形尺寸为 2118mm×2068mm×9350mm，处理风量为 18000m³/h，过滤面积 180m²，过滤风速 1.67m/min，滤袋尺寸 130mm×4400mm，数量 110 条，脉冲阀 3in 淹没式，数量 10 只，压缩空气压力 0.2MPa，设计设备阻力 1700Pa。

（3）改造效果 改为脉冲除尘器后除尘系统运行非常好，集气罩抽风良好，消除了污染。车间空气含尘浓度＜8mg/m³，能满足车间卫生标准要求，除尘器排放气体含尘浓度＜20mg/m³，运行阻力＜1000Pa，滤袋寿命达 4 年，达到技术改造目的。

2. 粉碎机室反吹风除尘器

（1）工艺流程 煤粉碎机注煤的入口、出口及皮带机受料点的扬尘，通过吸气罩经风管进入袋滤器，捕集下来的煤尘运出加入炼焦配煤中炼焦，如图 7-21 所示。

流程特点如下：①考虑到煤尘的爆炸性质，采用能消除静电效应的过滤布，滤布中织入直径 8~12μm 的金属导线；②为防止潮湿的煤粉在管道、集尘器灰斗内集聚，在管道及除尘器灰斗

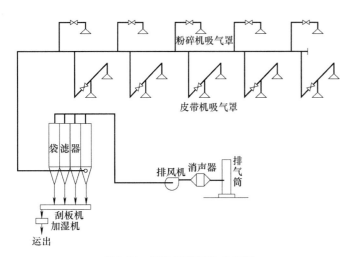

图 7-21 煤粉粉碎机除尘系统

侧壁设置蒸汽保温层。

主要设计参数：抽风量 $800 m^3/min$；入口含尘浓度 $15 g/m^3$；出口含尘浓度 $<50 mg/m^3$；烟气温度 $\leqslant 60℃$；除尘器型式为负压式反吹袋式除尘器，过滤面积 $950 m^2$，滤袋规格 $\phi 292 mm \times 8000 mm$；过滤风速 $0.84 m/min$；设备阻力 $1960 Pa$，室数 4 室（144 条滤袋）；风机的风量 $800 m^3/min$，风压 $4900 Pa$，温度 $60℃$，电机 $132 kW$。

经多年运行后除尘器阻力升高，经常维持在 $2000 \sim 3000 Pa$，由于阻力高，使系统风量也有所减少，因此决定把反吹风袋式除尘器改造为脉冲袋式除尘器，以便降阻节能改善车间岗位环境。

（2）改造内容 除尘器箱体、输灰装置、箱体侧部检修门、走梯、平台、风机等保留；拆除除尘器箱体内下花板、滤袋及吊挂滤袋的平台、一二次挡板阀及部分顶盖板；新设计安装花板、顶部检修门，脉冲清灰装置及相应的压缩空气管道、电控系统。

改造后新除尘器的主要技术参数如下。①型式及室数：新除尘器为低压（$0.3 MPa$）在线式脉冲喷吹袋式除尘器，共 4 室；②过滤面积 $1600 m^2$；③处理风量 $56940 m^3/h$，耐压 $\leqslant 5000 Pa$；④过滤风速 $0.6 m/min$；⑤滤袋规格为 $\phi 150 mm \times 7600 mm$，材质为普通针刺毡（没有覆膜），单重 $500 g/m^2$；⑥滤袋数量 448 条，每个脉冲阀带 14 条滤袋；⑦烟气温度 $<60℃$；⑧入口含尘浓度 $15 g/m^3$；⑨出口含尘浓度 $<10 mg/m^3$；⑩粉尘性质为煤粉（烟气中含有少量焦油和水分大）；⑪设备阻力 $700 Pa$；⑫脉冲阀规格 3in，ASCO 公司产品，共 32 个。

（3）改造效果 除尘器改造后有两个明显特点：一是阻力特别低，分室阻力 $300 \sim 400 Pa$，除尘器总阻力 $600 \sim 700 Pa$；二是除尘器排放浓度 $<10 mg/m^3$，根据计算改造后除尘风机可节电 33%。

3. 机尾电收尘器改造为脉冲除尘器

（1）系统说明 烧结车间大型集中式机尾电除尘系统，具有废气温度高、粉尘干燥、含尘量大的特点，是烧结车间环境除尘的重点。烧结机机尾除尘系统包括烧结机的头部、尾部与环冷机的给、卸料点等 40 个吸尘点。含尘气体经设置在各吸尘点上的吸尘罩，通过除尘风管，进入机尾电收尘器进行净化。净化后的气体经双吸入式风机、消声器，最后由烟囱排至大气。该设备收集的粉尘，经链板输送机、斗式提升机至粉尘槽内。粉尘的去向有两条：一是经加湿机加湿后，落至粉尘皮带机上送往返矿系统再利用；二是由槽矿车接送至小球团系统进行造球后再利用。如图 7-22 所示。

主要设计参数如下：①总抽风量 $15000 m^3/min$；②收尘器入口含尘浓度 $10 \sim 15 g/m^3$，出口含尘浓度 $0.1 g/m^3$；③收尘器入口废气温度 $120 \sim 140℃$，极板间距 $300 mm$；④有效收尘极面积约 $16000 m^2$；⑤额定电压 $60 kV$。

（2）改造内容

① 设计时尽量保留和利用原有电除尘器的一些箱体、支架、灰斗和大部分平台爬梯等，对利用原电除尘器箱体设备部分进行强度计算，并提出必要的加固方案，使电改袋除尘器箱体的钢结构强度耐压达到 $8000 Pa$。

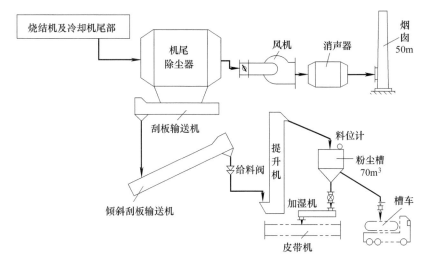

图 7-22　机尾除尘系统

② 利用电除尘器的大进大出进出风结构形式促使烟气气流方向顺畅，加速粉尘的沉降速度，可将粒径在 $44\mu m$ 以上的粉尘先沉降至灰斗中，减轻布袋的负荷，降低系统阻力。以实现低阻目的。

③ 充分利用了原除尘器进风结构，并配套了专有的进风导流技术，尽可能将电除尘器的空间用作袋式除尘器，将大颗粒的粉尘进行沉降，使进入除尘布袋的进口风速最低。

④ 除尘器上箱体设计为整体结构，这样可以保证技术和质量的可靠性，而且能大大减少安装工程量，并能缩短改造周期。

改造后脉冲除尘器主要技术参数如下：处理风量 $100\times10^4\,\mathrm{m^3/h}$；过滤面积 $16620\mathrm{m^2}$；过滤风速 $1.00\mathrm{m/min}$，离线检修时 $1.50\mathrm{m/min}$；分室数 3 室；滤袋数量 5040 条；滤袋规格 $\phi150\mathrm{mm}\times7000\mathrm{mm}$；滤袋材质为聚酯涤纶针刺毡（单位克重 $\geq550\mathrm{g/m^2}$）；脉冲阀规格、数量分别为 3in 淹没式，360 只；气源压力 $0.4\sim0.6\mathrm{MPa}$；耗气量 $8\mathrm{m^3/min}$；进口含尘浓度 $25\sim30\mathrm{g/m^3}$；出口排放浓度 $\leq35\mathrm{mg/m^3}$；设备阻力 $\leq1500\mathrm{Pa}$；设备耐压 $-8000\mathrm{Pa}$；静态漏风率 $\leq2\%$。

（3）运行效果　电改袋除尘器运行后经检测其排放浓度低，平均 $22.7\mathrm{mg/m^3}$（目测无任何排放）、设备阻力低、压差小于 800Pa，运行效果理想，达到了改造工程预期目的。

4. 炼钢副原料反吹风袋式除尘器改造

（1）除尘流程　炼钢副原料受料系统的物料（石灰、矿石等）由皮带转运时散发出大量烟尘，设置负压式反吹风袋式除尘器。

皮带转运站落料点设置一个吸风口，接受卸料的皮带机设置两个吸风口，通过三个支管汇入总管，然后进入袋滤器，由风机排空。收集到的粉尘通过螺旋输送机和旋转卸料阀排至集灰箱，用汽车运至烧结厂。副原料除尘系统见图 7-23。

该流程特点是滤袋清灰采取 3 个袋轮流反吹方式，反吹风切换阀采用双碟阀组，用一只电动缸带动连杆转动。

（2）主要设计参数

① 风量 $200\mathrm{m^3/min}$（20℃）；风压 4250Pa；风机功率 30kW（标况）。

② 初始含尘量 $5\sim10\mathrm{g/m^3}$；出口含尘量 $0.05\mathrm{g/m^3}$。

③ 布袋规格 $210\mathrm{mm}\times4450\mathrm{mm}$（涤纶）；袋数 84 只；室数 3 室。

（3）改造内容

① 原系统存在抽风点风量不够，导致石灰转运时粉尘增加，改造时加长了吸尘罩和密封性。

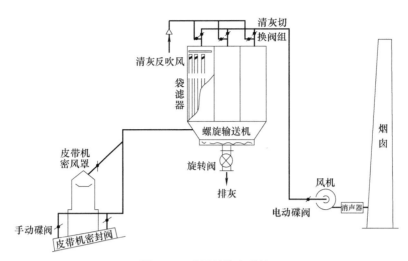

图 7-23　副原料除尘系统

② 保留除尘器壳体，拆除反吹风阀门和花板，改为脉冲清灰装置和新花板、检修门。

③ 把除尘器卸灰装置改造为吸引装置。

（4）改造后除尘器的主要参数　处理风量 30000m³/h；入口浓度 10g/m³；排放浓度＜15mg/m³；过滤面积 408m²；过滤风速 1.23m/min；阻力损失 300Pa；滤袋尺寸 155mm×500mm；风机 9-26N10；风量 3000m³/h；全压 5000Pa；电机 Y280S-4，功率 75kW。

除尘器由反吹风除尘器改造为脉冲除尘器后效果特别好，吸尘罩没有扬尘，除尘器排放浓度＜10mg/m³，运行阻力 600～800Pa，卸灰处再无污染。

第四节　其他除尘设备改造设计

一、湿式除尘器升级改造

湿式除尘的缺点如下：①消耗水量较大，需要给水、排水和污水处理设备；②泥浆可能造成收集器的黏结、堵塞；③尘浆回收处理复杂，处理不当可能成为二次污染源；④处理有腐蚀性含尘气体时，设备和管道要求防腐，在寒冷地区使用，应注意防冻危害；⑤对疏水性的尘粒捕集有时较困难。

湿式除尘器的升级改造包括两个方面：一是自身改造；二是改为干式除尘器。

鉴于湿式除尘带来的废水和污泥处理问题，目前已逐步将湿式除尘改为干式除尘。

（1）转炉烟气干式除尘　据粗略统计，国内大型（100～330t）转炉有 200 多座，已经采用干式除尘的有半数以上的企业。其余有多家转炉厂欲对已有除尘设备进行升级改造。

转炉烟气净化除尘系统采取 LT 干法系统。高温烟气（1400～1600℃）经汽化冷却烟道冷却，烟气温度降为 900℃左右，然后通过蒸发冷却塔，高压水经雾化喷嘴喷出，烟气直接冷却到 200℃左右，喷水量根据烟气含热量精确控制，所喷出的水完全蒸发，喷水降温的同时对烟气进行了调质处理，使粉尘的比电阻有利于电除尘器的捕集。蒸发冷却器内约 40%～50% 的粗粉尘沉降到底部，经排灰阀排出。粉尘定期由加湿机搅拌加湿后由汽车运出。

冷却和调质后的烟气进入有 4 个电场的圆形电除尘器，其入口处设三层气流分布板，使烟气在圆形电除尘器内呈柱塞状流动，避免气体混合，减少爆炸成因。电除尘器进出口装有安全防爆阀，以疏导爆炸后可能产生的压力冲击波。烟气经电除尘后含尘量（标态）降至 $25mg/m^3$。收集的粉尘通过扇形刮板机、链式输送机到达储灰仓，粉尘定期由加湿机搅拌加湿后由汽车运出。

LT 法系统阻力很小，引风机采用 ID 轴流风机，有利于系统的泄爆；风机设变频调速，可实现流量跟踪调节，以保证煤气回收的数量与质量，以及节约能源。

转炉 LT 干式除尘系统流程如下：

转炉→活动烟罩→固定烟罩→汽化冷却烟道→蒸发冷却塔→圆筒形静电除尘器→ID 风机→煤气切换站→放散烟囱

↓

煤气冷却塔→煤气柜→煤气加压站

静电除尘器为四电场圆筒形静电除尘器，由圆筒形外壳、气流均布板、极板、极线、清灰振打机构、粉尘输送机、安全防爆阀以及高压供电设备等所组成。

静电除尘器是干式除尘系统中的关键设备。主要技术特点为：①优异的极配形式，电除尘器净化效率高，确保排放浓度不大于 $25mg/m^3$；②良好的安全防爆性能，由于转炉煤气属易燃易爆介质，对设备的强度、密封性及安全泄爆性提出了很高的要求，因此电除尘器设计为抗压的圆筒形，且在进出口各装可靠的泄爆装置，从而保证了电除尘器运行的安全可靠性；③电除尘器内部设扇形刮灰装置；④输灰采用耐高温链式输送机，确保输灰顺畅。

（2）高炉煤气干式除尘　我国高炉煤气采用干式袋式除尘器是从 20 世纪 50 年代开始研发的，至 60 年代末首先在小高炉上用袋式除尘器进行了净化高炉煤气的实验，并于 1974 年 11 月 18 日在河北涉县铁厂建成我国第一套高炉煤气干式袋式除尘系统。经实测，净煤气中的含尘量小于 $10mg/m^3$，运行正常，达到了预期的效果，与其配套的热风炉风温提高 1000℃以上。河北涉县铁厂的高炉容积只有 $13m^3$，煤气发生量仅仅 $4500m^3/h$ 左右，袋式除尘器的过滤面积不过 $150m^2$，但它的技术创新和实践经验却开创了中国高炉煤气干式除尘技术的崭新时代，其影响之深远延续至今。

按目前的生产水平，每炼 1t 生铁产生 1700～2000m^3 的高炉煤气，其热值在 3000～3500kJ/m^3 之间，温度在 250～300℃ 之间，显热平均约为 400kJ/m^3。另外，高压高炉炉顶煤气的压力为 $(1.5～2.0)×10^5Pa$，该压力能相当于 100kJ/m^3 的热能。因此，利用高炉煤气的潜热和显热是节约能源、发展循环经济的重要途径，因此得到冶金、环境保护和综合利用专家们的高度重视。早在 2005 年，我国高炉煤气的利用率已达 100%。

二、机械除尘器升级改造

机械除尘器改造有别于其他除尘器改造的特点如下。

（1）提效幅度大。其他类型除尘器效率提高 1% 困难很大，机械除尘器较容易做到。

（2）机械除尘的一些应用场合是其他除尘方式无法替代的。例如最现代化的高炉煤气除尘的预除尘器都用机械除尘器，其耐压达 0.3MPa；最先进的焦炉干熄焦技术，一次除尘用重力除尘器耐温 400℃以上，二次除尘用旋风除尘器耐温约 200℃。

（3）机械除尘器无运动部件，改造容易。

（4）机械除尘器常遇到的问题是器壁磨损、存在漏风、卸灰阀选型错误、本身设计不合理等。

1. 集气罩改造

（1）改善排放粉尘有害物的工艺和工作环境，尽量减少粉尘排放及危害，提高粉尘捕集效率。

（2）集气罩尽量靠近污染源并将其围罩起来。其形式有密闭型、围罩型等。如果妨碍操作，可以将其安装在侧面，可采用风量较小的槽型或桌面型。

（3）确定集气罩安装的位置和排气方向。研究粉尘发生机理，考虑飞散方向、速度和临界点，将集气罩口对准粉尘飞散方向。如果采用侧型或上盖型集气罩，要使操作人员无法进入污染源与集气罩之间的开口处。比空气密度大的气体可在下方吸引。

（4）确定开口周围的环境条件。一个侧面封闭的集气罩比开口四周全部自由开放的集气罩效果好。因此，应在不影响操作的情况下将集气罩四周围起来，尽量少吸入未被污染的空气。

（5）防止集气罩周围的紊流。如果捕集点周围的紊流对控制风速有影响，就不能提供更大的控制风速，有时这会使集气罩丧失正常的作用。

（6）吹吸式（推挽式）集气罩利用喷出的气体将污染气体排出，并吸走喷出气体和污染气体。

（7）确定控制风速。为使有害物从飞散界限的最远点流进集气罩开口处而需要的最小风速被称为控制风速。

2. 输灰系统改造

（1）除尘工程的输灰装置设计可根据除尘工况与输灰量要求，选用机械式输灰或流体式输灰的方式。机械式输灰可选用的装置有卸灰阀（星形卸灰阀、双层卸灰阀等）、螺旋机、循环式输灰机（带式输送机、斗式提升机、链式输送机、埋刮板式输送机等）、槽式输灰机等。流体式输灰可选用的装置有气力输灰机等。

（2）必须遵循或充分做好输送设施选型是最重要的原则，即下一个输灰装置的能力一定要大于前一个输送装置的能力。也就是说，输送量要遵照客观规律，依次递增。

（3）储灰仓一般采用钢制斗仓形式，有效容积应根据收灰量、储存时间、作业制度和运输方式等情况确定，一般设计有效容积不能低于 48h 的正常收灰量。

（4）储灰仓应设有仓顶除尘器、防堵和防结拱处理装置、卸灰装置，并根据需要可设有温度、压差、料位等监控装置。

（5）储灰仓应确保各部密封，仓的内表面应平整光滑从而不易积粉尘。

（6）除尘器收集的灰尘需外运时，应避免粉尘二次污染，宜采用无粉尘加湿、卸灰口吸风或无尘装车装置等处理措施。在条件允许的情况下，宜选用真空吸引压送罐车装运。

（7）气力输送系统气源选择可视气力输送系统的压力确定，可采用空气压缩机或罗茨风机、离心风机等产生的输送气源。

（8）气力输送方式的选择应遵循 DL/T 5142—2012 的规定。当输送距离≤60m 且布置许可时，宜采用空气斜槽输送方式；当输送距离＞150m 时，不宜采用负压气力输灰系统；当输送距离≤1000m 时，宜采用正压气力输灰系统。

（9）气力输灰的"灰气比"应根据输送距离、弯头数量、输送设备类型以及粉尘的特性等因素综合考虑后确定。

（10）压缩气体管道的流速可按 6～15m/s 选取。输送用压缩气体必须设油水分离装置，管道材料宜采用碳素钢钢管。对易磨损部位（如弯管）应采取防磨损措施。

三、实例——精轧机湿法除尘改造为塑烧板除尘器

精轧机是完成轧材生产过程所需的设备，通过精轧机把钢坯轧成不同厚度的板材。在轧制过程中，钢材表面产生的氧化铁皮粗颗粒，随冷却水冲到铁皮沟，流入沉淀池。细微的氧化铁尘随蒸汽散发，被捕集到除尘系统进行净化处理。生产中轧制的板材越薄，产生的粉尘量越多，颗粒也越细，处理的难度也越大。

1. 烟尘参数

烟气原始参数见表 7-12。

表 7-12　烟气原始参数

项目	参数		项目	参数	
烟气量	305000m³/h		烟尘堆密度	1.24t/m³	
烟气温度	<40~50℃		粉尘含水率	3%~5%(质量百分比)	
进口含尘浓度	0.7g/m³(最大 5.5g/m³)		粉尘含油率	3%~4%(质量百分比)	
烟尘主要成分	FeO	28.35%	Fe_2O_3 68.25%		H_2O 2.05%
烟尘粒径/μm	0~2	2~3	3~3.5　3.5~4.5		4.5~5.5　5.5~7
含量/%	0.4	2.7~8.7	19.1　30.6		23.4　15.1

2. 原除尘工艺流程

原除尘工艺设计参数见表 7-13。

表 7-13　原除尘工艺设计参数及主要设备

主要设计参数		主要设备	
烟气量	5080m³/min	除尘器型式	自激式除尘器 4 台
阻力	<2000Pa	风机	2540m³/min　2 台
入口浓度	3mg/m³	风压	3800Pa
出口浓度	50mg/m³		

原系统测定的各项参数见表 7-14。

表 7-14　除尘系统实测参数

测定参数	测定值		测定参数	测定值	
	进口气体	出口气体		进口气体	出口气体
流量/(m³/h)	120047/101630	117604/103343	除尘器漏风率/%	1.69	
温度/℃	24(最高 45)	34	除尘器阻力/Pa	6558	
全压/Pa	-216	6774(风机进口)	除尘效率/%	48.72	
含尘浓度/(g/m³)	0.234	0.118	排放量/(kg/h)	12.195	

从测定数据可知，湿式自激式除尘器出口含尘浓度高达 118mg/m³，除尘器阻力高达 6558Pa，是设计阻力的 1 倍多，由此可见，该除尘器问题很多。采用湿式自激式除尘器处理 10μm 以下并占总尘量 85% 的轧钢微细粉尘，根据有关资料表明是很困难的，原因是自激式除尘器对水位的控制要求很高。如果水位过高，则阻力增加，除尘系统抽风量减小。如果水位低，除尘效率低，尘源的污染得不到处理。

热轧精轧机采用湿式自激式 207/NMDIC 型除尘器，这种除尘器对细微粉尘的除尘效果不好，而且水位控制要求严格。根据测试报告有 4 项指标都达不到要求：①风量过小，实测值仅为设计值的 40% 左右；②阻力过大，实测值为设计值的 1 倍多；③由于除尘系统风量不够，室内空气污染严重；④除尘效率低，仅为 48.72%。排放严重超标，排放浓度为 118mg/m³。

结论为无法满足设计和环保要求，应改造除尘器。

3. 除尘系统改造方案

改造方案有：①厂房内的吸尘罩和风管使用效果尚可，且由于场地的限制，不做改动；②为了防止除尘系统的二次污染，除尘器、输灰装置必须改造；③必须改变除尘器后管道阻力过大现象；④除尘粉能回收利用。

针对原除尘系统排放超标的事实，选择新型除尘器是关键。由于粉尘含油含水率高，袋式除尘器显然不适用；湿式电除尘器在氧化铁粉尘特别是细粉除尘的应用不理想（极板的清洗等较困难），且需增建一套污水处理设施，受场地狭小限制，故也不宜采用。

塑烧板除尘器是一种新型的除尘器，它具有除尘效率高（99.99%~99.999%）、结构紧凑、除尘效果不受油水的影响、清灰效果好、压损稳定、安装维修方便、使用寿命长等优点，它可满足本工程对场地小和粉尘特性的要求。由于塑烧板除尘器是干式除尘器，免除了水处理的二次污染，因此适合本工程的要求。塑烧板除尘系统见图 7-24。

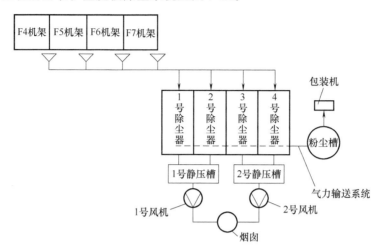

图 7-24　精轧机烟尘塑烧板除尘系统

此外，原系统从除尘器出口到离心风机的进口之间的除尘管道阻力高达 4000Pa 以上，为减少该管道的阻力，将此多道弯管改为静压箱形式。为了将除尘器前除尘总管的清洗水及时排走（不流入除尘器），在除尘总管上开设若干个排水漏斗。

4. 改造后主要设备技术参数

主要设备参数见表 7-15。

表 7-15　主要设备性能参数

序号	项目	参数	序号	项目	参数
1	主排风机（利用原设备）	2 台	2	清灰方式	脉冲反吹
	型号	Ke1060/40U		过滤元件	1500mm×1000mm×69mm
	风量	152500m³/(h·台)		塑烧板	144 片/台
	风压	3800Pa	3	螺旋输送机	4 台
	转速	1450r/min		设备规格	ϕ200mm
	电机功率	250kW（6000V）		输灰量	6.7m³/h
2	除尘器	4 台		转速	75r/min
	型号	1500×144/18 波浪式塑烧板除尘器		电机功率	2.2kW
			4	星形卸灰阀	4 台
	处理风量	62200～85500m³/(h·台)		设备规格	300mm×300mm
	过滤面积	1296m²/台		输灰量	23.04m³/h
	过滤风速	0.8～1.1m/min		转速	32r/min
	设备阻力	<1800Pa		电机功率	1.5kW
	出口浓度	≤20mg/m³			
	压缩空气压力	0.5MPa			

5. 改造后的效果

改造的除尘系统投运后，除尘器排放口粉尘浓度测试结果分别为 $19.5mg/m^3$ 和 $1.2mg/m^3$，达到预期效果，使除尘器周围的环境状况得到了彻底的改观。

改造后的系统阻力大大降低，使系统的风量增加，吸风口抽风量增加，改善了车间的环境。除尘收集的氧化铁粉得到了回收利用。设备维修工作量大大减少。

第八章 除尘器结构设计

除尘器结构设计包括载荷分析、结构形式确定、材料选用、设计要点和设计计算等，计算中一般情况下可参照国家现行规范及配套的标准规范进行设计，其中与工艺有关的荷载参数应根据除尘器运行的具体条件分析确定。

第一节 除尘器荷载分析

除尘器的结构设计，应考虑的作用（荷载）主要包括自重、烟气压力、温度、积灰、风、雪、地震以及其他相关设施传递给除尘器结构的直接或间接作用。

一、除尘器自重荷载作用

除尘器自重（重力）荷载标准值应根据材料种类、规格尺寸、重力密度等基本参数进行统计，其中，除尘器上安装的一些定型设备可根据铭牌标示值采用。

除尘器自重（重力）作用应考虑的范围包括除尘器结构自重、壳体保温层自重、粉尘收集与清除装置自重、各种附属的检修设备、检修操作平台、管道及电缆桥架等。

二、壳体内气体压力和温度作用

1. 壳体内气体压力作用

除尘器壳体内气体压力与温度作用应分别考虑正常运行工况和偶然故障工况。

正常运行工况下（即正常生产及正常检修工况），壳体内气体压力及温度作用标准值可按照除尘工艺设计的最不利值采用。

偶然故障工况下（如烟道被堵塞、烟气爆炸等），壳体内气体压力作用标准值可按照系统内风机的最大静压值或泄爆阀设计压力值采用。

2. 温度作用

温度对除尘器结构的作用包括温度对结构材料力学性能的影响和温度变形对结构受力的影响两个方面。

（1）温度对结构材料力学性能的影响　应按照生产运行状态下，烟气进入除尘器壳体时可能的最高温度，经热传导分析确定。钢材及焊缝在温度作用下的强度及弹性模量折减系数可按

表 8-1 和表 8-2 确定。

表 8-1　钢材及焊缝强度设计值的温度折减系数

型号	作用温度/℃						
	≤100	150	200	250	300	350	400
Q235、Q345	1.00	0.92	0.88	0.83	0.78	0.72	0.65

注：温度为中间值时，可采用线性插入法计算。

表 8-2　钢材弹性模量的温度折减系数

型号	作用温度/℃						
	≤100	150	200	250	300	350	400
Q235、Q345	1.00	0.98	0.96	0.94	0.92	0.88	0.83

注：温度为中间值时，可采用线性插入法计算。

（2）温度变形对结构受力的影响　应按极端温差（即除尘器壳体可能的最高温度和极端最低大气温度之差）分析。

三、积灰荷载作用

积灰包括灰斗积灰、除尘器壳体内死角积灰、滤袋黏附的粉尘以及除尘器顶盖可能产生的积灰。

① 灰斗积灰应分别考虑正常运行工况和偶然故障工况。

正常运行工况下（即，正常生产及正常检修工况），灰斗积灰荷载应根据系统的产灰量、灰斗出灰制度、检修持续时间等确定合理的（宜按照 95% 保证率确定）积灰荷载标准值。

偶然故障工况下（指正常的生产运行管理维修体系失效，由于积灰超载等非正常状态导致除尘器系统自动停止工作的状态），灰斗积灰荷载应根据除尘器系统自动停机状态下可能产生的最大积灰量确定。

② 除尘器壳体内死角积灰可根据粉尘堆密度、内摩擦角、死角尺寸等计算确定，当壳板加劲肋设在壳体外时可略去。

③ 滤袋黏附的粉尘，可根据粉尘堆密度及滤袋黏附粉尘的面积，按照 0.05kN/m^2 计算。

④ 除尘器顶盖可能产生的积灰，可根据除尘器周围的粉尘源情况，参照国家现行标准《建筑结构荷载规范》（GB 50009—2012）有关规定确定。

四、风荷载作用

可根据国家现行标准《建筑结构荷载规范》（GB 50009—2012）有关规定确定。

垂直于除尘器表面上的风荷载标准值，按不同部位分别计算。

（1）当计算除尘器框架及支架结构时

$$W_k = \beta_z \mu_s \mu_z W_0 \tag{8-1}$$

式中，W_k 为风荷载标准值，kPa；β_z 为高度 z 处的风振系数（当高度≤30m 时，可近似取 1.0）；μ_s 为风荷载体型系数（迎风面 $\mu_s = 0.8$，背风面 $\mu_s = -0.5$，顶面 $\mu_s = -0.7$）；μ_z 为风压高度变化系数（按表 8-3 取用）；W_0 为基本风压，kPa。

（2）当计算侧壁板、加劲肋、小梁及类似部位时

$$W_k = \beta_{gz} \mu_s \mu_z W_0 \tag{8-2}$$

式中，β_{gz} 为高度 z 处的风阵系数（按表 8-4 取用）。

表 8-3　风压高度变化系数 μ_z

离地面高度 /m	地面粗糙度类别			
	A	B	C	D
5	1.17	1.00	0.74	0.62
10	1.38	1.00	0.74	0.62
15	1.52	1.14	0.74	0.62
20	1.63	1.25	0.84	0.62
30	1.80	1.42	1.00	0.62
40	1.92	1.56	1.13	0.73

注：A 类——近海海面和海岛、海岸、湖岸及沙漠地区；
　　B 类——田野、乡村、丛林、丘陵以及房屋比较稀疏的乡镇和城市郊区；
　　C 类——有密集建筑群的城市市区；
　　D 类——有密集建筑群且房屋较高的城市市区。

表 8-4　风阵系数 β_{gz}

离地面高度 /m	地面粗糙度类别			
	A	B	C	D
5	1.69	1.88	2.30	3.21
10	1.63	1.78	2.10	2.76
15	1.60	1.72	1.99	2.54
20	1.58	1.69	1.92	2.39
30	1.54	1.64	1.83	2.21
40	1.52	1.60	1.77	2.09

注：注解同表 8-3。

五、雪荷载作用

可根据国家现行标准《建筑结构荷载规范》（GB 50009—2012）有关规定确定。与顶盖活荷载不同时组合。

屋面水平投影面上的雪荷载标准值，应按下式计算：

$$S_k = \mu_r S_0 \tag{8-3}$$

式中，S_k 为雪荷载标准值，kPa；μ_r 为除尘器顶面积雪分布系数（根据除尘器形状，取 0.8~1.4，凸起区域取低值，凹陷区域取高值）；S_0 为基本雪压，kPa。

六、其他荷载作用

（1）检修荷载　对于检修平台（包括除尘器顶盖）无设备区域的操作荷载，包括操作人员、一般工具、零星原料和成品的重力，可按均布活荷载考虑，采用 $2.0kN/m^2$。

（2）烟道荷载　包括重力（管道自重、保温、管道内积灰等）作用和可能产生的（温度、地震、风等）水平力作用，应根据除尘器与烟道的连接情况合理确定。

（3）检修吊车荷载　除尘器的检修吊车一般安装在壳体顶部，用于吊装阀门、检修门、滤袋、检修工具等，会产生竖向及纵向水平荷载和横向水平作用。检修吊车荷载只对直接承担吊车作用的构件及连接考虑。

第二节　除尘器结构形式

除尘器壳体结构形式，可分为板式结构、骨架式结构及圆筒结构，在板式和骨架式壳体结构基础上的轻钢结构壳体也已经在工程中应用。

一、板式壳体结构

除尘器壳体由平板构件（单元）围成。这种结构的箱体，其优点在于可在制造厂预制，然后在施工现场用临时螺栓拼装，再将拼缝焊封，如果运输及起吊条件允许，尽可能放大板型的尺寸，以减少现场焊缝，加快施工进度。

袋式除尘设备的板式结构，通常在高度方向，如布袋长度在 6m 以下，可一块到顶，如采用

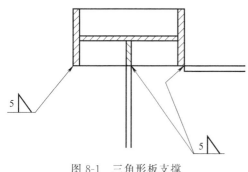

图 8-1 三角形板支撑

10m 长的布袋则可分成两段，一般箱体内部应加撑。每个箱体的四个内直角必须用三角形板加强，如图 8-1 所示，以防止箱体变形，三角板每隔 1500～2000mm 设一个。滤袋的吊挂可在板上焊接牛腿来支承吊挂梁。

箱体板的壁板用 4.5mm 的钢板。紧贴板的结构可采用冷弯型钢，其四周为槽形冷弯钢 LS⊏150mm×75mm×4mm，中间两根横挡截面相同，板肋用 LS⊏100mm×50mm×3mm，板上检修门人孔开洞处采用带弯钩的槽型钢 LS⊏100mm×50mm×20mm×3mm。当然也可以用普通热轧槽钢代替，但重量会增加很多，有 10%～15%。当前很多建设单位在除尘设备中用钢结构重量结算造价，亦无耗钢量的控制指标，承建单位受利益所驱，往往使轻钢结构的推广受阻。

关于板式箱体的计算。由于壁板四周有支撑，板与板之间焊接可近似假定板为四边简支，其垂直荷载是顶部传递的设备或管道自重（管道带灰）、带灰布袋的重量及板本身自重；水平荷载则是内压（正压或负压），在外侧须加上风载，在内隔板则考虑一室有压另一室无压状态，一般在接近灰斗顶的板带受力最大。

如果有可能的话在大约 5000m² 滤袋面积以上的除尘设备或有若干台的工程项目中，预设计制造 1～2 块样品，进行试压以求得优化的设计。

二、骨架式壳体结构

此类结构的滤袋室箱体由立柱及横梁构成，箱体四周设立柱，立柱间有多道横梁连接，再同壁板贴在梁柱上形成封闭箱体之围护。过去梁柱式结构多用于反吹风式的除尘器设备中，由于屋顶排风管、反吹风管及换向三通阀等设备，又要悬吊许多滤袋的重量，所以在箱体顶部做一个大桁架，上弦支承屋面设备，下弦吊挂滤袋。多道横梁则承受内压及外部风载，将工字形梁卧放，箱体柱则将屋面及滤袋的垂直荷载传到下部大立柱去。

这种上部箱体结构形式优点是箱体内部不设支撑，可以多布置滤袋，滤袋间的净空较大，透气性好，检查也较方便。整个箱体较结实，刚度也较大，但其缺点是耗钢量较大，增加设备重量，而且壁板裁成一块块现场施焊，很费工时。

今后这种结构形式可望从以下几方面得到改善，降低钢耗。

① 顶上的大桁架宜改成板梁，现在的桁架斜杆要和封壁板的加筋交叉打架，难处理。

② 立柱和横梁通过精确计算求得既保证强度、刚度又安全的经济截面，降低耗钢量。

③ 比较壁板加劲是采用槽钢⊏8 及槽钢⊏10 还是采用扁钢－50×6，因为两者重量相差（槽钢⊏8 为 8.04kg/m，槽钢⊏10 为 10kg/m，扁钢－50×6 为 2.36kg/m）3.8 倍，采用槽钢在计算板时可作为嵌固边，而采用扁钢条则只能作为简支边，可继续做些工作，以求得最优化，如有条件

最好做些试验来验证，这种试验很简单，焊几块构造不同的板加荷（用块铁、红砖都可以），贴上电阻片测应力，板下放千分表测刚度。

一般除尘设备的使用寿命为 25～40 年，随着科技的进步，工艺流程的革新，今后除尘设备的更新期还会缩短。

三、轻钢结构壳体

这种形式的结构往往采用冷弯薄型钢作箱体骨架，滤袋室四周用 4～5mm 的薄钢板作封闭式围护，薄板靠冷弯方管加强与壁板相贴，用间断焊焊上，在垂直方管的方向用扁钢将壁板分割成小块，使之能满足在设计内力下的强度及挠度的要求，在箱体内部在纵横两个方向也用方管作支撑杆，支撑杆在平面上的布置及箱体高度方向设几道，要视箱体的大小、内压的高低而定，从一些工程实例可看出多种布置的端貌。如果设备的内部负压正常运转为 5000Pa，事故时可达8000Pa（风机故障或操作故障）。

冷弯型钢是采用薄钢板冷弯成型，先弯成槽形"⌐"，再成方形"□"，然后用高频电焊机焊接封口，冷弯型钢也有角钢和槽形钢，还有带卷边的 C 形钢。工程用的大部分方形及长方形钢，其优点是刚度大，两端封上是单面锈蚀，除尘设备一般受力不大，采用这种轻质钢的材料能发挥其优点。

如果除尘设备的一个滤袋箱体长 5.66m、宽 4.17m、高 6.7m，用 4.5mm 钢板作围护，箱体内部用 80×80、50×50、70×70 三种冷弯方钢支撑加强，为了便于运输及安装，在高度方向分三段，1.9m＋2.4m＋2.4m（如果条件许可也可分为两段），箱体全部在工厂制作好，甚至涂装也基本完成（只留最后一道在安装现场刷，以及焊口附近的补漆）。

这种形式的结构，质量轻、钢耗量低、现场焊接量小，可加快安装速度，缩短工期。采用冷弯型钢＋薄壁箱体围护。有人担心其寿命，根据使用的经验，冷弯型钢的壁厚不宜小于 3mm（在南方）或 2.5mm（在北方）。宜尽量使用封闭型使之单向锈蚀，这样除尘设备的使用寿命在30 年左右，可以保证不会因锈蚀而产生使用问题。

四、圆筒形结构壳体

从结构科学和运行安全考虑，特别是在耐压的场合把除尘器壳体设计成圆筒形是最合理的。从现状看，小型除尘器和净化可燃气体的除尘器往往设计成圆筒形，如高炉煤气用袋式除尘器和电除尘器等。

五、结构形式展望

近些年来我国在建筑材料上增加了许多新产品，与除尘器钢结构有关的就有薄壁冷弯型钢（代替旧工、槽、角钢）及轧制 H 型钢（代替三块板接的工型钢），连接上有高强度螺栓（代替部分焊接连接）等。这些新产品，国外已使用多年，但国内的普及时间较短。

根据发展情况看，今后除尘设备的结构可以用冷弯型钢做上部结构即箱体及箱体以上，下部框架及操作平台等可以用轧制工字型钢，并采用高强螺栓连接，这样上面箱体可以拼好后吊装，下面框架横梁平台用螺栓一把就完事，大大提高了建设速度。有一台引进的设备，在安装现场全部螺栓连接，可以不动焊特别是高空焊。当然用的不是普通的安装螺栓，而是高强螺栓，如果再加上除尘设备的定型化，制造安装的队伍专业化，那就会大大加快建设进度，节省大量投资。现在仅仅是用设备的重量作为结算设备制造安装的费用（设计费也是取制造费用的某个比例）的简单做法，不利于改进设计，不利于创新更经济合理的结构型式。

第三节　材料选用

一、材料材质

除尘器设备中钢结构约占整个设备重量的 70％以上，因而正确合理地选用钢结构的材质（钢种）和规格，对设备的投资、工程质量与建设进度，都有很大的影响。

在工业与民用建筑业，对钢结构材质的要求，在各种规范、规程设计手册中都有比较详细具体的规定；结合多年来长期科学实践经验基础上制定的规定来考虑除尘设备的选材是合适的。首先除尘设备没有很大的垂直荷重，比一般的工业建筑要小得多，也没有高层建筑巨大的水平风力和地震力，也不会产生在使用期间达几百万次的疲劳应力和频率很高的震动力；大型除尘设备内无论是正压式或负压式压力最大不超过 7000~8000Pa（即 0.007~0.008MPa），连低压容器也够不上，设备能承受的带尘气体温度都小于 300℃，再大则须增设冷却器，或加混合冷风装置，否则布袋也受不了。鉴于以上情况，除尘设备中的钢结构可采用一般常用的碳素钢 Q235 钢即可。

Q235 钢又分为 A、B、C、D 四个等级，除尘设备采用 A 级、B 级即可；A 级和 B 级的化学成分和力学性能基本相同，区别是 A 级不要求做冲击试验，而 B 级要用常温冲击试验及 V 形缺口试验，主要是控制其韧性。从冶炼脱氧方法上又可分成三种不同的钢，即沸腾钢（F）、半镇静钢（b）及镇静钢（Z）。

镇静钢的优点是强度、韧性、冷脆敏感性、可焊性均优于沸腾钢，可在冲击荷载及低温区域（当地最低设计气温在−15℃以下）使用。

沸腾钢含脱氧未净的杂质，但塑性较好，可以用碱性焊条施焊。我国近年来冶炼方法不断提高改进，在除尘结构中使用是可以保证安全的。

在选择除尘设备的钢种要考虑的问题：在多个滤袋室的设备中其室和室、室和外界的隔板会受到有压和无压的两种状态，使壁板及加强构件产生反复应力，灰斗中也会有类似影响。此外在室外设计温度较低的地区（我国北方）宜采用 B 类钢。

根据经验，一般钢板材厚度不超过 20mm，工、槽、角钢厚度不超过 12mm，在《钢结构设计标准》（GB 50017—2017）中属于第一类，设计强度不准减。以下是建议的除尘器各部位选用的钢种钢号：

（1）滤袋室箱体壁板、灰斗壁板、箱体与灰斗间的承上启下的承重梁，采用 Q235B（b．Z）钢。

（2）滤袋中的立椎、梁、内撑杆、壁板内外加劲杆或肋，灰斗内外加劲杆，内撑杆以及支承滤袋室的下部框架、立柱、柱间支撑、平台梁、梯子、铺板等均可采用 Q235A（F、b、Z）钢，其标准见表 8-5、表 8-6。

（3）地脚螺栓，一般属设备附件，与设备一起供货，采用 Q235B 钢，其标准见 GB/T 799—2020。

二、钢材规格和技术性能

1. 钢材规格

近年来国民经济持续快速发展，冶金工业在产品数量及质量上有很大提高，产品的规格和品种也增多不少，过去在除尘设备的钢结构中常用普通的工、槽、角、板来制作，现在可用轧制的 H 型钢和冷弯型钢替代，这些产品在市场上可以随时买到。

轧制 H 钢与用三块板焊接而成的所谓焊接 H 型钢相比，其优点是省去四条主焊缝，焊接残余应力小，无需焊缝质量检验，无需焊后校直变形，制作成本可节省 30％左右，在除尘设备中可广泛用在下部框架的立柱、横梁、平台次梁及滤袋室中的立柱及横梁等部位。

冷弯型钢在我国生产已有数十年的历史，过去使用者较少，不被人认识，近年来已有发展。冷弯型钢壁薄，做成封闭方形或矩形，刚性好，抗扭性好，两头一封使之单面腐蚀，单面涂装，其开口型钢可用作滤袋室壁板的加劲、检修门及门框等。其闭口型钢可用于滤袋室内支撑及灰斗支撑等。国外甚至用大型闭口方钢来做下部框架之立柱及柱间支撑。冷弯薄壁型钢比原有普通型钢可节省钢材量 15％～25％。

冷弯型钢如遵照规范设计的构件，通常是以薄板局部失稳而达到破坏极限，故必须使用强度较高的钢种，仍采用 Q235A 或 Q235B 钢为宜，其技术条件见 GB/T 6725—2017，但必须做冷弯弯心试验。制作时需制订合理的焊接工艺。

2. Q235 钢的主要技术性能

（1）钢的牌号和化学成分（熔炼分析） 应符合表 8-5 规定。

表 8-5 Q235 钢牌号及化学成分

牌号	等级	化学成分/%						脱氧方法
		C	Mn	Si	S	P		
					≤			
Q235	A	0.14～0.22	0.30～0.65[①]	0.30	0.050	0.045		F、b、Z
	B	0.12～0.20	0.30～0.70[①]		0.045			
	C	≤0.18	0.35～0.80		0.040	0.040		Z
	D	≤0.17			0.035	0.035		TZ

① Q235A、B 级沸腾钢锰含量上限为 0.60％。
注：沸腾钢硅含量不大于 0.07％；半镇静钢硅含量不大于 0.17％；镇静钢硅含量下限值为 0.12％。

（2）力学性能 钢材的拉伸和冲击试验应符合表 8-6 规定。

表 8-6 钢材的拉伸和冲击试验

牌号	等级	拉 伸 试 验													冲击试验
		屈服点 σ_R/(N/mm²)					抗拉强度 σ_b /(N/mm²)	伸长率 σ_b/%							V 形冲击功（纵向）/J
		钢材厚度(直径)/mm						钢材厚度(直径)/mm						温度/℃	
		≤16	16～40	40～60	60～100	100～150	>150		≤16	16～40	<40～60	<60～100	<100～150	>150	
		≥							≥						≥
Q235	A	235	225	215	205	195	185	375～460	26	25	24	23	22	21	—
	B														20
	C														0
	D														−20

（注：冲击功 27，温度 20、0、−20 对应 B、C、D 级）

设计时采用的工、槽、角、板或者冷弯型钢凡使用于承重结构时，都必须保证抗拉强度、伸长率、屈服点、冷弯试验合格和碳、硫、磷的极限含量，并匹配相应的焊接材料，至于其他对材质的要求可见多种建筑方面的规范。例如在低温地区不宜采用沸腾钢等。

（3）钢材的物理性能指标 钢材的物理性能指标见表 8-7。

（4）钢材的强度设计值 钢材的强度设计值见表 8-8。

3. 钢材弹性模量的温度折减系数 β_d

钢材弹性模量的温度折减系数 β_d 见表 8-9。

表 8-7 钢材的物理性能指标

弹性模量 E/MPa	切变模量 G/MPa	线膨胀系数 $\alpha_1/\text{℃}^{-1}$	质量密度 $\rho/(\text{kg}/\text{m}^3)$
206×10^3	79×10^3	12×10^{-6}	7850

表 8-8 钢材的强度设计值

钢 材		抗拉、抗压和抗弯 f/MPa	抗剪 f_v/MPa	端面承压（刨平顶紧） f_{cc}/MPa
钢号	厚度或直径/mm			
Q235	≤16	215	125	325
	16～40	205	120	
	40～60	200	115	
Q345	≤16	310	180	400
	16～35	295	170	
	35～50	265	155	

注：表中厚度系指设计点的钢材厚度，对轴心受拉和轴心受压构件指截面中较厚板件的厚度。

表 8-9 钢材弹性模量的温度折减系数 β_d

钢号	系数	作用温度/℃						
		≤100	150	200	250	300	350	400
Q235、Q345	β_d	1.00	0.98	0.96	0.94	0.92	0.88	0.83

注：温度为中间值时，应采用线性插入法计算。

4. 折减系数

计算下列情况的构件或连接时，规定的强度设计值应乘以相应的折减系数。

（1）单面连接的单角钢

① 按轴心受力计算强度和连接乘以系数 0.85；

② 按轴心受压计算稳定性，等边角钢乘以系数 $0.6+0.0015\lambda$ （λ 为长细比，下同），但不大于 1.0；短边相连的不等边角钢乘以系数 $0.5+0.0025\lambda$，但不大于 1.0；长边相连的不等边角钢乘以系数 0.70；对中间无联系的单角钢压杆应按最小回转半径计算，当 $\lambda<20$ 时，取 $\lambda=20$。

（2）当几种情况同时存在时其折减系数应连乘。

三、焊接材料与强度

1. 焊接材料

手工焊接采用焊条：焊接 Q235 钢为 E43 型焊条，焊接 Q345 钢为 E50 型焊条。焊条质量应分别符合现行国家标准《非合金钢及细晶粒钢焊条》（GB/T 5117—2012）和《热强钢焊条》（GB/T 5118—2012）的规定。

自动焊接或半自动焊接采用的焊丝和相应的焊剂应按设计要求与主体金属力学性能相适应，并应符合现行国家标准的规定。

焊接质量：对于钢材等强对接用剖口熔透焊缝应不低于二级；对于角焊缝的外观质量应不低于三级。

2. 焊缝的强度设计值

焊缝的强度设计值见表 8-10。

3. 钢材及焊缝强度设计值的温度折减系数 γ_s

（1）钢材及焊缝强度设计值的温度折减系数 γ_s 见表 8-11。

（2）无垫板的单面施焊对接焊缝乘以系数 0.85。

（3）施工条件较差的高空安装焊缝乘以系数 0.90。

表 8-10 焊缝的强度设计值

焊接方法和焊条型号	构件钢材			对接焊缝				角焊缝
	钢号	厚度或直径 /mm	抗压 f_c^w/MPa	焊缝质量为下列等级时,抗拉 f_t^w/MPa		抗剪 f_v^w/MPa		抗拉、抗压和抗弯 f_f^w/MPa
				一级、二级	三级			
自动焊、半自动焊和 E43 型焊条的手工焊	Q235	≤16	215	215	185	125		160
		16~40	205	205	175	120		
		40~60	200	200	170	115		
自动焊、半自动焊和 E50 型焊条的手工焊	Q345	≤16	310	310	265	180		200
		16~35	295	295	250	170		
		35~50	265	265	225	155		

表 8-11 钢材及焊缝强度设计值的温度折减系数 γ_s

钢号	系数	作用温度/℃						
		≤100	150	200	250	300	350	400
Q235、Q345	γ_s	1.00	0.92	0.88	0.83	0.78	0.72	0.65

注：温度为中间值时应采用线性插入法计算。

四、螺栓连接材料与强度

1. 螺栓连接材料

采用螺栓连接时,普通螺栓应符合现行国家标准《六角头螺栓C级》(GB/T 5780—2016)的规定；高强度螺栓应符合现行国家标准《钢结构用扭剪型高强度螺栓连接副》(GB/T 3632—2008)或《钢结构用高强度大六角头螺栓》(GB/T 1228—2006)、《钢结构用高强度大六角螺母》(GB/T 1229—2006)、《钢结构用高强度垫圈》(GB/T 1230—2006)、《钢结构用高强度大六角头螺栓、大六角螺母、垫圈技术条件》(GB/T 1231—2006)的规定。

2. 螺栓连接的强度设计值

螺栓连接的强度设计值见表 8-12。

表 8-12 螺栓连接的强度设计值　　　　　　　　　　　　　单位：MPa

螺栓的性能等级,锚栓和构件钢材的牌号		普通螺栓						锚栓	承压型连接高强度螺栓		
		C 级螺栓			A 级、B 级螺栓						
		抗拉 f_t^b	抗剪 f_v^b	承压 f_c^b	抗拉 f_t^b	抗剪 f_v^b	承压 f_c^b	抗拉 f_t^a	抗拉 f_t^b	抗剪 f_v^b	承压 f_c^b
普通螺栓	4.6级、4.8级	170	140	—	—	—	—	—	—	—	—
	5.6级	—	—	—	210	190	—	—	—	—	—
	8.8级	—	—	—	400	320	—	—	—	—	—
锚栓	Q235 钢	—	—	—	—	—	—	140	—	—	—
	Q345 钢	—	—	—	—	—	—	180	—	—	—
承压型连接高强度螺栓	8.8级	—	—	—	—	—	—	—	400	250	—
	10.9级	—	—	—	—	—	—	—	500	310	—
构件	Q235 钢	—	—	305	—	—	405	—	—	—	470
	Q345 钢	—	—	385	—	—	510	—	—	—	590

注：1. A 级螺栓用于 $d≤24mm$ 和 $l≤10d$ 或 $l≤150mm$（按较小值）的螺栓；B 级螺栓用于 $d>24mm$ 和 $l>10d$ 或 $l>150mm$（按较小值）的螺栓,d 为公称直径,l 为螺杆公称长度。

2. A、B 级螺栓孔的精度和孔壁表面粗糙度,C 级螺栓孔的允许偏差和孔壁表面粗糙度,均符合现行国家标准《钢结构工程施工质量验收标准》(GB 50205—2020)的要求。

第四节　结构设计要点

一、柱网布置要点

柱网的间距尺寸取决于布袋的布置，一般布袋的直径为 $\phi 110 \sim 160mm$，布袋与布袋之间的距离为 $50 \sim 80mm$，如布袋长度大于 6m，布袋的间距宜大于 60mm。布袋与周边结构（横梁或加劲杆）的间距应 $\geqslant 50mm$。如距离过小，布袋外皮沾上灰后，整个箱体内透气性很差，影响过滤效率，并且安装时布袋如有较大偏差则反吹风或脉冲时，布袋会互相碰撞、摩擦，降低布袋寿命。在脉冲式除尘器中，每根脉冲管喷吹的布袋最多为 18 根，即一排布置 18 个布袋。如布袋长度超过 6m，则还应适当减少。

布袋布置好以后，柱网的尺寸大体上就确定了。除尘设备是环保方面的辅助设备，一般其总图位置不能随心所欲，如所给总图位置呈条形则除尘器设计为单排（即横向有二根柱）；如所给位置为方形或长方形则设计为双排（即横向四根立柱有二根滤袋室箱体及两个灰斗）。最终安装根据所需的过滤面积来定。

柱子的截面型式常用是工字形，过去是用三块板焊接而成，又称焊接 H 型钢（见图 8-2），现在可在市场上买到轧制 H 型钢。另外在设备较轻，柱网尺寸小的除尘器也可以用冷弯方钢，或两个槽钢合焊来做立柱（见图 8-3）。这种形式呈闭合状，各方面刚度都好，但其尺寸不宜过大，否则柱间支撑及大梁连接处容易引起局部失稳，因为柱子里面无法加横隔。

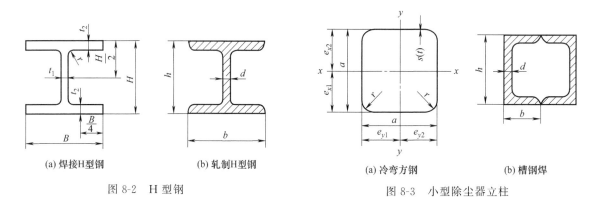

(a) 焊接H型钢　　　　(b) 轧制H型钢

图 8-2　H 型钢

(a) 冷弯方钢　　　　(b) 槽钢焊

图 8-3　小型除尘器立柱

二、柱间支撑的设置

除尘设备的结构基本上由上部滤袋室箱体及下部支承钢架组成。支承钢架又由立柱、横梁及柱间支撑构成，柱间支撑是保证钢架稳定的必不可少的部件，它承担着整个设备的水平荷载，能传递到柱脚及基础。水平荷载是指风荷载及地震产生的地震力，除尘设备中一般没有工艺设备产生的水平力。

柱间支撑的布置，在横向（设备短方向，有单跨或双跨之分）一般每排柱都设支撑。设备长方向，一般有若干个箱体及灰斗，则视具体情况而定可以空开一个柱间设置，使纵向人流物流能畅通，也可减少温度应力。

通常在除尘设备下部钢架柱高范围内会设置数层操作平台，如输灰刮板机平台、进风风量调节阀平台、灰斗人孔、料位计、振捣器或空气炮平台等。因此支撑将被平台横梁分割成几层，在没有平台梁处则设置柱间连系杆，以保证立柱在平面内外的稳定，并减小细长比。

支撑设置的位置还必须考虑到支撑杆件要躲开设备，并保证平台通道畅通，更不能堵塞走梯的出入口。同时几层支撑与柱子的交汇点的纵横四个方向最好在一个平面上，这样柱子受力最好，但有时很难照顾到各个方面。下面是一个双排七个柱距的大型除尘设备的柱间支撑布置简图（见图8-4）。在纵向A、D列三层支撑的高度比较接近，比较合理，而在B、C列则必须把第二层压缩到▽5.75m处，目的是使横向两跨间的通道畅通。在横断面图上可以看到从▽3.45m到立柱顶▽10.11m处设一个大交叉撑，而且中间在▽5.75m处将支撑处理成折线，为的是使▽3.45m平台的刮板机及检修人行通道畅通，在▽5.75m处的灰斗人孔平台也通顺。

支撑的形式是见图8-4，这几种形式以图8-4（a）为最好，其余几种都是因为要躲开设备或通道不得已而为之，其中图8-4（c）最弱。

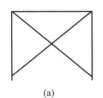 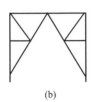 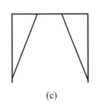 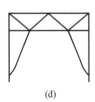

(a)　　　　　　　(b)　　　　　　　(c)　　　　　　　(d)

图8-4　柱间支撑的形式

支撑杆的断面通常都是单根或双根角钢做成，受力较大的也可以用单或双槽钢、钢管、方形闭口冷弯型钢等，如图8-5所示。

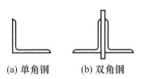

(a)单角钢　　(b)双角钢　　(c)双槽钢　　(d)双槽钢　　(e)钢管　　(f)方形冷弯型钢

图8-5　柱间支撑杆

支撑与柱用连接节点板联结，开口杆件只需夹住节点板施焊，闭口杆件可在端部开槽口插入节点板焊之。然后将杆两端头用小钢板封死，使之单面腐蚀，延长使用寿命。

三、箱体结构设计要点

除尘设备中箱体设备是主体，它决定一台除尘设备能否有效地过滤烟尘。首先箱体的外形尺寸在前面柱网布置中已提到是由布袋长度、外径、数量、布袋间的间距、布袋与四周结构的净空等因素决定的，这是设计箱体的前提。

例如反吹风袋式除尘器，反吹风式的布袋上端悬挂在结构梁上，过去用弹簧卡在梁上以便拉紧布袋使之垂直绷紧，后改用链条锁在梁上的一个卡具内，链条是一节节的也可以用来调节拉紧，此弹簧简单实用。布袋的下端是用箍卡紧在灰斗顶花板上的短管上，带尘气体由进风管进入灰斗上部通过导流板进入布袋内，因此箱体内应是净化气体，大部分尘灰落入灰斗中，箱体顶部是用钢板封闭的，板上面放置三通换气阀，用支座托起的排风管及反吹风管在整个箱体两侧，靠底端及顶端各设一个检修门，门外设走道，它用来检查布袋使用情况及更换布袋所用。

这种形式的构造一般在顶部设立一个桁架，上弦支承屋面钢板及屋面外的管道，下弦则架设次梁吊挂一排排的布袋，如箱体横向跨度较小也可以用板梁，不设桁架，通常这种结构在箱体内四角设柱，柱的高度是布袋长加上净气室的高度，如布袋用6m长则柱高7.5~8m，沿柱子每隔 1.5～2m 设横梁若干道，梁上贴围护钢板封闭箱体，两侧开检修门供人进出，门尺寸为 0.6m×1.2m，门上需要加密封条密封，门外在箱体上焊三脚架牛腿做通道，宽度不小于 1m，在通道两头设落袋管，一直通到地坪，是换布袋时用的，使淌灰的旧布袋顺管滑下，不致灰尘满天飞。

这种构造箱体内不设撑杆，四周的梁和柱可以保证箱体的刚度，因此箱内全部空间可用来布置布袋。

这种梁柱式的箱体，因四角有柱作骨架，又有多道横梁相围形成牢固的框架。整个箱体刚度较好，立柱做成工字形或方形均可，但毕竟截面不会像下部钢架立柱那么大，所以施焊时应注意其变形。横梁主要抗箱体的内压力，如采用工字形应水平放即腹板平行地面、绝缘垂直地面，如采用封闭方形或长方形也可。本形式的箱体壁板是贴在柱和横梁上的，要现场施焊，所以现场安装周期长，整个设备的耗钢量也比较大。每个箱体之间必然会有一些安装隙缝，为了达到各室独立密闭，这些小隙缝必须给予焊补。

反吹风式的布袋下面是固定在灰斗花板上焊好的短管上的，布袋上端吊挂在梁上，为了达到布袋中心垂直，安装时在吊挂梁顶面用激光仪对准短管中心以此来定吊挂点（一个有缺口的角钢）的位置然后焊牢。

又如脉冲式布袋除尘器的结构形式，可以采用梁柱式，也可以采用无柱无梁而用冷弯型钢作支撑的结构形式。

脉冲式的箱体顶部与反吹风式不同，顶盖上满铺检修门，门侧放置脉冲阀及分气包，如果是双跨双排箱体则分气包在两跨中间，如果单排则分气包在边上，检修人员只能在检修门盖上走动，否则要在箱体外再悬挑平台。由于箱体内布袋排列很紧凑，没有太多的空隙余地，而顶上的检修门要插入或拔出布袋检修门的洞口必须与布袋对齐，所以门盖的尺寸要求制造时要精确，否则会盖不上。门的尺寸也不能过大（如轻钢结构壳体检修门尺寸大致是 1.7m×0.5m），质量要控制在 40kg 以下，两名检修工能抬起。一般设计时分割成小块，门上要设硅橡胶密封条及压紧螺栓（如 1.7m×0.5m 尺寸的门用 8 个螺栓），螺栓宜用不锈钢，以免日久生锈打不开。喷吹管由屋面从布袋一侧下来呈水平状，每个喷嘴对准一个布袋，喷吹管要考虑前后左右能微调，即在管端部的固定处采用可调螺栓，脉冲喷吹时水平管与垂直管会引起反坐力，并有轻微震动，因此管必须有支座夹住，夹具设计成可卸的，抽换布袋时必须将管卸开。

现代的喷嘴两侧带有斜管，高压空气从喷嘴喷出可将周围空气一起带入袋内增加清灰效果。

分气包是一个低压容器，其设计及制造按脉冲喷吹类袋式除尘器用分气箱（JB/T 10191—2010）标准进行。其容积要求由除尘设备设计者根据计算或经验确定。

吹喷管与分气包连接处及垂直管与水平管弯头处要设置两个活接头，以便检修时装卸管段，接头的设计要考虑到易拆卸又不漏气。

脉冲式除尘器与反吹风式相反，布袋里面是净化气体，箱体内是带尘气体。布袋的固定端也与反吹风式相反，固定在布袋上端的花板上，花板上开了许多固定布袋的孔，为保证花板的刚度和强度，在孔与孔之间的板下方设扁钢加劲（见图 8-6）。制作时要仔细考虑焊接工艺，避免引起花板过大的焊接变形。

无梁无柱式的箱体壁板用薄钢板作围护，要求密封焊，壁板在箱体里侧用方形冷弯型钢支撑，箱体外侧以扁钢加劲。支撑杆与地面平行，可设若干道，扁钢与地面垂直，两者将壁板分割成小块，在验算板的强度挠度时以此为计算单元。

箱体内的撑杆外皮与布袋外皮之间必须留有 50mm 以上的间隙，以免磨损。撑杆的壁厚宜 ≥4mm。杆与杆焊牢，杆与箱体壁板可以用间断焊，焊后空 120～150mm。壁板外的扁钢加劲也可以用间断焊，但加劲的两端必须有焊肉，不得跳开。如果箱体内压力过大（一般＞

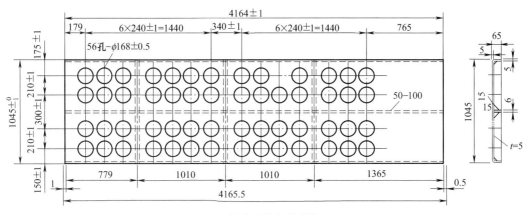

图 8-6　某除尘设备的花板平面

5000Pa)，可将扁钢改成冷弯槽钢或方形钢加劲。

箱体的高度一般由布袋长度而定，布袋较长者可将箱体分成几段，段与段之间用法兰连接。法兰通常用角钢做成，用安装螺栓固定，然后密封焊。

上述这种形式的结构，其优点是质量轻，耗钢量小，并且滤袋室可以在工厂分段制造好到现场安装。现场只施焊其连接法兰的焊缝，而不像梁柱式的壁板，要一块块地在现场焊到梁柱上去，可以提高现场施工的进度。

四、灰斗设计要点

灰斗上口尺寸的大小取决于滤袋室的大小。按照布袋除尘设备的除尘能力可以设计成小灰斗而室数多，也可设计成大灰斗，灰斗尺寸较大时，斗内应设导流板，即进入灰斗上部的带尘气体通过导流板使之较均匀地进入箱体中，导流板的结构要简单，斗内焊接量要少。灰斗结构示意如图 8-7 所示。

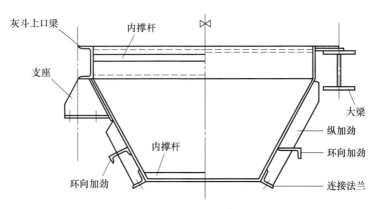

图 8-7　灰斗构造示意

（左右种不同）

灰斗上一般有许多配件，有振动器、料位器、检修人孔或空气炮，一般都在灰斗的下方。灰斗下口连接卸灰阀。灰斗的斜壁与地面的夹角要大于斗内散状体的自然休止角。灰斗与下部钢架的立柱，可以有各种连接方法，有的立柱顶四周设大梁，灰斗上口的壁板直接焊接在大梁上，有的灰斗上口四角设支座，直接坐在柱头上。这种灰斗上口四周壁板要加强也做成梁式，上承滤袋箱体重，下承灰斗中的灰重。这种结构形式一般用在上部箱体较轻的除尘设备中，支座与柱头顶板的连接螺栓孔可以处理成椭圆孔，设备温度异常时，可以有微量的移动以消除温度的应力。

灰斗设计成正方形或近似正方形为宜，一般上口尺寸为 3m 左右时，壁板厚采用 4～5mm。如上口尺寸为 5m 左右时壁板厚采用 6～8mm。考虑到磨损及腐蚀，太薄会影响使用寿命。灰斗外壁有环向加劲用槽钢或角钢制作。环向加劲之间还有竖向加劲用角钢或扁钢制作，斗壁薄则加劲密，斗壁厚加劲可以稀一些。需根据灰斗的大小及灰的密度计算确定。上口尺寸大于 5m，高度也大于 5m 的灰斗有时在斗内增设几层支撑，支撑用圆钢管制作。一般灰斗壁板上口的直段较小，下面的斜壁段很长，而且是悬空的，要考虑其刚度，过长时可将灰斗分节，以利制造、运输、安装，节与节之间用法兰连接，法兰可用角钢制作。

五、梯子、平台、栏杆的设计要点

梯子、平台、栏杆的设置应根据工艺操作的需要，设备维修的方便，人、物流的畅通来考虑。如果说设备服务于生产而梯子、平台是服务于人的，应考虑以人为本的设计原则，在现代化企业中是不可忽视的。

楼梯平台的设置应符合人体工程学原理，其最基本的要求是保证安全，兼顾舒适和美观。因此，楼梯平台的设计必须严格按照国家标准和行业标准的要求，主要标准如下：

《固定式钢梯及平台安全要求　第 1 部分：钢直梯》（GB 4053.1—2009）、《固定式钢梯及平台安全要求　第 2 部分：钢斜梯》（GB 4053.2—2009）、《固定式钢梯及平台安全要求　第 3 部分：工业防护栏杆及钢平台》（GB 4053.3—2009）、《钢格栅板及配套件　第 1 部分：钢格栅板》（YB/T 4001.1—2007）。

（一）平台

平台按功能分，可分为通行平台、梯间平台、工作平台等。平台的设计主要包括平台载荷确定、平台材料的选择、平台结构等。

1. 设计载荷

平台的设计载荷应根据实际使用要求确定，并不应小于以下规定值：①整个平台区域内应能承受不小于 3kN/m^2 均匀分布活载荷；②在平台区域内中心距为 1000mm，边长 300mm 的正方形上应能承受不小于 1kN 集中载荷；③平台地板在设计载荷下的挠曲变形应不大于 10mm 或跨度的 1/200，两者取小值。

2. 材料

钢平台的材质根据使用环境、功能要求选取。钢材的力学性能不低于 Q235B，并具有碳含量合格保证。平台框架、支撑通常选用槽钢、角钢、工字钢等型材，具体型号根据上述载荷进行计算确定。

3. 平台结构要求

平台结构包括平台支撑、框架、平台地板等。

（1）平台尺寸　检修平台、测试平台等工作平台的大小应根据预定的使用要求及功能确定，但应不小于通行平台和梯间平台的最小尺寸；通行平台的宽度宜为 1000mm，最小宽度不应小于 750mm，单人偶尔通行的宽度可适当减小，但应不小于 450mm；梯间平台的宽度应不小于梯子的宽度，且直梯对应的宽度不小于 700mm，斜梯对应的宽度不小于 760mm，两者取较大值，梯间平台在行进方向的长度应不小于梯子的宽度，且直梯对应的长度不小于 700mm，斜梯对应的长度不小于 850mm，两者取较大值。

（2）空间要求　平台地板面到上方障碍物的垂直距离应不小于 2000mm；对仅限偶尔使用的平台，上方障碍物的垂直距离可适当减少，但不应小于 1900mm。

（3）支撑要求　平台应安装在牢固可靠的支撑结构上，并与其刚性连接；梯间平台不悬挂在梯段上。

（4）平台地板　平台地板宜采用钢格板，有密封、防雨等特殊要求的部位可以采用厚度不小于 4mm 的花纹钢板。

4. 除尘设备平台要求

除尘设备一般是有几层平台，用链式刮板机作输灰设备的要设操作维修平台，一般在刮板机两侧各设宽 800～1000mm 的平台。此平台也可检修卸灰阀用，在灰斗下口向上 1m 左右设平台是维修、操作灰斗料位器、震动器、空气炮以及进入灰斗人孔用的，再向上有控制进入灰斗的风管风量的调节阀，要设操作平台。此外在滤袋式箱体两侧有检修门的，一般在箱体上下端各设一道通长平台，其宽度不小于 1m。

箱体顶有时也要在设备两端设平台，不然满铺的检修门和长条的分气包使维修人员无法跨越。一般平台设计负荷为 200～300kg/m²。当平台梁跨度小于 5m 则匚10 即可。平台铺板可采用钢板网（图 8-8）或搁栅板（图 8-9）。如采用 8mm×40mm×100mm 的钢板网（8mm 是网筋的高度），则网的跨度也就是平台梁的间距最好不大于 500mm，这样人踩上去不致下挠太大，否则网下还要加劲。如采用搁板栅则其规格甚多，可不受跨度的限制。这两种铺板都不易积灰，而且目前价格已较接近。过去搁栅板要贵很多，但网板订货是像钢板一样成张供应。现场可任意切割铺在梁上两侧点焊即可。搁栅板要绘分隔板型图，不能任意切割，遇到穿管开孔还要另行焊补，比较麻烦。

图 8-8　钢板网

图 8-9　搁栅板

平台的宽度范围内不允许有任何阻碍物，如支撑杆及其连接板、两层平台之间的净高必须保证 2.1m，使戴着安全帽的员工行走有安全感。

（二）栏杆

凡有平台的四周必须设备栏杆，全面封死，不得有缺口。栏杆高度在设备箱体标高以下为 1.1m，在以上为 1.2m。

扶手的设计应允许手能连续滑动。扶手末端应以曲折端结束，可转向支撑墙，或转向中间栏杆，或转向立柱，或布置成避免扶手末端突出结构。扶手宜采用钢管，外径应不小于 30mm，不大于 50mm。扶手后应有不小于 75mm 的净空间，以便于手握。

中间栏杆在扶手和踢脚板之间，应至少设置一道中间栏杆。中间栏杆宜采用不小于 25mm×4mm 的扁钢或直径 16mm 的圆钢。中间栏杆与上、下方构件的空隙间距不大于 380mm。

防护栏杆端部应设置立柱或确保与建筑物或其他固定结构牢固连接，立柱间距应不大于 1000mm。立柱不应在踢脚板上安装，除非踢脚板为承载的构件。立柱应采用外径为 30～50mm 的钢管。

踢脚板顶部在平台地面之上高度应不小于 100mm，其底部距地面应不大于 10mm。踢脚板

宜采用不小于 $100mm \times 2mm$ 的钢板制造。在室内的平台、通道或地面，如果没有排水或排除有害液体，踢脚板下端可不留空隙。

栏杆与平台梁的连接有三种方式，如图 8-10 所示。

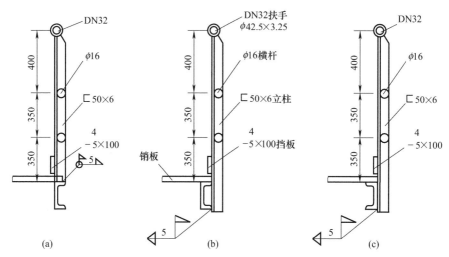

图 8-10　栏杆与平台槽钢梁连接的三种方式

（三）梯子

1. 设计载荷

设计载荷应按实际使用要求确定：

(1) 钢斜梯应能承受 5 倍预定活载荷标准值，并不应小于施加在任何点的 4.4kN 集中载荷，钢斜梯水平投影面上的均布活载荷标准值不应小于 $3.5kN/m^2$。

(2) 踏板中点集中活载荷不小于 4.5kN，在梯子内侧宽度上均布载荷不小于 $2.2kN/m^2$。

(3) 斜梯扶手应能承受在除向上的任何方向施加的不小于 890kN 集中载荷，在相邻立柱间的最大挠曲变形应不大于宽度的 1/250，中间栏杆应能承受在中点圆周上施加的不小于 700N 水平集中载荷，最大挠曲变形不大于 75mm。端部或末端立柱应能承受在立柱顶部施加的任何方向上 890N 的集中载荷。以上载荷不进行叠加。

2. 材料

钢斜梯的材质根据使用环境、功能要求选取，钢材的力学性能不低于 Q235B，并具有碳含量合格保证。

(1) 斜梯倾角　钢斜梯与水平面的倾角根据平台位置确定，倾角应控制在 $30° \sim 75°$ 范围内，优选 45°，不宜超过 50°。

在同一梯段内，踏步高与踏步宽的组合应保持一致。踏步高（r）与踏步宽（g）的组合应符合 $550mm \leqslant g + 2r \leqslant 700mm$。常用的钢斜梯倾角与对应的踏步高 r、踏步宽 g 组合（$g + 2r = 600mm$）见表 8-13，其他倾角可按线性插值法确定。

表 8-13　斜梯倾角与对应的踏步高 r、踏步宽 g 组合

倾角 $\alpha/(°)$	30	35	40	45	50	55	60	65	70	75
r/mm	160	175	185	200	210	225	235	245	255	265
g/mm	280	250	230	200	180	150	130	110	90	70

(2) 梯高　梯高宜不大于 5m，大于 5m 时宜设梯间平台，分段设梯；单梯段的梯高应不大于 6m，梯级数宜不大于 16。

（3）通行宽度　单向通行钢斜梯内侧净宽度宜为 600mm，双向通行宜为 800mm；通行宽度应不小于 450mm，宜不大于 1100mm。

（4）踏步　踏板前后深度宜为 215mm，应不小于 80mm，相邻两踏板的前后方向重叠应不小于 10mm，不大于 35mm。

同一梯段所有踏板间距应相同，踏板间距宜为 225～255mm；顶部踏板的上表面应与平台平面一致，踏板与平台应无间隙；踏板宜选用钢格板，也可选用厚度不小于 4mm 的花纹钢板。

（5）梯梁　梯梁应有足够的强度和刚度，以使结构横向挠曲变形最小；梯梁通常采用槽钢、折弯钢板等制作。

3. 除尘器斜梯设计

大中型袋式除尘器的高度大约在 12～25m 之间，至少有一道梯子直通设备顶部，通常设置在设备一端的外侧，梯子使用频繁，所以都设计成斜梯与水平成 45°，宽为 800mm，它从地面起步，位置要紧靠设备，要求通到各层平台，然后沿箱体而上直达顶部。斜的支承三脚架只能焊在立柱上，或滤袋室箱体上（注意要焊在箱体的加劲肋上不要焊在围护板上），一道梯子要满足各方面条件尚需动些脑筋。

斜梯的主梁采用Ｃ18，因为往往为了凑到柱上的支承三脚架，梯子要做延长平台（见图 8-11）。主梁如用扁钢则刚度不够，而且 45°斜梯主梁Ｃ18 的水平宽度为 254mm，正好是踏步的宽度 250mm，踏步之间的高度在 200mm 左右。由于各平台的高度不同，梯高不同，踏步高度往往不是正数。

不经常上去的操作平台，如果位置不够可做成大于 45°的斜度，但不超过 60°，宽度也可减小到 600mm。

斜梯高度如超过 5m 则必须设过渡平台。

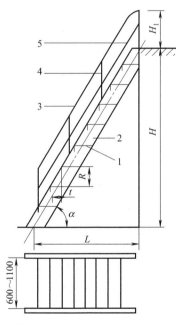

α	30°	35°	40°	45°	50°
R/mm	160	175	185	200	210
t/mm	280	250	230	200	180
α	55°	60°	65°	70°	75°
R/mm	225	235	245	255	265
t/mm	150	135	115	95	75

图 8-11　斜梯设计示例

1—踏脚板；2—梯梁；3—扶手；4—立柱；5—横杆；H—梯高；H_1—扶手高；R—踏步高；t—踏步宽

4. 直爬梯

钢直爬梯由梯梁、踏棍、支撑、护笼等组成。钢直梯的设计包括载荷确定、材料选型、结构要求等。

（1）设计载荷　梯梁设计载荷按组装固定后其上端承受 2kN 垂直集中活载荷计算。在任何方向上挠曲变形应不大于 2mm。

踏棍设计载荷按在其中点承受 1kN 垂直集中活载荷计算。允许挠度不大于踏棍长度的 1/250。

每对梯子支撑载荷按在其中点承受 3kN 的垂直载荷及 0.5kN 的拉出载荷。

（2）材料　钢直梯的材质根据使用环境、功能要求选取，钢材的力学性能不低于 Q235B，并具有碳含量合格保证。支撑宜采用角钢、钢板或钢板焊接成 T 型钢制作。

（3）结构要求

① 钢直梯倾角。钢直梯应与固定结构表面平行并尽可能垂直水平面设置。当条件限制不能垂直水平面时，两梯梁中心线所在平面与水平面倾角在 75°～90°范围内。

② 支撑间距。无基础的钢直梯，至少焊接两对支撑，将梯梁固定在结构、建筑物或设备上。相邻两对支撑的竖向间距应根据梯梁截面尺寸、梯子内侧净宽度及其在钢结构或混凝土结构的拉拔载荷特性确定。

③ 周围空间。对未设防护笼的梯子，由踏棍中心线到攀登面最近的连续性表面的垂直距离不应小于 760mm。对于非连续性障碍物，垂直距离不应小于 600mm。

由踏棍中心线到梯子后侧建筑物、结构或设备的连续性表面垂直距离不应小于 180mm。对非连续性障碍物，垂直距离不应小于 150mm。

对未设防护笼的梯子，梯子中心线到侧面最近的永久性物体的距离均应小于 380mm。

对前向的进出式样子，顶端踏棍上表面与到达平台或屋面平齐，由踏棍中心线到前面最近的结构、建筑物或设备边缘的距离应为 180～300mm，必要时应提供引导平台使通过距离减少至 180～300mm。

侧向进出式梯子中心线至平台或屋面距离应为 380～500mm。梯梁外侧与平台或屋面之间距离应为 180～300mm。

④ 梯段高度及保护要求。单段梯高宜不大于 10m，攀登高度大于 10m 时宜采用多段梯，梯段水平交错布置，并设梯间平台，平台垂直间距离宜为 6m。单段梯及多段梯的梯高均应不大于 15m。

梯段高度大于 3m 时应设置安全护笼。

当护笼用于多段梯时，每个梯段应与相邻的梯段水平交错并有足够的间距，设有适当空间的安全进出引导平台，以保护使用者的安全。

⑤ 内侧净宽度。梯梁间踏棍供踩踏表面的内侧净宽度应为 400～600mm，在同一攀登高度上该宽度应相同。由于工作面所限，攀登高度在 5m 以下时，梯子内侧净宽度可小于 400mm，但不应小于 300mm。

⑥ 踏棍。踏棍应相互平行且水平设置。所有的踏棍之间的垂直距离应相等，相邻踏棍垂直距离应为 225～300mm，梯子下端的第一级踏棍距基准面距离应不大于 450mm。

圆形踏棍直径应不小于 20mm，若采用其他截面形状的踏棍，其水平方向深度不应小于 20mm。

⑦ 梯梁。梯梁应采用不小于 60mm×10mm 的扁钢，或具有等效强度的其他实心或空心型材。

在整个梯子的同一攀登长度上梯梁截面尺寸应保持一致。容许长细比不宜大于 200。

前向或侧向进出式梯子的梯梁应延长至梯子顶部进出平面或平台顶面之上高度不小于 1200mm。

⑧ 护笼。护笼宜采用圆形结构，应包括一张水平笼箍和至少 5 根立杆。

水平笼箍用不小于 50mm×6mm 的扁钢，立杆采用不小于 40mm×5mm 的扁钢。水平笼箍应固定到梯梁上，立杆应在水平笼箍内侧并间距相等，与其牢固连接。

护笼应能支撑梯子预定的活载荷或恒载荷。

护笼内侧深度由踏棍中心线起应不小于 650mm，不大于 800mm，圆形护笼的直径应为 650～800mm，其他形式的护笼内侧宽度不应小于 650mm，不大于 800mm。护笼内侧应无任何突出物（见图 8-12）。

水平笼箍垂直间距不应大于 1500mm。立杆间距不应大于 300mm，均匀分布。护笼各构件形成的最大空隙应不大于 $0.4m^2$。

护笼底部距梯段下端基准面不应小于 2100mm，不大于 3000mm。

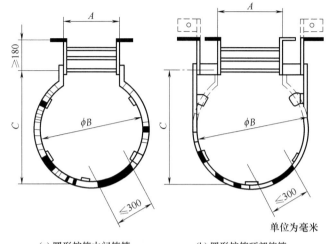

(a) 圆形护笼中间笼箍　(b) 圆形护笼顶部笼箍

图 8-12　护笼结构示意图

$A=400\sim600mm$；$B=650\sim880mm$；$C=650\sim800mm$

护笼顶部在平台或梯子顶部进、出平面之上的高度不应小于 1200mm。

未能固定到梯梁上的平台以上或进出口以上的护笼部件，应固定到护栏上或直接固定到结构、建筑物或设备上。

第五节　除尘器结构设计计算

一、极限状态及其设计一般公式

《工程结构可靠度设计统一标准》（GB 50153）规定，整个结构或结构的一部分超过某一特定状态就不能满足设计规定的某一功能的要求，此特定状态即为该功能的极限状态。

袋式除尘器结构的极限状态一般分为承载能力极限状态和正常使用极限状态两类。

1. 承载能力极限状态

这种极限状态对应于结构或结构构件达到最大承载能力，或达到不适于继续承载的变形。当出现了下列状态之一时即认为超过了承载能力极限状态：①整个结构或某一部分作为刚体失去平衡；②结构构件或连接处因超过材料强度而破坏（包括疲劳破坏），或因很大塑性变形而不适于继续承载；③结构转变为机动体系而丧失承载能力；④结构或结构构件因达到临界荷载而丧失稳定。

2. 正常使用极限状态

这种极限状态对应于结构或结构构件达到正常使用和耐久性的各项规定限值。当出现了下列状态之一时即认为超过了正常使用极限状态：①影响正常使用或外观的变形；②影响正常使用或耐久性能的局部损坏；③影响正常使用的振动；④影响正常使用的其他特定状态。

3. 结构构件的极限状态设计表达式

根据各种极限状态的设计要求，采用有关的荷载代表值、材料性能标准值、几何参数标准值以及各种分项系数等表达。

（1）承载能力极限状态设计表达式　除尘器结构构件的承载能力极限状态设计表达式如下所示：

$$\gamma_0 S \leqslant R \tag{8-4}$$

式中，γ_0 为结构重要系数，一般情况下取 0.1；S 为荷载效应设计值；R 为结构构件的缺力（承载能力）设计值，按国家现行有关结构设计规范确定，如《钢结构设计标准》（GB 50017—2017）、《冷弯薄壁型钢结构技术规范》（GB 50018—2002）等。

承载能力极限状态设计表达式中的荷载效应设计值应按下式计算：

$$S = \gamma_G S_{Gk} + \gamma_{Qi} S_{Qik} + \sum_{i=2}^{n} \gamma_{Qi} \psi_{ci} S_{Qik} \tag{8-5}$$

式中，γ_G 为永久荷载的分项系数；γ_{Qi} 为第 i 个可变荷载的分项系数；S_{Gk} 为按永久荷载标准值 G_k 计算的荷载效应值；S_{Qik} 为按可变荷载标准值 Q_{ik} 计算的荷载效应值，是诸可变荷载效应中起控制作用者；ψ_{ci} 为可变荷载 Q_i 的组合值系数；n 为参与组合的可变荷载数。

（2）正常使用极限状态设计表达式　除尘器结构构件正常使用极限状态设计表达式如下所示：

$$S_d \leqslant C \tag{8-6}$$

式中，S_d 为变形荷载效应设计值，按式（8-7）确定；C 为设计对变形规定的相应限值，工艺设计无明确要求时可按表 8-14 采用。

表 8-14　袋式除尘器结构构件允许变形值

项次	类　　别	允许变形值	项次	类　　别	允许变形值
1	壳体侧壁板、顶板弯曲变形	1/200	5	壳体主框架水平侧移	1/800
2	壳体灰斗壁板弯曲变形	1/200	6	台架柱水平侧移	1/400
3	壳体（次梁）弯曲变形	1/200	7	附属设施平台梁	1/250
4	壳体主框架梁、柱弯曲变形	1/500	8	附属设施平台板	1/150

注：对于反吹风除尘器，其壳体的变形应为正向变形与反向变形之和，并且允许变形值应适当减小。

正常使用极限状态设计表达式（8-6）中的变形荷载效应设计值应按下式计算：

$$S_d = S_{Gk} + S_{Qik} + \sum_{i=2}^{n} \psi_{ci} S_{Qik} \tag{8-7}$$

式中，S_{Gk} 为按永久荷载标准值 Q_{ik} 计算的荷载效应（变形）值；S_{Qik} 为按可变荷载标准值 Q_{ik} 计算的荷载效应（变形）值，是诸可变荷载效应中起控制作用者；ψ_{ci} 为可变荷载 Q_i 的组合值系数；n 为参与组合的可变荷载数。

（3）结构构件的截面抗震验算　结构构件的截面抗震验算设计表达式如下所示：

$$S \leqslant R / \gamma_{RE} \tag{8-8}$$

式中，S 为荷载效应设计值；R 为结构构件的缺力（承载能力）设计值；γ_{RE} 为承载力抗震调整系数，应按表 8-15 采用。

表 8-15　承载力抗震调整系数

项　　次	结 构 构 件	γ_{RE}
1	柱、梁	0.75
2	支撑	0.80
3	节点板件，连接螺栓	0.85
	连接焊缝	0.90

注：当仅计算竖向地震作用时，各类结构构件承载力抗震调整系数取为 1.0。

二、内力分析

除尘器壳体结构的内力分析，应根据结构的不同、荷载的不同进行分析。目前已有电算程序供采用，也可采用手工计算。现分述如下。

1. **板**

除尘器壳体的侧壁板、顶盖板受力情况简单，荷载呈均布。板的支承情况可分为单向板或双向板。

单向板一般为多跨连续板，板中最大弯矩值（M_{max}）按下式计算：

$$M_{max} = (\alpha g + \beta q)L^2 \tag{8-9}$$

式中，g 为均布永久荷载，Pa；q 为均布可变荷载，Pa；L 为等跨板的计算跨度，m；α、β 为系数，见表 8-16。

表 8-16　等跨连续梁弯矩系数

系　　数	单跨板	双跨板	三跨板	四跨板	五跨板
α	0.125	−0.125	−0.100	−0.107	−0.105
β		−0.125	−0.117	−0.121	−0.120

注：系数负值为支座处弯矩，正值为跨中弯矩。

单向板的挠度计算，可根据结构力学有关公式计算。

双向板可近似按四边固定板计算，板中最大跨距值（M_{max}）按下式计算：

$$M_{max} = \alpha p a^2 \tag{8-10}$$

式中，p 为双向板上均布荷载；a 为双向板短边长度，m；α 为系数，见表 8-17。

表 8-17　四边固定板的系数 α、β

	a/b	0.5	0.6	0.7	0.8	0.9	1.0
	α	0.0829	0.0793	0.0735	0.0664	0.0588	0.0513
	β	0.0276	0.0258	0.0230	0.0199	0.0167	0.0139

四边固定板的挠度值（ν）按下式计算：

$$\nu = \beta p a^4 / (E t^3) \tag{8-11}$$

式中，E 为钢材弹性模量，MPa；t 为钢板厚度，mm；β 为系数，见表 8-17。

2. **加劲肋板及小梁**

加劲肋、小梁一般按单跨简支梁或连续梁计算弯矩及剪力。有时小梁还承担着相邻侧板传来的压力。

3. **箱体骨架的内力分析**

箱体骨架的内力分析比较复杂，对超静定框架结构，可采用电算程序进行计算。对于带支撑的骨架结构，也可采用电算程序进行计算；经过简化后，也可用手工内力分析（详见计算实例）。

4. **除尘器支架**

除尘器支架，承担着垂直荷载和水平荷载。

垂直荷载由上部箱体传来，同时考虑支架自重。

水平荷载由风荷载或地震产生。在带活动支座的支架结构中，还应承担由于温度变化引起伸缩产生的水平摩擦力，此摩擦力可由支架顶部横梁来承担。

在箱体与支架连为一体的结构中，不必考虑由于温度变化引起箱体伸缩而产生的力。因为支架柱顶部没有活动支座，可随箱体一起做少量位移，对箱体没有约束，故不产生伸缩摩擦力。这种结构，要求支架的支撑结构布置合理，使箱体的某一点（一般为中心点）成为不动点，其余各点均能自由伸缩，同时使结构成为稳定体系。

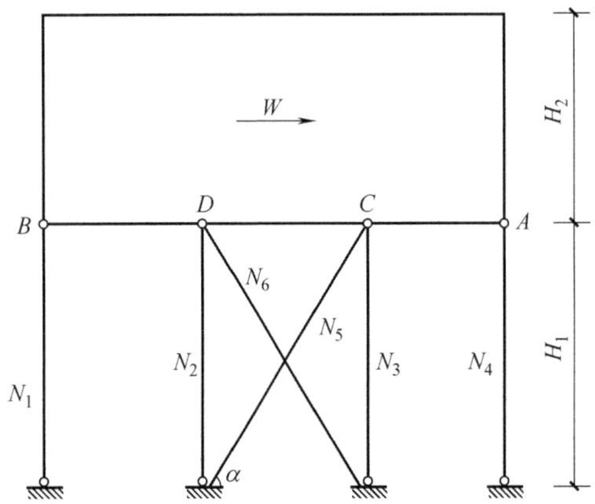

（1）风荷载对支架产生的内力计算　风荷载引起的支架内力计算简图见图 8-13。

按箱体所受风荷载，化作集中力 W 作用于箱体中央，见图 8-13。

$$W = (q_1 + q_2) H_2 \tag{8-12}$$

支架交叉支撑按一杆受拉，另一杆为零杆计算。

支架及交叉支撑的内力按下述公式计算（仅适用于图 8-13 所示形式）。

$$N_1 = \frac{WH_2}{6L} \tag{8-13}$$

$$N_4 = -\frac{WH_2}{6L} \tag{8-14}$$

$$N_2 = 0 \tag{8-15}$$

$$N_3 = -W\tan\alpha \tag{8-16}$$

$$N_5 = \frac{W}{\cos\alpha} \tag{8-17}$$

$$N_6 = 0 \tag{8-18}$$

当风向相反时，则

$$N_5 = 0$$

$$N_6 = \frac{W}{\cos\alpha} \tag{8-19}$$

图 8-13　风荷载计算简图

（2）地震作用和支架结构抗震验算　地震作用和支架结构抗震验算，参照现行国家标准《建筑抗震设计规范》（GB 50011）和《构筑抗震设计规范》（GB 50191）进行。

计算水平地震作用时，可采用底部剪力法或震型分解反应谱法进行计算。当采用底部剪力法时，可采用单质点体系模型，且应符合下列规定：①质点位置可设于柱顶；②水平地震作用标准值的作用点，应置于除尘器的质心处；③质点的重力荷载代表值应取设备自重标准值和可变荷载组合值之和。可变荷载的组合值系数按表 8-18 采用。

表 8-18　地震作用可变荷载组合值系数

可变荷载种类	组合值系数
灰荷载(包括布袋、阴极、阳极、顶盖灰荷载)	0.5
雪荷载(不与顶盖活荷载同时组合)	0.5
灰斗内灰尘荷载	0.9
顶盖活荷载及走台活荷载	0.5

三、灰斗计算

灰斗一般为矩形浅仓，布置有水平加劲肋。相邻斜壁传来的水平拉力（或压力）由水平加劲肋承担，水平加劲肋还承担壁板传来的法向压力引起的弯矩；壁板在法向力作用下，单向或双向受弯，并承担竖向荷载引起的全部斜向拉力。

灰斗的下部，有时布置着水平加劲肋和竖向加劲肋，此时加劲肋可按主次梁体系计算。壁板双向受弯，同时承担斜向拉力；竖向加劲肋仅承担壁板传来的法向荷载引起的弯矩；水平加劲肋除承担相邻斜壁板传来的水平拉力外，还承担壁板和竖向加劲肋传来的法向荷载引起的弯矩。

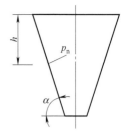

1. 法向压力

灰斗斜壁板法向压力（p_n）可按式（8-20）、式（8-21）计算，见图 8-14。

$$p_n = \gamma h(\cos^2\alpha + k\sin^2\alpha) \qquad (8-20)$$

$$k = \tan^2(45° - \varphi/2) \qquad (8-21)$$

式中，k 为侧压系数；γ 为灰尘重量密度，kN/m^3；φ 为灰尘内摩擦角，（°）；h 为计算深度处物料厚度，m；α 为斜壁与水平面的夹角，（°）。

图 8-14　斜壁板
法向压力示意

2. 斜向拉力

斜壁板水平截面单位宽度上的斜向拉力（N_i）按式（8-22）计算，见图 8-15。

$$N_i = N_{vi}/\sin\alpha \qquad (8-22)$$

$$N_{vi} = G_h/[2(a_h + b_h)] \quad （按灰斗对称布置推得） \qquad (8-23)$$

$$G_h = Q + G \qquad (8-24)$$

式中，α 为斜壁与水平面的夹角，（°）；N_{vi} 为斜壁相应水平截面单位宽度上的竖向拉力，N；a_h、b_h 分别为计算截面处灰斗壁的长度和宽度，m；G_h 为计算截面处灰斗壁承担的全部竖向荷载，Pa；Q 为阴影部分灰尘荷载，Pa；G 为计算截面以下灰斗自重及灰斗口吊挂的卸料设备质量，kg。

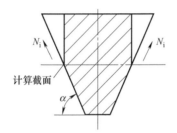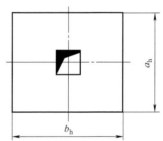

图 8-15　斜壁板斜向拉力计算示意

3. 斜壁板的弯矩和挠度计算

斜壁板被水平加劲肋或竖向加劲肋分割为单向板或双向板。

当斜壁板为双向板时，按前述板的计算式（8-5）及式（8-11）计算弯矩及挠度值。当斜壁板为三跨或三跨以上等跨连续板时，因贮料荷载为梯形，则斜壁的弯矩和挠度值仍可按前述四边固定的双向板的计算式（8-5）及式（8-11）计算；此时系数取值为 $\alpha = 0.1000$，$\beta = 0.090$。

三角形板和梯形板可换算为矩形板后，近似按四边固定板计算。

三角形板换算成矩形板（见图 8-16）

$$b = \frac{2}{3}L_x \qquad (8-25)$$

$$a = L_y - L_x/6 \qquad (8-26)$$

梯形板换算成矩形板（见图 8-17）

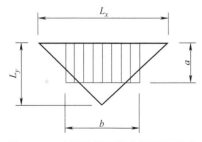

图 8-16　三角形板换算成矩形板示意

$$b = \frac{2}{3}L_2 \times \frac{2L_1 + L_2}{L_1 + L_2} \qquad (8-27)$$

$$a = H - \frac{L_2}{6} \times \frac{L_2 + L_1}{L_2 + L_1} \tag{8-28}$$

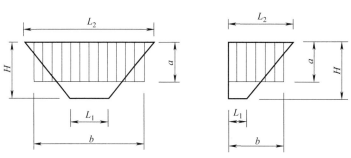

图 8-17　梯形板换算成矩形板示意

4. 水平加劲肋计算

水平加劲肋一般采用不等肢角钢的长边与斜壁板相连接，形成组合截面。

（1）不等肢角钢的长肢垂直于斜壁板的水平加劲肋内力计算（计算简图见图 8-18）。

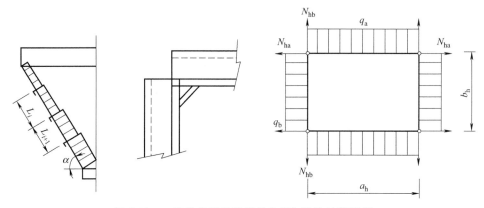

图 8-18　一肢垂直于斜壁板的角钢加劲肋计算简图

水平加劲肋承担的法向线荷载值（q_a、q_b）按式（8-29）、式（8-30）计算

$$q_a = p_{na} \frac{L_i + L_{i+1}}{2} \tag{8-29}$$

$$q_b = p_{nb} \frac{L_i + L_{i+1}}{2} \tag{8-30}$$

式中，p_{na}、p_{nb} 分别为水平加劲肋处法向压力值，Pa；L_i、L_{i+1} 分别为该加劲肋上、下两板的跨度，m。

水平加劲肋承担的相邻斜壁板引起的水平拉力值（N_{ha}、N_{hb}）按式（8-31）、式（8-32）计算

$$N_{ha} = q_b b_h / 2 \tag{8-31}$$

$$N_{hb} = q_a b_h / 2 \tag{8-32}$$

水平加劲肋的弯矩值（M_a、M_b）和挠度值（ν_a、ν_b）按式（8-33）～式（8-36）计算

弯矩　　　　　　　　　　　$$M_a = q_a a_h^2 / 8 \tag{8-33}$$

$$M_b = q_b a_h^2 / 8 \tag{8-34}$$

挠度　　　　　　　　　　　$$\nu_a = (5/384) q_a a_h^4 / (EI) \tag{8-35}$$

$$\nu_b = (5/384) q_b a_h^4 / (EI) \tag{8-36}$$

式中，E 为钢材弹性模量；I 为组合截面惯性矩，组合截面中包含加劲肋两侧各 15 倍壁板厚度在内。当采用不等肢角钢时，I 值可由表 8-19 查得。

（2）不等肢角钢的长肢水平布置时，加劲肋内力计算（计算简图见图 8-19）。

水平加劲肋承担的水平荷载值（q_a、q_b）按式（8-37）、式（8-38）计算

$$q_a = p_{na} \frac{L_i + L_{i+1}}{2\sin\alpha} \tag{8-37}$$

$$q_b = p_{nb} \frac{L_i + L_{i+1}}{2\sin\alpha} \tag{8-38}$$

式中，p_{na}、p_{nb} 为水平加劲肋处法向压力值，Pa；L_i、L_{i+1} 分别为该加劲肋上、下两板的跨度，m。

水平加劲肋承担的相邻斜壁引起的水平拉力值（N_{ha}、N_{hb}）的计算公式与角钢长肢垂直于斜壁板的水平加劲肋内力计算相同。

表 8-19　角钢一长肢垂直于壁板的组合截面特性

角钢规格/mm	$t=4$mm			$t=5$mm			$t=6$mm		
	I_V	W_1	W_2	I_V	W_1	W_2	I_V	W_1	W_2
∟63×40×4	60.3	13.52	26.92						
∟70×45×4	80.7	16.88	30.79						
∟75×50×5	110.8	23.42	34.95	134.2	25.13	50.45			
∟75×50×6	121.1	26.73	35.92	145.3	28.27	50.80	166	29.3	67.5
∟90×56×5	174.5	32.19	43.83	208.4	33.94	62.02			
∟90×56×6	191.2	36.76	45.52	229.8	39.02	63.67	264	40.5	85.0
∟100×63×6	254.2	45.72	52.52	306.3	48.54	73.11	353	50.6	97.8
∟110×70×6	328.0	55.50	59.75	395.7	58.88	82.78	457	61.4	109.9
∟110×70×7	354.0	62.00	62.21	428.0	66.04	85.25	496	69.0	113.0
∟125×80×7	498.5	80.14	74.62	602.1	85.53	101.03	699	89.4	132.0
∟140×90×8				869.2	118.10	121.74	891	124.2	157.8
∟160×100×10				1370.2	176.57	156.77	1593	187.0	198.0

注：I_V 为惯性矩，W_1、W_2 为截面模量。

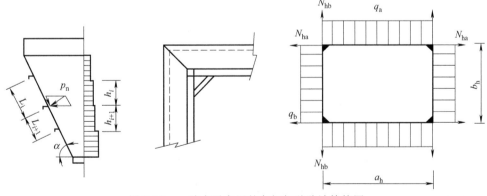

图 8-19　一肢水平布置的角钢加劲肋计算简图

水平加劲肋的弯矩值（M_0、M_a、M_b）和挠度值（ν_a、ν_b）按式（8-39）~式（8-44）计算

支座弯矩
$$M_0 = \frac{q_a + C^3 q_b}{12(1+C)} a_h^2 \tag{8-39}$$

跨中弯矩
$$M_a = q_a (a_h^2/8) - M_0 \tag{8-40}$$

$$M_b = q_b(a_h^2/8) - M_0 \tag{8-41}$$

$$C = b_h/a_h \tag{8-42}$$

加劲肋最大挠度值
$$\nu_a = (\xi/384)q_a a_h^4/(EI) \tag{8-43}$$

$$\nu_b = (\xi/384)q_b a_h^4/(EI) \tag{8-44}$$

式中，ξ 为系数，与加劲肋两端弯矩有关，由表 8-20 查得；I 为组合截面惯性矩，cm^4。

当采用不等肢角钢作加劲肋，壁板厚 $t=6mm$ 时，I 值可由表 8-21、表 8-22 查得。

表 8-20　挠度系数 ξ 值

α \ β	8	9	10	11	12	13	14	17	21	∞
10			0.20							
11		0.16	0.42	0.64						
12	0.03	0.34	0.60	0.82	1.00					
13	0.18	0.50	0.76	0.97	1.15	1.31				
14	0.32	0.63	0.89	1.11	1.29	1.44	1.57			
17	0.63	0.94	1.20	1.41	1.59	1.74	1.87	2.18		
21	0.91	1.22	1.47	1.69	1.86	2.02	2.15	2.45	2.71	
∞	2.08	2.39	2.64	2.85	3.03	3.18	3.30	3.60	3.87	5.00

注：$\alpha = qL^2/M_A$；$\beta = qL^2/M_B$；M_A、M_B 分别为受弯构件两端的端弯矩标准值。

表 8-21　角钢长肢垂直于壁板的组合截面特性

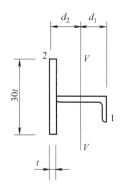

$W_1 = I_V/d_1$；$W_2 = I_V/d_2$

式中，I_V 为惯性矩，cm^4；

W_1、W_2 为截面模量，cm^3

角钢规格/mm	$t=4mm$			$t=5mm$			$t=6mm$		
	I_V	W_1	W_2	I_V	W_1	W_2	I_V	W_1	W_2
∟63×40×4	60.3	13.52	26.92						
∟70×45×4	80.7	16.88	30.79						
∟75×50×5	110.8	23.42	34.95	134.2	25.13	50.45			
∟75×50×6	121.1	26.73	35.92	145.3	28.27	50.80	166	29.3	67.5
∟90×56×5	174.5	32.19	43.83	208.4	33.94	62.02			
∟90×56×6	191.2	36.76	45.52	229.8	39.02	63.67	264	40.5	85.0
∟100×63×6	254.2	45.72	52.52	306.3	48.54	73.11	353	50.6	97.8
∟110×70×6	328.0	55.50	59.75	395.7	58.88	82.78	457	61.4	109.9
∟110×70×7	354.0	62.00	62.21	428.0	66.04	85.25	496	69.0	113.0
∟125×80×7	498.5	80.14	74.62	602.1	85.53	101.03	699	89.4	132.0
∟140×90×8				869.2	118.10	121.74	891	124.2	157.8
∟160×100×10				1370.2	176.57	156.77	1593	187.0	198.0

表 8-22 角钢长肢水平布置的组合截面特性

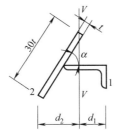

$W_1 = I_V/d_1; W_2 = I_V/d_2;$
I_V 为惯性矩，cm^4；
W_1、W_2 为截面模量，cm^3

α	50°			60°			70°			80°		
角钢规格	I_V	W_1	W_2	I_V	W_1	W_2	I_V	W_1	W_2	I_V	W_1	W_2
∟75×56×6	291	51.1	35.4	241	42.5	34.8	201	35.5	36.4	174	30.9	43.4
∟75×56×8	319	59.4	37.4	269	50.3	37.1	229	43.0	39.2	202	38.0	46.5
∟90×56×6	390	59.5	44.0	339	52.0	44.7	298	45.8	48.4	272	41.9	58.3
∟90×56×8	433	70.0	46.9	382	61.9	48.1	341	55.4	52.3	315	51.3	62.6
∟100×63×6	480	68.1	51.2	428	61.1	53.1	388	55.5	58.0	361	51.7	69.6
∟100×63×8	538	81.9	54.8	487	74.4	57.0	446	68.2	62.6	418	64.0	74.3
∟110×70×7	625	86.5	61.5	572	79.4	64.3	533	74.0	71.3	505	70.3	84.5
∟110×70×8	661	94.0	63.7	609	86.8	66.9	569	81.3	74.1	541	77.5	87.6
∟125×80×7	829	106.0	75.0	778	99.4	79.6	736	94.1	88.3	708	90.5	104
∟125×80×8	881	116.0	78.1	828	109	82.5	785	104	91.3	758	100	107
∟140×90×8	1023	125.0	84.0	971	119	89.0	929	114	97.7	900	110	113
∟140×90×10	1265	162.0	100.0	1210	156	107	1168	150	118	1139	147	135
∟160×100×10	1729	202.0	125.0	1675	196	133	1631	191	147	1602	188	166

5. 竖向加劲肋计算

竖向加劲肋一般按支承于水平加劲肋上的简支梁计算，荷载情况及弯矩、挠度值计算公式见表 8-23。

表 8-23 竖向加劲肋弯矩和挠度值计算公式

荷载形式	最大弯矩值	最大挠度值	备 注
	$M_{max} = qL^2/12$	$\nu_{max} = qL^4/(120EI)$	
	$M_{max} = \dfrac{qL^2}{24}(3 - 4a^2)$	$\nu_{max} = \dfrac{qL^4}{240EI}(25/8 - 5a^2 + 2a^4)$	式中 $a = a/L$

四、板及加劲肋计算

（1）箱体壁板、顶盖板及加劲肋等受弯构件的强度按下式计算：

$$\frac{M_x}{\gamma_x W_{nx}} \leqslant f$$

（8-45）

式中，M_x 为构件所承担的最大弯矩（壁板取 1m 宽板带）设计值；W_{nx} 为构件计算截面的最小净截面模量，cm^3；f 为钢材的抗弯强度设计值，MPa；γ_x 为截面塑性发展系数（参考表 8-24 选用）。

（2）灰斗斜壁板及水平加劲肋等拉弯构件（或压弯构件）的强度按式（8-46）计算：

$$\frac{N}{A_n} \pm \frac{M_x}{\gamma_x W_{nx}} \leqslant f \tag{8-46}$$

式中，N 为构件所承担的拉力设计值（斜壁板取 1m 宽板带），N；A_n 为构件计算截面的净截面积，m^2。

五、梁的计算

1. 灰斗梁等双向受弯的压弯构件强度计算

按式（8-47）计算：

$$\frac{N}{A_n} \pm \frac{M_x}{\gamma_x W_{nx}} \pm \frac{M_y}{\gamma_y W_{ny}} \leqslant f \tag{8-47}$$

式中，γ_x、γ_y 为与截面模量相应的截面塑性发展系数，按表 8-24 采用；M_x、M_y 为绕 x 轴和 y 轴的弯矩设计值；W_{nx}、W_{ny} 为对 x 轴和 y 轴的净截面模量，cm^3。

表 8-24　截面塑性发展系数 γ_x、γ_y

截面形式		γ_x	γ_y
		1.05	1.20
		1.05	1.05

注：当压弯构件受压翼缘的自由外伸宽度与其厚度之比大于 13 $(235/f_y)$ 而不超过 15 $(235/f_y)$ 时，就取 $\gamma_x = 1.0$，f_y 为钢材的屈服强度。

必要时，灰斗梁等双向受弯的压弯构件，还应按国家现行标准《钢结构设计标准》（GB 50017）计算弯矩作用在两个主平面内的压弯构件的稳定性。

2. 大跨度梁（如电除尘器顶部大梁）等弯矩作用在主平面内的压弯构件强度

应按下列公式计算：

（1）抗弯强度

$$\frac{N}{A_n} \pm \frac{M_x}{\gamma_x W_{nx}} \leqslant f \tag{8-48}$$

（2）抗剪强度

$$\tau = \frac{VS}{I t_w} \leqslant f_v \tag{8-49}$$

式中，V 为计算截面沿腹板平面作用的剪力设计值，N；S 为计算剪应力处以上毛截面对中和轴的面积矩；I 为毛截面惯性矩，cm^4；t_w 为腹板厚度，mm；f_v 为钢材的抗剪强度设计值，Pa。

必要时应按现行国家标准《钢结构设计标准》（GB 50017）计算弯矩作用平面内的稳定性。弯矩作用平面外，由于有铺板与梁上翼缘牢固连接，可不进行整体稳定性计算及弯矩作用平面外的稳定性计算。

（3）腹板局部稳定计算　大跨度梁腹板较高，一般配置加劲肋。组合梁腹板配置加劲肋应符合下列规定（图 8-20）。

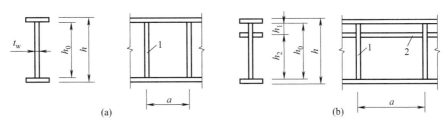

图 8-20　加劲肋布置
1—横向加劲肋；2—纵向加劲肋

当 $h_0/t_w \leqslant 80(230/f_y)^{0.5}$ 时，对有局部压应力的梁，应按构造配置横向加劲肋；对无局部压应力的梁，可不必配置加劲肋。

当 $h_0/t_w > 80(230/f_y)^{0.5}$ 时，应配置横向加劲肋。其中当 $h_0/t_w > 170(230/f_y)^{0.5}$ 或按计算需要时，应在弯曲应力较大区格的受压区增加配置纵向加劲肋。任何情况下，h_0/t_w 均不超过 250。

此处 h_0 为腹板的计算高度（对单轴对称梁，当确定是否需要配置纵向加劲肋时，h_0 应取腹板受压区高度 h_c 的 2 倍），t_w 为腹板的厚度。

梁的支座处和上翼缘等有较大固定集中荷载处，宜设置支承加劲肋。

梁仅配置横向加劲肋的腹板 [图 8-20（a）]，其区格的局部稳定应按式（8-50）计算：

$$(\sigma/\sigma_{cr})^2 + (\tau/\tau_{cr})^2 + \sigma_c/\sigma_{c,cr} \leqslant 1 \qquad (8\text{-}50)$$

式中，σ 为所计算腹板区格内，由平均弯矩产生的腹板计算高度边缘的弯矩压应力，Pa；τ 为所计算腹板区格内，由平均剪力产生的腹板平均剪应力，Pa，应按 $\tau = V/(h_w t_w)$ 计算，h_w 为腹板高度；σ_c 为腹板计算高度边缘的局部压应力，Pa。

$$\sigma_c = F/(t_w L_z) \qquad (8\text{-}51)$$

式中，F 为集中荷载；L_z 为集中荷载在腹板上边缘的假定分布长度。

$$L_z = a + 5h_y \qquad (8\text{-}52)$$

式中，a 为集中荷载支承长度，m；h_y 为自梁顶至腹板上边缘的距离，m。

σ_{cr}、τ_{cr}、$\sigma_{c,cr}$ 的各种应力单独作用下的临界应力，按下列方法计算。

① σ_{cr} 按式（8-53）～式（8-55）计算

当 $\lambda_b \leqslant 0.85$ 时　　　　　　　　$\sigma_{cr} = f$ 　　　　　　　　　　　（8-53）

当 $0.85 < \lambda_b \leqslant 1.25$ 时　　　$\sigma_{cr} = [1 - 0.75(\lambda_b - 0.85)]f$ 　　　　　（8-54）

当 $\lambda_b > 1.25$ 时　　　　　　　　$\sigma_{cr} = 1.1f/\lambda_b^2$ 　　　　　　　　　（8-55）

式中，λ_b 为用于腹板受弯计算时的通用高厚比。

当梁受压翼缘扭转受到约束时：

$$\lambda_b = \frac{2h_c/t_w}{177}\left(\frac{f_y}{235}\right)^{0.5} \qquad (8\text{-}56)$$

式中，h_c 为梁腹板弯曲受压区高度，m。

② τ_{cr} 按式（8-57）～式（8-59）计算

当 $\lambda_s \leqslant 0.8$ 时
$$\tau_{cr} = f_v \tag{8-57}$$

当 $0.8 < \lambda_s \leqslant 1.2$ 时
$$\tau_{cr} = [1 - 0.59(\lambda_s - 0.8)]f_v \tag{8-58}$$

当 $\lambda_s > 1.2$ 时
$$\tau_{cr} = 1.1 f_v / \lambda_s^2 \tag{8-59}$$

式中，λ_s 为用于腹板受剪计算时的通用高厚比。

当 $a/h_0 \leqslant 1.0$ 时
$$\lambda_s = \frac{h_0/t_w}{41[4 + 5.34(h_0/a)^2]^{0.5}}\left(\frac{f_y}{235}\right)^{0.5} \tag{8-60}$$

当 $a/h_0 > 1.0$ 时
$$\lambda_s = \frac{h_0/t_w}{41[5.34 + 4(h_0/a)^2]^{0.5}}\left(\frac{f_y}{235}\right)^{0.5} \tag{8-61}$$

③ $\sigma_{c,cr}$ 按式（8-62）～式（8-64）计算

当 $\lambda_c \leqslant 0.9$ 时
$$\sigma_{c,cr} = f \tag{8-62}$$

当 $0.9 < \lambda_c \leqslant 1.2$ 时
$$\sigma_{c,cr} = [1 - 0.79(\lambda_c - 0.9)]f \tag{8-63}$$

当 $\lambda_c > 1.2$ 时
$$\sigma_{c,cr} = 1.1 f / \lambda_c^2 \tag{8-64}$$

式中，λ_c 为用于腹板受局部压力计算时的通用高厚比。

当 $0.5 \leqslant a/h_0 \leqslant 1.5$ 时
$$\lambda_c = \frac{h_0/t_w}{28[10.9 + 13.4(1.83 - a/h_0)^3]^{0.5}}\left(\frac{f_y}{235}\right)^{0.5} \tag{8-65}$$

当 $1.5 < a/h_0 \leqslant 2.0$ 时
$$\lambda_c = \frac{h_0/t_w}{28(18.9 - 5a/h_0)^{0.5}}\left(\frac{f_y}{235}\right)^{0.5} \tag{8-66}$$

梁同时用横向加劲肋和纵向加劲肋的腹板 [图 8-20（b）]，其局部稳定性应按式（8-67）及式（8-70）计算。

受压翼缘与纵向加劲肋之间的区格
$$\frac{\sigma}{\sigma_{cr1}} + \left(\frac{\tau}{\tau_{cr1}}\right)^2 + \left(\frac{\sigma_c}{\sigma_{c,cr1}}\right)^2 \leqslant 1.0 \tag{8-67}$$

式中，σ_{cr1}、τ_{cr1}、$\sigma_{c,cr1}$ 分别按式（8-53）～式（8-55）计算。

σ_{cr1} 的计算公式同 σ_{cr} 的计算公式，但式中 λ_b 改用下列 λ_{b1} 代替。
$$\lambda_{b1} = \frac{h_1/t_w}{75}\left(\frac{f_y}{235}\right)^{0.5} \text{（适用于梁受压翼缘扭转受到约束时计算）} \tag{8-68}$$

式中，h_1 为纵向加劲肋至腹板计算高度受压边缘的距离，mm。

τ_{cr1} 的计算公式同 τ_{cr} 的计算公式，但式中的 h_0 改为 h_1。

$\sigma_{c,cr1}$ 的计算公式同 σ_{cr} 的计算公式，但式中的 λ_b 改用 λ_{c1} 代替。
$$\lambda_{c1} = \frac{h_1/t_w}{56}\left(\frac{f_y}{235}\right)^{0.5} \text{（适用于梁受压翼缘扭转受到约束时计算）} \tag{8-69}$$

受拉翼缘与纵向加劲肋之间的区格
$$\left(\frac{\sigma_2}{\sigma_{cr2}}\right)^2 + \left(\frac{\tau}{\tau_{cr2}}\right)^2 + \frac{\sigma_{c2}}{\sigma_{c,cr2}} \leqslant 1.0 \tag{8-70}$$

式中，σ_2 为所计算区格内由平均弯矩产生的腹板在纵向加劲肋处的弯曲压应力，Pa；σ_{c2} 为腹板在纵向加劲肋处的横向压应力，取 $0.3\sigma_c$。

σ_{cr2} 的计算公式同 σ_{cr} 的计算公式，但式中的 λ_b 改用下列 λ_{b2} 代替。

$$\lambda_{b2}=\frac{h_2/t_w}{194}\left(\frac{f_y}{235}\right)^{0.5} \tag{8-71}$$

τ_{cr2} 的计算公式同 τ_{cr} 的计算公式，将式中的 h_0 改为 $h_2(h_2=h_0-h_1)$。

$\sigma_{c,cr2}$ 的计算公式同 $\sigma_{c,cr}$ 的计算公式，但式中的 h_0 改为 h_2，当 $a/h_2>2$ 时，取 $a/h_2=2$。

（4）梁翼缘及加劲肋配置的构造要求　加劲肋宜在腹板两侧成对配置，也可以单侧配置，但支承加劲肋不应单侧配置。

横向加劲肋的最小间距应为 $0.5h_0$，最大间距应为 $2h_0$（对无局部压应力的梁，当 $h_0/t_w\leqslant100$ 时，可采用 $2.5h_0$）。纵向加劲肋至腹板计算高度受压边缘的距离应在 $(h_c/2.5)\sim(h_c/2)$ 范围内（h_c 为梁腹板弯曲受压区高度，对双轴对称截面 $2h_c=h_0$）。

在腹板两侧成对配置的钢板横向加劲肋，其截面尺寸应符合下式要求。

外伸宽度 $$b_s\geqslant h_0/30+40 \quad (mm) \tag{8-72}$$
厚度 $$t_s\geqslant b_s/15 \tag{8-73}$$

在腹板一侧配置的钢板横向加劲肋，其外伸宽度应大于上述公式中 b_s 的 1.2 倍，厚度不应小于外伸宽度的 1/15。

当采用型钢（H 型钢、工字钢、槽钢、肢尖焊于腹板的角钢）做成的加劲肋，其截面惯性矩不得小于钢板加劲肋的惯性矩。在腹板两侧成对配置的加劲肋，其截面惯性矩应按梁腹板中心线为轴线进行计算；在腹板一侧配置的加劲肋，其截面惯性矩，应按与加劲肋相连接的腹板边缘为轴线进行计算。

在同时用横向加劲肋和纵向加劲肋加强的腹板中，横向加劲肋的截面尺寸除应符合上述规定外，其截面惯性矩 I_z 尚应符合下式要求：

$$I_z\geqslant3h_0t_w^3 \tag{8-74}$$

纵向加劲肋的截面惯性矩应符合式（8-75）、式（8-76）要求。

当 $a/h_0\leqslant0.85$ 时 $$I_y\geqslant1.5h_0t_w^3 \tag{8-75}$$

当 $a/h_0>0.85$ 时 $$I_y>(2.5-0.45a/h_0)(a/h_0)^2h_0t_w^3 \tag{8-76}$$

梁的支承加劲肋，应按承受梁支座反力或固定集中荷载的轴心受压构件计算其在腹板平面外的稳定性。此受压构件的截面应包括加劲肋和加劲肋每侧各 $15t_w(235/f_y)^{0.5}$ 范围内的腹板面积，计算长度取 h_0。

当梁支承加劲肋的端部为刨平顶紧时，应按其所承担的支座反力或固定集中荷载计算其端面承压应力；当端部为焊接时，应按传力情况计算其焊缝应力。支承加劲肋与腹板的连接焊缝，应按传力需要进行计算。

梁受压翼缘自由外伸宽度 b 与其厚度 t 之比（表 8-25），应符合式（8-77）要求：

$$b/t\leqslant13(235/f_y)^{0.5} \tag{8-77}$$

当计算梁截面塑性发展系数取 $\gamma_x=1.0$ 时，b/t 可放宽至 $15(235/f_y)^{0.5}$，箱形截面梁受压翼缘板在两腹板之间的无支承宽度 b_0 与厚度 t 之比（表 8-25），应符合式（8-78）要求：

$$b_0/t\leqslant40(235/f_y)^{0.5} \tag{8-78}$$

六、柱的计算

1. 轴心受力构件

除尘器支架及支撑，常为轴心受力构件，应按下列公式计算强度及稳定性。

（1）轴心受拉构件和轴心受压构件的强度，除高强度螺栓摩擦型连接处外，应按下式计算：

$$\sigma=N/A_n\leqslant f \tag{8-79}$$

表 8-25 受压翼缘宽厚比的规定

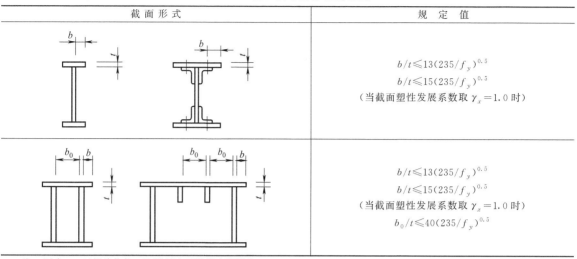

截 面 形 式	规 定 值
（图见）	$b/t \leqslant 13(235/f_y)^{0.5}$ $b/t \leqslant 15(235/f_y)^{0.5}$ （当截面塑性发展系数取 $\gamma_x = 1.0$ 时）
（图见）	$b/t \leqslant 13(235/f_y)^{0.5}$ $b/t \leqslant 15(235/f_y)^{0.5}$ （当截面塑性发展系数取 $\gamma_x = 1.0$ 时） $b_0/t \leqslant 40(235/f_y)^{0.5}$

注：图中 b，对焊接构件，取腹板边至翼缘边缘距离。

式中，N 为轴心压力（或轴心拉力），N；A_n 为净截面面积，m^2。

高强度螺栓摩擦型连接处的强度应按下式计算：

$$\sigma = (1 - 0.5 n_1/n) N/A_n \leqslant f \tag{8-80}$$

$$\sigma = N/A \leqslant f \tag{8-81}$$

式中，n 为在节点或拼接处，构件一端连接的高强度螺栓数目；n_1 为所计算截面（最外列螺栓处）上高强度螺栓数目；A 为构件的毛截面面积，m^2。

（2）实腹式及格构式轴心受压构件的稳定性应按下式计算：

$$N/(\varphi A) \leqslant f \tag{8-82}$$

式中，φ 为轴心受压构件的稳定系数（取截面两主轴稳定系数中的最小者），应根据构件的长细比，钢材屈服强度和表 8-26 的截面分类，按表 8-27 采用。

表 8-26 轴心受压构件的截面分类（板厚 $t < 40$mm）

截 面 形 式			对 x 轴	对 y 轴
轧制			a 类	a 类
轧制 $b/h \leqslant 0.8$			a 类	b 类
轧制 $b/h > 0.8$	焊接，翼缘为焰切边	焊接	b 类	b 类
轧制		轧制等边角钢	b 类	b 类

续表

截面形式		对 x 轴	对 y 轴
格构式	轧制、焊接（板件宽厚比＞20）	b 类	b 类
焊接，翼缘为轧制或剪切边		b 类	c 类
焊接，板件宽厚比≤20		c 类	c 类

构件细长比 λ 应按照下列规定确定。

截面双轴对称或极对称的构件

$$\lambda_x = L_{0x}/i_x \tag{8-83}$$

$$\lambda_y = L_{0y}/i_y \tag{8-84}$$

式中，L_{0x}、L_{0y} 分别为构件对主轴 x 和 y 的计算长度，mm；i_x、i_y 分别为构件截面对主轴 x 和 y 的回转半径，mm。

对双轴对称十字形截面构件，λ_x 和 λ_y 取值不得小于 $5.07b/t$（其中 b/t 为悬伸板件宽厚比）。

截面为单轴对称的构件，绕非对称轴的长细比 λ_x 仍按式（8-83）、式（8-84）计算，但绕对称轴应按下列计算长细比（λ_{yz} 代入 λ_y）。

等边单角钢截面的 λ_{yz} 按下列公式计算。

当 $b/t \leqslant 0.54L_{0y}/b$ 时

$$\lambda_{yz} = \lambda_y \left(1 + \frac{0.85b^4}{L_{0y}^2 t^2}\right) \tag{8-85}$$

当 $b/t > 0.54L_{0y}/b$ 时

$$\lambda_{yz} = 4.78 \frac{b}{t} \left(1 + \frac{L_{0y}^2 t^2}{13.5b^4}\right) \tag{8-86}$$

式中，b、t 分别为角钢肢的宽度和厚度，mm。

等边双角钢截面的 λ_{yz} 按下列公式计算。

当 $b/t \leqslant 0.58L_{0y}/b$ 时

$$\lambda_{yz} = \lambda_y \left(1 + \frac{0.475b^4}{L_{0y}^2 t^2}\right) \tag{8-87}$$

当 $b/t > 0.58L_{0y}/b$ 时

$$\lambda_{yz} = 3.9 \frac{b}{t} \left(1 + \frac{L_{0y}^2 t^2}{18.6b^4}\right) \tag{8-88}$$

长肢相并的不等边双角钢截面的 λ_{yz} 按下列公式计算。

当 $b_2/t \leqslant 0.48L_{0y}/b_2$ 时

$$\lambda_{yz} = \lambda_y \left(1 + \frac{1.09b_2^4}{L_{0y}^2 t^2}\right) \tag{8-89}$$

表 8-27　轴心受压构件的稳定系数

Q235 钢　a 类截面轴心受压构件的稳定系数 φ

λ	0	0.5	1.0	1.5	2.0	2.5	3.0	3.5	4.0	4.5	5.0	5.5	6.0	6.5	7.0	7.5	8.0	8.5	9.0	9.5
0	1.000	1.000	1.000	1.000	1.000	1.000	1.000	1.000	0.999	0.999	0.999	0.999	0.998	0.998	0.998	0.997	0.997	0.997	0.996	0.996
10	0.995	0.995	0.994	0.994	0.993	0.993	0.992	0.991	0.991	0.990	0.989	0.989	0.988	0.987	0.986	0.985	0.985	0.984	0.983	0.982
20	0.981	0.980	0.979	0.978	0.977	0.976	0.976	0.975	0.974	0.975	0.972	0.971	0.970	0.969	0.968	0.967	0.966	0.965	0.964	0.964
30	0.963	0.962	0.961	0.960	0.959	0.958	0.957	0.956	0.955	0.953	0.952	0.951	0.950	0.949	0.948	0.947	0.946	0.945	0.944	0.943
40	0.941	0.940	0.939	0.938	0.937	0.936	0.934	0.933	0.932	0.931	0.929	0.928	0.927	0.925	0.924	0.923	0.921	0.920	0.919	0.917
50	0.916	0.914	0.913	0.911	0.910	0.908	0.907	0.905	0.904	0.902	0.900	0.899	0.897	0.895	0.894	0.892	0.890	0.888	0.886	0.885
60	0.883	0.881	0.879	0.877	0.875	0.873	0.871	0.869	0.867	0.865	0.863	0.860	0.858	0.856	0.854	0.851	0.849	0.847	0.844	0.842
70	0.839	0.837	0.834	0.832	0.829	0.827	0.824	0.822	0.818	0.816	0.813	0.810	0.807	0.804	0.801	0.798	0.795	0.792	0.789	0.786
80	0.783	0.780	0.776	0.773	0.770	0.767	0.763	0.760	0.757	0.753	0.750	0.746	0.743	0.739	0.736	0.732	0.728	0.725	0.721	0.717
90	0.714	0.710	0.706	0.703	0.699	0.695	0.691	0.687	0.684	0.680	0.676	0.672	0.668	0.665	0.661	0.657	0.653	0.649	0.645	0.642
100	0.638	0.634	0.630	0.626	0.622	0.619	0.615	0.611	0.607	0.603	0.600	0.596	0.592	0.588	0.585	0.581	0.577	0.574	0.570	0.566
110	0.563	0.559	0.555	0.552	0.548	0.545	0.541	0.538	0.534	0.531	0.527	0.524	0.520	0.517	0.514	0.510	0.507	0.504	0.500	0.497
120	0.494	0.491	0.488	0.484	0.481	0.479	0.475	0.472	0.469	0.466	0.463	0.460	0.457	0.454	0.451	0.448	0.445	0.442	0.440	0.437
130	0.434	0.431	0.429	0.426	0.423	0.420	0.418	0.415	0.412	0.410	0.407	0.405	0.402	0.400	0.397	0.395	0.392	0.390	0.387	0.385
140	0.383	0.380	0.378	0.376	0.373	0.371	0.369	0.367	0.364	0.362	0.360	0.358	0.356	0.353	0.351	0.349	0.347	0.345	0.343	0.341
150	0.339	0.337	0.335	0.333	0.331	0.329	0.327	0.325	0.323	0.321	0.320	0.318	0.316	0.314	0.312	0.311	0.309	0.307	0.305	0.304
160	0.302	0.300	0.298	0.297	0.295	0.293	0.292	0.290	0.289	0.287	0.285	0.284	0.282	0.281	0.279	0.278	0.276	0.275	0.273	0.272
170	0.270	0.269	0.267	0.266	0.264	0.263	0.262	0.260	0.259	0.257	0.256	0.255	0.253	0.252	0.251	0.249	0.248	0.247	0.246	0.244
180	0.243	0.242	0.241	0.239	0.238	0.237	0.236	0.234	0.233	0.232	0.231	0.230	0.229	0.227	0.226	0.225	0.224	0.223	0.222	0.221
190	0.220	0.219	0.218	0.216	0.215	0.214	0.213	0.212	0.211	0.210	0.209	0.208	0.207	0.206	0.205	0.204	0.203	0.202	0.201	0.200
200	0.199	0.198	0.198	0.197	0.196	0.195	0.194	0.193	0.192	0.191	0.190	0.189	0.189	0.188	0.187	0.186	0.185	0.184	0.183	0.183
210	0.182	0.181	0.180	0.179	0.179	0.178	0.177	0.176	0.175	0.175	0.174	0.173	0.172	0.172	0.171	0.170	0.169	0.169	0.168	0.167
220	0.166	0.166	0.165	0.164	0.164	0.163	0.162	0.161	0.161	0.160	0.159	0.159	0.158	0.157	0.157	0.156	0.155	0.155	0.154	0.154
230	0.153	0.152	0.152	0.151	0.150	0.150	0.149	0.149	0.148	0.147	0.147	0.146	0.146	0.145	0.144	0.144	0.143	0.143	0.142	0.141
240	0.141	0.140	0.140	0.139	0.139	0.138	0.138	0.137	0.136	0.136	0.135	0.135	0.134	0.134	0.133	0.133	0.132	0.132	0.131	0.131
250	0.130																			

续表

Q235 钢　b 类截面轴心受压构件的稳定系数 φ

λ	0	0.5	1.0	1.5	2.0	2.5	3.0	3.5	4.0	4.5	5.0	5.5	6.0	6.5	7.0	7.5	8.0	8.5	9.0	9.5
0	1.000	1.000	1.000	1.000	1.000	1.000	0.999	0.999	0.999	0.998	0.998	0.998	0.997	0.997	0.996	0.996	0.995	0.995	0.994	0.993
10	0.992	0.992	0.991	0.990	0.989	0.988	0.987	0.986	0.985	0.984	0.983	0.982	0.981	0.980	0.978	0.977	0.976	0.974	0.973	0.971
20	0.970	0.968	0.967	0.965	0.963	0.962	0.960	0.958	0.957	0.955	0.953	0.952	0.950	0.948	0.946	0.945	0.943	0.941	0.939	0.938
30	0.936	0.934	0.932	0.931	0.929	0.927	0.925	0.923	0.922	0.920	0.918	0.916	0.914	0.912	0.910	0.908	0.906	0.905	0.903	0.901
40	0.899	0.897	0.895	0.893	0.891	0.889	0.887	0.885	0.882	0.880	0.878	0.876	0.874	0.872	0.870	0.867	0.865	0.863	0.861	0.859
50	0.856	0.854	0.852	0.849	0.847	0.845	0.842	0.840	0.838	0.835	0.833	0.830	0.828	0.825	0.823	0.820	0.818	0.815	0.813	0.810
60	0.807	0.805	0.802	0.799	0.797	0.794	0.791	0.788	0.786	0.783	0.780	0.777	0.774	0.771	0.769	0.766	0.763	0.760	0.757	0.754
70	0.751	0.748	0.745	0.742	0.739	0.736	0.732	0.729	0.726	0.723	0.720	0.717	0.714	0.710	0.707	0.704	0.701	0.698	0.694	0.691
80	0.688	0.684	0.681	0.678	0.675	0.671	0.668	0.665	0.661	0.658	0.655	0.651	0.648	0.645	0.641	0.638	0.635	0.631	0.628	0.624
90	0.621	0.618	0.614	0.611	0.608	0.604	0.601	0.598	0.594	0.591	0.588	0.584	0.581	0.578	0.575	0.571	0.568	0.565	0.561	0.558
100	0.555	0.552	0.549	0.545	0.542	0.539	0.536	0.533	0.529	0.526	0.523	0.520	0.517	0.514	0.511	0.508	0.505	0.502	0.499	0.496
110	0.493	0.490	0.487	0.484	0.481	0.478	0.475	0.472	0.470	0.467	0.464	0.461	0.458	0.456	0.453	0.450	0.447	0.445	0.442	0.439
120	0.437	0.434	0.432	0.429	0.426	0.424	0.421	0.419	0.416	0.414	0.411	0.409	0.406	0.404	0.402	0.399	0.397	0.394	0.392	0.390
130	0.387	0.385	0.383	0.381	0.378	0.376	0.374	0.372	0.370	0.367	0.365	0.363	0.361	0.359	0.357	0.355	0.353	0.351	0.349	0.347
140	0.345	0.343	0.341	0.339	0.337	0.335	0.333	0.331	0.329	0.327	0.326	0.324	0.322	0.320	0.318	0.317	0.315	0.313	0.311	0.310
150	0.308	0.306	0.304	0.303	0.301	0.299	0.298	0.296	0.295	0.293	0.291	0.290	0.288	0.287	0.285	0.283	0.282	0.280	0.279	0.277
160	0.276	0.275	0.273	0.272	0.270	0.269	0.267	0.266	0.265	0.263	0.262	0.260	0.259	0.258	0.256	0.255	0.254	0.252	0.251	0.250
170	0.249	0.247	0.246	0.245	0.244	0.242	0.241	0.240	0.239	0.237	0.236	0.235	0.234	0.233	0.232	0.230	0.229	0.228	0.227	0.226
180	0.225	0.224	0.223	0.222	0.220	0.219	0.218	0.217	0.216	0.215	0.214	0.213	0.212	0.211	0.210	0.209	0.208	0.207	0.206	0.205
190	0.204	0.203	0.202	0.201	0.200	0.199	0.198	0.198	0.197	0.196	0.195	0.194	0.193	0.192	0.191	0.190	0.190	0.189	0.188	0.187
200	0.186	0.185	0.184	0.184	0.183	0.182	0.181	0.180	0.180	0.179	0.178	0.177	0.176	0.176	0.175	0.174	0.173	0.173	0.172	0.171
210	0.170	0.170	0.169	0.168	0.167	0.167	0.166	0.165	0.165	0.164	0.163	0.162	0.162	0.161	0.160	0.160	0.159	0.158	0.158	0.157
220	0.156	0.156	0.155	0.154	0.154	0.153	0.153	0.152	0.151	0.151	0.150	0.149	0.149	0.148	0.148	0.147	0.146	0.146	0.145	0.145
230	0.144	0.144	0.143	0.142	0.142	0.141	0.141	0.140	0.140	0.139	0.138	0.138	0.137	0.137	0.136	0.136	0.135	0.135	0.134	0.134
240	0.133	0.133	0.132	0.132	0.131	0.131	0.130	0.130	0.129	0.129	0.128	0.128	0.127	0.127	0.126	0.126	0.125	0.125	0.124	0.124
250	0.123																			

续表

Q235 钢　c 类截面轴心受压构件的稳定系数 φ

λ	0	0.5	1.0	1.5	2.0	2.5	3.0	3.5	4.0	4.5	5.0	5.5	6.0	6.5	7.0	7.5	8.0	8.5	9.0	9.5
0	1.000	1.000	1.000	1.000	1.000	1.000	0.999	0.999	0.999	0.998	0.998	0.997	0.997	0.996	0.996	0.995	0.995	0.994	0.993	0.992
10	0.992	0.991	0.990	0.989	0.988	0.987	0.986	0.985	0.983	0.982	0.981	0.980	0.978	0.977	0.976	0.974	0.973	0.971	0.970	0.968
20	0.966	0.963	0.959	0.956	0.953	0.950	0.947	0.943	0.940	0.937	0.934	0.931	0.928	0.925	0.921	0.918	0.915	0.912	0.909	0.906
30	0.902	0.899	0.896	0.893	0.890	0.887	0.884	0.880	0.877	0.874	0.871	0.868	0.865	0.861	0.858	0.855	0.852	0.849	0.846	0.842
40	0.839	0.836	0.833	0.830	0.826	0.823	0.820	0.817	0.814	0.810	0.807	0.804	0.801	0.797	0.794	0.791	0.788	0.784	0.781	0.778
50	0.775	0.771	0.768	0.765	0.762	0.758	0.755	0.752	0.748	0.745	0.742	0.738	0.735	0.732	0.729	0.725	0.722	0.719	0.715	0.712
60	0.709	0.705	0.702	0.699	0.695	0.692	0.689	0.686	0.682	0.679	0.676	0.672	0.669	0.666	0.662	0.659	0.656	0.652	0.649	0.646
70	0.643	0.639	0.636	0.633	0.629	0.626	0.623	0.620	0.616	0.613	0.610	0.607	0.604	0.600	0.597	0.594	0.591	0.588	0.584	0.581
80	0.578	0.575	0.572	0.569	0.566	0.562	0.559	0.556	0.553	0.550	0.547	0.544	0.541	0.538	0.535	0.532	0.529	0.526	0.523	0.520
90	0.517	0.514	0.511	0.509	0.505	0.503	0.500	0.497	0.494	0.491	0.488	0.486	0.483	0.480	0.477	0.475	0.472	0.469	0.467	0.465
100	0.463	0.460	0.458	0.456	0.454	0.451	0.449	0.447	0.445	0.443	0.441	0.438	0.436	0.434	0.432	0.430	0.428	0.426	0.423	0.421
110	0.419	0.417	0.415	0.413	0.411	0.409	0.407	0.405	0.403	0.401	0.399	0.397	0.395	0.393	0.391	0.389	0.387	0.385	0.383	0.381
120	0.379	0.377	0.375	0.373	0.371	0.369	0.367	0.366	0.364	0.362	0.360	0.358	0.356	0.355	0.353	0.351	0.349	0.347	0.346	0.344
130	0.342	0.340	0.339	0.337	0.335	0.333	0.332	0.330	0.328	0.327	0.325	0.323	0.322	0.320	0.319	0.317	0.315	0.314	0.312	0.311
140	0.309	0.307	0.306	0.304	0.303	0.301	0.300	0.298	0.297	0.295	0.294	0.292	0.291	0.290	0.288	0.287	0.285	0.284	0.282	0.281
150	0.280	0.278	0.277	0.275	0.274	0.273	0.271	0.270	0.269	0.267	0.266	0.265	0.264	0.262	0.261	0.260	0.258	0.257	0.256	0.255
160	0.254	0.252	0.251	0.250	0.249	0.248	0.246	0.245	0.244	0.243	0.242	0.241	0.239	0.238	0.237	0.236	0.235	0.234	0.233	0.232
170	0.230	0.229	0.228	0.227	0.226	0.225	0.224	0.223	0.222	0.221	0.220	0.219	0.218	0.217	0.216	0.215	0.214	0.213	0.212	0.211
180	0.210	0.209	0.208	0.207	0.206	0.205	0.205	0.204	0.203	0.202	0.201	0.200	0.199	0.198	0.197	0.196	0.196	0.195	0.194	0.193
190	0.192	0.191	0.190	0.190	0.189	0.188	0.187	0.186	0.186	0.185	0.184	0.183	0.182	0.182	0.181	0.180	0.179	0.179	0.178	0.177
200	0.176	0.175	0.175	0.174	0.173	0.173	0.172	0.171	0.170	0.170	0.169	0.168	0.168	0.167	0.166	0.165	0.165	0.164	0.163	0.163
210	0.162	0.161	0.161	0.160	0.159	0.159	0.158	0.158	0.157	0.156	0.156	0.155	0.154	0.154	0.153	0.153	0.152	0.151	0.151	0.150
220	0.150	0.149	0.148	0.148	0.147	0.147	0.146	0.145	0.145	0.144	0.144	0.143	0.143	0.142	0.142	0.141	0.140	0.140	0.139	0.139
230	0.138	0.138	0.137	0.137	0.136	0.136	0.135	0.135	0.134	0.134	0.133	0.133	0.132	0.132	0.131	0.131	0.130	0.130	0.129	0.129
240	0.128	0.128	0.127	0.127	0.126	0.126	0.125	0.125	0.124	0.124	0.124	0.123	0.123	0.122	0.122	0.121	0.121	0.120	0.120	0.120
250	0.119																			

续表

续表

Q345 钢　a 类截面轴心受压构件的稳定系数 φ

λ	0	0.5	1.0	1.5	2.0	2.5	3.0	3.5	4.0	4.5	5.0	5.5	6.0	6.5	7.0	7.5	8.0	8.5	9.0	9.5
0	1.000	1.000	1.000	1.000	1.000	1.000	0.999	0.999	0.999	0.999	0.998	0.998	0.997	0.997	0.997	0.996	0.996	0.995	0.994	0.994
10	0.993	0.992	0.992	0.991	0.990	0.989	0.988	0.987	0.986	0.985	0.984	0.983	0.982	0.981	0.980	0.979	0.978	0.977	0.975	0.974
20	0.973	0.972	0.971	0.970	0.969	0.968	0.967	0.965	0.964	0.963	0.962	0.961	0.960	0.958	0.957	0.956	0.955	0.953	0.952	0.951
30	0.950	0.948	0.947	0.946	0.944	0.943	0.941	0.940	0.939	0.937	0.936	0.934	0.933	0.931	0.930	0.928	0.927	0.925	0.923	0.922
40	0.920	0.918	0.917	0.915	0.913	0.911	0.909	0.908	0.906	0.904	0.902	0.900	0.898	0.896	0.894	0.892	0.889	0.887	0.885	0.883
50	0.881	0.878	0.876	0.873	0.871	0.868	0.866	0.863	0.861	0.858	0.855	0.853	0.850	0.847	0.844	0.841	0.838	0.835	0.832	0.829
60	0.825	0.822	0.819	0.816	0.812	0.809	0.805	0.802	0.798	0.794	0.791	0.787	0.783	0.779	0.775	0.771	0.767	0.763	0.759	0.755
70	0.751	0.747	0.742	0.738	0.734	0.729	0.725	0.721	0.716	0.712	0.707	0.703	0.698	0.694	0.689	0.684	0.680	0.675	0.671	0.666
80	0.661	0.657	0.652	0.647	0.643	0.638	0.633	0.629	0.624	0.619	0.615	0.610	0.606	0.601	0.596	0.592	0.587	0.583	0.578	0.574
90	0.570	0.565	0.561	0.556	0.552	0.548	0.543	0.539	0.535	0.531	0.527	0.522	0.518	0.514	0.510	0.506	0.502	0.498	0.494	0.490
100	0.487	0.483	0.479	0.475	0.471	0.468	0.464	0.460	0.457	0.453	0.450	0.446	0.443	0.439	0.436	0.433	0.429	0.426	0.423	0.419
110	0.416	0.413	0.410	0.407	0.404	0.401	0.398	0.395	0.392	0.389	0.386	0.383	0.380	0.377	0.374	0.372	0.369	0.366	0.363	0.361
120	0.358	0.356	0.353	0.350	0.348	0.345	0.343	0.340	0.338	0.336	0.333	0.331	0.328	0.326	0.324	0.322	0.319	0.317	0.315	0.313
130	0.310	0.308	0.306	0.304	0.302	0.300	0.298	0.296	0.294	0.292	0.290	0.288	0.286	0.284	0.282	0.280	0.278	0.277	0.275	0.273
140	0.271	0.269	0.268	0.266	0.264	0.263	0.261	0.259	0.257	0.256	0.254	0.253	0.251	0.249	0.248	0.246	0.245	0.243	0.242	0.240
150	0.239	0.237	0.236	0.234	0.233	0.231	0.230	0.229	0.227	0.226	0.224	0.223	0.222	0.220	0.219	0.218	0.217	0.215	0.214	0.213
160	0.212	0.210	0.209	0.208	0.207	0.205	0.204	0.203	0.202	0.201	0.200	0.198	0.197	0.196	0.195	0.194	0.193	0.192	0.191	0.190
170	0.189	0.188	0.187	0.186	0.184	0.183	0.182	0.181	0.180	0.179	0.179	0.178	0.177	0.176	0.175	0.174	0.173	0.172	0.171	0.170
180	0.169	0.168	0.167	0.167	0.166	0.165	0.164	0.163	0.162	0.161	0.161	0.160	0.159	0.158	0.157	0.157	0.156	0.155	0.154	0.153
190	0.153	0.152	0.151	0.150	0.150	0.149	0.148	0.147	0.147	0.146	0.145	0.145	0.144	0.143	0.142	0.142	0.141	0.140	0.140	0.139
200	0.138	0.138	0.137	0.136	0.136	0.135	0.134	0.134	0.133	0.133	0.132	0.131	0.131	0.130	0.129	0.129	0.128	0.128	0.127	0.126
210	0.126	0.125	0.125	0.124	0.124	0.123	0.123	0.122	0.121	0.121	0.120	0.120	0.119	0.119	0.118	0.118	0.117	0.117	0.116	0.116
220	0.115	0.115	0.114	0.114	0.113	0.113	0.112	0.112	0.111	0.111	0.110	0.110	0.109	0.109	0.108	0.108	0.107	0.107	0.106	0.106
230	0.106	0.105	0.105	0.104	0.104	0.103	0.103	0.103	0.102	0.102	0.101	0.101	0.100	0.100	0.100	0.099	0.099	0.098	0.098	0.098
240	0.097	0.097	0.096	0.096	0.096	0.095	0.095	0.095	0.094	0.094	0.093	0.093	0.093	0.092	0.092	0.091	0.091	0.091	0.091	0.090
250	0.090																			

续表

Q345 钢　b 类截面轴心受压构件的稳定系数 φ

λ	0	0.5	1.0	1.5	2.0	2.5	3.0	3.5	4.0	4.5	5.0	5.5	6.0	6.5	7.0	7.5	8.0	8.5	9.0	9.5
0	1.000	1.000	1.000	1.000	1.000	0.999	0.999	0.999	0.998	0.998	0.997	0.997	0.996	0.995	0.995	0.994	0.993	0.992	0.991	0.990
10	0.989	0.988	0.987	0.985	0.984	0.983	0.981	0.980	0.978	0.977	0.975	0.974	0.972	0.970	0.968	0.966	0.964	0.962	0.960	0.958
20	0.956	0.954	0.952	0.950	0.948	0.946	0.943	0.941	0.939	0.937	0.935	0.933	0.931	0.928	0.926	0.924	0.922	0.920	0.917	0.915
30	0.913	0.910	0.908	0.906	0.903	0.901	0.899	0.896	0.894	0.891	0.889	0.887	0.884	0.882	0.879	0.876	0.874	0.871	0.869	0.866
40	0.863	0.861	0.858	0.855	0.852	0.849	0.847	0.844	0.841	0.838	0.835	0.832	0.829	0.826	0.823	0.820	0.817	0.814	0.811	0.807
50	0.804	0.801	0.798	0.794	0.791	0.788	0.784	0.781	0.778	0.777	0.771	0.767	0.764	0.760	0.756	0.753	0.749	0.745	0.742	0.738
60	0.734	0.731	0.727	0.723	0.719	0.715	0.711	0.708	0.704	0.700	0.696	0.692	0.688	0.684	0.680	0.676	0.672	0.668	0.664	0.660
70	0.656	0.652	0.648	0.644	0.640	0.636	0.632	0.627	0.623	0.619	0.615	0.611	0.607	0.603	0.599	0.595	0.591	0.587	0.583	0.579
80	0.575	0.571	0.567	0.563	0.559	0.555	0.551	0.547	0.544	0.540	0.536	0.532	0.528	0.524	0.521	0.517	0.513	0.509	0.506	0.502
90	0.499	0.495	0.491	0.488	0.484	0.481	0.477	0.474	0.470	0.467	0.463	0.460	0.457	0.453	0.450	0.447	0.443	0.440	0.437	0.434
100	0.431	0.428	0.424	0.421	0.418	0.415	0.412	0.409	0.406	0.403	0.400	0.398	0.395	0.392	0.389	0.386	0.384	0.381	0.378	0.375
110	0.373	0.370	0.367	0.365	0.362	0.360	0.357	0.355	0.352	0.350	0.347	0.345	0.343	0.340	0.338	0.335	0.333	0.331	0.329	0.326
120	0.324	0.322	0.320	0.318	0.315	0.313	0.311	0.309	0.307	0.305	0.303	0.301	0.299	0.297	0.295	0.293	0.291	0.289	0.287	0.285
130	0.283	0.282	0.280	0.278	0.276	0.274	0.273	0.271	0.269	0.267	0.266	0.264	0.262	0.261	0.259	0.557	0.256	0.254	0.253	0.251
140	0.249	0.248	0.246	0.245	0.243	0.242	0.240	0.239	0.237	0.236	0.235	0.233	0.232	0.230	0.229	0.228	0.226	0.225	0.224	0.222
150	0.221	0.220	0.218	0.217	0.216	0.215	0.213	0.212	0.211	0.210	0.208	0.207	0.206	0.205	0.204	0.203	0.201	0.200	0.199	0.198
160	0.197	0.196	0.195	0.194	0.193	0.191	0.190	0.189	0.188	0.187	0.186	0.185	0.184	0.183	0.182	0.181	0.180	0.179	0.178	0.177
170	0.176	0.175	0.175	0.174	0.173	0.172	0.171	0.170	0.169	0.168	0.167	0.166	0.166	0.165	0.164	0.163	0.162	0.161	0.161	0.160
180	0.159	0.158	0.157	0.157	0.156	0.155	0.154	0.153	0.153	0.152	0.151	0.150	0.150	0.149	0.148	0.147	0.147	0.146	0.145	0.145
190	0.144	0.143	0.142	0.142	0.141	0.140	0.140	0.139	0.138	0.138	0.137	0.136	0.136	0.135	0.135	0.134	0.133	0.133	0.132	0.131
200	0.131	0.130	0.130	0.129	0.128	0.128	0.127	0.127	0.126	0.125	0.125	0.124	0.124	0.123	0.123	0.122	0.122	0.121	0.120	0.120
210	0.119	0.119	0.118	0.118	0.117	0.117	0.116	0.116	0.115	0.115	0.114	0.114	0.113	0.113	0.112	0.112	0.111	0.111	0.110	0.110
220	0.109	0.109	0.108	0.108	0.108	0.107	0.107	0.106	0.106	0.105	0.105	0.104	0.104	0.104	0.103	0.103	0.102	0.102	0.101	0.101
230	0.101	0.100	0.0998	0.0994	0.0990	0.0986	0.0982	0.0978	0.0974	0.0970	0.0966	0.0962	0.0959	0.0955	0.0951	0.0947	0.0943	0.0940	0.0936	0.0932
240	0.0929	0.0925	0.0921	0.0918	0.0914	0.0911	0.0907	0.0903	0.0900	0.0896	0.0893	0.0890	0.0886	0.0883	0.0879	0.0876	0.0873	0.0869	0.0866	0.0863
250	0.0859																			

续表

Q345 钢 c 类截面轴心受压构件的稳定系数 φ

λ	0	0.5	1.0	1.5	2.0	2.5	3.0	3.5	4.0	4.5	5.0	5.5	6.0	6.5	7.0	7.5	8.0	8.5	9.0	9.5
0	1.000	1.000	1.000	1.000	1.000	0.999	0.999	0.998	0.998	0.997	0.997	0.996	0.996	0.995	0.994	0.993	0.992	0.991	0.990	0.989
10	0.988	0.986	0.985	0.984	0.982	0.981	0.979	0.977	0.976	0.974	0.972	0.970	0.968	0.966	0.962	0.958	0.954	0.950	0.946	0.943
20	0.939	0.935	0.931	0.927	0.924	0.920	0.916	0.912	0.908	0.904	0.901	0.897	0.893	0.889	0.885	0.882	0.878	0.874	0.870	0.866
30	0.862	0.859	0.855	0.851	0.847	0.843	0.839	0.835	0.832	0.828	0.824	0.820	0.816	0.812	0.808	0.804	0.800	0.796	0.792	0.789
40	0.785	0.781	0.777	0.773	0.769	0.765	0.761	0.757	0.753	0.149	0.745	0.741	0.737	0.733	0.729	0.725	0.721	0.717	0.713	0.709
50	0.705	0.701	0.697	0.693	0.689	0.685	0.681	0.677	0.673	0.669	0.665	0.661	0.657	0.653	0.649	0.645	0.641	0.637	0.633	0.629
60	0.625	0.621	0.617	0.613	0.609	0.605	0.601	0.598	0.594	0.590	0.586	0.582	0.578	0.574	0.571	0.567	0.563	0.559	0.556	0.552
70	0.548	0.545	0.541	0.537	0.533	0.530	0.526	0.523	0.519	0.516	0.512	0.508	0.505	0.502	0.498	0.495	0.491	0.488	0.484	0.481
80	0.478	0.474	0.471	0.468	0.465	0.463	0.460	0.457	0.455	0.452	0.449	0.447	0.444	0.441	0.439	0.436	0.434	0.431	0.428	0.426
90	0.423	0.421	0.418	0.416	0.413	0.411	0.408	0.406	0.403	0.401	0.398	0.396	0.393	0.391	0.389	0.386	0.384	0.381	0.379	0.377
100	0.374	0.372	0.370	0.368	0.365	0.363	0.361	0.359	0.356	0.354	0.352	0.350	0.348	0.345	0.343	0.341	0.339	0.337	0.335	0.333
110	0.331	0.329	0.327	0.325	0.323	0.321	0.319	0.317	0.315	0.313	0.311	0.309	0.307	0.305	0.304	0.302	0.300	0.298	0.296	0.294
120	0.293	0.291	0.289	0.287	0.286	0.284	0.282	0.281	0.279	0.277	0.276	0.274	0.272	0.271	0.269	0.268	0.266	0.264	0.263	0.261
130	0.260	0.258	0.257	0.255	0.254	0.252	0.251	0.249	0.248	0.246	0.245	0.244	0.242	0.241	0.239	0.238	0.237	0.235	0.234	0.233
140	0.231	0.230	0.229	0.227	0.226	0.225	0.224	0.222	0.221	0.220	0.219	0.217	0.216	0.215	0.214	0.213	0.211	0.210	0.209	0.208
150	0.207	0.206	0.205	0.203	0.202	0.201	0.200	0.199	0.198	0.197	0.196	0.195	0.194	0.193	0.192	0.191	0.190	0.189	0.188	0.187
160	0.186	0.185	0.184	0.183	0.182	0.181	0.180	0.179	0.178	0.177	0.176	0.175	0.175	0.174	0.173	0.172	0.171	0.170	0.169	0.168
170	0.168	0.167	0.166	0.165	0.164	0.163	0.163	0.162	0.161	0.160	0.159	0.159	0.158	0.157	0.156	0.156	0.155	0.154	0.153	0.153
180	0.152	0.151	0.150	0.150	0.149	0.148	0.147	0.147	0.146	0.145	0.145	0.144	0.143	0.143	0.142	0.141	0.141	0.140	0.139	0.139
190	0.138	0.137	0.137	0.136	0.136	0.135	0.134	0.134	0.133	0.132	0.132	0.131	0.131	0.130	0.129	0.129	0.128	0.128	0.127	0.127
200	0.126	0.125	0.125	0.124	0.124	0.123	0.123	0.122	0.122	0.121	0.121	0.120	0.120	0.119	0.118	0.118	0.117	0.117	0.116	0.116
210	0.115	0.115	0.114	0.114	0.113	0.113	0.113	0.112	0.112	0.111	0.111	0.110	0.110	0.109	0.109	0.108	0.108	0.107	0.107	0.107
220	0.106	0.106	0.105	0.105	0.104	0.104	0.104	0.103	0.103	0.102	0.102	0.101	0.101	0.101	0.100	0.0998	0.0994	0.0990	0.0986	0.0982
230	0.0979	0.0975	0.0971	0.0967	0.0963	0.0959	0.0956	0.0952	0.0948	0.0944	0.0941	0.0937	0.093	0.0930	0.0926	0.0923	0.0919	0.0916	0.0912	0.0908
240	0.0905	0.0902	0.0898	0.0895	0.0891	0.0888	0.0885	0.0881	0.0878	0.0875	0.0871	0.0868	0.0865	0.0861	0.0858	0.0855	0.0852	0.0849	0.0846	0.0842
250	0.0839																			

当 $b_2/t > 0.48L_{0y}/b_2$ 时

$$\lambda_{yz} = 5.1 \frac{b_2}{t}\left(1 + \frac{L_{0y}^2 t^2}{17.4b_2^4}\right) \tag{8-90}$$

短肢相并的不等边双角钢截面的 λ_{yz} 按下列公式计算。

当 $b_1/t \leqslant 0.56L_{0y}/b_1$ 时，可近似取 $\lambda_{yz} = \lambda_y$。否则取

$$\lambda_{yz} = 3.7 \frac{b_1}{t}\left(1 + \frac{L_{0y}^2 t^2}{52.7b_2^4}\right) \tag{8-91}$$

式中，b_1、b_2 分别为不等边角钢长肢、短肢宽度。

当计算等边单角钢构件绕平行轴（平行肢边的轴）稳定时，可用下式计算其换算长细比 λ_{uz}，并按 b 类截面确定 φ 值。

当 $b/t \leqslant 0.69L_{0u}/b_2$ 时　　　$\lambda_{uz} = \lambda_u[1 + 0.25b^4/(L_{0u}^2 t^2)]$　　　(8-92)

当 $b/t > 0.69L_{0u}/b_2$ 时　　　$\lambda_{uz} = 5.4b/t$　　　(8-93)

式中，$\lambda_u = L_{0u} i_u$；L_{0u} 为构件对平行轴的计算长度；i_u 为构件截面对平行轴的回转半径。

无任何对称轴，且又非极对称的截面（单面连接的不等边单角钢除外）不宜用作轴心受压构件。

对单面连接的单角钢轴心受压构件，按现行国家标准《钢结构设计标准》（GB 50017）的规定考虑强度设计值折减系数后，可不考虑弯扭效应。

当槽形截面用于格构式构件的分肢，计算分肢绕对称轴（y 轴）的稳定性时，不必考虑扭转效应，直接用 λ_y 查出 φ_y 值。

格构式轴心受压构件的稳定性计算中，对虚轴（表 8-26 中的 x 轴）的长细比应取换算长细比。换算长细比应按下列公式计算。

双肢组合构件：

当缀件为缀板时　　　$\lambda_{0x} = (\lambda_x^2 + \lambda_1^2)^{0.5}$　　　(8-94)

当缀件为缀条时　　　$\lambda_{0x} = (\lambda_x^2 + 27A/A_{1x})^{0.5}$　　　(8-95)

式中，λ_x 为整个构件对 x 轴的长细比；λ_1 为分肢对最小刚度轴的长细比，其计算长度取为：焊接时，为相邻两缀板的净距离；螺栓连接时，为相邻两缀板边缘螺栓的距离；A_{1x} 为构件截面中垂直于 x 轴的各斜缀条毛截面面积之和。

当缀件为缀条时，其分肢的长细比 λ_1 不应大于构件两个方向长细比（对虚轴为换算长细比）的较大值 λ_{max} 的 0.7 倍；当缀件为缀板时，λ_1 不应大于 40，并不应大于 λ_{max} 的 0.5 倍（当 $\lambda_{max} < 50$ 时，取 $\lambda_{max} = 50$）。

用填板连接而成为双角钢或双槽钢构件，可按实腹式构件进行计算，但填板间的距离不应超过下列数值：受压构件 $40i$；受拉构件 $80i$。

i 为截面回转半径，应按下列规定采用（图 8-21）。

当如图 8-21 （a）、（b）所示的双角钢或双槽钢截面时，取一个角钢或槽钢对与填板平行的形心轴的回转半径。

当如图 8-21 （c）所示的十字形截面时，

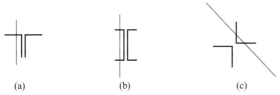

(a)　　　(b)　　　(c)

图 8-21　计算截面回转半径时的曲线示意

取一个角钢的最小回转半径。

受压构件的两个侧向支承点之间的填板数不得小于 2 个。

轴心受压构件应按下式计算剪力：

$$V = \frac{Af}{85}\left(\frac{f_y}{235}\right)^{0.5} \tag{8-96}$$

剪力 V 值可认为沿构件全长不变。

对格构式轴心受压构件，剪力 V 应由承受该剪力的缀材面（包括用整体板连接的面）分担。

格构式轴心受压构件的缀条内力应按桁架腹杆来分析；此时斜缀条中的内力 N 按式（8-97）计算，见图 8-22。

$$N = V_b/\cos\alpha \tag{8-97}$$

式中，V_b 为分配到一个缀条的剪力，kN，$V_b = V/2$。

斜缀条的截面按轴心受压构件计算，对于横缀条常用与斜缀条相同的截面。

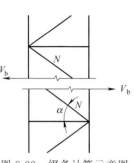

图 8-22 缀条计算示意图

格构式轴心受压构件的缀板内力 V' 应按式（8-98）、式（8-99）计算（图 8-23）。

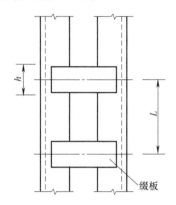

剪力 $\qquad V' = V_b L/a \tag{8-98}$

弯矩 $\qquad M = V_b L/2 \tag{8-99}$

式中，V_b 为分配到一个缀板的剪力，N；L 为缀板中心距离，mm；a 为肢件轴线间距离，mm。

缀板的构造要求：缀板除按以上规定的内力进行强度验算及柱肢的连接计算外，其尺寸尚应符合式（8-100）、式（8-101）要求（图 8-23）：

$$h \geqslant \frac{2}{3}a \tag{8-100}$$

$$t \geqslant \frac{1}{40}a，且 t \geqslant 6mm \tag{8-101}$$

式中，h 为缀板的高度，mm；t 为缀板的厚度，m。

（3）压弯构件。除尘器箱体的骨架柱为压弯构件（如电除尘器箱体的骨架柱），应按下列公式计算强度和稳定性。

① 压弯构件，弯矩作用在主平面内，其强度应按式（8-102）规定计算

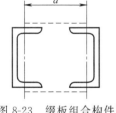

图 8-23 缀板组合构件图

$$\frac{N}{A_n} \pm \frac{M_x}{\gamma_x W_{nx}} \pm \frac{M_y}{\gamma_y W_{ny}} \leqslant f \tag{8-102}$$

式中，γ_x、γ_y 为与截面模量相应的截面塑性发展系数，按表 8-24 采用。

② 实腹式压弯构件，弯矩作用在对称平面内（绕 x 轴），其稳定性按式（8-103）、式（8-104）计算。

弯矩作用平面内的稳定性

$$\frac{N}{\varphi_x A} \pm \frac{\beta_{mx} M_x}{\gamma_x W_{1x}(1-0.8N/N'_{Ex})} \leqslant f \tag{8-103}$$

式中，N 为所计算构件段范围内的轴心压力，Pa；N'_{Ex} 为参数，$N'_{Ex} = \pi^2 EA/(1.1\lambda_x^2)$，$E$ 为弹性模量，MPa；φ_x 为弯矩作用平面内的轴心受压构件稳定系数；M_x 为所计算构件段范围内的最大弯矩，kN·m；W_{1x} 为在弯矩作用平面内对较大受压纤维的毛截面模量，cm³；β_{mx} 为等效弯矩系数，应按下列规定采用；A 为截面面积，mm²。

框架柱和两端支承的构件：

无横向荷载作用时，$\beta_{mx}=0.65+0.35M_2/M_1$，$M_2$ 和 M_1 为端弯矩，使构件产生同向曲率（无反弯点）时取同号；使构件产生反向曲率（有反弯点）时取异号，$|M_1|\geqslant|M_2|$；

有端弯矩和横向荷载同时作用时，使构件产生同向曲率时，$\beta_{mx}=1.0$；使构件产生反向曲率时，$\beta_{mx}=0.85$；

无端弯矩但有横向荷载作用时，$\beta_{mx}=1.0$；

悬臂构件和分析内力未考虑二阶效应的无支撑纯框架和弱支撑框架柱，$\beta_{mx}=1.0$。

弯矩作用平面外的稳定性

$$\frac{N}{\varphi_y A}+\eta\frac{\beta_{tx}M_x}{\varphi_b W_{1x}}\leqslant f \tag{8-104}$$

式中，φ_y 为弯矩作用平面外的轴心受压构件稳定系数；φ_b 为均匀弯曲的受压构件整体稳定系数［按现行国家标准《钢结构设计标准》（GB 50017）计算］；M_x 为所计算构件段范围内的最大弯矩，$kN\cdot m$；η 为截面影响系数，闭口截面 $\eta=0.7$，其他截面 $\eta=1.0$；β_{tx} 为等效弯矩系数。

应按下列规定采用：在弯矩作用平面外有支撑的构件，根据两相邻支撑点间构件段内的荷载和内力情况确定。

在构件段无横向荷载作用时，$\beta_{tx}=0.65+0.35M_2/M_1$，$M_2$ 和 M_1 是在弯矩作用平面内的端弯矩，使构件段产生同向曲率时取同号；产生反向曲率时取异号，$|M_1|\geqslant|M_2|$；

在考虑构件段内有端弯矩和横向荷载同时作用时，使构件段产生同向曲率时，$\beta_{tx}=1.0$；使构件产生反向曲率时，$\beta_{tx}=0.85$；

在考虑构件段内无端弯矩但有横向荷载作用时，$\beta_{tx}=1.0$；

弯矩作用平面外为悬臂构件时，$\beta_{tx}=1.0$；

除尘器箱体骨架柱与侧壁板有牢固连接，能阻止柱受压翼缘的侧向位移时，该平面的稳定性可不验算。

(4) 格构式压弯构件，弯矩绕虚轴（x 轴）作用，其弯矩作用平面内的整体稳定性应按式（8-105）计算：

$$\frac{N}{\varphi_x A}+\eta\frac{\beta_{mx}M_x}{W_{1x}(1-\varphi_x N/N'_{Ex})}\leqslant f \tag{8-105}$$

式中，$W_{1x}=I_x/y_0$；I_x 为对 x 轴的毛截面惯性矩，cm^4；y_0 为由 x 轴到压力较大分肢的轴线距离或者到压力较大分肢腹板外边缘的距离，m，二者取较大者；φ_x、N'_{Ex} 由换算长细比确定。

格构式压弯构件，弯矩绕虚轴作用，其弯矩作用平面外的稳定性可不计算，但应计算分肢的稳定性，分肢的轴心力应按桁架的弦杆计算。对缀板柱的分肢尚应考虑由剪力引起的局部弯矩。

(5) 格构式压弯构件，弯矩绕实轴作用，其弯矩作用平面内和平面外的整体稳定性计算均与实腹式构件相同。但在计算弯矩作用的整体稳定时，长细比应取换算长细比，φ_b 应取 1.0。

计算格构式压弯构件的缀件时，应取构件的实际剪力和按式 $V=\dfrac{Af}{85}(f_y/235)^{0.5}$ 计算的剪力两者中的较大值进行计算。

2. 受压构件的局部稳定

(1) 在受压构件中，翼缘板自由外伸宽度 b 与其厚度 t 之比，应符合式（8-106）、式（8-107）要求。

轴心受压构件

$$b/t \leqslant (10+0.1\lambda)(235/f_y)^{0.5} \tag{8-106}$$

式中，λ 为构件两个方向长细比的较大值；当 $\lambda < 30$ 时，取 $\lambda = 30$；当 $\lambda > 100$ 时，取 $\lambda = 100$。

压弯构件

$$b/t \leqslant 13(235/f_y)^{0.5} \tag{8-107}$$

在强度和稳定计算中，取 $\gamma_x = 1.0$ 时，b/t 可放宽至 $15(235/f_y)^{0.5}$。

翼缘板自由外伸宽度 b 的取值为：对焊接构件，取腹板边缘至翼缘板（肢）边缘的距离；对轧制构件，取内圆弧起点至翼缘板（肢）边缘的距离。

（2）在工字形及 H 形截面的受压构件中，腹板计算高度 h_0 与其厚度 t_w 之比，应符合式（8-108）～式（8-110）要求。

轴心受压构件

$$h_0/t_w \leqslant (25+0.5\lambda)(235/f_y)^{0.5} \tag{8-108}$$

式中，λ 为构件两个方向长细比的较大值；当 $\lambda < 30$ 时，取 $\lambda = 30$；当 $\lambda > 100$ 时，取 $\lambda = 100$。

压弯构件：

当 $0 \leqslant a_0 \leqslant 1.6$ 时

$$h_0/t_w \leqslant (16a_0+0.5\lambda+25)(235/f_y)^{0.5} \tag{8-109}$$

当 $1.6 \leqslant a_0 \leqslant 2.0$ 时

$$h_0/t_w \leqslant (48a_0+0.5\lambda+26.2)(235/f_y)^{0.5} \tag{8-110}$$

式中，$a_0 = (\sigma_{max}\sigma_{min})/\sigma_{max}$；$\sigma_{max}$ 为腹板计算高度边缘的最大压应力，Pa，计算时不考虑构件的稳定系数和截面塑性发展系数；σ_{min} 为腹板计算高度另一边缘相应的应力，Pa，压应力取正值，拉应力取负值；λ 为构件在弯矩作用平面的长细比，当 $\lambda < 30$ 时取 $\lambda = 30$，当 $\lambda > 100$ 时取 $\lambda = 100$。

（3）在箱形截面的受压构件中，受压翼缘的宽厚比应符合表 8-25 的要求。箱形截面受压构件的腹板计算高度 h_0 与其厚度 t_w 之比，应符合式（8-111）要求。

轴心受压构件

$$h_0/t_w \leqslant 40(235/f_y)^{0.5} \tag{8-111}$$

压弯构件 h_0/t_w 值不应超过工字形截面压弯构件腹板高厚比控制值的 0.8 倍［当此小于 $40(235/f_y)^{0.5}$ 时应采用 $40(235/f_y)^{0.5}$］。

（4）圆管截面的受压构件，其外径与壁厚之比不应超过 $100(235/f_y)$。

（5）用作减小轴心受压构件自由长度支撑，当其轴线通过被支撑构件截面剪心时（对双轴对称截面，剪心与形心重合；对单轴对称的 T 形截面，双角钢组合的 T 形截面及角形截面，剪心在两组成板件轴线相交点；其他单轴对称和无对称轴截面剪心位置可参阅有关力学或稳定理论资料），沿被支撑构件屈曲方向的支撑力应按下列方法计算。

① 长度为 L 的单根柱设置一道支撑时，支撑力 F_{b1} 为

当支撑位于柱高中央时　　　　　　$$F_{b1} = N/60 \tag{8-112}$$

当支撑位于距柱端 aL 时　　　$$F_{b1} = N/[240a(1-a)] \tag{8-113}$$

式中，N 为被支撑构件的最大轴心压力，Pa。

② 长度为 L 的单根柱设置 m 道等间距（或间距不等，但与平均值比相差不超过 20%）支撑时，各支撑点的支撑力 F_{bm} 为

$$F_{bm} = N/[30(m+1)] \tag{8-114}$$

③ 被支撑构件为多根柱组成的柱列，在柱高中间附近设置一道支撑时，支撑力应按式（8-115）计算

$$F_{bn} = \frac{\sum N_i}{60}\left(0.6 + \frac{0.4}{n}\right) \tag{8-115}$$

式中，n 为柱列中被撑柱的根数；$\sum N_i$ 为被撑柱同时存在的轴心压力设计值之和。

④ 当支撑同时承担结构上其他作用的效应时，其相应的轴力不与支撑力相叠加，取两者中的较大值进行计算（注：当结构体系确实有两种作用共同存在的情况，宜采用适当组合的方法进行设计）。

⑤ 用作减小压弯构件弯矩作用平面外计算长度的支撑，应将压弯构件的受压翼缘（对实腹式构件）或受压分肢（对格构式构件）视为轴心压杆计算各自的支撑力。

连接计算及构造要求参照现行国家标准《钢结构设计标准》（GB 50017）有关条文。

七、实例——静电除尘器结构设计计算

某烧结工程机尾电除尘器。190m² 单室三电场，侧部振打。支架为钢筋混凝土结构见图 8-24 电除尘器布置图。

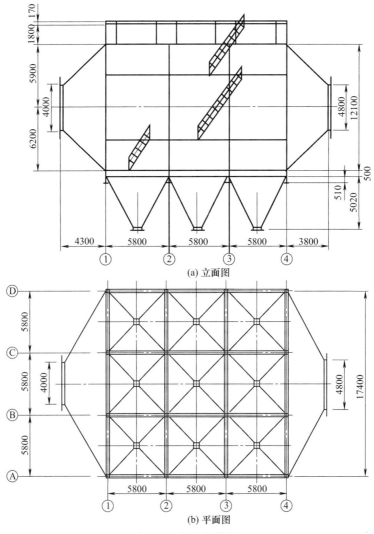

图 8-24　电除尘器布置

设计参数：

设备最大负压	4000Pa；		
最高使用温度	80℃；		
阳极板重	133t/3 个电场；	阴极框架重	88t/3 个电场；
阳极振打重	5t/6 台；	阴极振打重	10t/12 台；
气流分布板重	8t/3 层；	出口槽型板重	11t/12 台；
双保温箱重	3t/6 个；	单保温箱重	1.5t/6 个；
变压器重	3t×3 台；		

阳极板捕尘面积12400m² （按阳极板双面计算面积），双面挂灰各 10mm 厚；

灰尘堆密度　　17kN/m³，内摩擦角 $\varphi=35°$；

灰斗最高料位距下出口 3m 高，本设计按灰尘 4m 高验算；

基本风压　　　0.45kPa，设备安装在市郊的厂区；

基本雪压　　　0.55kPa；

顶盖活荷载　　2.0kPa；

抗震设防烈度　7 度，设计基本地震加速度值为 0.10g；

设计采用钢材　Q235-B。

（一）侧壁板计算

侧壁板示意见图 8-25。

1. 板

$$t=4mm$$
$$I_x=(100/12)\times0.4^3=0.533（cm^4）$$
$$W_x=(100/6)\times0.4^2=2.667（cm^3）$$

荷载：负压 4kPa

风压：　　　　　　　$0.45\times1.0\times1.25\times1.69=0.95（kPa）$

式中，1.0 为体型系数；1.25 为高度系数（20m，b 类）；1.69 为阵风系数（20m，b 类）。

（板自重及保温材料重未计算）

$$q_k=4+0.95=4.95（kN/m^2）\quad（标准值）$$

弯矩：$M_k=0.105q_kL^2=0.105\times4.95\times0.72^2=0.269（kN·m）$（标准值）

$$M=\gamma_Q M_k=1.4\times0.269=0.377（kN·m）\quad（设计值）$$

强度计算：$\sigma=377000/2667=141（MPa）<f=215MPa$　（取 $\gamma_x=1.0$）

挠度计算（略）

2. 加劲肋

$$q=4.95\times0.72=3.564（kN/m）$$

弯矩计算值：　　　$M=(1/8)\times3.564\times3.063^2\times1.4=5.85（kN·m）$

选用L90×56×5 与 $t=4mm$ 组成，加劲肋示意见图 8-26。

$$I_V=60.45cm^4\quad W_1=32.19cm^3\quad W_2=43.82cm^3$$

强度计算：$\sigma=5850000/32190=182MPa<f=215MPa$（取 $\gamma_x=1.0$）

加劲肋L90×56×5 在除尘器内侧，可不计算整体稳定。

挠度计算（略）

3. 小梁

小梁计算见图 8-27。

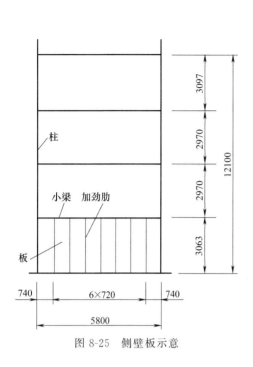

图 8-25　侧壁板示意

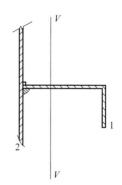

图 8-26　加劲肋示意

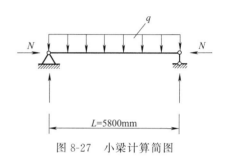

图 8-27　小梁计算简图

荷载标准值

$$q_k = 4.95 \times 3.0 = 14.85 \text{ (kN/m)}$$

$$M_k = 4.0 \times 3.0 \times 8.7 = 104.4 \text{ (kN)}$$

内力设计值

$$M_x = 0.125 \times 14.85 \times 5.8^2 \times 1.4 = 87.42 \text{ (kN·m)}$$

$$N = 104.4 \times 1.4 = 146.16 \text{ (kN)}$$

选用 I 28a；$A = 55.37 \text{cm}^2$；$W_x = 508.2 \text{cm}^3$；$I_x = 7115 \text{cm}^4$；$r_x = 11.34 \text{cm}$；$b = 122 \text{mm}$。

弯矩作用平面内强度计算

$$\sigma = \frac{N}{A_n} + \frac{M_x}{\gamma_x W_{nx}} = \frac{146.16 \times 10^3}{5537} + \frac{87.42 \times 10^6}{1.05 \times 508.2 \times 10^3}$$

$$= 26.4 + 163.9 = 190.3 \text{(MPa)} < f = 215 \text{MPa}$$

弯矩作用平面内稳定计算

$$b/h = 122/280 = 0.44 < 0.8 \quad \text{a 类}$$

$$\lambda_x = 580/11.34 = 51.1 \quad \varphi_x = 0.912 \quad \beta_{mx} = 1.0$$

$$N'_{Ex} = \pi^2 EA / (1.1\lambda_x^2) = \pi^2 \times 206 \times 10^3 \times 5537 / (1.1 \times 51.1^2) = 3.92 \times 10^6 \text{(N)} \quad (E \text{ 可查图 8-45})$$

$$\frac{N}{\varphi_x A} + \frac{\beta_{mx} M_x}{\gamma_x W_{1x}(1 - 0.8N/N'_{Ex})} = 28.9 + 168.9 = 197.8 \text{(MPa)} < f$$

挠度计算

$$\nu = \frac{5}{384} \times \frac{14.85 \times 5.8^4 \times 10^{12}}{206 \times 10^3 \times 7115 \times 10^4} = 14.9 \text{ (mm)}$$

$$\nu/L = 14.9/5800 = 1/389 < 1/350$$

弯矩作用平面外的稳定性，因有侧壁板牢固连接，能阻止受压翼缘侧向位移，可不计算。

(二) 顶盖大梁计算

顶盖大梁计算见图 8-28。

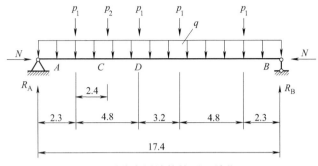

图 8-28　顶盖大梁计算简图 (单位：m)

1. 荷载设计

框架柱传来压力：$N=110\text{kN}$

阴极框架及灰重：

$$p_1=880\times1.2/24+900\times1.4/24=44+52.5=96.5\ (\text{kN})$$

式中，900 为阴极框架上挂灰荷重及振打荷载，kN。

变压器重：$\qquad\qquad p_2=30\times1.4/2=21(\text{kN})$

顶盖板自重及保温层重、负压及活荷载：

$$q_1=(2.29\times1.2+4\times1.4+2.0\times1.4\times0.7)\times5.8/2=29.9\ (\text{kN/m})$$

式中，0.7 为活荷载组合值系数；2.29 为顶盖自重及保温层重。

阳极板及灰重：

$$q_2=(1330\times1.2+12400\times0.01\times17\times0.8\times1.4)/(6\times17.4)=37.9\text{kN/m}$$

式中，0.8 为阳极板灰挂满系数。

$$p=q_1+q_2=67.8\ (\text{kN/m})$$

内力计算

$$R_A=67.8\times\frac{17.4}{2}+2\times96.5+21\times\frac{12.7}{17.4}=589.86+193+15.33=798.2\ (\text{kN})$$

$$R_B=589.86+193+21-15.33=788.5\ (\text{kN})$$

$$M_{中}=788.5\times\frac{17.4}{2}-67.8\times\frac{8.7^2}{2}-2\times96.5\times4=6860.0-2565.9-772=3522.1\ (\text{kN}\cdot\text{m})$$

$$M_D=798.2\times7.1-96.5\times4.8-21\times2.4-67.8\times(7.1^2/2)=3445\ (\text{kN}\cdot\text{m})$$

$$V_D=798.2-96.5-21-67.8\times7.1=199.3\ (\text{kN})$$

$$M_C=798.2\times4.7-96.5\times2.4-67.8\times(4.7^2/2)=2771\ (\text{kN}\cdot\text{m})$$

$$V_C=798.2-96.5-67.8\times4.7=383\ (\text{kN})$$

2. 选择截面

工字梁截面见图 8-29 所示。

选用 I(1800～1970)×340×10×20

跨中：$\qquad\quad I_x=(34/12)\times197^3-(33/12)\times193^3=1892\times10^3(\text{cm}^4)$

$$W_x=\frac{I_x}{(197/2)}=19208\ (\text{cm}^3)$$

$$A = 34 \times 2 \times 2 + 193 \times 1 = 329 \; (cm^2)$$

$$r_x = (I_x/A)^{0.5} = 75.8 \; (cm)$$

支座处

$$I_x = (34/12) \times 180^3 - (33/12) \times 176^3 = 1532 \times 10^3 \; (cm^4)$$

$$S = 34 \times 2 \times 89 + (88^2/2) \times 1.0 = 9924 \; (cm^3)$$

3. 弯矩作用平面内的强度计算

抗弯强度

$$\sigma_{中} = \frac{N}{A_n} + \frac{M_{中}}{\gamma_x W_{nx}} = \frac{110 \times 10^3}{32900} + \frac{3522.1 \times 10^6}{1.05 \times 19208 \times 10^3}$$

$$= 3.3 + 174.6 = 177.9 (MPa) < f = 205MPa$$

抗剪强度

$$\tau = \frac{VS}{I_x t_w} = \frac{798.2 \times 10^3 \times 9924 \times 10^3}{15320 \times 10^6 \times 10} = 51.7 (MPa) < f_v = 125MPa$$

4. 整体稳定计算

弯矩作用平面外的整体稳定可不计算（因为有顶盖板牢固连接，阻止受压翼缘侧向位移），横向加劲肋及纵向加劲肋布置见图 8-30。

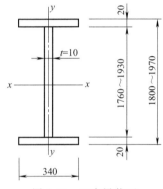

图 8-29　工字梁截面

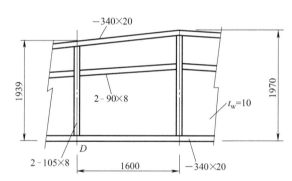

图 8-30　横向加劲肋及纵向加劲肋布置

弯矩作用平面内的稳定计算：

长细比 λ_x 计算，近似取 C 点回转半径 λ_{xc}。

C 点截面参数：

高	$h = 1800 + 170 \times (4.7/8.7) = 1892 \; (mm)$
面积	$A_c = 34 \times 2 \times 2 + 185.2 \times 1.0 = 321.2 \; (cm^2)$
惯性矩	$I_{xc} = (34/12) \times 189.2^3 - (33/12) \times 185.2^3 = 1721 \times 10^3 \; (cm^4)$

$$r_{xc} = (I_{xc}/A_c)^{0.5} = 73.2 \; (cm) \qquad \text{b 类}$$

$$\lambda_x = 1740/73.2 = 23.8; \varphi_x = 0.957; \beta_{mx} = 1.0$$

$$N'_{Ex} = \pi^2 EA/(1.1\lambda_x^2) = \pi^2 \times 206 \times 10^3 \times 32120/(1.1 \times 23.8^2) = 104.8 \times 10^6 \; (N)$$

$$\frac{N}{\varphi_x A} + \frac{\beta_{mx} M_{中}}{\gamma_x W_x (1 - 0.8N/N'_{Ex})}$$

$$= \frac{110 \times 10^3}{0.957 \times 32900} + \frac{1.0 \times 3522.1 \times 10^6}{1.05 \times 19208 \times 10^3 \times [1 - 0.8 \times 149 \times 10^3/(104.8 \times 10^6)]}$$

$$= 3.5 + 174.8 = 178.3 (MPa) < f = 205MPa$$

5. 局部稳定计算

(1) 腹板稳定计算

$h_0/t_w=(1760\sim1930)/10=176\sim193>170$，应同时配置横向加劲肋和纵向加劲肋。

横向加劲肋间距取 1600mm；纵向加劲肋至上翼缘距离取 440mm。

$$1600/(1760\sim1930)=0.91\sim0.83$$
$$400/(1760\sim1930)=1/4.0\sim1/4.4$$

① 距跨中 1.6m 处（D 点左侧）腹板稳定计算见图 8-31。

截面参数：$h=1970-170\times(1.6/8.7)=1939$（mm）

$\qquad h_0=1939-40=1899$（mm）

$\qquad h_1=440\text{mm}$

$\qquad h_2=1899-440=1459$（mm）

$\qquad I_x=(34/12)\times193.9^3-(33/12)\times189.9^3$

$\qquad\quad =1823\times10^3$（cm^4）

$$W_x=\frac{I_x}{193.9/2}=18.8\times10^3\text{（cm}^3\text{）}$$

$$W_{x1}=\frac{I_x}{189.9/2}=19.2\times10^3\text{（cm}^3\text{）}$$

$$W_{x2}=\frac{I_x}{189.9/2-44}=35.8\times10^3\text{（cm}^3\text{）}$$

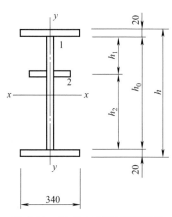

图 8-31　D 点左侧横截面简图

受压翼缘与纵向加劲肋之间的区格稳定计算

$$\frac{\sigma}{\sigma_{cr1}}+\left(\frac{\tau}{\tau_{cr1}}\right)^2+\left(\frac{\sigma_c}{\sigma_{c,cr1}}\right)^2\leqslant1.0$$

式中，$\sigma=M_D/W_{x1}=(3445\times10^6)/(19.2\times10^6)=179.4$（MPa）；

$\qquad \tau=V_D/(1899\times10)=199.3\times10^3/18990=10.5$（MPa）；

$\qquad \sigma_c=0$（集中荷载处设有支撑加劲肋）。

σ_{cr1}：

$$\lambda_{b1}=\frac{h_1/t_w}{75}\left(\frac{f_y}{235}\right)^{0.5}=\frac{440/10}{75}\left(\frac{235}{235}\right)^{0.5}=0.586<0.85$$

$$\sigma_{cr1}=f=215\text{MPa}$$

τ_{cr1}：

$$a/h_1=1600/440=3.64>1.0$$

$$\lambda_s=\frac{h_1/t_w}{41\times[5.34+4(h_1/a)^2]^{0.5}}\left(\frac{f_y}{235}\right)^{0.5}=0.45<0.8$$

$$\tau_{cr1}=f_v=125\text{MPa}$$

$$(179.4/215)+(10.5/125)^2=0.834+0.007=0.841<1.0$$

受拉翼缘与纵向加劲肋之间的区格稳定计算：

$$\left(\frac{\sigma_2}{\sigma_{cr2}}\right)^2+\left(\frac{\tau}{\tau_{cr2}}\right)^2+\frac{\sigma_{c2}}{\sigma_{c,cr2}}\leqslant1.0$$

式中，$\sigma_2=M_D/M_{x2}=(3445\times10^6)/(35.8\times10^6)=96.2$（MPa）

$\qquad \tau=10.5\text{MPa}；\sigma_{c2}=0$

σ_{cr2}：

$$\lambda_{b2} = \frac{h_2/t_w}{194}\left(\frac{f_y}{235}\right)^{0.5} = \frac{1459/10}{194}\left(\frac{235}{235}\right)^{0.5} = 0.75 < 0.85$$

$$\sigma_{cr2} = f = 215\text{MPa}$$

τ_{cr2}：

$$a/h_2 = 1600/1459 = 1.1 > 1.0$$

$$\lambda_s = \frac{h_2/t_w}{41 \times [5.34 + 4(h_2/a)^2]^{0.5}}\left(\frac{f_y}{235}\right)^{0.5} = 1.209 > 1.2$$

$$\tau_{cr2} = 1.1 f_v/\lambda_s^2 = 1.1 \times 125/1.209^2 = 94.10 \text{（MPa）}$$

$$(96.2/215)^2 + (10.5/94.10)^2 = 0.200 + 0.012 = 0.212 < 1.0$$

② 距支座 4.7m 处（C 点左侧）腹板稳定计算（见图 8-32）。

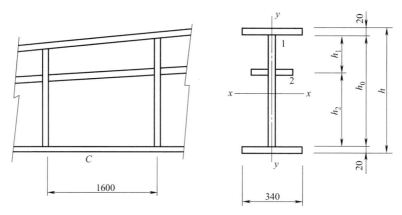

图 8-32　C 点左侧截面简图

截面参数：$h = 1800 + 170 \times (4.7/8.7) = 1892$（mm）

$\qquad h_0 = 1892 - 40 = 1852$（mm）

$\qquad h_1 = 440$（mm）

$\qquad h_2 = 1852 - 440 = 1412$（mm）

$\qquad I_x = (34/12) \times 189.2^3 - (33/12) \times 185.2^3 = 1721 \times 10^3$（cm^4）

$$W_x = \frac{I_x}{189.2/2} = 18.2 \times 10^3 \text{（cm}^3\text{）}$$

$$W_{x1} = \frac{I_x}{185.2/2} = 18.6 \times 10^3 \text{（cm}^3\text{）}$$

$$W_{x2} = \frac{I_x}{185.2/2 - 44} = 35.4 \times 10^3 \text{（cm}^3\text{）}$$

受压翼缘与纵向加劲肋之间的区格稳定计算

$$\frac{\sigma}{\sigma_{cr1}} + \left(\frac{\tau}{\tau_{cr1}}\right)^2 + \left(\frac{\sigma_c}{\sigma_{c,cr1}}\right)^2 \leqslant 1.0$$

式中，$\sigma = M_C/W_{x1} = (2771 \times 10^6)/(18.6 \times 10^6) = 149.0$（MPa）；

$\qquad \tau = V_C/h_0 t_w = (383 \times 10^3)/(1852 \times 10) = 20.7$（MPa）；

$\qquad \sigma_c = 0$。

σ_{cr1} :

$$\lambda_{b1} = \frac{h_1/t_w}{75}\left(\frac{f_y}{235}\right)^{0.5} = \frac{440/10}{75}\left(\frac{235}{235}\right)^{0.5} = 0.59 < 0.85$$

$$\sigma_{cr1} = f = 215\text{MPa}$$

τ_{cr1} :

$$a/h_1 = 1600/440 = 3.64 > 1.0$$

$$\lambda_s = \frac{h_1/t_w}{41 \times [5.34 + 4(h_1/a)^2]^{0.5}}\left(\frac{f_y}{235}\right)^{0.5} = 0.45 < 0.8$$

$$\tau_{cr1} = f_v = 125\text{MPa}$$

$$(149/215) + (20.7/125)^2 = 0.693 + 0.027 = 0.72 < 1.0$$

受拉翼缘与纵向加劲肋之间的区格稳定计算（略）。

（2）加劲肋配置及其他构造要求

① 横向加劲肋。

外伸宽度：$b_s = h_0/30 + 40 = 1930/30 + 40 = 64.3 + 40 = 104.3$（mm）

取 $b_s = 105\text{mm}$

宽度：　$t_s \geqslant b_s/15 = 105/15 = 7$（mm）

$$t_s = 8\text{mm}$$

横向加劲肋应满足：$I_x \geqslant 3h_0 t_w^3$

$$I_x = (8/12) \times 220^3 = 7.099 \times 10^6 \text{ (mm}^4\text{)}$$

$$3h_0 t_w^3 = 3 \times 1930 \times 10^3 = 5.790 \times 10^6 \text{ (mm}^4\text{)} < I_x \text{ 合适}$$

② 纵向加劲肋见图 8-30。

当 $a/h_0 \leqslant 0.85$ 时，应满足：$I_y \geqslant 1.5 h_0 t_w^3$

当 $a/h_0 > 0.85$ 时，应满足：$I_y \geqslant (2.5 + 0.45 a/h_0)(a/h_0)^2 h_0 t_w^3$

本例中 $a/h_0 = 0.83 \sim 0.91$，故以上两式均应满足。

$$I_y = (8/12) \times 190^3 = 4.57 \times 10^6 \text{ (mm}^4\text{)}$$

$$1.5 h_0 t_w^3 = 1.5 \times 1930 \times 10^3 = 2.90 \times 10^6 \text{ (mm}^4\text{)} < I_y$$

$$(2.5 + 0.45 \times 1600/1760) \times (1600/1760)^2 \times 1760 \times 10^3 = 4.23 \times 10^6 \text{ (mm}^4\text{)} < I_y$$

③ 支座加劲肋计算（见图 8-33）。

$$N = 798.2\text{kN}$$

$$A = 29 \times 1 + 30 \times 1.2 = 65\text{cm}^2$$

$$I_x = 1.2/12 \times 31^3 = 2979\text{cm}^4$$

$$r_x = (I_x/A)^{0.5} = 6.77\text{cm}$$

$$\lambda = 176/6.77 = 26 \qquad \text{b 类}$$

$$\varphi = 0.95$$

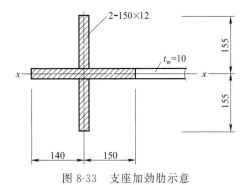

图 8-33　支座加劲肋示意

稳定计算：

$\sigma = (798.2 \times 10^3)/(0.95 \times 6500) = 129.3\text{(MPa)} < f$
$= 215\text{MPa}$

支座加劲肋端为刨平顶紧后焊接，其端面承压应力计算如下：

端面净面积　　　　　$A = (15-3) \times 1.2 \times 2 = 28.8$（cm²）

$$\sigma_c = (798.2 \times 10^3)/2880 = 277\text{(MPa)} < f_{ce} = 325\text{MPa}$$

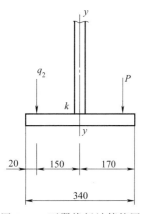

图 8-34　下翼缘板计算简图

④ 下翼缘板局部受弯计算（见图 8-34）。

阳极板放置在下翼缘板上，取 m 板长。两根顶盖大梁之间布置了垂直支撑，不考虑梁的整体扭转。

$$q_2 = 37.9 \text{kN/m}$$

$$M_k = 37.9 \times 0.145 = 5.4955 \text{（kN·m）}$$

$$W = 100/6 \times 2^2 = 66.67 \text{（cm}^3\text{）}$$

$$\sigma_y = 5495500/66670 = 82.4 \text{（MPa）}$$

梁在整体受弯中，沿梁轴线在 k 点处产生的应力 σ_x（取 $\gamma_x = 1.0$）：

$$M_{\text{中}} = 3522.1 \text{kN·m}$$

$$W_k = \frac{I_x}{193/2} = \frac{1892 \times 10^3}{96.5} = 19.61 \times 10^3 \text{（cm}^3\text{）}$$

$$\sigma_x = M_{\text{中}}/W_k = (3522.1 \times 10^6)/(19.61 \times 10^6) = 179.6 \text{（MPa）}$$

组合应力：

$$\sigma_x = (\sigma_x^2 + \sigma_y^2)^{0.5} = (179.6^2 + 82.4^2)^{0.5} = 197.6 \text{(MPa)} < f = 205\text{MPa}$$

⑤ 其他构造要求。梁翼缘板外伸宽度与厚度之比：$165/20 = 8.25 < 13$

支座加劲肋外伸宽度与厚度之比：$150/12 = 12.5 < 15$

梁各部位的连接计算（略）

⑥ 挠度计算。将 p_1、p_2 换算成均布荷载。

$$q' = (4p_1 + p_2)/17.4 = 23.39 \text{（kN/m）}$$

$$q_0 = q' + q = 23.39 + 67.8 = 91.19 \text{（kN/m）（设计值）}$$

将 q_0 换算成标准值 q_k

$$q_k = q_0/1.25 = 91.19/1.25 = 72.95 \text{（kN/m）}$$

$$\nu \approx (5/384) \times q_k L^4/(EI)$$

$$= (5/384) \times 72.95 \times 17.4^4 \times 10^{12}/(206 \times 10^3 \times 1721 \times 10^7)$$

$$= 24.6 \text{（mm）}$$

$$\nu/L = 24.6/17400 = 1/707$$

（三）箱体骨架计算

1. 图 8-35 中荷载（设计值）

$$N = 2 \times 798.2 = 1596.4\text{kN（顶盖梁传来）}$$

负压产生的荷载

$$p_1 \approx 4.0 \times 3.1 \times 5.8 \times 1.4 = 100.7 \text{（kN）}$$

$$p_2 \approx 4.0 \times (2 + 3.1/2) \times 5.8 \times 1.4 = 115.3 \text{（kN）}$$

风荷产生的荷载

$$W_1 \approx 0.45 \times 1.0 \times 1.25 \times 3.1 \times 5.8 \times 1.4 = 14.2 \text{（kN）}$$

$$W_2 \approx 0.45 \times 1.0 \times 1.25 \times (2 + 3.1/2) \times 5.8 \times 1.4 = 16.2 \text{（kN）}$$

$$W_1' \approx 0.7 \times (-14.2) = -9.94 \text{（kN）}$$

$$W_2' \approx 0.7 \times (-16.2) = -11.4 \text{（kN）}$$

2. 骨架柱计算

（1）左骨架柱内力　骨架柱简化计算见图 8-36。

$$p_3 = p_1 + W_1 = 100.7 + 14.2 = 114.9 \text{（kN）}$$

$$p_4 = p_2 + W_2 = 115.3 + 16.2 = 131.5 \text{（kN）}$$

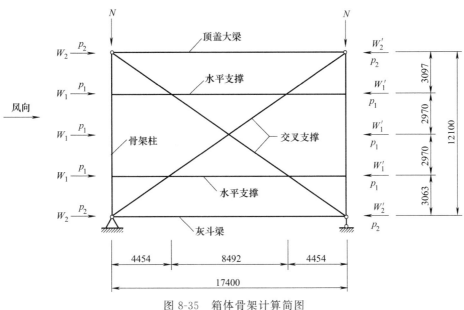

图 8-35 箱体骨架计算简图

按对称不等跨三跨连续梁计算支座反力及弯矩。

边跨 $L=3100\text{m}$

中跨 $nL=6000\text{m}$

$$n=6000/3100=1.94$$

$$M_B=M_C=-0.188\times Lp_3=-0.188\times3.1\times114.9=-66.96\ (\text{kN}\cdot\text{m})$$

$$M_E=0.313\times Lp_3=0.313\times3.1\times114.9=111.5\ (\text{kN}\cdot\text{m})$$

支座反力

$$R_B=R_C=1.5p_3+M_B/3.1=1.5\times114.9+66.96/3.1=172.35+21.6=194\ (\text{kN})$$

$$R_D=p_4-21.6=131.5-21.6=110\ (\text{kN})$$

轴心压力 $N+G$，G 为壁板、骨架及保温、梯子走台的重力荷载。

$$G=2.5\times5.8\times(12.1+1.8)\times1.25=251.9\ (\text{kN})$$

$$N+G=1596.4+251.9=1848.3\ (\text{kN})$$

风荷载使骨架柱产生的轴心力，风荷载计算见图 8-37。

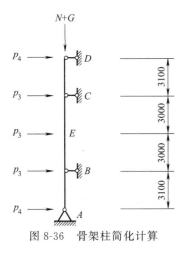

图 8-36 骨架柱简化计算

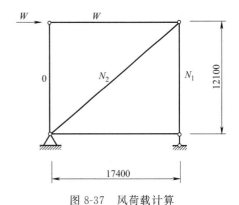

图 8-37 风荷载计算

$$W = 3/2(W_1 + W_1') + W_2 + W_2' = 63.81 \ (kN)$$
$$N_1 = W \times (12.1/17.4) = 44.4 \ (kN)$$
$$N_2 = (W^2 + N_1^2)^{0.5} = (63.81^2 + 44.4^2)^{0.5} = 77.7 \ (kN)$$

左骨架柱内力为

$$M_E = 111.5 \ kN \cdot m$$
$$N + G = 1848.3 \ kN$$

（2）右骨架柱内力

$$M_E = 111.5 \times (p_1 - W_1')/(p_1 + W_1) = 88.1 \ (kN \cdot m)$$
$$N + G + N_1 = 1848.3 + 44.4 = 1892.7 \ (kN)$$

（3）截面选择

$$HM440 \times 300 \times 11 \times 18$$
$$A = 157.4 \ cm^2 \qquad W_x = 2550 \ cm^3 \qquad r_x = 18.9 \ cm$$

（4）强度计算

左骨架柱

$$\sigma = \frac{N}{A_n} + \frac{M_x}{\gamma_x W_x} = \frac{1848.3 \times 10^3}{15740} + \frac{111.5 \times 10^6}{1.05 \times 2550 \times 10^3}$$
$$= 117.43 + 41.64 = 159.1 \ (MPa) < f = 205 \ MPa$$

右骨架柱

$$\sigma = (1892.7 \times 10^3/15740) + [88.1 \times 10^6/(1.05 \times 2550 \times 10^3)]$$
$$= 120.25 + 32.9 = 153.2 \ (MPa) < f$$

（5）弯矩作用平面内稳定计算

左骨架柱稳定计算　　　　　$N = 1848.3 \ kN \quad M_x = 111.5 \ kN \cdot m$

$$\frac{N}{\varphi_x A} + \frac{\beta_{mx} M_x}{\gamma_x W_x (1 - 0.8 N/N'_{Ex})} \leqslant f$$
$$\lambda_x = 600/18.9 = 32$$
$$b/h = 300/440 = 0.68 < 0.8 (a \ 类) \quad \varphi_x = 0.959$$

取 $\beta_{max} = 0.85$

$$N'_{Ex} = \pi^2 EA/(1.1\lambda_x^2) = \pi^2 \times 206 \times 10^3 \times 15740/(1.1 \times 32^2) = 28.4 \times 10^6 \ (N)$$
$$\frac{1848.3 \times 10^3}{0.959 \times 15.74 \times 10^3} + \frac{0.85 \times 111.5 \times 10^6}{1.05 \times 2550 \times 10^3 \times [1 - 0.8 \times 1848.3 \times 10^3/(28.4 \times 10^6)]}$$
$$= 122.45 + 37.34 = 160 \ (MPa) < f$$

右骨架柱稳定计算（略）

（6）弯矩作用平面外的稳定可不计算　因为有侧壁及小梁与骨架柱牢固连接，能阻止受压翼缘侧向位移。

其他局部计算（略）

3. 支撑计算

（1）交叉支撑

$$N = 77.7 \ kN$$
$$L = (12.1^2 + 17.4^2)^{0.5} = 21.194 \ (m)$$

当选　　$\phi 159 mm \times 5 mm \quad A = 24.19 \ cm^2 \quad r = 5.45 \ cm \quad \lambda = 2119.4/5.45 = 389$

$$\sigma = 77.7 \times 10^3/2419 = 32 \ (MPa) < f = 215 \ MPa$$

（2）水平支撑　内力：负压及风荷载产生的压力，$R_B =$ 194kN 用作减小骨架柱自由长度支撑构件，水平支撑截面见图 8-38，其支撑力按下列偏于安全的方法计算。

按一道支撑：支撑位于距柱端 aL 处时

$$F_{b1} = N/[240a(1-a)]; a \approx 0.25$$
$$F_{b1} = N/[240 \times 0.25(1-0.25)] = N/45$$
$$N = 1892.7\text{kN}$$
$$F_{b1} = 1892.7/45 = 42.06\ (\text{kN})$$

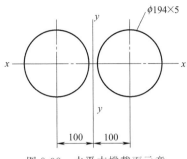

图 8-38　水平支撑截面示意

水平支撑内力

$$N = R_B + F_{b1} = 194 + 42.06 = 236.06\ (\text{kN})$$

计算长度：

平面外　　　　　　　　　　　　$L = 17400\text{mm}$

平面内　　　　　　　　　　　　$L_1 = 8492\text{mm}$

截面选择：　　　　　　　　$2\phi194\text{mm} \times 5\text{mm}$

$$A = 2 \times 29.69 = 59.38\text{cm}^2$$
$$r_x = 6.68\text{cm}$$
$$I_x = 1326.5 \times 2 = 2653\ (\text{cm}^4)$$
$$I_y = 2653 + 2 \times 29.69 \times 10.0^2 = 8591\ (\text{cm}^4)$$
$$I_y = (I_y/A)^{0.5} = 12.03\text{cm}$$

平面外　　　　　$\lambda_y = 1740/12.03 = 145 < 150 (\text{b 类}); \varphi_x = 0.326$

平面内　　　　　　　　$\lambda_x = 849.2/6.68 = 127$

稳定计算：$\sigma = N/\phi_y A = 236060/(0.326 \times 5938) = 122 (\text{MPa}) < f = 215\text{MPa}$

连接计算（略）

（四）灰斗

灰斗计算简图见图 8-39。

图 8-39　灰斗计算简图

壁板厚 $t=6\text{mm}$

$$W=(100/6)\times0.6^2=6\ (\text{cm}^3)$$

灰尘参数

$$r=17\text{kN/m}^3$$
$$\varphi=35°$$

1. 壁板计算

（1）荷载及内力计算

① 垂直壁板压力设计值

$$q=\gamma_Q\gamma h(\cos^2\alpha+k\sin^2\alpha)$$

式中，$\gamma_Q=1.3$；$\gamma=17\text{kN/m}^3$；$h=4\text{m}$（灰尘最高料位距下料口 3m，本例取 $h=4\text{m}$）；$\alpha=62.1456°$；$k=\tan^2(45°-\varphi/2)=0.271$；$q=1.3\times17\times4\times(\cos^2 62.1456+0.271\sin^2 62.1456)=38.02\text{kN/m}^2$。

水平加劲肋布置及各加劲肋处的垂直壁板压力设计值见计算简图。

② 各板段弯矩设计值（取 1m 宽板带）

板 Ⅰ $\qquad\qquad q_1=5.6\text{kN/m}$
$$M_1=(1/8)\times5.6\times1.041^2=0.759\ (\text{kN}\cdot\text{m})$$

板 Ⅱ $\qquad\qquad q_2=5.6\text{kN/m}$
$$M_2=(1/8)\times5.6\times0.962^2=0.648\ (\text{kN}\cdot\text{m})$$

板 Ⅲ $\qquad q_3=(8.08+15.49)/2=11.785\ (\text{kN/m})$
$$M_3=0.10\times11.785\times0.882^2=0.917\ (\text{kN}\cdot\text{m})$$

板 Ⅳ $\qquad q_4=(15.49+21.96)/2=18.725\ (\text{kN/m})$
$$M_4=0.10\times18.725\times0.769^2=1.107\ (\text{kN}\cdot\text{m})$$

板 Ⅴ $\qquad q_5=(21.96+27.75)/2=24.855\ (\text{kN/m})$
$$M_5=0.10\times24.855\times0.69^2=1.183\ (\text{kN}\cdot\text{m})$$

板 Ⅵ $\qquad q_6=(27.75+33.08)/2=30.415\ (\text{kN/m})$
$$M_6=0.10\times30.415\times0.633^2=1.219\ (\text{kN}\cdot\text{m})$$

板 Ⅶ 按四边支承板计算，将梯形板换算成矩形板（见图 8-40）

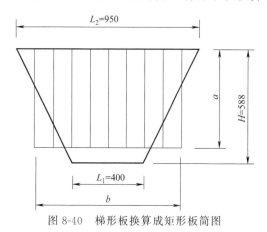

图 8-40 梯形板换算成矩形板简图

$$b=(2/3)L_2(2L_1+L_2)/(L_1+L_2)$$
$$=(2/3)\times950\times(2\times400+950)/(400+950)=821\ (\text{mm})$$
$$a=H-(L_2/6)(L_2-L_1)/(L_2+L_1)$$
$$=588-(950/6)(950-400)/(950+400)$$
$$=523\ (\text{mm})$$
$$a/b=523/821=0.64；a=0.079$$
$$q_7=(33.08+38.02)/2=35.55\ (\text{kN/m})$$
$$M_7=aq_7a^2=0.079\times35.55\times0.523^2$$
$$=0.768\ (\text{kN}\cdot\text{m})$$

③ 壁板水平截面单位宽度上的斜向拉力设计值 N_i：
$$N_i=N_{v1}/\sin\alpha$$
$$N_{v1}=G_h/[2(a_{hi}+b_{hi})]$$

$$G_h = \gamma_Q Q + \gamma_G G$$

式中，$\gamma_Q = 1.3$，$\gamma_G = 1.2$；Q 为灰尘荷载，kN；G 为漏斗自重及下料口吊挂设备荷载，kN；a_{hi}、b_{hi} 分别为计算截面处漏斗壁的长度和宽度，mm。

漏斗自重取 30kN；下料口吊挂设备取 20kN。

$$G = 20 + 30 = 50 \ (kN)$$

板 I

$$V_1 \approx 4.628^2 \times 4.378/3 = 31.26 \ (m^3)$$
$$Q_1 = 17 \times 31.26 = 531.4 \ (kN)$$
$$G_{h1} = 1.3 \times 531.4 + 1.2 \times 50 = 690.8 + 60 = 750.8 \ (kN)$$
$$N_{v1} = G_{h1}/[2(a_{hi}+b_{hi})] = 750.8/[2(5.114+5.114)] = 36.7 \ (kN/m)$$
$$N_1 = N_{v1}/\sin\alpha = 36.7/\sin62.1456 = 41.5 \ (kN/m)$$

板 II

$$V_2 \approx 4.18^2 \times (3.953/3 + 0.425) = 30.45 \ (m^3)$$
$$Q_2 = 17 \times 30.45 = 517.6 \ (kN)$$
$$G_{h2} = 1.3 \times 517.6 + 1.2 \times 40 = 720.9 \ (kN)$$
$$N_{v2} = 720.9/[2(4.18+4.18)] = 43.1 \ (kN/m)$$
$$N_2 = 43.1/\sin\alpha = 48.8 \ (kN/m)$$

板 III

$$V_3 \approx 3.317^2 \times (3.138/3 + 1.24) = 25.15 \ (m^3)$$
$$Q_3 = 17 \times 25.15 = 427.6 \ (kN)$$
$$G_{h3} = 1.3 \times 427.6 + 1.2 \times 35 = 597.9 \ (kN)$$
$$N_{v3} = 597.9/[2(3.137+3.137)] = 45.1 \ (kN/m)$$
$$N_3 = 45.1/\sin\alpha = 51.0 \ (kN/m)$$

板 IV

$$V_4 \approx 2.546^2 \times (2.408/3 + 1.97) = 17.97 \ (m^3)$$
$$Q_4 = 17 \times 17.97 = 305.5 \ (kN)$$
$$G_{h4} = 1.3 \times 305.5 + 1.2 \times 35 = 439.2 \ (kN)$$
$$N_{v4} = 439.2/[2(2.546+2.546)] = 43.1 \ (kN/m)$$
$$N_4 = 43.1/\sin\alpha = 48.7 \ (kN/m)$$

板 V

$$V_5 \approx 1.8635^2 \times (1.763/3 + 2.615) = 11.12 \ (m^3)$$
$$Q_5 = 17 \times 11.12 = 189.03 \ (kN)$$
$$G_{h5} = 1.3 \times 189.03 + 1.2 \times 30 = 281.7 \ (kN)$$
$$N_{v5} = 281.7/[2(1.8635+1.8635)] = 37.8 \ (kN/m)$$
$$N_5 = 37.8/\sin\alpha = 42.8 \ (kN/m)$$

板 VI

$$V_6 \approx 1.2445^2 \times (1.178/3 + 3.2) = 5.573 \ (m^3)$$
$$Q_6 = 17 \times 5.573 = 94.74 \ (kN)$$
$$G_{h6} = 1.3 \times 94.74 + 1.2 \times 25 = 153.2 \ (kN)$$
$$N_{v6} = 153.2/[2(1.2455+1.2455)] = 30.8 \ (kN/m)$$
$$N_6 = 30.8/\sin\alpha = 34.8 \ (kN/m)$$

板 VII

$$V_7 \approx 0.675^2 \times 4 = 1.8225 \ (\text{m}^3)$$
$$Q_7 = 17 \times 1.8225 = 30.98 \ (\text{kN})$$
$$G_{\text{h7}} = 1.3 \times 30.98 + 1.2 \times 20 = 64.3 \ (\text{kN})$$
$$N_{\text{v7}} = 64.3/[2(0.675 + 0.675)] = 23.81 \ (\text{kN/m})$$
$$N_7 = 23.81/\sin\alpha = 26.93 \ (\text{kN/m})$$

（2）强度计算

板 I

$$\sigma = N/A + M/W = 41500/6000 + 759 \times 10^3/(6 \times 10^3)$$
$$= 6.9 + 126.5 = 133.4(\text{MPa}) < f = 215\text{MPa}$$

板 II、板 III、板 IV、板 V（略）

板 VI

$$\sigma = 34800/6000 + 1219 \times 10^3/(6 \times 10^3) = 5.8 + 203 = 208.8(\text{MPa}) < f = 215\text{MPa}$$

板 VII

$$\sigma = 26930/6000 + 768 \times 10^3/(6 \times 10^3)$$
$$= 4.5 + 128 = 132.5(\text{MPa}) < f = 215\text{MPa}$$

2. 水平加劲肋计算（加劲肋角钢长肢水平放置）

加劲肋 I—II

荷载 $\qquad q = 5.6 \times (1.042 + 0.962)/(2\sin\alpha) = 6.34 \ (\text{kN/m})$

弯矩 $\qquad M = (q/12)L^2 = (6.34/12) \times 4.628^2 = 11.32 \ (\text{kN} \cdot \text{m})$

水平拉力 $\qquad N_{\text{h}} = qL/2 = 6.34 \times 4.628/2 = 14.67 \ (\text{kN})$

截面选用 $\quad \llcorner 100 \times 63 \times 6; W_1 = 61.1\text{cm}^3; W_2 = 53.1\text{cm}^3; A = 20.42 \ (\text{cm}^2)$

强度计算：

$$\sigma = N_{\text{h}}/A + M/\gamma_x W_2 = 14670/2042 + 11.32 \times 10^6/(1.05 \times 53.1 \times 10^3)$$
$$= 7.1 + 203.0 = 210.1(\text{MPa}) < f = 215\text{MPa}$$

稳定计算（略）

加劲肋 II—III

荷载 $\qquad q = 8.08 \times (0.962 + 0.882)/(2\sin\alpha) = 8.43 \ (\text{kN/m})$

弯矩 $\qquad M = (8.43/12) \times 3.729^2 = 9.77 \ (\text{kN} \cdot \text{m})$

水平拉力 $\qquad N_{\text{h}} = 8.43 \times 3.729/2 = 15.72 \ (\text{kN})$

截面选用 $\quad \llcorner 100 \times 63 \times 6; \sigma = 182.9(\text{MPa}) < f = 215\text{MPa}$

加劲肋 III—IV

荷载 $\qquad q = 15.49 \times (0.882 + 0.769)/(2\sin\alpha) = 14.46 \ (\text{kN/m})$

弯矩 $\qquad M = (14.46/12) \times 2.905^2 = 10.17 \ (\text{kN} \cdot \text{m})$

水平拉力 $\qquad N_{\text{h}} = 14.46 \times 2.905/2 = 21.0 \ (\text{kN})$

截面选用 $\quad \llcorner 100 \times 63 \times 6; \sigma = 192.7(\text{MPa}) < f = 215\text{MPa}$

加劲肋 IV—V

荷载 $\qquad q = 21.96 \times (0.769 + 0.690)/(2\sin\alpha) = 18.12 \ (\text{kN/m})$

弯矩 $\qquad M = (18.12/12) \times 2.186^2 = 7.22 \ (\text{kN} \cdot \text{m})$

水平拉力 $\qquad N_{\text{h}} = 18.12 \times 2.186/2 = 19.81 \ (\text{kN})$

截面选用 $\quad \llcorner 70 \times 50 \times 6; W_1 = 42.5\text{cm}^3; W_2 = 34.8\text{cm}^3; A = 18.06\text{cm}^2$

强度计算：

$$\sigma = 19810/1806 + 7.22 \times 10^6/(1.05 \times 34.8 \times 10^3)$$

$$=11.0+197.6=208.6 \text{ （MPa）}<f=215\text{MPa}$$

加劲肋 Ⅴ—Ⅵ

荷载　　　　$q=27.75\times(0.690+0.633)/(2\sin\alpha)=20.76 \text{ （kN/m）}$

弯矩　　　　$M=(20.76/12)\times1.541^2=4.11 \text{ （kN·m）}$

水平拉力　　$N_h=20.76\times1.541/2=16.00 \text{ （kN）}$

截面选用　　$∟75\times50\times6;\sigma=121.4\text{（MPa）}<f=215\text{MPa}$

加劲肋 Ⅵ—Ⅶ

荷载　　　　$q\approx33.08\times(0.633+0.588)/(2\sin\alpha)=22.84 \text{ （kN/m）}$

弯矩　　　　$M=(22.84/12)\times0.95^2=1.72 \text{ （kN·m）}$

水平拉力　　$N_h=22.84\times0.95/2=10.85 \text{ （kN）}$

截面选用　　$∟75\times50\times6;\sigma=53.1\text{（MPa）}<f=215\text{MPa}$

第六节　圆筒形除尘器结构设计

一、分类和术语

1. 分类

主体几何尺寸为圆形断面的结构型式，称为圆筒式结构。圆筒式结构有以下分类方法。

（1）按其除尘气体的流动方向，圆筒式结构分为立式和卧式，见图 8-41；除尘构件安装于筒体内部。

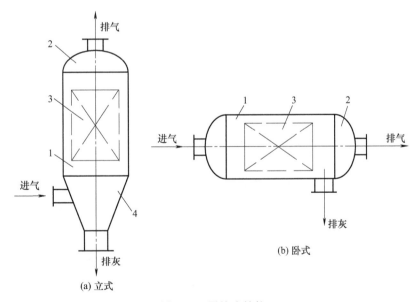

图 8-41　圆筒式结构

1—筒体；2—封头；3—除尘构件；4—灰斗

（2）按圆筒顶部受压形式的不同，可分为外压式结构和内压式结构。除尘系统设计时多为负压式工艺流程，运行中除尘器呈负压状态，故为外压式结构。《压力容器》（GB/T 150.1～GB/T

150.4）规定了爆炸性威胁的工业气体除尘与净化设备（外压式结构）和要求外压式结构以内压进行压力试验的原则，圆筒式除尘器又具有内压式结构的属性；在两种运行状态比较中，按其最苛刻条件确定容器内外最大压力差，作为设计压力的确定依据。

2. 术语

（1）容器　壳体及与其相连为整体的受压部件，称为压力容器，简称容器。容器由筒体、封头、平盖及灰斗、接管、人孔、手孔和紧固件组成。

（2）压力　表示容器内压能大小的物理量。容器内的相对压力，一律以"MPa"表示。

① 工作压力。在正常工况下，容器顶部可能达到的最高压力。

② 设计压力。设定容器顶部的最高压力，与相应的设计温度一起作为设计荷载条件，其值不低于工作压力。

③ 计算压力。在相应设计温度下，用于确定元件厚度的压力，其中包括液柱静压力，当元件承受的液柱静压力小于设计压力的 5% 时，可忽略不计。

④ 试验压力。指在压力试验时，容器顶部的压力。

（3）温度　表示物质含热程度的物理量，通常以"℃"表示。

① 设计温度。容器在正常工作情况下，设定的元件的金属温度（沿元件金属断面的温度平均值）。设计温度与设计压力一起作为设计荷载条件。

标志牌上的设计温度，应是壳体设计温度的最高值或最低值。

② 试验温度。指压力试验时，壳体的金属温度。

（4）厚度　表示物质某一方面的线性长度，通常以"mm"来表示。

① 计算厚度。按设定条件计算得到的厚度。需要时，应计入其他荷载所需的厚度。

② 设计厚度。指计算厚度与腐蚀裕量之和。

③ 名义厚度。指设计厚度加上钢材厚度负偏差后，上调至钢材标准规格的厚度，即标注在图样上的厚度。

④ 有效厚度。指名义厚度减去腐蚀裕量和钢材负偏差。

二、设计一般规定

1. 设计压力

圆筒式除尘器壳体结构设计，应考虑：

（1）确定外压容器的设计压力，应考虑正常工况下可能出现的最大内外压力差。

（2）确定由两室或两个以上压力室（如电捕焦油器的夹套层）组成的容器的设计压力，应考虑各室之间最大压力差。

（3）按《工业企业煤气安全规程》（GB 6222）规定，在有超压泄放装置时，高炉煤气除尘器的设计压力为高炉炉顶最大压力；转炉烟气净化系统的设计压力为排烟机最大负压的绝对值。其他有压除尘器按工艺要求确定。

（4）设计压力的确定，应符合《压力容器　第 3 部分：设计》（GB/T 150.3）、《钢制焊接常压容器》（NB/T 47003.1—2009）和《工业企业煤气安全规程》（GB 6222）的规定；有超压泄放装置时，按《压力容器　第 1 部分：通用要求》（GB/T 150.1—2011）附录 B 规定执行。

2. 设计温度

圆筒式除尘器壳体设计，应考虑以下内容。

（1）设计温度不得低于元件金属在工作状态可能达到的最高温度。对于 0℃ 以下的金属温度，设计温度不得高于元件金属可能达到的最低温度；环境温度低于−20℃时，也应按《压力容器　第 3 部分：设计》（GB/T 150.3—2011）附录 E 规定执行。

（2）容器元件金属温度，可用传热学理论计算确定；也可由在同类设备上测定或按内部介质温度确定。对有不同工况的容器，可按最苛刻的工况条件设计，并在设计文件上注明各工况的压力和温度值。

3. 荷载

设计时应考虑：内压、外压或最大压差以及液体静压；需要时，还应考虑下列荷载：①容器自重（包括内部器件及填料）以及正常工况条件下或压力试验工况下的内装物的重力荷载；②附属设备及隔热材料、衬里、管道及安全设施的重力荷载；③风荷载、地震力和雪荷载；④支座、底座圈、支耳及其他支撑物的反作用力；⑤连接管道及其他部件的作用力；⑥温度梯度及热膨胀量不同引起的作用力；⑦包括压力急剧波动的冲击荷载和冲击反力，如流体冲击引起的反力；⑧运输或吊装的作用力。

4. 厚度附加量

计算筒体厚度附加量按下式确定

$$C = C_1 + C_2 \tag{8-116}$$

式中，C 为厚度附加量，mm；C_1 为钢材厚度负偏差，mm；C_2 为腐蚀裕量，mm。

（1）钢材厚度负偏差，按钢材标准确定。当钢材厚度负偏差不大于 0.25mm，且不超过名义厚度的 6% 时，负偏差可忽略不计。

（2）为了防止容器元件腐蚀、机械磨损导致厚度削减，应考虑富裕量：①对有腐蚀或磨损的元件，应考虑设备寿命和介质材料的腐蚀速率来确定腐蚀裕量，推荐值为 2～4mm；②容器内各元件腐蚀程度不同时，可采用不同的腐蚀裕量；③介质为压缩空气、水蒸气或水的碳素钢或低合金钢制容器，腐蚀裕量不少于 1mm。

（3）壳体加工后不包括腐蚀裕量的最小厚度，碳素钢、低合金钢制容器不小于 3mm；高合金钢制容器不小于 2mm。

5. 许用应力

不同材料需用应力按表 8-28 计算。

（1）钢材许用应力。所用材料的许用应力按《压力容器 第 2 部分：材料》（GB/T 150.2—2011）规定选取。钢材许用应力按表 8-28 确定。

（2）螺栓材料许用应力按表 8-29 确定。

（3）设计温度低于 20℃时取 20℃时的许用应力。

表 8-28　钢材许用应力

材料	许用应力 （取下列各值中的最小值）/MPa
碳素钢、低合金钢	$\dfrac{R_m}{2.7}, \dfrac{R_{cL}}{1.5}, \dfrac{R_{cL}^t}{1.5}, \dfrac{R_D^t}{1.5}, \dfrac{R_n^t}{1.0}$
高合金钢	$\dfrac{R_m}{2.7}, \dfrac{R_{cL}(R_{p0.2})}{1.5}, \dfrac{R_{cL}^t(R_{p0.2}^t)^{①}}{1.5}, \dfrac{R_D^t}{1.5}, \dfrac{R_n^t}{1.0}$

① 对奥氏体高合金钢制受压元件，当设计温度低于蠕变范围且允许有微量的永久变形时，可适当提高许用应力至 $0.9R_{cL}^t$ $(R_{p0.2}^t)$，但不超过 $\dfrac{R_{cL}^t(R_{p0.2}^t)}{1.5}$。此规定不适用于法兰或其他有微量永久变形就产生泄漏或故障的场合。

表 8-29　螺栓材料许用应力

材料	螺栓直径 /mm	热处理状态	许用应力 （取下列各值中的最小值）/MPa	
碳素钢	≤M22	热轧、正火	$\dfrac{R_{cL}^t}{2.7}$	$\dfrac{R_D^t}{1.5}$
	M24～M48		$\dfrac{R_{cL}^t}{2.5}$	

续表

材料	螺栓直径 /mm	热处理状态	许用应力 （取下列各值中的最小值）/MPa	
低合金钢、马氏体 高合金钢	≤M22	调质	$\dfrac{R_{\mathrm{eL}}^{\mathrm{t}}(R_{\mathrm{p0.2}}^{\mathrm{t}})}{3.5}$	$\dfrac{R_{\mathrm{D}}^{\mathrm{t}}}{1.5}$
	M24～M48		$\dfrac{R_{\mathrm{eL}}^{\mathrm{t}}(R_{\mathrm{p0.2}}^{\mathrm{t}})}{3.0}$	
	≥M52		$\dfrac{R_{\mathrm{eL}}^{\mathrm{t}}(R_{\mathrm{p0.2}}^{\mathrm{t}})}{2.7}$	
奥氏体高合金钢	≤M22	固溶	$\dfrac{R_{\mathrm{eL}}^{\mathrm{t}}(R_{\mathrm{p0.2}}^{\mathrm{t}})}{1.6}$	
	M24～M48		$\dfrac{R_{\mathrm{eL}}^{\mathrm{t}}(R_{\mathrm{p0.2}}^{\mathrm{t}})}{1.5}$	

（4）地震力、风荷载与其他荷载组合作用时容器壁的应力允许不超过许用应力的 1.2 倍。不考虑地震力和风荷载同时作用的情况。

6. 焊接接头系数

焊接接头系数中，应根据受压元件的焊接接头型式及无损伤检测的长度比例确定。

（1）双面焊接接头和相当于双面焊的全焊透对接接头：

100%无损检测　$\phi=1.00$；局部无损检测　$\phi=0.85$。

（2）单面焊对接接头（沿焊缝根部全长有紧贴基本金属的垫子）：

100%无损检测　$\phi=0.90$；局部无损检测　$\phi=0.80$。

7. 压力试验

容器制成后应经压力试验。压力试验的种类、要求和试验压力值，应在图样上注明。压力试验一般应用液压试验；不能应用液压试验时，方可用气压试验。外压容器和真空容器，以内压进行压力试验；由两个或两个以上压力室组成的容器，应在图样上分别注明各压力室的试验压力，并校核相邻壳壁在试验压力下的稳定性。如不稳定，相邻压力室必须保持一定压力，以使整个试压过程的任一时间内，各室压力差不超过允许压差，图样上也注明这一要求和允许压差值。

（1）试验压力　试验压力的最低值按下述规定，试验压力的上限应满足压力试验前的应力校核的限值。

① 内压容器

液压试验：

$$p_{\mathrm{r}}=1.25p\,\frac{[\sigma]}{[\sigma]^{\mathrm{t}}} \tag{8-117}$$

气压试验：

$$p_{\mathrm{r}}=1.1p\,\frac{[\sigma]}{[\sigma]^{\mathrm{t}}} \tag{8-118}$$

式中，p_{r} 为试验压力，MPa；p 为设计压力，MPa；$[\sigma]$ 为容器元件材料在试验温度下的许用应力，MPa；$[\sigma]^{\mathrm{t}}$ 为容器元件材料在设计温度下的许用应力，MPa。

注：（1）容器铭牌上规定有最大允许工作压力时，公式中应以最大允许工作压力代替设计压力 p。

（2）容器各元件（圆筒、封头、接管、法兰及紧固件等）所用材料不同时，应取各元件材料的 $[\sigma]/[\sigma]^{\mathrm{t}}$ 值中最小者。

② 外压容器和真空容器

液压试验：

$$p_{\mathrm{r}}=1.25p \tag{8-119}$$

气压试验：
$$p_r = 1.1p \tag{8-120}$$

式中，p_r 为试验压力，MPa；p 为设计压力，MPa。

（2）压力试验前的应力校核　压力试验前，应按下式校核圆筒应力：

$$\sigma_r = \frac{p_r(D_i + \delta_e)}{2\delta_e} \tag{8-121}$$

式中，σ_r 为试验压力下圆筒的应力，MPa；D_i 为圆筒内直径，mm；p_r 为试验压力，MPa；δ_e 为圆筒的有效厚度，mm。

σ_r 应满足下列条件：

液压试验时，$\sigma_r \leqslant 0.9\phi\sigma_s(\sigma_{0.2})$

气压试验时，$\sigma_r \leqslant 0.8\phi\sigma_s(\sigma_{0.2})$

式中，$\sigma_s(\sigma_{0.2})$ 为圆筒材料在试验温度下的屈服点（或 0.2% 屈服强度），MPa；ϕ 为圆筒的焊接接头系数。

（3）对不能按式（8-117）～式（8-120）规定做压力试验的容器，设计单位应提出确保容器安全运行的措施，并在图样上注明。

（4）气密性试验　介质的毒性程度为极度或高度危害的容器，应在压力试验合格后进行气密性试验。需作气密性试验时，试验压力、试验介质和试验要求，应在图样上注明。

三、材料选择

按圆筒式除尘器的运行特性和《压力容器 第 2 部分：材料》（GB/T 150.2—2011）、《钢制焊接常压容器》（NB/T 47003.1—2009）的规定，圆筒式除尘器的壳体用材料应满足下列要求。

1. 总则

（1）压力容器受压元件用钢，应符合《压力容器 第 2 部分：材料》（GB/T 150.2—2011）、《钢制焊接常压容器》（NB/T 47003.1—2009）的规定，非受压元件用钢，在与受压元件焊接时，也应是焊接性良好的钢材。钢材技术要求应符合相应的国家标准、行业标准规定。应附有钢材生产单位的钢材质量证明文件，必要时应进行复验。如无质量证明文件，应进行补验，并取得压力容器主管部门的批准，方可使用。

（2）选择压力容器用钢，应考虑容器的使用条件（设计温度、设计压力、介质特性和操作特点等）、材料焊接性能、制造工艺和经济合理性。

（3）钢材使用温度上限，为《压力容器 第 2 部分：材料》（GB/T 150.2—2011）规定用钢对应的上限温度，二者必须一致。

（4）对钢材有特殊冶炼方法、较高的冲击功能指标、附加保证高温屈服强度、提升无损检测要求和增加力学性能检验率等特殊要求时，设计单位应在图样中注明。

2. 钢板

推荐应用碳素钢和低合金钢。主要性能应符合《压力容器 第 2 部分：材料》（GB/T 150.2—2011）规定。钢板许用应力见表 8-30。

表 8-30　**钢板许用应力**（GB 150）

钢号	钢板标准	使用状态	厚度/mm	室温强度指标		在下列温度（℃）下的许用应力/MPa															
				R_m/MPa	R_{eL}/MPa	≤20	100	150	200	250	300	350	400	425	450	475	500	525	550	575	600
Q245R	GB 713	热轧，控轧，正火	3～16	400	245	148	147	140	131	117	108	98	91	85	61	41					
			>16～36	400	235	148	140	133	124	111	102	93	86	84	61	41					

续表

钢号	钢板标准	使用状态	厚度/mm	室温强度指标 R_m/MPa	室温强度指标 R_{eL}/MPa	在下列温度(℃)下的许用应力/MPa ≤20	100	150	200	250	300	350	400	425	450	475	500	525	550	575	600
Q245R	GB 713	热轧,控轧,正火	>36~60	400	225	148	133	127	119	107	98	89	82	80	61	41					
			>60~100	390	205	137	123	117	109	98	90	82	75	73	61	41					
			>100~150	380	185	123	112	107	100	90	80	73	70	67	61	41					
Q345R	GB 713	热轧,控轧,正火	3~16	510	345	189	189	189	183	167	153	143	125	93	66	43					
			>16~36	500	325	185	185	183	170	157	143	133	125	93	66	43					
			>36~60	490	315	181	181	173	160	147	133	123	117	93	66	43					
			>60~100	490	305	181	181	167	150	137	123	117	110	93	66	43					
			>100~150	480	285	178	173	160	147	133	120	113	107	93	66	43					
			>150~200	470	265	174	163	153	143	130	117	110	103	93	66	43					
Q370R	GB 713	正火	10~16	530	370	196	196	196	196	190	180	170									
			>16~36	530	360	196	196	196	193	183	173	163									
			>36~60	520	340	193	193	193	180	170	160	150									
18MnMoNbR	GB 713	正火加回火	30~60	570	400	211	211	211	211	211	211	211	207	195	177	117					
			>60~100	570	390	211	211	211	211	211	211	211	203	192	177	117					
13MnNiMoR	GB 713	正火加回火	30~100	570	390	211	211	211	211	211	211	211	203								
			>100~150	570	380	211	211	211	211	211	211	211	200								
15CrMoR	GB 713	正火加回火	6~60	450	295	167	167	167	160	150	140	133	126	122	119	117	88	58	37		
			>60~100	450	275	167	167	157	147	140	131	124	117	114	111	109	88	58	37		
			>100~150	440	255	163	157	147	140	133	123	117	110	107	104	102	88	58	37		
14Cr1MoR	GB 713	正火加回火	6~100	520	310	193	187	180	170	163	153	147	140	135	130	123	80	54	33		
			>100~150	510	300	189	180	173	163	157	147	140	133	130	127	121	80	54	33		
12Cr2Mo1R	GB 713	正火加回火	6~150	520	310	193	187	180	173	170	167	163	160	157	147	119	89	61	46	37	
12Cr1MoVR	GB 713	正火加回火	6~60	440	245	163	150	140	133	127	117	111	105	103	100	98	95	82	59	41	
			>60~100	430	235	157	147	140	133	127	117	111	105	103	100	98	95	82	59	41	
12Cr2Mo1VR	—	正火加回火	30~120	590	415	219	219	219	219	219	219	219	219	219	193	163	134	104	72		
16MnDR	GB 3531	正火,正火加回火	6~16	490	315	181	181	180	167	153	140	130									
			>16~36	470	295	174	174	167	157	143	130	120									
			>36~60	460	285	170	170	160	150	137	123	117									
			>60~100	450	275	167	167	157	147	133	120	113									
			>100~120	440	265	163	163	153	143	130	117	110									
15MnNiDR	GB 3531	正火,正火加回火	6~16	490	325	181	181	181	173												
			>16~36	480	315	178	178	178	167												
			>36~60	470	305	174	174	173	160												
15MnNiNbDR	—	正火,正火加回火	10~16	530	370	196	196	196	196												
			>16~36	530	360	196	196	196	193												
			>36~50	520	350	193	193	193	187												
09MnNiDR	GB 3531	正火,正火加回火	6~16	440	300	163	163	163	160	153	147	137									
			>16~36	440	280	163	163	157	150	143	137	127									
			>36~60	430	270	159	159	150	143	137	130	120									
			>60~120	420	260	156	156	147	140	133	127	117									
08Ni3DR	—	正火,正火加回火,调质	6~60	490	320	181	181														
			>60~100	480	300	178	178														
06Ni9DR	—	调质	6~30	680	575	252	252														
			>30~40	680	565	252	252														

续表

钢号	钢板标准	使用状态	厚度/mm	室温强度指标		在下列温度（℃）下的许用应力/MPa														
				R_m/MPa	R_{cL}/MPa	≤20	100	150	200	250	300	350	400	425	450	475	500	525	550	575	600
07MnMoVR	GB 19189	调质	10～60	610	490	226	226	226	226												
07MnNiVDR	GB 19189	调质	10～60	610	490	226	226	226	226												
07MnNiMoDR	GB 19189	调质	10～50	610	490	226	226	226	226												
12MnNiVR	GB 19189	调质	10～60	610	490	226	226	226	226												

3. 钢管

钢管许用应力，见表8-31。

表8-31 碳素钢和低合金钢钢管许用应力

钢号	钢板标准	使用状态	壁厚/mm	室温强度指标		在下列温度（℃）下的许用应力/MPa															
				R_m/MPa	R_{cL}/MPa	≤20	100	150	200	250	300	350	400	425	450	475	500	525	550	575	600
10	GB/T 8163	热轧	≤8	335	205	124	121	115	108	98	89	82	75	70	61	41					
10	GB 9948	正火	≤16	335	205	124	121	115	108	98	89	82	75	70	61	41					
			>16～30	335	195	124	117	111	105	95	85	82	73	67	61	41					
20	GB/T 8163	热轧	≤8	410	245	152	147	140	131	117	108	98	88	83	61	41					
20	GB 9948	正火	≤16	410	245	152	147	140	131	117	108	98	88	83	61	41					
			>16～30	410	235	152	140	133	124	111	102	93	83	78	61	41					
			>30～50	410	225	150	133	127	117	105	97	88	79	74	61	41					
12CrMo	GB 9948	正火加回火	≤16	410	205	137	121	115	108	101	95	88	82	80	79	77	74	50			
			>16～30	410	195	130	117	111	105	98	91	85	79	77	75	72	72	50			
15CrMo	GB 9948	正火加回火	≤16	440	235	157	140	131	124	117	108	101	95	93	91	90	88	58	37		
			>16～30	440	225	150	133	124	117	111	103	97	91	89	87	86	85	58	37		
			>30～50	440	215	143	127	117	111	105	97	92	87	85	84	83	81	58	37		
12Cr2Mo1	—	正火加回火	≤30	450	280	167	167	163	157	153	150	147	143	140	137	119	89	61	46	37	
1Cr5Mo	GB 9948	退火	≤16	390	195	130	117	111	108	105	101	98	95	93	91	83	62	46	35	26	18
			>16～30	390	185	123	111	105	101	98	95	91	88	86	85	82	62	46	35	26	18
12Cr1MoVG	GB 5310	正火加回火	≤30	470	255	170	153	143	133	127	117	111	105	103	100	98	95	82	59	41	
09MnD	—	正火	≤8	420	270	156	156														
09MnNiD	—	正火	≤8	440	280	163	163														
08Cr2AlMo	—	正火加回火	≤8	400	250	148	148	140	130	123	117										
09CrCuSb	—	正火	≤8	390	245	144	144	137	127												

碳素钢和低合金钢钢管使用温度低于或等于－20℃时，其使用状态及最低冲击试验温度按表8-32的规定。

表 8-32　钢管在低温使用状态及最低冲击试验温度

钢号	使用状态	壁厚/mm	最低冲击试验温度/℃
10	正火	≤30	−30
20	正火	≤50	−20
09MnD	正火	≤8	−50
09MnNiD	正火	≤8	−70

四、结构计算

（一）受力分析

圆筒式除尘器壳体的受力状态，是由除尘器在除尘系统中的运行工况决定的。

除尘器安装在风机后的正压段，除尘器处于正压状态运行，圆筒式壳体受力为内压，即作用力由内部向筒外施压［图 8-42（a）］；反之，除尘器安装在风机前的负压段，除尘器处于负压状态运行，圆筒式壳体受力为外压，即作用力由筒外向内部施压［图 8-42（b）］。

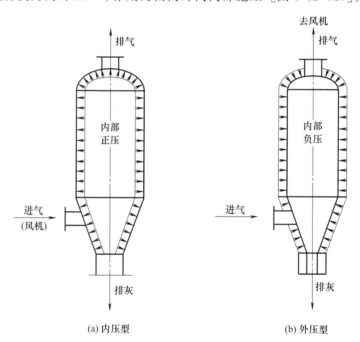

(a) 内压型　　　　　　　　(b) 外压型

图 8-42　圆筒受力状态

除尘器运行工况是复杂的，外压筒体在液体压力检验或处于爆炸状态时，实质上外压筒体处于内压运行工况而存在。设计中应具体情况具体分析，也存在压力组合分布，但必须抓住最差工况的最大压力差。

（二）设计荷载

科学确定以设计压力和设计温度为代表的设计荷载，是圆筒式结构设计的最重要因素。

1. 设计温度

在工业除尘设备设计中，主要以除尘工艺设计的工业气体进入圆筒式除尘器的最高工作温度为准。

设计温度的确定，应当考虑下列因素：①工业气体自工业炉出口的原始气体温度；②经过气体燃烧反应、烟气预处理、自然冷却沿程可能发生的温度降；③除尘设施（如袋式除尘器的滤料，电除尘器的极板极线，湿法除尘器的喷嘴等）可能承受的温度；④保证除尘系统在露点温度以上运行的气体温度。

综上所述按最苛刻条件，圆筒式除尘器筒体实际承担和保证的温度，核准后即为设计温度。除尘器入口烟气温度不能达到设计要求时，应采取烟气冷却设施。

常见圆筒式除尘装置的设计温度参考值，见表 8-33。

表 8-33　圆筒式除尘器设计温度参考值

序号	工业气体名称	设计温度/℃		设计压力/MPa	
		袋式除尘器	电除尘器	袋式除尘器	电除尘器
1	高炉煤气	300	280	0.30	0.30
2	转炉煤气	280	280	0.25	0.20
3	平炉烟气	300	280	0.25	0.20
4	铁合金炉烟气	300	300	0.25	0.20
5	电石炉烟气	300	300	0.25	0.20
6	焦油沥青烟气	250	200	0.15	0.15

寒冷地区，环境温度在 −20℃ 以下时，除尘器视为低温度容器。

2. 设计压力

按《压力容器安全监察规程》规定，压力容器按容器的压力（p）分为低压、中压、高压、超高压四个等级。

低压容器：$0.1MPa \leqslant p < 1.6MPa$

中压容器：$1.6MPa \leqslant p < 10MPa$

高压容器：$10MPa \leqslant p < 100MPa$

超高压容器：$\geqslant 100MPa$

除尘设备用压力容器，按承受压力属低压容器。

除尘器的设计压力，主要考虑除尘系统运行的压力分布和气体在容器内燃烧与爆炸可能造成的影响因素。

按国内除尘系统运行工况，除尘系统压力分为三级：低压 −5000Pa 以下，以单级除尘设备为主；中压 −12000Pa，以双级除尘设备为主；高压 −12000Pa 以上，以双级除尘设备或单级附有工艺因素的除尘设备为主。

冶金行业烧结机头除尘用静电除尘器，前有烧结料层过滤因素影响，其客观存在压力可达 −18000Pa；锅炉烟气脱硫除尘系统，也是压力损失较大的复杂工程。

（三）圆筒计算

圆筒直径和长度，由除尘工艺计算确定。

按其圆筒受压方式，分为内压圆筒和外压圆筒。在除尘设备中，在正压作用下的容器结构，称为内压式；在负压作用下的容器，称为外压式。

1. 内压式圆筒

（1）设计温度下圆筒的计算厚度

$$\delta = \frac{p_c D_i}{2[\sigma]^t \phi - p_c} \tag{8-122}$$

式中，δ 为圆筒的计算厚度，mm；D_i 为圆筒的内直径，mm；p_c 为计算压力，MPa，$p_c \leqslant 0.4[\sigma]^t \phi$；$[\sigma]^t$ 为设计温度下圆筒材料的许用应力，MPa；ϕ 为焊接接头系数，对热套圆筒取 $\phi = 1.0$。

（2）设计温度下圆筒的计算应力

$$\sigma^t = \frac{p_c(D_i + \delta_e)}{2\delta_e} \tag{8-123}$$

式中，δ_e 为圆筒的有效厚度，mm；σ^t 为设计温度下圆筒的计算应力，MPa，$\sigma^t \leqslant [\sigma]^t \phi$。

（3）设计温度下圆筒的最大允许工作压力

$$[p_w] = \frac{2\delta_e[\sigma]^t \phi}{D_i + \delta_e} \tag{8-124}$$

式中，$[p_w]$ 为圆筒的最大允许工作压力，MPa。

2. 外压式圆筒

（1）外压式圆筒的计算长度　外压圆筒的计算长度，按《压力容器 第3部分：设计》（GB/T 150.3—2011）的规定执行。

L 为圆筒计算长度，应取圆筒上两相邻支撑线之间的距离，根据图8-43，取下列各项的最大值：①如图8-43（a）中所示，当圆筒部分无加强圈（或可作为加强的构件）时，则取圆筒的总长度加上每个凸形封头曲面深度的 1/3；②如图8-43（c）中所示，当圆筒部分有加强圈（或可作为加强的构件）时，则取相邻加强圈中心线的最大距离；③如图8-43（d）中所示，取圆筒第一个加强圈中心线至圆筒与封头连接线间的距离加凸形封头曲面深度的 1/3；④如图8-43（b）、（e）、（f）所示，当圆筒与锥壳相连接，若连接处可作为支撑线时，则取此连接处与相邻支撑之间的最大距离；⑤如图8-43（g）中所示，对带夹套的圆筒，则取承受外压的圆筒长度；若带有凸形封头，还应加上封头曲面深度的 1/3；若有加强圈（或可作为加强的构件）时，则按②、③计算。

注：支撑线系指该处的截面有足够的惯性矩，不致在圆筒失稳时也出现失稳现象。

按除尘工艺计算的圆筒长度，还应按图8-43规定进行校正。图8-43中，图（a）-2 和图（c）-2 中锥壳或折边段的厚度不得小于相连接圆筒的厚度；图8-43（b）、（e）、（f）中锥壳与圆筒的连接处的惯性矩，接受外压锥壳的规定。

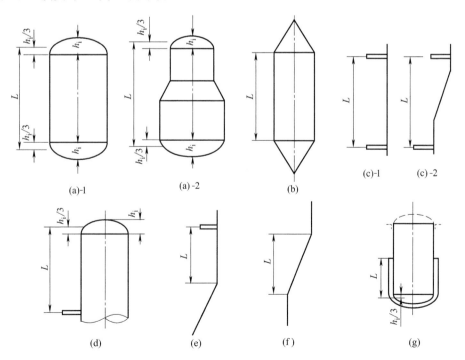

图 8-43　外压式圆筒的计算长度

（2）外压圆筒及管子的有效厚度　外压圆筒与外压管子所需的有效厚度见图 8-44、图 8-45 和表 8-30、表 8-31；反复假设、渐近计算，直至 $[p] \geqslant p_c$。步骤如下：

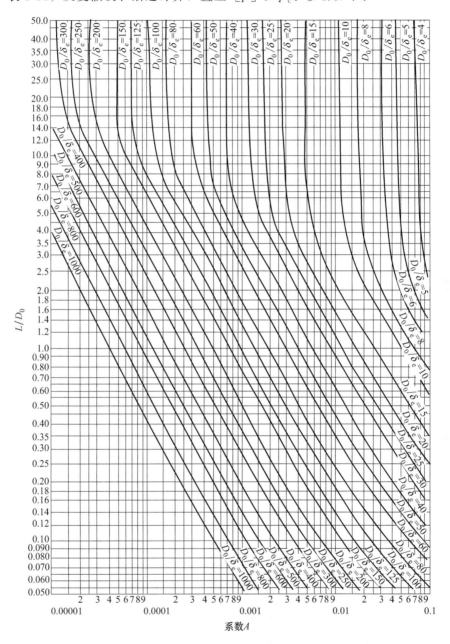

图 8-44　外压或轴向受压圆筒和管子几何参数计算图（用于所有材料）

① $D_0/\delta_e \geqslant 20$ 的圆筒和管子假定 δ_n，令 $\delta_e = \delta_n - C$，定出 L/D_0 和 D_0/δ_e；

在图 8-44 的左上方找到 L/D_0 值，过此点沿水平方向右移与 D_0/δ_e 线相交（遇中间值用内插法），若 L/D_0 值 >50，则用 $L/D_0=50$ 查；若 L/D_0 值 <0.05，则用 $L/D_0=0.05$ 查图。

过此交点沿垂直方向下移，在图 8-44 的下方得到系数 A。按所用材料选用图 8-44，在图的下方找到系数 A；图 8-45 仅适用屈服强度 $>207\text{MPa}$ 的碳素钢和 Cr13、1Cr13 钢。

若 A 值落在设计温度下材料线的右侧，则过此点垂直上移，与设计温度下的材料线相交

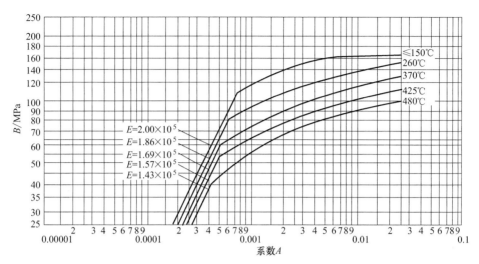

图 8-45　外压圆筒、管子和球壳厚度计算图
(屈服点 $\sigma_s > 207$ MPa 的碳素钢和为 0Cr13、1Cr13 钢)

（如遇中间温度值用内插法），再过此交点水平方向右移，在图 8-45 的右方得到系数 B，并按下式计算许用外压力 $[p]$：

$$[p] = \frac{B}{D_0 / \delta_e} \tag{8-125}$$

若所得 A 值落在设计温度下材料线的左侧，则用下式计算许用外压力 $[p]$：

$$[p] = \frac{2AE}{3(D_0 / \delta_e)} \tag{8-126}$$

式中，A 为系数，查图 8-44，加强圈计算按《压力容器 第 3 部分：设计》（GB/T 150.3—2011）规定执行；E 为设计温度下材料的弹性模量，MPa；D_0 为圆筒外径（$D_0 = D_i + 2\delta_n$），mm；δ_e 为圆筒的有效厚度，mm；D_i 为圆筒内直径，mm。

$[p]$ 应大于或等于 p_c，否则需再假设名义厚度 δ_n，重复上述计算，直到 $[p]$ 大于且接近于 p_c 为止。

② $D_0 / \delta_e < 20$ 的圆筒和管子。用上述①条相同的步骤得到系数 B 值，但对 $D_0 / \delta_e < 4.0$ 的圆筒和管子应按下式计算系数 A 值

$$A = \frac{1.1}{(D_0 / \delta_e)^2} \tag{8-127}$$

式中，A 为系数，查图 8-44 得出，加强圈计算按《压力容器 第 3 部分：设计》（GB/T 150.3—2011）规定执行；D_0 为圆筒外直径（$D_0 = D_i + 2\delta_n$），mm；D_i 为圆筒内直径，mm；δ_e 为圆筒的有效厚度，mm；δ_n 为圆筒的名义厚度，mm。

系数 $A > 0.1$ 时，取 $A = 0.1$。

按式 (8-128) 计算最小许用外压力 $[p]$：

$$[p] = \left(\frac{2.25}{D_0 / \delta_e} - 0.0625 \right) B \frac{2\sigma_0}{D_0 / \delta_e} \left(1 - \frac{1}{D_0 / \delta_e} \right) \tag{8-128}$$

式中，σ_0 为应力，MPa，取以下两值中的较小值：

$$\sigma_0 = 2[\sigma]^t$$

$$\sigma_0 = 0.9\sigma_s^t \text{ 或 } 0.9\sigma_{0.2}^t$$

式中，B 为系数（查图 8-45），MPa；D_0 为圆筒外直径（$D_0 = D_i + 2\delta_n$），mm；D_i 为圆筒内直径，mm；$[p]$ 为许用外压力，MPa；δ_n 为圆筒的名义厚度，mm；δ_e 为圆筒的有效厚度，mm；$[\sigma]^t$ 为设计温度下圆筒或管子材料的许用应力，MPa；σ_s^t 为设计温度下圆筒或管子材料的屈服点，MPa；$\sigma_{0.2}^t$ 为设计温度下圆筒或管子材料的 0.2% 屈服强度，MPa。

$[p]$ 应大于计算外压力 p_c，否则需再假设名义厚度 δ_n，重复上述计算，直到 $[p]$ 大于且接近于 p_c 为止。

基于除尘设备设计（工作）压力，绝大多数均在 0.25MPa 以下，极少数有在 0.50MPa 以下的实际工况以及外压容器和真空容器以内压进行压力试验的规定。其设计（工作）压力可按低压容器内压圆筒的计算方法开展外压圆筒的结构计算。

（四）封头计算

凸形封头是圆筒结构重要部件。按其封头的几何形状，分为椭圆形封头、碟形封头、球冠形封头（图 8-46～图 8-48）和半球形封头（按球壳计算）。

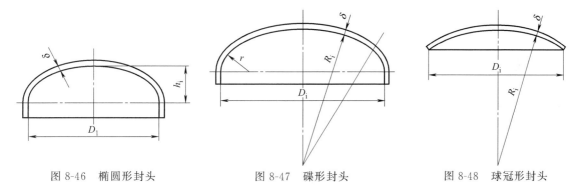

图 8-46 椭圆形封头　　　　图 8-47 碟形封头　　　　图 8-48 球冠形封头

椭圆形封头，推荐采用长短轴比值为 2 的标准型。

碟形封头球面部分的内半径，应不大于封头的内直径，通常取 0.9 倍的封头内直径；封头转角内半径应不小于封头内直径的 10%，但不得小于 3 倍的名义厚度 δ_n。

1. 椭圆形封头的计算

（1）受内压（凹面受压）椭圆形封头

标准椭圆形封头的计算厚度：

$$\delta = \frac{p_c D_i}{2[\sigma]^t \phi - 0.5 p_c} \tag{4-129}$$

非标准椭圆形封头计算厚度：

$$\delta = \frac{K p_c D_i}{2[\sigma]^t \phi - 0.5 p_c} \tag{4-130}$$

式中，δ 为封头计算厚度，mm；p_c 为计算外压力，MPa；D_i 为封头内直径，mm；$[\sigma]^t$ 为设计温度下封头材料的许用应力，MPa；ϕ 为焊接接头系数；K 为椭圆形封头形状系数，$K = (1/6)[2 + D_i/(2h_i)^2]$，其值列于表 8-34。

表 8-34 系数 K 值

$D_i/(2h_i)$	2.6	2.5	2.4	2.3	2.2	2.1	2.0	1.9	1.8
K	1.46	1.37	1.29	1.21	1.14	1.07	1.00	0.93	0.87
$D_i/(2h_i)$	1.7	1.6	1.5	1.4	1.3	1.2	1.1	1.0	
K	0.81	0.76	0.71	0.66	0.61	0.57	0.53	0.50	

标准椭圆形封头的有效厚度应不小于封头内直径的 0.15%，其他椭圆形封头的有效厚度应小于 0.30%。但当确定封头厚度时已考虑了内压下的弹性失稳问题，可不受此限制。

椭圆形封头的最大允许工作压力

$$[p_w] = \frac{2[\sigma]^t \phi \delta_e}{KD_i + 0.5\delta_e} \tag{8-131}$$

（2）受外压（凸面受压）椭圆形封头　凸面受压椭圆形封头的厚度计算，采用本节所列的图表法，步骤与外压球壳计算相同，其中 R_0 为椭圆形封头的当量球壳外半径，$R_0 = K_1 D_0$。

K_1 为由椭圆形长短轴比值决定的系数，见表 8-35。

表 8-35　系数 K_1 值

$D_0/(2h_0)$	2.6	2.4	2.2	2.0	1.8	1.6	1.4	1.2	1.0
K_1	1.18	1.08	0.99	0.90	0.81	0.73	0.65	0.57	0.50

注：1. 中间值用内插法求得。

2. $K_1 = 0.9$ 为标准椭圆形封头。

3. $h_0 = h_i + \delta_e$，h_i 为封头曲面深度，mm。

外压椭圆形封头所需的有效厚度按以下步骤确定：

① 假设 δ_n，令 $\delta_e = \delta_n - C$，定出 R_0/δ_e；

② 用下式计算系数 A

$$A = 0.125/(R_0/\delta_e) \tag{8-132}$$

③ 根据所用材料选用图 8-43、图 8-45，在线解图的下方找出系数 A。

若 A 值落在设计温度下材料线的右方得到系数 B，并按下式计算许用外压力 $[p]$

$$[p] = B/(R_0/\delta_e) \tag{8-133}$$

若所得 A 值落在设计温度下材料线的左方，则用下式计算许用外压力 $[p]$

$$[p] = 0.083 \times 3E/(R_0/\delta_e)^2 \tag{8-134}$$

2. 碟形封头的计算

（1）受内压（凹面受压）碟形封头　凹面受压封头计算厚度

$$\delta = \frac{Mp_c R_i}{2[\sigma]^t \phi - 0.5p_c} \tag{8-135}$$

$$M = \frac{1}{4}[3 + (R_i/r)^{0.5}] \tag{8-136}$$

式中，M 为碟形封头形状系数，其值列于表 8-36；p_c 为计算内（外）压力，MPa；R_i 为碟形封头或球冠形封头球面部分内半径，mm；$[\sigma]^t$ 为设计温度下封头材料的许用应力，MPa；ϕ 为焊接接头系数；r 为碟形封头过渡段转角内半径，mm。

表 8-36　系数 M 值

R_i/r	1.0	1.25	1.50	1.75	2.0	2.25	2.50	2.75
M	1.00	1.03	1.06	1.08	1.10	1.13	1.15	1.17
R_i/r	3.0	3.25	3.50	4.0	4.5	5.0	5.5	6.0
M	1.18	1.20	1.22	1.25	1.28	1.31	1.34	1.36
R_i/r	6.5	7.0	7.5	8.0	8.5	9.0	9.5	10.0
M	1.39	1.41	1.44	1.46	1.48	1.50	1.52	1.54

对于 $R_i = 0.9D_i$、$r = 0.17D_i$ 的碟形封头，其有效厚度应不小于封头内直径的 0.15%，其他碟形封头的有效厚度应 <0.30%。但当确定封头厚度时已考虑了内压下的弹性失稳问题，可不受此限制。

碟形封头的最大允许工作压力

$$[p_w] = \frac{2[\sigma]^t \phi \delta_e}{MR_i + 0.5\delta_e} \tag{8-137}$$

式中，M 为碟形封头形状系数；R_i 为碟形封头或球冠形封头球面部分内半径，mm；$[\sigma]^t$ 为设计温度下封头材料的许用应力，MPa；ϕ 为焊接接头系数；$[p_w]$ 为最大允许工作压力，MPa；δ_e 为封头有效厚度，mm。

（2）受外压（凸面受压）碟形封头 凸面受压碟形封头的厚度计算用本章节所列的图表法，步骤与外压椭圆形封头计算相同，其中 R_0 为碟形封头球面部分外半径。

（五）锥壳计算

在圆筒形除尘器中应用的锥壳，主要应用于灰斗。其倾斜角度按粉尘安息角确定，锥壳半顶角 $\alpha \leqslant 60°$。锥壳形式分为无折边锥壳（图 8-49）、大端折边锥壳（图 8-50）和折边锥壳（图 8-51）。

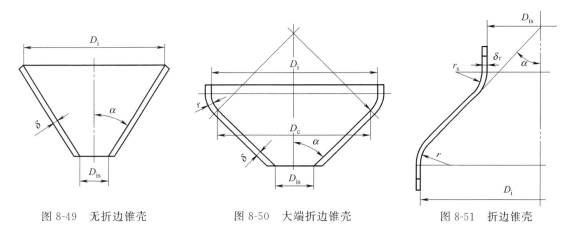

图 8-49 无折边锥壳   图 8-50 大端折边锥壳   图 8-51 折边锥壳

在除尘器灰斗设计中，优先采用无折边锥壳和大端折边锥壳；锥壳的详细计算，按《压力容器 第 3 部分：设计》（GB/T 150.3—2011）规定执行。

锥壳的计算厚度：

$$\delta_c = \frac{p_c D_c}{2[\sigma]^t \phi - p_c} \times \frac{1}{\cos\alpha} \tag{8-138}$$

式中，δ_c 为锥壳计算厚度，mm；p_c 为计算压力，MPa；D_c 为锥壳内直径，mm；$[\sigma]^t$ 为设计温度下锥壳材料许用应力，MPa；ϕ 为焊接接头系数，按本章有关焊接接头系数的规定处理；但受压缩时（如受内压的锥壳大端连接处），取 $\phi = 1.0$。

当锥壳半顶角 $\alpha > 60°$ 时，其厚度可按平盖计算；锥壳与圆筒的连接应采用全焊透结构。

（六）开孔与补强计算

圆筒式除尘器在安装检查孔、接管和其他附件时，常因开孔削减容器强度与刚度而必须采取相应补强措施。

1. 导则

（1）本规定适用容器壳体的开孔及其补强，0.25 级容器可不采取补强措施。

（2）壳体上开孔应为圆形、椭圆形或长圆形。当在壳体上开椭圆形（或类似形状）或长圆形孔时，孔的长径与短径之比应不大于 2.0。

2. 开孔范围

（1）圆形

当其直径 $D_i \leqslant 1500$mm 时，开孔最大直径 $d \leqslant (1/2)D_i$，且 $d \leqslant 520$mm。

当其直径 $D_i > 1500$mm 时，开孔最大直径 $d \leqslant (1/3)D_i$，且 $d \leqslant 1000$mm。

（2）凸形封头最大开孔直径 $d \leqslant 1/2D_i$。

（3）锥壳（或不等形封头）上最大开孔直径 $d \leqslant (1/3)D_i$，D_i 为开孔中心处的锥壳内直径。

（4）在椭圆形或碟形封头过渡部分开孔时，其孔的中心线宜垂直于封头表面。

3. 不另行补强的最大开孔直径

壳体满足下列全部要求时，可不另行补强。

（1）设计压力 $\leqslant 2.5$MPa；

（2）两相邻开孔中心的间距（对曲面间距以弧长计算）应不小于两孔直径之和的两倍；

（3）接管分称外径小于或等于 89mm；

（4）接管最小壁厚应满足表 8-37 要求。

表 8-37　接管最小壁厚　　　　　　　　　单位：mm

接管公称外径	25	32	38	45	48	57	65	76	89
最小壁厚	3.5			4.0		5.0		6.0	

注：1. 钢材的标准抗拉强度下限值 $\delta_b > 540$MPa 时，接管与壳体的连接宜采用全焊透的结构型式。

2. 接管的腐蚀裕量为 1mm。

4. 开孔补强结构

补强件与接管、壳体的焊接结构，应符合《压力容器 第 3 部分：设计》（GB/T 150.3—2011）附录 D 的规定。

（1）补强圈补强应符合：钢材批准抗拉强度下限值 $\delta_b > 540$MPa；补强圈厚度小于或等于 $1.5\delta_n$；壳体名义厚度 $\delta_n \leqslant 38$mm。

（2）整体补强应符合：增加壳体厚度，或用全焊透的结构型式将厚壁接管或整体补强锻件与壳体相焊。

5. 开孔补强面积

开孔补强面积按《压力容器 第 3 部分：设计》（GB/T 150.3—2011）规定计算。

（1）内压容器

① 补强面积

$$S_{\min} = d\delta + \delta\delta_{et}(1 - f_r) \tag{8-139}$$

式中，$S_{\min}$ 为最小补强面积，m^2；δ 为圆筒或球壳开孔处的计算厚度，mm；δ_{et} 为接管有效厚度，mm；f_r 为强度削弱系数，对安放式接管取 $f_r = 1.0$。

② 封头开孔处计算厚度

开孔位于椭圆形封头中心 80% 以内时：

$$\delta = \frac{p_c K_1 D_i}{2[\sigma]^t \phi - 0.5 p_c} \tag{8-140}$$

式中，ϕ 为焊接接头系数；p_c 为计算压力，MPa；K_1 为椭圆形长短轴比值决定的系数，见表 8-38；$[\sigma]^t$ 为设计温度下壳体材料的许用应力，MPa。

开孔位于碟形封头球面内时：

$$\delta = \frac{p_c R_i}{2[\sigma]^t \phi - 0.5 p_c} \tag{8-141}$$

式中，R_i 为球壳、椭圆形封头的内球面半径，mm。

表 8-38　平盖系数 K 选择表

固定方法	序号	简图	系数 K	备　注
与圆筒成一体或与圆筒对接	1		$K=(1/4)\big[1-(r/D_c)(1+2r/D_c)\big]^2$ 且 $K\geqslant0.16$	只适用于圆形平盖 $r\geqslant\delta$ $h\geqslant\delta_p$
	2		0.27	只适用于圆形平盖 $r\geqslant0.5\delta_p$，且 $r\geqslant D_c/6$
与圆形角焊或其他焊接	3		圆形平盖 $0.44m\,(m=\delta/\delta_c)$ 且不小于 0.2 非圆形平盖 0.44	$f\geqslant1.25\delta$
	4			
	5		圆形平盖 $0.44m\,(m=\delta/\delta_c)$ 且不小于 0.2 非圆形平盖 0.44	需采用全熔透焊缝 $\left.\begin{array}{l}f\geqslant2\delta\\f\geqslant1.25\delta_c\end{array}\right\}$ 取大值 $\varphi\leqslant45°$
	6			

续表

固定方法	序号	简图	系数 K	备注
	7		0.35	$\delta_1 \geqslant \delta_c + 3\text{mm}$ 只适用于圆形平盖
	8			
与圆形角焊或其他焊接	9		0.30	$r \geqslant 1.5\delta$ $\delta_1 \geqslant \dfrac{2}{3}\delta_p$ 且不小于 5mm 只适用于圆形平盖
	10		圆形平盖 $0.44m\,(m=\delta/\delta_c)$ 且不小于 0.2 非圆形平盖 0.44	$f \geqslant 0.7\delta$
	11			
螺栓连接	12		圆形平盖或非圆形平盖 0.25	

续表

固定方法	序号	简 图	系数 K	备 注
螺栓连接	13		圆形平盖 操作时 $0.3+1.78WL_G/p_cD_c^3$ 预紧时 $1.78WL_G/p_cD_c^3$	
	14		非圆形平盖 操作时 $0.3Z+6WL_G/p_cLa^2$ 预紧时 $6WL_G/p_cLa^2$	

注：D_c 为平盖计算直径，mm；K 为结构特征系数；L 为非圆形平盖螺栓中心连接周长，mm；p_c 为计算压力，MPa；r 为平盖过渡区圆弧半径，mm；L_G 为螺栓中心至垫片压紧力作用中心线的径向距离，mm；W 为预紧状态时或操作状态时的螺栓设计载荷，N；Z 为非圆形平盖的形状系数，$Z=3.4-2.4a/b$（a，b 分别为非圆形平盖的短轴，长轴长度，mm），且 $Z\leqslant2.5$；δ 为圆筒设计厚度，mm；δ_c 为圆筒有效厚度，mm。

（2）外压容器

$$F=0.5[d\delta+2\delta\delta_{et}(1-f_r)] \tag{8-142}$$

式中，δ 为按外压计算确定的开孔外壳体的计算厚度；f_r 为强度削弱系数，等于设计温度下接管材料与壳体材料许用应力之比值，$f_r>1.0$ 时取 $f_r=1.0$，安放式接管取 $f_r=1.0$。

（3）交替受内压和外压的容器，应同时满足内压和外压的要求。

（4）平盖补强 在平盖开孔直径 $d\leqslant0.5D_0$（或加撑平盖当量直径的 50%，或非圆形平盖短轴长度的 50%）时，所需最小补强面积：

$$F=0.5d\delta_p \tag{8-143}$$

式中，d 为开孔直径，mm；δ_p 为平盖计算厚度，mm。

（七）平盖计算

1. 导则

（1）本规定适用于受内压或外压的无孔或有孔但已被加强的平盖设计。

（2）平盖的几何形状有圆形、椭圆形、长圆形、矩形及正方形等。

（3）平盖与圆筒连接型式及其结构见表 8-38。

2. 平盖计算

（1）圆形平盖厚度

① 对于表 8-38 中所示平盖，按下式计算：

$$\delta_p=D_c(Kp_c/[\sigma]^t\phi)^{0.5} \tag{8-144}$$

② 对于表 8-38 中，序号 13、14 所示平盖，应取其操作状态及预紧状态的 K 值代入上式分别计算，取较大值。

注：当预紧时 $[\sigma]^t$ 取常温的许用应力。

（2）非圆形平盖厚度

① 对于表 8-38 中序号 3、4、5、6、10、11、12 所示平盖，按下式计算：

$$\delta_p=a(KZp_c/[\sigma]^t\phi)^{0.5} \tag{8-145}$$

② 对于表 8-38 中序号 13、14 所示平盖，按下式计算：

$$\delta_{\mathrm{p}} = a \left(K p_{\mathrm{c}} / [\sigma]^{\mathrm{t}} \phi \right)^{0.5} \tag{8-146}$$

注：当预紧时 $[\sigma]^{\mathrm{t}}$ 取常温的许用应力。

五、配套件选择与设计

（一）分类

压力容器除主体部件外，还包括下列附件：①法兰及连接螺栓；②接管；③各类阀门；球形阀、单向阀、减压阀、排水阀、气体过滤装置；④计量装置，如温度计、压力计、流量计；⑤安全装置，如安全阀、防爆片。

（二）法兰

选择法兰是设备与设备、设备与配件之间的重要连接部分。一般分为标准法兰（JB/T 81—2015）和非标准法兰。实际工程中尽量选用标准法兰，只有在实际工程的配套连接时才被迫应用非标准法兰。

（三）超压泄放装置设计

1. 分类

压力容器在操作过程中有可能出现超压时，应按要求配备超压泄放装置。超压泄放装置包括：①安全阀，有重锤式安全阀、弹簧式安全阀；②爆破片装置；③安全阀与爆破片装置的组合装置。

《压力容器 第1部分：通用要求》（GB/T 150.1—2011）附录B不包括操作过程中可能产生压力剧增，反应速率达到爆轰时的压力容器。

2. 一般规定

（1）容器装有超压泄放装置时，一般以容器的设计压力作为容器超压限度的起始压力。容器的设计压力推荐按有关规定确定。

需要时，可用容器的最大允许工作压力作为容器超限压力的起始压力。采用最大允许工作压力时，应对容器的水压试验、气压试验和气密度试验相应取 1.25 倍、1.15 倍和 1.00 倍的最大允许工作压力值，并在图样和铭牌中注明。

（2）容器超压限度及超压泄放装置的动作压力。

① 当容器上安装一个超压泄放装置时，超压泄放装置的动作压力应不大于设计压力，且该空间的超压限度应不大于设计压力的 10% 或 20kPa 中的较大值。

② 当容器上安装多个超压泄放装置时，其中一个超压泄放装置的动作压力应不大于设计压力，其他超压泄放装置的动作压力可提高，但不得超过设计压力的 4%。该空间的超压限度应不大于设计压力的 12% 或 30kPa 中的较大值。

③ 当容器有可能遇到火灾或接近不能预料的外来热源而可能酿成危险时，应安装辅助的超压泄放装置，以使容器内超压限度不超过设计压力的 16%。

（3）有以下情况之一者可看成一个容器，只需在危险的容器或管道上设置一个超压泄放装置。但在设计超压泄放装置的泄放量时，应把容器间的连接管道计算在内。

① 与压力源相连接的，本身不产生压力的压力容器，该容器的设计压力达到了压力源的设计压力时。

② 诸压力容器的设计压力相同或稍有差异，容器间采用足够大的管道连接，且中间无阀门隔断时。

（4）同一台压力容器，由于有几种工况而具有两个以上的设计压力时，该容器超压泄放装置的动作压力应能适用各种工况下的设计压力，并符合超压泄放的要求。

（5）容器内的压力有可能小于大气压力时，而该容器不能承受此负压条件时，应装设防负压的超压泄放装置。

（6）换气器等压力容器，若高温介质有可能泄漏到低温介质而产生蒸汽时，应在低温空间设置超压泄放装置。

（7）一般可任选一种类型的超压泄放装置，但符合下列条件之一者，必须采用爆破片装置：①压力快速增长；②对密封有更高要求；③容器内物料会导致安全阀失灵；④安全阀不能适用的其他情况。

3. 容器安装泄放量的计算

（1）盛装压缩气体和水蒸气贮罐的安全泄放量

① 对压缩机贮气罐和水蒸气贮罐的安全泄放量，分别取该压缩机和蒸汽发生器的最大产生气（汽）量。

② 气体贮罐的安全泄放量按下式计算：

$$W_s = 2.83 \times 10^{-3} \rho v d^2 \tag{8-147}$$

（2）换热设备等产生蒸汽时，安全泄放量按下式计算：

$$W_s = H/q \tag{8-148}$$

（3）盛装液化气体的容器安全泄放量

① 介质为易燃液化气体或位于有可能发生火灾的环境下工作的非易燃液化气体无绝热保温层时的安全泄放量

$$W_s = 2.55 \times 10^5 m F_r^{0.82}/q \tag{8-149}$$

有完善的绝热保温时的安全泄放量

$$W_s = 2.61 \times (650 - t) \lambda F_r^{0.82}/\delta_q \tag{8-150}$$

式中，W_s 为容器的安全泄放量，kg/h；ρ 为泄放压力下气体的密度，kg/m^3；v 为容器进料管内的速度，m/s；d 为容器进料管内直径，mm；H 为输入热量，kJ/h；q 为在泄放压力下，液体的气化潜热，kJ/kg；m 为系数，容器置于地面以下用砂土覆盖时 $m = 0.3$，容器置于地面上时 $m = 1.0$，容器置于大于 $10L/(m^2 \cdot min)$ 喷淋装置下时 $m = 0.6$；F_r 为容器受热面积，m^2，半球形封头的卧式容器 $F_r = 3.14 D_0 L$；椭圆形封头的卧式容器 $F_r = 3.14 D_0 (L + 0.3 D_0)$；立式容器 $F_r = 3.14 D_0 h_i$；t 为泄放压力下介质的饱和温度，℃；λ 为常温下绝热材料的热导率，$W/(m \cdot K)$；δ_q 为容器保温层厚度，m。

② 介质为非易燃液化气体的容器，置于无火灾危险的环境下工作时，安全泄放量可根据有无保温层，分别参照有关规定计算，取不低于计算值的 30%。

（4）因化学反应使气体体积增大的容器，其安全泄放量应根据容器化学反应可能生成的最大气量及反应时间来确定。

4. 安全阀

（1）安全阀的型式可为直接载荷的弹簧式，也可为直接载荷的重锤式；若采用非直接载荷式安全阀，必须做到副阀失灵时，主阀仍能按规定开启压力阀，自行开启排出其额定泄放量。

（2）压力容器有安全阀时，容器设计压力按以下步骤确定：

① 根据压力容器工作压力 p_w，确定安全阀开启压力 p_z：取 $p_z \leq (1.1 \sim 1.05) p_w$；当 $p_z < 0.18MPa$ 时，可适当提高 p_z 相对于 p_w 的比值。

② 取容器的设计压力 p 等于或稍大于开启压力 p_z，即 $p \geq p_z$。

（3）安全阀排放面积

① 气体

临界条件 $\left[p_0/p_d \leqslant \left(\dfrac{2}{k+1}\right)^{k/(k-i)}\right]$ 时

$$F = \frac{W_s}{7.6 \times 10^{-2} C K p_d (M/ZT)^{0.5}} \tag{8-151}$$

亚临界条件 $\left[p_0/p_d > \left(\dfrac{2}{k+1}\right)^{k/(k-i)}\right]$ 时

$$F = \frac{W_s}{55.85 K p_d (M/ZT)^{0.5} \{[k/(k-1)][(p_0/p_d)^{2/k} - (p_0/p_d)^{(k+1)/k}]\}^{0.25}} \tag{8-152}$$

式中，p_0 为安全阀出侧压力，MPa；k 为气体绝热指数；M 为气体摩尔质量，kg/kmol；Z 为气体的压缩系数，对空气 $Z=1.0$；T 为泄放装置进口气体温度，K；C 为气体特性系数，见表 8-39；K 为安全阀的额定泄放系数。

表 8-39　气体特性系数

k	C	k	C	k	C	k	C
1.00	315	1.20	337	1.40	356	1.60	372
1.02	318	1.22	339	1.42	358	1.62	374
1.04	320	1.24	341	1.44	359	1.64	376
1.06	322	1.26	343	1.46	361	1.66	377
1.08	324	1.28	345	1.48	363	1.68	379
1.10	327	1.30	347	1.50	364	1.70	380
1.12	329	1.32	349	1.52	366	2.00	400
1.14	331	1.34	351	1.54	368	2.20	412
1.16	333	1.36	352	1.56	369	—	—
1.18	335	1.38	354	1.58	371	—	—

② 饱和蒸汽。饱和蒸汽中蒸汽含量应不小于 98%，过热度不大于 11℃。

当 $p_d \leqslant 10$MPa 时

$$F = \frac{W_s}{5.25 K p_d} \tag{8-153}$$

当 $10\text{MPa} < p_d \leqslant 22\text{MPa}$ 时

$$F = \frac{W_s}{5.25 K p_d} \times \frac{229.2 p_d - 7315}{190.6 p_d - 6895} \tag{8-154}$$

式中，p_d 为安全阀的泄放压力，MPa，它包括设计压力和超压限压力两部分；F 为安全阀或爆破片的最小排放面积，mm^2，对全启式安全阀，即 $h \geqslant 1/4 d_t$ 时，$F = 0.785 d_t^2$，对微启式安全阀，即 $h \geqslant (1/40 \sim 1/20) d_t$ 时，平面型密封面 $F = 3.14 d_v h$，锥面型密封面 $F = 3.14 d_v h \sin\varphi$；$d_t$ 为安全阀阀座喉部直径，mm；d_v 为安全阀阀座直径，mm；W_s 为容器的安全泄放量，kg/h；K 为安全阀的额定泄放系数，$K = 0.9$；φ 为锥型密度面的半锥角，(°)。

5. 爆破片装置

爆破片装置是由爆破片（或爆破组件）和夹持器（或支承圈）等装配组成的压力泄放安全装置，用于保护压力容器或管道免遭因超压而发生破坏的一种安全泄压装置。具有结构简单，排放面积大，密封性能好，工作可靠等优点。它最适合于工作介质黏度大，在聚合物沉积或腐蚀性能强以及压力急剧升高，普通安全阀所不能胜任的压力容器或管道上的保护。爆破片装置执行 GB/T 567.1~567.4 国家标准。爆破片装置选型指南见表 8-40。

表 8-40 爆破片装置选型指南

类别	型式	操作压力比	抗疲劳性	爆破时有无碎片	是否引起撞击火花	工作相	与安全阀串联
正拱形	正拱普通型	0.7	一般	有（少量）	可能	气、液两相	不推荐
	正拱开缝型	0.8	好	有（少量）	可能性小	气、液两相	不推荐
	正拱带槽型	0.8	好	无	否	气、液两相	可以
反拱形	反拱带刀型	0.9	优	无	可能	气相	可以
	反拱带槽型	0.9	优	无	否	气相	可以
	反拱鳄齿型	0.9	优	无	可能性小	气相	可以
	反拱脱落型	0.9	优	无	可能	气相	不推荐
平板形	平板带槽型	0.5	较差	无	否	气、液两相	可以
	平板开缝型	0.5	较差	有（少量）	可能性小	气、液两相	不推荐
	平板普通型	0.5	较差	有（少量）	可能性小	气、液两相	不推荐
石墨	石墨爆破片	0.8	较差	有大量碎片	否	气、液两相	不推荐

注：1. 采用特殊结构设计时，反拱带槽型爆破片也可以用于液相。

2. 表中所给出的操作压力比适合于爆破温度在 $15\sim30℃$。

3. 操作压力比同时还与爆破片材料、压力脉动或循环有关，为了能使爆破片有尽可能长的使用寿命，应由制造单位和使用单位双方协商一个与操作工况相适应的操作压力比。

（1）压力容器装有爆破片装置时，容器的设计压力按以下步骤确定。

① 确定爆破片的最小爆破压力 p_{bmin}，根据不同型式的拱形金属爆破片，推荐的 p_{bmin} 值见表 8-41。

② 选定爆破片的制造范围。爆破片的制造范围见表 8-42。

表 8-41 最低标定爆破压力 p_{bmin}

爆破片型式	载荷性质	最小爆破压力 p_{bmin}
正拱普通型	静载荷	$\geqslant1.43p_w$
正拱开缝（带槽）型	静载荷	$\geqslant1.25p_w$
正拱型	脉冲载荷	$\geqslant1.7p_w$
反拱型	静载荷、脉冲载荷	$\geqslant1.1p_w$
平板型	静载荷	$\geqslant2.0p_w$
石墨	静载荷	$\geqslant1.25p_w$

注：p_{bmin} 为最小爆破压力；p_w 为工作压力。

表 8-42 爆破片的制造范围   单位：MPa

	设计爆破压力	全范围		1/2 范围		1/4 范围		0 范围	
		上限（正）	下限（负）	上限（正）	下限（负）	上限（正）	下限（负）	上限	下限
正拱形爆破片	0.30～0.40	0.045	0.025	0.025	0.015	0.010	0.010	0	0
	>0.40～0.70	0.065	0.035	0.030	0.020	0.020	0.010	0	0
	>0.70～1.00	0.085	0.045	0.040	0.020	0.020	0.010	0	0
	>1.00～1.40	0.110	0.065	0.060	0.040	0.040	0.020	0	0
	>1.40～2.50	0.160	0.085	0.080	0.040	0.040	0.020	0	0
	>2.50～3.50	0.210	0.105	0.100	0.050	0.040	0.025	0	0
	>3.50	6%	3%	3%	1.5%	1.5%	0.8%	0	0
	设计爆破压力	-10%		-5%		0			
		上限	下限（负）	上限	下限（负）	上限	下限		
部分反拱形爆破片	1.0	0	0.10	0	0.05	0	0		
	1.5	0	0.15	0	0.075	0	0		
	2.0	0	0.20	0	0.10	0	0		

③ 设计爆破的设计爆破压力 p_b。p_b 等于 p_{bmin} 加上所选爆破片制造范围的下限（取绝对值）。

④ 确定容器的设计压力 p。p 等于 p_b 加上所选爆破片制造范围的上限。

（2）爆破片排放面积的计算。

① 气体

$$F \geqslant \frac{W_s}{7.6 \times 10^{-2} CK' p_b (M/ZT)^{0.5}} \tag{8-155}$$

② 饱和蒸汽

$p_b \leqslant 10\text{MPa}$ 时

$$F = \frac{W_s}{5.25 K' p_b} \tag{8-156}$$

当 $10\text{MPa} < p_b \leqslant 22\text{MPa}$ 时

$$F = \frac{W_s}{5.25 K' p_b} \frac{229.2 p_b - 7315}{190.6 p_b - 6895} \tag{8-157}$$

式中，F 为安全阀或爆破片的最小排放面积，mm^2，对全启式安全阀，即 $h \geqslant 1/4 d_t$ 时，$F = 0.785 d_t^2$，对微启式安全阀，即 $h \geqslant (1/40 \sim 1/20) d_t$ 时，平面型密封面 $F = 3.14 d_v h$，锥面型密封面 $F = 3.14 d_v h \sin\varphi$；$W_s$ 为容器的安全泄放量，kg/h；C 为气体特征系数，见表 8-39；K' 为爆破片的额定泄放系数，$K' = 0.62$；p_b 为爆破片的设计爆破压力，MPa；M 为气体的摩尔质量，kg/kmol；Z 为气体的压缩系数，对空气 $Z = 1.0$；T 为超压泄放装置进口气体温度，K。

（3）爆破片装置的材料

① 爆破片材料及其最高使用温度，见表 8-43。

表 8-43 爆破片的最高使用温度

爆破片材料	最高允许使用温度/℃	爆破片材料	最高允许使用温度/℃
铝	100	蒙乃尔	430
铜	200	因科镍	480
镍	400	哈氏合金	480
奥氏体不锈钢	400	石墨	200

注：当爆破片表面覆盖密封膜或保护膜时，应考虑该类覆盖材料对使用温度的影响。

② 爆破片所用材料不允许被介质腐蚀。必要时在与介质的接触面上覆盖保护膜。

③ 夹持器常用材料有碳钢、奥氏体不锈钢、蒙乃尔及因科镍等。材料性能必须符合相应标准的要求。

6. 安全阀与爆破片装置的组合装置

（1）安全阀与爆破片装置的串联组合　安全阀与爆破片装置串联组合时，容器超压的限度及泄放装置的动作压力应符合一般规定的要求。

（2）安全阀与爆破片装置的并联组合　安全阀与爆破片装置并联组合时，容器超压的限度及泄放装置的动作压力应符合一般规定的要求。其中安全阀的动作压力应不大于设计压力，爆破片的动作压力不得超过 1.04 倍设计压力。

7. 超压泄放装置的设置

超压泄放装置的设置，应按下列规定。

（1）应将超压泄放装置设置在压力容器本体或其附属管线上容易检查、修理的部位。安全阀的阀体处于垂直方向。

（2）全启式安全阀和反拱形爆破片装置必须装在气箱空间。用于液体的安全阀出口管公称直径至少为 15mm。

（3）容器与泄放装置之间一般不得设置中间截止阀。对于连续操作的容器，可在与泄放装置之间设置截止阀专供检修用。该截止阀应具有锁住机构，在容器正常工作期间，截止阀必须处于全开的位置并被锁住。

（4）泄放装置的结构应有足够的强度，能承受该泄放装置泄放时所产生的反力。

8. 泄放管

当泄放有毒或易燃介质，以及不允许由泄放装置直接排放时，应按下列规定装设泄放管。

（1）泄放管应尽可能做成垂直管，其口径应不小于泄放装置的出口直径，若有多个泄放装置而采用泄放总管，总管的截面积应不小于各泄放装置泄放管面积之和。

（2）泄放介质是有毒气体时，应在向大气排放之前予以消毒处理，使气体符合排放标准。

（3）易燃气体伴随烟雾同时泄放时应装设分离器，捕集烟雾之后的易燃性气体，由不会着火处排放到大气中。

（4）在泄放管的适当部位开设排泄孔，用以防止雨、雪及冷凝液等积聚在泄放管内。

（5）应选用较小阻力的泄放管。若泄放管阻力较大，对泄放装置形成背压时，且在结构设计中已考虑到此背压，则在设计泄放量时应按压差计入。

六、实例——高炉煤气袋式除尘器结构设计

1. 除尘工艺

（1）高炉煤气除尘工艺流程　高炉煤气除尘工艺流程见图 8-52。

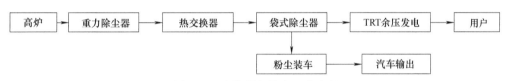

图 8-52　高炉煤气除尘工艺流程

本工艺采用长袋低压脉冲除尘器，共 8 组并联运行，应用 PLC 自动检测、控制煤气除尘系统运行；除尘系统具有在线、离线和在线与离线兼用的清灰功能。PLC 系统主要检测煤气压力、煤气温度、净煤气含尘量和单体设备压力损失。

（2）除尘技术参数　按高炉工艺提供的煤气工艺参数，除尘器设计参数如下：①处理煤气量（标况）90000 m^3/h；②除尘器入口煤气温度 250℃，最高 300℃；③除尘器入口煤气压力 0.30MPa，最大 0.30MPa（有超压泄放装置）；④除尘器入口煤气含尘量 10g/m^3，最大 20g/m^3；⑤除尘器出口煤气含尘量 ≤10mg/m^3；⑥除尘器阻力损失 ≤1500Pa；⑦煤气露点温度 ≤80℃；⑧煤气成分 CO 23.5%，H_2 1.8%，CH_4 0.27%，CO_2 17.5%，N_2 57.0%；⑨烟尘成分 TFe 40.26%，Fe_2O_3 42.12%，SiO_2 11.70%，CaO 6.62%，Al_2O_3 2.01%，MgO 1.40%。

2. 除尘工艺计算

（1）处理煤气量（工况）

$$Q_{vt} = 9000 \times (273+240)/273 = 169120 \ (m^3/h)$$

折单台煤气处理量（240℃）

$$Q_{v1} = 169120/8 = 21140 \ (m^3/h)$$

（2）单台计算过滤面积

$$F = Q_{v1}/(60v) = 21140/(60 \times 1.0) = 352 \ (m^2)$$

应用 FMS 高温针刺毡，取过滤速度 $v = 1.0$m/min。

（3）单台实际过滤面积　设计时，按实际经验选用袋径 ϕ130mm，袋长 6m，每条滤袋过滤面积

$$f = 3.14dL = 3.14 \times 0.13 \times 6 = 2.25\,\text{m}^2$$

按袋径与袋间距的组合关系，花板上过滤分布共 160 条，实际过滤面积

$$F = 160f = 160 \times 2.25 = 360\,\text{m}^2$$

折算实际过滤速度

$$v = 21140/(60 \times 360) = 0.98\,\text{m/min}$$

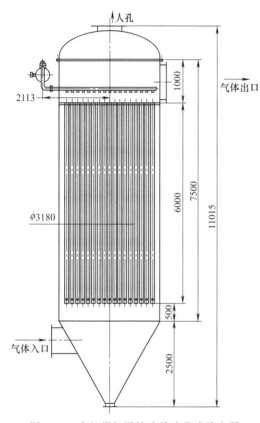

图 8-53　高炉煤气圆筒式脉冲袋式除尘器

按标况折算实际过滤负荷（强度）

$$q = (90000/8)/360 = 31.25\,\text{m}^3/(\text{h}\cdot\text{m}^2)\text{或}$$

$$0.52\,\text{m/min}$$

（4）排列组合，形成除尘器定性尺寸（图 8-53～图 8-55）　按实际排列组合，共设 12 排，每排滤袋（$\phi130\text{mm} \times 6000\text{mm}$）7～17 条不等，喷吹介质为压缩氮气，统一由 PLC 控制。

3. 结构设计计算

（1）导则

① 根据煤气除尘与输送的严密性和防爆性要求，采用圆筒形结构。

② 根据检测工作需要，上部筒体与封头之间采用凸缘法兰连接；8 台除尘器顶部统一设检修走台和吊装设备。

③ 除尘器设超压泄放装置。

④ PLC 自动检测系统在总控室操作。

（2）设计指标

① 煤气炉顶工作压力 0.30MPa；最高压力 0.30MPa（有超压泄放装置）；

② 煤气工作温度 200～240℃；最高 300℃；

③ 结构型式为内压型；

④ 材料 Q235-B。

（3）圆筒厚度

$$\delta = \frac{p_c D_i}{2[\sigma]^t \phi - p_c} = \frac{0.30 \times 3180}{2 \times 86 \times 0.85 - 0.30} = 6.54\,(\text{mm})，取\ \delta = 7\text{mm}$$

式中，δ 为圆筒的计算厚度，mm；D_i 为圆筒的内直径，mm；p_c 为计算压力，MPa；$[\sigma]^t$

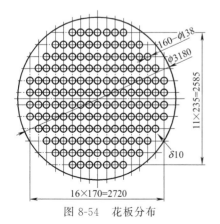

图 8-54　花板分布

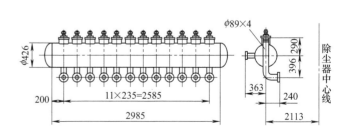

图 8-55　气包结构

为设计温度下圆筒材料的许用应力，MPa；ϕ 为焊接接头系数。

（4）厚度附加量

$$C = C_1 + C_2 = 12 \times 8\% + 4 = 4.96 (\text{mm}), 取 C = 5\text{mm}$$

（5）选用厚度

$$\delta_e = \delta + C = 7 + 5 = 12 (\text{mm}), 实取 \delta_e = 12\text{mm}$$

（6）设计温度下计算应力

$$[\delta]^t = p_c (D_i + \delta_e)/(2\delta_e) = 0.30 \times (3180 + 12)/(2 \times 12) = 39.9 \leqslant 86 (\text{MPa})(安全)$$

（7）封头厚度校核

$$\delta = \frac{p_c D_i}{2[\sigma]^t \phi - 0.5 p_c} = \frac{0.30 \times 3180}{2 \times 86 \times 0.85 - 0.5 \times 0.30} = 6.53 \ (\text{mm}), \ 取 \delta = 7\text{mm}$$

$$\delta_e = \delta + C = 7 + 5 = 12\text{mm}, 实取 \delta_e = 12\text{mm}$$

（8）锥壳厚度

$$\delta_e = \frac{p_c D_i}{2[\delta]^t \phi - p_c} \times \frac{1}{\cos\alpha} = \frac{0.30 \times 3180}{2 \times 86 \times 1.00 - 0.30} \times \frac{1}{\cos 30°} = 6.42(\text{mm})$$

取 $\delta_e = 7\text{mm}$

$\delta_e = \delta_c + C = 7 + 5 = 12\text{mm}$，取壁厚 $\delta_e = 12\text{mm}$ 不变。

（9）进出口管道直径

$$d = [Q_{vt}/(2826v)]^{0.5} = [21140/(2826 \times 18)]^{0.5} = 0.645(\text{m}) 取 d = 650\text{mm}$$

按相应管道规格和压力，设计法兰尺寸。

（10）绘制加工图　见图 8-53～图 8-55。

第九章 除尘器气流组织设计

把流体运行规律应用于除尘器气流组织设计中不仅能降低除尘器阻力，提高除尘效率，而且能减少设备维修，节能，降低运行费用。

试验研究、理论分析计算和数值模拟是研究、设计除尘器内流体运行规律的三种基本方法。

第一节 气流组织的意义和方法

为了把除尘器设计得性能良好，除了除尘器的工艺设计、结构设计之外，气流组织设计也非常重要。

一、气流组织设计的意义

除尘器的气流组织设计意义在于通过合理组织气流使除尘器阻力损失降低，除尘效率提高。合理组织气流对不同的除尘器目的是不一样的：对于电除尘器组织气流的主要目的是确保气流均匀，提高除尘效率；对于袋式除尘器组织气流的主要目的是减少气流流动压力损失，同时避免含尘气流冲刷滤袋；对机械除尘器组织气流的目的是既要降低压力损失又要保证除尘效率。

二、气流组织设计技术要求

主要技术要求包括：①气流分布装置的设计应尽量在气流分布试验的基础上进行；②气流分布试验应结合除尘器的上游烟道形状、流动状态、进风和排风方式、除尘器结构进行；③气流分布试验应包括相似模拟试验和现场实物校核试验两部分，有条件时可以进行计算机模拟试验，模拟试验的比例尺寸宜为 (1∶5)～(1∶7)；④气流分布试验按大烟气量时的流动状态和速度场进行模拟；⑤对正面流向滤袋束的气流以及在滤袋之间上升的气流，其速度控制以不冲刷滤袋和不显著阻碍粉尘沉降为原则；⑥气流分布板需设置多层，并保证一定的开孔率，以实现气流分布均匀，避免局部气流速度过高；⑦各过滤仓室的处理风量与设计风量的偏差不大于10%；⑧袋束前200mm处迎风速度平均值不宜大于1m/s；⑨滤袋底部下方200mm处气流平均上升速度不宜大于1m/s；⑩气流分布速度场测试断面按行列网格划分，测点布置在网格中心，模拟试验网格尺寸不宜大于100mm×100mm，现场实物测试网格尺寸不宜大于1000mm×1000mm。

三、气流组织设计的方法

气流组织设计除了依靠设计者的经验之外，还要依靠试验研究、数值模拟和理论分析计算等手段。

1. 试验研究

试验研究是研究气体流动最经典、最可靠的方法。该方法的优点是准确、可靠；缺点是制作模型和试验耗费大、耗时长。但做某些部件研究如一些弹性软管、阀门开度等气流阻力研究仍有很大空间，在工程中亦有应用。

2. 数值模拟

随着计算机技术的飞速发展，数值模拟应运而生。与实验研究相比，数值模拟研究流体具有无比的优越性：①耗费少、时间短、省人力，便于优化设计；②能对实验难以测量的量做出估计；③能为实验研究指明正确的方向，从而减少投资、降低消耗；④模拟研究的条件易于控制，再现性好。

由于数值模拟的优越性，所以这种方法一诞生就得到了广泛的应用。但是另一方面数值模拟也有一定的局限性。

① 数值模拟需要准确的数学模型，对于不少问题，在其机理尚未完全清楚之前，数学模型很难准确化。

② 数值模拟中对数学方程进行离散化处理时，需要对计算中遇到的稳定性、收敛性进行分析。这些分析方法对于线性方程是有效的，而对于非线性方程没有完整的理论，对于边界条件的分析困难就更大些。所以计算方法本身正确与否也要通过实际计算加以确定，为了模拟结果的正确性，还必须与相应的实验研究进行比较。

③ 数值模拟本身还受到计算机条件的限制，由于计算机运行速度和容量大小的限制，有些问题尽管已有了成熟的模型，但是完全实现模拟并不现实。因此，数值模拟的发展需要大力发展计算机，并改进计算方法提高效率。

3. 理论分析计算

利用现有的理论和某些现成的研究成果或测试数据，对除尘器的气流运行阻力进行计算是气流组织设计的重要手段，其优点是简便容易，可节省时间、人力和费用。缺点是气流速度分析给出的数据没有前两种方法准确、可靠。

从以上可以看出，气流组织设计借助于试验研究、数值模拟或理论分析计算的哪一种方法手段要根据除尘设备的特点而定。实际上三种方法相辅相成，各有其优越性。例如，设计和研究旋风除尘器的流场用模拟试验的方法有明显优势，而设计和研究电除尘器和袋式除尘器的气流采用计算机数值模拟的方法最为准确、有效。而设计和研究含尘气体通过袋式除尘器各部分的阻力大小，用理论分析计算是最佳选择。

第二节　相似理论和模拟试验方法

试验研究的方法就是用小型设备模拟工程设备进行气流组织开发的方法，其理论基础是相似理论，其基本方法是模型试验。

一、相似理论基础

(一) 几何相似

相似的概念首先出现在几何学里。几何相似的性质，以及利用这些性质进行的许多计算都是大家所熟知的。例如，两个相似三角形，其对应角彼此相等，对应边互成比例，则可以写成下列关系式：

$$\frac{l''_1}{l'_1} = \frac{l''_2}{l'_2} = \frac{l''_3}{l'_3} = C_1 \tag{9-1}$$

式中，C_1 为几何比例系数或称为相似常数。

由此可以看到，表示几何相似的量只有一个线性尺寸。

（二）力的相似

在几何相似系统中对应的近质点速度互相平行，而且数值成比例，则称此为运动相似。令实物中某近质点的速度为 v'，模型中对应近质点的速度为 v''，则可写成：

$$\frac{v''}{v'} = C_v \quad 或 \quad \frac{l''}{l'} \times \frac{\tau'}{\tau''} = C_v \tag{9-2}$$

式中，C_v 为速度比例系数。

所谓动力相似就是作用在两个相似系统中对应质点上的力互相平行，数值成比例。在实物中，作用力 f' 引起近质点 M' 产生运行的模型中，相似质点 M'' 受力 f'' 的作用而产生相似运行，则作用力 f' 和 f'' 相似，可以写成：

$$\frac{f''}{f'} = C_f \tag{9-3}$$

为了得到力的相似常数 C_f 值，需要利用力学基本方程。所有运动物体，不论是通风厂房内的空气运动，还是管道中水的流动以及固体颗粒在气流中的运行等都遵守牛顿第二定律。该定律的数学表达式为

$$f = ma \tag{9-4}$$

因为加速度值难以从试验中测定，因而把上式中的加速度用速度对时间的微分 $a = \dfrac{\mathrm{d}v}{\mathrm{d}\tau}$ 来代替。如果时间间隔是有限的，那么 a 值作用力 f 值是该时间内的平均值，当 $\mathrm{d}\tau$ 无限小，f 则是瞬间的作用力。这样，运动方程的形式为：

$$f = m\frac{\mathrm{d}v}{\mathrm{d}\tau} \tag{9-5}$$

在实物中任意一质点 M'，其速度、质量、作用力和时间的数值为 v'、m'、f' 和 τ'，其运动方程为：

$$f' = m'\frac{\mathrm{d}v'}{\mathrm{d}\tau'} \tag{9-6}$$

在相似的模型中，对应一质点 M''，其各项取同一单位值，分别为 v''、m''、f'' 和 τ''，其运动方程为：

$$f'' = m''\frac{\mathrm{d}v''}{\mathrm{d}\tau''} \tag{9-7}$$

再把这两个相似系统中的方程变为相对坐标，为此将实物系统的运行方程相应除以 f'_0、m'_0、v'_0 和 τ'_0，为了保持恒等必须乘相同的数值，得到：

$$f'_0\left(\frac{f'}{f'_0}\right) = m'_0\left(\frac{m'}{m'_0}\right)\frac{v'_0}{\tau'_0}\frac{\left(\dfrac{\mathrm{d}v'}{v'_0}\right)}{\left(\dfrac{\mathrm{d}\tau'}{\tau'_0}\right)} \tag{9-8}$$

或者

$$f'_0 F = \frac{m'_0 v'_0}{\tau'_0} M \frac{\mathrm{d}v}{\mathrm{d}\tau} \tag{9-9}$$

再把所有常数归并到方程式左边，得到：

$$\frac{f'_0 \tau'_0}{m'_0 v'_0} \times F = M \frac{\mathrm{d}v}{\mathrm{d}\tau} \tag{9-10}$$

用同样方法，模型系统中的运动方程经过变换，能得类似的方程式。因为运动是相似的，所以两个方程式中左边项系数应该相等，其结果是：

$$\frac{f'_0 \tau'_0}{m'_0 v'_0} = \frac{f''_0 \tau''_0}{m''_0 v''_0} \tag{9-11}$$

此数组称为力的相似常数，亦称牛顿数（Ne）。

为实用方便，用速度代替线性尺寸和时间值，即 $v = \dfrac{l}{\tau}$，代入公式中，最后得到：

$$Ne = \frac{fl}{mv^2} = 常数 \tag{9-12}$$

这就是牛顿定律，经说明在两个力相似系统中，对应点的作用力与线性尺寸的乘积，除以质量和速度的平方，得数应为常数值。

牛顿定律是表示物体运动的一般情况，下面分别研究黏性流体运行的个别情况。对于滴状流体或气体，有三种作用力：第一种是质量力（重力 f_g），可以认为它是作用于颗粒的重心上；第二种是压力，它作用于颗粒表面并垂直于表面；第三种是接触力（摩擦力 f_m）。

如果考虑策略作用，那么作用于立方体上的重力为质量乘重力加速度，即 $f_g = mg$，将 f_g 代入牛顿数方程中得到：

$$Ne = \frac{gl}{v^2} \tag{9-13}$$

费劳德数取其倒数值的形式

$$Fr = \frac{v^2}{gl} \tag{9-14}$$

费劳德数表示的是表面重力与惯性的比值。

如果是由于浮升力产生的运动，就可以用浮力所产生的加速度 $a = \dfrac{(\rho - \rho_0)\,g}{\rho}$ 代替式（9-14）中的重力加速度，则得到阿基米德数：

$$Ar = \frac{gl}{v^2} \times \frac{\rho - \rho_0}{\rho} \tag{9-15}$$

如果密度差是由于温度不同而产生的，则 $\dfrac{\rho - \rho_0}{\rho} = \dfrac{\Delta T}{T}$，阿基米德数将变为下列形式：

$$Ar = \frac{gl}{v^2} \times \frac{\Delta T}{T} \tag{9-16}$$

对于压力作用情况，取流体中任意一微小立方体质量，其边长为 δl，压力垂直作用其上，假设两对面的压力差为 $p_1 - p_2 = \Delta p$，则作用于立方体上的总压力差 $f_{\Delta p} = \delta l^2 \Delta p$，小立方体流体质量 $m = \delta l^3 \rho$（ρ 为该处的流体密度）。将 $f_{\Delta p}$ 和 m 代入牛顿数公式中，可得到欧拉数：

$$Eu = \frac{\Delta p}{\rho v^2} \tag{9-17}$$

欧拉数表示流体压力降与动能之比。

下面研究摩擦力的作用情况。实际流体均有内摩擦或者说黏性，因此当流动时产生摩擦力。取流体单元体积，其立方体每边长为 δl，假设平行的两侧面的气流是平行的，又流过上表面的气流速度大于流过下表面的气流速度，由于摩擦的作用，使上表面和下表面产生的摩擦力为 f_1 和 f_2。根据牛顿定律，作用单位面积上的摩擦力，f'_m 正比于速度梯度，则：

$$f'_m = \mu \frac{\delta v}{\delta l} \tag{9-18}$$

比例系数 μ 称为内摩擦系数。作用于立方体下部界面上的阻力

$$f_{m1} = \delta l^2 f'_m = \delta l^2 \mu \frac{\delta v}{\delta l} \tag{9-19}$$

而作用于上部界面的摩擦力为 $f_{m2} - f_{m1}$，按照替换规则可以用 f_{m1} 代替它，并代入牛顿数公式中得到：

$$Ne = \frac{\mu}{l \rho v} \tag{9-20}$$

雷诺数取其倒数值

$$Re = \frac{l \rho v}{\mu} \tag{9-21}$$

又经常将 $\frac{\mu}{\rho}$ 表示为运动黏性系数 ν，这样便得到常用的形式：

$$Re = \frac{l v}{\nu} \tag{9-22}$$

雷诺数表示惯性力与黏性力的比值。

这样可以说，力的相似系统中，若应力点的 3 个相似数 Eu、Fr 和 Re 的数值相同，则流体是相似运动。

（三）热相似

热相似的意义是指温度场的相似和热流的相似。这里所研究的相似换热过程是简化的情况：假设其辐射换热很小，它与对流换热相比可以略而不计；还假设换热是稳定的，即热表面温度与周围介质的温度不随时间而变化。

温度场相似和换热相似必须在几何相似系统中以及工作流体的动力相似的情况下才能实现。因此，热相似的条件中当然要包括力的相似条件，即上述所研究的力的相似数 Eu、Fr 和 Re 值必须相等。

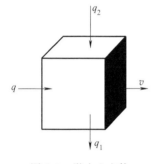

图 9-1　微小立方体换热示意

下面进一步研究热相似的其他条件。在相似的换热体系中，取一微小的立方体（见图 9-1），其各边长为 δl，所研究的流体与界面平等运动，而传热则与气流方向垂直。通过立方体界面，单位时间通过的流体量等于 $\rho v \delta l^2$，由于热换其温度降低 Δt，因而相应的热交换为：

$$q = C \rho v \delta l^2 \Delta t \tag{9-23}$$

式中，C 为流体的比热容，J/(kg·K)。

根据博里叶公式，单位时间靠导热所带走的热量为：

$$q = -F \lambda \frac{dt}{dl} \tag{9-24}$$

式中，λ 为流体的热导率，W/(m·K)；F 为导热的面积，m²；$\frac{dt}{dl}$ 为流体在传热方向上的温度梯度，K/m。

假设单位时间从微小立方体底界面向它接触的流体传递的热量为：

$$q_1 = -\delta l^2 \lambda \frac{\mathrm{d}t_1}{\mathrm{d}l} \tag{9-25}$$

而单位时间经立方体顶面从它所接触的流体得到的热量为：

$$q_2 = \delta l^2 \lambda \frac{\mathrm{d}t_2}{\mathrm{d}l} \tag{9-26}$$

那么立方体同周围介质换热量为二者之差

$$q_2 - q_1 = \delta l^2 \lambda \left(\frac{\mathrm{d}t_2}{\mathrm{d}l} - \frac{\mathrm{d}t_1}{\mathrm{d}l} \right) \tag{9-27}$$

通过立方体的流体所损失的热量与导热传递的热量彼此相等，然后化简得：

$$C \rho v \Delta t = \lambda \left(\frac{\mathrm{d}t_2}{\mathrm{d}l} - \frac{\mathrm{d}t_1}{\mathrm{d}l} \right) \tag{9-28}$$

$$v \Delta t = a \left(\frac{\mathrm{d}t_2}{\mathrm{d}l} - \frac{\mathrm{d}t_1}{\mathrm{d}l} \right) \tag{9-29}$$

式中，$a = \dfrac{\lambda}{cv}$ 为导温系数，m^2。

同样，取相对值 $V = \dfrac{v}{v_0}$，$L = \dfrac{l}{l_0}$，$A = \dfrac{a}{a_0}$，$T = \dfrac{t}{t_0}$，代入上式并经简化整理得到：

$$\frac{v_0 l_0}{a_0} V \Delta T = A \left(\frac{\mathrm{d}T_2}{\mathrm{d}L} - \frac{\mathrm{d}T_1}{\mathrm{d}L} \right) \tag{9-30}$$

由此可得出皮克列数：

$$Pe = \frac{vl}{a} \tag{9-31}$$

皮克列数表示传热与导热的比值。皮克列数还可以用 Re 数与 Pr 数的乘积表示：

$$Pe = \frac{vl}{a} = \frac{vl}{\nu} \times \frac{\nu}{a} = Re \cdot Pr \tag{9-32}$$

Pr 为普朗德数，用 $Re \cdot Pr$ 代替 Pe 是比较方便的，雷诺数是流体力学相似的一个数，而 Pr 数仅与工作流体的物理性质有关。对于原子价相同的气体 Pr 是常数，对于单原子气体 $Pr = 0.67$，对于双原子气体 $Pr = 0.72$，对于三原子气体 $Pr = 0.8$，对于四原子以上的气体 $Pr = 1$。

下面再研究另一个热相似数，它是由界面与直接接触的边界层之间的热交换求得。通过边界层，以导热方式单位面积单位时间传递的热量为：

$$q = -\lambda \frac{\mathrm{d}t}{\mathrm{d}l} \tag{9-33}$$

从另一方面，以对流方式单位面积单位时间传递的热量为：

$$q = K(t - t_{界}) \tag{9-34}$$

式中，K 为对流传热系数，$\mathrm{W/(m^2 \cdot K)}$；t 为流体的平均温度，K；$t_{界}$ 为界面的平均温度，K。

以导热方式传递的热量与对流方式传递的热量相等，再以同样的方法整理得：

$$\frac{K_0 l_0}{\lambda_0} \mathrm{d}(T - T_{界}) = -A \frac{\mathrm{d}T}{\mathrm{d}L} \tag{9-35}$$

由此求得努塞尔数：

$$Nu = \frac{al}{\lambda} \tag{9-36}$$

由上述一系列推导可以得出，如果两个系统是热相似的，那么除保持几何相似条件外，还必须保持五个数 Re、Er、Eu、Pr 和 Nu 的数值相等。

以上只解决了相似理论中的相似条件问题，即彼此相似的现象必定具有相同的数。但是要进行试验还必须解决建立数之间的关系式问题。

在工程中，经常遇到要用试验方法确定构件的阻力，这种情况则属于等温的强制流动，相似数之间的关系为：

$$Eu = f(Re) \tag{9-37}$$

在研究对流换热的放热系数 a 值时，对于稳定的条件下，数之间的关系方程式为：

$$Nu = f(Re \cdot Gr \cdot Pr) \tag{9-38}$$

如果是强制流动，可以忽略 Gr 的影响，则数之间的关系方程变为：

$$Nu = f(Gr \cdot Pr) \tag{9-39}$$

二、近似模拟试验方法

要实现相似理论中所提出的所有相似条件是非常困难的，有时甚至是根本办不到的，但是由于近似模拟方法的发展，模拟试验才得以实现。

近似模拟实验的依据，就是黏性流体的特性，即稳定性和自模性。

1. 稳定性

所谓稳定性就是黏性流体在管道中流动，管道截面上的速度分布有一定的规律。速度分布图形与雷诺数、管道形状、所研究的截面与入口的距离有关。试验指出，当流体在直管段中流动时，经入口流过一定长度后各截面上的速度图形相同。

2. 自模性

自模性就是流体的流型也有一定的规律。在直管段中流动的流体，当其流型属于层流运动时，管道截面上的速度图形呈抛物线状；当紊流运动时，管道截面上的速度图形亦呈一种特定的形状，而且流体阻力和压力分布图形保持不变，既不取决于雷诺数的改变，也就不必遵守雷诺数相等的条件了。这就为近似模拟试验提供了方便的条件。

根据什么来判断是否达到自模条件呢？可以选择下面三种判断方法中的任意一种。

第一，所研究的截面上速度分布为固定形状，或者说截面上任意两点的速度比值为常数，即 $\dfrac{v_1}{v_2} = C_v = $ 常数。

第二，所研究管段的压力分布曲线为固定的形状，或者说管段中任意两点的压力比值为常数，即 $\dfrac{p_1}{p_2} = C_p = $ 常数。

第三，Eu 数或局部阻力系数 ζ 值为常数，因而符合阻力平方定律。这三种判断方法中以第三种为最方便。因为在进行试验中，测量设备的阻力比较方便，而且又是经常需要进行的工作，所以能够很容易地判断是否已达到自模条件。

气流分布构件的几何形状越复杂，极限流速越低，对于直的水力光滑管的极限雷诺数 $Re_{极} = 2200$，这就是它的自模范围的起点。

如果实际过程不是紊流情况，需要用模型精确地研究构件中在等温强制流动时的速度分布的话，则必须使模型中的雷诺数等于实物中的雷诺数，即 $Re_m = Re_{sh}$。

假若在模型中采用的工作流体与实物中的流体相同，那么 $\gamma_m = \gamma_{sh}$，当模型的几何尺寸取为实物的 1/10 时，在上述条件下，模型中的流速应该比实物中的流速增大 10 倍。

自由对流传热过程的决定数是 $Gr \cdot Pr > 2 \times 10^7$ 时，换热过程与几何尺寸无关，其温度场和

流速场等不随 $Gr \cdot Pr$ 值的大小而变化。这样，就可以用几何相似的缩小模型来研究自由对流过程，而不要求 $Gr \cdot Pr$ 值相等，只要 $Gr \cdot Pr > 2 \times 10^7$ 就可以了。这里必须强调指出，所研究的实际过程首先必须是在自模范围内才能利用这个规律。

气流分布过程包括流体力学过程与传热过程。要进行模型试验的必要和充分条件可以归结如下几点。

（1）几何相似　一般来说这点是容易做到的，按照实物比例缩小即可。如果所研究的过程是在构件内部发生的，那么应该强调内部尺寸的几何相似。模型缩小比例的原则是：在保证试验足够准确的前提下，根据原型除尘器的大小，模型的缩小比例取 $1/12 \sim 1/6$ 比较适宜（见表 9-1）。对于超大型除尘器，模型缩小比例最好也不要小于 $1/16$。

表 9-1　气流分布均匀性模型试验的模型缩小比例与值

试验序号	原型电除尘器电场数×断面数	模型缩小比例	原型 Re 数（设计值）$/10^5$	第二自模化区 Re_{11} $/10^5$	Re_{11}/Re
1	4×30	1：5.5	2.19	1.25	0.57
2	3×120	1：6.0	5.60	2.50	0.44
3	4×220	1：8.0	4.45	2.29	0.51
4	3×102	1：8.0	4.27	1.90	0.44
5	2×108	1：8.9	4.60	1.86	0.40
6	4×99	1：9.8	4.48	2.10	0.47
7	2×40	1：10	3.10	1.00	0.32
8	3×165	1：10	6.40	1.15	0.18
9	3×165	1：10	5.48	1.92	0.35
10	3×100.8	1：10	4.40	1.25	0.28
11	3×114	1：10	3.74	1.20	0.32
12	4×245	1：10	4.44	1.25	0.28
13	3×245	1：10	3.70	1.20	0.32
14	3×108	1：10	4.30	1.50	0.35
15	3×165	1：10	4.88	1.83	0.37
16	3×194	1：12.3	5.03	1.07	0.21

（2）入口条件和边界条件的相似　由于流体的稳定性和自模性，当超过极限雷诺数时就能够自然地达到入口处的动力相似条件。至于说边界条件相似，将在以后的模型设计计算中对热源和外围结构的传热进行相应的研究。

（3）实现系统中物理量的相似　这里的物理量相似是指实物和模型中对应点的介质密度、黏性系数、热导率以及热容等的比值为常数。如果是绝热过程，那么这个条件就顺利地达到了。对于非绝热过程，由于这些物理量都与介质的温度有关，如果保证了温度场相似就创造了物理相似条件。

（4）起始状态的相似　为了简化，一般都把气流分布过程看作稳定过程，所以需要考虑这个条件。

三、气流分布装置

（一）气流分布装置的设计原则

（1）理想的均匀流动按照层流条件考虑，要求流动断面缓变及流速很低来达到层流流动。主要控制手段是在袋式除尘器内依靠导向板和分布板的恰当配置，使气流能获得较均匀分布。但在大断面的袋式除尘器中完全依靠理论设计配置的导流板是十分困难的，因此常借助一些模型试验，在试验中调整导流板的位置和形式，并从其中选择最好的条件作为设计的依据。

（2）在考虑气流均布合理的同时，要把袋室内滤袋布置与气流流动状况统一考虑，满足既降低设备阻力又保证除尘效果的作用。

（3）袋式除尘器的进出管道设计应从整个工程系统来考虑，尽量保证进入除尘器的气流分布均匀，多台除尘器并联使用时应尽量使进出管道在除尘系统中心位置。

（4）为了使袋式除尘器的气流分布达到理想的程度，有时在除尘器投入运行前，现场还要对气流分布板做进一步的测定和调整。

（二）导流板

要实现气流的合理流动通常用导流装置。图 9-2 和图 9-3 所示表明管道截面突然变化和管道方向的突然改变都会引起气流分离，产生涡流现象和强紊流生成。使用正确设计的导流板能够大大避免这些不利的影响。当气流经过一个急弯或管道截面的突然变化之后，导流板就可以保持气流的形态，见图 9-4。所以导流板的作用不是改变气流形态，而是保持气流分布，维持原有状态。

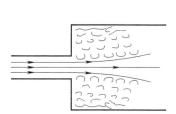

图 9-2　由流束产生的涡流和自由紊流

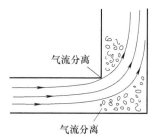

图 9-3　气流通过急弯时的气流分离现象

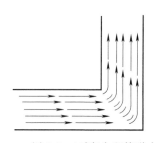
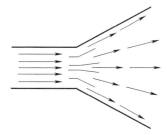

图 9-4　90°弯头和管道大小突然变化时导流板的作用

其实，导流板的作用并不是百分之百的有效，在紧跟着导流板之后仍会有一定程度的紊流。不过，只要紊流程度不大，在经过一个短暂的时间后它们就会衰退下来，因而实际上对操作并无什么影响。为了给气流提供足够的接触面以便使动量向向量的必需变化不致引起强度太大的紊流，使用间距较小的导流板是很重要的。因为惯性的作用，气流通过较小的间隙时稍有偏斜，而气流流经宏大的空间时，则其惯性将超过导流板的作用。

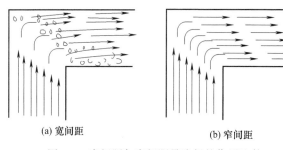

(a) 宽间距　　　　　(b) 窄间距

图 9-5　窄间距与宽间距导流板的作用比较

宽间距与窄间距导流板的作用比较如图 9-5 所示。宽间距导流板只能部分地改变气流方向。在每块导流板间都会发生气流分离和紊流。窄间距导流板几乎能使气流完全改变方向而不致发生气流分离和紊流。紧靠着导流板处气流速度形态的微观结构显示出有局部的紊流，不过紊流程度很小，而且由于黏滞力的作用，紊流强度也会迅速衰减的。从导流板所产生的压力降可以看出导流板总的作用效果或导流板的效率的数量关系。

　　电除尘器的气体进口有中心进气和上部进气两种，为使气流分布均匀，在气流转变处要加设导流装置，力求保持气流原来稳定的流动状态，理想的导流板为流线型，即在其中部较厚，而两端较薄，如图9-6所示。不过，对于工业系统中常见的较低流速来说，这种改进常常不是必要，除实验室外，工程实践上极少采用。

　　由于烟气速度不高，亦可取得较好效果。导流板的间距不宜过大，但太窄易被烟尘堵塞且钢板消耗多，通常以不易造成堵塞为好。导流板设于气流改变方向或断面改变处，在静电除尘器进出口，可单独设置或可与分布板组合设置。导流板单独设置的示意见图9-7，导流板和分布板组合设置示意见图9-8。导流板的形式有多种，除了流线型的形式外还有方格形和三角形，分别见图9-9和图9-10。

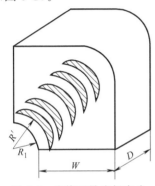

图 9-6　流线型导流板弯头

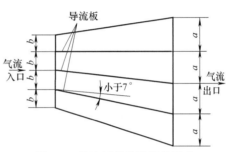

图 9-7　导流板单独设置的示意

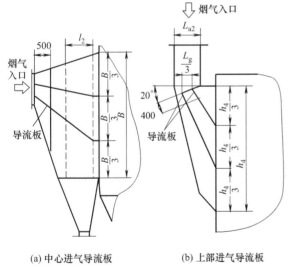

(a) 中心进气导流板　　(b) 上部进气导流板

图 9-8　导流板与分布板组合设置的示意

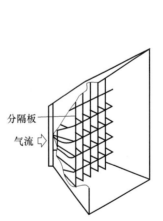

图 9-9　方格形导流装置

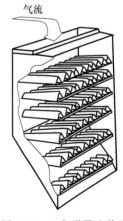

图 9-10　三角形导流装置

（三）电除尘器气流分布

　　电除尘器内的气流分布状况对除尘效率有明显影响，为了减少涡流，保证气流均匀，在除尘器的进口和出口处装设气流分布板。

　　气流分布装置最常见的有百叶窗式、多孔板、分布格子、槽形钢分布板和栏杆型分布板等分别见图9-11～图9-13。

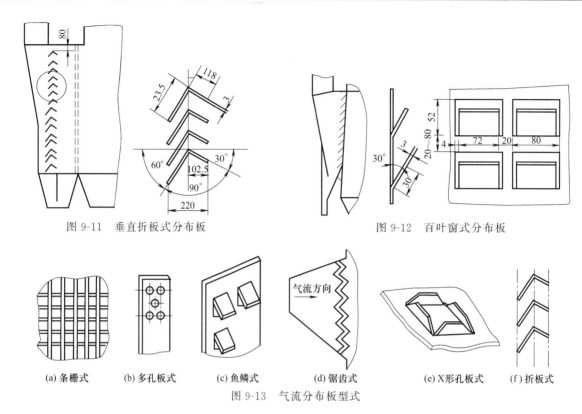

图 9-11　垂直折板式分布板　　　　　　　　图 9-12　百叶窗式分布板

(a) 条栅式　　(b) 多孔板式　　(c) 鱼鳞式　　(d) 锯齿式　　(e) X形孔板式　　(f) 折板式

图 9-13　气流分布板型式

1. 分布板的层数

气流分布板的层数可由下式计算求得：

$$n_p \geq 0.16 \frac{S_k}{S_0} \sqrt{N_0} \tag{9-40}$$

式中，n_p 为气流分布板的层数；S_k 为电除尘器气体进口管大端截面积，m^2；S_0 为电除尘器气体进口管小端截面积，m^2；N_0 为系数，带导流板的弯头 $N_0 = 1.2$，不带导流板的缓和弯管，而且弯管后换平直段时 $N_0 = 1.8 \sim 2.0$。

根据实验，采用多孔板气流分布板时其层数按 $\dfrac{S_k}{S_0}$ 值近似取：当 $\dfrac{S_k}{S_0} \leq 6$ 时，取 1 层；当 $6 \leq \dfrac{S_k}{S_0} \leq 20$ 时，取 2 层；当 $20 \leq \dfrac{S_k}{S_0} < 50$ 时，取 3 层。

2. 相邻两层分布板距离

$$l = 0.2D_r \tag{9-41}$$

$$D_r = \frac{4F_k}{n_k} \tag{9-42}$$

式中，l 为两层分布板间的距离，m；D_r 为分布板矩形断面的当量直径，m；F_k 为矩形断面积，m^2；n_k 为矩形断面的周边长，m。

3. 分布板的开孔率

$$f_0 = \frac{S_2'}{S_1'} \tag{9-43}$$

式中，f_0 为开孔率，%；S_1' 为分布板总面积，m^2；S_2' 为分布板开孔总面积，m^2。

为保证气体速度分布均匀尚需使多孔板有合适的阻力系数，然后算得相应的孔隙率，再进行分布板的设计。

多孔板的阻力系数 ζ 为：

$$\zeta = N_0 \left(\frac{S_k}{S_0}\right)^{\frac{2}{n_p}} - 1 \tag{9-44}$$

式中，n_p 为多孔板层数；其他符号意义同前。

尖孔多孔板的阻力系数与开孔率的关系为：

$$\zeta = (0.707\sqrt{1-f_0} + 1 - f_0)^2 \left(\frac{1}{f_0}\right)^2 \tag{9-45}$$

在已知阻力系数 ζ，求多孔板的开孔率时，可直接利用开孔率与阻力系数关系，由图 9-14 求出。其他形状多孔板阻力系数详见本章第四节。

开孔率因气体速度而异，对于 1m/s 的速度，开孔率取 50% 较为合理。靠近工作室的第二层分布板的开孔率应比第一层小，即第二层分布板的阻力系数比第一层大，这就能使气体分布较均匀。为了获得最合理的分布板结构，设计时，有必要在不同的操作情况下进行模拟试验，根据模拟试验结果进行分布板设计。除尘器安装完应再进行一次现场测试和调整。

多孔板上的孔多为 $30\sim80mm$ 的圆孔。孔径与孔率还要考虑气体进口形式，必要时可用不同开孔率的分布板。

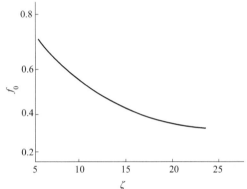

图 9-14　开孔率 f_0 和阻力系数 ζ 的关系

分布板若设置在除尘器进出口喇叭管内，为防止烟尘堵塞，在分布板下部和喇叭管底边应留有一定间隙，其大小按下式确定：

$$\delta = 0.02h_1 \tag{9-46}$$

式中，δ 为分布板下部和喇叭管底边间的间隙，m；h_1 为工作室的高度，m。

除尘器出口处的分布板除调整气流分布外，还有除尘功能，用槽形板代替多孔板，其形式见图 9-15 和图 9-16。

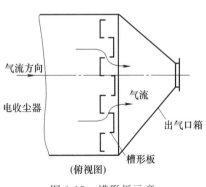

图 9-15　槽形板示意

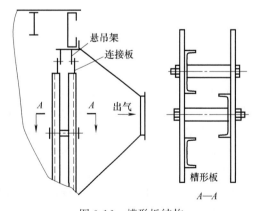

图 9-16　槽形板结构

槽形板可减少烟尘因流速较大而重返烟气流的现象，图 9-17 表示槽形板除尘效果和电场风速的关系。

槽形板一般由两层槽板组成，槽宽 100mm，翼高 $25\sim30mm$，板厚 3mm，轧制或模压成

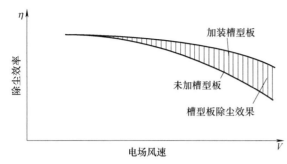

图 9-17　槽形板除尘效果与电场风速的关系

型，两层模板的间隙为 50mm。

除尘器入口气流分布板设在入口喇叭管内，也可设在除尘器壳体内，应注意防止喇叭管被烟尘堵塞，多层气流分布板应设有人孔门，以便清理。

4. 评价方法

评定气流分布均匀性有多种方法和表达式，常用的有均方根法和不均匀系数法。

（1）均方根法　气流速度波动的均方根 δ 用下式表示：

$$\delta = \sqrt{\frac{1}{n}\sum_{i=1}^{n}\left(\frac{v_i - v_p}{v_p}\right)^2} \tag{9-47}$$

式中，v_i 为各测点上的流速，m/s；v_p 为断面上的平均流速，m/s；n 为断面上的测点数。

气流分布完全均匀时 $\delta = 0$，对于工业电除尘器 $\delta < 0.1$ 时认为气流分布很好，$\delta = 0.15$ 时较好，$\delta < 0.25$ 时尚可以，$\delta > 0.25$ 时是不允许的。均方根法是一种常用评定气流分布均匀性方法。

（2）不均匀系数法　是指在除尘器断面上各点实测流速算出的气流动量（或动能）之和与全断面平均流速计算出的平均动量（或动能）之比，分别用 M_k、N_k 表示。

$$M_k = \frac{\int_0^S v_i \, dG}{v_p G} = \frac{\sum_{i=1}^{n} v_i^2 \Delta S}{v_p^2 S} \tag{9-48}$$

$$N_k = \frac{\frac{1}{2}\int_0^S v_p^2 \, dG}{\frac{1}{2}v_p^2 G} = \frac{\sum_{i=1}^{n} v_i^3 \Delta S}{v_p^3 S} \tag{9-49}$$

式中，v_i 为各测点的流速，m/s；G 为处理气体的质量流量，kg/s；dG 为每一小单元体的流量，kg/s；ΔS 为每一小单元的断面积，m²；v_p 为断面上平均流速，m/s；S 为断面总面积，m²；n 为测点数。

当 $M_k \leqslant 1.1 \sim 1.2$ 或 $N_k \leqslant 1.3 \sim 1.6$ 时即认为气流分布符合要求。

（四）袋式除尘器的气流分布

袋式除尘器的气流分布应用主要在入口处。入口气流是否均匀良好，不仅影响气流运动阻力，而且会影响到滤袋的使用寿命。例如，设计中当除尘器采用灰斗进风时，若没有采取气流分布装置，或气流分布装置设计不合理、效果欠佳，就会出现种种问题。图 9-18 为设计灰斗上沿的气流分布装置不合理，不仅不能起到均布作用，而且会导致滤袋受冲刷而破损。

如果除尘器入口设有气流分布装置导致气流偏斜，或分布装置尺寸不足，同样不能起到应有的作用，含尘气流还会对滤袋形成冲刷（见图 9-19）。

所以说，在含尘气体从灰斗进入除尘器时都应当增设有效的气流分布装置，使之确实起到将气流均布的作用。若有可能，可以不采用灰斗进风。

导流板的形式目前主要有三种，见图 9-20。

① 栅格导流板，见图 9-20（a），主要是在进风口加挡板或是由百叶窗组成挡板。

② 梯形导流板，见图 9-20（b），起到改变气流方向，使流场在除尘器内部分布均匀的作用。

③ 斜板导流板，见图 9-20（c），除了改变气流方向，使流场分布均匀以外，还能使气流上

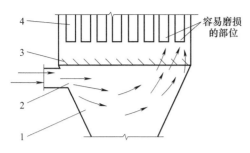

图 9-18　含尘气流冲刷滤袋
1—灰斗；2—进风管；3—导流板；4—滤袋

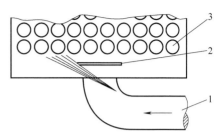

图 9-19　含尘气流偏斜使滤袋受到冲刷
1—进气管；2—气流分布装置；3—滤袋

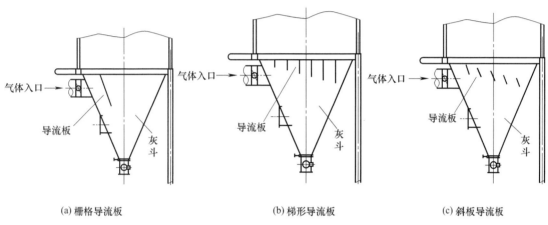

(a) 栅格导流板　　　　　　(b) 梯形导流板　　　　　　(c) 斜板导流板

图 9-20　灰斗气流导流板

升过程有个缓冲。

对灰斗进气的除尘器用以上三种灰斗导流板进行试验，试验结果表明：当除尘器未加装气流均布装置时，内部气流分布相当不均匀，气流进入箱体后直接冲刷到除尘器后壁，在后壁的作用下，大部分气流沿器壁向上进入布袋室，这样就导致了在除尘器内部，后部的气流速度明显高于其他部分的气流速度，后部滤袋负荷过大容易损坏，即上升气流不匀，后部滤袋负荷大，并受到气流冲刷，而前部滤袋负荷小，造成局部少数滤袋受损，寿命大打折扣，这样不利于除尘器长期稳定达标。如果粉尘浓度高，有琢磨性还会造成灰斗后壁板冲磨。

安装了栅格导流板后，除尘器内部的流场分布得到均化，气流在进入除尘器内部后遇到导流板，一部分气流在导流板的托升作用下向上运动，另外的气流在导流板上栅格的引导下斜向下运动，在除尘器壁的阻碍下又折而向上。因此气流在中轴的分布曲线上，在前部有一波峰，在后部也有升高的趋势。但栅格导流宜先进行试验或计算分析，不应盲目设置。

安装梯形导流板后，除尘器内部的流场均化的方式与前者不同。气流由进气口进入除尘器后，在导流板的作用下被分成了许多部分，各部分分别沿着不同位置的导流板向上运动。从中轴线上的速度分布曲线可以看出，由于导流板的作用，前部和中间部分的风速得到了增加，后部的风速得到了抑制。

安装了斜板导流板后，除尘器内部的流场得到了显著均化。气流由进气口进入除尘器后，在导流板的作用下被分成了许多部分，各部分分别沿着不同位置的斜板导流板向上运动。从中轴线上的速度分布曲线可以看出，由于导流板的作用，除尘器前部和中间部分的风速得到了增加，后部的风速得到了抑制。测试最优的情况下，斜板导流板比梯形导流板阻力降低 27%，比栅格导流板阻力更是降低 33%，而且该种形式的导流板加工安装方便，成本低。

四、实例——电除尘器气流分布均匀性试验实例

某电厂需要设计一台高效率的四电场电除尘器，但因地狭窄，四个电场只能按 U 形布置，进出口采用直角烟箱，第二、第三电场之间用 180°联通烟箱。为此需进行气流分布均匀性试验。

1. 模型设计

模型按原型的 $\frac{1}{5.5}$ 缩小比例设计，进口烟道、进出口烟箱及其导流板、联通烟箱及其导流板、气流分布多孔板、槽板全部按比例缩小。模型主要设计参数见表 9-2。试验模型见图 9-21。

表 9-2　模型主要设计参数

项目	单位	原型	模型	备注
进口断面尺寸	mm	4100×7500	746×1365	$\frac{原型}{模型}=5.5$
进口断面当量直径	mm	5300	966	
流动介质		烟气	空气	$\frac{2ab}{a+b}$
介质温度	℃	150	20	
介质运动黏度	m²/s	26.2×10⁻⁶	15.2×10⁻⁶	
介质平均流速	m/s	1.082	3.26	
进口断面雷诺数		2.19×10⁻⁶	2.19×10⁻⁶	
介质体积流量	m³/h	120000	11980	

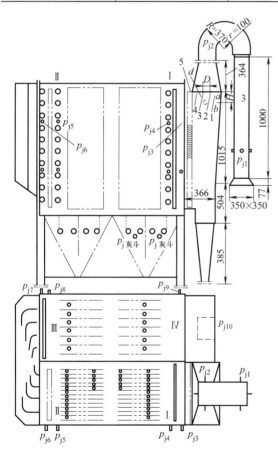

图 9-21　气流分布均匀性模型及测点布置
Ⅰ、Ⅱ、Ⅲ、Ⅳ——速度场测量断面；
p_{j1}、p_{j2}、p_{j3}、…、p_{j10}——静压测量点；
1、2、3、4—导流板；5—阻流板

2. 测点布置

测点布置见图 9-21。在一、三电场入口，二、四电场出口（即图中Ⅰ、Ⅱ、Ⅲ、Ⅳ断面）处的侧壁，均开有 10 个测孔，可供测量速度场；各测量断面共设有几处静压测孔，供测量静压和沿程阻力变化。每个灰斗上也开有测孔并装了照明灯；在模型顶部，进口烟箱、联通烟箱、出口烟箱均装上有机玻璃板，供试验时用飘带观察内部气流方向。

3. 确定第二自模化区临界雷诺数

通过测定各种风速下模型不同断面的压力差，计算相应的 Re 数、Eu 数，并做出 $Eu=f(Re)$ 的关系曲线，当 Eu 保持定值，对应的 Re 数就是 $Re_{Ⅱ}$。试验结果见图 9-22，$Re_{Ⅱ}=1.25×10^5$，相应的风量为 7890m³/h。模型的试验风量一般都大于 1000m³/h，这表明它已处于第二自模化区。

4. 进气烟箱的模拟试验

开始烟箱内仅设有导流板，控制气流分布是利用调整百叶窗的导叶角度和改变多孔板的开孔率，但几经调整气流分布均匀性只能达到 $\sigma'=0.966\sim0.976$ 的水平，以后在进气烟箱的进口端加装了四块折角式导流板，气流分布均匀性有了明显改善。当四块折角式导流板位置适中并进一步调整了多管板开孔率后，气流分布均匀性 $\sigma'_1=0.156$，工业设备进口烟箱设计导流板偏差情况见表 9-3。多孔板开孔率及其分布见图 9-23 左下角的图例。

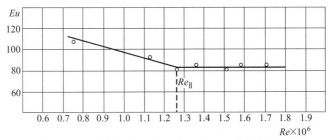

图 9-22　试验模型的雷诺数与欧拉数的关系曲线

表 9-3　工业设备进口烟箱设计导流板偏差情况

导叶序号	1		2		3		4		5	
项　目	原型设计值	模型设计值	原型设计值	模型设计值	原型设计值	模型设计值	原型设计值	模型设计值	原型设计值	模型设计值
导流板折角 α/(°)	160°	165°24′	158°	159°36′	155°	151°24′	150°	134°24′		
导流板中心垂直高度 H/mm	990	963	846	825	693	688	550	550		
导流板中心水平间距 C/mm	500	495	340	357.5	350	357.5	350	357.5		
导流板进口间距 D/mm	500	495	340	275	350	385	350	385	460	440
导流板进口端长度 a/mm	700	770	770	605	600	523	350	63	460	467
导流板出口端长度 b/mm	635	635	635	635	635	523	635	385′	没有	220

5. 在工业设备原型上验证

根据模拟试验的结果，按几何相似放大设计了原型进气烟箱、导流板及多孔板。安装竣工后在原型上进行了气流分布均匀性验证，测得 $\sigma_1' = 0.713$，这一结果和模拟试验结论相差甚远。经过调查发现：原型的折角式导流板没有按模型真实放大，主要是（对照表 9-2 及图 9-1）：第 3 和第 4 导流板折角太大，叶片进口间距 D 又太小，第 1 及第 2 导流板折角也偏小，叶片进口间距 D 却偏大。烟箱进口拐弯上端角有一块阻流板（模拟试验时用于固定多孔板用），放大到原型时，被取消了（高度 220mm），致使 σ_1' 严重恶化。按模型试验的应有值修改原型烟箱并进一步调整多孔板开孔率后，气流分布均匀性达到 $\sigma_1' = 0.102$（见图 9-24）。

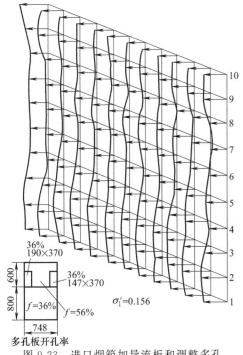

图 9-23　进口烟箱加导流板和调整多孔
板开孔率后 1 断面的速度场

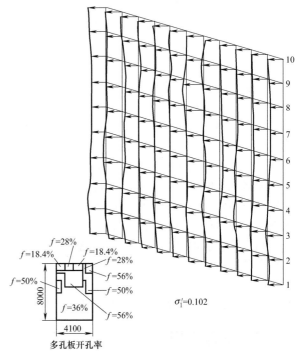

图 9-24　原型进口烟箱导流板布置改正后 1 断面
速度场和多孔板开孔率的分布

由此可见，在原型施工竣工后进行气流分布均匀性验证是十分必要的，它可以检验设计和安装中是否存在问题，以便及时纠正；模型试验是可靠的、有价值的，原型应严格按模型试验的结论去放大。当原型与模型保持严格几何相似时，原型的气流分布均匀性一般比模型还好。

6. 气流分布均匀性对除尘效率的影响

在 500MW 发电机组的电除尘器上测定气流分布均匀性对除尘效率的影响如下：

$$\sigma' = \frac{\sigma}{\omega} \quad 0 \qquad 0.10 \qquad 0.15 \qquad 0.25$$

$$\eta/\% \quad 99.76 \quad 99.27 \quad 99.00 \qquad 98.00$$

第三节　数值模拟理论与模拟计算

计算机数值模拟方法是随着计算流体力学的进步发展起来的。计算流体力学也为简化流动模型提供了更多的依据和方便，使很多对流体运动的研究得到发展和完善。

一、数值模拟理论

1. 数值模拟步骤

任何流体运动的规律都是以质量守恒定律、动量守恒定律和能量守恒定律为基础的，这些基本定律可由数学方程来描述。由于计算机技术的发展，促进了计算流体力学的进步，于是人们有可能采用数值计算方法，通过计算机求解这些控制流体流动的数学方程，可研究流体的运动规律。数值模拟可提供丰富的流场信息，具有初步性能预测、内部流动预测、流动诊断等作用；并可降低成本、缩短研制周期，为设计者和改进流体机械提供依据。

但是数值模拟仍很复杂，需要有专门研究者提供现成的软件进行，许多环保工作者不具备编制这些软件的能力。数值模拟的过程大致可以分为以下步骤：①建立基本守恒方程组；②选择模型或封闭方法；③建立离散化方程；④确定边界条件；⑤编程求解。

2. 数值模拟方法

在湍流运动中，流体的各种物理参数，如加速度、压力、温度等都随着时间与空间发生随机的变化。涡流的尺度大小和旋转轴的方向分布都是随机的，因此可以把湍流看成是由不同尺度的涡旋叠合流动。大尺度的涡旋主要由流动的边界条件决定，其尺寸可以与流场的大小相比拟；小尺度的涡旋主要由黏性力决定。大尺度的涡旋破裂后形成小尺度的涡旋。大尺度涡流不断从主流获得能量，通过涡旋间的相互作用，把能量逐渐传递给小尺度涡旋。最后由于流体黏性的作用，小尺度涡旋不断消失，机械能就转化为流体的热能。同时，由于边界的作用、扰动及速度梯度的作用，新的涡旋又不断产生，这就构成了湍流运动。一般认为，无论湍流运动多么复杂，非稳态的 Navier-Stokes 方程对于湍流的瞬时运动仍然是适用的。随着计算机的日益普及，特别是湍流理论和计算方法的迅速发展，人们越来越重视运用数值模拟的方法来计算和预测各种流体现象及流场内部结构。

已经采用的数值计算方法可以大致分为三类，即直接模拟、大涡模拟和应用雷诺数时均方程的模拟方法；其中后者对计算机要求低，故工程应用较多。

二、湍流模型

在工程应用中，人们对湍流的脉动量往往不太关注，最为关心的是流动要素的时均值。在这类方法里，将非稳态控制方程对时间做平均，在所得出的关于时均物理量的控制方程中包含了脉动量乘积的时均值等未知量，于是所得方程的个数就小于未知量的个数，而且不可能依靠进一步的时均值处理而使控制方程组封闭。如果方程组封闭必须做出假设，即建立模型。这种模型把未知的更高阶的时间平均值表示成较低阶计算中可以确定的量的函数。这是目前工程湍流计算中所采用的基本方法。这即是常说的"湍流模型"。在湍流模型中又以双方程模型用于除尘设备气流模拟为最多。双方程模型将影响湍流黏性素数的两个特征量 k 和 l 转化为另外两个特征量 k 和 Z，并表示成了由微分方程控制的变量，其中，$Z = k^m l^n$，选择不同的 m 和 n，就构成了不同的双方程模型。对于靠近壁面地区的计算说来以 ε 方程最为方便，因此在湍流的工程计算中 k-ε 双方程模型应用最广。

根据湍动能 k 及耗散项 ε 的定义，由因次分析可得：

$$\varepsilon = c_{\mathrm{D}} = \frac{k^{3/2}}{l} \tag{9-50}$$

式中，c_{D} 为常数；k 根据微分方程确定；l 可由混合长度 l_{m} 得到。

柯莫哥洛夫-普朗特表达式

$$\mu_{\mathrm{t}} = c_\mu \rho \sqrt{kl} \tag{9-51}$$

式中，c_μ 和 ρ 是常数；其他符号意义同前。

由上两式可以得出：

$$\mu_{\mathrm{t}} = c_\mu \rho \frac{k^2}{\varepsilon} \tag{9-52}$$

湍动能 k 和湍动能耗散率 ε 是衡量湍流强度及涡流尺度的两个量，它们是空间坐标的函数，其值可根据模型化后的 k 方程、ε 方程决定。

k 方程：

$$\rho \frac{\partial k}{\partial t} + \rho u_j \frac{\partial k}{\partial x_j} = \frac{\partial}{\partial x_j}\left[\left(\mu + \frac{\mu_{\mathrm{t}}}{\sigma_k}\right)\frac{\partial k}{\partial x_j}\right] + \mu_{\mathrm{t}} \frac{\partial u_j}{\partial x_j}\left(\frac{\partial u_i}{\partial x_j} + \frac{\partial u_j}{\partial x_j}\right) - \rho\varepsilon \tag{9-53}$$

方程从左到右分别为非稳项、对流项、扩散项、产生项、消失项。其中 σ_k 是脉动动能 Prandtl 数，其值在 1.0 左右，k 是单位质量流体湍流脉动动能，湍流黏性系数 $\mu_{\mathrm{t}} = 0.09$，ρ 为密度，ε 为耗散率，μ 是分子黏性。

ε 方程：

$$\rho \frac{\partial \varepsilon}{\partial t} + \rho u_k \frac{\partial \varepsilon}{\partial x_k} = \frac{\partial}{\partial x_k}\left[\left(\mu + \frac{\mu_{\mathrm{t}}}{\sigma_\varepsilon}\right)\frac{\partial \varepsilon}{\partial x_k}\right] + \frac{c_1 \varepsilon}{k} \mu_{\mathrm{t}} \frac{\partial u_i}{\partial x_j}\left(\frac{\partial u_i}{\partial x_j} + \frac{\partial u_j}{\partial x_i}\right) - c_2 \rho \frac{\varepsilon^2}{k} \tag{9-54}$$

方程从左到右五项分别为非稳态项、对流项、扩散项、产生项、消失项。

上面所述的 k-ε 模型，涡黏性 μ_{t} 是一个标量，即流场中每一确定的点处只有一个确定的涡黏项，其值与方向无关，这种模型被称为标准 k-ε 模型。

采用 k-ε 模型来求解湍流问题时，控制方程包括连续性方程、动量方程及 k、ε 方程与式 $\mu_i = c_\mu \rho \dfrac{k^2}{\varepsilon}$，在这一方程组中引入了 3 个系数（$c_1$、$c_2$、$c_\mu$）及 3 个常数（$\sigma_k$、$\sigma_\varepsilon$、$\sigma_T$）。这 6 个经验常数的取值 $c_1 = 1.44$，$c_2 = 1.92$，$c_\mu = 0.09$，$\sigma_k = 1.0$，$\sigma_\varepsilon = 1.3$，$\sigma_T = 0.6 \sim 1.0$。

由于采用湍流模型就是要解决如何计算由于脉动所造成的湍流应力问题，所以采用 k-ε 模型后应力表达式可写成：

$$\overline{-\rho u_i' u_j'} = \mu_t \left(\frac{\partial \overline{u}_i}{\partial x_j} + \frac{\partial \overline{u}_j}{\partial x_i} \right) - \frac{2}{3} \rho k \delta_{ij} \tag{9-55}$$

式中，δ_{ij} 是 Kronecher 算符。

通常，在气流相的模拟中均采用湍流模型。

三、数值模拟计算

1. SIMPLE 算法

SIMPLE 是 Semi-Implicit Method for Pressure-Linked Equations 的缩写，即解压力耦合方程的半隐式方法。SIMPLE 算法最初用于不可压流动计算，以速度和压强为基本变量，后来逐渐发展成一个系列的算法，并扩展到可压缩流动的计算。下面仅对 SIMPLE 算法做个简单介绍。

在可压流计算中，连续方程可以作为密度的输运方程，动量方程作为速度的输运方程，能量方程作为温度的输运方程。在将密度、速度和温度求解后再通过状态方程求出压强。

在不可压流中，因为压强与密度的关联被解除，所以需要将压强与速度相关联进行求解。求解不可压流控制方程的逻辑为：在压强场已知的情况下可以通过求解动量方程获得速度场，而速度场应该满足连续方程。

SIMPLE 算法就是这样求解这种压力耦合方程的一种解法。SIMPLE 算法在计算之前首先要定义压强和速度的修正关系式，然后将速度修正关系式代入连续方程得到压力修正方程。在计算开始的时候，先在初始化过程中假设一个速度场和压力场，然后利用这个"已知"的速度场算出各方程的对流项通量，并将"已知"的压强场代入离散后的动量方程和压力修正方程进行求解，并得到压力修正项。用修正压力项可以得到新的压力场，再将新的压力场代入速度修正关系式得到新的速度场。如此循环下去，直到得到收敛的解。

2. 网格划分

在网格划分时，其网格密度通常依赖于流场的结构。在流场变量变化梯度较大的地方，例如边界层内部、激波附近区域或分离线附近需要较大的网格密度，而在流场变量较平缓的区域则可以适当减小网格密度，以节省计算机资源。网格在根据几何方法生成后还必须进行光顺处理，即对畸变率较大的网格进行重新划分或调整。在实际的网格生成过程中，一方面可以通过网格的长宽比确定网格的畸变率，另一方面还可以通过控制每个网格节点夹角的方式控制畸变率。

畸变率对于计算结果的影响也与畸变网格所处的位置有关。如果畸变较大的网格处于流场变量梯度较大的区域，则由畸变带来的误差就比较大，对计算结果的影响也比较严重。如果畸变较大的网格位于流场变量变化平缓的区域，则带来的误差及其影响相对而言就比较小。因此，能否正确地划分网格在很大程度上依赖于对流场流动机理的把握和对流场结构的预判。

3. 离散格式

在使用有限体积法建立离散方程时，很重要的一步是将控制体积界面上的物理量及其导数通过节点物理量差值求出。引入插值方式的目的就是为了建立离散方程，不同的插值方式对应于不同的离散结果，因此插值方式称为离散格式。

比较常用的离散格式有如下几种。

（1）中心差分格式　就是界面上的物理量采用线性插值公式来计算，即取上游和下游节点的算术平均值。它是条件稳定的，在网格 Pe 数小于等于 2 时稳定。在不发生振荡的参数范围内可以获得较准确的结果。

（2）一阶迎风格式　即界面上的未知量恒取上游节点（即迎风侧节点）的值。这种迎风格式具有一阶截差，因此叫一阶迎风格式。无论在任何计算条件下都不会引起解的振荡，是绝对稳定的。但是当网格 Pe 数较大时，假扩散严重，为避免此问题，常需要加密网格。研究表明，在对流项中心差分的数值解不出现振荡的参数范围内，在相同的网格节点数条件下，采用中心差分的计算结果要比采用一阶迎风格式的结果误差小。

（3）混合格式 综合了中心差分和迎风作用两方面的因素，当 $|Pe| < 2$ 时，使用具有二阶精度的中心差分格式；当 $|Pe| \geqslant 2$ 时，采用具有一阶精度但考虑流动方向的一阶迎风格式。该格式综合了中心差分格式和一阶迎风格式的共同的优点，其离散系数总是正的，是无条件稳定的。计算效率高，总能产生物理上比较真实的解，但缺点是只有一阶精度。

（4）二阶迎风格式 二阶迎风格式与一阶迎风格式的相同点在于，二者都通过上游单元节点的物理量来确定控制体积界面的物理量。但二阶格式不仅要用到上游最近一个节点的值，还有用到另一个上游节点的值。它可以看作是在一阶迎风格式的基础上，考虑了物理量在节点间分布曲线的曲率影响。在二阶迎风格式中，只有对流项采用了二阶迎风格式，而扩散项仍采用中心差分格式。二阶迎风格式具有二阶精度的截差。

（5）QUICK 格式 是"对流项的二次迎风插值"，是一种改进离散方程截差的方法，通过提高界面上插值函数的阶数来提高格式截断误差的。对流项的 QUICK 格式具有三阶精度的截差，但扩散项仍采用二阶截差的中心差分格式。对于与流动方向对齐的结构网格而言，QUICK 格式将可产生比二阶迎风格式等更精确的计算结果。QUICK 格式常用于六面体（二维中四边形）网格。对于其他类型的网格，一般使用二阶迎风格式。

在综合考虑试验精度和试验所用电脑功能的基础上，采用 $k\text{-}\varepsilon$ 模型作为气相流场的湍流模型，对流项的离散采用二阶迎风格式，压强-速度方程的迭代求解均采用 SIMPLE 算法。

四、实例——袋式除尘器气流数值模拟

有一袋式除尘器过滤面积 $226\mathrm{m}^2$，处理风量 $17660\mathrm{m}^3/\mathrm{h}$；袋室箱体：长 4.5m，宽 1.83m，高 2.75m；船形灰斗：高 1.4m，长 3.7m，宽 0.4m；进风管位于灰斗端面中心偏上位置（距底面 0.8m），直径 0.5m，伸入箱体中 0.45m，末端设置叶片向下 45°的百叶窗导流装置；箱体设置 10 组滤袋，每组 2 排，每排 9 条滤袋，滤袋直径 ϕ160mm，长 2.5m，吊装在上箱体顶部支撑花板上。滤袋出口为净气室，净气室经排风管与引风装置相连，袋式除尘器气流分布不良，通过数值模拟改进。

袋室结构改造方案为扩大进风管直径和灰斗中布置导流装置改进措施，前者是为了降低入射气流速度，后者的目的在于导引气流均匀地纵掠滤袋流动，经过多次尝试和调整，确定了如图 9-25 所示的袋室结构改进方案。

1. 数值方法和边界条件

气相流动模拟采用 $k\text{-}\varepsilon$ 紊流模型，进风口为速度边界条件，气流以向下 45°方向入射，滤袋出口为压力边界条件，压力值取为 0Pa，对称面取为对称边界条件，固体壁面为无滑移条件，采用双向耦合拉格朗日方法计算了颗粒轨迹，颗粒相总的质量流率 W_{in} 取为 0.002kg/s，颗粒相在固体壁面取为弹性反射条件，在过滤介质表面和出口取为穿透条件。

2. 计算工况

本除尘器的工业原型用于收集某喷涂工艺尾气中的氧化铅粉尘，过滤介质是 208 工业涤纶布，采用脉冲喷吹清灰方式，考虑到实际运行条件的变化和将研究结果

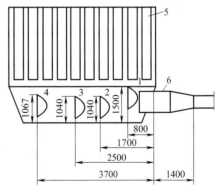

图 9-25 改进型袋室结构部视图

1—导流装置 1，$R = 600\mathrm{mm}$，$h = 1040\mathrm{mm}$；
2—导流装置 2，$R = 500\mathrm{mm}$，$h = 916\mathrm{mm}$；
3—导流装置 3，$R = 500\mathrm{mm}$，$h = 916\mathrm{mm}$；
4—导流装置 4，$R = 400\mathrm{mm}$，$h = 774\mathrm{mm}$；
5—滤袋组；6—进风管，粗端直径 800mm，长度 1000mm，细端直径 500mm，中间过滤段长 800mm；R—导流装置截面曲边曲率半径；h—导流装置截面直边长度，导流装置沿横向贯通下箱体

推广到其他应用场合，在比较宽广的范围内模拟了不同处理风量和过滤介质渗透率条件下的气固两相流动，计算工况参数见表 9-4。

表 9-4　计算工况参数

工况编号	$Q_{in}/(m^3/h)$	$c/[m/(Pa \cdot s)]$	$V_f/(m/min)$	$V_c/(m/min)$
1	7062	2.69×10^{-4}	0.52	24
2	14130	2.69×10^{-4}	1.04	48
3	17660	2.69×10^{-4}	1.3	60
4	21195	2.69×10^{-4}	1.56	72
5	28260	2.69×10^{-4}	2.08	96
6	17660	4.47×10^{-4}	1.3	60
7	17660	1.79×10^{-4}	1.3	60
8	17660	1.34×10^{-4}	1.3	60
9	17660	8.94×10^{-5}	1.3	60

注：过滤速度和滤袋间隙速度的最大允许值分别为 $V_f = 2.07m/min$，$V_c = 68m/min$。

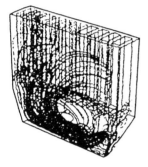

(a)原型除尘器　　(b)改进型除尘器

图 9-26　流体运动轨迹

3. 气相流场的基本特征

图 9-26（a）是原型袋室的流体运动轨迹图，气体由进风管以倾斜向下 45° 射入袋室空间后，在主流上方形成了一个比较大的回流区，几乎完全占据了灰斗中部空间，抑制流体向上运动，在回流区的"压迫"下主流沿下箱体底面流向后端，在后端壁附近折转向上流向后端滤袋组，部分流体从滤袋间隙流向前端，使袋室内部流动在总体上形成了回流特征，进一步分析原型袋室的模拟结果，发现上箱体前端压力较低，后端压力较高。

可以看出，原袋室的内部流动并不满足袋室压力场均匀和流体均匀进入滤袋，后端滤袋组的实际过滤速度超过设计平均值 2 倍以上，由于滤袋横向间隙总面积不足纵向间隙的 1/4，因此实际间隙速度将大大超过设计值，在这样条件下一方面滤袋间隙速度过高，使滤袋表面沉积的颗粒被再次挟带到气流中，滤袋表面难以形成对过滤细小颗粒起重要作用的滤饼，另一方面过滤速度过高，使细小颗粒更容易穿透过滤介质，降低了分离效率，高速气流诱发滤袋振动，加速滤袋根部磨损，容易使滤袋发生破坏。检修中发现，后端滤袋大量积灰，部分滤袋根部损坏，形成了短路流动，总体分离效率远远低于设计要求，符合数值计算结果所表明的特征。

图 9-26（b）是改进型袋室的流体运动轨迹图，在导流装置导引作用下，气流被分为 3 股主流，分别流向前端、中部和后端的滤袋组，从进风口起的第 1 个导流装置将主流一分为二，其中少部分折转向上流向前端滤袋组，其余大部分从导流装置下方流向第 2 个导流装置，在此又被一分为二，其中大部分从导流装置上方流向中部滤袋组，少部分从导流装置下方沿下箱体底部流向后端，再折转向上流向后端滤袋组，第 2 个、第 3 个导流装置用于抑制前方导流装置后部的回流，进一步"托起"主流流向中部滤袋组。

图 9-27 是改进型除尘器的对称面压力等值线

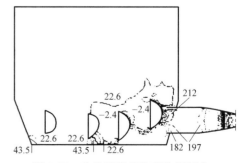

图 9-27　改进型袋室的对称面压力
等值线（单位：Pa）

图，在第1、第2导流装置的下方，由于动静压转换形成了局部高压区，其后方形成了局部低压区，上箱体中的压力分布比较均匀，可以推知，各滤袋组的过滤速度也比较均匀，上箱体中的流体以纵掠滤袋流动为主，这对于降低滤袋间隙速度是有利的，改进型除尘器上箱体到对称面不同距离的平行截面上的速度分布，除了中部下沿和后端壁附近局部区域流速略高以外，速度分布比较均匀，绝大部分区域流速小于1m/s，小于滤袋间隙速度的最大允许值。

4. 设备阻力

除尘的运行阻力是设备性能的一个重要参数，图9-28比较了改造后除尘器和原型除尘器在不同渗透率和处理风量条件下的总压损失p_t，改造后不仅工作负荷的均匀性优于原有结构，而且除尘器阻力也大大降低，可以预期，除尘器的运行能耗将大大降低，也为进一步采用分离效率提供了可能，灰斗改造后，避免了局部过高的过滤速度和滤袋间隙速度造成的附加压力损失，同时消除了灰斗内的大范围回流流动，减小了紊流耗散，这是除尘器运行阻力降低的两个主要原因。

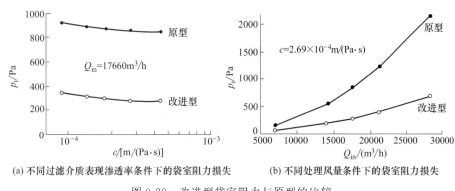

(a) 不同过滤介质表现渗透率条件下的袋室阻力损失　(b) 不同处理风量条件下的袋室阻力损失

图 9-28　改进型袋室阻力与原型的比较

五、实例——高炉出铁场高温烟尘扩散特性模拟

山东某钢铁企业的一台$1080m^3$高炉。高炉出铁场厂房长、宽、高分别为50m、24m及15m，高炉直径为9m，在厂房前方有一排窗户作为气流入口，顶部天窗为气流出口，如图9-29所示。出铁时，铁水由高炉出铁口排出流入主沟，经过撇渣器进行渣铁分离，熔融铁渣进入渣沟排出出铁场，高温铁水进入铁沟，流入出铁场平台下方的铁水罐。出铁场无组织排放的高温烟尘主要由出铁口、主沟、撇渣器、铁沟、渣沟、铁水罐等裸露的高温铁水运动剧烈产生（见图9-29）。实际出铁过程中工人需对出铁口、主沟、渣沟及铁沟等部位进行操作，铁水上方并不能进行密封，因此在铁水流动沿程均有烟尘排放，主要集中在出铁口、撇渣器以及部分铁水运动剧烈处。

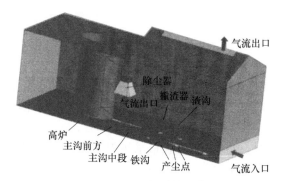

图 9-29　出铁场结构示意

图 9-30　网格划分（无出铁口除尘罩时）

该高炉出铁场仅在出铁口上方设置一个大型除尘罩，系统风量为 100000m³/h，在厂房顶部进行抽风，烟尘浓度为 3~5g/m³，通过除尘系统净化脱除，避免对环境的污染，同时在铁沟上方加设盖板，但盖板非密封，仍然无法避免局部区域颗粒物的无组织排放。

在稳定出铁的过程中，通过采样实测出铁场内颗粒物的粒径分布数据如表 9-5 所列，可以看出铁场内颗粒物粒径主要为 1~5μm。在数值模拟中，为了充分模拟实际情况，对粉尘颗粒粒径进行 Rosin-Rammler 分布拟合，根据测试数据及拟合计算结果对 Fluent 中离散相粒径分布进行设置。

表 9-5　出铁场内颗粒物粒径分布

粒径/μm	<1	1~3	3~5	5~10	>10
质量分数/%	16	29	27	23.5	4.5

1. 控制方程及物理模型

对于出铁场厂房内大空间通风气流流动，其 Re 数范围广，且为有热源的流动，因此采用 RANS 湍流模型中的 Realizable k-ε 模型，该模型在可接受的计算量下，对宽分布的 Re 数范围及强旋流、弯曲壁面流动、漩涡等流动能进行准确的预测。

气体运动控制方程可由以下通用形式表示：

$$\frac{\partial(\rho\phi)}{\partial t}=\text{div}(\rho\phi\vec{u})=\text{div}(\Gamma\text{grad}\phi)+S \tag{9-56}$$

式中，ρ 为气体密度，g/m³；t 为时间，s；ϕ 为在连续性方程、动量守恒及能量守恒方程中的通用变量；Γ 为广义扩散系数；S 为广义源项。

由于出铁场中两相流动为稀相流，同时为了追踪颗粒运动轨迹，采用拉格朗日法追踪颗粒运动。出铁场中的颗粒除了受到气流曳力及重力外，还受到热泳力、布朗扩散力、saffman 力、压力梯度力及热辐射力等作用。本例计算考虑曳力、重力热泳力、布朗扩散力，忽略其他力的作用，颗粒运动方程表示为：

$$m\frac{\mathrm{d}v_p}{\mathrm{d}t}=F_\mathrm{d}+F_\mathrm{g}+F_\mathrm{T}+F_\mathrm{b} \tag{9-57}$$

式中，m 为颗粒物质量，g；v_p 为颗粒运动速度，m/s；t 为时间，s；F_d 为颗粒受到的流体曳力，N；F_g 为颗粒所受重力，N；F_T 为颗粒所受热泳力，N；F_b 为颗粒所受布朗力，N。

忽略颗粒对气相的作用，采用单向耦合方式对出铁场内的气固两相流动进行模拟，首先计算出出铁场内气相流场分布，然后在拉格朗日坐标下追踪颗粒运动，对式（9-57）进行离散时间步长上的积分，即可得到颗粒随时间的运动轨迹。

同时考虑了高温辐射作用，辐射模型采用 DO（Discrete Ordinates）模型，该模型适用于所有光学深度范围的辐射问题。

2. 网格划分及边界条件

基于厂房实际尺寸，气流入口窗户尺寸为 24m×2m，顶部天窗长度和高度为 18m 和 4m。除尘罩底部大小为 4m×4m，顶部大小为 2m×2m，高度为 2m，除尘罩底部距离地面 4m，轴线距高炉轴线 7m，除尘罩附近网格采用部分非结构网格，其余区域使用结构化网格，如图 9-30 所示，无出铁口除尘罩时，网格数目为 936 万，最大网格为 200mm，热源面及壁面处最小网格为 50mm。

分别对无除尘设施及现有除尘方式的情况进行数值模拟，气流入口采用 Pressure-inlet 边界条件，气流出口采用 Pressure-outlet 边界条件，其余边界设为 Wall。根据实测结果，铁水沟、撒渣器、铁沟壁面温度设为 1400℃，渣沟壁面温度设为 1200℃，高炉壁面温度设为 40℃，地面温度边界设为绝热，其余壁面温度设为 20℃。根据现有通风除尘系统设计值，屋顶设置通风除尘时风量为 100000m³/h，除尘罩排风风量为 250000m³/h，加设除尘罩时铁沟上方设置了盖板，其壁面温度减小为 200℃。

在实际生产过程中，由于主沟处泥炮机等操作频繁，一般不会设置沟盖，而铁沟虽然设置了沟盖，但沟盖之间连接处的缝隙仍有大量烟尘散发，将其简化为几个局部的烟尘散发点。因此，在铁水流动沿程设置 6 处颗粒物散发区，分别为主沟前段（出铁口）、主沟中段、撇渣器以及铁沟的 3 个烟尘散发点（图 9-29），分别研究其颗粒物的扩散与捕集特性。

3. 计算方法

采用 FLUENT 软件计算出铁场内两相流场、温度场及颗粒运动轨迹，计算时采用分离求解器，SIMPLE 算法，对于本例高温热羽流的情况，压力差分采用 Body Force Weighted 格式，其余差分格式采用二阶迎风。湍流模型壁面函数采用标准壁面函数，由于设计的温度范围大，气流受到较大的密度差引起的浮升力，因此开启热作用（thermal effects）选项，同时选择全浮力影响（full buoyancy effects）选项。由于计算涉及的温差范围较大，因此对密度、比热容、黏度等物性进行了线性分段计算。

除尘罩对颗粒物的捕集效率 $\eta(\%)$ 采用以下公式计算：

$$h = \frac{n_{\text{trap}}}{n_{\text{inject}}} \times 100\% \tag{9-58}$$

式中，n_{trap} 为被除尘罩捕集的颗粒数目；n_{inject} 为颗粒物发散点发射的颗粒数目。

4. 模型校验

为了验证网格的无关性，划分了不同数目的网格并采用了不同的壁面加密方式，以不加除尘罩的厂房自然通风量为校核标准进行验证。所划分的网格数目和计算得到的自然通风量如表 9-6 所列。可以看出网格数目达到 936 万时，通风量已不再随网格数目的增加而变化，可认为 936 万的网格已经满足通风量不变的要求。

表 9-6　不同网格数目模拟所得的厂房通风量

网格数目/万	504	936	2740
通风量/(kg/s)	103.04	93.46	93.46

自然通风的通风量 $G(\text{kg/h})$ 可按式（9-59）进行计算：

$$G = 3600 \frac{Q}{c_p(t_p - t_{\text{wf}})} \tag{9-59}$$

式中，Q 为散至室内的全部显热量，kW；c_p 为空气比热容，kJ/(kg·℃)；t_p 为排风温度，℃；t_{wf} 为通风室外计算温度，℃。

有：$Q = 561.40\text{kW}$，$t_p = 31℃$，取 $t_{\text{wf}} = 25℃$，$c_p = 1.007\text{kJ}/(℃·\text{kg})$，求得 $G = 92.92\text{kg/s}$。这与 936 万网格计算所得的 $G = 93.46\text{kg/s}$ 相差仅 0.6%，说明 936 万的网格计算所得的通风量准确。并且校验了模型的壁面网格质量，符合标准壁面函数所要求的范围，因此该模型和网格能准确预测出铁场厂房通风情况。

根据产尘点网格疏密情况，每个网格模拟释放一个颗粒物，总共模拟释放 7795 个颗粒物，用于追踪颗粒物在厂房里运动情况，具体如表 9-7 所列。

表 9-7　各产尘点模拟释放颗粒物数目

部位	主沟前部	主沟中部	撇渣器	产尘源 1（铁沟转向处）	产尘源 2（摆动流嘴处）	产尘源 3（铁水罐处）	总计
追踪个数/个	1440	3300	1050	1050	750	205	7795

第四节 理论分析和计算

一、流体的基本性质

研究流体性质及其运动规律的学科，称为流体力学。流体分为液体和气体两大类，虽然两者都具有流动性，但其性质有很大不同。

1. 流体的连续性

微观上，气体都是由大量分子所组成，这些分子都在不停地做不规则的热运动，因此分子和分子之间及分子内部的原子与原子之间，有一定的空隙存在，即流体微观内部结构是不连续的。但是将整个流体分成许多分子集团，每个分子集团称为质点，并认为各质点之间没有任何空隙，而且相对整个流体来说，质点的几何尺寸可忽略不计，则质点是连续的，所以流体具有连续性，反映流体质点运动特性的各种物理量，如速度、密度、压力等也是连续的。但对极稀薄的空气，连续性就不适用了。

2. 流体的流动性

气体的流动性是它与固体的根本区别。气体的流动性并不是指物体能否变形，因为所有实际物体在外力作用下都能发生变形，固体变形的大小与外加作用力有关，所需力的大小，完全取决于变形的要求，而与发生变形的快慢无关。流体变形也产生阻力，但这种阻力与变形的快慢有关。要使流体迅速变形，需要用很大的力。当用力的时间充分长，任何微小的力也能使流体产生非常大的变形和流动，这种性质称为流体的流动性。

流体具有流动性，因此流体没有固定的形状。气体都随其容器形状的不同而改变自身的形状，气体在流动中改变自身形状的同时，它的体积也随容器的体积而改变，它总是充满整个容器。

3. 流体的压缩性和膨胀性

流体受压力作用时体积缩小、密度增大的性质称为流体的压缩性。流体随着温度的升高体积膨胀、密度减小的性质，称为流体的膨胀性。

流体的压缩性通常以压缩系数 β_p 表示。它表示单位压力变化流体体积的相对变化值。其数学式为：

$$\beta_p = -\frac{1}{V} \times \frac{dV}{dp} \tag{9-60}$$

式中，V 为流体的体积，m^3；$\frac{dV}{dp}$ 为流体的体积相对于压力的变化，m^3/Pa；β_p 为流体的压缩系数，m^2/N。

在工程上，对于气流速度远小于声速且处于常温常压条件下的气体，可近似地认为是不可压缩的流体。如在常温常压下工作的除尘器、风机、通风管道等装置中的气体都可按不可压缩流体进行处理。而对于在高温高压下流动的气体则必须按可压缩流体处理，否则将会导致较大误差。

气体的压缩系数比液体大得多，而且其压缩系数随气体的热力学过程而定，随压力升高而增大。空气在压力为 $10^5 Pa$、温度为 $0℃$ 时，其压缩系数是水的 2 万倍。

流体的膨胀性用温度膨胀系数 β_T 表示。β_T 表示单位温度变化时，流体体积的相对变化。其数学式为：

$$\beta_T = \frac{1}{V} \times \frac{dV}{dT} \tag{9-61}$$

式中，V 为流体的体积，m^3；$\dfrac{dV}{dT}$ 为流体体积相对于温度的变化，m^3/K；β_T 为流体的温度膨胀系数，K^{-1}。

气体的膨胀系数比液体大得多。当气体压力不太高、温度不太低时，气体的体积变化近似地服从理想气体定律。

4. 均匀流与非均匀流

如果总的有效断面或平均流速沿流程不变，各有效断面上相应点的流速也不变，且流线为平行直线，这样的稳定流动称为均匀流。均匀流中没有加速度，因而不存在惯性力。

当有效断面沿流程变化，或者有效断面不变但各断面上速度分布改变时，这种流动称为非均匀流。例如，有效断面收缩或扩大处、圆管转弯处、流线为夹角不同的曲线或直线等，都属于非均匀流。非均匀流中有加速度，因而存在惯性力。如果有效断面沿流程变化剧烈或断面流速分布变化剧烈时，该流动称为急变流。

5. 单相流体和多相流体

单组分气体、多组分气体或彼此能溶解的液体都是单相流体。而固体颗粒、液体颗粒悬浮在气体介质中，这样的流体则为多相流体。在除尘技术中，含尘气体在管道中的流动过程可以按单相流体处理，而粉尘在除尘器中的分离过程则必须按多相流体处理。

二、气体基本方程

1. 气体状态方程

在工程技术中，认为气体是具备连续性和不可压缩性的液体。通常可用理想气体状态方程式来表示空气的压力、体积及温度之间的关系，即

$$pv = RT \quad (\text{对 1kg 气体}) \tag{9-62}$$

$$pV = GRT \quad (\text{对 Gkg 气体}) \tag{9-63}$$

式中，p 为气体的绝对压力，Pa；v 为气体的比容，m^3/kg；V 为气体的体积，m^3；G 为气体的质量，kg；T 为气体的热力学温度，K；R 为气体常数，$J/(kg \cdot K)$。

对于干空气　$R_{da} = 287.3 J/(kg \cdot K)$；

对于水蒸气　$R_w = 461.9 J/(kg \cdot K)$。

在标准条件下，即压力为 101.325kPa，温度为 273.15K 时，1mol 任何气体的体积为 $22.41 \times 10^{-3} m^3$，因此，对 1mol 任何气体的气体常数均为：

$$R_0 = \frac{p_0 V_0}{T_0} = \frac{101.325 \times 22.41}{273.15} = 8.313 J/(mol \cdot K)$$

式中，R_0 为普适气体常数或摩尔气体常数。

由此，气体状态方程式又可写为：

$$pV = nR_0 T \tag{9-64}$$

式中，n 为气体摩尔质量数。

在工业除尘技术中所遇到的经常是携带有固体悬浮颗粒物的气流。但是，由于颗粒粒径小，所含浓度有限，按质量计小于 1%，一般管道风速较大，所含颗粒物在风道中都是随气体同步流动的。所以在管道系统的设计计算中把含尘气流仍然当一般空气对待，认为它符合气体公式。

2. 气体的静压方程

（1）在同一点上各方向气体静压力均相等

$$p_x = p_y = p_z = p_N \tag{9-65}$$

式中，p_x、p_y、p_z、p_N 为同一点各方向的气体静压力，Pa。

（2）在重力作用下，静止气体中任意一点的静压力

$$p = p_0 + \rho g h \tag{9-66}$$

式中，p 为气体的静压力，Pa；p_0 为大气压力，Pa；ρ 为气体的密度，kg/m³；g 为重力加速度，m/s²；h 为高度，m。

（3）作用在平面上的气体总压力

$$p = \rho g h_0 S \tag{9-67}$$

式中，p 为气体总压力，Pa；h_0 为平面高度，m；S 为平面面积，m²；其他符号意义同前。

3. 气体流动连续性方程

根据质量守恒定律，流体在管道中连续稳定流动时，从截面 1 到截面 2，若两截面之间无流体漏损，两截面间的质量流量不变。即

$$\rho_1 A_1 v_1 = \rho_2 A_2 v_2 \tag{9-68}$$

式中，ρ_1、ρ_2 分别为截面 1、2 处的流体密度，kg/m³；A_1、A_2 分别为截面 1、2 的流通截面积，m²；v_1、v_2 分别为截面 1、2 处的流体流速，m/s。

上述关系可以推广到管道的任一截面，即

$$\rho A v = 常数$$

上式称为连续性方程。若流体不可压缩，ρ 为常数，则上式可简化为：

$$A v = 常数$$

由上式可知，在连续稳定不可压缩流体的流动中，流体流速与流通截面积成反比。截面积越大流速越小，反之亦然。

4. 伯努利方程

根据能量守恒定律，不可压缩理想流体在管道内作稳定流动，从截面 1 流至截面 2，假定流体无黏性（流动过程中无摩擦阻力），各处能量不变，其方程为：

$$g z_1 + \frac{p_1}{\rho} + \frac{v_1^2}{2} = g z_2 + \frac{p_2}{\rho} + \frac{v_2^2}{2} \tag{9-69}$$

式中，z_1、z_2 分别为截面 1、2 距基准面的距离，m；p_1、p_2 分别为截面 1、2 处流体压力，Pa；v_1、v_2 分别为截面 1、2 处流体流速，m/s；ρ 为流体密度，kg/m³。

式（9-69）称为理想流体的伯努利方程。式中各项的物理意义如下：$g z$ 为单位质量流体所具有的位能，$\frac{p}{\rho}$ 为单位质量流体所具有的静压能，$\frac{v^2}{z}$ 为单位质量流体所具有的动能，J/kg。

流体实际上是有黏性的，在流动过程中为克服摩擦阻力要消耗一部分能量，为了补偿流体流动的能量损失，往往用风机或泵对流体做功。实际流体的伯努利方程如下：

$$g z_1 + \frac{p_1}{\rho} + \frac{v_1^2}{2} + W = g z_2 + \frac{p_2}{\rho} + \frac{v_2^2}{2} + \sum h_f \tag{9-70}$$

式中，W 为外界向单位质量流体输入的机械能，J/kg；$\sum h_f$ 为单位质量流体从截面 1 流至截面 2 的能量损失值，J/kg；其余符号意义同前。

含粉尘气体流动过程中，当 $(p_1 - p_2) \leqslant 0.2 p_1$ 时，密度 ρ 可采用两截面密度平均值进行计算。

5. 雷诺数

雷诺数（Re）是气体流动性质的重要参数。

（1）流体的雷诺数（Re）　流体的雷诺（Reynolds）数 Re 是流体的惯性力与黏滞力之比，定义式为：

$$Re = \frac{dv\rho}{\mu} \tag{9-71}$$

式中，d 为管道设备的特征尺寸（如管道直径等），m；ρ 为流体的密度，kg/m³；v 为气体流速，m/s；μ 为流体的黏度，Pa·s。

流体的雷诺数的大小是描述和判定流体运动状况的准数。

（2）粒子的雷诺数（Re_p）　粒子在流体中的运动状况用粒子的雷诺数 Re_p 表征，它包括粒子在无限大流体介质中（如在大气中）或在装置的壁面对粒子运动无影响的系统中的运动。粒子的雷诺数表示为：

$$Re_p = \frac{d_D v\rho}{\mu} \tag{9-72}$$

式中，d_D 为粒径，m；v 为粒子对流体的相对速度，m/s。

应注意的是，上式中密度和黏度皆是流体的特性参数，而不是粒子的特性参数，尽管粒子可以是液体粒子。一般以 Re_p 由 0.1～1 表征粒子运动的界限值，用来预估粒子的行为。Re_p 达到 400 左右时也会用到，但这一值仍远远小于流体雷诺数 Re 的一般量级。

三、气体的流动状态

气体在风管中流动时，除高温气体外压力和温度一般不会有很大的变化，不致引起气体密度的显著变化，故可称为定容运动。气流在风管中流动时，有两种不同的压力：动压和静压。

（1）动压　动压是流动空气的功能，与空气流速直接有关，永远是正值。动压的表示式如下，即

$$p_d = \rho v^2 / 2 \tag{9-73}$$

式中，p_d 为动压，指单位体积气体的运动能量，Pa；v 为气体运动的流速，m/s；ρ 为气体的密度，kg/m³。

（2）静压　静压是单位体积气体作用于周围物体的压强，简称静压，与气体的流动无关，静压值通常相对于大气压力而言，又称相对静压。把大气压力作为基点，大于大气压力时就为正值，反之为负值。

（3）全压　动压和静压的代数和称为全压，代表气体在风道中流动时的全压力，即

$$p_T = p_d + p_s = \rho v^2 / 2 + p_s \tag{9-74}$$

式中，p_T 为全压，Pa；p_s 为静压，Pa。

（4）气体在管道中流动时的能量变化　空气在风管内做定容运动时的能量变化，通常用伯努利方程式来表示。

对于风管内的两个截面（截面 1 和 2）来说，伯努利方程式为：

$$p_{s1} + \rho \frac{v_1^2}{2} = p_{s2} + \rho \frac{v_2^2}{2} + \Delta p \tag{9-75}$$

式中，p_{s1}，p_{s2} 分别为位于截面 1 和截面 2 处的单位体积气体的压力能，即静压，Pa；$\rho \frac{v_1^2}{2}$，$\rho \frac{v_2^2}{2}$ 分别为位于截面 1 和截面 2 处的单位体积气体的动能，即动压，Pa；Δp 为在截面 1 和截面 2 之间的单位体积空气的能量损失，即压力损失，Pa。

由上式可见，方程式表达了风管内气体的流速和压力之间的关系。Δp 表示全压的损失，它用于克服风道内的局部阻力和摩擦阻力。

若截面 1 和截面 2 的截面积分别为 A_1 和 A_2。当风管的截面积不变时，即 $A_1 = A_2$，则 $v_1 = v_2$，由上式公式 $\Delta p = p_{s1} - p_{s2}$。这就是说，气体流经截面积不变的风道截面 1 至截面 2 的能量损失等于两处的静压差。

因风管内各个截面上的总能量是不变的，故动能和位能可以互相转化，也就是动压和静压是可以互相转化的。如图 9-31 所示，当截面 1 和截面 2 的截面积不相同时，即 $A_1 < A_2$，由于通过风管的气体流量不变，所以 $v_1 > v_2$，因此 $\rho \dfrac{v_1^2}{2} > \rho \dfrac{v_2^2}{2}$，即截面 1 的动压大于截面 2 的动压。因总能量不变，由上式可知截面 1 的静压必然小于截面 2 的静压。由此可见，空气由截面 1 流到截面 2 时，动压变小，静压变大。

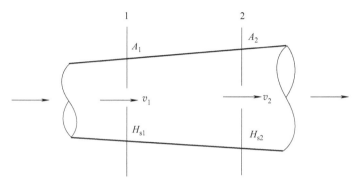

图 9-31　变径管能量转化示意

（5）流动状态　风管中气体的流动状态可以分为层流和紊流两种。

① 层流。是各股流体形成互相平行的流速，呈有秩序地流动，不相混淆，也不产生涡流。

② 紊流。是气流在风管的横截面上发生脉动，毫无秩序地紊乱流动形成涡流。由层流运动过渡到紊流运动是在一定的惯性力和流体内摩擦力的相互关系下发生的。

③ 雷诺数。标志气体在风管内的流动状态的准数称为雷诺数。雷诺数用下式表示，即

$$Re = \frac{dv}{\nu} = \frac{dv\rho}{\mu} \tag{9-76}$$

式中，Re 为雷诺数；d 为管道直径，m；v 为气流速度，m/s；ν 为气体的运动黏度，m^2/s；μ 为流体的动力黏度，Pa·s；ρ 为气体密度，kg/m^3。

气体的动力黏度和运动黏度随着气体温度的升高而增长。气体压力增高时，动力黏度增大，而运动黏度减小。当压力小于 1MPa 时，对气体的动力黏度的影响可以忽略不计。

实验证明，流体在直管内流动时，当雷诺数 $Re \leqslant 2000$ 时，流体黏滞力超过流体的惯性力，流体的流动类型属于层流；当 $Re \geqslant 4000$ 时，流体的惯性力超过流体黏滞力，产生紊流运动，流体的类型属于紊流；而 Re 值在 $2000 \sim 4000$ 范围内，可能是层流，也可能是紊流，若受外界条件的影响，如管道直径或方向的改变，外来的轻微震动，都易促成紊流的发生，所以将这一范围称之为不稳定的过渡区。在生产操作条件下，常将 $Re > 3000$ 的情况按紊流考虑。

由层流转变为紊流时的雷诺数值，称为临界值，常数 $Re = 2320$。当雷诺数到达临界值时，相应的气体流速称为临界速度。

四、气体流动的能量损失分析

气体流动时的压力损失是一种能量损失，了解和解决这类问题在除尘工程中具有重要的实际意义。

气体流经过直管段和各种管件时所受到的阻力是不同的，产生的能量损失也不同。为了便于分析和计算，通常将气体传输过程中的能量损失分为摩擦损失 p_f 和局部损失 p_j 两种形式。

1. 摩擦损失

气体在管段上流动时，由于管壁的摩擦作用以及由此引起的气体内部摩擦形成了管道对气体流动的摩擦阻力。为了克服摩擦阻力而造成的能量损失，叫作"摩擦损失"，摩擦损失又叫"沿程损失"，用 p_f 表示，其数值大小与流动的路程长短成正比。工程上计算摩擦损失的一般公式为：

$$p_f = \lambda \frac{l}{d} \frac{\rho v^2}{2} \quad (\text{Pa}) \tag{9-77}$$

式中，λ 为摩擦阻力系数；l 为管道长度，m；d 为管道内径，m，对于非圆形管道取当量直径 d_e；$\frac{\rho v^2}{2}$ 为动压头，Pa。

如果把上式中气体实际密度和流速换算成标准状态下的密度 ρ_0 和速度 v_0，则得：

$$p_f = \lambda \frac{l}{d} \frac{\rho_0 v_0^2}{2} (1 + \beta t) \quad (\text{Pa}) \tag{9-78}$$

式中，β 为气体的体积膨胀系数，$\beta = \frac{1}{273}$，1/℃。

计算摩擦损失首先要确定气体的流动状态是层流还是紊流，因为在层流和紊流状态时气体所遇到的摩擦阻力系数是完全不同的，而确定摩擦阻力系数又是计算摩擦损失的关键。

(1) 层流时，各层气体质点彼此平行流动，在纵向上只有分子热运动，仅靠近管壁的一层气体与管壁接触且速度为零，气流中心和其他部位的气体均不与管壁接触，所以管壁粗糙度对摩擦阻力没有影响，摩擦阻力系数仅与气流速度和气体黏性有关。计算式如下：

$$\lambda = \frac{64}{Re} \tag{9-79}$$

(2) 紊流时，影响 λ 的因素不仅与雷诺数 Re 有关，同时还与管壁粗糙度有关。对于 Re 的不同范围可由摩擦系数曲线图查得，也可采用如下公式计算：

$$\lambda = \frac{A}{Re^n} \tag{9-80}$$

光滑的金属管道：$A = 0.32$，$n = 0.25$。

内表面粗糙的金属管道：$A = 0.129$，$n = 0.12$。

在一般工业计算时，λ 值可近似选取。

光滑的金属管道：$\lambda = 0.02 \sim 0.025$。

氧气的金属管道：$\lambda = 0.035 \sim 0.04$。

2. 局部损失

(1) 一般公式 空气经管件、阀门及进出口等局部阻碍物时气流发生变形，如扩张、收缩、拐弯等。为克服局部阻力而产生的能量损失称为局部损失，用 p_j 表示局部损失的主要原因是管壁的急剧变化使空气管内流速重新分布，在分布过程中流体质点间产生更多的摩擦和碰撞，从而消耗一部分能量。

工程上计算局部损失的一般公式为：

$$p_j = \zeta \frac{\rho v^2}{2} \quad (\text{Pa}) \tag{9-81}$$

式中，ζ 为局部阻力系数；其他符号意义同前。

ζ 值主要取决于局部阻力性质（如局部障碍物的形状、尺寸等）。

（2）局部阻力计算方法　局部阻力计算方法通常有两种方法：一是当量长度法，二是阻力系数法。

① 当量长度法是将各种局部阻力折合成相当于某长度的直管阻力的方法。这种直管长度称为当量长度，用 l_D 表示。知道了当量长度后就可以用计算摩擦阻力的方法计算管局部阻力。

② 阻力系数法是将气体通过某局部障碍而引起的压头损失表示成动压头的 ζ 倍。如上式所示。由于局部障碍的多样性，局部阻力系数亦相差很多，并要求通过试验或查资料求得。

③ 计算局部阻力时可以用一种方法，也可以把两种方法结合起来进行。

五、管道和设备内气体流动阻力计算

（一）多孔板的阻力系数

多孔板的阻力如下

$$\Delta p = \zeta \frac{\rho v_0^2}{2} \tag{9-82}$$

式中，Δp 为多孔板的阻力，Pa；ζ 为多孔板阻力系数；ρ 为气体密度，kg/m^3；v_0 为气体通过多孔板孔时的速度，m/s。

1. 带有尖孔的多孔板的阻力系数

带有尖孔的多孔板（见图 9-32）阻力系数计算

（1）计算条件

① $$l/D_h = 0 \sim 0.015$$

② $$Re = \frac{v_0 d_h}{\nu}$$

式中，l 为多孔板板厚，m；D_h 为多孔板当量直径，m；Re 为雷诺数；v_0 为气体通过多孔板孔的速度，m/s；d_h 为多孔板孔的当量直径，m，$d_h = \frac{4f_{or}}{\Pi_0}$，$f_{or}$ 为单孔面积，m^2；Π_0 为单孔周长，m；ν 为气体运动黏度，m^2/s。

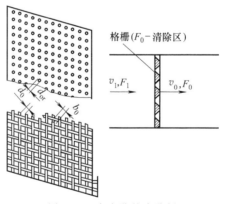

图 9-32　有尖孔的多孔板

（2）计算公式

$$\zeta = (0.707\sqrt{1-\overline{f}} + 1 - \overline{f})^2 \frac{1}{\overline{f}} = f(\overline{f}) \tag{9-83}$$

$$\overline{f} = \frac{F_0}{F_1} = \frac{\sum f_{or}}{F_1} \tag{9-84}$$

式中，ζ 为多孔板阻力系数；$\overline{f}$ 为多孔板孔的面积与多孔板有效面积之比；F_0 为多孔板孔的面积，m^2；F_1 为多孔板的有效面积，m^2；f_{or} 为多孔板单孔的面积，m^2。

（3）ζ 值的图表表示　ζ 值与 $\overline{f}$ 关系如表 9-8 和图 9-33 所示。

表 9-8　尖孔多孔板阻力系数 ζ

$\overline{f}$	0.02	0.03	0.04	0.05	0.06	0.08	0.10	0.12	0.14	0.15	0.18	0.20
ζ	7000	3100	1670	1050	730	400	245	165	117	86.0	65.5	51.5
$\overline{f}$	0.22	0.24	0.26	0.28	0.30	0.32	0.34	0.36	0.38	0.40	0.43	0.47
ζ	40.6	32.0	26.8	22.3	18.2	15.6	13.1	11.6	9.55	5.25	6.62	4.95
$\overline{f}$	0.50	0.52	0.55	0.60	0.65	0.70	0.75	0.80	0.85	0.90	0.95	1.0
ζ	4.00	3.48	2.85	2.00	1.41	0.97	0.65	0.42	0.25	0.13	0.05	0

2. 面对气流的斜面孔格栅或者尖角面对气流的铁角多孔板（图 9-34）阻力系数

当 $Re = v_0 d_h / v > 10^5$ 时，阻力系数

$$\zeta = \frac{\Delta p}{\rho v_1^2 / 2} = [\sqrt{\zeta(1-\overline{f})} + (1-\overline{f})]^2 \frac{1}{\overline{f}^2} \tag{9-85}$$

式中，$\zeta = \overline{f}(l/d_h)$。

阻力系数 ζ 与 $\dfrac{l}{d_h}$ 关系如图 9-35 和表 9-9 所示。

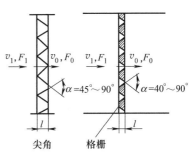

图 9-34　尖角多孔板形式

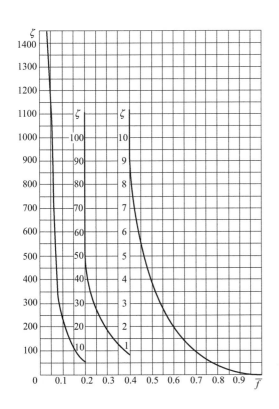

图 9-33　尖孔多孔板阻力系数 ζ

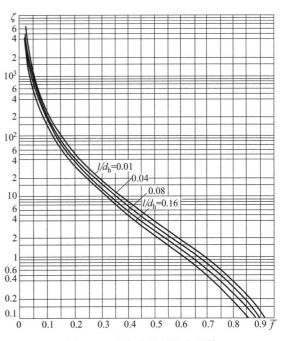

图 9-35　尖角多孔板阻力系数

表 9-9　尖角多孔板阻力系数 ζ

$\dfrac{l}{d_h}$	ζ	$\overline{f}$															
		0.02	0.04	0.06	0.08	0.10	0.15	0.20	0.25	0.30	0.40	0.50	0.60	0.70	0.80	0.90	1.0
0.01	0.46	6800	1650	710	386	238	96.8	49.5	28.6	17.9	7.90	3.84	1.92	0.92	0.40	0.12	0
0.02	0.42	6540	1590	683	371	230	93.2	47.7	27.5	17.2	7.60	3.68	1.83	0.88	0.38	0.12	0
0.03	0.38	6310	1530	657	357	220	89.4	45.7	26.4	16.5	7.25	3.50	1.72	0.83	0.35	0.11	0
0.04	0.35	6130	1480	636	345	214	86.5	44.2	25.6	15.8	7.00	3.36	1.67	0.80	0.34	0.10	0
0.06	0.29	5750	1385	600	323	200	80.0	41.2	23.4	14.6	6.85	3.08	1.53	0.73	0.30	0.09	0
0.08	0.23	5300	1275	549	298	184	74.3	37.8	21.8	13.5	5.92	2.80	1.37	0.64	0.27	0.08	0
0.12	0.16	4730	1140	490	265	164	66.0	33.5	19.2	11.9	5.18	2.44	1.18	0.55	0.22	0.06	0
0.16	0.13	4460	1080	462	251	154	62.0	31.6	18.1	11.2	4.80	2.28	1.10	0.50	0.20	0.05	0

3. 增厚板条或穿孔厚板制成的多孔板（图 9-36）阻力系数

在 $l/d_h > 0.015$，$Re = v_0 d_h / v > 10^5$ 的条件下，已知 l/d_h 和 $\sum F_0/F_1$ 即可由表 9-10 和图 9-37 查得阻力系数。

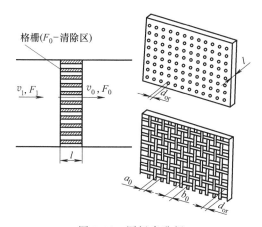

图 9-36　厚板多孔板

表 9-10　厚板多孔板阻力系数

$\dfrac{l}{d_h}$	ζ	$\overline{f}$															
		0.02	0.04	0.06	0.08	0.10	0.15	0.20	0.25	0.30	0.40	0.50	0.60	0.70	0.80	0.90	1.0
0	1.35	7000	1670	730	400	245	96.0	51.5	30.0	18.2	8.25	4.00	2.00	0.97	0.42	0.13	0
0.2	1.22	6600	1600	687	374	230	94.0	48.0	28.0	17.4	7.70	3.75	1.87	0.91	0.40	0.13	0.01
0.4	1.10	6310	1530	660	356	221	89.0	46.0	26.5	16.6	7.40	3.60	1.80	0.88	0.39	0.13	0.01
0.6	0.84	5700	1380	590	322	199	81.0	42.0	24.0	15.0	6.60	3.20	1.60	0.80	0.36	0.13	0.01
0.8	0.42	4680	1130	486	264	164	66.0	34.0	19.6	12.2	5.50	2.70	1.34	0.66	0.31	0.12	0.02
1.0	0.24	4260	1030	443	240	149	60.0	31.0	17.8	11.1	5.00	2.40	1.20	0.61	0.29	0.11	0.02
1.4	0.10	3930	950	408	221	137	55.6	28.4	16.4	10.3	4.60	2.25	1.15	0.58	0.28	0.11	0.03
2.0	0.02	3770	910	391	212	134	53.0	27.4	15.8	9.90	4.40	2.20	1.13	0.58	0.28	0.12	0.04
3.0	0	3765	913	392	214	132	53.5	27.5	15.9	10.0	4.50	2.24	1.17	0.61	0.31	0.15	0.06
4.0	0	3775	930	400	215	132	53.8	27.7	16.2	10.0	4.60	2.25	1.20	0.64	0.35	0.16	0.08
5.0	0	3850	936	400	220	133	55.5	28.5	16.5	10.5	4.75	2.40	1.28	0.69	0.37	0.19	0.10
6.0	0	3870	940	400	222	133	55.8	28.5	16.6	10.5	4.80	2.42	1.32	0.70	0.40	0.21	0.12
7.0	0	4000	950	405	230	135	55.9	29.0	17.0	10.9	5.00	2.50	1.38	0.74	0.43	0.23	0.14
8.0	0	4000	965	410	236	137	56.0	30.0	17.2	11.1	5.10	2.58	1.45	0.80	0.45	0.25	0.16
9.0	0	4080	985	420	240	140	57.0	30.0	17.4	11.4	5.30	2.62	1.50	0.82	0.50	0.28	0.18
10	0	4110	1000	430	245	146	59.7	31.0	18.2	11.5	5.40	2.80	1.57	0.89	0.53	0.32	0.20

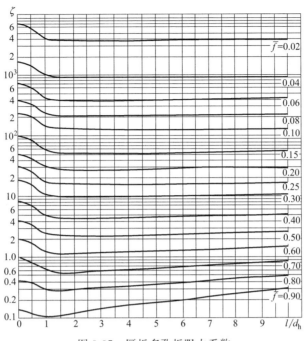

图 9-37　厚板多孔板阻力系数

4. 圆弧形孔多孔板的阻力系数

用下式计算，并可由表 9-11 和图 9-38 查得。

在 $Re = v_0 d_h / \nu > 3 \times 10^3$ 时 ζ 为

$$\zeta = \frac{\Delta p}{\rho v_1 / 2} = \left[\sqrt{\zeta'(1 - \overline{f})} + (1 - \overline{f}) \right]^2 \frac{1}{\overline{f}^2}$$

表 9-11　圆弧形孔多孔板阻力系数

$\dfrac{r}{d_h}$	ζ'	$\overline{f}$									
		0.02	0.04	0.06	0.08	0.10	0.15	0.20	0.25	0.30	0.35
0.01	0.44	6620	1600	690	375	232	94.0	48.0	27.7	17.3	11.0
0.02	0.37	6200	1500	642	348	216	87.6	44.5	25.8	16.1	10.7
0.03	0.31	5850	1400	600	327	201	82.0	42.0	24.2	14.9	9.50
0.04	0.26	5510	1330	570	310	192	77.5	89.0	22.7	14.1	9.00
0.06	0.19	5000	1200	518	278	173	69.9	36.5	20.3	12.5	8.00
0.08	0.15	4550	1100	437	255	158	63.6	32.2	18.5	11.4	7.50
0.12	0.09	3860	928	398	216	133	53.5	27.0	15.5	9.30	6.50
0.16	0.03	3320	797	340	184	113	45.4	23.0	12.9	7.90	5.30

$\dfrac{r}{d_h}$	ζ'	$\overline{f}$									
		0.04	0.45	0.50	0.55	0.60	0.65	0.70	0.75	0.80	0.90	1.0
0.01	0.44	7.70	5.60	3.70	2.65	1.84	1.25	0.90	0.60	0.38	0.12	0
0.02	0.37	7.10	5.00	3.48	2.33	1.69	1.18	0.82	0.56	0.34	0.10	0
0.03	0.31	6.56	4.50	3.20	2.22	1.55	1.10	0.75	0.50	0.31	0.09	0
0.04	0.26	6.19	4.20	3.00	2.00	1.45	0.95	0.70	0.45	0.29	0.08	0
0.06	0.19	5.50	4.00	2.60	1.72	1.27	0.85	0.60	0.40	0.24	0.07	0
0.08	0.15	5.00	3.40	2.30	1.52	1.13	0.78	0.53	0.34	0.21	0.06	0
0.12	0.09	4.16	3.00	1.90	1.24	0.89	0.60	0.40	0.27	0.16	0.04	0
0.16	0.03	3.40	2.20	1.60	1.00	0.70	0.50	0.32	0.26	0.12	0.03	0

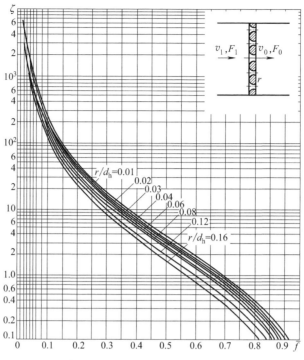

图 9-38　圆弧形孔多孔板阻力系数

5. 在过渡流、层流区域不同形状的锐边孔

锐边孔多孔板如图 9-39 所示。多孔板阻力系数按下式计算并可由表 9-12 和图 9-40 查得。
在 $Re = v_0 d_h/v < 10^4 \sim 10^5$ 时

① $30 < Re < 10^4 \sim 10^5$

$$\zeta = \frac{\Delta p}{\rho v_1^2/2} = \zeta \phi \, \frac{1}{\overline{f}^2} + \overline{\varepsilon}_{0Re} \zeta_{1\mathrm{qu}}$$

② $10 < Re < 25$

$$\zeta = \frac{33}{Re} \frac{1}{\overline{f}^2} + \overline{\varepsilon}_{0Re} \zeta_{1\mathrm{qu}}$$

③ $Re < 10$

$$\zeta = \frac{33}{Re} \frac{1}{\overline{f}^2}$$

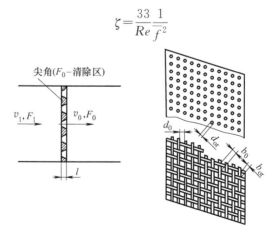

图 9-39　锐边孔多孔板

表 9-12 锐边孔多孔板阻力系数

$\dfrac{F_0}{F_1}$	Re													
	25	40	60	10^2	2×10^2	4×10^2	10^3	2×10^3	4×10^3	10^4	2×10^4	10^5	2×10^5	10^5
	$\bar{\varepsilon}_{0Re}$													
	0.34	0.36	0.37	0.40	0.42	0.46	0.53	0.59	0.64	0.74	0.81	0.94	0.96	0.98
0	1.94	1.38	1.14	0.89	0.69	0.64	0.39	0.30	0.22	0.15	0.11	0.04	0.01	0
0.2	1.78	1.36	1.05	0.85	0.67	0.57	0.36	0.26	0.20	0.13	0.09	0.03	0.01	0
0.3	1.57	1.16	0.88	0.75	0.57	0.43	0.30	0.22	0.17	0.10	0.07	0.02	0.01	0
0.4	1.35	0.99	0.79	0.57	0.40	0.28	0.19	0.14	0.10	0.06	0.04	0.02	0.01	0
0.5	1.10	0.75	0.55	0.34	0.19	0.12	0.07	0.05	0.03	0.02	0.01	0.01	0.01	0
0.6	0.85	0.56	0.30	0.19	0.10	0.06	0.03	0.02	0.01	0.01	0	0	0	0
0.7	0.58	0.37	0.23	0.11	0.06	0.03	0.02	0.01	0	0	0	0	0	0
0.8	0.40	0.24	0.13	0.06	0.03	0.02	0.01	0	0	0	0	0	0	0
0.9	0.20	0.13	0.08	0.03	0.01	0	0	0	0	0	0	0	0	0
0.95	0.03	0.03	0.02	0	0	0	0	0	0	0	0	0	0	0

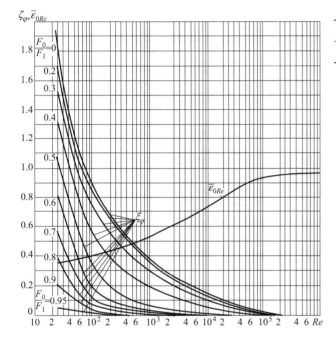

Re	10	15	20
$\bar{\varepsilon}_{0Re}$	0.32	0.33	0.34

图 9-40 锐边孔多孔板阻力系数

(二) 筛网阻力系数

筛网阻力系数与雷诺数关系很大。

1. 圆形金属丝网 (图 9-41) 阻力系数

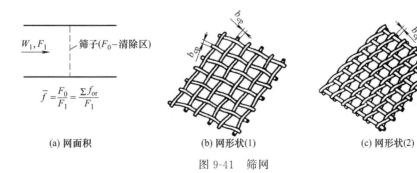

$$\bar{f} = \frac{F_0}{F_1} = \frac{\sum f_{or}}{F_1}$$

(a) 网面积　　　　(b) 网形状(1)　　　　(c) 网形状(2)

图 9-41 筛网

（1）当 $Re = \dfrac{v_0 \zeta}{\nu} \geqslant 10^3$ 时

$$\zeta_{\text{wir}} = \frac{\Delta p}{\rho v_1^2/2} = 1.3(1-\overline{f}) + \left(\frac{1}{\overline{f}} - 1\right)^2 \qquad (9\text{-}86)$$

式中，ζ_{wir} 为金属网阻力系数；v_1 为气体通过金属网流速，m/s；$\overline{f}$ 为网孔面积与网面积之比。

$$\overline{f} = \frac{F_0}{F_1} = \frac{\sum f_{\text{or}}}{F_1} \qquad (9\text{-}87)$$

式中，F_0 为筛网孔面积，m^2；F_1 为筛网面积，m^2；f_{or} 为筛网单孔面积，m^2。

ζ_{wir} 与 $\overline{f}$ 关系见表 9-13 和图 9-42。

表 9-13　金属丝网阻力系数

$\overline{f}$	0.05	0.10	0.15	0.20	0.25	0.30	0.35	0.40	0.45
ζ_{wir}	363	82.0	33.4	17.0	10.0	6.20	4.10	3.00	2.20
$\overline{f}$	0.50	0.55	0.60	0.65	0.70	0.75	0.80	0.90	1.00
ζ_{wir}	1.65	1.26	0.97	0.75	0.58	0.44	0.32	0.14	0.00

（2）当 $50 < Re < 10^3$ 时

$$\zeta_{Re} = \frac{\Delta p}{\rho v_1^2/2} = k'_{Re} \zeta_{\text{wir}} \qquad (9\text{-}88)$$

式中，k'_{Re} 见表 9-14 和图 9-43。

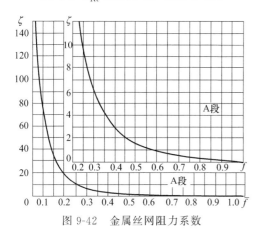

图 9-42　金属丝网阻力系数

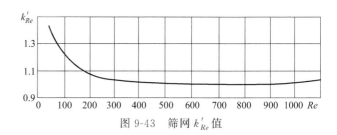

图 9-43　筛网 k'_{Re} 值

表 9-14　k'_{Re} 值

Re	50	100	150	200	300	400	500	1000	1200
k'_{Re}	1.44	1.24	1.13	1.08	1.03	1.01	1.01	1.00	1.02

（3）当 $Re < 50$ 时

$$\zeta_{Re} \approx \frac{22}{Re} + \zeta_{\text{wir}}$$

（4）对于多排连续组装的筛网来说，其阻力系数是单排筛网阻力系数之和。

$$\zeta_{\text{n}} = \frac{\Delta p}{\rho v_1^2/2} = \sum_1^z \zeta_{Re}$$

2. 尼龙线筛网阻力系数

（1）$Re > 500$，尼龙线筛网阻力系数。

$$\zeta_{sd} = \frac{\Delta p}{\rho v_1^2 / 2} = 1.62 \zeta_{wir}$$

（2）$40 < Re < 500$

$$\zeta_{Re} = k''_{Re} \zeta_{sd}$$

（3）$Re < 40$

$$\zeta_{Re} \approx \frac{7}{Re} + \zeta_{sd}$$

式中，k''_{Re} 见表 9-15 和图 9-44。

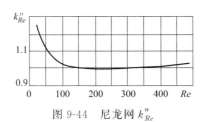

图 9-44 尼龙网 k''_{Re}

表 9-15 k''_{Re} 值

Re	40	80	120	300	350	400	500
k''_{Re}	1.16	1.05	1.01	1.00	1.01	1.01	1.03

（三）弯管导流阻力和阻力系数

对弯管加导流片进行流体均布的导流形式很多，但计算其阻力的资料甚少，下面介绍 90°矩形弯管和圆形弯管的阻力系数计算方法。

1. 矩形弯管阻力系数

按下式计算

$$\zeta = \frac{\Delta p}{\rho v_0^2 / 2} = k_{Re} \zeta_{loc} + \zeta_{fr} \qquad (9-89)$$

$$\zeta_{fr} = \left(1 + 1.57 \frac{r}{b_0}\right) \lambda \qquad (9-90)$$

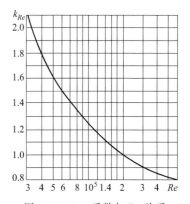

图 9-45 k_{Re} 系数与 Re 关系

式中，ζ 为弯管阻力系数；Δp 为弯管阻力，Pa；ρ 为气体密度，kg/m³；v_0 为入口速度，m/s；k_{Re} 为系数，见图 9-45；ζ_{loc} 为阻力系数；ζ_{fr} 为与材料有关的阻力系数；r 为弯曲半径，m；b_0 为弯管边长，m；λ 为摩擦阻力系数，见表 9-16。

表 9-16 常用管材管壁的摩擦阻力系数 λ

管道材料	摩擦阻力系数 λ	管道材料	摩擦阻力系数 λ
玻璃、黄铜、铜制新管	0.023~0.04	污秽钢管	0.75~0.9
新钢管	0.09~0.1	橡皮软管	0.01~0.03
使用一年后的钢管	0.02~0.08	用水泥涂抹的管道	0.045~0.2
镀锌钢管	0.12	水泥砂浆砖砌管道	0.045~0.2
薄钢板、很光滑的水泥管	0.1~0.2		

（1）当 $\dfrac{F_1}{F_0}=0.5$；$\dfrac{r}{b_0}=0.2$；$\phi_1=103$；$r=r_0=r_1$ 时，最有利的导流板数为 11，导流形式及 ζ_{loc} 值见图 9-46。

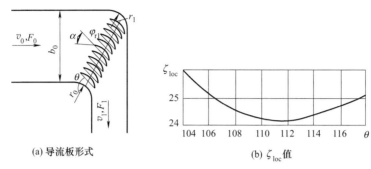

(a) 导流板形式　　　　(b) ζ_{loc} 值

图 9-46　$F_1/F_0=0.5$ 时导流板形式与 ζ_{loc} 值

（2）当 $\dfrac{F_1}{F_0}=1$；$\dfrac{r}{b_0}=0.2$；$\phi_1=107°$；$r_0=r_1=r$ 时，最有利的导流板数 $n_{ads}=5$，导流板形式及 ζ_{loc} 值见图 9-47。

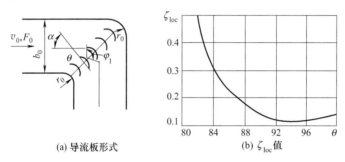

(a) 导流板形式　　　　(b) ζ_{loc} 值

图 9-47　$F_1/F_0=1$ 时导流板形式及 ζ_{loc} 值

（3）当 $\dfrac{F_1}{F_0}=2$；$r_0=r_1=r$ 时导流板形式及 ζ_{loc} 值见图 9-48。

（a）$\dfrac{r}{b_0}=0.2$；$\phi_1=154°$；$n_{ads}=5$；

（b）$\dfrac{r}{b_0}=0.5$；$\phi_1=138°$；$n_{ads}=2$；

（c）$\dfrac{r}{b_0}=1.0$；$\phi_1=90°$；$n_{ads}=5$。

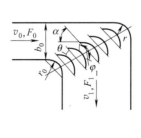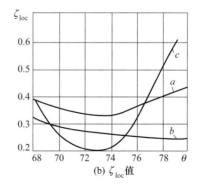

(a) 导流板形式　　　　(b) ζ_{loc} 值

图 9-48　$F_1/F_0=2$ 导流板形式及 ζ_{loc} 值

2. 圆形弯管导流后阻力系数

圆形弯管导流后阻力系数计算见表 9-17。

表 9-17　90°带有异型导流板的圆形弯管阻力系数

序号	弯管特征	示意图	阻力系数 $\zeta = \dfrac{\Delta p}{\rho v_0^2 / 2}$
1	光滑转动($r/D_0 = 0.18$)； 导流板的标准数量： $n = \dfrac{3D_0}{t_1} - 1$		$\zeta = 2.3 k_{Re} + 1.28\lambda$ $\lambda \approx 0.02$ 时，$\zeta \approx 0.26 k_{Re}$
2	光滑转动($r/D_0 = 0.18$)； 导流板的简化数量： $n = \dfrac{2D_0}{t_1}$		$\zeta = 0.15 k_{Re} + 1.28\lambda$ $\lambda \approx 0.02$ 时，$\zeta \approx 0.18 k_{Re}$
3	导流板按照算术数列安装的 $\dfrac{a_{n+1}}{a_1} = 2$ 斜面转动($t_1/D_0 = 0.25$)； 导流板的标准数量： $n = \dfrac{3D_0}{t_1} - 1$		$\zeta = 0.30 k_{Re} + 1.28\lambda$ $\lambda \approx 0.02$ 时，$\zeta \approx 0.33 k_{Re}$
4	斜面转动($t_1/D_0 = 0.25$)； 导流板的简化数量： $n = \dfrac{2D_0}{t_1}$		$\zeta = 0.23 k_{Re} + 1.28\lambda$ $\lambda \approx 0.02$ 时，$\zeta \approx 0.26 k_{Re}$
5	导流板按照算术数列安装的 $\dfrac{a_{n+1}}{a_1} = 2$ 斜面转动($t_1/D_0 = 0.25$)； 导流板的标准数量(第一和第三个导流板从外壁去除)		$\zeta = 0.21 k_{Re} + 1.28\lambda$ $\lambda \approx 0.02$ 时，$\zeta \approx 0.24 k_{Re}$

注：表中 k_{Re} 由图 9-45 查得，λ 值见表 9-16。

（四）分节弯头阻力和阻力系数

分节弯头阻力为 $\Delta p = \zeta \dfrac{\rho v_0^2}{2}$，阻力系数 $\zeta = \dfrac{\Delta p}{\rho v_0^2 / 2}$。计算如下：

$$\zeta = \zeta_{\text{loc}} + \zeta_{\text{fr}} \tag{9-91}$$

$$\zeta_{\text{loc}} = f(l_{\text{oc}}/D_0) \tag{9-92}$$

$$\zeta_{\text{fr}} = (n-1)\lambda l_{\text{oc}}/D_0 \tag{9-93}$$

式中，ζ 为分节弯头阻力系数；ζ_{loc} 为阻力系数；D_0 为弯头管径，m；ζ_{fr} 为与材料有关的阻力系数；n 为分节数；λ 为摩擦阻力系数，见表 9-16；l_{oc} 为中节长度，m。

（1）接角为 22.5°的五节弯头和 ζ_{loc} 值见图 9-49。

（2）接角为 30°的四节弯头和 ζ_{loc} 值见图 9-50。

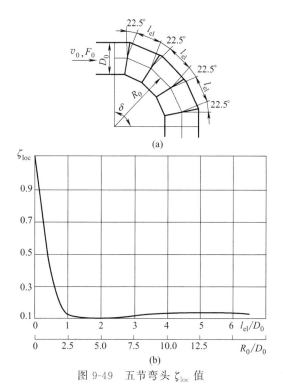

图 9-49　五节弯头 ζ_{loc} 值

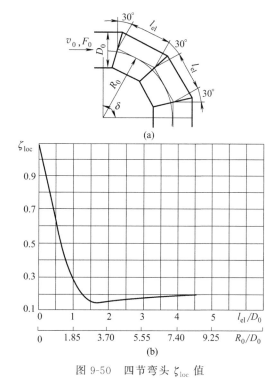

图 9-50　四节弯头 ζ_{loc} 值

（3）接角为 45° 的三节弯头和 ζ_{loc} 值见图 9-51。

（4）接角为 22.5° 的 45° 弯头如图 9-52 所示，其阻力系数

$$\zeta = \zeta_{loc} + \zeta_{fr} \tag{9-94}$$

式中，$\zeta_{loc} = 0.11$；$\zeta_{fr} = \lambda l_{el}/D_0$，$l_{el}$ 为分节长度，m。

（5）接角为 30° 的 60° 弯头如图 9-53 所示，其阻力系数

$$\zeta = \zeta_{loc} + \zeta_{fr} \tag{9-95}$$

式中，$\zeta_{loc} = 0.15$；$\zeta_{fr} = \lambda l_{el}/D_0$。

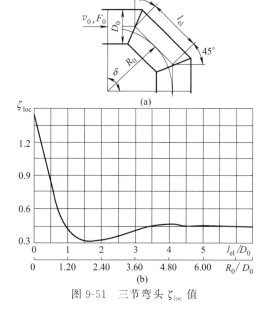

图 9-51　三节弯头 ζ_{loc} 值

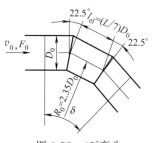

图 9-52　45° 弯头

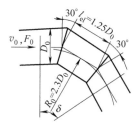

图 9-53　60° 弯头（一）

（6）接角为 20° 的 60° 弯头如图 9-54 所示，其阻力系数

$$\zeta = \zeta_{\text{loc}} + \zeta_{\text{fr}} \tag{9-96}$$

式中，$\zeta_{\text{loc}} = 0.11$；$\zeta_{\text{fr}} = 2(l_{\text{el}}/D_0)$。

（7）接角为 60° 和 30° 的 90° 弯头如图 9-55 所示，其阻力系数

$$\zeta = \zeta_{\text{loc}} + \zeta_{\text{fr}} \tag{9-97}$$

式中，$\zeta_{\text{loc}} = 0.4$；$\zeta_{\text{fr}} = \lambda l_{\text{el}}/D_0$。

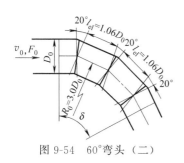

图 9-54 60° 弯头（二）

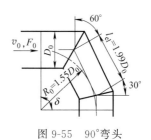

图 9-55 90° 弯头

（8）接角为 45° 的 90° 弯头及阻力系数如图 9-56 所示。

（9）其他形式连接弯头形式及阻力系数见表 9-18。

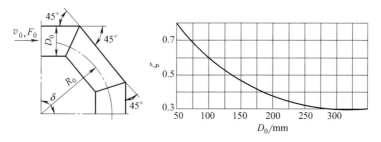

图 9-56 接角 45° 的 90° 弯头阻力系数

表 9-18 其他形式连接弯头形式及阻力系数

弯角	弯头形式	ζ	弯角	弯头形式	ζ
$\delta' = 45°$		0.60	$2\delta = 2 \times 90°$		2.16
$\delta = 90°$		0.92	$\delta + \delta' = 90° + 45°$		1.50

续表

弯角	弯头形式	ζ	弯角	弯头形式	ζ
$2\delta = 2\times 90°$		1.60	$2\delta = 2\times 90°$		3.30
$4\delta = 4\times 45°$		2.65	$\delta + \delta' = 90°+45°$		1.93
$\delta = 45°$		0.53	$2\delta = 2\times 90°$		2.56
$\delta = 90°$		1.33	$4\delta' = 4\times 45°$		2.38
$2\delta' = 2\times 45°$		1.00	$2\delta' = 2\times 45°$		0.82

（五）圆管弯曲阻力损失

（1）不同形状圆管连接展开总长度的局部压力损失

$$\Delta p_s = \zeta_{\mathrm{ges}}\rho v^2/2 \tag{9-98}$$

式中，ζ_{ges} 为阻力系数，见图 9-57。

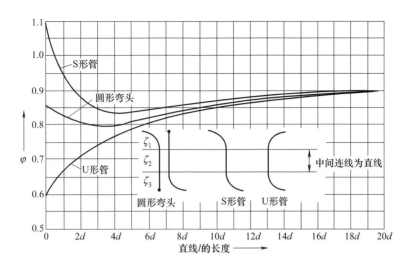

图 9-57 阻力系数 ζ_{ges} 的列线图

$(\zeta_{gcs} = \zeta_1 + \zeta_2 + \zeta_3)$

（2）圆形弯管阻力系数 圆形弯管形状见图9-58，其中A形弯管阻力系数 ζ 查表9-19，B形弯管阻力系数查表9-20。

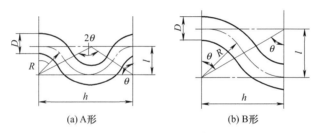

(a)A形　　　　　(b)B形

图 9-58 圆形弯管

表 9-19 A形弯管阻力系数 ζ

$\theta/(°)$		20	40	60	80	100	120	140	160
R/D	1	0.26	0.50	0.68	0.81	0.92	1.02	1.08	1.16
	2	0.18	0.32	0.44	0.56	0.62	0.68	0.72	0.76
	4	0.12	0.22	0.32	0.38	0.44	0.48	0.50	0.54
	6	0.10	0.18	0.24	0.30	0.34	0.38	0.40	0.42

表 9-20 B形弯管阻力系数 ζ

$\theta/(°)$		20	40	60	80	100	120	140	160
R/D	1	0.13	0.25	0.34	0.41	0.46	0.51	0.54	0.58
	2	0.09	0.16	0.22	0.28	0.31	0.34	0.36	0.38
	4	0.06	0.11	0.16	0.19	0.22	0.24	0.25	0.27
	6	0.05	0.09	0.12	0.15	0.17	0.19	0.20	0.21

（3）圆管弯头阻力系数 各种类型的90°弯头的阻力系数 ζ 见图9-59。对于非90°弯头的阻力系数要乘以修正系数 ζ_0，见表9-21。

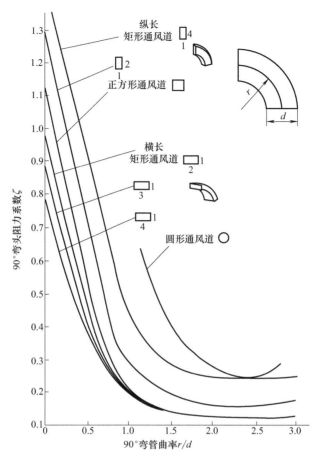

图 9-59　90°弯头阻力系数与曲率

1、2、3、4—矩形管道边长比例

表 9-21　非 90°弯头的阻力系数修正值

$\theta/(°)$	0	20	30	45	60	75	90	110	130	150	180
ζ_θ	0	0.31	0.45	0.60	0.78	0.90	1.0	1.13	1.20	1.28	1.40

（4）渐扩管阻力系数　渐扩管阻力系数 ζ，见表 9-22 和图 9-60。其计算式为

$$\zeta = 0.011 \times (10\rho)^{1.22} \tag{9-99}$$

表 9-22　渐扩管阻力系数

θ	10°	12°	15°	18°	20°
ζ	0.18	0.23	0.30	0.37	0.43

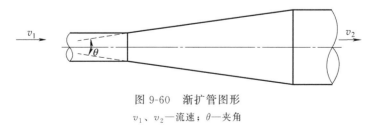

图 9-60　渐扩管图形

v_1、v_2—流速；θ—夹角

（六）三通阻力系数

（1）三通合流管阻力系数　已知三通管的流量配比和管径以及三通道的夹角等，由图 9-61

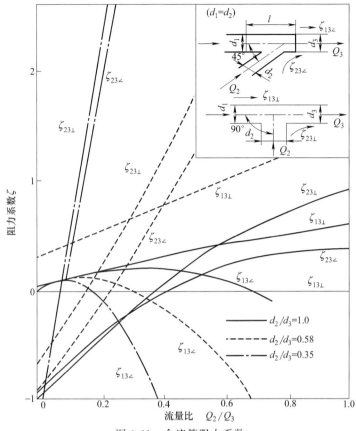

图 9-61　合流管阻力系数

$\zeta_{13\angle}$—45°三通直管阻力系数；$\zeta_{23\angle}$—45°三通支管阻力系数；$\zeta_{13\perp}$—90°三通直管阻力系数；
$\zeta_{23\perp}$—90°三通支管阻力系数；Q_2—三通支管流量，m^3/min；Q_3—三通主管流量，m^3/min

查取合流管的阻力系数 ζ。

计算三通直管阻力或计算三通支管阻力时，所采用的气体流速均为主管流速。三通合流管阻力系数计算比较烦琐，相对工程设计而言可进行简化，当图 9-61 中三通管长度 $l \geqslant 5(d_3 - d_1)$ 时可查表 9-23。

表 9-23　三通合流管阻力系数

夹角 $\theta/(°)$	阻力系数 ζ		夹角 $\theta/(°)$	阻力系数 ζ	
	ζ_{13}	ζ_{23}		ζ_{13}	ζ_{23}
10	0.20	0.06	40	0.2	0.25
15	0.20	0.09	45	0.2	0.28
20	0.20	0.12	50	0.70	0.32
25	0.20	0.15	60	0.70	0.44
30	0.20	0.18	90	0.70	1.0
35	0.20	0.21			

（2）三通分流管阻力系数（见图 9-62）

（七）管道进出口阻力

（1）管道进口局部阻力损失

$$\Delta p_s = \zeta_e \rho v_1^2 / 2 \tag{9-100}$$

式中，ζ_e 为管道进口局部阻力系数，见表 9-24。

（2）管道出口局部阻力系数　见表 9-25。

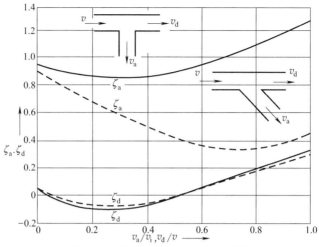

图 9-62　阻力系数 ζ_a，ζ_d 的列线图

表 9-24　管道进口局部阻力系数

进口形式	阻力系数 ζ_c	进口形式	阻力系数 ζ_c
$v \to$ (r, D)	方形 $r=0.25D$　$\zeta_c=1.2$ $r=0.6D$　$\zeta_c=1.05$	(δ, D)	$\zeta_c=0.5+0.3\cos\delta+0.2\cos^2\delta$
$60°\sim90°$　$v \to$ (D)	圆形 $\zeta_c=1.25$ 方形 $\zeta_c=1.26$	$v \to$ (D)	圆形 $\zeta_c=1.9$ 方形 $\zeta_c=2.25$
$v \to$ (D)	圆形 $\zeta_c=1.5$ 方形 $\zeta_c=1.7$	孔隙 $v \to$	$\zeta_c=1.78$

表 9-25　管道出口局部阻力系数

名称	图形	ζ_0 值					
矩形扩散口	墙 F_1；v_0,a,F_0,θ；$0.5\leqslant\dfrac{a}{b}\leqslant2.0$	F_1/F_0	$\theta/(°)$				
			14	20	30	45	60	$\geqslant90$
		2	0.37	0.38	0.50	0.75	0.90	1.1
		4	0.25	0.37	0.57	0.82	1.0	1.1
		6	0.28	0.47	0.64	0.87	1.0	1.1
	v_0,F_0,θ_1；顶视 θ_2 侧视 θ_1；F_1；$\theta_1=\theta_2\pm10\%$　$\theta_0=\dfrac{\theta_1+\theta_2}{2}$	F_1/F_0	$\theta_0/(°)$				
			10	14	20	30	45	$\geqslant60$
		2	0.44	0.58	0.70	0.86	1.0	1.1
		4	0.31	0.48	0.61	0.76	0.94	1.1
		6	0.29	0.47	0.62	0.74	0.94	1.1
		10	0.26	0.45	0.60	0.73	0.89	1.0
圆形扩散出风口	F_1；v_0,D,F_0,θ；墙	F_1/F_0	$\theta/(°)$				
			14	16	20	30	45	60	$\geqslant90$
		2	0.33	0.36	0.44	0.74	0.97	0.99	1.0
		4	0.24	0.28	0.36	0.54	0.94	1.0	1.0
		6	0.22	0.25	0.32	0.49	0.94	0.98	1.0
		10	0.19	0.23	0.30	0.50	0.94	0.72	1.0
		16	0.17	0.20	0.27	0.49	0.94	1.0	1.0

（八）不同管道形式的局部阻力系数（见图 9-63）

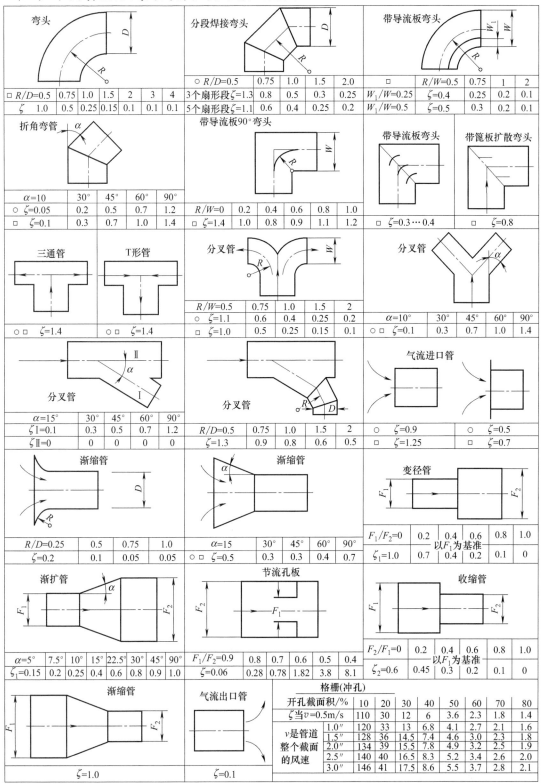

图 9-63　不同管道形式的局部阻力系数
○—圆管；□—方管

（九）阀门阻力损失

除尘器用的阀门有五类，即碟阀、插板阀、多叶阀、提升阀和换向阀。其阻力系数见表9-26局部阻力按通用公式计算。

表 9-26 阀门阻力系数

序号	名称	图形	ζ_0 值									
1	圆形碟阀	v_0 ⟶ θ	$\theta/(°)$	0	10	20	30	40	50	60		
			ε_0	0.20	0.52	1.5	4.5	11	29	108		
2	矩形碟阀	θ	$\theta/(°)$	0	10	20	30	40	50	60		
			ε_0	0.04	0.33	1.2	3.3	9.0	26	70		
3	矩形碟阀	θ v_A	$\theta/(°)$	0	10	20	30	40	50	60		
			ε_0	0.50	0.65	1.6	4.0	9.4	24	67		
4	圆形插板阀	F_0 h F_1 D	h/D	0.2	0.3	0.4	0.5	0.6	0.7	0.8	0.9	
			A_h/A_0	0.25	0.38	0.50	0.61	0.71	0.81	0.09	0.96	
			ε_0	35	10	4.6	2.1	0.98	0.44	0.17	0.06	

序号	名称	图形	a/b	\multicolumn{7}{c}{a/a'}						

表中第5项：

a/b	a/a'						
	0.3	0.4	0.5	0.6	0.7	0.8	0.9
0.5	14	6.9	3.3	1.7	0.83	0.32	0.09
1.0	19	8.8	4.5	2.4	1.2	0.55	0.17
1.5	20	9.1	4.7	2.7	1.2	0.47	0.11
2.0	18	8.8	4.5	2.3	1.1	0.51	0.13

5 矩形插板阀 （v_0, a', b, a）

6 多叶阀 （v, α, n=叶数）

n	$\alpha/(°)$									
	0	10	20	30	40	50	60	70	80	90
1	0.5	0.3	1.0	2.5	7	20	60	100	1500	8000
2	0.5	0.4	1.0	2.5	4	8	30	50	350	6000
3	0.5	0.2	0.7	2	5	10	20	40	160	6000
4	0.5	0.25	0.8	2	4	8	15	30	100	6000
5	0.5	0.2	0.6	1.8	3.5	7	13	28	80	4000

7 多叶阀 （叶片末端卷曲, v_0, θ）

l/s	$\theta/(°)$								
	80	70	60	50	40	30	20	10	0
0.3	807	284	73	21	9.0	4.1	2.1	0.85	0.52
0.4	915	332	100	28	11	5.0	2.2	0.92	0.52
0.5	1045	377	122	33	13	5.4	2.3	1.0	0.52
0.6	1121	411	148	38	14	6.0	2.3	1.0	0.52
0.8	1299	495	188	54	18	6.6	2.4	1.1	0.52
1.0	1521	547	245	65	21	7.3	2.7	1.2	0.52
1.5	1654	677	361	107	28	9.0	3.2	1.4	0.52

注：l 为合计的阀门叶片总长度，mm；s 为风道的周长，mm

8 提升阀[①] （D, h）

1. 提升阀阀板高度的圆周面积为阀孔面积的 1 倍时阻力系数 ζ 为 1.90；
2. 提升阀阀板高度的圆周面积为阀孔面积的 2 倍时阻力系数 ζ 为 3.16；
3. 提升阀阀板高度的圆周面积为阀孔面积的 1 倍以下或 2 倍以上时阻力系数 ζ 适当减小或加大

① 摘自安登飞先生研究成果。

（十）滤料和粉尘层的阻力损失

（1）滤料阻力损失 滤料的阻力特性以洁净滤料阻力系数和残余阻力表示，其值见表9-27。

表 9-27　滤料阻力特性

项　目	滤料类型	
	非织造滤料	织造滤料
洁净滤料阻力系数 C/(Pa·min/m)	≤20	≤30
残余阻力 Δp/Pa	≤300	≤400

注：摘自 GB/T 6719—2009。

（2）粉尘层阻力　粉尘层阻力按粉尘性质不同差异较大，表 9-28 给出一般情况下不同滤尘量和过滤速度的滤袋阻力值。

表 9-28　不同滤尘量和过滤速度的滤袋过滤阻力

过滤速度 v_F /(m/min)	滤袋粉尘负荷 m/(g/m²)					
	100	200	300	400	500	600
	过滤阻力/Pa					
0.5	300	360	410	460	500	540
1.0	370	460	520	580	630	690
1.5	450	530	610	680	750	820
2.0	520	620	710	790	880	970
2.5	590	700	810	900	1000	—
3.0	650	770	900	1000	—	—

注：摘自张殿印、张学义编著《除尘技术手册》。

（3）粉尘层阻力 Δp_d 简化计算式　随着使用时间的推移，滤料上的粉尘堆积，负荷增重，气体的过滤速度减小。从实用观点看，滤料上粉尘层的压降可用比林公式描述

$$\Delta p_d = 10kN_1 v^2 t \tag{9-101}$$

$$k = 16k_s k_f k_p \frac{v}{d_f^2} \tag{9-102}$$

式中，N_1 为过滤器入口端空气含尘浓度，g/m³；v 为滤速，m/min；t 为过滤时间，min；k_s 为与粉尘种类有关的系数（见表 9-29）；k_f 为与滤料种类有关的系数（见表 9-29）；k_p 为与滤料渗透率有关的系数（见表 9-29）；d_f 为粉尘的粒径，μm。

表 9-29　滤料系数 k_s, k_f, k_p

粉尘系数 k_s	破碎材料	烟雾	飞灰		不规则形材料	软性材料	
	10	0.05	4		3	0.2	
滤料系数 k_f	长纤维	纤维织物	毡				
	1	0.5	0.25				
渗透率/(cm/s)	5	10	15	20	25	30	35	40	45
k_p	1.5	1.2	1.1	1.0	0.9	0.7	0.6	0.5	

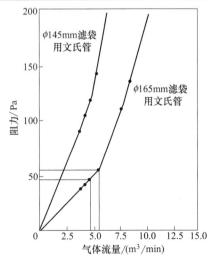

图 9-64　文氏管诱导器阻力

（4）诱导器　文氏管诱导器的阻力由图 9-64 查得。

（十一）风机出口阻力系数

在除尘机组内往往装设风机，风机出口与风管连接的阻力系数计算如下。

（1）风机出口在一个平面上对称扩大的扩散段阻力系数计算式如下。其数值见图 9-65 和表 9-30。

$$\zeta = \frac{\Delta p}{\rho v_0^2/2} = f\left(\frac{F_1}{F_0}\right) \tag{9-103}$$

式中，ζ 为风机出口阻力系数；Δp 为风机出口阻力，Pa；ρ 为空气密度，kg/m³；v_0 为风机出口风速，m/s；F_1 为扩散段出口面积，m²；F_0 为风机出口面积，m²。

（2）风机出口在一个平面上非对称扩大（$\alpha_1 = 0°$）的扩散段的阻力系数见图 9-66 和表 9-31。

表 9-30　一个平面对称扩大阻力系数值

$\alpha/(°)$	$\dfrac{F_1}{F_0}$					
	1.5	2.0	2.5	3.0	3.5	4.0
10	0.05	0.07	0.09	0.10	0.11	0.11
15	0.06	0.09	0.11	0.13	0.13	0.14
20	0.07	0.10	0.13	0.15	0.16	0.16
25	0.08	0.13	0.16	0.19	0.21	0.23
30	0.16	0.24	0.29	0.32	0.34	0.35
35	0.24	0.34	0.39	0.44	0.48	0.50

表 9-31　一个平面非对称扩大阻力系数 ζ（$\alpha_1=0°$）

$\alpha/(°)$	$\dfrac{F_1}{F_0}$					
	1.5	2.0	2.5	3.0	3.5	4.0
10	0.08	0.09	0.10	0.10	0.11	0.11
15	0.10	0.11	0.12	0.13	0.14	0.15
20	0.12	0.14	0.15	0.16	0.17	0.18
25	0.15	0.18	0.21	0.23	0.25	0.26
30	0.18	0.25	0.30	0.33	0.35	0.35
35	0.21	0.31	0.38	0.41	0.43	0.44

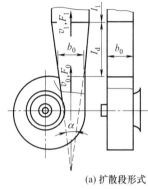

(a) 扩散段形式

(b) 阻力系数

图 9-65　一个平面对称扩大阻力系数

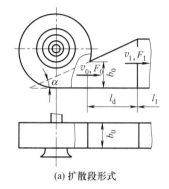

(a) 扩散段形式

(b) 阻力系数

图 9-66　一个平面非对称扩大阻力系数（$\alpha_1=0°$）

（3）风机出口在一个平面上非对称扩大（$\alpha_1=10°$）的扩散段的阻力系数见图 9-67 和表 9-32。

（4）风机出口在一个平面上非对称扩大（$\alpha_1=-10°$）的扩散段的阻力系数见图 9-68 和表 9-33。

表 9-32　一个平面非对称扩大阻力系数（$\alpha_1=10°$）

$\alpha/(°)$	$\dfrac{F_1}{F_0}$					
	1.5	2.0	2.5	3.0	3.5	4.0
10	0.05	0.08	0.11	0.13	0.13	0.14
15	0.06	0.10	0.12	0.14	0.15	0.15
20	0.07	0.11	0.14	0.15	0.16	0.16
25	0.09	0.14	0.18	0.20	0.21	0.22
30	0.13	0.18	0.23	0.26	0.28	0.29
35	0.15	0.23	0.28	0.33	0.35	0.36

表 9-33　一个平面非对称扩大阻力系数（$\alpha_1=-10°$）

$\alpha/(°)$	$\dfrac{F_1}{F_0}$					
	1.5	2.0	2.5	3.0	3.5	4.0
10	0.11	0.13	0.14	0.14	0.14	0.14
15	0.13	0.15	0.16	0.17	0.18	0.18
20	0.19	0.22	0.24	0.26	0.28	0.30
25	0.29	0.32	0.35	0.37	0.39	0.40
30	0.36	0.42	0.46	0.49	0.51	0.51
35	0.44	0.54	0.61	0.64	0.66	0.66

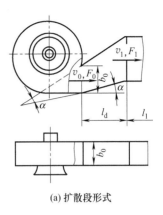

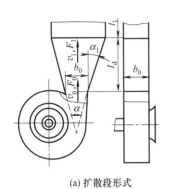

(a) 扩散段形式

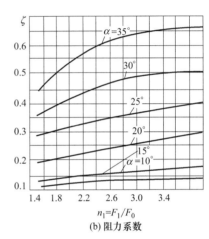

(a) 扩散段形式

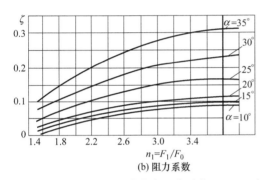

图 9-67 一个平面非对称扩大阻力系数 ($\alpha_1 = 10°$)

图 9-68 一个平面非对称扩大阻力系数 ($\alpha_1 = -10°$)

(5) 风机出口对称扩散阻力系数见图 9-69 和表 9-34。

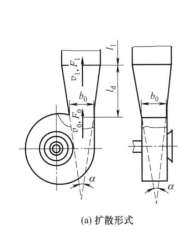

(a) 扩散形式

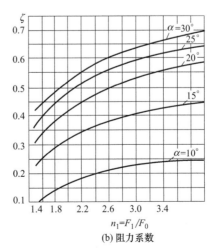

(b) 阻力系数

图 9-69 风机出口对称扩散阻力系数

表 9-34　风机出口对称扩散阻力系数

$\alpha/(°)$	F_1/F_0						$\alpha/(°)$	F_1/F_0					
	1.5	2.0	2.5	3.0	3.5	4.0		1.5	2.0	2.5	3.0	3.5	4.0
10	0.10	0.18	0.21	0.23	0.24	0.25	25	0.36	0.49	0.55	0.58	0.62	0.64
15	0.23	0.33	0.38	0.40	0.42	0.44	30	0.42	0.53	0.59	0.64	0.67	0.69
20	0.31	0.43	0.48	0.53	0.56	0.58							

六、实例——袋式除尘器阻力分析计算

1. 袋式除尘器阻力组成

袋式除尘器阻力指气流通过袋式除尘器的流动阻力，当除尘器进出口截面积相等时可以用除尘器进出口气体平均静压差度量。设备阻力 Δp 包括除尘器结构阻力 Δp_g 和过滤阻力 Δp_L 两部分，过滤阻力又由洁净滤料阻力 Δp_q、滤料中粉尘残留阻力 Δp_c（初层）和堆积粉尘层阻力 Δp_d 三部分组成，即

$$\Delta p = \Delta p_g + \Delta p_L \tag{9-104}$$

$$\Delta p_L = \Delta p_q + \Delta p_c + \Delta p_d \tag{9-105}$$

对于传统结构的脉冲袋式除尘器，其设备阻力和分布大致如表 9-35 所列（以电厂锅炉、炼钢电炉烟气净化为例）。

表 9-35　常规脉冲袋式除尘器设备阻力分布

项目	结构阻力 Δp_j	洁净滤料阻力 Δp_q	滤袋残留阻力 Δp_c	堆积粉尘层阻力 Δp_d	设备阻力 Δp
阻力范围/Pa	300~600	20~100	140~500	0~300	1000~1500
最大值/Pa	600	100	500	300	1500
比例/%	40	7	33	20	100

由表可以看出，袋式除尘器设备结构阻力和滤袋表面残留阻力是设备阻力的主要构成，也是节能降阻的重点环节。

2. 袋式除尘器结构阻力分析

除尘器本体（结构）阻力占其总阻力比例 40%，值得特别重视。该阻力主要由进出风口、风道、各袋室进出风口、袋口等气体通过的部位产生的摩擦阻力和局部阻力组成，即为各部分摩擦阻力和局部阻力之和，简易公式表示为：

$$\Delta p_g = \sum K_m v^2 + \sum K_g v^2 \tag{9-106}$$

式中，K_m 为摩擦综合系数；K_g 为局部阻力综合系数；v 为气体流经各部位速度。

可见，欲减小 Δp_g，首先减小局部阻力系数和降低气体流速度。

由式（9-106）看出，阻力的大小与气体流速大小的平方成正比，因此，设计中，应尽可能扩大气体通过的各部位的面积，最大限度地降低气流速度，减小设备本体阻力损失。

由于阻力与流速的平方成正比，故降低气体流速更为有效。降低速度的关键是进出风口，进出口气流速度高，降速潜力大。

再加上流体速度的降低，把结构阻力降为 300Pa 是完全可能的。图 9-70 是某钢厂除尘器内部各环节流速的具体数值。

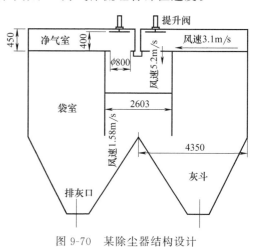

图 9-70　某除尘器结构设计

3. 袋式除尘器滤料阻力分析

（1）洁净滤料阻力 Δp_j　洁净滤料的阻力计算式可用下式表示

$$\Delta p_j = C v_f \tag{9-107}$$

式中，Δp_j 为洁净滤料的阻力，Pa；C 为洁净滤料阻力系数；v_f 为过滤速度，m/min。

GB/T 6719—2009 规定滤料阻力特性以洁净滤料阻力系数 C 和动态滤尘时阻力值表示，见表 9-27。洁净针刺滤料阻力一般只有 80Pa，机织滤料也不过 100Pa（过滤风速 1m/min 时）。

滤袋阻力与滤料的结构、厚度、加工质量和粉尘的性质有关，采用表面过滤技术（覆膜、超细纤维面层等）是防止粉尘嵌入滤料深处的有效措施。

（2）滤袋表面残留粉尘阻力 Δp_c　滤袋使用后，粉尘渗透到滤料内部，形成"深度过滤"，但随着运行时间的增长，残留于滤料中的粉尘会逐渐增加，滤料阻力显著增大，最终形成堵塞，这也意味着滤袋寿命终结。

袋式除尘器在运行过程中防止粉尘进入滤料纤维间隙是主要的，如果出现糊袋（烟气结露、油污等）则过滤状态会更恶化。

一般情况下，滤料阻力长时间保持小于 400Pa 是理想的状况。如果保持在 600～800Pa 也是很正常的。

残留在滤料之中的粉尘层阻力笔者整理的经验计算式如下

$$\Delta p_c = K v_f^{1.78} \tag{9-108}$$

式中，Δp_c 为残留在滤料中的粉尘层阻力，Pa；K 为残留在滤料中的粉尘层的阻力系数，通常在 100～600 之间，主要与滤料使用年限有关；v_f 为过滤速度，m/min。

滤袋清灰后，残留在滤袋内部的粉尘残留阻力也是除尘器过滤的主要能耗。残留粉尘阻力大小与粉尘的粒径和黏度有关，特别是与清灰方式、滤袋表面的粗糙度有关。在保障净化效率的前提下，应尽量减小残留粉尘的阻力，相关措施如下：①选择强力清灰方式或缩短清灰周期，并保证清灰装置正常运行；②强化滤料表面粗糙度，如研光后处理，或采用表面过滤技术，如使用覆膜滤料、超细纤维面层滤料；③粉尘荷电，改善粉饼结构，增强凝并效果。

通过覆膜、上进风等综合措施，滤袋表面残留粉尘阻力可从目前 500Pa 降到 250Pa 左右，下降 50%。

（3）堆积粉尘层阻力 Δp_d　堆积粉尘层阻力 Δp_d 与粉尘层厚度有关，笔者整理的经验式为：

$$\Delta p_d = B \delta^{1.58} \tag{9-109}$$

式中，Δp_d 为堆积粉尘层阻力，Pa；B 为粉尘层阻力系数，在 2000～3000 之间，与粉尘性质有关；δ 为粉尘层厚度，mm。

现用比林公式来估算粉尘层压降 Δp_d。

【例 9-1】　用渗透率为 15cm/s 的纤维纺织滤料，如果粒径 d_f 为 10μm 的飞灰的进口浓度为 $N_1 = 5\text{g/m}^3$，过滤速度为 $v = 1.0\text{m/min}$。计算过滤时间 15min 后的粉尘层压降 Δp_d。

解：首先必须计算 k 值，由表 9-29 查得各项系数，有

$$k = 16 \times \frac{1.0}{10^2} \times 4 \times 0.5 \times 1.1 = 0.325$$

因此粉尘层压降　　　　$\Delta p_d = 10 \times 0.176 \times 5 \times 1.0^2 \times 15 = 264 \text{（Pa）}$

一定厚度的粉尘层，经清灰后，粉尘抖落后重新运行。经过时间 t 之后，在过滤面积 A（m²）上又黏附一层新粉尘。假设粉尘的厚度为 L，孔隙率为 ε_p 时沉积的粉尘质量为 M_d（kg），那么 $M_d/A = m_d$（kg/m²）就叫作粉尘负荷或表面负荷。负荷相对应的压力损失就是堆积粉尘层的阻力。

堆积粉尘层阻力大于等于定压清灰上下限阻力设定压差值，清灰前粉尘层阻力达到最大值，

清灰后粉尘层阻力降到最小值或等于零。除尘器型式和滤料确定后，堆积粉尘层阻力是设备阻力的构成中唯一可调部分。对于单机除尘器，粉尘层阻力反映了清灰时被剥离粉尘的量，即清灰能力和剥离率；对于大型袋式除尘器，则体现了每个清灰过程中被喷吹的滤袋数量。

堆积粉尘层阻力（即清灰上下限阻力设定差值）主要与粉尘的粒径、黏性、粉尘浓度和清灰周期有关。粉尘浓度低时，可延长过滤时间；当粉尘浓度高时，可适当缩短清灰周期。

刻意地追求低的粉尘层阻力是不合适的，一般认为增加滤袋喷吹频度会缩短滤袋的寿命，但是运行经验表明，除玻纤袋外，尚无因缩短清灰周期而明显影响滤袋使用寿命的案例。根据工程经验，粉尘层阻力选择 200Pa 左右为宜。

基于以上分析，若采用脉冲袋式除尘器结构和表面过滤技术，对于一般性原料粉尘和炉窑烟气，当过滤风速 1m/min 时，现提出理想的袋式除尘器设备阻力和分布，如表 9-36 所列。

表 9-36　理想的袋式除尘器设备阻力和分布　　　　　　　　单位：Pa

项　　目	结构阻力 Δp_j	清洁滤料阻力 Δp_q	滤袋残留阻力 Δp_c	堆积粉尘阻力 Δp_d	设备阻力 Δp
正常值	300	80	300	120	800
最大值	300	80	400	220	1000

可见，采取降阻措施后，理想的袋式除尘器阻力比传统的袋式除尘器阻力降低 25%～30%，节能显著。

4. 案例

（1）高炉碾泥机除尘器　2007 年 6 月，某钢铁股份公司一号高炉碾泥机室搬迁后的碾泥机室除尘系统正式投产使用。该系统主要捕集碾泥机室的原料进料、原料贮存及配料系统和碾泥机作业及成品包装系统等各处扬尘。该除尘系统选用的脉冲袋式除尘器的基本参数见表 9-37。

表 9-37　碾泥机脉冲袋式除尘器设备基本参数

处理风量 /(m³/h)	气体温度 /℃	烟尘成分	入口含尘浓度 /(g/m³)	出口含尘浓度 /(mg/m³)	过滤风速 /(m/min)	过滤面积 /m²	滤料材质
48000	≤60	焦油、黏土粉、氧化铝粉等	5～8	20	1.2	672	覆膜针制毡

采取降阻措施后，此系统脉冲除尘器在 3 年的稳定运行中，设备阻力一直小于 600Pa，节能显著，设备阻力基本分布见表 9-38。除尘器外观见图 9-71。

表 9-38　碾泥机脉冲袋式除尘器设备阻力和分布

项　　目	结构阻力 Δp_j	清洁滤料阻力 Δp_q	滤袋残留阻力 Δp_c	堆积粉尘阻力 Δp_d	设备阻力 Δp
实际值/Pa	150	80	250	120	600

图 9-71　碾泥机脉冲袋式除尘器

（2）转炉二次烟气除尘器 2009 年 1 月，某钢铁股份公司二炼钢 $4^\#$ 转炉二次除尘系统正式投产使用。该系统主要捕集转炉炼钢过程中所产生的二次烟气。该除尘系统选用的脉冲袋式除尘器的基本参数见表 9-39。

表 9-39 转炉二次脉冲袋式除尘器设备基本参数

处理风量 /(m³/h)	气体温度 /℃	烟尘成分	入口含尘浓度 /(g/m³)	出口含尘浓度 /(mg/m³)	过滤风速 /(m/min)	过滤面积 /m²	滤料材质
120000	≤120	氧化铁粉尘	≤5	20	1.2	16520	涤纶针制毡

采取降阻措施后，此系统脉冲除尘器在 1 年半的稳定运行中，设备阻力一直稳定在 1000Pa 左右，节能显著，设备阻力基本分布见表 9-40。除尘器外观见图 9-72。

表 9-40 转炉二次脉冲袋式除尘器设备阻力和分布

项 目	结构阻力 Δp_j	清洁滤料阻力 Δp_q	滤袋残留阻力 Δp_c	堆积粉尘阻力 Δp_d	设备阻力 Δp
实际值/Pa	450	80	350	120	1000

图 9-72 转炉二次脉冲除尘器

通常袋式除尘器的阻力由除尘器结构阻力、滤料阻力、滤袋粉尘残留阻力（初层）和堆积粉尘层阻力四部分组成，传统的袋式除尘器的结构阻力和滤料残留阻力较大，如果想节能其根本措施如下：①降低气流在除尘器流动速度并采取导流措施使气流合理运动，这样可以降低袋式除尘器的结构阻力；②采用覆膜滤料和超细纤维高密面层滤料可显著减少滤袋粉尘残留阻力和粉尘层；③合理的清灰周期和清灰强度可减少粉尘层厚度、降低粉尘层阻力。

第十章 工业除尘设备自动控制设计

设备自动控制设计是除尘设备设计重要组成之一。本章介绍除尘系统自动控制组成、自动控制仪表、可编程控制器和自动控制设计等内容。自动控制技术发展很快，在工程中应尽可能采用先进、可靠的自动控制技术和设计。

第一节 除尘设备自动控制组成

除尘设备自动控制的内容包括温度、压力、料位、电流、电压、振动、转速、输灰、排灰、工况和故障判断等。

一、除尘控制基本内容

（1）袋式除尘器阻力控制　除尘器的阻力是指其进出口的压差。除尘器阻力增高，处理风量随之下降，烟尘捕集效果变差，阻力过高时袋式除尘器将陷于瘫痪；除尘器阻力过低，说明清灰可能过度，粉尘排放浓度将增加。因此，将袋式除尘器阻力控制在一定范围内是保证除尘系统正常运行，并保证烟尘捕集效果和净化效果的关键。

（2）烟气温度控制　滤袋是袋式除尘器的核心部件。滤袋只能在适当的温度范围内才能长期工作。烟气温度高时，会影响滤袋的寿命，甚至烧毁滤袋；温度低时，烟气会发生结露，将导致糊袋和粉尘板结、滤袋阻力增大，甚至堵塞。因此，烟气温度控制至关重要。

（3）卸、输灰控制　在大多数情况下，袋式除尘器灰斗内需要积存一定量的粉尘。积灰过多，可能堵塞进风通道，甚至淹没滤袋；积灰过少，则可能导致漏风。卸、输灰控制失效，可能导致袋式除尘器停止运行。

（4）除尘器工况检测和故障诊断　清灰装置、卸灰装置、输灰装置是袋式除尘器的重要部件，其工况关系到袋式除尘器的正常运行。还有一些附属设备，例如，供气系统、各种阀门等，对袋式除尘器的正常运行也至关重要。因此，需要对袋式除尘器重要部件及附属设备的工况实时监控，对出现的故障及时分析判断，并及时处理和报警。

（5）除尘系统风量的检测及调节　当生产工艺变化而使处理烟气量变化较大时，需要实时检测除尘系统的总烟气量。在某些情况下，还需要检测各个尘源点的吸风量，以调节系统的风量分配。

（6）除尘系统排放粉尘浓度检测及控制　根据环保监管的要求，需要对除尘系统排放粉尘浓度等参数进行在线检测，并将信号上传至厂区信息系统或环保监测部门。

二、除尘设备自动控制特点

① 先进的除尘工艺往往会提出更高的自动控制要求，要满足这些要求就必须探索新的控制方法和手段。这些方法和手段能为除尘工艺的变革提供有价值的思路和建议。

② 除尘工程与生产工程不同，除尘系统的自动控制随除尘工程规模大小、除尘器的形式、环境对除尘效果的要求以及企业管理水平相差较大。

③ 除尘系统自动控制一般分为集中控制和机旁控制，前者为生产管理，后者为维护检修。

④ 中小型除尘系统用普通电气仪表、仪器控制除尘过程，大中型除尘系统用可编程序控制器控制相关仪表。

⑤ 除尘系统自动控制用的盘、箱、柜放置的现场环境条件比较恶劣，在防尘、防水和元器件选择方面要求较高，否则会影响自动控制装置的正常运行。

三、自动控制系统组成

除尘系统工艺过程中包括除尘器、阀门、振动器、灰尘输送装置以及风机等机械设备，它们常常要根据一定的程序、时间和逻辑关系定时开停。例如，钢厂电炉袋式除尘器中的清灰、卸灰和输灰设备要根据现场工艺条件按预定的时间程序周期运行。在电厂电除尘器中的振动、卸灰和排灰也要按一定的时间顺序进行。在自动调节系统中，这种调节、控制方式称为程序调节，我们常常称其为顺序逻辑控制。另外，含尘气体除尘工艺过程同其他工艺过程类似，需要在一定的流量、温度、压力和差压等工艺条件下进行。但是，由于种种原因，这些数据总会发生一些变化，与工艺设定值发生偏差。为了保持参数设定值，就必须对工艺过程施加一个作用，以消除这种偏差而使参数回到设定值上来。例如，转炉煤气除尘系统中炉口微差压需要控制在一定的范围内。类似这样的控制方式在自动调节系统中称为定值调节，我们常常称之为闭环回路控制。

1. 自动控制系统的组成

在工业自动控制过程领域中，任何自动控制系统都是由对象和自动控制装置两大部分组成。

所谓对象，应是指被控制的机械设备。在除尘系统中，如阀门、振动器和输灰电机等，都是被控制的设备，即对象。

所谓自动控制装置，就是指实现自动控制的工具，归纳起来可以分为以下 4 类。

（1）自动检测装置和报警装置　它是在除尘设备运转过程中，对设备中的各个参数自动、连续地进行检测并显示出来。只有采用了自动检测才谈得上工艺过程的自动控制。

自动报警装置是指用声、光等信号自动地反映生产过程的情况及除尘设备运转是否正常的一种自动化装置。

（2）自动保护装置　当设备运行不正常，有可能发生事故时，自动保护装置能自动地采取措施，防止事故的发生和扩大，保护人身和设备的安全。实际上自动保护装置和自动报警装置往往是配合使用的。

（3）自动操作装置　利用自动操作装置可以根据工艺条件和要求，自动地启动或停止某台设备，或进行交替动作。

（4）自动调节装置　在除尘过程控制中，有些工艺参数需要保持在规定的范围内，如转炉煤气除尘系统中，炉口微差压控制在 $-20 \sim 20 Pa$ 之间。当某种情况使工艺参数发生变化时，就由自动调节装置对生产过程施加影响，使工艺参数恢复到原来的规定值上。

上面讲的 4 类自动化装置功能都可以在可编程控制器中完成，因此，测量仪表、监控系统和被控设备即组成了现代除尘系统运行的自动化系统。

2. 输入、输出点

在自动控制时，常常用到输入、输出点的概念。

在大中型除尘控制系统中采用一定数量的自动检测仪表，这些仪表的输出信号都送入了由PLC和计算机组成的监控系统进行显示、储存、打印、分析等。此外，PLC和计算机控制系统还可发出信号（通常是4~20mA）来控制某些连续动作装置，如阀门等。这种连续的信号，我们称之为模拟量信号。来自在线检测仪表的模拟信号进入PLC和计算机系统，我们称之为模拟量输入信号；从PLC和计算机发出的模拟量信号，我们称之为模拟量输出信号，通常用它来控制某些调节阀门。还有另一种状态信号，如控制输灰机运行或停止，这种信号我们称之为开关量输入信号。开关量输入信号通常是从按钮、限位开关和继电器辅助触点上取得，一般都是无源触点。从PLC系统发出的用于控制设备运行或停止的信号，我们称之为开关量输出信号。开关量输出信号通常用来触发接触器、继电器、电磁阀和信号灯等，使它们按照我们预先编制的程序对设备进行控制及显示。

由此可以看出，一个除尘系统输入、输出点的多少反映了该系统的规模大小。当然，输入、输出点数的多少除了与处理能力有关外，还同处理工艺、设计思路、被控设备不同和对自动化要求的程度等因素有关。但是，除尘系统的控制过程都有一个共同的特点，就是开关量多，模拟量少，以逻辑顺序控制为主，闭环回路控制为辅。因此，PLC在除尘系统控制中得到了广泛的应用。

第二节　除尘设备控制仪表

控制仪表包括温度仪表、压力仪表、物位仪表以及流量仪表，控制仪表是袋式除尘器的重要组成部分，是设计和使用袋式除尘器的重要环节。

一、温度仪表

温度是表征物体冷热程度的物理量。温度不能直接测量，只能借助于物体的某些物理性质随冷热程度不同而变化的特性来加以间接测量。常用的测量方法有热膨胀、电阻变化、热心效应和热辐射等。

温度数值的表示用温标，温标规定了温度读数的起点和测量温度的基本单位。国际上温标的种类很多，常用的有3种，即摄氏温标（℃）、华氏温标（F）和热力学温标（K）。除尘设备温度测量仪表用摄氏温标（℃）。温标换算如下：

$$Y = 1.8t + 32 \tag{10-1}$$
$$Z = t + 273.15 \tag{10-2}$$

式中，t 为摄氏温标数值，℃；Z 为热力学温标数值，K；Y 为华氏温标数值，F。

（一）温度仪表的分类和特点

1. 接触式测温仪

接触式测温方法是测温元件与被测物相接触，二者之间产生热交换。当热交换达到平衡时，测温元件的温度与被测物相等。测温元件的物理变化即代表了被测温度变化。

接触式测温仪的特点是结构简单、价格便宜、维护量小；但是因为存在热平衡，所以响应较慢，也可能因破坏被测物的温度场而改变了原来的温度。

根据测温原理的不同，接触式测温仪有下述三种测温方法。

（1）膨胀式温度计　膨胀式测温计是根据物体受热膨胀原理制成的温度计，按感热体不同有三种不同的温度计。

① 固体膨胀式温度计。固体膨胀式温度计的原理是基于固体长度而变化的性质，其关系式如下：

$$L_t = L_{t0}[1 + \alpha(t - t_0)] \tag{10-3}$$

式中，L_t 为温度等于 t 时材料长度；L_{t0} 为温度等于 t_0 时材料长度；α 为在 t_0 和 t 之间材料平均线膨胀系数。

常用的固体膨胀式温度计有杆式温度计和双金属温度计，后者应用最广。

② 液体膨胀式温度计。它是根据液体受热后体积发生膨胀的性质制成。其关系式如下：

$$V_{t2} - V_{t1} = V_{t0}(\alpha - \alpha')(t_2 - t_1) \tag{10-4}$$

式中，V_{t1}、V_{t2} 分别为液体在 t_1 和 t_2 时的体积；α 为液体的体积膨胀系数；α' 为玻璃容器的体积膨胀系数。

液体膨胀式温度计还有液体压力温度计。

③ 气体膨胀式温度计。气体膨胀式温度计的工作原理是在容积保持恒定的前提下，气体的绝对压力 p 随气体的绝对温度 T 增加而增加。其关系式为：

$$\frac{p_1}{T_1} = \frac{p_2}{T_2} \tag{10-5}$$

这种温度计称气体压力式温度计。所充气体为惰性气体。

④ 蒸气膨胀式温度计。蒸气膨胀式温度计是利用液体的饱和蒸气压力随温度变化的性质进行测量的，温包中所用的液体为沸点液体。

（2）热电阻温度计　电阻测温原理是根据导体（或半导体）的电阻值随温度变化而变化的性质，将电阻值的变化用显示仪表显示出来，其关系式为：

$$R_t = R_0(1 + At + Bt^2) \tag{10-6}$$

式中，R_t 为 t℃时电阻值，Ω；R_0 为 0℃时电阻值，Ω；A，B 为常数，依电阻材料而定。

常用的电阻温度计有铂热电阻、铜热电阻和半导体电阻温度计。

（3）热电偶温度计　热电偶的测温原理是热电效应，所谓热电效应就是两种不同金属线连成闭路时，如两接点温度不同，则产生热电势，其值等于两点所产生的电势之差。关系式为：

$$E(T, T_0) = f(T) - f(T_0) \tag{10-7}$$

式中，$E(T, T_0)$ 为热电偶的总电势；T 为热端温度；T_0 为冷端温度。

热电偶的种类很多，偶丝材料不同，温度和电势的具体关系式亦不同，一般在产品说明书中以分表形式给出。

2. 非接触式测温仪

非接触式测温方法是测温元件不与被测物直接接触。它是建立在感温元件接收热辐射基础上的一种测温方法。自然界中任何一种物质都在发射和吸收电磁辐射，但是只有波长为 $0.4 \sim 0.8\mu m$ 的可见光和波长为 $0.8\mu m \sim 0.4mm$ 的红外线才能产生热辐射，非接触式测温就是建立在这一基础上。这种测温仪由光学系统、感温元件、仪表和附件组成，其特点是响应快，结构复杂，价格贵。

非接触式测温依原理不同可分为亮度测温法和颜色测温法（或称比色测温法）。

（1）亮度测温　亮度测温法是根据测温元件接收被测目标辐射功率的大小来测定温度的。它的理论基础是普朗克定律，表达式为

$$E(\lambda,T)=\varepsilon C_1\lambda^{-5}\left(e^{\frac{C_2}{\lambda T}}-1\right)^{-1} \qquad (10\text{-}8)$$

式中，$E(\lambda,T)$ 为黑体的单色辐射强度；ε 为物体的发射率；λ 为波长，m；T 为物体的绝对温度，K；e 为自然对数底数；C_1 为普朗克第一辐射常数 3.7418×10^{-16} W·m²；C_2 为普朗克第二辐射常数 1.4388×10^{-2} m·K。

由式（10-8）可知，辐射强度的大小和绝对温度及辐射波长有关。根据温度探测器波谱响应特点，亮度式测温仪有三种：①单色亮度测温仪，典型的代表是光学高温计，它的工作波长是 $0.66\mu m$；②部分辐射测温仪，它是接收被测目标从波长 λ_1 到 λ_2 范围内辐射功率大小来测定目标温度的，红外高温计大都属于此类；③全辐射测温仪，它是接收被测目标从零到无穷大波长范围内全部辐射功率大小来测量温度的。

（2）比色测温　比色测温仪测取的温度是色温，它的测温原理是根据被测对象发射的两个不同波长功率之比来测定目标温度的，其关系式为

$$T=\frac{B}{\ln F-A} \qquad (10\text{-}9)$$

$$A=\ln\left[\left(\frac{\lambda_2}{\lambda_1}\right)^5\left(\frac{\Delta\lambda_1}{\Delta\lambda_2}\right)\right]$$

$$B=C_2\left(\frac{1}{\lambda_2}-\frac{1}{\lambda_1}\right)$$

式中，T 为被测物绝对温度，K；F 为 λ_1、λ_2 波长辐射功率之比；C_2 为普朗克第二辐射常数。

比色测温仪可以克服被测目标不能充满视场和发射率的影响，亦能克服光路系统的某些干扰。

（二）测温仪表的测量范围和特点

常用的各类温度仪表的测量范围和特点见表 10-1。

表 10-1　常用温度计的种类及特点

原理	种类		使用温度范围 /℃	量值传递的温度范围/℃	精确度 /℃	线性化	响应时间	记录与控制	价格
膨胀	水银温度计		$-50\sim650$	$-50\sim550$	$0.1\sim2$	可	中	不合适	低
	有机液体温度计		$-200\sim200$	$-100\sim200$	$1\sim4$	可	中	不合适	
	双金属温度计		$-50\sim500$	$-50\sim500$	$0.5\sim5$	可	慢	适合	
压力	液体压力温度计		$-30\sim600$	$-30\sim600$	$0.5\sim5$	可	中	适合	低
	蒸气压力温度计		$-20\sim350$	$-20\sim350$	$0.5\sim5$	非	中		
电阻	铂电阻温度计		$-260\sim1000$	$-260\sim630$	$0.01\sim5$	良	中	适合	高
	热敏电阻温度计		$-50\sim350$	$-50\sim350$	$0.3\sim5$	非	快	适合	中
热电动势	热电温度计	B	$0\sim1800$	$0\sim1600$	$4\sim8$	可	快	适合	高
		S·R	$0\sim1600$	$0\sim1300$	$1.5\sim5$	可			高
		N	$0\sim1300$	$0\sim1200$	$2\sim10$	良	快	适合	中
		K	$-200\sim1200$	$-180\sim1000$	$2\sim10$	良			
		E	$-200\sim800$	$-180\sim700$	$3\sim5$	良			
		J	$-200\sim800$	$-180\sim600$	$3\sim10$	良			
		T	$-200\sim350$	$-180\sim300$	$2\sim5$	良			
热辐射	光学温度计		$700\sim3000$	$900\sim2000$	$3\sim10$	非	—	不适合	中
	光电高温计		$200\sim3000$	—	$1\sim10$	非	快	适合	高
	辐射温度计		$100\sim3000$	—	$5\sim20$		中		
	比色温度计		$180\sim3500$	—	$5\sim20$		快		

（三）压力式温度计

1. 压力式温度计特点

压力式温度计也是一种膨胀式温度计，按所用介质不同，分为液体压力式温度计和气体、蒸气压力式温度计，其主要特性见表10-2。

表 10-2　压力式温度计的特性

种类	水　银 压力式温度计	液　体 压力式温度计	气　体 压力式温度	蒸　气 压力式温度	双金属温度计
仪表刻度	等间隔	等间隔	等间隔	不等间隔	等间隔
测温范围/℃	−50~650	−70~300	−200~500	−60~300	−70~500
指示机构驱动力	大	大	小于左边 两种温度计	小于最左边 两种温度计	小于最左边 两种温度计
温包大小	中	很小	很小	中	中
导管的最大长度/m	50	20	30	10	—
环境温度修正法	双金属修正式 导线修正式	双金属修正式 导线修正式	不需修正 双金属修正式	不需修正	不需修正
时间常数/s	约8	约15	约10	约5	约20
周围压力影响	可忽略	可忽略	通常很小	环境压力>0.025Pa 时不能忽略	可忽略
其　他		（1）温包与显示部分的距离可以很长 （2）如果感温液凝固，对针器有损伤		（1）只有当感温液与蒸气共存的情况下，示值与其量无关 （2）导管长度与直径对示值无影响 （3）温包可以做得很小	（1）可以小型化 （2）因无导管，不能远距离测定

注：为了便于比较，将双金属温度计也列入表中。

2. 工作原理

利用充灌式感温系统测量温度的仪器称为压力式温度计，其原理是根据液体膨胀定律。一定质量的液体，在体积不变的条件下，液体压力与温度之间的关系可用下式表示：

$$p_t - p_0 = \frac{\alpha}{\beta}(t - t_0) \tag{10-10}$$

式中，p_t 为液体在温度 t 时的压力；p_0 为液体在温度 t_0 时的压力；α 为液体的膨胀系数；β 为液体的压缩系数。

由上式可以看出，当密封系统的容积不变时，液体的压力与温度呈线性关系。由此原理制成的液体压力式温度计的标尺应为均匀等分。

3. 使用注意事项

该种温度计适于测量对温包无腐蚀作用的液体、蒸气和气体的温度。使用时应注意的事项有：①压力式温度计与玻璃水银温度计相比，时间常数较大，在测量时要将测温元件放在被测介质中保持一定时间，待示值稳定后再读数；②如果被测介质对温包有腐蚀作用时，应将温包安装在耐压且抗腐蚀的保护管中；③安装时毛细管应拉直，且最小弯曲半径不应小于50mm，每隔300mm处最好用轧头固定；④在测量时应将温包全部插入被测介质中，以减小导热误差；⑤在安装液体压力式温度计时，其温包与显示仪表应在同一水平面上，以减少由液体静压引起的误差。

（四）电阻温度计（热电阻）

利用导体或半导体的电阻值随温度变化来测量温度的仪表称电阻温度计。它是由热电阻（感温元件）、连接导线和显示或记录仪表构成的。除尘工程用的热电阻用来测量−200~850℃范围内的温度。

1. 电阻温度计特性

（1）**精确度高** 在所有的常用温度计中，它的精确度最高，可达 1mK。

（2）**输出信号大，灵敏度高** 如在 0℃下用 Pt100 铂热电阻测温，当温度变化 1℃时，其电阻值约变化 0.4Ω，如果通过电流为 2mA，则其电压输出量为 $800\mu V$。电阻温度计的灵敏度较热电偶高一个数量级。

（3）**测温范围广，稳定性好** 在振动小而适宜的环境下，可在很长时间内保持 0.1℃时以下的稳定性。

（4）温度值可由测得的电阻值直接求出，输出线性好，只用简单的辅助回路就能得到线性输出，配套的显示仪表可均匀刻度。

（5）采用细铂丝的热电阻元件一般结构抗机械冲击与振动性能差，热响应时间长，不适宜测量体积狭小和温度瞬变区域。

2. 原理

物体的电阻一般随温度而变化。通常用电阻温度系数来描述这一特性。它的定义是：在某一温度间隔内，当温度变化 1K 时，电阻值的相对变化量，常用 α 表示，单位为 K^{-1}。根据定义，α 可用下式表示：

$$\alpha \frac{R_t - R_{t0}}{R_{t0}(t - t_0)} = \frac{I\Delta R}{R_{t0}\Delta t} \tag{10-11}$$

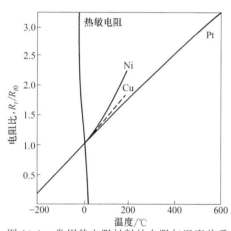

图 10-1 常用热电阻材料的电阻与温度关系

式中，R_t 为在温度为 t℃时的电阻值，Ω；R_{t0} 为在温度为 t_0℃时的电阻值，Ω。

当温度变化时，感温元件的电阻值随温度而变化，并将变化的电阻值作为电信号输入显示仪表，通过测量回路的转换，在仪表上显示出温度的变化值。这就是电阻测温的工作原理。常用热电阻材料的电阻与温度关系曲线见图 10-1。

3. 电阻温度计的结构

工业电阻温度计的基本结构如图 10-2 所示。热电阻主要由感温元件、内引线、保护管 3 部分组成。通常还具有与外部测量与控制装置、机械装置连接的部件。它的外形与热电偶相似，使用要注意避免用错。

4. 电阻温度计性能

普通装配式电阻温度计性能见表 10-3。

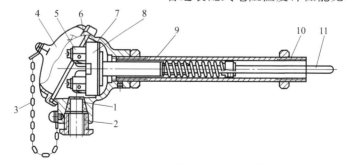

图 10-2 工业电阻温度计的基本结构

1—出线孔密封圈；2—出线孔螺母；3—链条；4—盖；5—接线；6—盖的密封圈；
7—接线盒；8—接线座；9—保护管；10—绝缘管；11—感温元件

表 10-3　普通电阻温度计性能表

品种	分度号	0℃电阻值/Ω	保护管材质	测量范围/℃	允许误差/℃		允许通过电流
					等级	公　式	
铂电阻	Pt100	100±0.06	1Cr18Ni9Ti	−200～+550	A	±(0.15+0.2%$|t|$)	≤5mA
		100±0.12			B	±(0.3+0.5%$|t|$)	
铜电阻	Cu50	50±0.06		−50～+100	—	±(0.3+0.6%$|t|$)	≤10mA
	Cu100	100±0.12					

注：表中 $|t|$ 为被测温度绝对值。

（五）热电温度计（热电偶）

利用热电偶随温度变化所产生的与温度相应的热电动势来测量温度的仪表称热电温度计。它是由热电偶、补偿（或铜）导线及显示或记录仪表构成的。广泛用来测量−200～1300℃范围内的温度。

1. 热电偶的特性

主要有：①热电偶可将温度量转换成电量进行检测，所以对于温度的测量、控制，以及对温度信号的放大、变换等都很方便；②惰性小，精确度高，测量范围广；③适于远距离测量与自动控制；④结构简单，制造容易，价格便宜；⑤测量精确度难以超过 0.2℃；⑥必须有参比端，并且温度要保持恒定。

2. 原理

热电偶的测量原理是基于 1821 年塞贝克（SeebeeK）发现的热电现象。两种不同的导体 A 和 B 连接在一起，构成一个闭合回路，当两个接点 1 与 2 的温度不同时（见图 10-3），如果 $T>T_0$，在回路中就会产生热电动势，此种现象称为热电效应。该热电动势就是著名的"塞贝克温差电动势"，简称"热电动势"，记为 E_{AB}。导体 A、B，称为热电极。接点 1 通常是焊接在一起的，测量时将它置于测温场所感受被测温度，故称为测量端。接点 2 要求温度恒温，称为参比端。

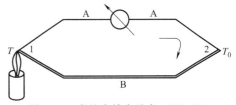

图 10-3　塞贝克效应示意（$T>T_0$）

热电偶就是通过测量热电动势来实现测温的，即热电偶测温是基于热电转化现象——热电现象。如果进一步分析，则可发现热电偶是一种换能器，它是将热能转化为电能，用所产生的热电动势测量温度。该电动势实际上是由接触电势（珀尔贴电势）与温差电势（汤姆逊电势）所组成。

3. 主要性能

普通除尘用热电偶温度计性能见表 10-4。

表 10-4　热电偶温度计性能

品种	分度号	保护管材质	测温范围/℃	允许误差与偶差等级	
				Ⅰ级	Ⅱ级
镍铬-镍硅	K	1Cr18Ni9Ti	−40～850	±1.5℃或0.4%$|t|$	±2.5℃或0.75%$|t|$
		3YC-52 2520 高铝瓷管	单支−40～1300		
镍铬硅-镍硅	N		−40～1200		
			双支−40～1000		
镍铬-康铜	E	1Cr18Ni9Ti 钢	单支−40～650		
			双支−40～550		
铂铑10-铂	S	高铝瓷管	0～1300/(1600)	±1℃或±[1+(t−1100)×0.003]℃	±1.5℃或0.25%$|t|$
铂铑13-铂	R				
铂铑30-铂铑6	B	刚玉瓷管	0～1600/(1800)	Ⅱ级±0.25%$|t|$	Ⅲ级±4℃或0.5%$|t|$

注：表中 t 为被测温度值，括号内数值为短期最高温度。

4. 热电偶的使用注意事项

（1）为减少测量误差，热电偶应与被测对象充分接触，使两者处于相同温度。

（2）保护管应有足够的机械强度，并可耐被测介质腐蚀。当保护管表面附着灰尘等物质时，将因热电阻增加，使指示温度低于真实温度而产生误差。

（3）如在最高使用温度下长期工作，将因热电偶材料发生变化而引起误差。

（4）因测量线路绝缘电阻下降而引起误差。

（5）测量线路电阻变化的影响　测量线路的电阻即外接电阻，对动圈仪表的示值影响较大。通过仪表示值急骤变化可以及时发现这类情况。

（6）电磁感应的影响　电子式仪表放置在易受电磁感应影响的场所，如果屏幕不完全将会引起示值偏离与波动。若担心热电偶受影响时，可将热电极丝与保护管完全绝缘，并将保护管接地。

（7）参比端温度的补偿与修正　热电偶的参比端原则上应保持0℃，然而，在现场条件下使用的仪表则难以实现，必须通过采用补偿式或室温式参比端。因此，参比端的温度将直接影响仪表的示值，必须慎重处理。

（8）细管道内流体温度的测定量　在细管道内测温，往往因插入深度不够而引起测量误差。因此，最好按图10-4所示，选择适宜部位，以减少消除此项误差。

（9）含大量粉尘气体的温度测量　由于在气体内含有大量粉尘，对保护管的磨损严重，因此，按图10-5所示，采用端部切开的保护筒为好。如采用铠装热电偶，不仅响应快，而且寿命长。

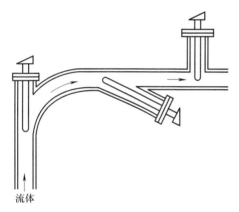

图 10-4　细管道内流体温度的测量

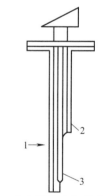

图 10-5　含大量粉尘气体的温度测量
1—流体流动方向；2—端部切开的保护筒；
3—铠装热电偶

（六）测温仪表的选择

仪表类型选择主要依据是测温要求，仪表特点和被测物的具体情况，大体上考虑如下一些因素：①所选温度计必须满足所要求的测量范围，设计者要熟悉被测物，把可能出现的温度都考虑进去；②考虑测温的特点，如果是临时性测量，选用便携式；如果是长期连续测量，选用固定安装式；③根据被测物的特点选择，如果被测物是移动或转运物体，选用非接触式；如果被测物为静止物体或流体，首选接触式；④根据监视场所选择，就地操作，首选双金属温度计；近距离相对集中监视或控制则选用热电阻、热电偶或非接触式测温计。

类型的选择只是初选，初选后还必须依测量要求的精确度、响应时间、介质特点、环境条件等逐项进行核对。

温度仪表选择的具体方法，类型选择示意见图 10-6。

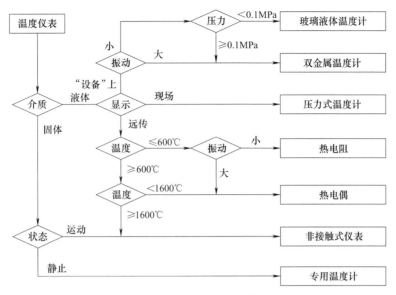

图 10-6　类型选择示意

二、压力仪表

垂直而均匀地作用于单位面积上的力在工程上称为压力（即压强）。用公式表示为：

$$p = F/A \tag{10-12}$$

式中，F 为垂直而均匀作用的力，N；A 为面积，m^2；p 为压力，Pa。

除尘工程常用两种方法表示压力，即绝对压力和表压力。绝对压力 p_A 是包括大气压力在内的所有压力之和；表面压力 p_G（或 p）是相对压力，即绝对压力超出当时当地大气压力 p_0 的压力。它们之间的关系如下：

$$p_G = p_A - p_0 \text{（或 } p = p_A - p_0\text{）} \tag{10-13}$$

除特别说明外，除尘工程所说的压力一般都是指表压力。

当绝对压力低于大气压力时称为负压，常用吸力和真空度 p_{va} 表示：

$$p_{va} = p_0 - p_A \text{（或 } p = p_0 - p_A\text{）} \tag{10-14}$$

真空度为 200Pa 时，就是指该绝对压力比大气压力低 200Pa，并常用 $p = -200Pa$ 表示。

两处压力之差称为差压，用 Δp 表示。

(一) 压力检测仪表的分类

压力仪表是按其工作原理分类的，具体品种又是以结构特点、使用场合及显示方式等来划分的。压力检测仪表主要有以下几种。

(1) 液柱式压力计　液柱式压力计是用液柱的高度（或将高度换算成标准计量单位的值）来表示压力的值，是利用液柱压力与被测介质压力平衡这一原理制成的。目前常用的有 U 形管、单管、多管、斜管等几种。在液柱式压力计的玻璃管内常充以水、水银等工作液体。由于其具有结构简单、使用方便、灵敏度高、价格便宜等优点，广泛用在压力和负压的测量中，特别适于测量除尘器的差压。用于测量可燃气体压力时为安全起见应加 1m（室内使用）或 500mm（室外使用）水封。

液柱式压力计用玻璃管易破损可改用有机玻璃管。

（2）弹性式压力计　弹性式压力计是利用各种不同的弹性元件，在被测介质压力的作用下，产生弹性变形的原理制成的测压仪表。这类仪表具有结构简单、使用可靠、价格低廉、测量范围广以及有足够精度等优点。若增设附加装置如记录机构、电气变换装置、控制元件等，则可以实现压力的记录、远传、报警、自动控制等。弹性式压力计又分单圈弹簧管、多圈弹簧管、膜片、膜盒、波纹管压力计等。弹性式压力计既能测气体又能测液体和蒸气的压力。其中膜片式压力表可用来测量黏度较大的液体压力。

用耐腐蚀材料作弹性元件或隔离装置可测腐蚀性介质的压力；选择防爆式电接点压力表可在一定的易爆炸、易烧环境中使用。

（3）活塞式压力计　活塞式压力计是利用帕斯卡原理基于平衡关系制成的压力计，通常用这种压力计来校准压力表。其测量范围很广，可测$-0.1\sim250\mathrm{MPa}$甚至更高的压力。

（4）电测式压力计　把压力转换为电信号输出，然后测量电信号的压力表叫作电测式压力表。这种压力表的测量范围较广，分别可测$7\times10^{-9}\sim5\times10^{2}\mathrm{MPa}$的压力。由于可以远距离传送信号，所以可实现压力的自动控制和报警，并可与计算机联用。

压力传感器的种类很多，根据其工作原理可分为电位器式、电阻应变式、电容式、电感式、霍尔式、压电式、压阻式和振弦式等多种。

（5）压力开关　压力开关是一种具有简单功能的压力控制装置。它可以在被测压力达到额定值时发出警报或控制信号，以监视或控制被测压力。按工作原理压力开关可分为位移式及力平衡式两种。压力开关的精度为1.5级或2.5级，有的达1.0级，测量范围为$0.04\sim16\mathrm{MPa}$。

各类压力仪表的特点和测温范围见表10-5。

（二）液柱式压力计

液柱式压力计是最简单最基本的压力测量仪表，在除尘器上经常用到它。其优点是：制造简单、价格便宜、精确度高、使用方便等；缺点是测量范围较窄、不能自动记录、玻璃管易损坏等。

液柱式压力计是根据流体静力学原理工作的，即利用一定高度的液柱重量与被测压力相平衡，从而用液柱高度来表示被测压力。

U形管压力计是用来测量正、负压力和压差的仪表。图10-7为其示意，U形管内盛水银、水或酒精等工作液体。如上所述，在被测压力p_c的作用下，U形管内产生一定的液位差h，这一段液柱的质量与被测压力及被测流体的质量相平衡，即

$$p_c = p - p_A = \rho - \rho' \tag{10-15}$$

值得注意的是，这里的ρ'是被测流体的密度。当被测流体是气体时$\rho'\ll\rho$，可以忽略不计。若液体，则不能忽略。由以上关系式可以看出：p_c与h成线性正比关系。因此，我们可以直接用U形管两侧液位差的高度h来表示压力值。当被测压力大时，应选用密度大的工作液体（如水银），不使液位差太大（U形管压力计内液柱的高度不超过1.5m）。相反，测较小的压力时（如炉膛压力、动头），应选密度小的工作液体（如水、酒精），使反应灵敏。

在使用U形管压力计时，由于毛细管和液体表面张力的作用会引起管内的液面呈弯月状。若工作液体对管壁是浸润的（如水-玻璃管），则在管内形成下凹的曲面，读数时需读凹面的最低点。若工作液体对管壁不浸润（如水银-玻璃管），则在管内形成上凸的曲面，读数时需读凸面的最高点。参看图10-8。

当U形管的两端分别接两个被测压力时，就可以用来测量两个压力之差（简称压差），如测流量孔板前后的压差。

表 10-5 压力检测仪表分类比较

类别	测量原理	分类		测量范围	用途
				mmH$_2$O 10^{-3} 10^{-2} 10^{-1} 1 10 10^2 10^3 10^4（100kPa）1 10 10^2 10^3 10^4 10^5	
液柱式压力计	液体静力平衡（被测压力与一定高度的工作液体产生的重力相平衡）	U形管压力计			低、微压测量。高精度者可用作基准
		单管压力计			
		自动液柱式压力计			
弹性式压力计	被测压力推动弹性元件自由端由端位移，经传动放大机构指示或记录	弹簧管压力表	一般压力表		表压、负压测量。对压力测量。就地指示、报警、记录或发讯；或将被测量远传、进行集中显示
			精密压力表		
			特殊压力表		
		压力记录仪			
		电接点压力表			
		远传压力表			
		压力表附件			
压力传感器	（1）被测压力推动弹性元件产生位移或形变，通过交换部件转换为电信号输出（2）利用半导体等的压阻、压电等特性或其他金属等的固有物理特性，将被测压力转换为电信号输出	电阻式压力传感器	电位器式压力传感器		将被测压力转换成电信号以监测、报警、控制及显示
			应变式压力传感器		
		电感式压力传感器	气隙式压力传感器		
			差动变压器式压力传感器		
		电容式压力传感器			
		压阻式压力传感器			
		压电式压力传感器			
		霍尔式压力传感器			
压力开关	被测压力推动弹性元件位移，经放大后控制水银开关、磁性开关及触头等断开及闭合	位移式压力开关			位式控制或发信号报警
		力平衡压力开关			

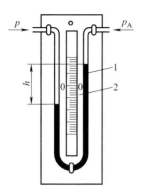

图 10-7　U 形管压力计

1—U 形管；2—标尺

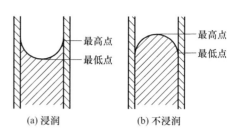

(a) 浸润　　　　　(b) 不浸润

图 10-8　弯月面现象

为了减少误差，制作 U 形管时管径不能选得太细：一般用水作工作液体时，管内径不小于 8mm；用水银作工作液体时，管内径不小于 5mm。

（三）弹性式压力计

弹性式压力计是以弹性元件受压后所产生的弹性变形作为测量基础的。它结构简单，价格低廉，现场使用和维修都很方便，又有较宽的压力测量范围（$10^{-2} \sim 10^9$ Pa），因此在除尘工程中获得了广泛应用。若增设附加装置（如记录机构、电气变换装置、控制元件等）还可以进行记录（压力记录仪）、远传（电阻远传压力表、电感远传压力表等）或控制报警（电接点压力表、压力控制器、压力信号器等）。其缺点是对温度的敏感性较强。

1. 弹簧管压力计

由于弹簧管与波纹管、金属膜管、膜盒等相比，具有精确度高、测量范围宽等优点，所以弹簧管式压力计是除尘器上应用最广泛的一种压力仪表，并且单圈弹簧管的应用为最多。

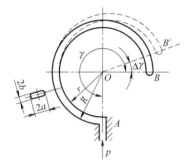

图 10-9　单弹簧管的工作原理

A—弹簧管的固定端；B—弹簧管的自由端；
O—弹簧管的中心轴；γ—弹簧管中心角的初始值；
Δγ—中心角的变化量；R、r—弹簧管
弯曲圆弧的半径和内半径；a、b—弹簧管
椭圆截面的长半轴和短半轴

（1）测压原理　单弹簧管是弯成圆弧形的空心管子，如图 10-9 所示。它的截面呈扁圆形或椭圆形，椭圆的长轴 $2a$ 与图面垂直的弹簧管中心轴 O 相平行。管子封闭的一端为自由端，即位移输出端。管子的另一端则是固定的，作为被测压力的输入端。

作为压力-位移转换元件的弹簧管，当它的固定端通入被测压力 p 后，由于椭圆形截面在压力 p 的作用下将趋向圆形，弯圆弧形的弹簧管随之产生向外挺直的扩大变形，其自由端就由 B 移到 B'，如图 10-9 上虚线所示，弹簧管的中心角随即减小 $\Delta\gamma$。根据弹性变形原理可知，中心角的相对变化值 $\dfrac{\Delta\gamma}{\gamma}$ 与被测压力 p 成比例。其关系可用下式表示：

$$\frac{\Delta\gamma}{\gamma} = p\,\frac{1-\mu^2}{E} \times \frac{R^2}{bh}\left(1 - \frac{\alpha}{\beta + K^2}\right) \tag{10-16}$$

式中，μ、E 分别为弹簧管材料的泊松系数和弹性模数；h 为弹簧管的壁厚；K 为弹簧管几何参数，$K = \dfrac{Rh}{a^2}$；α、β 是系数。

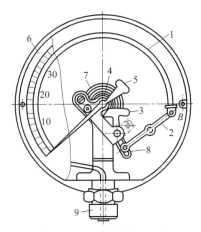

图 10-10　弹簧管压力表
1—弹簧管；2—拉杆；3—扇形齿轮；4—中心齿轮；5—指针；
6—面板；7—游丝；8—调整螺钉；9—接头

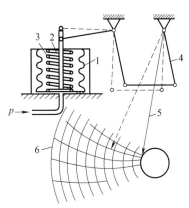

图 10-11　波纹管式压力记录仪
1—波纹管；2—弹簧；3—推杆；
4—连杆机构；5—记录笔；6—记录纸

上式仅适用于计算薄壁（即 $\dfrac{h}{b}=0.7\sim0.8$）弹簧管。

工业上定型生产的各种弹簧管压力计就是用不同刚度和不同形状的弹簧管做成的，所以有较大的测量范围。

（2）结构　弹簧管压力表的结构如图 10-10 所示。

被测压力由接头 9 通入，迫使弹簧管 1 的自由端 B 向右上方扩张。自由端 B 的弹性变形位移由拉杆 2 使扇形齿轮 3 做逆时针偏转，于是指针 5 通过同轴的中心齿轮 4 的带动而做顺时针偏转，从而在面板 6 的刻度尺上显示出被测压力 p 的数值。由于自由端的位移与被测压力之间具有比例关系，因此弹簧管压力表的刻度标尺是线性的。

（3）特性和用途　弹簧管压力表分一般型和精密型。

一般型弹簧管压力表的弹性元件为单圈弹簧管或多圈弹簧管（主要用于测量 $10^{7}\sim6\times10^{7}\,\mathrm{Pa}$ 的压力）；仪表外径分 $\phi40\mathrm{mm}$、$\phi60\mathrm{mm}$、$\phi100\mathrm{mm}$、$\phi150\mathrm{mm}$、$\phi200\mathrm{mm}$ 和 $\phi250\mathrm{mm}$ 等；精确度等级有 1 级、1.5 级；常用来测量油压、气压、蒸汽压力等。

2. 波纹管式压力计

波纹管式压力计可用于低压或负压的测量。它采用带有弹簧的波纹管作为压力-位移的转换元件。由于波纹管的位移较大，常做成记录仪（也有指示式、指示带电接点式、指示带气动传送式等）。

波纹管 1（见图 10-11）本身起对被测介质的隔离作用和压力-位移转换作用。压力 p 作用于波纹底部的力，由弹簧 2 受压缩变形产生的弹性反力所平衡。弹性压缩变形与被测压力成正比，并由推杆 3 输出，经连杆机构 4 的传动和放大，使记录笔 5 在记录纸 6 上记下被测压力的数值。记录仪还设有零位和刻度误差的调整装置（图中未示出）。

测量范围为 $(0\sim2.5)\times10^{5}\sim(0\sim4)\times10^{5}\,\mathrm{Pa}$，精确度为 1.5 级和 2.5 级。

3. 磁助电接点压力表

YXC 系列磁助电接点压力表适用于测量无爆炸危险的流体介质的压力。其中 YXCA—150 适用于测量气体或其混合物等介质的压力。通常，它配以相应的电器件（如继电器及接触器等），即能对被测（控）压力系统实现自动控制和发信（报警）的目的。

YXC 系列有普通型和耐震型两种型式，且各有现场安装式和嵌装式两种型式。

本仪表采用了磁力作用的电接点装置，并采用了相应的耐震措施和应用隔测原理，使之既能耐受工作环境的振动影响，又能有效地减少脉动压力的影响，以达到动作稳定可靠，使用寿命长的目的。

（1）结构原理　仪表由测量系统、指示装置、磁助电接点装置、外壳、调整装置和接线盒等组成。

仪表的工作原理是基于测量系统中的弹簧在被测介质的压力作用下，迫使弹簧管之末端产生相应的弹性变形——位移，借助拉杆经齿轮传动机构的传动并予放大，由固定于齿轮轴上的指示针（连同触头）将被测值在刻度盘上指示出来。与此同时，当其与设定指针上的触头（上限或下限）相接触（动断或动合）的瞬时，致使控制系统中的电路得以断开或接通，以达到自动控制和发信的目的。线路连接见图 10-12。

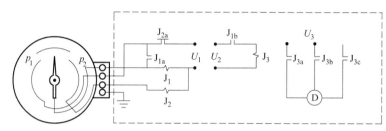

图 10-12　电气线路连接示意

（2）主要技术指标　YXC 系列磁助电接点压力表主要技术指标如下。

① 标度范围见表 10-6。

表 10-6　压力表标度范围

型　　号	标度范围/MPa	精确度等级
YXC—100	0～0.1;0～0.16;0～0.25	
YXC—100j	0～0.4;0～0.6;0～1	
YXC—100z	0～1.6;0～2.5;0～4	
YXC—150	0～6;0～10;0～16	
	0～25;0～40;0～60	
YXCA—150	−0.1～0;−0.1～0.06	1.5
YXCA—150z	−0.1～0.15;−0.1～0.3	
	−0.1～0.5;−0.1～0.9	
	−0.1～1.5;−0.1～2.4	
YXCG—100 YXCG—100—Z	0～0.1 至 0～60 系列	

② 最高工作压力：DC 220V 或 AC 380V。

③ 触头功率：30V·A（电阻负载）。

④ 控制方式：上、下限缓行磁助接点开关。

⑤ 使用环境条件：−40～70℃，相对湿度不大于 85%。

⑥ 温度影响：使用温度偏离 20℃±5℃时，其设定点误差变化不大于 0.6%/10℃。

（四）压力计的选择和应用

正确地选择、使用压力计是保证它们在工作过程中发挥应有作用的重要环节。

（1）压力计的选择　压力计的选择应根据使用要求，针对具体情况具体分析。合理地选择压力计的种类、仪表型号、量程和精确度等级等。有时还需要考虑是否要带报警、远传、变送等附加装置。选用的根据主要有：①除尘工作过程对压力测量的要求，如被测压力范围、测量精确度以及对附加装置的要求等；②被测介质的性质，例如被测介质温度高低、黏度大小、腐蚀性、脏污程度、易燃易爆等；③现场环境条件，如高温、腐蚀、潮湿、振动等；④对弹性式压力计，为了保证弹性元件能在弹性变形的安全范围内可靠的工作，在选择压力计量程时必须留有足够的余地，一般在被测压力较稳定的情况下，最大压力值应不超过满量程的 3/4；在被测压力波动较大的情况下，最大压力值不超过满量程的 2/3。为保证测量精确度，被测压力最小值应不低于全量程的 1/3。

（2）压力计的使用　即使压力计很精确，由于使用不当，测量误差也会很大，甚至无法测量。

所选测量点应代表被测压力的真实情况，因此，取压点要选在管道的直线部分，也就是离局部阻力较远的地方。

导压管最好不伸入被测对象内部，而在管壁上开一形状规整的取压孔，再接上导压管，情况如图 10-13a 所示。当一定要插入对象内部时，其管口平面应严格与流体流动方向平行，如图 10-13b 所示。若如图 10-13c 或 d 那样放置就会得出错误的测量结果。此外，导压管端部要光滑，不应有突出物或毛刺。

（3）压力计安装　安装时应避免温度的影响。如远离高温热源，特别是弹性式压力计一般应在低于 50℃ 的环境下工作。安装时应避免振动的影响。

安装示例如图 10-14 所示。

在图 10-14（c）所示情况下，压力计上的指示值比管道内的实际压力高。这时，应减去从压力计到管道取压口之间一段液柱的压力。

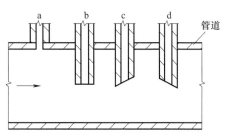

图 10-13　导压管与管道的连接
a、b、c、d—导压管

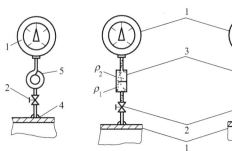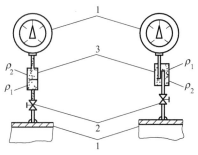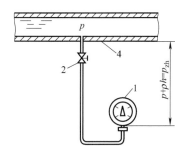

(a) 测量气体和蒸汽　　(b) 测量腐蚀性介质　　(c) 压力计安装在管道下方

图 10-14　压力计安装示意
1—压力计；2—切断阀门；3—隔离器；4—生产设备；5—冷凝管；
ρ_1、ρ_2—被测介质和中性隔离液的重度

三、粉尘物位仪表

粉尘物位是指除尘器灰斗、灰仓等容器中固体粉状或颗粒物在容器中堆积的高度（料面）。在湿式除尘器中指液面的高度。

粉尘物位测量的主要目的有两个：一个是通过物位测量来确定容器里的粉尘的数量，以保证除尘工作正常进行；另一个是通过物位测量，了解物料是否在规定的范围内，以便安全生产。

（一）物位测量的基本要求和分类

对于物位测量的要求，虽然由于具体工作条件和测量目的的不同而有所区别，但是主要的有

精度、量程、经济、安全可靠等方面，其中首要的是安全可靠。物位测量似乎很简单，但实际却不然。由于受到粉尘物理性质、化学性质和工作条件的影响，虽然测量物位的方法很多，但与其他参数（如温度、压力、流量）的测量相比，仍然是比较薄弱的环节。

（1）物位测量的基本要求　主要包括：①要能够适应工业生产过程对象所具有的各种工艺特性，正确无误地测量出物位值；②要能经受被测介质各种物理性能（温度、压力、黏度等）、化学性能（易燃、易爆、易蚀性等）和具体工作条件（如密闭容器、振动场合等）的影响，正确进行连续测量，并传送信息；③要有足够的精度，使用可靠、维修方便。

（2）物位仪表分类　如果按液位、料位、界面可以有以下分类方法：

①测量液位的仪表有玻璃管式、称重式、浮力式、静压式、电容式、电阻式、电感式、超声波式、放射性式、激光式、微波式等；②测量料位的仪表有重锤探测式、音叉式、超声波式、激光式、放射性式等；③测量界面的仪表有浮力式、差压式、电极式和超声波等。

（二）电容式物位计

电容式物位计是电学式物位检测方法之一，它是直接把物位变化量转换成电容的变化量，然后再转换成统一的电信号进行传输、处理，最后进行显示或记录。

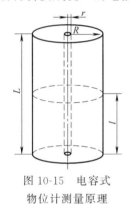

图 10-15　电容式
物位计测量原理

电容式物位计的电容检测元件是根据圆筒电容器原理进行工作的。结构形式如图 10-15 所示，两个长度为 L，半径分别为 R 和 r 的圆筒形金属导体，中间隔以绝缘物质，便构成圆筒形电容器。当中间所充介质是介电常数为 ε_1 的气体时，则两圆筒间的电容量为：

$$C_1 = \frac{2\pi\varepsilon_1 L}{\ln\dfrac{R}{r}} \tag{10-17}$$

如果电极的一部分被介电常数为 ε_2 的液体（非导电性的）所浸没时，则必然会有电容量的增量 ΔC 产生（假设 $\varepsilon_2 > \varepsilon_1$），此时两极间的电容量为

$$C = C_1 + \Delta C$$

假如电极被浸没的长度为 l，则电容增量的数值为：

$$\Delta C = \frac{2\pi(\varepsilon_2 - \varepsilon_1)l}{\ln\dfrac{R}{r}} \tag{10-18}$$

从上式可知，当 ε_2、ε_1、R、r 不变时，电容增量 ΔC 与电极浸没的长度 l 成正比关系，因此测出电容增量的数值便可知道物位的高度。

如果被测介质为导电性液体时，电极要用绝缘物（如聚乙烯）覆盖作为中间介质，而液体和外圆筒一起作为外电极，设中间介质的介电常数为 ε_3，电极被导电液浸没的长度为 l，则此时电容器所具有的电容量可用下式表示：

$$C = \frac{2\pi\varepsilon_3 l}{\ln\dfrac{R}{r}} \tag{10-19}$$

式中，R、r 分别为绝缘物覆盖层外半径和内电极外半径。在上式的 ε_3 为常数，所以 C 与 l 成正比，由 C 的大小便可知道 l 的数值。它的测量示意如图 10-16 所示。

（1）电容式物位计的特点

① 无机械磨损件，不需定期维护或更换。

② 电路中屏蔽技术的设计，使仪表忽略探头挂料的影响，无需定期清洁或重复标定。

③ 可测量液体、浆体、固体颗粒及粉末。

④ 可通过罐上的螺纹口或法兰进行安装，可选择整体或分体安装方式，调试简单方便。

（2）URF 型物位计技术参数

① 供电电源：AC 185～256V 2W 或 DC 15～30V 2W。

② 输出：双刀双掷继电器开关信号（可现场设定高位动作或低位动作）。

③ 触点容量：AC 220V 5A 无感，3A 有感。

④ 灵敏度：0.3pF。

⑤ 重复性：导电物料 1.6mm，绝缘物料 50mm。

⑥ 负载电阻：中心端到地 150Ω，中心端到屏蔽 250Ω，屏蔽到地 250Ω。

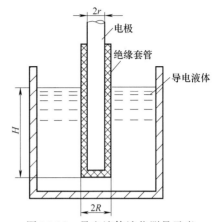

图 10-16　导电液体液位测量示意

⑦ 环境温度：−40～70℃。

⑧ 探头材料：1Cr18Ni9Ti。

⑨ 探头长度：500mm（标准）。

⑩ 分体式电缆：单芯双屏蔽电缆，长度 5m（标准），最长可达 20m。

⑪ 过程连接：3/4NPT 螺纹安装（标准），或选用法兰安装。

⑫ 外壳防护：符合 IP66 防护标准。

⑬ 防爆等级：ExdⅡBT4。

⑭ 工作温度及工作压力。

（三）翼轮式料位计

（1）工作原理　图 10-17 为一种料位计实例，它主要由同步电机、齿轮、蜗轮-蜗杆、微动开关和回转翼轮等组成，可用于料斗或料仓内对料位的上限报警，同步电机通过齿轮对、蜗轮-蜗杆带动回转翼轮，以 1.2r/min 的速度旋转。当翼轮触及物料时，受到阻力停止转动，但在电动机作用下蜗杆轴继续转动，并沿蜗轮切向向前移动，压缩弹簧，推动微动开关，切断电机电源；同时闭合报警触头，发出信号。当料位低于回转翼轮时，阻力消除，弹簧力推动蜗杆退到原来位置；微动开关复原，电机重新正常运转，这样就可以进行高料位发信。同理，根据不同安装也可实现低料位报警。

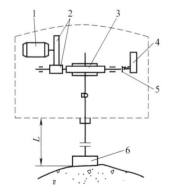

图 10-17　翼轮式料位讯号器
1—同步电机；2—齿轮；3—蜗轮-蜗杆；
4—微动开关；5—弹簧；6—回转翼轮

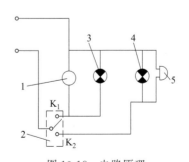

图 10-18　电路原理
1—同步电机；2—微动开关；3—正常运转指示灯；
4—报警位置指示灯；5—报警讯响器

上述仪表使用于常温常压，与物料接触部分用不锈钢做成，这样不致产生铁锈，也不致受物料沾染而腐蚀，并且经常保持蜗轮正反转及蜗杆轴向移动的灵活，翼轮阻力、弹簧推力与摩擦力应合理配合。

仪表电路原理示意见图 10-18，微动开关位置 K_1 为正常运转，这时指示灯 3 工作；K_2 为报警位置，报警时指示灯 4 及讯响器 5 工作；1 为同步电机。

（2）构造　阻旋式物位计构造如图 10-19 所示。当用于易燃易爆场合，应选择防爆产品。

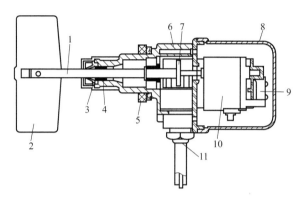

图 10-19　阻旋式物料计构造

1—传动轴；2—叶片；3—油封；4—轴承；5—固定螺母；6—本体；7—磁铁；
8—外壳；9—微动开关；10—电机；11—电缆线

（3）主要技术参数　UL 系列阻旋式物位计主要技术参数见表 10-7。

表 10-7　UL 系列阻旋式物位计技术参数

型号	UL-2	UL-3	UL-4
电源及功耗	AC 220V±10%，50Hz 10W（或 DC 24V 5W）		
检测板往复频率	6 次/min	4.5 次/min	6 次/min
报警力矩（力）	≤0.2N·m		≤0.32N·m
输出接点容量	普通型 AC 220V 5A 防爆型 AC 220V 1A 或 DC 24V 1A	AC 220V 5A	普通型 AC 220V 5A 防爆型 AC 220V 1A 或 DC 24V 1A
环境温度	−25～+85℃		
环境湿度	≤85%		
动作延时	2～6s	3～7s	2～6s
检测板摆角	30°±5°		30°±5°
被测介质温度	L（低）　≤90℃ H（高）　≤180℃	L（低）　≤90℃ H（高）　≤240℃	UL-4≤240℃
料仓压力	常压	常压	≤0.3MPa
介质粒度及密度	粒度<30mm，密度>0.2g/cm³	粒度<100mm，密度>0.5g/cm³	粒度<30mm，密度>0.4g/cm³
仪表规格	水平安装 150～1000mm 垂直安装不大于 2000mm	1～30m	水平安装 150～1000mm 垂直安装不大于 2000mm
安装型式	法兰或 G1½ 管螺纹连接 水平安装或顶装	法兰连接顶装	法兰连接水平安装或顶装
防爆等级	Exd Ⅱ BT4	无	Exd Ⅱ BT4

（四）音叉式料位计

1. 音叉式料位计的工作原理

音叉式料位计是根据物料对振动中的音叉有无阻力的原理来探知料位是否越限的。如图 10-

20 所示。

音叉由弹性良好的金属制成，本体具有确定的固有频率。如外加一交变力，此力的频率与音叉的固有频率一致，则叉体处于共振状态。由于周围空气对振动的阻尼微弱，金属内部的能量损耗也很少，所以只需微小的驱动功率就能维持较强的振动。

当粉尘或颗粒物料触及叉体之后，振动受到的阻尼显著增大，能量消耗在物料颗粒的摩擦上，迫使振幅急剧衰减而"停振"。

用适当的电路和音叉配合，不难根据

图 10-20　音叉测量示意
1—容器壁；2—接管；3—容器壁法兰；
4—音叉本身法兰；5—线路盒；6—引线口

叉体的振动与否去控制继电器的吸合或释放，从而发出通断信号。此信号可用在报警、联锁保护、程序控制系统中。

音叉料位探测器的工作原理如图 10-21 所示。

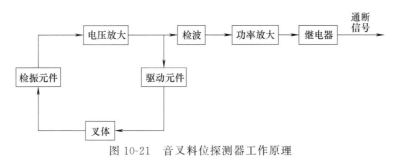

图 10-21　音叉料位探测器工作原理

由图 10-21 可知，两个压电陶瓷换能器将音叉振动的机械能和放大线路的电能联系起来，共同构成一个闭环系统，当检振元件供给放大线路的交变电信号既能满足正反馈的相位条件又满足振荡的幅值条件时，整个闭环就形成一个振荡器，它的特点是包含机械能和电能两种状态，而且振荡频率不是由放大电路所决定，而是取决于反馈通道中音叉的选频特性。

为了发出通断信号，电压放大线路的输出端还接有检波及功率放大线路，以便控制继电器。当料位较低，物料不妨碍音叉振动时，上述闭环处于振荡状态。这种情况下，继电器是吸合的。当物料高于音叉的安装位置以后，音叉停振，交流电压消失，继电器随即释放。

和一般的振荡器一样，只要电压放大线路有足够的放大倍数，自行起振是不成问题的。一旦料位下降，叉体恢复自由，任何电的或机械的随机扰动都能促使音叉起振。

2. 音叉料位计主要特点

（1）广泛适用于多种物料　除了物料对机械振动体的阻尼作用之外，其他物理或化学的性质对音叉工作都没有直接影响。阻尼作用的大小取决于物料的流动性和量的大小。绝大多数常见的固态物料淹埋叉体之后都能可靠地停振。只要物料的腐蚀性在不锈钢叉体所能承受的程度以内，黏着性不至于附着叉体上难以脱离，颗粒大小不至于卡涩在叉股间无法脱落，就都可以用音叉料位计来监视料位。

（2）对安装使用条件无苛刻要求　这种料位计不宜在强烈振动的料仓或容器上使用，以免引起继电器误动作。但对于其他条件并无特殊要求，环境温度、压力、相对湿度、防水防尘等指标与普通露天安装的工业仪表一致。至于料仓内部的粉尘、外部的电磁干扰等因素，一般情况下根本不必考虑。但不能用在特别易燃易爆的危险现场。

（3）结构比较简单可靠，容易维修 这种料位计的原理比较浅易，电路和结构都不复杂，而且工作中不需要调整，所以无需专门的维修技术。由于采用压电陶瓷换能，没有动力部件和传动机构，是一种比较简单可靠的仪表。

3. 技术性能

ZVL20C 型音叉式料位计电源消耗最大为 2V·A，感应棒物料最低感应密度为 $0.03g/cm^3$，操作温度 $-30\sim60℃$，适用仓槽粉尘温度范围为 $-30\sim80℃$，操作压力 1MPa，输出电流 5A，250V AC，动作延迟 $2\sim5s$，振动频率 285Hz。

音叉式料位计安装方法如图 10-22 所示。

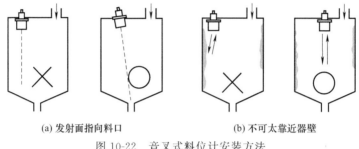

(a) 发射面指向料口　　　　(b) 不可太靠近器壁

图 10-22　音叉式料位计安装方法

×—错误；○—正确

四、差压变送器

能检测除尘器压力值并提供远传电信号的装置叫作差压变送器或压力传感器。差压变送器是除尘器常用仪表之一，用来控制除尘器清灰作业和正常运行。

1. 分类

差压变送器在自动控制系统中具有重要作用，所以发展迅速，种类较多。其主要类别有电位器式、应变式、霍尔式、电感式、电压式、压阻式、电容式及振频式等；测量范围为 $7\times10^{-5}\sim5\times10^5$ Pa；信号输出有电阻、电流、电压、频率等形式。压力测量和控制系统一般由传感器、测量路线和信号测量装置以及辅助电源所组成。常见的信号测量装置有电流表、电压表、应变仪以及计算机等。如图 10-23 所示，图中虚线表示不是所有传感器都需要辅助电源。常见的压力传感器性能见表 10-8。

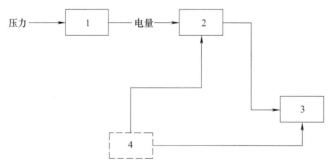

图 10-23　压力传感器测量方块

1—传感器；2—测量线路；3—信号装置；4—辅助电源

2. 电容式差压变送器

（1）特点 电容式差压变送器是先将弹性元件的位移变换成电容量的变化，完成位移变换成电参数的任务，然后再通过适当的测量电路将电容的变化转换成电压或电流的变化，以便远传等。

表 10-8　几种差压变送器的性能比较

类别		精确度等级	测量范围	输出信号	温度影响	抗振动冲击性能	体积	安装维护
电位器式		1.5	低中压	电阻	小	差	大	方便
应变式	膜片式	0.2	中压	20mV	大	好	小	方便
粘贴式 弹性梁式（波纹管）	0.3	负压及中压	24mV	小	差	较大	方便
	应变筒式（垂链膜片）	1.0	中高压	12mV	小	好	小	利用强制水冷，有较小的温度误差；测量方便
	非粘贴式　涨丝式	0.5	低压	10mV	小	好	小	方便
电感式	霍尔式	1.5	低中压	30mV	大	差	大	方便
	气隙式	0.5	低中压	200mV	大	较好	小	方便
	差动变压器式	1.0	低中压	100mV[①]（30mA）[①]	小	差	大	方便
电压式		0.2	微低压	1～5mV[①]	小	较好	小	方便
电阻式		0.2	低中压	100mV	小	好	小	方便
电容式		1.0	微低压	1～mV[①]（20mA）	大	好	较大	复杂
振频式		0.5	低中高压	频率	大	差	小	复杂

① 表示输出信号经过放大。

这种变送器的优点是：需要输入的能量极低，测量力也可以非常小，而电容的相对变化量却很大，一般能达到 100% 的相对变化量；稳定性好；结构简单；能在恶劣条件下工作等。缺点是分布电容影响大，必须设法消除其影响；若采用改变极板间距的变换原理，其特性是非线性的。

平行极板电容的电容量为：

$$C = \frac{\varepsilon S}{d} \tag{10-20}$$

式中，C 为平行极板间的电容量；ε 为平行极板间的介电常数；S 为极板的面积；d 为平行极板间的距离。

由上式可知，只要保持式中任何两个参数为常数，电容就是另一个参数的函数。故电容变换器有变间隙式、变面积式和变介电常数式三种。变间隙式常用于变换微小位移；变面积式常用于变换角位移；变介电常数式常用来变换粉体或液体的物位信号。在压力测量中多用变间隙式电容变换器。

（2）YZB2—1000 型电容式差压变送器　YZB2—1000 型电容式差压变送器主要部件是一个可变电容传感组件，称为 δ 室，见图 10-24。当介质压力通过隔离膜片、硅油传到中心可动电容极板上时，其压力差将使可动极板移位，形成差动电容。该差动电容经转换电路转换，即可输出二线 4～20mA 直流电流信号，电路框见图 10-25。

主要技术参数如下：①精度 ±0.1%、±0.25%、0.5%；②测量范围 0.16～2.5kPa；③电源电压：DC 24V；④使用温度 −25～70℃；⑤相对湿度 <95%；⑥输出信号，二线制 DC 4～20mA；⑦最大负载电阻 $R =$（电源电压−12V）×50；⑧防爆型产品防爆等级有 Exia Ⅱ CT5。

普通型 YZB2—1000 型差压变送器外部接线端子见图 10-26。

3. 压阻式差压变送器

YZB1—1000 型差压变送器传感器组件的敏感元件是在单晶硅膜片上扩散的一个惠斯登电桥。当被测压力通过耐腐隔离膜片和填充的硅油传递到敏感元件上时，由于压阻效应，四个桥臂阻值分别发生增减变化，使电桥失去平衡，在电桥输出端上产生一个与被测压力成正比的电压信

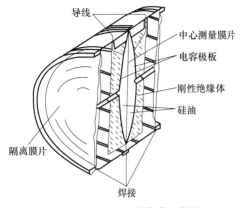

图 10-24　可变电容传感组件图

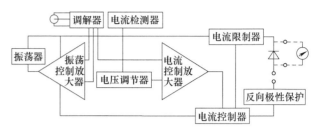

图 10-25　差压变送器电路框图

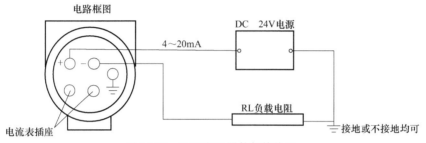

图 10-26　差压变送器外部接线图

号。此信号经专用 IC 电路放大，使之输出一个标准的 4～20mA 电流信号从而完成压力-电流信号转换，以供控制或显示使用。主要技术指标如下：①电源 DC 24V；②输出信号 DC 4～20mA 二线；③负载电阻＜600Ω；④精度±0.1％、±0.25％、±0.5％；⑤测量范围 0～7kPa～35MPa；⑥使用温度−25～70℃；⑦环境湿度＜85％；⑧最大压力为标准量程的 1 倍。

　　该差压变送器使用 DC 24V 电源供电，为二线制传送方式，负载电阻在 600Ω 范围之内。典型接线方式如图 10-27 所示。

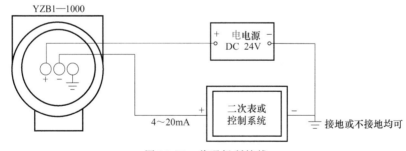

图 10-27　普通场所接线

五、粉尘浓度测量仪表

　　固定源颗粒物测试有自动分析和手工分析两种方法。其中，自动分析法有光学法（光散射、透射）、电荷法、β 射线法等；手工分析法主要是指过滤称重法，即通过等速采样的方法，抽取一定体积的烟气，将过滤装置收集到的粉尘进行称重，从而换算得到烟气中颗粒物浓度值，该方法是固定源颗粒物测试的标准方法。

1. 光透射法

由于光的透射性，易于实现光电之间的转换和与计算机的连接等，使得基于光学原理的测量方法能够对污染源进行远距离的连续测量。国外早在 20 世纪 70 年代就推出了用以测量颗粒物浓度的不透明度测尘仪（浊度计）。

光透射法是基于朗伯-比尔定理而设计的测定颗粒物浓度的仪器。当一束光通过含有颗粒物的烟气时，其光强因烟气中颗粒物对光的吸收和散射作用而减弱。

光透射法测尘仪，分单光程和双光程测尘仪。双光程测尘仪已经广泛应用于颗粒物浓度的测定。从仪器使用的光源看，有钨灯、石英卤素灯光源测尘仪和激光光源测尘仪，激光光源有氦氖气体激光光源和半导体激光光源。钨灯光源寿命较短。半导体激光器（650～670nm）由于具有稳定性高和使用寿命长的特点已在测尘仪上得到广泛应用。

2. 光散射法

光散射法利用颗粒物对入射光的散射作用测量颗粒物浓度。当入射光束照射颗粒物时，颗粒物对光在所有方向散射，某一方向的散射光经聚焦后由检测器检测。在一定范围内，检测信号与颗粒物浓度成比例。光散射法可实现对排放源的远距离、实时、在线和连续测量，可直接给出烟气中以 mg/m^3 表示的颗粒物排放浓度。

后向散射法测尘仪是光散射法的代表产品，光源可采用近红外或激光二极管，与光透射法相比，仪器安装简单，采用烟道单面安装。

3. 电荷法

运动的颗粒与插入流场的金属电极之间由于摩擦会产生等量的符号相反的静电荷，通过测量金属电极对地的静电流就可得到颗粒物的浓度值。一般来说，颗粒物浓度与静电流之间并非线性关系，往往还受到环境和颗粒流动特性的影响。目前的研究：①从电动力学的角度出发，寻找描述颗粒物浓度与静电流之间关系的更加精确的理论计算模型；②研究不同材料情况下颗粒摩擦生电的机理和特征。

另外，由于粉尘之间的碰撞和摩擦，粉尘颗粒也会因失去电子而带静电，其电荷量随粉尘浓度、流速的变化而按一定规律变化，电荷量在粉尘的流动中同时形成一个可变的静电场。利用静电感应原理测得静电场的大小及变化，通过信号处理即可显示一定粉尘浓度的数值。

4. β 射线法

β 射线是放射线的一种，是一种电子流。所以在通过粉尘颗粒时，会与颗粒内的电子发生散射、冲突而被吸收。当 β 射线的能量恒定时，这一吸收量就与颗粒的质量成正比，不受其粒径、分布、颜色、烟气湿度等影响。

测尘仪将烟气中颗粒物按等速采样方法采集到滤纸上，利用 β 射线吸收方式，根据滤纸在采样前后吸收 β 射线的差求出滤纸捕集颗粒物的质量。

5. 过滤称重法（参比方法）

过滤称重法是其他颗粒物浓度测定方法的校正基准，是颗粒物浓度的基本测定方法，即参比方法。该方法通过采样系统从排气筒中抽取烟气，用经过烘干、称重的滤筒将烟气中的颗粒物收集下来，再经过烘干、称重，用采样前后质量之差求出收集的颗粒物质量。测出抽取的烟气的温度和压力，扣除烟气中所含水分的量，计算出抽取的干烟气在标准状态下的体积。以颗粒物质量除以气体标准体积，得到颗粒物浓度。为减少颗粒物惯性力的影响，标准要求等速采样，即采样仪器的抽气速度与烟道采样点的烟气速度相等。

6. 测试要求和注意事项

传统的光、电测尘法不需要抽气采样即可直接测量颗粒物浓度，但测量值受颗粒物的直径、分布、烟气湿度等因素的影响较大，需进行浓度标定。

β射线法有效避免了颗粒物颗粒大小、分布及烟气湿度对测试结果的影响，其测量的动态范围宽，空间分辨率高。但由于存在放射性辐射源，容易产生辐射泄漏，因此用于现场测量时对操作人员的素质要求较高。同时，系统需要增加各种屏蔽措施，设备结构复杂且昂贵。β射线法一般适合于对测量有特殊要求的场合。

过滤称重方法的整个采样、称重和计算过程均需要测试人员操作或执行，因此，测试人员操作仪器是否得当，是否按照标准方法、操作经验等，都会影响测试数据的准确性，造成人为操作误差。

第三节 可编程序控制器

一、可编程序控制器基本构成

可编程序控制器（PLC）也可以看成是一种计算机。它与普通的计算机相比，具有更强的与工业过程相连的接口，更直接地适用于控制要求的编程语言，可以在恶劣的环境下运行等特点，因此在除尘工程中普遍采用。此外，它与普通的计算机一样，也具有中央处理器（CPU）、存储器、I/O接口以及外围设备等，图10-28给出了PLC的基本构成框图。

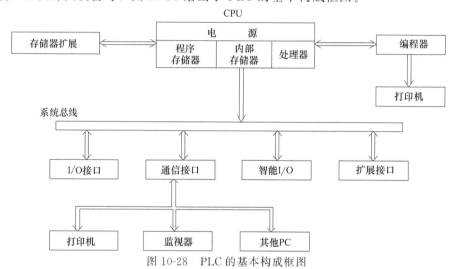

图10-28 PLC的基本构成框图

1. 中央处理器（CPU）

中央处理器（CPU）是PLC控制系统的核心，它由处理器、电源及存储器等部分组成，其处理器部分主要用来完成逻辑判断、算术运算等功能。它采用扫描的方式接收现场输入装置的状态或数据，并存入输入状态表或寄存器中，同时可诊断电源、内部电路的工作状态以及编程过程的语法错误。

2. 存储器及存储器扩展

在CPU内有两种存储器，即内部存储器和程序存储器，前者用于存放操作系统、监控程序、模块化应用功能子程序、命令解释及功能子程序的调用管理程序、系统参数等；后者主要用来存储通过编程器输入的用户程序。

CPU内提供了一定量的用户程序存储器。当用户程序量较大时，可对用户存储器进行扩展。

3. I/O接口

将工业过程信号与CPU联系起来的接口称为I/O接口，它包括数字量I/O接口和模拟量I/

O 接口。数字量输入接口的任务是将外部过程信号转换成 PLC 的内部电平信号；数字量输出接口的任务是将 PLC 的内部电平信号转换成外部过程信号。模拟量输入接口的任务是将外部过程的模拟量信号转换成 PLC 的内部数字信号；模拟量输出接口的任务是将 PLC 的内部数字信号转换成外部过程的模拟量信号。对于不同的工业过程，相应有各种不同类型的 I/O 接口。

4. 通信接口

PLC 配有各种类型的通信接口，可实现"人-机"或"机-机"之间的对话。通过这些通信接口，可以与打印机、监视器及其他 PLC 或计算机等相连。当与打印机相连时，可将系统参数、过程信息等输出打印；当与监视器相连时，可将过程动、静图像显示出来；当与其他 PLC 相连时，可以组成多机系统或联成网络，实现整个工厂的自动控制；当与计算机相连时，可组成多级控制系统，实现过程控制、数据采集等功能。

5. 智能 I/O

为了满足更加复杂的控制功能的需要，PLC 配有许多智能 I/O 接口，如 PID 模块、定位控制模块、高速计数模块、实时 BASIC 模块等。所有这些模块都带有自身的处理器系统，我们称之为智能 I/O。

6. 扩展接口

扩展接口是一种用于连接中心单元与扩展单元，以及扩展单元与扩展单元的模块。当一个中心单元所容纳的 I/O 不能满足要求时，就需要使用扩展接口对 I/O 系统进行扩展。一般情况下，可用扩展接口模块对 I/O 模块的地址进行设定，从而可根据需要方便地修改硬件地址。

7. 编程器

程序编制确定了 PLC 的功能，程序输入是在编程器上实现的。编程器除了用来完成编写、输入、调试用户程序外，还可以作为现场的监视设备使用。

编程器是一种 PLC 的外围设备，也是重要的"人-机"接口装置。编程器可分为专用型和通用型两种，编程器的型式确定了编程的方法。在中小型 PLC 系统中，常采用带 LED 或 LCD 显示器的编程器，这是一种专用型编程器；在大型 PLC 系统中，常采用带 CRT 的通用型编程器。支持编程器的外围设备有磁带机、软盘驱动器、硬盘驱动器、打印机等。

8. 电源

现代工业的供电负载多种多样，大容量负载的启动常引起电网电压波动，特别是钢铁企业，大容量晶闸管调速系统的普及，带来大量高次谐波，引起电网畸变。与此同时，由 LSI 等半导体器件组成的各种现代化自控装置也大量普及，它对上述电网的波动、畸变等干扰源极为敏感。因此，为获得稳定可靠的电源，计算机不得不设置不间断电源（UPS）；PLC 如果照搬的话，就等于失去了面向现场的意义。

PLC 的电源大体上分 CPU 电源及 I/O 电源两部分，一般均从动力电源取得。如果有控制电源的场合，也可直接从控制电源取得，无论采用何种形式都要设置隔离变压器，以便与外部电源隔离。最好采用带屏蔽的隔离变压器和阻容吸收装置。

二、可编程序控制器的主要功能和特点

1. PLC 主要功能

随着 PLC 技术的发展，其功能也越来越完善。PLC 一般具有逻辑运算、四则运算、比较、传送（包括字、位、表的传送）、译码等项功能。

具体描述为：①逻辑运算；②计时及计数；③步进控制；④四则运算，包括加、减、乘、除运算；⑤中断控制；⑥A/D、D/A 转换；⑦数据格式转换，如 BIN/BCD、BCD/BIN 等；⑧比例、积分、微分功能；⑨跳转；⑩I/O 强制；⑪数据比较和传送；⑫矩阵运算；⑬函数运算；

⑭高速计数控制；⑮定位控制；⑯PID 控制；⑰排序及查表；⑱通信和联网；⑲监控和容错；⑳自诊断及报警；㉑高级语言编程及报表打印；㉒人机对话等。

2．PLC 主要特点

（1）产品系列化　目前国外各大 PLC 厂家每隔几年就要推出一个新系列产品，许多公司 PLC 已经具有多种系列产品，较新的系列一般分为大、中、小三种机型。表 10-9 给出了各机型的规模和性能。

表 10-9　各机型的规模和性能

性能	小　型	中　型	大　型
I/O 点	<512	512～2048	≥2048
CPU	单 CPU,8 位处理器	双 CPU,字处理器和位处理器	多 CPU,字处理器、位处理器及浮点处理器
扫描速度	>10ms/kW	2～20ms/kW	<5ms/kW
存储容量	<6kB	8～50kB	>50kB
智能 I/O	无	部分有	有
联网	有	有	有
指令及功能	逻辑运算 算术运算 T/C<64 个 中间标志<64 个 寄存器、触发器功能	逻辑运算 算术运算 T/C64～256 个 中间标志 64～2048 个 寄存器、触发器功能、数制变换、开方、乘方、微分、积分、中断	逻辑运算 算术运算 T/C256～2048 个 中间标志 2048～3192 个 寄存器、触发器功能、数制变换、开方、乘方、微分、积分、中断、PID、过程监控、文件处理
编程语言	语句表、梯形图	语句表、梯形图、编程图	语句表、梯形图、流程图、图形语言、实时 BASIC、C 语言等高级语言

（2）机体小型化、结构模块化　由于专用大规模集成电路（LSI）和表面安装零件（SMP）技术的应用，使得带 ASIC（用于特种场合的专用 IC）的电路密集、紧凑。实现了 PLC 机体小型化。

（3）多处理器　一般小型 PLC 为单处理器系统；中型 PLC 多为双处理器系统，包括字处理器和位处理器；大型 PLC 为多处理器系统，包括字处理器、位处理器和浮点处理器等。多处理器的使用，使得 PLC 向多功能、高尖技术性能方向发展。目前，广泛使用的处理器芯片有 8 位的 Intel-8086、Motorola-6800、Zilog-80 以及 16 位的 Intel-8086、Zilog-8000 等。不久，微处理器芯片将会被 24 位、32 位甚至 64 位的位片式处理器取代。

（4）较强的存储能力　PLC 的存储器分为内存和外存两种。内存储器多半采用 CMOS 电路的 RAM、E-PROM、E^2PROM 等，容量可达数千字节到数兆字节，它作为 PLC 的程序存储和数据存储。外存储器的存储方式有磁盘、磁带等，作为文件管理及各种数据库的存储。

（5）强的 I/O 接口能力　考虑到工业控制的需要，常用的数字量输入、输出接口分交流和直流两种，电压等级有 5V、24V 以及 220V，负载能力可从 0.5A 到 5A。模拟量输入、输出电压型有 ±50mV～±10V，电流型有 1～10mA 或 4～20mA 等多种规格。为提高 PLC 运行的可靠性，输入、输出接口一般都采取了隔离措施。

（6）可靠性高，抗干扰能力强　由于目前的 PLC 都采用大规模集成电路，元器件的数量大大减少，使得 PLC 进一步小型化；同时，也增加了 PLC 的技术保密性。PLC 本身具有可迅速判断故障的自诊断的功能，从而大大地提高其可靠性。PLC 本体的平均无故障时间（MTBF）一般为 $5×10^4$h 以上。另外，各制造厂家在硬件设计和电源设计时均充分考虑了 PLC 的抗干扰性，以保证 PLC 在工业场所可靠运行。

（7）外围接口智能化　目前，新一代的 PLC 具有许多智能化的外围接口，这些接口具有独立的处理器和存储器。作为专用的过程外围接口，可以完成特殊的功能，独立进行闭环调节；也可以作为温度控制、位置控制；还可以显示终端、打印机连接，实现过程监控、报表打印、信息处理等，大大地增强了 PLC 的单机功能。

（8）强的通信能力与网络化　近年来，PLC 的通信能力进一步增强，PLC 常用的通信接口有 RS-232C（最大 15m）、RS-422（最大 500m）、光纤接口等。在距离较远时，可采用 Modem 方式通信，它的传输速率一般为 300～19200bps，以至更高。PLC 可方便地与上位机、其他型的 PLC 以及外部设备进行信息交换，以形成基础自动化级控制系统。

（9）通俗化编程语言与高级语言　为了适应更多的工程技术人员的需要，PLC 具有多种形式的编程语言，除采用常用的梯形图、语句表和流程图编程外，有些大型 PLC 可使用计算机的高级语言，如 FORTRAN、PASCAL 和 C 语言等。

3. PLC 的系统设计

PLC 控制系统的设计一般分为三个阶段，即功能设计、基本设计和详细设计，这三个阶段相互有密切的联系。在阐述 PLC 控制系统的设计阶段之前，首先对控制系统的功能要求书做一说明。

控制系统功能要求书是指导电气设计人员开展 PLC 控制系统设计的依据。鉴于目前国内各设计单位的专业分工较细，工艺及设备科室无电气人员的情况下，对较复杂的工艺控制过程，宜以工艺、设备专业为主，电气专业设计人员参加，共同编制控制系统功能要求书，它相当于委托设计任务书。

（1）功能设计阶段　功能设计阶段是根据控制系统功能要求书（委托设计任务书）的内容，由电气专业人员从电气控制角度对工艺提出的功能要求进行论证、确认，编制出满足工艺要求的控制系统功能规格书。通常，它包括：①概述；②工艺要求；③工艺设备布置图；④工艺流程图；⑤操作点分布图、控制室及 I/O 站布置图；⑥电气设备传动性能表；⑦联锁关系图、表等。

（2）基本设计阶段　基本设计阶段是根据控制系统功能规格书的内容，确定其控制系统组态、I/O 定义，硬件设备的选择及屏、台、箱、柜数量的确定，外部设备的选择等。基本设计阶段一般包含：修改并完善功能设计阶段的内容；控制系统组态图及组态方式说明；程序流程框图及程序结构说明；系统的控制等级划分、运转方式类别，并详述每一种运转方式的工作过程（一般包括自动运转方式、半自动运转方式、手动运转方式，包括远程手动运转方式和机旁手动运转方式）；操作点的功能说明；CRT 的功能说明；I/O 表；故障类别及处理方法；系统及单体设备的状态定义；通信方式及参数设定；通信的主要数据内容；图形画面的内容及要求；控制设备的选择、通信设备的确定等。

（3）详细设计阶段　控制系统的详细设计是在基本设计的基础上进行的，内容包括设备设计和施工设计两部分。设备设计的内容包括硬件设计、软件设计、出厂前调试或实验室调试；施工设计的内容包括布置安装设计和配线设计。图 10-29 给出 PLC 控制系统设计流程示意。

三、可编程序控制器工作原理

1. 扫描工作方式

所谓扫描工作方式，即中央处理器（CPU）从程序段的第一句开始，顺序读取顺序执行，直至最后一句。PLC 采用循环扫描工作方式连续执行用户程序、完成控制功能。

PLC 的 CPU 执行有五个阶段。内部处理、与编程器等的通信处理、输入采样、程序执行、输出处理，其工作过程如图 10-30 所示。我们称其为一个扫描周期，PLC 完成一个周期后，又重新执行上述过程，扫描过程周而复始地进行。

对于不同型号的 PLC，图中的扫描过程中各步的顺序可能有所不同，这是由 PLC 内部的系

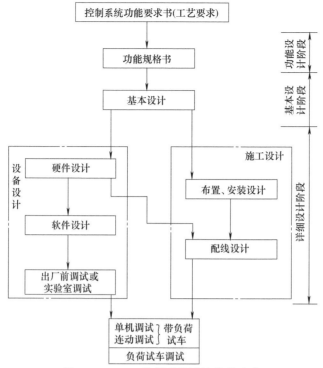

图 10-29　PLC 控制系统设计流程示意

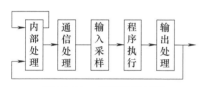

图 10-30　扫描工作过程

统程序决定的。PLC 运行流程如图 10-31 所示。当 PLC 方式开关置于运行（RUN）时，执行所有阶段；当方式开关置于停止（STOP）时，不执行后 3 个阶段，此时可进行通信处理，如对 PLC 联机或离线编程。

2. 可编程序控制器工作过程

（1）内部处理　在这一阶段，CPU 检测主机硬件，同时也检查所有 I/O 模块的状态。在 RUN 模式下，还检测用户程序存储器。如果发现异常，则停机并显示出错，若自诊断正常则继续向下扫描。

（2）通信处理　在 CPU 扫描周期的信息处理阶段，CPU 自动检测并处理各通信端口接收到的任何信息。即检查是否有编程器、计算机等的通信请求，若有则进行相应处理，在这一阶段完成数据通信任务。

（3）输入采样　在这一阶段，对各数字量输入点的当前状态进行输入扫描，并将各扫描结果分别写入对应的映像寄存器中。

（4）程序执行　在 PLC 中，用户程序按先后顺序存放。在这一阶段，CPU 从第一条指令开始顺序读取指令并执行，直到最后一条指令结束。执行指令时从映像寄存器中读取各输入点的状态，每条指令的执行是对各数据进行算术或逻辑运算，然后将运算结果送到输出映像寄存器中。执行用户程序的过程与计算机基本相同。

（5）输出处理　在本阶段，CPU 输出映像寄存器中的数据，并几乎同时集中对输出点进行刷新，通过输出部件，转换成被控设备所能接受的电压或电流信号，以驱动被控设备。

扫描周期长短主要取决于程序的长短，它对于一般工业设备通常没有什么影响。但对控制时间要求较严格，响应速度要求快的系统，为减少扫描周期造成的响应延时等不良影响，一般在编程时对扫描周期精确计算，并尽量缩短和优化程序代码。

3. 循环扫描工作过程特点

扫描工作方式 PLC 工作的主要特点是输入信号集中批处理，执行过程集中批处理，输出控制也集中批处理。PLC 的这种"串行"工作方式，可以避免继电器、接触器控制系统中触点竞争和时序失配的问题。这是 PLC 可靠性高的原因之一，但是又导致输出对输入在时间上的滞后，是 PLC 的缺点。

PLC 在执行程序时所用到的状态值不是直接从实际输入口获得的，而是来源于输入映像寄存器和输出映像寄存器。输入映像寄存器的状态值，取决于上一扫描周期从输入端子中采样取得的数据，并在程序执行阶段保持不变。输出映像寄存器中的状态值，取决于执行程序输出指令的结果。输出锁存器中的状态值是上一个扫描周期的刷新阶段从输出映像寄存器转入的。

此外在 PLC 中，常采用一种被称为"看门狗"（watchdog）的定时监视器来监视 PLC 的实际工作周期是否超出预定的时间，以避免 PLC 在执行程序过程中进入死循环，或 PLC 执行非预定的程序而造成系统的瘫痪。

四、可编程序控制器软件

可编程序控制器的软件分为系统软件与用户程序两大部分。系统软件由 PLC 制造商固化在机内，用以控制可编程控制器本身的运作。用户程序由可编程控制器的使用者编制并输入，用于控制外部对象的运行。

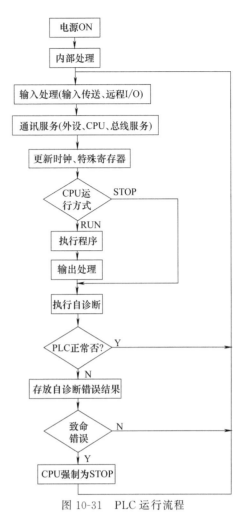

图 10-31　PLC 运行流程

（一）系统软件

系统软件又可分为系统管理程序、用户指令解释程序及标准程序模块和系统调用。

1. 系统管理程序

系统管理程序是系统软件中最重要的部分，主管控制可编程控制器的运作，其作用包括如下三个方面。一是运行管理，对控制可编程控制器何时输入、何时输出、何时计算、何时自检、何时通信等做时间上的分配管理。二是存储空间管理，即生成用户环境，由它规定各种参数、程序的存放地址。将用户使用的数据参数、存储地址转化为实际的数据格式及物理存放地址，将有限的资源变为用户可很方便地直接使用的元件。例如，它可将有限个数的 CTC 扩展为上百个用户时钟和计数器。通过这部分程序，用户看到的就不是实际机器存储地址和 CTC 的地址了，而是按照用户数据结构排列的元件空间和程序存储空间。三是系统自检程序，它包括各种系统出错检验、用户程序语法检验、句法检验、警戒时钟运行等。

可编程控制器正是在系统管理程序的控制下按部就班地工作的。

2. 用户指令解释程序

众所周知，任何计算机最终都是执行机器语言指令。但用机器语言编程却是非常复杂的事情。可编程控制器可用梯形图语言编程，把使用者直观易懂的梯形图变成机器懂得的机器语言，这就是解释程序的任务。解释程序将梯形图逐条解释，翻译成相应的机器语言指令，由 CPU 执行这些指令。

3. 标准程序模块和系统调用

这部分由许多独立的程序块组成，各程序块完成不同的功能，有些完成输入、输出处理，有些完成特殊运算等。可编程控制器的各种具体工作都是由这部分程序来完成的。这部分程序的多少决定了可编程控制器性能的强弱。

整个系统软件是一个整体，其质量的好坏很大程度上影响可编程控制器的性能。很多情况下，通过改进系统软件就可在不增加任何设备的条件下大大改善可编程控制器的性能，因此可编程控制器的生产厂家对可编程控制器的系统软件都非常重视，例如，S7-200 系列 PLC 在推出后，西门子公司不断地将其系统软件进行改进完善，使其功能越来越强。

（二）用户程序

用户程序是可编程控制器的使用者针对具体控制对象编制的程序。在小型可编程控制器中，用户程序有三种形式：语句表（STL）、梯形图（LAD）和顺序功能流程图（SFC）。

五、可编程序控制器选型

种类繁多的 PLC 一方面给用户提供了选择的余地；另一方面，也给用户在选择上带来困难。下面给出了 PLC 的硬件选型原则。

1. PLC 的选型原则

PLC 的选型主要根据使用场合、控制对象、工作环境、费用以及用户的特殊要求来选择机型，使得既在功能上满足要求，又经济合理。

在 PLC 机选型前，需要注意以下几点：①开关量输入总点数及电压等级；②开关量输出总点数及输出功率；③模拟量输入/输出总点数；④是否有特殊的控制功能，如高速计数、PID 定位、通信等智能模块供选用；⑤现场设备（被控对象）对响应速度、采样周期的要求；⑥是否有较复杂的数值运算；⑦中控室离现场设备的距离；⑧是否要预留发展的可能；⑨熟悉 PLC 机型的详细资料及应用的实绩。

选择 PLC 机型时，要对其 I/O 点数、存储器容量、功能、I/O 模块、外形结构、系统组成、外围设备、设置条件及价格等多项指标做综合分析和比较，然后才能确定出较理想的 PLC 机型。

2. 输入/输出（I/O）点数的估算

控制系统总的输入/输出点数可根据每个单体设备的 I/O 点数来决定，最后按实际的 I/O 点数另加 $10\%\sim20\%$ 备用量来考虑。进行 PLC 硬件设计时，对 I/O 点数进行估算是一个很重要的基础工作，它直接影响下面的存储器容量的估算。

一般来讲，一个按钮需占一个输入点；一个光电开关占一个输入点；一个信号灯占一个输出点；而对选择开关来说，一般有几个位置就占用几个输入点；对各种位置开关，一般占一个或两个输入点。

（1）开关量输入点数　开关量输入点数可按下式进行估算

$$DI = K \left[\sum_{i=1}^{N} (a_{1i} + a_{2i}) + a_3 \right] \tag{10-21}$$

式中，DI 为开关量输入总点数；K 为备用量系数，一般取 $K = 1.1\sim1.2$；a_{1i} 为单个系统类型参数，单速可逆系统 $a_{1i} = 3 \times$ 操作点数；单速不可逆系统 $a_{1i} = 2 \times$ 操作点数；多速（有级）可逆系统 $a_{1i} = 3 \times$ 操作点数 + 速度挡数；多速（有级）不可逆系统 $a_{1i} = 2 \times$ 操作点数 + 速度挡数；a_{2i} 为单个系统检测点数，如接触器辅助接点数 XC、热断电器 RJ、自动开关辅助接点 ZK、限位开关 XW、选择开关 XK 以及故障信号、联动信号等；a_3 为其他点数，如系统自动/半自动/手动选择开关、系统集中/机旁选择开关、生产线上的检测元件，以及与其他控制设备的硬件联锁信号等；N 为单个系统的总数。

（2）开关量输出点数　开关量输出点数可按下式进行估算：

$$DO = K\left[\sum_{i=1}^{N}(b_{1i}+b_{2i})+b_3\right] \tag{10-22}$$

式中，DO 为开关量输出总点数；K 为备用量系数，一般取 $K=1.1\sim1.2$；b_{1i} 为单个系统类型参数，单速可逆系统 $b_{1i}=2$；单速不可逆系统 $b_{1i}=1$；多速（有级）系统 $b_{1i}=$ 速度挡数；b_{2i} 为单个系统显示设备及联锁所需的点数；b_3 为其他点数，如系统的显示点数、报警音响设备所需的点数，以及与其他控制设备的硬件联锁信号等；N 为单个系统的总点数。

（3）模拟量输入/输出（AI/AO）点数　目前，大多数 PLC 制造厂均提供相应的 AI 和 AO 模块，可参考 PLC 制造厂的 AI、AO 模块的说明，根据工程的实际需要来确定 AI、AO 的回路数及相应的 AI/AO 模块数量，并预留出适当的备用量。一个 AI/AO 模块有 2 个、4 个、6 个、8 个、16 个回路，详见有关 PLC 的资料。

3. 存储器容量的估算

这里所说的存储器容量要和用户程序所需的内存容量相区分，前者指的是硬件存储器的容量，而后者指的是存储器中为用户开放的部分；前者总要大一些。到底开放给用户编程的容量有多少，可通过 PLC 的样本资料仔细辨认。只要估算出用户程序所需的内存容量，相应地就可决定存储器容量的大小。

用户程序所需的内存容量与最大的输入/输出点数成正比，此外，还受有无通信数据、通信数据量的大小以及编程人员的编程水平等影响。在无数据通信的情况下，一般的内存容量的经验公式如下：

$$M = K_1 K_2\left[(DI+DO)C_1 + AIC_2 + AOC_3\right] \tag{10-23}$$

式中，M 为内存容量，字节；K_1 为备用量系数，一般取 $K_1=1.25\sim1.40$；K_2 为编程人员熟练程度，一般取 $K_2=0.85\sim1.15$；DI 为开关量输入总点数；DO 为开关量输出总点数；AI 为模拟量输入回路数；AO 为模拟量输出回路数；C_1 为开关量输入/输出内存占有率，一般取 $C_1=10$；C_2 为模拟量输入内存占有率，一般取 $C_2=100\sim200$；C_3 为模拟量输出内存占有率，一般取 $C_3=200\sim250$。

在有通信接口的情况下，需根据通信接口的数量、每个接口通信数据量的大小以及具体 PLC 块转移指令所占的内存字数，确定出数据通信所占的内存大小，最后与式（10-23）的结果相加，即可估算出 PLC 内存容量的大小。

表 10-10 给出了中小型 PLC 的 I/O 点数与存储器容量的关系。

用 PLC 替代原先的继电器电路时，先看有多少个继电器，然后将 1 个继电器平均按 6 个接点、1 个线圈计算，存储器的字数（步数或 1 个存储单元）按 1 个接点（或线圈）为 1 个字计算，考虑到 PLC 的功能多样化，如增加故障诊断程序等，将上述计算出的容量适当地增大一些。

表 10-10　中小型 PLC 的 I/O 点数与存储器容量的关系

I/O 点数	折合继电器数	存储器容量
128 点以下	60 个以下	0.5K 以下
128～256 点	60～100 个	0.5～1K
256～512 点	100～300 个	1～4K
512 点以上	300～1000 个	4K 以上

有些制造厂将 PLC 的存储器分为程序存储器和数据存储器两种，但存取区间完全分开。程序存储器容量计算可按式（10-23）进行，而数据存储器容量，PLC 制造厂一般都将它与程序存

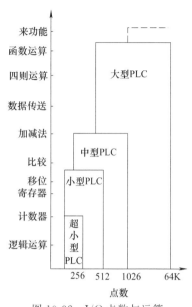

图 10-32 I/O 点数与运算
功能的对应关系

储器成比例设置。

4. 功能选择

根据控制系统的要求进行 PLC 的功能选择。它通常包括运算功能的选择和处理速度的选择两个方面。

（1）运算功能的选择 PLC 除具有顺控功能（逻辑运算）外，还具有定时、计数、四则运算、函数运算等功能。如果控制系统的要求很简单，只需要顺控功能时，就可以选择经济实惠的 PLC。如果需要跟踪的话，就得选择带位移寄存器PLC 等。总之，选择运算功能的依据是：从指令系统中看所需要的功能是否能得到全部满足，或是利用编程来间接得到满足。目前，PLC 的功能多样化和高级化，因此不要单纯追求高功能，以避免造成不必要的浪费。

总之，PLC 的功能，随着规模的增大，基本上满足了用户在运算功能方面的要求。运算功能选择时应注意以下 2 点：①硬件与软件的配套使用；②使用功能及故障维修功能是否完备。

图 10-32 给出了 I/O 点数与运算功能的对应关系。

（2）处理速度的选择 PLC 的原理与计算机基本相同，但早期的 PLC 处理速度较慢，主要是由于未采用微处理器，且中断系统不完善等原因造成的。一般来讲，计算机的输入/输出点少，但其内部可进行大量复杂的数据处理。对 PLC 来说，输入/输出点从十几点到两千余点都有，从输入—数据处理—输出的全过程只允许在几十毫秒内完成，它相当于继电器的固有动作时间，再长就没有意义了。

5. 外形结构的选择

从 PLC 的基本单元和扩充单元的形态看，PLC 的外形结构分为以下几种。

（1）平板型 PLC 平板型 PLC 多为 I/O 点数少的小规模机型，构造特点是轻、薄、短小。它从机电一体化的角度考虑，多安装在机械设备或控制盘上。这种 PLC 把 CPU、I/O 均装在 1 个印刷版内，电源采用外部供电方式，I/O 点地址固定，不能扩展或很少有扩展。对大批量生产的通用机械设备来说，它的特点是价格低廉。

平板型 PLC 的机型很多，选择时，不能光着眼于价格低廉，还必须根据使用的控制目的来考虑。

（2）块状型 PLC 小规模的 PLC 多采用这种形式，它的增设单元以模块为单位进行扩展。它多采用德国工业标准（DIN）中的导轨式安装方式，具有适中的扩展性和价格低廉等优点；运算功能目前也有向高功能化发展的趋势。选择时，也和平板型 PLC 一样，不能光着眼于价格低廉，还必须根据使用的控制目的来考虑。

（3）输入/输出模块的选择 这种形式的 PLC 有专供扩展 I/O 模块用的插件式框架槽（机箱），它适合于中、大规模的控制系统。不同制造厂 PLC 机箱的外形尺寸也不完全相同，一部分制造厂采用 48cm（19 英寸）的标准机箱。机箱内多为 8 槽，但也有 2 槽、4 槽、6 槽、8 槽、10 槽的机箱。各种 I/O 模块被设计成统一的外形尺寸，以便插入机箱中的槽内。

6. 输入/输出模块的选择

实际生产过程中的信号电平多种多样，而 PLC 的 CPU 只能进行标准电平的处理，这只有通过 I/O 接口实现这些信号电平的转换。为适应各种要求的过程信号，各制造厂相应有各种 I/O 接口模块。虽然 PLC 的种类繁多，但它们的 I/O 接口模块原理基本相同。各 PLC 制造厂的 I/O 接口模块，主要区别在于电压等级，输入/输出点数以及模拟量的数字表示上。

一、自动控制设计注意事项

① 除尘设备类型、规格、用途、操作方法多种多样，相互间差别较大，自动控制系统要针对具体除尘系统和具体设备有针对性地进行自动控制设计。

② 除尘系统净化有爆炸性、腐蚀性或潮湿、有害含尘气体时，自动控制装置应做相应的防爆、防静电、防腐蚀等技术处理。

③ 除尘设备一般露天设置，除尘现场的盘、箱、柜等自动控制装置应注意防雨、防尘、防护等级要高。

④ 自动控制在满足除尘工艺需要的情况下尽可能简单可靠。

二、袋式除尘器自动控制设计

(一) 除尘器工作原理

袋式脉冲除尘器处在风机的负压端，袋式除尘器采用下进风上排风外滤式结构，且具有相互分隔的袋滤室。

除尘系统由烟罩、除尘阀门、管道、伸缩节、混风阀、脉冲袋式除尘器、斗式提升机、刮板输送机、贮灰仓、卸灰阀、风机和放散烟囱等组成。当某一滤袋室进行清灰时，通过控制机构（定时、差压或混合）控制脉冲阀的启闭，喷吹滤袋，使粉尘落入灰斗，通过星形卸灰阀和输灰装置把粉尘运走，净化后的气体从滤袋孔隙流过，通过排风管道最后排入大气。

(二) 电控仪表系统

除尘器的控制设备包括低压配电柜、MCC 柜、PLC 柜、仪表电源柜、工控机操作站及现场机旁操作箱等。

除尘阀门控制一般与生产工艺联锁，但是它们的控制信号通过点对点硬连接线连接到除尘 PLC，或者通过网络连接，以实现除尘系统 PLC 与生产系统 PLC 通信，并将其状态显示在除尘 HMI 画面上。

除尘系统控制分：袋式除尘器、风机系统、除尘器混风阀和除尘吸风阀门四部分。

(三) 除尘工艺控制系统

系统采用二地操作方式，机旁单机手动、除尘电气室 HMI 画面手动和联动控制。

整个系统由除尘器清灰系统、卸灰系统、输灰系统及贮灰仓排灰系统四部分组成。

1. 脉冲除尘器控制内容

袋式脉冲除尘器控制内容分为脉冲喷吹清灰、卸灰、输灰及排灰，并要求这些设备能进行单动和联动运转的控制。

设单动的目的是设备单体调试或点检发现异常时，在袋式脉冲除尘器机旁手动操作。

在联动运转时，袋式脉冲除尘器清灰、卸灰和输灰系统全过程采用 PLC 自动控制，清灰的周期、喷吹时间、喷吹间隔、卸灰周期、卸灰时间，能根据运行状态进行调整。

2. 控制过程

（1）清灰控制过程　清灰采用脉冲阀喷吹方式，进行分室清灰，袋式除尘器正常运行时，含尘气体通过灰斗上的进气口阀及短管进入过滤器内，其中较粗颗粒的粉尘在灰斗中自然沉降，较细微的粉尘随气流上升通过滤袋，由于碰撞、筛分、钩住截留等效应，粉尘被阻留在滤袋外壁表面，从滤袋出来的干净气体经离线阀、排风管、风机和烟筒排入大气。当滤袋外侧粉尘层逐渐增厚，使袋式除尘器阻力增高，在达到规定值或设定周期时，从 1 室开始至 n 室循环进行清灰。

（2）卸灰及输灰控制过程　灰尘落入灰斗内，各室轮流进行卸灰。首先星形卸灰阀运行，同时该室空气炮间断的喷吹，该室卸灰一段时间后，这个室卸灰结束，再进行下一个室的卸灰。

每个室灰斗卸下的灰落入切出刮板输送机，经斗式提升机送入贮灰仓。

（3）排灰控制过程　贮灰仓排灰采用机旁操作，控制加湿机、电磁水阀、旋转给料器及贮灰仓灰斗振动器。

3. 控制方式

清灰系统控制和卸灰输灰控制互不连锁。清灰系统单动、联动控制经过 PLC 控制；卸灰及输灰系统单动不经过 PLC 控制，联动控制经过 PLC 控制；贮灰仓振动器控制、旋转给料器、加湿机及电磁水阀单动不经过 PLC 控制，联动控制经过 PLC 控制。

（1）在线清灰控制（采用在线清灰，离线检修）

控制内容：脉冲阀和离线阀。

检测仪表：除尘器进出口压力变送器、贮气罐电接点压力表。

清灰控制：本地控制、联动控制。

联动控制：定时控制、差压控制、混合控制（可选择）。

① 本地控制。除尘器设清灰机旁操作箱，在清灰机旁操作箱操作脉冲阀和离线阀。

② 联动控制。

a. 定时控制。当除尘器的清灰时间达到时，1 室的脉冲阀依次喷吹一遍，间隔一段时间后，2 室的脉冲阀依次喷吹一遍，至 n 室结束。间隔一段时间后，再从 1 室开始清灰。

b. 差压控制。除尘器差压达到上限时，1 室的脉冲阀依次喷吹一遍，间隔一段时间后，2 室的脉冲阀依次喷吹一遍，至 n 室结束。此时除尘器差压若小于下限时，结束一个清灰周期，如果除尘器差压没有达到下限时再继续一个清灰周期。

c. 混合控制。除尘器差压上限值或定时值哪个值先到，程序按先到那个程序运行。

（2）卸灰和输灰控制

控制内容：斗式提升机、切出刮板输送机、星形卸灰阀、除尘器灰斗空气炮及溜槽振动器。

检测仪表：每个除尘器灰斗安装一台料位控制器。

1）本地控制。除尘器平台设输灰机旁操作箱，斗式提升机、切出刮板输送机、星形卸灰阀、除尘器灰斗空气炮及溜槽振动器设有单独操作按钮。

2）联动控制。首先斗式提升机运行（间隔 3～60min 分溜槽振动器振动，溜槽振动器振动30s），间隔一段时间后，切出刮板输送机运行，间隔一段时间后，1 室星形卸灰阀运行，该室空气炮间隔一段时间后连续喷吹 n 次；至 n 室结束。间隔一段时间后再从 1 室开始卸灰。

当风机停止运行后，卸灰阀继续进行 1～n 个周期的卸灰，然后停止；停止的时间间隔同启动，顺序与启动相反。如果风机重新启动时，无论输灰是否已完成 n 个周期，都将自动启动卸灰程序。

溜槽振动器与斗式提升机联锁。

除尘器灰斗料位控制器，只显示灰斗粉尘料位上限，不参加控制。

3）排灰控制

控制内容：旋转给料器、贮灰仓灰斗振动器、加湿机、电磁水阀。

检测设备：3 台料位控制器（高高料位、高料位、低料位）。

① 手动控制。贮灰仓上设贮灰仓机旁操作箱、旋转给料器、加湿机、电磁水阀及贮灰仓灰斗振动器，设有单独操作按钮控制。

② 自动控制。其启动操作顺序如下：按一下联动卸灰"运行"按钮，加湿机运行，30s 后旋转给料器运行，电磁水阀开启。

停止操作顺序如下：按一下联动卸灰"停止"按钮，旋转给料器停止，20s 后电磁水阀关闭，20s 后加湿机停止。

③ 检测料位。在贮灰仓机旁操作箱上，设有 3 个贮灰仓料位显示灯，当料位达到低料位时显示灯亮，不允许卸灰；当料位达到高料位时显示灯亮，报警；当料位达到高高料位时显示灯亮，15min 后输灰系统停止运行。

4. 显示、故障报警及故障停机

（1）故障画面显示

① 在清灰机旁操作箱上及 HMI 画面显示 $1 \sim n$ 室脉冲阀喷吹、离线阀运行状态。

② 在输灰机旁操作箱上及 HMI 画面显示除尘器灰斗料位、星形卸灰阀、切出刮板输送机、斗式提升机运行状态及故障。

③ 在贮灰仓机旁操作箱上及 HMI 画面显示旋转给料器、贮灰仓灰斗振动器、加湿机、电磁水阀及贮灰仓低、高和高高料位状态。

④ 当某室离线阀出现故障时（离线阀打不开或关不上），HMI 画面显示。

⑤ 烟囱上安装一台粉尘浓度仪，在 HMI 画面上显示值。

（2）重故障

① 除尘器压缩空气压力下限，清灰系统停止运行。

② 切出刮板输送机及斗式提升机出现故障，上游设备停机，下游设备按正常顺序停机。

③ 贮灰仓料位达到高高料位时，除尘器卸灰和输灰系统停止运行。贮灰仓料位达到高高限位置，若 15min 后不消失，事故信号则按正常停机程序停止全部输灰设备，并发出故障信号。输灰设备过负荷停机时，其上游设备立即停机，下游设备按正常顺序停机。

④ 贮灰仓旋转给料器故障。

（3）轻故障　出现轻故障信号后，在现场及 HMI 画面上分别显示，系统不停机。

① 贮灰仓达到高料位及低料位。

② 离线阀故障。

③ 星形卸灰阀故障。

④ 贮灰仓灰斗振动器故障。

⑤ 溜槽振动器故障。

（四）照明控制及其他

（1）照明电源为交流 220V，电源来自低压配电柜，电源引入到现场照明配电箱内。除尘器本体及贮灰仓平台的照明，可用照明开关手动控制除尘器本体、贮灰仓平台及风机平台不同区域的照明灯。

（2）安全灯电源为交流 36V，电源来自照明配电箱，电源引入安全灯箱内。除尘器平台设有安全灯箱，箱内有一个 AC 220V 和一个 AC 36V 插座，电源开关选用漏电断路器。

（3）环保电源为交流 220V，电源来自检修电源箱，电源引入环保电源箱内。混风阀平台及烟囱检测平台设有环保电源箱，箱内有两个 AC 220V 插座，电源开关选用漏电断路器。

（4）检修电源为交流 380V，三相四线制来自低压配电柜，电源引入到现场检修电源箱内。除尘器底层及顶层设检修电源箱（AC 220V/AC 380V），供电焊机等设备使用。

（五）风机系统

风机系统是由主电机、风机、入口阀、稀油站、变频器、风机机旁操作箱、稀油站机旁操作箱、入口阀机旁操作箱及就地安装的检测仪表组成。

1. 控制方式

主电机、风机、稀油站检测温度和压力直接进入 PLC，风机前后轴振动和入口阀阀位信号 4~20mA 进入 PLC，电机电流信号由变频器柜送入 PLC，其所有的信号在 HMI 画面上显示；稀油站油泵及电机电加热器经过 PLC 控制。

2. 就地安装的仪表

（1）拖动风机入口阀的电动执行器，它可改变风机入口阀的开度，从而控制风量和风压，使之满足工艺上的要求。

（2）在主电机定子线圈上每相安装两个铂电阻，主电机前后轴承安装了铂电阻；在风机前后轴承安装了铂电阻，稀油站冷却水出水管道安装冷却水流量开关一个，风机轴承止推端安装了测振传感器；稀油站油箱安装液位控制器、铂电阻，油泵出口安装压力表，滤油器前后安装差压开关，供油口安装压力变送器、热电阻，回油口安装热电阻。

上述这些一次仪表与 PLC 连接起来，就可实现相应项目的指示、控制及保护。

（3）检测仪表项目及检测元件量程对应表见表 10-11。

表 10-11　检测仪表项目及检测元件量程对应表

序号	名　称	点数	信号
1	风机入口阀开度	1	4~20mA
2	风机前后轴承温度	2	Pt100
3	风机前后轴承振动	2	4~20mA
4	电机前后轴承温度	2	Pt100
5	电机定子三相温度	6	Pt100
6	稀油站供油温度	1	Pt100
7	稀油站回油温度	1	Pt100
8	稀油站油箱温度	1	Pt100
9	稀油站供油压力	1	4~20mA
10	主电机电流	1	4~20mA
11	风机转速	1	4~20mA

3. 系统控制

（1）主电机控制

1）本地控制。风机平台设风机机旁操作箱，且满足下列条件方可启动：a. 风机入口阀门开度关至零位；b. 电机、风机和稀油站检测仪表各项参数均在正常工作范围；c. 风机故障灯不亮；d. 稀油站油泵运行。

2）远程控制。在 HMI 画面上操作，且满足一定上述 a、b、c、d 条件方可启动。

3）停机。

① 人为停机。主电机正常停车时，可按下风机机旁操作箱上的"停止"按钮（或在 HMI 画面上），PLC 送变频器柜停止信号，主电机停机；主电机非正常停车时，可按下风机机旁操作箱上的"紧急停止"按钮（或在 HMI 画面上），"紧急停止"按钮一副触点送高压柜停止信号，主电机停机。

② 故障报警停机。主电机、风机、稀油站检测某一参数达到跳闸值，通过 PLC 将停机控制信号送变频器柜，主电机停机。

当 UPS 电源辅助触点断电时，通过 PLC 将停机控制信号送变频器柜，主电机停机。

4）电加热器。电机电加热器分"就地""远程"控制，选择"就地"时，在风机机侧仪表柜操作；选择"远程"时，则由 HMI 画面操作。它们分别在风机机旁操作箱和 HMI 画面上两地显示状态。

在 HMI 画面显示主电机、风机、稀油站检测温度、压力、电流值和转速。

（2）风机入口阀调节　风机入口阀分"本地""远程"控制，选择"本地"时，由入口阀机旁操作箱操作，选择"远程"时，则由 HMI 画面操作。

① 本地控制。风机入口阀开大或关小，由控制风机入口阀开度的电动执行器正转和反转来实现。风机运行中可根据情况操作入口阀机旁操作箱"手操器"按钮开关，使风机入口阀开度到所需位置，使之满足工艺要求。如果主电机电流达到额定值时，即使按风机入口阀"开"按钮，程序联锁使风机入口阀开度不再开大，以避免风机过载运行。当风机停机后，风机入口阀开度将关到最小，为下一次风机启动做准备。

② 远程控制。风机运行中可根据情况在 HMI 画面上设定风机入口阀某一开度值。

③ 显示。风机入口阀开度分别在入口阀机旁操作箱和 HMI 画面上两地显示开度值。

（3）润滑系统　稀油站工作时，工作油泵将油箱内的油液吸出，经双筒油滤、冷却器后，再送往主机设备的各润滑部位，回油进油箱回油管，经磁棒过滤，再经过滤网板过滤后进入油箱内。

稀油站设有两台齿轮泵，正常情况下一台工作一台备用。当系统压力降到低于第一压力控制器压力调定值时，备用油泵投入工作，保证向主机设备继续供送润滑油。压力达到正常时，备用油泵自动停止。若此时压力继续下降到第二压力控制器压力调定值时，报警器将发出压力过低事故信号。

过滤器采用双筒网式油滤器，一筒工作，一筒备用，在进出口外接有差压控制器，当压差超过 0.1MPa，人工换向，备用筒工作，取出滤芯进行清洗，然后放入滤筒备用。

油箱上设有油位液位计，可直接看到液位的高低，同时装有油位信号器，当油位过高或过低时有信号发出。

冷却器用来冷却润滑油温度，供油温度供油管路上的双金属温度计来显示并发出信号，当供油温度变化，冷却器的进水量也随着变化，使油温控制在一定的范围内。

控制内容：油泵两台。

检测设备：油位信号器、油箱双金属温度计、差压控制器、压力变送器、供油双金属温度计。

① 本地控制。稀油站油泵分"就地""远程"控制，选择"就地"时在稀油站机旁操作箱上操作。

② 远程控制。选择"远程"时，稀油站油泵正常情况下一台工作一台备用，当系统压力降到低于第一压力控制器压力调定值时，备用油泵投入工作。

（4）变频器　变频器分"就地""远程"控制，选择"就地"时在变频器控制柜上启动风机，选择"远程"时在 HMI 画面上启动风机。

（六）除尘器混风阀

（1）机旁控制　混风阀平台设混风阀机旁操作箱，通过机旁操作箱按钮"开"和"关"控制混风阀。

（2）联动控制　混风阀的"开"和"关"由烟气温度来确定，烟气温度设定值为 110℃混风阀开，低于 110℃混风阀关。也可以在 HMI 画面上单动控制混风阀的"开"和"关"。

（七）集气罩阀门控制

（1）风机调速控制　阀门处在不同状态下风机按额定转速运转或设定转速运转。

非正常情况下，所有阀门同时关闭的情况下要求风机在 20s 内降为 0 转。

（2）阀门与生产工艺的控制　当生产工艺处于不同情况下除尘阀门处于"开"或"关"状态。

三、电除尘器自动控制设计

（一）电除尘器的工作特点

含尘气体从吸尘罩中被吸引到电除尘器内部，在电除尘器沉淀和电晕极之间施加数万伏的直流高压，由于高压静电场的作用，进入电除尘器空间的空气充分电离而使得其空间充满带正、负电荷的离子。随气流进入电除尘器内的粉尘粒子与这些正、负离子相碰撞而被荷电。带电尘粒由于受高压静电场库仑的作用，根据粉尘带电极性的不同，分别向除尘器的阴、阳极运动；荷电尘粒到达两极后，分别将自己所带的电荷释放掉，通过电极与电源形成回路便产生电除尘器的工作电流，尘粒本身则由于其固有的黏性而附着在极板、极线上最后被捕集下来；另外气体电离后，电除尘器空间正、负离子电荷总量是相等的，但由于负离子数目远比正离子数目多得多，且实践证明，电除尘器的阴极接负高压作为电晕极，阳极接高压电源的正端作为沉淀极并接地，除尘效果比较好。所以进入电除尘器内的粉尘粒子也总是大多数被带上负电荷而被阳极所捕集下来。

电除尘器的除尘效率与施加于电除尘器的高压静电场近似成正比的关系，所以必须给电场施加尽可能高的高压才能使电场中的气体分子充分电离，使粉尘有机会带上尽可能多的电子而获得较高的除尘效率。但电除尘器的阴、阳极间的距离确定后，两极间所能施加的直流高压是不可能无限制的增加。如果施加给电场的高压值已超过了两极间所能承受的最大场强，就会使电场产生高压击穿并伴随产生火花放电，习惯上把这种现象称作"闪络"放电。如果给电场所施加的高压超过极限值很多，将会使电场高压产生持续的弧光放电，即所谓"拉弧"现象。电场产生拉弧时，使正常的电晕被破坏，此时除尘效率将严重下降，如不能有效地加以克服，还可能造成设备事故。所以，电除尘器投入运行时是不允许产生频繁拉弧现象的。

影响除尘器正常运行的参数有粉尘比电阻、烟气温度及除尘器入口粉尘质量浓度等。

（二）电除尘器控制内容与过程

电除尘器电气控制内容如图 10-33 所示，分述如下。

1. 电除尘器的可控硅调压高压硅整流自动控制

可控硅自动控制高压硅整流装置是电除尘器普遍配套使用的一种高压供电装置，这种控制装置以检测电场二次电流为反馈信号。自动控制系统接收到各种反馈信号之后立即进行分析判断，并迅速发出控制指令改变主回路调压可控硅的导通角，使电场电压得到调节，而电场电压自控调节主要是以电场所能施加的最高电压（即闪络击穿电压）为控制依据。随着电场烟气条件的变化，电场击穿电压降低时，电场产生闪络。此时自控系统接收到这一反馈信号后，随之发出控制指令立即使主回路调压可控硅封锁，而使整流器无高压输出，以保证电场介质绝缘强度有足够的时间恢复到闪络击穿前的正常值。为防止闪络封锁主回路调压可控硅后而重新导通，整流器高压输出使电场发生第二次连续闪络，必须使闪络封锁后的高压输出值比闪络发生时的高压值降低一个适当的幅度；并且其数值的大小可根据电场烟气条件及其变化趋势，在一定的范围内进行整定调节。显然，电场电压值每当闪络封锁一次后，将从降低以后的电压值开始逐渐向另一次闪络电压值接近，而且上升的速度也是可以调节的。通常把电场电压上升速率的调节称作 $+du/dt$ 调压而把闪络封锁后电场电压下降幅值调节称作 $-du/dt$ 调节。通过调 $+du/dt$，可以改变电场每两次闪络的间隔时间，即闪络频率。通常把除尘效率最高时的"火花率"称作"最佳火花率"。

2. 电除尘器低压自动控制

由于各种粉尘的粒度、黏度、附着力、比电阻值以及粉尘的电化性质等各不相同，甚至相差

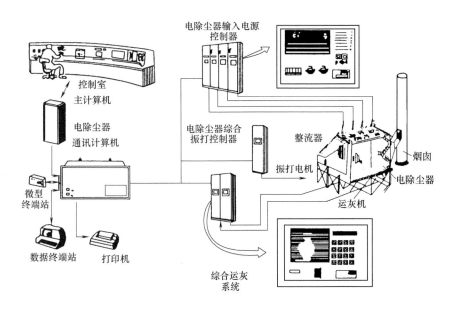

图 10-33　电除尘器电气控制系统示意

悬殊，使得粉尘沉积到阴、阳极上后能被抖落下来的难易程度也不同，因此，如果清灰效果不好，由于粉尘在极板（或极线）上堆积过厚，导致电场频繁闪络或粉尘荷电不充分，除尘效率降低。因此，需要设法通过电除尘器的清灰装置将所捕集的粉尘有效地抖落下来，以保证电场有比较理想的供电水平，长期维持所希望的除尘效率。

电除尘器阴、阳极的清灰效果，除要求清灰机构振打时对极板、极线的每个部位要有一定的振打冲击力，要根据各种不同的粉尘，选择合理的振打周期，这是因为如果振打周期过长，将导致极板上粉尘堆积过厚，使阴、阳极所能施加的高压降低，影响除尘效率。若振打过于频繁，由于沉积到极板（极线）上的粉尘尚未达到一定厚度，振打时将成为碎末飞散到除尘器空间，将产生"二次飞扬"，导致除尘效率降低。

阴极振打周期比阳极振打周期要长，因为阴极上的积灰速度远比阳极上的积灰速度慢，阴极振打持续时间也比阳极长，其原因是阴极振打清灰效果比阳极差，振打时所产生的"二次飞扬"不像阳极振打时严重。因此，为保证阴极振打的清灰效果，使阴极每次振打的持续时间做适当的延长是必要的。阴、阳极振打控制则要求二者的振打持续时间要错开，防止阴、阳极有可能同时振打，避免造成严重的"二次飞扬"或振打时由于阴、阳极有可能同时产生晃动而造成高压电场的闪络放电。

3. 输排灰控制

随烟气进入电除尘器而被阴、阳极所捕集的粉尘，由清灰机构敲落下来后，被收集在除尘器底部的灰斗中，必须被及时输送出去，以防灰斗中粉尘堆积过量，有可能使除尘器阴、阳极短路，使除尘器因送不上高压电而停止运行。

卸灰分两种控制，一种是连续卸灰，另一种是间断卸灰。

电除尘器连续卸灰的原理与布袋除尘器连续卸灰的原理基本相同。间断卸灰就是在除尘器每个灰斗适当的位置安装 1 台料位检测器，当除尘器灰斗内的灰料堆积到料位探头处时，料位检测器将发出指令信号去控制卸（输）灰机构自动卸（输）灰，只要除尘器灰斗内的料位下降到料位检测探头以下时，卸（输）灰系统停止工作。

由于电除尘器卸（输）灰控制由 PLC 控制，根据现场的实际情况，卸（输）灰控制系统分

4 种控制功能。当灰斗灰量多时，选择连续卸灰的控制功能；反之，选择间断卸灰的控制功能。当设备单动时，选择手动卸灰的控制功能。检修设备时，选择停止卸灰的控制功能。

4. 高压绝缘子的加热保温控制

进入电除尘器的烟气温度有时高达 300℃ 以上，以每秒 15～20m 的速度由除尘器进气管进入电除尘器后，在除尘器内停留时间可达数秒甚至 10s 以上。高温烟气碰到低温的除尘器内部构件时，其局部区间的烟气温度有可能降到烟气露点温度以下，烟气中所含高温蒸汽将凝结成水珠附着在构件上。一旦高压绝缘子上附着有水珠，将使绝缘子表面失去绝缘能力，导致电场高压在绝缘子处产生频繁闪络、拉弧，甚至短路，使除尘器无法正常运行。

对高压绝缘子采取严格的密封和电加热保温措施，是防止绝缘子污染和保证其绝缘能力的有效措施。高压绝缘子周围的加热保温温度要求其下限控制在烟气露点温度以上，上限高出下限温度值一个范围，并要求恒温自控。总的原则是要保证在绝缘子处不要产生露点，又希望不要加热过度，造成不必要的能源损耗，并有利于延长绝缘子的使用寿命。烟气露点温度和加热保温所允许的上限温度整定值，可根据烟气温度和所含水蒸气量通过计算获得，也可通过实际测定来获得烟气的露点温度值。

几个绝缘子室的温度只要有一个尚未达到预先整定的露点温度值以上时，高压直流电源都不能投入运行。如果处于运行中的高压设备一旦遇到某一个绝缘子室的温度因故下降到预先规定的露点温度以下时，也将自动停止运行。从加热器投入运行到使每个绝缘子室的温度都达到规定的整定值，需要经过一段较长的时间。所以在电除尘器投入运行前，一般都要提前几小时甚至更长的时间使加热器投入运行。

5. 高压安全接地开关控制

当烟气中所含的 CO 或其他可燃性易爆气体进入电除尘器达到一定含量时，由于电场闪络时所产生的电火花，有可能引燃 CO 等气体。由于气体的迅速膨胀而引起剧烈爆炸，严重时将酿成损坏电除尘器本体的事故。为解决可燃性气体的安全防爆问题，在烟气进入电除尘器之前装有 CO 分析仪，当分析仪检测到废气中 CO 的含量达到 1.5% 时，发出危险警报，通知中心控制室立即调整操作工艺，防止废气中 CO 的含量继续增加。一旦 CO 分析仪检测到废气中 CO 的含量继续增加并达到 1.8% 时，将立即发出指令，一方面使电除尘器高压电源立即停止运行，防止电场因高浓度的 CO 碰上电场闪络火花而引起爆炸；与此同时，受 CO 分析仪控制的高压安全自动接地开关自动接地，以保证电场不会产生 CO 的燃烧爆炸。

当接地开关接地，使电场躲过可能产生 CO 燃烧爆炸的危险期后，烟气中 CO 的含量因烟气工况的调整已降到安全数值以下时，CO 浓度分析仪发出使接地开关自动撤除接地的指令。此时接地开关可自动打开，将高压电源输入端重新接入电场。为安全操作起见。在 CO 浓度降至安全数值以后，接地开关的打开是通过人工操作来实现的。

6. 高压运行与低压电源的连锁控制

要维持高压电源连续运行，对与之相关的低压用电设备必须满足下面的关系：①高压绝缘子室的所有加热器已投入正常运行，并且每个绝缘子室的温度都已达到预先规定的数值；②CO 浓度检测仪检测到进入电除尘器的 CO 浓度在规定的安全数值之内；③高压安全接地开关是开启的，高压整流器的输出端已接至电场阴极。

受上述①～③条所规定，只要有一个条件不满足高压电源将不可能被投入运行，或在运行的中途被迫停止继续运行。这些与高压电源相连锁的环节，只要有一个因故未使之恢复正常，高压电源就将处在停机状态。

（三）温度检测与显示

电除尘器内温度的变化，对除尘器的运行状态的影响是很敏感的。由于温度的升高，使得气体体积增大而使除尘器内部烟气流速增大，导致气体黏度增大而使粉尘黏附在极板上不易振打下来，使电除尘器的运行条件变坏，除尘效率降低。因此，对电除尘器的烟气温度进行检测和记录，同时记录与之相对应的电除尘器的其他运行参数的变化规律，对分析电除尘器的性能指标和提出改进措施都是很有实际意义的。

四、实例——脉冲袋式除尘器自动控制设计

1. 除尘工艺流程

本除尘系统为某炼焦炉装煤干式除尘系统，由脉冲袋式除尘器、变频调速风机、预喷涂系统、输灰系统等组成，工艺流程和检测要求如图 10-34 所示。

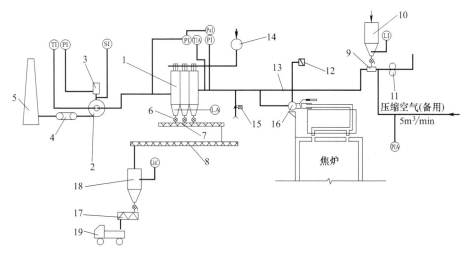

图 10-34 装煤除尘系统工艺流程和检测要求示意

1—脉冲除尘器；2—风机；3—变频电机；4—消声器；5—排气筒；6—卸灰阀；7—切出输灰阀；
8—集合输灰机；9—给料器；10—喷涂料仓；11—罗茨鼓风机；12—平衡阀；13—喷涂料管；
14—储气罐；15—兑空气阀；16—翻板阀；17—加湿机；18—灰仓；19—运灰车

2. 主要技术参数

（1）除尘器的技术参数　除尘器类型为离线脉冲袋式除尘器；入口含尘浓度<8g/m³；烟气温度<100℃；烟尘性质为焦粉、煤粉等；处理风量100000m³/h；过滤面积1566m²；过滤风速1.06m/min；滤袋规格ϕ165mm×6000mm；滤袋材质为500g/m² 防水防油防静电涤纶针刺毡；滤袋数量为504 条；除尘器室数为4室，4灰斗；采用低压脉冲管喷吹清灰方式；停风阀为4个，DC 24V（带上下开关）；脉冲阀为3寸，36个，DC 24V；灰斗振动器为4个，0.25kW，380V；喷吹压力0.2~0.3MPa；压缩空气用量3m³/min；设备阻力1200~1400Pa；除尘器效率>99.5%；漏风率<3%；卸灰阀卸灰量6~9m³/h（阀口300mm×300mm，功率0.75kW）；除尘器外形尺寸（长×宽×高）9.28m×3.37m×12.0m（柱脚中心）。

（2）除尘风机及电机技术参数　除尘风机型号Y6-45-N014.5D；输送介质为装煤除尘烟气；入口含尘浓度<100mg/m³；进气温度-5~80℃（按 t_j=80℃设计）；冷热空气交替运行，风机转速高低交替，高3min，低5min；进气流量 Q_j=80000m³/h；风机静压6500Pa（常温）；风机工作转速 n=1450r/min；冷却水量1t/h；配套电机型号1LA6.355-4（变频用电机），额定功率260kW，额定电压690V，转速300~1450r/min。

3. 检测控制点

检测控制点见表 10-12。

表 10-12　除尘器、电机设备检测点一览

检测设备名称	元件及规格	检测点数量	要求	备注
除尘器压力(进)	$-8000\sim0Pa$	1	PI	压力显示
除尘器压力(出)	$-8000\sim0Pa$	1	PI	压力显示
除尘器进出压差	$0\sim3000Pa$	1	PdI	压差显示
除尘器温度(进)	$0\sim150℃$	1	TIA	温度显示>100℃报警
除尘器流量	$0\sim100000m^3/h$	1	LI	流量显示
除尘器灰斗料位		8	LA	上下料位报警
风机电机转速	$0\sim2000r/min$	1	SI	转速显示(变频器提供)
风机轴瓦温度	$0\sim150℃$	2	TIAC	温度显示>60℃报警,>70℃停机
冷却器温度(进)	$0\sim150℃$	1	TI	温度显示
冷却器灰斗料位		1	LA	上料位报警
喷涂料仓料位	$L=2.5m$	1	LI	料位显示
储灰仓料位	$L=3.5m$	1	LIAC	料位显示、报警、连锁
输灰机		4	SIAC	事故报警停机
压缩空气压力	$0\sim1MPa$	1	PIA	压力显示<0.4MPa报警
压缩空气压力	$0\sim0.6MPa$	1	PIA	压力显示<0.2MPa或>0.3MPa报警
冷却水温度(进)	$0\sim100℃$	1	TI	温度显示
冷却水压力(进)	$0\sim0.5MPa$	1	PI	压力显示

4. 脉冲除尘器清灰控制

脉冲除尘器为 4 组灰斗，分 4 室，每室设 9 个脉冲阀，共 36 个脉冲阀。每室设离线阀 1 个，共 4 个，每个离线阀对应 9 个脉冲阀。每装煤 5 炉进行一次清灰，清灰在装煤的间隙、风机低速期间完成。脉冲除尘器清灰控制逻辑框图见图 10-35。

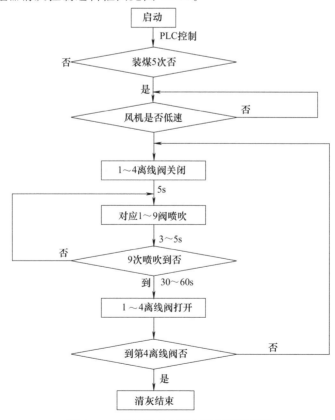

图 10-35　脉冲除尘器清灰控制逻辑框图

5. 除尘器输灰系统控制

除尘器卸灰工作可手动给出指令，也可选择前后两个仓的上料位作为卸灰的指令。除尘器 1 条切出刮板输送机对应 4 个卸灰阀和 1 条集合刮板输送机。卸灰开始先启动集合输送机，再开需卸灰的切出输送机，然后开对应的卸灰阀，卸灰完毕反程序操作，并给一定的间隔时间；同时只能开 1 个卸灰阀卸灰，装煤 1 次卸灰指令顺序完成 4 个灰斗的卸灰，每个灰斗卸灰 3～5min，灰斗下料位可作为辅助控制。每个灰仓振动器可以设为手动，也可以设为在对应灰斗卸灰期间振动 1～2min，输灰机若发生故障，控制系统发出报警，并停止输灰系统运行，全部清灰工作情况能够在计算机屏幕上显示。除尘器输灰系统控制逻辑框图见图 10-36。

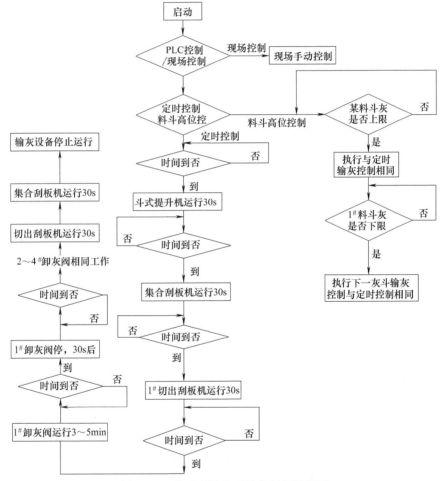

图 10-36　除尘器输灰系统控制逻辑框图

6. 风机调速及兑冷风阀控制

风机调速采用变频方式，指令信号取自装煤机除尘管道对接机构并通过滑线传到地面 PLC 控制设备。装煤期间风机转速从 300r/min 升高至 1450r/min，调速时间小于 30s，装煤完成，风机转速降至 300r/min，自然降速，不要限降速时间。风机转速从低速到高速对应兑冷风阀关闭，风机转速从高速到低速对应兑冷风阀打开，计算机屏幕上显示转速和推焦过程。装煤风机调速及兑冷风阀控制逻辑框图见图 10-37。

7. 除尘预喷涂系统控制

除尘器完成清灰，罗茨鼓风机启动，当风机从低速升为高速时，预喷涂仓卸灰阀卸灰，喷涂

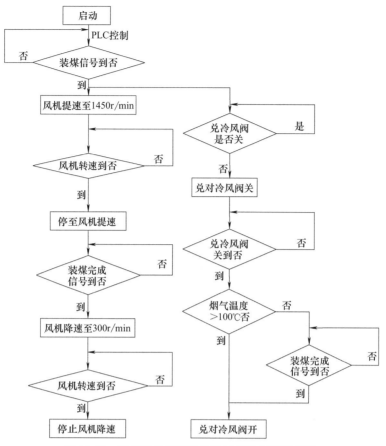

图 10-37　装煤风机调速及兑冷风阀控制逻辑框图

开始，喷涂时间为 1min 左右，卸灰阀停，罗茨鼓风机停。采用压缩空气预喷涂，罗茨鼓风机不启动，压缩空气阀打开，预喷涂仓卸灰阀卸灰。在预喷涂期间，灰仓下部设有防灰堆积的喷吹管，通过一个脉冲阀间断喷压缩空气。除尘预喷涂系统控制逻辑框图见图 10-38。

8. 除尘系统的检测显示

除尘系统的工作参数检测、报警、连锁等，全部检测数据和报警连锁情况全部在计算机屏幕上显示。

9. 风机开机和停机条件控制

风机启动条件：除尘器、风机、电机等的油温、油压、水压、水温等参数正常，风机进口阀门关闭执行器拉杆位置回零。正常与事故停机，执行器拉杆回零（风机减速），停电机，风机进口阀门关闭，除尘器进行一次清灰和卸灰。风机启动条件和控制程序逻辑见图 10-39，风机停止条件和控制程序逻辑见图 10-40。

10. 其他

控制系统应具有控制参数的调整画面和主要设备运行参数的历史记录画面、报表打印等功能。

控制系统的设计完善与否对于除尘系统的正常可靠运行至关重要。目前除尘系统主要采用 PLC 控制方式，可通过总线协议、TCP/IP 网络通信协议等通信手段完成与上位机和其他要求的远程控制。做好除尘系统软件的编程，对于除尘系统的良好运行以及全厂对除尘监控十分重要。

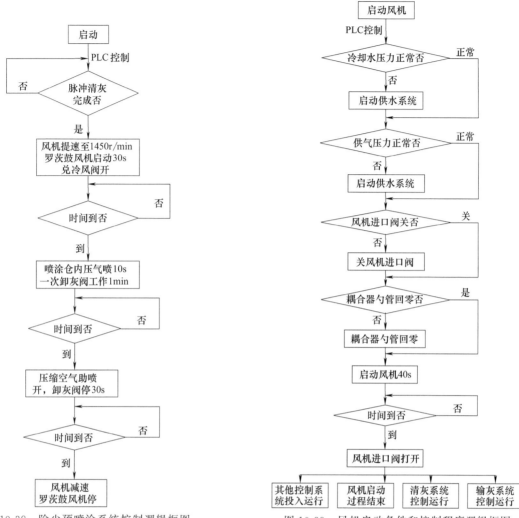

图 10-38 除尘预喷涂系统控制逻辑框图

图 10-39 风机启动条件和控制程序逻辑框图

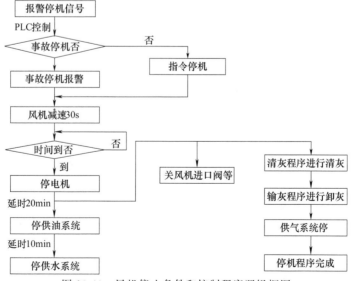

图 10-40 风机停止条件和控制程序逻辑框图

第五节 自动控制设备调试

一、调试安全事项

（1）准备好"注意安全"的牌子，悬挂在需要的地方。"安全牌子"的种类有"禁止入内""试运转中""操作区禁入""危险区域"等。

（2）在试运转时，事先将现场用安全绳围挡起来，悬挂"禁止入内"之类牌子。

（3）预先断开设备电源，确保在误操作后机器也不能转动。倘要误操作，要明确出在紧急情况下的停机方法。

（4）电气设备修补作业及检修电动机接线时，要先切断电源方可作业。如要开动电机需由主管电工到场开机。

（5）启动某一台设备时，要预先确认电气设备、线路、开关等是否全部调试完毕后方可启动。如果电气系统全部正常可以启动，也要由主管电工合闸开机。

（6）全体试运转人员要穿好劳动保护品，如工作服、手套、安全帽等。

（7）试车时发现设备存在故障，如启动不灵和电气线路存在问题，要及时与安装单位联系，讲清问题情况，故障由安装单位人员负责处理。

（8）使用电气开关启动设备时，必须取得电气安装人员同意，最好由电气安装人员负责启动。

（9）通电试车时，应缓慢启动机械设备，延长些启动时间，保护设备运行安全。

二、袋式除尘器电控设备调试

1. 软件调试

软件调试一般采用黑盒调试和白盒调试两种方法。黑盒调试是根据软件功能调试，白盒调试是根据软件结构调试。因为除尘系统控制软件规模一般不大，这两种方法都可行。需要指出的是，软件调试应尽可能地穷尽实际运行中可能出现的各种工况条件。

2. 设备调试

设备加工完成后，必须在厂内进行检验及调试，其步骤如下。

（1）元器件检查和线路检查。

（2）通电试验：①输入、输出信号模拟试验；②控制功能模拟试验；③与配电传动装置联动模拟试验。

（3）热态烤机试验。

3. 设备现场调试

设备在现场安装完成后，在投运前必须进行如下现场冷态调试。

（1）准备与检查

① 依照电控设计图纸和规范，检查全部电控设备、检测元器件是否安装完毕，确认设备具备投运条件。检查全部线路敷设和接线是否正确，消除安装中的问题，确认具备投运条件。

② 和除尘工艺专业技术人员逐项检查所有用电设备，确认具备送电试运行条件。

③ 检查所有用电设备，按图样和规范要求须接地的设备及其他设施是否已可靠接地，接地

电阻必须达到设计要求值。

④ 会同前级供电部门一起检查为除尘器供电的电源线路和设备，确认正常电源和备用电源均具备投运条件。会同上位机 DCS 或计算机系统管理、技术部门，一起检查除尘器控制柜与上位机、DCS 或计算机系统之间的硬线连接信号线路和数字通信线路，确认具备投运条件。

（2）分项试验及操作步骤　除尘器电控系统在冷态联合试验之前需按如下步骤进行分项试验，并做好分项试验记录及试验结论。

① 送电试验：配电柜、控制柜空载试验；各单体设备手动空负荷试验；各单体设备手动负荷试验；各单体设备自动空负荷试验；各单体设备自动负荷试验。

② 一次、二次仪表的标定试验（压力、压差、温度、料位等）。

③ PLC 自动控制程序空负荷模拟运行试验，PLC 自动控制程序负荷模拟运行试验。

④ 与上位机之间的硬线连接信号传送试验，与上位机之间的数字信号通信试验。

4. 冷态联合试验

（1）除尘器的冷态联合试验必须在下列各项条件满足后才能组织进行：①分项试验完成，检验合格，确认已具备冷态联合试运转条件；②会同有关工艺人员，确认除尘器范围内的全部设备均已具备冷态联合试验条件；③除尘器的附属设备，包括风机、压缩空气气源、供电系统、上位监控系统等已具备冷态联合试验条件。

（2）除尘器的冷态联合试验必须在统一指挥与协调下进行，各岗位、各设备点必须由专业人员监护或巡视，按下列步骤启动，并做好记录：①启动电控系统；②将设备及阀门控制方式设置为自动方式；③将除尘器清灰控制方式设置为定时清灰；④采用就地方式启动除尘器；⑤启动系统风机。

（3）在冷态联合试验过程中，应密切观察除尘器本体及电控系统工作是否正常，与上位计算机系统的硬线连接信号和数字通信信号是否正确等。若发现问题，应立即分析原因，排除解决。

（4）冷态联合试验达到预先规定的时间和要求后，按下列步骤停机：①通知有关部门停止系统风机，采用就地方式停止除尘器；②间隔一段时间后，再停止电控系统；③停机后，通知有关部门冷态联合试验结束。

（5）冷态联合试验结束后，应对试验记录进行分析讨论，对带负荷投运过程中可能出现的问题进行分析研究，提出对策。

5. 负荷试车调试

（1）除尘器及其电控系统的带负荷投运要在整个工艺系统的统一协调与安排下进行，对整个工艺流程的每一个环节都要做好相应的准备。

（2）带负荷调试的步骤

① 启动电控系统；将设备及阀门控制方式设置为自动方式；将除尘器清灰控制方式设置为定压差方式；通过 DCS 远程启动除尘器。

② 启动系统风机。

（3）应注意的问题　除尘器在带负荷试运行中，应特别注意：温度控制是否正常，是否达到设计要求；压缩空气系统是否达到要求；除尘器清灰、卸灰系统是否工作正常。若有问题应立即分析原因，及时解决。

（4）停机步骤　带负荷试运行达到规定的时间和要求后，按下列步骤停机：①通知有关部门停止工艺系统有关设备；②通过 DCS 远程停止除尘器；③间隔一段时间后，停止除尘器电控系统。

停机后，通知有关部门除尘器及电控系统带负荷投运试验结束。

三、电除尘器电控设备调试

1. 电控调试条件

（1）所有电气设备必须严格遵守《电业安全工作规程》和《电气装置安装工程施工及验收规范》中的规定。高、低压电气设备的接地装置应符合《电力设备接地设计技术规程》的要求，并按照制造厂说明书进行严格检查。

（2）接地装置　电除尘器应设置专用接地网，对于燃煤电厂而言，专用接地网不能借用主地网，也不能与主地网相连接，要求接地电阻不大于 1Ω。每台电除尘器本体与接地网连接点不得少于 6 个点，接点处必须焊接牢固，不能有虚脱焊现象。检查本体壳体、低压配电柜壳体及传动电机壳体等，必须可靠接地，并符合《电气装置安装工程接地装置施工及验收规范》的要求。

（3）电控设备检查

① 高压隔离开关或高压隔离刀闸操作灵活，指示位置准确。

② 采用高压电缆时应检查验收电缆的绝缘电阻、泄漏电流和直流耐压试验记录，各项指标应符合所采用电缆的技术要求。检查电缆头应无漏油现象。

③ 检查高压硅整流变压器，必须符合《高压静电除尘用整流设备》要求，即：外壳完好，附件齐全，安装牢固；高、低压瓷套管清洁无损坏；呼吸器完好，硅胶未受潮；外接线正确，接地可靠；箱体密封良好，无渗漏油现象，油位正常；对高位布置的硅整流变压器检查下油盘、放油管、阀门等无堵塞现象。

④ 当硅整流变压器经过长途运输到达现场后，应进行吊芯检查，检查的环境条件应符合《电气装置安装工程电力变压器、油浸电抗器、互感器施工及验收》的规定。

⑤ 电测量指示仪表按《电测量指示仪表检验规程》的规定进行常规检验；温度控制指示热工仪表按《配热电阻用动圈式温度指示/指示位式调节仪表检定规程》和《数字指示位式调节温度指示仪检定规程》进行常规检验。要求用红色标志标出设备的额定指示值的位置。

⑥ 高压控制接线必须符合《电气装置安装工程盘、柜及二次回路接线施工及验收规范》要求。电源柜至高压控制柜接线正确无误，高压控制柜至硅整流变压器接线正确无误，高压控制柜至上位机接线正确无误。

⑦ 低压控制接线必须符合《电气装置安装工程盘、柜及二次回路接线施工及验收规范》。电源柜至低压控制柜接线正确无误，低压控制柜至振打电机（或线圈）、卸灰电机、电加热、仓壁振动器、温度计、料位计等接线平确无误，低压控制柜至上位机接线正确无误，检查安全联锁盘接线正确无误。

（4）绝缘耐压试验　电除尘器的高、低压电器设备在试运转前须进行绝缘、耐压试验。检查高压隔离开关、放电极悬吊瓷支柱、绝缘瓷轴、套管等设备的耐压等级是否符合设计要求。

① 高压硅整流变压器低压线圈和低压瓷套管的绝缘电阻不小于 $300M\Omega$，高压线圈、整流元件及高压瓷套管的绝缘电阻不小于 $1000M\Omega$。

② 电场内绝缘电阻不小于 $500M\Omega$。

③ 振打、卸灰电机绝缘电阻应大于 $0.5M\Omega$。

④ 电磁振打器的线圈绝缘电阻应大于 $0.5M\Omega$。

⑤ 仓壁振动器线圈绝缘电阻应大于 $0.5M\Omega$。

2. 电控设备调试

（1）高压控制柜脱开高压硅整流变压器，带假性负载。通电检查主回路及控制器工作是否正常，检查后恢复与高压硅整流变压器的连接。

（2）高压控制柜指示仪的校验。用Ⅱ级以上电压表和电流互感器校验一次电压、电流值；用

Ⅱ级以上高压分压器（或静电电压表）校验二次电压值；用Ⅰ级以上电压表测量取样电阻值，经计算求得二次电流值。

（3）按高压控制柜使用说明书要求投入高压电源。进行冷态空载升压试验。逐点升压，记录表盘指示的一、二次电压、电流值，直至电场闪络。以二次电压、电流值绘制伏安特性曲线。电场闪络电压应符合国家标准要求。对燃煤电场异极距为150mm时，二次电压$U_2 \geqslant 55$kV；异极距每增加10mm，二次电压增值$\Delta U_2 \geqslant 2.5$kV。

（4）低压控制设备各控制功能（振打、卸灰、仓壁振动、电加热、料位和温度检测及故障报警等）分别通电试运行，就地与集控操作正常，保护系统动作无误。

第六节 除尘设备智能控制

一、智能型脉冲控制器

1. Patrol-1000袋式除尘器自动控制系统

Patrol-1000袋式除尘器自动控制系统是专为脉冲袋式除尘器设计的高性能、高效率、高智能化、高兼容性的控制系统。Patrol-1000采用符合我国国家标准规定的分级分布系统，构成一套开放式计算机局域网络。

网络结构可基本上分为三层。最上层为信息域的干线，采用总线型拓扑结构的以太网10Mbps的高速把多个工作站连接在一起，构成局域网，实现共享网络资源以及各个工作站之间的通信，进而还可以与其他厂商系统相连。第二层为控制域的干线，完成集散控制的分站总线，可以以1Mbps的高速把控制器（分站）连接起来，在这条总线上，也设有与其他厂商设备相连的接口，以实现与其他厂商的设备连接。第三层为分散的现场控制器，互联使用的现场总线与分站总线连接在一起。

Patrol-1000袋式除尘器自动控制系统如图10-41所示，可实现对除尘器运行的控制与管理，可以对现场的运行设备进行监视和控制，以实现数据采集、设备控制、测量、参数调节以及各类信号报警等功能。

Patrol-1000袋式除尘器自动控制系统通过建立相应的信息资源库对除尘器设备中分散的各类数据进行管理，内置的机制通过通信标准和程序语言与第三方的应用方案进行数据交换和无缝连接，它还含有多种不同层次的管理软件、各类业务流程和管理工具来帮助企业实现标准化管理，可以改善区域内部信息沟通、数据整合能力，从而提高企业对关键信息及时获取、快速反应的能力，加强企业对重点部位的动态监控，降低生产成本，提高管理水平，保证安全生产。

Patrol-1000袋式除尘器自动控制系统是一个真正的分布式信息管理系统。系统分为以下3层。

（1）现场使用的每台控制器（智能设备）称为一个节点。每台管理器与现场终端数据无缝地连接起来，上传给中控计算机。内部通过数据库将数据共享。通常最大能下挂255个节点，考虑到数据传输的距离和可靠性，通常仅允许下挂64点，系统最大能下挂4096个子站，因此系统可轻松地同时对数百台除尘器进行监控和管理。

（2）局域网网络上的每一台计算机是一个节点，每个节点可独立执行分配给它的任务。系统通过客户机/服务器的模式进行节点对节点的通信，使用网络上的节点共享数据。它最大的特点是通过分布式的现场数据采集单元对数据进行采集和处理，由通信网络传输至控制中心，在控制

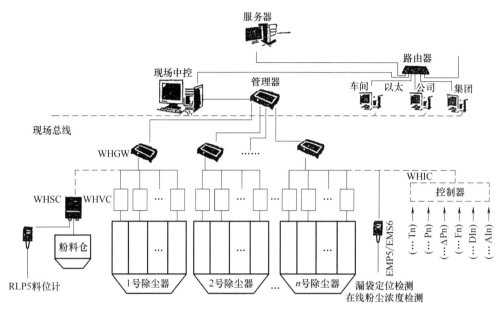

图 10-41　Patrol-1000 控制系统

中心实现对信息的统一管理。

（3）广域网统计信息可发布，实现远程数据共享。系统在广域网上运行时的性能与在局域网上运行时一样，远程访问不同地理位置上的节点就如访问位于本地局域网上的节点一样方便。

自动控制系统特点如下：①操作简单、使用方便、功能齐全、性能可靠、组合灵活、运行安全，减少布线和施工，降低安装、调试的工作量；②灵活的组网方式，由于采用标准的协议组，大大提升了系统的兼容性，极易扩展；③大幅提高了控制能力和水平，提升产品的质量，降低生产成本；④三级密码管理，便于实现经理、工程师、操作员的分级管理。

2. 网络型行喷吹控制器

WHVC 系列脉冲控制器是专为袋式除尘器设计的控制器，传统的集中控制变为先进的集散控制，极大地降低了在线运行及施工成本，减少故障点，单机故障不影响除尘器的正常工作。

在除尘器设计和制造质量得到确保的条件下，除尘器的喷吹效果主要取决于脉冲阀的质量及脉冲控制器的清灰程序。现在市场上成熟的控制器方案主要是以 8 位单片机、PLC 和可编程逻辑器为主的控制单元。由于单片机的运行速度较慢，缺乏灵活高效的编程方式，并且内存及存储空间很少，因此无法实现数据及信息量较大的算法和程序，极大地制约了控制器的功能和控制精度，无法实现真正的智能化。

为了提高和改善袋式除尘的喷吹及运行效果，使除尘器达到较理想的经济运行要求，袋式除尘器喷吹控制系统设计开发出了行喷吹控制器。如图 10-42 所示，行喷吹控制器基于高速 ARM7 内核的嵌入设计，保证了控制器高效的处理功能、精确的定时器控制，定时精度达 ±10ms，可以根据除尘器的现场运行状况自动调节各箱体的清灰强度，从而解决了各箱体在负荷不平衡的状况下清灰强度各自不同的难题。控制器的输出信号能直接驱动脉冲阀工作，独有的冗余设计确保了除尘器能够安全可靠的工作，真正做到了智能化控制，特点如下。

（1）根据工况（温度、压差、风量粉尘特性）的变化和各箱体的差压值，采用模糊识别的算法达到真正全智能的清灰（变脉宽、间隔、周期、喷吹压力、阀门清灰组合、箱体清灰组等），因此对除尘工艺不十分了解的人员也可进行操作。

（2）由于采用集散式网络控制系统，某个单元出现故障不会影响到整个除尘系统的运行，使

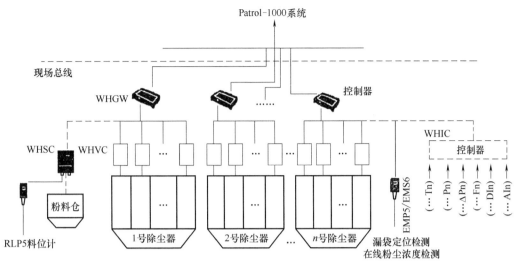

图 10-42 行喷吹控制器

用户非常便捷地进行故障辨别及不停机维修。

（3）由于控制采用就地安装，现场布线少，极大地减少了控制线的材料费用和施工费用。

当压力、温度、差压、流量、粉尘浓度等参数变化时，行喷吹控制器能运用先进的模糊识别运算功能自动调整各箱体清灰强度参数及箱体的清灰组合，从而实现真正的智能化的专家控制系统。主要控制功能如下。

① 可调的脉中宽度（10～99ms），可调的脉冲间隔（8～999ms），可调的循环间隔时间（0.01～99.99h），排水阀排水设定时间（0.01～99.99h）。

② 多种控制方式选择：手动控制、时序控制（顺序控制）、差压控制、全自动控制。

③ 提升阀手/自动选择，越限报警输出，可在面板上直接进行时序/差压切调。

④ 工作人员可在现场使用面板上的控制模式，用手动键时实行手动清灰、净清灰功能，净清灰次数可调。

⑤ 远程控制可直接接入 PLC 或上位机、DCS 系统、DDC 系统等。

⑥ 独有的冗余设计，备份输出点可直接替换输出点，不会更改喷吹顺序，各箱体独立参数设定，能设定灵活的清灰组合方案，可实现单箱体多阀喷吹，多箱体同时喷吹，各箱体随机喷吹（解决各箱体负荷不平衡问题），单箱体清灰强度智能可调，可根据用户需求更改清灰顺序，最大支持 3 个脉冲阀同时喷吹。

几种控制方案比较见表 10-13。

表 10-13 几种控制器方案比较

项目	PLC	单片机	可编程逻辑器件（PLC）	硬件定时器	WH 系列
内核	16/32 位	8/16 位	无	无	32 位
程序存储器（ROM）	32K	64K	有	无	6K/128K/1M
存储器（RAM）	不详	16K	无	无	16K/32K
支持多任务操作	无	无	无	无	有
CPU 时钟	20～60MHz	20MHz	10MHz	不固定	100MHz
定时器精度	16 位	8/16 位	连续	连续	32 位
I/O	可扩展	可扩展	不可扩	不可扩	固定 16 点输出
系统构成复杂程度	复杂	简单	简单	简单	简单

项目	PLC	单片机	可编程逻辑器件（PLC）	硬件定时器	WH 系列
支持网络功能	支持 ModBus/ProfiBusDP	支持 ModBus/ProfiBusDP	不支持	不支持	支持 ModBus/ProfiBusDP/CanBus
差压控制	有	有	无	无	有
支持多种喷吹	无	无	无	无	有
方案组合	无	不详	无	无	有
冗余设计	不详	不详	无	无	有
漏袋检测	无	无	无	无	有
显示	无/LED	LED/LCD	LCD	无	LCD(中/英文界面)
CPU 资源利用	多箱体共用一颗 CPU	音箱体			单箱体
支持软件在线升级	无	无	无	无	有

3. 气箱脉冲控制器

WHPPC 系列气箱脉冲控制器是专门为小型气箱袋式除尘器设计的一款先进的控制器。首次在控制器中引入了冗余概念，提高了小型机的稳定性，延长了使用寿命。

在除尘器设计和制造质量得到确保的条件下，除尘器的喷吹效果主要取决于脉冲阀的质量及脉冲控制器的清灰程序。

为了提高和改善气箱袋式除尘器的喷吹和运行效果，使除尘器达到较理想的经济运行要求，该控制器可控制多达 8 个箱体，并采用了先进的 ARM 内核处理器，保证精确的定时控制，定时精度高达 ±10ms。大容量的驱动能力，兼容市面上常用的各种脉冲阀。相对于其他类型的控制器，WHPPC 控制器拥有更多的输出点、更多的功能、更人性化的操作方式，同时也更加的经济实惠。产品主要特点是：①现场布线大为减少，极大地降低了施工成本和运行故障点；②由于采用集散式网络控制系统，某个单元出现故障不会影响到整个除尘系统运行，使用户非常迅捷地进行故障辨别及不停机维修，安装调试较为简单，各单元出厂前可进行独立测试，给异地客户安装调试提供了安全保障；③设计选型方便；④基于高速 ARM7 内核的嵌入式集散系统设计，32 位 CPU，主频 100MHz；⑤在线编程功能，在现场可直接进行软件升级。

控制器实现了在线升级的功能，在不用更换控制器的前提下，可以为控制仪下载更多、更先进的控制方案。减少最终用户不必要的二次投资。

首次在除尘器控制器中加入了 128×64 的液晶显示器，方便工人在现场的操作。主要控制功能如下。

① 可控制 8 个箱体，并有 2 个冗余控制箱体、可调的脉冲宽度（10~999ms）、可调的脉冲间隔（8~999ms）、可调的循环间隔时间（0.01~99.99h）、排水阀排水定时设定（0.01~99.99h）。

② 有多种控制方式选择：手动控制、时序控制（顺序控制）、差压控制、全自动控制，可在面板上直接进行时序/差压切换，在现场用面板上的手动键进行实时手动。

③ 脉冲阀喷吹最小间隔自动保护。

④ 独有的冗余设计，备份输出点可直接替换输出点，不会更改喷吹顺序。

二、除尘设备智能控制进展

我国对生态环保工作的重视程度达到历史最高水平。伴随我国经济建设的持续推进，经济发展和环境问题的矛盾逐渐凸显，环境污染、能源消耗已经成为比较具有代表性的问题。国家政府高度重视我国的环境保护业务工作，而信息化技术的繁荣发展又为该项工作的深入落实提供了坚实保障。

国家积极推进信息化发展，落实国家大数据战略、"互联网＋"行动等相关要求，贯彻创新、协调、绿色、开放、共享发展理念，以提升国家经济社会智能化水平。以智能制造为突破口，加快信息技术与制造技术、产品、装备融合创新，全面提升企业研发、生产、管理和服务的智能化水平，实现信息化智能化发展，是各行业未来发展的重要方向。

在此形势背景下，环保部门高度重视现代科技信息手段，在环境保护工作中的科学应用，打造"智慧环保"利器，推动创新环保管理，从而借助技术的力量补齐传统环境监管模式的短板问题，确保环境安全，实现科学决策，确保环境保护工作逐渐趋向现代化、协同化、科学化以及智能化发展。基于此，"智慧环保"的发展和应用对城市环保工作的升级转型具有推动意义，除尘设备智能化发展也空前繁荣。

三、实例——宝钢环境除尘智能化监测平台的实施

宝钢股份宝山基地炼铁区域目前有袋式环境除尘器约 104 台套，从提升炼铁区域环保装备整体水平和改善员工工作环境的角度出发，开发了一种针对除尘系统的智能化远程检测诊断系统。

1. 除尘系统智能远程监控诊断平台实施

除尘系统智能远程监控诊断平台的监控诊断范围主要包括监控诊断除尘系统的管网系统、输灰系统、过滤系统、清灰系统、风机系统。平台系统构成如图 10-43 所示，该平台主要由观场数据采集端、数据传输端、远程数据处理中心、客户浏览端等组成。

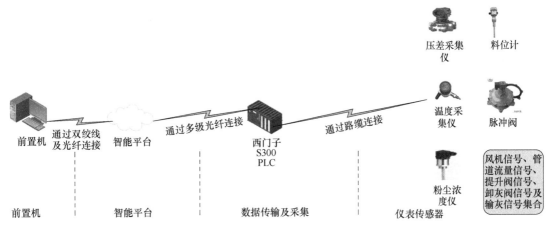

图 10-43　除尘系统智能远程监控诊断平台组成

2. 软件平台展示

（1）数据管理和配置平台

主要包括系统管理-PLC 管理、系统管理-设备变量管理、系统管理-设备管理、系统管理-内部变量、系统管理-变量拟合、组态管理-设备组态。

（2）数据展示监控

① GIS 地图。GIS 地图显示的是设备组在工厂中的位置，根据设备组的状态用不同的颜色标记显示：点开标记会显示设备组简介、查看组态、发送信息至用户，点击查看组态，会进入对应设备组的实时组态页面；页面底部显示预报警信息。

② 实时数据。实时数据按设备分类，加载的是设备变量的实时曲线和实时变量值，用户可以检索固定时间段的变量信息；点击年曲线、月曲线、日曲线获得对应的曲线图；点击变量选择按钮，可以选择需要展示的变量数据；如果选取多个变量，曲线图就会产生多条。

③ 实时组态。实时组态-设备组组态加载的是设备组的组态信息，组态能够展示设备的模型以及设备变量的值；同时设备组组态有多个点击事件，可以进入对应部分设备的设备组态（子组态）中；页面底部预报警提示栏显示系统的预报警提示信息。

3. 功能展示

（1）破损过滤元件定位 可编辑破损过滤元件定位逻辑，需编辑设备组、仓室、启用状态、脉冲阀故障偏离值、浓度趋势值、漏袋浓度偏离值、逻辑描述（采用伪代码编辑）等信息，系统会提供仓内实时数据作为修改时的参考标准。

（2）风机诊断 风机诊断是根据风机诊断逻辑对系统中的风机进行监测，当出现风机振动异常、风机温度异常等现象，系统会根据逻辑判断得出结论并在数据展示平台进行报警。

（3）除尘管网诊断运行数据分析 平台可以对管网进行监控诊断，如图 10-44 所示。

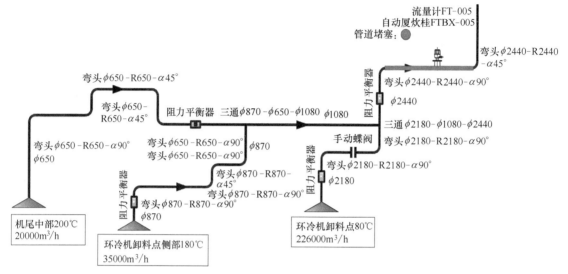

图 10-44　除尘管网诊断图

（4）输灰监控诊断运行数据分析 输灰系统监控刮板机、斗提机的断链检测，在刮板机链条断开时，平台会发出报警。如图 10-45 所示。

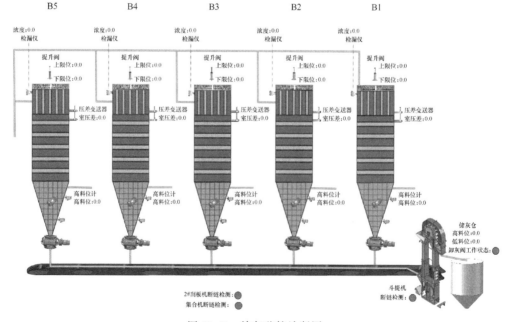

图 10-45　输灰监控诊断图

第十一章 辅助设备选型与设计

除尘器的辅助设备是除尘器不可或缺的组成部分，主要包括卸灰装置、输灰装置、压缩空气装置和差压装置等。

第一节 卸灰装置选型与设计

卸灰装置选型和设计的基本要求：一是选用型式要与除尘器型式相匹配；二是卸灰阀能力要大于除尘器产生灰的能力。

一、卸灰装置分类

1. 排灰阀分类

除尘器的排灰装置是除尘设备的一个重要配件，它的工作状况会直接影响除尘器的运行和除尘效率。排灰装置选择不当，会使空气经排尘口吸入，破坏除尘器内的气流运动，恶化操作，还会使回收的粉尘再次飞扬，降低净化效率；或者造成排灰口堵塞，使除尘系统造成困难。

除尘器设计中，应根据袋式除尘器类型确定排灰装置型式、灰斗内压力状态和粉尘的性质，以保证除尘器正常工作和顺利地排灰。

排灰装置分干式排灰装置和湿式排灰装置两类。除尘器一般均配用干式排灰装置，干式排灰装置又分为翻板式卸灰阀和回转式卸灰阀两类排灰装置。此外，在卸灰阀前面，为方便卸灰阀的检修，一般要安装插板阀。

按动力分类，还可以分为手动卸灰阀、气动卸灰阀和电动回转卸灰阀三类。

2. 排灰阀工作原理

排灰阀的工作原理是，在重力作用下，依靠粉尘的质量向下自行降落完成卸灰过程。对于手动卸灰阀和气动卸灰阀而言，粉尘卸下完全依靠重力；对电动回转卸灰阀来说，卸灰过程除了受重力影响之外还受到卸灰阀阀片转动速度的影响，卸灰量与阀门转运速度成正比。

二、灰斗料位控制和防棚灰装置

（一）灰斗料位控制

运行良好的除尘器应当有灰斗的料位控制。灰斗没有存灰，则灰因为卸灰阀的漏风影响除尘器的运行。例如，反吹风袋式除尘器会由于卸灰阀漏风影响反吹风量的大小，导致除尘器阻力偏高，电除尘器会因为卸灰阀漏风影响含尘气流走偏，导致除尘器效率下降。

灰斗存灰过多不仅会造成卸灰阀堵塞，而且严重时会造成事故。例如，某除尘器因久不卸灰，使灰量过多造成灰斗开裂（见图 11-1）。

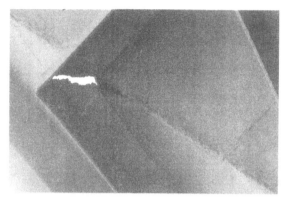

图 11-1　粉尘灰斗开裂

灰斗的料位控制有两种方法。一种方法是在灰斗上安装高、低料位计。当料位到达低料位时卸灰阀停止卸灰，超过高料位时及时排灰。低料位设在出灰口以上 300～600mm 处，高料位设在灰斗进风口下沿 500～600mm 处。另一种方法是在除尘器运行后根据卸灰量的规律调整控制系统使灰斗的料位始终保持在一定水平，但第二种方法因生产工况不稳定较少采用。

（二）防棚灰装置

1. 振打电机

料仓振动防闭塞装置是利用可调激振力的 YZS 型振打电机为激振源的通用型防闭塞装置，作为防止和消除料仓、料罐或料斗内的物料起拱、管状通道、黏仓等闭塞现象的专用设备，它能保证物料畅通，提高物料输送自动化程度。其基本结构形式为：上部是 YZS 型振动电机，下部是台架，中间是螺栓连接。

（1）振打电机应安装在安装面的振动波腹段上，振动波腹段距料斗下端的长度为料斗总长度的 1/4～1/3。

（2）对钢板料仓，振打电机装置应当焊接在料仓外壁上。

（3）对上部为混凝土料仓和下部为钢制料斗，振打电机装置应焊接在钢制料斗外壁面上。

（4）对混凝土料仓，在仓内应敷设振动板，振打电机装置应焊在振动板上。

（5）技术规格和参数，见表 11-1。振打电机电源为三相 50Hz/380V。除尘系统的贮灰仓壁厚一般为 4.5～8mm，电机功率为 0.25～5.5kW。振打电机外形尺寸见图 11-2 和表 11-2。

表 11-1　振打电机参数

序号	型号	激振力/kN	功率/kW	转速/(r/min)	质量/kg
1	0.7-2	0.7	0.075	2860	13
2	1.5-2	1.5	0.15	2860	17
3	1.5-2D	1.5	0.15	2860	17
4	2.5-2	2.5	0.25	2860	21
5	2.5-2D	2.5	0.25	2860	21
6	5-2	5	0.4	2860	35
7	7-2	8	0.75	2860	55
8	16-2	16	1.5	2860	88
9	30-2	30	3.0	2860	115
10	35-2	35	4.0	2860	280

2. 空气炮

贮存在料仓内的粉尘，在往下移动卸灰时，往往会发生在仓内物料互相挤压形成拱形阻塞在料仓的锥形部位，影响了物料输送的连续性和可动性，因此这类料仓都需要破拱，如敲击、振动等，而采用空气炮对料仓进行破拱，则是当前比较先进有效的一种手段。

除尘器灰斗卸灰也经常采用空气炮；另外，对利用管道输送物料的气力输送系统，在易堵塞部位安放空气炮，也可进行排堵，推动物料前进。

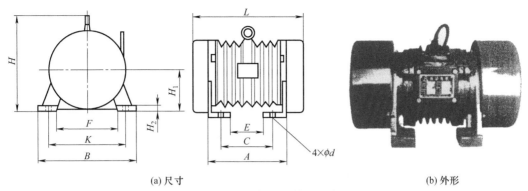

(a) 尺寸　　　　　　　　　　　　　　　　　(b) 外形

图 11-2　振打电机外形尺寸

表 11-2　振打电机外形尺寸

序号	型号	安装尺寸/mm			外形尺寸/mm							
		C	K	ϕd	L	A	B	E	F	H	H_1	H_2
1	0.7-2	116	152	8	270	140	175	92	60	170	70	22
2	1.5-2	126	180	10	290	150	214	102	70	196	80	25
3	1.5-2D	126	180	10	290	150	214	102	70	196	80	25
4	2.5-2	140	180	12	318	168	214	112	70	196	80	30
5	2.5-2D	140	180	12	318	168	214	112	70	196	80	30
6	5-2	175	220	14	358	208	270	142	90	216	90	40
7	7-2	180	235	18	400	250	292	123	160	280	125	30
8	16-2	224	280	20	522	298	330	182	120	374	170	27
9	30-2	240	280	24	540	315	330	195	120	374	170	27
10	35-2	340	280	26	640	340	340	160	120	380	190	27

（1）空气炮的工作原理及特点　空气炮的工作原理是在一定容积贮气筒内贮进 0.4～0.8MPa 左右的压缩空气，当与贮气筒连通的冲击阀快速打开时，筒内压缩空气将达到声速并沿管道向料仓内冲击，使成拱的物料松动。空气炮的外形见图 11-3。

空气炮特点如下。

① 较差的空气炮在每次放炮后，料仓内被冲击后的一小部分细颗粒粉尘会逆向飞进炮体，久而久之沉积在容器内将影响其排污并减少有效容积。而先进型的空气炮，对冲击阀的要求是能有效地在放炮结束时便关闭，以阻止粉尘流进炮体的通道。

图 11-3　空气炮的外形

② 空气炮的冲击阀不采用间隙密封，炮体不会因混入部分粉尘而影响开闭的灵活性，空气炮也不需要油料润滑。

③ 空气炮中可动件惯性小，耐冲击，因此使用寿命长。

使用条件如下：环境温度为 -20～60℃；工作压力范围为 0.2～0.8MPa；最大工作压力为 0.88MPa；压缩空气供气温度 -20～60℃；控制电压为交流 220V±10%，50Hz。

（2）空气炮控制模式　空气控制要求较为严格，其操作模式选择开关有自动、手工和遥控模式。只有在控制器"断开"的状态下才能变换模式。

① 手动模式。当控制器在手动模式下每个空气炮可手动爆炸，每个空气炮的按钮按动 2s 空气炮被激活爆炸，然后空气炮关闭 30s 后再动作。

② 自动模式。空气炮相继爆炸。爆炸间隔时间设置了每两次爆炸间隔时间。循环间隔时间设置了最后一次爆炸与新的一个周期的第一个爆炸之间间隔的时间（循环有效时间＝爆炸间隔时间＋循环间隔时间）。在自动模式下只要系统供有电源就重复动作。电源消失，系统重新设置到第一个空气炮位置。

③ 遥控模式。当在辅助面板上的电路板右上方的输入/接地终端接点闭合时遥控模式与自动模式完全一样。打开和重新关闭这些终端，将重新设置到第一个空气炮的位置。

3. 空气锤

空气锤的作用是防止输送系统中粉尘在局部突变管道内发生阻塞现象。

空气锤一般用于粉尘输送系统的设备或管道的出口段上，如在刮板输送机的出口管道上设置空气锤；在斗式提升机的出口管道上（贮灰仓的进出管道上）设置空气锤等。AH 型空气锤外形尺寸见图 11-4。AH 型空气锤技术性能见表 11-3。

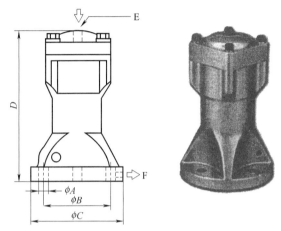

(a) 尺寸　　(b) 外形

图 11-4　空气锤外形尺寸

表 11-3　空气锤技术性能

型号	ϕA/mm	ϕB/mm	ϕC/mm	ϕD/mm	E	F	使用压力/MPa	空气消耗量/(L/次)	冲击力/(kg·m/s)	质量/kg
AH-30	9	60	80	138	1/4″PT	1/8″PT	0.3～0.6	0.028	1.0	1.1
AH-40	11	75	100	166	1/4″PT	1/8″PT	0.3～0.6	0.082	2.8	1.8
AH-60	15	105	140	208	1/4″PT	1/8″PT	0.4～0.7	0.228	7.4	1.9
AH-80	19	140	172	269	3/8″PT	1/4″PT	0.4～0.7	0.455	12.5	8.1

4. 电磁振动器

电磁振动器是利用一个由电磁线圈带动的电枢振动，通常常用 50Hz 电功率激发，并发出 50Hz 的振动力。

仓壁电磁振动器是由振动体、共振弹簧、电磁铁、底座等部件组成（图 11-5），铁芯和衔铁分别固定在仓壁的底座和振动体上，振动体等部件构成质点 m，底座等部件构成质点 n，质点 m 和质点 n 由弹性系统联系在一起。由于底座紧固在灰斗壁上，这样就构成了单质点定向强迫振动系统。根据机械振动的共振原理，电磁铁的激振频率为 ω，弹性系统的自振频率为 ω_0，使其比值 ω/ω_0 为 0.9 左右，处于低临界状态下共振。

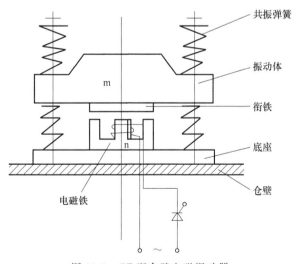

图 11-5　CZ 型仓壁电磁振动器

电磁线圈由交流电经可控硅半波整流供电，当线路接通后，正半周脉动直流电压加在电磁线圈上，在振动体和底座之间产生脉冲的电磁力，使振动体被吸引，此时弹性系统储存势能；在负半周，弹性系统释放能量，振动体向相反的方向振动。这样周而复始，振动体以交流电的频率往复振动。

振动体周期性高频振动的惯性力传递给灰斗壁面，使仓壁周期性振动，这样可使物料与仓壁脱离接触，同时使物料受交变的速度和加速度影响，处于不稳定状态，由此有效地克服物料与仓壁间的摩擦力和物料本身的内聚力，使物料从灰斗排出口顺利排出。

CZ 型仓壁振动器控制系统采用的可控硅半波整流供电控制原理如图 11-6 所示。规格性能见表 11-4。

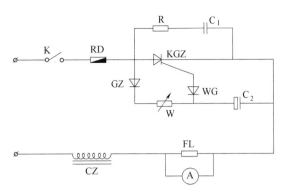

图 11-6　可控硅半波整流供电控制原理

表 11-4　CZ 型仓壁振动器的规格性能

项目	型号		
	CZ250	CZ600	CZ1000
振动力/kgf	250	600	1000
功率/W	60	150	200
工作电压/V	220	220	220
电源频率/Hz	50	50	50
工作电流/A	1.0	2.3	3.8
振动频率/(次/min)	3000	3000	3000
振动体振幅/mm	1.5	1.5	1.5
控制方法	可控半波整流	可控半波整流	可控半波整流
整机重量/kg	25	70	139
外形尺寸(长×宽×高)/mm	290×185×265	410×240×380	520×295×460
适于安装金属料仓壁厚/mm	1.0~4.0	3.0~8.0	6.0~14.0

5. 声波清堵器

声波清堵器实际是一种管状声波清灰器，主要用于解决工业生产中料仓出口棚料、架桥、鼠洞、下料不畅的问题，疏通出口料流，改善物料流动，确保下料畅通，取代人工清灰和机械振打，降低维护费用。

（1）工作原理　管状声波清灰器导波管插入料仓灰斗内部距出口 800~1000mm 处。当粉尘将导波管埋入时，装在导波管内的声波清灰器的低频高能声波在导波管内空气中谐振，由导波管传递到粉尘，使之松动，改善粉尘的流动，由料仓、灰斗出口流出，清除堵塞，且流动状态越来越好。

（2）技术参数　声波清灰器的技术参数见表 11-5，控制系统技术参数见表 11-6。

表 11-5　声波清灰器技术参数

基本型号	SQ-160G	SQ-100G	SQ-90
外形图片			

续表

基本型号	SQ-160G	SQ-100G	SQ-90
基本频率/Hz	160～180	100～125	90～120
声强(出口处)/dB	≥145	≥145	≥150
工作温度/℃	t≤650℃		
供气气源/MPa	≥0.7		
工作气压/MPa	0.3～0.7	0.4～0.7	0.3～0.7
耗气量/(m³/min)	1.5	1.5	2.95
声波作用对象	灰斗积灰	料仓架拱	料仓架拱、棚料
参考重量/kg	≤60	≤96	≤135

表 11-6　声波清灰器控制系统技术参数

1	工作电压	220V AC
2	声波启动时间	1～360s(可调)
3	声波停止时间	1～3600min(可调)
4	设定参数定时值断电保码时间	≥10 年
5	环境温度及湿度	0～50℃;相对湿度≤95%
6	触点容量	220V AC 5A
7	防护等级	IP55

注：摘自辽宁中鑫自动仪表公司样本。

（3）外形尺寸　管状声波清灰器外形尺寸如图 11-7 所示。

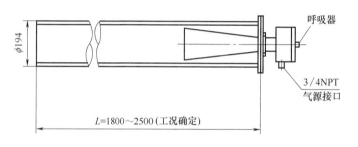

图 11-7　管状声波清灰器外形尺寸

（4）安装方式　导波筒斜插入灰斗壁安装，灰斗壁开椭圆孔。SQ-160G 型声波清灰器的导波筒与灰斗壁成 30°角插入后焊接，导波筒出口距灰斗出口为 800～1000mm，如图 11-8 所示。

（5）选型说明　①导波筒长度 L 一般为 2000mm，具体根据用户需求确定；②每台声波清灰器出厂时均配套气路控制箱及连接软管、安装附件；③DN25 钢管及控制电缆（RVV2×1.0）由用户自备，长度视现场安装距离确定；④根据清灰器的数量确定电控单元的型号。

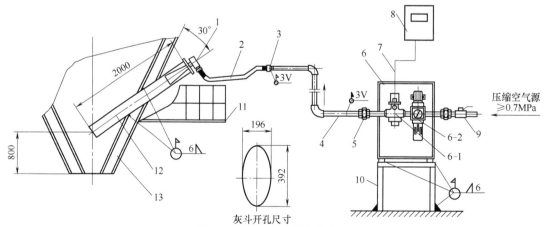

图 11-8　声波清灰器安装方式

1—声波清灰器；2—连接软管；3—软管接头（一端可焊接）；4—钢管（DN25/PN1.0，用户自备）；5—活接；
6—气路控制箱；6-1—电磁阀；6-2—过滤器减压阀组件；7—控制电缆（RVV2×1.0）；8—电控箱（SQX-1）；
9—球阀（DN25）；10—气路箱支架（现场做做）；11—检修平台（现场配做）；12—导波筒；13—保温层

6. 卸尘吸引装置

卸尘吸引装置与气动式真空吸引罐车配合，能自动迅速地完成储灰仓粉尘的真空吸引和压力卸载任务。卸灰吸引嘴由进风口、截止阀、止回阀、卸灰阀、气灰混合器、快速连接口等组成，它的结构见图 11-9。

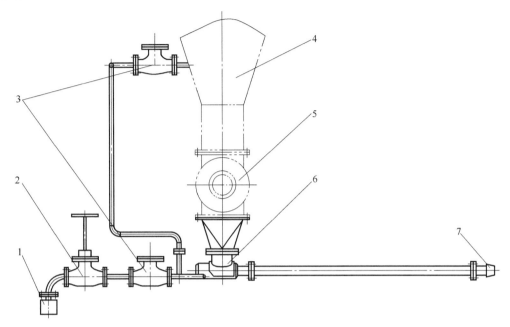

图 11-9　卸尘吸引装置

1—进风口；2—截止阀；3—止回阀；4—贮灰仓；5—卸灰阀；6—气灰混合器；7—快速连接口

卸尘吸引装置作为排送贮灰仓和除尘器的干式粉尘的专用设备，它可将有用粉尘吸引出并用运输工具运走。其技术性能见表 11-7。

表 11-7　卸尘吸引装置技术性能

型号	XY-15A	XY-15B	XY-15C	XY-15D
工作能力/(r/h)	3.5~30	3.5~30	3.5~30	3.5~30
堆密度范围/(t/m³)	1.0~1.4	1.0~1.4	1.0~1.4	1.0~1.4
电机功率/kW	1.5	1.5	1.5	1.5
电机转速/(r/min)	4~40	4~40	4~40	4~40
旋转阀转速/(r/min)	2~19	2~19	2~19	2~19
旋转阀直径/mm	350	350	350	350

吸引装置与吸引罐车配合，正压作业可防止灰斗棚灰，也可以进行排灰；负压作业可吸出灰斗存灰，如图 11-10 所示。

7. 灰斗流化槽

灰斗流化槽是以干热空气为介质，通过透气流化板使仓壁粉状物料流态化，从而向低处流动的装置，特别适用于粉料较潮湿以及灰斗较平坦的场合。要求流化板的面积不小于灰斗贮料面积的 15%。流化槽的基本形式如图 11-11 所示，流化板可用多孔板、厚帆布等透气材料制作，流化板阻力约为 2kPa，流化气量通常为 $14 \sim 2.0 \mathrm{m}^3/(\mathrm{m}^2 \cdot \mathrm{min})$。

灰斗流化装置由气源、加热器、流化槽以及管路阀门等组成，如图 11-12 所示。可用现场压缩空气，或专设罗茨风机。

8. 灰斗防堵配件选用

（1）灰斗壁面的倾角应大于粉尘的安息角。如炭黑系统炭黑的安息角随品种、粉尘状态有所

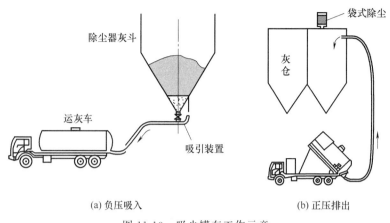

(a) 负压吸入　　　　　　　　　　　(b) 正压排出

图 11-10　吸尘罐车工作示意

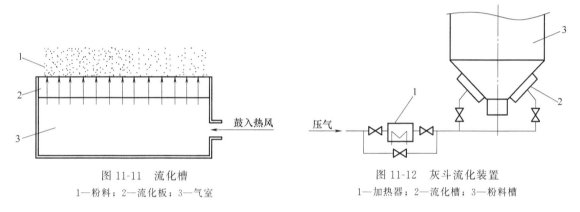

图 11-11　流化槽

1—粉料；2—流化板；3—气室

图 11-12　灰斗流化装置

1—加热器；2—流化槽；3—粉料槽

差异。随着炭黑的温度降低、湿度加大，炭黑粉尘的黏结性和安息角加大。为此，即使灰斗的倾角设计成 60°~65°，但在温度较低、湿度较大的情况下，也会发生堵塞。另外，对于煤粉类粉尘应加大安息角设计，通常不小于 70°。

（2）为防止灰斗搭桥，高温除尘器应采用严格的保温措施，以确保灰斗温度高于烟气露点。

（3）对于间歇性使用的袋式除尘器，在日夜温差较大的潮湿地区，除尘器的灰斗应设保温及伴热装置，以防除尘器在停运期间，特别是夜间，灰斗内产生搭桥、堵塞现象。

（4）灰斗振动器品种繁多，有电动型及气动型两大类。常用的电动型有电动振动器、电磁振动器、电动锤等。常用的气动型有气动振动器、气动破拱器、空气炮等。电动型振动器构造简单，维修方便，但防堵效果不如气动型好，适合用于中小型除尘器和灰仓。气动型振动器防堵效果好，适合用于大中型除尘器和灰仓，选用电动型一定要根据灰斗大小和粉尘性质对激振力进行调节。

（5）对于黏度较大的粉尘，灰斗侧壁应安装偏心振打器，在发生堵塞时，进行机械振动，以防堵灰。

（6）空气炮是在一定容积的气包内储存压力为 0.8MPa 左右的压缩空气，当与气包连通的膜片阀快速打开时，气包内压缩空气以声速向料仓内冲击，使成拱的灰尘松动，达到破拱作用。对QCP 系列空气炮的测试，压缩空气气源压力与灰斗的破拱力的关系如图 11-13 所示。

（7）电动型振动器要安装防振落铁链防止事故发生。气动型振动器要安装压力表和安全阀。

（8）振动器一般应安装在灰斗最下部 1/4 或小于 1/4 高度的位置上。

（9）如果灰斗有加强结构，振动器不应安装在刚度较大的加强结构上，而应安装在刚度较小的部位。

（10）各种灰斗的振动器安装部位可采用如下形式。

① 圆锥形灰斗。安装在灰斗最下部的 1/4 或小于 1/4 的部位，当灰尘比较容易黏结时，应在对称面的不同高度上再装一台。

② 矩形、锥形灰斗。安装在任何一面的中心线上高度的 1/4 或小于 1/4 部位处，对于黏结性灰尘，也应在对称面的不同高度上再装一台。

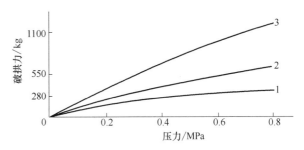

图 11-13 气源压力与灰斗破拱力的关系
（1、2、3 为空气炮的容积系数）

③ 一个面垂直的灰斗。振动器应安装在灰斗倾斜面的最下部 1/4 或小于 1/4 的部位上。

三、插板阀

根据除尘器功能的不同，插板阀可分为手动型插板阀、气动型插板阀和电动型插板阀等型式。各类型插板阀的规格和要求比较简单，可查找资料，也可以单独设计制造。

（1）手动插板阀　根据其操作结构形式又分为螺杆型和手柄型两种，一般与旋转阀配套使用，仅作为旋转阀检修时的灰斗切断作用，如除尘器灰斗的卸灰等。手柄型插板阀外形见图 11-14，外形尺寸见表 11-8。

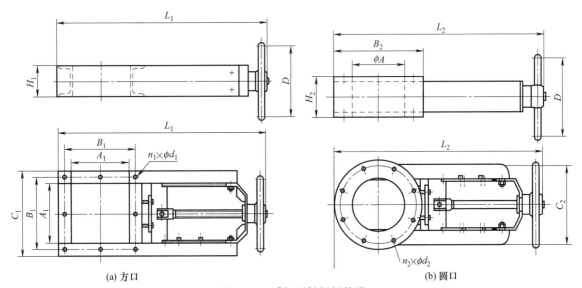

(a) 方口　　　　　　　　　　　　　　(b) 圆口

图 11-14 手柄型插板阀外形

表 11-8 手柄型插板阀外形尺寸　　　　　　　　　　　　　单位：mm

型号	ϕA	A_1	B_1	C_1	H_1	L_1	D	n_1	ϕd_1	B_2	C_2	H_2	L_2	n_2	ϕd_2
ZFLF200	200	200	130×2	306	120	765	$\phi300$	8	14	$\phi340$	306	150	795	8	12
ZFLF300	300	300	120×3	406	120	965	$\phi300$	12	14	$\phi440$	406	150	1015	8	14
ZFLF350	350	350	135×3	456	120	1065	$\phi300$	12	14	$\phi490$	456	150	1115	8	14
ZFLF400	400	400	115×4	520	140	1235	$\phi300$	16	18	$\phi540$	506	150	1205	8	16
ZFLF500	500	500	112×5	620	140	1435	$\phi300$	18	18	$\phi640$	606	150	1405	8	18

（2）气动插板阀　用于粉尘自动排出控制。在电炉除尘系统中可用于沉降室或燃烧室灰斗的

排灰。

（3）电动插板阀　用于粉尘和浆液等的自动排出控制。在电炉除尘系统中可用于沉降室或燃烧室灰斗的排灰。电动型插板阀外形见图 11-15，外形尺寸见表 11-9。该阀使用压力小于 0.05MPa，温度小于 300℃。

表 11-9　电动型插板阀外形尺寸　　　　　　　　　　单位：mm

D_N ($A×A$)	D_1 ($B×B$)	$D(C×C)$	b	H	L	$n×\phi_0$	电动推杆	
							型号	功率/kW
200	240	270	6	845	120	8×φ10	DTLA63-M	0.06
210	250	280		865				
220	260	290		885				
230	270	300		905				
240	280	310		925				
250	290	320		1215			DTLA100-M	0.25
260	300	330		1235				
280	320	350		1275				
300	345	380		1325	140	8×φ12		
320	365	400		1365				
340	385	420		1405				
360	405	440		1445				
380	425	460	8	1485			DTLA300-M	0.37
400	445	480		1525				
420	465	500		1565	160			
450	495	530		1625				
480	525	560		1586				
490	535	570		1705				
500	545	580		1780		12×φ12	DTLA500-M	0.75
530	575	610		1840				
560	605	640		1900				
600	645	680	10	1980	180	16×φ14		
700	745	780		2180				

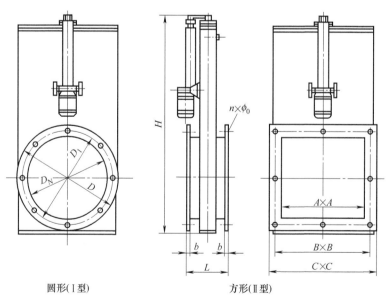

圆形(Ⅰ型)　　　　　　方形(Ⅱ型)

图 11-15　电动型插板阀外形

四、翻板式卸灰阀

（一）翻板式卸灰阀的分类

（1）按其翻板层数分类　分为单层翻板式卸灰阀、双层翻板式卸灰阀。

（2）按翻板式卸灰阀的操作方式分类　分为机械式翻板卸灰阀、电动式翻板卸灰阀和气动式翻板卸灰阀。

（二）单层翻板式卸灰阀

1. 工作原理

单层翻板式卸灰阀是靠杠杆原理工作的，它是一种最简单的机械式卸灰阀。翻板式卸灰阀的斜板与杠杆系统连接，固定在轴上，轴的另一端杠杆上配有平衡重锤，使斜板紧贴排灰口。如图 11-16 所示。

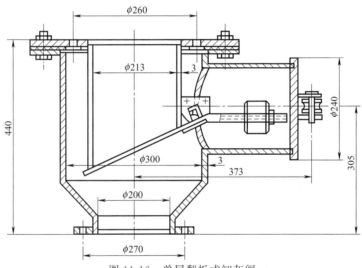

图 11-16　单层翻板式卸灰阀

机械式单层翻板卸灰阀的工作原理是，在斜板上积存一定量的粉尘时，斜板被压下，粉尘被排出，然后依靠重锤作用复位，这是一种周期性地间歇排尘（灰）装置。这种卸灰阀是靠斜板与排灰口的紧密接触和一定高度的灰柱来保证密封性的。由于单翻板式卸灰阀周期性地间歇排灰，当阀板开启排灰时容易漏风。

2. 翻板式卸灰阀的计算

翻板式卸灰阀的结构原理是靠重力作用的杠杆机构，密封作用主要取决于灰柱高度。其灰柱高度按下式确定，即

$$H=\frac{\Delta p}{\rho_d g}+0.1 \tag{11-1}$$

式中，H 为灰柱高度，m；Δp 为灰斗中的负压值，Pa；ρ_d 为粉尘的堆积密度，kg/m^3；g 为重力加速度，m/s^2。

翻板式卸灰阀的进口接管直径可由下式确定，即

$$D=1.12\sqrt{\frac{Q_b}{q}} \tag{11-2}$$

式中，D 为翻板式卸灰阀进口接管直径，m；Q_b 为捕集的粉尘量，kg/s；q 为翻板式卸灰

阀的单位负荷，kg/(m² · s)，可在 60～100kg/(m² · s) 范围内选取。

（三）双翻板式卸灰阀

双翻板式卸灰阀与双层翻板式卸灰阀有两个翻板结构，每一层翻板都是斜板与杠杆或动力系统连接，固定在轴上，轴的另一端杠杆上配有平衡重锤，使斜板紧贴排灰口。即机械式双层卸灰阀将平衡重锤改为电动推杆、电动机凸轮或气缸驱动，则变成电动翻板式卸灰阀或气动翻板式卸灰阀。

1. 机械式双层翻板卸灰阀

双层翻板式卸灰阀亦是靠重力作用的杠杆机构实现密封和排灰，密封好坏主要取决于阀板形式和灰柱高度。由于该阀有二层斜板，当第一层斜板上积存一定量的粉尘时，斜板被压下，粉尘被排出时，第二层斜板仍然紧贴排灰口，防止漏风。当第一层斜板依靠重锤作用复位后，第二层斜板上积存一定量的粉尘后，斜板被压下，粉尘被排出，然后依靠重锤作用复位。这也是一种周期性地间歇排尘（灰）装置，同样靠斜板与排灰口的紧密接触和一定高度的灰柱来保证密封性，但由于有双层翻板，其漏风量比单层翻板式卸灰阀要少得多。

机械式翻板卸灰阀在使用过程中由于粉尘及结构原因，斜板与料管的密闭达不到要求，造成漏风。机械式翻板卸灰阀对粉尘的性能要求比较高，只适合流动性较好、干燥的粉料，而且需要经常检查其翻板是否卡住，所以袋式除尘工程中很少使用机械式翻板卸灰阀，都使用电动的或气动的翻板卸灰阀。

2. 电动或气动式翻板卸灰阀

电动的或气动的翻板卸灰阀为双层翻板，其排灰工作过程同机械式双层卸灰阀，但动作原理不是依靠粉尘重力与重锤的平衡原理交替进行排灰及密封，而是采用电机、电动推杆或气缸来控制两个翻板交替间隔动作，实现排灰及密封，其动作时间及每次排灰时间都可调。

（四）技术性能和外形尺寸

1. 锁气翻板卸灰阀

锁气翻板卸灰阀适用于干燥粉尘状物料的卸灰，适用温度分别为不大于 150℃、不大于 300℃。作为除尘设备灰斗和料仓卸料的锁气翻板卸灰阀，多采用摆线针轮减速器，交叉启闭锁，卸灰彻底，锁气性好，卸灰能力大，通常在 12～25m³/h，开闭次数一般为 16 次/min。

翻板卸灰阀外形见图 11-17，外形尺寸见表 11-10。

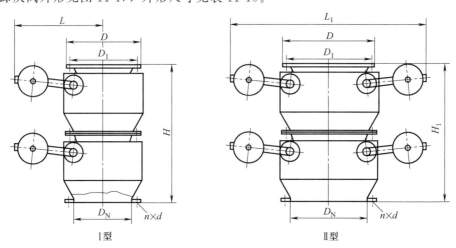

图 11-17　翻板卸灰阀外形

Ⅰ型—单门外形；Ⅱ型—双门外形

表 11-10　翻板卸灰阀外形尺寸　　　　　　　　　　　单位：mm

D_N	D_1	D	H	H_1	L	L_1	$n \times d$
150	196	226	460		460		$6 \times \phi 11$
200	245	280	580		500		$8 \times \phi 11$
220	265	300	580		520		$12 \times \phi 11$
250	300	340	580		560		$12 \times \phi 11$
300	350	390	620		600		$12 \times \phi 13$
320	370	410	700		620		$12 \times \phi 13$
400	450	490	800	660	815	1630	$12 \times \phi 13$
450	500	540	800	740	840	1680	$12 \times \phi 13$
500	560	600	950	800	870	1740	$12 \times \phi 13$
600	660	700		800		1920	$16 \times \phi 13$
720	780	820		1060		2220	$16 \times \phi 13$
800	870	920		1150		2520	$16 \times \phi 18$
1000	1000	1140		1450		2940	$20 \times \phi 18$

2. 双层卸灰阀

双层卸灰阀主要有电动卸灰阀、气动卸灰阀和重锤卸灰阀 3 种形式。电动卸灰阀和气动卸灰阀通常适用于规模较大的贮存灰斗卸灰，重锤卸灰阀一般适用于规模较小的贮存灰斗卸灰。

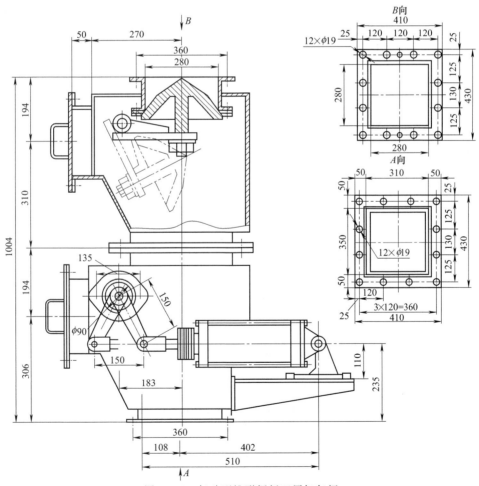

图 11-18　气动型锥形阀板双层卸灰阀

气动型双层卸灰阀见图 11-18 和图 11-19，该阀配用气缸工作压力为 0.4～0.5MPa，耗气量 0.015m³/min，气缸行程 100～160mm，使用温度小于 120℃，泄漏率小于 1%。该阀卸灰彻底，因双层阀板交替动作密封性好，阀板的动作也可以用电动推杆推动，阀板设计主要有锥形和板式形。适用介质为固体小颗粒、粉末物料等。

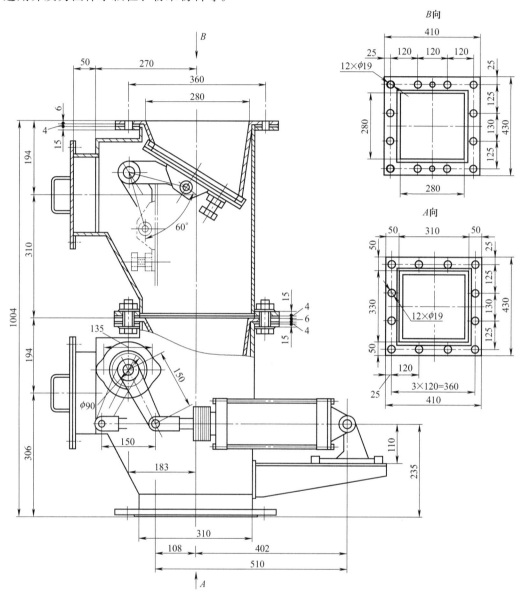

图 11-19　气动型平面阀板双层卸灰阀

双层卸灰阀系列见图 11-20 和表 11-11。

表 11-11　双层卸灰阀尺寸和性能　　　　　　　　　　单位：mm

型号	A	B	C	H	n-ϕd	处理量/(t/d)
JIFD-150	150	210	250	700	8-14	1.6
JIFD-200	200	261	300	800	12-14	2.5
JIFD-250	250	321	360	850	12-20	4.2
JIFD-300	300	390	430	1000	12-20	8.3

续表

型号	A	B	C	H	n-ϕd	处理量/(t/d)
JIFD-350	350	435	480	1100	12-20	9.7
JIFD-400	400	480	530	1250	12-20	10.8
JIFD-500	500	580	630	1400	12-20	15.6

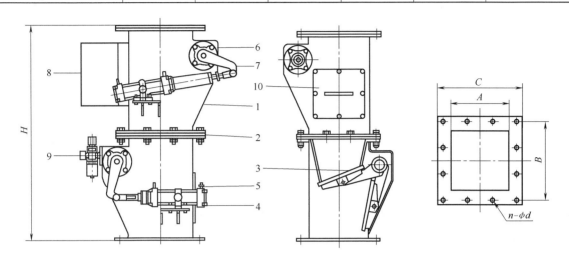

图 11-20　双层卸灰阀组成

1—阀体；2—法兰；3—阀板；4—气缸；5—调速器；6—传动轴；7—连接杆；8—电磁阀；9—气源处理件；10—检查口

五、回转卸灰阀

回转卸灰阀又称星形卸灰阀。根据叶轮的结构型式分弹性的和刚性的两种。

回转阀适用于粉状或细粒状的非黏性干物料，如生料粉、水泥、干矿渣、煤粉等，通常安装在料库或灰仓下面。对于块状物料，则由于容易卡住叶轮而不能使用，其特点是结构简单、紧凑、体积小，密封性能较好。配用调速电动机，可方便地调节给料量。

（一）结构

回转卸灰阀结构如图 11-21 和图 11-22 所示。

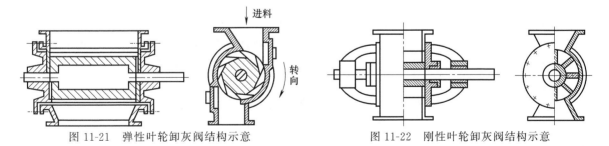

图 11-21　弹性叶轮卸灰阀结构示意　　　　图 11-22　刚性叶轮卸灰阀结构示意

（1）机壳　回转阀的机壳由壳体和端盖组成，两只端盖均以法兰与壳体用螺栓连接，壳体和端盖都由铸铁制成，在端盖的中心孔里装有整体式滑动轴承。进出料口均与壳体铸造成整体形式，分别有法兰可与进出料溜管相连接。壳体侧面还设有检查孔，便于处理卡住叶轮的杂物。

（2）叶轮转子

① 弹性叶轮。弹性叶轮由轴、轮芯和弹性叶片组成。叶片用弹簧钢板制作；轮芯为铸铁的多棱柱体，每一个侧面上装一个叶片；一般有 6～12 个叶片，规格越大，叶片数越多。弹性叶轮

在机壳的回转腔内密封性能较好，故喂料的均匀性和准确性也较好。

② 刚性叶轮。刚性叶轮由轴和转子组成。叶片与转子铸造成整体。由于铸造的叶片没有弹性，因此与壳体回转腔内壁必须要留适当的间隙，密封性能较差。

叶轮转子由端盖上的滑动轴承支承。弹性叶轮的叶片与转子径向有一倾斜角度，故只能向一个方向转动，不得反转。如要反转，必须将叶轮调头安装在机壳内。刚性叶轮的叶片是按转子径向布置的，且与机壳有间隙，故可任意正反转动。

（3）端部密封　回转卸灰阀的端部密封有两种型式。一是在端盖与叶轮转子端面之间装摩擦环（或称摩擦片、摩擦盘）。此种形式多用于弹性叶轮结构。二是在端盖外侧设置填料密封装置。此时支承叶轮转子的滑动轴承座将不再直接位于端盖上，而是向外侧移开，可设置独立的支架与端盖组合，也可通过"筋"与端盖铸成整体结构。这种形式多用于刚性叶轮结构。

（4）传动装置　轮式给料机的转速很慢，需用功率一般也很小，所以采用减速电动机传动，有直联传动和链轮传动两种方式，后者可适当改变叶轮转速来满足工艺要求。

（二）工作原理

物料从机壳的进料口进入卸灰阀后，落入转动着的叶轮向上 V 形槽中，随着叶轮转动，物料在 V 形槽中被带到机壳下面的卸料口处落到出料溜管。因此叶轮给料机的喂料能力可按下式计算

$$Q = 60ZFL\rho_r n\varphi \tag{11-3}$$

式中，Q 为叶轮给料机的喂料能力，kg/h；Z 为叶轮格数；F 为叶轮每格的有效截面积，m^2；L 为叶轮的宽度，m；ρ_r 为物料的堆积密度，kg/m^3；n 为叶轮的转数，r/min；φ 为物料的充满系数，一般 $\varphi = 0.8$。

由上式可知，卸灰能力与充满系数 φ 有关，当转速 n 恒定时，φ 值的变化将直接影响卸灰量的稳定。灰仓压力的大小以及粉尘结拱都会使 φ 值发生变化，所以使用回转卸灰阀只能起到粗略控制物料流量的作用，因此多数安装在料仓或灰斗下面控制卸灰量，或用于除尘器灰斗的出料口处，既防止漏风，又卸出被收集的粉料。

（三）技术性能和外形尺寸

YXD 型回转卸灰阀（又称星形卸灰阀）是除尘器密封卸料的专用装置，也是粉状物料和颗粒状物料的定量加料、气力输送和密闭出料的产品。它能连续不断排料以及把物料输送到指定装置内，对多种物料均可应用。

根据除尘及物料输送特点，YXD 型系列回转卸灰阀，除密封性能好、转动平衡、耐用可靠、维修方便外还有如下特点：①采用弹性叶轮，增强柔性密封，消除叶轮卡住现象；②轴承座移位阀体外侧，隔断尘粒直接来源，延长轴承使用寿命，方便维修；③配用摆线针轮减速机，结构紧凑，稳定可靠。

YXD 型回转卸灰阀的技术性能见表 11-12，外形尺寸见图 11-23 和表 11-13。

表 11-12　回转卸灰阀技术性能

序号	型号	每转体积 V/L	转速 n/(r/min)	减速机型号	电机功率 /kW	电机转速 /(r/min)	工作温度 /℃	质量/kg
1	YXD-200	6	25	BWD11-59	0.55	1500	<120	200
2	YXD-300	24	25	BWD12-59	1.1	1500	<120	370
3	YXD-350	35	25	BWD13-59	1.5	1500	<120	450
4	YXD-400	50	25	BWD13-59	2.2	1500	<120	575
5	YXD-500	94	25	BWD14-59	3.0	1500	<120	965
6	YXD-600	159	25	BWD14-59	4.0	1500	<120	1550

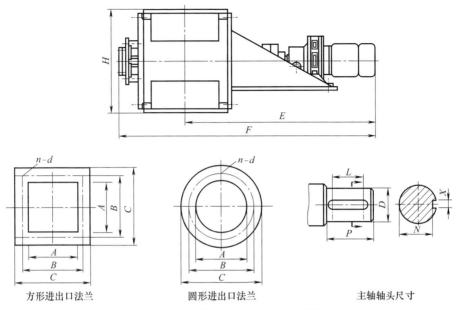

方形进出口法兰　　　　圆形进出口法兰　　　　主轴轴头尺寸

图 11-23　YXD 型回转卸灰阀外形及安装尺寸

表 11-13　回转卸灰阀外形及安装尺寸　　　　　　　　　　单位：mm

序号	型号	法兰形式	进出口法兰				H	E	F	P	D	L	N	X
			A	B	C	n-d								
1	YXD-200	方形	200	250	300	7-M10	360	700	920	50	φ35	25	30	10
	YXD-200	圆形	φ200	φ260	φ300	7-M10								
2	YXD-300	方形	300	360	400	12-M12	470	960	1250	50	φ40	30	35	12
	YXD-300	圆形	φ300	φ360	φ400	12-M12								
3	YXD-350	方形	350	405	450	12-M12	520	1120	1400	60	φ45	40	39.5	14
4	YXD-400	方形	400	460	520	16-M16	580	1170	1450	70	φ55	50	49	16
5	YXD-500	方形	500	560	620	20-M16	680	1320	1600	80	φ60	60	53	18
6	YXD-600	方形	600	660	720	24-M20	780	1440	1720	90	φ65	70	57.5	20

这种卸灰阀一般都安装在除尘器灰斗下部，为保证连接处的严密不漏风，在回转卸灰阀的上部应经常保持（贮存）一定高度的粉尘。因为叶轮转动时，卸完粉尘后叶轮转上的那一面经常是没有粉尘的，所以容易使空气漏入。为了保持一定高度的灰柱，而且不致卸空，最好在灰斗内装设料位信号设施，并与卸灰阀的电动机建立连锁。

回转卸灰阀使用中应注意粉尘在灰斗内架空或落入刚性物料时被卡住，以致破坏操作和设备；对磨琢性粉尘，叶轮的磨损较快，要及时维修叶轮。

六、湿式卸灰阀

对这种卸灰装置的要求，如同干法卸灰装置一样，应当保证除尘设备漏风最小，保持泥浆柱（水中悬浮粉尘柱），使设备内部压力和灰尘运输系统内部压力之间的压差趋于平衡，即可达到此目的。通常，将卸灰设备和水封用作湿式卸灰装置。

1. 浆胶阀

水封的操作机构如图 11-24 所示，橡胶阀套在泥浆出口接管上，该接管与锥形灰斗底部接通。阀门是用软质弹性橡胶板制作的。一般选定水封直径等于净化设备排水管的直径。或选定水封直径应使泥浆流速不超过 0.5m/s。在水封中灰尘可能结垢的场合下，可以在水封中安设搅拌用喷嘴。

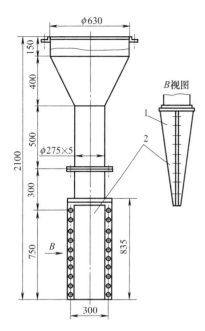

图 11-24　带橡胶阀的水封
1—阀；2—厚 5mm 的橡胶

2. 水封冲灰器

水封冲灰器适用于排尘口径为 DN150 的旋风除尘器和湿式除尘器，其设有水封装置。其结构尺寸如图 11-25 所示。

3. 灰浆快放阀

灰浆快放阀配用卧式或立式旋风水膜除尘器，ϕ150mm 配用 1～6 型号，ϕ200mm 配用 7～11 型号。也适用于其他湿式排尘器的灰浆排放。其主要尺寸见图 11-26 和表 11-14。

表 11-14　灰浆快放阀主要尺寸

型号	所配用除尘器型号	d/mm	A/mm	质量/kg
ϕ150	1～6	150	290	12
ϕ200	7～11	200	340	15

七、排灰装置的选用要求

1. 选用要求

排灰装置设于除尘设备的灰斗之下，根据系统设定要求定期或定时排除灰斗内的积灰，以保证除尘设备的正常运行。排灰装置的选用，一般应视粉尘的性质和排尘量的多少、排尘制度（间歇或连续）以及粉尘的状态（是干粉状还是泥浆状）等情况，分别进行不同型号的选择。排灰装置的选用要求如下。

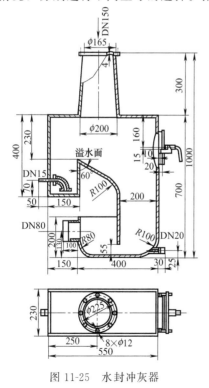

图 11-25　水封冲灰器

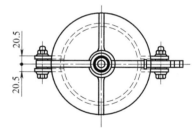

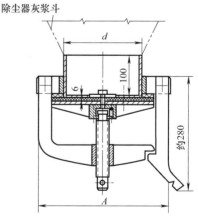

图 11-26　灰浆快放阀

（1）排灰装置运转应灵活且气密性好。
（2）排灰装置的材料应满足粉尘的性质和温度等使用要求，设备耐用。

（3）排灰装置的排灰能力应和输灰设备的能力相适应。

（4）对系统采用搅拌装置或加湿机排出的粉尘时，要选用能均匀定量给料的排灰装置，如回转卸灰阀、螺旋卸灰阀等。

（5）除尘设备灰斗排灰时，其灰斗口上方需要有一定高度的水柱或灰柱，以形成灰封，保证排灰时灰斗口处的气密性。水封或灰封高度 H（mm）可按下式计算：

$$H = \frac{0.1\Delta p}{\rho} + 100 \tag{11-4}$$

式中，Δp 为灰斗排灰口处与大气之间的差压（绝对值），Pa；ρ 为水或粉尘的堆积密度，g/cm^3。

（6）为方便检修，有的卸灰阀带检修孔，有的带叶片调整装置，选用时应有要求。

2. 回转卸灰阀漏风量

回转卸灰阀漏风量是影响卸灰阀技术性能的重要因素，同时在对气力输送系统设计时也是确定风机风量的重要因素。漏风量主要与压差和阀板间隙有关，估算时查图 11-27。计算时按下式：

$$Q = b \times L \times \sqrt{2\rho\Delta p K} \tag{11-5}$$

式中，Q 为漏风量，m^3/h；b 为叶片缝隙宽度，m；L 为叶片缝隙长度，m；ρ 为气体密度，kg/m^3；Δp 为卸灰阀压差，Pa；K 为叶片系数，叶片为 6～12 片时 K 取 1.2～0.6。

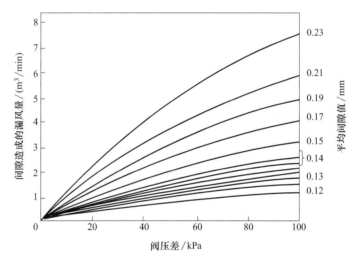

图 11-27　回转卸灰阀的漏风量估算值

第二节　机械输灰装置

机械输灰装置包括螺旋输送机、刮板机、斗提机、贮灰罐、加湿机、吸引装置和运灰车等。

一、机械输灰装置分类

1. 输灰设备组成

大中型袋式除尘器输灰系统由卸灰阀、刮板输送机、斗式提升机、贮灰罐、吸引装置、加湿机、汽车等组成。根据除尘器大小不同。输灰装置有较大差异。图 11-28 是大型除尘器常用的输灰装置组成。

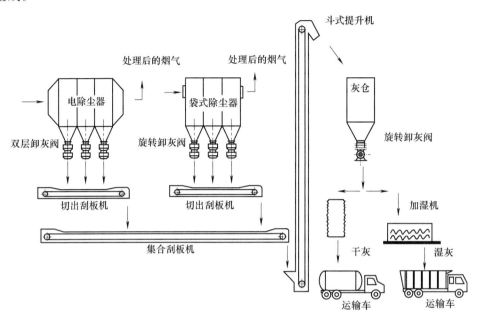

图 11-28　输灰系统组成

2. 输排灰设备分类

输排灰设备分为排灰设备和输灰设备两类。排灰设备主要是卸灰阀，输灰设备又按下述方式分类。

（1）按输灰设备的动力分为机械输送装置和气力输送装置。

（2）按输灰设备的性能分为：①向下输送，如卸灰装置；②水平输送，如刮板输送机、皮带输送机、螺旋输送机；③向上输送，如斗式提升机。

（3）按输送是否用水分为干式输送装置和湿式输送装置。

二、机械输灰装置工作原理及性能

1. 机械输灰装置工作原理

除尘器各灰斗的粉尘首先分别经过卸灰阀排到刮板输送机上，如果有两排灰斗则由两个切出刮板输送机送到一个集合刮板输送机上，并把灰卸到斗式提升机下部。粉尘经提升到一定高度后卸至贮灰罐。贮灰罐的粉尘积满（约 4/5 灰罐高度）后定时由吸尘车拉走，无吸尘车时，可由贮灰罐直接把粉尘经卸灰阀卸到拉尘汽车上运走。为了避免粉尘飞扬可用加湿机把粉尘喷水后再卸到拉尘汽车上。

对小型除尘器而言，输排灰装置比较简单。排灰用卸灰阀，输灰用螺旋输送机直接排到送灰小车，定时把装着灰的小车运走。也有的小型除尘器把灰排到地坑里，定时进行清理。这种方法比把灰排到小车里操作复杂，可能造成粉尘的二次污染。

除了粉尘的机械输送以外，气力输送系统也是输灰的常用方式。其工作动力是高压风机吸引的强力气流。主要设备是卸灰阀、气力输送管道、贮灰罐、气固分离装置及高压引风机等。

2. 机械输灰装置的性能

输灰装置选用的原则主要是考虑除尘器的规模大小。依照除尘器的需要确定输排灰装置；其次是应注意避免粉尘在输送过程的飞扬。第三是输送装置简单，便于维护管理，故障少，作业率高。

各种输排灰装置的性能见表 11-15。

表 11-15　各种输排灰装置性能比较

序号	设备名称	气力输送	仓式泵	斜槽	螺旋输送机	埋刮板输送机	斗式提升机	车辆
1	积存灰	无	有	少	有	有	有	无
2	布置	自由	自由	斜	直线	直线、曲线	直线	自由
3	维修量	较大	较小	大	较大	大	大	较小
4	输送量/(m³/h)	约100	约70	约150	约10	约50	约100	约10
5	输送距离/m	10~250	2000	10	20	50	20	不限
6	输送高度/m	50	50	约1	2	10	30	—
7	粉尘最大粒度/mm	30	<30	不限	<10	<10	<30	—
8	粉尘流动性	不限	不限	不限	不适用砂状尘	不适用流动性尘	不限	不限
9	粉尘吸水性	不适用吸水性强的	不适用	不适用	不适用含水大的	不限	不限	不限

三、螺旋输送机

1. 螺旋输送机的输送原理

螺旋输送机是依靠带有螺旋叶片的轴在封闭的料槽中连续旋转从而推动物料移动的输送机械。此时的物料就好像不旋转的螺母一样沿着轴向逐渐向前推进，最后在下卸口处卸下。

2. 螺旋输送机的结构

螺旋输送机的结构如图 11-29 所示。主要由驱动装置、出料口、旋转螺旋轴、中间吊挂轴承、壳体和进料口等组成。通常螺旋轴在物料运动方向的终端（即出口处）装有正推轴承，以承受物料给螺旋叶片的轴向反力。在机身较长时，应加中间吊挂轴承。

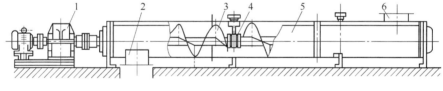

(a) 结构示意

(b) 外形

图 11-29　螺旋输送机总体结构

1—驱动装置；2—出料口；3—旋转螺旋轴；4—中间吊挂轴承；5—壳体；6—进料口

（1）螺旋　普通螺旋输送机的最主要部件是螺旋体，它由轴和焊接在轴上的螺旋叶片组成。螺旋叶片和螺纹一样，也可分为右旋和左旋两种。根据所输送物料的特性不同，螺旋叶片的形状可分为实体螺旋、带式螺旋、叶片式螺旋和齿形螺旋，如图 11-30 所示。其中实体螺旋叶片是最常用的一种形式，适宜于输送干燥的、小颗粒或粉尘物料；带式螺旋叶片适宜于输送带水分的、

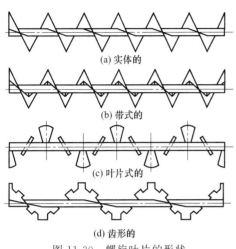

图 11-30　螺旋叶片的形状

中等黏性、小块状的物料；叶片式以及齿形螺旋叶片适宜于输送黏性较大及块状较大的物料。

（2）壳体　螺旋输送机的壳体通常用钢板制作，当输送强磨琢性、强腐蚀性和物料时应采用耐磨、耐腐蚀的合金材料或非金属材料等。此外，螺旋叶片与壳体内表面之间要保持一定的间隙，这个间隙较物料的直径要大些，一般为 2～10mm。留有间隙的目的是补偿制造及安装误差，减少螺旋叶片与壳体之间的相互磨损，但间隙加大相应地也会使输送效率降低。

（3）驱动装置　常用的驱动装置采用电动机和减速器组合的驱动装置，如图 11-31 所示。此外还有采用电动机和轴装减速器用三角带传动的驱动装置，采用齿轮减速电动机直接驱动的装配形式。

3. 螺旋输送机的布置形式

螺旋输送机的安装，最普遍的通常是水平安装形式。根据被输送物料的流向不同，其加卸料装置可以布置成多种形式，以适应不同的进出料要求。四种典型的布置形式如图 11-32 所示。

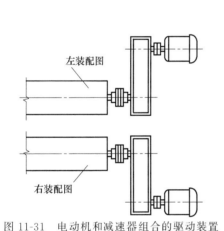

图 11-31　电动机和减速器组合的驱动装置

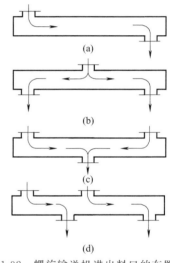

图 11-32　螺旋输送机进出料口的布置形式

4. 螺旋输送机输送能力 Q 的计算

$$Q = 47D^2 Sn\rho_r \psi C \, (t/h) \tag{11-6}$$

式中，D 为螺旋直径，m（见表 11-16）；S 为螺距，m（见表 11-16）；n 为螺旋轴极限转速（见表 11-16，$n = \dfrac{A}{\sqrt{D}}$），r/min；A 为物料特性系数（见表 11-17）；ρ_r 为物料堆积密度，t/m³；ψ 为填充系数（见表 11-17）；C 为倾斜工作时输送量校正系数（见表 11-18）。

表 11-16　螺旋输送机标准系列及其技术特性

标准螺旋直径系列(D)/mm	150	200	250	300	400	500	600
螺旋螺距(S)/mm							
实体螺旋面螺旋	120	160	200	240	320	400	480
带式螺旋面螺旋	150	200	250	300	400	500	600
螺旋轴标准转速/(r/min)	20,30,35,45,60,75,90,120,150,190						
输送机容许最大倾斜角/(°)	≤20						

续表

标准螺旋直径系列(D)/mm	150	200	250	300	400	500	600
工作环境温度/℃				−20～50			
输送物料的温度/℃				<200			
输送机长度范围/m				3～70			

表 11-17　填充系数和物料特性系数 ψ、A 值

物料块度	物料的磨琢性	推荐的填充系数 ψ	推荐的螺旋面型式	物料特性系数 A
粉尘	无磨琢性、半磨琢性	0.35～0.40	实体螺旋面	75
	磨琢性	0.25～0.30		35
粒状	无磨琢性、半磨琢性	0.25～0.35	实体螺旋面	50
	磨琢性	0.25～0.30		30
小块状 （<60mm）	无磨琢性、半磨琢性	0.25～0.30	实体螺旋面	40
	磨琢性	0.20～0.25	实体螺旋面或带式螺旋面	25
中等及大块度 （>60mm）	无磨琢性、半磨琢性	0.20～0.25	实体螺旋面或带式螺旋面	30
	磨琢性	0.125～0.20		15

表 11-18　倾斜工作时输送量校正系数 C 值

倾斜度 β/(°)	0	≤5	>5～10	>10～15	>15～20
C	1.0	0.9	0.8	0.7	0.65

四、埋刮板输送机

1. 埋刮板输送机输送原理

埋刮板输送机的料槽是封闭的，如图 11-33 所示。料槽中充满了物料，刮板和链条都埋在物料之中，从图上还可看出刮板只占料槽断面的一部分。

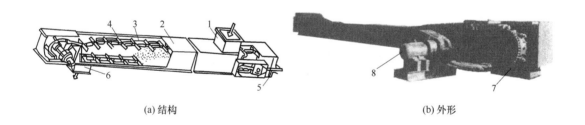

（a）结构　　　　　　　　　　　　（b）外形

图 11-33　埋刮板输送机简图
1—入口；2—机槽；3—链条；4—刮板；5—张紧装置；6—出口；7—头轮；8—电动机

埋刮板输送机在水平方向输送时，物料受到刮板链条沿运动方向的推力作用，当刮板所切割料层间的内摩擦力大于物料与槽壁间的外摩擦力时，物料便随刮板链条向前推进。料层高度与料槽宽度之比在一定范围时，通常料流是稳定的，这样物料源源不断地被输送到卸料口，最后借助重力的作用而卸出。

2. 埋刮板输送机

埋刮板输送机的总体结构如图 11-33 所示，主要由驱动装置、刮板链条、头轮、尾轮、机槽、张紧装置及加卸料装置等组成。从图 11-33 中可以看出，头轮和尾轮分别装在两端，一条闭合成环形的刮板链条分别与两轮相啮合。当电机开动后，经减速器使头轮转动，从而带动刮板链

条连续不断地推动物料进行输送。

(1) 链条　常用的链条主要有套筒滚子链——单板链［见图 11-34 (a)］、锻造链和双板链［见图 11-34 (b)］。

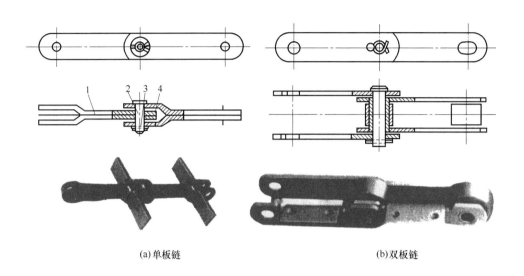

(a)单板链　　　　　　　　　　　　　　(b)双板链

图 11-34　板链
1—链杆；2—销轴；3—垫圈；4—开口销

(2) 刮板　刮板一般由圆钢、扁钢、方钢或角钢等型钢制成，并与链条固接在一起。刮板的形状有多种，以适用于输送不同的物料，如图 11-35 所示。刮板型式直接关系到输送机的性能，对于某种物料采用哪种型式的刮板可根据实际生产需要加以确定。刮板通常与链条成 90°焊接；但对于输送易产生浮链的刮板则可采用倾斜 70°焊接到链条上。

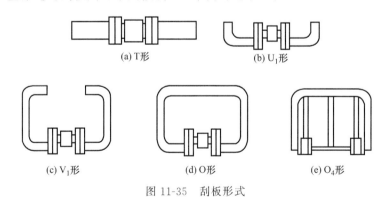

(a) T形　　　　　　　　　　　(b) U₁形

(c) V₁形　　　　　(d) O形　　　　　(e) O₄形

图 11-35　刮板形式

(3) 头轮和尾轮　头轮和驱动装置相连，是主动轮，轮齿通常为 6～12 个，其齿轮随使用链条而异。

尾轮的结构形式较多，常见的有齿形轮、圆轮及角轮。齿形轮的齿形与头轮完全一样，齿数可少于头轮。圆轮又有两种结构：一种轮缘是光面的，用于套筒滚子链；另一种轮缘有槽，用于锻造链和双板链。角轮也称多边轮。通常圆轮和角轮的大小应等于或小于头轮的节圆直径。

(4) 机槽　机槽是物料的通道，一般用钢板制成。钢板厚度随机型大小而异，一般为 6～10mm。

（5）张紧装置 埋刮板输送机的机尾装有张紧装置，通过移动尾轮来调节刮板链条的松紧程度。其原理和结构与胶带输送机所用的螺旋张紧机构相同。

3. 埋刮板输送机的布置形式

埋刮板输送机根据不同的工艺需要可以有不同的布置形式，常见的有水平形（MS 形）、垂直形（MC 形）、Z 形（MZ 形）、扣环形（MK 形）、立面循环形（ML 形）和平面循环形（MP 形），如图 11-36 所示。

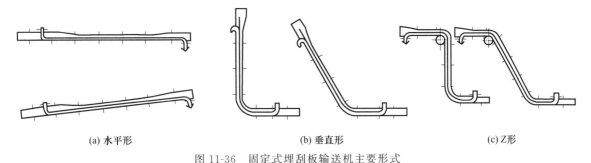

|(a) 水平形 | (b) 垂直形 | (c) Z形|

图 11-36 固定式埋刮板输送机主要形式

4. 选型计算

（1）输送量 G（t/h）

$$G = 3600Bhv\rho\eta \tag{11-7}$$

式中，B 为机槽宽度，m；h 为机槽高度，m；v 为刮板链条速度，m/s；ρ 为物料密度，t/m^3；η 为输送效率，%。

刮板链条速度通常有 0.16m/s、0.20m/s、0.25m/s、0.32m/s 四种，速度的选择和输送物料的性质和所选用的材料有关。对于流动性较好且悬浮性比较大以及磨损性较大的物料一般宜选低速；对于其他物料，一般取中速。

输送机水平布置时的输送效率一般在 $\eta = 0.65 \sim 0.85$；当输送机倾斜布置时（$\alpha \leqslant 15°$），其输送效率应按表 11-19 的数值进行修正，即刮板输送机倾斜效率 η_x（%）计算如下

$$\eta_x = K_0\eta$$

式中，K_0 为倾斜系数，见表 11-19。

表 11-19 输送机倾斜系数 K_0

倾斜角 α	0°～2.5°	2.5°～5°	5°～7.5°	7.5°～10°	10°～12.5°	12.5°～15°
倾斜系数 K_0	1.0	0.95	0.90	0.85	0.8	0.70

（2）刮板链条张力 T（N） 当埋刮板输送机倾斜角度在 0°～1.5°范围时

$$T = 9.8M(2.1f'L - 0.1H) + 9.8M_v\left\{\left[f + f_1\left(\frac{nh'}{B}\right)\right]L + H\right\} \tag{11-8}$$

当 $\alpha = 0°$，$f' = 0.5$ 时

$$T = 9.8L\left\{1.1M + M_v\left[f + f_1\left(\frac{nh'}{B}\right)\right]\right\}$$

$$M_v = \frac{G_{max}}{3.6v}$$

$$h' = \frac{G_{max}h}{G}$$

$$f = \tan\beta$$

$$f_1 = \tan\beta_1$$

$$n = \frac{x}{1 + \sin\beta}$$

式中，M 为刮板链条每米质量，kg/m；f' 为输送物料时刮板链条与壳体的摩擦系数，一般取 $f' = 0.5$；L 为输送机水平投影长度，m；H 为输送机垂直投影高度，m；M_v 为物料每米质量，kg/m；G_{max} 为要求的最大输送量，t/h；v 为刮板链条速度，m/s；h' 为输送物料层高度，m；h 为机槽高度，m；G 为计算输送量，t/h；f 为物料的内摩擦系数，它与物料的堆积角有关；f_1 为物料的外摩擦系数，即物料与壳体的摩擦系数，它与物料的外摩擦角有关；β 为物料内摩擦角即堆积角；β_1 为物料外摩擦角；n 为物料对机槽两侧的侧压系数；x 为动力系数，当 $v \leqslant 0.32$m/s 时 $x = 1.0$，$v > 0.32$m/s 时 $x = 1.5$。

（3）电动机功率 P（kW）

$$P = K_1 \frac{Tv}{9.8 \times 100 \eta_m} \tag{11-9}$$

$$\eta_m = \eta_1 \eta_2$$

式中，K_1 为备用系数，$K_1 = 1.1 \sim 1.3$；η_m 为传动效率，%；η_1 为减速器的传动效率，一般取 $\eta_1 = 0.92 \sim 0.94$；η_2 为开式链传动的传动效率，一般取 $\eta_2 = 0.85 \sim 0.90$。

5. 主要技术参数

埋刮板输送机作为除尘器等灰斗下连续封闭输送灰尘的理想设备，输送过程没有二次污染。其结构简单、体积小、安装维修方便；可多点进料，多点卸料，工艺布置灵活。表 11-20 中是各种埋刮板输送机产品参数。

表 11-20　埋刮板输送机技术性能参数

类型	规格	输送能力/(m³/h)	承受负压/Pa	物料密度/(t/m³)	物料粒度/mm	长度/m
水平形	YD160	1～2	≤1400	0.5～2.5	≤12	6～50
	YD200	2～4	≤1400	0.5～2.5	≤12	6～50
	YD250	4～6	≤1400	0.5～2.5	≤12	6～50
倾斜形	YD310	6～9	≤1400	0.5～2.5	≤12	6～50
	YD370	9～12	≤1400	0.5～2.5	≤12	6～50
	YD430	12～15	≤1400	0.5～2.5	≤12	6～50
	YD450	15～18	≤1400	0.5～2.5	≤12	6～50
L形	YDL160	1～2	≤1400	0.5～2.5	≤12	水平/高<20/30
	YDL200	2～4	≤1400	0.5～2.5	≤12	水平/高<20/30
	YDL250	4～6	≤1400	0.5～2.5	≤12	水平/高<20/30
	YDL310	6～9	≤1400	0.5～2.5	≤12	水平/高<20/30
Z形	ZS160	0.5～2.5	≤1400	0.5～1.5	≤12	水平/高<20/30
	ZS200	2.5～10	≤1400	0.5～1.5	≤12	水平/高<20/30
	ZS250	5～20	≤1400	0.5～1.5	≤12	水平/高<20/30
	ZS320	10～30	≤1400	0.5～1.5	≤12	水平/高<20/30

五、斗式提升机

1. 斗式提升机工作原理

斗式提升机是一种垂直向上的输送设备，用于输送粉状、颗粒状、小块状的散状物料。斗式提升机可分为外斗式胶带传动和外斗式板链传动两种；按料斗形式分为深斗式、浅斗式和鳞斗式；按装载特性分为掏取式（从物料内掏取）及流入式；按运送货物分为直立式和倾斜式。

斗式提升机的料斗和牵引构件等行走部分以及提升机头轮和尾轮等均安置在提升机的封闭罩

壳内，而驱动装置与提升机头轮相连，紧张装置与尾轮相连，当物料从提升机的底部进入时，牵引构件动作使一系列料斗向上提升至头部，并在该处进行卸载，从而完成物料垂直向上输送的要求。

斗式提升机在横截面上的外形尺寸较小，可使输送系统布置紧凑；其结构简单，体积小、密封性能好、提升高度大、安装维修方便；当选用耐热胶带时，允许使用温度在120℃左右。

2. 斗式提升机结构

由图11-37可看出，斗式提升机主要由驱动装置、头轮（即传动滚筒或传动链轮）、张紧装置、尾轮（即尾部滚筒或尾部链轮）、牵引件（胶带或链条）、进料口、出料口和机壳等组成。斗式提升机进料口有两种，见图11-38。

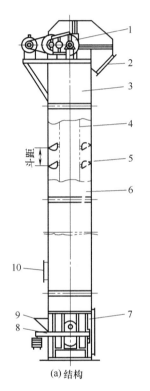

(a) 结构　　　　　　　　　　　　(b) 外形

图 11-37　斗式提升机

1—驱动装置；2—出料口；3—上部区段；4—牵引件；5—料斗；6—中部机壳；
7—下部区段；8—张紧装置；9—进料口；10—检视门

（1）驱动装置　斗式提升机的驱动装置由传动滚筒（或链轮）、电机、减速器、联合器、逆止器及驱动平台等组成。传递牵引力的驱动方式一般可分为两种：一种是通过摩擦传递牵引力的摩擦驱动方式；另一种是通过齿啮合传递牵引力的啮合驱动方式。

（2）牵引件　带式斗式提升机的牵引件是胶带，料斗通常用螺钉与胶带紧固。常用的胶带有普通橡胶带、尼龙芯橡胶带等，链式斗式提升机所用的牵引件是圆环链或套筒滚子链，其中有的采用的是圆环链，有的是套筒滚子链。

（3）料斗　料斗是一个承载部件，料斗形状的选择取决于物料的性质（如粉状或块状、干湿程度及黏性等），同时也受装料方法的影响。通常采用的料斗形式有3种，即深斗、浅斗和角斗，如图11-39所示。

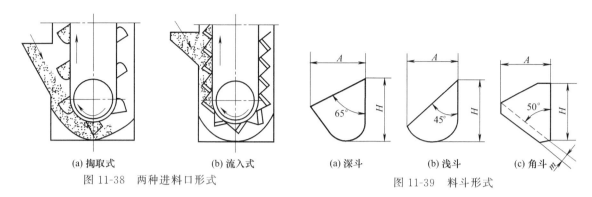

| (a) 掏取式 | (b) 流入式 | (a) 深斗 | (b) 浅斗 | (c) 角斗 |

图 11-38　两种进料口形式　　　　　　　　图 11-39　料斗形式

3. 选用要求

包括：①斗式提升机一般采用直立式提升机，其输送物料的高度一般为 15～25m；②根据所选用的斗式提升机型号，来确定牵引构件的结构形式；③根据被输送物料的温度要求，来选择不同型号的斗式提升机；④根据物料的输送量要求，选择斗式提升机的规格和型号。

4. 造型计算

（1）提升能力 G　斗式提升机运输物料时的提升能力 G（t/h），可按下式计算：

$$G = 3.6 \frac{V_0}{a} v \rho \psi \tag{11-10}$$

式中，V_0 为料斗容积，L；a 为相邻两料斗距离，m；v 为料斗的提升速度，m/s；ρ 为物料堆积密度，t/m^3；ψ 为填充系数。

根据所输送的物料粒状大小不同，填充系数也不尽相同；物料由粉末状到 100mm 的大块物料，随着粒状越大，则填充系数越小，通常的范围在 0.4～0.95。电炉除尘系统的粉尘一般认为是粉末状，其填充系数为 0.75～0.95。

（2）驱动功率 P_0（kW）　斗式提升机驱动轴上所需的原动机驱动功率 P_0（未考虑驱动机构效率）可近似地按以下公式计算：

$$P_0 = \frac{GH}{367}(1.15 + K_1 K_2 v) \tag{11-11}$$

式中，G 为提升能力，t/h；H 为提升高度，m；v 为牵引构件的运行速度，m/s；K_1、K_2 为系数，查表 11-21。

表 11-21　K_1、K_2 系数值

系数	生产能力 Q/(t/h)	带式		单链式		双链式	
		深斗和浅斗	角斗	深斗和浅斗	角斗	深斗和浅斗	角斗
K_1	<10	0.6					
	10～25	0.5		1.1		1.2	
	25～50	0.45	0.6	0.8	1.10	1.0	
	50～100	0.40	0.55	0.6	0.83	0.8	1.10
	>100	0.35	0.50	0.5	0.30	0.6	0.9
K_2		1.60	1.10	1.3	0.80	1.3	0.80

（3）电动机功率 P（kW）

$$P = \frac{P_0}{\eta} K' \tag{11-12}$$

式中，η 为传动装置总效率，$\eta = \eta_1 \eta_2$，其中 η_1 为减速器的传动效率，$\eta_1 = 0.94$；η_2 为三角皮带的传动效率，$\eta_2 = 0.95$；K' 为功率备用系数，与提升高度有关。

当 $H<10\mathrm{m}$ 时，$K'=1.45$；$10\mathrm{m}<H<20\mathrm{m}$ 时，$K'=1.25$；$H>20\mathrm{m}$ 时，$K'=1.15$。

5. 主要技术参数

DT 型斗式提升机是一种常用的连续封闭型输灰设备。该设备结构简单、体积小、密封性能好、提升高度大、安装维修方便。表 11-22 斗式提升机产品参数。

表 11-22　DT 型斗式提升机技术性能参数

类型	规格	输送能力/(m³/h)	物料堆密度/(t/m³)	物料粒度/mm	长度/m
水平形	DT16	4~10	0.5~2.5	≤25	6~50
	DT30	10~20	0.5~2.5	≤25	6~50
倾斜形	DT45	20~40	0.5~2.5	≤25	6~50
	DT80	40~80	0.5~2.5	≤25	6~50
	DT100	80~100	0.5~2.5	≤25	6~50

六、贮灰仓

1. 贮灰仓的组成

贮灰仓是输灰系统中贮存粉尘的一种常用装置，它由设备本体和辅助设备这两大部分组成：设备本体部分包括灰斗、筒体和梯子平台、料位计、简易布袋除尘器、防闭塞装置等；辅助设备部分包括检修插板阀和卸灰阀（前面已有叙述）、卸尘吸引嘴、加湿机和汽车运输等。

2. 贮灰仓选用和设计原则

（1）贮灰仓用作贮存除尘器收得的粉尘时，其计算容积通常不少于除尘器连续运行 2d 产生的粉尘量。当需要计量除尘系统的收尘量时，则贮灰仓设计可采用称量装置。

（2）为反映仓内粉尘量的多少，便于输送系统的正常工作，贮灰仓通常设计料位计，并与输送系统进行连锁。

（3）贮灰仓顶部应设置简易布袋除尘器，或设置排气管与除尘管道连接。贮灰仓下部为排灰装置。

（4）在灰斗外壁的适当位置处宜设贮灰防闭塞装置，如空气炮或振打电机。

3. 贮灰仓容积确定

容积确定与收灰量和贮存时间有关，与输灰方式（汽运、船运）及作业制度（如三班制或二班制）也有关。此外，还要考虑到所收物料的堆积密度及物料含水率，灰斗的倾斜角一般不应为 $55°\sim65°$。

贮灰仓容积应为圆筒形与圆锥形容积之和。可按式（11-13）计算：

$$V=\pi R^2 H+(R^2+r^2+Rr)\frac{\pi h}{3} \tag{11-13}$$

式中，H 为圆筒高度，m（应考虑堆积角所占有效容积）；R 为圆筒半径，m；r 为灰斗下料口半径，m；h 为灰斗高度，m。

4. 喂料设备

贮灰仓可以配置下述喂料设备：①斗式提升机；②气力输送、提升泵、螺旋泵、仓式泵；③Z 形埋刮板输送机。

无论何种进料设备必须消除物料入仓时形成正压而使粉尘从不严密处冒出污染环境。因此，通常在仓顶要设置各种类型仓顶型袋式除尘器。

5. 贮灰仓技术规格

根据除尘系统粉尘回收量的大小，设计或选用合适的贮灰仓容积，其规格和电器参数分别见表 11-23 和表 11-24，其设备外形见图 11-40。

表 11-23　贮灰仓规格

贮灰能力/m³	17	20	25	36	48
D/mm	$\phi3000$	$\phi3200$	$\phi3500$	$\phi3500$	$\phi3700$
H_1/mm	3200	3200	3400	3400	3700
H_2/mm	2200	2200	2450	3300	3300

表 11-24　贮灰仓电器参数

参数	卸灰阀	上料位仪	下料位仪	振打电机
电源电压	380V 50Hz	220V 50Hz	220V 50Hz	380V 50Hz
功率	1.5kW	4W	8W	0.37～1.5kW

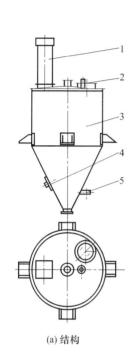
(a) 结构

(b) 外形

图 11-40　贮灰仓外形

1—简易除尘器；2—上料位仪；3—本体；4—防闭塞装置；5—下料位仪

6. 贮灰仓配套件

（1）料位计　料位计设置的目的是与粉尘输送系统进行连锁，避免贮灰仓粉尘发生空仓和满仓现象。贮灰仓料位计的设计和选型应与仪表专业配合，根据所选用的料位计型号不同，其信号传送可分为：连续检测料位的 4～20mA 模拟信号；上、下料位检测的 ON/OFF 开关信号。

（2）简易布袋除尘器　设置在贮灰仓顶上的布袋除尘器，因其处理的气量很小，故只需采用简易的布袋除尘器。除尘器的清灰一般由工人完成。

（3）卸尘吸引装置　吸引装置的构造如图 11-41 所示。它松动仓中的灰时由吸尘车给以压缩空气。在卸灰时由吸尘车给以真空靠负压把灰抽走。

吸引装置作为排送贮灰仓和除尘器的干式粉尘的专用设备，它可将有用粉尘吸引出并用运输工具运走。其技术性能见表 11-25。

表 11-25　卸尘吸引装置技术性能

型号	XY-15A	XY-15B	XY-15C	XY-15D
工作能力/(t/h)	3.5～30	3.5～30	3.5～30	3.5～30
堆密度范围/(t/m³)	1.0～1.4	1.0～1.4	1.0～1.4	1.0～1.4

续表

电机功率/kW	1.5	1.5	1.5	1.5
电机转速/(r/min)	4~40	4~40	4~40	4~40
旋转阀转速/(r/min)	2~19	2~19	2~19	2~19
旋转阀直径/mm	$\phi350$	$\phi350$	$\phi350$	$\phi350$

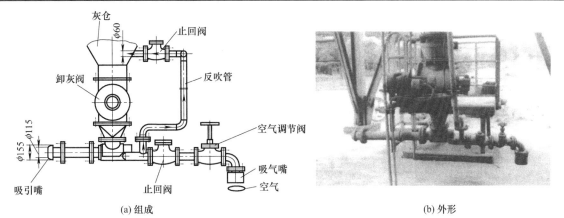

(a) 组成　　　　　　　　　　　　　　　　　(b) 外形

图 11-41　吸引装置组成和外形

七、加湿机

加湿机可与贮灰仓或除尘器卸灰配套使用，它可防止粉尘卸灰过程中的二次飞扬。常用的粉尘加湿设备有圆筒加湿机、螺旋加湿机和双轴搅拌加湿机等，圆筒加湿机运行可靠，粉尘加湿均匀，不易堵塞和磨损，但设备外形尺寸大；螺旋加湿机则外形尺寸较小，但叶片易堵塞和磨损较快；而双轴搅拌加湿机设备具有耐磨、搅拌均匀、寿命长、噪声低等优点。

(一) YS 型粉尘加湿机卸灰机

YS 型粉尘加湿卸灰机是通过滚筒旋转，以达到加湿卸灰、防止二次扬尘的目的。该系列设备有如下特点：①不易粘灰、不堵灰、性能稳定、运行可靠、使用寿命较长；②根据粗、细灰亲水性的差异，分为 C 型、X 型两类产品，均能达到防止二次扬尘的目的。

YS 型粉尘加湿机应用于冶金、发电厂、建材、供热等部门的重力除尘，旋风除尘、袋式除尘及电除尘装置的粉尘排放，防止二次扬尘污染。

1. 性能参数

YS 型加湿机性能见表 11-26。

表 11-26　YS 型加湿机性能参数

型号	卸灰量/(m³/h)	喷水量/(L/min)	供水压力/MPa	送料电机功率/kW	卸灰电机功率/kW	水泵电机功率/kW	适用范围/℃	质量/t
YS-70X	15~25	35	0.5~0.6	2.2	7.5	7.5	≤300	3.2
YS-80C	40~50	80	0.5~0.6	2.2	7.5	7.5	≤300	5.5
YS-80X	30~40	80	0.5~0.6	2.2	7.5	7.5	≤300	6.5
YS-100C	70~120	125	0.5~0.6	4	11	11	≤300	7.7
YS-100X	60~100	125	0.5~0.6	4	11	11	≤300	8.9

注：C 型设备适用于重力除尘灰，旋风除尘灰，X 型适用于布袋、电除尘灰；喷水量根据介质不同做相应的变动。

2. YS 型加湿机外形尺寸

YS 型加湿机主要外形尺寸见图 11-42 和表 11-27，加湿机管路连接方式见图 11-43。

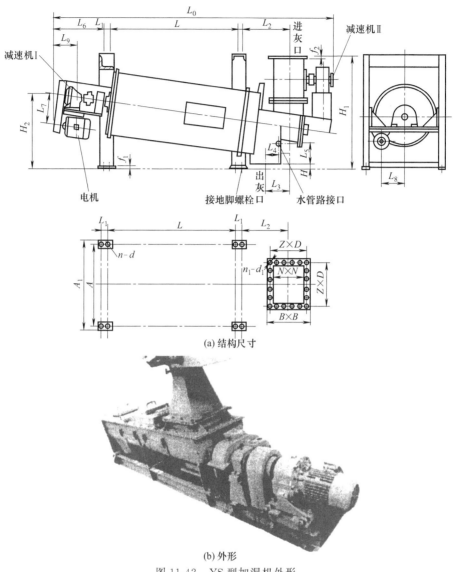

(a) 结构尺寸

(b) 外形

图 11-42　YS 型加湿机外形

表 11-27　YS 型加湿机外形尺寸

型号	A	A_1	L_0	L	L_1	L_2	L_3	L_4	L_5	L_6	L_7	L_8	L_9	H	H_1
YS-70X	950	1050	3160	1320	75	668	280	178	220	590	390	183	270	60	1250
YS-80C YS-80X	1090	1190	3021 3560	1700	75	672	328	190	262	240 750	390	183	270	60 60	1350 1400
YS100$_\mathrm{x}^\mathrm{c}$	1296	1400	4253	2300	127	864	450	248	252	580	456	63.5	400	60	1700

型号	H_2	f_1	f_2	$B \times B$	$N \times N$	$Z \times D$	$n\text{-}d$	$n_1\text{-}d_1$	水管路接口
YS-70X	770	15	16	520×520	300×300	5×97	7-ϕ23	20-ϕ18	DN40
YS-80C YS-80X	1070	15	16	520×520	300×300	5×97	7-ϕ23	20-ϕ18	DN40
YS100$_\mathrm{x}^\mathrm{c}$	1290	20	20	520×520	380×380	4×116	7-ϕ23	20-ϕ18	DN50

3. 加湿机电气原理

加湿机电气原理见图 11-44。

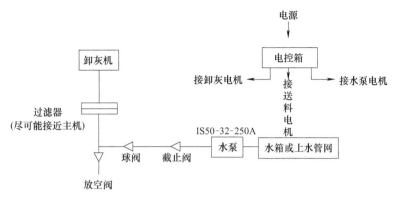

图 11-43　加湿机管路连接方式

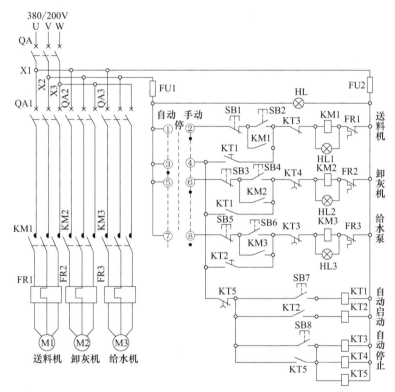

图 11-44　YS 型加湿机电气原理

4. 加湿机使用注意事项

注意事项包括：①转运部位都装有油嘴，使用时要定期加注润滑脂；②要保持料仓下灰顺畅，不得反复出现结拱现场，根据气温情况酌情考虑供水管理及整机保温；③加湿机在运行过程中发生停电停机时，应及时将搅拌桶内积灰清除干净，防止下次启动时困难；④供水管路中应在最低点安装泄水用阀门，以防存水冻结，供水管路中应安装球阀、截止阀各一个，为防止杂质堵塞喷嘴应在水管路中加过滤器；⑤设备严禁湿灰进入。

（二）YJS 型加湿机

YJS 型加湿机采用双轴螺旋搅拌方式，使加湿更均匀，对保护环境、防止粉尘在装卸运输过程中的二次飞扬有良好的效果。其性能见表 11-28，其设备外形见图 11-45。电气控制原理见图 11-46。

表 11-28　YJS 型系列加湿机技术参数

项目	YJS250 型	YJS300 型	YJS350 型	YJS400 型	YJS450 型
生产能力/(m³/h)	15	20	30	40	50
加湿方法	双轴螺旋式搅拌				
电机参数	7.5kW×380V×4p ×1/30	11kW×380V×4p ×1/30	15kW×380V×4p ×1/30	18.5kW×380V×4p ×1/30	22kW×380V× 4p×1/30
平均加水量/(m³/h)	2.2～3.7	3.7～4.5	4.5～7.5	7.5～12.5	12～20
粉尘加湿后平均含水量/%	15～25				
水压范围/MPa	0.4～0.6				
水管接口尺寸	DN25	DN25	DN25	DN25	DN25
配套旋转阀号	YXD200	YXD250	YXD250	YXD300	YXD350
旋转阀电气参数	0.55kW×380V ×50Hz	0.75kW×380V ×50Hz	0.75kW×380V ×50Hz	1.1kW×380V ×50Hz	1.5kW×380V ×50Hz

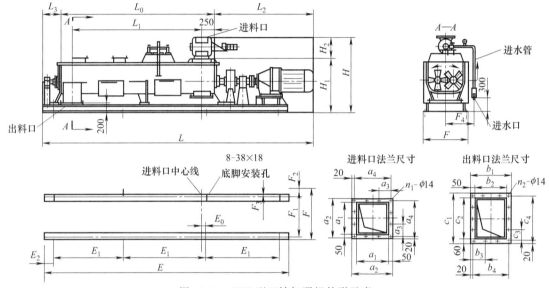

图 11-45　YJS 型双轴加湿机外形示意

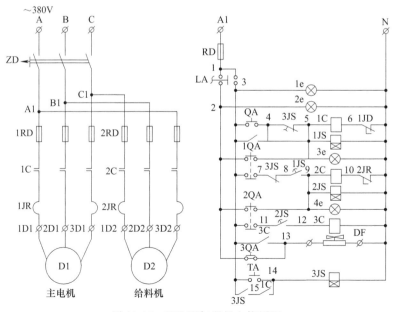

图 11-46　YJS 型加湿机电控原理

八、运灰车

收集在各种除尘设备灰斗或贮灰仓内的粉尘，可通过多种运输工具对粉尘进行外运：①对小量粉尘采用编织袋装卸粉尘并通过汽车或人力车外运；②采用密闭槽罐车装卸粉尘；或采用汽车改造槽罐车装卸粉尘（见图11-47）；③采用进口或国产气动式真空吸引罐车，它与卸尘吸引装置配合，能自动迅速地完成对贮灰仓粉尘真空吸引和压力卸载任务（图11-48）。真空吸引罐车的最大特点是：对粉尘进行真空吸引和压力卸载速度快，自动化程度高，劳动强度低，特别是可防止卸灰时的粉尘二次污染。

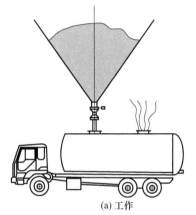

(a) 工作　　　　　　　　　(b) 外形

图 11-47　槽罐运尘车

吸尘罐车靠负压吸入罐体，靠压缩空气正压排出。HV4000-12 型吸排罐车技术性能见表11-29，外形见图11-49。

表 11-29　HV4000-12 型吸排罐车技术参数

参数	单位	数据	参数	单位	数据
车型		吸排车	整车外形尺寸（长×宽×高）	m×m×m	11.4×2.5×4
型号		HV4000-12	罐体离地高度	m	1.25
价格	万元		最高速度（空）	km/h	90
有效装载容积	m^3	12	最高速度（重）	km/h	90
额定装载质量	t	16	最大爬坡能力	%	28～37
空载质量	t	21.8	罐体最大举升高度/角度	m/(°)	50
总质量	t	38	发动机规格		涡轮增速6缸柴油发动机
吸料能力，距离	t/h，m	30，200	平均油耗	L/100km	25
压送能力，距离	t/h，m	40，30(高)	燃料（柴油，汽油）		柴油
剩灰率	%	<5	发动机输出功率		206kW(280hp)
轴间距	m	1.8+4.2+1.35	罐体工作压力	MPa	0.2
轴荷载（质量）	t	前两桥6.5，后两桥16	罐体最大举升高度/角度	m/(°)	50
每个轮胎负载	t/轮胎	前两桥3.25，后两桥4.5	真空泵 型号		Roots 817
轮胎接地压力	kg/cm²	8.1	额定转速	r/min	1800
轮胎充气压	bar	7.80	排量	mL/min	$68×10^6$ (4420m³/h)
轮胎个数及规格	个	12	最大真空度	kPa	54.2
轴线数		4	空压机 型号		SILU CS 700 INTERCOOLER
驱动轮个数	个	8	额定转速	r/min	2000
从动轮个数	个	4	排量	mL/min	$11.1×10^6$ (667m³/h)
制动轮个数	个	12	最大压力	MPa	0.21
最小转弯半径	m	24			

注：1bar=10^5Pa。

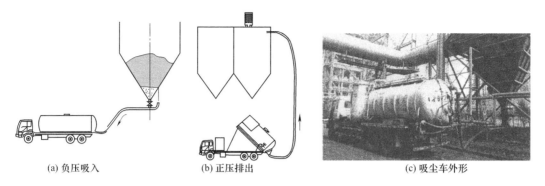

(a) 负压吸入　　　　(b) 正压排出　　　　(c) 吸尘车外形

图 11-48　吸尘罐车工作示意

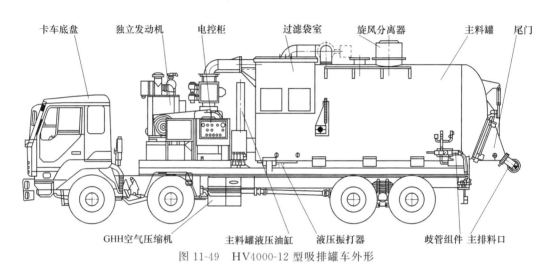

图 11-49　HV4000-12 型吸排罐车外形

九、粉体无尘装车机

1. 概述

按工艺流程设置，需汽运或火车运输，也就是高位料仓（包括高温不大于 250℃，高压 0.15～0.30MPa）的粉体放料，目前国内采取以下 3 种方式。

（1）高位溜管向车厢（火车或汽车）内自由放料，放料时粉尘四处飞扬，严重污染环境。

（2）经加湿装置，提高粉体含水率，实行湿式装车，从而抑制粉尘逸散。但有局限性，在北方地区因冬季高寒结冰不能应用。

（3）真空抽吸箱子化装车机，受工艺匹配关系的约束，有一定的局限性。

粉体无尘装车机是采用高新技术研制的最新专利产品，适用于各工业行业高温、高压、高位料仓放料的无尘装车，也适用于一般作业高位料仓放料无尘装车。

2. 工作原理

粉体无尘装车机，基于密闭输送，最小落差，零压输送，软连接及程序控制，综合研制成功的新型装车机。密闭输送是限制粉体在全过程输送中呈密闭状态，防止粉尘逸出。

采用最小落差是减小粉体粒子重力加速度，防止粉体落下时冲击扩散而造成污染，依靠机体升降装置，将出料口与落料点的距离控制（手动，自动）为最小（佳）值，把粉体落地时的二次飞扬减低为最低程度。

而零压输送导出是应用气体力学的连通器原理，让输送系统内全压与出料口大气压力贯通，依靠袋滤器泄压、除尘与接零，即使出料口气体动压为零，从而消除出料口全压扬尘；软连接承担机体铰接升降、回转和形变收容。所有功能通过程序控制来实现，换言之，高位料仓内的粉体，在高温、高压和重力作用下，依靠两级卸料器的开闭作用，依次进入圆板拉链输送机，最后进入车厢（火车、汽车或集尘箱）。装料过程的料位控制，由机体提升与调节装置来执行；机体转位由链接支座支撑；系统由程序控制装置来完成。

3. 分类与结构

分高压（0.15～0.30MPa）与常压（无压）两种。

（1）常压时粉体无尘装车机安装形式见图 11-50。

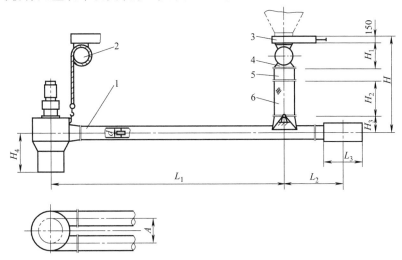

图 11-50　常压时粉体无尘装车机安装形式

1—圆板拉链机；2—电动葫芦；3—插板阀；4—星形卸料器；5—调节器；6—柔性弯管

（2）高压时粉体无尘装车机安装形式见图 11-51。

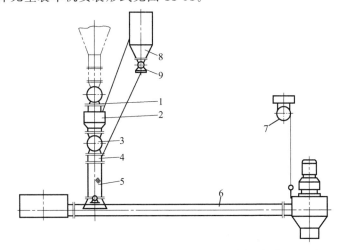

图 11-51　高压时粉体无尘装车机安装形式

1,3—星形卸料器；2—缓冲仓；4—调节管；5—柔性弯管；6—圆板拉链机；

7—电动葫芦；8—除尘器；9—星形卸灰阀

4. 选型

（1）粉尘输送量、压力、温度、长度、落差的选用　根据粉体输送量和压力、温度、长度、落差的不同选用之，粉体无尘装车机技术特性见表 11-30。

（2）电力负荷分布　见表 11-31。

（3）配套件安装尺寸　配套件安装尺寸见表 11-32。

（4）粉体无尘装车机安装尺寸　粉体无尘装车机安装尺寸见表 11-33。

表 11-30　粉体无尘装车机技术特性

序号	型号	输送量/(m³/h)	输送管直径/mm	输送长度/m	主机容量/kW	外形尺寸/mm×mm×mm	质量/kg
1	3GY150-3.5-4	15～25	150	3.5	4	5650×800×2500	2750
	3GY150-5-4			5	4	7150×800×2500	2900
	3GY150-7.5-5.5			7.5	5.5	9650×800×2500	3100
2	3GY200-3.5-5.5	25～40	200	3.5	5.5	5750×900×2600	3130
	3GY200-5-5.5			5	5.5	7250×900×2600	3350
	3GY200-7.5-7.5			7.5	7.5	9750×900×2600	600
3	3GY250-4-7.5	45～70	250	4	7.5	6550×1040×3050	3630
	3GY250-5-7.5			5	7.5	7550×1040×3050	3750
	3GY250-7.5-11			7.5	11	10050×1040×3050	4050
4	3GY300-4-11	75～100	300	4	11	6750×1200×3150	4420
	3GY300-5-11			5	11	7750×1200×3150	4580
	3GY300-7.5-11			7.5	11	10250×1200×3150	4950

表 11-31　电力负荷

产品型号	电力负荷/kW				适用条件
	圆板拉链输送机	星形卸料器	电动葫芦	合计	
3GY150	4～5.5	1×2.2	4.5	10.7～12.2	无压
3GY200	5.5～7.5	1×2.2	4.5	12.2～14.2	无压
3GY250	7.5～11	2×3.0	7.5	21～24.5	有压
3GY300	11	2×4.0	7.5	36.5	有压

表 11-32　配套件安装尺寸

序号	安装尺寸	3GY150	3GY200	3GY250	3GY300	备注
1	球形卸灰阀规格 高度/mm	HQ947F-300 700	HQ947F-300 700	HQ947F-350 800	HQ947F-350 800	原有工艺设备
2	星形卸料器规格	YXB300Y(F)	YXB300Y(F)	YXB400Y(F)	YXB/T400Y(F)	
3	缓冲仓规格	H300×800	H300×900	H400×950	H400×1000	
4	圆板拉链机规格 长度/mm	YL150 6000(4000)	YL200 6000(4000)	YL250 6000(4500)	YL300 6000(4500)	
5	柔性装置规格/mm	φ300	φ300	φ400	φ400	
6	袋滤器规格 过滤面积/m²	HF36 36	HF42 42	HF48 48	HF60 60	
7	电动葫芦规格 起重量/t	CD₁2-9D 9	CD₁3-9D 3	CD₁5-9D 5	CD₁5-9D 5	

注：括号内为装汽车，括号外为装火车。

表 11-33　粉体无尘装车机安装尺寸　　　　　单位：mm

尺寸代号	3GY150	3GY200	3GY250	3GY300
d	150	200	250	300
A	420	470	540	640
L	6250	6400	7150	7300
L_1	4000	4000	4500	4500
L_2	800	1900	2100	2200

续表

尺寸代号	3GY150	3GY200	3GY250	3GY300
L_3	850	850	850	850
ϕ	900	1000	1100	1200
H	1800	2050	2400	2400
H_1	400	600	700	700
H_2	800	800	1000	1000
H_3	300	300	350	350
H_4	800	800	900	1000

十、实例——贮灰仓工程设计

贮灰仓是除尘器的重要输灰设施，具有粉体汇集、输出和调节功能。本例以某厂高炉矿槽 $40m^2$ 电除尘器出灰系统技术改造工程为例，阐述贮灰仓钢结构设计。

1. 原始资料

① 三电场（3个灰斗）电除尘器，过滤面积 $40m^2$，粉尘收下灰 10t/h。

按实验数据：第1电场收灰量占65%，第2电场收灰量占25%，第3电场收灰量占10%；依此设计不同的排灰作业制度。

② 出灰系统输灰流程。由电除尘器3个灰斗（卸料）→1号 YL150×11000 圆板拉链输送机（汇集）→2号 YL150×12500 圆板拉链输送机（转输）→圆筒贮灰仓（贮灰）→3GY型粉体无尘装车机（无尘装车）→汽车输出。

③ 输出能力：

第1电场灰斗　$10×65\% = 6.5t/h$

第2、第3电场灰斗　$10×(25+10)\% = 3.5t/h$

3GY型粉体无尘装车机　$1.60×20 = 32t/h$

斯太尔汽车　25t/车

2. 装车时间

应用3GY型粉体无尘装车机装车，斯太尔汽车输出回收粉体时：

净装车时间：$(25/32)×60 = 47min$；

外加车体对位的总装车时间：60min。

3. 作业制度

第一方案：第1电场灰斗卸灰，并预先出灰，直至装满贮仓；3GY150型粉体无尘装车机装车，YL150型圆板拉链输送机同步补灰。

第二方案：第2电场灰斗、第3电场灰斗，同步预先出灰，直至装满贮仓；3GY150型粉体无尘装车机装车，YL150型圆板拉链输送机同步补灰。

第一方案、第二方案中电场内排灰时间的长短，按实际操作经验标定。

4. 贮灰仓容积

正常状态贮灰仓容积，至少应保证3天粉体产生量的贮集。本料仓因受平面布置和高度限制，料仓设计规格为 $\phi2000mm×3400mm$，贮灰量为 $6m^3$，折算10t，如图11-52所示。

5. 设计要点

至少应满足下列要求：

① 贮灰仓有效容积应满足输灰工艺要求，壁厚为 6～8mm。

② 灰斗斜度应大于粉体安息角，不小于 60°。

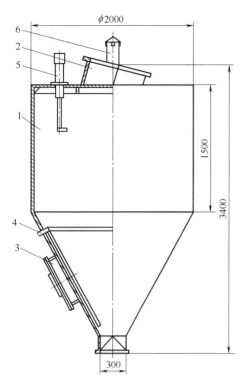

图 11-52　贮灰仓
1—筒体；2—加料口；3—检查口；4—空气炮
振动器；5—高位料位计；6—排气口

③ 灰斗设有检查口。

④ 顶部按工艺要求，设有防尘排气口和高位料位计。

⑤ 灰斗优先配设空气炮振动器，实施灰斗保温或配装伴热设施。

⑥ 贮仓设计时，还要依据承受压力负荷的大小，该定与采取保证贮灰仓强度的与刚度的技术措施。

⑦ 钢结构制作与安装质量，应符合《钢结构工程施工质量验收规范》（GB 50205—2020）。

6. 辅助配件选型

（1）振动器　贮灰仓的结构和形状设计关键除满足贮量技术要求之外，要防止棚灰、结拱。因此要采用排拱助流措施，有以下几种：

① 仓壁振动器。仓壁振动器是在斗仓的外壁装上电磁振打器或气动振打器。此法效果一般，不适用于压实密度大的细粉物料，因其振幅较大，要注意防止发生共振。

② 仓内搅拌器。仓内搅拌器是很有效的一种处理强结拱的方法，螺旋状的轴在自转的同时沿着斗仓壁面转动，可以去掉拱裙使拱完全破坏，但此方法的结构与安装都很复杂。

③ 空气炮。空气炮是以突然喷出的压缩空气强烈气流，用超音速的速度直接冲入料仓的堵塞区，破坏物料的静摩擦使物料恢复重力流动。

④ 声波清灰。声波清灰装置的发声头是以压缩空气为动力源，使内部的高强度膜片（钛合金）产生低频（最低频率为 75Hz）振动发出声波，再经过扩声筒（耐热合金钢，$350℃ \leqslant t \leqslant 650℃$）进行放大，造成低频高能清灰，有效地破坏粉尘堆积结构。

（2）料位计　料位计是防止料仓排空或了解贮料量的措施，根据料仓大小及物料特性，可选用的有电容式、音义式、超声波式、重锤式、缆式雷达、阻移式、射频导纳式等。

第三节　气力输送装置设计

气力输送设备是以气体为动力的输送系统，它包括气力输送装置、风动溜槽和仓式泵输送装置等。气力输送装置和风动溜槽是以高压风机产生的气体动能输送粉尘，而仓式泵是以空压机产生的压气动能输送粉尘。

一、气力输送装置分类和特点

气力输送技术发展异常迅速，特别是新的低速高浓度输送装置（例如栓流气力输送装置）不断出现，使气力输送技术在除尘领域的物料输送得到完善，气力输送已成为可供选用的运送方式之一。随着输送对象的范围不断扩大，装置的结构日趋完善，装置形式多种多样。由于气力输送技术突飞猛进的发展，促使理论研究和工程设计不断深入，逐渐形成了完整的气力输送体系。

1. 气力输送装置的分类

气力输送的分类大致如表 11-34 所列，从表可见，大多把气力输送划分为稀相、中相和密相，有人提出了以气速和压力损失为对数坐标的状态相图，按此状态相图分类，则可将气力输送过程的实质清晰地描绘出来，如表 11-35 所列。

表 11-34 气力输送分类方法一览表

划分方法	划分原因	划分界限	类型
按物料、气的两相数量比分类	按料、气质量比划分/(kg/kg)	<5	稀相
		5～50	中相
		>50	密相
	按料、气质量浓度比划分(有两种方法)/(kg/m³)	≤30	稀相
		>30	密相
		<5	稀相
		5～25	中相
		>25	密相
	按料、气体积流量比划分/(m³/m³)	<0.04	稀相
		0.04～0.20	中相
		>0.20	密相
	按物料在管道截面中的分布(即空隙率 ε)划分	≥95%	稀相
		<95%	密相
按料、气两相流体力特征分类	按空气速度划分/(m/s)	10～40	稀相
		8～15	中相
		1.5～9	密相
	按弗鲁德数 Fr 划分	>25	稀相
		15～25	中相
		<15	密相
	按沿程压力损失划分/(MPa/100m)	<0.02	稀相
		0.02～0.2	中相
		>0.2	密相
按气力输送装置特征分类	按气源压力划分/MPa	0～0.02	低真空
		−0.02～−0.05	高真空
		0～0.05	低压
		0.05～0.7	高压
	按压力差性质划分		吸送
			压送
	按经济速度和噎塞速度划分	>经济速度 v_c 线	稀相
		≤经济速度 v_c 线	密相
		>噎塞速度线	动压
		≤噎塞速度线	静压

表 11-35 各类气力输送装置流动特性

装置类别			使用压力			压气机械	料、气输送比/(kg/kg)	空气速度/(m/s)	常用最大输送距离/m	磨损大小
类别	输送机理	流动特征	料、气掺和方法	使用方法	压力范围/MPa					
稀相	动压	悬浮留	供料法或混料法	低真空吸送低压压送	−0.02 以下 <0.05	离心风机罗茨风机	1～5 5～10	10～40	50～100	大
密相	动压	脉动集团流或流态化	供气法	高真空吸送高压压送	−0.02～−0.05 0.05～0.7	罗茨风机或水环泵空压机	10～30 30～60	8～15	1000	中
	静压	柱状流	柱流法	高压压送	0.2～0.6	空压机	30～300	0.2～2	50	极小
		栓状流	栓流法	中压压送	0.15～0.3	空压机	30～300	1.5～9	100	小
		筒式输送	栓流法	低真空吸送或低压压送	0.05	叶片或罗茨风机		10～40	3500	小

2. 气力输送装置特性

各类气力输送装置的流动特性如表 11-36 所列。若干物料特性见表 11-37。

表 11-36 气力输送装置性能对比

型式		供料机	最大性能（通常）			主要用途
			输送量/(t/h)	距离/m	所需动力/MPa	
负压式	高真空	固定吸嘴型	50	200	−0.05	工厂内部粉尘输送
		可移动吸嘴型	150	50	−0.05	卸货用,入仓库等
		回转供料器	50	100	−0.7	粉尘输送
	低真空	管端直接吸入		500	−0.015	除尘、清扫、轻料输送
正压式	低压	喷射供料器	30	30	0.2	短距离输送
		回转供料器		100	0.06	定位置间的小型输送
		空气斜槽	40	60	0.7	除尘近距离输送
	高压	螺旋泵	100	500	0.2	定位置粉体输送
		仓式泵	150	1000	0.2~0.4	长距离除尘灰等
		仓式泵	150	1000	0.2~0.7	长距离大容量除尘灰等
		重叠式仓泵		500	0.2~0.3	定位置中量输送、分配用
联合式	低压	输送管—送风机—输送管	30	50	0.015	粉体的低混合比输送
	高压	负压式—分离供料机—正压式	100	500		长距离大容量输送用

表 11-37 若干输送物料的主要物理特性和常用的输送气流速度

物料名称	平均粒径/mm	真密度/(t/m³)	堆积密度/(t/m³)	内摩擦系数	壁摩擦系数（对于钢）	悬浮速度/(m/s)	输送气流速度/(m/s)
稻谷	3.58	1.02	0.55			7.5	16~25
小麦	4~4.5	1.27~1.49	0.65~0.81	0.68	0.53	9.8~11	18~30
玉米	5~10.9	1.22	0.708	0.65~0.73	0.36~0.65	11~12.2	18~30
大豆	3.5~10	1.18~1.22	0.56~0.72	0.53	0.38	10	18~30
砂糖	0.51~1.5	1.58	0.72~0.88			8.7~12	25
干细盐	<1.0	2.2	0.9~1.3	1.19	0.85~1.0	9.8~12	20~30
粗细盐	7.0~7.2	1.09	0.72	0.9~1.1	0.49	14.8~15.5	20~30
面粉	<163μm	1.41	0.56	0.73		1.0~1.5	10~17
	163~197μm		0.61	1.6	0.73	1.2~1.5	10~17
	185~800μm		0.67		0.57	1.3~2.0	10~17
洗衣粉	<0.5	1.27	0.48		0.92	2.0	
滑石粉	>10μm	2.6~2.85	0.56~0.95	2.05	0.69	0.5~0.8	
陶土		2.2~2.6	0.32~0.49		0.4	1.8~2.1	
统煤	<1	1.0~1.7	0.72~0.94		0.45	2.3~3.5	
	1~3	1.0~1.7	0.72~0.94		0.25~0.5	4~5.3	18~40
	3~5	1.0~1.7	0.72~0.94		0.25~0.5	4.2~6.8	18~40
	5~7	1.0~1.7	0.72~0.94		0.25~0.5	6~10.2	18~40
	7~10	1.0~1.7	0.72~0.94		0.25~0.5	7.3~10	18~40
	10~15	1.0~1.7	0.72~0.94		0.25~0.5	11~13.3	18~40
木材碎片	44×31×21	0.74				9.6	22~35
锯屑	3×3×3~5×20×40	0.8	0.66			6.5~7.0	15~25
型砂	5~100 目/in²	2.4	1.016			8.1~10	20~30
磷矿粉	<3.2	2.58	1.467			6.9~10.1	
炉渣	粉粒状					5~17.7	
半补强炭黑	0.8~1.8	1.7	0.42~0.5			4~5.9	18
高耐磨炭黑	0.13~0.4	1.8	0.35~0.37			3.6~4.9	18
尿素	0.8~2.5		0.776			8.7~9.4	
硫酸铵	1.5	1.77	0.955			10.1~13.1	25
聚丙烯	粉状	0.91	0.32			4.3~6.1	17~30
黄沙	0.33	2.5	1.48				20~35
水泥	65 目/in²	3.2	1.1	0.38~0.6	0.32~0.5	0.223	9~25
熟石灰		2.0	0.4~0.5				26~30

注：1in=0.0254m。

二、气力输送工作原理

（一）输送管中物料运动特征

在输灰管中，粉体颗粒的运动状态随气流速度与灰气比变化而变化。气流速度越大，颗粒在气流悬浮分布越均匀；气流速度越小、粉体颗粒越容易接近管底，形成停滞流，直至管道被阻塞。

通过试验，观察颗粒在灰管中的运动状况可分为 6 种类型，见图 11-53。

（1）悬浮流 当输送气流速度较高，灰气比又很低时，颗粒基本上以接近于均匀分布的状态在气流中悬浮输送。

（2）管底流 当风速减小到一定值时，在水平管道中输送的粉粒向管底聚集，越接近管底部位，颗粒分布越密，但尚未出现停滞状态。颗粒一面做不规则运动、旋转、碰撞，另一面被输送。

（3）疏密流 当风速进一步降低或灰气比进一步增大时，则会出现疏密流，此时气流压力出现脉动。密集部分下部速度低，上部速度高，密集的颗粒出现边旋转边前进状态，也有一部分颗粒在管底滑动，但未出现停滞。

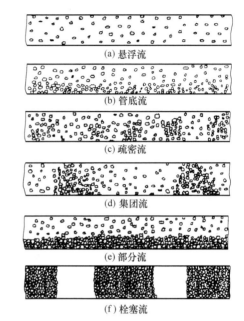

图 11-53 颗粒在灰管中的运动状况

（a）悬浮流
（b）管底流
（c）疏密流
（d）集团流
（e）部分流
（f）栓塞流

（4）集团流 在疏密流条件下，风速进一步降低，则密集部分进一步增大，其速度也降低，大部分颗粒失去悬浮能力向管底滑动。一般粗大且透气好的颗粒，容易形成集团流。集团流形成后，由于其堆积占据了管道有效面积，所以这部分颗粒间隙处风速增加了，这时又将堆积颗粒吹走，如此交替进行，呈现不稳定的输送状态。集团流仅在水平管和倾斜管中产生，在垂直管中，颗粒所需浮力，已由气流压力损失补偿了，所以不存在集团流。

（5）部分流 常遇的是栓塞流上部被吹走后的过渡现象所形成的流动状态。在灰输送过程中常出现栓塞流与部分流相互交替现象，在风速过小或管径过大时会出现部分流。

（6）栓塞流 堆积物料充满了一段管段，这时要想进行输送必须靠物料前后压差来推动，称为压差输送，而悬浮流称为气动力输送。

悬浮流、管底流、疏密流三种情况都属于悬浮输送状态。

（二）气力输送管中物料浓度场分布

1. 气流速度场的分布

水平输灰管道中的气流分布情况与纯空气管道明显不同，纯空气管道中，气流最大速度出现在管子中心线上，而气固两相流的最大速度位置移至管中心线上，灰浓度越高，这种情况越明显。输送时，气流速度的分布是随粒子运动状态而变化的，亦随气流平均速度、灰气比以及输送管管径的变化而变化。图 11-54 所示为管道断面上气流速度的分布。

2. 灰浓度场的分布

（1）在水平管道中粒子的分布 如前所述，灰气比越大，气流速度越小，这时靠近管底的粒子分布越密集。例如，将管断面分成若干单元，对输送管内粒子分布进行观察，就得到该浓度分

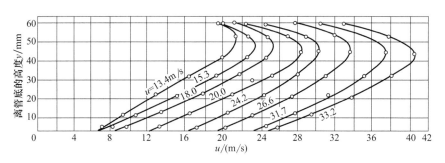

图 11-54　管道断面上气流速度的分布

布状况，参见图 11-55。它是物料浓度的试验结果，同时其浓度分布情况也适用于输灰管道。

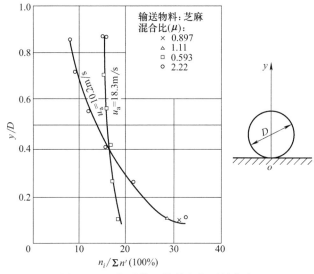

图 11-55　水平输送管道内粒子的分布

图中纵坐标是粒子离管底距离（y）和管径（D）之比 y/D，横坐标是某一划定单元粒子个数（n_i）与粒子总数（$\sum n'$）之比 $n_i/\sum n'$。

（2）弯管内粒子的分布　将弯管按垂直方向划成若干单元，对管内粒子分布状况进行试验观察，得出粒子分布，参见图 11-56。

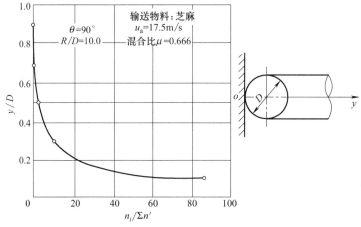

图 11-56　弯管断面上粒子的分布

图中纵坐标是表示管道内壁的外侧（$y = 0$）的距离，y 和管径（D）之比 y/D，其中 $0 \leqslant y \leqslant D$，横坐标表示弯管断面上某一单元粒子数（$n_i$）与粒子总数（$\sum n'$）之比 $n_i / \sum n'$。从图 11-56 中可看出，大部分粒子分布在弯管断面外侧。粒子之所以偏向外侧，是粒子惯性作用所致。

3. 水平输送管道内颗粒悬浮机理

水平管道内气流对颗粒输送推力为水平方向，其自身重力方向为垂直向下，从理论上来讲，仅靠这两个方向上力的作用是不能使颗粒在管内"悬浮"的，但实际上，颗粒在某种悬浮力作用下却成功地悬浮输送。这种浮力主要由以下因素形成，为便于说明，参见图 11-57。

① 紊流时气流向上的分速度，对颗粒产生气动悬浮力，见图 11-57（a）。

② 根据输送管道气流速度的分布，在管底的颗粒上部流速高，故静压小；下部流速低，故静压大，因而由静压差产生浮力，见图 11-57（b）。

③ 颗粒旋转引起的上升力，见图 11-57（c）。这种力是由于颗粒在各种因素作用下，产生沿顺时针方向的旋转运动，从而引起周围气体产生环流。此环流与水平气流的叠加流动（上部环流速度方向与输送气流方向相同），使颗粒上部流速增加，压力降低；下部流速减缓（这是由于环流速度方向与输送气流方向相反所致），压力升高。结果，气流对颗粒产生一个升力，这就是马格努斯效应。

④ 某些颗粒处于有迎角的方位，气流对颗粒的气动力在垂直方向产生向上分力，见图 11-57（d）。

⑤ 由于颗粒间相互碰撞或颗粒碰撞管壁而产生反弹力，在垂直方向产生向上分力，见图 11-57（e）。

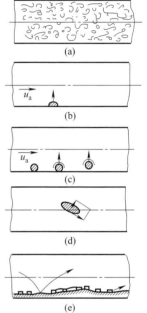

图 11-57 水平管内颗粒悬浮因素

这些力的作用结果，使颗粒在气流中一方面呈悬浮状态做不规则运动，另一方面反复与管壁碰撞或摩擦滑动。上述这些悬浮力，对于不同颗粒、形状和气流速度条件，其作用极不相同。如对于颗粒较小的物料，①、④、⑤因素起主导作用，而②、③由于粒度太小几乎不起作用。对于颗粒较大的物料，则②、③因素起主导作用，而①、④、⑤项所产生的悬浮力远小于颗粒重力，几乎不起作用。

4. 粉体流态化特性及机理

当适量的流体均匀通过颗粒层时，使粉体疏松，颗粒之间的流动摩擦力降低，从而使粉体具有流体流动性质，这一现象称为粉体流态化，简称"流化"。如通过颗粒层为气体，工程常称为"气化"。

粉物料的流态化过程是流化床气固两相流动的特性，它是从广义上提出来的。粉物料可以是煤粒，也可以是灰粒等，它包括流化床燃烧（前已叙述，结合灰的输送，这里再重述一次）及灰的输送机理。为便于理解，以图 11-58 加以说明。

如图 11-58 所示，在一个底部装有布风结构的筒体内，注入一定厚度的料层（床层），通过布风结构的气流以速度 u 从筒体底部进入。为便于分析起见，假设条件是料层中物料颗粒的真密度、粒径及形状均相等。

（1）当通过布风结构的气流风速较低时，流经颗粒空隙的风速较小，颗粒间保持接触，并处于静止状态，此时床层高度（H）不变，这种床称为固定床，见图 11-58（a）。

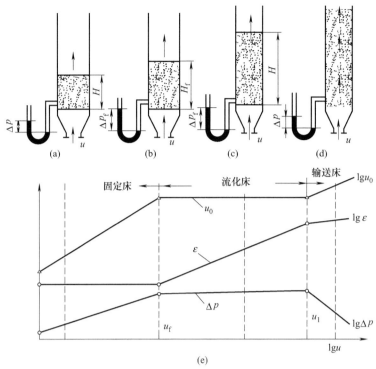

图 11-58　料层流态化过程

（2）在固定床中，即使风速略有提高时，空隙率和空隙流通面积仍保持不变，因而空隙流与入口流速成正比增大，如图 11-58（e）所示。

（3）当气流速度增大到一定值时，颗粒略有窜动，但仍有接触，只是床层变松，略有膨胀，床层增高至 H_f，见图 11-58（b）。这时床处于初始流化状态，称为临界流化床，这时入口风速称为临界流化速度。临界流化床中每一个颗粒都基本上被气流所悬浮。

（4）当气流速度大于临界流化速度（u_f）时，颗粒群在床层中膨松散开，床层较 H_f 再升高，这时每个颗粒被气流所悬浮，但料层尚有明显的上界面，此时料层已进入流化状态，这种床称为流化床，参见图 11-58（c）。

在流化床中，料层高度随气流速度升高而升高，故空隙率 ε 随 u 成正比例增大，如图 11-58（e）所示。由于流化床中的压损总是等于单位界面上料层的浮重，所以在流化床各阶段中，其压损（Δp_f）均保持不变。而且，所有颗粒均被气流悬浮，因而空隙速度（u_0）等于颗粒悬浮速度（u_c），所以流化床各阶段中空隙速度不变，如图 11-58（e）所示。

当气流速度超过此极限后，空隙率增大幅度减缓，而空气速度增加较快，超过悬浮速度（u_c），这时料床已无上界面，料床颗粒全被气流携带出床，这时料床称为输送床，参见图 11-58（d），实现粉物料的输送。

（三）输送管两相流阻力特性

输灰管中颗粒群运动方程如下。

1. 水平输灰管中颗粒群运动方程

对于细灰通常只需考虑 Stokes（$Re \leqslant 1$，$K = 1$ 时，初始条件为 $u_s = 0$，$L = 0$）流态情况，较少考虑介流区情况，可不必考虑牛顿区情况，因此运动方程可写成

$$L = [u_n/(2gx)](1/y)\ln\{[2u_a + u_s(y-1)]/[2u_a - u_s(y+1)]\} - \ln[(u_a - u_s - xu_s^2)/u_s]$$

$$x = \lambda_s u_n / (2gD) \tag{11-14}$$

$$y = \sqrt{1 + 4u_a x}$$

式中，L 为加速段距离，m；λ_s 为颗粒群阻力系数；u_a、u_s 分别为气流速度与颗粒群速度，m/s；D 为管径，m；g 为重力加速度，m/s^2；u_n 为悬浮速度，m/s。

2. 垂直输灰管中颗粒群运动方程（仅给出 Stokes 流态 $Re \leqslant 1$，$K = 1$）

$$L = [u_n / (2gx)]c(1/v)\ln\{[2(u_a - u_n) - u_s(v+1)]/[2(u_a - u_n) + u_s(v-1)]\} -$$

$$\ln[(u_a - u_n - u_s - cu_s^2)/(u_a - u_n)]m$$

$$c = \lambda_s u_n / (2gD) \tag{11-15}$$

$$v = \sqrt{1 + 4(u_a - u_n)c}$$

3. 悬浮式气固两相流压力损失

气固两相流的总压力损失，由加速压损、摩擦压损、悬浮提升压损及局部压损构成。

（1）两相流加速压损

$$\Delta p_{ma} = [1 + 2\mu_m(u_s/u_a)]\frac{\rho_a u_a^2}{2} \tag{11-16}$$

式中，Δp_{ma} 为加速压损，Pa；μ_m 为混合比；ρ_a 为空气密度，kg/m^3；其他符号意义同前。

（2）两相流摩擦压损

$$\Delta p_{mf} = (1 + \mu_m)(\lambda_s/\lambda_a)(u_s/u_a)\lambda_a(L/D)\frac{\rho_a u_a^2}{2} \tag{11-17}$$

式中，λ_a 为气体阻力系数；其他符号意义同前。

（3）颗粒群悬浮提升压损

$$\Delta p_{st} = [2f_G/(u_s/u_a)gD/u_s^2]\mu_m(L/D)\frac{\rho_a u_s^2}{2} \tag{11-18}$$

式中，Δp_{st} 为悬浮提升压损，Pa；f_G 为重力阻力系数，倾斜管 $f_G u_n + \sin\theta/u_a$，θ 为倾斜管的倾角，水平管 $f_G = u_n/u_a$，垂直管 $f_G = 1$；其他符号意义同前。

4. 两相流局部压力损失

$$\Delta p_{m\zeta} = [1 + (\mu_m\zeta_s/\zeta)](u_s/u_a)\zeta_a\frac{\rho_a u_a^2}{2} \tag{11-19}$$

式中，$\Delta p_{m\zeta}$ 为局部压力，Pa；K_ε 为局部压力系数，设 $K_\varepsilon = (\zeta_s/\zeta)(u_s/u_a)$

则

$$\Delta p_{m\zeta} = (1 + \mu_m K_\varepsilon)\zeta_a\frac{\rho_a u_a^2}{2}$$

式中，ζ_a 为某一局部阻力系数，如弯头阻力系数，其值查有关表格即可；其他符号意义同前。

三、低压气力输送装置设计

低压气力输送装置主要是依靠强大的气流把粉状或粒状物料流态化，使之在气流中形成悬浮状态，然后按工艺要求沿着相应的输送管路将散料从一处输送到另一处。低压气力输送装置按其工作原理可分为吸送式、压送式和混合式 3 种类型。气力输送装置主要特点如下：①设备简单，结构紧凑，操作方便，工艺布置灵活，选择输送线路容易，从而使工艺配置合理；②系统的密闭性好，可防止粉尘及有害气体对环境的污染；③有较高的生产能力，并可进行长距离输送；④动力消耗较大，此外还须另外配备压气系统和分离系统，设备费用较大。

（一）低压气力输送装置的类型

1. 吸送式气力输送装置

吸送式气力输送装置如图 11-59 所示。它的原理是，依靠风机或真空泵首先使整个系统形成一定的真空度，然后在压差的作用下空气与物料同时被吸入输料管内，而后再输送到卸料器，此时空气和物料分离，物料由卸料器底部卸出，而含有粉尘的气流继续输送到除尘器以清除其中的粉尘，最后经除尘的气流通过鼓风机直接排入大气中。

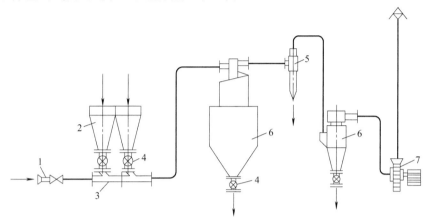

图 11-59　低压吸送式气力输送装置

1—进气口；2—除尘器灰斗；3—受料器；4—给料器；5—闭风器；6—分离器；7—风机

这种装置的主要特点是动力消耗较大，输送量较小，输送距离不能过长。因为距离一旦过长，其阻力也会相应加大，这时就要提高系统的真空度，而吸送系统的真空度通常不能超过 $50.7\sim60.8$kPa（$0.5\sim0.6$atm），否则空气将变得稀薄而使携带能力降低，从而影响正常工作。此外，该装置可以同时多次装料，然后再集中在一处卸料。该装置适用于输送堆积面积广或存放在深处、低处且无黏性的粉粒状物料。

需要注意的是，吸送式气力输送机要求管路系统严格密封，避免漏气。为了减少鼓风机的磨损，通常要对进入鼓风机的空气进行严格的除尘。

2. 压送式气力输送装置

压送式气力输送装置如图 11-60 所示。它的原理是，依靠鼓风机产生正压力将供料器内的物

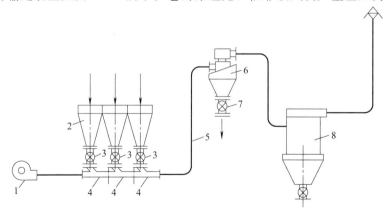

图 11-60　低压压送式气力输送装置

1—风机；2—除尘器灰斗；3—供料器；4—受料器；5—输料管；6—卸料器；7—闭风器；8—分离器

料压送到卸料器，并在卸料器内把物料从空气中分离出来，再经卸料器底部卸出，而含有粉尘的气流经除尘器净化后直接排入大气中。

这种装置的主要特点是：输送量大，输送距离长，输送速度较高；能在一处装料，然后在多处卸料；但动力消耗也较大。该装置适用于输送粉粒状略带黏性的物料。此外，通过鼓风机的是清洁空气，所以鼓风机的工作条件较好。但由于这种装置的供料器要把物料输送到高于大气压的输料管中，因而它的结构较复杂。

3. 混合式气力输送装置

混合式气力输送装置是将吸送式和压送式两种气力输送装置组合在一起构成的。它具有两者的共同特点：能在多处装料又能在多处卸料，输送量较大，输送距离较远。它的缺点是结构较为复杂，另外进入风机中的空气含尘较多，使得鼓风机的工作条件变得较差。

（二）低压气力输送装置的主要部件

低压气力输送装置主要由供料器、输料管路、卸灰装置、除尘装置、风管及其附件、消声器及气源设备等组成。下面对一些主要部件进行介绍。

1. 供料器

供料器的作用是把物料送进输料管，并使物料与输料管中的空气充分混合，使物料在空气气流中悬浮。常用的供料器有以下几种。

（1）吸嘴　它是吸送式气力输送装置的供料器，较适合输送流动性较好的粉粒状物料。当吸嘴插入到物料堆中时，由于输料管内处于吸气状态，外界空气随同物料同时被吸送到输料管里面。

（2）旋转式供料器　它在吸送式气力输送装置中用于卸料，在压送式气力输送装置中用于供料，如图 11-61 所示。一般适用于流动性较好、磨琢性较小的粉粒状和小块状物料。它的优点是结构紧凑，维修方便，能连续定量供料（供料量可根据转速调节），有一定程度的气密性；缺点是转子与壳体磨损后易漏气。

从图 11-61 可看出，该供料器的主要构件是转子和壳体，其中转子上的叶片将供料器分成若干个空间，当转子在壳体内旋转时，物料从上部料斗下落到空间Ⅰ，再转到空间Ⅱ、Ⅲ，而后在空间Ⅳ将物料排出，这样逐次进行，使供料器无论在什么时刻均能保证最少有两个叶片起密闭作用，以防止输料管中的气体漏出。

（3）螺旋式供料器　这种供料器壳体内有一段变螺距的螺旋，如图 11-62 所示，由于螺旋的螺距从左至右逐渐减少，使进入螺旋的物料越压越紧，这样可以防止压缩空气通过螺旋倒回泄漏。在混合室的下部设有压缩空气的喷嘴，当物料进入混合室时，压缩空气将其吹散并使物料加速呈悬浮状态进入输料管。

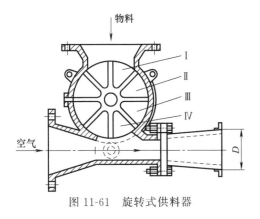

图 11-61　旋转式供料器

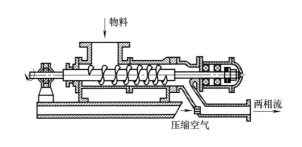

图 11-62　螺旋式供料器

2. 输料管路

输料管系统通常由直管、弯管、软管、伸缩管、回转接头、增速器、管道联结部件等根据工艺要求配置组成。通常对管路的要求是密封性应良好，管路长度力求短些，弯管要尽量少，弯管处曲率半径应大于管径的 5～10 倍。

3. 卸料装置

卸料器是把随气流一起进入的物料从气流中分离出来的一种设备，因此也叫分离器。常用的卸料器可分为重力式、离心式等。

（1）重力式卸料器　物料和气体混合物同时进入卸料器后，由于卸料器的容积很大，使得物料和气体混合物的速度骤然降低，同时也使气流失去对物料的携带能力，最后物料受重力作用从混合物中沉降分离出来，而细尘则随空气从卸料器顶部排出。

（2）离心式卸料器　离心式卸料器又叫旋风分离器。这种卸料器在分离粉状物料时效率可达到 80％ 以上，且结构简单，容易制造，在气力输送方面应用得非常广泛。

4. 气源设备

对气源设备的要求是：能供应必需的风量和风压；在风压变化时风量变动要小；有少量粉尘通过时也不发生故障；耐用，操作和维修方便；用于压送装置的气源设备，排气中不能含油分和水汽。吸送式气力输送装置常采用离心式风机和罗茨鼓风机，而压送式气力输送装置常采用空气压缩机。低压压送式装置也可使用罗茨鼓风机。

（三）气力输送系统计算

1. 设计参数

（1）粉尘颗粒的计算直径（d_c）　粉尘颗粒较细又不均匀时，取粉尘的平均直径作为计算直径。粉尘粒径较大时，用粉尘的最大直径作为计算直径。

（2）质量混合比（m）　即单位时间内输送的粉尘质量 G_c(kg/h) 与所需空气质量 G(kg/h) 的比值，即

$$m = \frac{G_c}{G} \tag{11-20}$$

质量混合比与粉尘特性、输送系统形式和输送距离等因素有关，设计时可参考表 11-38。

表 11-38　几种常见物料的质量混合比

物料名称	质量混合比		物料名称	质量混合比	
	低压吸入式	低压压送式		低压吸入式	低压压送式
旧砂	1～4	4～10	石灰石	0.37～0.45	
干新砂	1～4	4～10	铁矿粉	0.8～1.2	
黏土	1～1.5	6～7	焦末		3～4
煤粉	1～1.5	6～7	石墨粉	0.3～0.85	

（3）粉尘颗粒的悬浮速度（v_x）　粉尘颗粒的悬浮速度，一般应通过试验或计算确定；为简化计算，可用线解图 11-63、图 11-64 求得球形颗粒的悬浮速度，然后用形状修正系数修正，即

$$v_x = 0.6 v_g \tag{11-21}$$

式中，v_g 为悬浮速度，m/s；v_x 为修正后的悬浮速度，m/s。

在图 11-63、图 11-64 中 t 为空气温度，当输送常温粉尘时，用室外空气温度；当输送高温粉尘时，用粉尘与室外空气的混合温度。混合温度可按下式计算：

$$t_h = \frac{G_c t_c C_c + G t C}{G_c C_c + G C} = \frac{m t_c C_c + t C}{m C_c + C} \quad (℃) \tag{11-22}$$

式中，t_h 为混合温度，℃；G_c 为粉尘输送量，kg/h；G 为空气量，kg/h；t_c 为粉尘温度，

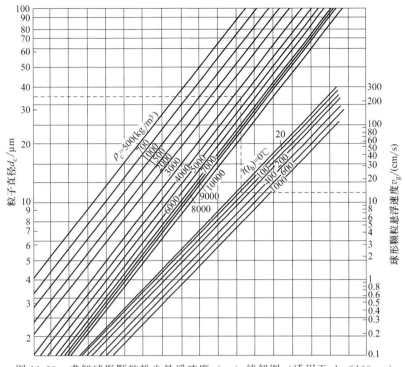

图 11-63 求解球形颗粒粉尘悬浮速度（v_g）线解图（适用于 $d_c < 100\mu m$）

℃；t 为室外空气温度，℃；C_c 为粉尘的比热容，kJ/(kg·℃)，按表 11-39；C 为空气比热容，kJ/(kg·℃)。

表 11-39 粉尘的比热容

粉尘种类	C_c/[kJ/(kg·℃)]	粉尘种类	C_c/[kJ/(kg·℃)]
烧结矿粉 $t_c = 100 \sim 500$℃	$0.67 \sim 0.84$	石灰	0.75
干矿石粉尘	$0.80 \sim 0.92$	镁砂	0.94
氧化铁(FeO)粉尘	0.72	白云石	0.87
三氧化二铁(Fe_2O_3)粉尘	0.63		

（4）粉尘的输送速度（v） 粉尘的输送速度可采取经验数据，当缺乏数据时，对于吸入式系统的始端（给料端）的空气速度及压送式系统末端（卸料端）的气流速度（v）按下式估算：

$$v = \alpha \sqrt{\rho_c} + \beta L_z^2 \tag{11-23}$$

式中，v 为输送粉尘的气流速度，m/s；α 为速度修正系数，按表 11-40 取值；ρ_c 为粉尘的密度，t/m³，取物料真密度值；β 为系数，$\beta = (2 \sim 5) \times 10^{-5}$，干燥粉尘取小值，湿的、易成团的、摩擦性大的粉尘取大值；L_z 为输送管道的折算长度，m，为输送管道（水平、垂直或倾斜）几何长度（$\sum L$）和局部构件的当量长度（$\sum L_t$）之和。

表 11-40 速度修正系数 α

物料种类	颗粒最大直径/mm	α
粉状物料	$0.001 \sim 1$	$10 \sim 16$
均匀的颗粒物料	$1 \sim 10$	$16 \sim 20$
均匀的块状物料	$10 \sim 20$	$17 \sim 22$

各种局部构件的当量度见表 11-41～表 11-43。

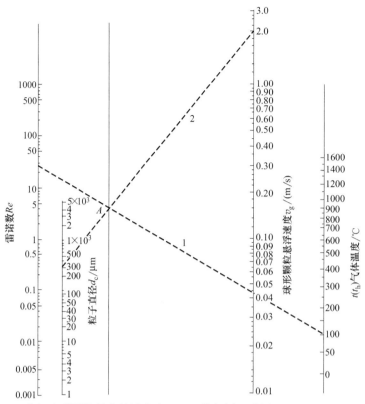

图 11-64 求解球形颗粒粉尘悬浮速度（v_g）线解图（适用于 $100\mu m < d_c < 500\mu m$）

表 11-41 $\alpha = 90°$时弯管的当量长度 L_t

物料性质	$R(D)$/m			
	4	6	10	20
粉尘类		5～10	6～10	8～10
粒度相同的粒料	4～8	8～10	12～16	16～20
粒度不同的小块料			28～35	38～45
粒度不同的大块料			60～80	70～90

注：1. 密度大的物料取表中大值，密度小的物料取小值。

2. 当 $\alpha < 90°$时表 11-41 数值按表 11-42 修正。

表 11-42 $\alpha < 90°$时的修正值

度数/(°)	15	30	45	60	70	80
修正值	0.15	0.20	0.35	0.55	0.70	0.90

表 11-43 其他构件的当量长度

名称	L_t/m	名称	L_t/m
两路换向阀	8	金属软管	两倍软管长度
旋塞开关	4		

当输送管道总长不超过 100m 时，上式中的 βL_z^2 可不考虑。

按经验，常温粉尘的输送速度，一般不超过 20～25m/s，最大不超过 50m/s。

2. 系统的压力损失计算

气力输送装置的总压力损失可按下式计算：

$$\Delta p = \varphi(\Delta p_g + \Delta p_{gi} + \Delta p_t + \Delta p_m + \Delta p_w + \Delta p_j + \Delta p_L) \tag{11-24}$$

式中，Δp 为管路总压力损失，Pa；φ 为安全系数，取 1.1~1.2；Δp_g 为给料装置的压力损失，Pa；Δp_{gi} 为给料启动的压力损失，Pa；Δp_t 为物料提升的压力损失，Pa；Δp_m 为输送管道的摩擦阻力，Pa；Δp_w 为弯管的压力损失，Pa；Δp_j 为构件（分离器、除尘器）的压力损失，Pa；Δp_L 为净空气管道或排气管道的压力损失，Pa。

（1）净空气管道或排气管道的压力损失（Δp_L） 净空气管道或排气管道的压力损失（Δp_L）为管道摩擦阻力（$\Delta p_{(L)}$）和局部阻力（$\Delta p_{s(z)}$）之和，可按除尘管道计算。

（2）输送管道的摩擦阻力（Δp_m）

$$\Delta p_m = \Delta p_c(1+km) \tag{11-25}$$

式中，Δp_m 为输送管道摩擦阻力，Pa；Δp_c 为输送管道压力损失，Pa；m 为质量混合比，kg/kg；k 为由试验确定的系数，当缺乏试验数据时，可按下式计算：

$$k = 1.25D\frac{\alpha_1}{\alpha_1-1}$$

$$\alpha_1 = \frac{v}{v_x}$$

式中，D 为净气管道摩擦阻力，Pa；α_1 为系数；v 为输送速度，m/s；v_x 为悬浮速度，m/s。

（3）给料装置的压力损失（Δp_g）

$$\Delta p_g = (c+m)\frac{\rho v^2}{2} \tag{11-26}$$

式中，Δp_g 为给料装置压力损失，Pa；c 为由给料装置型式确定的系数，按表 11-44 采取；m 为质量混合比，kg/kg；ρ 为气体的密度，kg/m³；v 为输送物料气流速度，m/s。

表 11-44 系数 c 值

给料装置型式	c	给料装置型式		c
L 形喉管	4~5	吸嘴	物料由下向上	10
水平型喉管	5		物料由上向下	1
回转式给料管	1			

（4）物料启动的压力损失（Δp_{gi}）

对负压系统

$$\Delta p_{gi} = (1+\beta_1 m)\frac{\rho v^2}{2} \tag{11-27}$$

对正压系统

$$\Delta p_{gi} = \beta_1 m\frac{\rho v^2}{2}$$

$$\beta_1 = \left(\frac{v_c}{v}\right)^2, v_c \approx v - v_x \tag{11-28}$$

式中，Δp_{gi} 为物料运动的压力损失，Pa；其他符号意义同前。

（5）物料提升的压力损失（Δp_t）

$$\Delta p_t = 9.8\frac{v}{v_c}m\rho h \tag{11-29}$$

式中，Δp_t 为物料提升压力损失，Pa；h 为物料的提升高度，m；其他符号意义同前。

（6）弯管的压力损失（Δp_w）

$$\Delta p_w = \zeta(1+K_w m)\frac{\rho v^2}{2} \tag{11-30}$$

式中，Δp_w 为弯管压力损失，Pa；ζ 为净空气管道弯管的局部阻力系数，按除尘管道计算中有关数据采取；K_w 为系数，按表 11-45 采取；其他符号意义同前。

表 11-45　系数 K_w 值

弯管布置形式	水平面内 90°	由垂直转向 垂直向上	由垂直 转向水平	由水平 转向垂直	由向下垂直 转向水平
K_w	1.5	2.2	1.6	1.0	1.0

（7）构件（分离器、除尘器）的压力损失（Δp_j）　气力输送装置的分离器、除尘器的压力损失计算方法与除尘系统的除尘器相同，其阻力系数为：重力分离器，$\zeta=1.5\sim2.0$；离心分离器（座式分离器）$\zeta=2.5\sim3.0$；袋式除尘器 $\zeta=3.0\sim5.0$。

3. 动力设备的选择和功率计算

（1）动力设备的选择　选择动力设备所依据的压力 Δp(Pa) 应考虑输送气体温度，当地大气压力与标准状况不同，应加以修正。考虑到系统漏风和系统压力的变化，选用风机的风量和全压应比计算值大 10%～20%。

（2）动力设备的功率计算

离心通风机（9-26 型）功率（P）

$$P=\frac{\Delta p Q_0}{3600\times102\eta} \tag{11-31}$$

罗茨风机功率（P）

$$P=\frac{KQ_0}{3600\times102\eta}\times35000\left[\left(\frac{\Delta p}{10^5}\right)^{0.29}-1\right] \tag{11-32}$$

式中，K 为容量安全系数；Q_0 为选择风机所依据的风量，m^3/h；Δp 为系统计算压力损失，以绝对压力（Pa）代入；η 为风机绝热效率，$\eta=0.7\sim0.9$。

4. 设计步骤

主要包括：①分析原始资料，掌握粉尘特性，如颗粒直径、密度、温度、流动性及含湿量等；②根据输送距离、提升高度、输送量和其他特点确定气力输送装置形式；③绘制系统布置草图；④选定质量混合比（m）；⑤计算空气量（G、Q）；⑥计算粉尘颗粒的悬浮速度（v_x）；⑦确定输送管道内气流速度（v），并计算管道直径（D）；⑧确定分离器、除尘器型号；⑨计算系统压力损失；⑩计算动力设备功率并选定设备型号。

（四）气力输送计算举例

已知条件：除尘器收集下来的铁矿粉用气力输送装置输送，粉尘输送量 $G_c=3000kg/h$；粉尘平均计算直径 $d_c=34.4\mu m$；粉尘堆积密度 $\rho_c=3.89t/m^3$；粉尘温度 $t_c=50℃$；当地大气压 $B=101963Pa$；空气温度 $t=20℃$；水平输送距离 $L=108.7m$（水平管 100m，倾斜水平投影长 8.7m）；提升高度 $h=15m$（倾斜管与水平夹角 60°）。系统布置如图 11-59 所示。计算系统压力损失，并选择风机。

解：1. 选定质量混合比（m）

由表 11-38 查得，负压式系统输送铁矿粉取 $m=1.0kg/kg$。

2. 空气量（G）

$$G=\frac{G_c}{m}=\frac{3000}{1.0}=3000\ (kg/h)$$

3. 粉尘颗粒的悬浮速度（v_x）

因 $d_c<100\mu m$ 用图 11-63 求解 v_g，其中粉尘与空气的混合温度（t_h）计算如下，由表 11-39 取粉尘比热容 $C=0.67kJ/(kg\cdot℃)$。

$$t_h=\frac{mt_cC_c+tC}{mC_c+C}=\frac{1\times50\times0.67+20\times1}{1\times0.67+1}=32\ (℃)$$

混合温度下空气密度（ρ_h）

$$\rho_h = 1.293 \times \frac{273}{273+t_h} \times \frac{B}{103323} = 1.293 \times \frac{273}{273+32} \times \frac{101963}{103323} = 1.15 \ (\text{kg/m}^3)$$

由 d_c、ρ_c、t_h，从图 11-63 查得 $v_g = 13\text{cm/s}$，则

$$v_x = 0.6 \times 0.13 = 0.078 (\text{m/s})$$

4. 确定输送管道内气流速度（v）及输送管道直径（D）

输送管道上弯管 $R/D = 5$，$\alpha = 60°$，当量长度由表 11-41 查得为 9m，并按表 11-42 修正，则输送管道折算长度

$$L_z = L + l + \sum l_t = 100 + \frac{15}{\sin 60°} + 9 \times 0.55 \approx 122 \ (\text{m})$$

由表 11-40 取 $\alpha = 10$ 并取 $\beta = 2 \times 10^{-5}$、$\rho_c = 3.89\text{t/m}^3$。

$$v = \alpha\sqrt{\rho_c} + \beta L_z^2 = 10\sqrt{3.89} + 2 \times 122^2 \times 10^{-5} = 20 \ (\text{m/s})$$

计算输送管道内径

$$D = \frac{1}{5.31}\sqrt{\frac{\sqrt{G_c}}{m\rho_h v}} = \frac{1}{53.1}\sqrt{\frac{3000}{1 \times 1.15 \times 20}} = 0.214 \ (\text{m})$$

取输送管道内径 $D = 0.215\text{m}$，管道内气流速度：

$$v = \frac{G}{\rho_h \times 3600 \times 0.785(D)^2} = \frac{3000}{1.15 \times 3600 \times 0.785 \times 0.215^2} \approx 20 \ (\text{m/s})$$

5. 系统压力损失（Δp）

（1）给料装置的压力损失（Δp）　选用 L 形喉管，由表 11-44 查得 $c = 4.5$

$$\Delta p = (c+m)\frac{\rho v^2}{2} = (4.5+1.0)\frac{1.15 \times 20^2}{2} = 1266 \ (\text{Pa})$$

（2）粉尘启动的压力损失（Δp_{gi}）

$$\beta = \left(\frac{v_c}{v}\right)^2 = \frac{v - v_x}{v} = \left(\frac{20 - 0.078}{20}\right)^2 = 0.99$$

$$\Delta p_{gi} = (1 + \beta_1 m)\frac{\rho v^2}{2} = (1 + 0.99 \times 1.0)\frac{1.15 \times 20^2}{2} = 456 \ (\text{Pa})$$

（3）粉尘提升的压力损失（Δp_t）

$$\Delta p_t = 9.8 \times \frac{v}{v_c} m\rho h = 9.8 \times \frac{20}{20 - 0.078} \times 1.0 \times 1.15 \times 15 = 170 \ (\text{Pa})$$

（4）倾斜输送管道（与水平夹角 60°）的摩擦阻力（$\Delta p'_m$）

$$\lambda = K\left(0.0125 + \frac{0.0011}{D}\right) = 1.3\left(0.0125 + \frac{0.0011}{0.125}\right) = 0.0228$$

$$\alpha_1 = \frac{v}{v_x} = \frac{20}{0.078} = 257$$

$$K = 1.25D\frac{\alpha_1}{\alpha_1 - 1} = 1.25 \times 0.215 \times \frac{257}{257 - 1} = 0.269$$

倾斜管道长度 $L_1 = 15/\sin 60° = 17.3\text{m}$

$$\Delta p'_m = \lambda\frac{L}{D}\frac{\rho v^2}{2}(1 + km)$$

$$= 0.0228 \times \frac{17.3}{0.215} \times \frac{1.15 \times 20^2}{2}(1 + 0.269 \times 1.0)$$

$$=535 \text{（Pa）}$$

（5）弯管的压力损失（Δp_{w}）　弯管 $R/D=5$，$\alpha=60°$，$\zeta\approx0.062$，并按表 11-45 取 $K_{\text{w}}=1.6$，

$$\Delta p_{\text{w}}=\zeta(1+K_{\text{w}}m)\frac{\rho v^2}{2}=0.062(1+1.6\times1.0)\frac{1.15\times20^2}{2}=37 \text{（Pa）}$$

（6）水平输送管道的摩擦阻力（$\Delta p_{\text{L}}''$）

$$\Delta p_{\text{L}}''=\lambda\frac{L}{D}\frac{\rho v^2}{2}(1+km)$$

$$=0.0228\times\frac{100}{0.215}\times\frac{1.15\times20^2}{2}(1+0.269\times1.0)$$

$$=3100 \text{（Pa）}$$

（7）分离器、除尘器的压力损失（$\sum\Delta p_{\text{j}}$）　用 CLK 型旋风除尘器作为分离器，排气净化采用脉冲袋式除尘器，压力损失均按除尘器（第八章）资料采用：即分离器（CLK 型旋风除尘器）1030Pa，脉冲袋式除尘器 1373Pa。

$$\sum\Delta p_{\text{j}}=1030+1373=2403 \text{（Pa）}$$

（8）排气管道的压力损失　排气管道的压力损失按除尘管道计算，按经验数据，每米排气管（包括局部构件）压力损失 13～15Pa。排气管总长 23.5m，则

$$\Delta H=15\times23.5=352 \text{（Pa）}$$

（9）系统总压力损失（Δp）

取 $\varphi=1.2$

$$\Delta p=\varphi(\Delta p_{\text{g}}+\Delta p_{\text{gi}}+\Delta p_{\text{t}}+\Delta p_{\text{m}}+\Delta p_{\text{w}}+\Delta p_{\text{j}}+\Delta p_{\text{L}})$$

$$=1.2(1266+456+170+535+37+3100+2403+352)$$

$$=9983 \text{（Pa）}$$

6. 风机和电机

选择风机所依据的风量和风压

$$Q_0=1.15Q=1.15\frac{G}{\rho_{\text{h}}}=1.15\times\frac{3000}{1.15}=3000 \text{（m}^3\text{/h）}$$

$$\Delta p_0=\Delta p\frac{273+t_{\text{h}}}{273+20}\times\frac{B}{103323}=9983\times\frac{273+32}{273+20}\times\frac{101963}{103323}$$

$$=10255 \text{（Pa）}$$

电动机功率由有关内容查得

$$P=\frac{Q_0\Delta p_0 K}{3600\times102\times\eta\times\eta s_{\text{T}}\times9.81}=\frac{3000\times10255\times1.15}{3600\times102\times0.595\times0.95\times9.81}=17.4 \text{（kW）}$$

由此选用 9-19 型 No.7D 型高压离心风机，$Q=3320\text{m}^3\text{/h}$，$\Delta p=10500\text{Pa}$。
配用 Y180M-2 型电动机，$P=22\text{kW}$。

四、仓式泵输送装置

（一）仓式泵输送装置的特点

仓式泵输送装置是另一种常用气力输送装置。仓式泵输送系统，属于一种正压浓相气力输送系统，主要特点如下：①灰气比高，一般可达 25～35kg 灰/kg 气，空气消耗量为稀相系统的 1/3～1/2；②输送速度低，为 6～12m/s，是稀相系统的 1/3～1/2，输灰直管采用普通无缝钢管，基本解决了管道磨损、阀门磨损等问题；③流动性好，粉尘颗粒能被气体充分流化而形成"拟流体"从而改善了粉尘的流动性，使其能够沿管道浓相顺利输送；④助推器技术用于正压浓

相流态化小仓泵系统，从而解决了堵管问题；⑤可实现远距离输送，其单级输送距离达 1500m，输送压力一般为 0.15～0.22MPa，高于稀相系统；⑥关键件，如进出料阀、泵体、控制元件等寿命长，且按通用规范设计，互换性、通用性强。

（二）仓式泵分类

仓式泵按出料方式分为脉冲式、上引式、下引式和流态化式，分别见图 11-65～图 11-68。按布置方式一般又分为单仓布置和双仓布置。单仓布置的仓泵每台可单独进料或数台同时进料，但每条灰管只能供一台仓泵排灰，双仓布置的仓泵进出料是相互交替进行的。

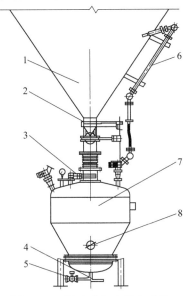

图 11-65　脉冲式气力输灰系统

1—灰斗；2—插板阀；3—气动进料阀；4—进气阀；
5—出料阀；6—平衡管；7—气化罐；8—检修孔

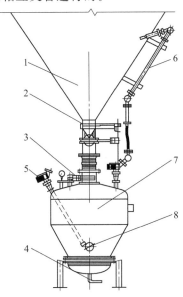

图 11-66　上引式气力输灰系统

1—灰斗；2—插板阀；3—进料阀；4—进气管；
5—出料管；6—平衡管；7—气化罐；8—检修孔

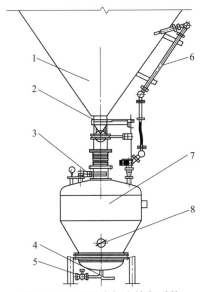

图 11-67　下引式气力输灰系统

1—灰斗；2—插板阀；3—进料阀；4—进气阀；
5—出料阀；6—平衡管；7—气化罐；8—检查门

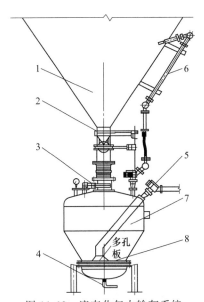

图 11-68　流态化气力输灰系统

1—灰斗；2—插板阀；3—进料阀；4—进气阀；
5—出料阀；6—平衡管；7—气化罐；8—出料口

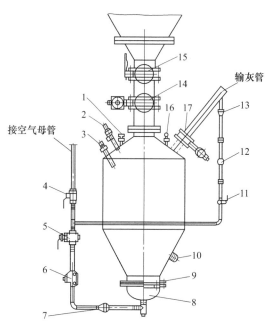

图 11-69　仓式泵的结构

1—压力开关；2—安全阀；3—料位计；4—球阀 DN40；
5—旋塞阀 DN40；6—二位二通截止阀；7—单向阀 DN40；
8—气化室；9—流化盘；10—检查孔；11—旋塞阀 DN20；
12—截止阀；13—单向阀；14—进料阀；
15—检修碟阀；16—压力表；17—出料阀

（1）脉冲气力输送仓泵（见图 11-65）适用于短距离输送，输送浓度高、流速低，配用的输灰管道直径小、磨损轻微。

（2）上引式仓泵（见图 11-66）则比较适用于长距离输送，输送浓度较低、输送稳定性好、流速较高，管道易磨损。

（3）下引式气力输送仓泵（见图 11-67）适用于中短距离输送。输送浓度高、出力大。

（4）流态化仓泵适（见图 11-68）用于中距离输送。输送浓度高、流动工况好、出力大。

（三）仓式泵的结构

仓式泵的结构如图 11-69 所示，它由灰路、气路、仓泵体及控制等部分组成。流态化小仓泵的出口位于仓泵上方，采用上引式。它的优越性是灰块不会造成仓泵的堵塞。流态化小仓泵采用多层帆布板或宝塔形多孔钢板结构。压缩空气通过气控进气阀进入小仓泵底部的气化室，粉尘颗粒在仓泵内被流化盘透过的压缩空气充分包裹，使粉尘颗粒形成具有流体性质的"拟流体"，从而具有良好的流动性，它能将浓相输送，从而达到顺利输送的目的。

（四）仓式泵体的工作过程

仓式泵的工作过程分为四个阶段，即进料阶段、流化阶段、输送阶段和吹扫阶段，见图 11-70。工作过程形成的压力曲线如图 11-71 所示。

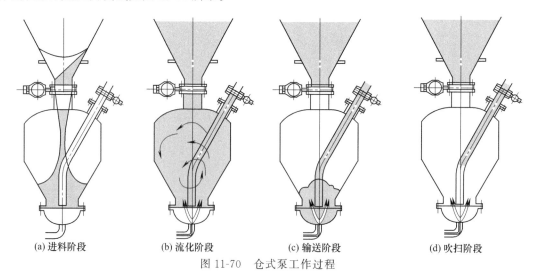

(a) 进料阶段　　　　(b) 流化阶段　　　　(c) 输送阶段　　　　(d) 吹扫阶段

图 11-70　仓式泵工作过程

（五）仓式泵输送系统主要参数设计计算

1. 仓式泵输送能力

仓式泵输送能力按下式计算：

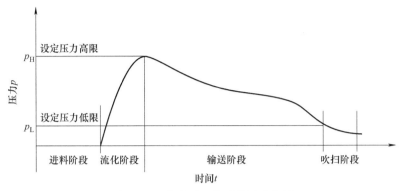

图 11-71　仓式泵工作过程压力曲线

$$G = \frac{60V\rho\varphi}{t_1 + t_2} \tag{11-33}$$

对于双仓泵

$$G = \frac{60V\rho\varphi}{t_2 + t_2'} \tag{11-34}$$

式中，G 为输送能力，t/h；V 为泵体容积，m^3；ρ 为泵内物料密度，t/m^3；φ 为泵内物料充满系数，按经验取 $\varphi = 0.7 \sim 0.8$；t_1 为装满一泵料所需时间，min；t_2 为卸空一泵料所需时间，min；t_2' 为压缩空气由关泵压力回升至输送压力所需的时间，min，可按 $t_2' = 1 \sim 3$min 考虑。

部分仓式泵的 t_1 和 t_2 的推荐值列于表 11-46 中。

表 11-46　部分仓式泵 t_1 和 t_2 的推荐值

仓容积 /m³	装料或输送时间 /min	输送距离/m		
		<400	400~800	800~1200
2.5~3.5	装:t_1	按喂料能力进行选择:对双仓泵 $t_1 < t_2$		
	装:t_2	4~5	5~6	6~7

2. 料气混合比的确定

采用气力输送物料时，单位时间内通过输料管道横断面的物料量与气体量的比值称作粉料输送浓度，通常称混合比。水泥工业中常采用的是以质量比值表示的质量混合比，其表达式如下：

$$\mu_D = \frac{G}{V\rho} = \frac{G}{F\omega_D\rho \times 360} \tag{11-35}$$

式中，μ_D 为管道内平均质量混合比，kg/kg；G 为输送粉料量，t/h；V 为气流体积输送风量，m^3/h；ρ 为气体密度，t/m^3；ω_D 为管道内气流平均速度，m/s；F 为管道横截面积，m^2。

料气混合比 μ_D 值的选取，主要借助于一些实测曲线。常用的曲线如图 11-72、图 11-73 所示。当输送水泥时，可近似地由图 11-72 中曲线选取 μ_D。

图 11-73 是根据水泥及煤粉在当量长度为 800m 和 1100m 条件下采取不同的平均风速试验资料绘制的。当长距离气力输送，且已知平均风速时，可采用图 11-73 选取 μ_D 的近似值。得到的结果比图 11-72 查得准确。

3. 管道中平均风速的确定

水泥工业中目前是以管路中气流初速度和末速度的平均值确定管道中平均风速。

初速度 ω_1 一般是根据颗粒物料的输送速度确定的，可按下式近似计算：

$$\omega_1 = 5.3k\sqrt{\frac{d_{max}(\rho_s - \rho)}{\rho}} \tag{11-36}$$

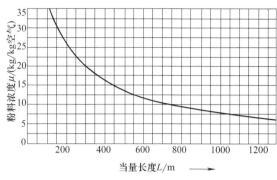

图 11-72　当量输送距离与粉料浓度关系

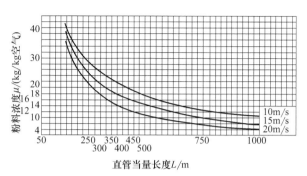

图 11-73　不同风速下当量输送距离与粉料浓度关系

式中，ω_1 为气流进入输送管路的初速度，m/s；k 为经验系数，当输送水泥（或生料）时可取 $k=1.28$；d_{max} 为物料中最大颗粒的直径，m；ρ_s 为颗粒物料真密度，kg/m^3；ρ 为空气密度，kg/m^3，当 20℃时可采取 $\rho=1.2kg/m^3$。

一般情况输送距离不超过 400m，输送管路中初速度可取 7m/s。输送管路中的末速度 ω_2 可按下式近似计算：

$$\omega_2 = \frac{\dfrac{G}{\rho_s}+V}{3600\times\dfrac{\pi}{4}D^2} = \frac{G+V\rho_s}{2826D^2\rho_s} \tag{11-37}$$

式中，ω_2 为输送管路中气流末速度，m/s；G 为每小时输送的物料量，t/h；V 为每小时需要的空气量，m^3/h；D 为管道内径，m；ρ_s 为空气密度，kg/m^3。

输送管路中平均风速 ω_D 为：

$$\omega_D = \frac{\omega_1+\omega_2}{2} \tag{11-38}$$

4. 压缩空气消耗量的确定

气力输送系统中用的压缩空气消耗量，是按自由空气量形式计算的，计算式如下：

$$V = \frac{1000G}{\rho\mu_D}k \tag{11-39}$$

式中，V 为按自由空气量计算的压缩空气消耗量，m^3/h；G 为输送物料量，t/h；ρ 为当地自由空气密度，kg/m^3；μ_D 为料气比（平均粉料输送浓度），kg/kg；k 为考虑到输送系统的漏风系数，取 $k=1.1\sim1.2$。

仓式泵的空气消耗量，在很大程度上是决定于它的输送量。由图 11-74 可近似地根据输送距离，求得空气的需要量。

在确定空气需要量时，应先估算出输送系统的总当量长度，其中包括水平距离、供料高度、弯头和支管等处局部阻力的换算长度。

当量长度按下式求得：

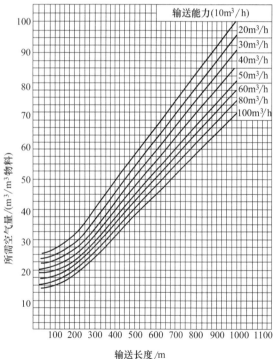

图 11-74　仓式泵的空气消耗曲线

$$L = \sum(l_1 + l_2) \tag{11-40}$$

式中，l_1 为管道的几何长度（即实际长度），km；l_2 为代换局部阻力的当量长度，km，l_2 可由表 11-47 中近似取值。

表 11-47 中 R 为转弯半径，d 为管道内径。当管道转弯角度 φ 不是 $90°$ 时，表 11-47 中的 $90°$ 弯头一栏数值，根据 φ 值不同分别乘以修正系数 K，K 值列于表 11-48 中。

表 11-47　l_2 取值表　　　　　　　　　　　　单位：km

两路阀门	$\varphi=90°$ 弯头				除尘器	
	$R/d=4$	$R/d=6$	$R/d=10$	$R/d=20$	旋风式	布袋式
0.008	0.004~0.008	0.005~0.010	0.006~0.010	0.008~0.010	0.010	0.008

表 11-48　修正系数 K 值

φ	15°	30°	45°	60°	70°	80°
K	0.15	0.2	0.35	0.55	0.70	0.90

在确定空气压缩机生产能力时，应注意到该曲线上所表示的空气消耗量已将仓式输送泵的全部需要量估计在内。但为了保证压缩空气的正常输送，应考虑一定的储备量，以便供给其他辅助装置。该曲线是根据气化水泥密度为 $1t/m^3$ 的条件拟定的，输送量的立方米数，实际即为吨数。当选用密度不同时可按密度比值进行校正。

图 11-75 为用于估算仓式泵能量消耗的曲线。实践证明，仓式泵需要的总能量差不多消耗在制造压缩空气上，根据图 11-75 的能量消耗曲线，编制出单位能量输送能力曲线如图 11-76 所示。

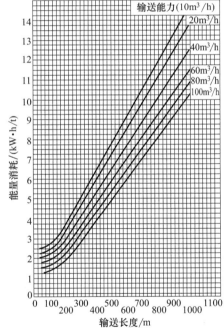

图 11-75　仓式泵的能量消耗曲线

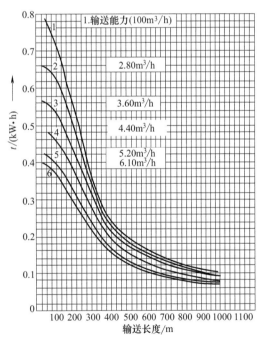

图 11-76　仓式泵单位能量输送能力曲线

5. 输送管道管径的确定

输送管道管径可按下式近似计算得：

$$D = \sqrt{\dfrac{\dfrac{G}{\rho_s}}{3600 \times \dfrac{\pi}{4}\omega_2} + V} \approx \sqrt{\dfrac{V}{3600 \times \dfrac{\pi}{4}\omega_2}} = 0.0188\sqrt{\dfrac{V}{\omega_2}} \tag{11-41}$$

式中，D 为输送管道内径，m；V 为输送气体量，m^3/h；ω_2 为输送管道末速，m/s；G 为物料输送量，kg/h；ρ_s 为物料真密度，kg/m^3。

用上式计算的管径，加上壁厚尺寸，在标准钢管中选取接近的管径，一般偏上选取。而后再验算空气消耗量与混合比，如下式：

$$V'=3600\times\frac{\pi}{4}D\omega_2 \quad (m^3/h)$$

$$\mu_D'=\frac{1000G}{\rho_s V'}k \quad (\text{kg 料/kg 气}) \tag{11-42}$$

式中，k 为漏风系数。

在水泥厂中，当输送管路的当量距离不超过 400m 时，ω_2 可在 20～30m/s 中选取，表 11-49 适用于输送当量距离为 200m 左右时输送量与管径的关系，可供确定管径时参考。

表 11-49　气力输送管路管径选用参数值

管　径 /mm	输送量/(t/h)	
	水　泥	煤　粉
75	约 8	3～5
100	8～20	5～15
125	20～35	15～25
150	35～50	25～37.5
175	50～70	—
200	70～100	37.5～60

6. 压缩空气工作压力的确定

要确定供气压力，必须先求得系统的总压力损失（包括管道、管道出口、阀门、弯头、仓式泵等的压力损失），然后考虑一定的储备，一般应增加 0.098MPa。

气力输送系统总压力损失计算如下。

（1）水平直管段的摩擦阻力　水平直管段的摩擦阻力按下式计算：

$$p_1=L_D\frac{\lambda}{D}\times\frac{\omega_D^2\rho}{2}(1+K) \tag{11-43}$$

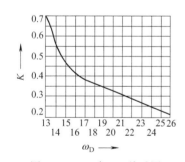

图 11-77　K 与 ω_D 关系图

式中，p_1 为水平直管摩擦阻力损失，Pa；L_D 为水平输送管道的当量长度，m；λ 为摩擦阻力系数，可取 $\lambda=0.0125+\dfrac{0.0011}{D}$；$D$ 为输送管道内径，m；ω_D 为管道内平均风速，m/s；ρ 为气体密度，kg/m^3；K 为附加阻力系数，可按图 11-77 查得。

（2）垂直直管段摩擦阻力损失　垂直直管段摩擦阻力损失可按下式计算：

$$p_2=H\frac{\lambda}{D}\times\frac{\omega_D^2\rho}{\rho^2}(1+K_H) \tag{11-44}$$

式中，p_2 为垂直管段摩擦阻力损失，Pa；H 为垂直提升高度，m；K_H 为附加阻力系数，可近似取 $K_H=1.1K$，K 值查图 11-77；其他符号意义同前。

（3）垂直管段提升料气混合物压力损失

$$p_3=(1+\mu_D)Hg \tag{11-45}$$

式中，p_3 为垂直提升料气压力损失，Pa；g 为重力加速度，m/s^2；其他符号意义同前。

（4）管道出口压力损失　管道出口压力损失，一般取 p_4 为 300～500mmH_2O（$1mmH_2O=9.8$Pa）。

（5）气力输送设备的压力损失　气力输送设备压力损失应根据每台设备实测值而定。仓式泵：p_5 取 120～180kPa。

（6）气力输送系统的总压力损失（p）

$$p = p_1 + p_2 + p_3 + p_4 + p_5 \tag{11-46}$$

式中，p 为气力输送系统的总压力损失，Pa；其他符号意义同前。

气力输送系统的压缩空气的工作压力亦可按经验确定，参考值列于表 11-50。

表 11-50　工作压力参考值

输送距离/m	要求的工作压力 （大气压、表压力）/Pa	输送距离/m	要求的工作压力 （大气压、表压力）/Pa
≤100	2.5	300～700	4.0
100～200	3.0	700～800	4.5
200～300	3.5		

求出空气需要量及供气压力后即可作为空气压缩机的选型依据。

（六）技术性能

泵的技术性能见表 11-51、表 11-52，NCD 型仓式泵为流态化上引式，NCP 型仓式泵为流态化下引式。

表 11-51　NCD 型仓式泵技术参数

规格	容积/m³	输送距离/m	输送能力/(t/h)	工作压力/MPa	控制方式
MCD0.25	0.25		4		
MCD0.50	0.50		6.5		
MCD0.75	0.75		9		
MCD1.0	1.0	约 500	11		
MCD1.5	1.5		16		
MCD2.0	2.0		21		
MCD2.5	2.5		25	0.2～0.7	可选择 PLC 程控、远程操作 或手动操作方式
MCD3.0	3.0		28		
MCD4.0	4.0		34		
MCD4.5	4.5		38		
MCD5.0	5.0	约 1000	42		
MCD6.0	6.0		46		
MCD8.0	8.0		58		
MCD10.0	10.0		71		

表 11-52　NCP 型仓式泵技术参数

规格	容积/m³	输送距离/m	输送能力/(t/h)	工作压力/MPa	控制方式
NCP2.0	2.0		26		
NCP3.0	3.0		30		可选择 PLC
NCP4.0	4.0	约 1000	35	0.2～0.6	程控、远程操作
NCP5.0	5.0		47		或手动操作方式
NCP8.0	8.0		62		

（七）操作与维护

1. 开车前的检查与试运转

当设备长期闲置或首次交付使用时，在开车前应进行全面检查与试车工作。

（1）检查各连接件螺栓是否紧固，各接口处是否密闭良好。

（2）检查各控制机构，阀门动作是否灵活。

（3）试验仓式泵在相当于装料、送料以及装送料转换等各种情况下，各阀门及其机构动作是否正常。

（4）各压气管路应畅通，如有堵塞及时用压缩空气吹扫。

（5）调整仓满指示机构中弹簧的压紧度，使泵内的压力降到 $0.5 \sim 1.5$ atm（1atm = 101325Pa，下同）时开始转换。其具体的压力值视输送管路的长度而定，首次可按 1.2atm 进行调整，调整调节螺钉，使进料阀的气缸活塞缓慢上升，时间可在 $5 \sim 20$ s 之间，具体应以在泵进行工作时泵内压力能降至 0.3atm 以下为度，首次可按 10s 进行调整。这段单间称"膨胀阶段"。

（6）调节进入中间仓的气量调节阀的开启度，使进入中间仓的气量只要满足喂入中间仓的物料均匀铺平即可，可按仓底面积每平方米每分钟进入 0.5m^3 以下的空气量来调节。空气截止阀开启后，进入中间仓的气量亦不要超过每平方米底面积每分钟进入 1.5m^3 的空气量，该空气量可以通过压气换向阀来调节，换向阀亦可以在仓式泵工作时调整，其方法是将阀由小到大开启，观察中间仓内的物料气化情况，使之满足卸出和铺平物料的要求。

2. 开车顺序

（1）按规定的润滑项目向指定润滑点加油。

（2）开动空气压缩机或开启从空气压缩机站来的压缩空气总阀门。

（3）开动装料系统。

3. 操作维护

（1）开车后，要经常注意各压力表的指示值，尤其应注意指示泵内压力的压力表变化是否正常，最高压力是否超过规定值；膨胀阶段开始时的压力及膨胀阶段终止时（放气阀开启时）的压力是否符合要求。

（2）带中间仓的单仓泵输送系统，要注意按需要调整进入中间仓的气体量。

（3）注意各管路的接口及阀门等处有无漏气现象，出现问题及时处理。

（4）定时放出各有关部位的冷凝水。

4. 停车顺序

（1）带有中间贮料仓系统的应先停止向贮料仓供料。

（2）把中间仓的物料全部加入泵内，用手启动仓满指示器，使泵内转为送料阶段，把料送完。

（3）送空仓内物料后，使其处在相当于装料情况后再停车，关闭总供气阀门。

（4）开启各放水旋塞，将冷凝水放出后再关闭。

5. 故障及其排除方法

双仓泵在运转中的常见故障和排除方法列入表 11-53。

表 11-53 常见故障和排除方法

故障现象	产生原因	排除方法
泵内压力激增，且持续时间较长	(1)空压机提供的最大压力不足，或在最大压力下供气量不稳定； (2)管道布置不合理，出口水平管道过长	(1)调整供气系统的最大压力或增设补偿措施； (2)重新合理布置
中间仓产生倒灰	(1)进料阀的锥阀与胶圈密闭不良，或胶圈磨损严重； (2)压缩空气换向机构调整不当； (3)锥阀与橡胶圈之间有异物	(1)调整或更换橡胶圈； (2)调整压缩空气换向机构的行程； (3)清除异物
仓满指示器失灵	(1)料气含水分过大； (2)摆轴与支撑轴承间被粉尘充填黏结，回转不灵	(1)检查、处理； (2)清洗其间充填的粉尘
管道过度磨损	管道内风速过高	(1)调整供气量，降低输送速度； (2)加大终点前输送管道直径

五、风动溜槽和气力提升泵系统设计

（一）风动溜槽输灰系统

1. 风动溜槽的特点

当空气进入料层使之流化时，物料的安息角减小，流动性增加，呈现类似流体的性质。利用物料在倾斜槽中借助重力作用而流动的性质，以达到输送的目的，故称为风动溜槽，或简称空气斜槽。如图 11-78 所示。

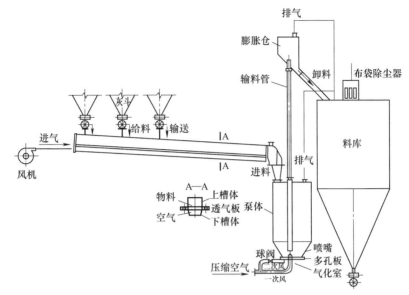

图 11-78 风动溜槽输灰系统

风动溜槽具有以下优点：①操作方便，维修容易，除了风机以外无运动件，不易堵塞，使用寿命长；②动力消耗小，在同等生产能力的条件下动力消耗仅为螺旋输送机的 1%～3%；③设备简单，生产能力大，可以远距离和水平变向输送。

风动溜槽缺点如下：①输送的物料有一定限制，只适用于各种干燥粉尘等容易流化的粉状物料，对于粒度大、含水多、易黏结的粉尘，不能用风动溜槽输送；②槽体配置受限制，只能在一定坡度下输送，垂直输送无能为力。

2. 风动溜槽的结构及工作原理

（1）结构 风动溜槽的主要构件有以下内容。

① 上下槽体。槽体一般用 2～3mm 钢板压制成矩形断面的段节，每节的标准长度为 2m，两端是由扁铁制作的法兰。

② 透气层。透气层有帆布透气层和多孔板透气层两种。帆布透气层采用质地均匀的棉质 21 支纱 5×5 白色帆布（2#工业帆布）三层缝合制成。多孔板透气层有陶瓷多孔板或水泥多孔板两种，可根据需要选用不同规格的多孔板。为确保上、下槽体和透气层接合面之间的密封性能良好，用厚度 3～5mm 的工业毛毡制成垫条，安装时置于连接法兰之间。

③ 进风口。进风口由圆柱形风管和矩形断面扩大垂直相接组成。扩大口与下槽体的侧面相接，高压空气由此进入斜槽。

④ 进料口。进料口位于上槽体顶面，可以是矩形，也可以是圆形，根据供料设备的出料口形状确定。使用帆布透气层时，在进料口处的透气层下面应设置一段（长度比进料口略大）钢丝网或用 2mm 钢板制成的多孔板，用来承受物料的冲击力，防止帆布被冲凹或损坏。

⑤ 出料口。出料口可以是多个，末端出料的只需将槽体的末端与出料管相连接即可，中间出料口则位于槽体的侧面，并配有插板挡料。

⑥ 截气阀。用于多路输送的斜槽本体之内，位于三通或四通处，阀板装在下槽体中；关闭阀板时起隔绝空气之用。

⑦ 窥视窗。位于上槽体侧面，用来观察槽内物料流动情况，一般装在进料和出料处。

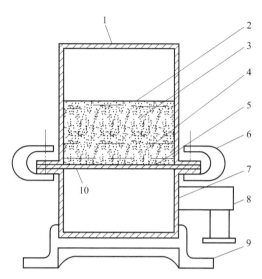

图 11-79　风动溜槽及其被输送物料断面图
1—上槽体；2—静化层；3—流动层；4—气化层；
5—固定层；6—卡子；7—下槽体；
8—进风口；9—支架；10—透气层

⑧ 槽脚支架。用铸铁制成，由地脚螺栓固定在基础上（砖柱或钢支架），槽体卡装在槽脚支架上，可浮动伸缩。

（2）工作原理　风动溜槽及其中被输送物料的断面情况如图 11-79 所示。鼓风机鼓入的高压空气经过软管从进风口进入下槽体，空气能通过透气层向上槽体扩散，被输送的粉尘物料从进料口进入上槽后，在透气层上面被具一定流速的气流充满粉粒之间的空隙而呈流态化。由于斜槽是倾斜布置的，流态化的粉状物料便从高处向低处流动。在正常输送情况下，料层断面从下向上分四层，即固定层、气化层、流动层和静化层；固定层是不流动的。因此，在斜槽停止工作时，透气层上总是存有一层 1～2cm 厚的料层。

如果通过透气层进入上槽的气流速度过大，则不能使物料气化，而表现为穿孔，物料就不能被输送。这就说明透气层的性能不符合要求，而必须重新选择。

3. 技术性能及参数计算

（1）参数计算　风动溜槽风量确定以流态化临界速度为依据。起流速度需根据物料性质、颗粒尺寸等进行计算：

$$v_q = \frac{\nu}{d} Re \tag{11-47}$$

式中，v_q 为物料起流速度，m/s；ν 为气体运动黏度系数，m^2/s；d 为物料颗粒直径，m；Re 为雷诺数。

通常，表观速度是指风量与多孔板面积之比，用 v_b 表示，v_b 与起流速度 v_q 的关系是

$$v_b = 1.4 v_q \tag{11-48}$$

风量则按下式计算：

$$Q = 0.36 v_b BL \tag{11-49}$$

式中，Q 为风动溜槽风量，m^3/h；v_b 为表观速度，m/s；B 为风动溜槽宽度，cm；L 为风动溜槽长度，m。

溜槽所需的风压即系统的压损，按下式计算：

$$\Delta p = \Delta p_1 + \Delta p_2 + \sum \Delta p_3 \tag{11-50}$$

式中，Δp_1 为透气层阻力，多孔板约为 2000Pa；Δp_2 为物料层的阻力，单位孔板面积上的床层重量即层高与料重之乘积；$\sum \Delta p_3$ 为风管阻力之和（包括乏气净化设备）。

根据风量和风压，可以选用合适的工作风机。

气体压力应等于或大于多孔板与料层阻力之和。实验表明，流化床总阻力大约相当于单位孔板面积上的床层质量。根据风量与风压，可以选用合适的风机。

计算槽度，首先要计算物料平均流速。流速与斜度有关，物料的平均流速可近似计算如下：

$$v_p = K h_L \rho_L \sin\phi \tag{11-51}$$

式中，v_p 为物料平均流速，cm/s；K 为系数，表征物料流动的难易，是风速的函数；h_L 为物料层高度，m；ρ_L 为物料的体积密度，g/cm^3；ϕ 为倾斜角度，（°）。

输送物料量

$$G_L = 3.6 v_p B h_L \rho_L \qquad (11\text{-}52)$$

槽宽

$$B = \frac{G_L}{3.6 v_p h_L \rho_L} = \frac{G_L}{3.6 K h_L^2 \rho_L^2 \sin\phi} \qquad (11\text{-}53)$$

式中，G_L 为输送物料量，kg/h；其他符号意义同前。

空气输送斜槽所需的风压一般在 $3500 \sim 6000\text{Pa}$ 之间。帆布透气层取较低值，多孔板透气层或大规格、长度大时取较高值。一般情况下按 5000Pa 考虑。

（2）风机配置　风动溜槽均配用高压离心式鼓风机，如 9-26 型高压离心通风机。

槽宽度为 250mm 或 315mm、长度达 150m 的斜槽配用 1 台风机；槽宽度为 400mm、长度小于 80m，或宽度为 500mm、长度小于 60m 的槽需配用 1 台助吹风机；槽宽度为 400mm、长度大于 80m，或宽度为 500mm、长度大于 60m 溜槽需配用 2 台助吹风机。

4. KC 型空气输送溜槽

KC 型空气输送溜槽是定型产品，其尺寸见图 11-80 及表 11-54。

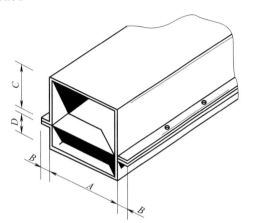

图 11-80　空气输送溜槽输灰系统

表 11-54　KC 型空气输送溜槽尺寸

型号	产量/(m³/h)	A/mm	B/mm	C/mm	D/mm	质量/(kg/m)
KC100	13	100	30	100	50	10.5
KC150	34	150	30	100	50	13.5
KC200	71	200	30	150	75	16.5
KC250	99	250	30	150	75	19.5
KC300	170	300	32	200	75	22.5
KC350	227	350	32	250	75	25.5
KC400	283	400	32	250	75	37.5
KC450	453	480	40	280	75	60.5
KC600	630	600	55	300	100	112
KC700	1200	600	55	600	100	119.5
KC800	1500	850	75	455	100	149

5. 空气溜槽输送系统示意

如图 11-80 所示，物料从多个料斗由给料机连续定量地进入空气溜槽，在重力分力的作用下向下流动，落入气力提升泵，在气力喷嘴的作用下将物料通过输料管提升到需要高度，在膨胀仓内扩容减速，料气分离，物料在重力作用下落入料库。该系统可连续输送、控制简单、运作操作方便。

6. 风动溜槽的常见故障及排除方法

风动溜槽最常见的故障是堵塞。其原因有下列几点：①下槽体封闭不好、漏风，使透气层上、下的压力差降低，物料不能气化；②物料含水分大（一般要求物料水分<1.5%），潮粉堵塞了透气层的孔隙，使气流不能均匀分布，因此物料不能气化；③被输送的物料中含有较多的（相对）密度大的铁屑或粗粒，这些铁屑或粗粒滞留在透气层上，积到一定厚度时便使物料不能气化。

针对上述原因，处理办法如下：①检查漏风点，采取措施，例如增加卡子，或临时用石棉绳堵缝，严重时局部拆装，按要求垫好毛毡；②更换被堵塞的透气层，严格控制物料的水分；③定时清理出积留在槽中的铁屑或粗粒。

（二）气力提升泵结构与工作原理

气力提升泵是以低压空气为动力（为 30000～50000Pa）连续垂直提升粉状或细粒状物料的气力输送设备。它适用于垂直短距离输送，一般输送能力为 10～200t/h 时，输送高度一般多在 50m 左右，最高可达 80m。由于它比机械提升具有一系列的优点（尤其在物料量和高度较大的垂直输送中），因此得到越来越广泛的应用。在水泥工业中，水泥煅烧窑的窑外分解喂料装置较多采用气力提升泵。

气力提升泵的优点是：①结构简单、紧凑，除了在底部设有风机和泵体外，在整个输送高度上只有一根输送管，如图 11-81 所示；②无运动部件，使用寿命长，运转可靠，几乎没有维修工作量和磨损件；③密闭性能好，当料气一起进入料库等受料装置时，可不必考虑除尘措施，在正常运行时，泵体内部压力很小，其上部进料管可不设锁风装置（当气力提升泵系统采用空气输送料槽供料时，需考虑排气设施）；④气力提升泵的操作可以实现自动化。其缺点是单位电耗比较大。

1. 气力提升泵结构与工作原理

气力提升泵按结构形式可分为立式和卧式两种。两者的差别主要是喷嘴的布置方向不同，喷嘴垂直布置的为立式，水平布置的为卧式。

立式气力提升泵的结构如图 11-82 所示，主要是由喷嘴、简体、输料管、气室、主风管、逆止阀、充气管、充气室、充气板、清洗风管等部件组成。

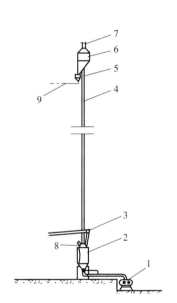

图 11-81　气力提升泵输送系统

1—容积式风机；2—泵体；3—来料螺旋输送机；
4—输料管；5—闪动阀；6—膨胀仓；
7—接入除尘系统的排风管；8—排气除尘袋；
9—物料输送设备

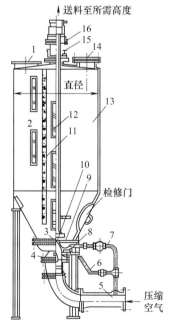

图 11-82　立式气力提升泵泵体构造

1—进料口；2—观察窗；3—喷嘴；4—逆止阀；
5—进风口（主风管）；6—清洗风管；7—充气风管；
8—充气板；9—充气室；10—气室；
11—料面标尺；12—输料管；13—泵体；
14—排气孔；15—调整螺丝；16—密封套管

　　粉粒状物料由进料管从泵体顶部的进料口喂入泵体，低压空气由泵体底部经主风管冲开逆止阀进入气室，并以高速（每秒百余米）由喷嘴喷入输料管中（喷嘴与输料管间保持一定距离并可调节），同时由充气风管进入充气室中的低压空气（辅助空气占 3%～10%）通过充气板使喷嘴周围的物料流态化。流化物料在喷嘴与输料管之间形成的局部负压的作用下进入输料管内，沿输料管被提升到所需要的高度，进入膨胀仓（图 11-83）。

　　由于气料从输料管进入膨胀仓时体积突然扩大，引起气流速度急剧下降，又由于受到反击板的阻挡，使物料从气流中分离出来，由仓下锥体卸出。被分离后的气体经排气管进入收尘系统，经过净化后排入大气。

　　正常运料中泵内料面高度能自动平衡在足以抵消输送管道中气料流阻力的位置上。随着工作过程中输送量的变化，泵内料位有一相应的稳定高度。输送量大时，料位高，反之亦然。

　　当提升泵停止工作或停止供气时，喷嘴下压缩空气管腔内的逆止阀利用自重封闭风管，可防止物料倒灌入风管。

　　清洗风管是考虑到物料有可能从喷嘴处进入充气室产生堵塞而设置的。

　　在泵体壁板上沿高度方向装有观察料面的观察窗，供观察人员观察泵内料面变化情况，以利于操作。提升泵铭牌上标定的产量一般是指该泵的最佳工作状态。但为了适应工艺系统的需要，提升泵的输送量往往需要变化，该变化是靠供入提升泵的喂料量的变化来实现的。因此，操作人员可借助压力计和泵上的观察窗掌握泵的工作情况。

　　泵体上开有检修门，用于定期清理沉渣，更换充气板（透气帆布）及检查，更换喷嘴。泵体顶部开设进料口与排气口。

　　卧式气力提升泵如图 11-84 所示。其结构比立式提升泵简单，外形高度也较低。一般布置在地面上，输料管为水平方向，需经过弯管导向垂直提升管。在垂直提升管的末端同样装有使料气分离的膨胀仓。

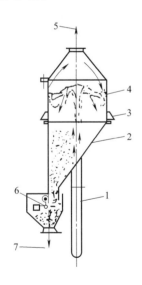

图 11-83　膨胀仓结构

1—输料管；2—膨胀仓仓体；3—支座；
4—反击板；5—排气管；6—闪动阀；7—粉料

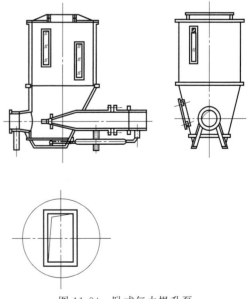

图 11-84　卧式气力提升泵

2. 气力提升泵主要工艺参数的确定

（1）料气混合比　料气混合比 μ_D 值的大小，主要取决于物料的性质，输送方式和输送条

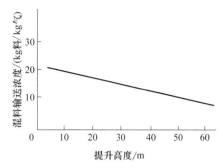

图 11-85　混料输送浓度与提升高度的关系

件。μ_D 值大，说明输送设备的效率越高，输送管径可相应缩小，耗气量也相应减少，能量消耗降低。

当输送设备与输送条件确定之后，μ_D 值与输送管道当量长度成反比，对于提升泵来说能够达到的最大混合比主要取决于输送高度，结构参数与动力参数对 μ_D 值也有影响。

混料输送浓度与提升高度的关系见图 11-85。μ_D 值与输送能力无关。

泵体的结构参数对混合比的影响可以这样认为，当泵体高度增大时，泵内的料柱高度可以提高，料柱对输送管内反力的平衡能力加大，允许输送管内混合流的重度增大，即混合比可以提高。试验表明，对于给定的提升泵，存在一个固有的临界料柱高度，在此高度以下增加料柱高度可以提高混合比，即提高输送能力。

提升泵的动力参数对混合比也有影响，当提高喷嘴风速，提高喷嘴前气体的压力和提高输送管风速时，气流对物料的牵引能力得到加强，从而混合比得到提高。

气力提升泵的混合比，根据经验一般为 10～20kg 物料/kg 空气。

（2）输料管内的平均风速　气力提升泵的垂直输送风速，与物料的粒度（细度）、形状、密度、流动性以及输送高度有关。根据经验一般输送末速度在 16～20m/s 中选取比较经济。合理的输送管中风速，可以减少系统的阻力损耗，增大输送量，因而对降低功率消耗有一定作用。如果选用的风机过大，则可用增大输送管管径和放掉一部分风的办法，使输送管中的输送风速在比较经济合理的范围内。

（3）喷嘴的直径和喷嘴流速　喷嘴直径由所需的喷嘴流速确定。喷嘴直径的大小对压力损耗、料面高度以及输送量都有影响。生产经验表明，在喷嘴以前需耗用总压力的 60%～75%，输料管部分仅消耗总压力的 25%～40%。喷嘴消耗的压力随喷嘴直径的大小而变。在保持同样的送风量和泵内料面高度的情况下，喷嘴直径越大（喷嘴流速小），消耗压力越小；喷嘴直径越小（喷嘴流速大），消耗压力越大，同时输送量也就越大。喷嘴直径与风压、输送量以及料面高度间的关系分别见图 11-86，表 11-55 和表 11-56。

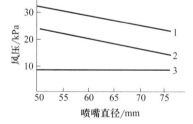

图 11-86　喷嘴直径与风压的关系
1—风机静压线；2—喷嘴静压线；3—输料管静压线

表 11-55　喷嘴直径与输送物料量等之间的关系

喷嘴直径 /mm	料面高度 /mm	输送物料量 /(kg/s)	输送风量 /(m³/min)
15	1100	49.0	
18	1100	38.5	
22	1100	30.0	3.31
25	1100	25.0	
15	1600	65.0	
18	1600	57.2	
22	1600	50.7	2.82
25	1600	46.0	

表 11-56　喷嘴直径与料面高度之间的关系

喷嘴直径 /mm	料面高度 /mm	输送物料量 /(kg/s)	输送风量 /(m³/min)
15	1400	55	
18	1500	55	
22	1650	55	3.31
25	1700	55	
15	1400	35	
18	1200	35	
22	1400	35	2.44
25	1500	35	

（4）泵内料面高度　在喷嘴直径和送风量不变的情况下，泵内料面越高，则料气混合比提高，输送量越大，同时风压也有所增加，这是因为气力提升泵输送物料所做的功，是由两部分能量转化而来的：一部分是靠喷嘴喷出的高速气流形成的动压；另一部分是靠料位高度具有的位压

（即势能）转化成提升物料所需的能量。因此，适当增加泵内料面高度和适当选择大口径喷嘴，能够提高料气混合比，增加输送量。降低单位输送量的电耗，这是一种比较经济合理的改善提升泵性能的办法。料面高度与输送物料量、料气混合比之间的关系见表 11-57。

表 11-57　料面高度与输送物料量、料气混合比之间的关系

料面高度/mm	1300	1400	1500	1600	1700
输送物料量/(kg/min)	33	38	42.5	49	52
料气混合比/(kg 物料/kg 空气)	11.5	13.0	14.3	16.0	17.3

在生产运行中应尽量利用泵体高度，使物料具有较高的料位。一般可将料位调到泵体有效高度的 70%～80% 处，也可用料位高度来确定喷嘴流速（即喷嘴直径）是否适宜。

（5）流化物料所需的气体量　物料的流化程度，对于粉粒状物料气力输送过程中料气比的影响很大。而气力提升泵喷嘴周围至输料管进口处的流化均匀程度又影响其料气比。根据经验，经过充气室流化物料用的气体量，可在占总气体量的 3%～10% 之间选取，以使泵内料面有均匀松动迹象即可。

3. 气力提升泵性能及安装要求

（1）气力提升泵的性能　表 11-58 和表 11-59 分别列出气力提升泵和膨胀仓的规格及性能。

表 11-58　气力提升泵的规格和性能

型式	规格	喷嘴			输料管			提升高度/m	耗风量/(m³/s)	料风比/(kg/m³)	送料量/(t/h)	设备质量/kg
		直径/mm	喷嘴前压力/Pa	风速/(m/s)	直径/mm	温度/℃	风速/(m/s)					
卧式	φ1000	φ80、φ90、φ100、φ110	—	—	φ250	—	20～25	45	4500	8～10	36	540
	φ600	φ65	28000	160	φ163	50	25	—	2000	8	10～15	344.37
	φ400	φ37	—	150	φ93	—	23.7	—	579	7	4	120
	φ300	φ29	—	156.5	φ74	—	24	—	372	7	2.6	88
立式	φ1000	φ50、φ60、φ70	2100～3400	134～170	φ132	47～65	26.2～37.5	约60	1500～2000	3～10	3～15	492

表 11-59　膨胀仓的规格和性能

型式	泵规格/mm	膨胀仓规格/mm	膨胀仓质量/kg
卧式	φ1000	φ2200	1277
卧式	φ600	φ1000	297.30
卧式	φ400	φ800	199
卧式	φ300	φ600	130
立式	φ1000	φ950	304.63

（2）安装要求

① 安装时，应确保喷嘴与输料管中心线的重合。

② 输料管应垂直安装。在工艺布置上，应保证出筒体部分的管道垂直，到达提升高度后，根据需要可以有一段水平输送距离，但要尽可能缩短，以保证运行可靠和减少压力损失。在设计中应尽可能避免垂直输送管道一开始就倾斜和转弯。提升管对垂直方向允许倾斜度不大于 10°。

③ 在输料管不同高度上应敷设活动支架，以避免其重量作用在泵体上，并可防止振动。

④ 为补偿由于温度变化而引起输料管的伸长或缩短，应在输料管末端装设补偿器。

4. 气力提升泵的调试、操作与维修

（1）投产前，应对喷嘴的直径以及喷嘴与输料管口的距离进行试验调整，在几种喷嘴中选取

最佳者，并选择适宜的距离。

选择喷嘴直径可用前述的观察泵内料面高度是否在合适的范围内的方法。

（2）调试时，应找出最高输送量下的料位高度并同时测定风管、充气室、泵内料面之上的空间及输料管中的静压，作为以后操作的依据。

（3）操作中应严格遵守开、停车顺序。开车时，应先开提升泵的风机，再开动喂料设备向泵内喂料。正常情况下停车时，必须首先停止向泵内加料，并使提升泵继续运转，待泵内物料全部送完，方能停车（停风机）。

（4）操作人员可根据观察窗看到的料面高低、压力变化值来掌握泵的工作情况，发现有异常现象应及时处理。

应当指出，当突然增减喂料量时，泵内料面则逐渐变化，即需经过一段时间才能稳定在一个新的料面高度，因此，改变喂料量不能立即改变输送能力，存在滞后现象，而对于瞬间的不均匀来料，并不影响提升泵的能力。

（5）充气部分的风量，是可以调节的。以通过观察窗观察料面比较平稳，只稍有上下浮动为度，不应产生局部喷射现象。若产生局部喷射现象，应调小充气风量，必要时应检查充气层是否损坏。随输送量的变化，应依上述原则适度调节截止阀。

（6）严禁在操作中敲打泵体，以免泵体及观察窗玻璃毁坏。

（7）定期清理底部沉渣，并检查充气层、泵顶上排气口的滤布及喷嘴磨损情况，如有损坏应及时更换。

六、实例——除尘器气力输灰设计计算

1. 除尘器主要技术参数

（1）除尘器技术参数　见表 11-60。

表 11-60　除尘器技术参数

项　目	参　数	项　目	参　数
型号	LFSF10680	滤袋数量	1248 个
室数	12 室	清灰方法	反吹风
处理气量	10000m³/min	过滤面积	10680m²
烟气温度	<120℃	过滤速度	0.94~1.02m³/min
入口含尘质量浓度	1~5g/m³	出口含尘质量浓度	22mg/m³
滤袋规格 （标准状态）	ϕ292mm×10000mm	运行阻力 （标准状态）	≤1800Pa

（2）输灰原始条件　粉尘特性：本系统捕集粉尘主要为转炉二次烟尘，含少量铁合金粉尘，大部分为轻质细粒球形粉尘。

粉尘成分包括 Fe_2O_3、FeO、CaO、SiO_2、MgO、Al_2O_3、C 等；粉尘堆积密度 0.7~0.8t/m³（平均 0.75t/m³）；粒径分布中，<5μm 占 32%，5~20μm 占 56%，>20μm 占 12%；平均粒径 50μm；输送粉尘量：5t/h；粉尘温度<120℃；当地年平均大气压 1.016×10⁵Pa；水平输送距离 65m；垂直提升高度 10m。

2. 气力输送装置组成

气力输送装置由电动调节阀、定量卸灰阀、输灰管路、脉冲助吹管、气固分离器、输灰风机、消声器等组成。

卸灰阀和输灰管路的布置见图 11-87。外观如图 11-88 所示。

除尘器收集的粉尘，暂存于除尘器灰斗内，定期（时序式）开启星形卸灰阀，负压吸送至气力输送管道，并经塑烧板气固分离器分离，尾气经高压离心风机和消声器排入大气。分离器的粉

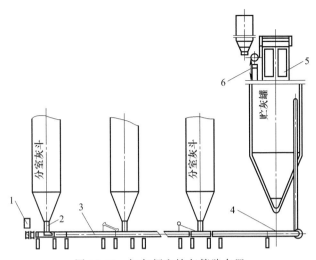

图 11-87　卸灰阀和输灰管路布置

1—电动调节阀；2—定量卸灰阀；3—输灰管；4—脉冲喷吹管；5—气固分离器；6—输灰风机

图 11-88　卸灰阀和输灰管路外观

尘存入贮灰罐内。气力输灰管路直径 $\phi 250\text{mm}$，在各受料点及转弯处辅以压缩空气助吹，以防止变化。气固分离器进出口管路上设置总压差测点，以检测系统变化。气力输灰入口用气引自除尘器排风机出口尾气或大气，该管路上设有手动调节阀，再分两路与两条气力输送支管连接，并分别设电动阀门用以实现两条气力输灰管路的自动切换。该气力输送装置的特点如下。

（1）采用稀相负压吸送，并设压缩空气助吹，输灰能力 5t/h。输灰可靠，密封性好，维护检修工作量可大大减少。

（2）贮灰罐由灰罐本体及其定量卸灰阀、插板阀、吸引嘴、压缩空气助吹电磁阀、仓壁振动器等组成。贮灰罐有效容积 20m^3。卸灰能力 $30\text{m}^3/\text{h}$。

（3）在贮灰槽顶部选用 TSS 型座仓式波浪型塑烧板气固分离器。它具有分离效率高、再生能力好、设备紧凑、稳定无波动、使用寿命长的特点。

3. 设计计算数据

（1）混合比　0.52kg/kg；

（2）输送空气量　$6700\text{m}^3/\text{h}$；

（3）粉尘的悬浮速度　4.9m/s；

（4）输送管道的内径　0.229m；

（5）气体在管道流动的速度　36m/s；

（6）气体在管道流动的阻力　2100Pa；

（7）气固分离器的设备阻力　1500Pa。

4. 气力输送系统设备选型

（1）输送系统用风机：型号 9-19 型 No.7.1D 左 90°，风量 8144～9988m³/h，全压 11340～10426Pa，转速 2900r/min。配套电机型号 Y250M-2W，功率 55kW（380V、50Hz）。

（2）输灰管道风量调节阀：型号 GIQ-320 型电动碟阀，功率 20W，数量 2 只。

（3）输灰管道助吹电磁阀：型号 VPF2165-10，数量 16 只。

（4）气固分离器：型号 JSS-1500/18-70 型塑烧板气固分离器，数量 1 套，处理风量 8000m³/h，过滤面积 144m²，过滤风速 0.925m/min。配套清灰电磁阀型号 VXFA2190-50-X3，数量 8 只。

（5）贮灰罐有效容积 20m³，卸灰能力 30m³/h，本体耐压约 10kPa，外形尺寸 φ3000mm×3000mm。

（6）贮灰罐星形卸灰阀：型号 XG42A，卸灰能力 30m³/h。减速机型号 BWY22-43-2.2，功率 2.2kW（380V、50Hz）。

（7）贮灰罐仓壁振动器：型号 BLZ2.5-2，功率 0.25kW（380V、50Hz），数量 1 台。

（8）贮灰罐用料位计：型号 MODEL L3250-230-VAC，功率 3W（220V、50Hz），数量 3 只。

5. 使用效果

该除尘系统的粉尘气力输送是比较成功的，系统运行稳定，故障少，维护管理方便。运行初期曾发生一次输送管内粉尘堵塞故障。为清除故障，在 12 个进料口的上游各增设一个清灰检查口，故障从距贮灰罐最近的一个料口开始逐一清理，堵塞顺利解除。此后，输灰系统运行良好，没有再发生堵塞故障。除尘系统的粉尘气力输送运行经验是，平时应注意检查输灰管道是否积灰或堵塞，检查的办法是小锤敲击输灰管道听其响声即知。

第四节　压缩空气系统设计

脉冲袋式除尘器压缩空气系统包括压缩空气管道、贮气罐及相应的配件等。根据脉冲除尘器工作原理及清灰控制系统中仪表及元件的结构特点，要对进入除尘器气包前的压缩空气压力有一定的限制，对气质也要有一定的要求，因为压力高低、气质好坏都会影响清灰效果。

一、压缩空气供应方式

1. 对气源的要求

清灰用的压缩空气压力高低对除尘效能影响很大。根据脉冲袋式除尘器的运行要求，清灰用压缩空气压力范围为 0.02～0.8MPa。因此，要求接自室外管网或单独设置供气系统气源压力要在入口处设置减压装置，使之控制在需要的压力范围内。正常的运行不但要求压力稳定，而且还要求不间断供气。如果气源压力及气量波动大时，可用贮气罐来贮备一定量的气体，以保证气量、气压的相对稳定。贮气罐容积和结构是根据同时工作的除尘器在一定时间内所需的空气量和压力的要求而确定的。当设贮气罐不能满足要求时，应设置单独供气系统，否则会影响除尘器的正常运行。

若压缩空气内的油水和污垢不清除，不仅会堵塞仪表的气路及喷吹管孔眼，影响清灰效果，而且一旦喷吹到滤袋上，与粉尘黏结在一起，还会影响除尘效能。因此，要求压缩空气入口处设置集中过滤装置，作为第一次过滤，以除掉管内的冷凝水及油污。为防止因第一次过滤效果不好或失效，需要在除尘器的气包前再装一个小型空气过滤器（一般采用 QSL 或 SQM 型分水滤气器）。其安装位置应便于操作。

压缩空气质量有 6 级，压缩空气质量等级见表 11-61，用于除尘清灰的压缩空气质量一般为 3 级。

表 11-61　ISO 8573-1 压缩空气质量等级

等级	含尘最大粒子尺寸/μm	防水最高压力露点/℃	含油最大浓度/(mg/m³)	等级	含尘最大粒子尺寸/μm	防水最高压力露点/℃	含油最大浓度/(mg/m³)
1	0.1	−70	0.01	4	40	3	5
2	1	−40	0.1	5		7	25
3	5	−20	1	6		10	

2. 供气方式

脉冲袋式除尘器的供气方式，大致可分为外网供气、单独供气和就地供气三种。供气方式的选择要根据除尘器的数量和分布以及外网气压、气量的变化情况加以确定。

（1）外网供气　外网供气是以接自生产工艺设备用的压缩空气管网作为脉冲袋式除尘器的清灰气源。在气压、气量及稳定性等方面都应能满足除尘器清灰的要求。接自外网的压缩空气管道在接入除尘器时，应设入口装置，包括压力计、减压器、流量计、油水分离器和阀门等（见图 11-89）。

（2）单独供气　单独供气指单独为脉冲袋式除尘器清灰而设置的供气系统。在外网供气条件不具备的情况下，可在压缩空气站内设置专为除尘器用的压缩空气机，也可设置单独的压缩空气站来保证脉冲袋式除尘器的需要。为了管理方便和减少占地面积，应尽量与生产工艺设备用的压缩空气站设置在一起。

为了保证供气，单独设置的压缩空气站，应设有备用压缩空气机。压缩空气站的位置应尽量靠近除尘器，管路应尽量与全厂管网布置在一起。

（3）就地供气　一般来说，当厂内没有压缩空气，或虽然有但是供气管网用户远、除尘器数量少、单独设置压缩空气站又有困难时，采用就地供气方式，在除尘器旁安装小型压缩空气机，可供一两台除尘器使用。这种供气方式的缺点是压力和气量不稳（必须设置贮气罐），容易因压缩空气机出故障而影响除尘器正常运行；维修量大；噪声大。因此，尽量少采用或不采用这种供气方式。

常用小型空压机如图 11-90 所示，其性能见表 11-62。

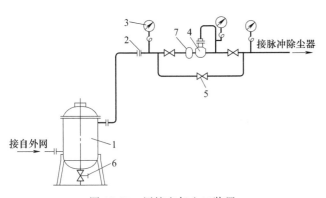

图 11-89　压缩空气入口装置

1,7—过滤器；2—流量计；3—压力表；4—减压阀；

5—截止阀；6—排污阀

图 11-90　小型活塞空气压缩机

表 11-62　小型活塞压缩机性能表

型号 TYPE	电机		气缸			排气量 /(m³/min)	额定压力 /MPa	储气量 /L	外形尺寸 L×W×H/cm	质量 /kg
	kW	HP	缸径×缸数/mm	行程/mm						
Z-0.036	0.75	1	51×1	38		0.036	0.8	24	70×41×62	38.5
V-0.08	1.1	1.5	51×2	43		0.08	0.8	35	94×45×69	56
Z-0.10	1.5	2	65×1	46		0.10	0.8	35	77×43×69	69.5
V-0.12	1.5	2	51×2	44		0.12	0.8	40	94×45×69	72.5
V-0.17	1.5	2	51×2	46		0.17	0.8	60	99×46×76	93
V-0.25	2.2	3	65×2	46		0.25	0.8	81	115×48×86	105.5
W-0.36	3	4	65×3	48		0.36	0.8	110	120×48×85	123
V-0.40	3	4	80×2	60		0.40	0.8	115	122×48×82	180
V-0.48	4	5.5	90×2	60		0.48	0.8	125	142×54×93	183
W-0.67	5.5	7.5	80×3	70		0.67	0.8	135	151×58×96	214
W-0.9	7.5	10	90×3	70		0.9	0.8	190	160×59×100	256
V-0.95	5.5	7.5	100×2	80		0.95	0.8	250	175×66×115	260
W-1.25	7.5	10	100×3	80		1.25	0.8	270	168×76×122	370
W-1.5	11	15	100×3	100		1.5	0.8	290	176×76×122	430
W-2.0	15	20	120×3	100		2.0	0.8	340	188×82×139	540
VFY-3.0	22	30	155×2/82×2	116		3.0	1	520	192×85×150	950
W-1.5	柴油机	12	90×3	70		1.5	0.5	200	178×76×122	430
W-2.0	柴油机	15	100×3	80		20	0.5	260	188×82×139	540

二、用气量计算

脉冲除尘器的用气量包括三部分：一是脉冲阀用气；二是提升阀（或其他气动阀）用气；三是其他临时性用气如仪表吹扫用气等。

1. 脉冲阀耗气量

（1）单阀次耗气量　脉冲阀单阀耗气量可用下式计算

$$q_{m} = 78.8 K_{v} \left[\frac{G(273+t)}{\Delta p\, p_{m}} \right]^{-\frac{1}{2}} \tag{11-54}$$

式中，q_{m} 为单阀一次耗量，L/min；K_{v} 为流量系数，由脉冲阀厂商提供；p_{m} 为阀前绝对压力（p_{1}）与阀后绝对压力（p_{2}）之和的 1/2，$p_{m} = \dfrac{p_{1}+p_{2}}{2}$，kPa；$\Delta p$ 为阀前后压差，kPa，$\Delta p < \dfrac{1}{2} p_{1}$；$t$ 为介质温度，℃；G 为气体相对密度（空气的相对密度为 1）。

脉冲阀的耗气量因生产商、规格和应用条件等不同而变化很大，单阀次耗气量还可以通过查找产品样本得到。图 11-91 为一个品牌脉冲阀的耗气量的试验数据。从图中可以看出，耗气量是图中曲线所包围的面积，严格地说是在压力变化情况下曲线的积分值。

（2）除尘器多阀耗气量

$$Q = a\,\frac{nq}{1000T} \tag{11-55}$$

式中，Q 为耗气量，m³/min；a 为安全

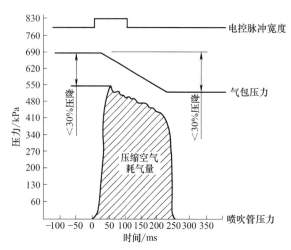

图 11-91　脉冲阀的耗气量

系数，可取 $1.2\sim1.5$；n 为脉冲阀数量；q 为每个脉冲阀喷吹一次的耗气量，L/(阀·次)；T 为清灰周期，min。

（3）耗气量的试验方法　通过试验，测出喷吹终了气包压力，用公式可计算出脉冲阀每次的喷吹耗气量。

$$\Delta Q = \frac{p_0 Q}{p_a}\left[1-\left(\frac{p_1}{p_0}\right)^{\frac{1}{k}}\right] \tag{11-56}$$

式中，ΔQ 为脉冲阀单阀次喷吹耗气量，m^3；Q 为气包容积，m^3；p_0 为喷吹初始气包压力（绝压），MPa；p_1 为喷吹终了气包压力（绝压），MPa；p_a 为标准大气压力，MPa；k 为绝热指数，$k=\dfrac{C_p}{C_V}$，C_p 为空气定压比热容，C_V 为空气定容比热容；对空气 $k=1.4$。

2. 提升阀耗气量

提升阀运行期间消耗的压缩空气量由气缸大小及其运行速度确定，气缸内含有的空气体积由气缸直径和冲程决定。

提升阀耗气量 Q 按下式计算：

$$Q = Q_1 + Q_2 \tag{11-57}$$

式中，Q 为提升阀耗气量，L/min；Q_1 为气缸耗气量，L/min；Q_2 为管路耗气量，L/min。

（1）气缸耗气量

$$Q_1 = \frac{1}{4}\pi SnK\left[(1+\pi)D^2-d^2\right] \tag{11-58}$$

式中，Q_1 为气缸耗气量，L/min；S 为气缸行程，dm；D 为气缸内径，dm；d 为活塞杆直径，dm；n 为每分钟气缸动作次数，次/min；K 为压缩比，即压气绝对压力（表压＋大气压）。

（2）管路耗气量

$$Q_2 = \frac{\pi d^2}{4}nkL_1 L_2 \tag{11-59}$$

式中，Q_2 为管路压气消耗量，L/min；L_1 为进口气管长，dm；L_2 为出口气管长，dm；其他符号意义同前。

如果碟阀也由压缩空气驱动，可用同样方法计算其耗气量。

3. 其他用气量

在除尘器用气设计中除应用在脉冲阀、提升阀等处之外，考虑 $10\%\sim20\%$ 的其他用气，如仪表吹扫、差压管路吹扫等。

4. 总耗气量

总耗气量并不一定是清灰耗气量与提升阀、碟阀及其他部分所需压缩空气量之和，计算总耗气量只需将同时需要的量相加。例如，在一台离线清灰的除尘器中，清灰时脉冲和提升阀不是同时消耗空气的，不要将它们相加，而进气碟阀则可能和清灰同时消耗空气，所以它们可能是要相加的。再如有不止一台除尘器共用一套压缩空气系统的情况下，可能在一台除尘器清灰的同时另一台除尘器的提升阀被驱动，这时它们消耗的空气量就应该相加。

如果空压机设在海拔高处，则须将用上法求出的耗气量转换成当地大气压力下的数值。

三、压缩空气管道设计计算

1. 压气管道布置

压缩空气系统管道的布置应根据工厂的布局、地形、设备方位、地质、水文及气象等进行综合考虑，并根据经济技术条件合理确定走向。当项目为改、扩建工程时，管道还应尽量考虑与厂区原有管路保持一致。

(1) 压缩空气系统采用枝状布置，管道布置应力求短、直。

(2) 夏热冬冷地区和夏热冬暖地区，管道布置可以采用架空敷设。

(3) 寒冷地区和严寒地区，管道应尽量与热力管道共沟或者埋地敷设。

(4) 对于回填土、湿陷性黄土、终年冰冻以及八级以上地震区等，不得采用直接埋地敷设，可以采用架空敷设。

(5) 寒冷地区和严寒地区采用架空敷设时，应采取可靠的防冻措施（保温、伴热等方式）。

(6) 埋地敷设的压缩空气管道，应根据土壤的腐蚀性做相应的防腐处理。对于输送饱和压缩空气的埋地管道，应敷设在冰冻线以下。

(7) 车间架空压缩空气管道与其他架空管线间距不宜小于表 11-63 的规定。

表 11-63　架空管线间距　　　　　　　　　　　　　　　　　单位：m

名称	水平净距	交叉净距	名称	水平净距	交叉净距
给水与排水管	0.15	0.10	穿有导线的电力管	0.10	0.10
非燃气体管	0.15	0.10	电缆	0.50	0.50
热力管	0.15	0.10	裸导线或滑触线	1.00	0.50

注：1. 电缆在交叉处有防止机械损伤的保护措施时，其交叉净距可以缩小到 0.1m。

2. 当与裸导线或滑触线交叉的压缩空气管需经常维修时，其净距应为 1m。

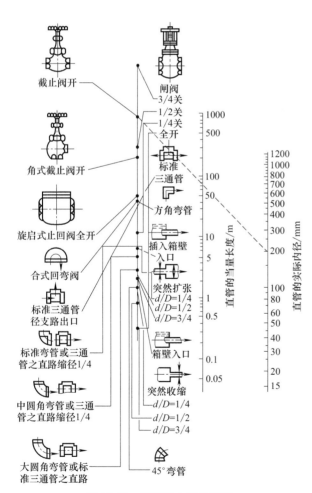

图 11-92　局部阻力当量长度

2. 管道设计

管道的管径可按公式计算或用查表方法求得，再用管径和流速计算出管道压力降。如果压力降超过允许范围（低于除尘器要求的喷吹压力）时，则用增大管径降低流速的办法解决。管径可按下式计算：

$$D = \sqrt{\frac{4G}{3600\pi v \rho}} \qquad (11\text{-}60)$$

式中，D 为管道内径，m；G 为压缩空气流量，kg/h；v 为压缩空气流速，m/s；ρ 为压缩空气密度，kg/m^3。

车间内的压缩空气流速，一般取 8～12m/s。干管接至除尘器气包支管的直径不小于 25mm。

当管路长、压降大时，管道压力损失应按有关资料进行计算，一般情况下，管道附件按图 11-92 折合成管道当量直径，例如，当 DN200 截止阀，内径 200mm 时，查得当量长度为 70m。管道压力损失由表 11-64 进行计算。

四、贮气罐选型和设计

贮气罐主要用于稳定管道或脉冲除尘器气包内的压力和气量。贮气罐一般采用焊接结构，形式较多，通常用立式的。贮气罐属压力容器，必须按压力容器设计和制造。

表 11-64　压缩空气管道计算

DN	v/(m/s)	压力 p/MPa											
		0.3		0.4		0.5		0.6		0.7		0.8	
		Q	P	Q	P	Q	P	Q	P	Q	P	Q	P
15	8	0.27	364	0.337	454.1	0.41	545	0.47	635	0.541	726	0.6	812
	10	0.339	568	0.421	709.8	0.51	846	0.6	996.4	0.675	1137	0.759	1274
	12	0.406	810	0.507	1024	0.61	1228	0.71	1433	0.811	1633	0.91	1838
20	8	0.487	244	0.606	305.7	0.728	367.6	0.851	427	0.918	488	1.09	550.5
	10	0.555	382	0.75	477	1.05	573	1.046	668	1.2	762.5	1.34	859
	12	0.721	441	0.899	688	1.082	824.4	1.22	767	1.437	1128	1.62	1237
25	8	0.751	182	0.933	227.5	1.13	272.1	1.31	317.6	1.5	362.1	1.68	407.6
	10	0.94	284	1.17	355.8	1.41	425.9	1.63	496.8	1.87	567	2	632
	12	0.128	410	1.41	511.4	1.69	614.3	1.97	715.2	2.25	812	2.52	928
32	8	1.31	127	1.64	159	1.96	192	2.29	229	2.56	254	2.93	285.9
	10	1.63	199	2.05	249.3	2.45	298.4	2.86	348.5	3.276	397	3.66	447
	12	2.88	286	2.45	358.5	2.95	429.5	3.43	501.4	3.93	564	4.41	643
40	8	2.03	104.6	2.53	126.4	3.03	151.9	3.54	176.7	4.04	202	4.52	228
	10	2.53	158.3	3.16	198.3	3.79	239.3	4.413	295	5	315	5.71	355.8
	12	3.03	227	3.79	283.9	4.53	343	5.31	397.6	6.05	453	6.79	514
50	8	3	73.4	3.75	91.8	4.5	110.2	5.25	130.1	6	146.9	6.75	165.1
	10	3.76	115.1	4.7	143.9	5.11	172.9	6.57	201.5	7.53	230	8.43	258.6
	12	4.51	165.6	5.82	164.2	6.77	247	7.89	289	9	275	10.25	371
65	8	4.7	55.2	6.09	69.5	7.03	82.8	7.95	96.4	9.37	101	10.53	123.7
	10	5.86	86.2	7.33	107.8	8.8	129	10.5	147.4	11.73	171.9	13.31	193.8
	12	7.03	124.6	8.78	155.6	10.5	186.5	12.28	217.4	14.03	193	15.92	279
80	8	6.95	43	8.68	53.7	10.42	64.3	12.13	75	12.87	85.8	15.62	96.4
	10	8.69	70.6	10.83	84.1	13.01	101	15.19	117.3	17.47	134	19.4	151
	12	10.42	96.9	12.96	121	15.58	145	18.2	169.5	20.74	193.1	23.38	217.9
100	8	15.04	47.3	18.75	59.2	22.47	70.9	26.2	82.8	30	94.6	33.8	101
	10	18.04	68.2	22.57	85.1	27.02	102.3	31.57	119.2	36.03	136	40.4	153
	12	29.5	98	36.67	116.5	44.13	139.5	51.59	161.9	58.87	185.6	66.1	209
125	8	23.4	35.3	29.39	44.2	26.2	52.3	40.9	61.8	46.68	70.5	52.5	79.5
	10	28.1	51.4	35.49	68.2	42.13	76.9	49.1	89.5	56.1	102.3	63.8	115
	12	32.8	68.1	40.95	85.2	49.1	102.3	57.33	119.2	65.52	136	73.7	147
150	8	31.4	20.8	39.4	28.3	45.4	31.4	54.5	38.6	62.2	43.8	69.7	49.1
	10	39.4	35.2	48.5	42.6	5.77	50.9	66.7	57.8	77.2	67.7	86.4	76.6
	12	54.5	67.5	66.7	81	79.5	98.2	95.8	109	106.5	132.5	123.0	149

注：1. 此表编制条件：$t=40℃$，$R=0.2mm$。

2. 表中符号：DN—管道公称直径；v—流速，m/s；Q—压缩空气流量，m^3/min；P—每米管道压力损失，Pa/m；p—压缩空气压力，MPa。

常用的贮气罐的构造形式如图 11-93 所示。其容积大小主要决定供气系统耗气量和保持时间。容积可根据在一定时间内所需要的压缩空气量来确定。一般情况下，当需要量 Q 小于 $6\text{m}^3/\text{min}$ 时，容积 $V=0.2Q$；当 $Q=6\sim30\text{m}^3/\text{min}$，$V=0.15Q$。也可以根据下式进行计算：

$$V=\frac{Q_s t p_0}{60(p_1-p_2)} \tag{11-61}$$

式中，V 为贮气罐容积，m^3；Q_s 为供气系统耗气量，m^3/h；t 为保持时间，min，工艺没有明确要求时按 $5\sim20\text{min}$ 取值；p_1、p_2 为最大工作压差，MPa；p_0 为大气压，MPa。

用于就地供气系统或者管路较远的单独除尘器供气所需要的贮气罐，其容积不应小于 0.5m^3，按图 11-93 所示的形式制作时，贮气罐外形尺寸和各接口见表 11-65。

贮气罐上应配置安全阀、压力表和排污阀。安全阀以选用弹簧式全启式安全阀（A42Y 系列）为宜，也可用弹簧式微启式安全阀（A41H 系列），安全阀和排污阀接头见表 11-65。

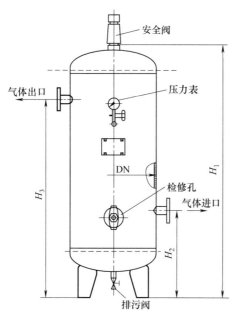
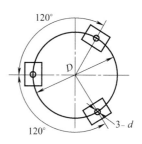

图 11-93　贮气罐外形尺寸

（容积小于 20m³）

表 11-65　贮气罐外形尺寸和接口

规格	容积 /m³	设计压力 /MPa	设计温度 /℃	容器高度 H_1/mm	容器内径 D/mm	安全阀接头	排污接头	进气口/mm		出气口/mm		支座/mm	
								H_2	D	H_3	D	D	d
0.5/0.88	0.5	0.88	150	2140	600	RP$\frac{3}{4}$	R$\frac{1}{2}$	700	38	1656	38	420	20
0.5/1.1		1.1		2140				700		1656			
0.6/0.88	0.6	0.88	150	2170	650	RP$\frac{3}{4}$	R$\frac{1}{2}$	730	38	1730	38	490	24
0.6/1.1		1.1		2170				730		1730			
1.0/0.88	1	0.88	150	2432	750	RP1	R$\frac{1}{2}$	731	51	1971	51	560	24
1.0/1.1		1.1		2432				731		1971			
1.5/0.88	1.5	0.88	150	2601	950	RP1	R$\frac{3}{4}$	738	76	2088	76	680	24
1.5/1.1		1.1		2601				738		2088			
2.0/0.88	2	0.88	150	2830	1000	RP1	R$\frac{3}{4}$	781	80	2281	80	700	24
2.0/1.1		1.1		2712	1100			856		2156		800	
3.0/0.88	3	0.88	150	3131	1300	RP1$\frac{1}{4}$	R$\frac{3}{4}$	858	100	2558	100	840	24
3.0/1.1		1.1		3165				875		2575			
4.0/0.88	4	0.88	150	3290	1400	RP1$\frac{1}{4}$	R$\frac{3}{4}$	950	150	2650	150	1050	24
4.0/1.1		1.1		3290				950		2650			
5.0/0.88	5	0.88	150	3790	1400	RP1$\frac{1}{2}$	R1	950	150	3050	150	1050	24
5.0/1.1		1.1		3790				950		3050			
6.0/0.88	6	0.88	150	4490	1400	RP1$\frac{1}{2}$	R1	950	150	3750	150	1050	24
6.0/1.1		1.1		4490				950		3750			
8.0/0.88	8	0.88	150	4610	1600	RP1$\frac{1}{2}$	R1	1050	150	3820	150	1200	30
8.0/1.1		1.1		4610				1050		3820			
10/0.88	10	0.88	150	4640	1800	RP2	R1	1100	150	3800	150	1350	30
10/1.1		1.1		4640				1100		3800			
12.5/0.88	12.5	0.88	150	5590	1800	RP2	R1	1100	150	4750	150	1350	30
12.5/1.1		1.1		5590				1100		4750			
15/0.88	15	0.88	150	5465	2000	RP2$\frac{1}{2}$	R1	1275	150	4675	150	1500	30
15/1.1		1.1		5465				1270		4675			

五、压缩空气装置配件选用

压缩空气装置配件主要有接管和法兰，各类阀件如单向阀、截止阀、减压阀、排污阀、过滤器和安全阀等。

1. 管道材料

常用压缩空气管道材料一般分为软管和硬质管两种：软管主要有聚氨酯管（PU）、半硬尼龙管、PVC 编织管、橡胶编织管等；硬质管主要有无缝钢管、镀锌钢管、不锈钢管、黄铜管、紫铜管、聚氯乙烯硬塑料管等。

压缩空气系统管道材料的选用，应遵循《压缩空气站设计规范》（GB 50029）的规定，并结合技术经济比较后决定。阀门和附件的密封、耐磨抗腐蚀性能应与所选的管材相匹配。

从气源处引至除尘器的压缩空气管道应采用硬管中的无缝钢管作为输送管道。硬管适合用于高温、高压及固定的场合。其中紫铜管价格较高，抗震能力弱，但容易弯曲及安装，仅适合用于气动执行机构的固定管路；软管适用于工作压力不高，温度低于 70℃ 的场合。软管拆装方便、密封性能好，但易老化，使用寿命较短，适用于气动元件之间用快速接头连接；当气动元件操作位置变化大时，可使用 PU 软螺旋管。压缩空气系统管道的连接一般采用焊接，但是在设备、阀门等连接处，应采用与之相配套的连接方式。对于经常拆卸的管路，当管径不大于 DN25 时采用螺纹连接，大于 DN25 时采用法兰连接；对于仅用风管道，当管径不大于 DN25 时可采用承插焊式管接头，管径不大于 DN15 时，可采用卡套式接头。

2. 管道阀门和接头

管道阀门及对应用途见表 11-66。

表 11-66　管道阀门及对应用途

分类	主要用途
截止阀	一般用于切断流动介质，全开、全闭的操作场合，不允许介质双向流动。密封性能较好
碟阀	用于各种介质管道及设备上做全开、全闭用，也可做节流用
止回阀	自动防止管道和设备中的介质倒流。分为升降式止回阀、旋启式止回阀及底阀
球阀	一般用于切断流动介质，并且要求启闭迅速的场合
减压阀	可自动将设备和管路内的介质压力降低至所需压力的装置
安全阀	安装在受压设备、容器和管路上，做超压保护装置，可以自动排泄压力
气源三联件	分别由减压阀、过滤器、油雾器组成，一般安装于气动执行机构管路前

3. 管道接头和法兰

管道接头及使用场合见表 11-67。

表 11-67　管道接头及使用场合

分类	原理	主要应用场合
卡箍式	利用胶管的涨紧、卡箍的卡紧力与锥面的相互压紧而密封	工作压力 0～1MPa 的气体管路，棉线编织胶管
卡套式	利用拧紧卡套式接头螺母，使卡套和管子同时变形而密封	工作压力 0～1MPa 的气体管路，有色金属管
插入式	利用拧紧螺母，将压紧圈与接头的锥面将管压紧	工作压力 0～1MPa 的气体管路，塑料管
快换式	利用单向阀在弹簧的作用下紧贴插头的锥面而密封	工作压力 0～1MPa 的气体管路
组合式	由一个组合式三通连接几种不同的管接头，实现不同管材，不同直径管道的连接	工作压力 0～1MPa 的气体管路的各种管材的连接

（1）接管　贮气罐接管可参照表 11-67 选取，如果接管口尺寸和设备进气管尺寸一致，不变径，加工和安装更为方便。

（2）法兰　法兰是设备与设备、设备与配件之间的重要连接部件。一般分为标准法兰（GB/

T 9124.1—2019）和非标准法兰。实际工程中尽量选用标准法兰，只有在实际工程的配套连接时才被迫应用非标准法兰。

实际工程中主要以输送介质和压力、温度为依据，科学选配法兰及其紧固件。

（3）紧固件　紧固件包括螺栓、螺母和垫圈；法兰用紧固件的选用按照 GB/T 9125 的规定，应根据法兰的压力、温度、材料和所选择的垫片来选择紧固件材料，以保证法兰连接在预期操作条件下的密封性能。

4. 减压阀

在贮气罐出口管路上一般要装设减压阀。减压阀出口的压力一般大于进口压力的 50%，不能够无限制减压。减压阀有不同类型。

SD
Y42X 系列弹簧活塞式减压阀，是弹簧薄膜式减压阀的换代产品，与薄膜式相比有以下优
F
点：①使用寿命长，不存在膜片损坏的问题；②耐高压、出口压力高时，薄膜片就不行了，而活塞式可适应很高的出口压力。

该阀用于工作温度 0～80℃ 的水、空气和非腐蚀性液体的管路上。在高层建筑的冷热供水和消防供水的系统中，可取代常规分区水管，这样可以简化系统的设备，降低工程造价，也可在各类压机设备的冷却系统中起着减压、稳压作用，的确是用户理想的产品。

（1）工作原理

① 通过启闭件的节流，造成压力损失迫使进口压力在出口处降低某一个需要值，当流量和压力变化时，利用本身介质流量，来控制出口压力基本不变的目的。

② 介质走向为上进下出，当调节出口压力时，顺时针旋转调节螺栓，迫使活塞向下移动，打开主阀，改变节流面积，造成压力损失，实现减压。由于阀后介质通过"X"通道流入活塞下腔并与活塞上方保持平衡，当压力和流量变化时，使主阀节流面积始终保持相应位置。由于本阀采用卸荷机构，减小进口压力变化对出口压力的影响，同时加大了出口压力作用面积，即加大了敏感元件作用面积，从而减小了阀门出口压力偏差，大大提高了减压阀的稳压精度。

（2）Y42X 系列减压阀性能见表 11-68。

（3）减压阀构造和外形尺寸　减压阀构造见图 11-94 和表 11-69。

表 11-68　Y42X 系列减压阀性能规范

公称压力 PN/MPa	试验压力 p_s/MPa	进口压力 p_1/MPa	出口压力 p_2/MPa	最小压差 Δp/MPa	背压 PB/MPa	压力特性 $\Delta p_1 p_2$	流量特性 $\Delta p_2 G_2$
1.6	2.4	<1.6	0.2～1.0	0.2	≤1.5	$p_2\times10\%$	$p_2\times20\%$
2.5	3.75	<2.5	0.3～1.6	0.2	≤2.5	$p_2\times10\%$	$p_2\times20\%$
4.0	6.0	<4.0	0.3～2.5	0.2	≤2.5	$p_2\times10\%$	$p_2\times20\%$
6.4	9.6	<6.4	0.5～3.0	0.25	≤4	$p_2\times12\%$	$p_2\times25\%$

表 11-69　减压阀外形尺寸　　　　　单位：mm

DN	PN16、PN25	PN40	PN64	PN16	PN25	PN40	PN64	PN16	PN25	PN40	PN64
	L			H_1				H_2			
400	900			420				925			
350	850			390				850			
300	800			310				780			
250	600			270				750			
200	500	560	560	220	245	245	310	630	635	635	635
150	450	500	500	205	210	210	280	580	580	585	585
125	400	450	450	190	200	200	245	560	560	565	565

续表

DN	PN16、PN25	PN40	PN64	PN16	PN25	PN40	PN64	PN16	PN25	PN40	PN64
	L			H_1				H_2			
100	350	380	380	150	150	150	175	520	520	525	505
80	310	330	330	140	140	150	170	460	460	465	465
65	260	280	280	125	125	140	145	370	370	375	375
50	250	270	270	120	120	120	135	370	370	375	375
40	220	240	240	113	113	113	130	370	370	375	375
32	200	220	220	107	107	107	125	345	345	340	340
25	180	200	200	101	101	101	110	335	335	340	340
20	160			89	89			220	220		

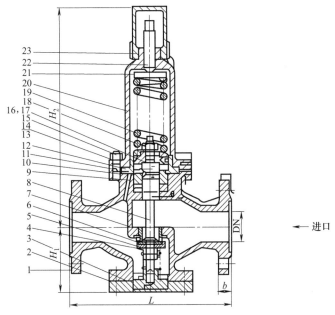

图 11-94　减压阀构造

1—阀体；2—下盖；3—下盖密封垫；4—螺母；5—阀瓣；6—密封圈；7—阀座；8—阀杆；
9,15—大 O 形环；10—中口密封垫；11—中 O 形环；12—缸套；13—螺栓；14,18—螺母；
16—小 O 形环；17—弹簧垫圈；19—调节弹簧；20—上盖；21—弹簧压盖；22—调节螺钉；23—防护帽

（4）安装、使用注意事项

① 减压阀安装前应仔细核对使用情况是否与标牌规定相符。

② 减压阀可以水平安装，又可以垂直安装，阀体所示箭头需与介质流向一致。

③ 在管道上的安装，最好采用示意图 11-95。

④ 安装时应进行以下工作：a. 清洗内腔和内腔零件；b. 检查螺钉是否均匀拧紧；c. 阀前管道必须冲洗干净。

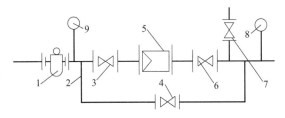

图 11-95　减压阀安装

1—过滤器；2—旁通道；3,4,6—截止阀；5—减压阀；
7—安全阀；8,9—压力表

⑤ 减压阀在管道上只作减压用，不做截止用，使用介质必须经过滤器过滤。

⑥ 使用时，将调节螺钉顺时针方向缓慢旋转，使出口压力升至所需压力，调整后将锁紧螺母扳紧，拧上安全罩。

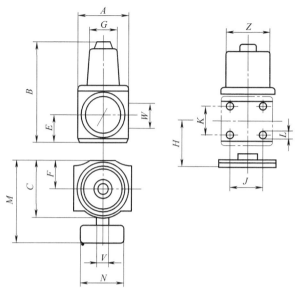

图 11-96 395 系列减压阀外形尺寸

（5）395 系列空气减压阀属于小型减压阀，其特点是外形紧凑结构合理，安装方便。阀体采用铝型材制造，性能好，强度高。该阀带有溢流装置，当输出压力超过定值压力时，溢流阀自动排气，系统压力保持不变。该减压阀性能见表 11-70，外形尺寸见图 11-96 和表 11-71。

5. 空气过滤器

空气过滤器是压缩空气系统重要部件，作为压缩空气净化设备，适用于工作压力≤0.8MPa，工作温度≤200℃的低压空气压缩机排出的空气净化，适合用于脉冲除尘器压缩空气系统。能延长气动元件的寿命，如气缸、脉冲阀等气动控制元件及执行机构等，能明显提高设备效率和使用寿命。

表 11-70 395 系列减压阀性能参数

通径/mm	6	8	10	15	20	25
最高进口压力/MPa			2.5			
工作温度/℃			5～60			
压力调节范围/MPa			0.05～0.4;0.05～0.63;0.05～1.0;0.05～1.6			

注：减压阀的配接管径小一号时，流量约减少 10%。

表 11-71 395 系列减压阀外形尺寸   单位：mm

型号	W	A	B	C	E	F	G	J	K	L	Z	H	V	N	M	重量/kg
395-6	G1/8″	40	82	40	20	20	28	20	20	M4	M30×1.5	25	M10×1	40	70	0.390
395-8	G1/4″	40	82	40	20	20	28	20	20	M4	M30×1.5	25	M10×1	40	70	0.380
395-10	G3/8″	60	125	60	30	30	45	35	35	M5	M50×1.5	20	M10×1	50	95	1.140
395-15	G1/2″	60	125	60	30	30	45	35	35	M5	M50×1.5	20	M10×1	50	95	1.120
395-20	G3/4″	80	150	80	40	40	65	48	48	M6	M67×1.5	30	M10×1	63	120	1.850
395-25	G1″	80	150	80	40	40	65	48	48	M6	M67×1.5	30	M10×1	63	120	1.80

（1）规格与技术参数 设计压力 0.98MPa（10kgf/cm²）；设计温度≤200℃；工作压力 0.8MPa；过滤效率≥80%；过滤精度 40～60μm。

（2）工作原理 压缩机输出的压缩空气经水冷却器后进入过滤器筒体上段，由石英质的空心圆筒微孔过滤，使空气中的水滴、油滴、固体杂质灰尘在微孔作用下，大部分被分离出来，由上排污口排出，残余的部分未滤出的微粒，水油随气流继续下流，经筒体下部的反射板撞出，通过旋风叶片沿圆周切线方向运动，在离心力作用下吸附于筒壁从气流中分离出并延壁下流集聚，由下排污口排出，而净化的空气经下出气管输出，进入贮气罐或工作设备。

（3）构造和外形尺寸 KLQ 型过滤器构造和外形尺寸见图 11-97 和表 11-72。

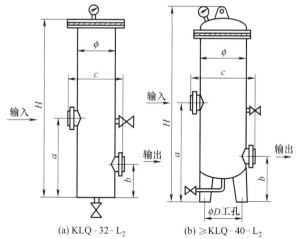

(a) KLQ-32-L₂   (b) ≥KLQ-40-L₂

图 11-97 空气过滤器外形尺寸

表 11-72　过滤器外形尺寸

型号规格	外形尺寸/mm					安装尺寸/mm		公称直径/mm	连接形式	滤芯		密封垫片（中压橡胶）/mm
	H	ϕ	a	b	c	D	螺孔			数量	规格/mm	
KLQ-32-L$_2$	883	108	335	100	228			32	法兰	1	500	155×108×3
KLQ-40-L$_2$	1240	219	666	390	380	200	3-ϕ13	40	法兰	3	500	330×273×3
KLQ-50-L$_2$	1321	273	700	390	433	200	3-ϕ13	50	法兰	5	500	272×219×3
KLQ-65-L$_2$	1391	325	755	415	573	306	3-ϕ15	65	法兰	7	500	385×325×3
KLQ-80-L$_2$	1938	325	803	437	573	306	3-ϕ15	80	法兰	7	1000	
KLQ-100-L$_2$	2083	416	838	385	616	540	3-ϕ20	100	法兰	13	1000	444×404×3
KLQ-150-L$_2$	2150	516	1000	530	770	420	3-ϕ20	150	法兰	22	1000	544×500×3
KLQ-200-L$_2$	2350	618	1225	610	856	500	3-ϕ25	200	法兰	31	1000	655×600×3
KLQ-250-L$_2$	2536	720	1357	657	1000	600	3-ϕ25	250	法兰	48	1000	744×704×3

注：连接法兰按 JB 81—59Pg/cm^2 平焊钢法兰标准选用。

（4）安装与使用方法

① KLQ 型压缩空气过滤器，为立式容器，一般安装在冷却器之后，在不具备冷却器设备时只能安装在贮气罐之后，也可安装在气动设备的过道上。

② 使用前需外部检查，以防运输途中油漆剥落，螺母松动，截止阀损坏等。

③ 流量选择：必须根据空压机流量选择相对应的过滤器，对大量的空压机可采用相应支气道，分别过滤净化。

④ 管道配置根据流量选用管径，并选用相同尺寸标准，压力表配置要求：精度不能低于 2.5级、表盘刻度极限值应为最高工作压力 1.5 倍或 3 倍，最好取 2 倍。表的刻度盘上应画有红线，指出容器最高工作压力，表盘直径不得小于 100mm。

（5）维护保养

① 上下排污口为手动排水装置，必须定期排除过滤分离出来的油水，并进行必要的清洗工作，防止油污阻塞。

② 安装室外的过滤器应保护外壳油漆完好，冬天气温低，应做好设备保暖工作。

③ 滤芯的再生清洗可采取洗涤或用 0.4～0.5MPa 压气反吹，以及低温煅烧等方法，若发现滤芯严重阻塞，无法再生应及时更换。

6. 气动三联件

气动三联件用于气动装置（例如气缸气阀）管路中过滤压缩空气中水分和固体杂质，使通入气动机械中的是清洁压缩空气，同时又能调节管路中压缩空气所需压力，且使其系统压力保持恒压，并可产生油雾随工作用气流输入到气动机械，达到对其润滑作用，保证气动机械安全工作和延长寿命。

气动三联件包括分水滤气器、减压阀和油雾器三部分。

应用举例如图 11-98 所示。

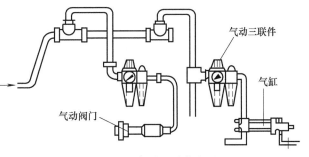

图 11-98　气动三联件应用

（1）主要技术参数

① 过滤精度：一般供货为 50～75μm，特殊订货可为 5～10μm、10～20μm、25～40μm。

② 调压范围：0.05～1.0MPa。

③ 最大耐压：1.6MPa。

④ 工作温度：0~50℃。

⑤ 分水效率：不低于80%。

⑥ 连接螺纹：G1/8″、G1/4″、G3/8″、G1/2″。

⑦ 流量见表11-73。

表 11-73　流量表

型　　　号		QZ-6	QZ-10
通径/mm		6	10
p_1/MPa	p_2/MPa	当压降 $\Delta p=0.1$MPa 过滤精度为 $50\sim75\mu$m 时流量	
1.0	0.1	15	37
1.0	0.25	20	70
1.0	0.4	25	80
1.0	0.6	30	90

当三大件的配接通径小一号时，流量约减少10%；当过滤精度每提高一级，流量约减少7%。

（2）外形尺寸　外形尺寸见图11-99和表11-74。

表 11-74　外形尺寸和质量　　　　　　　　　　　　单位：mm

型号	A	B	C	D	E	F	G	H	I	质量/kg	配接管径
QZ-6	40	26	178	173	63	80	74	40	20	0.7	G1/8″、G1/4″
QZ-10	62	32	262	257	95	128	100	62	31	2.6	G3/8″、G1/2″

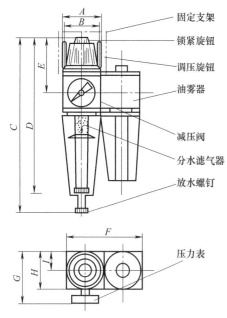

图 11-99　气动三联件外形尺寸

（3）气动三联件安装

① 组合件可以用固定支架固定。

② 组合件必须垂直位置安装，阀体上箭头方向即为气体进口方向。

（4）使用说明

① 在通气之前顺时针方向旋转锁紧旋钮，然后逆时针方向旋转调压旋钮，使工作弹簧处于自由状态为止；接着打开管路上进气阀门，开始通气，再顺时针方向旋转调压旋钮，直至压力表上读数到达所需要的调整压力时为止，再将锁紧旋钮逆时针方向旋转锁紧调压旋钮。

② 根据工作需要，可对滴油量进行调节：在通气时用小旋凿旋转油雾器侧面（QZ-10在上方）；调节针阀在上方视油窗观察油量（每分钟滴油数），一般旋转2~3圈即使油路全开。

③ 使用本件应定期排水，排水时左旋放水螺钉，水放完后右旋放水螺钉，拧紧为止。

④ 拧下油杯装油，注意油面不得超过最高油位，当油位临近最低油位时要及时补油，用油种类应根据温度25~70℃范围选择。

（5）维护保养与拆卸检查

① 过滤芯和存水杯应定期清洗，过滤芯须放入矿物油中清洗后用压缩空气吹净，拆卸时将存水杯拧下，然后拧开滤芯，固定螺母，即可取出滤芯。油杯、存水杯清洗应放入石油溶液中漂洗，并防止磕伤碰毛后模糊视线。

② 调压时压力升不上应检查弹簧是否断裂，如断裂应取下更换。

③ 在平衡状态下空气从溢流口溢出，可以拆出检查膜片是否破裂，若破裂需更换，阀内有尘埃需清洗。

④ 油雾器在工作中发生不滴油时，应检查进口流量是否减少，油针是否被尘埃堵塞，发现问题要及时处理。

⑤ 在定期检查和再次安装时要注意：凡金属件用矿物油清洗，橡胶件用肥皂液洗后用清水洗净，并用低压空气吹干，油杯、存水杯应放入石油溶液中漂洗，切忌于丙酮、乙基醋酸盐、甲苯等溶液中清洗，清洗件防止磕伤碰毛。

（6）注意事项

① 气动三联件油雾状态调为 5 滴/min。

② 调压阀旋钮是处于拧松状态。

③ 在使用中未弄清其原理结构前，不要随意拆装，以免丢失和损坏零件影响整机性能。

7. AC 系列空气过滤组合（三联件）

（1）图形符号　见图 11-100。

（2）型号注释　见图 11-101。

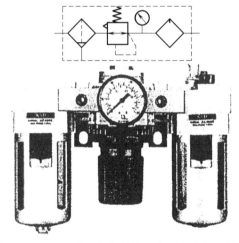

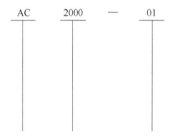

型号：额定流量(L/min)　　接管口径：(G)

2000：500　　　　01：1/8″
2500：1500　　　02：1/4″
3000：2000　　　03：3/8″
4000：4000　　　04：1/2″
5000：5000　　　06：3/4″
　　　　　　　　10：1″

图 11-100　AC 系列空气过滤组合图形符号及外观　　　图 11-101　AC 系列空气过滤组合型号注释

（3）技术性能　技术性能见表 11-75。

表 11-75　AC 系列空气过滤组合（三联件）技术性能

型号	AC2000-01(02)	AC2500-02(03)	AC3000-02(03)	AC4000-04	AC5000-06(10)
使用流体	空气				
接管口径	G1/8″(G1/4″)	G1/4″(G3/8″)	G1/4″(G3/8″)	G1/2″	G3/4″(G1″)
滤心粗度	$5\sim25\mu m$				
调节压力范围	$0.5\sim8.5kgf/cm^2$				
最大可调压力	$10kgf/cm^2$				
保证耐压力	$15kgf/cm^2$				
使用温度范围	$5\sim60℃$				
建议润滑用油整	ISOVG32 或同级用油				
阀型	带溢流型				
额定流量	500L/min	1500L/min	2000L/min	4000L/min	5000L/min
压力表口径	G1/8			G1/4	
质量	0.74kg	1.04kg	1.18kg	2.14kg	3.18kg

续表

型号		AC2000-01(02)	AC2500-02(03)	AC3000-02(03)	AC4000-04	AC5000-06(10)
材质	本体	铝合金压铸成型				
	容杯	聚碳酸酯				
	防护杯罩	铁				
构成元件	过滤器	AF2000	AF3000	AF3000	AF4000	AF5000
	调压阀	AR2000	AR3000	AR3000	AR4000	AR5000
	油雾器	AL2000	AL3000	AL3000	AL4000	AL5000

注：$1kgf/cm^2 = 98.0665kPa$。

（4）外形尺寸 AC 系列空气过滤组合（三联件）外形尺寸见图 11-102 和表 11-76。

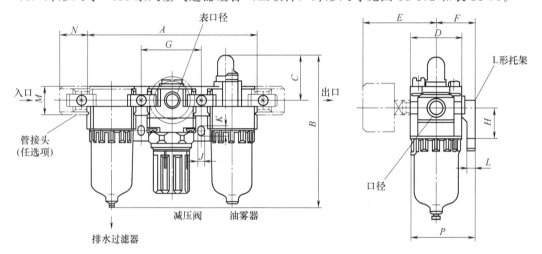

(a) AC2000

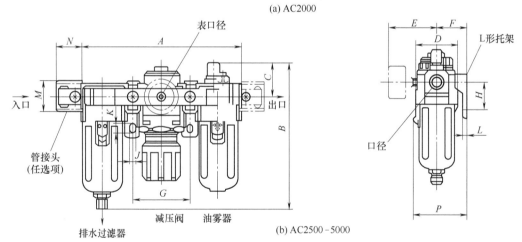

(b) AC2500－5000

图 11-102 AC 系列空气过滤组合（三联件）外形尺寸

表 11-76 AC 系列空气过滤组合（三联件）外形尺寸 单位：mm

型号	AC2000	AC2500	AC3000	AC4000-04	AC5000
口径 G/(″)	1/8～1/4	1/4～3/8	1/4～3/8	1/2	3/4～1
A	140	180	181	238	307
B	125	156.5	156.5	191.5	27.1
C	38	38	38	41	48
D	40	53	53	70	90
E	56.8	60.8	60.8	65.5	75.5

续表

型号	AC2000	AC2500	AC3000	AC4000-04	AC5000
F	30	41	41	50	70
G	50	64	64	84	105
H	24	35	35	40	50
J	5.5	7	7	9	10
K	8.5	11	11	13	16
L	5	7	7	7	10
M	22	34.2	34.2	42.2	55.2
N	23	26	26	33	40
P	50	70.5	70.5	88	115

8. 安全阀

安全阀是保护贮气罐和分气包的重要部件，选用要注意型号、规格、连接方法和连接尺寸。安全阀的工作原理是靠改变弹簧的张力进行工作的，压力大，弹簧压缩，压力释放。

(1) 弹簧全启封闭式安全阀

① 产品系列。A42Y-16C、A42Y-40、A42Y-16P、A42Y-64、A42Y-100。

② 安全阀构造（见图 11-103）。

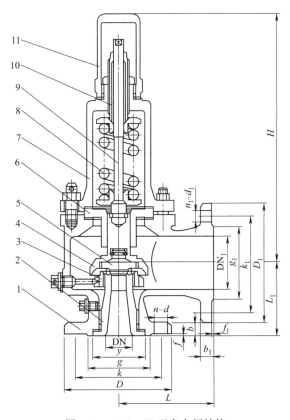

图 11-103　A42Y 型安全阀结构

1—阀体；2—阀座；3—调节圈；4—反冲盘；5—阀瓣；6—导向套；7—阀盖；
8—弹簧；9—阀杆；10—调整螺杆；11—保护罩

③ 主要零部件材料。主要零部件材料见表 11-77。

④ 外形尺寸和连接尺寸。外形尺寸和连接尺寸见表 11-78。

表 11-77　主要零部件材料

序号	零部件名称	A42Y-16C 材料	A42Y-16P 材料
1	阀体	WCB	ZG1Cr18Ni9Ti
2	阀座	2Cr13	1Cr18Ni9Ti
3	调节圈	ZGCr13	ZG1Cr18Ni9Ti
4	反冲盘	2Cr13	1Cr18Ni9Ti
5	阀瓣	2Cr13	1Cr18Ni9Ti
6	导向套	2Cr13	1Cr18Ni9Ti
7	阀盖	QT500-7	ZG1Cr18Ni9Ti
8	弹簧	50CrVA	50CrVA 包覆氟塑料
9	阀杆	2Cr13	1Cr18Ni9Ti
10	调整螺杆	35	A439D-2
	阀座、阀瓣密封面	堆焊 Co 基硬质合金	

表 11-78　外形尺寸　　　　　　　　　　　　　单位：mm

型号	公称通径 DN	D	k	g	y	b	f	n-d	DN₁	D₁	k₁	g₁	b₁	f₁	n₁-d₁	L	L₁	(约)H	重量/kg
A42Y-16C A42Y-16P	20	105	75	56		16	2	4-14	25	115	85	65	16	3	4-14	100	85	225	
	25	115	85	65		16	3	4-14	32	140	100	76	18	3	4-18	100	85	229.5	
	32	140	100	76		18	3	4-18	40	150	110	84	18	3	4-18	115	100	350	14
	40	150	110	84		18	3	4-18	50	165	125	99	20	3	4-18	120	110	398	18
	50	165	125	99		20	3	4-18	65	182	145	118	20	3	4-18	135	120	465	25
	80	200	160	132		20	3	8-18	100	220	180	156	22	3	8-18	170	135	620	50
	100	220	180	156		22	3	8-18	125	250	210	184	22	3	8-18	205	160	635	65
A42Y-16C	150	285	240	211		24	3	8-22	175	310	270	240	26	3	8-22	250	210	650	120
	200	340	295	266		24	3	12-22	225	365	325	295	26	3	12-22	305	260	730	130
A42Y-40	40	150	110	84	76	18	3	4-18	50	165	125	99	20	3	4-18	120	110	398	18
	50	165	125	99	88	20	3	4-18	65	185	145	118	20	3	4-18	135	120	465	25
	80	200	160	132	121	24	3	8-18	100	220	180	156	24	3	8-18	170	135	635	55
	100	235	190	156	121	24	3	8-22	125	250	210	184	26	3	8-22	205	160	620	65
A42Y-64	32	150	110	82	66	24	3	4-22	40	145	110	85	18	3	4-18	135	110		
	40	165	125	95	76	24	3	4-22	50	160	125	100	22	3	4-18	140	120		
	50	175	135	105	88	26	3	4-22	65	180	145	120	22	3	8-18	160	130		
A42Y-100	32	150	110	82	66	24	2	4-22	40	165	125	95	24	3	4-22	135	110		
	40	165	125	95	76	26	3	4-22	50	175	135	105	26	3	4-22	140	120		
	50	195	145	112	88	28	3	4-25	65	180	145	120	28	3	8-22	160	130		

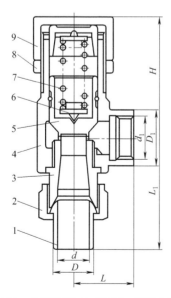

图 11-104　A21H/Y-40(P/R)型安全阀结构

1—管接头；2—管接头螺母；3—阀座；4—阀体；5—阀瓣；
6—弹簧座；7—弹簧；8—锁紧螺母；9—调节螺母

(2) 弹簧微启式螺纹安全阀

① 产品系列。A21H-16C、A21H-40、A21Y-16P。

② 安全阀构造见图 11-104。

③ 主要零部件材料。主要零部件材料见表 11-79。

④ 外形尺寸和连接尺寸。外形尺寸和连接尺寸见表 11-80。

(3) 安装使用注意事项

① 安全阀的型号、规格应根据压力容器规格大小选用。例如贮气罐多用弹簧全启封闭式安全阀。

② 根据压力容器工作压力 p_w 确定安全阀开启压力 p_Z；取 $p_Z \leqslant (1.05 \sim 1.1)p_w$。

③ 取容器的设计压力 p 等于或稍大于开启压力 p_Z，即 $p \geqslant p_Z$。

④ 安全阀须垂直安装，其排放口应指向无人通过的方位，以免排气伤人。

⑤ 安全阀使用前需要有资质的单位进行压力校验和调整，而后安装使用。

表 11-79　主要零部件材料

序号	零部件名称	A21H-16C A21H-40 材料	A21Y-16P 材料
1	管接头	20	1Cr18Ni9Ti
2	管接头螺母	35	2Cr13
3	阀体	2Cr13	1Cr18Ni9Ti
4	阀座	2Cr13	1Cr18Ni9Ti
5	阀瓣		(密封面堆焊 Co 基硬质合金)
6	弹簧	50CrVA	50CrVA 包覆氟塑料
7	导向垫	2Cr13	1Cr18Ni9Ti
8	调节螺母	A3	2Cr13

表 11-80　外形尺寸　　　　　　　　　　　　　　　　单位：mm

型号	公称通径	D	d	D_1	d_1	L	L_1	(约)H	重量/kg
A21H-16C	15	20	15	20	G5/8"	35	60	64	3
A21H-40	20	25	20	34	G3/4"	40	68	68	5
A21Y-16P	25	31	25	40	G1"	50	70	105	7

9. 气缸

(1) 分类和特点　气缸使用十分广泛，使用条件各不相同，从而其结构、形状各异，分类方法繁多。如以结构和功能来分可分为如下几种。

① 按压缩空气作用在活塞端面上的方向，可分的单作用气缸和双作用气缸。单作用气缸是由一侧气口供给压缩空气，驱动活塞运动，依靠弹簧力、外力或自重等退回，而双作用气缸是由两侧气口供给压缩空气使活塞做往复运动。

② 按结构不同可分为活塞式气缸、柱塞式气缸、叶片式气缸、薄膜式气缸及气-液阻尼缸等。活塞式气缸的内部装有带密封的活塞，而无活塞式气缸则使用膜片或膜盒（分平膜片式、碟形膜片式、滚动膜片式和皮囊式）等，其特点是无摩擦力，但行程较短。单活塞杆气缸是各类气缸中应用最广的一种气缸，由于它只在活塞的端有活塞杆，活塞两侧压缩空气作用的面积不等，因而活塞杆伸出时的推力大于退回时的拉力。双活塞杆气缸活塞两侧都有活塞杆，活塞两侧变压缩空气作用的面积相同，活塞杆伸出时的推力和退回时的拉力相等。双活塞杆气缸又可分为缸体固定式和活塞杆固定式两种。还有一种无杆式气缸，无杆气缸细分又可分为磁性耦合式、机械耦合式和带导向机构等形式。

③ 按安装方式可分为固定式、摆动式、回转式和嵌入式。固定式气缸采用法兰或双螺栓把气缸安装在机体上。摆动式气缸能绕一固定轴做一定角度的摆动，其结构有头部轴销式、中间轴销式及尾部轴销式。回转式气缸是一种缸体固定在机床主轴上，可随机床主轴做旋转运动的气缸。嵌入式气缸是一种缸筒直接制作在夹具内的气缸。由气缸的结构特点决定了它只能承受轴向的载荷，要想使其能承受径向载荷，必须具备下述结构：外部民向机构、补偿式连接机构、防尘装置、摆动式的安装形式。图 11-105 给出了气缸的几种安装形式。

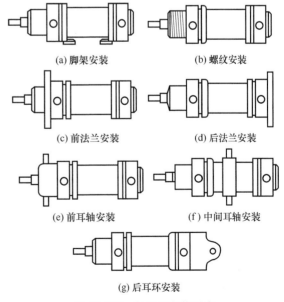

(a) 脚架安装　　　　(b) 螺纹安装

(c) 前法兰安装　　　(d) 后法兰安装

(e) 前耳轴安装　　　(f) 中间耳轴安装

(g) 后耳环安装

图 11-105　气缸的安装形式

④ 按缓冲方式可分为无缓冲型和缓冲型两种。通常为防止活塞冲击缸盖，可在气缸的行程终端设置缓冲装置，这种气缸称缓冲气缸。在缸径为 32mm 以上的大中型气缸中，有利用空气可压缩性的可调式缓冲装置；有单侧缓冲型和双侧缓冲型。而缸径在 32mm 以下的小型气缸中，常使用由聚氨酯橡胶等制成的固定式弹性缓冲装置。

⑤ 按润滑形式可分为给油气缸、无给油气缸和无油润滑气缸三种。给油气缸工作时需提供油雾润滑，应用于给油润滑气动系统。无给油气缸已预先封入润滑脂等，工作时定期给予补充，不需要润滑装置，应用于无给油润滑气动系统。无油润滑气缸有含油润滑材料和含油密封圈等部件，不需要润滑装置或预先封入润滑脂等，应用于无油润滑气动系统。

⑥ 根据缸径分类，通常将 $\phi 10mm$ 以下称为微型缸，$\phi 10 \sim 25mm$ 为小型缸，$\phi 32 \sim 100mm$ 为中型缸，大于 $\phi 100mm$ 为大型缸。

⑦ 按功能可分为普通气缸和特殊气缸。普通气缸指用于无特殊要求场合的一般单、双作用气缸，在市场上十分容易购得；特殊气缸用于特定的工作场合，一般需订购。对于特殊的使用场合气缸应采用特殊结构形式。

⑧ 最新推出的复合型气缸，包括多工位气缸、带阀气缸、带锁气缸、带导杆导轨气缸、带行程调节气缸和双缸并列以及增压气缸等结构。

（2）普通气缸　在各类气缸中使用最多的是活塞式单活塞杆型气缸，称为普通气缸。普通气缸可分为单作用气缸和双作用气缸两种。

① 单作用气缸。图 11-106 所示为单活塞杆单作用气缸结构原理，在活塞的一侧装有使活塞杆复位的弹簧，在另一端缸盖弹簧侧设有呼吸孔，最好有过滤片。除此之外，其他结构基本上和双作用气缸相同。使活塞杆复位的力可以是弹簧、自重或外加气压力。

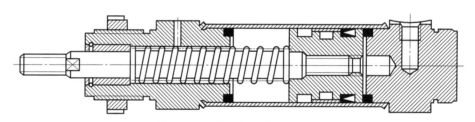

图 11-106　单活塞杆单作用气缸

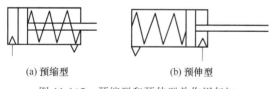

(a) 预缩型　　　(b) 预伸型

图 11-107　预缩型和预伸型单作用气缸

单作用气缸只在一个方向上有推动行程，有预缩型和预伸型两种，如图 11-107 所示。预缩型为压缩空气推动活塞，使活塞杆伸出，靠复位力使活塞杆退回。预伸型为压缩空气推动活塞，使活塞杆退回，靠复位力使活塞杆伸出。

单作用气缸的应用范围：a. 行程短，对输出力和运动速度要求不高的场合；b. 所有只在一个方向上需要输出力而在另一个方向上的运动无负载的场合都可使用单作用气缸。另外，在某些情况下出于安全考虑要求气缸在动力消失的时候处于一个确定位置的状况下，也应选用单作用气缸。

② 双作用气缸　双作用气缸指两腔可以分别输入压缩空气，实现双向运动的气缸。其结构可分为双活塞杆式、单活塞杆式、双活塞式、缓冲式和非缓冲式等。此类气缸使用最为广泛。如图 11-108 所示为普通型单活塞杆双作用气缸。

应用范围：①有径向载荷的场合；②两个方向上的输出力要求相等的情况下，需要利用背压停止的场合；③需要在气缸的另一侧安装信号元件的场合等。

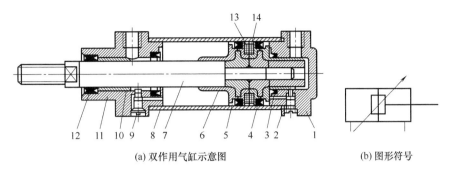

(a) 双作用气缸示意图　　　　　　(b) 图形符号

图 11-108　普通型单活塞杆双作用气缸

1—后缸盖；2—密封圈；3—缓冲密封圈；4—活塞密封圈；5—活塞；6—缓冲柱塞；7—活塞杆；
8—缸筒；9—缓冲节流阀；10—导向套；11—前缸盖；12—防尘密封圈；13—磁铁；14—导向环

（3）气缸输出力（见表 11-81）

表 11-81　各种缸径的气缸在不同使用压力下的理论输出力　　　　　　　单位：N

缸径 /mm	活塞杆径 /mm	受压面积 /cm²		使用压力/MPa										
				0.2		0.3		0.4		0.5		0.6		0.7	
		推	拉	推	拉	推	拉	推	拉	推	拉	推	拉	推	拉
32	12	8.0	6.0	160	138	241	207	321	276	402	345	506	435	562	483
40	16	12.5	10.5	251	211	376	316	502	422	628	527	791	665	879	738
50	20	19.6	16.4	392	329	589	494	785	695	981	824	1237	1039	1374	1154
63	20	31.1	28.0	623	560	935	840	1246	1121	1558	1401	1963	1765	2182	1962
80	25	50.2	45.3	1005	907	1507	1360	2010	1814	2513	2267	3166	2857	3518	3174
100	25	78.5	78.6	1570	1472	2356	2208	3141	2945	3926	3681	4948	4638	5497	5154
125	32	122.7	114.6	2454	2293	3681	9410	4908	5687	6135	5733	7731	7224	8590	8027
160	45	201.0	185.1	4021	3703	6031	5554	8042	7406	10053	9257	12666	11664	14074	12961
200	45	314.1	298.2	6282	5965	9423	8947	12566	11930	15707	14912	19792	18790	21901	20877
250	50	490.8	171.2	9817	9424	14726	14137	19634	18849	24543	23561	30925	29688	34361	32986
320	63	804.2	773.0	16084	15461	24127	23192	32169	30923	40212	38653	50667	48703	56297	54151

注：此表中的数据是理论输出力，在实际选用中应根据不同情况对表中数值乘以 0.6～0.8 系数后、再选取。

（4）QGA/B 系列中型气缸（安装尺寸符合 ISO 6431）

① 图形符号（见图 11-109）

QGA　　　　　　　　　　　　QGB

图 11-109　QGA/B 系列中型（大型）气缸图形符号

② 型号标注（见图 11-110）

③ 特点

a. 免给油：采用含油合金，特殊轴承衬垫，活塞杆无需给油。

b. 高品质、耐久性：氯压钢管采用铝合金材质，经过氧化铝膜处理，更具耐磨、耐蚀性。

c. ISO 标准规格：根据国际标准 ISO 规格制作，大多数零件可互相替换。

d. 多样化支架种类：多种支架可供选择，固定式及活动式安装皆可。

④ 技术性能　QGA/B 中型气缸技术性能见表 11-82。

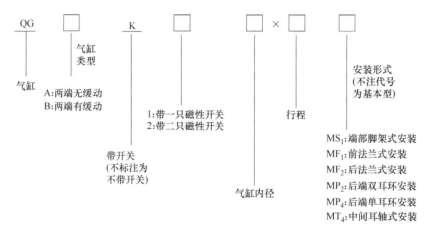

图 11-110　QGA/B 系列中型（大型）气缸型号标注

表 11-82　中型气缸技术性能

项目	参数
工作压力范围/MPa	0.15～1.0
耐压/MPa	1.5
工作温度范围/℃	5～60
活塞速度/(mm/s)	50～500
使用寿命/km	≥600
行程系列/mm	25、50、80、100、125、160、200、250、320、400、500，亦可根据用户要求而定

⑤ 外形尺寸　QGA/B 中型气缸外形尺寸见图 11-111 和表 11-83。

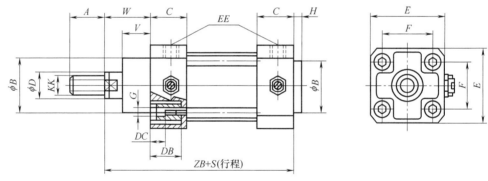

图 11-111　QGA/B 中型气缸外形尺寸

表 11-83　QGA/B 中型气缸外形尺寸　　　　　　　　　　　单位：mm

缸径	A	ΦB	C	ΦD	DB	DC	F	EE 英制	EE 米制	E	G	H	KK	V	W	ZB
32	22	28	27.5	12	20	10	33	G1/8″	M10×1	44	M6	3	M10×1.25	15	25	120
40	24	32	27.5	16	20	10	37	G1/4″	M14×1.5	50	M6	3	M12×1.25	15	32	135
50	32	38	27.5	20	20	10	47	G1/4″	M14×1.5	62	M6	4	M16×1.5	15	37	143
63	32	38	27.5	20	20	10	56	G3/8″	M18×1.5	76	M8	4	M16×1.5	15	37	155
80	40	47	33	25	25	12	70	G3/8″	M18×1.5	94	M10	5	M20×1.5	21	40	172
100	40	47	33	25	25	12	84	G1/2″	M22×1.5	112	M10	5	M20×1.5	21	53	187

（5）QGA/B 系列大型气缸（安装尺寸符合 ISO 6431）

① 图形符号　与中型气缸相同，见图 11-109。

② 型号标注 与中型气缸相同，见图 11-110。
③ 技术性能 QGA/B 系列大型气缸技术性能见表 11-84。

表 11-84 QGA/B 系列大型气缸技术性能

工作压力范围/MPa	0.1～1.0
耐压/MPa	1.5
工作温度范围/℃	5～60
耐压/MPa	50～500
使用寿命/km	≥600
行程系列/mm	50、80、100、125、160、200、250、320、400、500、600、800、1000、1250，亦可根据用户要求而定

④ 外形尺寸 QGA/B 系列大型气缸外形尺寸见图 11-112 和表 11-85。

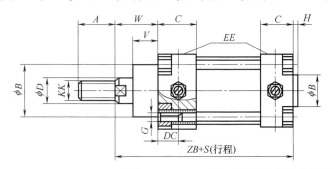
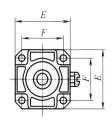

图 11-112 QGA/B 系列大型气缸外形尺寸

表 11-85 QGA/B 系列大型气缸外形尺寸 单位：mm

缸径	A	φB	C	φD	DC	E	EE 英制	EE 米制	F	G	H	KK	V	W	ZB
125	54	63	42	32	21	140	G1/2″	M22×1.5	106	M12	10	M27×2	45	65	225
160	72	80	46	45	23	180	G3/4″	M27×2	136	M14	10	M36×2	55	85	255
200	72	80	46	45	23	220	G3/4″	M27×2	166	M16	12	M36×2	65	95	275
250	84	100	50	50	25	270	G1″	M33×2	204	M20	14	M42×2	75	105	305
320	96	110	56	63	28	340	G1″	M33×2	255	M24	16	M48×2	90	120	340

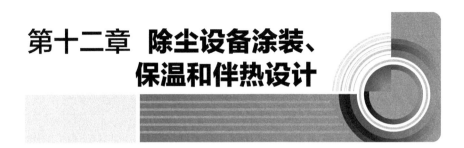

第十二章 除尘设备涂装、保温和伴热设计

工业除尘设备的涂装设计、保温设计和伴热设计是除尘设备的重要组成部分。在工业除尘设备使用过程中往往由于涂装设计、保温设计或伴热设计欠良而影响除尘设备使用寿命甚至影响其正常运行。

第一节 除尘设备涂装设计

工业除尘设备箱体和框架以及配套装置都是钢材做成的。钢材受到的腐蚀来自两方面：一是处理各种腐蚀性气体从内部产生腐蚀，在高温条件下尤为严重；二是除尘器多处于工业环境，外部易受到腐蚀。因此除尘设备涂装设计必不可少。

一、钢材锈蚀和除锈

（一）常温状态下的腐蚀

除尘设备主要在大气环境中使用。常温状态下，钢材受大气中水分、氧和其他污染物的作用而易被腐蚀。大气中的水分吸附在钢表面上形成水膜，是造成钢腐蚀的决定因素，而大气的相对湿度和污染物的含量，则是影响大气腐蚀程度的重要因素。

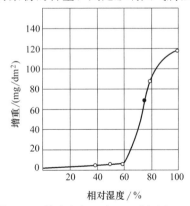

图 12-1　铁在空气（含 0.01% SO_2）中经 55 天的腐蚀速度与相对湿度的关系

实验和经验都表明：在一定温度下，大气的相对湿度如保持在 60% 以下，铁的大气腐蚀是很轻微的，但当相对湿度增加到某一数值时，铁的腐蚀速度会突然升高，这一数值称为临界湿度。在常温下，一般钢材的腐蚀临界湿度为 60%～70%。图 12-1 表示铁的腐蚀速度与大气相对湿度的关系。

1. 根据临界湿度的概念，大气的腐蚀分类

（1）干的大气　是指相对湿度低于大气腐蚀临界湿度的大气，一般金属表面上不能形成水膜。

（2）潮的大气　是指相对湿度高于大气腐蚀临界湿度的大气，一般金属表面上形成用肉眼看不见的液膜。

（3）湿的大气　是指能在金属表面上形成凝结水膜的

大气，潮的和湿的大气是造成金属腐蚀的基本因素。

2. 根据所含污染物的数量差异，大气的腐蚀分类

（1）乡村大气　是指农村和小城镇地区在大气中含有很少的二氧化硫和其他腐蚀性的物质。

（2）城市大气　是工业不密集的地区，在大气中有一定的二氧化硫或有其他腐蚀的物质。

（3）工业大气　是工业密集地区，在大气中有严重的二氧化硫或其他腐蚀的物质。

（4）海洋大气　是指海洋面上狭窄的海岸地带，在大气中主要含有氯化物质，海岸边的工业密集地区，受工业大气和海洋大气双重污染物的腐蚀。

由于各地域大气中所含腐蚀物质成分和数量的不同。造成其对钢铁的腐蚀程度的速率也不同，见表 12-1、表 12-2。

表 12-1　各种大气对钢铁的腐蚀程度

按地域分类	相对腐蚀程度/%
农村大气	1～10
城市大气	30～35
海洋大气	38～52
工业大气	55～80
污染严重的工业大气	100

表 12-2　各种金属在不同大气的腐蚀速率

金属名称	腐蚀速率/(10^{-9}m/a)		
	农村大气	沿海大气	工业大气
铝	0.9～1.4	1.8～3.7	1.8
镉	—	15～30	—
铜	1.9	3.2～4.0	3.8
镍	1.1	4～58	2.8
锌	1.0～3.4	3.8～19	2.4～15
钢	4～60	40～160	65～230

3. 按地域分类法，大气的腐蚀分类

按地域对大气分类的方法，大致可估计出各地域的大气对金属的腐蚀情况，为考虑防腐蚀措施或方案时提供一定的依据。

（1）城市大气腐蚀　城市大气中含有一定量的二氧化硫或其他腐蚀物质，各地区的大气相对湿度由于气候的不同而差异，所以各地的城市大气对金属腐蚀的程度也是不同的。

空气中的氧气与金属在表面产生一层很薄的氧化膜，该膜能阻碍水和氧等物质的渗透，对金属具有一定的保护作用，随着膜厚度的增加，腐蚀速率渐渐减慢。

在干燥的大气条件下，即使大气中含有少量的腐蚀物质，也不会对金属的腐蚀速率产生多大的影响，如图 12-2 所示。

潮湿的大气是金属腐蚀的基本条件，纯净的潮湿大气，对金属腐蚀的影响并不严重，也无速度突变现象。当潮湿的大气中含有腐蚀性物质时，即使含量很低，如 0.01% 的 SO_2，也会严重地影响金属腐蚀的速率，并使速率有明显的突变，如图 12-3 所示。

（2）工业大气腐蚀　在一般工业密集区的大气中，主要腐蚀物质是二氧化硫和灰尘，在

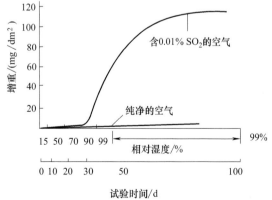

图 12-2　铁在大气腐蚀时与大气的相对湿度和空气中 SO_2 含量的关系

化工工业区的大气中，除含有二氧化硫外，还含 H_2S、Cl_2、HCl、NH_3 和 NO_x 等气体腐蚀物质。在干燥的大气中，这些腐蚀物质的存在对金属腐蚀的影响并不严重，但它会使大气的腐蚀临界湿度值降低，从而提供了加速腐蚀的机会；在潮湿大气中，这些腐蚀物质被金属表面的水膜溶解后，形成导电性能良好的电解质溶液，将严重地影响腐蚀的速率和程度，如图 12-4 所示。

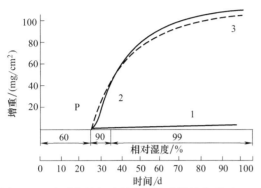

图 12-3 达到临界相对湿度后铁试样转移到无 SO_2
杂质的大气中时对腐蚀速率的影响
1—在纯净大气中的试验；2—在含有 0.01% SO_2 的大气中的试验；3—从 P 点开始试验在不含 SO_2 的大气中进行

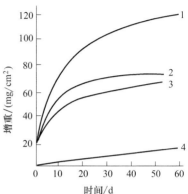

图 12-4 二氧化硫气体和空气的相对
湿度对铁的腐蚀影响
1～3—0.01% SO_2；4—纯净大气；
1—RH=99%；2—RH=75%；
3—RH=70%；4—RH=99%

工业大气中常见的几种腐蚀性气体对金属腐蚀的影响如下。

① 二氧化硫。在工业大气中普遍含有二氧化硫气体，它对金属腐蚀的影响最大，也是造成金属腐蚀的主要原因。二氧化硫在金属表面的催化剂作用下，被氧化成三氧化硫，并在金属表面的溶液中生成硫酸而腐蚀金属，其反应式为：

$$SO_2 + \frac{1}{2}O_2 \longrightarrow SO_3$$

$$SO_3 + H_2O \longrightarrow H_2SO_4$$

$$2Fe + 3H_2SO_4 \longrightarrow Fe_2(SO_4)_3 + 3H_2 \uparrow$$

② 硫化氢。H_2S 在干燥的大气条件下，对金属的腐蚀影响并不大，一般只能引起金属表面变色，即生成硫化膜。在潮湿的大气中，H_2S 溶于金属表面的液膜后，使液膜酸化，电导率上升，形成导电性能良好的电解质溶液，对铁和镁腐蚀性较大，对锌、锡等由于形成硫化膜，腐蚀性并不大。

③ 氯气和氯化氢。Cl_2 和 HCl 在潮湿的大气中会使金属表面的液膜生成腐蚀性强的盐酸，对铁的腐蚀非常严重。

（3）海洋大气腐蚀 海水中含有约 3.4% 的盐，pH 值约为 8，呈微碱性，是天然良好的电解质溶液，能引起电偶腐蚀的缝隙腐蚀，建筑在海洋中的工程，水下部分受海水的侵蚀，水上部分受海洋大气的腐蚀。钢材在海水中，所处的部位环境不同，其腐蚀程度和状态也不同，所以一般海洋腐蚀分为：海洋大气区、飞溅区、高潮位区、低潮位区、深海区（平静海水区）和污泥区等，如图 12-5 所示，显

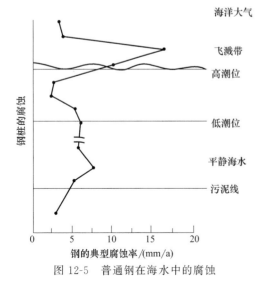

图 12-5 普通钢在海水中的腐蚀

示出钢材在海水中的典型腐蚀率。

在海面上和近海岸的工程，主要受海洋大气腐蚀，腐蚀程度主要取决于积聚在钢材表面上的盐粒和盐雾的数量。盐的沉聚量与海洋气候环境、距离海面高度、远近和暴露时间有关；沿海地带大气中含氯离子和钠离子时与离海距离有关，见表 12-3。

表 12-3　距离海洋不同时大气中离子的含量

海岸距离/km	离子含量/(mg/L)		海岸距离/km	离子含量/(mg/L)	
	Cl^-	Na^+		Cl^-	Na^+
0.4	16	8	48.0	4	—
2.3	9	4	86.0	3	—
5.6	7	2			

在海洋大气的盐分中，氯化钙和氯化镁是吸潮剂，易在钢材表面形成液膜，特别是在空气达到露点时尤为明显。一般认为在无强烈风暴时，距离海岸 1.6km 以外处，基本上对金属腐蚀影响不大。

海洋大气与工业大气，虽然其环境与条件不同，但对金属的腐蚀较为严重，近海工业区的建筑，因同时受海洋大气和工业大气的腐蚀，其腐蚀程度要比上述任何一种单独的大气腐蚀严重得多。

（二）高温状态下的腐蚀

除尘设备 100℃ 以上条件的钢铁腐蚀机理与 100℃ 以下条件下钢铁腐蚀机理完全不同，前者属高温氧化腐蚀；后者，前面已叙述过，属金属电化学腐蚀，在高温状态下，水以气态存在，电化学腐蚀很小，降为次要因素。

单纯由化学作用而引起的腐蚀叫作化学腐蚀。金属和干燥气体（如 O_2、H_2S、SO_2、Cl_2 等）相接触时，表面生成相应的化合物（氧化物、硫化物、氯化物等），是化学腐蚀。

钢铁在 $500\sim1000℃$ 条件下，很容易被空气中的氧气氧化而受到腐蚀。腐蚀结果是在表面生成一层氧化皮，同时还会发生脱碳现象，其化学反应方程式为：

$$3Fe+2O_2 \longrightarrow Fe_3O_4$$
$$Fe_3C+O_2 \longrightarrow 3Fe+CO_2 \uparrow$$
$$Fe_3C+CO_2 \longrightarrow 3Fe+2CO \uparrow$$
$$Fe_3C+H_2O \longrightarrow 3Fe+CO \uparrow + H_2 \uparrow$$

钢铁中的渗碳体（Fe_3C）和气体介质相互作用所生成的气体产物（C_2O、CO、H_2 等）离开金属表面而逸出，而碳便从邻近的尚未反应的金属内部逐渐扩散到这一反应区，致使相当厚的金属层中的碳元素逐渐减少，形成碳层，如图 12-6 所示。由于脱碳使钢铁表层硬度减低和疲劳极限下降，从而降低钢材使用率及使用性能。这种在高温干燥气体中所发生的腐蚀是化学腐蚀中较为严重的一类。因此，当除尘设备在高温工作时应在防腐蚀方面给以特别关注。

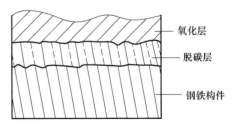

图 12-6　钢铁构件表面氧化脱碳层

（三）金属腐蚀程度表示

为说明金属腐蚀情况，衡量其腐蚀程度，一般用平均腐蚀重量变化和平均腐蚀深度来表示。

（1）以腐蚀重量变化表示　即在单位时间内和单位面积上金属腐蚀重量的变化，通常以

"g/(m²·h)" 为单位，即每小时一平方米面积上金属腐蚀损失或增加的克数，可按下式计算：

$$k = \frac{W}{ST}$$ (12-1)

式中，k 为按重量表示的金属腐蚀速率，g/(m²·h)；W 为金属腐蚀后损失或增加的重量，g；S 为金属的面积，m²；T 为金属腐蚀时间，h。

（2）以腐蚀深度表示 在设计和生产上，以腐蚀深度表示腐蚀的程度更为实用。该法是指在单位时间内金属腐蚀深度（或厚度），通常以 "mm/a" 为单位，它可以利用上述失重的腐蚀速率 k 值进行换算：

$$k' = \frac{k \times 24 \times 365}{1000d} = \frac{8.76k}{d}$$ (12-2)

式中，k' 为按深度表示的腐蚀速度，mm/a；k 为按失重表示的腐蚀速率，g/(m²·h)；d 为密度，g/cm³。

例如：铁的密度为 7.87g/cm³，如果失重腐蚀速率值为 $k=1$g/(m²·h)，则年腐蚀深度为：

$$k' = \frac{8.76 \times 1}{7.87} = 1.1 (\text{mm/a})$$

从上述两种表示铁腐蚀速率方法，可以看出其绝对值相差不大。所以对于腐蚀速率为 1g/(m²·h) 的铁，一般可近似地认为每年腐蚀深度为 1mm。

（四）金属腐蚀等级标准及应用

金属腐蚀等级标准，是以均匀腐蚀深度来表示，通常分为三级，见表 12-4。

表 12-4 均匀腐蚀三级标准表

类 别	等 级	腐蚀深度/(mm/a)
耐蚀	1	<0.1
可用	2	0.1～1.0
不可用	3	>1.0

在进行除尘设备设计时，要考虑材料的均匀腐蚀深度，即结构件的厚度等于计算的厚度加上腐蚀裕量（材料的年腐蚀深度乘上设计使用的年限），利用均匀腐蚀深度值，也可估算出结构件的使用寿命。例如，厚度为 10mm 的结构件，由计算得知只需要 5mm 厚，如均匀腐蚀深度为 0.1mm/a，则使用寿命可达 50 年。但实际上，一般腐蚀都是不均匀的，所以设计结构件时还要考虑一定的安全系数。

（五）钢铁腐蚀的防护

根据钢铁腐蚀的电化学原理，只要防止或破坏腐蚀电池的形成或者强烈阻滞阴、阳极过程的进行，就可以防止金属的腐蚀。例如，防止电解质溶液在金属表面沉降或凝结，防止各种腐蚀性介质的污染等，都可达到防止金属腐蚀的目的。

然而，大多数金属材料，由于本身具有电化学不均匀性，有构成微电池腐蚀的阴、阳极因子，而在大气中氧气等去极化剂是普遍存在的，所以只要金属表面有薄层水膜形成，就会产生电化学腐蚀。因此，要防止或阻滞水膜的形成，就得将形成和保护水膜的各种因素（湿度、温度、吸湿性污染物、空降水等）控制在一定限度之内。

采用防护层方法防止钢结构腐蚀是目前通用的方法，防护层也称覆盖层。实质在于把金属同促进腐蚀的各种外界条件，如水分、氧气、二氧化硫等，尽可能隔离开来，从而达到防护目的。

（1）金属保护层 它是用具有阴极或阳极保护作用的金属或合金，通过电镀、喷镀、化学镀、热镀和渗镀等方法，在需要防护的金属表面上形成金属保护层（膜），如镀锌钢材。锌的电位比铁低，它作为腐蚀的阳极而牺牲，铁作为阴极而得到了保护。金属镀层多用在轻工、仪表等制造行业，以及钢管和薄铁板的镀锌。

（2）化学保护层　它是用化学或电化学的方法，使金属表面生成一种具有耐腐蚀性能的化合物膜。如钢铁的氧化（或叫发蓝）、铝的电化学氧化以及钢铁的磷化和钝化等。

（3）非金属保护层　非金属保护层是用涂料等材料，通过涂刷和喷涂等方法，在金属表面上形成保护膜。例如，钢结构除尘设备的涂装，就是利用涂层来防止腐蚀的。

（六）钢材除锈

涂装前必须去除锈蚀并达到 $Sa2\frac{1}{2}$ 级或 St3 级的除锈等级。

1. 锈蚀等级

钢材表面的锈蚀分别以 A、B、C 和 D 四个等级表示。

A 级：全面地覆盖着氧化皮而几乎没有铁锈的钢材表面。

B 级：已发生锈蚀，并且部分氧化皮已经剥落的钢材表面。

C 级：氧化皮已因锈蚀而剥落，或者可以刮除，并且有少量点蚀的钢材表面。

D 级：氧化皮已因锈蚀而全部剥落，并且已普遍发生点蚀的钢材表面。

2. 除锈等级

钢材表面除锈等级以代表所采用的除锈方法的字母"Sa""St"或"FI"表示。如果字母后面有阿拉伯数字，则其表示清除氧化皮、铁锈和涂料涂层等附着物的程度等级。

（1）喷射或抛射除锈　喷射或抛射除锈以字母"Sa"表示。喷射或抛射除锈前，厚的锈层应铲除，可见的油脂和污垢也应清除。喷射或抛射除锈后，钢材表面应清除浮灰和碎屑，对于喷射或抛射除锈过的钢材表面有 4 个除锈等级。

① Sa1。轻度的喷射或抛射除锈，钢材表面应无可见的油脂和污垢，并且没有附着不牢的氧化皮、铁锈和涂料涂层等附着物。

② Sa2。彻底的喷射或抛射除锈，钢材表面应无可见的油脂和污垢，并且氧化皮、铁锈和涂料涂层等附着物已基本清除，其残留物应是牢固附着的。

③ $Sa2\frac{1}{2}$。非常彻底的喷射或抛射除锈，钢材表面应无可见的油脂、污垢、氧化皮、铁锈和涂料涂层等附着物，任何残留的痕迹应仅是点状或条纹状的轻微色斑。

④ Sa3。使钢材表观洁净的喷射或抛射除锈，钢材表面应无可见的油脂、污垢、氧化皮、铁锈和涂料涂层等附着物，该表面应显示均匀的金属色泽。

（2）手工和动力工具除锈　用手工和动力工具，如用铲刀、手工或动力钢丝刷、动力砂纸盘或砂轮等工具除锈，以字母"St"表示。手工和动力工具除锈前，厚的锈层应铲除，可见的油脂和污垢也应清除。手工和动力工具除锈后，钢材表面应清除去浮灰和碎屑，对于手工和动力工具除锈过的钢材表面，有两个除锈等级。

① St2。彻底的手工和动力工具除锈，钢材表面应无可见的油脂和污垢，并且没有附着不牢的氧化皮、铁锈和涂料涂层等附着物。

② St3。非常彻底的手工和动力工具除锈，钢材表面应无可见的油脂和污垢，并且没有附着不牢的氧化皮、铁锈和涂料涂层等附着物。除锈应比 St2 更彻底，底材显露部分的表面应具有光泽。

（3）火焰除锈　火焰除锈以字母"FI"表示。火焰除锈前，厚的锈层应铲除，火焰除锈应该包括在火焰加热作业后以动力钢丝刷清洗加热后附着在钢材表面的产物。火焰除锈后（FI 级）钢材表面应无氧化皮、铁锈和涂料涂层等附着物。任何残留物的痕迹应仅为表面变色（不同颜色的暗影）。

（4）除锈方法的特点 有资料认为除锈质量要影响涂装质量的 60% 以上。各种除锈方法的特点见表 12-5。不同除锈方法，在使用同一底漆时，其防护效果也不相同，差异很大。

表 12-5　各种除锈方法的特点

除锈方法	设备工具	优　点	缺　点
手工、机械	砂布、钢丝刷、铲刀、尖锤、平面砂磨机、动力钢丝刷等	工具简单，操作方便，费用低	劳动强度大、效率低、质量差，只能满足一般涂装要求
喷射	空气可压缩机、喷射机、油水分离器	能控制质量，获得不同要求的表面粗糙度，适合防腐	设备复杂，需要一定操作技术，劳动强度较高，费用高，易污染环境
酸洗	酸洗槽、化学药品、厂房等	效率高，适用大批件，质量高，费用较低	污染环境，废液不易处理，工艺要求较高

二、涂层结构和涂装设计

1. 涂料选择

涂料选用正确与否，对涂层的防护效果影响很大，涂料选用得当，其耐久性长，防护效果好。涂料选用不当，则防护时间短，防护效果差。涂料品种的选择取决于对涂料性能的了解程度和预测环境对钢结构及其涂层的腐蚀情况和工程造价。常用涂料见表 12-6。

表 12-6　常用涂料的特性和用途

名　称	成分或特点	用　途
生漆（大漆）	生漆是漆树分泌之汁液，有优良的耐蚀性能，漆层机械强度也相当高	适用于腐蚀性介质的设备管道，使用温度约 150℃，可用于金属、木材、混凝土表面
锌黄防锈漆	由锌铬黄、氧化锌、填充料、酚醛漆料、催干剂与有机溶剂组成	适用于钢铁及轻金属表面打底，对海洋性气候及海水浸蚀有特殊防锈性能
红丹醇酸及红丹防锈漆	用红丹、填充料、醇酸树脂［或油性（磁性）漆料］催干剂与有机溶剂、研磨调剂而成	用于黑色金属表面打底，不应暴露于大气之中，必须用适当的面漆覆盖
混合红丹防锈漆	用红丹、氧化铁红、填充料、聚合干性油、催干剂与有机溶剂调研而成	适用于黑色金属表面作为防锈打底层
铁红防锈漆	用氧化铁红、氧化锌、填充料、油性或磁性漆料等配成	适用于室外黑色金属表面，可作为防锈底漆或面漆用
铁红醇酸底漆	由颜料、填充料与醇酸清漆制成，附着力强，防锈性和耐气候性较好	适用于高温条件下黑色金属表面
头道底漆	用氧化铁红、氧化锌、炭黑、填充料等和油基漆料研磨调制而成	适用于黑色金属表面打底，能增加硝基磁漆与金属表面附着力
磷化底漆	用聚乙烯醇缩丁醛树脂溶解于有机溶剂中，再和防锈颜料研磨而成，使用时研入预先配好的磷化液	作有色及黑色金属的底层防锈涂料，且能延长有机涂层使用寿命，但不能代替一般底漆
厚漆（铅油）	以颜料和填料混合于干性油或清油中，经研磨制成的软膏状物	适用于室内外门、窗、墙壁铁木建筑物等表面作底漆或面漆
油性调和漆	用油性调合漆料或部分酚醛漆料、颜料、填料等配制经研磨细腻而成	适用于室内涂覆金属及木材表面、耐气候性好
磁性调和漆	用磁性调合漆料和颜料等配制，经研磨细腻而成	适用于室外一般建筑物、机械门窗等表面
铝粉漆	用铝粉浆和中油酸树脂漆料及溶剂制成	专供散热器、管道以及一切金属零件涂刷之用
酚醛磁漆	用酚醛树脂与颜料或加少量填充料调剂研磨而成	抗水性强，耐大气性较磁性调和漆好，适用于室外金属和木材表面
醇酸树脂磁漆	以各式颜料和醇酸漆研磨调制而成	适用于金属、木材及玻璃布的涂刷，漆膜保光性好
耐碱漆	用耐碱颜料、橡胶树脂软化剂和溶剂制成	用于金属表面防止碱腐蚀

续表

名　　称	成分或特点	用　　途
沥青漆	天然沥青或人造沥青溶于干性油或有机溶剂内配制而成	用于不受阳光直接照射的金属、木材、混凝土
耐酸漆	用耐酸颜料、橡胶树脂软化剂溶剂制成	用于金属表面防酸腐蚀
耐热铝粉漆	用特制清漆与铝粉制成并用 PC-2 溶剂稀释磁漆	用于受高温高湿部件在 300℃ 以下的防锈,防锈不防腐
耐热漆(烟囱漆)	用固定性树脂和高温稳定性颜料制成	用于温度不高于 300℃ 的防锈表面,如钢铁烟囱及锅炉
过氯乙烯漆	过氯乙烯树脂,中性颜料脂类溶剂制成,抗酸抗碱优良	底漆直接应用在黑色金属、木材、水泥表面,磁漆涂在底漆上,清漆作面层,使用温度在 -20~60℃
乙烯基耐酸碱漆	用合成材料聚二乙烯基二乙炔制成,耐一般酸、碱、油、盐、水	用于工业建筑内部的防化学腐蚀
环氧耐腐蚀漆(冷固型)	由颜料、填充料、有机溶剂、增塑剂与环氧树脂经研磨配制而成,再混入预先配好的固化剂溶液	具有优良耐酸、耐盐类溶液及有机溶剂的腐蚀,漆膜具有优良的耐湿性、耐寒性,对金属有特别良好的附着力,使用温度 150~200℃
环氧铁红底漆	用环氧树脂和防锈颜料研磨配制而成	用于黑色金属的表面,防锈耐水性好,漆膜坚韧耐久
有机硅耐高温漆	由乙氧基聚硅酸加入醇酸树脂与铝粉混合配制而成	用于 400~500℃ 高温金属表面作防腐材料
清油	由干性油或加部分半干性油经熬炼并加入干燥剂制成	用于调稀厚漆和红丹,也可单独刷于金属、木材、织物等表面作为防污、防锈、防水使用

各种底漆与相适应的除锈等级见表 12-7。

表 12-7　各种底漆与相适应的除锈等级

各种底漆	喷射或抛射除锈			手工除锈		酸洗除锈
	Sa3	Sa2$\frac{1}{2}$	Sa2	Sl3	Sl2	Sp-8
油基漆	1	1	1	2	3	1
酚醛漆	1	1	1	2	3	1
醇酸漆	1	1	1	2	3	1
磷化底漆	1	1	1	2	4	1
沥青漆	1	1	1	2	4	1
聚氨酯漆	1	1	2	3	4	2
氯化橡胶漆	1	1	2	3	4	2
氯磺化聚乙烯漆	1	1	2	3	4	2
环氧漆	1	1	1	2	3	1
环氧煤焦油	1	1	1	2	3	1
有机富锌漆	1	1	2	3	4	3
无机富锌漆	1	1	2	4	4	4
无机硅底漆	1	2	3	4	4	2

注: 1—好; 2—较好; 3—可用; 4—不可用。

涂料种类很多,性能各异,在进行涂层设计时,应了解和掌握各类涂料的基本特性和适用条件,才能大致确定选用哪一类涂料。每一类涂料都有许多品种,每一品种的性能又各不相同,所以又必须了解每一品种的性能才能确定涂料品种。

涂料在钢构件上成膜后,要受到大气和环境介质的作用,使其逐步老化以至损坏,为此对各种涂料抵抗环境条件的作用情况必须了解,见表 12-8。

2. 涂层结构与涂层厚度

(1) 涂层结构的形式　①底漆—中漆—面漆;②底漆—面漆;③底漆和面漆是一种漆。

表 12-8　与各种大气相适应的涂料种类表

种　类	城镇大气	工业大气	化工大气	海洋大气	高温大气
酚醛漆	△				
醇酸漆	√	√			
沥青漆			√		
环氧树脂漆			√	△	△
过氯乙烯漆			√	△	
丙烯酸漆		√	√		
聚氨酯漆		√	√		△
氯化橡胶漆		√	√	△	
氯磺化聚乙烯漆		√	√	√	△
有机硅漆					√

注：√—可用；△—不可用。

　　涂层的配套性即考虑作用配套、性能配套、硬度配套、烘干温度的配套等。涂层中的底漆主要起附着和防锈作用，面漆主要起防腐蚀耐老化作用。中漆的作用是介于底漆、面漆两者之间，并能增加漆膜总厚度。所以，它们不能单独使用，只能配套使用才能发挥最好的作用和获得最佳效果。另外，在使用时，各层漆之间不能发生互溶或"咬底"的现象，如用油基性的底漆，则不能用强溶剂型的中间漆或面漆。硬度要基本一致，若面漆的硬度过高，则容易开裂，烘干温度也要基本一致，否则有的层次会出现过烘干现象。

　　（2）确定涂层厚度主要考虑的因素　包括：①钢材表面原始粗糙度；②钢材除锈后的表面粗糙度；③选用的涂料品种；④钢结构使用环境对涂层的腐蚀程度；⑤涂层维护的周期。

　　涂层厚度，一般是由基本涂层厚度、防护涂层厚度和附加涂层厚度组成。

　　基本涂层厚度，是指涂料在钢材表面上形成均匀、致密、连续的膜所需的厚度。

　　防护涂层厚度，是指涂层在使用环境中，在维护周期内受到腐蚀、粉化、磨损等所需的厚度。

　　附加涂层厚度，是指涂层维修困难和留有安全系数所需的厚度。

　　涂层厚度要适当。过厚，虽然可增加防护能力，但附着力和力学性能却要降低，而且要增加费用；过薄，易产生肉眼看不见的针孔和其他缺陷，起不到隔离环境的作用。根据实践经验和参考有关文献，钢结构涂层厚度，可参考表 12-9 确定。

表 12-9　钢结构涂装涂层厚度　　　　　　　　单位：μm

种　类	基本涂层和防护涂层					附加涂层
	城镇大气	工业大气	海洋大气	化工大气	高温大气	
醇酸漆	100～150	125～175				25～50
沥青漆			180～240	150～210		30～60
环氧漆			175～225	150～200	150～200	25～50
过氯乙烯漆				160～200		20～40
丙烯酸漆		100～140	140～180	120～160		20～40
聚氨酯漆		100～140	140～180	120～160		20～40
氯化橡胶漆		120～160	160～200	140～180		20～40
氯磺化聚乙烯漆		120～160	180～200	140～180	120～160	20～40
有机硅漆					100～140	20～40

三、涂装色彩设计

　　除尘设备的涂装，不仅可以达到防护的目的，而且可以起到装饰的作用。当人们看到涂装的鲜艳颜色时，便产生愉快的感觉，从而使头脑清醒、精神旺盛，积极去工作，保证产品质量，提高劳动生产率。所以在进行除尘设备设计时，要正确地、积极地运用色彩效应，而且关键在于解决和谐的问题。

　　色彩设计还要根据不同行业、部门、环境等综合考虑。

（一）涂装工程色彩举例

除尘设备、钢结构及管道等涂装工程的颜色和标志，应按工业企业厂标的规定执行；企业无规定时，以《色卡》色标为基准，采用时以色标的编号及颜色名称共同表示。以下是钢铁企业色彩设计实例。

（1）建筑厂房的颜色，宜按表 12-10 的规定执行。

表 12-10 中未述及的单元工程厂房，其颜色应与所在区域的厂房颜色相同。铝合金压型板、镀锌压型钢板、彩色涂层板等按原色使用。

（2）电气室、操作室的颜色，宜按表 12-11 的规定采用。

（3）一般机械、移动机械、构筑物的颜色，宜按表 12-12 的规定采用。

（4）电气设备的颜色，宜按表 12-13 的规定采用。

表 12-10　建筑厂房的颜色

建 筑 区 域	外 部		内墙和天花板	钢结构	门窗类
	屋顶	外墙			
炼铁区（包括焦化厂、炼铁厂、码头栈桥、港口建筑）	610（深绿灰）	606（中灰）	402（浅灰蓝）	407（青蓝）	403（灰蓝）407（青蓝）
炼钢区（包括炼钢厂、连铸厂、制气厂房）	705（铜棕）	701（浅灰棕）	402（浅灰蓝）	407（青蓝）	403（灰蓝）407（青蓝）
热轧区（包括热轧厂、初轧厂、无缝钢管厂、机修厂等）	531（阔叶绿）	505（浅表绿）	501（浅绿）	503（豆绿）	403（灰蓝）
冷轧区（包括冷轧厂、硅钢厂、成品码头栈桥和建筑物）	405（浅蓝）	401（浅青蓝）	401（浅青蓝）	404（天蓝）	403（灰蓝）407（青蓝）
独立厂房、中心试验室等	302（朱红）	103（浅米黄）	601（浅灰）	506（中青绿）	403（灰蓝）

表 12-11　电气室、操作室的颜色

建 筑 物	外部钢结构	内部钢结构	门 窗	脚 板
厂内电气室、操作室及其他建筑物（包括地下室）	101（浅象牙黄）502（浅豆绿）	601（浅灰）	407（青蓝）704（深赭石棕）	304（深棕）
厂外电气室、操作室及其他附属建筑物	103（浅米黄）401（浅表蓝）502（浅豆绿）	601（浅灰）	407（青蓝）704（深赭石棕）	304（深棕）

表 12-12　机械、构筑物的颜色

设 备 名 称		色 标 号	设 备 名 称		色 标 号
一般机械		507（灰绿）	管道支架、运输机械架、其他屋外构筑物		702（中灰棕）
电动机					
室内吊车	本体	102（奶油黄）	气柜	本体	602（铂灰）
	控制室内部	503（豆绿）		走台、踏梯	702（中灰棕）
	扶手	108（金黄）		扶手	102（奶油黄）
室外吊车		507[1]（灰绿）	油罐		602（铂灰）
码头吊车			氧气罐		804（银粉色）
移动机械			氮气罐		
堆料机、取料机			水罐		
堆焦机、装煤机及其他			锅炉		
烟囱[2]			安装在设备上的扶手[3]		
除尘设备		702（中灰棕）	高炉等高温设备		507（灰绿）
喷煤粉专业设备		608（浅绿灰）			

[1] 室外吊车、码头吊车、移动机械、堆取料机等的操作室内部及扶手，应与室内吊车的控制室内部及扶手的颜色相同。

[2] 混凝土烟囱为原色。对 100m 以上的烟囱应设航空标志，从标高 50m 起刷 5～10m 高的红色圈和 5～10m 高的白色圈，相互交替直至顶端。

[3] 安装在设备上的扶手，一般为金黄色，色标号为 108。

表 12-13　电气设备的颜色

设备名称		色标号	设备名称		色标号
电动机等电器设备①		507（灰绿）	按钮③	"运转"	801（后色）
变压器②		602（铂灰）		"停止"	302（朱红）
室外电器设备③		602（铂灰）		按钮	302（朱红）
盘	内装	608（浅绿灰）		手柄	302（朱红）
	外装	608（浅绿灰）	照明用分电盘	内装	203（红橙）
仪表框架		610（深灰）		外装	408（浅宝石蓝）
手柄		514（绿）			

① 直接连在设备上或附属的电机等应和设备的颜色相同。
② 凡委托设备制造厂制造的各类机电设备的涂料，均按本规范执行。
③ 用表 12-13 中规定的颜色或与之相近的制造厂规定的颜色。

（5）仪表的颜色，宜按表 12-14 的规定采用。

表 12-14　仪表的颜色

仪表名称		色标号	仪表名称	色标号
仪表盘	内装	602（铂灰）	现场安装设备	804（银粉色）
	外装	608（浅绿灰）	称量机计量部分	608（浅绿灰）
仪表框架		609（绿灰）		

（二）管道的颜色与标志

1. 管道的颜色

宜按表 12-15 的规定采用。

表 12-15　管道的颜色

介质名称	主体颜色	色环和流向标志颜色	使用文字及符号
高炉煤气	602（铂灰）	302（朱红）	BFG
焦炉煤气	602（铂灰）	108（金黄）	COG
混合煤气	602（铂灰）	302（朱红），108（金黄）	MIXG
转炉煤气	602（铂灰）	302（朱红）	LDG
空气	602（铂灰）		空气
蒸汽	804（银粉色）		蒸汽
氧气	405（浅蓝）	412（浅蓝）	氧气
氮气	108（金黄）	512（铜锈绿）	氮气
氩气	606（中灰）		氩气
氢气	804（银粉色）	302（朱红）	氢气
保护气体	602（铂灰）	110（铁黄）	HNXG
生活水	511（草绿）		生活水（镀锌管不涂漆）
工业水	511（草绿）	803（紫色）	工业水
过滤水	511（草绿）	103（浅米黄）	过滤水
软水	406（烛光蓝）		软水
纯水	406（烛光蓝）	803（紫色）	纯水
净环水	514（绿）		净环水
浊环水	514（绿）	803（紫色）	浊环水
高压水	804（银粉色）	405（浅蓝）	高压水
重油	704（深赭石棕）	109（铬黄）	重油
干油	110（铁黄）	108（金黄）	干油
液压站用油	102（奶油黄）	108（金黄）	液压站用油
一般电线管配线槽、管线架	602（铂灰）		
消防用水管道	302（朱红）	801（白色）	消防
除尘用管道	602（铂灰）	802（黑色）	除尘管道
硫酸用管道	803（紫色）	802（黑色），108（金黄）	H_2SO_4
苯输送管道	803（紫色）	802（黑色）	C_6H_6

2. 管道标志范围

（1）管道标志范围及位置应符合表 12-16 的规定。

表 12-16　管道标志范围及位置

标志位置	色环	流向	文字或符号	高度标志	涂漆年月日
主要干线道路上方	○	○	○	○	○
管道分支接口	○	○			
阀门前	○	○			
车间入口	○	○			

（2）色环的间隔一般约为 100m。但管径大而容易看清的地方也可约为 200m，对小口径管道，工厂内不容易看清的部分约 50m 做一个标志。

（3）横穿道路的管道有两根以上时，可在最低一根管道上的一处做高度标志。

3. 管道色环、流向及流体标志

（1）$\phi325mm$ 以上的管道色环、流向及流体，应按图例标志。

① 高炉煤气管道，按图 12-7 标志。

② 混合煤气管道，按图 12-8 标志。

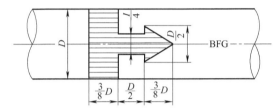

图 12-7　高炉煤气管道标志

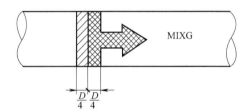

图 12-8　$\phi325mm$ 以上的混合煤气管道标志

（2）$\phi273mm$ 以下的管道色环、流向及流体标志应按图例标志。括号内的尺寸适用于室内。

① 氮气管道，按图 12-9 标志。

② 混合煤气管道，按图 12-10 标志。

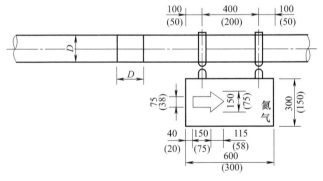

图 12-9　氮气管道标志

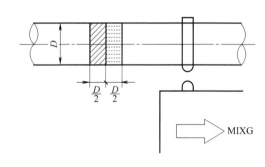

图 12-10　$\phi273mm$ 以下的混合煤气管道标志

4. 管道标志板

（1）在 50m 左右能够明显看清的场合，直接标在管道上。

（2）如在小口径管道上直接标志不易看清，应设置标志板。在标志板的两面都写上标志，标志板底色为白色，文字为黑色，周围用黑色和中黄色做条纹花边。例如，高度 7.5m 标高的管道按图 12-11 标志。

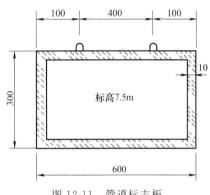

图 12-11　管道标志板

四、涂装施工与验收

（一）一般规定

（1）涂装前技术资料应完整，操作人员应经过培训，施工条件基本具备。

（2）钢材表面预处理，达到设计规定的除锈等级。

（3）涂装施工的环境符合下列要求：①环境温度宜为 10～30℃；②环境相对湿度不宜大于 80%，或者钢材表面温度不低于露点温度 3℃ 以上；③在有雨、雾、雪、风沙和较大灰尘时禁止在户外施工。

（4）涂料的确认和贮存：①涂装前应对涂料名称、型号、颜色进行检查，确认与设计规定相符；产品出厂日期不超过贮存期限，与规定不相符或超过贮存期的涂料，不得使用；②涂料及其辅助材料，宜贮存在通风良好的阴凉库房内，温度控制在 5～35℃，按原包装密封保管；③涂料及其辅助材料属于易燃品，库房附近应杜绝火源，并要有明显的"严禁烟火"标志牌和灭火工具。

（5）涂料开桶后，应进行搅拌，同时检查涂料的外观质量，不得有析出、结块等现象。对颜料密度较大的涂料，一般宜在开桶前 1～2d 将桶倒置，以便开桶时易搅匀。

（6）调整涂料"施工黏度"，涂料开桶搅匀后测定黏度，如测得的黏度高于规定的"施工黏度"可加入适量的稀释剂，调整到规定的"施工黏度"。"施工黏度"应由专人调整。

（7）用同一型号品种的涂料进行多层施工时，其中间层应选用不同颜色的涂料，一般应选浅于面层颜色的涂料。

（8）禁止涂漆的部位：①地脚螺栓和底板；②高强螺栓摩擦接合面；③与混凝土紧贴或埋入的部位；④机械安装所需的加工面；⑤密封的内表面；⑥现场待焊接部位相邻两侧各 50～100mm 的区域；⑦通过组装紧密结合的表面；⑧设计上注明不涂漆的表面；⑨设备的铭牌和标志。

（9）对禁止涂漆的部位，应在涂装前采取措施遮蔽保护。

（10）组装符号标志要明显，涂漆时可用胶纸等物保护。

（二）涂装施工方法

（1）涂装施工　可采用刷涂、滚涂、空气喷涂和高压无气喷涂等方法。

宜根据涂装场所的条件、被涂物形状大小、涂料品种及设计要求等，选择合适的涂装方法。

（2）刷涂方法　刷涂是以刷子用手工涂漆的一种方法。刷涂时应按下列要点操作：①干燥较慢的涂料，应按涂敷、抹平和修饰 3 道工序操作；②对于干燥较快的涂料，应从被涂物的一边按一定顺序，快速、连续地刷平和修饰，不宜反复刷涂；③刷涂垂直表面时，最后一次应按光线照射方向进行；④漆膜的刷涂厚度应均匀适中，防止流挂、起皱和漏涂。

（3）滚涂方法　滚涂是用辊子涂装的一种方法，适合于一定品种的涂料。应按下列要点操作：①先将涂料大致地涂布于被涂物表面，接着将涂料均匀分布开，最后让辊子按一定的方向滚动，滚平表面并修饰；②在滚涂时，初始用力要轻，以防涂料流落，随后逐渐用力，使涂料均匀。

（4）空气喷涂法　空气喷涂法是以压缩空气的气流使涂料雾化成雾状，喷涂于被涂物表面上的一种涂装方法。喷涂时应按下列要点操作：①喷涂"施工黏度"按有关规定执行；②喷涂压力 0.3～0.5MPa；③喷嘴与物面的距离（大型喷枪为 20～30cm，小型喷枪为 15～25cm）；④喷枪应依次保持与物面垂直或平行的运行，移动速度为 $30\sim60cm/s$，操作要稳定；⑤每行涂层边缘的搭接宽度应保持一致，前后搭接宽度，一般为喷涂幅度的 $1/4\sim1/3$；⑥多层次喷涂时，各层应纵横交叉施工，第 1 层横向施工时，第 2 层则要纵向施工；⑦喷枪使用后应立即用溶剂清洗干净。

（5）高压无气喷涂法　高压无气喷涂是利用密闭器内的高压泵输送涂料，当涂料从喷嘴喷出时，产生体积骤然膨胀而分散雾化，高速地喷涂在物面上。喷涂时应按下列要点操作：①喷涂施工黏度按有关规定执行；②喷嘴与物面的距离 $32\sim38cm$；③喷流的喷射角度 $30°\sim60°$；④喷流的幅度（喷射大面积物件为 $30\sim40cm$，喷射较大面积物件为 $20\sim30cm$，喷射较小面积物件为 $15\sim25cm$）；⑤喷枪的移动速度 $60\sim100cm/s$；⑥每行涂层的搭接边应为涂层幅度的 $1/6\sim1/5$；⑦喷涂完毕后，立即用溶剂清洗设备，同时排出喷枪内的剩余涂料，吸入溶剂做彻底的循环清洗，拆下高压软管，用压缩空气吹净管内溶剂。

（6）涂漆间隔时间　按有关规定执行。

（7）漆膜的干燥标准　①表干（或指干）用手指轻轻按漆膜，感到发黏，但漆膜不黏附在手指上的状态；②半干（或半硬干）用手指轻按漆膜，在漆膜上不残留指纹的状态；③实干（完全干燥）用手指重压或急速捕碰漆膜，在漆膜上不残留指纹或伤痕的状态。

（8）漆膜在干燥过程中，应保持周围环境清洁，防止被灰尘、雨、水、雪等物污染。

（三）二次涂装的表面处理和修补

（1）二次涂装，是指物件在工厂加工并按作业分工涂装完后在现场进行的涂装；或者涂漆间隔时间超过 1 个月以上再涂漆时的涂装。

（2）二次涂装的表面在进行下道涂漆前应满足下列要求：①经海上运输的涂装件，运到港岸后，应用水冲洗，将盐分彻底清除干净；②现场涂装前，应彻底清除涂装件表面上的油、泥、灰尘等污物。一般可用水冲、布擦或溶剂清洗等方法；③表面清洗后，应用钢丝绒等工具对原有漆膜进行打毛处理，同时对组装符号加以保护；④用无油、水的压缩空气清理表面。

（3）二次涂装前，要对前几道涂层有缺陷的部位进行修补。

（4）修补涂层。安装前检查发现涂层有缺陷时，应按原涂装设计进行修补。

安装后，应对下列部位进行修补：①接合部的外露部位和紧固件等；②安装时焊接及烧损的部位；③组装符号和漏涂的部位；④安装时损伤的部位。

（四）涂装施工的安全技术

涂装施工中的安全与保护，关系着每个操作者的生命与安全，关系到国家经济建设的顺利进行。

涂装施工中所用的材料大多数为易燃物品，大部分溶剂有不同程度的毒性，所以防火、防爆、防毒是应特别重视的问题。

1. 涂料的易燃性与防火

（1）涂料的易燃性　涂料的溶剂和稀释剂大多数属易燃品。这些物品在涂装施工过程中形成漆雾和有机溶剂蒸气，它们与空气混合，积聚到一定浓度时，一旦接触到明火就很容易引起火灾。

燃烧是可燃物质在一定的条件下，与氧化合而产生光和热的化学过程。易燃物的可燃性一般由其闪点、燃点和自燃点等特性来判断。

闪点：在规定的条件下，将可燃液体加热，产生的蒸气与空气相结合，随着蒸气含量的增加，当与明火接触即发生闪火现象，把产生这种现象时样品的最低温度称为闪点。

燃点：在规定的条件下，将可燃性液体加热到遇明火即开始燃烧，并持续燃烧不少于 5s。

这一开始燃烧的试品的温度称为燃点。

自燃点：在规定的条件下，将可燃性液体加热到自行燃烧，试品开始燃烧时的温度称为自燃点。

从可燃性液体特点来看，燃点、自燃点越低，引起火灾的危险性越大，对贮运和施工环境的温度要求也越低。常用溶剂闪点、自燃点见表 12-17。

表 12-17　常用有机溶剂沸点、闪点和自燃点

名称	沸点/℃	闪点(闭口)/℃	自燃点/℃
苯	80.2	−8	580
甲苯	110.7	6～30	552
二甲苯	139.2	29～50	553
松节油	155～175	30	270
溶剂汽油	140～120	＞28	280
甲醇	66.2	−1～10	475
乙醇	78.2	12	404
正丁醇	108	27～34	366
丙酮	56.2	−17	633
环己酮	154～156	40	452
乙醚	34.6	−40	180
乙酸乙酯	77.2	−5	400
乙酸丁酯	126	25	422

易燃物的燃烧，必须具备两个条件：一是要有助燃的氧，二是要有一定的温度，两者缺一不可。因此，防火的方法只要将上述两个条件除去一个，即可达到防火和灭火的目的。为此目的，一般防火和灭火，基本采用 3 个方面的措施：①隔绝空气（断氧）；②移去或隔离火源；③降低被燃物的温度。

（2）常用的防火措施　①涂装施工现场或车间不允许堆放易燃物品，并应远离易燃物品仓库；②涂装施工现场或车间，严禁烟火，并有明显的禁烟火宣传标志；③涂装施工现场或车间，必须备有消防水源和消防器材；④擦过溶剂和涂料的棉纱、破布等应放在带盖的铁桶内，并定期处理掉；⑤严禁下水道倾倒涂料和溶剂。

涂装施工中易发生的火灾类型及灭火方法见表 12-18。

表 12-18　火灾类型及灭火方法

燃烧物	起火初期时的灭火方法	灭火原理
有机纤维类物品	(1)用黄沙扑灭； (2)用水或酸、碱泡沫灭火机	隔绝空气,冷却降温。
非溶于水的有机材料(各种溶剂、稀释剂、清油、清漆之类)	(1)用二氧化碳灭火机； (2)泡沫灭火机； (3)用石棉毯盖压	隔绝空气,窒息氧气。
可溶于水的有机材料(乙醇、乙醚、丁醇之类)	用水扑灭	冲淡液体或将容器盖住,隔绝空气
电机、仪表及附近火灾(如空气压缩机、输漆泵等设备着火)	(1)用四氯化碳； (2)用二氧化碳； (3)溴代甲烷	灭火材料不导电,不会损坏设备和触电,但要注意通风防毒。

2. 涂料的爆炸性与防爆

当涂料中的溶剂与空气混合达到一定的比例时，一遇火源（往往不是明火）即发生爆炸，此时的最低爆炸浓度称为爆炸下限浓度，最高爆炸浓度称为爆炸上限浓度，在上限和下限之间都能

爆炸，称为爆炸浓度范围；爆炸浓度范围越宽，危险性越大。为确保安全，易爆气体和蒸气的浓度应控制在下限浓度的 25% 以下。常用溶剂爆炸界限见表 12-19。

表 12-19　常用溶剂的爆炸界限

名　称	爆炸下限		爆炸上限	
	%（容量）	g/m³	%（容量）	g/m³
苯	1.5	48.7	9.5	308
甲苯	1.0	38.2	7.0	264
二甲苯	3.0	130	7.6	330
松节油	0.8		44.5	
漆用汽油	1.4		6.0	
甲醇	3.5	46.5	36.5	478
乙醇	2.6	49.5	18.0	338
正丁醇	1.68	51.0	10.2	309
丙酮	2.5	60.5	9.0	218
甲乙酮	1.81		11.5	
环己酮	1.1	44.0	9.0	
乙醚	1.85		36.5	
乙酸乙酯	2.18	80.4	11.4	410
乙酸丁酯	1.70	80.6	15.0	712
炼油	1.40		7.5	
轻质汽油	1.0	37.0	6.0	223

爆炸的原因及防止措施如下：

（1）明火　这是引起混合气体或粉尘爆炸的直接原因。所以要禁止使用明火。必须加热时要采用热载体、电感加热，并远离现场。

（2）摩擦和撞击产生的火花　这是引起爆炸的原因之一。在施工时应禁止铁棒等物敲击金属物体和漆桶。如需敲击时，应使用木质工具。

（3）电气火花　也是导致起火爆炸的原因之一，电气设备或电线超负载会产生剧热，并着火。所以在涂料仓库和施工现场使用的照明灯应有防爆装置，电气设备使用防爆型的，并要定期检查电路及设备的绝缘情况。在使用溶剂的场所，应禁止使用闸刀开关，而要用三线插销的插头。

（4）静电　在涂装施工过程中，摩擦是不可避免的。当静电电荷聚集到一定量时，便出现放电现象而产生火花，引起火灾或爆炸。所以使用的设备和电气导线应接地良好，防止静电聚集。

3. 涂料的毒性与防毒

涂料中的大部分溶剂和施工中的大部分稀释剂都是有毒物品。它不仅对皮肤有侵蚀作用，而且对人体中枢神经系统、造血器官和呼吸系统等也有刺激破坏作用。这些作用主要是通过呼吸系统吸入而引起的。为了防止中毒，首先必须严格限制挥发性的有机溶剂蒸气在空气中的浓度，使空气中的有害蒸气浓度低于最高的许可浓度，即长期不受损害的安全浓度。一般最高许可浓度是毒害下限值的 1/2～1/10。我国《工业企业设计卫生标准》中规定的有害溶剂的最高卫生许可浓度见表 12-20。

表 12-20　有害溶剂卫生许可浓度

名　称	卫生许可浓度/（g/L）	名　称	卫生许可浓度/（g/L）
苯	0.05	正丁醇	0.2
甲苯	0.05	丙酮	0.2
二甲苯	0.05	乙酸乙酯	0.2
松节油	0.30	乙酸丁酯	0.2
溶剂汽油	0.30	四氯化碳	0.001
甲醇	0.05	三氯乙烯	0.05
乙醇	1.0	二氯乙烯	0.05

对空气中的有害气体的防治办法，除限制浓度外，施工人员应带防毒口罩或防毒面具；对接触性的侵害，施工人员应穿工作服、戴手套和防护眼镜等，尽量不与溶剂接触。

（五）质量检查及验收

1. 质量检查

（1）涂料的名称、型号、颜色及辅助材料必须符合设计的规定，产品质量应符合产品质量标准，并具有产品出厂合格证和复检报告。

（2）表面预处理，应按设计的规定处理，并达到规定的预处理等级，应无焊渣、焊疤、灰尘、油污和水分等物。

（3）涂膜的底层、中间层和面层的层数，应符合设计的规定。当涂膜总厚度不够时，允许增涂面漆。

（4）涂膜的底层、中间层和面层，不得有咬底、裂纹、针孔、分层剥落、漏涂和返锈等缺陷。

（5）涂膜的外观，应均匀、平整、丰满和有光泽，其颜色应与设计规定的《色卡》色标相一致。

（6）涂膜厚度按监测平均值计算，平均值不得低于规定的厚度。其中，规定厚度的检测处数量小于总检测处数量的20%为合格；有低于规定厚度80%的检测处为不合格。计算时，超过规定厚度20%的测点，按规定厚度的120%计算，不得按实测值计算。

1）涂膜厚度检测量　箱体、梁柱等主要构件，按同类构件抽检总量的20%，最低不得少于5件；管道及次要构件检测3次，板、箱形梁及非标设备等类似构件，每$10m^2$检测3次。

2）检测点的部位

① 宽度在15cm以下的构件，每处测2点，各点距离构件边缘3cm以上，点与点间距约为5cm。

② 宽度在15cm以上的构件，每处测3点，各点距离构件边缘3cm以上，点与点间距约为5cm。

③ 宽度每隔500cm取一处，每处测3点，点与点间距约为5cm，小管径的点距为管径的1/3。

2. 涂膜性能的检验

将涂料产品按照一定条件，均匀地涂布在除尘设备上，形成厚度符合要求的涂膜，并按规定的技术条件进行检验，以测定其性能。

（1）涂膜颜色及外观的测定　用目视法按照产品标准及标准样板，评定已经干燥的漆膜颜色及外观。

（2）光泽度的测定　物体表面受光照射时，光线朝一定方向反射的性能，即为光泽。试样的光泽度以规定的入射角从试样表面来的正反射光量与在同一条件下从标准样板表面来的正反射光量之比的百分数来表示。

（3）附着力的测定　漆膜附着力系指漆膜与被涂漆的物体表面黏合牢固的性能。要真正测得漆膜与被涂物体表面的附着力是比较困难的。目前，只能以间接的手段来测定。往往测得的附着力结果还包括一些其他的综合性能，而在硬度、冲击强度、柔性试验中，也可以间接地反映出漆膜的附着力。目前一般采用综合测定和剥落测定两种方法。

综合测定方法包括栅格法、交叉切割法、画圈法。

剥落测定法包括扭开法、拉开法。

测定时，将样板涂膜向上，用固定螺丝固定在试验台上，向后移动升降棒，使棒针碰到样板的漆膜，然后以匀速顺时针方向摇转摇柄，转速以 $80\sim100r/min$ 为宜，转尖在漆膜上画出类似圆滚线的图形，图形长 $7.5cm\pm0.5cm$。测完后，移动升降棒使卡针盘提起，以防旋针损坏，取出样板，用漆刷除去划上的漆屑，以 4 倍放大镜检查划痕并评级。

漆膜附着力等级的鉴定见图 12-12，圆滚线的一边标有 1、2、3、4、5、6、7 共七个部位，分为七个等级，按图示顺序检查各部位的漆膜完整程度，若某一部位的格子有 70% 以上完好，则应认为该部位是完好的，否则即认为已损坏。凡第一部位内漆完好者，则此漆膜的附着力最佳，定为一级；第二部位完好者，附着力次之，定为二级；以此类推，第七级漆膜附着力最差。

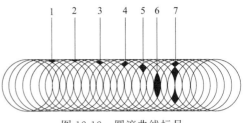

图 12-12　圆滚曲线标号

（4）现场涂装检验方法

① 涂装检验时间在漆膜完全干燥后 $1\sim3$ 个月内检验。

② 按 GB/T 1720—2020 检验漆膜附着力，应该与除尘器本体相同的处理条件制备三块样板，取两个相同结果，若三块样板呈三个结果时可改用黏度法。

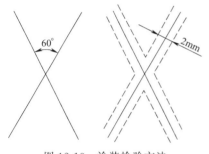

图 12-13　涂装检验方法

③ 按黏度法检验漆膜附着力，可以在除尘器本体上进行，用锋利的保险刀片，在漆膜上画一个 $60°$ 的×，深及金属，如图 12-13 所示，然后贴上专用胶带（聚酯胶带），使胶带贴紧漆膜，然后迅速将胶带扯起，如刀刮两边漆膜下的宽度最大不超过 $2mm$，即为合格。检验点不少于 $10\sim20$ 个。大型除尘器按每 $10m^2$ 左右一个点，且检验点取在被检面的中心。合格点不小于 80% 为合格品，不小于 95% 为一等品。检验不合格要及时修补至合格为止。

3. 工程验收

（1）涂装工程的验收，包括实物验收和交工验收。工程未经交工验收，不得交付生产使用。

（2）涂装工程中间验收主要是对钢材表面预处理的验收。

（3）交工验收时，应提交下列资料：①原材料的出厂合格证和复验报告单；②设计变更通知单、材料代用的技术文件；③对重大质量事故的处理记录；④隐蔽工程记录。

（4）涂装质量不符合设计和规程要求的，必须进行返回修，合格后方可验收。返修记录放入交工验收资料中。

第二节　除尘设备保温设计

管道与设备保温的主要目的在于：①减少热介质在制备与输送过程中的无益热损失；②保证热介质在管道与设备表面具有一定的温度，以避免表面出现结露或高温烫伤人员等。

一、保温设置原则

（1）管道、设备外表面温度 $\geq50℃$ 并需保持内部介质温度时。

（2）管道、设备外表面由于热损失，使介质温度达不到要求的温度时。

（3）凡需要防止管道与设备表面结露时。

（4）由于管道表面温度过高会引起煤气、蒸气、粉尘爆炸起火危险的场合，以及与电缆交叉距离安全规程规定者。

（5）凡管道、设备需要经常操作、维护，而又容易引起烫伤的部位。

（6）敷设在除尘器上的压缩空气管道、差压管道为防止天冷结露一般应保温。

二、保温材料

（一）保温材料的种类和性能

1. 保温材料的种类

（1）保温绝热材料的定义 用于减少结构物与环境热交换的一种功能材料。按《设备及管道绝热技术通则》（GB/T 4272—2008）的规定，保温材料在平均温度等于 298K（25℃）时，其热导率不得大于 0.08W/(m·K)。

（2）绝热材料分类 绝热材料的分类方法很多，可按材质、使用温度和结构等分类。

① 按材质分类，可分为有机绝热材料、无机绝热材料和金属绝热材料三类。

② 按使用温度分类，可分为高温绝热材料（适用于 700℃以上）、中温绝热材料（适用于 100～700℃）、常温绝热材料（适用于 100℃以下）。保冷材料包括低温保冷材料和超低温保冷材料。实际上许多材料既可在高温下使用也可在中、低温下使用，并无严格的使用温度界限。

③ 按结构分类，可分为纤维类（固体基质、气孔连续），多孔类（固体基质连续而气孔不连续，如泡沫塑料），层状（如各种复合制品），见表 12-21。

表 12-21 绝热材料按结构分类表

按结构分类	材 料 名 称	制品形状	按结构分类	材 料 名 称	制品形状
多孔类	聚苯乙烯泡沫塑料	板、管	多孔类	超轻陶粒和陶砂	粉、粒
	硬质氨酯泡沫塑料	板、管	纤维类	岩棉、矿漆棉及其制品	毡、管、带、板
	酚醛树脂泡沫塑料	板、管		玻璃棉及其制品	毡、管、带、板
	膨胀珍珠岩及其制品	板、管		硅酸铝棉及其制品	板、毡、毯
	膨胀蛭石及其制品	板、管		陶瓷纤维纺织品	布、带、绳
	硅酸钙绝热制品	板、管	层状	金属箔	夹层、蜂窝状
	泡沫石棉	板、管		金属镀膜	多层状
	泡沫玻璃	板、管		有机与无机材料复合制品	复合墙板、管
	泡沫橡塑绝热制品	板、管		硬质与软质材料复合制品	复合墙板、管
	复合硅酸盐绝热涂料	板、管		金属与非金属材料复合制品	复合墙板、管

④ 按密度分类，分为重质、轻质和超轻质三类。

⑤ 按压缩性质分类，分为软质（可压缩 30%以上）、半硬质、硬质（可压缩性＜6%）。

⑥ 按导热性质分类，分为低导热性、中导热性、高导热性三类。

2. 常用保温材料及其性能

（1）岩棉、矿渣棉及其制品 岩棉、矿渣棉是指以天然岩石、工业矿渣等为主要原料，经高温熔融，用离心力、高压载能气体喷吹而成的棉。岩棉、矿渣棉可加入酚醛树脂制成或直接贴面缝合成毡、板、带、管壳、缝毡、贴面毡等各种制品。

岩棉是以天然岩石为主要原料而制成的纤维状松散材料，岩棉制品的生产主要包括原燃材料的准备和配料、熔制、成纤、集棉、固化成型、尺寸加工等工序。岩棉制品的基本尺寸是：①板的尺寸，长 910mm、1000mm、1200mm、1500mm，宽 500mm、600mm、630mm、910mm，厚 30～150mm；②带的尺寸，长 1200mm、2400mm，宽 910mm，厚 30mm、50mm、75mm，

100mm、150mm；③毡的尺寸，长 910mm、3000mm、4000mm、5000mm、6000mm，宽 600mm、630mm、910mm，厚 50mm、60mm、70mm；④管壳的尺寸，长 910mm、1000mm、1200mm，$\phi 22 \sim 325mm$。

岩棉制品的物理性能见表 12-22。

表 12-22　岩棉制品的物理性能指标

形状	密度/(kg/m³)	热导率/[W/(m·K)]	有机物含量/%	燃烧性能	热荷重收缩温度/℃
棉	≤150	≤0.044			650
板	61～200	≤0.044	≤4.0	不燃	≥600
带	61～100	≤0.052	≤4.0	不燃	≥600
	101～160	≤0.049	≤4.0	不燃	≥600
毡	61～80	≤0.049	≤1.5		≥400
	81～100	≤0.049	≤1.5		≥600
管壳	61～200	≤0.044	≤5	不燃	≥600

注：1. 表列制品除岩棉外，其质量吸湿率不大于 5%，憎水率不小于 98%。

2. 热导率指平均温度 343^{+5}_{-2}K 时。

岩棉制品经常用于除尘管道和设备的保温，对其他工业设备管道、炉窑、运输工具、大板建筑的保温、绝热也有良好的效果。

(2) 玻璃棉及其制品　玻璃棉是指用熔融状玻璃原料或玻璃制成的一种矿物棉。玻璃棉施加热固性黏结剂可制成玻璃棉板、带、毡、管壳等各种制品，也可用不含黏结剂的玻璃棉，并用纸、布或金属网等作贴面增强材料，制成板状的玻璃棉毯。玻璃棉制品有保温毡、保温板、保温管三类，其尺寸为：①板的尺寸，长 1200mm，宽 600mm，厚 15～25mm；②带的尺寸，长 1820mm，宽 605mm，厚 25mm；③毡的尺寸，长 1000～11000mm，宽 600mm，厚 25～100mm。

玻璃棉的物理性能见表 12-23。

表 12-23　玻璃棉物理性能指标

形状	种类	密度/(kg/m³)	热导率/[W/(m·K)]	不燃性	最高使用温度/℃
板	2 号 3 号	24	≤0.049	不燃	300
		32	≤0.047	不燃	300
		40	≤0.044	不燃	350
		48	≤0.043	不燃	350
		64、80、96、120	≤0.042	不燃	400
		80、96、120	≤0.047	不燃	400
带	2 号	≥25	≤0.052	不燃	350
毡	2 号	≥24	≤0.048	不燃	350
		≥40	≤0.043	不燃	400
		≥24	≤0.047	不燃	350

玻璃棉制品的热导率取决于其体积、质量、使用温度和纤维直径，用于除尘设备和管道时，应予注意。玻璃棉还可以用作消声和过滤材料。

(3) 硅酸盐复合绝热涂料　硅酸盐复合绝热涂料是一种新型绝热材料，各生产厂的产品定名各不相同，有的称"硅酸镁绝热材料"，有称"复合硅酸盐绝热材料"；称谓不统一，配方也不完全相同，但均属同一类型，国家标准定名为"硅酸盐复合绝热涂料"。硅酸盐复合绝热涂料是一种黏稠状绝热材料，其特点是可以涂抹，便于施工，对热设备和热管道有较好的黏结性能；施工后绝热层的整体性好，特别适用于异型设备和管道附件。

硅酸盐复合绝热涂料已成为我国绝热材料行列中一个新品种，其物理性能指标见表 12-24。

表 12-24　硅酸盐复合绝热涂料的物理性能指标

序号	项目名称		技术指标		
			优等品	一等品	合格品
1	外观质量		色泽均匀一致黏稠状浆体		
2	浆体密度/(kg/m³)		≤1000		
3	pH 值		9～11		
4	干密度/(kg/m³)		≤180	≤220	≤280
5	体积收缩率/%		≤15.0	≤20.0	≤30.0
6	抗拉强度/kPa		≥100		
7	黏结强度/kPa		≥25		
8	热导率/[W/(m·K)]	平均温度(623±5)K 时	≤0.10	≤0.11	≤0.12
		平均温度(343±5)K 时	≤0.06	≤0.07	≤0.08
9	高温后抗拉强度(873K,恒温 4h)/kPa		≥50		

（4）泡沫石棉　石棉是一种含硅酸镁的纤维状矿物材料，在工程中使用的绝大多数为温石棉。泡沫石棉是以温石棉为主要原料，经化学开棉、发泡、成型、干燥等工艺制成的泡沫状制品，若想制成各种特殊产品，如防水或硬质泡沫石棉产品，可在工艺流程中分别加入防水剂或各种添加剂。泡沫石棉制品的基本尺寸：长为 800mm、1000mm、1500mm，宽为 500mm，厚度25mm、30mm、35mm、40mm、45mm、50mm、55mm、60mm。泡沫石棉的物理性能见表 12-25。

表 12-25　泡沫石棉的物理性能指标

等级	密度/(kg/m³)	热导率(平均温度343K±5K,冷热板温差28K±2K)/[W/(m·K)]	压缩回弹率/%	含水率/%	外观质量	
					表面	断面结构
优等品	≤30	≤0.046	≤80	≤2.0	平整,手感细腻、柔软	泡孔均匀、细密
一等品	≤40	≤0.053	≤50	≤3.0	无明显隆起或凹陷,手感细腻	泡孔细密,个别泡孔不大于 5mm
合格品	≤5	≤0.059	≤30	≤4.0	比较平整,允许有5mm 以下的凸凹	比较细密,上下层泡孔允许略有差别,个别泡孔不大于 10mm

泡沫石棉适用于工业窑炉的炉墙、除尘设备、管道、容器及建筑围护结构上的绝热，尤其适于管道弯头、阀门等异型管件的绝热。

（5）泡沫玻璃　泡沫玻璃是以平板玻璃为主要原料，经粉碎掺炭、烧结发泡和退火冷却加工处理后制得的。它具有多孔结构，孔隙率高达 80%～90%，而且气孔是独立密闭结构，因而具有良好的绝热性能。泡沫玻璃作为隔热材料具有特殊的优势：机械强度高，本身又能起防潮、防火、防腐的作用；不仅用于保温，也用作保冷。此外，它还具有良好的加工性，而且可生产着色制品。其使用温度范围为 -200～400℃。

该产品按泡沫玻璃制品密度的不同分为 150 号和 180 号两个品种，其中密度≤150kg/m³ 的制品为 150 号，密度在 151～180kg/m³ 之间的制品为 180 号；按制品外形的不同分为平板和管壳，代号分别为 P 和 G。泡沫玻璃制品的物理性能指标、尺寸规格，见表 12-26、表 12-27。

表 12-26　泡沫玻璃绝热制品的物理性能指标

项目		150 号			180 号	
		优等品	一等品	合格品	一等品	合格品
密度/(kg/m³)	最大值	150	150	150	180	180
抗压强度/MPa	最小值	0.5	0.4	0.3	0.5	0.4

续表

项　目		150 号			180 号	
		优等品	一等品	合格品	一等品	合格品
抗折强度/MPa	最小值	0.4	0.4	0.4	0.5	0.5
体积吸水率/%	最大值	0.5	0.5	0.5	0.5	0.5
透湿系数/[mg/(Pa·s·m)]	最大值	0.007	0.007	0.05	0.007	0.05
热导率(平均温度)/[W/(m·K)]	最大值					
308K(35℃)		0.058	0.062	0.066	0.052	0.066
233K(−40℃)		0.046	0.050	0.054	0.050	0.054

表 12-27　泡沫玻璃绝热制品常用规格尺寸　　　　　单位：mm

项　目	平　板	管　壳
长度	300、400、500	
宽度	200、250、300、350、400	
厚度	40、50、60、70、80、90、100	
内径		57、76、89、103、114、133、159、194、219、245、273、325、356、377、426、430

　　泡沫玻璃可用作建筑围护结构的绝热，还适用于除尘器、冷库等的绝热；也可用于隔音工程中。

　　(6) 硬质聚氨酯泡沫塑料　硬质聚氨酯泡沫塑料是用聚醚或聚酯多元醇与多异氰酸酯为主要原料，再加催化剂、稳泡剂和氟里昂发泡剂等，经混合、搅拌产生化学反应而形成发泡体。孔腔的闭孔率达 $80\%\sim90\%$，密度为 $30\sim60kg/m^3$，吸水性小。热导率比空气小。强度高，有一定的自熄性，常用作低温范围的保温，使用温度一般为 $-100\sim+100℃$。应用时，可以由预制厂预制成板状或管壳状等制品。由于它可常温发泡、固化，可在现场喷涂或灌注发泡，是目前应用最广泛的有机保温材料。其性能见表 12-28。

表 12-28　硬质聚氨酯泡沫塑料的性能

组分	原料名称	规　格	配比/%	泡沫塑料性能
A(俗称白料)	含磷聚醚树脂	羟值 350mg/g 酸值<5mg/g	40~43	密度 $45\sim52kg/m^3$；抗压强度 $0.25\sim$ $0.45MPa$
	甘油聚醚树脂	羟值(600±30)mg/g 含水量<0.1%	12~13	0.45MPa
	乙二醇聚醚树脂	羟值(KOH)(780±50)mg/g 含水量<0.1%	9~10	抗压强度 $0.18\sim0.23MPa$ 伸长率 $7\%\sim15\%$ 热导率 $0.016\sim0.03W/(m·K)$
	β-三氯乙基磷酸酯	工业级	6~7	自熄性:离开火焰后 2s 内自熄
	水溶性硅油		1.2~2.0	吸水率 $\leqslant2kg/m^3$
	三氯氟甲烷(F-11)	沸点 23.8℃	20~28	使用温度 $-100\sim90℃$
	三乙烯二胺	纯度≥98%	1~3	
	二月桂酸二丁基锡	含锡量 17%~19%	0.05~0.6	
B(俗称黑料)	多苯基多异氰酸酯	纯度 85%~90%		

　　其主要缺点是：价格昂贵，原料紧缺，耐温性能和防火性差，当该阻燃材料氧指数低于 30时，便失去了使用的安全性。

　　(7) 酚醛泡沫塑料　酚醛树脂是应用十分广泛的一种树脂，这种树脂可用机械发泡法或化学发泡法制得酚醛泡沫塑料。其热导率见表 12-29，其物理性能指标见表 12-30。

表 12-29 酚醛泡沫塑料的热导率比较

加 工 方 法	体积质量/(kg/m³)	热导率/[W/(m·K)]
机械发泡	12	0.0448+0.00029
	18	0.0445+0.00025
	66	0.0381+0.000079
化学发泡	44	0.03+0.000128
	49	0.029+0.000128
	72	0.0314+0.00015

表 12-30 化学发泡酚醛泡沫塑料物理性能

密度/(kg/m³)	吸水率体积/%	抗弯强度/MPa	耐 压	
			压强/MPa	变形/%
35	3.2	0.20	0.100	4.40
50	1.8	0.30	0.102	1.95
70	1.3	0.40	0.100	1.20
100	1.1	0.90	0.102	0.82

酚醛泡沫塑料具有较好的耐热、耐冻性能，其使用温度范围一般在 $-150 \sim +130℃$ 之间，当温度提高到 200℃ 时即开始炭化。在加热过程中由黄色变为茶色，强度会有所增加。

酚醛泡沫塑料的缺点是其强度受密度的影响很大，低密度制品的强度低。

酚醛泡沫塑料不易燃烧，和火焰直接接触时接触部分炭化，火焰不扩展，当火源移去后火焰自行熄灭。

由于酚醛泡沫塑料具有良好的性能，且容易加工，因此已广泛用于工业、建筑、车辆、船舶等方面作为保温、保冷材料。

(8) 聚苯乙烯泡沫塑料 聚苯乙烯泡沫塑料是以聚苯乙烯发泡而成。聚苯乙烯具有体积小、质量轻、热导率低、吸水率小和耐冲击性能强等优点。此外，由于在制造过程中是把发泡剂加入液态树脂中在模型内膨胀而发泡的，因此成型品内残余应力小，尺寸精度高。

由于聚苯乙烯本身无亲水基团，开口气孔很少，又有一层无气孔的外表层，所以它的吸水率比聚氨酯泡沫塑料的吸水率还低。聚苯乙烯硬质泡沫塑料有较好的机械强度，有较强的恢复变形能力，是很好的耐冲击材料。聚苯乙烯树脂属热缩性树脂，在高温下容易软化变形，故聚苯乙烯泡沫塑料的安全使用温度为 70℃，最低使用温度为 $-150℃$。

可发性聚苯乙烯泡沫塑料的基本性能见表 12-31。

表 12-31 可发性聚苯乙烯泡沫塑料的性能

项 目	指 标	项 目	指 标
密度/(kg/m³)	20~50	热导率/[W/(m·K)]	≤0.040
吸水率/(kg/m²)	≤0.1	安全使用温度/℃	≤70
抗压强度/MPa	≥0.15	冲击弹性/%	≥25
冲击强度/MPa	≥0.03		

聚苯乙烯泡沫塑料有硬质、软质及纸状等几种类型。在除尘工程中常用作压缩空气管道和差压管道的保温，还可用于阀体及异型管件的保温。

(9) 泡沫橡塑绝热制品 泡沫橡塑绝热制品是以橡塑共混体为基材，加以各种填料和添加剂，如抗老化剂、阻燃剂等，经密炼、混炼挤出、发泡、冷却定型加工成具有闭孔结构的弹性体。泡沫橡塑绝热制品外观呈黑色、白色、绿色等颜色，多数产品呈黑色，表面光滑，柔软。适用温度范围为 $-40 \sim 110℃$，表观密度为 $60 \sim 120 kg/m³$，平均温度 0℃ 时的热导率小于 0.040W/

（m·K），湿阻因子大于 2000，具有良好的防火性能，抗臭氧性和抗紫外光性。

规格尺寸：①板材，宽度为 0.5m、1m，长度为 2m、4m、6m、8m、10m、15m，厚度为 6mm、9mm、13mm、19mm、25mm、32mm；②卷材，宽度为 0.5m、1m，长度有多种，厚度为 6mm、9mm、13mm、19mm、25mm、32mm；③管材，内径为 6～114mm，长度为 1.8m、2m，厚度为 6mm、9mm、13mm、19mm、25mm、32mm；由于其性能良好，可用于建筑、空调及环境工程中。

（10）其他常用保温材料性能　见表 12-32。

表 12-32　常用保温材料性能表

材料名称	密度/(kg/m³)	常温热导率/[W/(m·K)]	热导率方程	最高使用温度/℃	耐压强度/kPa	材料特性
超轻微孔硅酸钙	<170	0.0545（75℃±5℃）		650	抗折>19.2	含水率<3%～4%
普通微孔硅酸钙	200～250	0.059～0.06	$0.0557+0.000116t_p$	650	抗折>49	吸水率390%
沥青矿渣棉制品	100～120	0.0464～0.052（20～30℃时）	$0.0464+0.000197t_p$	250	抗折14.7～19.8	纤维平均直径≤7μm 含湿率<2% 含硫率<1% 黏结剂含量3%
防水树脂珍珠岩制品	<200	0.05997		300	抗折>44.1	吸水率<8%
水玻璃珍珠岩制品	200～300	0.052～0.0754	$(0.065～0.0696)+0.000116t_p$	600	抗压>58.8	吸水率200%～220%
水泥珍珠岩制品	350～450	0.0696～0.0835	$(0.0696～0.074)+0.000116t_p$	600	抗压>45	吸水率150%～250%
硅酸铝纤维毡	180	0.016～0.047	$0.046+0.00012t_p$	1000		密度小、热导率小、耐高温、价贵
水泥蛭石管壳	430～500		$0.039+0.00025t_p$	600	抗压250	强度大、价廉、施工方便

注：t_p 为保温层内、外表面温度的算术平均值。

（二）保温材料和辅助材料的选择

保温材料的性能选择一般按下述项目进行比较：①使用温度范围；②热导率；③化学性能、机械强度；④使用年数；⑤单位体积的价格；⑥对工程现状的适应性；⑦不燃或阻燃性能；⑧透湿性；⑨安全性；⑩施工性。

保温材料选择技术要求如下所述。

（1）热导率小　热导率是衡量材料或制品保温性能的重要标志，它与保温层厚度及热损失均成正比关系。热导率是选择经济保温材料的两个因素之一。当有数种保温层材料可供选择时，可用材料的热导率乘以单位体积价格 A（元/立方米），其乘值越小越经济，即单位热阻的价格越低越好。

（2）密度小　保温材料或制品的密度是衡量其保温性能的又一重要标志，与保温性能关系密切。就一般材料而言，密度越小，其热导率值亦越小，但对于纤维类保温材料，应选择最佳密度。

（3）抗压或抗折强度（机械强度）　同一组成的材料或制品，其机械强度与密度有密切关系。密度增加，其机械强度增高，热导率也增大，因此，不应片面地要求保温材料过高的抗压和抗折强度，但必须符合国家标准规定。一般保温材料或其制品，在其上覆盖保护层后，在下列情况下不应产生残余变形：①承受保温材料的自重时；②将梯子靠在保温的设备或管道上进行操作时；③表面受到轻微敲打或碰撞时；④承受当地最大风荷载时；⑤承受冰雪荷载时。

保温材料也是一种吸声减震材料，韧性和强度高的保温材料其抗震性一般也较强。

通常在管道设计中，允许管道有不大于 6Hz 的固有频率，所以保温材料或保温结构至少应有耐 6Hz 的抗震性能。一般认为韧性大、弹性好的材料或制品其抗震性能良好，例如纤维类材料和制品、聚氨酯泡沫塑料等。

（4）安全使用温度范围　保温材料的最高安全使用温度或使用温度范围应符合有关的国家标准、行业标准的规定，并略高于保温对象表面的设计温度。

（5）非燃烧性　在有可燃气体或爆炸粉尘的工程中所使用的保温材料应为非燃烧材料。

（6）化学性能符合要求　化学性能一般系指保温材料对保温对象的腐蚀性；由保温对象泄漏出来的流体对保温材料的化学反应；环境流体（一般指大气）对保温材料的腐蚀等。

值得注意的是，保温的设备和管道在开始运行时，保温材料或（和）保护层材料内所吸水开始蒸发或从外保护层浸入的雨水将保温材料内的酸或碱溶解，引起设备和管道的腐蚀；特别是铝制设备和管道，最容易被碱的凝液腐蚀。为防止这种腐蚀，应采用泡沫塑料、防水纸等将保温材料包覆，使之不直接与铝接触。

（7）保温工程的设计使用年数　保温工程的设计使用年数是计算经济厚度的投资偿还年数，一般以 5～7 年为宜。但是，使用年数常受到使用温度、振动、太阳光线等的影响。保温材料不仅在投资偿还年限内不应失效，超过投资偿还年限时间越多越好。

（8）单位体积的材料价格　单位体积的材料价格低，不一定是经济的保温材料，单位热阻的材料价格低才是经济的保温材料。

（9）保温材料对工程现场状况的适应性　保温材料对工程现场状况的适应性主要考虑下列各项。

① 大气条件。有无腐蚀要素；气象状况。

② 设备状况。有无需拆除保温及其频繁程度；设备或管道有无振动或粗暴处理情况；有无化学药品的泄漏及其部位；保温设备或管道的设置场所，是室内、室外、埋地或管沟；运行状况。

③ 建设期间和建设时期。

（10）安全性　由保温材料引起的事故主要有以下几种。

① 保温材料属于碱性时，黏结剂常含碱性物质，铝制设备和管道以及铝板外保护层都应格外注意防腐。

② 保温的设备或管道内流体一旦泄漏，浸入保温材料内不应导致危险状态。

③ 在室内等场所的设备和管道使用的保温材料，在火灾时可产生有害气体或大量烟气，应充分考虑其影响，尽量选择危险性少的保温材料。

（11）施工性能　保温工程的质量往往取决于施工质量，因此应选择施工性能好的材料，材料应具有的性能：①加工容易不易破碎（在搬运和施工中）；②很少产生粉尘，对环境没有污染；③轻质（密度小）；④容易维护、修理。

（三）保护层材料的选择

（1）保护层材料应具有的主要技术性能　由于外保护层绝热结构最外面的一层是保护绝热结构的，其主要作用是：①防止外力损坏绝缘层；②防止雨、雪水的侵袭；③对保冷结构尚有防潮隔汽的作用；④美化绝热结构的外观。

因此，保护层应具有严密的防水、防湿性能；良好的化学稳定性和不燃性；强度高，不易开裂，不易老化等性能。

（2）常用保护层材料的选择　保护层材料，在符合保护绝热层要求的同时，还应选择经济的保护层材料。根据综合经济比较和实践经验，推荐下述材料。

① 为保持被绝热设备或管道的外形美观和易于施工，对软质、半硬质材料的绝热层保护层

宜选用 0.5mm 镀锌或不镀锌薄钢板；对硬质材料绝热层宜选用 0.5～0.8mm 铝或合金铝板，也可选用 0.5mm 镀锌或不镀锌薄钢板。

② 用于火灾危险性不属于甲、乙、丙类生产装置或设备和不划为爆炸危险区域的非燃性介质的公用工程管道的绝热层材料，可选用 0.5～0.8mm 阻燃型带铝箔玻璃钢板。

三、保温层厚度的设计计算

（一）最小保温厚度的计算方法

对于平面：

$$\delta = \lambda \left(\frac{t_{wf} - t_a}{kq} - \frac{1}{\alpha_s} \right) \tag{12-3}$$

对于管道：

$$\delta = \frac{d_1 - d}{2} \tag{12-4}$$

d_1 由下式试算得出：

$$\frac{1}{2} d_1 \ln \frac{d_1}{d} = \lambda \left(\frac{t_{wf} - t_a}{kq} - \frac{1}{\alpha_s} \right) \tag{12-5}$$

式中，δ 为保温层厚度，m；λ 为保温材料及制品的热导率，W/(m·℃)；α_s 为保温层外表面放热系数，室内及地沟内安装时 α_s 取 11.63W/(m²·℃)，室外安装时 α_s 取 23.26W/(m²·℃)；q 为不同介质温度下，保温层外表面最大允许热损失量，W/m²（见表 12-33）；k 为最大允许热损失量的系数，计算最小保温厚度时，k 取为 1.0；计算推荐保温厚度时，k 取为 0.5；d_1 为保温层外径，m；d 为保温层内径（取管道外径），m；t_{wf} 为管道或设备外表面温度，取介质温度，℃；t_a 为环境温度，计算 δ 时，为适应全国各地情况并从安全考虑，冬季运行工况室外安装，t_a 取 -14.2℃（内蒙古海拉尔冬季平均气温），全年运行工况室外安装，t_a 取 -4.1℃（青海玛多全年平均气温），室内安装时 t_a 取 20℃，地沟安装时，

$$t_a = \begin{cases} 20℃ & \text{当介质温度为 50℃} \\ 30℃ & \text{当介质温度为 100℃} \\ 40℃ & \text{当介质温度为 150℃} \end{cases}$$

表 12-34 是管道设备在室外时不同介质温度条件下的最小保温厚度。

表 12-33　不同介质温度下运行时最大允许散热损失

设备、管道及附件外表面温度 t_f/℃	50	100	150	200	250	300	400	500
季节性运行时 q/(W/m²)	116	163	203	244	279	302		
常年运行时 q/(W/m²)	58	93	116	140	163	186	227	262

（二）控制单位热损失的计算方法

平壁单层保温计算公式

$$\delta_1 = \lambda \left(\frac{t_f - t_k}{q} - R_2 \right) \tag{12-6}$$

平壁多层保温计算公式

$$\sum_{i=1}^{n} \frac{\delta_i}{\lambda_i} = \left(\frac{t_f - t_k}{q} - R_2 \right) \tag{12-7}$$

或

$$\delta_1 = \lambda_1 \left[\frac{t_f - t_k}{q} - R_2 - \left(\frac{\delta_2}{\lambda_2} + \cdots + \frac{\delta_n}{\lambda_n} \right) \right] \tag{12-8}$$

管道单层保温计算公式

表 12-34　最小保温厚度

公称管径 DN		15	20	25	32	40	50	65	80	100	125	150	200	250	300	350	400	450	500	600	700	平壁
管道直径 D_i/mm		22	28	32	38	45	57	73	89	108	133	159	219	273	325	377	426	478	529	630	720	
介质温度为 50℃ 热损失小于 116W/m²	λ=0.02	10	10	10	10	10	10	10	10	10	10	10	10	10	10	10	10	10	10	10	10	15
	0.03	15	15	15	15	15	15	15	15	15	15	15	15	15	15	15	15	15	15	15	15	20
	0.04	15	15	15	20	20	20	20	20	20	20	20	20	20	20	20	20	20	20	20	20	25
	0.05	20	20	20	20	20	20	25	25	25	25	25	25	25	25	25	25	25	25	25	25	30
	0.06	20	25	25	25	25	25	25	25	30	30	30	30	30	30	30	30	30	30	30	30	35
	0.07	25	25	25	25	30	30	30	30	30	30	35	35	35	35	35	35	35	35	35	35	40
	0.08	25	30	30	30	30	30	35	35	35	35	35	40	40	40	40	40	40	40	40	40	45
	0.09	30	30	30	30	35	35	35	35	40	40	40	40	45	45	45	45	45	45	45	45	50
	0.10	30	35	35	35	35	35	40	40	50	45	45	45	45	50	50	50	50	50	50	50	60
介质温度为 100℃ 热损失小于 163W/m²	λ=0.02	10	15	15	15	15	15	15	15	15	15	15	15	15	15	15	15	15	15	15	15	15
	0.03	15	15	15	15	20	20	20	20	20	20	20	20	20	20	20	20	20	20	20	20	20
	0.04	20	20	20	20	20	25	25	25	25	25	25	25	25	25	25	25	25	25	30	30	30
	0.05	25	25	25	25	30	25	30	30	30	30	30	30	30	35	35	35	35	35	35	35	35
	0.06	25	25	30	30	30	30	30	35	35	35	35	35	40	40	40	40	40	40	40	40	40
	0.07	30	30	30	30	35	35	35	35	40	40	40	40	45	45	45	45	45	45	45	45	50
	0.08	30	35	35	35	35	35	40	40	40	45	45	45	45	50	50	50	50	50	50	50	60
	0.09	35	35	35	40	40	40	45	45	45	50	50	50	60	60	60	60	60	60	60	60	60
	0.10	35	40	40	40	45	45	50	50	50	60	60	60	60	60	60	60	60	60	70	70	70
介质温度为 150℃ 热损失小于 203W/m²	λ=0.02	15	15	15	15	15	15	15	15	15	15	15	15	15	15	15	15	15	15	15	15	20
	0.03	20	20	20	20	20	20	20	20	20	25	25	25	25	25	25	25	25	25	25	25	25
	0.04	20	25	25	25	30	30	25	25	30	30	30	30	30	30	30	30	30	30	30	30	35
	0.05	25	25	25	30	35	30	30	30	35	35	35	35	35	35	40	40	40	40	40	40	40
	0.06	30	30	30	35	35	35	40	35	40	40	40	40	45	45	45	45	45	50	45	45	50
	0.07	30	35	35	35	35	40	45	40	45	45	45	50	50	50	50	50	50	60	50	60	60
	0.08	35	35	40	40	40	45	50	45	50	50	50	60	60	60	70	60	60	70	60	60	70
	0.09	40	40	40	45	45	45	60	50	60	60	60	60	60	60	70	70	70	70	70	70	70
	0.10	40	45	45	45	50	50	60	60	60	60	60	70	70	70	70	70	70	70	70	70	80

续表

公称管径 DN		15	20	25	32	40	50	65	80	100	125	150	200	250	300	350	400	450	500	600	700	平壁
管道直径 D_i/mm		22	28	32	38	45	57	73	89	108	133	159	219	273	325	377	426	478	529	630	720	
介质温度为200℃ 热损失小于244W/m²	λ 0.03	20	20	20	20	20	20	25	25	25	25	25	25	25	25	25	25	25	25	25	25	25
	0.04	25	25	25	25	25	25	30	30	30	30	30	30	35	35	35	35	35	35	35	35	35
	0.05	25	30	30	30	30	30	35	35	35	35	35	40	40	40	40	40	40	40	40	40	45
	0.06	30	30	35	35	35	35	40	40	40	40	45	45	45	45	45	50	50	50	50	50	50
	0.07	35	35	35	40	40	40	45	45	45	50	50	50	60	60	60	60	60	60	60	60	60
	0.08	40	40	40	40	45	45	50	50	50	60	60	60	60	60	70	60	60	70	70	70	70
	0.09	40	45	45	45	50	50	60	60	60	60	60	70	70	70	80	70	70	70	70	70	80
	0.10	45	45	50	50	50	60	60	60	60	70	70	70	70	70	80	80	80	80	80	80	90
	0.11	50	50	50	60	60	60	60	70	70	70	70	80	80	80	90	80	80	90	90	90	100
介质温度为250℃ 热损失小于279W/m²	λ 0.03	20	20	20	20	20	25	25	25	25	25	25	25	25	30	30	30	30	30	30	30	30
	0.04	25	25	25	25	30	30	30	30	30	35	35	35	35	35	35	35	35	35	35	35	45
	0.05	30	30	30	30	35	35	35	35	40	40	40	40	40	45	45	45	45	45	45	45	50
	0.06	35	35	35	35	40	40	40	40	45	45	45	50	50	50	50	50	50	50	60	60	60
	0.07	35	40	40	40	40	45	45	50	50	50	50	60	60	60	60	60	60	60	60	60	70
	0.08	40	45	45	45	50	50	60	60	60	60	60	70	70	70	70	70	70	70	70	70	80
	0.09	45	45	45	50	50	60	60	60	60	60	70	70	70	70	80	80	80	80	80	80	90
	0.10	45	50	50	60	60	60	60	70	70	70	70	80	80	80	80	80	80	80	90	90	100
	0.11	50	60	60	60	60	60	70	70	70	80	80	80	80	90	90	90	90	90	90	90	100
介质温度为300℃ 热损失小于308W/m²	λ 0.03	20	20	20	25	25	25	25	25	25	30	30	30	30	30	30	30	30	30	30	30	30
	0.04	25	25	25	30	30	30	30	35	35	35	35	35	35	40	40	40	40	40	40	40	40
	0.05	30	30	35	35	35	35	40	40	40	40	40	45	45	45	45	45	45	50	50	50	50
	0.06	35	35	35	40	40	40	45	45	45	50	50	50	60	60	60	60	60	60	60	60	60
	0.07	40	40	40	45	45	45	50	50	60	60	60	60	60	70	60	70	70	70	70	70	70
	0.08	40	45	45	50	50	50	60	60	60	60	60	70	70	80	70	70	70	70	80	80	80
	0.09	45	50	50	50	60	60	60	60	70	70	70	70	80	90	80	80	80	80	80	80	90
	0.10	50	60	60	60	60	60	70	70	70	70	80	80	80	90	90	90	90	90	100	90	100
	0.11	60	60	60	60	60	70	70	70	80	80	80	90	90	90	90	100	100	100	100	100	110

注：保温厚度的单位为mm。计算参数：环境温度取为－14.2℃；放热系数为23.26W/(m²·℃)。

$$\ln \frac{d_1}{d} = 2\pi\lambda_1 \left(\frac{t_f - t_k}{q} - R_1 \right) \tag{12-9}$$

管道多层保温计算公式

$$\ln \frac{d_1}{d} = 2\pi\lambda_1 \left[\frac{t_f - t_k}{q} - \left(\frac{1}{2\lambda_2}\ln\frac{d_2}{d_1} + \frac{1}{2\lambda_3}\ln\frac{d_3}{d_2} + \cdots + \frac{1}{2\lambda_n}\ln\frac{d_n}{d_{n-1}} + R_1 \right) \right] \tag{12-10}$$

式中，R_1 或 R_2 为平壁或管道保温层到周围空气的传热阻，$m^2 \cdot K/W$（见表 12-35）；δ_1、δ_2、$\cdots$、δ_n 为各层保温材料的厚度，m；t_f 为设备或管道外壁温度，℃；λ_1、λ_2、$\cdots$、λ_n 为各层保温材料的热导率，$W/(m \cdot K)$；t_k 为保温结构周围的环境温度，℃；d_1、d_2、$\cdots$、d_n 为各层保温材料的内径，m。

关于单位允许热损失 q，见表 12-33，也可参见表 12-36～表 12-40。

表 12-35 管道和平壁的热阻

公称管径	管道的热阻 $R_1/(m^2 \cdot K/W)$									
	室内管道 $t_f/℃$					室外管道 $t_f/℃$				
	≤100	200	300	400	500	≤100	200	300	400	500
25	0.30	0.26	0.22	0.20	0.19	0.10	0.09	0.09	0.08	0.08
32	0.28	0.23	0.20	0.16	0.14	0.09	0.09	0.08	0.07	0.06
40	0.26	0.22	0.18	0.15	0.13	0.09	0.08	0.07	0.06	0.05
50	0.20	0.16	0.14	0.12	0.10	0.07	0.06	0.05	0.04	0.04
100	0.15	0.13	0.11	0.09	0.07	0.05	0.04	0.04	0.03	0.03
125	0.13	0.11	0.09	0.08	0.07	0.04	0.03	0.03	0.03	0.03
150	0.10	0.09	0.08	0.07	0.06	0.03	0.03	0.03	0.03	0.03
200	0.09	0.08	0.07	0.06	0.05	0.03	0.03	0.02	0.02	0.02
250	0.08	0.07	0.06	0.05	0.04	0.03	0.02	0.02	0.02	0.02
300	0.07	0.06	0.05	0.04	0.04	0.03	0.02	0.02	0.02	0.02
350	0.06	0.05	0.04	0.04	0.04	0.02	0.02	0.02	0.02	0.02
400	0.05	0.04	0.04	0.03	0.03	0.02	0.02	0.02	0.02	0.02
500	0.04	0.03	0.03	0.03	0.03	0.02	0.02	0.02	0.02	0.02
600	0.036	0.034	0.032	0.030	0.028	0.014	0.013	0.013	0.012	0.011
700	0.033	0.031	0.029	0.028	0.026	0.013	0.012	0.011	0.010	0.010
800	0.029	0.028	0.025	0.024	0.023	0.011	0.010	0.010	0.009	0.009
900	0.026	0.025	0.024	0.023	0.022	0.010	0.009	0.009	0.009	0.009
1000	0.023	0.022	0.022	0.021	0.021	0.009	0.009	0.008	0.008	0.008
2000	0.014	0.013	0.012	0.011	0.010	0.005	0.004	0.004	0.004	0.004
平壁的热阻 $R_2/(m^2 \cdot K/W)$										
平壁	0.086	0.086	0.086	0.086	0.086	0.034	0.034	0.034	0.034	0.034

表 12-36 室内管道及设备的允许单位最大热损失

（当周围空气温度 $t_k = 25℃$）

$t_f/℃$	50	75	100	125	150	160	200	225	250	300
d/mm	单位热损失 q（管道）/（W/m）									
14	10	20	28	37	46	50	64	74	82	102
18	12	21	30	41	49	53	68	78	87	107
25	13	22	34	45	55	59	75	86	96	117
32	14	26	38	50	60	65	82	93	104	126
38	17	30	42	53	65	70	88	100	111	135
44.5	21	34	45	57	68	73	92	103	115	140
57	26	39	52	64	75	80	99	110	122	151
76	29	46	58	70	81	87	110	122	133	162
89	31	51	63	75	88	94	117	130	143	172
108	35	58	70	85	99	104	128	143	157	186
133	41	64	75	90	104	111	139	154	168	203
159	46	70	87	102	116	123	151	166	186	220

续表

t_f/℃	50	75	100	125	150	160	200	225	250	300
d/mm	单位热损失 q（管道）/（W/m）									
194	53	80	97	116	133	140	171	190	209	236
219	58	87	104	125	145	153	186	207	226	267
249	64	93	113	135	157	165	200	222	242	287
273	70	99	122	145	168	177	215	238	261	307
325	81	116	145	172	197	208	249	276	302	354
377	93	133	162	189	215	226	273	30	331	387
426	104	145	174	206	232	251	302	331	360	418
478	110	160	186	219	253	266	319	351	383	447
529	116	174	197	232	267	281	336	371	406	476
630	139	203	232	273	313	328	389	421	464	545
720	151	226	267	313	360	376	441	476	510	603
820	174	249	302	348	394	413	487	481	568	661
920	191	278	331	386	441	461	539	580	621	731
1020	215	307	360	421	481	502	586	748	679	789
1220	261	348	414	478	563	590	706	746	791	890
1420	307	389	469	536	644	676	829	858	902	995
1620	354	423	515	592	717	753	920	963	1015	1085
1820	392	458	571	647	790	827	1013	1067	1126	1183
2000	430	499	626	717	870	912	1124	1172	1225	1273
	单位热损失 q/（W/m²）									
平壁	64	75	87	99	110	115	133	145	157	180

表 12-37　不同周围空气温度时室内管道及设备的保温表面热损失换算系数

t_k/℃	t_f/℃	管径/mm					2000 及平壁
		32	108	273	720	1020	
+40	100	1.03	1.05	1.06	1.08	1.09	1.12
	200	1.01	1.02	1.03	1.03	1.04	1.04
	300	1.01	1.01	1.02	1.02	1.02	1.03
+30	75	1.02	1.03	1.03	1.04	1.04	1.05
	100	1.02	1.03	1.02	1.03	1.03	1.03
	200	1.01	1.01	1.01	1.01	1.01	1.01
	300	1.01	1.01	1.01	1.01	1.01	1.01
+25	75~600	1	1	1	1	1	1
+20	75	0.98	0.98	0.97	0.97	0.96	0.95
	100	0.99	0.98	0.98	0.97	0.97	0.96
	200	1.00	0.99	0.99	0.99	0.99	0.98
	300	1.00	1.00	1.00	1.00	0.99	0.99
+15	75	0.97	0.96	0.95	0.94	0.93	0.91
	100	0.98	0.97	0.97	0.96	0.95	0.94
	200	0.99	0.99	0.99	0.98	0.98	0.97
	300	0.99	0.99	0.99	0.99	0.99	0.98

表 12-38　室内保温表面热损失标准（周围空气计算温度 t_k=5℃）

管道外径 /mm	管道外表面（或热介质）温度 t_f/℃									
	50	75	100	125	150	160	200	225	250	300
	热损失/（W/m）									
10	13	19	24	31	37	39	49	55	60	73
20	15	23	31	38	46	50	63	71	79	94
32	17	27	36	44	53	57	72	80	89	108
48	21	31	42	52	61	67	84	94	104	125
57	24	35	46	57	67	72	90	101	111	133
76	29	41	52	64	77	81	100	113	125	148

续表

管道外径 /mm	管道外表面(或热介质)温度 t_f/℃									
	50	75	100	125	150	160	200	225	250	300
	热损失/(W/m)									
86	32	44	58	70	82	87	108	119	132	158
108	36	52	64	78	88	95	117	131	145	172
133	41	56	70	86	99	104	129	144	158	188
159	44	58	75	93	109	116	139	157	172	203
194	49	67	85	102	119	125	151	169	188	223
219	53	70	90	110	128	135	162	183	203	241
273	61	81	101	124	145	153	186	209	230	270
325	70	93	116	139	162	172	209	232	255	302
377	82	108	132	157	181	191	231	255	278	328
426	95	122	148	174	201	210	253	278	302	355
478	103	131	158	186	215	226	273	299	325	383
529	110	139	168	197	227	239	284	317	348	406
630	121	154	186	220	253	264	319	350	383	447
720	133	168	204	239	276	289	321	379	415	487
820	157	195	232	270	309	325	383	423	462	588
920	180	220	261	302	343	360	429	470	510	597
1020	209	255	296	339	383	401	472	517	563	655
1420	267	325	377	441	499	522	617	673	731	858
1820	313	394	464	534	609	638	696	829	905	1056
2000	360	441	510	586	661	696	835	911	986	1143
	热损失/(W/m²)									
平壁	58	68	79	88	99	103	122	131	142	162

表 12-39　不同周围空气温度时室外保温表面热损失换算系数

t_k/℃	t_f/℃	管径/mm					1020～2000 及平壁
		32	57	108	273	426～720	
+15	75	1.01	1.02	1.03	1.04	1.06	1.09
	100	1.00	1.01	1.02	1.03	1.05	1.07
	200	1.00	1.01	1.01	1.01	1.02	1.03
	300	1.00	1.00	1.01	1.01	1.02	1.02
+10	75	1.00	1.00	1.02	1.02	1.03	1.05
	100	1.00	1.00	1.01	1.02	1.02	1.04
	200	1.00	1.00	1.00	1.01	1.01	1.02
	300	1.00	1.00	1.00	1.01	1.01	1.01
+5	75～600	1.0	1.0	1.0	1.0	1.0	1.0
±0	75	1.00	0.99	0.98	0.97	0.97	0.96
	100	1.00	0.99	0.98	0.98	0.98	0.97
	200	1.00	1.00	0.99	0.99	0.99	0.99
	300	1.00	1.00	0.99	0.99	0.99	0.99

表 12-40　保温层平均温度 t_p

周围空气温度 t_k/℃	平壁或管道外表面温度(或热介质温度)t_f/℃									
	100	150	200	250	300	350	400	450	500	550
25	70	95	125	150	175	205	230	255	280	300
15	65	90	120	145	170	200	225	250	275	295
10	60	80	110	135	160	190	215	240	270	290
-15	55	75	105	130	155	185	210	235	265	285
-25	45	65	95	120	145	175	200	225	255	275

【**例 12-1**】 已知设备设于室内，全年运行，设备壁板温度 $t_f = 100℃$，周围空气温度 $t_k = 25℃$，采用水泥珍珠岩制品保温，求保温层厚度。

解： 水泥珍珠岩制品热导率方程为 $\lambda = 0.070 + 0.000116 t_p \, W/(m \cdot K)$

由表 12-40 查得 $t_p = 70℃$，则

$$\lambda = 0.070 + 0.000116 \times 70 = 0.078 \, W/(m \cdot K)$$

由表 12-33 查得单位允许热损失 $q = 93 \, W/m^2$。

由表 12-35 查得平壁热阻 $R_2 = 0.086 \, m^2 \cdot K/W$。

按式（12-6）计算得

$$\delta = \lambda \left(\frac{t_f - t_k}{q} - R_2 \right) = 0.078 \left(\frac{100 - 25}{93} - 0.086 \right) = 0.056 \, (m)，取 60mm$$

即保温层厚度可采取 60mm。

（三）控制表面温度的计算方法

平壁单层保温

$$\delta_1 = \frac{\lambda_1 (t_f - t_{wf})}{\alpha (t_{wf} - t_k)} \tag{12-11}$$

平壁多层保温总厚度

$$\delta = \frac{\lambda_1 (t_f - t_{wf1}) + \lambda_2 (t_{wf1} - t_{wf2}) + \cdots \lambda_n [t_{wf(n-1)} - t_{wf}]}{\alpha (t_{wf} - t_k)} \tag{12-12}$$

其中，第一层厚度

$$\delta_1 = \frac{\lambda_1 (t_f - t_{wf1})}{\alpha (t_{wf} - t_k)} \tag{12-13}$$

第二层厚度

$$\delta_2 = \frac{\lambda_2 (t_{wf1} - t_{wf2})}{\alpha (t_{wf} - t_k)} \tag{12-14}$$

管道单层保温

$$\frac{d_1}{d} \ln \frac{d_1}{d} = \frac{2\lambda_1 (t_f - t_{wf})}{\alpha (t_{wf} - t_k)} \tag{12-15}$$

管道多层保温总厚度

$$\frac{d_n}{d} \ln \frac{d_n}{d} = \frac{2}{\alpha d (t_{wf} - t_k)} \{ \lambda_1 (t_f - t_{wf1}) + \lambda_2 (t_{wf1} - t_{wf2}) + \cdots + \lambda_n [t_{wf(n-1)} - t_{wf}] \} \tag{12-16}$$

其中，第一层厚度

$$\ln \frac{d_1}{d} = \frac{2\lambda_1 (t_f - t_{wf1})}{\alpha d_n (t_{wf} - t_k)} \tag{12-17}$$

第二层厚度

$$\ln \frac{d_2}{d_1} = \frac{2\lambda_2 (t_{wf1} - t_{wf2})}{\alpha d_n (t_{wf} - t_k)} \tag{12-18}$$

式中，t_{wf} 为保温结构外表面计算温度，℃，该温度应保证操作人员不被烫伤，应控制在 50℃ 以下。当周围空气温度 $t_k = 25℃$ 时，t_{wf} 可按表 12-41 采用。

表 12-41 保温结构外表面温度 t_{wf}

介质	壁表面温度 $t_f/℃$	保温结构外表面温度 $t_{wf}/℃$
蒸汽管道、除尘管道及设备	$100 \leqslant t_f \leqslant 250$	35
	$250 \leqslant t_f \leqslant 400$	40
	$400 \leqslant t_f \leqslant 510$	45
	$510 \leqslant t_f \leqslant 570$	48
烟道排烟设备		45
燃料油管道		35

【**例 12-2**】 有一矩形风道，$t_f = 600℃$，用微孔硅酸钙和水泥泡沫混凝土两种保温材料作复

合式保温结构，外覆石棉水泥保护层，要求在室温 $25℃$ 时，保护层外表面温度不大于 $50℃$，求各层厚度。

解： 微孔硅酸钙最高使用温度 $600℃$，保温层表面温度 $250℃$

$$\lambda_1 = 0.056 + 0.000116 t_p$$
$$= 0.056 + 0.000116 \times \frac{600 + 250}{2}$$
$$= 0.105 W/(m \cdot K)$$

水泥泡沫混凝土最高使用温度 $250℃$，保温层表面温度 $60℃$

$$\lambda_2 = 0.098 + 0.00020 t_p$$
$$= 0.098 + 0.00020 \times \frac{250 + 60}{2}$$
$$= 0.129 W/(m \cdot K)$$

石棉水泥面层 $\qquad \lambda_3 = 0.35 W/(m \cdot K)$

$t_f = 600℃$，$t_{wf1} = 250℃$，$t_{wf2} = 60℃$，$t_{wf} = 50℃$，$t_k = 25℃$，$\alpha = 11.63 W/(m^2 \cdot K)$
按式 (12-12) 计算总厚度

$$\delta = \frac{\lambda_1(t_f - t_{wf1}) + \lambda_2(t_{wf1} - t_{wf2}) + \lambda_3(t_{wf2} - t_{wf})}{\alpha(t_{wf} - t_k)}$$
$$= \frac{0.105 \times (600 - 250) + 0.129 \times (250 - 60) + 0.35 \times (60 - 50)}{11.63 \times (50 - 25)} = 0.225 \ (mm)$$

按式 (12-13) 求第一层厚度

$$\delta_1 = \frac{\lambda_1(t_f - t_{wf1})}{\alpha(t_{wf} - t_k)} = \frac{0.105 \times (600 - 250)}{11.63 \times (50 - 25)} = 0.126 (m)，取 130mm$$

按式 (12-14) 求第二层厚度

$$\delta_2 = \frac{\lambda_2(t_{wf1} - t_{wf2})}{\alpha(t_{wf} - t_k)} = \frac{0.129 \times (250 - 60)}{11.63 \times (50 - 25)} = 0.0843 (m)，取 90mm$$

按式 (12-14) 求第三层厚度

$$\delta_3 = \frac{\lambda_3(t_{wf2} - t_w)}{\alpha(t_{wf} - t_k)} = \frac{0.35 \times (60 - 50)}{11.63 \times (50 - 25)} = 0.012 (m)，取 15mm$$

则，实际总厚度 $\quad \delta = \delta_1 + \delta_2 + \delta_3 = 130 + 90 + 15 = 235 \ (mm)$

（四）防止表面结露的计算方法

防止表面结露法计算保温层厚度基本上与控制表面温度法相一致，但此法也有其特殊性。防止结露指绝大多数时间不结露，如设置在和室外大气有良好接触的房间内的冷管道，当室外相对湿度达到 95% 以上且温度较高时不结露是很难做到的，也是不必要的。

对于矩形管道、设备以及外径 $>400mm$ 的圆形管道，可按平面保温考虑。按下式计算其最小保温层厚度

$$\delta = \frac{\lambda}{\alpha_w} \times \frac{t_i - t_n}{t_k - t_i} = \frac{\lambda}{\alpha_w} \left(\frac{t_k - t_n}{t_n - t_i} - 1 \right) \tag{12-19}$$

圆管保温层厚度

$$(d + 2\delta) \ln \frac{d + 2\delta}{d} = \frac{2\lambda}{\alpha_w} \times \frac{t_i - t_n}{t_k - t_i} \tag{12-20}$$

式中，t_k 为保温结构周围环境的空气温度，$℃$，需要保温的管道或设备不在空调房间内或在室外时，取室外最热月历年平均温度；t_i 为保温结构周围环境的空气露点温度，$℃$，不在空调房

间内或在室外时，按 t_k 和室外最热月历年平均相对湿度确定；t_n 为管内介质温度，℃；α_w 为保温结构表面换热系数，$W/(m^2 \cdot K)$，一般为 $6 \sim 11W/(m^2 \cdot K)$，可取 $8W/(m^2 \cdot K)$，室外管道要考虑风速的影响。

式（12-20）不能用普通的四则运算求解，只能用近似计算方法求解。在工程运算中，可以用试算法求解，当 $\alpha_w = 8.14W/(m^2 \cdot K)$ 时，可用图 12-14 直接查出防止结露的保温层最小厚度。

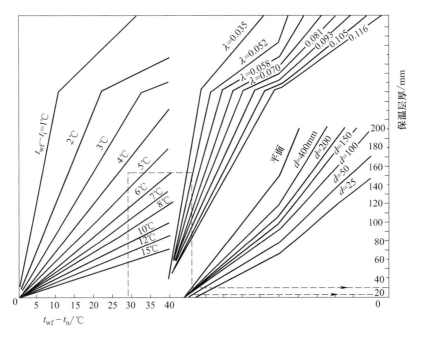

图 12-14　防止结露的保温层厚度

【**例 12-3**】　已知管外周围环境的空气温度 $t_k = 29℃$，相对湿度 $\Phi_w = 77\%$，由焓湿图查得其露点温度 $t_i = 24.5℃$，管内介质温度 $t_n = 0℃$，保温材料热导率 $\lambda = 0.0465W/(m \cdot K)$，表面换热系数 $\alpha_w = 8.14W/(m^2 \cdot K)$，求防止结露时矩形风管的最小保温层厚度和当管外径 $d = 100mm$ 时的最小保温层厚度。

解：矩形风管保温层厚度按式（12-19）计算

$$\delta = \frac{\lambda}{\alpha_w} \times \frac{t_i - t_n}{t_k - t_i}$$

$$= \frac{0.0465}{8.14} \times \frac{24.5 - 0}{29 - 24.5} = 0.031 \text{（m）}$$

亦可按图 12-14 查出。查图得 $\delta = 31mm$。可取 $\delta = 35mm$。

当管外径 $d = 100mm$ 时保温层厚度按式（12-20）计算：

$$(d + 2\delta)\ln\left(\frac{d + 2\delta}{2}\right) = \frac{2\lambda}{\alpha_w} \times \frac{t_i - t_n}{t_k - t_i}$$

$$(0.1 + 2\delta)\ln\left(\frac{0.1 + 2\delta}{0.1}\right) = \frac{2 \times 0.0465}{8} \times \frac{24.5 - 0}{29 - 24.5} = 0.062$$

当　$\delta = 0.030m$ 时，公式左面 $= 0.0752$；

$\delta=0.025\text{m}$ 时，公式左面＝0.0608；

$\delta=0.027\text{m}$ 时，公式左面＝0.0664。

说明保温层厚度 $\delta=0.025\text{m}$，可取 $\delta=30\text{mm}$。

按图 12-14 查得 $\delta=25\text{mm}$，最后取保温厚度 $\delta=30\text{mm}$。

四、保温结构设计与选用

1. 保温结构基本要求

管道和设备的保温由保温层和保护层两部分组成，保温结构的设计直接影响到保温效果、投资费用和使用年限等。对保温结构基本要求有以下几个方面：①热损失不超过允许值；②保温结构应有足够的机械强度，经久耐用，不宜损坏；③处理好保温结构和管道、设备的热伸缩；④保温结构在满足上述条件下，尽量做到简单、可靠、材料消耗少，保温材料宜就地取材、造价低；⑤保温结构应尽量采用工厂预制成型，减少现场制作，以便于缩短施工工期、保证质量、维护检修方便；⑥保护结构应有良好的保护层，保护层应适应安装的环境条件和防雨、防潮要求，并做到外表平整、美观。

2. 保温结构型式

保温结构的型式有如图 12-15、图 12-16 所示几种形式。

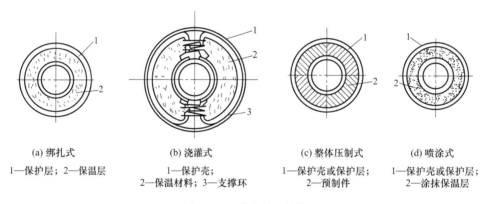

| (a) 绑扎式 | (b) 浇灌式 | (c) 整体压制式 | (d) 喷涂式 |
| 1—保护层；2—保温层 | 1—保护壳；2—保温材料；3—支撑环 | 1—保护壳或保护层；2—预制件 | 1—保护壳或保护层；2—涂抹保温层 |

图 12-15　管道保温结构

（1）绑扎式　它是将保温材料用铁丝固定在管道上，外包以保护层，适用于成型保温结构如预制瓦、管壳和岩棉毡等。这类保温结构应用较广，结构简单，施工方便，外形平整美观，使用年限较长。

（2）浇灌式　保温结构主要用于无沟敷设。地下水位低、土质干燥的地方，采用无沟敷设是较经济的一种方式。保温材料可采用水泥珍珠岩等，其施工方法为挖一土沟，将管道按设计标高敷设好，沟内放上油毡纸，管道外壁面刷上沥青或重油，以利管道伸缩，然后浇上水泥珍珠岩，将油毡包好，将土沟填平夯实即成。

硬质聚氨酯泡沫塑料，用于 110℃ 以下的管道，该材料可做成预件，或现场浇灌发泡成型。浇灌式保温结构整体性好，保温效果较好，同时可延长管道使用寿命。

（3）整体压制式　这种保温结构是将沥青珍珠岩在热态下、在工厂内用机械力量把它直接挤压在管子上，制成整体式保温，由于沥青珍珠岩使用温度一般不超过 150℃，故适用于介质温度 ＜150℃、管道直径＜500mm 的供暖管道上。

（4）喷涂式　为新式的施工技术，适合于大面积和特殊设备的保温，保温结构整体性好，保温效果好，且节省材料，劳动强度低。其材料一般为膨胀珍珠岩、膨胀蛭石、硅酸铝纤维以及聚

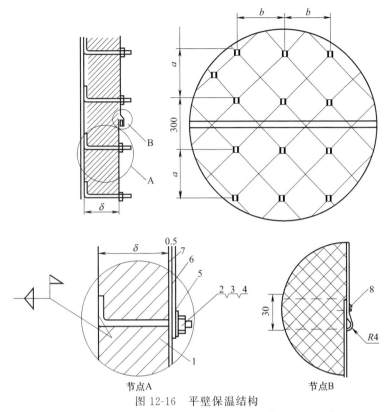

图 12-16　平壁保温结构

1—保温材料；2—直角型螺栓；3—螺母；4—垫圈；5—胶垫；6—保护板；7—支撑板；8—自攻螺丝

氨酯泡沫塑料等。

（5）充填式　一般除在阀门和附件上采用外很少采用。阀门、法兰、弯头、三通等，由于形状不规则，应采取特殊的保温结构，一般可采用硬质聚氨酯发泡浇灌、超细玻璃棉毡等。

3. 保护层的种类

管道设备保温，除选择良好的保温材料外，必须选择好保护层，才能延长保温结构的使用寿命。常用的保护层有如下几种。

（1）金属板　铝、镀锌铁皮等，价贵但使用寿命长，可达 20~30 年，适用于室外架空管道的保温。

（2）玻璃丝布保护层　采用较普遍，一般室内架空管道均采用玻璃纤维布外刷油漆作保护层，成本低，效果好。

（3）油毡玻璃纤维布保护层　这种保护层中油毡起防水作用，玻璃纤维布起固定作用，最外层刷涂料，适用于室外架空管道和地沟内的管道保温。

（4）玻璃钢外壳保护层　该结构发展较快，质量轻，强度高，施工速度快，且具有外表光滑、美观、防火性能好等优点，可用于架空管道及无沟敷设的直埋管道的保温外壳。

（5）高密度聚乙烯套管　此保护层用于直埋的热力管道保温上，防水性能好；热力管道保温结构可直接浸泡水中，与硬质聚氨酯泡沫塑料保温层相配合，组成管中管，热损失率极小，仅 2.8%。使用寿命可达 20~30 年，但价格较高。

（6）铝箔玻璃布和铝箔牛皮纸保护层　铝箔玻璃布和铝箔牛皮纸是一种蒸汽隔绝性能良好、施工简便的保护层，前者多用于热力管道的保温上，而后者则多数用于室内低温管道的保温上，效果良好。

五、保温层和辅助材料用量计算

1. 保温材料用量计算

保温材料工程量体积计算表见表 12-42。保温材料工程量面积计算见表 12-43。

表 12-42　保温材料工程量体积计算

体积/m³		保温层厚度/mm													
		30	40	50	60	70	80	90	100	110	120	130	140	150	160	170
管子外径/mm	22	0.58	0.90	1.29	1.73	2.24	2.81	3.45	4.15	4.91	5.73	6.62	7.56			
	28	0.64	0.98	1.38	1.85	2.38	2.97	3.62	4.34	5.11	5.96	6.86	7.83	8.86		
	32	0.68	1.03	1.45	1.92	2.46	3.07	3.73	4.46	5.25	6.11	7.02	8.00	9.05	10.2	
	38	0.74	1.11	1.54	2.04	2.59	3.22	3.90	4.65	5.46	6.33	7.27	8.27	9.33	10.5	
	45	0.80	1.19	1.65	2.17	2.75	3.39	4.10	4.87	5.70	6.60	7.56	8.58	9.66	10.8	12.0
	57	0.91	1.34	1.84	2.39	3.01	3.69	4.44	5.25	6.12	7.05	8.05	9.10	10.2	11.4	12.7
	73	1.07	1.55	2.09	2.70	3.36	4.10	4.89	5.75	6.67	7.65	8.70	9.81	11.0	12.2	13.5
	89	1.22	1.75	2.34	3.00	3.72	4.50	5.34	6.25	7.22	8.26	9.35	10.5	11.7	13.0	11.4
	108	1.39	1.99	2.64	3.36	4.13	4.98	5.88	6.85	7.88	8.97	10.1	11.3	12.6	14.0	15.4
	133	1.63	2.30	3.03	3.83	4.68	5.60	6.59	7.63	3.74	9.91	11.1	12.4	13.8	15.2	16.7
	159	1.88	2.63	3.44	4.32	5.26	6.26	7.32	8.45	9.64	10.9	12.2	13.6	15.0	16.5	18.1
	219	2.44	3.38	4.38	5.45	6.58	7.77	9.02	10.3	11.7	13.2	14.7	16.2	17.9	19.6	21.3
	273	2.95	4.06	5.23	6.47	7.76	9.12	10.5	12.0	13.6	15.2	16.9	18.6	20.4	22.3	24.2
	325	3.44	4.17	6.05	7.45	8.91	10.4	12.0	13.7	15.4	17.2	19.0	20.9	22.9	24.9	27.0
	377	3.93	5.37	6.86	8.43	10.0	11.7	13.5	15.3	17.2	19.1	21.1	23.2	25.3	27.5	29.7
	426	4.39	5.98	7.63	9.35	11.1	13.0	14.9	16.8	18.9	21.0	23.1	25.3	27.6	30.0	32.4
	478	4.88	6.64	8.45	10.3	12.3	14.3	16.3	18.5	20.7	22.9	25.2	27.6	30.1	32.6	35.1
	529	5.36	7.28	9.25	11.3	13.4	15.6	17.8	20.1	22.4	24.8	27.3	29.9	32.5	35.1	37.9
	630	6.31	8.55	10.8	13.2	15.6	18.1	20.6	23.2	25.9	28.7	31.4	34.3	37.2	40.2	43.3
	720	7.16	9.68	12.3	14.9	17.6	20.4	23.2	26.1	29.0	32.0	35.1	38.3	41.5	44.7	48.1
	820	8.11	10.9	13.8	16.8	19.8	22.9	26.0	29.2	32.5	35.8	39.2	42.7	46.2	49.8	53.4
	920	9.05	12.2	15.4	18.7	22.0	25.4	28.8	32.4	35.9	39.6	43.3	47.1	50.9	54.8	58.7
	1020	9.99	13.4	17.0	20.5	24.2	27.9	31.7	35.5	39.4	43.4	47.4	51.5	55.6	59.8	64.1

注：1. 本表所列数据以管长 100m 为单位。

2. 考虑到施工时的误差，在计算保温材料体积时，已将管子直径加大 10mm。

表 12-43　保温材料工程量面积计算表

面积/m²		保温层厚度/mm													
		30	40	50	60	70	80	90	100	110	120	130	140	150	160	170
管子外径/mm	22	28.9	35.2	41.5	47.8	54.0	60.3	66.6	72.9	79.2	85.5	91.7	98.0			
	28	30.8	37.1	43.4	49.6	55.9	62.2	68.5	74.8	81.1	87.3	93.6	99.9	106		
	32	32.0	38.3	44.6	50.9	57.2	63.5	69.7	76.0	82.3	88.6	94.9	101	107	114	
	38	33.9	40.2	46.5	52.8	59.1	65.3	71.6	77.9	84.2	90.5	96.8	103	109	116	
	45	36.1	42.4	48.7	55.0	61.3	67.5	73.8	80.1	86.4	92.7	99.0	105	112	118	124
	57	39.9	46.2	52.5	58.7	65.0	71.3	77.6	83.9	90.2	96.4	103	109	115	122	128
	73	44.9	51.2	57.5	63.8	70.1	76.3	82.6	88.9	95.2	101	108	114	120	127	133
	89	50.0	56.2	62.5	63.8	75.1	81.4	87.7	93.9	100	107	113	119	125	132	138
	108	55.9	62.2	68.5	74.8	81.1	87.3	93.6	99.9	106	112	119	125	131	138	144
	133	63.8	70.1	76.3	82.6	88.9	95.2	101	108	114	120	127	133	139	145	152
	159	71.9	78.2	84.5	90.8	97.1	103	110	116	122	128	135	141	147	154	160
	219	90.8	97.1	103	110	116	122	128	135	141	147	154	160	166	172	179
	273	108	114	120	127	133	139	145	152	158	164	171	177	183	189	196
	325	124	130	137	143	149	156	162	168	174	181	187	193	199	206	212
	377	140	147	153	159	166	172	178	184	191	197	203	210	216	222	228
	426	156	162	168	175	181	187	194	200	206	212	219	225	231	238	244
	478	172	178	185	191	197	204	210	216	222	229	235	241	248	254	260
	529	188	194	201	207	213	220	226	232	238	245	251	257	264	270	276
	630	220	226	232	239	245	251	258	264	270	276	283	289	295	302	308
	720	248	254	261	267	273	280	286	292	298	305	311	317	324	330	336
	820	280	286	292	298	305	311	317	324	330	336	342	349	355	361	368
	920	311	317	324	330	336	342	349	355	361	368	374	380	386	393	399
	1020	342	349	355	361	368	374	380	386	393	399	405	412	418	424	430

注：1. 本表所列数据以管长 100mm 为单位。

2. 考虑到施工时的误差，在计算保温材料面积时，已将管子直径加大 10mm。

2. 辅助材料用量计算

保温常用辅助材料计算如表 12-44 所列。

表 12-44　保温常用辅助材料计算表

项　　　目	规　　　格	单　　　位	用　　　量
沥青玻璃布油毡	JG84—74	m^2/m^2 保温层	1.2
玻璃布	中碱布	m^2/m^2 保温层	1.4
复合铝箔	玻璃纤维增强型	m^2/m^2 保温层	1.2
镀锌铁皮	$\delta=0.3\sim0.5mm$	m^2/m^2 保温层	1.2
铝合金板	$\delta=0.5\sim0.7mm$	m^2/m^2 保温层	1.2
镀锌铁丝网	六角网孔 25mm 线经 22G	m^2/m^2 保温层	1.1
镀锌铁丝	18$^\#$（DN≤100mm 时）	kg/m^2 保温层	2.0
（绑扎保温层用）	16$^\#$（DN=125～450mm 时）	kg/m^2 保温层	0.05
镀锌铁丝	18$^\#$（DN≤100mm 时）	kg/m^2 保温层	3.3
（绑扎保护层用）	16$^\#$（DN=125～450mm 时）	kg/m^2 保温层	0.08
铜带	宽 15mm，厚 0.4mm	kg/m^2 保温层	0.54
自攻螺钉	M4×15	kg/m^2 保温层	0.03
销钉	圆钢 $\phi6$	个/m^2 保温层	12

六、保温施工与验收

1. 保温层施工

（1）保温固定件、支承件的设置　垂直管道和设备，每隔一段距离需设保温层承重环（或抱箍），宽度为保温厚度的 2/3。销钉用于固定保温层时，间隔 250～350mm，用于固定金属外保护层时，间隔 500～1000mm，并使每张金属板端头不少于两个销钉。采用支承圈固定金属外保护层时，每道支承圈间隔为 1200～2000mm，并使每张金属板有两道支承圈。

（2）管壳用于小于 DN350 管道保温，选用的管壳内径应与管道外径一致。施工时，张开管壳切口部套于管道上；水平管道保温，切口置于下侧。对于有复合外保护层的管壳应拆开切口部搭接头内侧的防护纸，将搭接头按压贴平；相邻两段管壳要紧，缝隙处用压敏胶带粘贴；对于无外保护层的管壳，可用镀锌铁丝或料绳捆扎，每段管壳捆 2～3 道。

（3）板材用于平壁或大曲面设备保温，施工时，棉板应紧贴于设备外壁，曲面设备需将棉板的两板接缝切成斜口拼接，通常宜采用销钉自锁紧板固定。对于不宜焊销钉的设备，可用钢带捆扎，间距为每块棉板不少于两道，拐角处要用镀锌铁皮。当保温层厚度超过 80mm 时，应分层保温，双层或多层保冷层应错缝设，分层捆扎。

（4）设备及管道支座、吊架以及法兰、阀门、人孔等部位，在整体保温时，预留一定装卸间隙，待整体保温及保护层施工完毕后，再做部分保温处理，并注意施工完毕的保温结构不得妨碍活动支架的滑动。保温棉毡、垫的保温厚度和密度应均匀，外形应规整，经压实捆扎后的容重必须符合设计规定的安装容重。

（5）管道端部或有盲板的部位应敷设保温层，并应密封。除设计指明按管束保温的管道外，其余均应单独进行保温，施工后的保温层不得遮盖设备铭牌；如将铭牌周围的保温层切割成喇叭形开口，开口处应密封规整。方形设备或方形管道四角的保温层采用保温制品敷设时，其四角角缝应做成封盖式搭缝，不得形成垂直通缝。水平管道的纵向接缝位置，不得布置在管道垂直中心线 45°范围内，当采用大管径的多块成型绝热制品时，保温层的纵向接缝位置可不受此限制，但应偏离管道垂直中心线位置。

（6）保温制品的拼缝宽度，一般不得大于 5mm，且施工时需注意错缝。当使用两层以上的保温制品时，不仅同层应错缝，而且里外层应压缝，其搭接长度不宜小于 50mm；当外层管壳绝热层采用黏胶带封缝时，可不错缝。钩钉或销钉的安装，一般采用专用钩钉、销钉，也可用

$\phi 3 \sim 6mm$ 的镀锌铁丝或低碳圆钢制作，直接焊在碳钢制设备或管道上，其间距不应大于 350mm。单位面积上钩钉或销钉数，侧部不应少于 6 个/m^2，底部不应少于 8 个/m^2。焊接钩钉或销钉时，应先用粉线在设备、管道壁上错行或对行划出每个钩钉或销钉的位置。支承件的安装，对于支承件的材质，应根据设备或管道材质确定，宜采用普通碳钢板或型钢制作。支承件不得设在有附件的位置上，环面应水平设置，各托架筋板之间安装误差不应大于 10mm。当不允许直接焊于设备上时，应采用抱箍型支承件。支承件制作的宽度应小于保温层厚度 10mm，但不得小于 20mm。立式设备和公称直径大于 100mm 的垂直管道支承件的安装间距，应视保温材料松散程度而定。

（7）壁上有加强筋板的方形设备和管道的保温层，应利用其加强筋板代替支承件，也可在加强筋板边沿上加焊弯钩。直接焊于不锈钢设备或管道上的固定件，必须采用不锈钢制作。当固定件采用碳钢制作时，应加焊不锈钢垫板。抱箍式固定件与设备或管道之间，在介质温度高于 200℃，及设备或管道系非铁素体碳钢时应设置石棉等隔垫。设备振动部位的保温施工：当壳体上没有固定螺杆时，螺母上紧丝扣后点焊加固；对于设备封头固定件的安装，采用焊接时，可在封头与筒体相交的切点处焊高支承环，并应在支承环上断续焊设固定环；当设备不允许焊接时，支承环应改为抱箍型。多层保温层应采用不锈钢制的活动环、固定环和钢带。

（8）立式设备或垂直管道的保温层采用半硬质保温制品施工时，应从支承件开始，自下而上拼砌，并用镀锌铁丝或包装钢带进行环向捆扎；当卧式设备有托架时，保温层应从托架开始拼砌，并用镀锌铁丝网状捆扎。当采用抹面保护层时，应包扎镀锌铁丝网。≤DN100、未装设固定件的垂直管道，应用 8 号镀锌铁丝在管壁上拧成扭辫箍环，利用扭辫索挂镀锌铁丝固定保温层。当弯头部位保温层无成型制品时，应将普通直管壳截断，加工敷设成虾米腰状。≤DN70 的管道，或因弯管半径小，不易加工成虾米腰状时，可采用保温棉毡、垫绑扎。封头保温层的施工，应将制品板按封头尺寸加工成扇形块，错缝敷设。捆扎材料一端应系在活动环上，另一端应系在切点位置的固定环或托架上，捆扎成辐射形扎紧条。必要时，可在扎紧条间扎上环状拉条，环状拉条应与扎紧条呈十字扭结扎紧。当封头保温层为双层结构时应分层捆扎。

（9）伴热管管道保温层的施工，直管段每隔 1.0～1.5m 应用镀锌铁丝捆扎牢固。当无防止局部过热要求时，主管和伴热管可直接捆扎在一起；否则，主管和伴热管之间必须设置石棉垫。在采用棉毡、垫保温时，应先用镀锌铁丝网包裹并扎紧；不得将加热空间堵塞，然后再进行保温。

2. 保护层施工

（1）金属保护层常用镀锌薄钢板或铝合金板　当采用普通薄钢板时，其里外表面必须涂敷防锈涂料。安装前，金属板两边先压出两道半圆凸缘。对于设备保温，为加强金属板强度，可在每张金属板对角线上压两条交叉筋线。

（2）垂直方向保温施工　将相邻两张金属板的半圆凸缘重叠搭接，自下而上，上层板压下层板，搭接 50mm。当采用销钉固定时，用木槌对准销钉将薄板打穿，去除孔边小块渣皮，套上 3mm 厚胶垫，用自销紧板套入压紧（或 AM6 螺母拧紧）；当采用支撑圈、板固定时，板面重叠搭接处，尽可能对准支撑圈、板，先用 $\phi 3.6mm$ 钻头钻孔，再用自攻螺钉 M4×15 紧固。

（3）水平管道的保温　可直接将金属板卷合在保温层外，按管道坡向，自下而上施工；两板环向半圆凸缘重叠，纵向搭口向下，搭接处重叠 50mm。

（4）搭接处先用 $\phi 4mm$（或 $\phi 3.6mm$）钻头钻孔，再用抽芯铆钉或自攻螺钉固定，铆钉或螺钉间距为 150～200mm。考虑设备及管道运行受膨胀位移，金属保护层应在伸缩方向留适当活动搭口。在露天或潮湿环境中的保温设备和管道与其附件的金属保护层，必须按照规定嵌填密封剂或接缝处包缠密封带。

（5）在已安装的金属护壳上，严禁踩踏或堆放物品；当不可避免踩踏时，应采取临时防护措施。

（6）复合保护层

① 油毡。用于潮湿环境下的管道及小型筒体设备保温外保护层。可直接卷铺在保温层外，垂直方向由低向高处敷设，环向搭接用稀沥青黏合，水平管道纵向搭缝向下，均搭接 50mm；然后，用镀锌铁丝或钢带扎紧，间距为 200～400mm。

② CPU 卷材。用于潮湿环境下的管道及小型筒体设备保温外保护层。可直接卷铺在保冷层外，由低处向高处敷设；管道环、纵向接缝的搭接宽度均为 50mm，可用订书机直接钉上，缝口用 CPU 涂料粘住。

③ 玻璃布。以螺纹状紧缠在保温层（或油毡、CPU 卷材）外，前后均搭接 50mm。由低处向高处施工，布带两端及每隔 3m 用镀锌铁丝或钢带捆扎。

④ 复合铝箔。牛皮纸夹筋铝箔、玻璃布铝箔等。可直接敷设在除棉、缝毡以外的平整的保温层外，接缝处用压敏胶带粘贴。

⑤ 玻璃布乳化沥青涂层。在缠好的玻璃布外表面涂刷乳化沥青，每道用量 2～3kg/m^2。一般涂刷两道，第二道需在第一道干燥后进行。

⑥ 玻璃钢。在缠好的玻璃布外表面涂刷不饱和聚酯树脂，每道用量 1～2kg/m^2。

⑦ 玻璃钢、铝箔玻璃钢薄板。施工方法同金属保护层，但不压半圆凸缘及折线。环、纵向搭接 30～50mm，搭接处可用抽芯铆钉或自攻螺钉紧固，接缝处宜用黏合剂密封。

（7）抹面保护层

① 抹面保护层的灰浆，应符合：a. 容重不得大于 1000kg/m^3；b. 抗压强度不得小于 0.8MPa；c. 烧失量（包括有机物和可燃物）不得大于 12%；d. 干烧后（冷状态下）不得产生裂缝、脱壳等现象；e. 不得对金属产生腐蚀。

② 露天的保温结构，不得采用抹面保护层。当必须采用时，应在抹面层上包缠毡、箔或布类保护层，并应在包缠层表面涂敷防水、耐候性的涂料。

③ 抹面保护层未硬化前，应防雨淋水冲。当昼夜室外平均温度低于 5℃ 且最低温度低于 −3℃，应按冬季施工方案，采取防寒措施。大型设备抹面时，应在抹面保护层上留出纵横交错的方格形或环形伸缩缝；伸缩缝做成凹槽，其深度应为 5～8mm，宽度应为 8～12mm。高温管道的抹面保护层和铁丝网的断缝，应与保温层的伸缩缝留在同一部位，缝为填充毡、棉材料。室外的高温管道，应在伸缩缝部位加金属护壳。

（8）使用化工材料或涂层时，应向有关生产厂索取性能及使用说明书。在有防火要求时，应选用具有自熄性的涂层和嵌缝材料。在有防火要求的场所，管道和设备外应涂防火漆 2 道。

第三节　除尘设备伴热设计

除尘设备和管线为维持其工作条件通常要设计伴热系统使被伴热装置在设计条件下保持一定温度。除尘工程伴热通常有蒸汽伴热、热水伴热和电伴热三种类型。

一、伴热设计要点

1. 伴热的意义

伴热的意义是利用热线（电缆、蒸汽管、热水管）产生的热量来补偿除尘设备（或管道）散失到环境的热量，以此来维持设备温度。伴热和加热不同，伴热是用来补充被伴热装置在工艺过程中所散失的热量，以维持介质温度。而加热是在一个点或小面积上高度集中负荷使被加热体升温，其所需的热量通常大大高于伴热。

2. 伴热方式

（1）伴热方式分为重伴热和轻伴热（仅对蒸汽、热水伴热而言）。

重伴热是指伴热管道直接接触仪表及仪表测量管道，如图 12-17（a）、图 12-17（b）所示。

轻伴热是指伴热管道不接触仪表及仪表测量管道或在它们之间加一隔离层，如图 12-17（c）、图 12-17（d）所示。

（2）在被测介质易冻结、冷凝、结晶的场合，仪表测量管道应采用重伴热；当重伴热可能引起被测介质汽化时，应采用轻伴热或隔热。根据介质的特性，按图 12-17 确定相应的伴热形式。

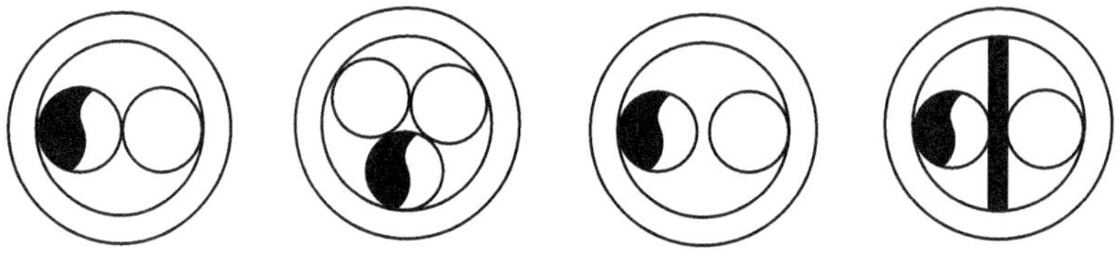

(a) 单管重伴热　　(b) 多管重伴热　　(c) 单管轻伴热　　(d) 带隔离层单管轻伴热

图 12-17　伴热结构示意

（3）处于露天环境的伴热隔热系统，大气温度应取当地极端最低温度；安装在室内的伴热隔热系统，应以室内最低气温作为计算依据。

3. 热损失设计计算

（1）伴热管道的热损失由下式计算

$$Q_g = \frac{2\pi(T_y - T_d)}{\frac{1}{\lambda}\ln\frac{D_o}{D_i} + \frac{2}{D_o\alpha}} \times 1.3 \qquad (12-21)$$

式中，Q_g 为单位长度管道的热损失，W/m；T_y 为维持管道或平面的温度，℃；T_d 为环境温度，℃；λ 为保温材料制品的热导率，W/(m·℃)；D_i 为保温层内径（管外径 D 外），m；D_o 为保温层外径，m；1.3 为安全系数；α 为保温层外表面向大气的散热系数，W/(m·℃)。

放热系数（α）与风速（v）有关。可用下式计算：

$$\alpha = 1.163(6 + 3\sqrt{v}) \qquad (12-22)$$

式中，v 为大气风速，m/s。

（2）平壁热损失用下式计算：

$$Q_P = \frac{T_y - T_d}{\frac{\delta}{\lambda} + \frac{1}{\alpha}} \times 1.3 \qquad (12-23)$$

式中，Q_P 为平壁热损失，W/m²；δ 为保温层厚度，m；1.3 为安全系数；其他符号意义同前。

4. 伴热产品选型

（1）对蒸汽和热水伴热要根据热损失和介质温度计算伴热管长度，而后进行系统布置设计。

（2）对电伴热通常根据厂商样本进行选型。

5. 系统布置设计

要根据管道长短、伴热面积大小进行布置设计。

二、蒸汽伴热设计

1. 蒸汽伴热

凡符合下列条件之一者，采用蒸汽伴热：①在环境温度下有冻结、冷凝、结晶、析出等现象产生的物料的测量管道、取样管道和检测仪表；②不能满足最低环境温度要求的场合。

2. 蒸汽用量的计算

伴热蒸汽宜采用低压过热或低压饱和蒸汽，其压力应根据环境温度、仪表及其测量管道的伴热要求选取 0.3MPa、0.6MPa 或 1.0MPa。伴热系统总热量损失 Q_g 为每个伴热管道的热量损失之和，其值应按下式计算

$$Q_g = \sum_{i=1}^{n}(q_p L_i + Q_{bi}) \tag{12-24}$$

式中，Q_g 为伴热系统总热量损失，kJ/h；q_p 为伴热管道的允许热损失，kJ/(m·h)；L_i 为第 i 个伴热管道的保温长度，m；Q_{bi} 为第 i 个保温箱的热损失，kJ/h，每个仪表保温箱的热损失可取 500×4.1868kJ/h；i 为伴热系统的数量，$i = 1$、2、3、…、n。

蒸汽用量 W_s 应按下式计算

$$W_s = K_1 \frac{Q_s}{H} \tag{12-25}$$

式中，W_s 为仪表伴热用蒸汽用量，kg/h；Q_s 为设备或管道热损失，kJ/h；H 为蒸汽冷凝潜热，kJ/kg；K_1 为蒸汽余量系数。

在实际运行中，应考虑下列诸多因素，取 $K_1 = 2$ 作为确定蒸汽总用量的依据。包括：①蒸汽管网压力波动；②隔热层多年使用后隔热效果的降低；③确定允许压力损失时误差；④设备或管道的热损失；⑤疏水器可能引起的蒸汽泄漏。

3. 蒸汽伴热系统

（1）蒸汽伴热系统，应满足下列要求：①仪表伴热用蒸汽宜设置独立的供汽系统，对于少数分散的仪表伴热对象，可按具体情况供汽；②蒸汽伴热系统包括总管、支管（或蒸汽分配器）、伴热管及管路附件，总管、支管（或蒸汽分配器）、伴热管的连接应焊接或法兰连接，接点应在蒸汽管顶部；③蒸汽伴热管及支管根部应安装切断阀，如图 12-18 所示；④蒸汽总管最低处应设疏水器，特殊情况下应对回水管伴热。

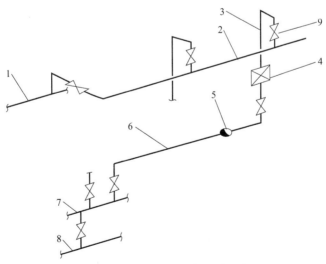

图 12-18　蒸汽伴热系统管路示意

1—总管；2—支管；3—伴热管；4—保温箱；5—疏水器；6—冷凝液管；

7—回水支管；8—回水总管；9—切断阀

（2）蒸汽伴热管的材质和管径，可按表 12-45 选取。

表 12-45　蒸汽伴热管材质和管径

伴热管材质	伴热管外径×壁厚/mm	伴热管材质	伴热管外径×壁厚/mm
紫铜管	$\phi 8\times 1$	不锈钢管	$\phi 10\times 1(\phi 10\times 1.5)$
紫铜管	$\phi 10\times 1$	不锈钢管	$\phi 14\times 2(\phi 18\times 3)$
不锈钢管	$\phi 8\times 1$	碳钢管	$\phi 14\times 2(\phi 18\times 3)$

（3）总管、支管的选择，应满足下列要求：①伴热总管和支管应采用无缝钢管；②伴热总管和支管的管径按表 12-46 选择。

表 12-46　伴热总管和支管管径与饱和蒸汽流量、流速关系

公称直径 DN	规格 外径×壁厚 /mm	蒸汽压力/MPa					
		1.0		0.6		0.3	
		蒸汽量 /(t/h)	流速 /(m/s)	蒸汽量 /(t/h)	流速 /(m/s)	蒸汽量 /(t/h)	流速 /(m/s)
15	$\phi 22\times 2.5$	<0.04	<9	<0.03	<11	<0.02	<11
20	$\phi 27\times 2.5$	<0.07	<10	<0.05	<12	<0.03	<13
25	$\phi 34\times 2.5$	0.07~0.13	<11	0.05~0.10	<13	0.03~0.06	<15
40	$\phi 8\times 3$	0.13~0.34	<13	0.10~0.26	<17	0.06~0.16	<20
50	$\phi 60\times 3$	0.34~0.64	<15	0.26~0.5	<19	0.16~0.3	<23
80	$\phi 89\times 3.5$	0.64~1.9	<20	0.5~1.4	<23	0.3~0.8	<26
100	$\phi 100\times 3$	1.9~3.8	<24	1.4~2.7	<26	0.8~1.5	<29

（4）最多伴热点数按表 12-47 选取。

表 12-47　最多伴热点数

伴热支管外径×壁厚 /mm	蒸汽压力/MPa		
	1.0	0.6	0.3
	最多伴热点数/个		
$\phi 22\times 2.5$	10	7	4
$\phi 27\times 2.5$	18	14	10
$\phi 34\times 2.5$	35	29	21
$\phi 48\times 3$	91	76	57
$\phi 60\times 3$	172	147	107
$\phi 89\times 3.5$	535	414	255

（5）冷凝、冷却回水管的选择，应满足下列要求：①一般情况下，蒸汽伴热系统应设置冷凝、冷却回水总管，并将冷凝、冷却回水集中排放；②蒸汽伴热冷凝回水支管管径宜按表 12-47 中伴热支管管径或大一级选用；③每根伴管宜单独设疏水阀，不宜与其他伴管合并疏水，通过疏水阀后的不回收凝结水，宜集中排放；④为防止蒸汽窜入凝结水管网使系统背压升高，干扰凝结水系统正常运行，疏水阀组不宜设置旁路阀；⑤伴管蒸汽应从高点引入，沿被伴热管道由高向低敷设，凝结水应从低点排出，应尽量减少 U 形弯，以防止产生气阻和液阻。

4. 蒸汽伴热管道的安装

（1）伴热管道应从蒸汽总管或支管顶部引出，并在靠近引出处设切断阀。每根伴热管道应起始于测量系统的最高点，终止于测量系统的最低点，在最低点排凝，并尽量减少"U"形弯。

（2）当伴热管道在允许伴热长度内出现"U"形弯时，则以米计的累计上升高度，不宜大于蒸汽入口压力（MPa）的 10 倍。

（3）当伴热管道水平敷设时，伴热管道应安装在被伴热管道的下方或两侧。

（4）伴热管道可用金属扎带或镀锌铁丝捆扎在被伴热管道上，捆扎间距 1~1.5m。

（5）伴热管道通过被伴热仪表测量管道的阀门、冷凝器、隔离容器等附件时，宜采用对焊连

接，必要时设置活接头。

（6）伴热管敷设在被加热管的下方，并包在同一绝热层内，如图 12-19 所示，可用于凝固点在 150℃以内，各种介质管道的加热保护。

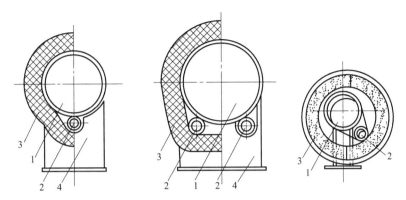

图 12-19　伴热管安装示意

1—被加热管；2—伴热管；3—绝热管；4—管托

（7）伴热管用 14 号镀锌铁丝与被加热管捆在一起，每两道铁丝的间距为 1m 左右。对设于腐蚀性和热敏性介质管道的伴热管，不可与被加热管直接接触，应在被加热管外面包裹一层厚度 1mm 的石棉纸；或在两管之间间断地垫上 50mm×25mm×13mm 的石棉板，每两块石棉板的间距为 1m 左右。

（8）除尘器箱体和灰斗壁板的伴热可按盘管形式安装，如图 12-20 所示。

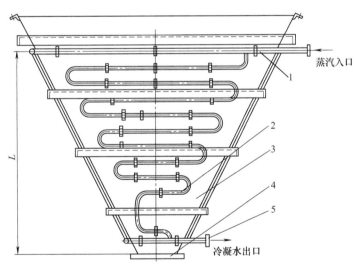

图 12-20　典型蒸汽伴热灰斗布置形式

1—固定支架；2—蒸汽加热管路；3—灰斗壁面；4—灰斗法兰；5—疏水器

（9）蒸汽加热装置保温结构见图 12-21。

5. 疏水器的安装

（1）疏水器前后应设置切断阀（冷凝水就地排放时疏水器后可不设置）。

（2）疏水器应带有过滤器，否则应在疏水器与前切断阀间设置 Y 形过滤器。

（3）疏水器应布置在加热设备凝结水排出口下游 300～600mm 处。

（4）疏水器宜安装在水平管道上，阀盖朝上；热动力式疏水器可安装在垂直管道上。

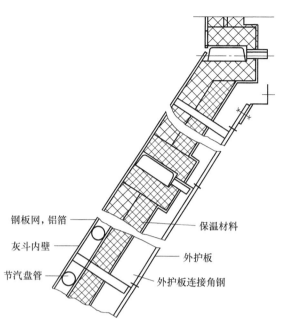

图 12-21　蒸汽加热装置保温结构

（5）螺纹连接的疏水器应设置活接头。

三、热水伴热设计

1. 热水伴热条件

凡符合下列条件之一者，可采用热水伴热：①不宜采用蒸汽伴热的场合；②没有蒸汽伴热的场合。

2. 热水用量的计算

热水用量 V_W 应按下式计算

$$V_W = K_2 \frac{Q_s}{C(t_1 - t_2)\rho} \tag{12-26}$$

式中，V_W 为伴热用热水用量，m^3/h；t_1 为热水管道进水温度，℃；t_2 为热水管道回水温度，℃；ρ 为热水的密度，kg/m^3；C 为水的比热容，$kJ/(kg \cdot ℃)$ ［取 $4.1868 kJ/(kg \cdot ℃)$ ］；K_2 为热水余量系数（包括热损失及漏损），一般取 $K_2 = 1.05$；Q_s 为伴热管道热损失，kJ/h。

热水管道进水温度 t_1 及回水温度 t_2 均与仪表管道内介质的特性（如易聚合、易分解、热敏性强等）有关。

热水压力应满足热水能返回到回水总管。

3. 热水伴热系统

用热水伴热宜设置独立的供水系统，对于少数分散的伴热对象，可视具体情况供水。热水伴热管的材质和管径宜选用 Q235 无缝钢管。

热水伴热总管和支管应采用无缝钢管，相应的管径可由下式计算：

$$d_n = 18.8 \sqrt{\frac{V_W}{v}} \tag{12-27}$$

式中，d_n 为热水总管、支管内径，mm；V_W 为伴热用热水量，m^3/h；v 为热水流速，m/s，一般取 1.5～3.5m/s。

一般情况下，应采用集中回水方式，并设置冷却回水总管。

4. 热水伴热管道的安装

热水伴热系统包括总管、支管、伴热管及管路附件。总管、支管、伴热管的连接应焊接，必要时设置活接头。取水点应在热水管底部或两侧。热水伴热管及支管根部、回水管根部应设置切断阀，供水总管最高点应设排气阀，最低点应设排气阀。其他安装要求同蒸汽伴热。

四、电伴热设计

1. 电伴热条件

凡符合下列条件之一者，可采用电伴热：①要求对伴热系统实现遥控和自动控制的场合；②对环境的洁净程度要求较高的场合。

2. 电伴热的功率计算

电伴热带的功率可根据仪表测量管道散热量来确定，管道散热量按下式计算

$$Q_E = q_N K_3 K_4 K_5 \qquad (12\text{-}28)$$

式中，Q_E 为单位长度测量管道散热量（实际需要的伴热量），W/m；q_N 为基准情况下，测量管道单位长度散热量，W/m，见表12-48；K_3 为保温材料热导率修正值（岩棉取1.22，复合硅酸盐毡取0.65，聚氨酯泡沫塑料取0.67，玻璃纤维取1）；K_4 为测量管道材料修正系数（金属取1，非金属取0.6～0.7）；K_5 为环境条件修正系数（室外取1，室内取0.9）。

表 12-48 测量管道单位长度散热量[①]　　　　　　　　　　单位：W/m

管道隔热层厚度 /mm	温差 ΔT /℃[②]	测量管道尺寸/(mm/英寸)(公称尺寸 DN)			
		1/4(6,8,10)	1/2(15)	3/4(20)	1(25)
10	20	6.2	7.2	8.5	10.1
	30	9.4	11.0	12.9	15.4
	40	12.7	14.9	17.5	20.8
20	20	4.0	4.6	5.3	6.2
	30	6.2	7.0	8.1	9.4
	40	8.3	9.5	10.9	12.7
	60	12.8	14.7	16.9	19.6
30	20	3.3	3.7	4.2	4.8
	30	5.0	5.6	6.3	7.3
	40	6.7	7.6	8.6	9.8
	60	10.3	11.7	13.2	15.1
	80	14.2	16.0	18.2	20.8
	100	18.3	20.7	23.4	26.8
	120	22.7	25.6	29.0	33.2
	140	27.2	30.8	34.9	40.0
	160	32.1	36.2	41.1	47.1
	180	37.1	42.0	47.6	54.5
40	20	2.8	3.2	3.6	4.0
	30	4.3	4.8	5.4	6.1
	40	5.8	6.5	7.3	8.3
	60	9.0	10.1	11.3	12.8
	80	12.3	13.8	15.5	17.6
	100	15.9	17.8	20.0	22.7
	120	19.7	22.1	24.8	28.1
	140	23.7	26.5	29.8	33.8
	160	27.9	31.2	35.1	39.8
	180	32.3	36.2	40.6	46.0

① 散热量计算基于下列条件：隔热材料：玻璃纤维；管道材料：金属；管道位置：室外。
② 温差指电伴热系统维持温度与所处环境最低设计温度之差。

管道阀门散热量按与其相连管道每米散热量的 1.22 倍计算。

3. 电伴热系统

（1）电伴热系统，应满足下列要求：

① 电伴热系统一般由配电箱、控制电缆、电伴热带及其附件组成。附件包括电源接线盒、中间接线盒（二通或三通）、终端接线盒及温控器。

② 为精确维持管道或加热体内的介质温度，电伴热带可与温控器配合使用。重要检测回路的仪表及测量管道的电伴热系统应设置温控器。温度传感器应安装在能准确测量被控温度的位置。根据实际需要将温度传感器安装在电伴热带上构成测量电伴热带温度的测量系统，见图 12-22；也可将温度传感器安装在环境中构成测量环境温度的测量系统，见图 12-23。在关键的电伴热温度控制回路中，宜设温度超限报警。

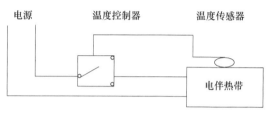 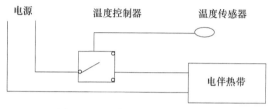

图 12-22　测量电伴热带温度的系统　　　　图 12-23　测量环境温度的系统

（2）电伴热系统的供电电源宜采用 220V AC 50Hz，宜设置独立的配电系统或供电箱，并安装在安全区。配电系统应具有过载、短路保护措施。每套电伴热系统应设置单独的电流保护装置（断路器或保险丝），满负荷电流应不大于保护装置额定容量值的 80%。

（3）配电系统应有漏电保护装置。

（4）电伴热系统控制电缆线径应根据系统的最大用电负荷确定，导线允许的载流量不应小于电伴热带最大负荷时的 1.25 倍。配电电线电缆的选择应符合现行《石油化工仪表供电设计规范》（SH 3082）的规定。电缆应采用铜芯电缆，电缆线路应无中间接头。

（5）保温箱的伴热宜选定型的电保温箱，并独立供电。

（6）在爆炸危险场所，与电伴热带配套的电气设备及附件应满足爆炸危险场所的防爆等级，并符合现行《爆炸危险环境电力装置设计规范》（GB 50058—2014）的规定。

4. 电伴热产品

电伴热产品主要有伴热带和伴热毡两类及其配套产品。因厂商不同，电伴热产品的规格性能各不相同。

5. 常用电伴热带的适用场合

（1）自限式电伴热带　由特殊的导电塑料组成，用于维持温度不大于 130℃ 的场合，其输出功率随温度变化而变化；可任意剪切或加长；可交叉敷设。

（2）恒功率电伴热带　由镍铬高阻合金组成，用于维持温度不大于 150℃ 的场合，其单位长度输出功率恒定；可任意剪切或加长。

（3）串联电伴热带　由一根或多根合金芯线组成，用于维持温度不大于 150℃ 的场合，其输出功率随电伴热带长度的变化而变化。

6. 电伴热带的选型

（1）宜选用并联结构的自限式电伴热带和单相恒功率电伴热带。

（2）非防爆场合选用普通型电伴热带；防爆场合必须选用防爆型电伴热带；在要求机械强度高、耐腐蚀能力强的场合，应选用加强型电伴热带。

（3）电伴热带的规格及长度确定，应符合下列规定。

① 应根据管道维持温度及最高温度确定电伴热带的最高维持温度。

② 应根据管道散热量确定电伴热带的额定功率。当管道单位长度散热量大于电伴热带额定功率，且两者比值大于1时，用以下方式修正：a. 当比值大于1.5时，采用两条及以上的平行电伴热带敷设；b. 当比值在1.1～1.5之间时，宜采用卷绕法；c. 修改隔热材料材质或管道隔热厚度。

（4）确定电伴热带长度时，每个弯头需电伴热带长度等于管道公称直径的2倍；每个法兰需电伴热带长度等于管道公称直径的3倍。

7. 电伴热带的安装

（1）电伴热带的安装应在管道系统、水压试验检查合格后进行。

（2）电伴热带可安装在仪表管道侧面或侧下方，用耐热胶带将其固定，使电热带与被伴热管道紧贴以提高伴热效率。

（3）除自限式电伴热带外，其余形式的电伴热带不得重叠交叉。敷设最小弯曲半径应大于电伴热带厚度的5倍。

（4）接线时，必须保证电伴热带与各电气附件正确可靠地连接，严禁短路，并有足够的电气间隙。对于并联式电伴热带，线头部位的电热丝要尽可能的剪短，并嵌入内外层护套之间，严禁与编织层或线芯触碰，以防漏电或短路；对于自限式电伴热带，其发热芯料为导电材料，安装时电源铜线应加套管，以免短路。

（5）试送电正常后，再停电进行隔热层施工。隔热材料必须干燥且保证材料的厚度。

（6）电伴热系统必须对介质管道、电伴热带编织层及电气附件按现行《电气装置安装工程 接地装置施工及验收规范》（GB 50169—2016）的规定做可靠接地，接地电阻应小于4Ω。

（7）在防爆危险场所应用时，电伴热带与其配套的防爆电气设备及附件的安装、调试和运行必须遵循国家颁布的现行《电气装置安装工程 爆炸和火灾危险环境电气装置施工及验收规范》（GB 50257—2014）的有关规定。

（8）管道法兰连接处易产生泄漏，缠绕电伴热带时，应避开其正下方。伴热带的安装如图12-24～图12-26所示。

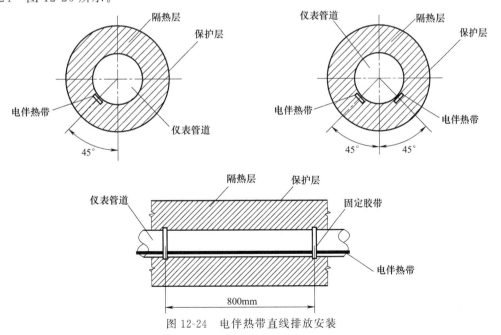

图12-24 电伴热带直线排放安装

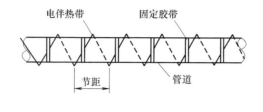

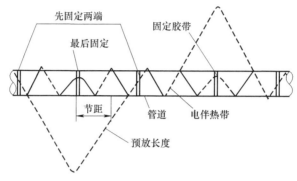

图 12-25　电伴热带缠绕管道

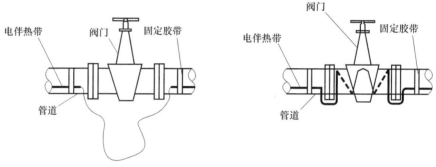

图 12-26　电伴热带缠绕阀门

8. 毡式电伴热器的应用

（1）结构与安装程序　毡式电伴热器的结构如图 12-27 所示。加热量为每平方米灰斗外壁面积采用 400～600W。毡式电伴热器的安装如图 12-28 所示，其程序如下：①在指定位置焊上安装钉销；②放上毡式电伴热器，并暂时用带子在安装钉销上绑好；③将绝缘体放在安装钉销上；④在绝缘体安装钉销上铺上金属网；⑤用手铺开金属网，使电热毡与灰斗表面贴紧，在绝缘体的钉销上安装高速夹具。

（2）灰斗伴热器使用注意事项

① 灰斗要经受气流引起的振动，有时还要经受空气炮的振动，伴热装置及其安装方法应能承受这样的振动而不致出现故障。

② 伴热部件和导线应能耐可能经受的最高温度。当灰斗壁温度保持 120～150℃时，伴热的工作温度通常为 200～340℃。而在出现不正常情况（例如空气预热器损坏）时，烟气温度可能达到更高。使用伴热应考虑正常运行时的伴热器最大工作温度和不正常的烟气温度。

③ 伴热系统应能接地。配电系统应有漏电保护装置。

④ 电伴热供电电源宜采用 50Hz 的 220V AC。和所有三相配电的情况一样，需要把灰斗伴热系统尽可能地连接成三相负荷平衡。

⑤ 灰斗伴热必须具备有效的控制系统，其主要作用是把电能按需要分配给灰斗上的各个伴热器，以保持要达到的灰斗温度。大的系统一般是将配电部件、检测与报警部件以及除传感器外的控制部件都装在灰斗控制盘上，这样尽可能减少布线，便于检查、操作与维护。

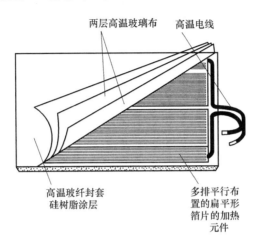

图 12-27　毡式电伴热器的结构

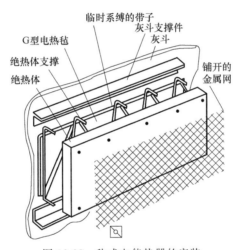

图 12-28　毡式电伴热器的安装

第十三章 工业除尘设备安装、调试和验收

除尘设备安装特别是大型除尘设备安装是庞大的系统工程，安装工程涉及安装施工组织设计、安装焊接、安装标准、安装调试、安装质量检验和竣工验收等方面，每个环节都要十分重视。

第一节 安装安全注意事项

一、树立安全第一的思想

（1）树立"预防为主、安全第一"的指导思想，把安全生产列为生产建设的第一要素。建立和健全安全生产责任制。依法组织安全生产。建立与健全以安全生产为中心的各级安全生产责任制。

（2）实施以法人代表为主要责任人的安全生产问责制。一旦发生重大安全生产事故，要追究法人代表及其相关责任人的法律责任和经济责任。

（3）坚持以岗位（班级）为中心，建立和健全安全操作规程，安全规程要人手一册。

（4）联系除尘设备安装工程特点，应用系统安全工程理论，找出安装工程的危险源和危险点，制定系统安全防护措施。

（5）安装过程中，每天班前会要讲安全问题，坚持每周一次的安全教育和安全点检，发现安全隐患，及时整改。

二、安全注意事项

1. 高处作业，安全可靠

（1）高处作业应符合《高处作业分级》（GB/T 3608—2008）规定，高处作业人员不能有高处作业禁忌症。

（2）高处吊装作业，指挥与操作责任分明，联系方式统一，事故应急预案到位，监控设施得力。

（3）高处作业系安全带，挂安全网。

（4）设备走台、扶手、栏杆等永久性安全设施，同步制作与安装；供安装过程使用。

2. 安全供电

（1）施工用电，按施工组织设计规定，统一架设；不能有裸露、破裂和绝缘强度下降等缺陷。

（2）电焊机供电，导线绝缘良好，接地可靠，接地电阻不大于 10Ω；容器内焊接作业，照明电压保证 36V，做到通风良好。

3. 科学佩戴安全防护用品

按工种劳保规定，佩戴必要的工作服、工作鞋、防护帽、防护手套、防护眼睛，以及其他需要的特种防护用品。

4. 贯彻《安全生产法》，建立与健全职业卫生责任制

《职业病防治法》规定，"职业病防治工作坚持预防为主、防治结合的方针，实行分类管理、综合治理"。

（1）依法做好职业病防治，首先要建立与健全以企业法人代表为首的职业卫生问责制。

（2）联系除尘设备安装工程的具体情况，制定与实施职业卫生管理制度。

职业卫生管理制度，应当包括：①职业卫生管理制度；②作业环境检测制度；③职业健康监护制度；④职业危害防护设施管理制度。

（3）职业病防治任务落实到班组和个人。

（4）对拒不执行《职业病防治法》及相关法律，造成重大职业危害的，要问责企业法人代表，追究其法律责任和经济责任。

5. 按除尘设备安装过程接触的职业危害因素，科学采取职业危害防护设施

（1）电焊工露天作业时，尽量采取顺风向焊接方式；除尘器（容器）内部焊接作业，必须应用送风式口罩，有效预防锰中毒和急性乏氧危害。

（2）涂装作业时，优先选用无毒涂料，特别禁用有苯涂料；采用喷涂作业，劳动者应穿戴防护服，佩戴防护帽、防护眼镜和送风式口罩，消除苯及其苯系物、甲醛等有机蒸气的职业危害。必要时，配发个人防护药膏。

（3）工业噪声强度超过 90dB（A）的作业场所，劳动者应佩戴防噪声耳塞。

（4）作业场所粉尘浓度超过卫生标准 $10mg/m^3$ 时应佩戴高效防护口罩。

（5）高处作业应适时配设防暑降温设施和防寒设施。

6. 定期组织与实施作业环境检测和职业健康监护

（1）围绕除尘设备安装工程常见的电焊作业、涂装作业和金属结构制作与安装作业，依法委托其有省级职业卫生检测资质的专业卫生机构，定期开展作业环境中粉尘、二氧化锰、有机蒸气和工业噪声的浓（强）度检测，科学评价作业环境水平。

（2）根据除尘设备安装现场职业危害因素的分布特性，依法委托具有省级职业健康监护资质的专业卫生机构，定期开展就业前职业健康检查、就业中职业健康检查和离职后的职业健康检查，跟踪评价劳动者的职业健康动态，并建立个体职业健康档案。

（3）确诊患有职业病的劳动者，视病情状况组织必需的门诊治疗、住院治疗，按工伤享有社会保险待遇，其费用由用人单位承担。

三、事故处理预案

1. 事故分类

设备安装过程的事故指意外造成的损失、伤害或灾祸。安装施工工地发生的事故分为三类：一是设备事故，如吊装设备倾覆、试车中除尘设备被吸瘪、压力容器爆炸等；二是人身事故，如高空作业堕落、触电、有害气体中毒、中暑、过度劳累晕倒等；三是因施工造成能源中断、烧毁、火灾等事故。

2. 事故应急处理预案

事故应急处理预案主要有人员安排、报告制度和实施方案三方面内容。

（1）对事故的发生要有人员落实，例如层层负责制度、平时演练制度等。

（2）报告制度指一旦发生事故，第一目击者必须在第一时间向上一级负责人报告，并在力所能及范围进行消除或抢救。

（3）实施方案是应急预案的条件准备，如消防器材、医疗器材、警示标牌、联络电话等。

3. 事故分析和整改

事故发生后，应按事故处理预案的规定，由企业主管负责人（部门）组织，相关部门参加，及时开展事故调查与分析。要求做到"事故原因未查清不放过；事故责任未明确不放过；整改措施未落实不放过"。

事故分析报告应包括事故时间与地点、事故经过、事故责任、事故经济损失、整改措施和处理意见。

重大事故分析报告应由企业法人代表签字认可，上报上级主管部门核准、备案。

事故整改措施是落实事故整改结论、组织安全生产的根本措施，按系统工程管理准则必须抓紧、抓实、抓好。

四、职业危害应急措施

除尘设备安装时，可能突发的急性职业危害，包括氮气窒息、乏氧症和煤气中毒。

1. 氮气窒息

（1）自然状况　氮气作为制氧工艺的副产品，被钢铁企业广泛回收利用，作为压缩性气体供脉冲类袋式除尘器的清灰气源和其他动力源，具有含水量低、含油量低、含杂质量低的特性，特别是北方地区可以消除脉冲阀凝水结冻之患，成为脉冲除尘器的优质气源、优选气源。

（2）突发机会　脉冲除尘器在安装、调试和检修过程中，可能因氮气压力超出、误操作和设备破损等原因，导致氮气突发逸出，包围操作者的呼吸带或呼吸区，瞬间形成绝（缺）氧环境，导致急性氮气窒息或氮气中毒。

（3）应急对策　氮气突发扩散后，应以氮气突发为令，立即切断氮气源，报告生产指挥中心；同时组织抢救，将受害者撤出氮气影响区，平躺（放）在空气流通的地方，必要时采取人工呼吸或输氧治疗；住院治疗，服用解救药物。

2. 乏氧症

（1）自然情况　氧气是一种助燃气体，也是维系人体生命的重要元素。

（2）突发机会　除尘设备安装过程中，除尘器（容器）内部焊接作业，最容易引发乏氧症。当容器内部无通风换气条件时，电焊工在容器内长时间的连续焊接作业，焊接过程热金属与氧气发生反应，生成 MnO_2、Fe_2O_3，夺走了容器内空气中的大量氧气；又因容器内通风条件差，容器外部空气不能补入，必然导致空气中氧气成分降至 16% 以下；高强度的体力劳动，在低氧（14%以下）环境中的较长时间停留，必然造成以四肢无力、昏迷为主要特征的氧缺乏症；严重者可能死亡。氧缺乏症是在缺氧环境中工作的一种急性职业伤害，往往又可能被误认为一氧化碳中毒，而贻误治疗，造成终生遗憾。

（3）应急对策　容器内焊接时，发现四肢无力、昏迷等症状时应立即停止工作，强行通入压缩空气或氧气；焊接工作人员撤至容器外部新鲜空气处，查明原因，接受专业医疗机构（疾病控制中心）的检查治疗。

发生乏氧症的根本原因，是容器内焊接作业场所没有依靠通风换气设备输入新鲜空气；焊接工人也没有佩戴从容器外接入的送风式口罩。

3. 煤气中毒

（1）自然情况　煤气作为二次能源被工业企业和民间广泛应用。可利用的煤气包括：焦炉煤气、高炉煤气、转炉煤气、发生炉煤气和混合煤气。各类煤气的可燃成分有甲烷（CH_4）、氢气（H_2）和一氧化碳（CO）等，其中一氧化碳是引发煤气中毒的根本因素。

一氧化碳逸散在空气中，经呼吸道进入人体后，迅速与血液发生生化反应，生成碳氧血红蛋白（HbCO）；依其自身的强氧化性而截留人体对氧的吸收，引起机体组织缺氧，破坏人体血液系统与神经系统的功能，造成不同程度（轻、中、重）的一氧化碳中毒，严重者当即死亡；一氧化碳是冶金企业、化工企业危害面最宽、危害性最大的职业危害因素。

（2）突发机会　煤气是工业企业应用最广的二次能源，并经煤气管道输送至各用户。除尘设备安装过程，可能因误接管道、误伤管道和空气中飘逸等原因，遭到一氧化碳的突发袭击。

特别是在大型企业中，煤气管网年久失修、煤气系统与下水系统串通、施工中损坏煤气设施，以及远处煤气放散，在低气压作用下也可能飘逸至除尘设备安装现场等，均可出现煤气突发而至的职业中毒应急场面。

（3）应急对策　发现煤气突发征兆，首先要查明煤气突发源；其次，按煤气突发影响范围，决定发出局部停工或全部停工指令；全面查实危险源，科学采用修补措施。

如突发人员昏迷、四肢无力和呕吐现象时，立即按一氧化碳中毒抢救预案，组织抢救，抢救现场人员至空气新鲜处，报告生产指挥中心，勘查现场，监测环境中一氧化碳浓度，查明与消除危险源；同步组织医疗抢救与治疗。

第二节　安装施工组织设计

大型除尘设备安装需要进行施工组织设计，施工组织设计完成后需要有关部门批准后实施。

安装工程施工组织设计，作为指导除尘设备安装的纲领性文件，对统一规则、全面指导、具体实施除尘设备安装；对提高除尘设备安装质量，确保除尘设备安装工期，降低除尘设备安装成本，均具有重大的理论价值和实用价值。

一、安装施工方案

根据除尘设备工作原理、除尘工艺和结构特性的不同，除尘设备安装方案有很大差异，安装工程施工组织设计的深度和广度也不尽一致。其安装方案分为整体组合安装和分体组合安装两大类。

1. 整体组合安装

整体组合安装既包括整体结构的除尘设备一段式安装工程，也包括分体制作、现场组合为整体的除尘设备一段式安装工程。非主体的零星部件、仪表和保温工程，可以现场补装，待整机试车调试时校正。

旋风除尘器、水膜除尘器、冲激式除尘机组、文氏管、袋式除尘机组、静电除尘机组以及空气加热、冷却设备和通风机等配套设备，推荐整机组合安装方案。

2. 分体组合安装

对于大型除尘设备因机体超限，给设备制作、运输和安装造成不可逾越的困难时，必须采取分体制作与分体组合方案，即分体部件在工厂预制、现场组合、分体安装的多段式组合安装。非主体的零星部件、仪表和保温工程也可以现场补装；待整机试车调试时校正。

大中型袋式除尘器、电除尘器及其供电机组、大中型烟气脱硫除尘设备、大型冲激式除尘器、烟气除尘预处理设备和大型锅炉引风机等设备，推荐分体组合安装方案。

二、安装施工特点

安装工程施工组织设计的编制依据、编制总则、编制内容和技术组织措施，均与制作工程施工组织设备大致相同。

1. 施工组织的特点

除尘设备安装工程施工组织设计的特点主要表现为以下 3 个方面。

（1）突出除尘设备安装工程的主要任务　根据除尘设备的结构特性，立足除尘设备安装，优化安装方案，在建设工程现场，完成除尘设备安装与调试，协助建设单位试生产运行，创造优质工程。

优化安装方案，主要应当抓住科技创新，创造优质工程：①依靠科技进步，坚持"质量第一"用国内外最先进的施工技术，建立质量控制体系，嫁接与培育国内领先的除尘设备安装工艺，解决好"没有质量就没有数量"的辩证关系，创造国内一流的优质工程；②依靠科技进步，运用系统工程理论，运筹帷幄，做好安装工程总平面规划和安装工程的调度与平衡，向管理要效益；③依靠科技进步，组织与实施员工的继续工程教育，特别要联系关键项目，组织高新技术岗位培训，提升专业技术人员和技工素质水平；④依靠科技进步，应用国内外先进科学技术和管理技术，组织安全生产和环境保护，创造和谐社会环境，促进安装工程向高端挺进。

（2）建筑安装工程工作量　除尘设备安装工作量，在计划经济时期，是以建筑安装工程量和建筑安装工程单位估价表为依据确定的；在市场经济时期，多数建筑安装工程（包括除尘设备制作与安装）是以竞标方式决定，其中低标底往往为建设单位青睐。承包商为中标，往往把标底做得很低，承包企业必须由粗放经营向精细经营转化，把经营目标分解、落实到基层。

按合同组织生产，是市场经济准则；谋取经济效益最大化，是企业经营的宗旨。"合同承包额，就是建筑安装工作量"，已经成为不争的事实。

在承包工程总额确定的前提下，除去承包工程基本费用（人工费、材料费、机械使用费、运费和税金），余额才是利润。企业经营有两条道路：一条是科学策划、精细管理、依法纳税的合法经营道路；另一条是偷工减料、偷税漏税的非法经营道路。

走依法经营的道路，是企业发展的正确道路，非法经营是没有出路的。在除尘设备制作与安装工程中，就要在施工设计中精心策划，用倒算法精心计算利润因子，把承包工作量分解到各项分部工程中去，采取技术组织措施并付诸现实。这一点是一分一毫也差不得的，必须做到工作量精确分解，成本控制指标到位。

（3）保证除尘设备投产达标　除尘设备安装，以除尘设备投产达标为终极目标，是建筑安装工程的服务宗旨。除尘设备投产达标，系指在额定状态下，除尘设备运行指标达到设计规定值。主要指标包括：①处理风量达到设计值（±10%）；②设备阻力达到设计值（±15%）；③排放浓度低于环保排放标准；④动态漏风率在 5% 以下；⑤烟气收集率在 80% 以上。

因设计原因除尘设备达不到生产要求时，按除尘设备验收评价结论，由设计部门提出修改设计另案解决，以期满足建设单位的生产需求。

2. 安装工程施工组织设计的重点

安装工程施工组织设计的重点应当包括以下几个方面。

（1）科学规划，制订安装工程目标　依靠科技创新，富集先进科学技术，充分利用人力、物力和财力资源，统筹安排，制订除尘设备安装目标，是安装工程施工组织设计的核心指标，目标管理的立足点；必须做到指标先进、措施得力、资源可靠。

（2）制订技术先进、措施配套、管理有序、动作灵活的安装方案。

安装方案必须具备：指导思想明确，安装技术先进，组织措施配套，质控保证连续，运行管理到位。

（3）做好安装工程总平面的规划与利用 安装工程总平面是除尘设备安装的战场，它的科学规划和利用，直接体现其安装工程运筹帷幄的战略部署，人力、物力和财力的运作动态，还有施工用水、用电及道路交通的供应路线，一个红红火火的施工场面将会全面展现出来，成为组织安装工程的战图。安装工程总平面图必须得到建设单位的批准或认可。

安装工程总平面图的主要内容包括：①以除尘设备为中心，安装现场及其临时工程的利用原则；②吊装设备安装地点及其走行（影响）范围；③预制构件堆放和材料库、设备库的分布；④构件组合与临时制作地点；⑤施工用水、用电和交通道路设施；⑥工地防火及安全保卫设施；⑦现场办公和员工食宿安排。

三、资源供应

科学组织安装工程的资源供应，主要工作内容包括：①按安装工程进度，分工种适时提供劳动力资源；必要时，提前组织特种作业培训，持证上岗；②按安装工程进度，适时提供安装工程用预制构件、配套设备（配件）、标准件、钢材及其他材料。特别是预制构件的运输与进场，要周密策划、慎重行事、保证安全、杜绝超限；③按安装工程进度，适时提供（租赁）施工机械，提前做好设备检修、现场安装和试车，保证施工机械设备完好，性能可靠，操作安全。

四、实例——袋式除尘器施工方案

（一）工程概况

1. 项目名称

炼钢挖潜改造袋式除尘工程。

2. 项目地点

炼钢精炼炉区域精炼炉及受铁站区域。

3. 工期要求

本工程受铁站除尘及精炼炉除尘分别计划于××××年12月5日和××××年1月15日开始施工，××××年2月底和××××年4月底完成管道安装、设备安装、电气安装调试等全部施工内容，交付生产使用。

4. 工程主要内容

炼钢精炼炉区域及受铁站区域，增设的脉冲袋式除尘系统各一套及各收尘点至除尘器的除尘风管，脉冲除尘器由进排风箱体、灰斗、滤袋室、排气口提升阀、清灰装置、空气动力装置、压力检测装置及卸灰装置等组成。

（二）编制依据

本施工方案的编制依据为：①本工程设计施工图纸；②根据现场勘察情况及公司施工经验；③业主提供的资料；④国家现行相关技术标准及规范。

（三）施工准备工作

1. 技术准备

（1）组织相关人员熟悉施工图及图纸会审，配合设计单位举行的设计交底，充分了解设计意图。

（2）组织相关人员进行现场勘察，熟悉施工现场环境，了解业主具体要求。

（3）熟悉和工程有关的技术资料，如施工及验收规范、技术规程、质量评定标准。工程使用的主要技术标准为：

《工业金属管道工程施工规范》（GB 50235—2010）；

《机械设备安装工程施工及验收通用规范》（GB 50231—2009）及制造厂家的"设备安装使用说明书"的要求；

《现场设备、工业管道焊接工程施工规范》（GB 50236—2011）；

《通风与空调工程施工质量验收规范》（GB 50243—2016）；

《钢结构、管道涂装技术规程》（YB/T 9256—1996）；

《钢结构工程施工质量验收标准》（GB 50205—2020）。

（4）根据所收集的资料及信息编制合理的施工方案报相关管理部门批复。

（5）根据施工方案对参与工程施工的人员进行技术安全交底。

2. 资源配备

（1）根据工程实际需要编制材料预算及采购材料。

（2）根据工程实际需要编制劳动力资源使用计划并组织人员进场。

（3）根据工程实际需要编制机械设备使用计划并组织设备进场。

（四）施工步骤及方法

1. 钢结构工程

（1）构件装配及安装时应注意构件编号、方位及轴线关系，构件安装精度及焊接质量等应符合《钢结构工程施工及验收标准》（GB 50205—2020）的要求。

（2）主体结构构件出厂前应进行检验性预安装、运输及安装中应防止构件损伤、变形，如有损伤、变形应在组装前认真地修复矫正。在钢结构安装前应将柱脚准确定位，基础预留孔内预留50mm厚的二次浇灌层，待柱脚准确定位后，再以结构胶浇灌填实。

（3）对于所有构件的焊接除图中注明外均应采用 E4303 的焊条，并符合《非合金钢及细晶粒钢焊条》（GB/T 5117—2012）标准要求；对于所有构件的焊接及安装要求，除图中注明外，均应按照《现场设备、工业管道焊接工程施工规范》（GB 50236—2011）、《工业金属管道工程施工规范》（GB 50235—2010）执行；凡用临时安装螺栓连接构件，待安装调整后焊接；对加强筋则采用断续焊接 50/90，凡注明焊接要求的一律采用满焊，检修门、门框焊后应平整，填加密封料后，必须严密；对箱体和灰斗要用煤油检漏，确保焊缝质量和不漏气。

（4）结构安装时采用两台经纬仪交叉测量控制构件的垂直度，水准仪控制水平度，地脚螺栓分两次紧固。

2. 管道工程

（1）管道安装工程概况、施工顺序及施工工艺流程

① 管道工程概况。本工程中管道包括收尘风管，管材为卷焊钢管，连接方式包括焊接、法兰连接两种方式。

② 施工顺序。管道施工时先施工外部管道，设备安装完成后施工设备之间的连接管道，再进行管道试压和吹扫，最后完成与设备的接口工作。

③ 施工工艺流程（见图 13-1）。

（2）管道防腐

1）管道除锈　管道除锈前先将管子外壁的焊瘤、毛刺用磨光机打磨平整、干净，但不得伤害管壁本体。管道除锈采用喷砂除锈的方法，石英砂必须干净，颗粒大小均匀，气压稳定，喷砂

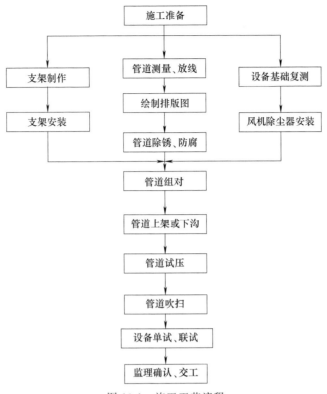

图 13-1　施工工艺流程

压力控制在 $(5\sim6)\times10^5\text{Pa}$，喷射距离控制在 $100\sim200\text{mm}$，喷射角度为 $35°\sim70°$。喷砂时喷头按照顺序依次进行，喷枪的移动速度、喷射角度以及与管道表面的距离要合理，保证去除铁锈和污物，同时注意不要在局部喷射过度，引起管材的损耗和变形，除锈要求达到 Sa2$\frac{1}{2}$ 级，即表面应无可见的氧化皮、锈、涂层和附着物等。

2）管道涂装

① 设备及管道涂漆应符合《工业管道、管道防腐工程施工及验收规范》（HGJ 229）的规定。

② 管道制作完毕后，内外表面各涂两道防锈漆，安装完毕后，外表面涂两道面漆。

③ 除尘管道颜色：防锈漆 F-150；面漆 W61-64，漆厚 70mm。

3）管道预制

① 碳素钢管采用氧乙炔火焰切割，切口表面应平整、无裂纹、毛刺、熔渣、氧化物等，切口端面倾斜偏差不应大于管子外径的 1%，且不得超过 3mm。管道坡口采用 V 形坡口，钝边厚度控制在 2mm 左右。

② 管子坡口加工采用机械方法和氧乙炔火焰加工方法相结合，加工坡口后，用磨光机除去坡口表面的氧化皮、熔渣及影响接头质量的表面层，将凹凸不平处打磨平整。坡口形式和尺寸（见图 13-2）应符合规范规定。

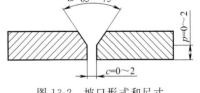

图 13-2　坡口形式和尺寸

③ 考虑安装方便，管道组对尽可能在地面完成，组对前，对所有管道用棉布将管道内壁拖干净，未施工完的管口及时用盲板封好，以防杂物进入。

④ 坡口及其内外表面长度 10mm 范围内进行清理干净至无油、涂料、锈、毛刺等污物，管

道对口时应在距接口中心 200mm 处测量平直度，如图 13-3 所示。

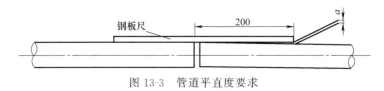

图 13-3　管道平直度要求

⑤ 当管道公称直径大于 100 时，允许偏差为 2mm；当管道公称直径小于 100 时，允许偏差为 1mm，但全长允许偏差均为 10mm，管道对接焊口的组对应做到内壁平齐，内壁错边量不超过壁厚的 10% 且不大于 2mm，管道焊接时应考虑环焊缝距支架净距不应小于 50mm。

4）管道安装

① 高空焊接时搭设好脚手架或吊篮。支架位置应准确，安装应平整牢固，与管子接触应紧密，支架安装完后及时固定和调整。

② 风管吊装采用 80t 汽车吊进行，分段把管子放到支架平台上，然后人工用手拉葫芦和精制滚轮配合，把每段放到固定位置然后进行焊接。钢丝绳与管道表面接触处套橡胶管防止损坏管道的防腐层，管道两端系好保护绳调整管道方向及避免碰撞，起吊作业时由持证指挥工专人指挥。管道就位后先进行点焊固定，再进行焊接。

5）管道定位及焊接　从事本工程焊接工作的焊工、焊接操作工及定位焊工，必须为具有经业主监理认可的标准考试合格的焊工，焊工从事的焊接工作必须有对应的资格等级并持证上岗。

管道焊接采用手工电弧焊，焊条使用前应按厂说明书的要求进行烘干，在使用过程中存放在保温桶内保持干燥，焊条药皮应无脱落和显著的裂纹。焊接时焊条运行要平稳，焊肉要饱满，焊缝搭接、成型要好。

焊接作业时若遇恶劣天气，要做好保护措施。焊缝表面不得有裂缝、凹陷、气孔、夹渣等缺陷，咬边深度不得大于 0.5mm，每道焊缝成型后要将影响焊接质量的渣皮、飞溅物等清除干净。

直管段上两对接焊口中心面的距离，直径 ≥ 150mm 时，焊缝距离弯管起弯点不得 < 100mm，不宜在管道焊缝及其边缘上开孔。

法兰连接应保证螺栓自由穿入，法兰应保持平行，其偏差不应大于法兰外径 1.5%，且不大于 2mm，不得用强力对口。

管道与风机、除尘器的接口部位，不得产生附加应力，应在自由状态下连接。

阀门安装前，应按设计文件核对其型号，并应按介质流向确定其安装方向。

6）管道压力试验

① 试压前的准备工作。试压前待试管道上不能参与压力试验的仪表元件、阀门等拆除。待试管道与无关系统用盲板隔开和封闭。

在待试管道上安装堵板、压力表、排气阀门、放空阀门、试验用压力表应经校验，并在周期内，其精度不得低于 1.5 级，表的满刻度值应为试验被测最大压力的 1.5~2 倍，压力表不得少于两块。

② 吹扫前的准备工作。吹扫前应检查管道支架的牢固程度，必要时予以加固。将不允许冲洗的管道附件如阀门、仪表等，应暂时拆下妥善保管，装上临时短管代替，或者采取其他措施，待吹扫合格后重新装上。

连接好吹扫的管路系统，安排好吹扫空气的排放口的安全和环保工作。

7）管道涂漆　压力试验后焊缝部位涂漆。

系统连通试车完毕后涂刷最后一道面漆。

涂料的种类、颜色、涂层防护体系应符合图纸要求和规范规定。

涂层应均匀，无流淌、气泡、皱纹、针孔等缺陷。

3. 设备安装工程

精炼炉除尘器性能参数见表 13-1。

表 13-1　除尘器设备规格、性能及参数

序　号	名　称	单　位	性　能　参　数
1	除尘器型式	台	LFDM401 脉冲袋式除尘器
2	处理风量	m^3/h	760000
3	处理烟气温度	℃	≤120
4	除尘器阻力	Pa	1500
5	在线过滤风速	m/min	1.17
6	设备阻力	Pa	≤1500
7	滤袋室数	室	8 室 4 灰斗
8	滤袋规格 $\phi \times L$	mm	$\phi 150 \times 7500$
9	过滤面积	m^2	10844
10	滤袋材质	—	涤纶针刺毡

（1）设备安装工程概况　本工程中设备安装主要包括两套除尘系统，其中包括脉冲袋式除尘器、板链输送机、斗式提升机、贮灰仓等设备。

（2）施工步骤及具体措施

1）设备基础复核　设备安装前对设备基础进行复核并做好自检记录，经监理检查确认符合要求办理工序交接；土建施工人员标记出设备基础中心线、基准点的位置及高度；基础表面应平坦，无明显的倾斜或凹凸，基础的各部表面应打毛以便二次灌浆；基础预埋钢板的尺寸大小、厚度及位置；以原点或基准点为准，进行柱中心线及基础高度的复测；各行列线的尺寸应与图相等，相同尺寸的对角线应相等。

2）除尘器本体安装　由于除尘器为散件供货，因此需在现场拼装，当设备到现场时，须按图纸尺寸验收所有设备及连接件，组装时按图纸要求进行。

贮灰斗卸料装置（双层卸灰阀）下部与输灰装置（刮板机等）衔接；进、排风管的连接，注意风管与各阀门的衔接配合；土建基础与整体设备关系；给脂系统与润滑点连接压缩空气及气缸连接。

下部框架组装及安装：检查各构件有无变形，如有变形，须矫正后运进施工现场的分拣堆放处；核对图纸中的件号，将运进现场的构件进行分类，把相同的零件堆放在一起。

先将立柱吊装，做好防倾倒措施。立柱的找平、找正、找标高，调整中心线和对角线，使其相等。地脚螺栓一次灌浆。将横梁及斜撑与相应的连接板用螺栓连接，此时螺栓不要过紧；在框架中心定位、对角线调整完成以后，着手拧紧全部连接螺栓。之后按照施工图要求进行各横梁、斜撑连接部位的焊接。焊接后要清除焊渣，并检查是否有不符合要求之处。

3）灰斗组装及吊装

① 地面组装的准备：清点各灰斗及其附属部件的数量是否齐全、完好；严格检查每节灰斗连接法兰是否平整，焊接处是否牢固，焊缝有无漏焊。

② 灰斗的组装：按灰斗的安装号顺序进行安装，进气短管要后装；每组灰斗组装，应先将解体的上灰斗各自组装好；将已组装好的上灰斗倒置放在垫木上，然后用水平仪检查上部法兰的水平度。法兰平面的水平度为±1.5mm；接着将已组装好的中灰斗倒置放在上灰斗上，将两节灰斗连接法兰的螺栓孔对中，调好后临时上紧螺栓，下灰斗也采用同样方法进行组装；已组装灰斗进行中心线校核工作，中心线偏差值达到允许值后，再进行各连接法兰拧紧螺栓；所有连接法

兰螺栓拧紧后，再在灰斗内部法兰周边间隙和法兰外部进行封闭连续焊接。

③ 灰斗吊装前准备：检查并清理灰斗内部，要求内壁干净平滑；核对吊装重量、重心位置、挂钩方法及起重机等；检查安装方向、位置、尺寸。

④ 双层卸灰阀及插板阀的地面组装：各阀连接法兰间装上密封垫，螺栓孔对好上螺栓，临时灰斗上架定位后，将阀安装完经校核中心后正式紧固螺栓；在灰斗上组装双层卸灰及插板阀；检修插板阀的操作方向应面向操作平台。

⑤ 灰斗吊装和定位：将灰斗吊起缓慢地放到构架上，并缓慢地移动灰斗，移入基准线内，边调整边将其临时放置好，连续将全部灰斗吊装完毕；从两端灰斗法兰中心吊下两只铅锤，铅锤端头须与 A、B 列柱间的灰斗轴心基本一致，当灰斗轴心与 A、B 列柱间的中心线有偏移，将灰斗轻轻向左右移动调整；随后在两端灰斗法兰中心拉上钢丝线，将其法兰的中心左右移动进行调整，使法兰中心与钢丝线相对应。再以法兰为基准，实测并调整灰斗的间距，将灰斗与梁焊接牢固。

⑥ 灰斗焊接安装：安装灰斗肋板时，应预先测定现场尺寸，再按该尺寸切割成形，按图线指定位置焊接；在焊接工作结束后，要清除焊缝表面的残渣，进行外观检查，对不符合焊接要求的地方要进行修整、补焊。

4）振动电机安装　灰斗上的振动电机安装应在布袋除尘器的吊装作业完成后进行；灰斗上振动电机底座的螺栓连接孔应在安装振动电机前根据振动电机的设备底座的实测尺寸现场进行定位钻孔；安装位置和方向应注意与电气接线的连接，接线盒要朝上；连接螺栓要加弹簧垫圈。

5）进气管安装　按图纸中的件号核对实物，将搬入场地的管道、支架等部件进行分类整理，堆放在安装场地周围；在校核进气管道尺寸后，按图线尺寸决定的位置将进气管支架焊在除尘器支架上，支架上的梁要保持水平。将进气管吊至安装位置，并放在管道支架上，使进气支管分别对准灰斗；进气支管与灰斗进气短管之间的风量调节阀采用连接螺栓紧固；当确定进气支管不需调整后，在灰斗侧壁上开孔，并将灰斗进气短管上的调节环与灰斗壁用电焊焊牢；从人孔进入灰斗内部气割掉灰斗进气短管的多余部分，注意清扫灰斗内部，不得残留杂物。

6）上部框架组装及安装　安装 A、B 立柱，托架就位，各横梁就位，穿好各接点螺栓稍加紧固；将各柱轴线调整在同一水平面上；控制 A、B 列柱底板下面的直线度，误差不应大于 1.5mm，各列柱轴线垂直于柱底板的垂直度在柱全高上不大于 3mm。

① 滤袋格栅板安装：滤袋格栅板必须在顶部未安装之前进行，否则无法装入滤袋室；按安装图所示位置将各格栅及支撑就位，调整好水平（焊接应在整个上部框架修正定位完毕后进行）。格栅四周与梁面接触必须稳固。

② 框架各部件的周边焊接：按照安装图各连接部位所示焊接要求及焊接标准进行各部位的焊接；焊接要牢固，不得有气眼，焊后要清除焊缝表面焊渣，表面应平整。

7）清灰阀门安装　吊装前必须接通气源检查阀门的启闭是否灵活及严密性。检查阀门底座的水平度及法兰尺寸各中心线间距，接口法兰是否互相平行或垂直。待检查合格后，再将阀门吊装在除尘器上的底座并调整好阀门出口位置。

8）刮板输送机安装　安装输送机的机头、机尾和中间机槽；在灰斗法兰中心吊铅锤，对准刮板输送机相应的进料口法兰中心，并将刮板输送机调水平。

9）压缩空气系统安装

① 管道安装：安装管道支架、吊架、经检查符合设计要求后正式焊接固定位置；进口装置及单电控气动滑阀进气口前段的配管，应在地上组装好成组的配管后进行安装；除压缩空气干管（不包括与支管相接部位）采用焊接外，其余部分的配管均采用螺纹配管；螺纹接头部分要缠上生料带以防漏气；所有配管支架、吊架的固定采用 U 形管卡。

② 电磁阀安装：按安装图确定安装支架位置，并将其焊接固定；支架、托架平面找平，安装单电控气动滑阀的连接螺孔中心定位同时放上橡胶垫板后再将支架正式焊接牢固；用螺栓将单电控气动滑阀固定在支架托板上，安装阀时要注意出入口方向，经检查后再与配管连接（活接头、短管接头），连接处要拧紧不得漏气。

10）取压系统安装　取压系统共有三处，分别在除尘器的正压区域、负压区域和钢烟囱上，并应有相应的平台和梯子。

11）给脂系统安装　给脂系统的管道安装前必须清洗干净，清洗后两头封住避免异物灰土进入管道；安装可根据给脂点具体位置进行；安装完要先进行给脂压力试验，合格后方可使用。

12）外观修饰与涂装　除尘器在刷涂料之前，应对整个除尘器进行全面检查，清除残渣，除去锈斑，使表面保持光滑平整。面清理工作结束后，在需要补刷底漆的地方补刷两遍底漆；据工程涂装规定和图纸要求的颜色，刷面漆两遍。要求漆层厚度均匀，面漆干后应平滑、整洁、颜色一致，不得有裂纹、脱皮、气泡及流痕。

13）除尘器安装完后整体泄漏检验　除尘器安装完后应进行设备整体泄漏检验的仪器准备，并检查安装质量，确认合格；设备整体泄漏检查压力为 4000Pa，检验时间 1h，每小时平均泄漏率 <2% 为合格，并按下式进行计算：

$$A = 1/T(1 - p_2/p_1 - T_1/T_2) \times 100\% \tag{13-1}$$

式中，A 为每小时平均泄漏率，%；T 为检查时间，h；p_1、p_2 分别为检验开始、结束时设备内绝对压力，Pa；T_1、T_2 分别为检验开始、结束时设备内绝对温度，K。

泄漏如 >2% 时，应及时检查泄漏原因，并采取相应措施，直至泄漏率 <2% 为止。

灰斗内部的清理：脚手架拆卸工作结束后，从灰斗检查孔进入灰斗内检查和彻底清理杂物并打扫干净，必须注意避免杂物落入刮板输送机。

14）滤袋安装　安装滤袋的工作在除尘器泄漏检验合格后进行。安装滤袋的准备：在搬入滤袋之前，灰斗及滤袋室内部应加强整理和清扫；检查滤袋是否有脱线和刮伤，如有应及时修理或调换；滤袋应注意防火、防水和刮伤。当滤袋安装完毕，应再次检查灰斗内部的残物，并清扫干净，然后装上检修人孔盖，须注意检修人孔必须封闭严密。风管和支架的安装符合设计文件要求和施工验收规范的规定。

（3）施工技术要求与具体偏差

1）润滑管道安装　水平度 2/1000；铅垂度 2/1000；焊缝咬边深度 0.5mm。

焊缝咬边长度：1/10 焊缝全长且小于等于 100mm。

焊缝余高：1/10 焊缝宽度且小于等于 5mm。

接头外壁错边：0.15 母材壁厚且小于等于 5mm。

焊缝的质量符合设计文件要求和施工验收规范的规定。

2）刮板运输机的安装　输送机头、机尾和中间槽两侧对称中心面对输送机纵向中心面的对称度允许偏差 10mm；机槽法兰内口错位不大于 2mm。

大小链轮中心面偏差不大于两链轮中心距的 2/1000。

张紧链轮拉紧后，其轴线对输送机纵向中心的垂直偏差不大于 2/1000。

3）斗式提升机的安装　主轴安装水平偏差不大于 0.3/1000；提升机的上下轴安装允许偏差符合设计文件要求；机壳铅垂度的允许偏差符合设计文件要求。

4）除尘器本体的安装

① 框架。垂直度（0.5～1）/1000；水平对角线之差 ±5～10mm；安装水平度 L/1000；连接角钢平整度 0.5%L。

② 滤袋。垂直度 5H/1000 但 ≤50mm，袋口间距（中心距）0.5～1mm。

③ 花板。平整度 1.5%L；孔距 0.5～1mm。

④ 灰斗。垂直度 H/1000；中心距（灰斗与灰斗间）±5mm；灰斗上口对角线 ≤±4mm；法兰平整度 ≤2mm；法兰安装水平度 ±1.5mm。

⑤ 梯子与走台（包括平台）。平台平整度（1m 范围）3；平台梁水平度 L/1000≤10；平台梁垂直度 H/250；平台梁侧向弯曲 L/1000≤5；斜梯倾斜度 ±0.1°；梯子长度 ±5.0。

⑥ 检修门。平整度；L/1000 但累计误差≤3；水平对角线之差 1～2。其中 L 为工件长度，H 为工件高度，单位为 mm。

5）涂装　涂料的品种和颜色符合设计文件要求和规范的规定；涂料使用前需复检；漆膜的厚度符合设计文件要求；按规定进行两遍防锈漆、两遍面漆的涂刷。

6）柱、梁、斜撑组装公差要求　见表 13-2。

表 13-2　柱、梁、斜撑组装公差要求

序　号	项　目	公差要求/mm
1	柱子行列线间距（单跨）	±4
2	柱子垂直度	H/1500
3	柱子水平对角线（单跨）	±5
4	横梁安装水平度	L/1500 但≤10
5	横梁侧向弯曲	L/1000 但≤10
6	桁架跨度中垂直度	H/250 但不大于 15

（4）除尘器调试

1）润滑系统检查　检查润滑系统是否工作正常，各润滑点润滑脂是否充足，减速机齿轮油是否充足。

2）喷吹系统调试　检查喷吹管、气门安装是否正确，气缸动作是否灵活，脉冲阀动作施工是否正确。启动喷吹系统，检查脉冲阀及气门的动作顺序是否正确，气压是否满足设计要求，气门密闭是否良好。

3）清灰系统调试　检查灰斗出灰阀门动作是否正确灵活，板链输送机和斗式提升机固定是否牢固。松开逆止器，点动检查板链输送机和斗式提升机转动方向是否正确。启动系统连续运行 12h，检查电机启动电流、运转电流是否正常；运行过程中有无异常响声；风机及电机轴承温度是否正常等。

（5）整体调试　单体试车完成后进行联动试车，启动系统内所有设备，连续运行 24h，检测进出口风量、压力、浊度等参数是否满足设计要求，检查差压系统工作是否正常，系统联锁工作是否正常，并做好相应记录。

（6）吊装方案

1）吊装方法　采用一机主吊（160t），一机辅吊（50t）的方法。

2）主吊车技术条件　车型 TC-2000，最大作业半径 12m，吊臂工作长度 48m，实际吊装作业半径 10m，起重 12t。

3）辅助吊车的技术条件　车型 QUY50，最大作业半径 8m。吊臂工作长度为 40m，吊钩容量 50t，实际作业状况作业半径 5m，起重 12t。

4）主吊车站位　主吊车设置在除尘器的正面。辅助吊站位：辅助吊站在除尘器的侧面。

（五）特殊措施方案

① 除尘器安装时为满足施工作业面的要求，在设备外围搭设施工用脚手架。

② 除尘器内部焊接时照明使用安全电压的灯具，同时用鼓风机进行强制通风。

③ 除尘器上部结构如进出口风管预组装后重量较大，且距离道路远，需根据实际情况使用

大吨位的吊车。

④ 除尘器安装与生产、其他施工单位的作业交叉进行。与生产作业矛盾时避让生产。

⑤ 除尘器设备进行吊装时应设专人监护，吊装区域设红白带隔离。

⑥ 在本工程上部结构安装施工中对扳手、管钳等容易掉落的工具设置防坠绳等安全措施。

⑦ 本工程施工期正处于冬季且高空作业较多，应防止工作人员因为寒冷而身体麻木发生危险。

（六）质量保证措施及体系

1. 工程质量控制措施

（1）在施工中认真贯彻"百年大计，质量第一"的方针，坚持高质量、高标准、高水平的"三高"要求，从施工准备、组织实施、技术管理、质量检验全方位采取强有力的措施，确保按设计要求和我国现行施工及验收规范组织施工，确保单位工程项项优良。

（2）开工前做好质量创优规划，隐蔽工程验收计划和技术复核计划，制定保证工程质量的对策和质量控制点措施，认真进行技术交底。

（3）在施工全过程中，严格按照质量管理体系标准执行，按照标准中的要求，把影响工程质量的各个环节都控制起来，使整个工程质量都置于一个完整的监控系统之中。强化现场管理，认真实行二级技术复核和质量三检制度，所有隐蔽工程按规定验收，上道工序验收通过后方可进行下道工序施工。认真做好资料填写、收集、整理汇总工作。

（4）尊重专检，随时接受监理和上级质检部门的检查监督，虚心听取业主和监理人员的意见，及时认真整改质量问题，让业主和监理放心、满意。

（5）各种工程用料做到合格证齐全、真实，钢材、防水材料既有合格证又有复验报告，施工过程提供材料合格证原件或原件的有效复印件，决不将不合格材料用于工程。

（6）阀门安装前对法兰密封面及垫片进行外观检查，不允许有影响密封性能的缺陷存在。

（7）法兰连接应保持同轴，螺栓中心的偏差不得大于规范要求，并保证螺栓自由穿入，螺栓方向应保持一致。

（8）相互连接的两法兰应保持平行，其偏差不大于法兰外径的 0.15%，且不大于 2mm，不得用强紧螺栓的方法消除歪斜。

（9）施工中所用的经纬仪、水准仪、测距仪和塔尺、卷尺等必须是经计量检验部门检验合格的，施工前应报监审查。

（10）特种作业人员必须持证上岗，结构施工的焊工应持双证，开工前报监审查。

（11）开工前对分部分项划分表进行报审及报监。

2. 工程质量管理体系

如图 13-4 所示。

（七）安全生产保证措施及体系

1. 安全生产保证措施

（1）进入现场人员进场前必须接受项目部安全教育，做好各级安全交底，加强安全教育和安全检查。

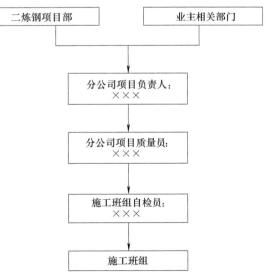

图 13-4　工程质量管理体系

（2）在施工区域设立隔离带、护栏、指示灯和警示牌，以提醒注意。

（3）安全巡视检查和安全技术交底。安全技术交底做到天天有作业安全交底，有工序安全技术交底，有定期安全技术交底并对安全技术措施进行检查落实。

（4）一般安全规定

① 随时注意检查各种施工机械设备的工作状态，经常维修和保养，发现安全隐患及时处理。

② 特殊作业必须持证上岗，并做到定人、定机、定指挥。未经特种作业培训或未取得合格证者，不得从事特种作业。

③ 加强施工用电管理，施工用电做到箱体化，施工电源箱要有漏电保护装置，电焊机出线端子要有防触电盖板，导线要用接线端子连接，不能绕接。配电箱、开关箱必须防雨防尘，同时还要可靠接地。

④ 2m 以上高处作业必须挂好安全带，作业现场按国家规定挂设安全标志，夜间施工必须有足够的照明。

⑤ 机具设备安全可靠，摆放合理，使用方便，安装装置符合要求。各种施工用机械设备应有可靠的安全检查装置。转动部位加保护罩。

⑥ 施工现场使用氧气、乙炔时，气瓶要分开摆放，保持 5m 以上的安全距离，动火前办理好动火证，采取必要措施清除可燃物，加强监护。

⑦ 安全帽、安全带、安全网等安全防护用品的性能要可靠，佩戴及搭设要符合规范要求。

⑧ 非机械人员不得动用机械设备，非电工不得动用电器设备。

⑨ 设备进场的相关资料齐全并报项目部验收及监理审批。

2. 危险源控制

（1）危险源分析

① 现场高空作业多，施工时应注意高空坠落。

② 由于施工场地狭小，吊装车辆，运输车辆进出场存在车辆行驶安全隐患。

③ 在现场施工用电，机械使用等也存在安全隐患。

④ 施工中设备吊装作业较多，必须设置相应的安全施工措施。

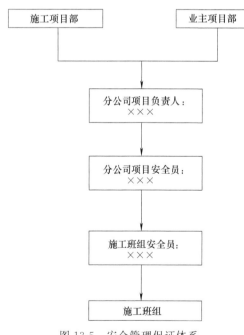

图 13-5　安全管理保证体系

（2）控制危险源的技术措施　针对危险源因素分析，特制定如下的安全技术措施。

① 现场施工人员必须穿戴好劳防用品，作业人员必须佩戴双钩安全带并挂在安全可靠的部位。

② 在吊车，运输车进出施工场地必须有专人进行指挥，防止车辆行驶伤及施工人员或车辆陷坑。

③ 施工用电必须达到三级配电，二级漏电保护，手动电动工具、电线不得有漏电现象，所有施工机械如若出现任何故障必须请专业人员进行维修，确定机械正常后方能继续施工。

④ 起重机行驶和工作的场地必须保持平坦坚实，离沟渠、基坑有必要的安全距离，支脚全部伸出，撑脚板下在基础上应垫道木，在土地应先垫路基箱再垫道木，起重变幅应平稳，进行吊装作业时必须设专人监护，吊装作业时要有专人指挥，持证上岗。

3. 安全管理保证体系

如图 13-5 所示。

大型除尘设备及其配套设备安装必须按严格的标准和工艺流程进行，必须按施工组织设计方案进行。

一、安装依据

1. 设计图纸

（1）设计图纸应当包括：除尘设备（系统）总图（系统图）、平面图、剖面图和重要部件图。

（2）设备（系统）中心线、标高的定位，将视为是不可侵犯的；如有变动，必须取得建设单位的同意。

（3）配套件使用说明书等文件。

2. 技术规范

（1）GB 50243　通风与空调工程施工质量验收规范；

（2）GB 50205　钢结构工程施工质量验收标准；

（3）GB 50231　机械设备安装工程施工及验收通用规范；

（4）GB 50254～GB 50257　电气装置安装工程施工及验收规范；

（5）GB 4053.1　固定式钢梯及平台安全要求　第1部分：钢直梯；

（6）GB 4053.2　固定式钢梯及平台安全要求　第2部分：钢斜梯；

（7）GB 4053.3　固定式钢梯及平台安全要求　第3部分：工业用防护栏杆；

（8）GB 4053.4　固定式钢梯及平台安全要求　第4部分：工业用钢平台；

（9）GB/T 6719　袋式除尘器技术要求；

（10）GB 16297　大气污染物综合排放标准；

（11）GB 9078　工业窑炉大气污染物排放标准；

（12）GB 4915　水泥工业大气污染物排放标准；

（13）GB 16171　炼焦化学工业污染物排放标准；

（14）GB 13223　火电厂大气污染物排放标准；

（15）GB 13271　锅炉大气污染物排放标准；

（16）GB 14554　恶臭污染物排放标准；

（17）YB/T 9256　钢结构、管道涂装技术规范；

（18）HJ 2039　火电厂除尘工程技术规范；

（19）HJ 435　钢铁工业除尘工程技术规范；

（20）HJ 434　水泥工业除尘工程技术规范。

二、安装标准

1. 总则

除尘设备安装，应按设计规定，坚持"先安装除尘器、烟气预处理器和通（引）风机，后安装管道、除尘阀门、管道支架和附属设施"的程序，科学组织安装工程。空载试车合格后，再进行涂装和保温工程。

2. 设备基础验收

（1）除尘设备基础验收应符合表13-3的规定。

表 13-3　设备基础尺寸和位置的允许偏差　　　　　　　单位：mm

项　　目		允 许 偏 差
坐标位置（纵、横轴线）		±20
不同平面的标高		−20
平面外形尺寸 凸台上平面外形尺寸 凹穴尺寸		±20 −20 +20
平面的水平面 （包括地坪上需安装设备的部分）	每米	5
	全长	10
垂直度	每米	5
	全长	10
预埋地脚螺栓	标高（顶端）	+20
	中心距（在根部和顶部测量）	±2
预埋地脚螺栓孔	中心位置	±10
	深度	+20
	孔壁铅垂度每米	10
预埋活动地脚螺栓锚板	标高	+20
	中心位置	±5
	水平度（带槽的锚板）每米	5
	水平度（带螺纹孔的锚板）每米	2

（2）除尘设备的定位轴线、基础上柱的定位轴线和标高、地脚螺栓的规格和位置、地脚螺栓紧固应符合设计要求。当设计无要求时应符合表 13-4 的规定。

表 13-4　除尘设备定位轴线、基础上柱的定位轴线和标高、地脚螺栓的允许偏差　单位：mm

项目	允许偏差	图　　例	项目	允许偏差	图　　例
建筑物定位轴线	L/20000，且不应大于3.0		基础上柱底标高	±20	基准点
基础上柱的定位轴线	1.0		地脚螺栓位移	20	

（3）高层钢结构以基础顶面直接作为柱的支承面，或以基础顶面预埋钢板或支座作为柱的支承面时，其支承面、地脚螺栓位置的允许偏差应符合表 13-5 的规定。

（4）高层钢结构采用坐浆垫板时，坐浆垫板的允许偏差应符合表 13-6 的规定。

（5）当采用杯口基础时，杯口尺寸的允许偏差应符合表 13-7 的规定。

表 13-5　支承面、地脚螺栓位置的允许偏差　　　　　　　单位：mm

项　　目		允 许 偏 差
支承面	标高	±3.0
	水平度	L/1000
地脚螺栓	螺栓中心偏移	5.0
预留孔中心偏移		10.0

注：L—长度。

表 13-6　坐浆垫板的允许偏差　　　　　　　单位：mm

项　　目	允 许 偏 差	项　　目	允 许 偏 差
顶面标高	0.0	水平面	L/1000
	−3.0	位置	20.0

注：L—长度。

表 13-7　杯口尺寸的允许偏差　　　　　　　单位：mm

项　　目	允 许 偏 差	项　　目	允 许 偏 差
底面标高	0.0	杯口垂直度	$h/100, \leqslant 10.0$
	−5.0	位置	10.0
杯口深度	±5.0		

注：h—垂直高度。

（6）地脚螺栓尺寸的允许偏差应符合表 13-8 的规定。地脚螺栓的螺纹应受到保护。

表 13-8　地脚螺栓尺寸的允许偏差　　　　　　　单位：mm

项　　目	允 许 偏 差	项　　目	允 许 偏 差
螺栓露出长度	+30.0 0.0	螺纹长度	+30.0 0.0

3. 钢构件应符合设计规定

运输、堆放和吊装等造成的钢构件变形及涂层脱落，应进行矫正和修补。

三、除尘器整体安装

1. 整体组合安装

多数湿式除尘器、旋风除尘器、袋式除尘机组和小型袋式除尘器都是整体安装。除尘器的整体安装要位置正确，牢固平稳，允许偏差应符合表 13-9 的规定。

表 13-9　除尘器安装允许偏差和检验方法

序号	项　　目		允许偏差/mm	检 验 方 法
1	平面位移		≤10	用经纬仪或拉线、尺量检查
2	标高		±10	用水准仪、直尺、拉线和尺量检查
3	垂直度	每米	≤2	吊线和尺量检查
		总偏差	≤10	

2. 三点安装法

三点安装法是利用"二点找平，第三点随平（三点成面）"的原理，来完成设备安装定位与找平的。设备安装找平，标准作业采用水准仪来完成。

在设备基础验收的前提下，首先将设备吊装就位；其次，按设备中心线调整定位；三是，横（纵）向任取两个地脚板找平（垫板调节），而后纵（横）向任取一个地脚板找平（垫板调节），则整个设备水平。其他地脚按此找平、处理，整个设备视为水平；必要时，再做箱体水平度和垂

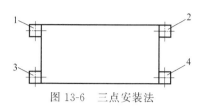

图 13-6　三点安装法

直度检测确认，水平度和垂直度误差不超过 1/1000。

三点安装法可见脉冲式除尘器安装示意（见图 13-6）；其中 1～4 为除尘器地脚。已经组装出厂的脉冲除尘器，应用汽车吊将除尘器吊放在设备基础上；按进出口方向，核准除尘器安装方向，找出中心线位置；应用垫铁（一个地脚不超过 2 片），同时找正地脚 1、地脚 3 的水平，接着找正地脚 2 或地脚 4 的水平；最后，顺应找正最后点（地脚 4 或地脚 2）的水平，则除尘器整体水平。再次，复验除尘器的整体水平，拧紧地脚螺栓，履行二次灌浆即可。除尘器一般视进出口标高或地脚板底面标高为基准标高。

三点安装法，适合任何机械设备的设备找平和除尘器安装找平。

3. 整体组合一次安装法

整体组合（含单机设备）一次安装法（参见图 13-7），是常用的机械设备安装法。在设备基础验收的基础上，应用吊装设备一次将整体组合设备吊装就位，待设备基准线（中心线、标高及水平度）调整合格后，固定地脚螺栓；再次校验中心线、标高、调整水平度和垂直度无误，履行二次灌浆，视为安装合格。

（1）判定原则　符合下列条件之一者，推荐采用整体组合一次安装法：①除尘设备应是一个整体设备；②除尘设备是由几个部件组装的整体设备；③除尘设备的主体设备，是一个整体设备；零星配套件，可以后续配套安装；④设备全重可以适宜直接吊装的。

（2）安装特点　整体组合，一次吊装。

（3）安装准则

① 设备基础验收，部件整体组合，吊装机具准备就绪。

② 安装总平面及立体空间，规划有序、整体组合安装，无障碍性限制。

整体组合件存放方向与设备起吊方向相呼应。

③ 整体组合件吊装方案，科学合理；设备吊装就位，初步固定；应用三点安装法，及时找平、找正；再次校验后，安装无误，视为合格；二次灌浆，永久性固定。

④ 续装内部设施及控制仪表。

⑤ 组织试车与调整。

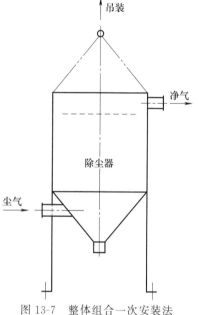

图 13-7　整体组合一次安装法

四、除尘器解体安装

1. 解体安装注意事项

大型除尘器在加工制作完成后要解体交货，解体交货和安装要遵循下列原则：①解体件数在便于运输和安装的前提下要尽可能少；②解体件要按图纸详细编号，编号要与图纸件号、交货清单相一致；③设备制作厂家要编制解体方案，绘制解体图纸；④设备解体件大小根据具体路游确定；⑤解体安装的除尘设备要编写详细的安装说明书，安装说明书应包括工艺原理、安装方法、安装步骤、安装要求和必要的示意图；⑥解体设备安装要有除尘设备安装图；⑦解体设备要按施工组织设计分步计划安装。

2. 进场设备点检

除尘设备安装前，还要对进入现场的除尘设备解体情况组织点检，也是安装准备的重要组成部分。

（1）点检目的与任务

① 以分体部件为单元，按安装顺序组织设备点检，核实进场设备的数量、质量及缺损情况。

② 明确设备缺失和损伤原因，提出设备缺损清单，寻求增补途径。

③ 查明设备安装图、设备清单、产品说明书和产品合格证，完善安装工程技术准备。必要时，单项设备（配件）应预做空载试验。

（2）缺损处理　设备点检过程发现的部件遗失、运输损伤和订货漏项，一并制表汇总上报，分别列表补失，追踪到位。

3. 解体组合安装

以骨架式结构、箱形结构代表的除尘器，实施分体组合安装时应符合下列规定：①柱子安装的允许偏差应符合表 13-9 的规定；②设计要求顶紧的节点，接触面不应少于 70% 紧贴，且边缘最大间隙不应大于 0.8mm；③钢屋（托）架、桁架、梁及受压杆件的垂直度和侧向弯曲矢高的允许偏差应符合表 13-9 的规定；④用于密封的围板，要求满焊、不漏气；⑤以圆筒形结构为代表的除尘设备，也适用上述质量标准。

4. 除尘器活动和转动部件

除尘器活动或转动部件的动作灵活、可靠，并应符合设计要求。除尘器的排灰阀、卸料阀、排泥阀、供排水阀的安装应严密、方向正确，并便于操作与维护管理。除尘器进出口方位无误，标高正确。

5. 电除尘器安装的规定

（1）阳极板组合后的阳极排平面度允许偏差 5mm，其对角线允许偏差为 10mm。

（2）阳极小框架组合后主平面的平面度允许偏差 5mm，其对角线允许偏差为 10mm。

（3）阳极大框架的整体平面度允许偏差 15mm，整体对角线允许偏差为 10mm。

（4）阳极板高度小于或等于 7m 的电除尘器，阴、阳极间距允许偏差为 5mm，阳极板高度大于 7m 的电除尘器，阴、阳极间距允许偏差为 10mm。

（5）振打锤装置的固定应可靠；振打锤的转动应灵活。锤头方向应正确；振打锤头与振打砧之间应保持良好的线接触状态，接触长度应大于锤头厚度的 7/10。

（6）高温电除尘器供热膨胀收容用的柱脚，收缩器和进出口膨胀节应保证热状态下运行自如，不受限。

（7）高温电除尘器试车时，应做好烟气预热，防止石英管（陶瓷管）内部结露而影响供电。

（8）电除尘器外壳及阳极，要具有接地保护与防雷保护设施，接地电阻小于 10Ω。

6. 袋式除尘器安装的规定

（1）除尘器外壳应严密、不漏气，滤袋接口牢固。

（2）分室反吹袋式除尘器的滤袋安装，必须平直。每条滤袋的拉紧力应保持 25～35N/m；与滤袋连接接触的短管和袋帽，应无毛刺和焊瘤。

（3）机械回转袋式除尘器的旋臂，旋转应灵活、可靠；净气室上部的顶盖，应密封不漏气，旋转灵活、可靠，无卡阻现象。

（4）脉冲袋式除尘器，推荐在线式长袋低压脉冲除尘器，强力喷吹清灰装置喷出口应对准滤袋口中心或喷吹管中心对准文氏管的中心，同心度允许偏差为 2mm。

（5）要重视高温烟气结露对袋式除尘器运行的影响，采取切实的技术组织措施，保证袋式除尘器在高于露点 20～30℃ 运行。

五、配套设备安装

除尘器的配套设备包括输灰装置、润滑装置、通风机、消声器和管道配件等。

（一）输灰装置安装

由于输灰装置解体件、构造又相对复杂，所以安装、调整操作人员，事先必须熟悉图纸、说明书以及各种与安装、调整、操作有关的标准规范，准备所需材料及器具，编排符合施工现场条件的各道施工工序，根据二道工序施工检验标准，检查上道施工作业结果，确认无误进行下道工序的施工作业。

1. 输灰系统安装流程

如图 13-8 所示。

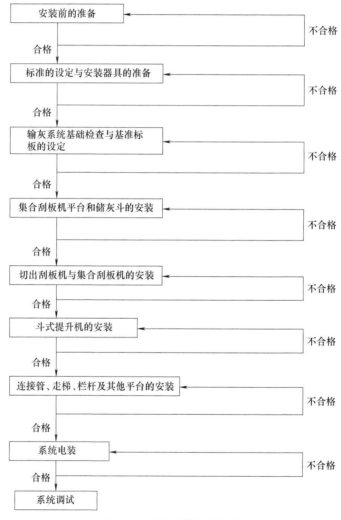

图 13-8　输灰系统安装流程

2. 刮板机的安装调整

（1）按照图纸及安装编号将集合刮板机箱体分为头部、中间部及尾部三部分。按序排放，检查各段法兰结合处的两侧板、底板，导轨结合处是否平齐，不平齐处需修整。将密封垫粘贴在各段的法兰结合面上。

（2）以切出刮板机安装对称中心线为基准，将集合刮板机进料口段的进料口法兰正交对称轴线与其对准，并将进料口段的对称中心标记与集合刮板机安装对称中心线对准后放置在刮板机平台上。

（3）按照安装编号，依次安放其余各段并调整，使各段对称中心标记与集合刮板机安装对称中心线对准后就位。装入螺栓、垫圈及螺母并紧固。用测量器具检查并调整进出料口、对称中心线的位置及水平度，使其满足要求。将密封垫粘贴在进料口法兰面上。

（4）按照图纸及安装编号将切出刮板机箱体分为头部、中间部及尾部三部分，按序排放，检查各段法兰结合处的两侧板、底板、导轨结合处是否平齐，不平齐处需修整。将密封垫粘贴在各段的法兰结合面上。

（5）以切出刮板机安装对称中心线（或本体料斗对称中心线）为基准，从头部按顺序依次将各段找正就位。

（6）装入螺栓、垫圈及螺母，并紧固。用测量器具检查并调整进出料口、对称中心的位置及水平度等，使其满足要求。

（7）将切出刮板机出料口与集合刮板机进料口用螺栓连接，并将活法兰进料口与集合刮板机焊接。

（8）将刮板机机座槽钢与平台梁焊接固定，并紧固各压板，将切出刮板机进料口法兰与双层阀法兰用螺栓连接，并将进料口调整管与调整板焊接，将调整板与切出刮板机焊接。

3. 斗提机的安装调整

（1）按照图纸及箱体安装编号将斗提机箱体分为头部、中间部及尾部三部分，并在每部分各段的连接法兰上粘贴密封垫。

（2）在集合刮板机平台安装前，先将斗提机基础墩座清扫干净，并将平垫板及楔形垫铁对安放在地脚螺栓附近，使垫铁组的上表面标高与图纸要求相符。

（3）将尾部箱体装入地脚螺栓，并使其中心标记与基础中心标记对中，装入垫圈与螺母，轻轻紧固。

（4）用测量器具检查箱体的垂直度、水平度，并通过调整楔形垫铁进行找正找平，不得使用松紧螺母进行调整。尾部箱体找正就位后，紧固螺母。将与尾部箱体相连接的一段中间箱体吊装找正就位后用螺栓紧固。

（5）斗提机支撑托架的安装在箱体安装完毕，且在吊装设备未撤离前就位焊接。将斗提机其余各部检修平台、栏杆及走梯就位焊接。

（6）按照图纸，将密封垫粘贴在斗提机出料导管（天方地圆），法兰结合面上，使导管就位，并用螺栓紧固。将中间导管与上部导管就位连接。

（7）将密封垫粘贴在贮灰斗入口法兰结合面上，并试放入口进料导管，测量实际连接尺寸，并根据测量结果，用气割切除调整多余部分。

（8）将贮灰斗进料导管就位，用螺栓紧固连接，并将中间导管与贮灰斗进料导管找正焊接。

（9）斗提机进料导管在连动试车后安装。按照图纸将集合刮板机出口导料管法兰面和斗提机进料口法兰面上粘贴密封垫。将导料管、调整板与斗提机入口导料管就位，用螺栓分别与集合刮板机出料口、斗提机进料口紧固连接，并将调整板与两部分焊接。

4. 安装螺栓的紧固方法

（1）螺栓必须使用图纸上规定的材料、直径和长度。

（2）除去螺纹部附着锈、异物等，打击伤痕、毛刺等要用锉刀修整后再使用。

（3）紧固一组螺栓时必须按图 13-9 所示顺序均匀地紧固。

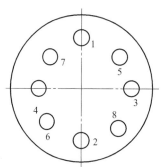

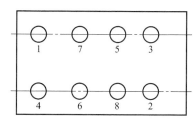

紧固顺序1、2、3、4、5、6、7、8

图 13-9　螺栓紧固顺序

5. 贮灰仓安装

贮灰仓的钢结构平台及贮灰斗支架安装精度要求见表 13-10。

表 13-10　贮灰仓框架安装精度　　　　　　　　单位：mm

编号	测定项目	测定部位及测定方法	目标值	允许值
1	垂直度 下部柱	用线锤测定柱上下部尺寸，上、下误差为垂直度	上下误差 $\dfrac{H}{2000}$	上下误差 $\dfrac{H}{2000}$
2	基础位置 下部柱	墨线　钢板直尺　中心打孔　误差 a　测定部位 A、B 2 处　基准线	$a = \pm 3$	$a = \pm 5$
3	水平度 下部柱	也可用钢尺或长度不变的木尺但要带目视直尺　放下端　钢尺　水平仪	± 3	± 5
4	间距	$l(l')$　$l \leqslant 6\text{m}$　$l' > 6\text{m}$	$\pm \dfrac{l}{1000}$ $\pm \dfrac{l'}{1000}$	$l \pm \dfrac{l}{500}$ $l' \pm \dfrac{l'}{1000}$

续表

编号	测定项目	测定部位　　　　测定方法	目标值	允许值
5	斜撑		a：±9 b：±13	a：±17 b：±26

(二) 润滑系统的安装

(1) 清扫润滑泵站基础墩座，将垫铁安放在地脚螺栓附近，使垫铁上表面标高符合图纸要求，将泵座装入地脚螺栓，使其中心标记与基础中心标记对中。装入垫圈、螺母，轻轻拧紧。用水准仪测量泵座的水平度，并通过调整楔形垫铁来找平，找平后紧固螺栓。

(2) 将加油泵、给脂泵装入泵座并连接。

(3) 按照图纸、润滑系统说明书，将各分配器安装在指定位置上。

(4) 检查所有管材的清洁程度是否符合要求。

(5) 按照图纸路走向，根据现场具体情况进行管路配置及安装。管材的加工应按图纸及规范进行。

(6) 各段管材在加工时应防止灰尘及杂物进入，安装前应用清洁的压缩空气清洗。

(7) 在管路与各给脂点连接前，启动给脂泵向管路填充润滑脂，检查各连接处是否有泄漏，检查各管终端出口油脂的清洁情况，满足要求后将管路与各给脂点连接，检查各给脂点的润滑状况。

(8) 确认全系统内是否充填了润滑脂，确认全系统内的润滑脂无泄漏现象，符合上述要求，充填润滑脂作业完毕。

(三) 通风机安装

通风机安装，应符合下列规定。

(1) 一般规定

① 安装前，做好开箱检查，形成验收文字记录。

② 安装箱清单、设备说明书、产品质量合格证和产品性能检测报告，制订或修订设备安装方案。

③ 安装前，做好设备基础检查与验收，合格方能安装。

(2) 质量要求

① 型号、规格应符合设计规定，进出口方向正确。

② 叶轮旋转应平稳，停转后不应每次停留在一个位置上。

③ 固定通风机的地脚螺栓应拧紧，并有防松动措施。

④ 空载试车时，无振动和异常声音。

(3) 通风机传动装置的外露部位，以及直通大气的进出口，必须装设防护罩（网）或采取其他安全措施。

(4) 通风机安装的允许偏差

① 通风机安装的允许偏差应符合表 13-11 的规定。叶轮转子与机壳的组装位置正确，叶轮进风口插入通风机机壳进风口或密封圈的深度，应符合设备技术条件的规定，或为叶轮外径值的 1/1000。

表 13-11　通风机安装的允许偏差

序号	项　　目		允许偏差/mm	检 验 方 法
1	中心线的平面位移		10	经纬仪或拉线和尺量检查
2	标高		±10	水准仪或水平尺、直尺、拉线和尺量检查
3	皮带轮轮宽中心平面位移		1	在主、从动皮带轮端面拉线和尺量检查
4	传动轴水平度		纵向 0.2/1000 横向 0.3/1000	在轴和皮带轮 0°和 180°的两个位 置上,用水平仪检查
5	联轴器	两轴芯径向外移	0.05	在联轴器互相垂直的四个位置上,用百分表检查
		两轴线倾斜	0.2/1000	

② 安装隔振器的地面应平整，各组隔振器承受荷载的压缩量应均匀，高度误差应小于 2mm。

③ 安装风机的隔振钢支、吊架，其结构形式和外形尺寸应符合设计或设备技术文件的规定；焊缝应牢固，焊缝饱满、均匀。

（四）消声器安装

消声器的安装，应符合下列规定：①消声器安装前应保持干净，做到无油无浮尘；②消声器安装的位置、方向应正确，与风管连接应严密，不得有损害和受潮，两组同类型消声器不宜直接串联；③现场安装的组合式消声器，消声组件的排列、方向和位置应符合设计要求，单个消声器组件的固定应牢固；④消声器、消声弯管均应设独立支、吊架。

安装标准执行过程产生的质量疑义，建设单位、设计单位、安装单位协商解决，特别应尊重设计单位的意见。

（五）风管及附件安装

风管、弯头、三通、阀门等附件的安装应符合下列规定：

（1）风管及附件安装前，应清除内外杂物，做好清洁与保护工作。

（2）风管及其附件的安装位置、标高和走向，应符合设计规定；允许偏差见表 13-12。

表 13-12　风管及其附件安装允许偏差

项别		项　　目	质 量 标 准	检 查 方 法	检 查 数 量
保证 项目	1	部件规格	各部件的规格、尺寸必须符合设计要求	尺量和观察检查	按数量抽查 10%,但不少于 5 件。防火阀逐个检查
	2	防火阀	防火阀必须关闭严密。转动部件必须采用耐腐蚀材料,外壳、阀板的材料厚度严禁小于 2mm	尺量、观察和操作检查	
	3	风阀组合	各类风阀的组合件尺寸必须正确,叶片与外壳无碰擦	操作检查	
	4	洁净系统阀门	其固定件、活动件及拉杆等,如采用碳素钢材料制作,必须作镀锌处理;轴与阀体连接处的缝隙必须封闭	观察检查	
基本 项目	1	部件组装	合格:连接牢固,活动件灵活可靠 优良:连接严密、牢固,活动件灵活可靠,松紧适度	手板和观察检查	
	2	风口的外观质量	合格:格、孔、片、扩散圈间距一致,边框和叶片平直整齐 优良:在合格基础上,外观光滑、美观	观察和尺量检查	
	3	风阀制作	合格:有启闭标记。多叶阀叶片贴合、搭接一致,轴距偏差不大于 2mm 优良:阀板与手柄方向一致,启闭方向明确。多叶阀叶片贴合,搭接一致,轴距偏差不大于 1mm		

续表

项别		项 目	质量标准	检查方法	检查数量
基本项目	4	罩类制作	合格：罩口尺寸偏差每米不大于4mm,连接处牢固 优良：罩口尺寸偏差每米不大于2mm,连接处牢固,无尖锐边缘	观察和尺量检查	按数量抽查10%,但不少于5件。防火阀逐个检查
	5	风帽制作	合格：尺寸偏差每米不大于4mm,形状规整,旋转风帽重心平衡 优良：尺寸偏差每米不大于2mm,形状规整,旋转风帽重心平衡		
允许偏差项目	1	外形尺寸	2mm	尺量检查	
	2	圆形最大与最小直径之差	2mm	尺量互成90°直径检查	
	3	矩形两对角线之差	3mm	尺量检查	

（3）风管接口的连接应严密、牢固。按设计规定可用焊接或法兰连接，法兰连接可用$\delta=$3mm胶垫或橡胶石棉板作密封垫，固定前涂刷密封胶。

（4）风管的连接应平直、不扭曲。明装风管水平安装，水平度允许偏差为3/1000，总偏差不应大于20mm，明装风管垂直安装，垂直度允许偏差为2/1000，总偏差不应大于20mm。暗装风管的位置，应正确，无明显偏差。

除尘系统风管，宜垂直或倾斜敷设，与水平夹角宜大于或等于45°；小坡度和水平管，应尽量少。

（5）风管支、吊架按设计确定；设计无规定时，直径或长边尺寸小于或等于400mm，间距不应大于4m；直径或长边尺寸大于100mm，不应大于3m。对于薄钢板法兰管道，其支、吊架间距不应大于3m。

（6）各类风阀应安装在便于操作及检修的部位，安装后的手动或电动操作装置应灵活、可靠，阀板关闭应保持严密。

（7）除尘系统吸入管段的调节阀，宜安装在垂直管段上。

（8）风帽安装必须牢固。连接风管和屋面或墙面的交接处不应渗水。

（9）排、吸风罩的安装位置应正确，排列整齐，牢固可靠。

（10）集中式真密吸尘管道坡度宜为5/1000，坡向立管或吸尘点；吸尘嘴与管道的连接应牢固、严密。

六、实例——电除尘器安装实例

（一）概况

1. 工程概况

出铁场除尘的2台224m²电除尘器是用来净化高炉环形出铁场中烟尘的除尘设备，电除尘的进气烟道来自环形出铁场的4个出铁口。该224m²电除尘属于BS780系列电除尘器，它的电晕极有两种，即B_5型（锯齿型）电晕线和B_6（V_0）型（扁钢型）电晕线。B_5线对高浓度及比电阻高的粉尘具有良好的除尘效果，它适用于粉尘浓度高的第一、第二电场，电场电压为55kV。其次，B_6（V_0）线具有放电均匀、对搜集微细粒径粉尘有良好的除尘效果，它适用于粉尘粉径微细的第三电场，电场电压为60kV。224m²电除尘为双室三电场，均安装在标高为▽+10.08m的钢筋混凝土框架平台上，底座的基础设计标高为▽+11.10m，每个电场的体积为

（$L \times W \times H$）10.00m×5.84m×13.10m，顶梁的安装标高为▽＋25.38m。如图 13-10 所示。

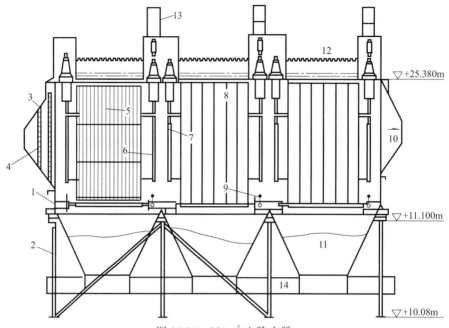

图 13-10　224m² 电除尘器

1—壳体；2—支架（混凝土或钢结构）；3—进风口；4—分布板；5—放电板；6—放电极振打机构；7—放电极悬挂框架；
8—沉淀极；9—沉淀极振打及传动装置；10—出气口；11—灰斗；12—防雨盖；13—放电极振打传动装置；14—拉链机

2. 工作原理

电除尘器是以静电方式来搜集烟气中的粉尘，是净化工业废气的主要设备。

高炉炉前的 4 个出铁口处的烟气是由 2 台№25F 双吸式引风机将其抽出来，进到电除尘内作净化处理。当这些烟气通过电除尘内的 X 形分布板时，颗粒较大的粉尘被 X 形分布板筛选分离出来，落到集灰斗里，分离后的烟气继续进入到电场内，在电场力的作用下，烟气中的粉尘经电离，分别被吸附在阴、阳极上，阴、阳极上的粉尘经过阴、阳极振打后，均可坠落到集灰斗里。这时便完成了炉前烟气净化过程。经过净化了的烟气，通过烟道由钢烟囱中排入大气中。另外集灰斗里的粉尘由回转卸灰阀卸入 8 条分支螺旋输送机输送到汇总螺旋输送机里，由斗式提升机提运到标高▽＋14.00m 平台的贮灰仓内，再由灰仓的回转卸灰阀经双轴搅拌机及加湿装置散装到灰车里，最后由灰车将其运走。

3. 设备主要技术参数

处理烟气量 $6.8 \times 10^5 m^3/h$；烟气温度 120℃；入口含尘浓度 $12g/m^3$；出口含尘浓度 $100mg/m^3$；设计压力 －5500Pa；电场横断面积 250m²；电除尘压力损失约 200Pa；电晕极型式 B_5 型和 B_6 型；沉淀极型式 W 型；电场升压 一、二电场 55kV，三电场 60kV；同极间距 400mm；异极间距 200mm。

4. 除尘设备概况

出铁场除尘分为电除尘系统和输灰系统。

出铁场除尘系统主要设备如下表所列：

设　　备	型　　号	总重	数量
消声器	SFX-S 型	54t	2 台
除尘风机	Y_4-2×61-01№25F	101.76t	2 台
液力耦合器	YOTGC1000 型	10t	2 台

续表

设 备	型 号	总重	数量
油冷却器	2LQF$_1$W 型	2.108t	2台
稀油站	XYZ-100G 型	2.52t	2台
电除尘器	2×24/12.5/3×9/0.4 型	1300t	2台

输灰系统主要设备如下表所列：

设 备	型 号	数 量
双轴搅拌机	SJ2000 型	1台
斗式提升机	D450Q-X$_1$J$_1$-K$_1$Z$_1$-C$_1$-14.14m 右	1台
分支螺旋输送机:L=17.5m	GX400 型	8台
汇总螺旋输送机:L=41.5m	GX400 型	1台
回转卸灰阀		1台

（二）安全环保措施（略）

（三）设备安装

1. 施工平面布置

设备安装在标高▽+11.10m 的混凝土框架平台上，其顶部标高▽+25.38m，而且在其基础南边 15m 处是铁路线，北边 10m 处是新 1$^\#$公路，西侧 5m 是电控楼，因此，考虑在其东侧设置 1 台 40t 塔式吊，并临时占用 2 台引风机的平面，如图 13-11 所示，电焊机存放在电除尘基础标高为▽+4.20m 平台上。

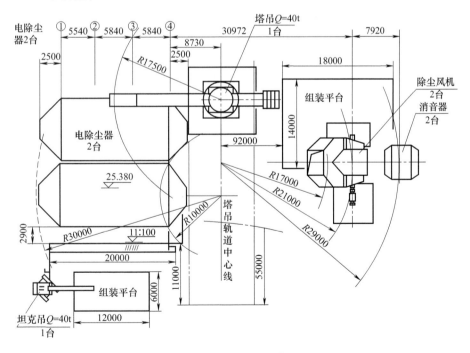

图 13-11 施工平面布置

2. 电除尘器安装工艺流程

图 13-12 为安装工艺流程。

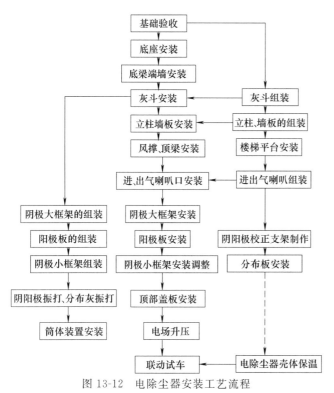

图 13-12　电除尘器安装工艺流程

3. 电除尘设备壳体和框架安装

（1）设备的基础验收　设备安装前，根据土建单位提出的竣工图及中间交接资料对各个基础进行逐个检查与验收工作。同时，按设备图再一次核实设备基础尺寸。然后，根据土建单位给出的基础中心线、标高逐个检查，基础验收执行［TJ231（一）—75］标准。

在基础验收过程中，对所有的预留孔必须彻底清理干净，孔洞内不得有积水和杂物。

（2）底座安装　电除尘器的底座可分为固定支座、单向支座和万向支座 3 种形式。底座的垫板采用坐浆法安装，垫板的选用可根据下列公式计算

$$A = \frac{C \times (Q_1 + Q_2)}{R} \quad (13-2)$$

式中，A 为垫铁面积，mm^2；C 为安全系数，可取 $1.5 \sim 3$（该设备取 1.5）；Q_1 为由于设备等的重量加在该垫铁组上的负荷，N；Q_2 为采用地脚螺栓的许用抗拉强度，N；R 为基础或地坪混凝土的抗压强度，取 20MPa。

电除尘器底座许用（额定）载荷按设计给出值如图 13-13 所示，底座的平垫板可选用 $200mm \times 300mm$，垫板的设置如图 13-14 所示，并采用平垫板坐浆法进行安装。其操作严格执行设备安装垫板坐浆工艺，坐浆时应保证垫板上表面的不水平度最大偏差小于 0.2/1000，标高偏差控制在 ±2mm 以内，其上采用斜垫板进行调整，保证底座安装完其上表面相对标高差不大于 ±2mm。

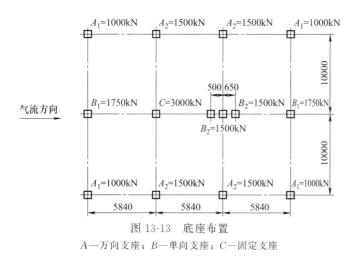

图 13-13　底座布置

A—万向支座；B—单向支座；C—固定支座

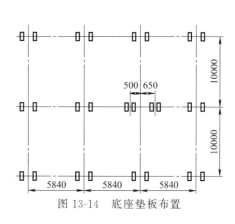

图 13-14　底座垫板布置

（3）圈梁安装　电除尘器的圈梁是由 4 个进、出口端墙和 3 根纵梁底梁组成的，每根底梁的外形尺寸为 $18020mm \times 400mm \times 850mm$，中间底梁外形尺寸为 $18120mm \times 400mm \times 800mm$，

出口端墙为 9989mm×400mm×1900mm，进口端墙为 9989mm×400mm×1400mm。底梁分两段供货，现场进行拼装。在安装底梁时，将其连接底座的螺栓孔进行分中，找出电场的中心线，并打上印记，以固定支座的纵向中心为基准，控制底座纵向中心距 5840mm±2mm，横向中心距 10000mm±2mm。

（4）灰斗安装　按照图纸要求在平台上拼装灰斗，两个灰斗为一个组装单元，灰斗的拼装采用倒扣式拼装，如图 13-15 所示。

（5）立柱、墙板安装　中部立柱在平台上进行组装，组装后的中部立柱重 21t，采用整体吊装。对侧墙板的安装，先组装其第一、第三电场的墙板，第二电场的墙板是在第一、第三电场的墙板安装完后，再分片安装。

（6）顶梁的安装　顶梁为箱型结构，阴极吊挂装置设在箱型梁内，箱型梁的外侧设有阳极板悬挂梁的支承角钢。顶梁安装时，以阳极板悬挂梁之定位角钢中心线对电场中心线进行找正，并进行顶梁的定位，见图 13-16。

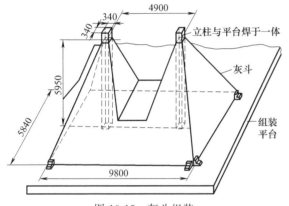

图 13-15　灰斗组装

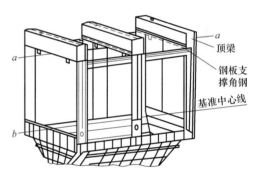

图 13-16　顶梁定位找正

（7）进、出喇叭口安装　进、出喇叭口的拼装采用灰斗的拼装方法在组装平台上进行，出气喇叭口组装后总重 12t，进气喇叭口组装后重 15t（其中包括 X 形气体分布板骨架），其安装中心距 40t 塔式吊 29m，而塔吊起吊（9t 时）回转半径可达 30m，故可使用 40t 塔吊进行吊装。

4. 电场内部结构件安装

（1）阴极大框架的安装　阴极大框架为桁架结构，要在组装平台上进行组装，组装、矫直后的大框架每片重约 1.8t，组装好的大框架直接吊入电场内并可搁置在纵向墙板上的临时吊挂装置上，进行调整、矫直，然后找正定位。采取临时固定措施将大框架固定在墙板上，防止安装阴、阳极板设备时，大框架摆动、移位。见图 13-17。

（2）阳极板的安装　阳极板为"W"形，每个电场有 25 组，每组分为 9 块，每块极板宽510mm，长 13050mm，见图 13-18。极板的每片之间通过正反咬扣的方式连接。阳极板的组装采用地面水平翻板架组装，见图 13-19。组装好的阳极板由卷扬机牵引翻板翻起，挂在存放架上。

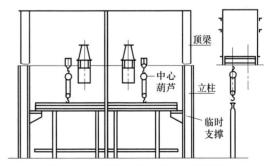

图 13-17　阴极大框架临时吊挂装置

由于阳极板组迎风面积大（每组极板面积约 4320mm×13050mm），质量轻。因此，必须选择无风或微风的条件下进行吊装（一般应小于 2 级的风力，采用测风仪观察）。为了减小风力的影响，

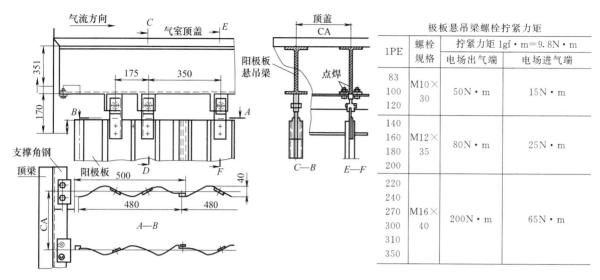

极板悬吊梁螺栓拧紧力矩

1PE	螺栓规格	拧紧力矩 1gf·m=9.8N·m	
		电场出气端	电场进气端
83 100 120	M10×30	50N·m	15N·m
140 160 180 200	M12×35	80N·m	25N·m
220 240 270 300 310 350	M16×40	200N·m	65N·m

图 13-18　阳极板示意

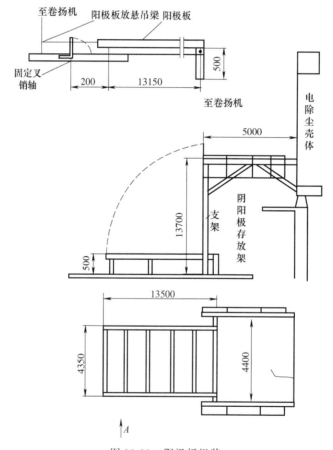

图 13-19　阳极板组装

可将 3～5 组阳极板锁在一起进行吊装，成组极板进入电场后在电场内进行调整、校直。

依据设计要求，电场内阴、阳极的同极间距为 400mm，异极间距为 200mm，检查阴、阳极同极间距时，其净空尺寸为 360mm，异极的净空间距为 180mm，阳极板的同极间距允许误差

±10mm，放电极的同极间距允许误差为±15mm，阴、阳极的异极间距允许误差±25mm。阴、阳极在悬挂状态下的平面度允许误差±10mm，对于这种"W"形极板面积达 4.32m×13.05m 的平面，这个要求是很难达到的，经过分析，认为若要保证平面度允许误差，必须最大限度地减少其基准面的误差，因此，在检查架上利用钢丝线和粉线组合成一假想平面进行检查调整如图 13-20 所示。经过认真调整全部达到设计要求。

在图 13-20（a）中，钢丝线铅垂，成排极板铅垂，间距一般控制 50～100mm，水平粉线组按检查平台层数布置，每层应设一挡，A、B、C、D 间距在每块极板上检查时最大偏差为 100mm。

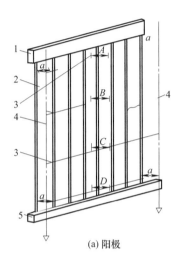
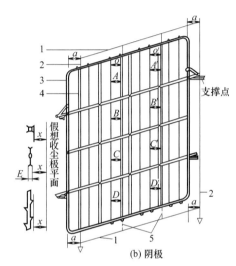

(a) 阳极   (b) 阴极

1—阳极悬挂梁；2—阳极板；3—水平粉线；   1—水平钢丝线（ϕ1mm）；2—铅垂钢丝线；3—阴极小框架；
4—铅垂钢丝线；5—振打杆   4—电晕线支撑点；5—铅垂粉线

图 13-20   阴、阳板调整检查

图 13-20（b）中，钢线铅垂，框架与其保持平行，间距一般控制在 50～100mm，水平钢线涨紧，上下再拉粉线。粉线布置在电晕线芒刺尖处。平面上检查各点 A、B、C、D 的间距，最大偏差为 10mm。

电晕线分锯齿型（B_5）型线第一、第二电场和扁钢型（B_6）型线第三电场，每组放电极小框架由上、下两片 5m×4.32m 和 7.5m×4.32m 组成，放电极小框架由现场组焊而成的，阴极小框架的组装吊装、检查调整方法基本与阳极板的组装、安装相似。

阴极小框架在翻板上组装完后，即可进行电晕线的调整。每个小框架上分布有 85 根（错位型）或 90 根（标准型）电晕线，要求其电晕线的张力一致。采用张紧器先将电晕线张紧后并对称点焊于阴极小框架上。张紧器所使用的压缩空气的压力为 0.8MPa，故应在电晕线组焊之前，先将阴极小框架两端水平杆向外进行预变形，以增加电晕线的张紧力。电晕线的张紧器如图 13-21 所示。

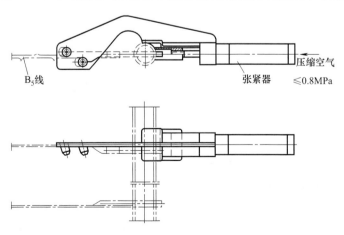

图 13-21   电晕线张紧器示意

（3）电除尘器顶部盖板及振打装置安装　在电场内的所有内部结构件全部安装、调整完毕以后，方可进行顶部盖板的安装，同时可进行阴、阳极振打装置等的安装，这部分工作做完便可等待试车。

（四）电除尘器无负荷试车条件

1. 试车应具备的条件

① 电除尘设备全部施工完毕，并经检查合格。

② 电除尘器本体内部杂物全部清理完毕，并办理隐蔽手续。

③ 各类安全装置（人孔板极限等）完备、可靠。

④ 电气设备施工完毕并经检查合格，且具备试车条件。

⑤ 办理进气口管道中交手续，其管道内必须清理干净无杂物，以保证输灰机构的正常运行。

2. 单体试车

电除尘器的单体试车分两部分进行，即其机械传动部分试车和对其电场的升压试验。

（1）阴、阳极振打装置及分布板振打传动装置的单体试车。

① 试车前认真检查阴极、阳极振打锤的位置及角度是否满足设计要求，防止其旋转时有卡阻现象，减速机内注入 $40^{\#}$ 机械油。

② 手动盘车灵活，电机点动确定其旋转方向正确后，方可连接传动轴。

③ 用人力盘车检查振打轴、锤旋转时，有无卡阻现象。

④ 在人力盘车检查没有问题的情况下启动电机，运行 5min 停机检查，检查其振打锤是在对好中并无异常情况下，再次启动电机连续运行 2h，停机后检查，无异常情况，则为该单机试车合格。

（2）手动卸灰阀单体试车　试车前，按规定对润滑部位注入合格的润滑脂，反复开闭三次检查无异常响声和卡阻现象，如正常则为该装置试车合格。

（3）回转卸料器单体试车　检查回转卸料器内有无焊条头、铁丝及杂物，减速机内注入 $40^{\#}$ 机械油，打开手动卸灰阀，点动电机，确定电机的旋转方向。再次启动电机使其运行，观察有无异常响声，连续运行 2h，回转卸料器运行平稳，则关闭阀，停卸料器，则为试车合格。

（4）电场升压试验　电场升压前首先检查电场内有无杂物，并将悬吊高压瓷瓶擦干净，检查后所有工作人员撤离电场，指定专人看守人孔门，提前 2h 对各绝缘支承装置的电加热器送电，进行加热干燥，并由电气人员检查电缆、整流变压器绝缘值是否符合要求，启动整流机组对电场逐一送电，使其电压升到 55kV（第一、第二电场）和 60kV（第三电场），将机械部分全部投入运行，在额定电流下，电压全部达到设计的电压值，即为电场升压试验合格。

第四节　安装质量检验和验收

一、安装质量检验

1. 检验准则

（1）整体组合安装和分体组合分段安装，必须符合设计图纸和相关技术规范规定；

（2）安装工程全过程，以安装标准为依据，坚持逐件检验；

（3）安装时，分部部件、配套设备（配件）和标准件，必须具有产品合格证和质量证明；

（4）安装质量检验，坚持分体组合检验和整体组合检验相结合，终端验收检验为准的验收原则；

（5）除尘设备投产前（后），必须组织职业卫生验收评价或环境保护验收评价。

2. 检验标准

除尘设备安装质量检验标准，首先应当符合产品标准、设计图纸和相关技术文件规定；设计图纸和相关技术文件不能满足安装质量检验时，可按相关技术规范规定执行。

除尘设备安装质量检验项目，应当包括：①外观质量检验；②配套设备单机性能检验，特种设备检验记录；③除尘器无负荷试车性能检验；④除尘设备负荷试车性能检验；⑤除尘设备验收检验。

3. 检验文件

除尘设备安装质量检验文件，视为除尘设备验收评价文件的重要部分，用于支持除尘设备的验收评价。

安装质量验收文件，包括：①外观质量检验记录；②焊接质量检验记录；③配套设备单机性能检验记录，特种设备检验记录；④除尘系统无负荷试车性能检验记录；⑤除尘系统负荷试车（投产前）性能检验报告；⑥建设项目环境保护设施验收报告，如除尘设备验收报告。

4. 质量质疑

对于除尘设备投产前职业卫生（环境保护）验收评价结论，可能产生不同看法和意见，这是正常的。一定要以积极、主动、科学的姿态，以事实为依据，坚持实事求是的原则，采取正常渠道、调查分析、妥善解决：①以检测数据为依据，深入调查研究，全面理解设计意图，解析质量质疑的核心因素；②按设计（额定）状态检测（运行）状态，比较运行指标的差异，科学分析运行点偏移而引发的指标转化；③现场调试，按最佳运行状态，科学检测与评价除尘设备运行指标体系；④供需见面，交流观点，全面分析，科学决策，调整运行方案。

二、除尘设备调试

安装调试是除尘设备安装后期的重要工作，通过安装调试，发现设备设计与安装过程存在的缺陷，采取相应的改进措施，提升除尘设备性能，为除尘设备运行与验收提供科学依据。

安装调试通常分三步进行，即单机试车调整试验、无负荷试车调整试验和负荷试车调整试验。

（一）单机试车调整试验

单机试车包括除尘设备主机（本体）和辅机的单体试车：单机是指具有独立运转功能的设备（系统）。

1. 调试内容

主机通常指结构复杂的、由多元部件组合而成的电除尘器、袋式除尘器、湿式除尘器和其他除尘器，以及（引）风机。

辅机是指为完善主机功能而配套的机械设备，包括以下几种。

（1）粉尘回收与输出设施，包括星形卸料器、螺旋输送机、埋刮板输送机、圆板拉链输送机、粉体无尘装车机以及粉尘再利用设备等。

（2）电除尘器的硅整流供电装置、沉淀（阳）极振打装置、电晕（阴）极振打装置、安全供电保护装置（系统）等。

（3）袋式除尘器的振打清灰装置、脉冲清灰装置、回转反吹清灰装置等。

（4）湿法除尘器的供排水水泵、喷嘴或喷淋设备及污泥处理设备。

（5）其他相关设备和显示仪表。

2. 调试规则

（1）单机试车的要求和时间应按产品说明书和相关标准进行。

（2）单机试车应在无负荷状态下（必要时切断与除尘系统的连接）考核单机功能。

（3）采取实用性手段，科学评价单机安装质量，包括：①安装方式应符合设计规定，满足主机需要；②运行参数（电压、电流、转速）符合设计（额定）规定；③单机运转过程无周期性碰卡等异常声音和连接发热表征；④单机试车不能少于4h；⑤肯定单机设备具备单体运行条件。

（4）单机试车出现的问题应及时解决，不可拖到无负荷试车处理。

3. 调试结果

（1）调试过程完整、准确做好调试记录　调试记录应当包括单机设备名称，规格与型号，性能指标（电压、电流、转速），运行表现，调试结论，调试人签字及调试日期等。

（2）调试结论，还应记录不同意见。

（3）调试归入设备安装档案。

（二）无负荷试车调整试验

无负荷试车，是指除尘设备在除尘系统无负荷（不通尘）状态下的整体空载试车。

无负荷试车应在单机试车合格后组织与实施，主要检验除尘设备在除尘系统中运行的连续性、可靠性和协调性。连续性指除尘系统在额定状态下，能够保证与工艺设备长期同步运行；可靠性指在额定状态下，除尘系统的技术性能与设备质量，能够长期保证工艺生产连续运行；协调性指辅机能够围绕主机运行、按主控指令协调一致、同步发挥单机功能与作用。

1. 调试内容

无负荷试车的主要内容有5个方面。

（1）设计安装质量检查　试车前，在静止状态下应系统检查除尘设备安装的完整性、方向性，系统连接的可靠性，外观质量的良好性。

完整性指按设计要求，重点检查安装过程是否有安装漏项；也包括未经建设单位同意自行削减的项目。一经发现应自行完善，达到设计要求。

方向性指以阀门为代表的配件，其安装方向应与流体运动方向相符合。

可靠性指设备、管道与法兰连接应严密、无泄漏；设备（管道）支架牢固，膨胀导出自由；自动控制与安全防护设施预检功能到位。

良好性指应保证设备外观安装质量符合设计规定，涂装范围，场地清洁。

（2）空载运行　在空载（不通尘）状态下，组织与观察除尘设备的运行工况，特别是主风机的电压、电流、转速和振动性，以及除尘器的风量、阻力、电场特性等专业指标；宏观定性评价除尘器运行的整体性、连续性和适用性。初步确定整体功能匹配、运行连续、功能适宜。

（3）巡回检查　对除尘系统（特别是除尘器）进行巡回检查，主要观察无负荷试车运行状态，发现问题，及时处理除尘设备安装过程潜在的不确定因素，纠正差错，提升除尘设备完好率。

（4）处理缺陷　无负荷试车过程发现的设备缺陷和隐患，应全面记录、认真研究、科学采取修补措施，防患于未然。对于重大隐患的处理，特别是涉及生产工艺的重大隐患处理，一定要取得建设单位的同意。

重大隐患的处理，要讲求科学精神，在调查研究基础上科学采取先进技术，妥善消除缺陷，提升设备安装质量。

（5）试车验证　对于无负荷试车中发现的缺陷和隐患，在精心修补和处理后，一定要经过一次或多次试车加以验证；不能主观认为"一次修补，百年无恙"，要通过试车验证予以确认，达到设计指标。

2. 调试规则

（1）无负荷试车应在单机试车合格的基础上，按空载负荷组织除尘系统整体试车，重点考核除尘设备在除尘系统中的整体功能。

（2）按设计规定组织无负荷试车，采用系统工程理论，全面评价与调节除尘系统整体功能至设计水平，包括：①主机和辅机运行控制的统一性、连续性、协调性；②额定状态下，自动控制与人工控制兼容，全面考核除尘系统运行的可操作性和可靠性；③应急状态下（人为设定），除尘系统安全防护功能的安全性和可靠性。

（3）科学组织设备运行和巡回检查，包括：①按无负荷试车方案，在无负荷（也可为低流量）状态下组织系统试车；②巡回检查系统运行参数（主风机电压、电流、转速）；设备漏风；阀门方向性；设备振动和控制系统同步性等；③反复巡查，发现缺陷，消除隐患。

（4）抓紧整改，消除隐患，提升质量。一经查出缺陷，必须做好记录，限期整改。重大缺陷，要统一规划、集中处理、消除隐患、安然无恙。涉及生产工艺的特大缺陷，整改方案应取得建设单位同意。整改后的缺陷部位（件），应在下次试车时验证消除。

（5）无负荷试车一般不少于8h。

（6）具有无负荷试车合格的评价结论。

3. 调试结果

调试记录、整改方案、试车报告，应确认是否达到设计规定指标；试车报告纳入设备安装档案归档。

（三）负荷试车调整试验

负荷试车是在负荷状态下（通入实际工况气体），组织与实施的除尘系统负荷试车。重点考核除尘设备在运行状态下的实际功能。

负荷试车调整试验按其除尘设备输送介质的不同，可分为负荷试车调整预试验（俗称"冷态试验"）和负荷试车调整试验（俗称热态试验）。

负荷试车调整试验，一般应在无负荷试车合格的基础上执行。二者也可结合进行。

1. 项目内容

基于负荷试车调整预试验和负荷试车调整试验的宗旨不同，其负荷试车的项目内容也有所差异。

（1）负荷试车调整预试验　负荷试车调整预试验，也称冷态试验。它是以常态空气为介质来组织与实施除尘器气体动力特性试验的；其目的在于调整除尘系统，科学组织气体正确流动，谋取除尘器模化除尘效能最大化。

为防止粉尘对除尘器内部造成污染，给调整试验造成操作困难，故利用除尘器既有结构，以常态无尘空气为介质而开展的空气动力特性试验，称为预试验。通过优化对比，科学研究冷态试验与热态试验的气体动力关系。除尘设备负荷试车调整预试验的项目包括以下内容。

① 按除尘器额定（设计）风量×85%，调整试验确定：抽吸点风量分配平衡；设备阻力；漏风率；主风机运行安全；附属设施同步运行；安全保护设施可靠；除尘效能（排放浓度，除尘效率等）。

② 按除尘器额定（设计）风量×100%，调整确认上述①各项指标。

③ 按除尘器额定（设计）风量×115%，调整确认上述①各项指标。

④ 按①、②、③各项指标，优化与确定除尘器运行指标。

在上述调整试验基础上，还可按最大值考核空载运行能力。

（2）负荷试车调整试验　负荷试车调整试验，也称热态试验。它是以工况气体（含尘气体）

为介质，组织与实施除尘器实际运行的气体动力特性试验；其目的旨在调整除尘系统，科学组织工况气体正确流动，谋取除尘器工况运行除尘效能最大化。

除尘器负荷试车调整试验的项目包括以下内容。

① 按除尘器额定（设计）风量×85%，调整试验确定：抽吸点风量分配平衡；设备阻力；漏风率；主风机运行安全；附属设施同步运行；安全保护设施可靠；除尘效能（排放浓度，除尘效率等）。

② 按除尘器额定（设计）风量×100%，调整确认上述①各项指标。

③ 按除尘器额定（设计）风量×115%，调整确认上述①各项指标。

④ 按①、②、③各项指标，优化与确定除尘器运行指标。

在上述调整试验基础上，结合冷态试验最大值，探讨热态工况的最大工作能力。

2. 调试规则

（1）负荷试车应按批准的《除尘设备负荷试车方案》执行。负荷试车方案，包括：负荷试车目的与原则，除尘器型号及其设计参数，引风机型号及其技术参数，运行点的策划及其控制，操作程序与要点，安全设施与应急预案，试车组织与分工等。

（2）负荷试车调整试验分预试验和试验，分两个阶段执行。预试验阶段的任务，主要是调试设备，以期达到设计参数；试验阶段的任务，主要是调试设备投产运行，出具除尘设备功能参数。

（3）负荷试车应从最小风量调试，逐渐升至最大值，以期从环境控制上观察与寻求最佳运行点。

除尘设备运行点，应以除尘设备设计参数（温度、压力、浓度）为切入点，计算选定，调试勘定，确定风量值并在调节阀门开度上做好标记。

（4）预试验阶段。在调试设备的同时，从远至近，依次做好抽尘点的风量分配、调节与平衡；反复调试，确认进入除尘器时的风量均布、合理。

（5）除尘器运行点参数勘定，选择在除尘器入口管道的平直段上进行；测试和计算参数。包括风量、漏风率、全（静）压（进出口）、设备阻力、粉尘浓度、除尘效率等。

测试方法按国家标准规定执行：风量测试应用皮托管（配用微型压力计）法；压力用U形压力计（全压）法；漏风率用风量平衡法、碳平衡法；粉尘浓度采用等速采样，重量法检测；除尘效率按进出口粉尘量差值计算确定。

（6）调试过程要严格按照安全操作规程；有爆炸性威胁的地点，更要安全操作，备有应急救护预案。

（7）调试不可能一次完成；应按预定计划，反复试验，优选终定。

3. 调试结果

调试结果，整理试验数据，撰写调试报告。调试报告应包括导言、调试目的、调试原则、调试方法、调试数据、讨论、结论和参考文献。

三、安装工程验收

1. 提交文件

安装工程验收是安装工程的重要环节，安装施工单位（或工程承包单位）竣工验收应提交下列文件：①除尘设备竣工图、施工图和设计更改文件；②在安装过程中所达成的协议文件和安装质量检验文件；③安装所用的钢材和其他材料的质量证明书或试验报告；④隐蔽工程中间验收记录，构件调整后的安装测量资料以及整个安装质量评定资料；⑤钢构件试验报告（如设计有要求）；⑥除尘设备出厂合格证、使用说明书、操作说明书以及主要配套件合格证、使用说明书等。

2. 连接与安全

（1）除尘器各部件、构件之间可卸式连接必须牢固。不得有紧固件滑扣、坏牙、超长露头（允许露头 3～5 扣）、欠位防松等缺陷。

（2）除尘器各部件、构件之间永久性焊接应符合技术文件和图样规定。

（3）除尘器启动使用后，结构、通道无颤抖振动现象。

（4）安全设施无隐患，安全标志明确，安全用具齐备。

3. 安全精度与外观

（1）除尘器安装精度和连接部位坐标尺寸应符合技术文件和图样规定。

（2）除尘器应矗立平直，外观线条明晰，走道、扶栏平直，焊缝美观。

（3）除尘器外观涂漆颜色应一致，不得有漆膜发泡、剥落、卷皮、裂纹。

4. 运动机构

（1）所有阀门、检修门组装前、安装后必须启闭灵活。

（2）清灰机构、减速机、输灰机、排灰阀安装后应清除杂物，手动和通电点动均应轻松灵活，润滑通畅。清除杂物后进行 8h 空载试运转。运转后升温不高于 40℃，且密封性好，无渗漏现象。

（3）设备运转前应反复检查不得有工具、棉杂物、残留焊条等堵塞通道，通电运转性能好。

（4）运动部位试车时严禁非指定人员乱动开关、阀门、控制钮。

5. 安装后检查

对于袋式除尘器滤袋和滤袋安装后，检查应符合表 13-13 的要求。对于电除尘器，当阳极高度≤7m 时，阴、阳极间距安装偏差应在±5mm 范围内，当阳极板高度＞7m 时，阴、阳极间距安装偏差应在±10mm 范围内。

表 13-13　滤袋检验要求

检验项目	要　　求	检验方法
几何尺寸	符合 HJ/T 327—2006 中 3.1 节对滤袋规格及偏差的要求	用熨斗在缝线处熨一次后用钢尺测量
缝线	（1）1m 缝线内跳线不超过 1 针 1 线 1 处； （2）无浮线； （3）1m 内掉线不超过 1 处	用肉眼观测
滤袋材质	同一材质	
破洞	无	
装袋	（1）不扭曲、无折、平直； （2）袋口密封无缝隙； （3）垂直度≤0.005 滤袋长； （4）张紧滤袋 （5）绷紧滤袋	用铅锤吊挂中心，每个滤袋室抽检 1～4 个
张紧力	按技术文件要求	逐袋手感检验用拉力计和弹簧秤抽检 10%

6. 试压检验

（1）除尘器试压检验满足系统设计压力要求，利用系统风机模拟试验，箱体壁板不得出现明显变形和振动现象。

（2）除尘器压缩空气和液压系统应试压检验耐压强度。试验压力为常用工作压力的 1.5 倍。

（3）使用方有要求时，除尘器应做气密性试验。

7. 电控与仪表

（1）电控盘柜和电气负载设备的外壳防护应按《外壳防护等级（IP 代码）》（GB/T 4208），户内达到防护等级 IP44 级，户外达到防护等级 IP54 级。

（2）电控盘柜、仪表检验按有关安装技术文件调试，调试合格后联机连续试运转不小于 8h。

8. 综合效能验收

（1）除尘器安装完毕，带生产负荷运转 1～3 个月后应进行综合效能验收。

（2）综合效能验收主要依据是建设单位和承包单位合同规定及国家标准，基本内容包括除尘器出口排放粉尘浓度、除尘器运行阻力、漏风率、耐压强度等。

四、除尘工程验收

除尘设备制作与安装工程竣工后，历经安装调试和试生产考核，具备生产运行条件，应当遵照建设项目职业病危害防护设施（环保设施）竣工验收分口管理的原则和《建设项目环保设施竣工验收管理规定》或《建设项目职业病危害防护设施竣工验收管理规定》，本着"先编制与批准建设项目职业病危害防护设施竣工验收监测方案或建设项目环境保护设施竣工验收监测方案，后实施建设项目职业病危害防护设施竣工验收监测或建设项目环保设施竣工验收监测"的程序，科学编制与提出建设项目职业病危害防护设施竣工验收监测报告或建设项目环保设施竣工验收监测报告，供建设项目主管部门适时组织与实施建设项目职业病危害防护设施竣工验收或建设项目环保设施竣工验收。

（一）除尘工程验收原则

建设项目职业病危害防护设施竣工验收评价或建设项目环保设施竣工验收评价，应由具有省级资质的专业机构承担。

建设项目职业病危害防护设施（环保设施）竣工验收，应遵守下列原则：①以《建设项目承包合同》为依据，按承包工程量组织整体验收的原则；②以设计图样为依据、施工质量验收规范为补充的质量控制原则；③以承包合同总额为准的费用总承包原则；④投产运行一年内的质量保证与售后服务原则。

验收应具备的条件：①项目审批手续完备，技术资料与环境保护预评价资料齐全；②项目已按业主与供货商签订的合同和技术协议的要求完成；③除尘器安装质量符合国家有关部门的规范、规程和检验评定标准；④已完成除尘器的试运行并确认正常，性能测试完成；⑤具备袋式除尘器正常运转的条件，操作人员培训合格，操作规程及规章制度健全；⑥工艺生产设备达到设计的生产能力；⑦验收机构业已组成，整机验收工作应由业主负责，安装单位及除尘器制造厂家参加。

（二）验收内容和技术要求

1. 验收内容

（1）以合同为依据，全面审查与核定除尘设备制作与安装工程的工程量，做到不多项、不漏项，公平交易。

合同外增减工程量，按双方商定原则补正处理。

（2）以图样和施工质量验收规范为准绳，做好外观质量验收、制作质量验收、安装质量验收、性能质量验收和中介方监理验收；做到文件完整、程序合法、手续齐全。

（3）质量良好，运行可靠，投产运行 3 个月内履约验收。投产后无偿服务 1 年和 10％保证金（合格后退回），作为后续保证的准则。

2. 验收技术要求

验收技术要求包括：①除尘器的主机及配套的机电设备运转正常，所有阀门、检修门等组装前和安装后必须启闭灵活；②电气系统和热工仪表正常；③程序控制系统正常；④除尘器的卸、输灰系统正常；⑤除尘器运行时，其结构和梯子、平台无振动现象，箱体壁板不得出现明显变形和振动现象；⑥安全设施无隐患，安全标志明确，安全用具齐备；⑦除尘器外观涂漆颜色一致，不存在漆膜发泡、剥落、卷皮、裂纹的现象；⑧除尘器各阀门、盖板等连接处严密，不存在漏风现象；⑨压缩空气供应系统工作正常；⑩除尘器的保温和外饰符合设计要求，并具有防雨水功能；⑪配套的消防设施到位；⑫除尘器的粉尘排放浓度、设备阻力、漏风率等性能指标满足合同要求；⑬安装全过程中各部件的尺寸、形状、位置等项检验记录齐全，指标合格；⑭合同规定的其他技术事项和要求达标。

(三) 竣工图的编制

1. 竣工图的编制要求

(1) 竣工图是竣工资料的重要组成部分，竣工图必须做到齐全准确。竣工图要求做到与设计变更资料、隐蔽工程记录和工程实际情况"三对口"。

(2) 竣工图应包括所有的施工图，其中属于国家和集团公司的标准图、通用图，可在目录中注明，不作为竣工图编制。

(3) 凡按施工图施工没有变更的，可加盖"竣工图专用章"，作为竣工图。

(4) 凡施工中有部分变更的施工图，可在原图上用绘图墨汁或碳素墨水进行修改，修改部位加盖"竣工图核定章"，全图修改后加盖"竣工图专用章"。

(5) 凡结构形式、工艺、平面布置改变以及其他重大改变，不宜在原施工图上修改、补充者，应重新绘制竣工图，并加盖"竣工图专用章"。

(6) 编制竣工图时对施工图的变异应坚持"十改""七不改"，内容如下。

"十改"是凡隐蔽工程、重要设备、管道、钢筋混凝土工程等，施工与施工图的差异超过规范许可限度的，必须一律改在竣工图上，包括：①竖向布置和地面、道路标高；②工厂、装置、建筑物、管带、道路的平面布置和标高；③工艺、热力、电气、暖通等机械设备；④管道直径、厚度、材质及管道连接方式（改变流程的）；⑤电力、电信设备接线方式、走向、截面；⑥自动控制方式和设备；⑦设备基础、柜架、主要钢筋混凝土标号和配筋；⑧地下自流管道、排水管道的坐标、标高；⑨阀门的增减、位移和型号；⑩保温结构材料。

"七不改"是为减少竣工图工作量，凡地面上易于辨认的非原则性的变异，一律不在原施工图上修改，包括：①房屋尺寸、地面结构、门窗大样、照明灯具；②地面以上的钢结构、平台梯子的尺寸和型钢规格；③地面以上的管道坐标、标高；④地面以上的设备、管道的保温结构和厚度；⑤油罐的拼板图；⑥一般管件代用；⑦所有地面、地下不超过规范许可的施工尺寸误差。

2. 竣工图的编制分工

(1) 竣工图由施工单位编制，由建设单位负责汇总和归档。

(2) 需要重新绘制的竣工图，按下列情况区别对待：由于设计原因造成的，由设计单位负责绘制；由于施工原因造成的，由施工单位负责绘制；由于其他原因造成的，由建设单位负责绘制或委托设计单位、施工单位代为绘制。所有重新绘制的竣工图，均应由施工单位与工程实际核对后，加盖"竣工图专用章"。

(3) "竣工图专用章"：①"竣工图专用章"按国家档案局的规定，其规格为 $70\,\mathrm{mm} \times 50\,\mathrm{mm}$；②"竣工图专用章"加盖在竣工图角图章的左面；③"竣工图专用章"采用红色印油加盖。

(四) 除尘工程竣工验收

竣工验收是项目（工程）建设的最后一道程序，是工程建设转入正式生产并办理固定资产移交手续的标志，是全面考核项目建设成果，检查项目立项、勘察设计、器材设备、施工质量的重要环节。

1. 竣工验收的依据

① 建设项目（工程）的竣工验收应以国家有关设计、施工验收规范和上级主管部门批准的初步设计文件及有关修改、调整文件等为依据。

② 从国外引进新技术或成套设备的建设项目以及中外合资建设项目，还应以签订的合同和国外提供的设计文件等资料为依据。

2. 竣工验收的标准

除尘工程建设项目，凡达到下列标准者均应及时组织验收。

① 生产装置和辅助工程、公用设施，以及必要的生活设施，已按批准的设计文件内容建成，能够满足生产的需要，经投料试车合格，形成生产能力，能正常地连续生产合格产品。

② 经过连续72h投料试运考核，主要技术经济指标和生产能力达到设计要求，从国外引进的建设项目，应按合同及时进行生产考核，并达到合同的要求。

③ 生产组织、人员配备和规章制度等能适应生产的需要。

④ 环境保护、劳动安全卫生、职业安全卫生、工业卫生和消防设施已按设计要求与主体工程同时建成使用，各项指标达到国家规范或设计规定的要求，并通过主管部门专项验收。

⑤ 竣工资料和竣工验收文件按规定汇编完毕，并且竣工资料已通过档案部门验收。

⑥ 竣工决算审计按有关规定已经完成。

3. 环境保护验收

（1）除尘工程竣工环境保护验收按《建设项目竣工环境保护验收管理办法》的规定进行。

（2）除尘工程竣工环境保护验收除满足《建设项目竣工环境保护验收管理办法》规定的条件外，除尘性能试验报告可作为环境保护验收的技术支持文件，除尘性能试验报告主要参数应至少包括系统含尘气体量、除尘效率、除尘器出口烟尘排放浓度、系统阻力、系统漏风率、电能消耗、岗位粉尘浓度等。

（3）除尘工程环境保护验收的主要技术依据包括：①项目环境影响报告书、表与审批文件；②污染物排放监测报告；③批准的设计文件和设计变更文件；④试运行期间的烟气连续监测报告；⑤完整的除尘工程试运行记录等。

（4）除尘工程环境保护验收合格后，除尘系统方可正式投入运行。

（5）配套建设的烟气排放连续监测及数据传输系统应与除尘工程同时进行环境保护验收。

4. 验收文件

除尘设备制作与安装工程在竣工验收时应签署与提供下列验收文件。

（1）除尘设备制作与安装工程验收证书。

（2）除尘设备制作与安装工程决算书。

（3）除尘设备质量检验记录：①设备外观质量检验记录；②设备制作质量检验记录（含特种设备检验记录）；③设备安装质量检验记录；④除尘设备冷态试车调整试验报告（记录）；⑤除尘设备热态试车调整试验报告（记录）；⑥建设项目职业病危害防护设施控制效果评价报告；⑦建设项目环境保护设施验收评价报告。

（4）除尘设备竣工图及相关文件（电子版、纸质版）：①除尘设备总图；②平面图；③剖面图；④设计说明书；⑤设计计算书；⑥除尘设备合格证、使用说明书、安装要领书、运行维护手册和操作规程等。

（5）备件清单（必要时提供零件加工图）：①重要配套设备（配件）的合格证、使用说明书、供货商及联系方式等；②重要非标备件；③常用易耗件。

（6）建设项目承包许诺及其联系方式。

五、实例——圆筒形电除尘器试运转

（一）设备概况（略）

（二）除尘器辅机试运转

1. 液压系统试运转

（1）按施工要求，液压系统管道安装完，循环冲洗后，将阀台出口管与所有外部接管接通，关闭所有站外管线上的控制阀门。

（2）试车人员充分熟悉原理图，明确各阀门功能和各回路动作结果，确认溢流阀，安全阀开启是否灵活。

（3）清洗油箱，检查合格后向箱内灌入工作油。检查油箱油位，全面检查确认具备运转条件。

（4）启动电机油泵，站内液压设备开始工作，首先对站内设备进行考核。开始时溢流阀或安全阀置于全开，使泵无负荷运转，调节溢流阀或安全阀使压力逐步升高，每调一级观察 3min，压力最终升至安全阀的设定最高值 14MPa，运行 10min。检查泵、电机温度、振动无异常现象为合格。

（5）站内设备合格后进行外部管线压力试验。管线系统压力试验时，应隔断液压缸、液压马达、压力传感器和蓄能器等（关闭阀或拆隔开），对各回路进行压力试验。分别在阀台上打开试验回路的阀门逐个对各管线进行考核。考核中试验压力亦应逐级上升，每级稳压 2～3min，达到试验压力后稳压 10min 然后降至工作压力，对管线进行全面检查，确认所有焊缝和接口无漏油为合格。

（6）如试验中管线出现问题，应停机、卸压、放油进行处理。

（7）按（5）、（6）要求试验合格后，分别接通各液压缸、液压马达、压力传感器和蓄能器，对各控制设备进行动作试验。检查运行情况，根据设计要求进行调整。调整后，系统继续进行 2h 整体运行考核，检查泵、油缸、马达等有无漏油、异常噪声和振动、轴承温升等现象，若无异常，试运行结束。

2. 干油润滑系统试运转

（1）干油泵安装、干油管吹扫完后，先向减速机及泵壳内加入规定的润滑油，确认油量。

（2）打开贮油桶，在加脂前检查油桶内是否有脏物。

（3）将清洁的干油用加油专用工具（充油桶）向贮油桶内加油。

（4）点动干油泵，检查泵的运转方向是否正确。

（5）泵间主管充油后应将主管与各给油器的接口打开，让接口排出润滑油直到清洁后再将主管与各给油器重新连接。

（6）各润滑油支管先在给油点处拆开，由给油器所供的干油经各支管排出，待油洁净后再与润滑点接上。

（7）干油泵继续运行，直至各润滑点充满干油（或利用干油枪向各润滑点注满干油）。

（8）系统试运行应符合下列要求：①润滑泵工作正常、无噪声，轴承温度不超过 70℃；②系统压力阀的调整值应符合设计要求；③所有润滑点给脂量应适当；④系统各处无漏油现象。

按以上各点试运行，无异常为试运行合格。

3. 各振打机构的试运转

（1）检查各润滑点，确认油脂已给足。

（2）检查各轴封、油脂充足，松紧适当。

（3）送上电源、点动电机，确认旋转方向是否正确。

（4）各振打装置开始运行，3min 后停机检查各振打连杆，各振打锤缺陷或正确情况（振打装置是否有松动、变形、锤头与砧座中心偏移量等）。

（5）经检查无问题，各振打机构连续运转 2h。

（6）试车检查应符合下列要求：①振打锤与砧座中心偏移不超差；②阴极砧座杆无弯曲现象；③阳极振打杆无松动；④各点焊处无断裂。

符合以上各点为运行合格。

4. 刮灰机的试运转

（1）检查仓内确认无其他异物。

（2）检查各轴封干油是否给足，压盖松紧是否适当。

（3）内部轴轴承、扇架轴承、扇架销齿等各润滑点干油是否足量。

（4）手动盘车，确定刮灰机极限位置。

（5）送上电源试运转，刮灰机来回摆动 30min 动作正常为合格。

（6）试车检查应符合下列要求：①减速机无异常声响；②各轴承无异常声响，温升小于 70℃；③扇架销齿与传动轴无啮齿现象；④刮灰机不与任何安装件擦碰，且与底板在摆动范围内间隙不小于 40mm。

检查满足以上各点后试运转结束。

5. 螺旋输灰机试运转

（1）检查机壳内应无金属等异物。

（2）检查各减速机轴承稀油、干油是否加入，各轴封处干油是否给足，压盖松紧是否适度。

（3）点动试车，确认螺旋输灰机的旋转方向。

（4）启动输灰机，连续运行 2h，无异常为合格。

（5）试车检查应符合下列要求：①减速机及各轴承无异常声响，温升＜70℃；②传动链与链轮无啮齿现象。

满足上列要求，试运行结束。

（三）除尘器本体的试压

除尘器的试压，在施工时就应考虑好如何进行：首选应确定试压的范围，是带前后管道，还是本体单独试或是只带部分管道试。方案确定后就应在施工时做好试压准备工作——设置盲板。干式除尘器的试压是本体加部分管道的试压，盲板分别设置在进口眼镜阀前管道内和出口喇叭口处，并在下部灰仓处和其他应设置盲板处都应进行盲板安装施工。本体安装完后进行了试压，试压过程如下。

1. 试压准备

（1）试压前全面检查试压范围内的施工是否完成。

（2）壳体内外的临时焊接件应割除，临时脚手架应拆除，壳体焊缝表面缺陷修补完毕，本体内所有杂物清理干净。

（3）准备压力表（最少 2 块），温度表（最少 2 块），并在壳体顶部和壳体下部布置观察点。

（4）检查顶部安装的放散管阀门是否开闭灵活，以备使用。

（5）选择气源，并配接临时气管，确定进气点。

（6）检查绝缘室氮气配管，有氮气供给时使用氮气，无氮气供给时配接临时压缩空气管。

（7）检查轴封箱油环内干油是否给足。

2. 试压

设计压力 0.24MPa，强度试验 0.3MPa，严密性试验 0.264MPa。

试压前现场工况：氮气、压缩空气管配完，氮气供送正常，压缩空气配接临时管。进气点选在下螺旋输灰机灰仓处，压力表、温度计分别设在顶部放散管处和下部螺旋输灰机灰仓处。

试压顺序和试压方法如下。

（1）关闭所有人孔和所有本体放散阀门。

（2）打开进气阀向本体充气。

（3）压力逐级缓升，首先升至试验压力的 50%，用肥皂水检查焊缝和所有密封部分，有问题卸压处理，无问题时继续按试验压力的 10% 逐级升压。

（4）逐级升压过程中，要不断地检查，注意有无异常声响和泄漏处。在检查中，当轴盘根漏气时不卸压，只缓慢均匀地拧紧螺栓，至不漏即止（不能压得过紧），其他有密封垫处和焊接部位如有漏点应卸压处理。

（5）升至强度试验压力值后，稳压 2h，全面检查。

（6）降至严密性试压值后，稳压 2h，全面检查。

（7）降至设计压力 0.24MPa 时稳压，采用肥皂水全面检漏。

（8）专家要求，不允许有漏点，不进行泄漏率计算。

（9）稳压过程中各辅机运转进行动态轴封检查，有漏气时按（4）条要求处理。

（四）除尘器电场升压试验

除尘器工作额定电压 60kV，额定电流 1700mA。

（1）变压器短路试验　电压 0V；电流 1700mA。

（2）变压器断路试验　电压 60kV；电流 0。

（3）变压器耐压试验　电压 60×1.25＝75（kV）；电流 0；1min。

（4）各电场空气负压试验　电压 42kV；电流 1700mA。

以上为第一次试验数值，其中（1）、（2）、（3）项试验由电气专业进行，机械配合。按照专家指导，由于 EP 设备属电流控制型，所以调定数值应该是电流，这次试验电流已达 1700mA，不再继续升压，因为同条件下 V↑、I↓，所以待下一步煤气通入时再做工况负荷实验。

六、实例——环保设施竣工验收监测报告

（一）建设项目及环保治理措施概况

1. 建设项目概况

××炼钢厂铁水胶硫工程属新建项目建设单位：××钢铁公司炼铁厂。建设地点：××省××市××区××厂东侧，其南侧为炼钢站南配料调车场，北侧为三干线，地块为一狭长地带，配料调车场南为炼铁厂，三干线北为炼钢厂，详见地理位置图（略）。建设规模：铁水脱硫扒渣工程设计规模为年处理铁水×××万吨。工程固定资产投资××万元，其中环保投资××万元，占固定资产总投资额的××。工程主要内容按铁水处理量××万吨/年规模建设铁水脱硫站，包括脱硫扒渣间、除尘系统及相应生产辅助设施工程平面布置见图 13-22，脱硫扒渣工艺布置见

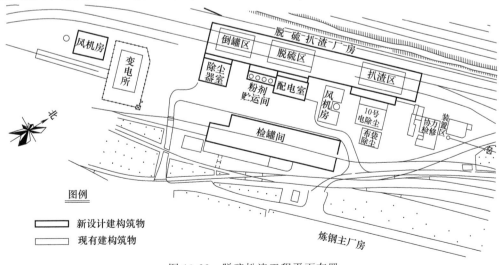

图 13-22　脱硫扒渣工程平面布置

图 13-23。工程平均日处理铁水 14800t，共 165 罐，每罐铁水平均为 90t，工作制度为三班工作制，每年工作 300d，每班工作 8h 劳动定员 75 人。

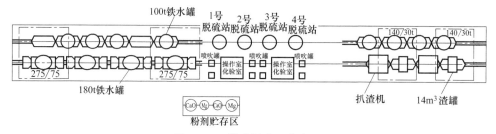

图 13-23　脱硫扒渣工艺布置

2. 主要生产工艺流程

（1）脱硫扒渣工艺流程　本工程采用一座 3200m³ 高炉和一座 2580m³ 高炉的铁水。铁水用 180t 铁水罐运到铁水脱硫扒渣间，铁水车先将铁水罐运到倒罐作业区进行倒罐，在倒罐作业区用两台 275/75t 吊车将两个 180t 铁水罐吊起，将铁水倒入 4 个 100t 铁水罐内，然后用 100t 的铁水罐进行脱硫扒渣处理。倒罐完毕铁水车载着 100t 的铁水罐移到脱硫作业区，4 个铁水罐分别进入 4 个脱硫工位对位后，启动喷枪升降装置使喷枪下降，采用 CaO-Mg 粉剂高压浓相复合喷吹技术，将气力输送来的脱硫粉剂分别从铁水罐顶吹入（以氮气为载气），采用一对一同时喷吹方式对铁水进行脱硫处理；脱硫后的铁水罐再运至扒渣作业区，用两台吊车将 100t 铁水罐吊起至扒渣机进行扒渣作业，扒渣到 14m³ 渣罐中，渣外运到渣山集中处理。扒渣后的铁水运到炼钢厂兑入转炉使用。

在倒罐、脱硫、扒渣作业时产生大量粉尘。本工程在各产尘点均设有吸尘罩或除尘溅罩排出，全部排入一套布袋除尘系统，对其烟气进行除尘净化，再经风机后由排气烟囱排放。脱硫扒渣工艺流程见图 13-24。

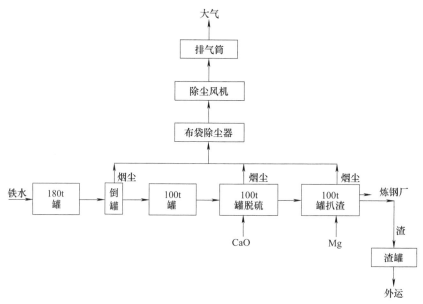

图 13-24　脱硫扒渣工艺流程

（2）粉料输送工艺流程　脱硫剂采用 CaO 粉和钝化镁粉。CaO 粉由输送罐车运至，用氮气送入 50m³ 粉料贮仓。仓内石灰粉采用流化床输送到脱硫作业区的喷吹罐中，经喷吹管道、喷枪喷吹入铁水罐中进行脱硫。钝化镁粉以纤维袋包装、汽车运入厂内。吊车吊起卸入 $25m^3$ 粉料贮仓内。仓内镁粉同样采用流化床输送到脱硫作业区的喷吹罐中，经喷吹管道、喷枪喷吹入铁水罐中进行脱硫。每个粉料贮仓顶部设有一台小型袋式除尘器，对作业中排放的含尘气体进行收集和净化。粉料输送工艺流程见图 13-25 和图 13-26。

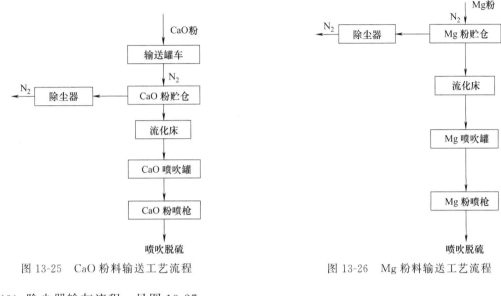

图 13-25　CaO 粉料输送工艺流程　　　图 13-26　Mg 粉料输送工艺流程

（3）除尘器输灰流程　见图 13-27。

图 13-27　除尘器输灰流程

3. 主要污染源排放的污染物及控制措施

本工程生产的污染物以烟尘和固体废物为主，另有噪声污染和少量生产排水。主要污染源、污染物污染流程见图 13-28。

（1）大气污染源及治理措施　本工程产生的大气污染物主要为脱硫扒渣间有组织排放的烟尘；脱硫粉剂贮存区的粉尘；组织排放的粉尘。在倒罐、脱硫扒渣作业中，高温铁水在落料、喷吹脱硫剂、扒渣过程中，大量热烟气夹带着渣尘向空中逸散，主要污染物为烟尘，其污染物排放呈阵发性。对脱硫扒渣间的烟尘控制，该工程采用了以下措施：在倒罐工位设吸尘罩；在脱硫工位设除尘防溅罩。在罩外边设氮气保护系统；在扒渣工位设除尘防溅罩。各吸尘罩、除尘防溅罩与除尘系统管路相连，汇总后，接入一套高效布袋除尘器，以上三个作业工位产生的烟尘通过管道系统进入该除尘器进行净化处理后，由风机排入 30m 高的烟囱排放；另外，在脱硫剂粉料贮仓受料过程中，输送介质氮气外排时也会携带粉尘，其污染物为 CaO 粉尘和 MgO 粉尘。对这部分粉尘，工程设计中采用每个粉剂贮粉罐顶端面装有一台小型袋式除尘器，处理后的废气经由 20m 高的烟囱排放。

（2）固体废物产生及处理　本工程产生的固体废物主要为脱硫渣、各除尘设备回收的粉尘及少量的生活垃圾等。脱硫过程中产生的脱硫渣（100500t/a），送到矿渣山统一处理。对各除尘系统收集的粉尘（总计 5635t/a），用螺旋输送机将粉尘输送到灰仓，厂房内收集的粉尘也用罐车运至灰仓，灰仓中的粉尘用汽车运到×××堆放场统一管理。

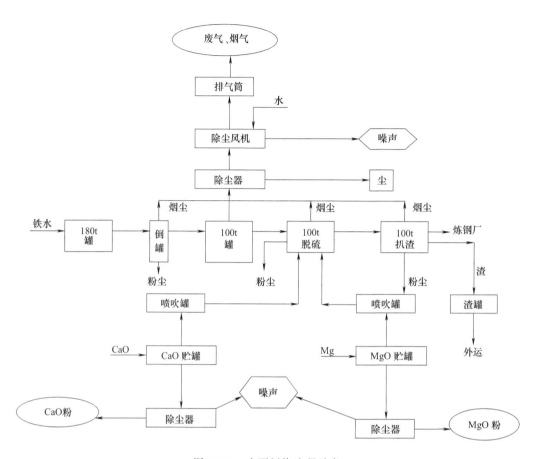

图 13-28　主要污染流程示意

新建工程投产后大气、废水、噪声、固体废物污染节点及治理措施等详见表 13-14。

表 13-14　污染节点及治理措施

项目	污染源	废气量/(m³/h)	污染物	环评方案	目前运行状态	测试点位	烟囱排放量/(m³/h)
废气	倒罐脱硫扒渣	556000	SO₂粉尘	在各工位设吸尘罩，汇总后接入一套高效袋式除尘器，净化后经30m烟囱排放	同环评	6	30
	脱硫剂粉料贮仓受料		粉尘	每个粉剂贮粉罐顶端装有1台小型反吹风除尘器，处理后的废气经由20m高的烟囱排放	同环评		20
废水	生产废水			回收利用不外排			
	生活污水			厂区生活排水管网			
噪声	除尘风机、通风机			采取减震降噪隔声			
固体废物	脱硫渣及粉尘			脱硫渣送往矿渣山，粉尘送至×××堆放场			

（二）验收监测内容、采样及分析方法

1. 验收监测内容

（1）验收检查内容　验收监测检查内容见表 13-15。

表 13-15　验收监测检查内容

序号	内　　容
1	新建工程是否按环评与设计要求,执行"三同时"制度,落入了各种污染防治措施
2	环保设施的运行、使用及管理情况
3	各种环保规章制度是否健全并得到有效落实

（2）验收报告监测项目　依据国家环保局《建设项目环境保护措施竣工验收监测管理有关问题的通知》（环发〔2000〕38 号），结合环评内容及工程实际情况，依据××市环境监测中心站编制的该工程验收监测方案及方案审查意见，该工程验收监测对象为废气治理措施验收监测。具体监测类别、项目、频次详见表 13-16。

表 13-16　验收监测类别、项目、频次

类　别	污染节点	点　位	项　目	频　次
废气	倒罐系统除尘器	2	烟气流量、粉尘	3 天,每天 3 次
	脱硫系统除尘器	2	烟气流量、粉尘、二氧化硫	3 天,每天 3 次
	扒渣系统除尘器	2	烟气流量、粉尘	3 天,每天 3 次

2. 验收监测采样及分析方法

采样及分析方法见表 13-17。

表 13-17　采样及分析方法

类　别	监测项目	采样方法	分析方法	方法来源
有组织废气	粉尘	微电脑等速采样仪	重量法	GB/T 9079—1988
	烟气流量	皮托管法		
	二氧化硫	微电脑平行采样仪	定电位电解法	HJ 57—2017
无组织废气	TSP	空气采样器采样法	重量法	HJ/T 374—2007

（三）验收监测期间生产工况、质量保证措施、点位布设

1. 验收监测期间生产工况

验收监测期间生产工况见表 13-18。

表 13-18　验收监测期间生产记录

项　目	17 日		18 日		19 日		平均值		运行负荷/%
	设计	实际	设计	实际	设计	实际	设计	实际	
处理铁水/(t/h)	620	640	620	410	620	440	620	497	80
倒罐数量	7	7	7	4.5	5	7	7	5.5	79

2. 验收监测质量保证措施

（1）合理布置监测点位和确定监测因子；

（2）采样、监测保证生产与排污在正常状态下进行，确保样品具有代表性；

（3）监测分析方法采用国家或有关部门颁布的或推荐的分析方法；

（4）监测分析人员持证上岗，监测仪器经计量检定并在有效期内使用；

（5）平行样应大于监测数据的 85%；

（6）监测数据实行三级审核制度。

3. 监测点位布设

根据验收监测方案及方案审查意见，对倒罐、脱硫、扒渣工位分别测定其所排放的污染物。监测点位入口设在除尘器入口的总管线上；出口测点设在除尘器出口的管道上。袋式除尘器运行

记录见表 13-19。

表 13-19　袋式除尘器运行记录

时　　间	除尘器型号	运行阻力/Pa	风　量/$(10^4 m^3/h)$	电机电流/A	电机电压/kV	产灰量/(t/d)
××月××日	低压脉冲袋式除尘器	2160	90	142	10	20
××月××日	低压脉冲袋式除尘器	2049	94	138	11	20
××月××日	低压脉冲袋式除尘器	1714	89	141	11	20

（四）监测结果分析与评价

该工程在倒罐、脱硫、扒渣 3 个工序中的粉尘排放浓度及排放量均达标，除尘效率分别为 98.39%、99.03%、96.99%；脱硫工序中的二氧化硫排放的质量浓度（58.3mg/m³）达标，排放总量超标。但按环评报告书中硫平衡分析，该工程废渣中固硫比例为 56%，由此分析，虽然该工程二氧化硫排放总量按现有烟囱高度标准超标，由于该工程投产，废渣中每年可固硫 184t，从内部问题控制来说，减少了二氧化硫的总排放量，满足二氧化硫总量控制指标要求。

（五）清洁生产与环境管理检查结果

1. 清洁生产水平检查结果

（1）原料的清洁性检查　目前国内外多采用 Ca-Mg 系脱硫粉剂来进行脱硫处理，Ca 系粉剂主要有石灰粉和电石粉两种粉剂，但电石粉有很强的吸水性，吸水能生成 C_2H_2，而 C_2H_2 是一种有麻醉作用的有微毒性气体，故该工程设计中决定采用安全无毒的石灰粉来代替电石粉，目前生产中所用的原料同环评设计一致。

（2）生产工艺清洁性检查　该工程在设计中对工艺清洁生产做了几种方案，最后环评设计推荐混合喷吹法，复合喷吹法是目前技术比较先进的一种铁水脱硫工艺，其主要优点为：脱硫效率高，产生的渣量少，铁损少，投资和运行费用均低，污染少。现工程中采用的即是复合喷吹脱硫工艺，选择此工艺符合清洁生产的原则。

（3）清洁生产检查结论　××炼钢厂铁水脱硫工程，从生产原材料的节约、生产工艺的选择直至产品的性能，一直贯彻着清洁生产的原则，在工程建设中，从工艺源头控制污染物的产生和排放，从现场实际情况检查亦是如此，因此，该工程的工艺不仅是技术先进的生产工艺，也是清洁生产工艺。

2. 环境管理检查结果

（1）环境管理及环境监测机构设置检查　该工程具体环境保护工作由××钢铁公司安全环保处负责，其任务是组织、落实和监督脱硫扒渣站的环境保护工作，并由××厂下属的环保科及××市环保局检查监督其环保工作执行情况。××钢铁公司下设环境监测站，由环境管理及监测专职人员组织完成日常环境监测任务，站内设置环保检查监督员。

（2）基本职能检查结果

① 编制环境保护规划，提出环境目标，与企业的生产目标进行综合平衡，把环境保护规划纳入企业的生产发展规划；

② 建立环境管理制度，并实施督促检查；

③ 结合工程特点，制订污染物控制和考核指标及环境保护设施运转指标等，与生产指标同时进行考核，做好统计工作。

（六）结论与建议

1. 结论

（1）××炼钢厂铁水脱硫工程环保设施执行了"三同时"制度，落实了污染防治措施。

（2）验收监测期间，该生产线处于正常生产状况，被监测设施的生产设备达到了规定的生产负荷。验收监测结果如实反映该厂实际排污状况，可以作为该工程环保验收及污染源达标排放的依据。

（3）该工程大气污染的环保治理设施——低压脉冲袋式除尘器除尘效果显著，除尘效率达98％；粉尘排放浓度及排放量均达标；二氧化硫排放浓度达标。

（4）该工程总量控制指标为粉尘。其中粉尘总量控制在 1381t/a。

（5）该工程脱硫扒渣系统收集的粉尘量约为 6000t/a，用汽车运到××堆放场统一管理。粉剂贮粉罐顶端的小型袋式除尘器收集的脱硫剂粉尘再返回贮粉罐内回收利用，不外弃；脱硫渣集中统一处理。

2．建议

（1）加强环保设施的管理，对防治环境污染起着至关重要的作用。为此，应设立完善的环保管理机构，加强人员培训，严格执行操作制度，使各项工艺操作指标达到设计要求，确保环保设施正常运行，发挥其最佳控制效率。

（2）落实环境管理制度，并实施监督检查。厂内环保管理部门应对部分的环保设施的性能参数、控制效率、维护管理等建立台账。对大气环保设施、水环保设施要定期进行综合评价，作为对整个工作的一项考核指标。加强对厂内大气、固废物等污染排放的监测工作。

参 考 文 献

[1] 丁启圣，王维一. 新型实用过滤技术. 北京：冶金工业出版社，2017.
[2] 福建龙净环保股份有限公司. 电袋复合除尘器. 北京：中国电力出版社，2015.
[3] 浙江菲达环保科技股份有限公司. 电除尘器. 北京：中国电力出版社，2018.
[4] 中钢集团天澄环保科技股份有限公司. 袋式除尘器. 北京：中国电力出版社，2017.
[5] 薛勇. 滤筒除尘器. 北京：科学出版社，2014.
[6] 赵海宝，黄俊. 低低温电除尘器. 北京：化学工业出版社，2018.
[7] 郭丰年，徐天平. 实用袋滤除尘技术. 北京：冶金工业出版社，2015.
[8] 张殿印，王冠. 除尘工程师手册. 北京：化学工业出版社，2020.
[9] 刘瑾，张殿印. 袋式除尘器工艺优化设计. 北京：化学工业出版社，2020.
[10] 彭犇，高华东，张殿印. 工业烟尘协同减排技术. 北京：化学工业出版社，2023.
[11] 王纯，张殿印. 废气处理工程技术手册. 北京：化学工业出版社，2013.
[12] 张殿印，王纯. 除尘工程设计手册. 3 版. 北京：化学工业出版社，2021.
[13] 王纯，张殿印. 除尘工程技术手册. 北京：化学工业出版社，2016.
[14] 刘伟东，张殿印，陆亚萍. 除尘工程升级改造技术. 北京：化学工业出版社，2014.
[15] 王纯，张殿印. 除尘设备手册. 北京：化学工业出版社，2009.
[16] 张殿印，王海涛. 除尘设备与运行管理. 北京：冶金工业出版社，2012.
[17] 张殿印，王纯. 除尘器手册. 2 版. 北京：化学工业出版社，2015.
[18] 张殿印，顾海根，肖春. 除尘器运行维护与管理. 北京：化学工业出版社，2015.
[19] 张殿印，王纯，俞非瀍. 袋式除尘技术. 北京：冶金工业出版社，2008.
[20] 张殿印，王纯，脉冲袋式除尘器手册. 北京：化学工业出版社，2011.
[21] 杨建勋，张殿印. 袋式除尘器设计指南. 北京：机械工业出版社，2012.
[22] 张殿印、王海涛. 袋式除尘器管理指南——安装、运行与维护. 北京：机械工业出版社，2013.
[23] 刘瑾，张殿印，陆亚萍. 袋式除尘器配件选用手册. 北京：化学工业出版社，2016.
[24] 张殿印，申丽. 工业除尘设备设计手册. 北京：化学工业出版社，2012.
[25] 王冠，安登飞，庄剑恒，张殿印. 工业炉窑节能减排技术. 北京：化学工业出版社，2015.
[26] 王纯，张殿印. 工业烟尘减排与回收利用. 北京：化学工业出版社，2014.
[27] 俞非瀍，王海涛，王冠，张殿印. 冶金工业烟尘减排和回收利用. 北京：化学工业出版社，2014.
[28] 王海涛，王冠，张殿印，钢铁工业烟尘减排和回收利用技术指南. 北京：冶金工业出版社，2012.
[29] 岳清瑞，张殿印. 钢铁工业三废综合利用技术. 北京：化学工业出版社，2015.
[30] 张殿印，梁文艳，李惊涛. 钢铁废渣再生利用技术. 北京：化学工业出版社，2015.
[31] 左其武，张殿印. 锅炉除尘技术. 北京：化学工业出版社，2010.
[32] 张殿印，张学义. 除尘技术手册. 北京：冶金工业出版社，2002.
[33] 张殿印. 环保知识 400 问. 3 版. 北京：冶金工业出版社，2004.
[34] 张殿印，高华东，肖春. 冶炼废渣再生利用技术. 北京：化学工业出版社，2017.
[35] 张殿印，李惊涛. 冶金烟气治理新技术手册. 北京：化学工业出版社，2018.
[36] 高华东，肖春，张殿印. 细颗粒物净化过滤材料与应用. 北京：化学工业出版社，2018.
[37] 冶金工业部建设协调司，中国冶金建设协会. 钢铁企业采暖通风设计手册. 北京：冶金工业出版社，1996.
[38] 王晶，李振东. 工厂消烟除尘手册. 北京：科学普及出版社，1992.
[39] 姜风有. 工业除尘设备. 北京：冶金工业出版社，2007.
[40] 王永忠，宋七棣. 电炉炼钢除尘. 北京：冶金工业出版社，2003.
[41] [苏] B. H. 乌索夫. 工业气体净化与除尘器过滤器. 李悦，徐图编译. 哈尔滨：黑龙江科学技术出版社，1984.

[42] 胡鉴伸，隋鹏程等. 袋式收尘器手册. 北京：中国建筑工业出版社，1984.

[43] 申丽、张殿印. 工业粉尘的性质. 金属世界，1998（2）：31-32.

[44] 《工业锅炉房常用设备手册》编写组. 工业锅炉房常用设备手册. 北京：北京机械工业出版社，1995.

[45] 曹彬，叶敏，姜风有，张殿印. 利用低压脉冲技术改造反吹袋式除尘器的研究. 环境科学与技术，2001（5）：16-18.

[46] 张殿印. 烟尘治理技术（讲座）. 环境工程，1998，001：54-56.

[47] 祁君田等. 现代烟气除尘技术. 北京：化学工业出版社，2008.

[48] 王绍文，杨景玲，赵锐锐，王海涛等. 冶金工业节能减排技术指南. 北京：化学工业出版社，2009.

[49] 余云进. 除尘技术答问. 北京：化学工业出版社，2006.

[50] 焦有道. 水泥工业大气污染治理. 北京：化学工业出版社，2007.

[51] 嵇敬文，陈安琪. 锅炉烟气袋式除尘技术. 北京：中国电力出版社，2006.

[52] 威廉 L. 休曼. 工业气体污染控制系统. 华译网翻译公司译. 北京：化学工业出版社，2007.

[53] 路乘风，崔政斌. 防尘防毒技术. 北京：化学工业出版社，2004.

[54] 化学工业部人事教育司等. 物料输送. 北京：化学工业出版社，1997.

[55] ［日］大野长太郎. 除尘、收尘理论与实践. 单文昌译. 北京：科学技术文献出版社，1982.

[56] 铁大铮，于永礼. 中小水泥厂设备工作者手册. 北京：中国建筑工业出版社，1982.

[57] 管立，李富佩. 静电与粉尘危害之浅谈. 静电，1996（3）：28-39.

[58] 肖宝垣. 袋式除尘器在燃煤电厂应用的技术特点. 电力环境保护，2003（3）：25-28.

[59] 赵军. 袋式除尘器改造为电除尘器的实践与应用. 冶金环境保护，2006（3）：47-50.

[60] 张殿印等. 袋式除尘器滤料物理性失效与防范. 暖通制冷设备，2007（6）：39-41.

[61] 吴凌放，张殿印等. 袋式除尘技术现状与发展方向. 环保时代，2007（11）：19-22.

[62] 刘茵等. 喷雾除尘技术在宝钢 BSSF 渣处理装置上的应用研究. 宝钢技术 2009（6）：21-23.

[63] 陈隆枢，陶辉. 袋式除尘技术手册. 北京：机械工业出版社. 2010.

[64] 唐国山，唐复磊. 水泥厂电除尘器应用技术. 北京：化学工业出版社，2005.

[65] 原永涛等. 火力发电厂电除尘技术. 北京：化学工业出版社，2004.

[66] 国家环境保护局. 钢铁工业废气治理. 北京：中国环境科学出版社，1992.

[67] 胡学毅，薄以匀. 焦炉炼焦除尘. 北京：化学工业出版社，2010.

[68] 王永忠，张殿印，王彦宁. 现代钢铁企业除尘技术发展趋势. 世界钢铁，2007（3）：1-5.

[69] 沈晓林. 烧结机头电除尘器提效技术研究. 宝钢技术，2006（1）：10-12.

[70] 刘后启等. 水泥厂大气污染物排放控制技术. 北京：中国建材工业出版社，2007.

[71] 金毓崟等. 环境工程设计基础. 北京：化学工业出版社，2002.

[72] 李倩倩，张殿印. 防爆袋式除尘器设计要点. 冶金环境保护，2010（6）：28-31.

[73] K. Wark，C. Warner. Air Pollution：Its Origin And Control. New York：Harper and Row，1981.

[74] Erwin Fried，I. E. Idelchik. Flow Resistance：A Design Guide For Engineers. London：Hemisphere Publishing Corporation，1989.

[75] 金国森. 除尘设备设计. 上海：上海科学技术出版社，1990.

[76] 申丽. 脉冲袋式除尘器控制技术. 工厂建设与设计. 1998（2）：16-18.

[77] 周迟骏. 环境工程设备设计手册. 北京：化学工业出版社，2009.

[78] 熊振湖. 大气污染防治技术及工程应用. 北京：机械工业出版社，2003.

[79] 张安富，周宇帆. 袖珍涂装工手册. 北京：机械工业出版社，2000.

[80] 陈盈盈，王海涛. 焦炉装煤车烟气净化节能改造. 环境工程，2008（5）：38-40.

[81] 赵振奇，潘永来. 除尘器壳体钢结构设计. 北京：冶金工业出版社，2008.

[82] 江晶. 环保机械设备设计. 北京：冶金工业出版社，2009.

[83] 周兴求. 环保设备设计手册——大气污染控制设备. 北京：化学工业出版社，2004.

[84] 黎在时. 静电除尘器. 北京：冶金工业出版社，1993.

[85] 张殿印. 静电除尘器的灾害预防与控制. 静电，1992（2）：47-50.

[86] 守田荣. 公害工学入门. 东京：才一厶社，昭和 54 年.

[87] 通商产业省立地公害局. 公害防止必携. 东京：产业公害防址协会，昭和 51 年.

[88] 诹访佑. 公害防止实用便览：大气污染防止编. 东京：休学工业社，昭和 46 年.

[89] 于正然等. 烟尘烟气测试实用技术. 北京：中国环境科学出版社，1990.

[90] 日本通商产业省公害保安局. 除尘技术. 北京. 中国建筑工业出版社，1977.

[91] ［日］井伊古钢一. 除尘技术手册. 第一机械工业部第七设计院暖通组译. 北京. 机械工业出版社，1978.

[92] 日本空气净化技术手册编辑委员会. 空气净化技术手册. 徐明镐等译. 北京. 电子工业出版社，1985.

[93] 黎在时. 电除尘器的选型安装与运行管理. 北京：中国电力出版社，2005.

[94] 袁新虎，王鹏飞，刘黎明，等. 风送式抑尘喷雾机喷嘴的优化选型. 环境工程，2022，40（5）：171-177.